W0261776

geb 17. 3. 1856   gest 16 11 1911

Die

Wechselstromtechnik.

Herausgegeben

von

Dr. Ing. E. Arnold,

**Professor und Direktor des Elektrotechnischen Instituts
der Großherzoglichen Technischen Hochschule Fridericiana zu Karlsruhe.**

Fünfter Band.

Die asynchronen Wechselstrommaschinen.

II. Teil. Die Wechselstromkommutatormaschinen.

Von

E. Arnold, J. L. la Cour

und

A. Fraenckel.

Springer-Verlag

Berlin Heidelberg GmbH

1912

Die asynchronen Wechselstrommaschinen.

Zweiter Teil.

Die Wechselstromkommutatormaschinen.

Ihre Theorie, Berechnung, Konstruktion und Arbeitsweise.

Von

E. Arnold, J. L. la Cour

und

A. Fraenckel.

Mit 400 in den Text gedruckten Figuren, VIII Tafeln
und dem Bildnis E. Arnolds.

Springer-Verlag

Berlin Heidelberg GmbH

1912

ISBN 978-3-662-01865-1   ISBN 978-3-662-02160-6 (eBook)
DOI 10.1007/978-3-662-02160-6

Vorwort.

Mit dem vorliegenden zweiten Teil des fünften Bandes findet die „Wechselstromtechnik“, deren erster Band vor 10 Jahren erschien, ihren Abschluß.

Der am 16. November 1911 verschiedene Geh. Hofrat Professor Dr.-Ing. h. c. Engelbert Arnold hat in jahrelanger, unermüdlicher Arbeit diesem Werke seine umfassenden Erfahrungen und seine ganze Schaffenskraft gewidmet. Es genügte ihm nicht, das Bekannte auf dem Gebiete sammelnd darzustellen, eine eingehende selbständige Forschungstätigkeit liegt dem Werke zugrunde. Stets dem Fortschreiten der Technik folgend in lebendiger Wechselwirkung mit dem praktischen Leben, dessen drängende Fragen er zu den seinen machte, wurden die zahlreichen Forschungsarbeiten ausgeführt, die in dem Werk niedergelegt sind.

Im Sinne echter angewandter Wissenschaft hat er die Ergebnisse der Forschung in einer für die Praxis brauchbaren Form niedergelegt. So hat er der Elektrotechnik in den acht Bänden über die „Gleichstrommaschine“ und die „Wechselstromtechnik“ ein lückenloses Erbe hinterlassen, das das Gesamtgebiet des Dynamobaues in erschöpfender Weise behandelt, in der ganzen elektrotechnischen Literatur einzig dasteht und auch nur entstehen konnte, wo ein Mann mit so seltener Arbeitskraft und unermüdlicher Energie die Herausgabe unternommen hatte. Sich selbst hat er damit ein unvergängliches Denkmal errichtet.

Arnold hat die Freude des Abschlusses seines Werkes nicht mehr erlebt, aber doch die Fertigstellung der Manuskripte und einen Teil der Drucklegung noch persönlich überwachen und leiten können.

———

Die Wechselstrom-Kommutatormotoren gehören zu den ältesten mit Wechselstrom betriebenen Maschinen. Erst seit der Jahrhundertwende hat ihre Entwicklung, durch das Problem des elektrischen Betriebes der Vollbahnen, große Fortschritte gemacht. Obwohl die Theorie der Wechselstrom-Kommutatormotoren fleißig ausgebaut wurde, so fehlte doch bis jetzt in der Literatur eine einheitliche, ausführliche Behandlung der Ein- und Mehrphasen-Kommutatormotoren.

Diese Lücke auszufüllen bezweckt das vorliegende Buch. Wie in den früheren Bänden ist auch hier die Behandlung und Einteilung des Stoffes so gehalten, daß sich das Buch für Studierende und für Ingenieure der Praxis eignet. In erster Linie soll es jedoch ein Lehrbuch sein. — Der Behandlung der einzelnen Typen der Mehrphasen- bzw. Einphasen-Kommutatormotoren ist deswegen eine ausführliche Besprechung der allgemeinen Eigenschaften der betreffenden Maschinen vorausgeschickt. Die theoretische Behandlung der verschiedenen Maschinentypen schließt sich den in den vorhergehenden Bänden angewendeten analytischen und graphischen Verfahren an, die je in ihrer Weise zum gleichen Resultat führen. Das eine Mal gibt die analytische, das andere Mal die graphische Darstellung den besten Einblick in den Einfluß der Veränderung der maßgebenden Größen.

Die ausführliche Behandlung der Mehrphasen-Kommutatormotoren schien uns gerechtfertigt, zunächst weil deren Theorie noch nicht so vollständig ausgebaut war, wie die der Einphasenmotoren, und dann, weil diese Maschinen immer größere Bedeutung in allen Fällen gewinnen, in denen eine ökonomische Tourenregulierung in Frage kommt. Die neuerdings vielfach Eingang findenden sog. Regulierschaltungen sind in dem Kapitel über Kaskadenschaltung eines Induktionsmotors mit einem Mehrphasen-Kommutatormotor eingehend gewürdigt.

Besondere Sorgfalt wurde der Berechnung der Reaktanz eines rotierenden Mehrphasen-Kommutatorankers gewidmet, von deren Größe das Verhalten der Nebenschlußmotoren ganz bedeutend abhängt.

Bei den Einphasenkommutatormotoren erschien es in Anbetracht der außerordentlich großen Zahl der in dem letzten Jahrzehnt entstandenen verschiedenen Maschinentypen zweckmäßig, eine einheitliche Einteilung nach verschiedenen Gesichtspunkten vorauszustellen, die dem Studierenden eine schnelle Orientierung in den verschiedenen Ausführungsformen erleichtert.

Besonders eingehend wurden in erster Linie jene Maschinentypen behandelt, die bedeutende praktische Anwendung gefunden haben.

Die Berechnung der Felder und der Streuung der Einphasenkommutatormotoren ist eingehend behandelt; besonders bei Motoren mit Bürstenverschiebung hat die Form der Felder und die Streuung einen großen Einfluß auf das Verhalten der Maschinen.

Für die Berechnung der Eisenverluste in Wechselfeldern und in elliptischen Drehfeldern ist ein auf experimentelle und theoretische Grundlage gestütztes angenähertes Verfahren angegeben.

Der große Einfluß, den die Rückwirkung der sogenannten Kurzschlußströme auf das Verhalten der Ein- und Mehrphasen-Kommutatormaschinen hat, ist eingehend erläutert worden. Eine genaue Berechnung der Kurzschlußströme und der durch sie bedingten Verluste ist nach dem gegenwärtigen Stand der Kommutierungstheorie nicht möglich.

Den Methoden zur Erzielung funkenfreien Ganges ist eine ausführliche Behandlung gewidmet.

Auf die außerordentlich reiche Patentliteratur, die auf dem Gebiete der Kommutatormotoren entstanden ist, konnte nur in sehr beschränktem Maße hingewiesen werden, da eine vollständige Behandlung über den Zweck und den Rahmen eines Lehrbuches hinausgehen würde.

Wegen der großen Verschiedenheit der Kommutatormaschinen war es nicht möglich, eine ausführliche, durch Beispiele erläuterte Methode der Vorausberechnung aufzustellen und die entsprechenden Formeln in einem Berechnungsformular zusammenzustellen, wie es in den vorhergehenden Bänden geschehen ist. Wir haben uns vielmehr mit allgemeinen Angaben begnügen müssen, die für Wechselstrom-Kommutatormotoren wichtig sind und die mit den Ausführungen der vorhergehenden Bände zusammen eine Vorausberechnung in einfacher Weise ermöglichen. Wesentlich dazu beitragen dürften auch die verschiedenen Beispiele und besonders auch die Nachrechnung ausgeführter Motoren.

Wir sprechen den Firmen, die uns Zeichnungen, Abbildungen und Daten zur Verfügung stellten, unseren besten Dank aus.

Die Begründung, weshalb der fünfte Band dem vierten nicht

so rasch gefolgt ist, wie früher angekündigt wurde, ist schon im Vorwort des ersten Teiles angegeben.

Infolge des unerwarteten Ablebens des Herausgebers fiel mir die Überwachung der Fertigstellung des Buches zu und in dieser Arbeit hat Herr Privatdozent Dr.-Ing. H. S. Hallo mir in dankenswerter Weise zur Seite gestanden.

Schließlich möchte ich nicht verfehlen, auch an dieser Stelle dem Herrn Dipl.-Ing. W. Schumann, Assistent am elektrotechnischen Institut, Karlsruhe, der mit Herrn Dr.-Ing. H. S. Hallo uns bereitwilligst beim Redigieren des Textes und beim Korrekturlesen behilflich gewesen ist, meinen aufrichtigen Dank auszusprechen.

Vesterås, im Mai 1912.

J. L. la Cour.

Inhaltsverzeichnis.

Viertes Kapitel.

Anlassen und Tourenregulierung der mehrphasigen Hauptschlußmotoren.

Fünftes Kapitel.

Anlassen und Tourenregulierung der mehrphasigen Nebenschlußmotoren.

Sechstes Kapitel.

Mehrphasenkommutatormaschinen mit Wendepolen.

Siebentes Kapitel.

Vorausberechnung mehrphasiger Kommutatormotoren.

Achtes Kapitel.

Kompensierte Induktionsmaschinen.

Neuntes Kapitel.

Untersuchung ausgeführter Motoren.

Zehntes Kapitel.

Kaskadenschaltung einer Induktionsmaschine und einer Mehrphasen-Kommutatormaschine.

Elftes Kapitel.
Die Einphasen-Wechselstrom-Kommutatormotoren.

Zwölftes Kapitel.
Allgemeine Eigenschaften der Wechselstrom-Kommutatormaschinen.

Dreizehntes Kapitel.
Der direkt gespeiste Einphasen-Hauptschlußmotor.

Vierzehntes Kapitel.
Der indirekt gespeiste Hauptschlußmotor mit Statorerregung
(Repulsionsmotor).

Fünfzehntes Kapitel.

Der indirekt gespeiste Hauptschlußmotor mit Rotorerregung.
(Kompensierter Repulsionsmotor.)

Sechzehntes Kapitel.

Doppelt gespeiste Hauptschlußmotoren.

Siebzehntes Kapitel.

Anlassen und Tourenregulierung der Einphasen-Hauptschlußmotoren.

Verzeichnis der Tafeln.

Erstes Kapitel.

Allgemeine Eigenschaften der Mehrphasen-Kommutatormaschinen.

1. Das Potentialdiagramm des Kommutators einer Mehrphasen-Kommutatormaschine. — 2. Die Zahl S_k der von einer Bürste kurzgeschlossenen Spulen. — 3. Kommutation von Mehrphasenströmen. — 4. Einfluß der Kommutation auf die Streureaktanz der Rotorwicklung. — 5. Einfluß der Bürstenstellung auf die Phase der Stator- und Rotor-EMKe und Ströme. — 6. Die Rückwirkung der Kurzschlußströme auf den Erregerstrom. — 7. Die Leerlaufspannung des Rotors. — 8. Kurzschlußversuch.

1. Das Potentialdiagramm des Kommutators einer Mehrphasen-Kommutatormaschine.

Eine Mehrphasen - Kommutatormaschine besteht aus einem Stator mit einer mehrphasigen Wicklung und einem Rotor mit Gleichstromwicklung und Kommutator. Die Bürsten sind auf dem Kommutatorumfang so gegeneinander versetzt, daß die Rotorwicklung eine mehrphasige Ringschaltung bildet, deren Stromzuführungspunkte die Bürsten sind.

Fig. 1 zeigt das zweipolige Schema einer Dreiphasen-Kommutatormaschine, bei der die Stator- und die Rotorwicklung der Einfachheit wegen als Ringwicklungen dargestellt sind, obwohl praktisch nur Trommelwicklungen ausgeführt werden. Die Bürsten sind um $\tfrac{1}{3}$ der doppelten Polteilung gegeneinander versetzt.

Führt man der Statorwicklung Dreiphasenstrom zu, so erzeugt er ein Drehfeld, das aus dem sinusförmigen Grundfeld und den Oberfeldern zusammengesetzt ist.

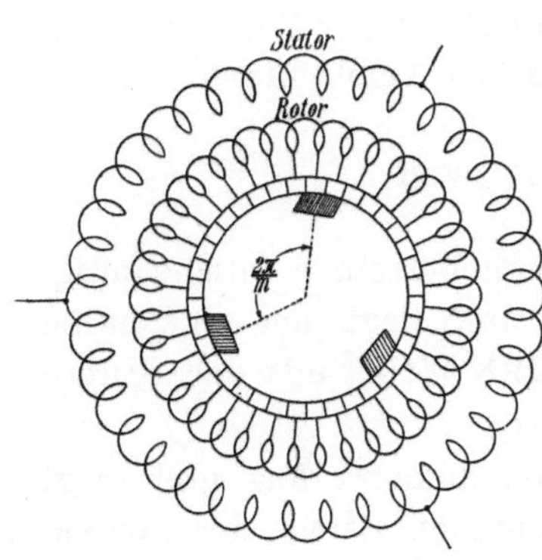

Fig. 1.

Das Grundfeld rotiert mit einer Geschwindigkeit von $n_1 = \dfrac{60\,c}{p}$ Umdr. i. d. Min.

Denken wir uns den Rotor mit n Umdrehungen i. d. Min. angetrieben und die Bürsten vorerst abgehoben, so induziert das Grundfeld in jeder Spule des Rotors eine EMK von der Periodenzahl der Schlüpfung: $sc = \dfrac{p\,(n_1 - n)}{60}$.

Da jede Spule einer Trommelwicklung $\dfrac{N}{2K}$ Windungen hat, ist der Effektivwert der EMK einer Spule

$$e_2 = \frac{2\pi}{\sqrt{2}}\, s c\, \frac{N}{2K}\, \Phi\, 10^{-8} \text{ Volt,} \quad \ldots \ldots \quad (1)$$

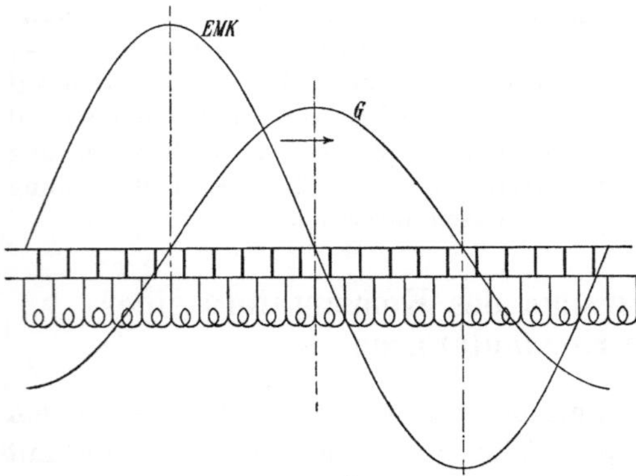

Fig. 2. Grundwelle des Drehfeldes (G) und EMK-Welle (EMK).

worin Φ den Kraftfluß pro Pol bedeutet.

In Fig. 2 ist die Rotorwicklung abgewickelt und die Grundwelle des Drehfeldes G darüber gezeichnet, die sich relativ zum Rotor mit einer Geschwindigkeit von $(n_1 - n) = s\,n_1$ Umdr. i. d. Min. bewegt.

Trägt man über der Mitte jeder Trommelspule die induzierte EMK für die momentane Lage des Feldes gegenüber der Wicklung auf, so ergibt sich die EMK-Welle (EMK), deren Amplitude

$$e_{2\,max} = 2\pi s c\, \frac{N}{2K}\, \Phi\, 10^{-8} \text{ Volt}$$

ist. Sie bewegt sich relativ zum Rotor mit derselben Geschwindigkeit wie die Grundwelle des Drehfeldes und liegt um eine halbe Polteilung dagegen zurück, d. h. die EMK-Welle eilt der Grundwelle des Drehfeldes um $^1/_4$ Periode nach.

Schreitet man am Umfange des Kommutators fort und trägt an jedem Punkte die Summe der momentanen EMKe der Spulen, die zwischen einem beliebigen Anfangspunkte und dem betreffenden Punkte liegen, als Ordinaten auf, so erhält man eine Kurve, die die Momentanwerte des Potentials am Kommutatorumfang darstellt, wenn das Potential des gewählten Anfangspunktes gleich Null ge-

setzt wird, und die man daher die Potentialkurve des Kommutators nennt. Sie ist in Fig. 3 dargestellt. Die Differenz der Ordinaten zweier beliebi-
ger Punkte dieser Kurve
stellt die Potentialdiffe-
renz zwischen diesen
beiden Punkten des Kom-
mutators dar.

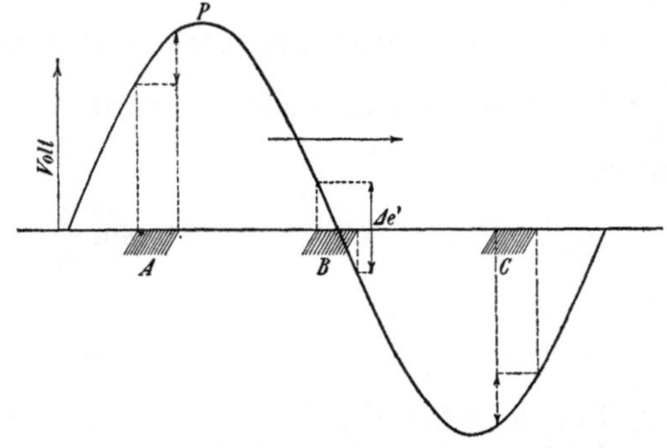

Fig. 3. Potentialkurve des Kommutators.

Die Potentialkurve
ist somit die Integral-
kurve der EMK-Kurve.
Sie ist also in unserem
Falle wieder eine Sinus-
linie, die sich ebenfalls
gegenüber der Wick-
lung bzw. dem Kommutator mit $n_1 - n$ Umdrehungen in der Minute bewegt.

Da der Kommutator selbst sich mit n Umdrehungen in der
Minute dreht, ist die Geschwindigkeit der Potentialkurve im Raum
$n_1 - n + n = n_1$. Legt man daher auf den Kommutator die Bürsten auf,
so erhält man zwischen je zwei Bürsten eine EMK von der Periodenzahl $c = \dfrac{p\,n_1}{60}$. Man kann also die Bürsten des Kommutators
an dasselbe Mehrphasennetz anschließen, an das die Statorwicklung angeschlossen ist.

Durch den Kommutator werden die in den einzelnen Spulen
induzierten EMKe von der Periodenzahl der Schlüpfung sc addiert
und auf die Grundperiodenzahl c kommutiert. Es ist daher möglich, dem Rotor vom Netz aus direkt Energie zuzuführen
oder durch ihn Energie an das Netz zurückzugeben. Darin
liegt die Bedeutung der Anwendung eines Kommutators
bei Wechselstrommaschinen.

Der Effektivwert der EMK zwischen je zwei Bürsten
ergibt sich als Summe der EMKe der Spulen, die zwischen den
Bürsten liegen. Da die Rotorwicklung eine geschlossene Mehrphasenwicklung bildet, ist die Zahl der Spulen einer Phase, wenn m die
Phasenzahl ist,

$$\frac{1}{m}\,\frac{K}{a}\,,$$

und es wird

$$E_2 = \frac{1}{m}\,\frac{K}{a}\,f_2 e_2 = \frac{2\pi}{\sqrt{2}}\,sc\,\frac{N}{2\,am}\,f_2\,\Phi\,10^{-8}\,\text{Volt.} \quad . \quad . \quad . \quad (2)$$

1*

Der Wicklungsfaktor f_2 kommt hinzu, weil die EMKe in den einzelnen Spulen verschiedene Phasen haben und sich geometrisch addieren.

Da die Rotorwicklung gleichmäßig verteilt ist und jede Phase $\frac{2}{m}$tel der Polteilung bedeckt, wird der Wicklungsfaktor für das Grundfeld

$$f_2 = \frac{\sin \dfrac{\pi}{m}}{\dfrac{\pi}{m}}.$$

Fig. 3 zeigt die Potentialkurve des Kommutators für einen dreiphasigen Rotor mit drei um 120^0 gegeneinander versetzten Bürsten.

Aus dieser Figur geht hervor, daß die Kanten einer Bürste an verschiedenen Stellen der Potentialkurve liegen, und da jede Bürste mehrere Rotorspulen kurzschließt, wirkt auf den Stromkreis, der von diesen Spulen und der Bürste gebildet wird, eine EMK, $\varDelta e'$, deren Momentanwert proportional der Differenz der Ordinaten der Potentialkurve an den Kanten der Bürste ist. Sie ruft innere Ströme in den kurzgeschlossenen Spulen hervor, die man als Kurzschlußströme bezeichnet und die die Potentialkurve deformieren und zu Funken Anlaß geben.

Die EMK $\varDelta e'$ ändert sich mit der Lage der Potentialkurve gegenüber dem Kommutator; sie ist am größten, wenn die Mitte der Bürste an der Stelle liegt, wo die Potentialkurve durch Null geht, und ist Null am Scheitel der Potentialkurve.

Bezeichnet S_k die Zahl der zwischen den Kanten einer Bürste in Serie geschalteten Rotorspulen, so ist der Effektivwert der EMK zwischen den Bürstenspitzen

$$\varDelta e' = S_k e_2 = \sqrt{2}\,\pi s c\, S_k \frac{N}{2K}\, \varPhi\, 10^{-8}\, \text{Volt.} \quad . \quad . \quad . \quad (3\,\text{a})$$

Sie nimmt bei konstantem Kraftfluß mit der Schlüpfung zu und kann bei Stillstand sehr große Werte annehmen.

Diese von dem Hauptfelde induzierte Kurzschlußspannung spielt bei allen ein- und mehrphasigen Kommutatormaschinen eine sehr große Rolle, und auf sie ist beim Entwurf solcher Maschinen in erster Linie Rücksicht zu nehmen. Sie tritt unabhängig davon auf, ob dem Anker ein Strom zugeführt wird oder nicht, sobald ein Kraftfluß in der Maschine besteht.

Die Zahl S_k beträgt im Durchschnitt

$$S_k = \frac{b_1}{\beta}\frac{p}{a},$$

worin b_1 die Bürstenbreite und β die Lamellenteilung ist. Dieser Wert ist ein Durchschnittswert, der sich bei der Drehung einstellt. Bei Stillstand kommt aber der maximale Wert in Betracht, und da hier die EMK am größten ist, sollen im folgenden die Angaben, die hierüber in der Gleichstrommaschine (Bd. I, S. 463) gemacht sind, noch ergänzt werden.

2. Die Zahl S_k der von einer Bürste kurzgeschlossenen Spulen.

I. Schleifenwicklungen.

a) Bei einer Parallelwicklung liegt zwischen zwei Lamellen je eine Spule. Ist $\dfrac{b_1}{\beta}$ eine gebrochene Zahl

$$\frac{b_1}{\beta} = x + \frac{1}{y},$$

worin x eine ganze Zahl und $y > 1$ ist, so ist die Zahl der kurzgeschlossenen Spulen abwechselnd

$$S_{k\,min} = x$$

und

$$S_{k\,max} = x + 1.$$

b) Bei einer mehrfachen Parallelwicklung liegen zwischen den Lamellen einer Spule $(m-1)$ Lamellen[1]), die den Spulen der anderen Stromzweige angehören. Die Bürste schließt also so viele Spulen eines Zweiges kurz, wie sie $m\beta$ Lamellen bedeckt. Hier ist also

$$S_k = \frac{b_1}{m\beta} = \frac{b_1}{\beta}\frac{p}{a}.$$

Ist S_k keine ganze Zahl, $\dfrac{b_1}{\beta m} = x + \dfrac{1}{y}$, so kann $S_{k\,max}$ erst dann gleich $x+1$ werden, wenn $\dfrac{m\beta}{y} > (m-1)\beta$ ist, oder

$$\frac{1}{y} > \frac{m-1}{m}.$$

____

[1]) $m = \dfrac{a}{p}.$

II. Wellenwicklungen.

Wir betrachten zunächst den Fall, daß nur je eine Bürste jeder Polarität aufliegt.

a) Bei der Reihenwicklung liegen zwischen zwei benachbarten Lamellen p Spulen. Ist

$$\frac{b_1}{\beta} = x + \frac{1}{y},$$

so sind abwechselnd

$$S_{k\,min} = xp$$

und

$$S_{k\,max} = (x+1)p$$

Spulen im Kurzschluß.

b) Bei der Reihenparallelwicklung schließt eine Bürste erst dann p Spulen kurz, wenn sie a Lamellen gleichzeitig bedeckt.

Es wird also

$$S_k = \frac{b_1}{a\beta}\,p.$$

Ist

$$\frac{b_1}{a\beta} = x + \frac{1}{y},$$

so kann das Maximum erst dann gleich

$$S_{k\,max} = (x+1)p$$

werden, wenn

$$\frac{a\beta}{y} > (a-1)\beta$$

ist, oder

$$\frac{1}{y} > \frac{a-1}{a}.$$

Liegen mehrere gleichnamige Bürsten oder auch alle p Bürsten auf, so übersieht man die Verhältnisse am einfachsten aus dem reduzierten Kommutatorschema, das auf folgender Überlegung beruht.

Da die aufeinanderfolgenden gleichnamigen Bürsten um eine doppelte Polteilung, d. h. um $\dfrac{K}{p}$ Lamellen voneinander entfernt liegen, während die zu einer Spule gehörigen Lamellen aber um $\dfrac{K+a}{p}$ Teilungen voneinander entfernt sind, so sind die Bürsten relativ zu den Lamellen um $\dfrac{a}{p}$ Teilungen verschoben. Wollen wir daher die verschiedenen gleichnamigen Bürsten durch eine einzige darstellen, so müssen wir die Lamellen so übereinander zeichnen, daß die von einer Bürste berührten gegen die von der benachbarten Bürste berührten um $\dfrac{a}{p}$ Teilungen verschoben sind. Wir erhalten somit p horizontale Reihen von Lamellen, und brauchen nur auf so viele Reihen die Bürste aufzulegen, wie gleichnamige Bürsten vorhanden sind.

Fig. 4 zeigt das reduzierte Kommutatorschema einer Reihenwicklung für $p = 3$, bei der alle gleichnamigen Bürsten aufliegen. Es sind also drei horizontale Lamellenreihen vorhanden, die mit I, II, III bezeichnet sind. In der Wicklung aufeinanderfolgende Lamellen der drei Reihen sind mit derselben Zahl bezeichnet.

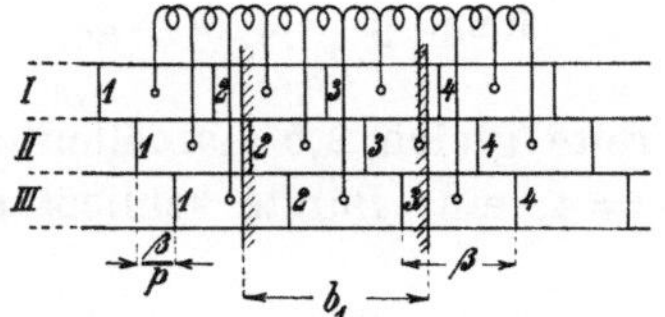

Fig. 4. Reduziertes Kommutatorschema einer 6poligen Reihenwicklung.

Auf den Kommutatoren II und III berühren die Bürsten, die $1\,^1/_2$ Lamellen breit sind, je drei Lamellen, auf Kommutator I nur zwei. Zu den $6 = (x + 1)\,p$ Spulen, die von der Bürste zwischen den Lamellen 1_{III} und 3_{III} kurzgeschlossen werden, tritt noch eine weitere hinzu zwischen 1_{II} und 1_{III}.

Ist

$$\frac{b_1}{\beta} = x + \frac{1}{y},$$

so haben wir also im Maximum $(x + 1)\,p + n$ kurzgeschlossene Spulen, worin n die nächstkleinere ganze Zahl ist, die angibt, wievielmal $\dfrac{1}{y}$ größer ist als $\dfrac{1}{p}$.

Wir können also für die Reihenwicklung setzen

$$S_{k\,max} = (x + 1)\,p + \frac{p}{y}$$

oder

$$S_{k\,max} = x\,p + p\left(\frac{1}{y} + 1\right),$$

worin für $p\left(\dfrac{1}{y} + 1\right)$ die nächst kleinere ganze Zahl zu setzen ist. Wird $\dfrac{b_1}{\beta}$ eine ganze Zahl, d. h. $\dfrac{1}{y} = 0$, so ist die nächstkleinere ganze Zahl $(p - 1)$.

Sind einzelne Bürsten fortgelassen, so verwendet man am besten das Diagramm. Hier läßt sich keine so einfache Regel aufstellen, da es davon abhängt, ob aufeinanderfolgende Bürsten fortgelassen sind oder abwechselnd eine aufliegt und eine fortgefallen ist.

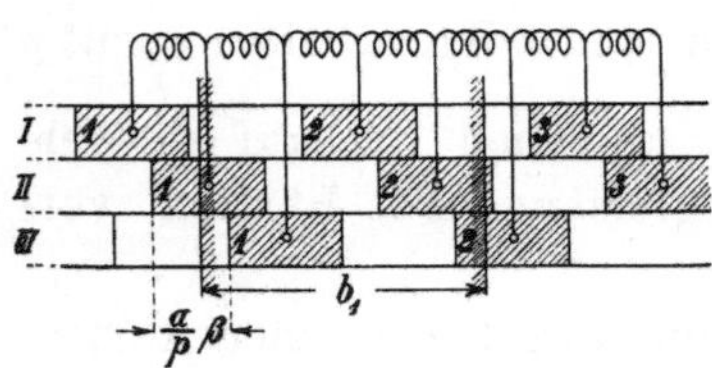

Fig. 5. Reduziertes Kommutatorschema einer Reihenparallelwicklung. $p = 3$, $a = 2$.

Fig. 5 zeigt das Schema einer Reihenparallelwicklung mit $p = 3$ und $a = 2$. Hier sind nur die Spulen des einen Ankerstromzweiges gezeichnet, dessen Lamellen schraffiert sind, die des andern sind fortgelassen, sie sind den ersten parallel geschaltet und die Vorgänge sind in ihnen dieselben.

In dem Beispiel ist die Bürstenbreite gleich 2,5 Lamellenteilungen, und da $a = 2$ ist, wird $x = 1$, $y = 4$, eine Bürste schließt also, da

$$\frac{1}{y} < \frac{a-1}{a}$$

ist, nur $xp = 3$ Spulen kurz.

Zu den von Bürste III kurzgeschlossenen Spulen tritt noch eine weitere zwischen 1_{II} und 1_{III}, und es kann noch eine zweite zwischen 1_{I} und 1_{II} hinzukommen, wenn

$$b_1 - \beta > 2\,\frac{a}{p}\,\beta$$

ist, oder allgemein treten n Spulen hinzu, wenn

$$b_1 + \beta\,(1 - ax) > n\,\frac{a}{p}\,\beta$$

ist. Es wird also

$$n \leqq \frac{p}{y} + \frac{p}{a} = \frac{p}{a}\left(\frac{a}{y} + 1\right).$$

Wir erhalten also für Reihenparallelwicklungen mit p gleichnamigen Bürsten die Regel:

Ist

$$\frac{b_1}{a\beta} = x + \frac{1}{y},$$

so ist

$$S_{k\,max} = xp + \frac{p}{a}\left(\frac{a}{y} + 1\right),$$

worin für $\dfrac{p}{a}\left(\dfrac{a}{y} + 1\right)$ die nächstkleinere ganze Zahl zu setzen ist.

Ist $\dfrac{b_1}{a\beta} = x$ eine ganze Zahl, so haben wir dieselbe Formel,

nur ist $\dfrac{a}{y} = 0$ zu setzen.

Diese Regel gilt somit für $a = 1$ auch bei der Reihenwicklung.

3. Kommutation von Mehrphasenströmen.

Führen wir nun dem Rotor in Fig. 1 durch die Bürsten Dreiphasenstrom zu und denken uns den Rotor zunächst stillstehend, so fließt in jeder Phase der Wicklung zwischen zwei Bürsten ein Wechselstrom, und die drei Phasen erzeugen zusammen ein Drehfeld, dessen Grundwelle wieder mit $n_1 = \dfrac{60\,c}{p}$ Umdrehungen in der Minute rotiert.

Wird der Rotor gedreht, so behält der Strom in jedem Wicklungszweig zwischen zwei Bürsten seine Periodenzahl bei, die Zahl der Spulen zwischen den Bürsten bleibt dieselbe und es bleibt daher auch die Größe und Umdrehungsgeschwindigkeit des Drehfeldes unverändert.

Die einzelnen Ankerspulen treten aber jedesmal, wenn sie an einer Bürste vorbeigelangt sind, in einen andern Wicklungszweig und werden dort von dem Strom der nächsten Phase des Mehrphasenstromes durchflossen. Es wird also in einer Rotorspule der Strom von dem Momentanwert der einen Phase in den Momentanwert der nächsten Phase kommutiert.

Dieser Vorgang wird durch Fig. 6 veranschaulicht. Die drei Sinuswellen a, b, c stellen den zeitlichen Verlauf der drei Phasen-

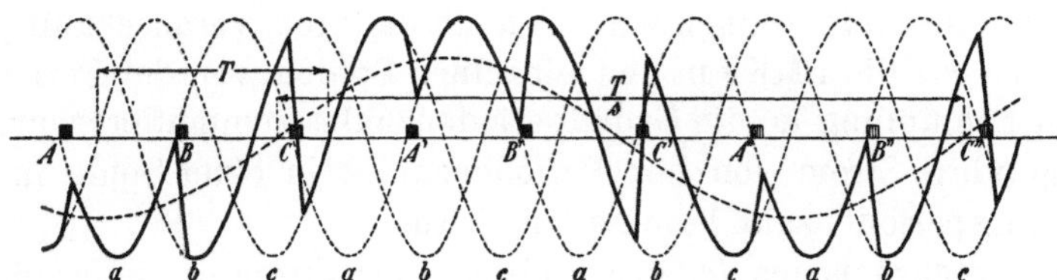

Fig. 6. Kommutation von Dreiphasenstrom.

ströme dar, die 120^0 Phasenverschiebung gegeneinander haben. T ist die Dauer der Periode. Eine Spule, die zur Zeit A unter einer Bürste liegt, wird von dieser Zeit an vom Phasenstrome a durchflossen bis zu einer Zeit B, zu der sie unter die nächste Bürste kommt, darauf wird sie von dem Phasenstrome b durchflossen. Die Dauer dieses Zeitabschnittes von A bis B hängt von der Rotorgeschwindigkeit ab. In der Zeit, in der die Spule von der Bürste B kurzgeschlossen ist, muß der Strom von dem Momentanwert der Phase a auf den entsprechenden Momentanwert der Phase b kommutiert werden. Zur Zeit C wird nun der Strom in der betrachteten Spule auf den entsprechenden Wert der Welle c kommutiert, und wir erhalten also für den Strom in einer Rotorspule einen zeitlichen Verlauf, der durch die stark gezeichnete, gebrochene Kurve dargestellt wird. Dieses Bild ändert sich von Spule zu Spule, weil in jeder der Strom zu einer andern Zeit kommutiert wird.

In jeder Spule wiederholt sich aber bei einer bestimmten Umdrehungszahl des Rotors das Bild des Stromverlaufes periodisch. Bei jeder Umdrehung gelangt die Spule p mal in denselben Wicklungszweig, wenn p die Polpaarzahl ist, also $p\dfrac{n}{60}$ mal in der Sekunde bei n Umdrehungen in der Minute. $p\dfrac{n}{60} = c_r$ bezeichnet man als Periodenzahl der Rotation.

Da der Wechselstrom sich mit c Perioden ändert, erhält also die Spule $c - c_r$ mal i. d. Sek. den gleichen Momentanwert desselben Phasenstromes, d. h. das Bild des Stromverlaufs in einer Spule wiederholt sich mit $c - c_r = sc$ Perioden i. d. Sek., und die einzelnen Stücke der Stromwelle, die aus den Wellen von der Grundperiodenzahl c herausgeschnitten werden, lagern sich über eine lange Welle, deren Dauer $\dfrac{T}{s}$ Sekunden ist. Diese Welle ist in Fig. 6 gestrichelt eingetragen. Es ist $c_r = \tfrac{2}{3}c$ angenommen, d. h. $s = \tfrac{1}{3}$, und die Dauer der Periode, nach der sich der Verlauf des Stromes in einer Spule wiederholt, ist dreimal so groß wie die des Wechselstromes.

Dieses Resultat können wir uns auch dadurch veranschaulichen, daß ebenso wie die EMKe in den einzelnen Spulen von der Periodenzahl der Schlüpfung in die Grundperiodenzahl c kommutiert wurden, der zugeführte Strom von der Periodenzahl c in einer Spule in die Schlüpfungsperiodenzahl kommutiert wird.

Bei Synchronismus $(c_r = c)$ pulsiert der Strom in jeder Spule um einen konstanten Mittelwert, er ist also ein pulsierender Gleichstrom.

Ähnlich wie bei einer Gleichstrommaschine wird nun auch hier bei der Kommutation des Stromes eine EMK in den Spulen zwischen den Kanten einer Bürste induziert, wodurch eine Verschiebung der Potentialkurve eintritt.

Diese EMK ist proportional der Änderungsgeschwindigkeit des Nutenfeldes der kurzgeschlossenen Spulen, sie ist also am größten, wenn der Strom im Maximum ist, und Null, wenn der Strom Null ist, d. h. sie ist in Phase mit dem kommutierten Strom und hat daher allgemein eine ganz andere Phase als die vom Hauptfeld induzierte EMK, die wir zuvor (S. 4 Gl. 3 a) betrachtet haben.

Der Betrag, um den der Strom einer Spule kommutiert wird, ist stets gleich der Differenz der Momentanwerte der Ströme der beiden Phasen, denen die Spule vor und nach dem Kurzschluß angehört, und zwar sind die Momentanwerte bei Beginn und Ende des Kurzschlusses zu nehmen. Wenn man die Dauer des Kurzschlusses als sehr klein gegen die Dauer der Periode des Wechselstromes ansieht, kann die Differenz dieser Momentanwerte in demselben Augenblick betrachtet werden. Sie ist dann einfach gleich dem Momentanwerte des Linienstromes, der der Bürste zugeführt wird, denn die Differenz von zwei Phasenströmen einer Ringschaltung ist immer gleich dem Linienstrom.

Bei Berechnung der bei der Kommutation des Stromes induzierten EMK betrachten wir, wie bei einer Gleichstrommaschine, das in einer Nut liegende zu kommutierende Strombündel.

Wir haben aber hier zu unterscheiden zwischen Wicklungen für gerade und solche für ungerade Phasenzahl.

Bei den meist üblichen Trommelwicklungen mit Durchmesserschritt und mit zwei übereinanderliegenden Spulenseiten in einer Nut überlappen sich bei ungerader Phasenzahl die Phasen der Rotorwicklung. Wenn bei einer solchen Wicklung die oben in einer Nut liegenden Drähte kommutiert werden, d. h. von einer Phase in die andere treten, werden die unten in derselben Nut liegenden Drähte nicht kommutiert.

Fig. 7 zeigt z. B. das zweipolige Schema eines dreiphasigen Rotors für $a = 1$ mit unverkürztem Wicklungsschritt. Die ausgezogenen Kreisbögen, die mit I, II, III bezeichnet sind, stellen die oben in den Nuten liegenden Spulenseiten der 3 Phasen dar, die gestrichelten Kreisbögen I′ II′ III′ die unten in den Nuten liegenden Spulenseiten. B_1, B_2, B_3 sind die Stellen, an denen die Bürsten liegen.

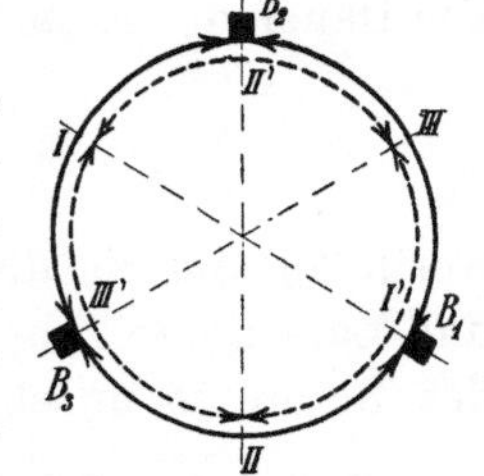

Fig. 7. Schema einer dreiphasigen Trommelwicklung.

Wir sehen, daß wenn bei der Bürste B_2 die oberen Spulenseiten einer Nut aus der Phase I in die Phase III gelangen, die unteren Spulenseiten in derselben Nut nicht kommutiert werden, sondern gerade in der Mitte der Phase II′ liegen, und daß, wenn die diametral dazu liegenden unteren Spulenseiten von I′ nach III′ gelangen, die oberen Spulenseiten jener Nut in der Mitte von II liegen.

Fig. 8 zeigt ebenso das zweipolige Schema eines vierphasigen Rotors, und wir sehen daraus, daß hier stets das ganze Stromvolumen einer Nut gleichzeitig kommutiert wird. Ebenso ist es bei 6 Phasen. Das Stromvolumen, das in einer Nut jeweils kommutiert wird, ist also

$$\text{für } m = \text{gerade} \ \ldots \ldots \ t_1\,AS$$
$$m = \text{ungerade} \ \ldots \ \tfrac{1}{2}\,t_1\,AS.$$

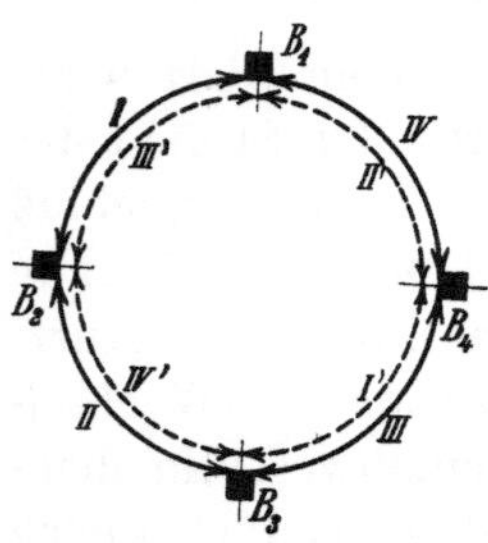

Fig. 8. Schema einer vierphasigen Trommelwicklung.

Der Betrag, um den der Strom kommutiert wird, ist, wie wir gesehen haben, gleich dem Momentanwert des Linienstromes, der der Bürste zugeführt wird, und da der Linienstrom $2 \sin \dfrac{\pi}{m}$ mal so groß wie der Phasenstrom ist, wird der Betrag, um den das Stromvolumen einer Nut bei der Kommutation sich im Maximum ändert,

$$2\,\sqrt{2}\,t_1\,AS \sin \frac{\pi}{m} \quad \text{bzw.} \quad \sqrt{2}\,t_1\,AS \sin \frac{\pi}{m}.$$

Ist λ_N die Leitfähigkeit der Streuflüsse für 1 cm Ankerlänge und l_i die ideelle Ankerlänge, so ändert sich also der Kraftfluß der Drähte einer Nut bei der Kommutation im Maximum um

$$2\,\sqrt{2}\,t_1\,AS \sin \frac{\pi}{m}\,l_i\,\lambda_N \quad \text{bzw.} \quad \sqrt{2}\,t_1\,AS \sin \frac{\pi}{m}\,l_i\,\lambda_N.$$

Die Dauer der Kommutierung der in einer Nut liegenden Drähte ist[1])

$$T_N = \frac{t_1 + b_D - \beta_D}{100\,v},$$

worin b_D und β_D die auf den Rotorumfang projizierte Bürstenbreite und Lamellenteilung bezeichnen und v die Umfangsgeschwindigkeit des Rotors in m/sek ist.

Von jeder Bürste werden im Mittel $\dfrac{b_1}{\beta}\dfrac{p}{a}\dfrac{N}{K}$ Drähte in Serie kurzgeschlossen, und in jedem wird bei der Kommutation eine mittlere maximale EMK

$$2\,(\text{bzw. }1)\ \frac{\sqrt{2}\,t_1\,AS \sin \dfrac{\pi}{m}\,l_i\,\lambda_N}{T_N}\ 10^{-8}\,\text{Volt}$$

induziert.

---

[1]) E. Arnold und J. L. la Cour: Die Kommutation bei Gleichstrom- und Wechselstromkommutatormaschinen S. 13.

Die maximale EMK zwischen den Kanten einer Bürste ist daher:

$$\sqrt{2}\,\varDelta e'' = 2 \text{ (bzw. 1) } \sqrt{2}\,\frac{b_1}{\beta}\,\frac{p}{a}\,\frac{N}{K}\sin\frac{\pi}{m}\frac{t_1\,AS\,\lambda_N\,l_i\,v}{t_1+b_D-\beta_D}\,10^{-6}\,\text{Volt}$$

oder der Effektivwert

$$\varDelta e'' = 2\,\text{(bzw.1)}\,\frac{b_1}{\beta}\,\frac{p}{a}\,\frac{N}{K}\sin\frac{\pi}{m}\frac{t_1\,AS\,\lambda_N\,l_i\,v}{t_1+b_D-\beta_D}\,10^{-6}\,\text{Volt}\ . \quad (3\,\text{b})$$

Diese EMK ist, wie erwähnt, in Phase mit dem Strom und daher gegen die vom Hauptkraftfluß induzierte EMK $\varDelta e'$ (Gl. 3 a) phasenverschoben, sie addieren sich daher geometrisch.

In dem Augenblick, in dem eine Bürste am Scheitel der Potentialkurve liegt, hat der Wattstrom, der der Bürste zugeführt wird, sein Maximum, und hier ist die vom Hauptkraftfluß induzierte EMK $\varDelta e'$ gleich Null. Liegt die Mitte der Bürste dort, wo die Potentialkurve durch Null geht, so ist der wattlose Strom, der der Bürste zugeführt wird, im Maximum, hier ist die vom Hauptkraftfluß induzierte EMK $\varDelta e'$ am größten.

Zerlegen wir daher den Effektivwert $\varDelta e''$ in zwei Komponenten: $\varDelta e''_w = \varDelta e''\cos\psi$ in Phase mit dem Wattstrom $J_w = J\cos\psi$, worin ψ der Phasenverschiebungswinkel zwischen der im Rotor induzierten EMK und dem Strom ist, und $\varDelta e''_{wl} = \varDelta e''\sin\psi$ in Phase mit dem wattlosen Strom $J_{wl} = J\sin\psi$, so ist die letzte in Phase mit $\varDelta e'$, während die erste um $\dfrac{\pi}{2}$ dagegen phasenverschoben ist, und es wird der Effektivwert der resultierenden EMK in den kurzgeschlossenen Spulen

$$\varDelta e = \sqrt{(\varDelta e' + \varDelta e''\sin\psi)^2 + (\varDelta e''\cos\psi)^2}\ \ .\ .\ .\ (4)$$

Diese EMK ist für die Beurteilung des Funkens maßgebend. $\varDelta e'$ wächst (s. Gl. 3 a) mit der Schlüpfung und $\varDelta e''$ mit der Geschwindigkeit des Rotors (s. Gl. 3 b). Bei kleinen Geschwindigkeiten kommt fast nur $\varDelta e'$ in Frage, bei Synchronismus nur $\varDelta e''$, und bei Übersynchronismus können beide sehr groß werden.

Außer der Spannung $\varDelta e$ kommt für das Funken besonders noch der Übergangswiderstand zwischen Bürste und Kommutator, die Selbstinduktion der kurzgeschlossenen Spulen und die Kurzschlußzeit in Betracht.

Man verwendet für Wechselstrommotoren daher meist schmale Kohlebürsten von hohem Übergangswiderstand, die nur eine bis zwei Lamellen bedecken, und macht die Lamellenzahl so groß wie möglich: $\dfrac{N}{K} = 2$ oder 1.

Erfahrungsgemäß soll für Kohlebürsten mit hohem Übergangswiderstand der Effektivwert Δe beim Stillstand etwa 7 Volt nicht überschreiten, um keine schädliche Funkenbildung und Erhitzung des Kommutators zu erhalten. Die Grenze beim Lauf hängt jedoch sehr von der Geschwindigkeit des Rotors ab, weil die beim Kommutieren freiwerdende magnetische Energie der inneren Ströme der kurzgeschlossenen Spulen um so eher zu Funken Anlaß gibt, je kürzer die Ausschaltezeit, d. h. je höher die Kommutatorgeschwindigkeit ist. Bei höheren Geschwindigkeiten darf daher Δe im allgemeinen etwa 3 Volt nicht überschreiten.

4. Einfluß der Kommutation auf die Streureaktanz der Rotorwicklung.

Wie wir bei Betrachtung der Fig. 6 gesehen haben, ändert sich der Strom einer Rotorspule, während sie von einer Bürste zur anderen gelangt, nach einer Welle von der Grundperiodenzahl c des zugeführten Wechselstromes, und in der Zeit, während der sie von der Bürste kurzgeschlossen ist, mit einer viel höheren, nämlich der Kommutierungsperiodenzahl.

Bei Berechnung der Reaktanz der Rotorwicklung haben wir also beide Änderungen in Rechnung zu ziehen. Da alle Spulen zwischen zwei Bürsten, d. h. die Spulen einer Phase der Rotorwicklung, stets den gleichen Strom führen, haben wir zunächst in jeder Phase eine Streureaktanz, herrührend von der Pulsation des Rotorstromes mit der Grundperiodenzahl c, unabhängig davon, ob der Anker sich dreht oder nicht.

Wir bezeichnen diese Reaktanz mit x_s und haben bei ihrer Berechnung für Trommelwicklungen mit zwei Spulenseiten in einer Nut wieder zwischen geraden und ungeraden Phasenzahlen zu unterscheiden.

Für den Phasenstrom $J_p = 1$ wird der Strom in jedem Rotorstromzweig $i_a = \dfrac{1}{a}$, und da jede Phase in einer Nut $\dfrac{N}{2Z}$ Drähte hat, ist für $J_p = 1$ die MMK der Drähte einer Phase für eine Nut $\dfrac{N}{2aZ}$. Bei gerader Phasenzahl liegen nun oben und unten in der Nut Drähte von diametraler Phase, also z. B. für $m = 4$ die Phasen I und III oder II und IV, für $m = 6$ die Phasen I und IV oder II und V oder III und VI. Die MMKe der oberen und unteren Spulenseite haben also gleiche Phase, und die gesamte MMK der Nut ist

$$\frac{N}{aZ}$$

Bei **ungerader** Phasenzahl, z. B. $m = 3$, sind die MMKe der oberen und unteren Spulenseiten um $\pm \dfrac{\pi}{m}$ gegeneinander phasenverschoben, und die MMK aller Drähte einer Nut wird im Mittel

$$\frac{N}{2\,aZ}\left(1 + \cos\frac{\pi}{m}\right).$$

Demnach wird der Streufluß pro Nut für $J_p = 1$

$$\frac{N}{aZ}\,l_i\,\lambda_N$$

bei gerader Phasenzahl, und der **mittlere** Streufluß

$$\frac{N}{2\,aZ}\left(1 + \cos\frac{\pi}{m}\right)l_i\,\lambda_N$$

bei ungerader Phasenzahl. Der Streufluß jeder Nut ist mit $\dfrac{N}{2\,aZ}$ in Serie geschalteten Drähten einer Phase verkettet, und die Drähte jeder Phase liegen in $\dfrac{2\,Z}{m}$ Nuten. Es wird daher die Reaktanz einer Phase:

$$x_s = 2\,\pi c\,\frac{N}{aZ}\,l_i\,\lambda_N\,\frac{N}{2\,aZ}\,\frac{2\,Z}{m}\,10^{-8}$$

oder

$$x_s = 4\,\pi c\,2\left(\frac{N}{2\,am}\right)^2\frac{m}{Z}\,l_i\,\lambda_N\,10^{-8}\ \text{Ohm für } m = \text{gerade} \ . \ . \quad (5\,\text{a})$$

und

$$x_s = 4\,\pi c\left(1 + \cos\frac{\pi}{m}\right)\left(\frac{N}{2\,am}\right)^2\frac{m}{Z}\,l_i\,\lambda_N\,10^{-8}\ \text{Ohm für } m = \text{ungerade.} \quad (5\,\text{b})$$

Ist der Strom, den wir der Bürste zuführen (der Linienstrom), gleich J, so ist die Reaktanzspannung einer Phase daher

$$\frac{J}{2\sin\dfrac{\pi}{m}}\,x_s = J_p\,x_s.$$

Setzen wir

$$\frac{J}{2\,a\sin\dfrac{\pi}{m}}\,N = \pi\,DAS,$$

$$c = \frac{p\,n_1}{60},$$

also

$$\pi Dc = \frac{\pi D n_1}{60}\,p = 100\,v_1 p,$$

worin v_1 die Umfangsgeschwindigkeit in m/sek bei Synchronismus ist, so wird

$$J_p x_s = 4\pi \left(\frac{N}{2\,a\,m}\right)\frac{1}{Z}\,p\,v_1\,AS\,l_i\,\lambda_N\,10^{-6}\;\text{Volt} \quad . \quad . \quad (6\,\text{a})$$

für $m =$ gerade, und

$$J_p x_s = 2\pi\left(1 + \cos\frac{\pi}{m}\right)\left(\frac{N}{2\,a\,m}\right)\frac{1}{Z}\,p\,v_1\,AS\,l_i\,\lambda_N\,10^{-6}\,\text{Volt} \; . \quad (6\,\text{b})$$

für $m =$ ungerade.

Dieser Reaktanzspannung entspricht eine Verschiebung der Potentialkurve am Kommutator im Sinne der Verzögerung.

In den kurzgeschlossenen Spulen ändert sich der Strom mit der Kommutierungsperiodenzahl, und es werden in ihnen und in den Spulen, die in den gleichen Nuten liegen, ebenfalls EMKe induziert. Diese verschieben, wie nachfolgend gezeigt wird, die Potentialkurve in entgegengesetzter Richtung, und zwar so, wie die Fig. 9 für einen dreiphasigen Rotor zeigt. Wir müssen daher die Reaktanzspannung, die durch die Kommutation bedingt wird, von der zuerst berechneten subtrahieren.

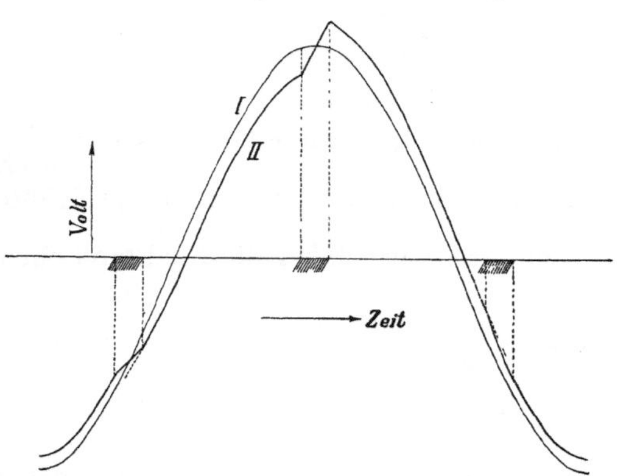

Fig. 9. Verschiebung der Potentialkurve durch die Kommutation.

Wir betrachten zunächst das Schema (Fig. 7) eines dreiphasigen Rotors. Gelangt eine Spule z. B. bei der Bürste B_2 bei der Kommutation aus dem Wicklungszweig I nach dem Zweig III, so wird die in ihr selbst bei dem Kurzschluß induzierte EMK je zur Hälfte auf die Reaktanz der Phasen I und III einen Einfluß haben, da die Spule während des Kurzschlusses die Hälfte der Zeit zum Wicklungszweig I und die andere Hälfte der Zeit zum Wicklungszweig III gerechnet werden muß. Außerdem liegen in denselben Nuten wie die kurzgeschlossenen Spulen andere, nicht kurzgeschlossene Spulen, die der Phase II angehören, und in ihnen wird nahezu dieselbe EMK induziert wie in den ersten. Diese EMK ist in Phase mit dem Linienstrome, der der Bürste B_2 zugeführt wird, und da dieser gerade um 90^0 gegen den Strom der Phase II voreilt, wird die EMK in dieser Phase wie eine negative Reaktanzspannung wirken, d. h. sie ist, wie erwähnt, der Reaktanzspannung der Phase selbst gerade entgegengerichtet. In gleicher Richtung und Phase wirken auch die beiden EMKe, die durch die Kommutation der Rotorspulen unter den Bürsten B_1 und B_3 in denselben und benachbarten Spulen induziert werden. Diese drei EMKe berechnet man wie folgt:

Die maximale EMK, die durch die Änderung des Nutenfeldes während der Kommutation unter der Bürste B_2 im Mittel in jeder der anderen Spulenseiten der Nut induziert wird, ist

$$\sqrt{2}\, t_1 A S \sin \frac{\pi}{m} l_i \lambda_N \frac{v}{t_1 + b_D - \beta_D}\, 10^{-6}\ \text{Volt.}$$

In der Nut liegen in Serie $\dfrac{N}{2\,aZ}$ Drähte der Wicklung der Phase II, die nicht kurzgeschlossen sind, und da die Kommutation des Stromes gleichzeitig im Mittel in $2p\dfrac{(t_1 + b_D - \beta_D)}{t_1}$ Nuten stattfindet, so wird also in der Phase II eine EMK induziert, deren Effektivwert

$$2 \sin \frac{\pi}{m} \frac{N}{2a} \frac{1}{Z} p v A S\, l_i \lambda_N 10^{-6}\ \text{Volt}$$

ist. Addieren wir hierzu die in der Hälfte der Rotorspulen unter den Bürsten B_1 und B_3 in derselben Richtung induzierten EMKe, so erhalten wir die folgende negative Reaktanzspannung

$$J_p x_r = 2 \sin \frac{\pi}{m} \left(1 + \cos \frac{\pi}{m}\right) \frac{N}{2a} \frac{1}{Z} p v A S\, l_i \lambda_N 10^{-6}\ \text{Volt.}$$

Setzen wir hier den Wert $J_p x_s$ aus Gl. 6 b ein, so wird

$$J_p x_r = \frac{m}{\pi} \sin \frac{\pi}{m} \frac{v}{v_1} J_p x_s \quad \ldots \ldots \quad (7\,\text{a})$$

Die resultierende Reaktanzspannung jeder Phase ist also für m ungerade

$$J_p (x_s - x_r) = J_p x_s \left(1 - \frac{c_r}{c} \frac{\sin \dfrac{\pi}{m}}{\dfrac{\pi}{m}}\right) \quad \ldots \quad (8\,\text{a})$$

Sie nimmt mit der Geschwindigkeit ab, wird aber bei Synchronismus nicht Null, sondern erst oberhalb dieser Geschwindigkeit, weil x_r etwas kleiner ist als $x_s \dfrac{c_r}{c}$.

Betrachten wir nun einen Rotor mit gerader Phasenzahl, z. B. das Schema Fig. 8 eines vierphasigen Rotors, so erhalten wir hier ein analoges Resultat. Die maximale EMK, die durch die Änderung des Nutenfeldes während der Kommutation in jeder der anderen Spulenseiten der Nut induziert wird, ist hier doppelt so groß wie für eine ungerade Phasenzahl, also

$$2 \sqrt{2}\, t_1\, A S \sin \frac{\pi}{m}\, l_i\, \lambda_N\, \frac{v}{t_1 + b_D - \beta_D}\, 10^{-6}\ \text{Volt.}$$

Da wir aber hier nur die in der Hälfte der Rotorspulen · unter zwei benachbarten Bürsten induzierten EMKe zu berücksichtigen haben, so wird für eine gerade Phasenzahl die negative Reaktanzspannung

$$J_p x_r = 2 \sin \frac{\pi}{m}\, 2 \cos \frac{\pi}{m}\, \frac{N}{2a}\, \frac{1}{Z}\, p v A S\, l_i\, \lambda_N 10^{-6}\ \text{Volt.}$$

Setzen wir hier den Wert für $J_p x_s$ aus Gl. 6a ein, so wird

$$J_p x_r = \frac{m}{\pi} \sin \frac{\pi}{m} \cos \frac{\pi}{m}\, \frac{v}{v_1}\, J_p x_s \quad \cdots \quad (7\,\text{b})$$

Die resultierende Reaktanzspannung jeder Phase wird also für m gerade

$$J_p (x_s - x_r) = J_p x_s \left(1 - \frac{c_r}{c}\, \frac{\sin \dfrac{2\pi}{m}}{\dfrac{2\pi}{m}} \right) \quad \cdot\ \cdot \quad (8\,\text{b})$$

Bezeichnen wir mit m nicht wie oben die Zahl der Bürstenstifte pro Polpaar, sondern die Zahl der Bürstenachsen, so erhalten wir für gerade Phasenzahlen dieselbe Formel für die Rotorreaktanz wie für ungerade Phasenzahlen, nämlich

$$J_p (x_s - x_r) = J_p x_s \left(1 - \frac{c_r}{c}\, \frac{\sin \dfrac{\pi}{m}}{\dfrac{\pi}{m}} \right).$$

Diese Formel wurde, zwar ohne Berücksichtigung des Wicklungsfaktors $\frac{m}{\pi} \sin \frac{\pi}{m}$, zuerst von E. Arnold und J. L. la Cour in ihrer Abhandlung über die Kommutation von Gleich- und Wechselströmen gebracht, die dem internationalen elektrotechnischen Kongreß in St. Louis 1904 vorgelegt wurde. Diese Formel benötigt jedoch, wie dort auch angegeben, einer kleinen Korrektur.

Bei der Kommutation der Rotorströme wird, wie auf Seite 12 angegeben, eine EMK Δe zwischen den Bürstenspitzen induziert, diese bleibt jedoch nicht in ihrer vollen Größe bestehen, weil sich innere zusätzliche Ströme durch die Bürsten schließen, welche Ströme teils die Spannung zwischen den Bürstenspitzen auf $\varDelta p$ reduzieren und teils EMKe in den benachbarten Rotorspulen induzieren. Da diese Wirkungen beide mit $\varDelta e$ zunehmen und nahezu in demselben Verhältnis, so darf man die totale Reduktion der in den Rotorspulen induzierten EMKe, herrührend von den zusätzlichen Strömen, durch die Bürsten in erster Annäherung gleich $\dfrac{\varDelta p}{\varDelta e}$ setzen. Dieses Verhältnis ist nicht konstant, sondern um so größer, je kleiner $\varDelta e$ ist. Wir können nunmehr die negative Reaktanzspannung der Rotorwicklung gleich

$$J_p\, x_r = J_p\, x_s \frac{c_r}{c}\; \frac{\sin \dfrac{\pi}{m}}{\dfrac{\pi}{m}}\; \frac{\varDelta p}{\varDelta e} \quad \cdots \cdots \quad (9)$$

setzen und wir erhalten folgende einfache und allgemein gültige Formel für die Streureaktanzspannung einer über einen Kommutator gespeisten Rotorwicklung

$$J_p\,(x_s - x_r) = J_p\, x_s \left(1 - \frac{c_r}{c}\; \frac{\sin \dfrac{\pi}{m}}{\dfrac{\pi}{m}}\; \frac{\varDelta p}{\varDelta e} \right) \quad . \quad (10)$$

worin m die Zahl der Bürstenachsen ist.

Aus dieser Formel geht direkt hervor, daß die Rotorreaktanz bei Synchronismus, wo $c_r = c$ ist, um so eher verschwindet, je größer die Anzahl (m) der Bürstenachsen pro Polpaar ist und je größer $\varDelta p$ bzw. der innere Widerstand des Kurzschlußkreises ist.

Bei einem dreiphasigen Rotor nimmt die Reaktanz mit zunehmender Geschwindigkeit des Rotors schneller ab, als bei einem zwei- oder vierphasigen Rotor, wie auch deutlich aus den experimentell aufgenommenen Kurven der Fig. 10 hervorgeht. Bei diesen Versuchen wurde ein und derselbe Rotor einmal in dreiphasiger Schaltung, das andere Mal in vierphasiger Schaltung verwendet. Die Reaktanz eines dreiphasigen Rotors nimmt ebenso schnell ab wie die in einem sechsphasigen Rotor. Erst bei Anwendung von ebensoviel Bürstenachsen wie Kommutatorlamellen pro Polpaar kann man die Rotorreaktanz bei Synchronismus ganz zum Verschwinden bringen. Daß dies selbstverständlich ist, folgt daraus, daß die Rotorströme ihre Phase gleichmäßig in allen Ankerspulen mit derselben Geschwindigkeit ändern, mit der die Rotorströme kommutiert werden.

Obwohl eine genaue Berechnung des Verhältnisses $\dfrac{\angle\,p}{\varDelta e}$ praktisch nicht möglich ist, so sehen wir immerhin, daß die Rotorreaktanz aus zwei Teilen, einem konstanten und einem mit der Geschwindigkeit veränderlichen besteht. Die Reaktanz verschwindet zum größten Teil bei Synchronismus, wird etwas oberhalb Synchronismus Null und bei noch höherer Geschwindigkeit negativ. Diese Tatsache ist

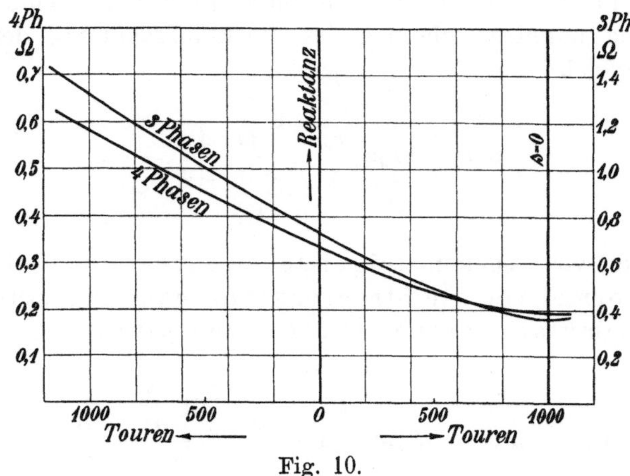

Fig. 10.

von größter Bedeutung für die rechnerische Behandlung von Wechselstrom-Kommutatormotoren, denn von ihr hängt das Verhalten der Nebenschlußmotoren, besonders bei der Regulierung ihrer Tourenzahl, in hohem Grade ab. Alle Theorien, die entweder auf einer konstanten, von der Geschwindigkeit unabhängigen Rotorreaktanz, oder auf einer mit der Schlüpfung $\left(1 - \dfrac{c_r}{c}\right)$ proportionalen Reaktanz aufgebaut sind, führen zu wesentlich von der Wirklichkeit abweichenden Ergebnissen.

5. Einfluß der Bürstenstellung auf die Phase der Rotor- und Stator-EMKe und -Ströme.

Denken wir uns bei dem Dreiphasen-Kommutatormotor (Fig. 11), dessen Stator und Rotor gleichartige Wicklungen und beide Dreieckschaltung besitzen, wie früher zunächst nur dem Stator einen Dreiphasenstrom zugeführt. Die Grundwelle des Drehfeldes induziert in einer Phase der Statorwicklung eine EMK

$$E_1 = \sqrt{2}\,\pi\,c\,w_1\,f_1\,\Phi\,10^{-8}\ \text{Volt}.$$

Stehen die Bürsten genau den Statoranschlußpunkten gegenüber, wie in Fig. 11, so fällt die Achse einer Rotorphase genau in die Richtung der entsprechenden Statorphase, und das Grundfeld ist in jedem Augenblick in der gleichen Lage gegenüber entsprechenden Stator- und Rotorphasen.

Die EMKe des Stators und Rotors sind also untereinander in Phase, und nach Gl. 2 ist die EMK in einer Phase des Rotors

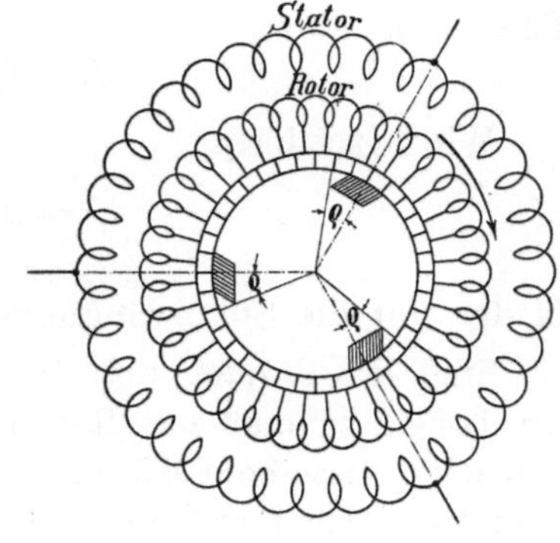

$$E_2 = \pi \sqrt{2}\, s\, c\, w_2\, f_2\, \Phi\, 10^{-8}\,\text{Volt}$$

$$= s\, E_1 \frac{w_2 f_2}{w_1 f_1}.$$

Fig. 11.

Reduzieren wir die Rotor-EMK auf die Windungszahl der Statorwicklung, so wird die reduzierte EMK:

$$E_2' = E_2 \frac{w_1 f_1}{w_2 f_2} = s\, E_1.$$

Verschieben wir nun die Bürsten um einen Winkel ϱ gegenüber den Anschlußpunkten der Statorwicklung, z. B. entgegengesetzt zur Drehrichtung des Drehfeldes, die in Fig. 11 durch den Pfeil angedeutet sein möge, so ist das Drehfeld erst um eine dem Winkel ϱ entsprechende Zeit später in der gleichen relativen Lage zu einer Statorphase wie zu der entsprechenden Rotorphase, d. h. die Rotor-EMK eilt der Stator-EMK um den Winkel ϱ zeitlich vor, während ihre Größe unverändert geblieben ist.

Stellen wir die EMKe als Vektoren dar, so hat die Rotor-EMK E_2' bei dem Bürstenwinkel ϱ, die wir mit $E_{2\varrho}'$ bezeichnen, eine Komponente in Phase mit E_1, nämlich $E_{2\varrho}' \cos\varrho$, und eine zweite, die gegen E_1 um 90^0 voreilt, nämlich $E_{2\varrho}' \sin\varrho$. Wir können daher setzen

$$\mathfrak{E}_{2\varrho}' = s\, \mathfrak{E}_1 (\cos\varrho - j\sin\varrho) = s\, \mathfrak{E}_1\, e^{-j\varrho} \quad \ldots \ldots (11)$$

Die Bürstenverschiebung bewirkt also eine zeitliche Phasenverschiebung zwischen den EMKen des Rotors und des Stators.

Hätten wir die Bürsten um einen Winkel ϱ im Sinne der Drehrichtung des Drehfeldes verschoben, so wäre die Rotor-EMK gegen die Stator-EMK phasenverzögert, wir haben dann in Gl. 11 den Winkel ϱ mit dem negativen Vorzeichen einzusetzen.

Eine ähnliche Beziehung gilt auch für die MMKe. Schicken wir einen Strom J_2 in den Rotor, während die Bürsten den Statoranschlußpunkten gegenüberliegen, so ist die von dem Rotorfeld im Stator induzierte EMK ebenso groß, wie wenn im Stator ein Strom J_1 vorhanden wäre, der dieselbe Phase hat wie J_2 und die gleiche MMK, d. h. es ist

$$J_1\, w_1\, f_1 = J_2\, w_2\, f_2.$$

Wir bezeichnen

$$J_2' = J_2\, \frac{w_2\, f_2}{w_1\, f_1} = J_1$$

als den auf die Statorwindungszahl reduzierten Rotorstrom.

Sind die Bürsten um einen Winkel ϱ gegen die Drehrichtung verschoben, so muß das Rotorfeld sich erst um ϱ verschieben, bis es wieder dieselbe EMK im Stator induziert wie zuvor, d. h. der Rotorstrom wirkt auf den Stator wie ein Statorstrom von gleicher MMK, der aber in der Phase gegen den Rotorstrom um ϱ verzögert ist.

Dieser Statorstrom würde also

$$\mathfrak{I}_1 = \mathfrak{I}_2\, \frac{w_2\, f_2}{w_1\, f_1}\, (\cos\varrho + j\sin\varrho) = \mathfrak{I}_2'\, e^{+j\varrho} \quad . \quad . \quad . \quad (12)$$

sein.

Machen wir z. B. $\varrho = \dfrac{\pi}{2}$, und ist der Rotorstrom ein Wattstrom, so wirkt er auf den Stator wie ein rein wattloser Statorstrom. Der Magnetisierungsstrom des Stators ist ja ein fast rein wattloser Strom, und wir können also, wie wir später eingehender sehen werden, den phasenverzögerten Magnetisierungsstrom des Stators ersetzen durch einen Wattstrom im Rotor, indem wir eine geeignete Bürstenverschiebung wählen.

Wir haben bisher nur gleichartige und gleichartig geschaltete Stator- und Rotorwicklungen betrachtet und sie schematisch durch eine Spiralwicklung dargestellt, die eine Dreieckschaltung ergibt, bei der jede der drei Phasen $^2/_3$ der Polteilung bedeckt. Hat der Rotor eine Trommelwicklung, so wären Stator und Rotor auch noch gleichartig, wenn die Statorwicklung ebenfalls als geschlossene Gleichstromtrommelwicklung ausgeführt wäre. Man erhält dann auch im Stator eine Dreieckschaltung, jede Phase bedeckt $^2/_3$ der Polteilung, und die Phasen überlappen sich, genau wie in dem Schema Fig. 7 der Rotorwicklung.

Meistens führt man aber den Stator mit einer Spulenwicklung aus, bei der jede Phase nur $^1/_3$ der Polteilung bedeckt; hierfür zeigen die Fig. 12a und b das Schema für die Nullstellung, d. h. für $\varrho = 0$, für Sternschaltung bzw. Dreieckschaltung des Stators.

Bei der Sternschaltung Fig. 12a entsprechen einer Rotorphase, z. B. der Phase 3, zwei Statorphasen 1 und 2, die zusammen auch $^2/_3$ der Polteilung bedecken. Bei der Dreieckschaltung Fig. 12b, bei der die Bürsten gegen Fig. 12a um 90° verschoben sind, entspricht dagegen derselben Rotorphase 3 die Statorphase 3, die aber nur $^1/_3$ der Polteilung bedeckt. Die Dreieckschaltung ist also bei Spulenwicklungen in bezug auf Streuung und Oberfelder ungünstiger als die Sternschaltung. Bei Dreieckschaltung sollte eine Gleichstromwicklung verwendet werden.

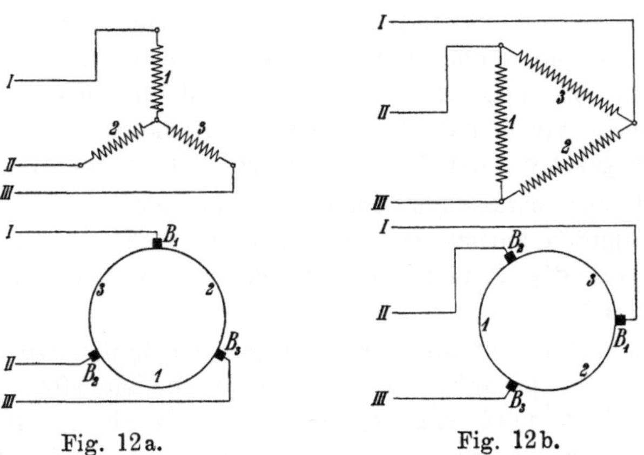

Fig. 12a.   Fig. 12b.

Eine ähnliche Überlegung zeigt für Zweiphasenmaschinen, daß hier eine Gleichstromwicklung im Stator günstiger ist.

6. Rückwirkung der Kurzschlußströme auf den Erregerstrom.

Solange wir nur dem Stator Strom zuführen, nimmt er zur Erregung des Drehfeldes einen Magnetisierungsstrom auf, der um fast 90° gegen die zugeführte Spannung verzögert ist und ebenso wie der Magnetisierungsstrom eines Induktionsmotors berechnet wird. Wir bezeichnen ihn mit J_a. Er besitzt eine Komponente J_{awl}, die um 90° gegen die EMK E_1 verzögert ist und die erregenden Amperewindungen für das Drehfeld liefert, und eine Wattkomponente J_{aw} in Phase mit E_1 zur Deckung der Eisenverluste. Es ist also J_a gegen E_1 um ψ_a verzögert.

Für das sinusförmige Grundfeld wird[1]

$$J_{awl} = J_a \sin \psi_a = E_1 \frac{p^2 \, 1{,}6 \, \delta \, k_1 \, k_z}{4 \, m \, c \, (w_1 \, f_1)^2 \, D \, l_i} \cdot 10^8$$

---

[1] Siehe Wechselstromtechnik Bd. V, 1, S. 176.

und

$$J_{aw} = J_a \cos \psi_a = \frac{W_{ei}}{m\,E_1}.$$

Diesen Strom nimmt der Stator aber nur solange auf, als die Bürsten nicht auf dem Kommutator liegen. Sind sie aufgelegt, so wird der Statorstrom wesentlich größer, auch wenn den Bürsten kein Strom zugeführt wird. Der Grund hierfür liegt darin, daß die von den Bürsten kurzgeschlossenen Spulen der Sitz einer vom Drehfeld induzierten EMK sind, wie wir in Abschnitt 1 gesehen haben, und daß diese EMK innere (zusätzliche) Kurzschlußströme erzeugt, die das induzierende Feld zu schwächen suchen. Da die effektive Statorspannung konstant ist, muß auch der effektive Kraftfluß nahezu konstant bleiben, und die Statorwicklung muß einen weiteren Strom aufnehmen, der die Rückwirkung der Ströme in den kurzgeschlossenen Spulen auf das Feld aufhebt.

Die kurzgeschlossenen Spulen wirken also auf die Statorwicklung ähnlich zurück wie die Sekundärwicklung eines Transformators auf die Primärwicklung, wenn jene fast direkt kurzgeschlossen ist.

Die EMK, die auf die kurzgeschlossenen Spulen wirkt, ändert sich, wie wir in Abschnitt 1 gesehen haben, bei sinusförmigem Feld nach einer Sinuskurve mit der Grundperiodenzahl c. Jede Spule ist aber nur eine kurze Zeit T_k im Kurzschluß, so daß innerhalb dieser Zeit die auf sie wirkende EMK sich nur von

$$e_2 \sqrt{2} \sin \omega t \quad \text{auf} \quad e_2 \sqrt{2} \sin \omega (t + T_k)$$

ändert.

Ist die Dauer T_k des Kurzschlusses klein gegen die Dauer T der Periode, so ist die EMK während dieser Zeit fast konstant.

Der innere (zusätzliche) Strom der kurzgeschlossenen Spule wächst in der Zeit T_k von Null auf einen Höchstwert und verschwindet wieder, ebenso wie der zusätzliche Kurzschlußstrom bei der Kommutation von Gleichstrom. Sein Verlauf und seine Größe hängen zunächst von dem Momentanwert der Spannung und andrerseits von dem Widerstand und der Selbstinduktion des Kurzschlußkreises und der Kurzschlußzeit T_k ab. Während der scheinbare Selbstinduktionskoeffizient S einer kurzgeschlossenen Spule als nahezu konstant angesehen werden kann, ändert sich der Übergangswiderstand an den Bürsten in den weitesten Grenzen, er ist beim Beginn und am Ende des Kurzschlusses unendlich groß, und in der Mitte am kleinsten, wenn beide Lamellen einer Spule gleichviel von der Bürste bedeckt sind.

Wie aus der Differentialgleichung des Kurzschlußstromes hervorgeht, wird er für einen bestimmten Wert der EMK um so größer, je kleiner

$$A = \frac{R_u T_k}{S}$$

ist[1]), worin R_u den Übergangswiderstand der Bürste bezeichnet.

Bei gegebener Kurzschlußzeit T_k, d. h. bei einer bestimmten Geschwindigkeit, sind also die Kurzschlußströme der nacheinander kurzgeschlossenen Spulen nur noch proportional den aufeinander folgenden Werten der EMK, sofern man den spezifischen Übergangswiderstand als konstant betrachtet. Sie sind jedenfalls dann am größten, wenn die EMK am größten ist, und Null, wenn die EMK Null ist, d. h. sie sind in Phase mit der EMK, und die Amplituden der nacheinanderfolgenden Kurzschlußströme verlaufen auch nach einer Sinuslinie.

Die Ströme in den gleichzeitig von den drei Bürsten kurzgeschlossenen Spulen bilden drei räumlich und zeitlich um 120^0 gegeneinander verschobene MMKe, die mit der Grundperiodenzahl pulsieren und deren Verteilung am Umfang etwa rechteckig ist. Ihre räumlichen Grundwellen setzen sich zu einer rotierenden MMK-Welle zusammen, die mit derselben Winkelgeschwindigkeit wie das Statorfeld rotiert, und der Stator nimmt zur Kompensation einen Strom auf, dessen MMK der von den Kurzschlußströmen entgegengesetzt gleich ist, der also in Phase mit der EMK ist. Wir bezeichnen ihn mit J_k'.

Die induzierte EMK in den von einer Bürste kurzgeschlossenen Spulen ist auf die Windungszahl des Stators reduziert

$$\Delta e' \frac{w_1 f_1}{S_k} = s E_1,$$

d. h. bei konstanter EMK E_1 würden die Kurzschlußströme mit der Schlüpfung zunehmen, und wir können setzen

$$J_k' = s E_1 g_k',$$

worin g_k' die auf die Statorwindungszahl reduzierte Konduktanz der kurzgeschlossenen Spulen bezeichnet. g_k' ist keine Konstante, denn wir haben schon gesehen, daß die Kurzschlußströme bei großer Geschwindigkeit bei derselben EMK nicht auf einen so großen Wert anwachsen können, wie wenn die Geschwindigkeit klein, d. h. T_k groß ist, und außerdem ist der spezifische Übergangswiderstand mit der Stromdichte veränderlich.

J_k' wird bei Synchronismus Null und oberhalb negativ, d. h. die Kurzschlußströme kehren ihre Richtung um, ebenso wie die Rotorströme in einer Induktionsmaschine.

---

[1]) Siehe Gleichstrommaschinen Bd. I, S. **423** und 424.

Ebenso wie die Rotorströme wirken die Kurzschlußströme unterhalb Synchronismus motorisch, und oberhalb Synchronismus erzeugen sie ein generatorisches Drehmoment. Im ersten Fall entnimmt der Stator eine Leistung aus dem Netz und überträgt sie auf die kurzgeschlossenen Spulen, ein Teil davon ist der Verlust, der andere Teil stellt eine mechanische Leistung dar. Oberhalb Synchronismus werden die Kurzschlußströme durch die Drehung erzeugt, es wird an die kurzgeschlossenen Spulen eine Leistung mechanisch übertragen, ein Teil ist der Verlust, der andere Teil wird auf den Stator übertragen und an das Netz zurückgegeben.

Die Leistung, die der Stator auf die kurzgeschlossenen Spulen überträgt, ist

$$W_k' = m_1 J_k' E_1 = m_1 s E_1{}^2 g_k'.$$

Der Verlust in den kurzgeschlossenen Spulen ist aber

$$V_k' = m_1 (s E_1)^2 g_k' = s W_k',$$

und die Differenz

$$W_k' - V_k' = (1 - s) W_k' = m_1 (1 - s) s E_1{}^2 g_k'$$

ist die mechanische Leistung. Sie wird negativ, wenn s negativ ist, d. h. sie wird den kurzgeschlossenen Spulen durch die Welle zugeführt.

Ein angenähertes Bild über die Größe der Verluste in den kurzgeschlossenen Spulen gibt die experimentell aufgenommene Kurve Fig. 13a. Kurve I stellt die dem Stator eines 6 PS-Motors

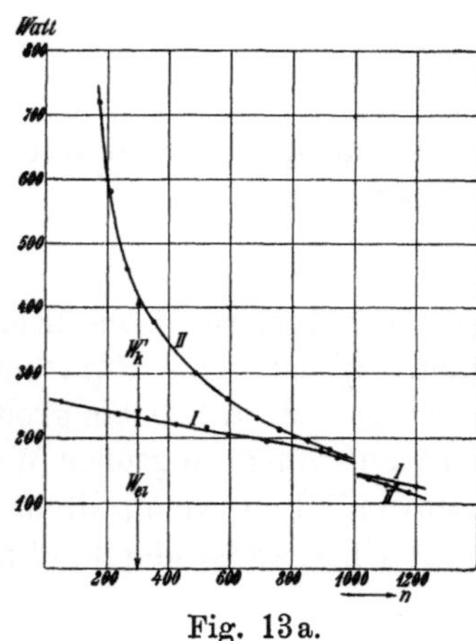

Fig. 13a.

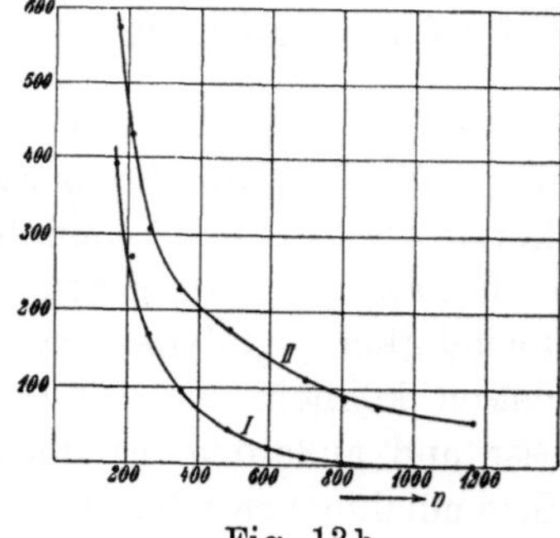

Fig. 13b.

zugeführte Leistung bei abgehobenen Bürsten dar, während der Rotor mit verschiedenen Geschwindigkeiten angetrieben wurde, und zwar ist die Abszissenachse so gelegt, daß die Stromwärmeverluste im

Stator $m_1 J_a^2 r_1$ unterhalb davon liegen. Die Ordinaten der Kurve I stellen also die dem Stator zugeführte Leistung W_{ei} zur Deckung der Eisenverluste dar. Die Unstetigkeit bei Synchronismus (1000 Umdrehungen) rührt von der Rotorhysteresis her. Die Ordinaten der Kurve II stellen bei derselben EMK die vom Stator aufgenommene Leistung (ebenfalls nach Abzug der Stromwärmeverluste) dar, während die Bürsten auflagen. Unter der Annahme, daß die Eisenverluste sich hierbei nicht geändert haben, ist die Differenz der Ordinaten der beiden Kurven die auf die kurzgeschlossenen Spulen übertragene Leistung W_k'. Bei kleinen Geschwindigkeiten ist diese Leistung viel größer als die Eisenverluste, bei Synchronismus wird sie Null und darüber negativ.

In Fig. 13b stellt Kurve I den Verlust $V_k' = s W_k'$ als Funktion der Geschwindigkeit dar, während Kurve II $\dfrac{W_k'}{s}$ darstellt, eine Größe, die der Konduktanz g_k' der kurzgeschlossenen Spulen proportional ist und die bei steigender Geschwindigkeit schnell abnimmt.

Wir haben hierbei keine Rücksicht auf die Oberfelder genommen, die bei der Statorwicklung klein sind, weil diese Wicklung in viele Nuten verteilt ist. Dagegen sind die Oberfelder der Kurzschlußströme groß, weil die kurzgeschlossenen Spulen als dreiphasige Einlochwicklung betrachtet werden können. Es werden daher besonders das fünfte und siebente Oberfeld im Stator EMKe induzieren, die die Reaktanz der Statorwicklung vergrößern. Die Folge davon ist, daß die vom Stator gedeckten Eisenverluste in Kurve II der Fig. 13a bei kleinen Geschwindigkeiten etwas kleiner sind als bei Kurve I, die Kurzschlußverluste noch etwas größer, als den Differenzen der beiden Kurven entspricht. Die Messung gibt daher nur ein angenähertes Bild. Eine genauere Methode zur Trennung werden wir bei den Einphasenmotoren kennen lernen. Bei dem in Fig. 13 dargestellten Versuch war die Kurzschlußspannung

$$\Delta e' \eqsim s \cdot 5{,}8 \text{ Volt.}$$

Der gesamte Leerlaufstrom des Stators ergibt sich nun als Summe der Ströme J_a und J_k'

$$\mathfrak{J}_{10} = \mathfrak{E}_1 (\mathfrak{Y}_a + s g_k'),$$

und die Klemmenspannung ist

$$\mathfrak{P}_1 = \mathfrak{E}_1 + \mathfrak{J}_{10} \mathfrak{Z}_1 = \mathfrak{E}_1 [1 + (\mathfrak{Y}_a + s g_k') \mathfrak{Z}_1]$$

$$\mathfrak{J}_{10} = \frac{\mathfrak{P}_1 (\mathfrak{Y}_a + s g_k')}{1 + (\mathfrak{Y}_a + s g_k') \mathfrak{Z}_1}.$$

7. Die Leerlaufspannung des Rotors.

Wir wollen nun untersuchen, wie groß die Klemmenspannung des Rotors sein muß, um bei verschiedenen Rotorgeschwindigkeiten einen bestimmten Strom hindurchzuschicken. Nehmen wir die gleiche Windungszahl im Stator und Rotor an, so induziert der Kraftfluß bei Stillstand in beiden dieselbe EMK $E_2 = E_1$, und bei der Schlüpfung s ist die EMK im Rotor

$$E_{2s} = s E_2 = s E_1.$$

Der Erregerstrom setzt sich nun aus zwei Teilen zusammen, dem Magnetisierungsstrom $E_2 y_a$ und dem Strom $J_k' = s E_2 g_k'$, der zur Kompensation der Ströme der kurzgeschlossenen Spulen erforderlich ist. Es wird also

$$\mathfrak{J}_2 = \mathfrak{E}_2 (\mathfrak{Y}_a + s g_k') = s \mathfrak{E}_2 \left(\frac{\mathfrak{Y}_a}{s} + g_k' \right).$$

Bei konstantem Strom $\mathfrak{J}_2$ haben wir also zur Überwindung der vom Hauptfeld induzierten EMK eine Spannung zuzuführen:

$$s \mathfrak{E}_2 = \mathfrak{E}_{2s} = \frac{\mathfrak{J}_2}{\dfrac{\mathfrak{Y}_a}{s} + g_k'}.$$

Setzen wir

$$\frac{1}{\dfrac{\mathfrak{Y}_a}{s} + g_k'} = \frac{s}{(g_a + s g_k') + j b_a} = \frac{s(g_a + s g_k') - j s b_a}{(g_a + s g_k')^2 + b_a^2} = s r_e - j s x_e,$$

so wird

$$\mathfrak{E}_{2s} = \mathfrak{J}_2 (s r_e - j s x_e),$$

$$r_e = \frac{g_a + s g_k'}{(g_a + s g_k')^2 + b_a^2} \quad \text{ist der effektive Erregerwiderstand,}$$

$$x_e = \frac{b_a}{(g_a + s g_k')^2 + b_a^2} \quad \text{ist die effektive Erregerreaktanz.}$$

Der Rotor verhält sich in bezug auf die Erregung wie ein induktiver Stromkreis, dessen Reaktanz $s x_e$ und dessen Widerstand $s r_e$ ist, zu denen sich noch der Widerstand der Wicklung und der Bürsten und die nach Abschnitt 4 veränderliche Streureaktanz $(x_s - x_r)$ der Wicklung addieren.

Bei Synchronismus verschwindet die Erregerimpedanz des Rotors, d. h. die vom Feld im Rotor induzierte EMK; der Rotorstrom ist dann nur begrenzt durch den Widerstand der Wicklung und der Bürsten und durch die Streureaktanz der Wicklung. Daher verhält sich der Rotor bei Synchronismus in bezug auf die Erregung ähnlich

wie das rotierende Polrad einer Wechselstrommaschine, Feld und
Wicklung stehen relativ zueinander still. Bei allen anderen Geschwindigkeiten tritt eine Verschiebung des Feldes gegen die Rotorwicklung ein, und es wird eine EMK in der Wicklung induziert.
Bei Synchronismus kann der Rotorstrom daher auch keine Leistung
auf das Feld übertragen, und die Verluste, die im Statoreisen auftreten, werden nicht durch den Rotorstrom zugeführt, sondern
mechanisch auf den Rotor übertragen. Läuft der Rotor übersynchron, so kehrt die induzierte EMK ihre Richtung um, die Erregerreaktanz $s\,x_e$ wird negativ, der Strom eilt also der Spannung
vor und der Kommutatoranker verhält sich wie ein übererregter
Synchronmotor. Der Erregerwiderstand $s\,r_e$ kann ebenfalls negativ
werden, wenn $g_a > s g_k'$ ist. In diesem Falle werden nicht nur die
ganzen Verluste, die durch das Feld entstehen, mechanisch auf
den Rotor übertragen, sondern er generiert auch noch eine Leistung
in das Netz zurück, die den Verlusten und der Schlüpfung proportional ist.

Die **Klemmenspannung am Rotor** besteht aus einer wattlosen Komponente

$$P_{2\,w\,l} = J_2\left(s\,x_e + x_s - x_r\right) = J_2 X \quad \ldots \ldots \ (13)$$

und einer Wattkomponente

$$P_{2\,w} = J_2\left(s\,r_e + r_2\right) = J_2 R, \quad \ldots \ldots \ (14)$$

worin r_2 den Widerstand der Wicklung vermehrt um den Übergangswiderstand an den Bürsten bezeichnet.

Schließt man die Statorwicklung kurz, so werden x_e und r_e
nahezu Null.

Sehen wir zunächst von der
Rückwirkung der Kurzschlußströme ab, d. h. setzen in den
Formeln für r_e und x_e $g_k' = 0$,
so nehmen die beiden Komponenten der Klemmenspannung
mit abnehmender Schlüpfung
linear ab.

Dies ist für die gesamte Reaktanzspannung $P_{2\,w\,l} = J_2 X$, wie
die experimentell aufgenommenen
Kurven (Fig. 14) zeigen, sehr
nahe der Fall, außer bei den
großen Schlüpfungen in der Nähe
von $s = 1$, denn wie aus der

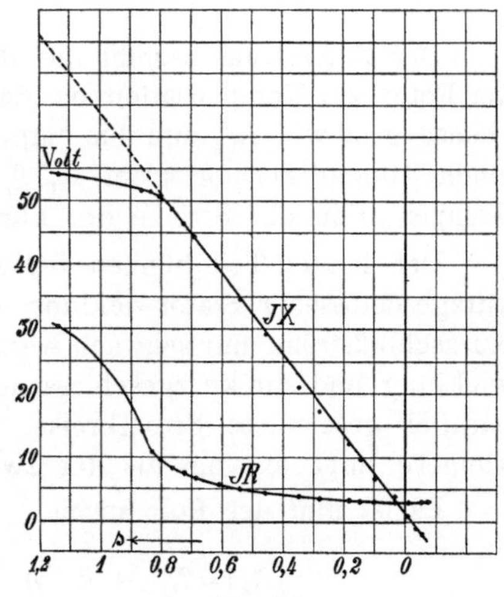

Fig. 14.

Formel für x_e hervorgeht, wird die Erregerreaktanz kleiner, wenn sg_k' nicht gegen b_a zu vernachlässigen ist. Daher biegt JX gegen Stillstand und noch mehr für $s > 1$ von der Geraden ab. Einen größeren Einfluß haben die Kurzschlußströme, wie auch aus der Formel hervorgeht, auf den effektiven Erregerwiderstand besonders wieder bei großen Schlüpfungen, bei denen sg_k' groß gegen g_a ist. Auch nimmt die gesamte Widerstandsspannung oberhalb Synchronismus nicht ab, denn sr_e wird hier positiv, da wieder $sg_k' > g_a$ ist. Bei Synchronismus ist die verbleibende Reaktanzspannung $J_2(x_s - x_r)$, sie ist sehr klein, und wenig oberhalb Synchronismus geht JX durch Null, wenn die negative Erregerreaktanz größer geworden ist als die noch verbleibende Streureaktanz.

8. Kurzschlußversuch.

Das Verhalten der Streureaktanz des Rotors zeigt uns deutlich der folgende Kurzschlußversuch. Der Rotor wird an die Stromquelle angeschlossen und die Statorwicklung ist kurzgeschlossen, wobei die Bürsten in die Nullstellung $\varrho = 0$ gestellt sind. Der Rotor wird mittels eines Hilfsmotors angetrieben.

Ist $J_{1\,k}'$ der auf die Windungszahl des Rotors reduzierte Strom der kurzgeschlossenen Statorwicklung, $z_1' = \sqrt{r_1'^2 + x_1'^2}$ die ebenfalls auf die Rotorwindungszahl reduzierte Impedanz einer Phase der Statorwicklung, so ist die in einer Statorphase induzierte EMK

$$\mathfrak{E}_1' = \mathfrak{J}_{1\,k}'\,\mathfrak{Z}_1'.$$

Der Rotorstrom besteht aus drei Komponenten, erstens nimmt der Rotor zur Kompensation des Statorstromes einen Strom auf, der ebenso groß wie $\mathfrak{J}_{1\,k}'$ und ihm entgegengesetzt gerichtet ist, zweitens einen Magnetisierungsstrom $\mathfrak{E}_1'\,\mathfrak{Y}_a$ und drittens einen Strom zur Kompensation der Ströme der kurzgeschlossenen Spulen.

Den letzten Teil können wir aber hier vernachlässigen, da bei kurzgeschlossener Statorwicklung das Feld sehr klein ist und die Kurzschlußströme nur schwach werden. Die kurzgeschlossene Statorwicklung und die kurzgeschlossenen Spulen des Rotors bilden zwei parallel geschaltete Stromkreise, von denen der erste eine viel kleinere Impedanz hat als der zweite.

Es ist nun der Rotorstrom

$$\mathfrak{J}_2 = \mathfrak{J}_{1\,k}' + \mathfrak{E}_1'\,\mathfrak{Y}_a = \mathfrak{E}_1'\left(\frac{1}{\mathfrak{Z}_1'} + \mathfrak{Y}_a\right).$$

Die im Rotor induzierte EMK ist bei der Schlüpfung s

$$\mathfrak{E}_{2s} = s\,\mathfrak{E}_1' = \mathfrak{J}_2 \frac{\mathfrak{Z}_1'\,s}{1 + \mathfrak{Y}_a\,\mathfrak{Z}_1'}$$

und der Spannungsabfall in der Rotorwicklung

$$\mathfrak{J}_2\,\mathfrak{Z}_{2s} = \mathfrak{J}_2\,[r_2 - j\,(x_s - x_r)].$$

Daher ist die Klemmenspannung am Rotor

$$\mathfrak{P}_{2k} = \mathfrak{E}_{2s} + \mathfrak{J}_2\,\mathfrak{Z}_{2s} = \mathfrak{J}_2\left(\frac{\mathfrak{Z}_1'\,s}{1 + \mathfrak{Y}_a\,\mathfrak{Z}_1'} + \mathfrak{Z}_{2s}\right).$$

Bei Stillstand $s = 1$ wird

$$\mathfrak{P}_{2k} = \mathfrak{J}_2\left(\frac{\mathfrak{Z}_1'}{1 + \mathfrak{Y}_a\,\mathfrak{Z}_1'} + \mathfrak{Z}_2\right) = \mathfrak{J}_2\,\mathfrak{Z}_k,$$

worin

$$\mathfrak{Z}_k = \frac{\mathfrak{Z}_1'}{1 + \mathfrak{Y}_a\,\mathfrak{Z}_1'} + \mathfrak{Z}_2$$

die Kurzschlußimpedanz ist.

Mit abnehmender Schlüpfung verschwindet die Statorimpedanz, aber auch die Rotorreaktanz $(x_s - x_r)$ verschwindet nach Abschnitt 4 zum Teil, und da bei Synchronismus x_r fast ebenso groß ist wie x_s, bleibt hier nur noch eine sehr kleine Reaktanz übrig.

Setzen wir in der Gleichung für die Rotorspannung

$$1 + \mathfrak{Y}_a\,\mathfrak{Z}_1' = \mathfrak{C}_1 = C_1\,e^{j\gamma_1},$$

worin $\mathfrak{C}_1$ eine komplexe Zahl ist, deren Betrag C_1 etwas größer als 1 und deren Argument γ_1 ein kleiner Winkel und meist kleiner als 1^0 ist, so daß wir $\mathfrak{C}_1 \simeq C_1$ setzen können, so erhalten wir als gesamte Widerstandsspannung

$$P_{2kw} = J_2\left(\frac{r_1'\,s}{C_1} + r_2\right) = J_2\,R$$

und als Reaktanzspannung

$$P_{2kwl} = J_2\left(\frac{x_1'\,s}{C_1} + x_s - x_r\right) = J_2\,X.$$

Nach Gl. 10 können wir $x_s - x_r$ zerlegen in einen Teil

$$x_{20} = x_s\left(1 - \frac{\sin\dfrac{\pi}{m}}{\dfrac{\pi}{m}}\,\frac{\Delta p}{\Delta e}\right),$$

der bei Synchronismus übrig bleibt, und in

$$s\,x_{2v} = x_s\,\frac{\sin\dfrac{\pi}{m}}{\dfrac{\pi}{m}}\,\frac{\varDelta p}{\varDelta e}\left(1 - \frac{c_r}{c}\right),$$

der mit der Schlüpfung abnimmt. Die Reaktanzspannung wird daher

$$P_{2\,kwl} = J_2\,X = J_2\left[s\left(\frac{x_1'}{C_1} + x_{2v}\right) + x_{20}\right].$$

Wir sehen also, daß beide Komponenten mit abnehmender Schlüpfung linear abnehmen.

Fig. 15 stellt die experimentell aufgenommenen Werte von JR und JX als Funktion der Schlüpfung dar und bestätigt das Resultat. Nur in der Nähe von Synchronismus weicht der Verlauf der Reaktanzspannung etwas von der Geraden ab. Dies rührt von den höheren Harmonischen her, die besonders durch die Kommutation entstehen und die sich quadratisch zu der Spannung der Grundharmonischen addieren. Bezeichnet E_h den Effektivwert der höheren Harmonischen, so ist

$$P_{2k} = \sqrt{(J_2\,R)^2 + (J_2\,X)^2 + (E_h)^2}.$$

Verschwindet die Reaktanzspannung $J_2\,X$ von der Grundperiodenzahl, so wirken die höheren Harmonischen wie eine Reaktanzspannung; sobald aber eine andere Reaktanz im Stromkreise vorhanden ist, ist ihr Einfluß nur sehr gering und kann im allgemeinen vernachlässigt werden.

Der Wert der kleinsten Reaktanzspannung in Fig. 15 ist gleich E_h; nimmt man an, daß E_h sich bei kleinen Geschwindigkeitsänderungen nicht viel ändert, so kann man diesen Wert benutzen, um die höheren Harmonischen nach vorstehender Gleichung zu eliminieren. Dies ist in Fig. 15 geschehen, und es stellt die strichpunktierte Gerade die Reaktanzspannung nach Abzug der höheren Harmonischen dar.

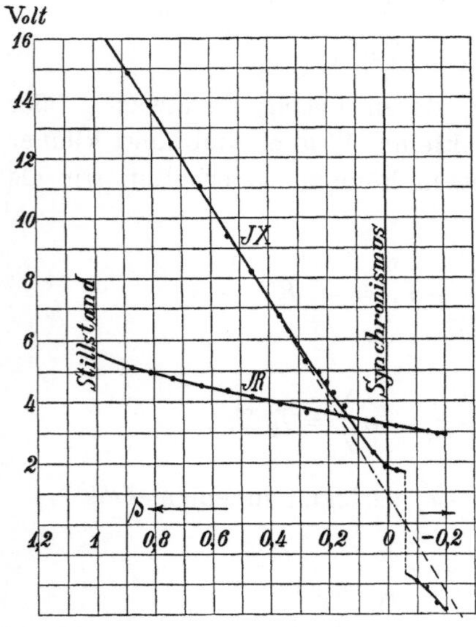

Fig. 15. Aufgenommene Werte der Reaktanzspannung und der Widerstandsspannung am Rotor bei kurzgeschlossenem Stator.

Sie geht wenig oberhalb Synchronismus durch Null und wird dann negativ.

Hätten wir die Bürsten nicht in die Nullstellung gestellt ($\varrho \gtrless 0$), so hätten wir zunächst bei Stillstand eine größere Kurzschlußreaktanz erhalten, herrührend von den Oberfeldern der Stator- und Rotorwicklung, die ähnlich wie bei einem Induktionsmotor die Reaktanz bei Kurzschluß vergrößern. In der Nullstellung heben sich hier bei gleichartigen Stator- und Rotorwicklungen (siehe Abschnitt 5, S. 23) die Stator- und Rotoroberfelder fast ganz auf, in allen anderen Stellungen ist dies aber nicht der Fall. Während bei einem Induktionsmotor ohne Kommutator die Lage der Rotoroberfelder gegenüber den Statoroberfeldern bei der Drehung des Rotors sich ändert, trifft dies bei dem Kommutatormotor nicht zu, denn hier ist die Lage der Rotorphasen gegenüber dem Stator durch die Stellung der Bürsten festgehalten, gleichviel ob der Rotor sich dreht oder nicht.

Sind z. B. die Bürsten um $\varrho = \dfrac{\pi}{6}$ aus der Nullstellung verschoben, so sind bei kurzgeschlossenem Stator die Grundfelder von Stator- und Rotorströmen einander fast immer noch entgegengerichtet. Die Statorströme sind aber gegen die entsprechenden Rotorströme um $\dfrac{\pi}{6}$ in Phase verschoben, Es ist deswegen das fünfte Oberfeld im Stator nicht dem fünften Oberfeld im Rotor entgegengerichtet, sondern gegen diese Lage um $\dfrac{5\pi}{6} - \dfrac{\pi}{6} = \dfrac{4\pi}{6}$ verschoben, wie Fig. 16 zeigt. Die fünften Oberfelder ergeben also ein resultierendes Feld, das größer ist als jedes von ihnen, und die siebenten Stator- und Rotorfelder endlich sind fast genau gleichgerichtet und addieren sich direkt.

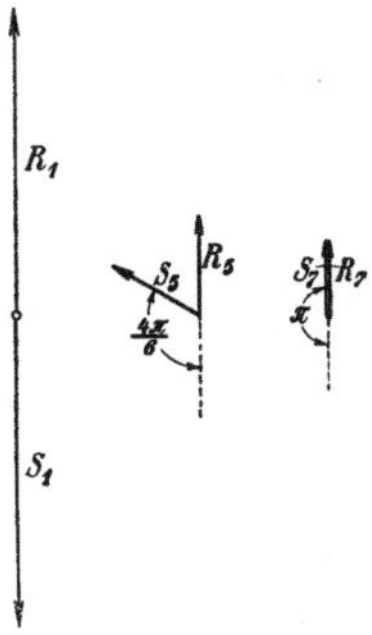

Alle diese Oberfelder würden nun zwischen zwei Bürsten EMKe von der Grundperiodenzahl ergeben, die hauptsächlich wattlos sind und deren Größe proportional ist der Schlüpfung des Rotors gegenüber dem betreffenden Oberfeld.

Bei Synchronismus mit dem Grundfeld ist die Schlüpfung gegen alle Oberfelder sehr groß, es würden also hier ziemlich große Reaktanzspannungen übrigbleiben, und die gesamte Reaktanz könnte nicht wie bei Fig. 15 linear mit der Rotorgeschwindigkeit verlaufen.

Fig. 16.

Bei Dreiphasenmaschinen sind die Oberfelder verhältnismäßig schwach, doch ist ihr Einfluß aus dem erwähnten Grunde nicht

ganz zu vernachlässigen, bedeutender kann er bei Zweiphasenmaschinen werden.

Wir haben im vorstehenden erst die allgemeinen Eigenschaften
der Mehrphasenkommutatormaschinen, insbesondere des Kommutatorankers besprochen und wenden uns nun der Betrachtung der
Arbeitsweise der Maschinen zu.

Durch Reihenschluß- oder Nebenschlußschaltung der Stator-
und Rotorwicklungen entstehen die verschiedenen Formen der
mehrphasigen Kommutatormaschinen, die sowohl als Motor wie als
Generator arbeiten.

Geschichtlich sei erwähnt, daß die Mehrphasen-Kommutatormaschinen zuerst beschrieben sind von Wilson in dem englischen
Patent Nr. 18525 (1888) und von Görges in dem D. R. P. 61951
(1891) und in der ETZ 1891.

Später hat M. Latour in Industrie électrique 1901 und 1902
besonders auf die Eigenschaften dieser Maschinen als Generatoren
hingewiesen. Besondere Bedeutung haben die Mehrphasen-Kommutatormotoren erst durch die Verwendung zur ökonomischen Geschwindigkeitsregulierung erlangt. Um die Entwicklung der regulierbaren Motoren haben sich in erster Linie Winter und Eichberg verdient gemacht, die in dem D. R. P. 153730 (1901) neue
Grundlagen dafür geschaffen haben. Unabhängig davon haben
Roth [franzö̈s. Pat. 325250 (1902)] und Blondel [franzö̈s. Patent
327414 (1902)] Methoden zur Tourenregulierung angegeben.

Zweites Kapitel

Der mehrphasige Hauptschlußmotor.

9. Theorie des mehrphasigen Hauptschlußmotors. — 10. Stromdiagramm des mehrphasigen Hauptschlußmotors. — 11. Vorausberechnung der Arbeitskurven. — 12. Einfluß der Sättigung des Reihenschlußtransformators. — 13. Hauptschlußmotor mit zweiteiliger Statorwicklung. — 14. Bemerkungen über den Betrieb des mehrphasigen Hauptschlußmotors als Generator.

9. Theorie des mehrphasigen Hauptschlußmotors.

Fig. 17 zeigt schematisch die Reihenschaltung eines in Dreieck geschalteten Stators mit einem dreiphasigen Kommutatoranker, die mittels eines Hauptstromtransformators HT hintereinander geschaltet

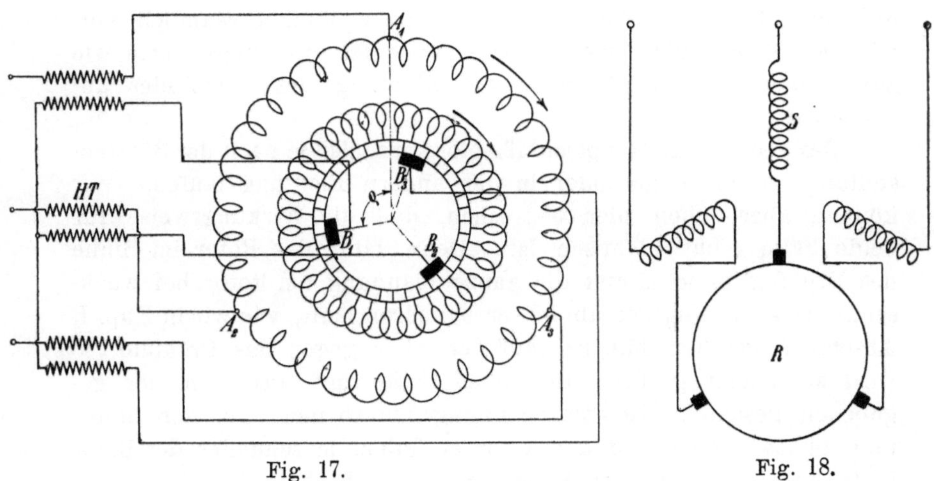

Fig. 17.

Fig. 18.

Dreiphasiger Hauptschlußmotor.

sind, und Fig. 18 zeigt die direkte Reihenschaltung, wobei die Statorwicklung eine Sternschaltung mit geöffnetem neutralen Punkt besitzt. Auch hier könnte ein Hauptstromtransformator angewendet und der neutrale Punkt der Statorwicklung geschlossen werden.

Diesen Motor können wir, analog der Einteilung der Einphasenmotoren, als **doppeltgespeisten Motor** bezeichnen, weil sowohl dem Stator wie dem Rotor Energie zugeführt wird.

Bei der Reihenschaltung sind die MMKe von entsprechenden Stator- und Rotorphasen miteinander in Phase, und wie wir früher gesehen haben, rotiert die sinusförmige Grundwelle der Rotor MMK ebenso wie die des Stators mit der konstanten Winkelgeschwindigkeit $\omega_1 = 2\pi c_1$, unabhängig davon, ob der Rotor stillsteht oder sich dreht. Ist die Schaltung so getroffen, daß der Drehsinn der Stator- und Rotor-MMK-Wellen derselbe ist, so stehen sie stets relativ zueinander still und es besteht ein Drehmoment, dessen Größe und Richtung abhängt von der Größe der Stator- und Rotor-MMK-Wellen und zweitens von ihrer räumlichen Lage zueinander.

Stehen z. B. die Bürsten in der Nullstellung ($\varrho = 0$), so liegen die beiden MMK-Wellen in jedem Augenblick in gleicher Richtung, und es besteht daher kein Drehmoment zwischen ihnen. Sind dagegen die Bürsten aus der Nullstellung um einen Winkel ϱ gegen die Drehrichtung der MMK-Wellen bzw. der von ihnen erzeugten Felder zurückverschoben, so eilt die Rotor-MMK der Stator-MMK räumlich stets um diesen Winkel nach, und es besteht ein Drehmoment, das den Rotor im Sinne des Drehfeldes antreibt. Werden die Bürsten andrerseits aus der Nullstellung um einen Winkel ϱ im Sinne der Drehrichtung der Drehfelder vorausgeschoben, so daß die Rotor-MMK der Stator-MMK um diesen Winkel räumlich voreilt, so ist die Richtung des Drehmomentes die umgekehrte wie zuvor, der Rotor wird gegen die Richtung des Drehfeldes angetrieben.

Der dreiphasige Hauptschlußmotor kann also je nach der Bürstenstellung in der einen oder in der andern Richtung laufen. Wir können aber schon hier übersehen, daß die Wirkungsweise für beide Fälle nicht identisch ist. Denn läuft der Rotor im Sinne des Drehfeldes, so nimmt die ganze Spannung am Rotor bei wachsender Geschwindigkeit ab bis er synchron läuft, wie wir in Kap. I, Abschn. 7 gesehen haben; läuft er aber gegen das Drehfeld, so wird sie immer größer. Im ersten Falle wird also von der gegebenen gesamten Klemmenspannung um so mehr auf den Stator und um so weniger auf den Rotor entfallen, je schneller der Rotor läuft, wenigstens bis zu Synchronismus, oberhalb Synchronismus wird wieder ein größerer Teil der Spannung am Rotor auftreten. Im zweiten Falle wird aber die Rotorspannung mit zunehmender Geschwindigkeit stets steigen und daher ein immer kleinerer Teil der Klemmenspannung am Stator bestehen bleiben.

Außerdem wird im letzten Fall die Periodenzahl der Ummagnetisierung des Rotors mit zunehmender Geschwindigkeit immer größer und ebenso die von dem Drehfeld in den kurzgeschlossenen Spulen induzierte EMK, während beide bei der Drehung im Sinne des Drehfeldes mit steigender Geschwindigkeit abnehmen.

Es ist noch ein dritter Fall möglich, nämlich, daß die Bürsten in der Richtung des Drehfeldes verschoben, der Rotor aber gegen das Drehmoment angetrieben wird, in welchem Falle die Maschine entweder als Bremse wirkt oder als Generator auf das Netz zurückarbeitet, worauf hier jedoch nicht eingegangen werden soll.

Schon diese Punkte zeigen, daß ein brauchbarer Hauptschlußmotor nur erhalten werden kann, wenn die Bürsten gegen die Drehrichtung des Drehfeldes verschoben sind. Diesen Fall wollen wir daher allein betrachten.

Um die Untersuchung zu vereinfachen, nehmen wir zunächst einen konstanten magnetischen Widerstand, d. h. Proportionalität zwischen den MMKen und den erzeugten Kraftflüssen an und sehen auch zunächst von der magnetischen Rückwirkung der Kurzschlußströme ab.

Unsere Aufgabe besteht dann darin, bei einem gegebenen Strom für jede Geschwindigkeit die Spannungen am Stator und Rotor sowie das Drehmoment und die Leistung zu ermitteln und ferner bei gegebener Klemmenspannung, Strom, Drehmoment und Leistung für alle Geschwindigkeiten zu berechnen.

Es bezeichne:

w_1, w_2, f_1, f_2 die Windungszahlen und Wicklungsfaktoren einer Phase des Stators bzw. Rotors;

z_1, r_1, x_1 Impedanz, Widerstand und Reaktanz einer Phase des Stators;

z_2, r_2, x_2 die entsprechenden Größen für den Rotor, wobei in r_2 neben dem Widerstand der Wicklung auch der Übergangswiderstand der Bürsten enthalten sein soll, und alle Größen auf primär reduziert sind;

x_a die Erregerreaktanz des Stators für eine Phase, bezogen auf das sinusförmige Grundfeld. Sie ist definiert als das Verhältnis der vom Grundfeld induzierten EMK E_1 zum magnetisierenden Strom $J \sin \psi_a$ d. h. durch $E_1 = x_a J \sin \psi_a$. Nach Seite 23 ist

$$x_a = \frac{4\,c\,m\,(w_1 f_1)^2\,D l_i}{p^2\,1{,}6\,\delta\,k_1 k_z}\,10^{-8}\,\text{Ohm};$$

r_a der effektive Widerstand, der den Verlusten im Eisen entspricht,

$$r_a = \frac{W_{ei}}{m\,J^2}.$$

u das Verhältnis der Rotor-MMK zu der Stator-MMK einer Phase.

Für den Fall, daß Stator und Rotor direkt hintereinandergeschaltet sind, ist

$$u = \frac{w_2 f_2}{w_1 f_1 \sqrt{3}}$$

und wenn ein Transformator mit dem Übersetzungsverhältnis

$$u_t = \frac{w_{1t}}{w_{2t}}$$

eingeschaltet ist, wird bei Dreieckschaltung des Stators

$$u = \frac{w_2 f_2}{w_1 f_1} \cdot \frac{w_{1t}}{w_{2t}}$$

und

$$u = \frac{w_2 f_2}{w_1 f_1 \sqrt{3}} \frac{w_{1t}}{w_{2t}}$$

für Sternschaltung des Stators.

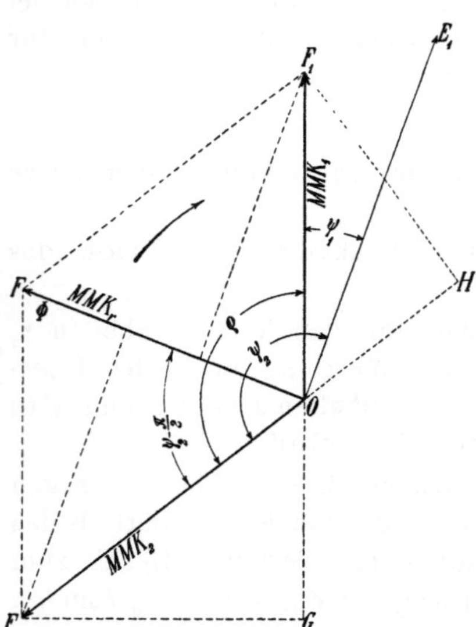

Fig. 19. Räumliches Diagramm der MMKe.

In dem räumlichen Diagramm Fig. 19 stellt $\overline{OF_1} = MMK_1$ die Welle der Stator-MMK als Vektor dar und ebenso $\overline{OF_2} = MMK_2$ die des Rotors. Die Drehrichtung ist, wie der Pfeil zeigt, die des Uhrzeigers und MMK_2 eilt gegen MMK_1 um den Winkel ϱ nach, um den die Bürsten aus der Nullage zurückverstellt sind. Nach unserer Festsetzung ist

$$MMK_2 = u\,MMK_1.$$

Sie setzen sich zusammen zur resultierenden $\overline{OF} = MMK_r$. Wenn wir von der Hysteresis zunächst absehen, ist der resultierende Kraftfluß Φ in Phase mit MMK_r, d. h. die Welle des Kraftflusses Φ fällt räumlich mit der Welle der resultierenden MMK_r zusammen.

Die Spannungswelle $\overline{OE_1}$ eilt der Welle des Kraftflusses um $\dfrac{\pi}{2}$

voraus, sie eilt also gegen die Welle der Stator-MMK_1 um einen $\angle\,\psi_1$, und gegen die Rotor-MMK_2 um $\psi_2 = (\varrho + \psi_1)$ räumlich vor.

Gehen wir nun zum zeitlichen Diagramm Fig. 20 über. Hier stellt der Vektor J den Strom, also die zeitliche Phase der Stator- und Rotor-MMKe von entsprechenden Wicklungsphasen dar.

Die Spannung, die die Gegen-EMK im Stator überwindet, ist $E_1 = \overline{OE_1}$, sie eilt gegen J um ψ_1 vor, während die Spannung, die die Rotor-EMK balanciert, $E_2 = \overline{OE_2}$ gegen J um $\psi_2 = \varrho + \psi_1$ voreilt. Es ist bei einer Schlüpfung s

$$E_2 = s\,u\,E_1.$$

Aus E_1 und E_2 erhalten wir die gesamte Spannung $E = \overline{OE}$. Addieren wir hierzu $J(r_1 + r_2)$ und Jr_a in Phase mit J, und $J(x_1 + x_2)$ in Quadratur dazu, so erhalten wir den Vektor der gesamten Klemmenspannung $P = \overline{OP}$, der gegen J um den Winkel φ voreilt.

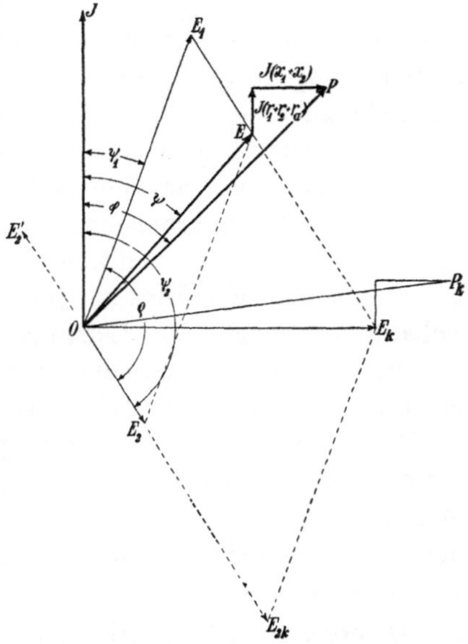

Fig. 20. Zeitliches Spannungsdiagramm.

Die Spannungen E_1 und E_2 haben je eine Komponente in Phase mit dem Strom: $E_1 \cos\psi_1$ und $E_2 \cos\psi_2$. $E_1 J \cos\psi_1$ und $E_2 J \cos\psi_2$ sind die dem Stator und Rotor zugeführten Leistungen, abgesehen von den Verlusten. Wir sehen aber, daß, während E_1 nur wenig gegen J voreilt, E_2 um mehr als 90^0 gegen J voreilt, daß also die zweite Leistung negativ ist: der Stator nimmt eine Leistung aus dem Netz auf und der Rotor gibt einen Teil wieder an das Netz zurück. Da $E_1 \cos\psi_1 > E_2 \cos\psi_2$ und ihre geometrische Summe gleich $E \cos\psi$ ist, ist $EJ \cos\psi$ die Differenz der vom Stator aufgenommenen und vom Rotor zurückgegebenen Leistung und somit gleich der elektrischen Leistung, die in mechanische umgesetzt wird. Dies gilt aber nur so lange, als wir die Schlüpfung s positiv und kleiner als 1 annehmen. Wenn die Schlüpfung s sich ändert, während wir etwa den Strom konstant halten, so verändert sich in dem Spannungsdiagramm (Fig. 20) nur die Länge der Strecke $\overline{OE_2}$, d. h. die Rotor-EMK, die ja der Schlüpfung s proportional ist. Ist $s = 1$, d. h. steht der Motor still, so liegt E_2 in E_{2k}. Hier muß die aus E_1 und E_{2k} resultierende Spannung $\overline{OE_k}$ gegen J um 90^0 voreilen, denn die mechanische Leistung ist bei Stillstand Null. Dies folgt auch aus der Ähnlichkeit der Parallelogramme $OE_1E_kE_{2k}$ und OF_1FF_2 (Fig. 19), weil ja für $s = 1$

$$\frac{E_2}{E_1} = \frac{MMK_2}{MMK_1} = u \quad \text{ist.}$$

Es kann $\overline{OE_k}$ die Erregerspannung oder Magnetisierungsspannung des Motors genannt werden, denn sie ist jene Komponente der Spannung $\overline{OP_k}$, die dem Motor zugeführt werden muß, um das Hauptfeld zu erzeugen.

Bei Stillstand gibt also der Rotor (abgesehen von Verlusten) ebensoviel Leistung an das Netz wieder zurück, wie der Stator aufnimmt. Bei Synchronismus $(s = 0)$ steht der Rotor gegenüber dem Drehfeld still und es wird keine EMK in ihm induziert, hier ist also $E_2 = 0$ und $E = E_1$. Dies bedeutet, daß bei Synchronismus die ganze mechanisch abgegebene Leistung vom Stator aufgenommen wird, während der Rotor, abgesehen von den Verlusten, keine elektrische Leistung aus dem Netz aufnimmt oder an es zurückgibt.

Gehen wir nun zu Übersynchronismus. Hier hat die relative Geschwindigkeit zwischen resultierendem Kraftfluß und Rotorwicklung und daher die im Rotor induzierte EMK ihr Vorzeichen umgekehrt, der Spannungsvektor E_2 in Fig. 20 liegt also bei Übersynchronismus in der Verlängerung der Geraden $\overline{OE_{2k}}$ über O, etwa in $\overline{OE_2}'$. Hier ist der Winkel zwischen $\overline{OE_2}'$ und J wieder kleiner als 90^0 und $E_2 J \cos \psi_2$ ist eine aufgenommene Leistung. Oberhalb Synchronismus ist also die mechanisch abgegebene Leistung $EJ \cos \psi$ gleich der Summe der von Stator und Rotor aufgenommenen Leistungen.

Wir erkennen also folgendes Verhalten des mehrphasigen Hauptschlußmotors, das, wie wir sehen werden, auch für andere doppelt gespeiste Kommutatormotoren gilt.

Unterhalb Synchronismus nimmt der Stator eine Leistung aus dem Netz auf, der Rotor gibt einen Teil davon wieder an das Netz zurück, die Differenz ist die mechanische Leistung. Bei Synchronismus wird das Äquivalent der mechanischen Leistung vom Stator allein aufgenommen, während es bei Übersynchronismus sowohl vom Stator wie vom Rotor aus dem Netz entnommen wird.

Dieses Verhalten ergibt sich wie bei dem mehrphasigen Induktionsmotor ohne weiteres daraus, daß, sobald ein Drehmoment besteht, und dies ist hier der Fall, wenn die Wellen der Stator- und Rotor-MMKe räumlich nicht zusammenfallen, der Stator dem Netz eine Leistung entnimmt, die er durch das resultierende Drehfeld auf den Rotor überträgt. Steht der Rotor still, d. h. verwandelt er die ihm übertragene Leistung nicht in mechanische Leistung, so muß sie in Form von elektrischer Leistung wieder erscheinen. Beim Induktionsmotor, dessen Rotor über Widerstände geschlossen ist, geht sie in Stromwärme über, hier ist der Rotor an das Netz angeschlossen, er kann sie also, abzüglich der Verluste, an das Netz zurückgeben. Läuft der Motor, so verwandelt er einen Teil der von ihm aufgenommenen elektrischen Leistung, entsprechend seiner Geschwindigkeit, in mechanische Leistung, den Rest, entsprechend seiner Schlüpfung, gibt er an das Netz zurück. Er gibt also um so weniger an das Netz zurück, je schneller er läuft. Läuft er übersynchron, so wird die mechanische Leistung größer als die vom Stator auf den Rotor übertragene elektrische Leistung, der Rotor entnimmt daher den Rest direkt aus dem Netz.

Das Drehmoment ist gleich dem Produkt aus den Amperewindungen des Rotors und dem Teil des Kraftflusses, der dieselbe Phase hat wie der Rotorstrom und räumlich auf der betreffenden Phase der Rotorwicklung senkrecht steht. Es ist (s. Bd. V, 1, Seite 24)

$$\vartheta = m_2 J_2 w_2 f_2 p \frac{\Phi}{\sqrt{2}} \cos \psi_2 \frac{10^{-8}}{9{,}81} \text{ mkg.}$$

Beim Hauptschlußmotor, bei dem die Stator- und Rotor-MMKe zeitlich dieselbe Phase haben, wird das Drehmoment also gebildet von dem Strome J und dem Teil des vom Stator erzeugten Kraftflusses, der proportional

$$MMK_1 \sin \varrho$$

ist. Diesem Teil des Kraftflusses entspricht die Wattspannung am Rotor, sie ist daher

$$- E_2 \cos \psi_2 = s J x_a u \sin \varrho .$$

Andrerseits bedingt der Teil des vom Rotor erzeugten Kraftflusses, der senkrecht zu der betreffenden Statorphase liegt und proportional $MMK_2 \sin \varrho = u MMK_1 \sin \varrho$ ist, am Stator die Wattspannung

$$E_1 \cos \psi_1 = J x_a u \sin \varrho .$$

Es ist daher die gesamte Wattspannung:

$$E \cos \psi = E_1 \cos \psi_1 + E_2 \cos \psi_2 = J x_a u \sin \varrho (1 - s) \quad (13)$$

Die mechanische Leistung einer Phase ist

$$W_2 = E J \cos \psi = J^2 x_a u (1 - s) \sin \varrho \ . \ . \ . \ (14)$$

und das Drehmoment in synchronen Watt für eine Phase

$$W_a = \frac{2 \pi c}{p} \frac{\vartheta}{m} = \frac{W_2}{1 - s} = J^2 x_a u \sin \varrho \ . \ . \ . \ (15)$$

W_a ist die vom Stator aufgenommene Leistung, während die vom Rotor an das Netz zurückgegebene elektrische Leistung gleich sW_a ist.

Da das Drehmoment nur gebildet wird von dem Teil des Kraftflusses, der senkrecht zu der betreffenden Rotorphase liegt, wird die Maschine am günstigsten in bezug auf Sättigung beansprucht, wenn der gesamte resultierende Kraftfluß räumlich um 90^0 gegen die Welle der Rotor-MMK verschoben ist. Hierzu müßte also in Fig. 19 MMK_r senkrecht auf MMK_2 stehen. Diese Bedingung wird erfüllt, wenn $MMK_1 \cos \varrho$ entgegengesetzt gleich MMK_2 ist, dann wird $MMK_r = MMK_1 \sin \varrho$ (siehe Fig. 21). Hier sind also $\overline{OF} = MMK_1 \sin \varrho$ die magnetisierenden Amperewindungen des Stators, und $MMK_1 \cos \varrho$ ist entgegengesetzt gleich den Rotoramperewindungen $\overline{OF_2} = MMK_2$. Diesen Teil der Stator-AW, die das vom Rotor erzeugte Feld aufheben und ihnen dabei gleich sein müssen, bezeichnen wir als kompensierende AW des Stators. Das Verhältnis der magnetisierenden Amperewindungen MMK_r zu den Rotoramperewindungen MMK_2 ist dann gleich $\operatorname{tg} \varrho$. Damit

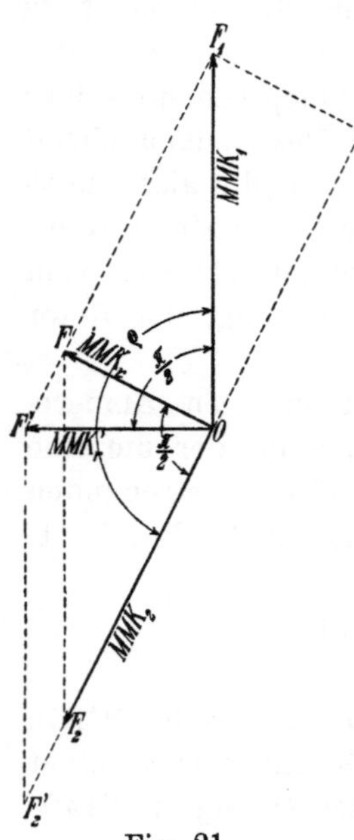

Fig. 21.

$$MMK_1 \cos \varrho = - MMK_2$$

wird, muß

$$\cos \varrho = - u$$

sein. Setzen wir diesen Wert von u in Gl. 15 ein, so wird das Drehmoment

$$W_a = J^2 x_a (- \cos \varrho) \sin \varrho,$$

d. h. bei einem gegebenen Strom ist das Drehmoment am größten, wenn $(- \cos \varrho) = \sin \varrho$ ist, und dies ist der Fall für $\varrho = 135^0$, dann wird

$$u = \frac{1}{2} \sqrt{2} = 0{,}707.$$

Diese Bedingung ergibt ein Verhältnis

$$\frac{\text{magnetisierende Amperewindungen}}{\text{Rotoramperewindungen}} = \operatorname{tg} 45^0 = 1.$$

Für einen Gleichstromhauptschlußmotor wäre dieser Wert klein, und um ihn zu erreichen, ist ein kleiner Luftspalt erforderlich.

Für einen Wechselstrommotor ist er groß, weil hierbei die Reaktanz groß und der Leistungsfaktor klein wird und die Maschine wegen der großen Reaktanz bei einer bestimmten Spannung nur verhältnismäßig wenig Strom aufnehmen kann.

Die wattlosen Komponenten der Spannungen E_1 und E_2. Wir berechnen diese zunächst allgemein für eine beliebige Lage von Φ gegenüber MMK_2.

Die wattlosen Komponenten dieser Spannungen werden bedingt (s. Fig. 19) durch den Teil des Kraftflusses, der mit der betreffenden Wicklungsphase gleichachsig ist. Für den Stator ist dieser Teil proportional

$$MMK_1 + MMK_2 \cos \varrho = MMK_1 (1 + u \cos \varrho)$$

und für den Rotor proportional

$$MMK_2 + MMK_1 \cos \varrho = MMK_1 (u + \cos \varrho).$$

Es wird daher

$$E_1 \sin \psi_1 = J x_a (1 + u \cos \varrho) \quad \ldots \ldots \ldots \quad (16)$$

$$E_2 \sin \psi_2 = s J x_a u (u + \cos \varrho) = s J x_a (u^2 + u \cos \varrho). \quad (17)$$

daher ist

$$E \sin \psi = E_1 \sin \psi_1 + E_2 \sin \psi_2 = J x_a [1 + u \cos \varrho + s (u^2 + u \cos \varrho)].$$

Wenn wir hierzu die von den Streufeldern bedingten Reaktanzspannungen $J(x_1 + x_2)$ addieren, erhalten wir die wattlose Komponente der Klemmenspannung.

$$P \sin \varphi = J x_a [1 + u \cos \varrho + s (u^2 + u \cos \varrho)] + J(x_1 + x_2) \quad (18)$$

Die Rotorspannung $E_2 \sin \psi_2$ ändert sich nach Gl. 17 ebenfalls mit der Schlüpfung, sie ist Null bei Synchronismus und negativ bei Übersynchronismus. Wir können hier mehrere Fälle unterscheiden.

1. Der resultierende Kraftfluß $\overline{OF}$ steht senkrecht auf der MMK-Welle des Rotors (s. Fig. 21). In diesem Fall, der der Bedingung der günstigsten Beanspruchung in bezug auf Sättigung genügt, ist die wattlose Komponente der im Rotor induzierten EMK stets Null. Hierbei war ja auch

$$\cos \varrho = - u,$$

folglich muß

$$E_2 \sin \psi_2 = s J x_a u (u + \cos \varrho)$$

Null sein und im Rotor wird nur eine Watt-EMK induziert. Hier ist also die gesamte Reaktanz der Maschine konstant, wenn wir von der kleinen Änderung von x_2 absehen, sie wird

$$\frac{P \sin \varphi}{J} = x_a (1 + u \cos \varrho) + x_1 + x_2 .$$

Es ist

$$E_1 \sin \psi_1 = J x_a (1 + u \cos \varrho)$$

und hier gleich

$$E \sin \psi = J x_a (1 - \cos^2 \varrho) = J x_a \sin^2 \varrho \,,$$

und da

$$E \cos \psi = J x_a \, u \sin \varrho \, (1 - s)$$

war (s. Gl. 13), erhalten wir hier

$$E \cos \psi = J x_a (- \cos \varrho) \sin \varrho \, (1 - s)$$

und

$$\operatorname{tg} \psi = \frac{\sin \varrho}{(- \cos \varrho)\,(1 - s)} = - \frac{\operatorname{tg} \varrho}{1 - s}\,.$$

Wir sehen, daß z. B. bei Synchronismus $\operatorname{tg} \psi = - \operatorname{tg} \varrho$ oder $\psi = \pi - \varrho$ wird, also z. B. für den Fall $\varrho = 135^0$ wird $\psi = 45^0$. Die gesamte Phasenverschiebung φ wäre infolge der Streureaktanzen noch größer als ψ. Erst bei $s = -1$ und $\varrho = 135^0$ würde $\operatorname{tg} \psi = \frac{1}{2}$ oder $\cos \psi \simeq 0{,}9$ und $\cos \varphi$ noch etwas kleiner. Da aber die Mehrphasenkommutatormotoren mit Rücksicht auf die von dem Hauptfeld in den kurzgeschlossenen Spulen induzierten EMKe nicht so stark übersynchron laufen können, muß das Verhältnis der magnetisierenden Amperewindungen zu den Ankeramperewindungen kleiner als 1 und ϱ größer als 135^0 sein, wenn der Leistungsfaktor auch bei kleineren Geschwindigkeiten groß sein soll. Ist dieses Verhältnis etwa $\frac{1}{2}$, so wird $\operatorname{tg} \varrho = - \frac{1}{2}$, und schon bei Synchronismus ist $\operatorname{tg} \psi = \frac{1}{2}$ oder $\cos \psi \simeq 0{,}9$.

2. Der resultierende Kraftfluß MMK_r eilt gegen MMK_2 um weniger als 90^0 vor, dieser Fall entspricht also der Fig. 19. Hier bildet nur ein Teil der Rotoramperewindungen das Drehmoment mit dem resultierenden Kraftfluß, der andere Teil sind magnetisierende Amperewindungen. Während also im ersten Fall (Fig. 21) der resultierende Kraftfluß vom Stator allein erregt wird, wird er hier auch zum Teil vom Rotor erregt. Es tritt also eine wattlose Rotor-EMK auf. Hier ist (Fig. 19)

$$- MMK_1 \cos \varrho < MMK_2$$

oder

$$- \cos \varrho < u,$$

daher wird $u + \cos \varrho$ positiv und die wattlose Rotorspannung $E_2 \sin \psi_2 = s J x_a (u^2 + u \cos \varrho)$ ist positiv unterhalb Synchronismus (s positiv) und negativ oberhalb Synchronismus (s negativ).

Es gibt daher stets eine übersynchrone Geschwindigkeit, bei der die negative Reaktanzspannung des Rotors die positive des Stators sowie die Streureaktanzspannungen kompensiert, so daß die ganze Phasenverschiebung Null wird.

Nach Gl. 18 wird $P \sin \varphi = 0$, wenn

$$s_{(\varphi\,=\,0)} = - \frac{1 + u \cos \varrho + \dfrac{x_1 + x_2}{x_a}}{u^2 + u \cos \varrho} \quad \ldots \quad (19)$$

ist. Diese Schlüpfung ist negativ, solange in Gl. 19 der Zähler positiv ist, und es wird Phasengleichheit erst bei Übersynchronismus erreicht, also, da $x_1 + x_2$ klein gegen x_a ist, angenähert solange als $1 + u \cos \varrho$ positiv ist. In Fig. 19 verhält sich $\overline{OG}$ zu $\overline{OF_1}$ wie $- u \cos \varrho$ zu 1, und es ist $1 + u \cos \varrho = \dfrac{\overline{OF_1} - \overline{OG}}{\overline{OF_1}}$. Solange also die Stator-MMK $\overline{OF_1}$ größer ist als die ihr entgegengerichtete Komponente $\overline{OG}$ der Rotor-MMK, tritt Phasenkompensation oberhalb Synchronismus ein.

3. Machen wir durch Vergrößerung der Rotor-MMK $1 + u \cos \varrho = 0$, so eilt die resultierende MMK $\overline{OF'}$ in Fig. 21 gegen die Stator-MMK $\overline{OF_1}$ um 90° nach. Die Stator-MMK besitzt nunmehr keine Komponente in Richtung des resultierenden Flusses, dieser wird jetzt vom Rotor allein erregt, und es ist

$$MMK_2' \sin \varrho = MMK_r'.$$

Im Stator besteht daher keine wattlose EMK, und da sie im Rotor bei Synchronismus auch verschwindet, bleibt bei Synchronismus nur eine wattlose Komponente der Klemmenspannung, die gleich den Streureaktanzspannungen ist, es ist also schon nahezu Phasengleichheit erreicht.

4. Wir sehen aber auch, daß wir noch weiter gehen und schon unterhalb Synchronismus Phasengleichheit erreichen können, wenn der Zähler in Gl. 19 negativ wird. Es muß also $(1 + u \cos \varrho)$ negativ werden, d. h. die in die Richtung von MMK_1 fallende Komponente $\overline{OG}$ von MMK_2 in Fig. 19 muß größer sein als MMK_1. Der Kraftfluß eilt dann der Stator-MMK_1 um mehr als 90° nach, die wattlose Spannung am Stator wird folglich negativ.

Die Stator-MMK wirkt nun zum Teil dem Kraftfluß entgegen, d. h. entmagnetisierend.

Wir sehen also, daß wir durch Vergrößerung der Rotor-MMK Kompensation bei verschiedenen Geschwindigkeiten erzielen können: oberhalb Synchronismus, wenn der Rotor nur einen Teil der magnetisierenden AW liefert, nahezu bei Synchronismus, wenn er alle magnetisierenden AW liefert, und unterhalb Synchronismus, wenn er mehr magnetisierende Windungen liefert, als für den Kraftfluß erforderlich sind, wobei der Stator entmagnetisierend wirkt. In allen Fällen, bei denen Phasenkompensation erreicht wird, ist aber der Winkel zwischen MMK_2 und Φ kleiner als 90^0, die Rotoramperewindungen sind also größer als zur Erzeugung des Drehmomentes bei demselben Kraftfluß erforderlich, oder umgekehrt bei gleichen Rotoramperewindungen ist der Kraftfluß größer, als zur Bildung des Drehmomentes nötig ist. Dies bedingt zwar größere Verluste, jedoch auch eine größere Leistung bei gleichem Drehmoment. Denn da die wattlose Komponente der Klemmenspannung entfällt, wird die Wattkomponente größer, sie ist proportional dem Kraftfluß und der Geschwindigkeit, und daher wird bei gleichem Kraftfluß die Geschwindigkeit für dasselbe Drehmoment, also auch die Leistung, größer.

Trotzdem wird meist durch die Phasenkompensation der Wirkungsgrad etwas sinken, wie wir an einer überschläglichen Rechnung erläutern wollen.

Beispiel. Es sei ein Motor gegeben, bei dem das Verhältnis der erregenden Amperewindungen zu den Anker-AW gleich $1:3$ sei.

Wir wollen Strom, Spannung und Kraftfluß bei gleichem Drehmoment und gleicher Geschwindigkeit vergleichen, 1. wenn MMK_r räumlich senkrecht auf MMK_2 steht, und 2. wenn wir die Rotor-MMK um so viel vergrößern, daß $\cos\varphi = 1$ wird.

Wir nehmen als Geschwindigkeit den Synchronismus und schätzen

$$x_1 + x_2 \simeq 0{,}06\,x_a$$
$$r_1 + r_2 + r_a = 0{,}05\,x_a.$$

Im ersten Fall wird

$$\operatorname{tg}\varrho = -\tfrac{1}{3} \qquad \varrho = 161{,}5^0 \qquad \cos\varrho = -0{,}948$$
$$\sin\varrho = 0{,}316 \qquad u' = -\cos\varrho = 0{,}948.$$

Für $s = 0$ wird

$$\mathrm{P}'\sin\varphi' = J'\left[x_a(1 + u'\cos\varrho) + (x_1 + x_2)\right] = 0{,}16\,J'x_a$$
$$\mathrm{P}'\cos\varphi' = J'\left[x_a u'\sin\varrho + r_1 + r_2 + r_a\right] = 0{,}35\,J'x_a,$$

somit

$$P' = \sqrt{0{,}16^2 + 0{,}35^2} \cdot J'x_a = 0{,}385\,J'x_a$$

und

$$J' = 2{,}6\,\frac{P'}{x_a}$$

$$u'J' = 2{,}46\,\frac{P'}{x_a}$$

$$MMK_r' = J' \sin \varrho = 0{,}82 \frac{P'}{x_a}$$

$$W_a' = J'^2 u' x_a \sin \varrho = 2{,}02 \frac{P'^2}{x_a}$$

$$\operatorname{tg} \varphi' = \frac{0{,}16}{0{,}35} = 0{,}456$$

$$\cos \varphi' = 0{,}908 \, .$$

Um nun im zweiten Fall $\cos \varphi'' = 1$ zu machen, muß nach Gl. 19 für $s = 0$

$$- \cos \varrho = \frac{1 + \dfrac{x_1 + x_2}{x_a}}{u} = \frac{1{,}06}{u}$$

sein. Wir lassen ϱ unverändert und machen

$$u'' = - \frac{1{,}06}{\cos \varrho} = 1{,}118 \, .$$

Hier wird

$$P'' \sin \varphi'' = 0$$

$$P'' \cos \varphi'' = P'' = J''(x_a u'' \sin \varrho + r_1 + r_2 + r_a) = 0{,}404 \, J'' x_a$$

$$J'' = 2{,}48 \frac{P''}{x_{a.}}$$

$$u'' J'' = 2{,}77 \frac{P''}{x_a}$$

$$MMK_r'' = J'' \sqrt{\sin^2 \varrho + (u'' + \cos \varrho)^2} = 0{,}36 \, J'' = 0{,}89 \frac{P''}{x_a}$$

$$W_a'' = J''^2 u'' x_a \sin \varrho = 2{,}17 \frac{P''^2}{x_a} \, .$$

Um die gleiche Leistung zu erhalten, können wir also die Klemmenspannung im zweiten Fall im Verhältnis

$$\frac{P''}{P'} = \sqrt{\frac{2{,}02}{2{,}17}} = 0{,}965$$

verkleinern. Dann wird das Verhältnis

der Statorströme
$$\frac{J''}{J'} = \frac{2{,}48 \cdot 0{,}965}{2{,}6} = 0{,}92 \, ,$$

der Rotorströme
$$\frac{u'' J''}{u' J'} = \frac{2{,}77 \cdot 0{,}965}{2{,}46} = 1{,}08 \, ,$$

der Kraftflüsse
$$\frac{MMK_r''}{MMK_r'} = \frac{0{,}89 \cdot 0{,}965}{0{,}82} = 1{,}06 \, .$$

Wir haben also den Kraftfluß und den Rotorstrom vergrößert und den Statorstrom verkleinert. Da aber die Rotorverluste schneller wachsen als die Statorverluste abnehmen und etwas größere Eisenverluste hinzutreten, steigen die Verluste bei gleicher Leistung, der Wirkungsgrad ist im zweiten Fall kleiner.

Dies wird noch ungünstiger, wenn wir bei geringerer Geschwindigkeit Phasenkompensation erzielen wollen, weil wir dabei u noch größer machen müssen: Phasenkompensation und bester Wirkungsgrad fallen also nicht immer zusammen.

Da die Kompensation dadurch erzielt wird, daß die magnetisierenden AW des resultierenden Feldes vom Rotor geliefert werden, darf man damit auch mit Rücksicht auf die Kommutation nicht zu weit gehen, denn sie wird bei Phasenkompensation empfindlicher. Die Stromwendung erfolgt hierbei ja im Eigenfeld des Rotors, während zur Stromwendung ein kommutierendes Feld vorhanden sein sollte, das dem Rotorstrom entgegengerichtet ist. Dies müßte also dadurch erreicht werden, daß in Fig. 21 MMK_r um etwas mehr als 90^0 gegen MMK_2 voreilt, d. h. dadurch, daß

$$- MMK_1 \cos \varrho > MMK_2$$
$$- \cos \varrho > u \text{ gemacht wird.}$$

In diesem Falle würde $\psi_1 > \pi - \varrho$, d. h. die Phasenverschiebung im allgemeinen etwas vergrößert.

Nachdem wir im vorstehenden an Hand des räumlichen Diagramms der MMKe Fig. 19 und 21 und des Spannungsdiagramms Fig. 20 das Verhalten des mehrphasigen Seriemotors besprochen und insbesondere den Einfluß der Größe der Stator- und Rotor-MMKe und ihrer räumlichen Lage zueinander untersucht haben, wollen wir im folgenden mit Hilfe des Stromdiagramms die Wirkungsweise des Motors bei konstanter Klemmenspannung für das ganze Geschwindigkeitsgebiet übersichtlich darstellen, wobei wir von gegebenen Größen u und ϱ ausgehen.

10. Stromdiagramm des mehrphasigen Hauptschlußmotors.

Wir haben in dem Spannungsdiagramm Fig. 20 gesehen, daß bei konstantem Strom J der Vektor der Spannung E sich auf einer Geraden $\overline{E_1 E_k}$ bewegt, wenn die Geschwindigkeit sich ändert. Diese Gerade liegt parallel zum Vektor der Rotorspannung $\overline{OE_2}$ und bildet also mit der Abszissenachse den Winkel $\psi_2 - \dfrac{\pi}{2}$.

Diese Gerade ist in Fig. 22 nochmals dargestellt. Wir wissen, daß der Endpunkt von $\overline{OE}$ bei Stillstand in E_k liegt, bei Synchronis-

mus in E_1, und da $\overline{E_1 E}$ gleich der Rotorspannung E_2 ist, ist
$\dfrac{\overline{E_1 E}}{\overline{E_1 E_k}} = s$ ein Maß für die Schlüpfung. Addieren wir zu $\overline{OE}$ die
Widerstandspannung $J(r_1 + r_2 + r_a)$ und die Reaktanzspannung
$J(x_1 + x_2)$, so erhalten wir den Vektor der Klemmenspannung $\overline{OP}$.
Da die letzten beiden Spannungen bei gegebenem Strom konstant
sind (sofern wir von der kleinen Änderung von x_2 absehen, die
gegenüber jener von E geringfügig ist), so sehen wir, daß der Endpunkt des Vektors $\overline{OP}$ sich bei konstantem Strom auf einer Geraden bewegt, die parallel zu $\overline{E_k E}$ liegt.

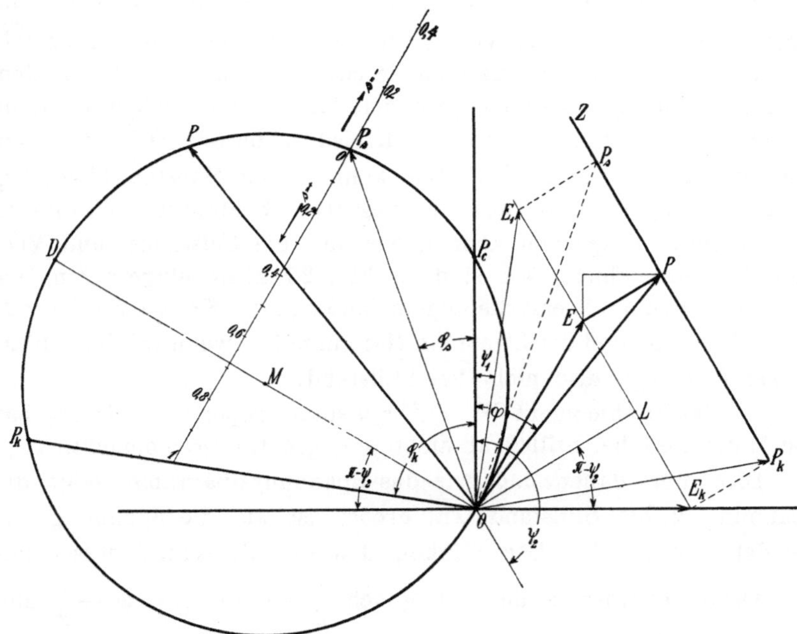

Fig. 22. Strom- und Spannungsdiagramm.

Wir bezeichnen diese Gerade mit Z. Sie ist das Impedanzdiagramm des Hauptschlußmotors oder das Spannungsdiagramm für
konstanten Strom. Bei Stillstand liegt P in P_k, bei Synchronismus in P_s.

Um nun das Stromdiagramm für konstante Spannung zu
erhalten, haben wir das Impedanzdiagramm in bezug auf O zu
inversieren. Die inverse Kurve der Geraden ist ein Kreis, der durch
das Inversionszentrum geht und dessen Mittelpunkt auf dem auf der
Geraden Z errichteten Lot $\overline{OL}$ liegt.

Wir gehen bei der Inversion in den ersten Quadranten, und

da das Lot $\overline{OL}$ mit der Abszissenachse den $\sphericalangle\,(\pi - \psi_2)$ bildet, haben wir den Radius $\overline{OM}$ auch unter diesem Winkel gegen die Abszissenachse aufzutragen.

Der Winkel, den im Spannungsdiagramm der Vektor $\overline{OP}_k$ mit der Ordinatenachse bildet, ist der Phasenverschiebungswinkel φ_k bei Stillstand, und ebenso bildet $\overline{OP}_s$ den Winkel φ_s für Synchronismus mit der Ordinatenachse. Tragen wir diese Winkel in das Stromdiagramm ein, so erhalten wir auf dem Kreis die Punkte P_k und P_s.

Alle Vektoren von O nach dem Kreis stellen im Strommaßstab die Ströme dar. $\overline{OP}_k$ ist der Strom bei Stillstand, $\overline{OP}_s$ bei Synchronismus. Um die Geschwindigkeit bei einem beliebigen Strom $\overline{OP}$ zu erhalten, tragen wir denselben Geschwindigkeitsmaßstab ein, den wir im Spannungsdiagramm gefunden hatten, und ziehen zu dem Zwecke eine Senkrechte zu dem Kreisdurchmesser $\overline{OD}$ zwischen den Strahlen $\overline{OP}_k$ und $\overline{OP}_s$. Wir können den Maßstab über $\overline{OP}_s$ hinaus verlängern und dort die negativen Schlüpfungen ablesen.

In dieses Diagramm können wir nun die Leistungs- und Verlustlinien einzeichnen, sie sind in Fig. 22 nicht eingetragen, da dieses Diagramm uns erst die allgemeine Lage des Kreises zeigen soll.

Wir sehen, daß der Strom ein Maximum ist, wenn $\overline{OP}$ im Durchmesser $\overline{OD}$ liegt, also nicht bei Stillstand.

Da das Drehmoment $W_a = J^2 x_a u \sin\varrho$ proportional J^2 ist, hat der Motor also bei Stillstand nicht sein größtes Drehmoment.

Dies rührt daher, daß, wie das Spannungsdiagramm zeigt, die Spannung E bei Stillstand $\overline{OE}_k$ größer ist als die Spannung $\overline{OL}$ bei dem Strom $\overline{OD}$. Der Winkel, den der Kreisdurchmesser mit der Ordinatenachse bildet, ist gleich $\dfrac{\pi}{2} - (\pi - \psi_2) = \psi_2 - \dfrac{\pi}{2}$ und kleiner als φ_k. Es ist $\psi_2 - \dfrac{\pi}{2}$ der Winkel, den im räumlichen Diagramm Fig. 19 MMK_2 mit dem resultierenden Kraftfluß Φ_r bildet.

Der Bogen $P_k D$ des Kreises entspricht also einem unstabilen Betriebszustand, weil hier bei steigender Geschwindigkeit das Drehmoment zunimmt. Damit das größte Drehmoment beim Anlauf auftritt, lautet die Bedingung

$$\varphi_k \leqq \psi_2 - \frac{\pi}{2}.$$

Der Winkel, den der Kreisdurchmesser mit der Abszissenachse bildet, ist $\pi - \psi_2$, d. i. also der Phasenverschiebungswinkel zwischen Rotorstrom und Rotorspannung E_2. Machen wir, wie es die beste

Ausnutzung der Maschine verlangt, $\psi_2 = 180^0$, d. h. wählen wir die Phase der Rotorspannung entgegengesetzt dem Strome, so fällt der Mittelpunkt des Kreisdiagrammes auf die Abszissenachse. Der Motor hat dann sein größtes Drehmoment bei Stillstand; Phasenkompensation wird aber nicht erreicht, denn der Kreis schneidet die Ordinatenachse nicht, sondern tangiert sie. Dies stimmt mit der Rechnung überein; denn für $\psi_2 = \pi$ muß $\cos \varrho = -u$ gemacht werden, und dann wird nach Gl. 19

$$s_{(\varphi = 0)} = \infty.$$

Sorgt man dafür, daß die Rotorspannung dem Strom um weniger als 180^0 voreilt, d. h. daß die Rotorspannung eine voreilende wattlose Komponente erhält, so wird $\psi_2 - \dfrac{\pi}{2}$ ein spitzer Winkel; d. h. die Rotoramperewindungen tragen zur Erregung des Kraftflusses bei, und man erhält Phasenkompensation bei einer endlichen Geschwindigkeit. Dies ist in Fig. 22 der Fall, denn die Ordinatenachse und die Schlüpfungslinie schneiden sich. Läßt man umgekehrt die Rotorspannung um mehr als 180^0 dem Strome voreilen, so erhält die Rotorspannung eine nacheilende wattlose Komponente, und man wird selbst bei unendlich großer Geschwindigkeit keine Phasenkompensation erreichen.

Das Kreisdiagramm des Hauptschlußmotors läßt sich nun wie folgt leicht konstruieren. Der Radius $\overline{OM}$ bildet mit der Abszissenachse den Winkel $\pi - \psi_2$, der sich aus

$$\operatorname{tg} \psi_2 = \frac{E_2 \sin \psi_2}{E_2 \cos \psi_2} = -\left(\frac{u + \cos \varrho}{\sin \varrho}\right)$$

ergibt. Außerdem kennt man den Kurzschlußpunkt P_k; denn der Kurzschlußstrom ist

$$J_k = \frac{P}{z_k}$$

sowie

$$z_k = \sqrt{[x_a(1 + 2u \cos \varrho + u^2) + (x_1 + x_2)]^2 + (r_1 + r_2 + r_a)^2}$$
$$= \sqrt{x_k^2 + r_k^2}$$

und bildet den Winkel

$$\varphi_k = \operatorname{arctg} \frac{x_k}{r_k}$$

mit der Ordinatenachse. Die Mittelsenkrechte auf $\overline{OP_k}$ schneidet den Radius im Mittelpunkte M des Kreisdiagrammes. Für den synchronen Punkt P_s erhält man die Phasenverschiebung

$$\varphi_s = \operatorname{arctg} \frac{x_a(1 + u \cos \varrho) + x_1 + x_2}{x_a u \sin \varrho + (r_1 + r_2 + r_a)}.$$

Fig. 23 zeigt ein Diagramm, bei dem $\psi_2 = \pi$ ist, wie es normalen Verhältnissen entspricht; hier sind die Leistungslinien eingetragen. Die Linie der zugeführten Leistung, $\mathfrak{W}_1 = 0$, ist die Abszissenachse, die Linie der Nutzleistung $\mathfrak{W}_2{}' = 0$ geht durch den Kurzschlußpunkt und den Punkt O, bei dem $J = 0$ ist. Da das Drehmoment in synchronen Watt $W_a = J^2 x_a u \sin \varrho$ proportional J^2 ist, ist die Drehmomentlinie $\mathfrak{W}_a = 0$ die Tangente in O, und da wir als Verluste nur die dem Quadrate des Stromes proportionalen Verluste $J^2 (r_1 + r_2 + r_a)$ in Rücksicht gezogen haben, ist die Tangente in O auch die Verlustlinie $\mathfrak{V} = 0$.

Der Wirkungsgrad ergibt sich dann wie in Fig. 23 angegeben.

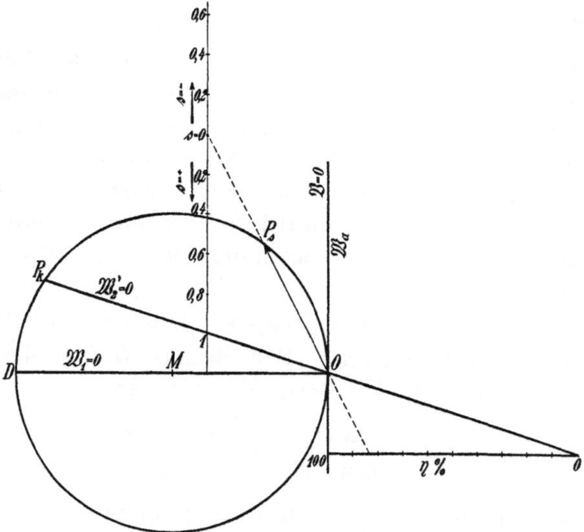

Fig. 23. Stromdiagramm für $\psi_2 = \pi$.

In Fig. 24 sind die aus dem Diagramm entnommenen Werte der Geschwindigkeit im Verhältnis zur synchronen Geschwindigkeit $\dfrac{c_r}{c}$, des Drehmomentes W_a und des Leistungsfaktors $\cos \varphi$ als Funktion des Stromes für das in Abschnitt 9, S. 46 angegebene Beispiel aufgetragen. Die ausgezogenen, mit dem Index (I) bezeichneten Kurven beziehen sich auf den Fall, daß $\psi_2 = \pi$ ist, die gestrichelten, mit (II) bezeichneten Kurven gelten für $\psi_2 = \mathrm{arctg} - \left(\dfrac{u + \cos \varrho}{\sin \varrho} \right) = \mathrm{arctg} \left(- \dfrac{0{,}17}{0{,}316} \right) = 151^{\,0} 20'$, wobei bei Synchronismus der Leistungsfaktor gleich 1 wird.

Die Maßstäbe für Strom und Drehmoment sind so gewählt, daß als Einheiten $(100^0/_0)$ jene Werte angegeben sind, die sich für $\psi_2 = \pi$ bei Synchronismus ergeben.

Bei dem Stromdiagramm, Fig. 23, ist der Kreisdurchmesser

$$\overline{OD} = \frac{P}{x_a\,(1 + 2\,u\cos\varrho + u^2) + (x_1 + x_2)},$$

oder da hier $u = -\cos\varrho$

$$\overline{OD} = \frac{P}{x_1 + x_2 + x_a\sin^2\varrho}.$$

Er wird also in diesem praktisch wichtigen Falle um so größer und damit die größte Leistung um so größer, je kleiner $\sin\varrho$ ist, und da hier (s. Fig. 21) $MMK_1\sin\varrho$ die magnetisierenden AW des Stators sind, ist $x_a\sin^2\varrho$ die dem Hauptfluß entsprechende Reaktanz der magnetisierenden Statorwindungen, die sog. Magnetisierungsreaktanz. Zur Erzielung einer großen Leistung soll diese sowie die Streureaktanzen klein sein.

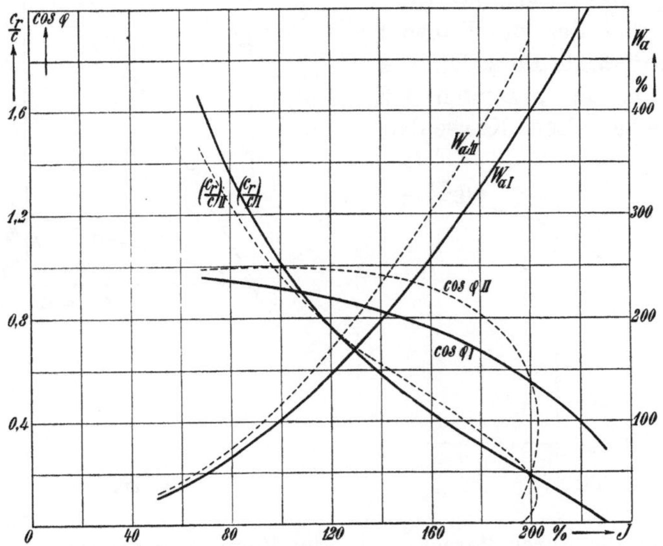

Fig. 24. Geschwindigkeit $\left(\dfrac{c_r}{c}\right)$, Drehmoment (W_a) und Leistungsfaktor $(\cos\varphi)$ als Funktion des Stromes, mit und ohne Phasenkompensation.

Für $\sin\varrho = 0$ werden aber Leistung und Drehmoment wieder Null, denn hier ist der resultierende Kraftfluß der Rotor-MMK um 180^0 entgegengerichtet, und es kann kein Drehmoment entstehen.

Das Stromdiagramm kann uns bei einem Hauptschlußmotor nur ein rohes Bild von der Wirkungsweise geben, denn erstens berücksichtigt es die Sättigung nicht, und diese spielt bei Hauptschlußmotoren eine große Rolle, zweitens können auch die Verluste nur summarisch berücksichtigt werden.

Um die Arbeitskurven genauer zu erhalten, müssen wir sie punktweise mit Hilfe der Magnetisierungskurve berechnen.

11. Vorausberechnung der Arbeitskurven.

Wir wollen die punktweise Vorausberechnung zunächst angenähert zeigen, indem wir die Rückwirkung der Kurzschlußströme (s. Abschn. 6) noch außer Betracht lassen und sie nachher durch eine Korrektur berücksichtigen, und zwar wollen wir den praktisch wichtigen Fall betrachten, bei dem MMK_2 und MMK_r (s. Fig. 21) senkrecht aufeinander stehen. Wir gehen hierbei von der Magnetisierungskurve (Fig. 25) aus, bei der die Kurve I den Kraftfluß als Funktion von AW_t, d. h. der gesamten AW für alle magnetische Kreise dar-

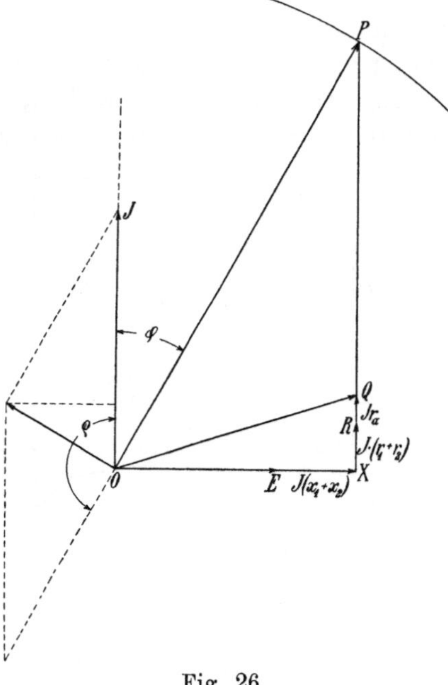

Fig. 25.　　　　　Fig. 26.

stellt, und die durch Berechnung oder Versuch gefunden sei. Wir nehmen nun einen Wert des Stromes J an, und zeichnen ihn in Fig. 26 in die Richtung der Ordinatenachse.

Da wir $u = -\cos\varrho$ angenommen haben, sind die magnetisierenden AW des Stators für die Grundwelle

$$\frac{4}{\pi}\,\frac{m}{2}\,\sqrt{2}\,J\,w_1 f_1 \sin\varrho = AW_t.$$

Zu diesem Wert entnehmen wir der Magnetisierungskurve (Fig. 25) den Kraftfluß Φ. Die Statorwindungen können wir zerlegen in die kompensierenden Windungen $w_1 \cos\varrho$ und in die magnetisierenden $w_1 \sin\varrho$. Bei dem angenommenen Wert $u = -\cos\varrho$

induziert der Kraftfluß Φ nur in den Statorwindungen $w_1 \sin \varrho$ eine wattlose EMK. Wir können sie berechnen und erhalten

$$E \sin \psi = \pi \sqrt{2}\, c w_1 f_1 \Phi \sin \varrho\, 10^{-8}$$

und tragen sie in Fig. 26 um 90^0 gegen den Strom voreilend gleich $\overline{OE}$ auf. Hierzu addieren wir $J(x_1 + x_2)$ und $J(r_1 + r_2)$. Um auch die Eisenverluste zu berücksichtigen, können wir in Fig. 25 (Kurve II) $W_{ei} = f(\Phi)$ auftragen, und daher zu jedem Kraftfluß Φ den effektiven Widerstand

$$r_a = \frac{W_{ei}}{m J^2}$$

berechnen.

$\overline{OQ}$ wäre nun die Spannung, die dem Motor bei Stillstand und dem angenommenen Strom zuzuführen wäre. Ist aber die Klemmenspannung P gegeben, die größer als $\overline{OQ}$ ist, so läuft der Motor, und es tritt zu $\overline{OQ}$ noch die Wattkomponente $E \cos \psi$ hinzu. Sie ist um 90^0 gegen $E \sin \psi$ phasenverschoben; schlagen wir daher einen Kreisbogen um O, dessen Radius $\overline{OP}$ gleich der Klemmenspannung P ist, so ist $\overline{QP} \perp \overline{OE}$ die Watt-EMK $E \cos \psi$. Hiermit ist auch die Geschwindigkeit gefunden, denn es ist hier

$$- E \cos \psi = \pi \sqrt{2}\, c w_1 f_1 \Phi \cos \varrho\, (1 - s)$$

und hieraus können wir $(1 - s) = \dfrac{c_r}{c}$ berechnen, es ist

$$\frac{c_r}{c} = \frac{\overline{QP}}{\overline{OE}}\, \mathrm{tg}\, (\pi - \varrho).$$

Die Phasenverschiebung zwischen Strom und Spannung ist durch $\varphi = \sphericalangle JOP$ gegeben. Die zugeführte Leistung ist $W_1 = PJ \cos \varphi$; die mechanische Leistung $W_2 = EJ \cos \psi$. Wir können nun, da die Geschwindigkeit bekannt ist, auch die mechanischen Verluste berechnen und abziehen, um die Nutzleistung zu erhalten.

Diese einfache Konstruktion können wir für mehrere Ströme durchführen und somit mit genügender Genauigkeit die Arbeitskurven bei konstanter Klemmenspannung erhalten, solange die magnetische Rückwirkung der kurzgeschlossenen Spulen klein ist, also in der Nähe von Synchronismus, und auch bei anderen Geschwindigkeiten, wenn die Kurzschlußströme gering sind, was sich durch Berechnung von $\varDelta e'$ schätzen läßt.

Ist der Einfluß der Kurzschlußströme nicht zu vernachlässigen, so zeigt uns folgende Überlegung, wie wir zu verfahren haben. Die Kurzschlußströme bedingen, wie aus Kap. I, Abschn. 6

bekannt ist, eine Verzögerung des Kraftflusses gegenüber der resultierenden MMK bei Untersynchronismus und eine Voreilung oberhalb Synchronismus. Da die Hysteresis und Wirbelströme ebenfalls eine Verzögerung des Kraftflusses bewirken, werden wir sie hier nicht mehr durch einen effektiven Widerstand r_a, sondern mit den Kurzschlußströmen berücksichtigen.

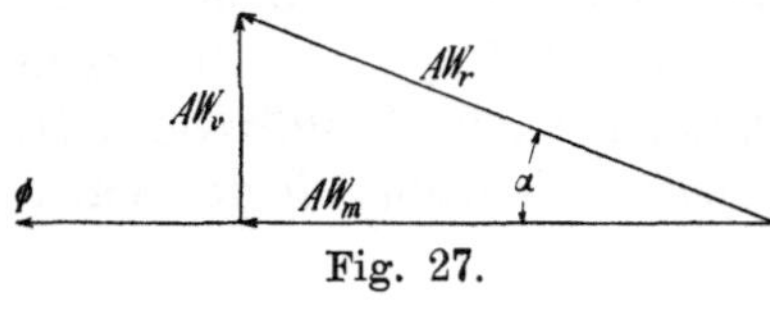

Fig. 27.

Für einen beliebigen Kraftfluß Φ haben wir daher das Diagramm Fig. 27. In Phase mit Φ ist der Vektor der magnetisierenden Amperewindungen AW_m und senkrecht dazu die Amperewindungen AW_v, die den Kurzschlußströmen und den Eisenverlusten entsprechen. Sie ergeben zusammen die Resultierende AW_r, die gegen Φ um einen Winkel α voreilt.

Dies gilt bei Untersynchronismus, oberhalb Synchronismus kehrt sich die Richtung der Kurzschlußströme und damit auch der AW, die sie kompensieren, um. Bei Synchronismus entspricht AW_v den Eisenverlusten. Oberhalb Synchronismus ist dieser Betrag von AW_v zu vermindern um die

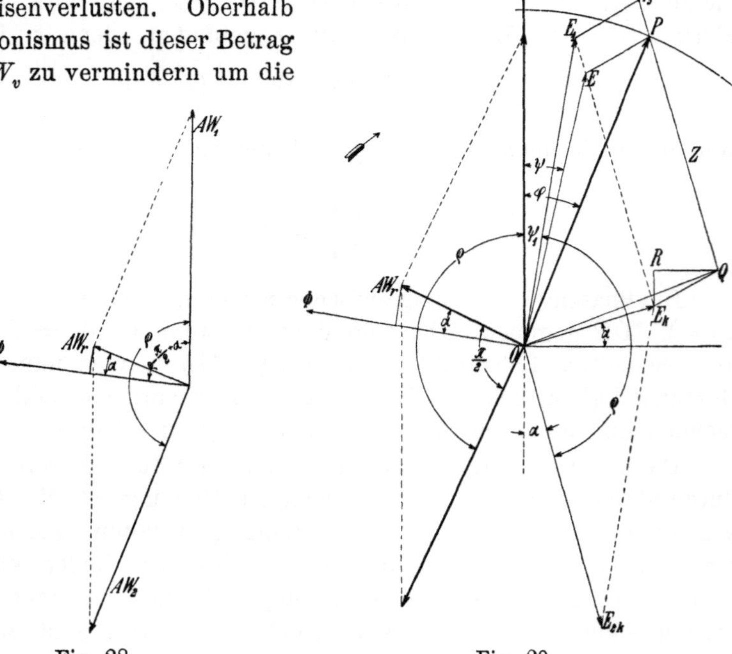

Fig. 28.   Fig. 29.

AW, die zur Kompensation der Kurzschlußströme erforderlich sind. Bei Übersynchronismus kann also α ein Verzögerungswinkel werden.

Fig. 28 zeigt nun die Stator- und Rotor-AW für denselben Fall wie bei Fig. 21, bei dem AW_r senkrecht auf AW_2 steht, aber Φ eilt hier gegen AW_2 nur um $\left(\dfrac{\pi}{2} - \alpha\right)$ statt um $\dfrac{\pi}{2}$ voraus, und gegen AW_1 um $\varrho - \left(\dfrac{\pi}{2} - \alpha\right)$ nach, statt um $\varrho - \dfrac{\pi}{2}$.

Zeichnen wir das Spannungsdiagramm Fig. 29, so sehen wir, daß die zum Vektor Φ senkrechte Statorspannung $\overline{OE_1}$ gegen J um einen Winkel ψ_1 voreilt, der um α kleiner ist als früher. $\overline{OE_{2k}}$ ist die Rotorspannung bei Stillstand und gegen $\overline{OE_1}$ wieder um ϱ voraus. Auch $\psi_2 = \psi_1 + \varrho$ ist um α kleiner als früher. $\overline{OE_k}$ ist die aus $\overline{OE_1}$ und $\overline{OE_{2k}}$ resultierende Spannung E_k bei Stillstand, sie eilt gegen J nicht mehr um 90^0, sondern um $\left(\dfrac{\pi}{2} - \alpha\right)$ vor. Die Leistung

$$E_k J \cos\left(\frac{\pi}{2} - \alpha\right) = E_k J \sin \alpha$$ wird bei Stillstand nicht mehr vom Rotor an das Netz zurückgegeben, sondern tritt teils in den kurzgeschlossenen Spulen, teils im Eisen als Verlust auf. Addieren wir zu $\overline{OE_k}$ $J(r_1 + r_2) = \overline{E_k R}$ in Phase mit J und $J(x_1 + x_2) = \overline{RQ}$ in Quadratur zu J, so ist $\overline{OQ}$ der Vektor der Klemmenspannung bei Stillstand.

Nehmen wir an, es bliebe $\sphericalangle\,\alpha$ konstant, so bewegt sich bei konstantem Strom und zunehmender Geschwindigkeit der Endpunkt des Vektors der Klemmenspannung auf der Geraden Z, die parallel zu $\overline{E_1 E_k}$ liegt, also mit der Ordinatenachse den Winkel α bildet. Bei Synchronismus liegt er in P_s. Ist die Klemmenspannung P gegeben, so schlagen wir mit $\overline{OP} = P$ einen Kreis um O, der die Gerade Z in P schneidet. Wir erhalten dann

$$\frac{\overline{PQ}}{\overline{P_s Q}} = \frac{c_r}{c} = 1 - s$$

oder

$$\frac{\overline{PQ}}{\overline{OE_k}} = \frac{c_r}{c}\,\mathrm{tg}\left(\varrho - \frac{\pi}{2}\right).$$

Nun ist aber $\sphericalangle\,\alpha$ nicht konstant, sondern mit der Geschwindigkeit veränderlich.

Wir können α für die verschiedenen Punkte der Magnetisierungskurve durch den in Kap. I, Abschn. 6, S. 26 beschriebenen Versuch an einer fertigen Maschine aufnehmen.

Für verschiedene Werte des Kraftflusses Φ ermitteln wir, wie dort gezeigt, den Strom und die Leistung, und zwar haben wir sie bei abgehobenen Bürsten und bei aufliegenden Bürsten zu ermitteln. Bei abgehobenen Bürsten haben wir eine kleine Wattkomponente

des Stromes entsprechend den Eisenverlusten und eine große wattlose Komponente entsprechend den magnetisierenden Amperewindungen, es seien die Amperewindungen AW_m und AW_{ei}. Beide
ändern sich wenig, wenn der Kraftfluß konstant bleibt und die
Geschwindigkeit sich ändert; die geringe Änderung der Wattkomponente durch die Rotorhysteresis und die Wirbelströme können
wir vernachlässigen.

Bei aufliegenden Bürsten wird die Wattkomponente vergrößert
durch die Kurzschlußströme. Nehmen wir an, daß sie proportional
der Schlüpfung sind, so haben wir bei der Schlüpfung s die magnetisierenden AW

$$AW_m$$

und die Verlust-AW

$$AW_v = AW_{ei} + s\,AW_k.$$

Diese können wir also an der fertigen Maschine aufnehmen
oder bei einem Entwurf auf Grund früherer Versuche schätzen.

Es ist dann
$$\mathrm{tg}\,\alpha = \frac{AW_{ei} + s\,AW_k}{AW_m}$$

und wir können z. B. in die Magnetisierungskurve $\Phi = f(AW_m)$ auch
AW_v für $s = 1$, also $AW_{ei} + AW_k$ als Funktion von AW_m auftragen,
s. Fig. 30.

Diese Kurve können wir aber noch nicht sofort verwenden,
weil wir s von vornherein nicht kennen. Wir haben daher zunächst das angenäherte Dia-
gramm Fig. 26, ohne Berücksichtigung der Kurzschlußströme für einige Werte von J
aufzuzeichnen und daraus erhalten wir dann je einen vorläufigen Wert von s. Mit diesem Wert können wir nun α
unter Zuhilfenahme der Fig. 30
berechnen, und hiermit das
Amperewindungsdiagramm Fig.
28 und das Spannungsdiagramm
Fig. 29 zeichnen. Dieses liefert
einen neuen Wert von s, der mit

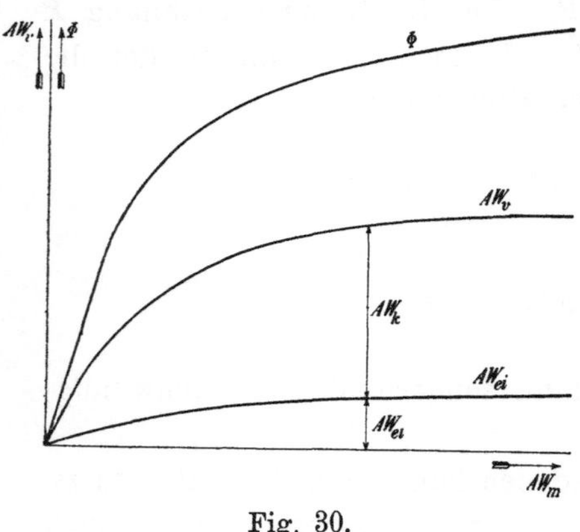

Fig. 30.

dem vorläufigen nicht übereinzustimmen braucht. Im allgemeinen
findet man aber nur eine so geringe Abweichung, daß eine weitere
Nachrechnung nicht erforderlich ist, sonst hat man die Rechnung
noch einmal durchzuführen.

Aus dem Diagramm Fig. 29 erhalten wir nun

die zugeführte Leistung $\quad W_1 = PJ\cos\varphi$,

die mechanische Leistung $\quad W_2 = EJ\cos\psi$,

und in dieser ist nun auch die motorische bzw. generatorische Leistung der Kurzschlußströme enthalten.

Da α unterhalb Synchronismus einer Verzögerung von Φ gegenüber AW_r entspricht, wird, wie wir schon gesehen haben, ψ und damit die ganze Phasenverschiebung durch die Kurzschlußströme verkleinert.

Oberhalb Synchronismus kehrt sich die Richtung der Kurzschlußströme und das Vorzeichen von α um, hier bewirken die Kurzschlußströme eine Vergrößerung der Phasenverschiebung.

In allen Fällen bedingen sie eine Verringerung des Wirkungsgrades.

12. Einfluß der Sättigung des Reihenschlußtransformators.

Bei Geschwindigkeiten, die stark von Synchronismus abweichen, wächst die Spannung am Rotor und am Reihenschlußtransformator, durch den Stator und Rotor hintereinandergeschaltet sind. Ist dieser Transformator gesättigt, so ist sein Magnetisierungsstrom nicht mehr zu vernachlässigen und das Verhältnis von Stator- zu Rotorstrom kann nicht mehr aus dem Übersetzungsverhältnis des Transformators bestimmt werden, sondern es ist der Statorstrom die geometrische Summe aus dem auf primär reduzierten Rotorstrom und dem Magnetisierungsstrom des Transformators. Der letzte ist gegen die Rotorspannung um ca. 90^0 phasenverzögert und hat daher allgemein eine andere Phase als der Rotorstrom, so daß Stator und Rotorstrom nunmehr nicht mehr phasengleich sind und das räumliche Diagramm nicht mehr direkt mit dem zeitlichen Diagramm verglichen werden kann.

Um die Wirkung der Sättigung des Transformators zu erläutern, wollen wir das Diagramm zunächst unter Vernachlässigung des Spannungsabfalles ableiten, der ja bei großer Schlüpfung klein ist gegen die im Rotor induzierte EMK.

Wir reduzieren alle Größen auf die Windungszahl des Stators und bezeichnen mit J_2' den reduzierten Rotorstrom, mit J_a' den Magnetisierungsstrom des Transformators. Es ist nun einerseits die geometrische Summe von J_2' und J_a' der Statorstrom J_1. Andrerseits ergeben die MMK des Stators und die MMK des Rotors, von denen die erste proportional J_1, die zweite proportional uJ_2' ist, die resultierende MMK des Motors. Sie setzen sich aber nicht mehr unter dem Bürstenwinkel ϱ zusammen, sondern unter dem Winkel $\varrho + \beta$, worin $+\beta$ der Verzögerungswinkel des Rotorstromes J_2' gegen den Statorstrom J_1 ist. Diesen Winkel kennen wir aber von vornherein nicht. Wir finden ihn graphisch durch folgende Überlegung.

Da wir alle Größen auf die Statorwindungszahl reduziert haben, können wir die MMKe durch die Ströme ersetzen, und bezeichnen die resultierende MMK des Motors durch einen Statorstrom F, der, mit der Statorwindungszahl multipliziert, diese MMK ergibt.

Es gelten also die vektoriellen Gleichungen

$$\mathfrak{J}_1 + u\,\mathfrak{J}_2' = \mathfrak{F},$$

worin $u J_2'$ um $(\varrho + \beta)$ gegen J_1 verzögert ist und

$$\mathfrak{J}_1 = \mathfrak{J}_2' + \mathfrak{J}_a'.$$

Setzen wir aus der zweiten Gleichung den Wert von J_1 in die erste ein, so lautet sie

$$\mathfrak{J}_2' + u\,\mathfrak{J}_2' = \mathfrak{F} - \mathfrak{J}_a'.$$

Hierin ist nun uJ_2' gegen J_2' um ϱ verzögert und $u$mal so groß, ihre Summe ist also gleich der geometrischen Differenz aus F und J_a'. Diese Beziehung benutzen wir zur Aufzeichnung des Diagramms. Fig. 31a gilt für Untersynchronismus und für den Fall, daß $u = -\cos \varrho$ ist.

Dem Vektor des resultierenden Kraftflusses Φ eilt um 90^0 die Stator-EMK $\overline{OE_1} = E_1$ vor und dieser um den Winkel ϱ die Rotor-EMK $\overline{E_1 E} = s E_1 u = E_{2s}'$, $\overline{OE}$ ist also die resultierende EMK.

$\overline{E_1 E_k} = u E_1$ ist die Rotor-EMK bei Stillstand und $\dfrac{\overline{E_1 E}}{\overline{E_1 E_k}} = s$.

Die resultierende MMK $\overline{OF}$ des Motors (also im Strommaßstab der Strom F) eilt gegen Φ um $\sphericalangle \alpha$ vor. Tragen wir hieran $\overline{F'F} = J_a'$ den Magnetisierungsstrom des Transformators senkrecht zur Rotorspannung auf, so ist $\overline{OF'}$ die geometrische Differenz $\mathfrak{F} - \mathfrak{J}_a'$. Weil diese, wie gezeigt, gleich der Summe von J_2' und $u J_2'$ ist, die um ϱ gegeneinander phasenverschoben sind, brauchen wir nun über $\overline{OF'}$ nur das Dreieck OF_2F' ähnlich dem Dreieck OE_1E_k zu konstruieren und erhalten $\overline{OF_2} = J_2'$ und $\overline{F_2 F'} = u J_2'$. Durch Parallelverschiebung von $\overline{F_2 F'}$ nach $\overline{F_1 F}$, erhalten wir $\overline{F_2 F_1} = \overline{F'F} = J_a'$ und somit ist $\overline{OF_1}$ als Summe von $\overline{OF_2} = J_2'$ und $\overline{F_1 F} = J_a'$ der Statorstrom J_1 und $\sphericalangle F_1 O F_2 = \beta$.

Wir können den so erhaltenen Strom nun sofort mit dem vergleichen, der sich ergibt, wenn der Magnetisierungsstrom des Transformators zu vernachlässigen ist. In diesem Fall brauchen wir nur über $\overline{OF}$ wie früher das Amperewindungsdreieck OAF (gestrichelt) ähnlich OE_1E_k zu zeichnen, es ist dann $\overline{OA}$ die Stator-MMK oder im Strommaßstab der Strom, $\overline{AF}$ die Rotor-MMK, und wir erkennen, daß durch den Magnetisierungsstrom des Transformators der aufgenommene Strom bei gleichem Kraftfluß im Verhältnis $\overline{OF_1}$ zu $\overline{OA}$ und die Phasenverschiebung um den Winkel F_1OA vergrößert ist.

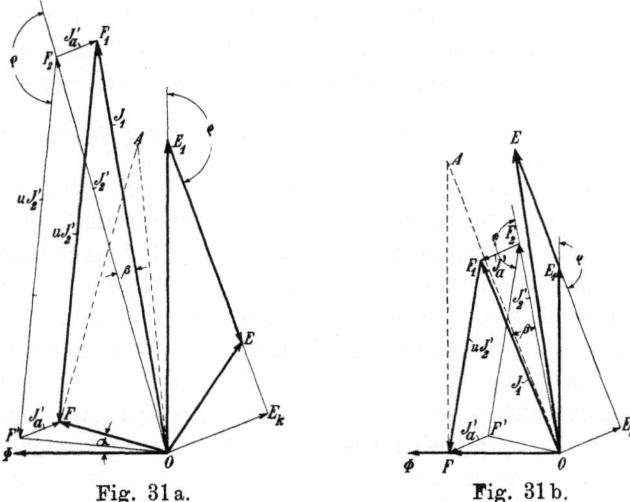

Fig. 31 a.   Fig. 31 b.

Vektordiagramm unter Berücksichtigung des Magnetisierungsstromes des
Transformators.

Die Rotor-MMK, die im vorliegenden Beispiel für $u = -\cos\varrho$ ohne Berücksichtigung des Magnetisierungsstromes senkrecht zur resultierenden MMK liegen würde $(\overline{AF}\perp\overline{OF})$, bildet nun mit $\overline{OF}$ den stumpfen Winkel F_1FO. Die durch die Rückwirkung der Kurzschlußströme bedingte Verschiebung zwischen Strom und Kraftfluß ($\sphericalangle\,\alpha$) und die hierdurch entstandene Verkleinerung des Drehmomentes kann dadurch beim Anlauf zum Teil wieder aufgehoben werden.

Die Vergrößerung des Stromes durch den Magnetisierungsstrom des Transformators bedingt nun weiter eine Vergrößerung des Spannungsabfalles, den wir bisher vernachlässigt haben. Bei gegebener Klemmenspannung wird also die resultierende EMK und der Fluß $\varPhi$ kleiner, d. h. durch die Sättigung des Transformators wird der Fluß des Motors bei kleinen Geschwindigkeiten begrenzt, und ein bestimmtes Drehmoment wird mit kleinerem Kraftfluß und größerem Strom geliefert, was mit Rücksicht auf die Funkenbildung durch die Transformator-EMK besonders beim Anlauf von Wichtigkeit ist.

Bei Übersynchronismus wächst die Rotorspannung und die Sättigung des Transformators ebenfalls. Für Übersynchronismus gilt das Diagramm Fig. 31b. Hier hat die Rotor-EMK $\overline{E_1 E}$ ihre Richtung entsprechend der Schlüpfung geändert und ebenso der Magnetisierungsstrom des Transformators $J_a' = \overline{F'F}$. Mit der analogen Konstruktion wie oben erhalten wir wieder $\overline{OF_2} = J_2'$ und $\overline{OF_1} = J_1$. Hier ist β ein Voreilungswinkel. Wenn wir wieder das Dreieck OAF zeichnen, das die MMKe ohne Berücksichtigung des Magnetisierungsstromes ergibt, erkennen wir, daß hier der Strom im Verhältnis $\dfrac{\overline{OF_1}}{\overline{OA}}$ verkleinert ist. Ferner ist der Winkel zwischen Rotor-MMK $u J_2'$ und Kraftfluß verkleinert, durch beides ist also das Drehmoment verkleinert. Diese Verkleinerung des Drehmomentes kann so weit getrieben werden, daß bei einer bestimmten übersynchronen Geschwindigkeit der Motor nur gerade noch seine Verluste decken kann, d. h. nicht über diese Tourenzahl hinausläuft, so daß seine Geschwindigkeit nach oben begrenzt ist, selbst wenn er ganz entlastet wird. Er verliert also hier zum Teil die Hauptschlußcharakteristik und läuft leer mit begrenzter Tourenzahl und fällt bei Belastung wie ein Gleichstromdoppelschlußmotor stark ab.

Diese Eigenschaft ist mitunter von Vorteil, weil ein reiner Hauptschlußmotor bei Entlastung eine sehr hohe Tourenzahl annehmen würde, wobei große Funkenbildung entsteht. Durch die Größe des Magnetisierungsstromes des Transformators kann man die Leerlauftourenzahl beeinflussen. Im allgemeinen ist es aber nicht vorteilhaft, einen großen Magnetisierungsstrom des Transformators nur durch die Sättigung zu erzielen, denn hierbei werden die Verluste im Transformator sehr groß. M. Latour hat daher vorgeschlagen, den Transformator mit einem Luftraum zu versehen. Durch Veränderung des Luftraumes kann dann die Leerlauftourenzahl beliebig eingestellt werden, sie bleibt jedoch stets im übersynchronen Gebiet.

13. Hauptschlußmotor mit zweiteiliger Statorwicklung.

Bei der bis jetzt betrachteten Ausführungsform des Hauptschlußmotors mit nur einer Wicklung am Stator ist es notwendig, die Bürsten aus der Achse der Statorwicklung zu verschieben, um überhaupt ein Drehmoment zu erhalten. Im nächsten Kapitel, Seite 106 werden wir aber sehen, daß eine Verschiebung der Bürsten aus dieser Achse sehr leicht zu beträchtlichen Oberfeldern Anlaß geben kann, die wie beim gewöhnlichen Induktionsmotor die Leistungsfähigkeit des Motors bedeutend heruntersetzen. Man führt deswegen die Hauptschlußmotoren auch oft mit einer zweiteiligen Statorwicklung aus. Von diesen dient der eine Teil zur Kompensation der Rotoramperewindungen und mag deswegen im folgenden als Kompensationswicklung bezeichnet werden; diese besitzt genau die gleiche Windungszahl wie der Rotor, und ihre Achse fällt genau mit der Bürstenachse zusammen.

Der zweite Wicklungsteil, der zur Erzeugung des Hauptfeldes dient und deswegen die Erregerwicklung genannt werden kann, ist in Serie geschaltet mit der Kompensationswicklung und der Rotorwicklung und, wie die Fig. 32 zeigt, um ca. 90⁰ gegenüber diesen beiden verschoben. Ein derartiger Motor kann als direkt gespeister Hauptschlußmotor bezeichnet werden. Durch die Zerlegung der Statorwicklung in zwei Teile erreicht man, daß die Rotoramperewindungen so vollständig kompensiert werden können, daß keine Oberfelder herrührend von der Rotorwicklung und Kompensationswicklung entstehen können. Bezeichnen wir die Windungszahlen der Kompensationswicklung und Erregerwicklung mit

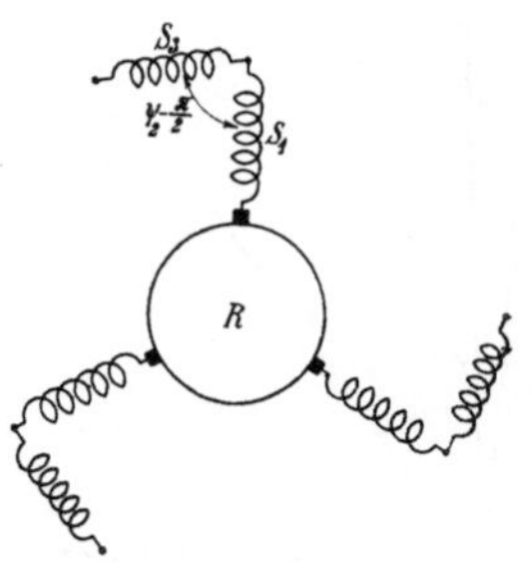

Fig. 32. Hauptschluß-
motor mit zweiteiliger
Statorwicklung.

w_c resp. w_e, so ist $w_c = w_2$. Indem die Erregerwicklung allein den Hauptkraftfluß erzeugt, fällt die Achse dieser Wicklung im räumlichen Diagramm (Fig. 19) mit dem MMK_r-Vektor zusammen. Es schließt somit die Achse der Erregerwicklung den Winkel $\psi_2 - \dfrac{\pi}{2}$ mit der Bürstenachse und der Achse der Kompensationswicklung ein. Gewöhnlich macht man diesen Winkel ca. 90⁰, in welchem Falle $\psi_2 = \pi$ wird.

In der Erregerwicklung wird sowohl bei Stillstand wie beim Lauf die Magnetisierungsspannung E_m induziert, während in der Rotor- und Kompensationswicklung zusammengenommen bei Stillstand keine EMK induziert wird. Erst beim Lauf wird die in der Rotorwicklung induzierte EMK verschieden von der in der Kompensationswicklung induzierten und es tritt eine EMK E_a auf, die proportional der Umdrehungszahl wächst und die dem Hauptflusse um $\pi - \psi_2$ nacheilt.

Für konstanten Strom und Kraftfluß erhält man deswegen das folgende Vektordiagramm (Fig. 33), in dem E_a unter dem

Winkel $(\psi_2 - \alpha)$ zur Richtung des Stromvektors aufzutragen ist. Dieses Diagramm stimmt genau mit dem überein, das für den Hauptschlußmotor mit einteiliger Statorwicklung abgeleitet wurde, und führt deswegen auf dasselbe Stromdiagramm.

Wenn der Winkel $\psi_2 - \dfrac{\pi}{2} = 90^0$ ist, so steht der Vektor der MMK der Erregerwicklung und somit der Kraftfluß senkrecht auf dem Vektor der Rotor-MMK, d. h. die Bürsten stehen in der neutralen Zone, um die beim Gleichstrommotor übliche Ausdrucksweise zu benutzen. Macht man $\psi_2 - \dfrac{\pi}{2} < 90^0$, so bedeutet dies eine Verschiebung der Bürsten in der Drehrichtung des Rotors, was eine Phasenkompensation zur Folge hat, während $\psi_2 - \dfrac{\pi}{2} > 90^0$ 'einer Zurückschiebung der Bürsten gleichkommt und ein günstigeres Kommutierungsfeld ergibt.

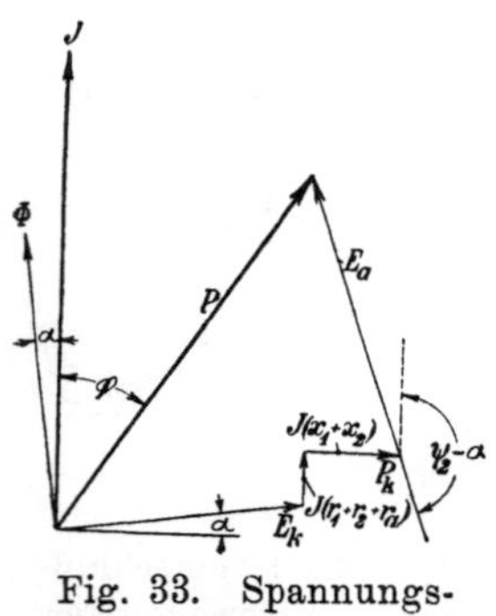

Fig. 33. Spannungsdiagramm.

Aus der Schaltung des Hauptschlußmotors mit zweiteiliger Statorwicklung ist ersichtlich, daß er bei derselben Drehrichtung auch als Generator arbeiten kann. Man braucht nur die Erregerwicklung (in allen Phasen) umzuschalten, damit das Drehmoment von einem motorischen in ein generatorisches umgewandelt wird. Der mehrphasige Hauptschlußmotor verhält sich somit ganz analog dem Gleichstromhauptschlußmotor.

14. Bemerkungen über den Betrieb des mehrphasigen Hauptschlußmotors als Generator.

Für den Betrieb als Generator würde der unterhalb der Abszissenachse liegende Teil des Spannungsdiagramms (Z, Fig. 22) bzw. des Stromdiagramms (Fig. 22 und 23) gelten.

Es ist aber zu bemerken, daß der Betrieb als Generator bei einem mehrphasigen Hauptschlußmotor nicht ohne weiteres möglich ist. Wie z. B. die Fig. 32 zeigt, bilden ja je zwei Phasen des Stators mit der entsprechenden Rotorphase einen Gleichstrom-Hauptschlußmotor. Ist die Richtung des Drehmomentes für den Wechselstrom der Drehrichtung entgegengesetzt, so ist sie es auch für einen Gleichstrom, d. h. ein gegen sein Drehmoment angetriebener dreiphasiger Hauptschlußmotor, der als Generator wirkt, kann auch gleichzeitig einen Gleichstrom generieren, der sich über das Netz schließt und sich über den Wechselstrom lagert.

Der Anstoß zu diesem selbsterregten Gleichstrom kann durch remanenten Magnetismus oder auch durch irgendeinen Momentanwert des Wechselstromes gegeben sein, und er kann stets dann bestehen, sobald die von einem bestimmten Strom erzeugte Rotations-EMK im Rotor größer ist als der Spannungsabfall dieses Stromes in Stator und Rotor. Da das Netz nur einen sehr kleinen Widerstand besitzt, stellt die Maschine einen kurzgeschlossenen Gleichstrom-Hauptschlußgenerator dar. Der selbsterregte Gleichstrom kann daher zu sehr großer Stärke anwachsen, sofern er nicht durch hohe Sättigung begrenzt wird, und er bremst die Maschine sofort ab. Der selbsterregte Gleichstrom braucht sich nicht gleichmäßig auf die drei Phasen zu verteilen; die Verteilung hängt von dem Zustande im Augenblick des Beginnes der Selbsterregung ab.

Es ist auch möglich, daß sich beim Betrieb als Generator über den eingeleiteten Wechselstrom nicht ein Gleichstrom, sondern ein Wechselstrom von anderer, meist langsamerer als der Netzperiodenzahl lagert. Daß die Maschine einen selbsterregten Wechselstrom generieren kann, folgt daraus, daß eine mehrphasige Kommutatormaschine ihren eigenen Erregerstrom erzeugen, d. h. bei einem $\cos \varphi = 1$ arbeiten kann. Bei den früher betrachteten Fällen lag dies bei dem Betrieb als Motor, und wurde dadurch erreicht, daß $\psi_2 - \dfrac{\pi}{2} < 90^{0}$ gemacht wurde. Ist

$\psi_2 - \dfrac{\pi}{2} > 90^{0}$, so schneidet das Spannungsdiagramm Z in Fig. 22 oder das Stromdiagramm Fig. 22 die Ordinatenachse unterhalb der Abszissenachse, d. h. die Maschine kann gegen das Drehmoment angetrieben ihre eigene scheinbare Erregerleistung in VA liefern. Die Schlüpfung, bei der dies für die Periodenzahl des Netzes c erreicht wird, ergibt sich aus Gl. 19.

Wird nun die Maschine mit einer anderen Tourenzahl angetrieben, so kann sie offenbar ihre Erregerleistung bei einer anderen Periodenzahl decken, und diese Periodenzahl verhält sich zur Netzperiodenzahl wie die Umdrehungszahl zu jener, bei der Phasenkompensation für die Netzperiodenzahl auftritt. Diese Eigenperiodenzahl der Maschine hängt also von der Geschwindigkeit ab.

Für jede andere als die Netzperiodenzahl bildet das Netz einen Kurzschluß von kleiner Impedanz, es gilt also für den selbsterregten Wechselstrom das gleiche wie für den selbsterregten Gleichstrom, die Maschine ist in bezug auf die selbsterregten Ströme stets kurzgeschlossen.

Es ist daher nicht ohne weiteres möglich, einen mehrphasigen

Hauptschlußmotor durch Generatorwirkung abzubremsen, weil die dabei auftretenden selbsterregten Ströme für die Maschine gefährlich werden können.

Als Mittel, die Selbsterregung zu verhindern, kann die Sättigung dienen. Sättigt man die Maschine durch den eingeleiteten Strom so stark, daß ein darübergelagerter Gleich- oder Wellenstrom das Feld nicht mehr zu verstärken imstande ist, so wird er von vornherein nicht entstehen können.

Auch die Sättigung des Transformators kann hierzu verwendet werden.

Drittes Kapitel.

Der mehrphasige Nebenschlußmotor.

15. Wirkungsweise des mehrphasigen Nebenschlußmotors.

Fig. 34 zeigt die Schaltung eines mehrphasigen Nebenschlußmotors, bei dem Stator- und Rotorwicklungen wieder schematisch als Ringwicklungen dargestellt sind.

Der Stator ist direkt, der Rotor durch einen Nebenschlußtransformator T an das Netz angeschlossen, weil, wie wir sehen werden, der Rotor allgemein eine kleinere Spannung erhält als der Stator.

Dieser Motor gehört somit zu den doppeltgespeisten Motoren, weil sowohl Rotor wie Stator vom Netz gespeist werden.

In dieser Maschine besteht wieder ein resultierendes Drehfeld, das von Stator- und Rotorströmen zusammen erregt

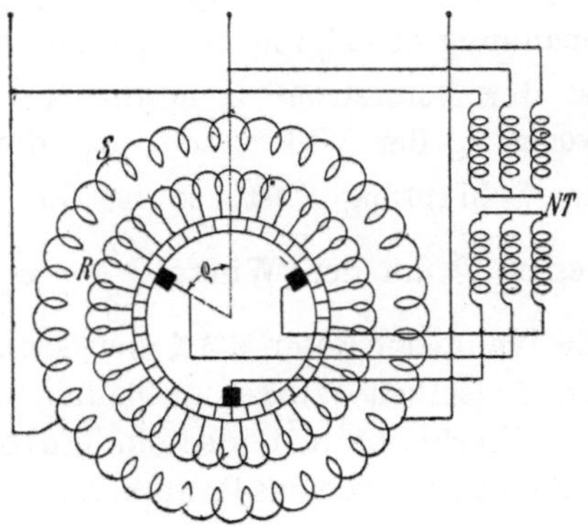

Fig. 34. Dreiphasiger Nebenschluß-motor.

ist und mit dem die Rotorströme das Drehmoment bilden.

Im Gegensatz zum Hauptschlußmotor brauchen aber hier die Ströme in entsprechenden Wicklungsphasen des Stators und Rotors

zeitlich nicht dieselbe Phase zu haben. Ihre zeitliche Phase ergibt
sich vielmehr hier aus der Phase der Spannung, die sich im Stator
bzw. Rotor als Resultante aus der zugeführten
Klemmenspannung und der Gegen-EMK ergibt
und aus der Impedanz der Wicklung.

Weil der Stator hier an die konstante Netzspannung angeschlossen ist, ist die Größe des
resultierenden Kraftflusses hauptsächlich durch
sie bestimmt, wenn wir zunächst von dem Spannungsabfall absehen.

Nehmen wir also den Hauptkraftfluß Φ als
gegeben an, so besteht im Rotor bei einer Schlüpfung s eine Gegen-EMK: $-E_{2s}$; ihre Größe ist

$$E_{2s} = s\,\pi\,\sqrt{2}\,c\,w_2\,f_2\,\Phi\,10^{-8}\ \text{Volt.}$$

Solange s positiv ist, ist sie um $\dfrac{\pi}{2}$ gegen Φ

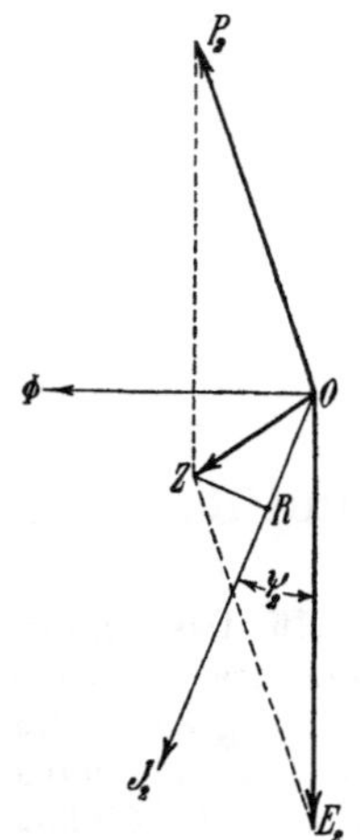

Fig. 35. Vektor-
diagramm für den
Rotor.

verzögert; ist s negativ, d. h. kehrt sich die
Richtung der Relativgeschwindigkeit zwischen Rotor und Drehfeld um, so kehrt sich auch die Rich-

tung der Gegen-EMK um und sie eilt gegen Φ um $\dfrac{\pi}{2}$ vor. In Fig. 35
stellt Φ den Vektor des Hauptkraftflusses und $\overline{OE_2}$ den Vektor der
Gegen-EMK $-E_{2s}$ dar. Führen wir nun dem Rotor eine Klemmenspannung P_2 zu, die durch den Vektor $\overline{OP_2}$ dargestellt sei, ihre Phase
und Größe seien zunächst beliebig gewählt, so ist $\overline{OZ}$ die resultierende
Spannung aus P_2 und $-E_{2s}$, durch sie und die Impedanz des Rotors
ist der Rotorstrom J_2 bestimmt. Ist $\overline{OR} = J_2\,r_2$ und $\overline{RZ} = J_2\,x_{2s}$,
worin r_2 der Widerstand, x_{2s} die Reaktanz einer Rotorphase bei
der Schlüpfung s ist, so ist $\overline{OJ_2}$ die Phase des Stromes. Er eilt

gegen Φ um den Winkel $\left(\dfrac{\pi}{2} - \psi_2\right)$ nach, und dies bedeutet, daß

die Welle der Rotor-MMK der Grundwelle des Drehfeldes räumlich
um denselben Winkel nacheilt.

Hierbei besteht also ein motorisches Moment, dessen Größe
gegeben ist durch das Produkt aus Amperewindungen aller Rotorphasen
$\times$ Kraftfluß aller Pole $\times \cos\psi_2$. Wir sehen, daß bei gegebenem Kraftfluß und bei einer bestimmten Geschwindigkeit die Größe und Phase
des Rotorstromes und damit das Drehmoment wesentlich abhängen von
der Größe und Phase der Spannung P_2. Machen wir z. B. P_2 gleich
und genau entgegengesetzt gerichtet zu $-E_{2s}$, so ist die resultierende Spannung aus beiden Null, es kann also kein Strom im

Rotor und kein Drehmoment entstehen; ist P_2 nur wenig kleiner, so besteht ein kleiner Strom, der etwa nur genügt, das Drehmoment zur Überwindung der Leerlaufverluste zu decken.

Dies gilt bei irgendeiner Schlüpfung s, und wir ersehen hieraus, daß ein mehrphasiger Nebenschlußmotor durch geeignete Wahl der Rotorspannung nach Größe und Phase gegenüber der induzierten EMK bei irgendeiner Geschwindigkeit leer laufen kann. Wird der Motor belastet, so wird seine Tourenzahl fallen. Nehmen wir zunächst an, daß Φ dabei sich nicht ändert, so nimmt $-E_{2s}$ zu, weil die Schlüpfung größer wird, es wächst also die Resultierende aus P_2 und $-E_{2s}$ so lange, bis der dabei entstehende größere Rotorstrom das Belastungsmoment überwindet, dann stellt sich wieder ein stabiler Betrieb ein.

Hätten wir dagegen P_2 größer als $-E_{2s}$ gemacht und z. B. ihr wieder entgegengerichtet, so daß der Strom nun gegen Φ voreilt, so würde die Welle der Rotor-MMK der Grundwelle des Drehfeldes räumlich voreilen, und dies entspricht einem Drehmoment, das der Drehrichtung entgegenwirkt, d. h. einem generatorischen Moment. Dasselbe hätten wir auch erreicht, wenn wir nicht P_2, sondern die Geschwindigkeit des Rotors vergrößert, also die Schlüpfung und die induzierte EMK verkleinert hätten.

Ein mehrphasiger Nebenschlußmotor kann also auch bei irgendeiner Schlüpfung als Generator arbeiten.

Die Phase der Rotorspannung P_2 gegenüber der Gegen-EMK $-E_{2s}$ ist nun in erster Linie von der Stellung der Bürsten abhängig. Stator- und Rotorspannung P_1 und P_2 haben gleiche Phase, die von dem resultierenden Drehfeld im Stator und Rotor induzierten GEMKe $-E_1$ und $-E_{2s}$ sind aber zeitlich um denselben Winkel ϱ gegeneinander phasenverschoben, um den die Bürsten aus der Nullstellung verschoben sind (s. Kap. I, Abschn. 4). Sind die Bürsten gegen die Drehrichtung verschoben, so eilt $-E_{2s}$ gegen $-E_1$ vor und umgekehrt, d. h. im Rotor ist die Phasenverschiebung zwischen Klemmenspannung und GEMK um ϱ kleiner bzw. größer als im Stator. Die Wirkung ist also die gleiche, als ob die Bürsten nicht verstellt wären, wobei $-E_{2s}$ und $-E_1$ gleiche Phase haben, dafür aber die Rotorspannung P_2 gegen P_1 um ϱ zeitlich nacheilen bzw. voreilen würde.

Weil nun auch bei einer Verschiebung der Bürsten um den $\measuredangle \varrho$ ein Rotorstrom J_2 (nach Kap. I, Abschn. 4) auf den Stator so zurückwirkt, wie ein Strom von gleicher Größe in einer zum Stator gleichachsigen Wicklung, der aber gegen J_1 um ϱ nach-, bzw. voreilt, so sehen wir, daß wir die Rückwirkung des Rotorstromes auf den Stator bei einer Bürstenverschiebung ϱ gleichsetzen können jener, bei der die Bürsten nicht verschoben sind, bei der aber die Rotorspannung P_2 gegen P_1 um ϱ nacheilt, wenn die Bürsten gegen die Drehrichtung verschoben sind und voreilt bei Verschiebung im Sinne der Drehrichtung.

16. Das Spannungsdiagramm des mehrphasigen Nebenschlußmotors.

Wir können nun das Spannungsdiagramm des Motors zeichnen (s. Fig. 36).

Φ ist der Vektor des Hauptkraftflusses, um $\frac{\pi}{2}$ dagegen voreilend ist $\overline{OE_1}$ der Vektor der EMK E_1, die der GEMK $-E_1$ entgegengesetzt gleich ist. $\overline{OJ_1}$ ist der Vektor des Statorstromes J_1, der gegen E_1 um ψ_1 verzögert sei. Ferner ist

$$\overline{E_1R_1} = J_1r_1, \qquad \overline{R_1P_1} = J_1x_1, \qquad \overline{OP_1} = P_1$$

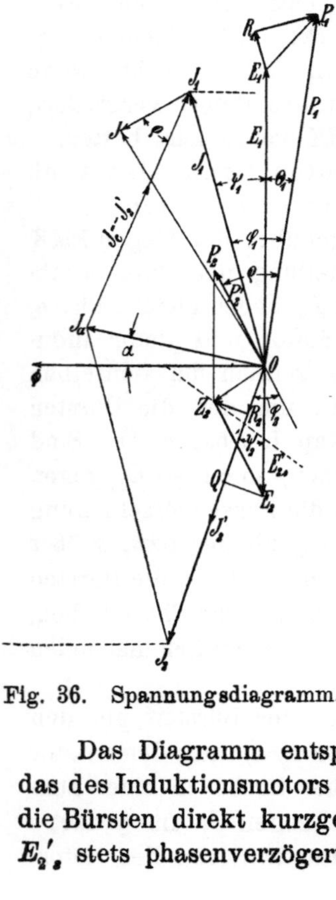

ist die Klemmenspannung am Stator, die gegen E_1 um Θ_1, gegen J_1 um φ_1 voreilt.

Die sekundären Größen seien auf primär reduziert und mit einem Strich $(')$ bezeichnet.

$\overline{OP_2}$ ist der Vektor der Rotorspannung $P_2{}'$, er eilt gegen P_1 um ϱ nach, was einer Verschiebung ϱ der Bürsten gegen die Drehrichtung entspricht.

$\overline{OE_2} = -E_2{}'_s$ eilt gegen Φ um $\frac{\pi}{2}$ nach, $\overline{OZ_2}$ ist die Resultierende aus $-E_2{}'_s$ und $P_2{}'$, sie ist zusammengesetzt aus $\overline{OR_2} = J_2{}'r_2{}'$ und $\overline{R_2Z_2} = J_2{}'x_2{}'_s$. $\overline{OJ_2} = J_2{}'$ eilt gegen $E_2{}'_s$ um ψ_2 vor. Bei Reduktion auf gleiche Windungszahl ist

$$E_2{}'_s = s\,E_1.$$

$J_2{}'$ und J_1 setzen sich zum Magnetisierungsstrom $J_a = \overline{OJ_a}$ zusammen, der gegen Φ um α voreilt.

Fig. 36. Spannungsdiagramm.

Das Diagramm entspricht untersynchronem Lauf. Es geht in das des Induktionsmotors über, wenn $P_2 = 0$ gemacht wird, d. h. wenn die Bürsten direkt kurzgeschlossen werden. Dann ist aber $J_2{}'$ gegen $E_2{}'_s$ stets phasenverzögert, während er hier dagegen voreilt. Dies rührt von der Phase her, die wir durch die Bürstenstellung ϱ der Spannung P_2 gegeben haben, dementsprechend ist auch die Phasenverschiebung von J_1 gegen P_1 hier kleiner, als wenn $P_2 = 0$ wäre. Wir sehen also, daß die Größe und Phase der Rotorspannung auch einen wesentlichen Einfluß auf die Phase des Primärstromes hat. Ehe wir dies näher untersuchen, betrachten wir die Leistungen.

Berechnung der Leistungen. Die Wattspannung $P_1 \cos \varphi_1$ können wir zerlegen in

$$P_1 \cos \varphi_1 = J_1 r_1 + E_1 \cos \psi_1$$

und demnach ist die einer Phase der Statorwicklung zugeführte Leistung

$$W_1 = P_1 J_1 \cos \varphi_1 = J_1{}^2 r_1 + E_1 J_1 \cos \psi_1.$$

$E_1 J_1 \cos \psi_1$ ist die Leistung, die der Statorstrom durch das Drehfeld überträgt.

J_1 besteht aus 2 Komponenten, J_a und J_c, worin $J_c = -J_2'$ der Statorstrom ist, der die MMK des Rotors kompensiert. Es ist also

$$J_1 \cos \psi_1 = J_a \sin \alpha + J_c \cos \psi_2$$

und

$$E_1 J_1 \cos \psi_1 = E_1 J_a \sin \alpha + E_1 J_c \cos \psi_2.$$

Die Leistung $E_1 J_a \sin \alpha = V_a$ dient teils zur Deckung der Eisenverluste, teils wird sie auf die kurzgeschlossenen Spulen übertragen, $E_1 J_c \cos \psi_2$ wird auf den Rotor übertragen, wir bezeichnen sie mit W_a.

Es ist also $\qquad W_1 = V_1 + V_a + W_a.$

Aus dem Dreieck OE_2Q und $\overline{OR_2} = J_2' r_2'$, $\overline{R_2Q} = P_2' \cos \varphi_2$ folgt

$$- E_2{}'_s \cos \psi_2 = J_2' r_2' + P_2' \cos \varphi_2$$

oder, weil

$$- E_2{}'_s = - s E_1$$

und

$$J_2' = - J_c$$

ist, folgt

$$s E_1 J_c \cos \psi_2 = J_2{}'^2 r_2' + P_2' J_2' \cos \varphi_2,$$

oder

$$E_1 J_c \cos \psi_2 = J_2{}'^2 r_2' + P_2' J_2' \cos \varphi_2 + (1 - s) E_1 J_c \cos \psi_2$$

$$W_a = V_2 - W_2 + W_m.$$

$V_2 = J_2{}'^2 r_2'$ ist der Stromwärmeverlust im Rotor;

$W_2 = - P_2' J_2' \cos \varphi_2$ ist die vom Rotor aus dem Netz aufgenommene Leistung. Sie erscheint hier mit negativem Vorzeichen, weil wir in Fig. 36 mit φ_2 den spitzen Winkel zwischen P_2' und J_2' bezeichnet haben;

$W_m = E_1 J_c \cos \psi_2 (1 - s)$ ist die in mechanische Leistung umgesetzte elektrische Leistung.

Es wird also auch hier

$$W_m = W_a (1 - s)$$
$$V_2 - W_2 = W_a s.$$

W_a können wir wieder als das Drehmoment in synchronen Watt bezeichnen.

Von der durch das Drehfeld auf den Rotor übertragenen Leistung W_a wird ein Teil entsprechend seiner Geschwindigkeit $(1 - s)$ in mechanische Leistung, der andere Teil, der der Schlüpfung entspricht, in elektrische Leistung umgesetzt. Ein Teil der letzten wird im Rotor in Wärme umgewandelt, der andere Teil an das Netz zurückgegeben.

Bei Übersynchronismus liegt $- E'_{2s}$ in Richtung von E_1; damit der Rotorstrom hier gegen Φ nacheilt, d. h. damit ein motorisches Moment entsteht, muß P_2' wieder um mehr als 90^0 gegen $- E'_{2s}$ verschoben sein, also hier $\varrho > 90^0$ sein.

Dann ist $W_m > W_a$; W_2 ist dann positiv, d. h. eine vom Netz aufgenommene Leistung und W_m die Summe der vom Stator auf den Rotor übertragenen und der vom Rotor aufgenommenen Leistung nach Abzug der Stromwärmeverluste.

In Fig. 36 ist J_1 nur der Statorstrom; den Netzstrom erhalten wir, wenn wir den dem Rotorstrom J_2' entsprechenden Netzstrom geometrisch dazu addieren. Unter Vernachlässigung des Magnetisierungsstromes des Transformators ist er $J_2' \dfrac{P_2'}{P_1}$. Gegenüber der Netzspannung (P_2) ist J_2 um $(\pi - \varphi_2)$ phasenverzögert, also bildet er mit J_2' in Fig. 36 den Winkel ϱ, weil wir P_2 um ϱ gegen P_1 verzögert aufgetragen haben. Er sei durch den Vektor $\overline{J_1 J}$ dargestellt, dann ist $\overline{O J} = J$ der gesamte Netzstrom.

Die gesamte aus dem Netz aufgenommene Leistung ist nun

$$W = P_1 J \cos \varphi = W_1 + W_2 = P_1 J_1 \cos \varphi_1 - P_2' J_2' \cos \varphi_2.$$

Wir haben hier den Spannungsabfall im Nebenschlußtransformator noch nicht berücksichtigt. Wir können es tun, indem wir in r_2' den Kurzschlußwiderstand und in x_{2s} die Kurzschlußreaktanz des Transformators einbeziehen.

Einfluß der Phase der Rotorspannung auf die Phasenverschiebung des gesamten Stromes.

Das Diagramm Fig. 36 zeigt uns nur einen beliebig herausgegriffenen Betriebszustand, d. h. eine Belastung bei einer Geschwindigkeit. Wir können aus ihm aber sofort ersehen, welchen Einfluß die Phase der Rotorspannung P_2, d. h. die Bürstenstellung ϱ auf die gesamte Phasenverschiebung hat, z. B. bei unveränderter Belastung. Nehmen wir an, der **Kraftfluß** Φ **soll konstant bleiben** und ebenso das Drehmoment und die Schlüpfung; dann bleibt $- E_{2s}$ konstant, der Rotorstrom J_2' muß seine Größe und Phase so ändern, daß $J_2' \cos \psi_2$ konstant bleibt, weil das Drehmoment proportional ist $\Phi J_2' \cos \psi_2$. Es muß also der Endpunkt J_2 des Vektors des Rotorstromes sich auf einer Parallelen zum Vektor des Kraftflusses bewegen, den wir in die Abszissenachse gelegt haben. Der Vektor $\overline{OZ_2}$, der die Impedanzspannung des Rotors $J_2' z_{2s}'$ darstellt, eilt dem Strom um den Winkel $Z_2 O R_2$ vor, dessen Tangente $\dfrac{x_{2s}}{r_2}$ ist, und der bei konstanter Geschwindigkeit als konstant betrachtet werden kann. Der Endpunkt von $\overline{OZ_2}$ bewegt sich also auf einer Geraden, die mit der Abszissenachse einen $\overline{Z_2 O R_2}$-gleichen Winkel bildet, und da $\overline{E_2 Z_2}$ gleich und parallel $\overline{OP_2}$ ist, stellt $\overline{E_2 Z_2}$ uns auch die Änderung der Rotorspannung nach Größe und Phase gegenüber der EMK dar.

Bewegt sich Punkt J_2 nach links, so muß sich auch Punkt P_2 bzw. Z_2 nach links bewegen.

Da nun J_c gleich und parallel J_2' ist und J_a bei konstantem Kraftfluß sich nicht ändert, bewegt sich der Endpunkt J_1 des Vektors des Statorstromes auch auf einer Parallelen zur Abszissenachse, und zwar nach rechts, wenn J_2 sich nach links bewegt. Hierbei ändert sich freilich auch die Größe und Phase der primären Spannung P_1 ein wenig. E_1 bleibt konstant. Da $J_1 z_1 = \overline{E_1 P_1}$ dem Strom J_1 proportional ist und ihm um den konstanten Winkel $R_1 E_1 P_1$ voreilt, dessen Tangente $\dfrac{x_1}{r_1}$ ist, bewegt sich Punkt P_1, also der Endpunkt des Vektors der Spannung, auf einer Geraden, die mit der Abszissenachse diesen Winkel einschließt. Die Änderung für die ganze Klemmenspannung ist jedoch nur klein, weil $J_1 z_1$ klein ist gegen E_1. Wir sehen also, daß bei Vergrößerung des Voreilungswinkels ψ_2, d. h. wenn J_2 und P_2 nach links rücken, sich J_1 nach rechts verschiebt und P_1 auch, jedoch weniger als J_1; φ_1 wird also kleiner, während ϱ vergrößert ist.

Wir können ψ_2 z. B. so groß machen, daß die Komponente des Rotorstromes $J_2' \sin \psi_2$, die in Phase mit Φ ist, ebenso groß wird wie $J_a \cos \alpha$, dann ist J_1 in Phase mit E_1 und gegen P_1 nur noch um Θ_1 verzögert, und es wird der Kraftfluß ganz vom Rotor erregt. Hätten wir dagegen $\psi_2 = 0$ gemacht, so müßte der wattlose

Magnetisierungsstrom $J_a \cos \alpha$ vom Stator gedeckt werden. Wir können also die Maschine vom Stator oder vom Rotor erregen, oder von beiden zusammen, je nach der Phase und Größe von P_2. Wir können $J_2' \sin \psi_2$ aber auch größer als $J_a \cos \alpha$ machen, d. h. den Rotor übererregen, dann eilt J_1 gegen E_1 vor und kann in Phase mit P_1 sein oder auch ihr voreilen.

Endlich können wir durch Verkleinerung von ϱ auch ψ_2 negativ machen, so daß J_2' gegen Φ um mehr als 90^0 phasenverzögert ist, dann wird J_1 verzögert, und $J_1 \sin \psi_1 > J_a \cos \alpha$, φ_2 wird ebenfalls vergrößert. Es ist also hier möglich, Kompensation der Phasenverschiebung, Unter- und Überkompensation zu erreichen. Hierbei ändern sich aber die Verluste sehr, und da wir die Leistung konstant annehmen, auch der Wirkungsgrad. Da wir von einem konstanten Kraftfluß ausgingen, bleiben die Eisenverluste unverändert, es ändern sich aber die Stator- und Rotorstromwärmeverluste.

Bedingung für das Minimum der Verluste.

Der Rotorstrom ist für ein bestimmtes Drehmoment am kleinsten, wenn $\psi_2 = 0$ ist.

Allgemein können wir setzen

$$J_1 \cos \psi_1 = - J_2' \cos \psi_2 + J_a \sin \alpha,$$

und da $J_2' \cos \psi_2$ und $J_a \cos \alpha$ bei konstantem Kraftfluß und Drehmoment sich nicht ändern, bleibt $J_1 \cos \psi_1$ konstant.

Ferner ist

$$J_1 \sin \psi_1 = - J_2' \sin \psi_2 + J_a \cos \alpha,$$

also wird J_1 ein Minimum, wenn $J_1 \sin \psi_1 = 0$ und $J_2' \sin \psi_2 = J_a \cos \alpha$ ist.

Der Stromwärmeverlust ist

$$V_1 + V_2 = J_1{}^2 r_1 + J_2'{}^2 r_2'$$
$$= (J_1 \cos \psi_1)^2 r_1 + (J_1 \sin \psi_1)^2 r_1 + (J_2' \cos \psi_2)^2 r_2' + (J_2' \sin \psi_2)^2 r_2'.$$

Da hierin $J_1 \cos \psi_1$ und $J_2' \cos \psi_2$ konstant sind, wird der Verlust am kleinsten, wenn $(J_2' \sin \psi_2)^2 r_2' + (J_1 \sin \psi_1)^2 r_1$ am kleinsten ist.

Nun ist

$$J_1 \sin \psi_1 = - J_2' \sin \psi_2 + J_a \cos \alpha,$$

also soll

$$(J_2' \sin \psi_2)^2 (r_1 + r_2') + (- 2 J_2' \sin \psi_2 J_a \cos \alpha + J_a{}^2 \cos^2 \alpha) r_1$$

ein Minimum werden. Dies ist der Fall, wenn

$$\frac{J_2' \sin \psi_2}{J_a \cos \alpha} = \frac{r_1}{r_1 + r_2'}$$

ist. $J_2' \sin \psi_2$ ist der Anteil des Rotorstromes an dem Magnetisierungsstrom $J_a \cos \alpha$, und mit Benutzung der Beziehung

$$J_1 \sin \psi_1 = - J_2' \sin \psi_2 + J_a \cos \alpha,$$

können wir auch schreiben

$$\frac{J_2' \sin \psi_2}{J_1 \sin \psi_1} = \frac{r_1}{r_2'} \quad \ldots \ldots \ldots \quad (20)$$

Die gesamten Stromwärmeverluste werden somit für ein gegebenes Drehmoment am kleinsten, wenn die Anteile der Stator- und Rotorströme an der wattlosen Komponente des Magnetisierungsstromes sich umgekehrt verhalten wie die Widerstände von Stator und Rotor.

Da r_2' wegen der Bürstenübergangswiderstände und weil in r_2' auch der Widerstand des Transformators einbegriffen ist, größer ist als r_1, folgt, daß $J_2' \sin \psi_2$ kleiner sein soll als $J_1 \sin \psi_1$. Der beste Wirkungsgrad wird also nicht bei Phasenkompensation erreicht.

Wir haben die Bedingung abgeleitet für konstanten Kraftfluß. Für konstante Klemmenspannung ist sie wesentlich komplizierter, weil mit der Größe des Spannungsabfalls im Stator auch der Kraftfluß sich ein wenig ändert, und daher die Eisenverluste; da aber die Änderung des Kraftflusses geringfügig ist, weil $J_1 z_1$ klein gegen E_1 ist, ist die Bedingung auch sehr nahezu für konstante Klemmenspannung richtig.

Ändern wir bei konstantem Kraftfluß die Geschwindigkeit, so bleibt bei gleichem Drehmoment $J_2' \cos \psi_2$ konstant. Nehmen wir an, daß die Wattkomponente des Magnetisierungsstromes $J_a \sin \alpha$ sich nicht ändere, d. h. sehen wir von der Rückwirkung der Kurzschlußströme ab, so bleibt auch $J_1 \cos \psi_1$ konstant; behalten wir ferner das für den besten Wirkungsgrad ermittelte Verhältnis der wattlosen Komponenten der Stator- und Rotorströme $J_1 \sin \psi_1$ und $J_2' \sin \psi_2$ bei, so werden also J_1, J_2', ψ_1 und ψ_2 selbst unverändert bleiben, und da auch $J_1 z_1$ nach Größe und Phase sich nicht ändert, braucht P_1 nicht verändert zu werden. Wir können also auch umgekehrt sagen: Soll bei konstanter Klemmenspannung bei ein und demselben Drehmoment, aber verschiedenen Geschwindigkeiten die Bedingung für den besten Wirkungsgrad erfüllt bleiben, so bleiben der Stator- und Rotorstrom konstant und die primäre Phasenverschiebung ändert sich nicht. Zu ändern ist lediglich die dem Rotor zuzuführende Spannung P_2. Mit dem Übersetzungsverhältnis des Nebenschlußtransformators ändert sich auch der dem Rotor vom Netz zugeführte Strom $J_2' \dfrac{P_2'}{P_1}$ und der gesamte Strom J der Maschine,

weil ja bei konstantem Drehmoment und veränderlicher Geschwindigkeit die Leistung sich ändert.

Spannungsdiagramme für konstantes Drehmoment bei veränderlicher Geschwindigkeit. Entsprechende Änderung der Rotorspannung.

Wie die Änderung von P_2' zu erfolgen hat, zeigt uns in einfacher Weise das Diagramm. In Fig. 37 ist das Dreieck, bestehend
aus Rotor-EMK, Rotorspannung und Impedanzspannung, nach O
verlegt; es ist

$$\overline{OE_2} = -(-E_2'{}_s) = sE_1; \qquad \overline{OP_2} = P_2'; \qquad \overline{E_2P_2} = J_2'z_2'{}_s;$$

$$\overline{E_2R_2} = J_2'r_2'; \qquad \overline{R_2P_2} = J_2'x_2'{}_s.$$

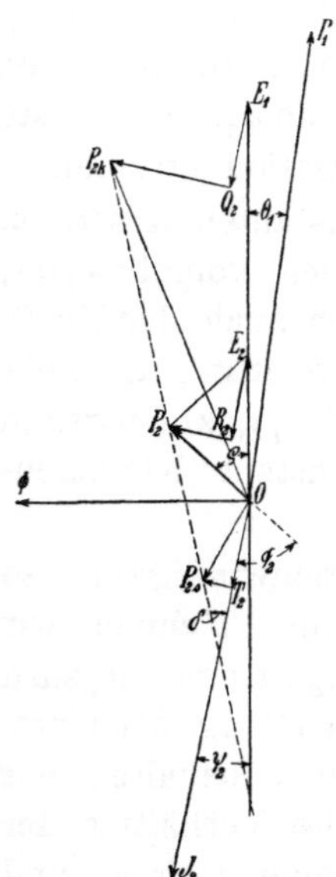

Fig. 37. Diagramm der
Rotorspannung bei kon-
stanter Belastung und
veränderlicher Ge-
schwindigkeit.

$\overline{OE_2}$ liegt in gleicher Richtung wie E_1
und gegen die Netzspannung P_1 um den $\sphericalangle\,\Theta_1$
verzögert, E_1 und Θ_1 bleiben hier, wie gezeigt, konstant. Ebenso bleiben J_2', ψ_2 und
$J_2'r_2'$ unverändert.

Dagegen ändern sich mit der Schlüpfung
sE_1 und $J_2'x_2'{}_s$ ihrer Größe, nicht ihrer Phase
nach. Nach Kap. I, S. 31 können wir setzen

$$J_2'x_2'{}_s = J_2'(x_2'{}_0 + sx_2'{}_v).$$

$x_2'{}_0$ ist der konstante Teil der Reaktanz, der
z. B. bei Synchronismus allein verbleibt, $sx_2'{}_v$
der Teil, der mit der Schlüpfung veränderlich ist. Bei Stillstand $(s=1)$ ist $sE_1 = E_1$
$= \overline{OE_1}$, $J_2'r_2' = \overline{E_1Q_2} = \overline{E_2R_2}$ ist unverändert, $J_2'x_{2\,s} = J_2'(x_2'{}_0 + sx_2'{}_v) = J_2'x_2' = \overline{Q_2P_{2k}}$;
daher ist $\overline{OP_{2k}}$ die dem Rotor bei dem ange-
nommenen Drehmoment zuzuführende Spannung
P_2' nach Größe und Phase. Bei Synchronismus ist $sE_1 = 0$; hier ist also P_2' zusammen-
gesetzt aus $\overline{OT_2} = J_2'r_2' = \overline{E_2R_2}$ und $J_2'x_2'{}_s$
$= J_2'x_2'{}_0 = \overline{T_2P_{2s}}$. $\overline{OP_{2s}}$ ist die Rotorspannung
bei Synchronismus.

Wir sehen, daß der Punkt P_2 bei Änderung der Schlüpfung sich
auf der Geraden $\overline{P_{2k}P_{2s}}$ bewegt, und es ist $\overline{P_2P_{2s}} : \overline{P_{2k}P_{2s}} = s : 1$
ein Maß für die Schlüpfung. Diese Gerade ist gegen J_2' um einen
Winkel δ geneigt, den wir wie folgt berechnen.

Es ist $\qquad P_2' \cos\varphi_2 = sE_1 \cos\psi_2 - J_2'r_2'$

$$P_2' \sin\varphi_2 = sE_1 \sin\psi_2 + J_2'(x_2'{}_0 + sx_2'{}_v).$$

Bilden wir nun die Differenz der Werte $P_2{'}\cos\varphi_2$ für Stillstand $s=1$ und Synchronismus, und ebenso für $P_2{'}\sin\varphi_2$, so wird

$$\operatorname{tg}\delta=\frac{P_2{'}\sin\varphi_{2\,(s=1)}-P_2{'}\sin\varphi_{2\,(s=0)}}{P_2{'}\cos\varphi_{2\,(s=1)}-P_2{'}\cos\varphi_{2\,(s=0)}}=\frac{E_1\sin\psi_2+J_2{'}x_2{'}_v}{E_1\cos\psi_2}.$$

Den Netzstrom erhielten wir in Fig. 36 dadurch, daß wir zu J_1 den Strom $J_2{'}\dfrac{P_2{'}}{P_1}=\overline{J_1 J}$ um ϱ gegen $J_2{'}$ voreilend angetragen haben und erhielten in $\overline{OJ}$ den Vektor des gesamten Stromes. Hier sehen wir, daß, weil J_1 und $J_2{'}$ konstant bleiben, der Vektor $J_2{'}\dfrac{P_2{'}}{P_1}$ entsprechend $P_2{'}$ sich auf einer Geraden bewegt, die in Fig. 38 eingetragen ist. J_k ist der Punkt für Stillstand J_s, für Synchronismus, und die Vektoren von O nach der Geraden $\overline{J_k J_s}$ stellen die Netzströme J nach Größe und Phase dar. Die Gerade bildet mit $J_2{'}$ denselben Winkel, den die Gerade $\overline{P_{2k}P_{2s}}$ für $P_2{'}$ mit P_1 bildet, oder $\overline{J_k J_s}$ bildet mit P_1 denselben Winkel δ, den $\overline{P_{2k}P_{2s}}$ mit $J_2{'}$ bildet. Auch hier ist

$$\overline{J J_s}:\overline{J_k J_s}=s:1.$$

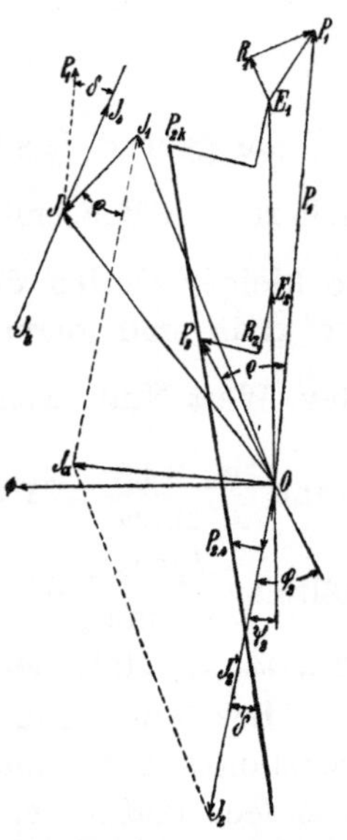

Fig. 38. Diagramm des gesamten Stromes bei konstanter Belastung und veränderlicher Geschwindigkeit.

Wir sehen, daß die Wattkomponente des gesamten Stromes mit zunehmender Geschwindigkeit steigt, entsprechend der größeren Leistung bei konstantem Drehmoment. Bei Untersynchronismus ist $J\cos\varphi$ kleiner als $J_1\cos\varphi_1$, bei Übersynchronismus größer, weil ja im ersten Fall der Rotor eine Leistung an das Netz zurückgibt und im zweiten eine aufnimmt.

Da der Winkel $\delta>0$ ist, folgt, daß J bei einer übersynchronen Geschwindigkeit in Richtung von P_1 liegt, d. h. $\varphi=0$ ist. Dies ist der Fall für jenen Strom, bei dem die Gerade $\overline{J_k J_s}$ die Richtung des Vektors P_1 schneidet.

Es wird δ erst Null, wenn $E_1\sin\psi_2+J_2{'}x_2{'}_v=0$ ist, also wenn ψ_2 negativ, d. h. $J_2{'}$ gegen $-E_1$ verzögert ist. Dann kann keine Phasenkompensation erreicht werden.

Es ist $J\sin\varphi=J_1\sin\varphi_1+J_2{'}\dfrac{P_2{'}}{P_1}\sin\varphi_2$ bei Phasengleichheit gleich Null. Setzen wir den Wert für $P_2{'}\sin\varphi_2$ ein, so erhalten wir

$$J_1\sin\varphi_1=-\frac{J_2{'}}{P_1}\left[s E_1\sin\psi_2+J_2{'}\left(x_2{'}_0+s x_2{'}_v\right)\right].$$

Unter den gemachten Voraussetzungen sind hierin alle Größen konstant außer s, wir erhalten also die Schlüpfung für Phasenkompensation

$$s_{(\varphi\,=\,0)} = -\,\frac{P_1 J_1 \sin \varphi_1 + J_2'^2 x_2'{}_0}{J_2' E_1 \sin \psi_2 + J_2'^2 x_2'{}_v}.$$

Setzen wir hierin $\quad P_1 \sin \varphi_1 = E_1 \sin \psi_1 + J_1 x_1$

und $\qquad\qquad J_1 \sin \psi_1 = J_a \cos \alpha - J_2' \sin \psi_2,$

so erhalten wir

$$s_{(\varphi\,=\,0)} = -\,\frac{E_1 \left(J_a \cos \alpha - J_2' \sin \psi_2\right) + J_1^2 x_1 + J_2'^2 x_{20}'}{E_1 J_2' \sin \psi_2 + J_2'^2 x_{2v}'}$$

$$= -\,\frac{\left[\dfrac{J_a \cos \alpha}{J_2' \sin \psi_2} - 1\right] + \dfrac{J_1^2 x_1 + J_2'^2 x_{20}'}{E_1 J_2' \sin \psi_2}}{1 + \dfrac{J_2'^2 x_{2v}'}{E_1 J_2' \sin \psi_2}} \qquad . \ . \ (21)$$

Je größer $J_2' \sin \psi_2$ gegen $J_a \cos \alpha$ gemacht wird, um so mehr nähert sich der erste Ausdruck $\dfrac{J_a \cos \alpha}{J_2' \sin \psi_2} - 1$ dem Wert Null und um so kleiner werden der zweite Zahlenausdruck und der Nenner. Da sie klein sind gegen 1, wenn $J_2' \sin \psi_2$ groß ist, nähert sich also s dem Wert Null, wenn $\dfrac{J_a \cos \alpha}{J_2' \sin \psi_2} \leqq 1$ ist; es kann s positiv werden, wenn $\dfrac{J_a \cos \alpha}{J_2' \sin \psi_2} < 1$ ist. Für den besten Wirkungsgrad ist das Verhältnis $\dfrac{J_a \cos \alpha}{J_2' \sin \psi_2} - 1 = \dfrac{r_2'}{r_1}$, wie früher gezeigt, also stets positiv, und $s_{(\varphi\,=\,0)}$ stets negativ.

Leerlauf. Ein besonderer Fall des bisher Betrachteten für konstantes Drehmoment ist jener, bei dem es Null ist, der Motor also leer läuft. Der Motor läuft leer, erstens wenn $J_2' = 0$ ist oder zweitens, wenn J_2' in Phase mit Φ ist, d. h. die Welle der Rotor-MMK räumlich zusammenfällt mit der Welle des resultierenden Feldes; dann ist $\psi_2 = \dfrac{\pi}{2}$, $J_2 = J_2 \sin \psi_2$.

Damit $J_2' = 0$ wird, muß dem Rotor eine Klemmenspannung P_2' zugeführt werden, die entgegengesetzt gleich ist der induzierten EMK $-\,E_{2s}$. Die Gerade, die uns die Änderung von P_2' bei veränderlicher Geschwindigkeit darstellt, fällt also für diesen Fall mit $\overline{O\,E_1}$ zusammen. Der Stator nimmt nur den Strom J_a auf, und da $J_2' = 0$ ist, ist J_a auch der ganze Strom der Maschine. Die Gerade für J schrumpft also hier in den Punkt J_a zusammen. Nehmen wir an, daß J_a bei veränderlicher Schlüpfung konstant bleibt, so ist der Bürstenwinkel ϱ_0 konstant und gleich dem Winkel Θ_{10}, den E_1 und P_{10} bildet, wenn $J_{10} = J_a$ ist. Es ist

$$\operatorname{tg} \Theta_{10} = \frac{x_1 J_a \sin \alpha - r_1 J_a \cos \alpha}{E_1 + r_1 J_a \sin \alpha + x_1 J_a \cos \alpha}$$

ein sehr kleiner Winkel, so daß hierbei ange-
nähert $\varrho_0 \simeq 0$ ist und $P_{20}' = s E_1 \simeq s P_1$.

Im zweiten Fall, bei dem J_{20}' nicht Null,
aber in Phase mit Φ ist, wird J_{10} kleiner als
J_a, wenn J_{20}' gleichgerichtet mit Φ ist, oder
größer, wenn J_{20}' entgegengerichtet ist. Der
erste Fall ist der wichtigere, für ihn zeigt
Fig. 39 das Spannungsdiagramm.

Die Gerade $\overline{P_{2k}P_{2s}}$, die hier die Veränderung der Rotorspannung bei veränderlicher
Schlüpfung darstellt, liegt hier parallel zu E_1
im Abstand $J_{20}' r_2'$.

Der Bürstenwinkel ϱ_0 ist hier angenähert
gleich dem Winkel zwischen P_2' und E_1, da
Θ_{10} ein sehr kleiner Winkel ist (er ist in der
Figur der Deutlichkeit halber übertrieben).

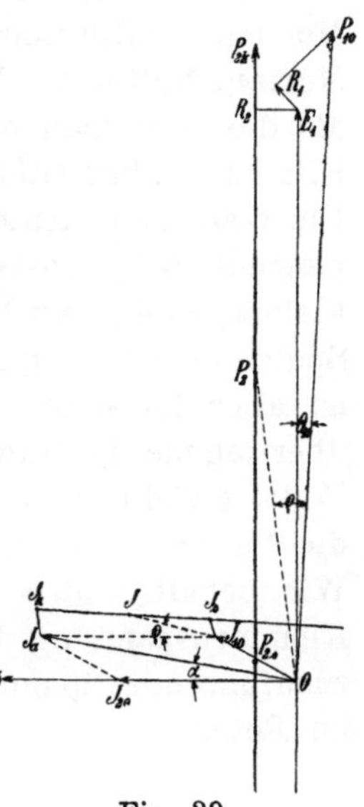

$$\operatorname{tg} (\varrho_0 - \Theta_{10}) = \frac{J_{20}' r_2'}{s_0 E_1 + J_{20}' (x_{20}' + s_0 x_{2v}')}.$$

Fig. 39.

Er wird also in der Nähe von Synchronismus gleich 90° und oberhalb Synchronismus größer als 90°.

Es ist $\quad P_2' \sin (\varrho_0 - \Theta_{10}) \simeq P_2' \sin \varrho_0 = J_{20}' r_2'$

und $\quad P_2' \cos (\varrho_0 - \Theta_{10}) \simeq P_2' \cos \varrho_0 = s_0 E_1 + J_{20}' (x_{20}' + s_0 x_{2v}').$

Da $\overline{P_{2k}P_{2s}}$ senkrecht auf J_{20}' steht, steht die Gerade $\overline{J_k J_s}$, die
die Veränderung des gesamten Netzstromes J_0 bei Leerlauf dar-
stellt, senkrecht auf P_{10}, weil unter den gemachten Annahmen
$P_{10} J_0 \cos \varphi_0$ konstant bleibt (wir haben von den mechanischen Verlusten abgesehen und das Drehmoment $= 0$ gesetzt). Nach Gl. 21, S. 78
erhalten wir die Schlüpfung, bei der J_0 in Phase mit P_1 ist, wenn wir
$J_2' \sin \psi_2 = J_{20}'$ setzen. Da hierbei $J_{10}^2 = (J_a \cos \alpha - J_{20}')^2 + (J_a \sin \alpha)^2$
ist, wird

$$s_{0(\varphi=0)} = -\frac{E_1 (J_a \cos \alpha - J_{20}') + J_a^2 x_1 + J_{20}'^2 (x_1 + x_{20}') - 2 J_{20}' J_a x_1 \cos \alpha}{E_1 J_{20}' + J_{20}'^2 x_{2v}'}$$

(21a)

Wir haben bisher das Moment der Kurzschlußströme und deren
Rückwirkung außer acht gelassen. Bei konstantem Kraftfluß wachsen
sie mit der Schlüpfung, es bleibt daher $J_a \sin \alpha$ nicht konstant.

Bei Untersynchronismus wirken sie motorisch, bei Übersynchronismus bremsend; sind sie stark, so wird im ersten Falle der Motor noch Arbeit leisten können, auch wenn der Rotorstrom wattlos ist, die Leerlauftourenzahl ist also höher. Bei Übersynchronismus muß aber der Rotor einen Wattstrom aufnehmen, um das bremsende Moment der Kurzschlußströme zu überwinden, damit das resultierende Moment Null wird, daher liegt die Leerlauftourenzahl etwas niedriger als die, die man ohne Berücksichtigung der Kurzschlußströme erhält. Die abgeleiteten Beziehungen gelten dann nicht mehr streng. Die Wattkomponente des Rotorstromes wird für ein gegebenes Drehmoment bei konstantem Kraftfluß und zunehmender Schlüpfung kleiner, weil ja ein Teil des Drehmomentes von den kurzgeschlossenen Spulen geleistet wird. Die Wattkomponente des Statorstromes $J_1 \cos \psi_1$ ist aber konstant, denn die ganze vom Drehfeld auf den Rotor übertragene Leistung ist gleich dem Drehmoment in synchronen Watt, gleichviel ob diese Leistung auf den ganzen Rotor oder auf die kurzgeschlossenen Spulen oder auf das Eisen übertragen wird. Wir behalten also die Größe des Statorstromes und der primären Klemmenspannung bei, es ändert sich nur etwas die dem Rotor zuzuführende Spannung wegen des veränderten Spannungsabfalles im Rotor.

17. Das Stromdiagramm[1]) des mehrphasigen Nebenschlußmotors.

Wir wenden uns nun der Aufgabe zu, bei gegebenen Werten der Stator- und Rotorspannungen, Strom, Leistung, Geschwindigkeit und Phasenverschiebung bei veränderlicher Belastung zu ermitteln.

Den Zusammenhang dieser Größen zeigt uns das Stromdiagramm, das wir im folgenden ableiten werden.

Die Gleichungen des Stator- und des Rotorstromes.

Der Statorstrom J_1 kann, wie wir gesehen haben, aus zwei Teilen, J_a und J_c, bestehend gedacht werden. J_c ist entgegengesetzt gleich dem Rotorstrom J_2', und J_a ist der Magnetisierungsstrom.

Wir können daher vektoriell schreiben

$$\mathfrak{J}_1 = \mathfrak{J}_a + \mathfrak{J}_c \quad \ldots \ldots \ldots \quad (22)$$

und
$$\mathfrak{J}_c = - \mathfrak{J}_2'.$$

Der Netzstrom J setzt sich zusammen aus dem Statorstrom J_1 und dem Strom J_{II}, den der Nebenschlußtransformator dem Netz

---

[1]) Ein ähnliches Diagramm ist von Prof. O. S. Bragstad, ETZ 1903, S. 368 und von E. Roth, Lumière électrique 1909, abgeleitet worden.

entnimmt, er ist $J_{II}' = J_2' \dfrac{P_2'}{P_1}$ und gegen J_2' um ϱ voreilend (s. S. 72); vektoriell ist also

$$\mathfrak{J}_{II} = \mathfrak{J}_2' \left(\frac{P_2'}{P_1}\right) e^{-j\varrho} = - \mathfrak{J}_c \left(\frac{P_2'}{P_1}\right) e^{-j\varrho},$$

somit
$$\mathfrak{J} = \mathfrak{J}_1 + \mathfrak{J}_{II} = \mathfrak{J}_a + \mathfrak{J}_c \left(1 - \frac{P_2'}{P_1} e^{-j\varrho}\right) \quad . \ . \ (23)$$

Sowohl J_a als auch J_c ändern sich mit der Belastung. Wir können aber durch eine Umformung die Beziehung so ausdrücken, daß nur eine Veränderliche erscheint.

Zunächst müssen wir stets bei der analytischen Rechnung und daher auch bei der Konstruktion des Stromdiagrammes Proportionalität zwischen Strom und Kraftfluß voraussetzen, also auch zwischen dem Magnetisierungsstrom J_a und der Spannung E_1.

Wir setzen

$$J_a = \frac{E_1}{z_a},$$

worin z_a die Erregerimpedanz einer Phase der Statorwicklung ist.

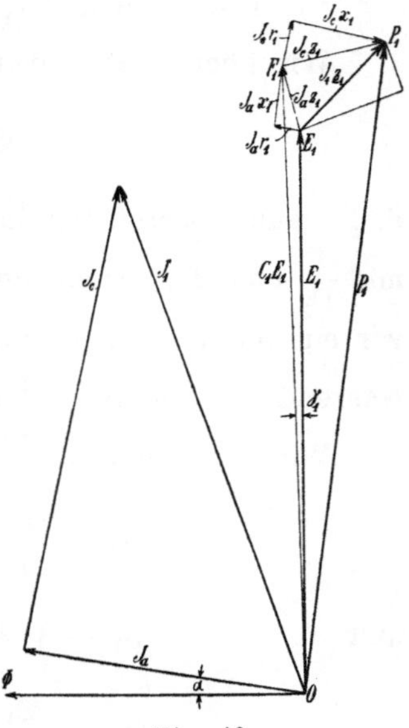

Fig. 40.

Die Spannungsgleichung des Stators sagt nun, daß die Summe aus Klemmenspannung P_1 und induzierter EMK $- E_1$ gleich ist der Impedanzspannung $J_1 z_1$

$$\mathfrak{P}_1 - \mathfrak{E}_1 = \mathfrak{J}_1 \mathfrak{Z}_1 \ . \ . \ . \ . \ . \ . \ . \ (24)$$
$$= \mathfrak{J}_a \mathfrak{Z}_1 + \mathfrak{J}_c \mathfrak{Z}_1$$

oder
$$\mathfrak{P}_1 = \mathfrak{E}_1 \left(1 + \frac{\mathfrak{Z}_1}{\mathfrak{Z}_a}\right) + \mathfrak{J}_c \mathfrak{Z}_1.$$

Setzen wir
$$\left(1 + \frac{\mathfrak{Z}_1}{\mathfrak{Z}_a}\right) = \mathfrak{C}_1 = C_1 e^{j\gamma_1},$$

so sind unter den gemachten Annahmen C_1 und γ_1 konstante Größen. Ihre Bedeutung ersehen wir aus Fig. 40. Hier ist $\overline{E_1 P_1} = J_1 z_1$ zerlegt in $\overline{E_1 F_1} = J_a z_1$ und $\overline{F_1 P_1} = J_c z_1$. $\overline{OF_1}$ ist die geometrische Summe aus E_1 und $J_a z_1$, und wir setzen

$$\frac{\overline{OF_1}}{\overline{OE_1}} = C_1, \qquad \measuredangle F_1 O E_1 = \gamma_1.$$

Es wird

$$\overline{OF_1} = \sqrt{(E_1 + x_1 J_a \cos\alpha + r_1 J_a \sin\alpha)^2 + (r_1 J_a \cos\alpha - x_1 J_a \sin\alpha)^2}$$

$$= E_1 \sqrt{\left(1 + \frac{x_1}{z_a}\cos\alpha + \frac{r_1}{z_a}\sin\alpha\right)^2 + \left(\frac{r_1}{z_a}\cos\alpha - \frac{x_1}{z_a}\sin\alpha\right)^2}$$

$$= E_1 C_1$$

$$\operatorname{tg}\gamma_1 = \frac{r_1 \cos\alpha - x_1 \sin\alpha}{z_a + x_1 \cos\alpha + r_1 \sin\alpha}.$$

Wir können also auch schreiben

$$\mathfrak{C}_1 = \frac{\mathfrak{P}_1}{\mathfrak{C}_1} - \frac{\mathfrak{J}_c \mathfrak{Z}_1}{\mathfrak{C}_1} \quad \ldots \ldots \quad (24\,\mathrm{a})$$

d. h. multiplizieren wir in Fig. 40 alle Seiten des Dreiecks OF_1P_1 mit $\dfrac{1}{C_1}$ und drehen sie um γ_1 im Sinne der Voreilung, so erhalten wir ein ähnliches Dreieck, dessen eine Seite auf $\overline{OE_1} = E_1$ fällt, während die anderen $\dfrac{P_1}{C_1}$ und $\dfrac{J_c z_1}{C_1}$ sind.

Wir erhalten also

$$\mathfrak{J}_a = \frac{\mathfrak{C}_1}{\mathfrak{Z}_a} = \frac{\mathfrak{P}_1}{\mathfrak{Z}_a \mathfrak{C}_1} - \frac{\mathfrak{J}_c \mathfrak{Z}_1}{\mathfrak{Z}_a \mathfrak{C}_1}$$

und

$$\mathfrak{J}_1 = \mathfrak{J}_a + \mathfrak{J}_c = \frac{\mathfrak{P}_1}{\mathfrak{Z}_a \mathfrak{C}_1} - \frac{\mathfrak{J}_c \mathfrak{Z}_1}{\mathfrak{Z}_a \mathfrak{C}_1} + \mathfrak{J}_c$$

oder

$$\mathfrak{J}_1 = \frac{\mathfrak{P}_1}{\mathfrak{Z}_a \mathfrak{C}_1} + \frac{\mathfrak{J}_c}{\mathfrak{C}_1} \quad \ldots \ldots \ldots \quad (22\,\mathrm{a})$$

Der erste Teil $\dfrac{\mathfrak{P}_1}{\mathfrak{Z}_a \mathfrak{C}_1} = \mathfrak{J}_{a0}$ ist konstant und, wie aus der Gleichung für $\mathfrak{J}_a$ folgt, der Magnetisierungsstrom, den der Stator aufnimmt, wenn $J_c = 0$ ist, d. h. wenn der Rotorstromkreis unterbrochen ist. Der zweite Teil ist proportional J_c, nämlich $\dfrac{1}{C_1}$ mal so groß und um γ_1 dagegen voreilend.

Wir können also schreiben

$$\mathfrak{J}_1 = \mathfrak{J}_{a0} + \frac{\mathfrak{J}_c}{\mathfrak{C}_1} \quad \ldots \ldots \ldots \quad (22\,\mathrm{b})$$

$$\mathfrak{J} = \mathfrak{J}_1 + \mathfrak{J}_{II} = \mathfrak{J}_{a0} + \mathfrak{J}_c\left[\frac{1}{\mathfrak{C}_1} - \left(\frac{P_2{}'}{P_1}\right)e^{-j\varrho}\right] \quad . \quad (23\,\mathrm{a})$$

Der Statorstrom J_1 und der Netzstrom J sind also vollständig bestimmt, wenn wir J_c ermittelt haben, da alle anderen Größen konstant sind.

Um J_c zu ermitteln, stellen wir die Spannungsgleichung des Rotors auf. Aus Fig. 36 sahen wir, daß die geometrische Summe aus P_2' und der induzierten EMK $- E_{2's}$ gleich ist der Impedanzspannung $J_2' z_{2's}$, worin $z_{2's}$ die Impedanz einer Phase der Rotorwicklung bei der Schlüpfung s ist:

$$\mathfrak{Z}_{2's} = r_2' - j\,(x_{2'0} + s\,x_{2'v}).$$

Die Spannung P_2' ist gegen die Netzspannung um ϱ verzögert. Es ist daher vektoriell:

$$\mathfrak{P}_2' = \left(\frac{P_2'}{P_1}\right)\mathfrak{P}_1 e^{j\varrho}$$

$$\left(\frac{P_2'}{P_1}\right)\mathfrak{P}_1 e^{j\varrho} - \mathfrak{E}_{2's} = \mathfrak{J}_2' \mathfrak{Z}_{2's} \quad \ldots \ldots \quad (25)$$

Da nun $\qquad \mathfrak{E}_{2's} = s\,\mathfrak{E}_1 \quad$ und $\quad \mathfrak{J}_c = -\mathfrak{J}_2'$

ist, wird $\qquad \mathfrak{E}_1 = \dfrac{\mathfrak{P}_2' + \mathfrak{J}_c \mathfrak{Z}_{2's}}{s}$

$$= \frac{\left(\dfrac{P_2'}{P_1}\right)\mathfrak{P}_1 e^{j\varrho} + \mathfrak{J}_c \mathfrak{Z}_{2's}}{s} \quad \ldots \ldots \quad (25\,\mathrm{a})$$

Andererseits war $\qquad \mathfrak{E}_1 = \dfrac{\mathfrak{P}_1 - \mathfrak{J}_c \mathfrak{Z}_1}{\mathfrak{C}_1} \quad \ldots \ldots \ldots \quad (24\,\mathrm{a})$

daher $\qquad \mathfrak{J}_c = \dfrac{\mathfrak{P}_1 - \dfrac{\mathfrak{C}_1}{s}\left(\dfrac{P_2'}{P_1}\right)\mathfrak{P}_1 e^{j\varrho}}{\mathfrak{Z}_1 + \mathfrak{C}_1 \dfrac{\mathfrak{Z}_{2's}}{s}} = \dfrac{\mathfrak{P}_1 - \dfrac{\mathfrak{P}_2' \mathfrak{C}_1}{s}}{\mathfrak{Z}_1 + \mathfrak{C}_1 \dfrac{\mathfrak{Z}_{2's}}{s}} \quad \ldots \quad (26)$

Wir erhalten also den Strom J_c, wenn wir die geometrische Differenz der Spannungen $\mathfrak{P}_1$ und $\dfrac{\mathfrak{P}_2' \mathfrak{C}_1}{s}$ auf eine Impedanz wirkend denken, die sich als Summe von $\mathfrak{Z}_1$ und $\mathfrak{C}_1 \dfrac{\mathfrak{Z}_{2's}}{s}$ ergibt.

Denken wir uns erst P_1 allein wirkend, indem $P_2' = 0$ ist, also die Bürsten kurzgeschlossen werden, so erhalten wir einen Strom J_{c1}, der dem Fall entspricht, daß die Maschine eine Induktionsmaschine ist, deren Stator an das Netz geschlossen ist, während der Rotor über die Bürsten kurzgeschlossen ist.

Denken wir uns zweitens P_2' allein wirkend und $P_1 = 0$ gemacht, indem der Stator kurzgeschlossen wird, so erhalten wir einen Strom J_{c2}, der entgegengesetzt gleich ist dem Rotorstrom einer Induktionsmaschine, deren Rotor an das Netz angeschlossen ist und deren Stator kurzgeschlossen ist. J_c ist die geometrische Differenz dieser beiden Ströme.

6*

Aus Gl. 26 erhalten wir

$$\mathfrak{J}_{c1} = \frac{\mathfrak{P}_1}{\mathfrak{Z}_1 + \mathfrak{C}_1 \dfrac{\mathfrak{Z}_{2\,s}'}{s}} \qquad\qquad \dots \dots \dots \dots \dots \quad (26\,\mathrm{a})$$

$$\mathfrak{J}_{c2} = \frac{\left(\dfrac{P_2'}{P_1}\right)\mathfrak{P}_1\, e^{j\varrho}}{\dfrac{s\,\mathfrak{Z}_1}{\mathfrak{C}_1} + \mathfrak{Z}_{2\,s}'} = \frac{\mathfrak{P}_2'}{\dfrac{s\,\mathfrak{Z}_1}{\mathfrak{C}_1} + \mathfrak{Z}_{2\,s}'} \qquad \dots \quad (26\,\mathrm{b})$$

$$\mathfrak{J}_c = \mathfrak{J}_{c1} - \mathfrak{J}_{c2} \qquad \dots \dots \dots \dots \dots \quad (27)$$

Nach Gl. 22 b erhalten wir aus $\mathfrak{J}_{a0}$ und $\dfrac{\mathfrak{J}_{c1}}{\mathfrak{C}_1}$ den ganzen Statorstrom J_1 der Induktionsmaschine, deren Rotor über die Bürsten kurzgeschlossen ist. Da es von Interesse ist, das Diagramm für diesen Fall mit dem der gewöhnlichen Induktionsmaschine zu vergleichen, gehen wir von ihm aus.

18. Diagramm des über die Bürsten kurzgeschlossenen Kommutatormotors.

Wir konstruieren zunächst das Diagramm des Rotorstromes J_{c1} nach Gl. (26 a).

Die Impedanz $\mathfrak{Z}_1 + \mathfrak{C}_1 \dfrac{\mathfrak{Z}_{2\,s}'}{s}$ wird durch eine Gerade K_z in Fig. 41 dargestellt.

Es ist $\overline{O_1 O_2} = z_1$. Die Impedanz $\dfrac{\mathfrak{Z}_{2\,s}'}{s}$, die aus dem Widerstand $\dfrac{r_2'}{s}$ und der Reaktanz $\left(\dfrac{x_{2\,0}'}{s} + x_{2\,v}'\right)$ besteht, ist mit C_1 zu multiplizieren und um γ_1 im Sinne der Verzögerung zu drehen. Da wir hier die Impedanzen in den ersten Quadranten auftragen (mit Rücksicht auf die darauf vorzunehmende Inversion), ist die positive Drehrichtung der Impedanzvektoren hier entgegengesetzt der des Uhrzeigers. Es ist also $\overline{O_2 X} = C_1 \left(\dfrac{x_{2\,0}'}{s} + x_{2\,v}'\right)$ um γ_1 gegen die Abszissenachse im Sinne des Uhrzeigers gedreht aufgetragen, und senkrecht dazu $\overline{XP} = C_1 \dfrac{r_2'}{s}$. $\overline{O_2 P}$ ist also $C_1 \dfrac{z_{2\,s}'}{s}$ und $\overline{O_1 P}$ die aus $C_1 \dfrac{z_{2\,s}'}{s}$ und z_1 resultierende Impedanz.

Für $s = 1$ ist $C_1 \left(\dfrac{x_{2\,0}'}{1} + x_{2\,v}'\right) = \overline{O_2 B} = C_1 x_2'$ und $C_1 \dfrac{r_2'}{1} = \overline{BC}$, also $\overline{O_2 C} = C_1 z_2'$. Für $s = \infty$ ist $C_1 \left(\dfrac{x_{2\,0}'}{\infty} + x_{2\,v}'\right) = C_1 x_{2\,v}' = \overline{O_2 A}$ und $C_1 \dfrac{r_2'}{\infty} = 0$.

C ist also der Punkt für Stillstand, A für $s = \infty$, und da $\overline{AC} : \overline{AP} = \overline{BC} : \overline{XP} = \overline{AB} : \overline{AX} = s : 1$ ist, bewegt sich P bei veränderlicher Schlüpfung auf der Geraden K_z durch C und A und liegt für $s = 0$ auf dem unendlich fernen Punkt der Geraden. Die Gerade bildet mit $\overline{BC} = C_1 r_2'$ einen Winkel β, der gegeben ist durch

$$\operatorname{tg} \beta = \frac{\overline{AB}}{\overline{BC}} = \frac{x_{2\,0}'}{r_2'},$$

also mit der Ordinatenachse den Winkel $(\beta - \gamma_1)$. $x_{2\,0}'$ ist der Teil der Rotorreaktanz, der bei Synchronismus verbleibt. Wir haben in Kap. I, Abschn. 8 gesehen, wie wir diese Größe und r_2' aus einem Kurzschlußversuch ermitteln können. β kann daher experimentell bestimmt werden.

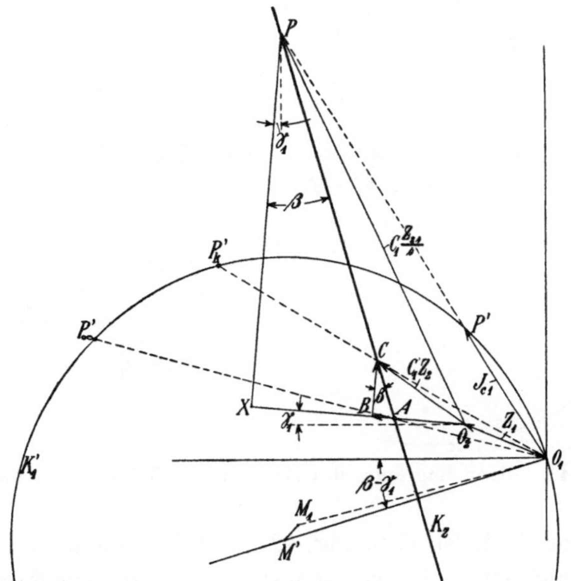

Fig. 41. Konstruktion des Stromdiagrammes für den Rotorstrom.

Inversieren wir die Gerade K_z in bezug auf O_1, so erhalten wir als Admittanzdiagramm oder im Strommaßstab als Stromdiagramm für die Ströme J_{c1} einen Kreis K_1', der durch O_1 geht und dessen Radius $\overline{O_1 M'}$ senkrecht auf K_z steht und daher mit der Abszissenachse den Winkel $(\beta - \gamma_1)$ bildet.

Dem Punkte P entspricht ein Kreispunkt P', dem Punkt A (für $s = \infty$) auf dem Kreis P_∞', und C (für $s = 1$) P_k', während P' für $s = 0$ in O_1 liegt.

Um das Stromdiagramm des ganzen Statorstromes bei kurzgeschlossenem Rotor zu erhalten, haben wir zunächst nach Gl. 22a $\frac{\mathfrak{J}_{c1}}{\mathfrak{C}_1}$ zu bilden, d. h. alle Vektoren von O_1 nach dem Kreis mit C_1 zu dividieren und um γ_1 im Sinne der Voreilung zu drehen, und ferner $\mathfrak{J}_{a0}$ zu addieren. Es genügt, den Radius durch C_1 zu dividieren und um γ_1 im Sinne der Voreilung zu drehen, er kommt also nach $\overline{O_1 M_1}$, wie in Fig. 41 angedeutet ist.

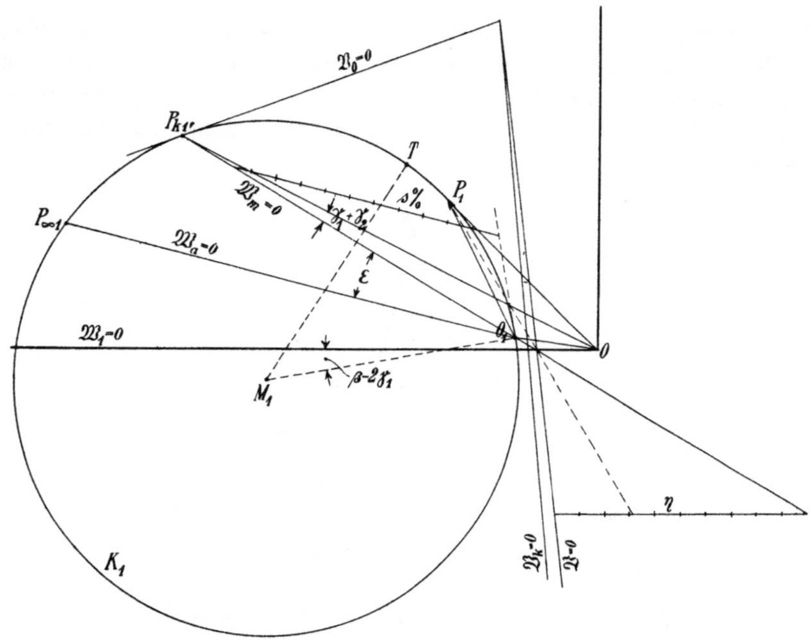

Fig. 42. Stromdiagramm des Kommutator-Induktionsmotors.

Der neue Kreis ist K_1 in Fig. 42. Der Koordinatenanfangspunkt ist nach O um $\overline{OO_1} = J_{a0}$ verschoben; O_1 ist der synchrone Punkt. Der Radius $\overline{O_1 M_1}$ bildet also mit der Abszissenachse den $\sphericalangle (\beta - 2\gamma_1)$.

Das Diagramm unterscheidet sich von jenem des gewöhnlichen Induktionsmotors nur durch die Lage des Mittelpunktes und den Kreisradius. Für den gewöhnlichen Induktionsmotor ist $\beta = 0$.

Wir können zur Bestimmung dieses Diagramms (Fig. 42) zunächst den Strom bei Stillstand $J_{k1} = \overline{OP_{k1}}$ und zweitens den Strom bei Synchronismus $J_{a0} = \overline{OO_1}$ messen. Als ersten Ort des Mittelpunktes finden wir die Mittelsenkrechte auf $\overline{O_1 P_{k1}}$, der zweite folgt aus folgender Überlegung:

Es ist
$$J_{k1} = \overline{OP_{k1}}$$

$$\mathfrak{J}_{k1} = \mathfrak{J}_{a0} + \frac{\mathfrak{J}_{c1\,(s=1)}}{\mathfrak{C}_1}$$

$$= \frac{\mathfrak{P}_1}{\mathfrak{Z}_a\,\mathfrak{C}_1} + \frac{\mathfrak{P}_1}{\mathfrak{C}_1(\mathfrak{Z}_1 + \mathfrak{C}_1\mathfrak{Z}_2{}')}$$

$$= \mathfrak{P}_1\,\frac{\left(1 + \dfrac{\mathfrak{Z}_1}{\mathfrak{Z}_a}\right) + \mathfrak{C}_1\dfrac{\mathfrak{Z}_2{}'}{\mathfrak{Z}_a}}{\mathfrak{C}_1(\mathfrak{Z}_1 + \mathfrak{C}_1\mathfrak{Z}_2{}')}$$

$$= \mathfrak{P}_1\,\frac{\mathfrak{C}_1\left(1 + \dfrac{\mathfrak{Z}_2{}'}{\mathfrak{Z}_a}\right)}{\mathfrak{C}_1(\mathfrak{Z}_1 + \mathfrak{C}_1\mathfrak{Z}_2{}')}.$$

Setzen wir $\left(1 + \dfrac{\mathfrak{Z}_2{}'}{\mathfrak{Z}_a}\right) = \mathfrak{C}_2 = C_2\,e^{j\gamma_2}$, das analog $\mathfrak{C}_1$ gebildet ist, so ist

$$\mathfrak{J}_{k1} = \frac{\mathfrak{J}_{c1\,(s=1)}}{\mathfrak{C}_1}\,\mathfrak{C}_1\,\mathfrak{C}_2.$$

Nun ist $\dfrac{\mathfrak{J}_{c1\,(s=1)}}{\mathfrak{C}_1} = \overline{O_1 P_{k1}}$, also ist $\mathfrak{J}_{k1} = \overline{OP_{k1}}\ C_1 C_2$ mal so groß wie $\overline{O_1 P_{k1}}$ und um $\measuredangle\,O P_{k1} O_1 = \gamma_1 + \gamma_2$ dagegen verzögert. Da γ_1 und γ_2 kleine Winkel sind und nicht viel voneinander abweichen, ist angenähert $\gamma_1 + \gamma_2 \simeq 2\gamma_1$. Der Radius $\overline{O_1 M_1}$ bildet mit der Richtung der Abszissenachse den Winkel $(\beta - 2\gamma_1)$, und da β, wie gezeigt, bestimmt werden kann und $2\gamma_1 \simeq \measuredangle\,O P_{k1} O_1$ ist, ist die Lage des Mittelpunktes hiermit bestimmt.

Die Leistungen im Diagramm.

In das Diagramm sind genau wie beim Diagramm des gewöhnlichen mehrphasigen Induktionsmotors die Leistungslinien $\mathfrak{W}_1 = 0$ für die primär zugeführte Leistung, $\mathfrak{W}_a = 0$ für das Drehmoment, $\mathfrak{W}_m' = 0$ für die mechanische Leistung eingetragen, ferner die Verlustlinien $\mathfrak{W}_k = 0$, $\mathfrak{W}_0 = 0$ und $\mathfrak{W} = 0$, sowie die Schlüpfungs- und Wirkungsgradlinie η'.

Weil die Rotorreaktanz hier der Schlüpfung nicht proportional ist, liegt der Mittelpunkt tiefer als bei dem gewöhnlichen Induktionsmotor. Die größte Leistung ist also bei gleichen Werten des Leerlauf- und des Kurzschlußstromes kleiner.

Sie tritt ein, wenn P auf dem Kreis in T auf der Mittelsenkrechten auf $\overline{P_{k1} O_1}$ liegt, d. h. wenn in Fig. 41 $\overline{O_1 C} = \overline{CP}$ ist.

Es ist
$$\overline{CP} = \overline{AC}\left(\frac{1}{s} - 1\right) = C_1 r_2{}'\,\frac{1}{\cos\beta}\left[\frac{1}{s} - 1\right]$$

und
$$\overline{O_1 C} \cong \sqrt{(r_1 + C_1 r_2')^2 + (x_1 + C_1 x_2')^2},$$

also wird die Schlüpfung bei maximaler Leistung

$$s_{(W_m' = max)} = \frac{C_1 \dfrac{r_2'}{\cos \beta}}{C_1 \dfrac{r_2'}{\cos s\beta} + \sqrt{(r_1 + C_1 r_2')^2 + (x_1 + C_1 x_2')^2}} \qquad (28)$$

also bei einer etwas größeren Schlüpfung als beim gewöhnlichen Induktionsmotor (s. W.-T. V, 1, S. 72), bei dem $\cos \beta = 1$ ist.

Das maximale Drehmoment erhalten wir analog bei einer Schlüpfung

$$s_{(W_a = max)} = \frac{C_1 \dfrac{r_2'}{\cos \beta}}{\sqrt{r_1{}^2 + (x_1 + C_1 x_2'{}_v)^2}} \quad \ldots \ldots \quad (29)$$

Die maximale Leistung selbst drücken wir am besten durch den Leerlauf- und den Kurzschlußstrom aus. Setzen wir

$$\mathfrak{J}_{k1} = \frac{\mathfrak{P}_1}{\mathfrak{Z}_{k1}},$$

so ist nach Seite 87

$$\mathfrak{J}_{c1(s=1)} = \frac{\mathfrak{J}_{k1}}{\mathfrak{C}_2} = \frac{\mathfrak{P}_1}{\mathfrak{Z}_{k1}\mathfrak{C}_2};$$

die Impedanz $\overline{O_1 C}$ in Fig. 41 ist also durch die Kurzschlußimpedanz ausgedrückt $\mathfrak{Z}_{k1}\mathfrak{C}_2$ und bildet daher mit der Ordinate den Winkel $(\varphi_k - \gamma_2)$. Die Impedanz $\overline{CP}$ ist für maximale Leistung ebenso groß und bildet also mit $\overline{O_1 C}$ den Winkel $(\varphi_k - \gamma_2 - \beta + \gamma_1)$. Es ist also

$$J_{c1\,(W'_{m=max})} = \frac{P_1}{2 z_{k1} C_2 \cos \dfrac{1}{2} \left[\varphi_k - \beta + (\gamma_1 - \gamma_2)\right]}.$$

Die Leistung ist

$$J_{c1}{}^2 r_2' \frac{1-s}{s},$$

worin

$$r_2' \left(\frac{1-s}{s}\right) = \frac{\overline{CP}}{C_1} \cos \beta$$

ist, und für maximale Leistung

$$\frac{z_{k1} C_2}{C_1} \cos \beta,$$

also wird für alle Phasen:

$$W_{m\,(max)}' = \frac{m_1 P_1{}^2 \cos \beta}{2 C_1 C_2 z_{k1} \left\{1 + \cos \left[\varphi_k - \beta + (\gamma_1 - \gamma_2)\right]\right\}}.$$

Aus Fig. 42 erhalten wir, da

$$\overline{OP_{k1}} = J_{k1} = C_1 C_2 \cdot \overline{O_1 P_{k1}}$$

ist, angenähert $\dfrac{1}{C_1 C_2} = \dfrac{\overline{O_1 P_{k1}}}{\overline{OP_{k1}}} \simeq \dfrac{J_{k1} - J_0 \cos(\varphi_0 - \varphi_k)}{J_{k1}}$

und daher, weil $\gamma_1 - \gamma_2$ vernachlässigt werden kann:

$$W_{m'(max)} = m_1 \frac{P_1}{2} \frac{\{J_{k1} - J_0 \cos(\varphi_0 - \varphi_k)\} \cos\beta}{1 + \cos(\varphi_k - \beta)} \qquad (30)$$

Für den gewöhnlichen Induktionsmotor mit $\beta = 0$ ist diese Leistung stets größer.

Um Drehmomentlinie und Schlüpfungslinie in das Diagramm einzutragen, ist noch der Punkt $P_{\infty 1}$ für $s = \infty$ zu bestimmen. Hierzu verwenden wir auch den in Kap. I, Abschn. 8 beschriebenen Kurzschlußversuch. Dort hatten wir bei Stillstand eine Impedanz

$$\frac{\mathfrak{Z}_1{}'}{\mathfrak{C}_1} + \mathfrak{Z}_2 = \mathfrak{Z}_{k2},$$

die also auf primär reduziert $\dfrac{1}{C_1}$ mal so groß ist wie $\overline{O_1 C}$ in Fig. 41 und um γ_1 dagegen voreilt. Bei Synchronismus ist die Impedanz $(r_2' - jx_2'_0)$ also $\dfrac{1}{C_1}$ mal so groß wie $\overline{AC}$ in Fig. 41 und um γ_1 dagegen voreilend. Ihre Differenz ist also proportional $\overline{O_1 A}$, und wir können nun aus jenem Versuch z. B. den Winkel, den die beiden Strahlen $\overline{O_1 C}$ und $\overline{O_1 A}$ bilden, wie folgt berechnen. Er sei ε. Haben wir bei dem Kurzschlußversuch am Rotor bei einem Strom J_r bei Still-

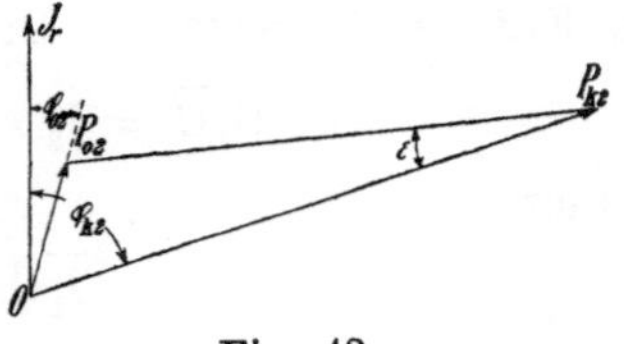

Fig. 43.

stand eine Spannung P_{k2} gemessen, die gegen J_r um φ_{k2} voreilt, bei Synchronismus P_{02} und $\varphi_{02} (= \beta)$, so ist in Fig. 43 der Winkel $P_{02} P_{k2} O = \varepsilon$ und wie aus der Figur folgt

$$\operatorname{tg} \varepsilon = \frac{P_{02} \sin(\varphi_{k2} - \varphi_{02})}{P_{k2} - P_{02} \cos(\varphi_{k2} - \varphi_{02})} \quad \cdots \quad (31)$$

Dies ist also der Winkel, den in Fig. 41 die Vektoren $\overline{O_1 C}$ und $\overline{O_1 A}$ bilden, und daher auch der Winkel, den in Fig. 42 $\overline{O_1 P_{k1}}$ und $\overline{O_1 P_{\infty 1}}$ bilden. Damit ist $P_{\infty 1}$ bestimmt.

Zur experimentellen Aufnahme des Diagramms des Kommutator-Induktionsmotors brauchen wir also vier Messungen, nämlich den Kurzschlußpunkt und den synchronen Punkt, wenn der Stator an das Netz angeschlossen und der Rotor kurzgeschlossen ist, und zweitens dieselben Punkte, wenn in den Rotor Strom geschickt wird und der Stator kurzgeschlossen ist.

Im letzten Fall wird man mehrere Punkte in der Nähe von Synchronismus aufnehmen, um, wie in Kap. I, S. 32 gezeigt, den Einfluß der höheren Harmonischen zu eliminieren.

Ein Beispiel für die ganze Aufnahme wird in Kap. IX gezeigt.

19. Diagramm des Statorstromes des Nebenschlußmotors.

Mit diesen Messungen kann nun auch das Diagramm für den Nebenschlußmotor vervollständigt werden.

Wir konstruieren erst das Diagramm für den Statorstrom J_1 und haben, um $\dfrac{J_c}{C_1}$ zu erhalten, nach Gl. 27 zu $\dfrac{J_{c1}}{C_1}$ noch $\dfrac{J_{c2}}{C_1}$ zu ermitteln.

Es war (s. Gl. 26 b)

$$J_{c2} = \frac{\dfrac{P_2'}{P_1}\,\mathfrak{P}_1\,e^{je}}{\dfrac{s\,\mathfrak{Z}_1}{\mathfrak{C}_1} + \mathfrak{Z}_2{}'_s} = \frac{\mathfrak{P}_2'}{\dfrac{s\,\mathfrak{Z}_1}{\mathfrak{C}_1} + \mathfrak{Z}_2{}'_s}.$$

Die Impedanz $\dfrac{s\,\mathfrak{Z}_1}{\mathfrak{C}_1} + \mathfrak{Z}_2{}'_s$ ist auf primär reduziert, jene, die wir erhalten, wenn wir dem Rotor Strom zuführen und den Stator kurzschließen. Sie ist durch die Vektoren $\overline{O_1 Z}$ nach einer Geraden $\overline{QS}$ in Fig. 44 dargestellt. Hier ist

$$\overline{O_1 C} = \mathfrak{Z}_2' = r_2' - j x_2', \qquad \overline{CQ} = \frac{\mathfrak{Z}_1}{\mathfrak{C}_1},$$

daher

$$\overline{O_1 Q} = \frac{\mathfrak{Z}_1}{\mathfrak{C}_1} + \mathfrak{Z}_2' = \mathfrak{Z}_{k2}$$

die Impedanz bei Stillstand. $\overline{O_1 S}$ ist die Impedanz bei Synchronismus $\mathfrak{Z}_2{}'_0 = r_2' - j x_2{}'_0$, $\overline{OZ}$ die Impedanz $\dfrac{s\,\mathfrak{Z}_1}{\mathfrak{C}_1} + \mathfrak{Z}_2{}'_s$ bei einer Schlüpfung s, wobei $\overline{ZS} : \overline{QS} = s : 1$ ist.

Durch Inversion dieser Geraden erhalten wir den Admittanzkreis K_2, der im Strommaßstab die Ströme J_{c2} darstellt, wenn der Vektor der Spannung P_2' in die Ordinatenachse fällt.

P_{k2} ist der Punkt für Stillstand, P_{s2} für Synchronismus, O_1 selbst der Punkt für $s = \infty$.

Weil $\sphericalangle SQO_1 = \varepsilon = \sphericalangle P_{k2}DO_1$ ist, ist der Winkel YO_1D, den der Durchmesser mit der Ordinatenachse bildet,

$$\sphericalangle YO_1 D = \frac{\pi}{2} - (\varphi_{k2} + \varepsilon)$$

und es wird der Durchmesser

$$\overline{O_1 D} = \frac{P_2{}'}{z_{k2} \sin \varepsilon}\,.$$

Den Strom $\dfrac{J_{c2}}{C_1}$ erhalten wir, indem wir den Kreis durch C_1 dividieren und um γ_1 im Sinne der Voreilung drehen; es genügt, den

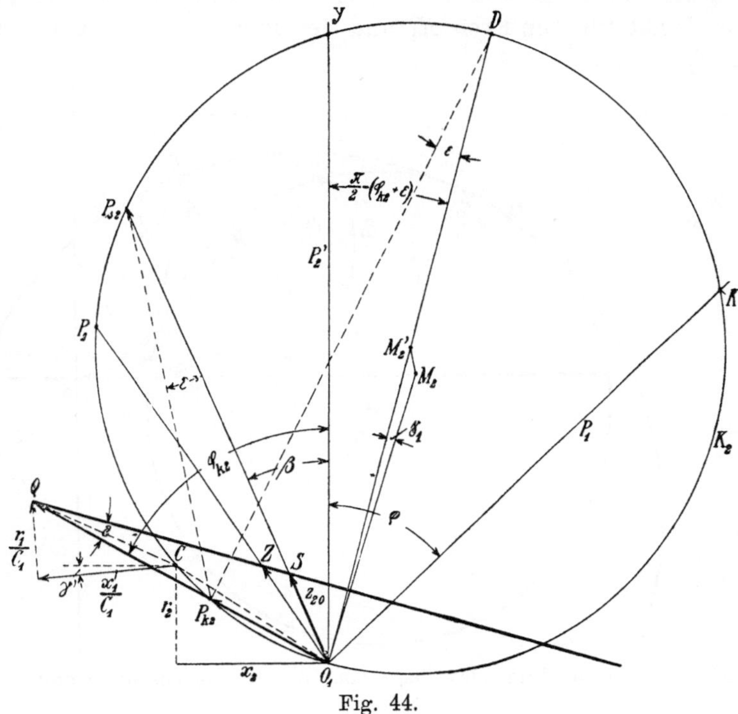

Fig. 44.

Vektor des Mittelpunktes zu multiplizieren, wie in Fig. 44 angedeutet ist, er kommt dann nach M_2. Der neue Durchmesser ist

$$\frac{P_2{}'}{C_1 z_{k2} \sin \varepsilon}$$

und bildet mit der Ordinatenachse den Winkel

$$\frac{\pi}{2} - (\varphi_{k2} + \varepsilon) + \gamma_1\,.$$

Sie hat hier die Richtung des Vektors $P_2{}'$. Da $P_2{}'$ gegen P_1 um ϱ nacheilt, liegt also der Vektor der Netzspannung P_1 in diesem Diagramm in $\overline{O_1 K}$, der gegen die Ordinate um ϱ voreilt.

Da wir aus den Strömen $\dfrac{J_{c2}}{C_1}$ und $\dfrac{J_{c1}}{C_1}$ nach Gl. 27 den resultierenden Strom zu bilden haben, stellen wir die beiden Kreise (Fig. 42 u. 44) in Fig. 45 so zusammen, daß für beide der Vektor der Netzspannung in die Richtung der Ordinatenachse fällt und daß die Vektoren $\dfrac{J_{c1}}{C_1}$ und $\dfrac{J_{c2}}{C_1}$ nach beiden Kreisen von demselben Anfangspunkt O_1 gemessen werden.

Dieser Punkt, in dem die Kreise sich schneiden, ist der synchrone Punkt für den Kreis K_1 und der Punkt für $s = \infty$ für den Kreis K_2.

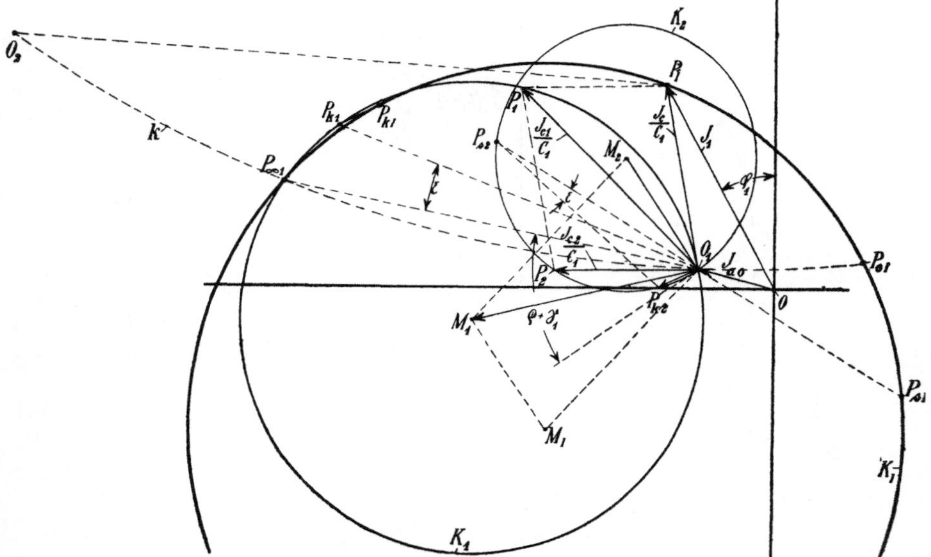

Fig. 45. Konstruktion des Diagramms für den Nebenschlußmotor.

Nach Gl. 26a und b ist

$$\frac{\mathfrak{J}_{c1}}{\mathfrak{C}_1} : \frac{\mathfrak{J}_{c2}}{\mathfrak{C}_1} = \frac{\mathfrak{P}_1}{\mathfrak{C}_1\left(\mathfrak{Z}_1 + \mathfrak{C}_1\dfrac{\mathfrak{Z}_2'}{s}\right)} : \frac{P_2'}{P_1} \frac{\mathfrak{P}_1\, e^{j\varrho}}{s\left(\mathfrak{Z}_1 + \mathfrak{C}_1\dfrac{\mathfrak{Z}_2'}{s}\right)} = \frac{P_1}{P_2'} \frac{s}{\mathfrak{C}_1\, e^{j\varrho}},$$

also verhalten sich die Vektoren zweier Ströme

$$\frac{J_{c1}}{C_1} = \overline{O_1 P_1} \quad \text{und} \quad \frac{J_{c2}}{C_2} = \overline{O_1 P_2},$$

die ein und derselben Schlüpfung s entsprechen, wie

$$\frac{\overline{O_1 P_1}}{\overline{O_1 P_2}} = \frac{P_1}{P_2'} \frac{s}{C_1}$$

und es ist stets $\overline{O_1 P_2}$ um $(\varrho + \gamma_1)$ gegen $\overline{O_1 P_1}$ verzögert.

Wenden wir dies auf die Schlüpfung $s = \infty$ an, so sehen wir, daß die Kreistangente an K_2 in O_1 mit $\overline{O_1 P_{\infty 1}}$ den Winkel $(\varrho + \gamma_1)$ bildet. Der Radius $\overline{O_1 M_2}$ des Kreises bildet also mit $\overline{O_1 P_{\infty 1}}$ den Winkel

$$\left[\frac{\pi}{2} - (\varrho + \gamma_1)\right].$$

Ist also der Kreis K_1 für den Kommutator-Induktionsmotor wie angegeben bestimmt, den wir als Ausgangskreis betrachten, so finden wir hierdurch einen Ort für den Mittelpunkt M_2 des Kreises K_2.

Sein Durchmesser war $\dfrac{P_2'}{C_1 z_{k2} \sin \varepsilon}$. Nun ist

$$\overline{O_1 P_{k1}} = \frac{J_{c1}}{C_1}$$

und

$$\frac{\mathfrak{J}_{c1}}{\mathfrak{C}_1} = \frac{\mathfrak{P}_1}{\mathfrak{C}_1 (\mathfrak{Z}_1 + \mathfrak{C}_1 \mathfrak{Z}_2')} = \frac{\mathfrak{P}_1}{\mathfrak{C}_1{}^2 \mathfrak{Z}_{k2}}.$$

Es ist also der Kreisdurchmesser

$$2\,\overline{O_1 M_2} = \overline{O_1 P_{k1}}\left(\frac{P_2}{P_1}\right)\frac{C_1}{\sin \varepsilon}$$

hiermit bestimmt.

Für Stillstand sind die beiden Ströme $\overline{O_1 P_{k1}}$ und $\overline{O_1 P_{k2}}$, und ihr Verhältnis ist $\dfrac{P_1}{P_2' C_1}$.

Subtrahieren wir nun $\dfrac{J_{c2}}{C_1} = \overline{O_1 P_2}$ von $\dfrac{J_{c1}}{C_1} = \overline{O_1 P_1}$, indem wir $\overline{P_1 P_I} = \overline{O_1 P_2}$ machen, so ist $\overline{O_1 P_I} = \dfrac{J_c}{C_1}$, und wenn wir den Koordinatenanfangspunkt wieder nach O um $\overline{OO_1} = J_{a0}$ verschieben, ist $\overline{OP_I} = J_1$ der Statorstrom als geometrische Summe von J_{a0} und $\dfrac{J_c}{C_1}$ (s. Gl. 22 b). Führen wir diese Konstruktion für alle entsprechenden Punkte P_1 und P_2 der beiden Kreise K_1 und K_2 durch, so erhalten wir, da die Kreise sich Punkt für Punkt entsprechen, als Ort der Punkte P_I wieder einen Kreis[1] K_I, und anstatt die Vektoren einzeln zu subtrahieren, brauchen wir nur die Mittelpunktskoordinaten zu subtrahieren. Ziehen wir also $\overline{M_1 M_I}$ gleich und parallel $\overline{M_2 O_1}$, so wird M_I der Mittelpunkt des neuen Kreises.

Weil J_{c2} für $s = \infty$ Null ist, ist P_∞ der Punkt für diese Schlüpfung auch auf K_I. In diesem Punkt schneiden sich also K_1

---

[1] Siehe Wechselstromtechnik I, 2. Aufl., S. 77.

und K_I, und $\overline{M_I P_\infty}$ ist der Radius von K_I. Für Stillstand erhalten wir P_{kI}; und für Synchronismus P_{sI}, es ist hierbei

$$\overline{O_1 P_{sI}} = -\,\overline{O_1 P_{s2}} = -\,\frac{J_{c\,2\,(s=0)}}{C_1},$$

weil $J_{c\,1\,(s=0)} = 0$ ist. Für einen beliebigen Punkt P_1 auf K_1 finden wir stets den entsprechenden Punkt P_I auf K_I, indem wir $\measuredangle\,O_1 P_1 P_I = \varrho + \gamma_1$ machen. In bezug auf den neuen Koordinatenanfangspunkt O stellen also die Vektoren $\overline{OP_I}$ die Statorströme J_1 nach Größe und Phase φ_1 gegenüber der Netzspannung dar. Wir sehen, daß der Kreis die Ordinatenachse schneidet, daß also bei den gewählten Werten $P_2{}'$ und ϱ Phasenkompensation und Überkompensation erreicht wird. Die Ordinaten stellen die Wattströme dar, und weil der synchrone Punkt P_{sI} unterhalb der Abszissenachse liegt, sehen wir, daß bei dieser Geschwindigkeit der Stator eine Leistung an das Netz zurückgibt, d. h. die Maschine als Generator wirkt. Der Leerlaufpunkt als Motor liegt also bei einer geringeren Geschwindigkeit.

Bestimmung des Leerlaufpunktes.

Der Motor läuft leer, wenn der Rotorstrom $J_2{}'$ in Phase mit Φ ist, oder wenn J_c gegen E_1 um 90^0 phasenverschoben ist. Wir haben daher zunächst die Größe und Phase von E_1 im Diagramm zu ermitteln.

Weil die Klemmenspannung P_1 die geometrische Summe aus E_1 und $J_1 z_1$ ist, bilden auch $\dfrac{P_1}{z_1}$, $\dfrac{E_1}{z_1}$ und J_1 stets ein Dreieck. Es ist nun $\overline{OO_2}$ in Fig. 45 gleich $\dfrac{P_1}{z_1}$ gemacht, und der Winkel, den dieser Vektor mit der Ordinatenachse bildet, ist

$$\chi_1 = \mathrm{arc\ tg}\,\frac{x_1}{r_1}.$$

Da $\overline{OP_I} = J_1$ ist, ist somit $\overline{P_I O_2} = \dfrac{E_1}{z_1}$ ein Maß für die EMK E_1.

Es war nun $\overline{O_1 P_I} = \dfrac{J_c}{C_1}$, es ist aber $O_1 P_I O_2$ nicht ψ_2 der Winkel zwischen E_1 und J_c, sondern, weil $\overline{P_I O_2} = \dfrac{E_1}{z_1}$ um χ_1 gegen E_1 verzögert ist und $\dfrac{J_c}{C_1}$ gegen J_c um γ_1 voreilt, ist

$$\measuredangle\,O_1 P_I O_2 = \pi - (\chi_1 + \gamma_1) \mp \psi_2,$$

worin $+\psi_2$ ein Verzögerungswinkel, $-\psi_2$ ein Voreilungswinkel von J_c gegen E_1 ist.

Bei Leerlauf ist $\psi_2 = \mp \dfrac{\pi}{2}$, also

$$O_1 P_{0I} O_2 = \frac{\pi}{2} - (\chi_1 + \gamma_1)$$

bei Phasenvoreilung. Für O_1 ist $J_c = 0$, also da hier $\dfrac{E_{10}}{z_1} = \dfrac{P_1}{C_1 z_1} = \overline{O_1 O_2}$

ist, ist $C_1 = \dfrac{\overline{O O_2}}{\overline{O_1 O_2}}$ und $\measuredangle\; O O_2 O_1 = \gamma_1$. Daher ist der Winkel, den

$\overline{O_1 O_2}$ mit der Abszissenachse bildet, $\dfrac{\pi}{2} - (\chi_1 + \gamma_1)$, und der Punkt

P_{0I} für $\psi_2 = \dfrac{\pi}{2}$ liegt auf einem Kreis k über $\overline{O_1 O_2}$ als Sehne, dessen Mittelpunkt auf der Ordinate in O_1 liegt. Dieser Kreis k schneidet K_I erstens im Leerlaufpunkt P_{0I}, und da für alle Punkte auf K_I, die auch auf k liegen, E_1 und J_c um 90^0 gegeneinander verschoben sind, schneiden sich die Kreise auch in P_∞, denn für $s = \infty$ sind E_1 und J_c auch um 90^0 gegeneinander phasenverschoben. Da wir diesen Punkt schon früher bestimmt hatten, brauchen wir also O_2 nicht erst zu ermitteln, seine Bestimmung ist überdies schwierig und ungenau; um k und den Leerlaufpunkt zu finden, genügen also P_∞ und O_1.

Weil die Lage von k unabhängig von dem Bürstenwinkel ϱ und dem Verhältnis $\dfrac{P_2}{P_1}$ ist, ist k der Ort der Vektoren aller Statorströme, für die J_c und E_1 um 90^0 gegeneinander verschoben sind, und es liegen auf ihm die Endpunkte aller Leerlaufströme des Stators, die durch Änderung von ϱ und P_2 erhalten werden können. Ist $P_2 = 0$, so ist der Leerlaufstrom $\overline{O O_1}$. Bewegt man sich nun auf dem Kreis k nach rechts, so sieht man, wie durch Erregung vom Rotor der Leerlaufstrom immer kleiner wird, dann wieder zunimmt und voreilt, wobei seine Ordinate entsprechend den Verlusten bei größerem Strom immer wächst. Der Rotorstrom bei Leerlauf ist proportional $\overline{O_1 P_{0I}} = \dfrac{J_{c0}}{C_1}$. Er ist in der Figur sehr groß gemacht, wodurch starke Überkompensation erzielt ist, Den Punkten auf k links von O_1 entspricht Unterkompensation. J_c eilt gegen E_1 um 90^0 nach, während er rechts von O_1 voreilt, in O_1 selbst war $J_c = 0$.

20. Das Diagramm des gesamten Stromes.

Den gesamten Strom erhalten wir durch Addition der Statorströme J_1 zu den Strömen J_{II}, die dem Nebenschlußtransformator
vom Netz zugeführt werden. Vernachlässigt man den Magnetisierungsstrom des Transformators, so ist

$$\mathfrak{J}_{II} = \mathfrak{J}_2'\left(\frac{P_2'}{P_1}\right)e^{-je} = -\mathfrak{J}_c\left(\frac{P_2'}{P_1}\right)e^{-je}.$$

Im Diagramm Fig. 46 stellt K_I nochmals den Kreis für die
Statorströme dar, und es war

$$\overline{OP_I} = J_1, \qquad \overline{O_1P_I} = \frac{J_c}{C_1}.$$

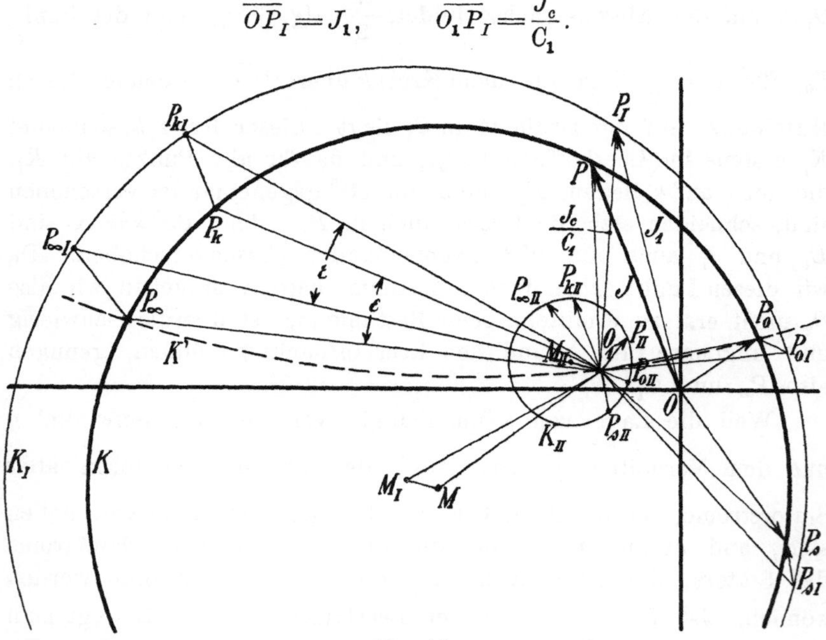

Fig. 46.

Die Ströme $J_c\left(\dfrac{P_2'}{P_1}\right)e^{-je}$ werden nun auch durch einen Kreis

K_{II} von O_1 als Pol gemessen, weil sie stets $\overline{O_1P_I}$ proportional sind;
und zwar stehen entsprechende Ströme nach beiden Kreisen im
Verhältnis $\dfrac{P_2'C_1}{P_1}$ und sind um $(\varrho - \gamma_1)$ gegeneinander phasenverschoben. Auf K_{II} haben wir z. B. $P_{\infty II}$ für $s = \infty$, P_{kII} für $s = 1$,
P_{sII} für $s = 0$, und es ist

$$\frac{\overline{O_I P_{II}}}{\overline{O_1 P_I}} = \frac{P_2'C_1}{P_1}.$$

Dieses Verhältnis war in Fig. 45 $\dfrac{\overline{O_1 P_{k2}}}{\overline{O_1 P_{k1}}}$, und es war

$$\sphericalangle\, P_1 O_1 P_2 = \varrho + \gamma_1$$

der Winkel, um den in Fig. 45 die Vektoren $\dfrac{J_{c2}}{C_1}$ und $\dfrac{J_{c1}}{C_1}$ gegeneinander verschoben sind. Die Abstände des Punktes O_1 von den Kreismittelpunkten M_{II} und M_I in Fig. 46 verhalten sich ebenfalls wie $\dfrac{P_2' C_1}{P_1}$, und die Strecken $\overline{O_1 M_{II}}$ und $\overline{O_1 M_1}$ bilden ebenfalls den Winkel $(\varrho - \gamma_1)$. Der Mittelpunkt M des resultierenden Kreises K wird daher gefunden, wie in Fig. 46 angedeutet ist.

Wir sehen, daß bei Stillstand und auf dem größeren Teil des Arbeitsbereichs als Motor die Punkte P auf K näher an der Abszissenachse liegen als P_I auf K_I, der Wattstrom der ganzen Maschine ist also kleiner als der Wattstrom des Stators, weil der Rotor einen Teil der Leistung an das Netz zurückgibt. Bei Leerlauf P_0 ist aber die Wattkomponente des ganzen Stromes größer als jene des Statorstromes; hier ist ja das Drehmoment Null, es wird also keine Leistung vom Stator auf den Rotor übertragen, da aber im Rotor ein Strom besteht, entstehen Verluste im Rotor und er nimmt eine entsprechende Leistung vom Netz auf; ihr entspricht die Ordinatendifferenz zwischen P_0 und P_{0I}.

Der Leerlauf liegt hier, weil im Beispiel $\varrho < 90^0$ gewählt ist, bei untersynchroner Geschwindigkeit und bei Synchronismus (P_s) arbeitet die Maschine als Generator.

Weil alle Strecken $\overline{O_1 P}$ gegen $\overline{O_1 P_I}$ um denselben Winkel gedreht und im gleichen Maße verkleinert sind, d. h. weil alle Dreiecke $O_1 P P_I$ ähnlich sind, folgt, daß auch P_∞, O_1 und P_0 auf einem Kreis K' liegen, dessen Mitte erstens auf dem Mittellot in $\overline{O_1 P_\infty}$ liegt, und zweitens auf einer Geraden durch O_1, die mit der Ordinate in O_1 denselben $\sphericalangle\, P O_1 P_I$ bildet, um den alle Vektoren von O_1 nach K gegen die nach K_I gedreht sind.

Leistung, Drehmoment, Schlüpfung und Wirkungsgrad im Diagramm.

Die Linie der zugeführten Leistung W_1 ist die Abszissenachse, sie ist daher in Fig. 47 mit $\mathfrak{W}_1 = 0$ bezeichnet.

Die Drehmomentlinie $\mathfrak{W}_a = 0$ geht durch die Punkte P_∞ für $s = \infty$ und P_0, denn in beiden ist J_2 gegen E_1 um 90^0 phasenverschoben und das Drehmoment daher Null. Die Linie der mechanischen Leistung W_m' (einschließlich mechanischer Verluste) geht erstens durch den Punkt für Stillstand und zweitens durch den Leerlaufpunkt P_0. Sie ist in Fig. 47 mit $\mathfrak{W}_m' = 0$ bezeichnet.

Um den Wirkungsgrad zu erhalten, haben wir die Linie der resultierenden Verluste $\mathfrak{V} = 0$ zu ermitteln; sie ergibt sich aus der Linie der Leerlaufverluste $\mathfrak{V}_0 = 0$, die als Tangente in P_k, und aus der Linie der Kurzschlußverluste $\mathfrak{V}_k = 0$, die als Halbpolare

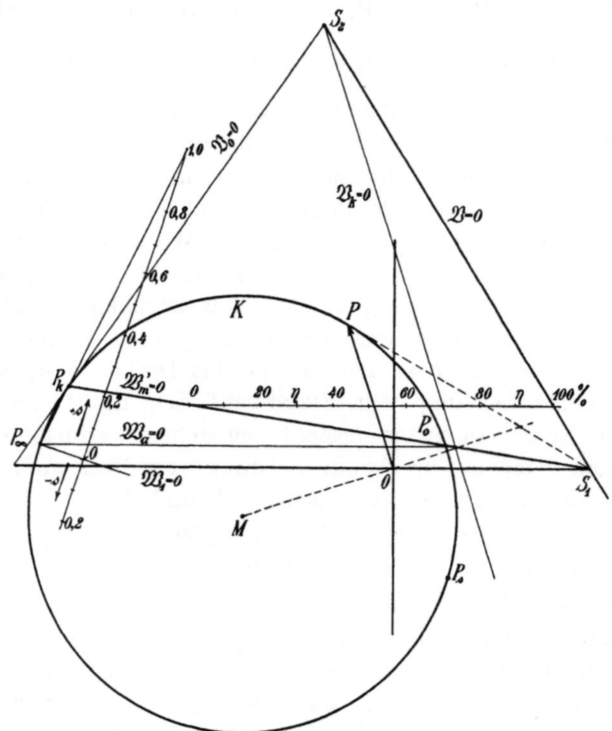

Fig. 47. Vollständiges Stromdiagramm.

von O in bezug auf den Kreis K gefunden wird. Die Linie der resultierenden Verluste ist nun einerseits durch den Schnittpunkt S_2 von $\mathfrak{V}_0 = 0$ und $\mathfrak{V}_k = 0$, andrerseits durch den Schnittpunkt S_1 der Linie $\mathfrak{W}_m' = 0$ mit der Abszissenachse bestimmt. Die Wirkungsgradlinie liegt daher parallel zur Abszissenachse zwischen $\mathfrak{V} = 0$ und $\mathfrak{W}_m' = 0$, wie in Fig. 47 gezeigt. Die Schlüpfungslinie ist hier analog wie beim Induktionsmotor eingetragen.

21. Aufzeichnung des vollständigen Diagramms.

Es möge nun nochmals der Gang der Konstruktion des Kreisdiagramms zusammengefaßt werden.

Wir bestimmen zunächst den Kreis des Induktionsmotors, von dem wir ausgehen.

Hierzu berechnen oder messen wir, wie beim gewöhnlichen Induktionsmotor, erst den Kurzschlußstrom J_{1k} und den Leerlaufstrom J_{a0} bei kurzgeschlossenem Rotor nach Größe und Phase und erhalten P_{k1} und O_1, die zwei Punkte des Ausgangskreises K_1 sind (s. Fig. 48).

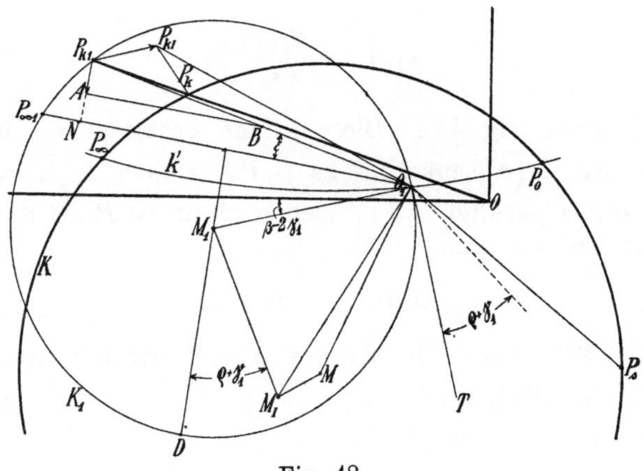

Fig. 48.

Zweitens schicken wir bei kurzgeschlossenem Stator Strom in den Rotor und messen bei Stillstand P_{k2} und φ_{k2}, und bei Synchronismus P_{02} und $\varphi_{02} = \beta$. Wir erhalten nun den Radius $\overline{O_1 M_1}$ des Kreises K_1, wenn wir zunächst den Winkel zwischen $\overline{O_1 M_1}$ und der Horizontalen gleich

$$\varphi_{02} - 2\,\gamma_1 \backsimeq \varphi_{02} - O_1 P_{k1} O$$

machen und das Mittellot in $\overline{O_1 P_{k1}}$ errichten. Dann berechnen wir nach Gl. 31 tg ε und tragen

$$P_{k1} O_1 P_{\infty 1} = \varepsilon$$

auf. Hierdurch ist $P_{\infty 1}$ gefunden.

Kurzschlußpunkt. Machen wir nun

$$\measuredangle\, O_1 P_{k1} P_{kI} = (\varrho + \gamma_1) \backsimeq \varrho$$

und

$$\overline{P_{k1}}\,\overline{P_{kI}} = C_1\left(\frac{P_2{}'}{P_1}\right)\overline{O_1 P_{k1}},$$

7*

so ist P_{kI} der Kurzschlußpunkt für den Statorstrom J_1. Machen wir ferner

$$\overline{P_{kI}P_k} = C_1 \left(\frac{P_2{}'}{P_1}\right) \overline{O_1 P_{kI}}$$

und

$$\measuredangle\, O_1 P_{kI} P_k = (\varrho - \gamma_1),$$

so ist P_k der Kurzschlußpunkt für den Netzstrom.

Kreismittelpunkt. Wir erhalten zunächst den Mittelpunkt M_I des Kreises für den Statorstrom, wenn wir an ein Lot $\overline{M_1 D}$ auf $\overline{O_1 P_{\infty 1}}$ den Winkel $(\varrho + \gamma_1)$ antragen und auf dem freien Schenkel

$$\overline{M_1 M_I} = \frac{\overline{P_{k1} P_{kI}}}{2 \sin \varepsilon}$$

abtragen (s. auch Fig. 45). Diese Länge erhalten wir in Fig. 48 z. B., wenn wir $\overline{P_{k1} N}$ senkrecht zu $\overline{O_1 P_{\infty 1}}$ ziehen, $\overline{P_{k1} A} = \frac{1}{2} \overline{P_{k1} P_{kI}}$ machen und $\overline{AB}$ parallel $\overline{O_1 P_{\infty 1}}$ ziehen, dann ist $\overline{P_{k1} B}$ die gesuchte Länge. Machen wir nun

$$\triangle\, O_1 M M_I \sim \triangle\, O_1 P_k P_{kI},$$

so ist M der Mittelpunkt des Kreises K und wir können den Kreis mit dem Radius $\overline{MP_k}$ zeichnen.

P_∞ finden wir, wenn wir

$$\measuredangle\, P_{\infty 1} O_1 P_\infty = \measuredangle\, P_{kI} O_1 P_k$$

machen.

Der synchrone Punkt liegt auf dem Kreise K_I des Statorstromes auf einem Strahl, der mit der Tangente $\overline{O_1 T}$ in O_1 an K den Winkel $\varrho + \gamma_1$ bildet. Tragen wir also diesen Winkel an $\overline{O_1 T}$ ab und addieren dazu den Winkel

$$\measuredangle\, P_{kI} O_1 P_k = \measuredangle\, M_I O_1 M = \measuredangle\, P_{\infty 1} O_1 P_\infty,$$

so erhalten wir den Strahl, auf dem P_s auf dem Kreis K liegt.

Der Leerlaufpunkt P_0 ist dann durch den Kreis k' durch P_∞ und O_1 bestimmt, dessen Mittelpunkt erstens auf der Mittelsenkrechten in $\overline{O_1 P_\infty}$ liegt und zweitens auf einer Geraden durch O_1, die mit der Ordinatenachse den Winkel $M_I O_1 M$ bildet.

Mit diesen 4 Punkten können Leistung, Drehmoment, Schlüpfung und Wirkungsgrad ermittelt werden.

22. Einfluß der Größe und Phase der Rotorspannung auf die Arbeitsweise des mehrphasigen Nebenschlußmotors.

Um den Einfluß der Größe und Phase der Rotorspannung auf die Arbeitsweise des Nebenschlußmotors in übersichtlicher Weise zu zeigen, verwenden wir am besten das Diagramm des Statorstromes. Wir betrachten zuerst eine Rotorspannung P_2', die mit der Statorspannung P_1 phasengleich ist, für die also $\varrho = 0$ ist, und dann eine solche, die gegen die Statorspannung um 90^0 phasenverschoben ist, für die also $\varrho = \dfrac{\pi}{2}$ ist. Eine Rotorspannung P_2' von beliebiger Phase ϱ gegenüber P_1 können wir dann zerlegen in $P_2' \cos \varrho$ in Phase mit P_1 und $P_2' \sin \varrho$ in Quadratur zu P_1.

In Fig. 48 haben wir gesehen, daß wir den Mittelpunkt M_I des Kreises K_I für den Statorstrom des Nebenschlußmotors erhalten, wenn wir in dem Kreis K_1 für den Induktionsmotor an das Lot $\overline{M_1 D}$ auf $\overline{O_1 P_{\infty 1}}$ den Winkel $DM_1M_I = \varrho + \gamma_1$ antragen. Vernachlässigen wir den kleinen Winkel γ_1, so folgt, daß alle Mittelpunkte M_I für den Fall, daß P_2' phasengleich mit P_1 ist, auf der Senkrechten von M_1 auf $\overline{O_1 P_{\infty 1}}$ liegen, und für den Fall, daß P_2' um 90^0 gegen P_1 verschoben ist, auf der Parallelen zu $\overline{O_1 P_\infty}$ durch M_1.

a) Die Rotorspannung ist mit der Statorspannung phasengleich.

Fig. 49 zeigt diesen Fall.

Hierbei können wir wieder unterscheiden: 1. P_2' ist in Phase mit P_1 und ihr gleichgerichtet; 2. P_2' ist in Phase mit P_1 und ihr entgegengerichtet, d. h. bei gleichem Wicklungssinn der Sekundärwicklung des Nebenschlußtransformators stehen die Bürsten bei 1. in der Grundstellung, bei 2. sind sie um 180^0 dagegen verschoben, oder stehen die Bürsten beide Male in der Grundstellung, so ist der Wicklungssinn der Sekundärwicklung des Nebenschlußtransformators bei 1. derselbe, wie jener der Primärwicklung, bei 2. der umgekehrte.

In Fig. 49 ist K_1 der Kreis des kurzgeschlossenen Kommutatormotors mit dem Mittelpunkt M_1 und den 3 Punkten O_1, P_{k1} und $P_{\infty 1}$ für $s = 0$, 1 und ∞. Auf dem Lot $\overline{A M_1}$ auf $\overline{O_1 P_{\infty 1}}$ sind M_I' und M_I'' die Mittelpunkte zweier Kreise K_I' und K_I'' für den Statorstrom des Nebenschlußmotors, wobei P_2' in Phase mit P_1 ist, und zwar entspricht M_I' unterhalb M_1 einer mit P_1 gleichgerichteten Spannung

P_2', und M_I'' oberhalb M_1 einer P_1 entgegengerichteten Spannung. Weil alle Kreise durch $P_{\infty 1}$ gehen, sind ihre Radien $\overline{M_I'P_{\infty 1}}$ und

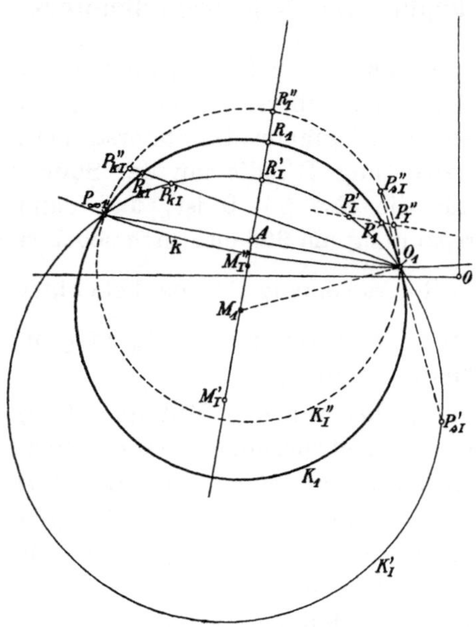

$\overline{M_I''P_{\infty 1}}$, und die beiden Kreise gehen auch durch O_1. Der Kreis k durch $P_{\infty 1}$ und O_1 war der Ort für alle Leerlaufströme des Stators, es folgt also, daß O_1 auch der Leerlaufpunkt der Kreise K_I' und K_I'' ist.

Der Leerlaufstrom des Stators bleibt also unverändert, wenn dem Rotor eine Spannung von gleicher Phase wie die Statorspannung zugeführt wird. Hierbei haben wir also den auf S. 78 besprochenen Fall, bei dem bei Leerlauf der Rotorstrom Null ist.

Fig. 49. Stromdiagramme für Phasengleichheit zwischen Rotor- und Statorspannung.

Die Kurzschlußpunkte P_{kI}' auf K_I' und P_{kI}'' auf K_I'' erhalten wir, wenn wir beachten (s. Fig. 48), daß der Winkel $P_{kI}P_{k1}O_1$ gleich $(\varrho + \gamma_1)$ ist. Da hier $\varrho = 0$ ist, sind unter Vernachlässigung von γ_1 also P_{kI}' und P_{kI}'' die Schnittpunkte der Kreise mit der Geraden $\overline{O_1 P_{k1}}$. Weil nun (Fig. 48) $\dfrac{\overline{P_{k1}P_{kI}}}{\overline{O_1 P_{k1}}} = \dfrac{P_2'C_1}{P_1}$ ist, erhalten wir also, abgesehen von C_1, Größe und Richtung der Rotorspannung gegenüber der Statorspannung durch die Längen $\overline{P_{k1}P_{kI}'}$ bzw. $\overline{P_{k1}P_{kI}''}$. Wir sehen also, daß der Kurzschlußstrom verkleinert wird, wenn P_2' gleichgerichtet mit P_1 ist, und vergrößert, wenn sie entgegengerichtet ist. Die Phase des Rotorstromes bei Kurzschluß, der proportional $\overline{O_1 P_{kI}}$ ist, wird nicht geändert.

Alle drei Kreise haben dieselbe Drehmomentlinie $\overline{O_1 P_{\infty 1}}$, die maximalen Drehmomente sind also durch die Abstände $\overline{R_1 A}$, $\overline{R_I'A}$ und $\overline{R_I''A}$ der Kreise von der Drehmomentlinie dargestellt. Punkte für gleiches Drehmoment P_1, P_I' und P_I'' liegen auf einer Parallelen zur Drehmomentlinie, und wir sehen: In dem Arbeitsgebiet als Motor werden die Überlastungsfähigkeit, der Leistungsfaktor bei gleichem Drehmoment, ebenso wie der Kurzschlußstrom vergrößert, wenn P_2' entgegen P_1 gerichtet ist, verkleinert, wenn sie gleichgerichtet sind.

Die auf den Motor wirksame Spannung ist die Differenz von P_1 und P_2'; sind sie gleichgerichtet, so ist die Differenz kleiner als P_1, die Leistungsfähigkeit wird kleiner; sind sie entgegengesetzt gerichtet, so ist die Differenz größer als P_1, die Leistungsfähigkeit steigt.

Daher bezeichnen wir die mit P_1 gleichgerichtete Rotorspannung als „Gegenspannung", die entgegengerichtete als „Zusatzspannung".

Ferner sehen wir aus dem Diagramm, daß im Arbeitsgebiet als Generator durch die Gegenspannung die Überlastungsfähigkeit und der Leistungsfaktor vergrößert, durch die Zusatzspannung verkleinert werden, also umgekehrt wie beim Betrieb als Motor.

Um die Geschwindigkeit darstellen zu können, brauchen wir die synchronen Punkte. Wir erhalten sie nach S. 100 dadurch, daß wir an die Tangente in O_1 an K_1 den Winkel $(\varrho + \gamma_1)$ antragen. Unter Vernachlässigung von γ_1 liegen also P_{sI}' auf K_I' und P_{sI}'' auf K_I'' auf der Tangente selbst, es ist also $\overline{P_{sI}' P_{sI}''} \perp \overline{O_1 M_1}$. Die Gegenspannung ergibt also bei Leerlauf (O_1) eine untersynchrone Geschwindigkeit, die Zusatzspannung eine übersynchrone, wie schon auf S. 72 gezeigt wurde. Die Schlüpfung s_0 bei Leerlauf selbst erhalten wir wie folgt. Weil hier $J_{20} = 0$ ist, ist $J_{10} = J_{a0} = \overline{OO_1}$ und $E_{10} = \dfrac{P_1}{C_1}$, und gegen P_1 um $\measuredangle\, \gamma_1$ verzögert, den wir hier vernachlässigt haben. Die Rotor-EMK ist $s_0 E_{10}$, und für $J_2 = 0$ gleich P_2'.

Also ist

$$s_0 = \frac{P_2'}{E_{10}} = \frac{P_2' C_1}{P_1} \quad\cdots\cdots\quad (32)$$

Für positive Werte von P_2' (Gegenspannung) erhalten wir die untersynchronen, für negative (Zusatzspannung) die übersynchronen Geschwindigkeiten.

Durch eine der Statorspannung phasengleiche Rotorspannung erhalten wir bei Leerlauf eine Schlüpfung, deren Größe und Sinn (positiv oder negativ) der Größe und dem Sinn der Rotorspannung gegenüber der Statorspannung entspricht.

Im Diagramm erhalten wir

$$s_0' = \frac{P_2' C_1}{P_1} = \frac{\overline{P_{k1} P_{kI}'}}{\overline{P_{k1} O_1}}$$

und
$$s_0'' = \frac{\overline{P_{k1} P_{kI}''}}{\overline{P_{k1} O_1}}.$$

Es ist ersichtlich, daß durch die Gegenspannung die Stabilitätsgrenze (R_I') dem Kurzschlußpunkt näher gerückt ist als beim Induktionsmotor, und daß er durch eine Zusatzspannung dagegen weiter davon entfernt wird. Hieraus folgt, daß bei untersynchronem Leerlauf der Geschwindigkeitsabfall vom Leerlauf bis zum größten Drehmoment größer ist als beim Induktionsmotor, bei übersynchronem Leerlauf kleiner.

Man kann die Gegenspannung z. B. so groß machen, daß P_{kI}' senkrecht über der Mitte von $\overline{O_1 P_{\infty 1}}$ liegt, d. h. daß der Motor sein größtes Drehmoment bei Stillstand entwickelt. Dieses ist dann etwa halb so groß wie das Anlaufmoment des Induktionsmotors.

Hierzu wird angenähert $P_2' \cong \tfrac{1}{2} P_1$ und $s_0 \cong \tfrac{1}{2}$. Der Nebenschlußmotor würde bei Leerlauf etwa halbsynchron laufen, bei Belastung aber nur ein kleines Drehmoment bei schlechtem Leitungsfaktor entwickeln. Durch die Gegenspannung kann man also jedes beliebige Anlaufmoment erzielen, das kleiner ist als das des Induktionsmotors unter Verkleinerung des Anlaufstromes, durch die Zusatzspannung ein größeres unter Vergrößerung des Anlaufstromes, da der Nebenschlußtransformator im ersten Fall die Leistung, die im Motor nicht in Wärme verwandelt wird, an das Netz zurückgibt, kann diese Anlaßmethode ökonomischer sein als der Anlauf mittels Widerständen. Näheres hierüber in dem Kap. V über Anlassen und Tourenregulierung.

b) Die Rotorspannung ist um 90^0 gegen die Statorspannung phasenverschoben.

Dieser Fall ist in Fig. 50 gezeigt. K_1 ist wieder der Kreis des Induktionsmotors. Der Mittelpunkt M_I des Kreises K_I für den Statorstrom des Nebenschlußmotors liegt nun auf der Linie $\overline{M_1 M_I}$, die senkrecht auf dem Lot $\overline{A M_1}$ auf $\overline{O_1 P_{\infty 1}}$ steht, also parallel zu $\overline{O_1 P_{\infty 1}}$ ist. Ferner ist wie früher $\overline{M_1 M_I} = \dfrac{\overline{P_{k1} \cdot P_{kI}}}{2 \sin \varepsilon}$, und der Radius ist $= \overline{M_I P_{\infty 1}}$. Der Kurzschlußpunkt P_{kI} liegt auf dem Lot in P_{k1} auf $\overline{O_1 P_{k1}}$. Der Leerlaufpunkt P_{0I} ist der Schnittpunkt der Kreise K_I und k, und der synchrone Punkt P_{sI} liegt auf der Verlängerung von $\overline{M_1 O_1}$. Hier ist bei Leerlauf der Strom J_2 nicht Null, sondern er ist ein wattloser Strom, dessen Größe proportional $\overline{O_1 P_{0I}}$ ist, und er ist voreilend und größer als $J_{a0} = \overline{O O_1}$, so daß bei Leerlauf Über kompensation erreicht ist; dagegen liegt P_{0I} so dicht an P_{sI}, daß fast gar keine Änderung der Geschwindigkeit erhalten wird.

Weil die um 90° gegen die Netzspannung phasenverschobene Rotorspannung fast gar keine Geschwindigkeitsänderung hervorruft, sondern nur den wattlosen Strom beeinflußt, bezeichnen wir sie als „Kompensationsspannung". Sie kann auch positiv oder negativ sein, je nachdem sie gegen P_1 um 90° verzögert ist oder voreilt. Im ersten Fall liegt, wie in Fig. 50 M_I rechts von $\overline{AM_1}$, im zweiten links davon, hierbei würde also der wattlose Strom des Stators bei Leerlauf vergrößert.

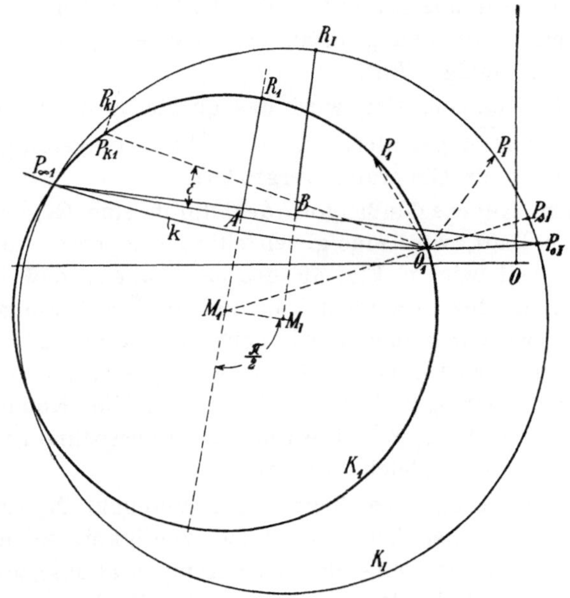

Fig. 50.   Diagramm für eine reine Kompensationsspannung.

Die positive Kompensationsspannung entspricht einer Verstellung der Bürsten um 90° aus der Grundstellung entgegen der Drehrichtung des Drehfeldes, die negative im Sinne des Drehfeldes. Die Phasenverschiebung von 90° kann auch durch Vereinigung mehrerer Phasen erzeugt werden, wobei die Bürsten in der Grundstellung stehen bleiben, wie in Kap. VII näher gezeigt wird.

Die Größe der Kompensationsspannung ist im Diagramm

$$(\text{Fig. 50}) \quad \frac{P_2' C_1}{P_1} = \frac{\overline{P_{k1} P_{kI}}}{O_1 P_{kI}}.$$

Die Drehmomentlinie ist hier $\overline{P_{0I} P_{\infty 1}}$, und Punkte gleichen Drehmomentes auf K_1 und K_I, z. B. P_1 und P_I, liegen auf einem mit k konzentrischen Kreise. Der Statorstrom $\overline{OP_I}$ ist durch die Phasenkompensation verkleinert gegenüber $\overline{OP_1}$, der Rotorstrom etwas vergrößert. Um den besten Wirkungsgrad zu erhalten, sollen nach S. 75 Gl. 20 die Anteile des Stator- und Rotorstromes am wattlosen Magnetisierungsstrom sich umgekehrt wie die Stator- und Rotorwiderstände verhalten. Dies ist jedoch nur bei einer Belastung zu erreichen. Um es etwa bei Vollast zu erzielen, braucht der wattlose Strom bei Leerlauf etwa nur so groß zu sein wie J_{a0}. Machen wir $J_{20}' = E_{10} b_a$, so ist hierbei sehr nahezu $E_{10} \simeq P_1$, also $J_{20}' = P_1 b_a$, und da $s_0 \simeq 0$ ist, wird $P_2' \simeq J_{20}' r_2' = J_{a0wl} r_2'$.

Die Kompensationsspannung wird also angenähert nur so groß, wie der Ohmsche Spannungsabfall des Stromes J_{a0} im Rotor, d. h. sie beträgt nur wenige Volt.

Durch die Kompensation wird das größte Drehmoment im Verhältnis $\overline{R_1 B}$ zu $\overline{R_I A}$ geändert und die Überlastungsfähigkeit auch im Arbeitsgebiet als Generator vergrößert.

Bei einem Nebenschlußmotor, der durch eine Gegenspannung untersynchron läuft, wird eine gleichzeitige Kompensationsspannung erforderlich, weil wir in Fig. 49 gesehen haben, daß bei untersynchronem Lauf der Leistungsfaktor und die Überlastungsfähigkeit abnimmt. Man wird aber auch hier in normalen Fällen nur $J_{20}' \simeq J_{a0wl}$ machen. Hierbei wird wieder sehr nahe $E_{10} \simeq P_1$ und die Gegenspannung $P_2' \cos \varrho \simeq s_0 P_1 + J_{a0wl}(x_2' + s x_{2v}')$, die Kompensationsspannung $P_2' \sin \varrho = J_{a0wl} r_2'$. Die Kompensationsspannung wird also in diesem Fall immer gleich groß bleiben.

Bei Übersynchronismus liegt der Mittelpunkt M_I in Fig. 49 über M_1, es kann hier bei hoher Geschwindigkeit schon Phasenkompensation eintreten, ohne daß eine Kompensationsspannung angewendet wird, weil der Rotor eine negative Reaktanz besitzt. Es ist also nicht vorteilhaft, hier bei Leerlauf zu kompensieren, weil hierdurch bei Belastung Überkompensation erreicht werden kann und dadurch der Wirkungsgrad verringert wird.

Jedoch bedingt die Wirkung der Kurzschlußströme ihrerseits auch bei Übersynchronismus eine Verschlechterung des Leistungsfaktors und macht dadurch eine Kompensation erforderlich.

23. Einfluß der Oberfelder auf die Arbeitsweise des mehrphasigen Nebenschlußmotors.

Wir haben bisher nur die Grundwelle des Drehfeldes betrachtet, und es erübrigt noch, in kurzem auf die Wirkung der Oberfelder auf den Gang des Kommutatormotors hinzuweisen, die zunächst durch die Verteilung der Wicklungen und dann durch die Deformation der MMK-Kurve durch die Sättigung entstehen.

Fassen wir zunächst die von der Verteilung der Wicklung herrührenden Oberfelder ins Auge, so ist, wie schon in Kap. I, S. 33 festgestellt, als ein wesentlicher Unterschied des Kommutatormotors gegenüber dem gewöhnlichen Induktionsmotor mit Phasen- oder Käfigwicklung der zu betrachten, daß die Lage der Rotoroberfelder gegenüber dem Stator unabhängig von der Drehung des Rotors nur durch die Lage der Bürsten bestimmt ist, weil die räumliche Lage jeder Wicklungsphase des Rotors durch die Bürsten festgehalten ist. Andrerseits hat die von den Statoroberfeldern in jeder Phase der Rotorwicklung induzierte EMK unabhängig von der Drehung des Rotors die Grundperiodenzahl. Während die vom ν ten Oberfeld in einer Rotorwindung bei der Drehung induzierte EMK die Periodenzahl der Schlüpfung (s_ν) gegenüber dem betr. Oberfeld hat, so wird sie durch den Kommutator wieder in die Grundperiodenzahl kommutiert. Weil ferner, wie wir gesehen haben, die Lage der Rotoroberfelder im Raum von der Drehung des Rotors unabhängig ist, d. h. der Rotor sich in bezug auf die Erzeugung der Oberfelder wie eine ruhende Wicklung verhält, haben auch die von den Rotoroberfeldern im Stator induzierten EMKe stets die Grundperiodenzahl. Die Stator- und Rotoroberfelder von gleicher Polzahl und von gleichem Drehsinn (gegenüber den Stator- und Rotorgrundfeldern) stehen also stets relativ zueinander still und ergeben ein resultierendes Oberfeld, dessen Größe durch die gegenseitige Lage und die Phase der Stator- und Rotor-MMKe gegeben ist.

Das resultierende ν te Oberfeld bildet mit der ν ten Oberwelle der MMK des Rotors ein Drehmoment, das motorisch wirkt, wenn die Oberwelle der Rotor-MMK dem resultierenden Oberfeld räumlich nacheilt, und generatorisch, wenn sie ihm voreilt.

Die Lage des resultierenden Oberfeldes hängt zunächst von der Bürstenstellung ab.

Betrachten wir erst die Kommutatormaschine mit kurzgeschlossenen Bürsten. Es mögen Stator und Rotor gleichartige MMKe haben, wie dies z. B. nach Kap. I der Fall ist, wenn der dreiphasige Stator eine Dreiphasenwicklung in Sternschaltung, der Rotor eine Gleichstromwicklung mit 3 oder 6 Bürsten pro Polpaar hat.

Bei Stillstand erhalten wir zunächst wie beim gewöhnlichen Induktionsmotor je nach der Lage der Phasen der Rotorwicklung gegenüber denen der Statorwicklung, also je nach der Bürstenstellung eine andere Reaktanz. Stehen die Bürsten in der Nullstellung, so heben sich bei gleichartigen MMKen die Oberfelder fast ganz heraus. Verschiebt man die Bürsten z. B. um $^1/_5$ der Polteilung, so werden sich die fünften Oberfelder genau addieren und im Stator und Rotor eine große zusätzliche Reaktanz ergeben, während die übrigen Oberfelder sich unter anderen Winkeln addieren. Da jede Phase $^1/_3$ der Polteilung bedeckt, wiederholt sich der Wert der Kurzschlußreaktanz periodisch nach einer Drehung der Bürsten um 60^0 el.; man erhält also jeweils die kleinste Reaktanz bei $\varrho = 0$, 60^0, 120^0 usf., die fast nur von den Streufeldern herrührt; bei den Zwischenstellungen $\varrho = 30^0$, 90^0 usf. hat die Reaktanz ihren größten Wert.

Die Differenz des kleinsten und des größten Wertes ist die zusätzliche Reaktanz der Oberfelder, die wir wie bei einem Induktionsmotor berechnen (s. Bd. V, 1, S. 179):

$$x_{k\,max} - x_{k\,min} = 4\,x_0 = \frac{4\,E_p}{J_{0\,wl}}\left[1 - \frac{1}{\sigma_f}\right].$$

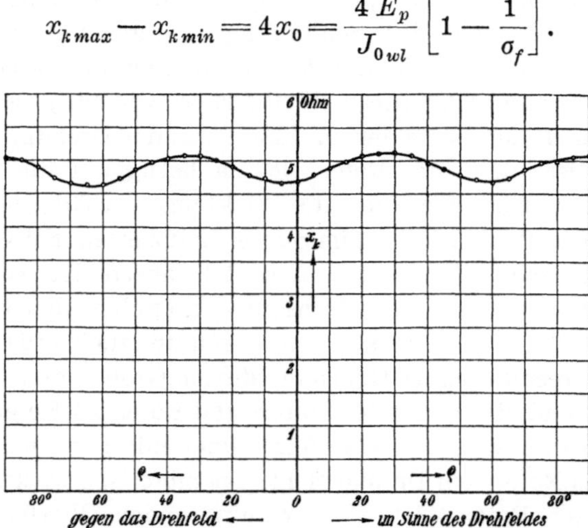

Fig. 51. Einfluß der Bürstenstellung auf die Kurzschlußreaktanz eines Kommutator-Induktionsmotors.

Fig. 51 zeigt die Kurzschlußreaktanz als Funktion des Bürstenwinkels bei einem 5 PS-Motor, dessen vollständige Untersuchung in Kap. IX gezeigt wird. Die periodische Änderung ist hier deutlich zu erkennen.

Es ist
$$x_{k\,max} = 0{,}515$$
$$x_{k\,min} = 0{,}466$$
$$\overline{\phantom{x_{k\,min}}}$$
$$4\,x_0 = 0{,}049.$$

Rechnerisch ergibt sich $4\,x_0$ wie folgt:

Bei Leerlauf ist $E_p = \dfrac{110}{\sqrt{3}} = 63{,}6$ Volt

$$J_{0\,wl} = 10{,}85 \text{ Amp.},$$

ferner ist $$\left(1 - \frac{1}{\sigma_f}\right) = 0{,}2 \cdot 10^{-2},$$

daher $$4\,x_0 = \frac{4 \cdot 63{,}6}{10{,}85} \cdot 0{,}2 \cdot 10^{-2} = 0{,}047 \text{ Ohm.}$$

Beim Lauf des Kommutatormotors mit kurzgeschlossenen Bürsten läuft der Rotor im allgemeinen gegen alle Oberfelder stark übersynchron, sie erzeugen also hier alle generatorische Momente, die das motorische Moment des Grundfeldes verkleinern. Läuft der Motor z. B. leer, so können wir wieder eine ähnliche periodische Schwankung des Leerlaufstromes und der Schlüpfung bei Leerlauf bei veränderlicher Bürstenstellung beobachten. Da die Rotorströme hierbei fast wattlos sind, vergrößern sie im wesentlichen die Verluste, d. h. die Schlüpfung und den Statorstrom.

Bei den Stellungen $\varrho = 0^0$, 60^0, 120^0 usf., wo die Oberfelder wieder am kleinsten sind, sind auch die Rotorströme und daher der Leerlaufstrom des Stators und die Schlüpfung am kleinsten, bei 30^0, 90^0 usf. sind sie wieder am größten.

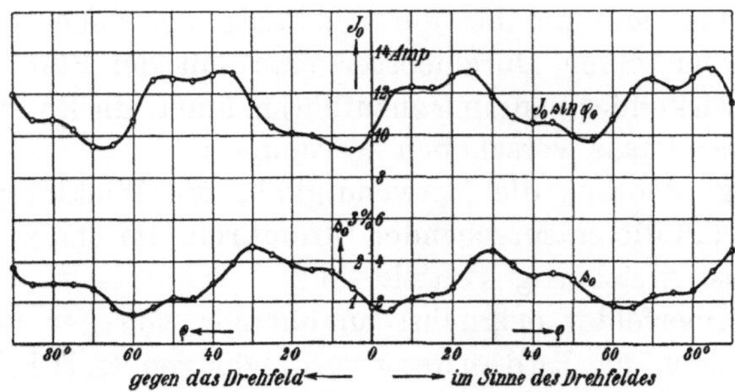

Fig. 52. Einfluß der Bürstenstellung auf Leerlaufstrom und Schlüpfung.

Fig. 52 zeigt für denselben Dreiphasenmotor wie oben die wattlose Komponente des Leerlaufstromes $J_0 \sin \varphi_0$ und die Schlüpfung s_0 bei Leerlauf als Funktion des Bürstenwinkels ϱ für konstante Klemmenspannung. Bei der Kommutatormaschine in Hauptschluß oder Nebenschlußschaltung ist die Wirkung eine analoge. Da das Arbeitsgebiet meist oberhalb des Synchronismus gegenüber den Oberfeldern liegt, so erhält man fast immer eine Verkleinerung des Drehmomentes durch die Oberfelder, und die Reaktanz wird vergrößert.

Wenngleich bei den Dreiphasenmaschinen die Oberfelder nicht sehr groß sind und, wie die Messungen zeigen, ihr Einfluß zwar deutlich erkennbar, aber nicht sehr bedeutend ist, so wirken sie doch für die Kommutation schädlich, weil der Rotor fast immer übersynchron gegen die Oberfelder rotiert, und man wird besonders bei Nebenschlußmotoren die Bürsten vorwiegend in der Nullstellung stehen lassen und die geeignete Phase der Rotorspannung gegenüber der Statorspannung nicht durch Bürstenverstellung, sondern durch Kombination mehrerer Phasenspannungen zu erhalten suchen. Einige Anordnungen hierfür werden weiter unten erläutert werden.

Wesentlich größer als bei Dreiphasenmotoren ist die Wirkung der Oberfelder bei Zweiphasenmotoren, worüber interessante Messungen von H. Alexander[1]) bekannt geworden sind.

Der untersuchte Motor hatte eine zweiphasige Spulenwicklung im Stator, von der jede Phase die halbe Polteilung bedeckt. Der Rotor ist über zwei zueinander senkrechte Durchmesser im zweipoligen Schema kurzgeschlossen. Stehen die Bürstenachsen in den Achsen der beiden Statorphasen, so sind die Rotorphasen gegen die Statorphasen um 45^0 el. verschoben, und es zeigte sich, daß hierbei kein Betrieb möglich war, weil durch die beim Zweiphasenmotor besonders stark ausgeprägten dritten Oberfelder, die invers rotieren, der Motor entgegen dem Grundfeld sich zu drehen suchte.

Es mußten daher die Bürsten um 45^0 aus dieser Stellung verschoben werden, und um bei der Schaltung als Nebenschlußmotor dem Rotor über einen Durchmesser eine mit der Statorspannung gleichphasig wirkende Spannung zuzuführen, mußte die Rotorspannung um 45^0 in der Phase verschoben werden.

Dies zeigt deutlich die Notwendigkeit, die Wicklungen derart anzuordnen, daß die entsprechenden Stromkreise im Stator und Rotor auch möglichst gleichartig verteilt sind.

Um die Oberfelder möglichst unabhängig von der Bürstenstellung zu beseitigen, hat Rüdenberg vorgeschlagen, (s. D.R.P. 229241 der Siemens-Schuckert-Werke) in sich kurzgeschlossene Wicklungen anzubringen, deren Polzahl den am meisten ausgeprägten Oberfeldern entspricht, also z. B. bei einem Dreiphasenmotor solche von der fünf- und siebenfachen Polzahl.

24. Nebenschlußmotor mit Hilfswicklung.

Wie schon gezeigt, haben die Oberfelder einen bedeutenden Einfluß auf die Arbeitsweise des Kommutatormotors, und es ist aus diesem Grunde von Vorteil, wenn man die Bürsten genau in der Achse der Statorwicklungen einstellen kann. Bei dem in Fig. 34 angegebenen Nebenschlußmotor mit Transformator wird bei unter-

---

[1]) Dissertation, Berlin 1908.

synchronem Lauf in der Statorwicklung außerdem ein größerer Arbeitsstrom fließen, als die Leistung des Motors erfordert. Es wird nämlich vom Rotor ein Arbeitsstrom entsprechend der Schlüpfung ans Netz wieder zurückgegeben. Es ist einleuchtend, daß die Leistungsfähigkeit des Motors bei untersynchronem Lauf durch die Überlastung der Statorwicklung mit Arbeitsstrom bedeutend herabgesetzt wird.

Um diesen Nachteil und die Verschiebung der Bürsten aus der Achse der Statorwicklung zu vermeiden, führt die Allmänna Svenska Elektriska A. B. Vesterås nach dem Vorschlage von J. L. la Cour seit 1907 ihre Nebenschlußkommutatormotoren wie folgt aus. Der Stator ist mit einer Hauptwicklung $S_I S_{II} S_{III}$ (Fig. 53) und einer Hilfswicklung $H_I H_{II} H_{III}$ versehen, die beide in derselben Achse gewickelt sind. Die Bürsten B_I, B_{II}, B_{III} werden genau in die Achsen der Statorwicklungen ein-
gestellt. Durch Hintereinander-
schaltung der Rotorwicklung und der Hilfswicklung des Stators ist es möglich, die Leerlauftourenzahl von der synchronen zu ver-
schieben, weil die Spannung in der Hilfswicklung in Phase mit jener der Statorwicklung ist. Um den Leerlaufstrom der Statorwicklung zu kompensieren, führt man den hintereinander geschalteten

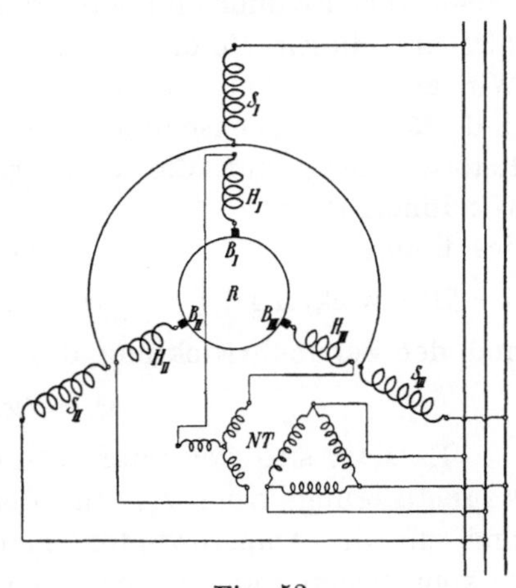

Fig. 53.

Rotor- und Hilfswicklungen außerdem eine Spannung zu, die um 90⁰ gegen die Statorspannung der entsprechenden Phase verschoben ist, wozu, wie in Fig. 53 gezeigt, ein Kompensationstransformator mit primär in Dreieck und sekundär in Stern geschalteter Wicklung (NT) verwendet werden kann.

Da die Spannung der Hilfswicklung mit der Statorspannung phasengleich ist, so erhalten wir nach Gl. 31 eine Leerlauftourenzahl entsprechend der Schlüpfung

$$s_0 = \frac{P_2' C_1}{P_1} = \frac{w_h}{w_2} C_1.$$

In den hintereinander geschalteten Hilfs- und Rotorwicklungen wird bei Leerlauf eine EMK

$$s_0 E_{10} - \frac{w_h}{w_2} E_{10} = (C_1 - 1) \frac{w_h}{w_2} E_{10}$$

induziert, die fast Null ist, weil C_1 sich von der Einheit nur wenig unterscheidet. Der kleine Nebenschlußtransformator NT (Fig. 53) braucht deswegen nur für eine so große Spannung dimensioniert zu werden, die nötig ist, um den Magnetisierungsstrom durch die Hilfs- und Rotorwicklung zu treiben. Diese Spannung ist fast in Phase mit dem Magnetisierungsstrom, weil die gemeinsame Reaktanz der Hilfs- und Rotorwicklung analog der induzierten EMK bei Leerlauf fast Null ist. Bei Leerlauf läßt man am besten den Nebenschlußtransformator fast den ganzen Magnetisierungsstrom liefern, so daß die Statorwicklung nur einen kleinen Wattstrom zur Deckung der Leerlaufverluste vom Netze aufnimmt.

Es soll nun untersucht werden, inwiefern die für den gewöhnlichen Nebenschlußmotor mit Transformator abgeleiteten Diagramme sich auf diesen Motor der Allmänna Svenska übertragen lassen. Wir gehen hierbei am besten von den Grundgleichungen 23, 24 und 25 des Nebenschlußmotors aus. Indem wir alle Größen der Rotorwicklung auf die Statorwicklung reduzieren, werden die Windungszahlen

des Rotors $\qquad\qquad w_2 = w_1,$

der Hilfswicklung $\qquad\quad w_h = h w_2 = h w_1$

und der Sekundärwicklung des Transformators

$$w_t = t w_2 = t w_1.$$

Es setzt sich der totale Strom des Motors zusammen aus dem Magnetisierungsstrom J_a, aus den Strömen J_c und $h J_c$, die nötig sind, um die Amperewindungen des Rotors und der Hilfswicklung zu kompensieren und aus dem vom kleinen Nebenschlußtransformator aufgenommenen Strome $\mathfrak{J}_{II} = j t \mathfrak{J}_c$. Es ist somit der Statorstrom

$$\mathfrak{J}_1 = \mathfrak{J}_a + \mathfrak{J}_c - h \mathfrak{J}_c$$

und der totale Strom des Motors

$$\mathfrak{J} = \mathfrak{J}_1 + \mathfrak{J}_{II} = \mathfrak{J}_a + \mathfrak{J}_c (1 - h - j t) = \mathfrak{J}_a + (1 - k e^{-j\varrho}) \mathfrak{J}_c \quad (23\,\mathrm{b})$$

wenn $\qquad\qquad\qquad\qquad k = \sqrt{h^2 + t^2}$

und $\qquad\qquad\qquad\qquad \varrho = \operatorname{arctg} \dfrac{t}{h}.$

Da die Hilfswicklung gewöhnlich in denselben Nuten wie die Hauptwicklung liegt, ist die Spannung an der Hilfswicklung bis auf ganz wenige Prozente unabhängig von der Belastung und proportional der Primärspannung. Das Verhältnis k bei diesem Motor entspricht somit dem Verhältnis $\dfrac{P_2'}{P_1}$ beim gewöhnlichen Nebenschlußmotor und die Gl. 23 b stimmt mit 23 vollständig überein.

Bei der Aufstellung der Spannungsgleichung 24 muß man auf die Streuflüsse besonders acht geben, weil der Motor drei Wicklungen besitzt. Wir tun dies am besten, indem wir den Kraftfluß, der den Luftspalt durchsetzt, als den Hauptkraftfluß Φ des Motors bezeichnen. Es ergibt sich dann für den Primärkreis die folgende vektorielle Spannungsgleichung

$$\mathfrak{P}_1 - \mathfrak{E}_1 = \mathfrak{I}_1 \mathfrak{Z}_1 - \mathfrak{I}_c\, hj\, x'_{h\,1},$$

worin $x'_{h\,1}$ die Reaktanz der Hilfswicklung bezeichnet, die den Streulinien entspricht, die auch mit der Primärwicklung verkettet sind und die wie eine Änderung des Hauptkraftflusses wirken. Wenn die Hilfswicklung in denselben Nuten wie die Hauptwicklung liegt, so gehören alle Streulinien, die sich um die Nuten schließen, zu diesen, während die Streulinien um die Spulenköpfe außerhalb der Nuten bei der Berechnung von $x'_{h\,1}$ fast gar nicht berücksichtigt zu werden brauchen. Führen wir in die letzte Spannungsgleichung den Ausdruck für $\mathfrak{I}_1$ ein, so erhalten wir

$$\mathfrak{P}_1 - \mathfrak{E}_1 = \mathfrak{I}_a \mathfrak{Z}_1 + \mathfrak{I}_c (1 - h) \mathfrak{Z}_1 - \mathfrak{I}_c\, hj\, x'_{h\,1}$$

oder

$$\mathfrak{P}_1 - \mathfrak{E}_1 = \mathfrak{I}_a \mathfrak{Z}_1 + \mathfrak{I}_c \mathfrak{Z}_1 - \mathfrak{I}_c (h \mathfrak{Z}_1 + j\, h\, x'_{h\,1}) \qquad (24\,\mathrm{b})$$

während Gl. 24 S. 81 des gewöhnlichen Nebenschlußmotors lautete

$$\mathfrak{P}_1 - \mathfrak{E}_1 = \mathfrak{I}_a \mathfrak{Z}_1 + \mathfrak{I}_c \mathfrak{Z}_1.$$

Die Gl. 24 b weicht also um das Glied

$$-\, \mathfrak{I}_c (h \mathfrak{Z}_1 + j\, h\, x'_{h\,1}) \eqsim \mathfrak{I}_c j h (x_1 - x'_{h\,1})$$

von Gl. 24 ab. Dieses Glied hat in Bezug anf den Arbeitsstrom J_c denselben Einfluß wie eine Änderung der Statorreaktanz x_1 um $h(x_1 - x'_{h\,1})$. Der Nebenschlußmotor mit Hilfswicklung hat somit bei Untersynchronismus (h positiv) eine Statorreaktanz, die um $h(x_1 - x'_{h\,1})$ kleiner erscheint als die des gewöhnlichen Nebenschlußmotors, was natürlich daher rührt, daß der Arbeitsstrom in der Statorwicklung beim Motor mit Hilfswicklung kleiner ist als beim gewöhnlichen Nebenschlußmotor. Bei Übersynchronismus (h negativ) liegen die Verhältnisse umgekehrt; hier hat der Motor mit Hilfswicklung eine Statorreaktanz, die um $h(x_1 - x'_{h\,1})$ größer erscheint als die des gewöhnlichen Nebenschlußmotors. Dies entspricht dem größeren Arbeitsstrom in der Statorwicklung des Motors mit Hilfswicklung.

Die sekundäre Spannungsgleichung 25 (S. 83) lautet hier

$$h\mathfrak{P}_1 + jt\mathfrak{P}_1 - \mathfrak{E}'_{2\,s} = \mathfrak{I}'_2 \mathfrak{Z}'_{2\,s}$$

oder

$$\frac{P'_2}{P_1} \mathfrak{P}_1\, \mathrm{e}^{j\varrho} - \mathfrak{E}'_{2\,s} = \mathfrak{I}'_2 \mathfrak{Z}'_{2\,s} \quad \cdot \quad \cdot \quad \cdot \quad \cdot \quad (25\,\mathrm{b})$$

also ebenso wie beim gewöhnlichen Nebenschlußmotor. Nur muß man in $\mathfrak{Z}_{2\,s}'$ die Kurzschlußimpedanz des Nebenschlußtransformators, den Widerstand der Hilfswicklung und den Teil der Reaktanz der Hilfswicklung berücksichtigen, der den Streulinien entspricht, die sich nicht um die Primärwicklung des Stators schließen. Beim gewöhnlichen Nebenschlußmotor mußte in $\mathfrak{Z}_{2\,s}'$ die Impedanz des großen Nebenschlußtransformators einbezogen werden.

Die Hauptgleichungen des Nebenschlußmotors mit Hilfswicklung weichen also nur in den Strom- und Spannungsgleichungen der Statorwicklung von denen des gewöhnlichen Nebenschlußmotors ab. Es können deswegen alle für den gewöhnlichen Motor abgeleiteten Diagramme auch auf den Motor mit Hilfswicklung übertragen werden, wenn man dabei berücksichtigt, daß die Reaktanz der Statorwicklung entsprechend der Leerlauftourenzahl bei Untersynchronismus kleiner und bei Übersynchronismus größer gemacht wird. Das Diagramm des Nebenschlußmotors läßt sich nun wie folgt aufzeichnen.

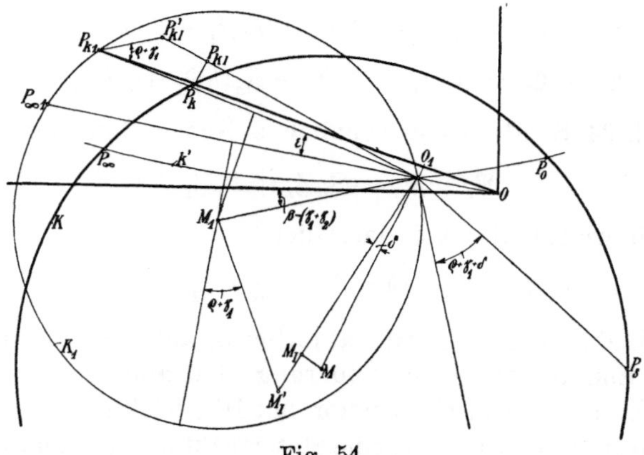

Fig. 54.

Man berechnet oder mißt bei kurzgeschlossenen Rotorbürsten den Kurzschlußstrom J_{1k}, der den Punkt P_{k1} (Fig. 54) liefert, und den Leerlaufstrom J_{a0}, der den Punkt O_1 ergibt. Zweitens wird dann bei kurzgeschlossener Statorwicklung Strom in den Rotor geschickt und bei Stillstand die Spannung P_{k2} und φ_{k2} sowie bei Synchronismus P_{02} und φ_{02} gemessen. Diese Werte sind jedoch alle mit Rücksicht auf die Impedanzen der Hilfswicklung und die des kleinen Transformators zu korrigieren.

Wir erhalten nun den Mittelpunkt M_1 des Kreises K_1, wenn wir das Mittellot in $\overline{O_1 P_{k1}}$ errichten und die Linie $\overline{O_1 M_1}$ unter dem Winkel $\beta - (\gamma_1 + \gamma_2) \cong \varphi_{02} - \sphericalangle O_1 P_{k1} O$ abtragen. Alsdann tragen wir den Winkel

$$P_{k1}\,O_1\,P_{\infty 1} = \varepsilon = \operatorname{arctg}\frac{P_{02}\sin(\varphi_{k2}-\varphi_{02})}{P_{k2}-P_{02}\cos(\varphi_{k2}-\varphi_{02})}$$

an $\overline{P_{k1}\,O_1}$ ab und erhalten den Punkt $P_{\infty 1}$. Um den Mittelpunkt M_I für den Kreis des Statorstromes zu erhalten, trägt man

$$\overline{M_I{}'M_1} = \frac{C_1\,\sqrt{h^2+t^2}\,\overline{O_1 P_{k1}}}{2\sin\varepsilon}$$

unter dem Winkel

$$\varrho+\gamma_1 \cong \varrho = \operatorname{arctg}\frac{t}{h}$$

auf und trägt $\overline{O_1 M_I}=(1-h)\,\overline{O_1 M_I{}'}$ auf der Strecke $\overline{O_1 M_I{}'}$ ab.

Der Kurzschlußpunkt P_{kI} für den Statorstrom ergibt sich wie folgt. Es wird $\overline{P_{k1}P_{kI}{}'}=C_1\,\sqrt{h^2+t^2}\,\overline{O_1 P_{k1}}$ unter dem Winkel $\varrho+\gamma_1$ zu $\overline{O_1 P_{k1}}$ aufgetragen und $\overline{O_1 P_{kI}}=\overline{O_1 P_{kI}{}'}(1-h)$ auf der Strecke $\overline{O_1 P_{kI}{}'}$ abgetragen.

Um den Mittelpunkt M und den Kurzschlußpunkt P_k des Kreises K zu erhalten, trägt man senkrecht auf $\overline{O_1 M_I}$ die Strecke $\overline{M_I M}=t\,\overline{O_1 M_I{}'}$ ab und senkrecht auf $\overline{O_1 P_{kI}}$ die Strecke $\overline{P_{kI}P_k}=t\,\overline{O_1 P_{k1}{}'}$ ab. Der Kreis K durch P_k mit M als Mittelpunkt ist das gesuchte Stromdiagramm des Nebenschlußmotors mit Hilfswicklung.

Den synchronen Punkt P_s erhält man, wenn man unter dem Winkel $\varrho+\gamma_1+\sphericalangle M_I{}'O_1 M=\varrho+\gamma_1+\delta$ an die Tangente in O_1 eine gerade Linie zieht, die den Kreis K in P_s schneidet.

Der Leerlaufpunkt P_0 ist durch den Kreis k' durch P_∞ und O_1 bestimmt, dessen Mittelpunkt auf einer Geraden durch O_1 liegt, die mit der Ordinatenachse den Winkel $M_I O_1 M$ bildet.

Mit den vier Punkten P_k, P_s, P_∞ und P_0 können nunmehr Leistung, Drehmoment, Schlüpfung und Wirkungsgrad wie beim gewöhnlichen Nebenschlußmotor ermittelt werden.

Wie es von Bedeutung ist, die Oberfelder in den Mehrphasenkommutatormotoren möglichst zu vermeiden, so ist es auch von großer Bedeutung, die Reaktanz der Hilfswicklung möglichst klein zu halten. Dies erreicht die Allmänna Svenska dadurch, daß sie die Hilfswicklung H (D. R. P. 218485) möglichst nahe an den Luftspalt verlegt, wie die Fig. 55 zeigt. Der Nebenschlußmotor mit einer derartig ausgeführten Hilfswicklung kann deswegen mit kleineren

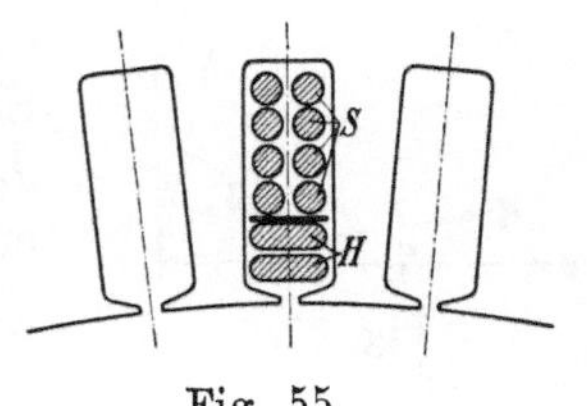

Fig. 55.

Reaktanzen ausgeführt werden als der gewöhnliche Nebenschlußmotor und besitzt somit eine größere Überlastungsfähigkeit als dieser.

25. Nebenschlußmotor mit Kompensationswicklung und besonderer Erregerwicklung.

Analog dem Hauptschlußmotor mit zweiteiliger Statorwicklung läßt sich auch ein Nebenschlußmotor bauen, wie zuerst von Winter und Eichberg im D. R. P. 153730 angegeben ist.

Die Rotorwicklung wird, wie beim Hauptschlußmotor, in Serie geschaltet mit einer Kompensationswicklung von der gleichen Stärke (MMK) und mit der gleichen Wicklungsachse. Die Ampere-

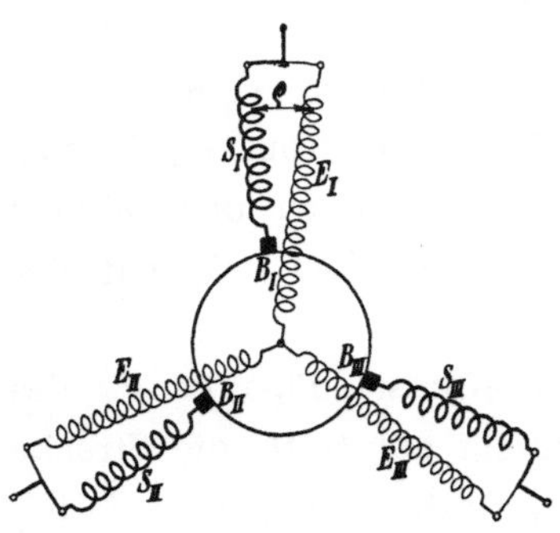

windungen dieser beiden Wicklungen heben sich somit stets auf, und bei Stillstand heben die in beiden induzierten EMKe sich auch gegenseitig auf. Um ein Feld zu erzeugen, benötigt man somit eine dritte Wicklung, die, wie beim Hauptschlußmotor, auf dem Stator angeordnet werden kann. Sie muß aber hier im Nebenschluß zu dem aus Rotor- und Kompensationswicklung bestehenden Arbeitsstromkreis also für sich ans Netz angeschlossen werden. Dieser Motor gehört zu den direkt gespeisten Motoren.

Fig. 56. Kompensierter Nebenschlußmotor mit besonderer Erregerwicklung.

Da der Kraftfluß um fast 90° gegen die Spannung an der Erregerwicklung verzögert ist, muß die Erregerwicklung (Fig. 56) fast in derselben Achse wie die Kompensationswicklung derselben Phase liegen und nicht, wie beim Hauptschlußmotor, ca. 90° gegen diese verschoben sein.

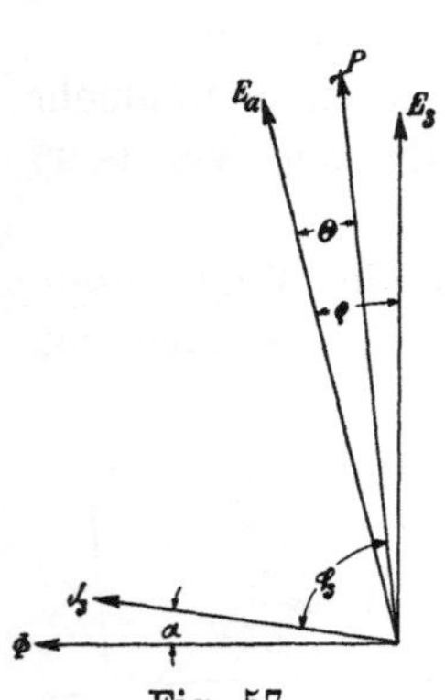

Fig. 57.

Die Wirkungsweise eines derartigen Nebenschlußmotors mit zweiteiliger Statorwicklung, deren Wicklungsachsen miteinander den Winkel ϱ einschließen, läßt sich an dem Spannungsdiagramm (Fig. 57) übersehen. Es ist Φ der Kraftfluß, der vom Erregerstrom J_3 erzeugt wird und die Erregerspannung P eilt dem Erregerstrom um den Winkel

$$\varphi_3 = \operatorname{arctg} \frac{x_e + x_1}{r_e + r_1}$$

vor. $z_e = \sqrt{r_e^2 + x_e^2}$ ist die Erregerimpedanz und z_1 die Impedanz der Erregerwicklung. Nehmen wir nun an, daß die Erregerwicklung gegen die Rotor- und Kompensationswicklung um den Winkel ϱ

vorgeschoben ist, so muß dem Rotor beim Lauf eine Spannung $E_a(1-s)$ proportional der Umdrehungszahl zugeführt werden, die dem Kraftfluß um $\dfrac{\pi}{2}-\varrho$ voreilt. Diese Spannung eilt somit der Netzspannung P um den Winkel

$$\alpha + \varphi_3 - \left(\frac{\pi}{2} - \varrho\right) = \varrho + \left(\varphi_3 + \alpha - \frac{\pi}{2}\right) = \Theta$$

nach. Solange α sich mit der Umdrehungszahl nur wenig ändert, was innerhalb weiter Grenzen der Fall ist, kann der Winkel Θ als konstant angesehen werden. In der Rotor- und Kompensationswicklung tritt beim Lauf eine $EMK - E_a(1-s)$ auf, wenn wir die bei Synchronismus induzierte EMK mit E_a bezeichnen. Der Arbeitsstrom des Motors, den die hintereinander geschalteten Rotor- und Kompensationswicklung vom Netze aufnehmen, ist somit

$$\mathfrak{J}_2 = \frac{\mathfrak{P} - \mathfrak{E}_a(1-s)}{r_k - jx_k + (1-s)jx_{2v}'},$$

worin z_k die Kurzschlußimpedanz der Rotor- und Kompensationswicklung bei Stillstand und x_{2v}' der veränderliche Teil der Rotorreaktanz ist. Addieren wir hierzu den Erregerstrom

$$\mathfrak{J}_e = \frac{\mathfrak{P}}{r_e + r_1 - j(x_e + x_1)},$$

so erhalten wir den totalen Strom des Motors

$$\mathfrak{J} = \mathfrak{J}_2 + \mathfrak{J}_e = \frac{\mathfrak{P} - \mathfrak{E}_a(1-s)}{r_k - jx_k + (1-s)jx_{2v}'} + \frac{\mathfrak{P}}{r_e + r_1 - j(x_e + x_1)}.$$

Nehmen wir vorläufig an, daß der variable Teil der Rotorreaktanz gleich Null gesetzt werden kann, so erhalten wir den totalen Strom des Motors gleich

$$\mathfrak{J} = \frac{\mathfrak{P} - (1-s)\mathfrak{E}_a}{r_k - jx_k} + $$
$$\frac{\mathfrak{P}}{r_e + r_1 - j(x_e + x_1)}$$

Dieser läßt sich graphisch leicht wiedergeben. Wir tragen zu dem Zwecke in Fig. 58 die Spannung P auf und unter dem Winkel $\Theta = \varrho + \left(\varphi_3 + \alpha - \dfrac{\pi}{2}\right)$ die EMK E_2. Die Differenz $\overline{EP} = \overline{OZ}$ ist

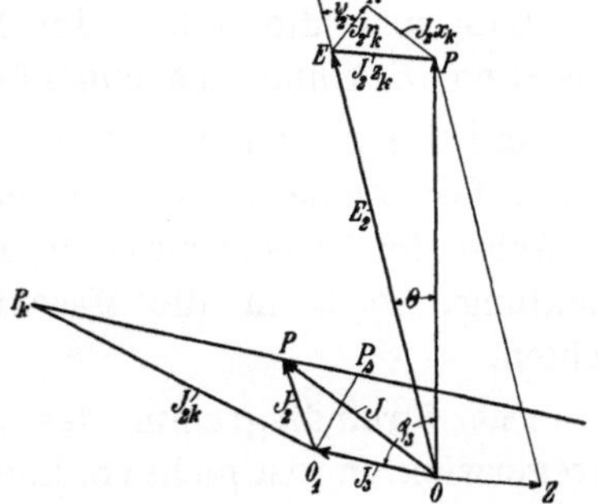

Fig. 58. Stromdiagramm des Motors nach Fig. 56.

gleich der Impedanzspannung $J_2 z_k$. Den konstanten Erregerstrom J_3 tragen wir als $\overline{OO_1}$ unter dem Winkel φ_3 gegen die Klemmenspannung auf. Bei Stillstand ($s = 1$) nimmt der Arbeitsstromkreis den Kurzschlußstrom $J_{2k} = \dfrac{P}{z_k}$ auf, der durch $\overline{O_1 P_k}$ dargestellt werden kann.

Wenn der Motor anfängt zu laufen, so nimmt $E_a(1 - s)$ zu, und der Punkt Z, der bei Stillstand mit dem Punkte P zusammenfällt, wandert auf der Geraden $\overline{PZ}$ abwärts, bis er bei Synchronismus mit Z zusammenfällt. Der Arbeitsstrom ist dann $\overline{O_1 P_s} = \dfrac{\overline{OZ}}{z_k}$ und eilt $\overline{OZ}$ um den Winkel φ_{2k} nach. Das Stromdreieck $O_1 P_k P_s$ ist dem Spannungsdreieck OPZ ähnlich, woraus folgt, daß die Linie $\overline{P_k P_s}$ mit $\overline{O_1 P_k}$ den Winkel Θ einschließt und daß der Endpunkt des Stromvektors J_2 sich auf der Geraden $\overline{P_k P_s}$ bewegt. — Der Vektor $\overline{OP}$ gibt uns somit den totalen Strom des Motors an, und zwar bei der Schlüpfung $s = \dfrac{\overline{P_s P}}{\overline{P_s P_k}}$. Die gerade Linie $P_k P P_s$ ist das gesuchte Stromdiagramm des Nebenschlußmotors mit zweiteiliger Statorwicklung.

Wie aus dem Diagramm leicht ersichtlich ist, hängt die Belastung des Motors hauptsächlich vom Winkel Θ ab und ändert sich nur wenig mit der Umdrehungszahl. Die Phasenkompensation bei Synchronismus hängt dagegen von dem Verhältnis $\dfrac{E_a}{P}$ ab. — Es ist interessant, sich zu erinnern, daß bei einem gewöhnlichen Synchronmotor die Belastung auch von dem Winkel Θ abhängt, um den die EMK dem Spannungsvektor nacheilt, und daß die Phasenkompensation ebenfalls von dem Verhältnis $\dfrac{E_a}{P}$ zwischen der EMK und der Klemmenspannung abhängt.

Läßt man die Achse der Erregerwicklung mit der der Kompensationswicklung zusammenfallen, so wird $\Theta \backsimeq 0$, und es fällt $\overline{P_s P_k}$ mit $\overline{O_1 P_k}$ zusammen. Die Maschine leistet bei allen Geschwindigkeiten fast keine Arbeit. Geht man noch weiter und verschiebt die Achse der Erregerwicklung zurück gegen die der Kompensationswicklung, so kann die Maschine nur als Generator Arbeit verrichten.

Das Stromdiagramm des Nebenschlußmotors mit zweiteiliger Erregerwicklung ist nicht vollkommen eine Gerade; denn der variable Teil der Rotorreaktanz ist gewöhnlich nicht zu vernachlässigen, sondern beträgt bei Stillstand ca. 40 $^0/_0$ der totalen Reaktanz x_k. Berücksichtigt man diesen veränderlichen Teil, so erhält man für den Arbeitsstrom $\mathfrak{J}_2$ zwei Kreise, der eine ist

$$\mathfrak{J}_2' = \frac{\mathfrak{P} - \mathfrak{E}_a}{r_k - jx_k + (1-s)jx_{2\,v}'}$$

und der andere

$$\mathfrak{J}_2'' = \frac{s\,\mathfrak{E}_a}{r_k - jx_k + (1-s)jx_{2\,v}'}.$$

Diese beiden Kreise lassen sich zu einem resultierenden Kreis zusammensetzen; addiert man zu diesem resultierenden Stromvektor $\mathfrak{J}_2$ den konstanten Erregerstrom $\mathfrak{J}_3$, so erhält man schließlich den totalen Strom J des Motors, dessen Vektor sich auf einem Kreise bewegt, dessen Mittelpunkt unterhalb der Abszissenachse fällt und der sich der Geraden $\overline{P_k P_s}$ in Fig. 58 anschmiegt.

Nach diesem Stromdiagramm ist die Leistung des Motors nicht mehr so konstant, wie es für die Gerade, Fig. 58, der Fall ist.

Um der Nebenschlußmaschine mit zweiteiliger Statorwicklung den unangenehmen Charakter des Synchronmotors zu nehmen und ihr mehr die Eigenschaften des Gleichstrommotors zu geben, muß man erstens die Reaktanz des Arbeitsstromkreises bei der Umdrehungszahl zum Verschwinden bringen, bei der man normal arbeiten will, und zweitens den Winkel Θ fast gleich Null machen. Das erste erreicht man am einfachsten dadurch, daß man bei untersynchronem Arbeitsbereich die Rotoramperewindungen etwas größer und bei übersynchronem Arbeitsbereich die Rotoramperewindungen etwas kleiner wählt als die Amperewindungen der Kompensationswicklung. Der Unterschied in den Amperewindungen der beiden Wicklungen braucht jedoch nur wenige Prozente auszumachen. Da

hierbei Rotor und Kompensationswicklung zusammen ein dem Arbeitsstrom proportionales Feld erzeugen, ist es nötig, zu verhindern, daß dieses von der Erregerwicklung abgedrosselt wird, die ja an der konstanten Netzspannung liegt. Man kann hierzu nach dem Vorschlag von Jonas (D.R.P. 224146 der F. G. L.) eine Drosselspule vor die Erregerwicklung schalten.

Um die Belastung noch abhängiger von der Umdrehungs-

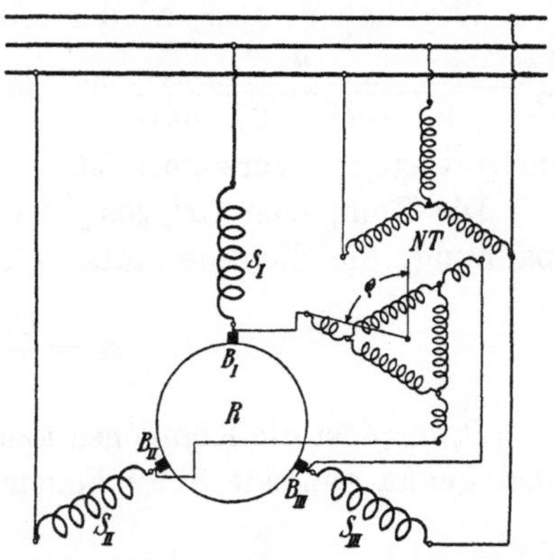

Fig. 59. Kompensierter Nebenschlußmotor mit Rotorerregung.

zahl zu machen, d. h. um eine noch steiler verlaufende Tourencharakteristik zu erhalten, ist es zweckmäßig, den kompensierten Nebenschlußmotor vom Rotor zu erregen. Dies geschieht in der Weise, daß man den Bürsten B_I, B_{II}, B_{III} über einem kleinen Nebenschlußtransformator eine passende konstante Spannung zuführt, wie es in der Fig. 59 dargestellt ist. Diese Spannung muß in der Nähe vom Synchronismus der Arbeitsspannung um ca. 90° nacheilen.

Diesen Motor können wir auf den Motor mit Bürstenverschiebung zurückführen, weil ja die Änderung der Phase der Rotorspannung und die Bürstenverschiebung in ihrer Wirkung äquivalent sind.

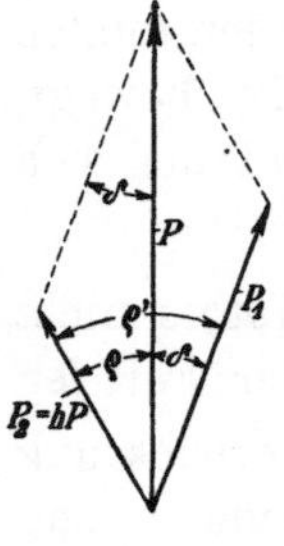

Fig. 59 a.

Ist nämlich P die Netzspannung pro Phase, die den beiden in Serie geschalteten Wicklungen, dem Rotor und der koaxialen Kompensationswicklung, zugeführt wird, $P_2 = hP$ die Hilfsspannung, die dem Rotor vom Transformator zugeführt wird, und ist P_2 gegen P um einen Winkel ϱ verzögert, so besteht an der Kompensationswicklung die Spannung P_1, die sich als geometrische Differenz von P und P_2 ergibt.

Es wird, s. Fig. 59 a,

$$P_1 = P\sqrt{1 + h^2 - 2h\cos\varrho}.$$

P_1 eilt gegen P um $\measuredangle\,\delta$ vor, und es ist

$$\sin\delta = \sin\varrho\,\frac{P_1}{P_2}.$$

Die Phasenverschiebung zwischen P_2 und P_1 wird daher

$$\varrho' = (\varrho + \delta).$$

Wir haben also wieder einen Motor, dessen Rotorspannung

$$\frac{P_2}{P_1} = \frac{h}{\sqrt{1 + h^2 - 2h\cos\varrho}}$$ mal so groß wie die Statorspannung und

um ϱ' dagegen verzögert ist.

Die Komponente $P_2\cos\varrho'$ ist wieder die Zusatz- bzw. die Gegenspannung, die die Leerlaufschlüpfung bestimmt:

$$s_0 = \frac{C_1\,P_2\cos\varrho'}{P_1}.$$

$P_2\sin\varrho'$ ist die Kompensationsspannung, und das Stromdiagramm wird genau wie auf S. 99 konstruiert.

Viertes Kapitel.

Anlassen und Tourenregulierung der mehrphasigen Hauptschlußmotoren.

26. Anlassen der mehrphasigen Hauptschlußmotoren. — 27. Anlassen durch Spannungsregulierung. — 28. Anlassen durch Feldregulierung. — 29. Tourenregulierung der mehrphasigen Hauptschlußmotoren. — 30. Geschwindigkeitsbegrenzung von mehrphasigen Hauptschlußmotoren.

26. Anlassen der mehrphasigen Hauptschlußmotoren.

Alle Methoden zum Anlassen der Kommutatormotoren müssen in erster Linie Rücksicht auf die Funkenbildung nehmen, gleichviel, ob es sich um ein- oder um mehrphasige Maschinen handelt. Dies ist erforderlich, weil die vom Hauptfeld in den kurzgeschlossenen Spulen induzierte (Transformator-) EMK bei Stillstand in voller Größe auftritt und durch keine Mittel beseitigt werden kann.

Wie groß sie werden darf, hängt in geringem Maße von dem Widerstand des Kurzschlußstromkreises ab, zunächst von dem Übergangswiderstand der Bürsten. Sie darf bei Anwendung von Widerstandsverbindungen etwas größer werden als ohne solche.

Durch die Größe dieser Spannung ist die Größe des Kraftflusses, bei dem angelassen werden darf, für eine Maschine mit gegebener Wicklung begrenzt.

Nun werden allgemein Hauptschlußmotoren in erster Linie dort verwendet, wo ein großes Anzugsmoment erforderlich ist, also bei Aufzügen, Kranen, Zentrifugen u. dgl., bei denen große Massen zu beschleunigen sind. Denn beim Hauptschlußmotor wächst der Kraftfluß mit dem Strom, und das Drehmoment, das dem Produkt beider proportional ist, steigt daher doppelt bei Vergrößerung des Stromes.

Mit Rücksicht auf das Funken kann aber dieser Vorteil der Hauptschlußmotoren nur insofern ausgenutzt werden, als die zulässige Grenze der Funkenspannung nicht überschritten wird.

Andererseits sehen wir, daß die Kommutation beim Anlauf und beim Lauf entgegengesetzte Anforderungen stellt.

Während für die Funkenbildung beim Anlauf die Größe des Kraftflusses zunächst maßgebend ist, die Größe des Stromes dagegen nicht, weil bei geringer Geschwindigkeit die Stromwendung keine Schwierigkeit bietet, ist es beim Lauf gerade umgekehrt. Hier wird die Transformatorspannung zum größten Teil aufgehoben, und die Güte der Kommutation hängt zunächst von der Größe des zu kommutierenden Stromes ab.

Ist also ein bestimmtes Drehmoment gefordert, wodurch das Produkt aus Strom und Kraftfluß gegeben ist, so verlangt die Rücksicht auf die Kommutation, daß das Verhältnis dieser beiden Größen beim Anlauf ein anderes ist als beim Lauf. Beim Anlauf soll der Strom groß und der Kraftfluß klein, beim Lauf der Kraftfluß groß und der Strom klein sein. Um diese Anforderung zu erfüllen, müßte also das Verhältnis der magnetisierenden Amperewindungen zu den gesamten Rotoramperewindungen beim Anlauf geändert werden. Wir werden diese Art des Anlassens als Anlauf mit Feldregulierung bezeichnen. Die hierzu dienenden Vorrichtungen bedingen meist eine größere Komplikation. Man wird in vielen Fällen suchen, ohne sie auszukommen, denn es sind außerdem Vorrichtungen nötig, um beim Anlauf die Klemmenspannung am Motor auf den passenden Wert herunterzusetzen. Beim Anlauf hat ja die Klemmenspannung außer dem Spannungsabfall in den Wicklungen nur die wattlose EMK zu überwinden, beim Lauf tritt die Wattspannung hinzu, die viel größer sein soll als die erste.

Wir unterscheiden daher:

1. Anlauf mit Spannungsregulierung allein,
2. Anlauf mit Feldregulierung.

27. Anlassen mit Spannungsregulierung.

Die Klemmenspannung des Motors wird mittels eines Anlaßwiderstandes oder einer Drosselspule oder eines Anlaßtransformators herabgesetzt und nach erfolgtem Anlauf stufenweise erhöht.

Hierbei bleibt also im Gegensatz zu der erwähnten Feldregulierung das Verhältnis der Rotoramperewindungen zu den magnetisierenden AW stets dasselbe, und ein bestimmtes Drehmoment wird beim Anlauf oder bei irgendeiner Geschwindigkeit stets mit demselben Strom und demselben Kraftfluß entwickelt, sofern nicht bei Stillstand die etwas größere Rückwirkung der Kurzschlußströme einen etwas größeren Strom bedingt.

Wird bei belastetem Anlauf ein größeres als das normale Drehmoment verlangt, so kann man bei größeren Maschinen, wie erwähnt, meist den Kraftfluß
nicht im gleichen Maße steigen
lassen wie den Strom, und hat
daher durch passende Sättigung
dafür zu sorgen, daß der Kraftfluß nicht mehr wesentlich
wächst, wenn der Strom steigt.
Fig. 60 zeigt z. B. Kraftfluß
und Drehmoment als Funktion
des Stromes. Ist J_1 der normale Strom, Φ_1 der entsprechende Kraftfluß und ϑ_1
das Drehmoment, so wird bei
Verdoppelung des Drehmomen-

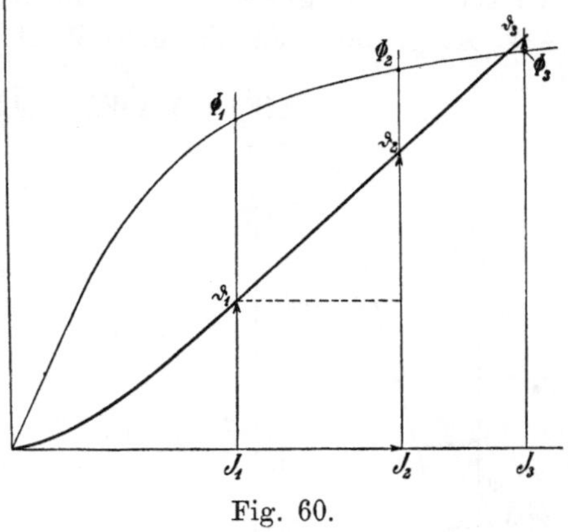

Fig. 60.

tes (ϑ_2) der Strom J_2 fast doppelt so groß sein wie zuvor, während der Kraftfluß Φ_2 nur um weniges größer ist als Φ_1.

Wie auf S. 42 gezeigt ist, erhält man bei einem bestimmten
Kraftfluß ein bestimmtes Drehmoment mit dem kleinsten Rotorstrom
bei einem solchen Bürstenwinkel ϱ, bei dem die Welle der Rotor-
MMK räumlich senkrecht auf der Welle der resultierenden MMK
steht. Mit dieser Stellung werden wir also hier zu rechnen haben.
Es soll also

$$\cos\varrho = -u$$

sein und

$$\operatorname{tg}\varrho = -\frac{AW_r}{AW_2}.$$

Wir können uns die Stator-MMK AW_1 also in zwei zueinander
senkrechte Komponenten zerlegt denken. Die Komponente

$$AW_1 \cos\varrho = -AW_2$$

ist entgegengesetzt gleich den Rotor-AW und hebt die Selbstinduktion des Rotors auf, wir nennen sie die kompensierenden
AW des Stators, $AW_1 \sin\varrho$ sind die magnetisierenden AW des Stators.
Analog sind $w_1 \cos\varrho$ die kompensierenden Windungen des Stators,
$w_1 \sin\varrho$ die magnetisierenden Windungen.

Die im Rotor und in den kompensierenden Windungen des
Stators induzierten EMKe sind bei Stillstand gleichgroß und entgegengesetzt gerichtet, sie heben sich also in bezug auf das Netz
auf und es bleibt nur die in den magnetisierenden Windungen
induzierte EMK. Die zu ihrer Überwindung zugeführte Spannung
nennen wir die Magnetisierungsspannung, sie ist

$$E_m = \pi\sqrt{2}\,c\,w_1 f_1 \Phi \sin\varrho\,10^{-8}$$

Sie eilt gegen J um $\psi_a = \left(\dfrac{\pi}{2} - \alpha\right)$ vor, wobei α der Verzögerungswinkel von Φ gegen J ist und nach Kap. II mittels der Erreger-
AW AW_m und den Verlust-AW AW_v bestimmt wird. Es ist dann

$$AW_r = \sqrt{AW_m^2 + AW_v^2} = AW_1 \sin \varrho.$$

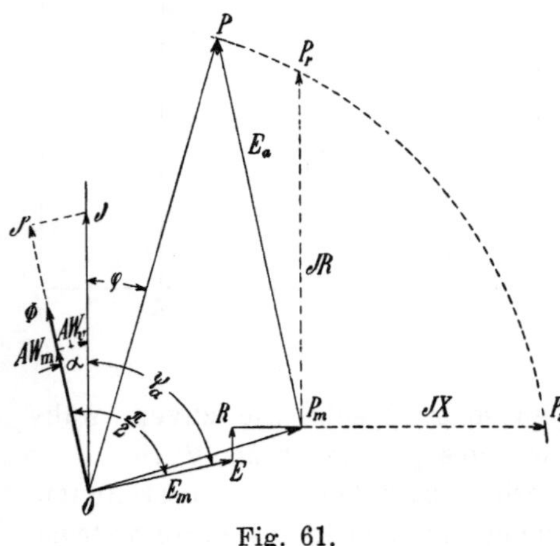

Fig. 61.

In Fig. 61 ist $\overline{OJ} = J$, $\overline{OE} = E_m$, $\overline{ER} = J(r_1 + r_2)$, $\overline{RP_m} = J(x_1 + x_2)$, $\overline{OP_m}$ die Motorspannung bei Anlauf.

Beim Lauf ist $\overline{OP} = P$ die Motorspannung bei demselben Kraftfluß und Drehmoment. Wir erhalten sie, wenn wir zu $\overline{OP_m}$ die bei der Drehung auftretende GEMK $\overline{P_m P} = E_a$ addieren, die in Phase mit Φ ist. E_a ist die Summe der in den kompensierenden Statorwindungen und dem Rotor induzierten EMKe. Es ist

$$E_a = \pi \sqrt{2}\, c\, \Phi\, (w_1 f_1 \cos \varrho + s w_2 f_2)$$

oder, da $w_1 f_1 \cos \varrho = - w_2 f_2$ ist,

$$E_a = \pi \sqrt{2}\, c \Phi w_1 f_1 \cos \varrho\, (1 - s) = \pi \sqrt{2}\, c_r \Phi w_1 f_1 \cos \varrho.$$

Da beim Lauf α fast Null ist, liegt J in $\overline{OJ'}$, und der Spannungsabfall ist nur unwesentlich kleiner als $\overline{EP_m}$.

Um die Netzspannung $P = \overline{OP}$ auf den Wert der Anlaufspannung $\overline{OP_m}$ herunterzusetzen, kann ein Anlaßwiderstand oder
eine Drosselspule oder ein Transformator verwendet werden.

a) Verwendung eines Anlaßwiderstandes.

Die durch den Widerstand R abzudrosselnde Spannung ist
$\overline{P_m P_r}$ in Phase mit J, wobei $\overline{OP_r} = \overline{OP} = P$ ist. Sie ist fast
ebenso groß wie E_a.

Die in dem Widerstand in Wärme umgesetzte Leistung ist
also gerade so groß wie die beim Lauf bei demselben Drehmoment
in mechanische Leistung umgesetzte Energie, genau wie bei einem
Gleichstrommotor. Die Verwendung eines Anlaßwiderstandes ist
also nicht ökonomisch, man wird ihn nur bei kleinen Motoren und

bei seltenem Anlassen gebrauchen, wenn die Widerstände sich genügend abkühlen können.

Abstufung der Anlaßwiderstände.

Man kann ebenso wie bei Gleichstrommotoren den Strom zwischen zwei Grenzen J_1 und J_2 schwanken lassen, um ein mittleres konstantes Beschleunigungsmoment zu erhalten. Die hierzu erforderliche Abstufung des Anlaßwiderstandes gestaltet sich ganz analog wie bei Gleichstrommotoren, wenn wir zunächst von der Rückwirkung der Kurzschlußströme absehen. Dann fallen in Fig. 61 P_r und P zusammen, und zu jedem Strom J gehört eine ganz konstante Wattspannung $P\cos\varphi$, gleichviel ob sie in Widerständen allein oder zum Teil zur Überwindung der GEMK des Motors beim Lauf verbraucht wird.

Setzt man den Gesamtwiderstand gleich R, so ist für einen bestimmten Strom J die GEMK der Drehung nur noch mit der Geschwindigkeit veränderlich

$$E_a = P\cos\varphi - JR = \text{konst. } n.$$

Es besteht also für jeden Strom J eine lineare Beziehung zwischen Widerstand und Geschwindigkeit, sie kann daher durch eine Gerade dargestellt werden. Zwei Punkte dieser Geraden sind bekannt, denn bei Stillstand ist der gesamte Widerstand $R_0 = \dfrac{P\cos\varphi}{J}$, und wenn der Widerstand gleich dem Motorwiderstand $(r_1 + r_2)$ ist, erhält man die Geschwindigkeit n aus der Motorcharakteristik, die nach Kap. II berechnet wird.

Entnimmt man nun der Magnetisierungskurve für die beiden Grenzströme J_1 und J_2 die Kraftflüsse Φ_1 und Φ_2, so erhält man zunächst E_{m1} und E_{m2}, ferner

$$P\sin\varphi_1 = E_{m1} + J_1(x_1 + x_2),$$
$$P\sin\varphi_2 = E_{m2} + J_2(x_1 + x_2),$$

und hieraus $P\cos\varphi_1$ und $P\cos\varphi_2$.

Trägt man nun (s. Fig. 62)

$$\overline{OA_1} = R_0 = \frac{P\cos\varphi_1}{J_1} \quad \text{auf,}$$
$$\overline{OA_2} = \frac{P\cos\varphi_2}{J_2},$$
$$\overline{OA} = r_1 + r_2,$$

$\overline{AG} = n_1$ und $\overline{AH} = n_2$, die den Strömen J_1 und J_2 entsprechenden Geschwindigkeiten aus der Motorcharakteristik (rechts in Fig. 62), so sind $\overline{A_2H}$ und $\overline{A_1G}$ die Geraden, die die Beziehung zwischen Widerstand und Geschwindigkeit für die beiden Ströme darstellen. R_0 ist der gesamte Widerstand beim Anlauf, bei dem der Motor mit dem Strom J_1 anläuft; wenn er auf die Geschwindigkeit $\overline{A_1B}$

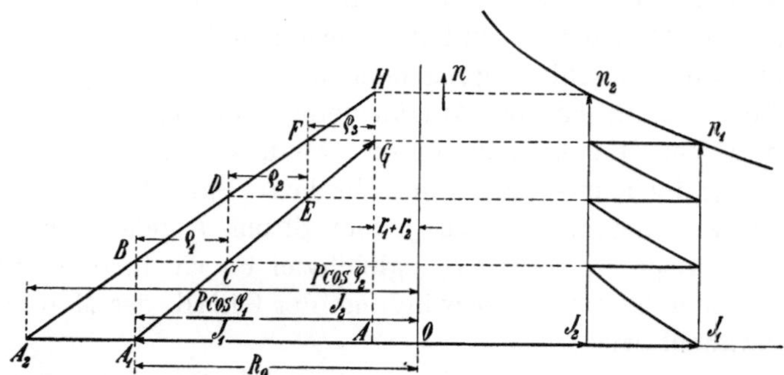

Fig 62. Abstufung der Anlaßwiderstände.

gekommen ist, ist der Strom auf J_2 gesunken. Damit bei dieser Geschwindigkeit der Strom wieder auf den Wert J_1 steigt, ist ein Widerstand $\overline{BC}$ abzuschalten. Man erhält also die einzelnen Widerstandsstufen

$$\varrho_1 = \overline{BC},$$
$$\varrho_2 = \overline{DE},$$
$$\varrho_3 = \overline{FG}.$$

Bei Berücksichtigung der Kurzschlußströme wird man finden, daß die so ermittelten Widerstandsstufen bei kleiner Geschwindigkeit, also besonders bei Stillstand, einen etwas zu kleinen Strom ergeben. Es genügt aber, sofern man dies berücksichtigen will, die erste Stufe etwas kleiner zu machen, als die Rechnung ergibt. Da der Motor auf der ersten Stufe meist eine ziemlich große Geschwindigkeitsänderung durchläuft, sind die Kurzschlußströme am Ende dieser Stufe schon zum großen Teil aufgehoben.

b) Verwendung einer Drosselspule.

Hierbei ist eine viel kleinere Spannung abzudrosseln als bei Verwendung eines Widerstandes, nämlich in Fig. 61 $JX = \overline{P_m P_x}$, worin X die Reaktanz der Drosselspule ist. Da in einer Drosselspule nur kleine Verluste auftreten, wird sie wesentlich kleiner und billiger als ein Anlaßwiderstand, und die Ökonomie des Anlaufs wird größer. Ein Nachteil ist aber, daß der ganze Anlaufstrom um fast 90^0 gegen die Klemmenspannung phasenverschoben ist und daher einen großen induktiven Spannungsabfall im Netz hervorruft und störend auf andere Stromempfänger wirkt.

Man kann durch Unterteilung der Windungszahl der Drosselspule ihre Reaktanz wieder so ändern, daß der Strom innerhalb gegebener Grenzen sich ändert. Es besteht aber hier keine lineare Beziehung zwischen der GEMK und der Reaktanz. Andererseits läßt sich durch Anwendung einer Drosselspule mit beweglichem Kern die Reaktanz allmählich verkleinern.

c) Verwendung eines Anlaßtransformators.

Diese Methode hat ebenso wie das Anlassen mit Drosselspule gegenüber einem Widerstand den Vorzug, daß beim Anlauf nur eine geringe Leistung vernichtet wird, hier außer den Verlusten im Motor nur jene im Transformator. Der Transformator wird aber größer als die Drosselspule, weil er den der vollen Spannung entsprechenden Kraftfluß aufnehmen muß.

Der wichtigste Vorteil der Anwendung des Transformators besteht aber darin, daß der Netzstrom wesentlich kleiner wird als der Motorstrom, und zwar im selben Verhältnis, in dem die Motorspannung gegenüber der Netzspannung herabgesetzt ist. Dadurch werden die großen Stromstöße im Netz und die dadurch hervorgerufenen Spannungsschwankungen vermieden. Diese Methode ist daher bei großem Anzugsmoment und häufigem Anlassen am vorteilhaftesten.

Ist J der Motorstrom, P_m die Motorspannung, so ist der Netzstrom, abgesehen vom Magnetisierungsstrom des Transformators,

$$J\frac{P_m}{P},$$

also um so kleiner, je kleiner JP_m, d. h. die scheinbare Leistung ist, die dem Motor zugeführt wird, oder je kleiner für einen bestimmten Anlaufstrom die Motorspannung ist. Diese setzt sich zusammen aus dem Spannungsabfall Jz und der Magnetisierungsspannung E_m, die dem Kraftfluß und der Zahl der magnetisierenden Windungen proportional ist. Das Drehmoment andererseits ist proportional dem Kraftfluß und den Rotoramperewindungen. Die Größe der Motorspannung und des Netzstromes wird daher von dem Verhältnis der magnetisierenden Windungen zu den Rotorwindungen abhängen.

Nehmen wir an, daß in Fig. 61 Winkel α, der von den Kurzschlußströmen abhängt, bei Stillstand gegeben sei. Die Teilspannungen $\overline{OE} = E_m$ und $\overline{EP_m} = Jz$ bilden also einen konstanten Winkel. Die erste ist dem Kraftfluß, die zweite dem Strom proportional. Bei gegebener Summe P_m ist also ihr Produkt und damit das Drehmoment am größten, wenn sie gleich sind, oder umgekehrt, für ein bestimmtes Drehmoment ist die Motorspannung und damit der Netzstrom am kleinsten, wenn

$$E_m = Jz \quad . \quad . \quad . \quad . \quad . \quad . \quad (33)$$

ist. Es soll also die dem Kraftfluß entsprechende Magnetisierungsspannung gleich der dem Strom entsprechenden Impedanzspannung sein.

Diese Bedingung, die ein kleines Verhältnis der magnetisierenden Amperewindungen zu den Rotoramperewindungen voraussetzt, deckt sich mit jener, daß mit Rücksicht auf das Funken beim Anlauf der Kraftfluß Φ klein, die Rotoramperewindungen groß sein sollen, und auch mit der Bedingung, daß mit Rücksicht auf den Leistungsfaktor beim Lauf die wattlose Komponente der Spannung klein sein soll.

Motoren, die häufig und mit großem Drehmoment anlaufen, wird man daher mit einem Transformator anlassen und, um einen kleinen Anlaufstrom zu erhalten, die Streureaktanzen möglichst klein machen und das Verhältnis zwischen Kraftfluß und Amperewindungen so wählen, daß die Bedingung Gl. 33 erfüllt wird.

Abstufung des Anlaßtransformators.

Eine kontinuierliche Spannungsänderung zur Erzielung eines konstanten Beschleunigungsmomentes würde sich durch einen Induktionsregulator ermöglichen lassen. Er wird aber meist zu teuer und man begnügt sich daher häufig mit einem Transformator (am besten ein Autotransformator) mit abschaltbaren Stufen. Die Stufen wird man wieder so wählen, daß der Strom innerhalb gegebener Grenzen schwankt.

Die erforderliche Abstufung läßt sich am einfachsten aus dem Arbeitsdiagramm ableiten, das zwar die Sättigungsänderungen und die Kurzschlußströme nicht berücksichtigt, aber für den Zweck genau genug sein dürfte. Mit diesen Vernachlässigungen ist der Durchmesser des Arbeitskreises der Spannung proportional und die Lage eines Stromvektors gegenüber dem Spannungsvektor bei jeder Geschwindigkeit unabhängig von der Größe der Spannung und des Stromes.

Seien in Fig. 63 $\overline{OA} = J_{max}$ und $\overline{OB} = J_{min}$ die beiden Ströme in dem Kreis K für normale Spannung. $\overline{OP_k}$ ist der Kurzschlußstrom J_k bei voller Spannung.

Soll auf der ersten Stufe der Anlaufstrom $\overline{OP}_{k0} = J_{max}$ sein, so ist die Spannung auf der ersten Stufe

$$\frac{\overline{OP}_{k0}}{\overline{OP}_k}\,P = \frac{J_{max}}{J_k}\,P.$$

Bei dieser Spannung ist der Kreis K_0 mit dem Mittelpunkt M_0 der Arbeitskreis.

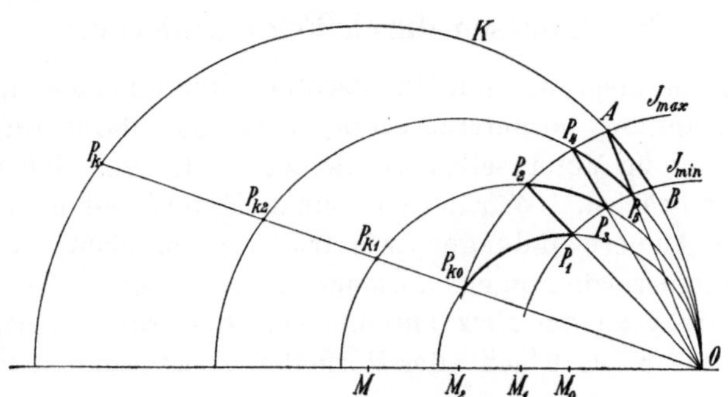

Fig. 63. Abstufung des Anlaßtransformators.

Läuft der Motor an, so ist bei Punkt P_1 der Strom auf J_{min} zurückgegangen, hier ist umzuschalten, und damit der Strom wieder auf J_{max} steigt, ist die Spannung im Verhältnis $\dfrac{\overline{OP}_2}{\overline{OP}_1} = \dfrac{J_{max}}{J_{min}}$ zu vergrößern. Wir erhalten also den Kreis K_1 mit dem Mittelpunkt M_1 usf. Bezeichnen P_0, P_1, $P_2 \ldots P_m$ die Spannungen auf den einzelnen Stufen, wobei P_m auf der $m$ten Stufe die normale Spannung P ist, so ist

$$P_0 = P\frac{J_{max}}{J_k},$$

$$P_1 = P_0\frac{J_{max}}{J_{min}} = \alpha\,P_0,$$

$$P_2 = \alpha\,P_1 = \alpha^2\,P_0,$$

$$\cdot \quad \cdot \quad \cdot \quad \cdot \quad \cdot \quad \cdot \quad \cdot \quad \cdot$$

$$P_m = \alpha\,P_{(m-1)} = \alpha^m\,P_0 = P,$$

$$\alpha^m = \frac{P}{P_0} = \frac{J_k}{J_{max}},$$

$$\alpha = \sqrt[m]{\frac{J_k}{J_{max}}} \quad \ldots \quad \ldots \quad \ldots \quad (34)$$

Wir können also nur zwei von den drei Größen m, J_{max} und J_{min} wählen. Nimmt man J_{max} und die Stufenzahl m an, dann ergibt sich α und J_{min}.

Bei dieser Abstufung erhält man allerdings auf der letzten
Stufe den vollen Stromstoß im Netz und den größten Anlaufstrom
bei voller Geschwindigkeit, er ist aber hier hauptsächlich ein Wattstrom. Ist dies mit Rücksicht auf das Netz oder auf die Kommutation nicht zulässig, so wird man so abstufen, daß das Beschleunigungsmoment mit steigender Geschwindigkeit abnimmt.

28. Anlassen durch Feldregulierung.

Um einen mehrphasigen Hauptschlußmotor anzulassen, ohne die
Klemmenspannung herunterzusetzen, muß man dafür sorgen, daß
die Spannung im Motor selbst vernichtet wird, ohne daß der Strom
zu stark anwächst. Würde man einen Motor, bei dem etwa die
erregenden Amperewindungen, wie früher besprochen, ca. $^1/_3$ bis $^1/_4$
der Rotoramperewindungen ausmachen und vom Stator geliefert
werden, direkt an das Netz anschließen, so würde der Anlaufstrom
etwa auf das 5 bis 6fache des Normalen steigen und starkes Feuer
eintreten.

Die Spannung muß also im wesentlichen als wattlose Spannung
vernichtet werden, was dadurch möglich ist, daß man die Zahl
der erregenden Windungen und damit die von einem bestimmten
Kraftfluß induzierte wattlose Magnetisierungsspannung vergrößert.

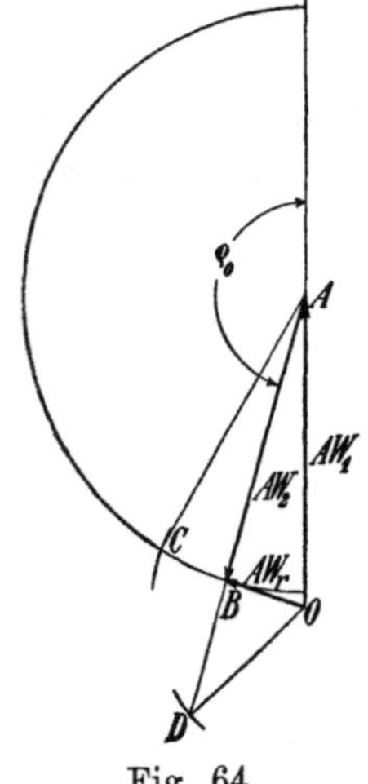

Fig. 64.

Allgemein haben wir die erregenden Amperewindungen

$$AW_r = \sqrt{AW_1{}^2 + AW_2{}^2 + 2\,AW_1\,AW_2\cos\varrho},$$

oder mit $AW_2 = u\,AW_1$

$$AW_r = AW_1\sqrt{1 + u^2 + 2\,u\cos\varrho}.$$

Als Mittel zur Veränderung der AW_r bietet
sich beim Motor mit zweiteiliger Statorwicklung
die Veränderung der Windungszahl der Erregerwicklung und beim Motor mit einfacher Statorwicklung die Bürstenverstellung. — Beim Motor
mit einfacher Statorwicklung kann man natürlich auch das Übersetzungsverhältnis u zwischen Stator- und Rotorwicklung mittels eines
Reihenschlußtransformators ändern; diese Methode gibt jedoch kein günstiges Resultat, wie
die Fig. 64 lehrt.

In Fig. 64 ist das AW-Dreieck OAB, wobei $\overline{OA} = AW_1$,
$\overline{AB} = AW_2$, $\overline{OB} = AW_r$ ist, für jenen Bürstenwinkel ϱ_0 dargestellt,
für den AW_2 und AW_r senkrecht aufeinander stehen, wie es normalen
Verhältnissen entspricht. Verändern wir nun bei konstanten AW_1

den Bürstenwinkel, so beschreibt Punkt B einen Kreis um A mit dem Radius $\overline{AB} = AW_2$. Lassen wir dagegen ϱ_0 konstant und ändern u, d. h. AW_2, so bewegt sich Punkt B auf der Geraden AB. Hieraus sehen wir, daß bei einer bestimmten Vergrößerung von AW_r etwa auf $\overline{OC} = \overline{OD}$ der Winkel zwischen AW_r und AW_2 ($\measuredangle ODA$) bei Veränderung von u viel schneller abnimmt als bei Veränderung von ϱ ($\measuredangle OCA$), so daß bei Verstellung der Bürsten mit bestimmten Werten des Stromes und Kraftflusses ein größeres Drehmoment erzielt wird.

a) Anlassen durch Umschaltung der Erregerwicklung.

Diese Methode wirkt ähnlich wie die Vorschaltung einer Drosselspule. Durch Erhöhung der Windungszahl der Erregerwicklung ändert sich im Diagramm Fig. 65 die Größe der Erregerspannung E_m. Ist der Motor beim normalen Strome gesättigt, so wird der Kraftfluß durch eine Erhöhung der Erregerwindungszahl nur wenig vergrößert, so daß die Erregerspannung nur etwas schneller als proportional der Windungszahl zunimmt. Damit der Anlaufstrom den normalen Strom nicht übersteigt, muß

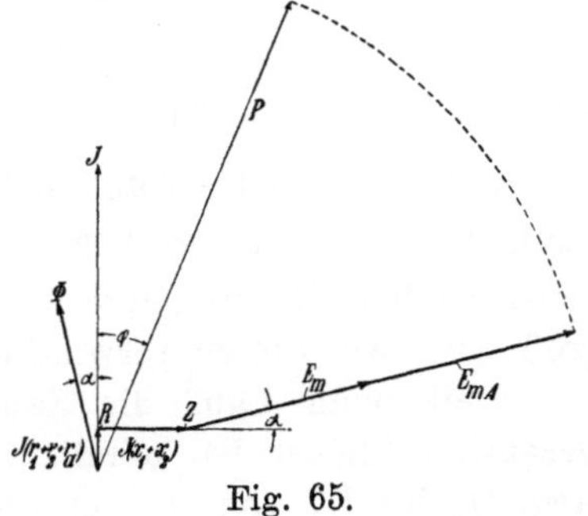

Fig. 65.

$$E_{mA} \simeq P - J(x_1 + x_2)$$

sein, und da beim Lauf $E_m \simeq \tfrac{1}{3} P$ ist, so ist die Windungszahl der Erregerwicklung beim Anlauf 2 bis 2,5 mal größer zu machen als beim Lauf. Dies läßt sich am einfachsten in der Weise durchführen, daß man die Erregerwicklung mit zwei Stromzweigen ausführt, die man beim Anlassen hintereinander und beim Lauf parallel schaltet. Wie bei der Vorschaltung der Drosselspulen, ist der Anlaufstrom auch hier um fast 90^0 gegen die Klemmenspannung phasenverschoben.

b) Anlassen durch Bürstenverstellung.

Aus dem EMK-Diagramm Fig. 66, das dem AW-Diagramm Fig. 64 entspricht, sehen wir, daß die wattlose Spannung bei Stillstand, die wir wieder mit E_m bezeichnen, bei einer beliebigen Bürstenstellung ϱ gleich ist

$$E_m = \sqrt{E_1{}^2 + E_2{}^2 + 2 E_1 E_2 \cos \varrho},$$

oder, da $E_2 = u\,E_1$ ist,

$$E_m = E_1 \sqrt{1 + u^2 + 2\,u\cos\varrho}\,.$$

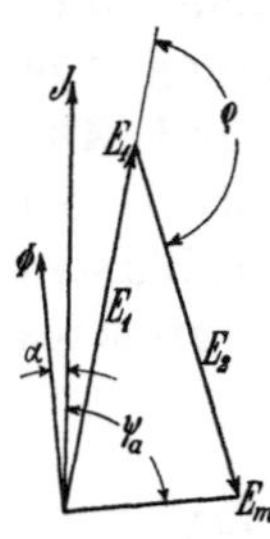

Fig. 66.

Sie ist, abgesehen vom Spannungsabfall in den Wicklungen, bei Stillstand gleich der Klemmenspannung.

Bei normaler Belastung, die etwa bei Synchronismus liegt, ist die Klemmenspannung, wieder abgesehen vom Spannungsabfall, gleich der Stator-EMK E_1.

Es muß also angenähert E_m beim Anlauf ebenso groß sein wie E_1 beim Lauf.

Bezeichnen wir nun alle Größen, die sich auf den Anlauf beziehen, mit dem Index A, jene für den Lauf ohne Index, so folgt, da die Kraftflüsse bei Anlauf und bei Lauf sich wie die Stator-EMKe verhalten,

$$\frac{\Phi_A}{\Phi} = \frac{E_{1A}}{E_1} \backsimeq \frac{E_{1A}}{E_{mA}} = \frac{1}{\sqrt{1 + u^2 + 2\,u\cos\varrho_A}} \quad . \quad . \quad (35)$$

Soll z. B. der Kraftfluß beim Anlauf nicht größer sein als beim Lauf, so muß ϱ_A so groß gemacht werden, daß die Zahl der magnetisierenden Windungen $w_1 \sqrt{1 + u^2 + 2\,u\cos\varrho_A}$ beim Anlauf ebenso groß wird wie die Statorwindungszahl w_1.

Weil beim Lauf die Zahl der magnetisierenden Windungen wesentlich kleiner ist, nämlich $w_1 \sin\varrho$ bei günstigster Stellung, und etwa $^1/_4$ bis $^1/_3$ von w_1 betragen sollen, würde also die Maschine bei gleichem Kraftfluß nur $^1/_4$ bis $^1/_3$ des Stromes aufnehmen und ein entsprechend kleines Anlaufdrehmoment erhalten werden. Wir sehen also, daß zur Erzielung eines größeren Drehmomentes beim Anlauf der Kraftfluß größer sein muß als beim Lauf. Da dies mit Rücksicht auf die Funkenbildung meist nur in geringem Maße zulässig ist, ist also wieder durch passende Sättigung dafür zu sorgen, daß bei einer geringen Steigerung des Feldes die erforderlichen Erreger-AW stark steigen, um die erforderliche Stromaufnahme zu erzielen. Ein anderes Mittel ist, daß wir von vornherein beim Lauf die magnetisierenden AW größer gegenüber den gesamten Stator-AW machen. Machen wir sie etwa $^2/_3$ statt $^1/_3$, so würde die Maschine beim Anlauf mit demselben Kraftfluß jetzt $^2/_3$ statt $^1/_3$ des normalen Stromes aufnehmen. Um aber in diesem Fall beim Lauf einen guten Leistungsfaktor zu erzielen, darf der Kraftfluß nicht vom Stator allein erregt werden, sondern z. T. vom Rotor. Weil hierbei aber die Ausnutzung der Maschine etwas geringer ist, darf man damit nicht zu weit gehen. Haben wir einmal $AW_r = \tfrac{1}{3}AW_1$ und werden diese vom Stator allein geliefert, d. h. $\sin\varrho = \tfrac{1}{3}$, das andere

Mal $AW_r = \frac{2}{3} AW_1$, so erhalten wir im zweiten Fall bei Synchronismus denselben Leistungsfaktor wie im ersten, wenn wir die Hälfte von AW_r vom Stator und die andere Hälfte vom Rotor decken. Hierfür gilt das AW-Diagramm Fig. 67, es muß dazu $u = 1$ und $\sin\left(\dfrac{\pi - \varrho}{2}\right) = \dfrac{1}{2}\dfrac{AW_r}{AW_1}$ sein. Im ersten Fall ist $u = -\cos\varrho$, also in unserem Beispiel $\quad u = \sqrt{1 - (\tfrac{1}{3})^2} = 0,942,$

im zweiten $\quad\quad\quad\quad u = 1.$

Es sind also die Rotoramperewindungen um $^1/_{0,942} = 1,06$ gestiegen, der Rotorverlust im Verhältnis

$$1 : (1 - \tfrac{1}{9}) = 9 : 8 = 1,125$$

oder um $12,5\,^0/_0$. Auf den Wirkungsgrad dürfte dies ungefähr $0,6\,^0/_0$ ausmachen. Durch diesen Kompromiß ist aber bei Anlauf für den gleichen Kraftfluß die Stromaufnahme und das Drehmoment verdoppelt worden.

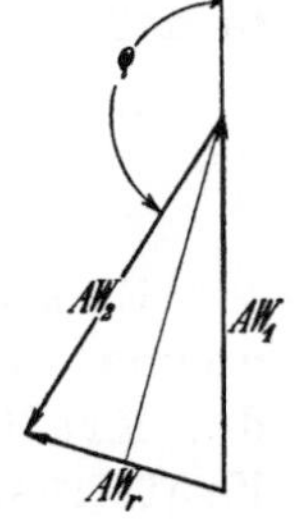

Fig. 67.

Setzen wir nun allgemein die den Kraftflüssen Φ_A und Φ entsprechenden AW, die wir der Magnetisierungskurve entnehmen, gleich AW_{mA} und AW_m, so verhalten sich die Ströme bei Anlauf und bei Lauf wie die Amperewindungen und umgekehrt wie die Zahl der magnetisierenden Windungen, also

$$\frac{J_A}{J} = \frac{AW_{mA}}{AW_m}\sqrt{\frac{1 + u^2 + 2u\cos\varrho}{1 + u^2 + 2u\cos\varrho_A}} \quad \cdot \cdot \cdot \quad (36)$$

Nun ist das Drehmoment für eine Phase in synchronen Watt

$$W_a = E_1 J \cos\psi_1.$$

Ohne Berücksichtigung der Kurzschlußströme ist

$$\cos\psi_1 = \frac{u\sin\varrho}{\sqrt{1 + u^2 + 2u\cos\varrho}},$$

also $\quad\quad\quad W_a = \dfrac{E_1 J u \sin\varrho}{\sqrt{1 + u^2 + 2u\cos\varrho}},$

wir erhalten also das Verhältnis der Drehmomente

$$\frac{W_{aA}}{W_a} = \frac{E_{1A} J_A \sin\varrho_A}{E_1 J \sin\varrho}\sqrt{\frac{1 + u^2 + 2u\cos\varrho}{1 + u^2 + 2u\cos\varrho_A}}.$$

Setzen wir hier zunächst $\dfrac{E_{1A}}{E_1} = \dfrac{\Phi_A}{\Phi}$ und $\dfrac{J_A}{J}$ entsprechend den Gl. 35 und 36 ein, so wird

$$\frac{W_{aA}}{W_a} = \frac{\Phi_A}{\Phi}\frac{AW_{mA}}{AW_m}\left(\frac{1 + u^2 + 2u\cos\varrho}{1 + u^2 + 2u\cos\varrho_A}\right)\frac{\sin\varrho_A}{\sin\varrho}.$$

Nach Gl. 35 ist ferner für den Anlauf

$$\frac{1}{1 + u^2 + 2u\cos\varrho_A} = \left(\frac{\Phi_A}{\Phi}\right)^2,$$

und beim Lauf

$$1 + u^2 + 2u\cos\varrho = \left(\frac{AW_m}{AW_1}\right)^2,$$

so daß wir erhalten

$$\frac{W_{aA}}{W_a} = \left(\frac{\Phi_A}{\Phi}\right)^3 \left(\frac{AW_{mA}}{AW_m}\right) \left(\frac{AW_m}{AW_1}\right)^2 \frac{\sin\varrho_A}{\sin\varrho} \quad . \quad . \quad (37)$$

Es steigt also das Verhältnis des Anlaufmomentes zum normalen Moment mit der dritten Potenz des Verhältnisses der Kraftflüsse, ferner mit dem Verhältnis der für diese Kraftflüsse erforderlichen Amperewindungen, mit dem Quadrat des Verhältnisses der magnetisierenden AW zu dem gesamten Stator-AW beim Lauf und dem Verhältnis der Sinusse der Bürstenwinkel.

Hierbei ist allerdings zu berücksichtigen, daß, wenn $\dfrac{AW_m}{AW_1}$ beim Lauf größer wird, auch $\sin\varrho$ größer werden muß, wenn man also das vorletzte Verhältnis in Gl. 35 groß macht, das letzte kleiner wird.

Folgende Überschlagsrechnung wird diesen Zusammenhang deutlich machen. Wir nehmen an, es sei eine Vergrößerung des Kraftflusses um $10^0/_0$ zulässig. Die Maschine sei aber so stark gesättigt, daß hierbei eine Vergrößerung der Amperewindungen um $60^0/_0$ erforderlich ist. Es ist also

$$\frac{\Phi_A}{\Phi} = 1,1, \quad \frac{AW_{mA}}{AW_m} = 1,6.$$

Zunächst betrachten wir eine Maschine, bei der normal $\dfrac{AW_m}{AW_1} = 0,3$ ist. Man kann hierbei noch den Kraftfluß vom Stator allein erregen, ohne bei Synchronismus einen Leistungsfaktor von weniger als 0,9 zu erhalten. Es ist dann

$$\sin\varrho = 0,3, \quad -\cos\varrho = \sqrt{1 - 0,09} = 0,954 = u.$$

Aus Gl. 35 folgt

$$\cos\varrho_A = \frac{\left(\dfrac{\Phi}{\Phi_A}\right)^2 - (1 + u^2)}{2u} = \frac{\left(\dfrac{1}{1,1}\right)^2 - (1 + 0,954^2)}{1,908}$$

$$= -0,568,$$

mithin $\qquad \sin \varrho_A = 0{,}822$

und $\qquad \dfrac{W_{aA}}{W_a} = (1{,}1)^3\, 1{,}6\,(0{,}3)^2\, \dfrac{0{,}822}{0{,}3} = 0{,}526$

Aus Gl. 35 wird

$$\frac{J_A}{J} = \frac{0{,}3}{0{,}909}\, 1{,}6 = 0{,}528.$$

Wir erhalten also bei etwa halbem normalen Strom auch nur etwa das halbe normale Drehmoment.

Betrachten wir nun zweitens eine Maschine, bei der normal $\dfrac{AW_m}{AW_1} = 0{,}6$ ist. Wir werden hier etwa je zur Hälfte vom Rotor und vom Stator erregen und $u = 1$, $\sin \dfrac{(\pi - \varrho)}{2} = \dfrac{1}{2}\dfrac{AW_r}{AW_1}$ machen, also

$$\cos \frac{\varrho}{2} = 0{,}3$$

$$\sin \varrho = 0{,}573.$$

Wir lassen wieder $\dfrac{\Phi_A}{\Phi} = 1{,}1$ und $\dfrac{AW_{mA}}{AW_m} = 1{,}6$ zu.

Dann wird für den Anlauf

$$\cos \varrho_A = \frac{\left(\dfrac{1}{1{,}1}\right)^2 - 2}{2}$$

$$= -0{,}587$$

$$\sin \varrho_A = 0{,}809$$

und $\qquad \dfrac{W_{aA}}{W_a} = (1{,}1)^3\, 1{,}6\,(0{,}6)^2\, \dfrac{0{,}809}{0{,}573} = 1{,}078,$

ferner $\qquad \dfrac{J_A}{J} = \dfrac{0{,}6}{0{,}909}\, 1{,}6 = 1{,}052.$

Wir erhalten somit bei Anlauf etwa den normalen Strom und das normale Drehmoment.

Es ist hieraus ersichtlich, daß die Maschinen für Anlauf durch Bürstenverstellung ganz anders zu entwerfen sind als für Spannungsregulierung. Um ein großes Anzugsmoment ohne große Kraftflußsteigerung zu erhalten, sind sie erstens stark zu sättigen, zweitens sollen die Erreger-AW im Verhältnis zu den gesamten AW groß sein, wobei man mit Rücksicht auf den Leistungsfaktor etwas von der besten Ausnutzung abweicht und eine wenigstens teilweise Kompensation durch den Rotor anwendet. Von einer vollständigen Kompensation wird man jedoch mit Rücksicht auf den Wirkungsgrad absehen, wie in Kap. II, S. 46 gezeigt ist.

Berechnung des Anlaufstromes und des Drehmomentes unter Berücksichtigung des Spannungsabfalles und der Kurzschlußströme.

Um nun bei einer gegebenen Maschine den Anlaufstrom und das Drehmoment als Funktion der Bürstenstellung genauer unter Berücksichtigung des Spannungsabfalles und der Kurzschlußströme zu berechnen, gehen wir punktweise mit Hilfe der Magnetisierungskurve folgendermaßen vor.

Zu jedem Kraftfluß, Fig. 68, gehört eine bestimmte Zahl magnetisierender Amperewindungen AW_m und bei Stillstand eine bestimmte Zahl Verlust-AW AW_v. Das Verhältnis der letzten zu den ersten ist gleich der Tangente des Phasenverschiebungswinkels zwischen Fluß und Strom, also in Fig. 68 z. B. des Winkels $COA = \alpha$ für $\Phi = \overline{AB}$, $AW_m = \overline{OA}$, $AW_v = \overline{AC}$. Die Spannung E_m wächst bei einem bestimmten Fluß Φ mit der Zahl der magnetisierenden Windungen $w_m = w_1 \sqrt{1 + u^2 + 2u \cos \varrho}$ und eilt gegen Φ um 90^0 vor. Der Strom J und ebenso seine Komponente $J \cos \alpha$, die in Phase mit Φ ist, sind dagegen bei gegebenem Kraftfluß umgekehrt proportional w_m. Daraus folgt, daß für jeden Wert von Φ das Produkt $E_m J \cos \alpha$ konstant bleibt. Da $J \cos \alpha$ gegen E_m um 90^0 nacheilt, tragen wir E_m und $J \cos \alpha$ in ein rechtwinkliges Koordinatensystem und erhalten eine Hyperbel I in Fig. 68.

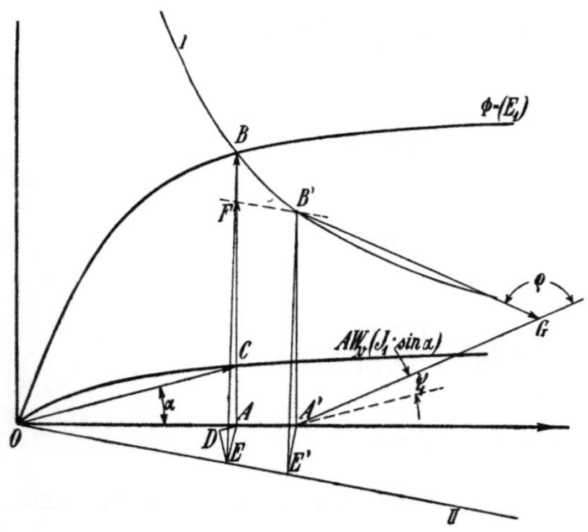

Fig. 68. Berechnung des Anlaufdrehmomentes mit Hilfe der Magnetisierungskurve.

Soll diese Hyperbel die Magnetisierungskurve gerade in dem Punkt schneiden, der den Fluß angibt, für den sie gilt, so haben wir den Maßstab der Magnetisierungskurve so zu ändern, daß die Ordinaten nicht die Kraftflüsse, sondern die von ihnen induzierten EMKe angeben, d. h. wenn die Windungszahl $w_m = w_1$ ist, stellen die Ordinaten die im Stator induzierte EMK E_1 dar. Die Abszissen geben dann nicht die AW_m, sondern die Ströme für die Windungszahl $w_m = w_1$ an. Wir bezeichnen diese Ströme zur Abkürzung mit J_1.

Um also bei dem Kraftfluß $\Phi = \overline{AB}$ im Stator die EMK $E_1 = \overline{AB}$ zu induzieren, wenn die magnetisierende Windungszahl w_1 ist, wäre der Strom $J_1 = \overline{OC}$ und seine Komponente (in Phase mit Φ) $J_1 \cos \alpha = \overline{OA}$.

Bei einer Windungszahl, die von w_1 abweicht, geben die Koordinaten der Hyperbel die Spannung E_m und den Strom $J \cos \alpha$ für denselben Kraftfluß. Nun ist die Klemmenspannung um den Spannungsabfall größer als E_m. Tragen wir in Fig. 68 $\overline{AD}$ in Richtung von J_1 gleich $J_1 (r_1 + r_2)$ und senkrecht dazu

$$\overline{DE} = J_1 (x_1 + x_2)$$

auf, so wäre $\overline{EB}$ die Klemmenspannung, wenn bei diesem Strom J_1 der angenommene Kraftfluß mit w_1 magnetisierenden Windungen erhalten werden soll. Ist die gegebene Klemmenspannung aber nicht gerade $\overline{EB}$, sondern etwa kleiner und gleich $\overline{EF}$, so werden E_m und w_m für denselben Kraftfluß kleiner, J größer. Der Endpunkt E von Jz bewegt sich bei veränderlichem Strom auf der Geraden II durch O, weil α konstant bleibt und Jz stets parallel $\overline{AE}$ bleibt. Ziehen wir also durch F eine Parallele zu der Geraden II, so schneidet sie die Hyperbel in dem Punkte B'. Es wird die Ordinate dieses Punktes $\overline{A'B'} = E_m$, die Abszisse $\overline{OA'} = J \cos \alpha$, $\overline{A'E'} = Jz$. Da $\overline{AB} = E_1$ für denselben Kraftfluß ist, wird

$$\overline{A'B'} = \overline{AB} \sqrt{1 + u^2 + 2u \cos \varrho},$$

und da u bekannt ist, kann der für diesen Kraftfluß erforderliche Bürstenwinkel berechnet werden.

Wir können ihn aber auch graphisch in dem Diagramm finden, da E_m aus E_1 und E_2 zusammengesetzt ist, die den Winkel $\pi - \varrho$ bilden. Schlagen wir mit $E_1 = \overline{AB}$ einen Kreis um A', ferner mit $E_2 = u\overline{AB}$ einen Kreis um B', so schneiden sie sich in G und $\sphericalangle A'GB'$ ist $\pi - \varrho$. Wir haben nun $\overline{A'G} = E_1$ in richtiger Phase gegen E_m. $\overline{OC}$ ist die richtige Phase des Stromes gegen E_m. Eine Parallele zu $\overline{OC}$ durch A' bildet also mit $\overline{A'G}$ den Winkel ψ_1 zwischen E_1 und J, und somit ist $E_1 J \cos \psi_1 = W_a$ gefunden, wobei das Drehmoment der kurzgeschlossenen Spulen mit berücksichtigt ist. Es wären nur noch die Eisenverluste im Stator von dieser Leistung zu subtrahieren.

Für jeden Kraftfluß hat man nun eine Hyperbel I und eine Gerade II.

In Fig. 69 ist das auf diese Weise berechnete Drehmoment für eine Maschine mit $u = 1$ als Funktion des Bürstenwinkels aufgetragen, und zwar entspricht die

$$\text{Kurve 1} \quad \frac{W_{aA}}{W_a}, \qquad \text{Kurve 2} \quad \frac{J_A}{J} \qquad \text{und Kurve 3} \quad \frac{\Phi_A}{\Phi}.$$

Dadurch, daß die Maschine stark gesättigt ist, steigt der Kraftfluß im Maximum nur um $13\,^0/_0$ über den normalen, während das Drehmoment bis fast zum fünffachen steigt. Der Strom ist am größten für $\varrho = \pi$, weil hier $\varPhi_A = 0$ ist und ist etwa der sechsfache normale. Die Drehmomentkurve hat zwei Äste, nur der linke Teil ist brauchbar, wo das Drehmoment mit zunehmendem Strom steigt. Dementsprechend hat auch die $\varPhi$-Kurve einen steigenden und einen fallenden Ast. Jede Hyperbel wird nämlich im allgemeinen von der Parallelen zur Geraden II in Fig. 68 zweimal geschnitten bis zu jenem Kraftfluß, für den die Hyperbel die Gerade tangiert, dieser ist der größte mögliche Kraftfluß.

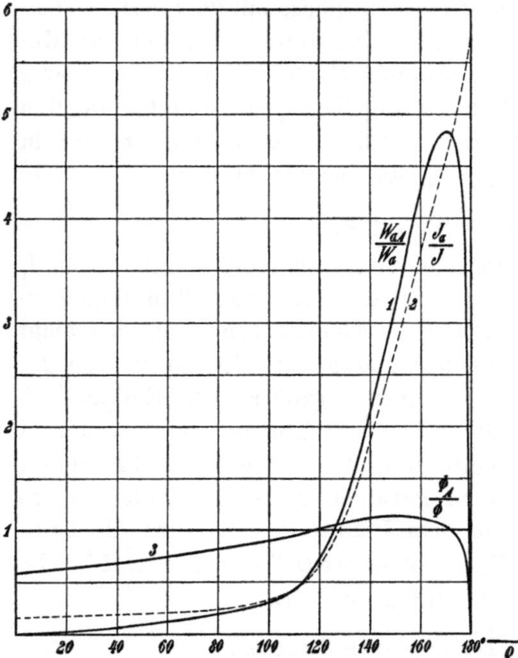

Fig. 69. Anlauf-Drehmoment, Anlaufstrom und Kraftfluß als Funktion des Bürstenverschiebungswinkels.

Aus dem Diagramm sehen wir deutlich, daß der Vorzug des Anlassens mit Bürstenverstellung darin besteht, daß mit sehr kleinem Stromstoß eingeschaltet werden kann und Strom und Drehmoment ganz allmählich bis auf die höchsten erforderlichen Werte gesteigert werden können, der Nachteil gegenüber der Spannungstransformierung ist, daß der Anlaufstrom für belasteten Anlauf größer ist.

Zur Umkehr der Drehrichtung genügt die Bürstenverschiebung beim mehrphasigen Hauptschlußmotor jedoch nicht, sondern es muß auch die Drehrichtung des Drehfeldes umgekehrt werden, weil wie auf S. 36 erläutert nur bei Verschiebung der Bürsten gegen die Drehrichtung des Drehfeldes ein brauchbarer Betrieb erhalten wird.

c) Anlassen mit Spannungsregulierung und gleichzeitiger Feldregulierung.

Bei großen Motoren kann es vorkommen, daß es mit Rücksicht auf die Kommutation nicht nur nicht möglich ist, den Kraftfluß zu vergrößern, sondern daß selbst der normale Kraftfluß schon bei

Stillstand eine unzulässige Funkenspannung gibt. Dann ist es nötig, die Anker-AW beim Anlauf zu vergrößern und gleichzeitig die Erreger-AW zu verkleinern, d. h. den Kraftfluß zu schwächen. Dies kann dadurch erreicht werden, daß man die beiden Teile der Stator-AW, die Kompensations-AW $AW_1 \cos \varrho = -AW_2$ und $AW_1 \sin \varrho$ trennt und durch zwei Wicklungen erzeugen läßt, die räumlich um 90^0 gegeneinander verschoben angeordnet sind (s. Seite 62).

Man hat dann eine Kompensationswicklung, die mit dem Rotor in Reihe geschaltet ist und ebenso viele Amperewindungen wie dieser hat, und eine Erregerwicklung, die mit den beiden ersten etwa durch einen Reihenschlußtransformator hintereinander geschaltet ist. Durch Änderung des Übersetzungsverhältnisses des Reihenschlußtransformators kann man den Kraftfluß für einen bestimmten Rotorstrom schwächen. Hierbei muß die Klemmenspannung beim Anlauf natürlich ebenso wie bei dem Anlauf ohne Feldregulierung herabgesetzt werden. Die Methode erfordert also zwei Transformatoren mit veränderlicher Übersetzung und eine geteilte Statorwicklung. Sie ist daher bei Mehrphasenmotoren nicht in Anwendung. Dagegen wird sie bei Einphasenmotoren mitunter mit Erfolg angewendet, wo eine Trennung der Erreger- und der kompensierenden Windungen ohnehin gegeben ist, und besonders bei den Maschinen, bei denen der Nachteil des schlechten Leistungsfaktors durch den beim Lauf vergrößerten Kraftfluß schon an und für sich aufgehoben ist.

29. Geschwindigkeitsregulierung der mehrphasigen Hauptschlußmotoren.

Für die Geschwindigkeitsregulierung der mehrphasigen Hauptschlußmotoren ergeben sich die gleichen Möglichkeiten wie für den Anlauf. Die wichtigsten sind, weil die ökonomischsten:

a) Spannungsregulierung mit Hilfe eines Transformators;
b) Regulierung durch Änderung der Erregerwicklung;
c) Regulierung durch Bürstenverschiebung.

a) Spannungsregulierung mittels Transformators.

Hierbei bleiben, wie gezeigt, Strom und Kraftfluß für eine bestimmte Zugkraft unabhängig von der Geschwindigkeit. Die charakteristischen Kurven ergeben sich nach Kap. II mit Hilfe des punktweisen graphischen Verfahrens oder angenähert aus dem Kreisdiagramm.

Fig. 70 zeigt die Arbeitskurven[1]), und zwar Umdrehungszahl n, Leistungsfaktor $\cos \varphi$, Wirkungsgrad η und Drehmoment ϑ als Funk-

---

[1]) Im E. T. J. der Techn. Hochschule Karlsruhe aufgenommen.

tion des Stromes für einen vierpoligen 3 PS-Motor der A. E.-G. für die
Spannungen $P = 110$ Volt (normal), 100 Volt, 80 Volt und 50 Volt.

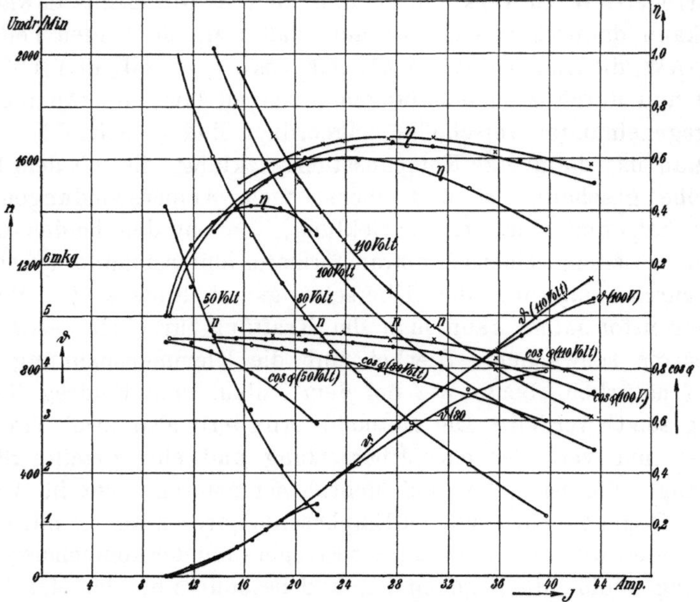

Fig. 70.   Arbeitskurven eines 3 PS-Dreiphasenmotors bei veränderlicher
Klemmenspannung.

Der Bürstenwinkel war bei allen Messungen konstant $\varrho = 160^{\,0}$, das
Verhältnis $u = 1{,}015$. Zur Spannungsregulierung wird am besten ein
Autotransformator verwendet. Ist die Netzspannung nur so groß, daß man den Motor für die höchste Geschwindigkeit direkt an das Netz schalten kann, so wird der Transformator dann ausgeschaltet. Um beim Abschalten einzelner Windungen den direkten Kurzschluß dieser Windungen oder eine Stromunterbrechung zu vermeiden, werden die abzuschaltenden Windungen während des Überganges von einer Stufe zur nächsten über einen induktiven Widerstand geschlossen, wie die Fig. 71

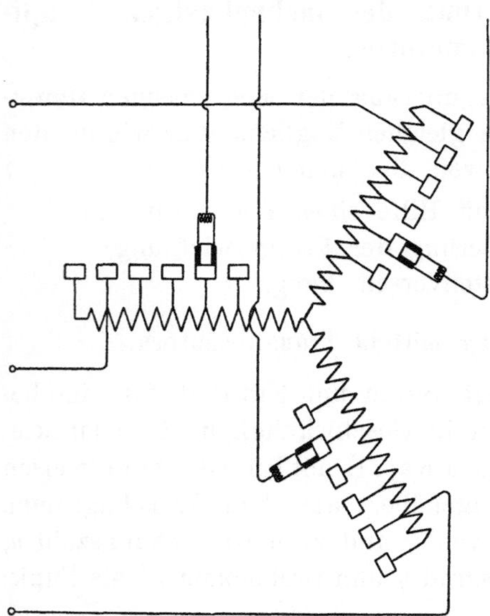

Fig. 71. Reguliertransformator.

zeigt, der für den Hauptstrom bifilar gewickelt sein muß. — Soll
eine zeitweise Erhöhung über die normale Geschwindigkeit möglich
sein, so legt man am besten nicht bei der höchsten Geschwindigkeit
den Motor an das Netz, wobei der Transformator abgeschaltet werden kann, sondern bei der normalen, d. h. bei der am häufigsten vor-
kommenden, und erhöht dann die Spannung für die vorüber-
gehende höhere Geschwindigkeit durch einige zusätzliche Windungen auf dem Transformator, wie Fig. 71 zeigt.

Da bei der Spannungsregulierung für eine bestimmte Zugkraft
Strom und Kraftfluß der Maschine, abgesehen von der Rückwirkung
der Kurzschlußströme, konstant bleiben, können wir uns leicht ein
Bild von der Veränderung der Verluste und des Wirkungsgrades
bei der Tourenregulierung machen.

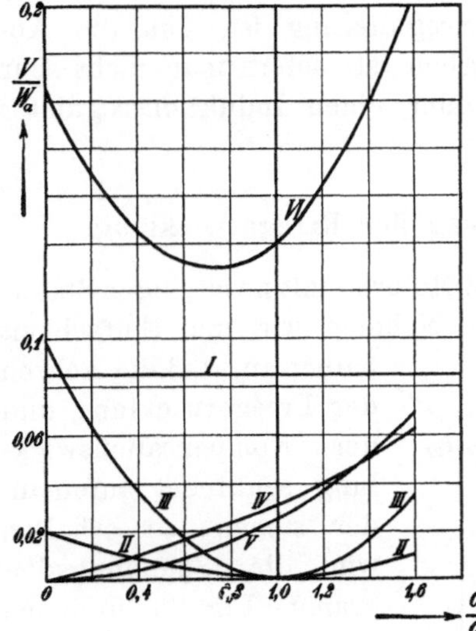

Fig. 72a. Abhängigkeit der Verluste
von der Geschwindigkeit.

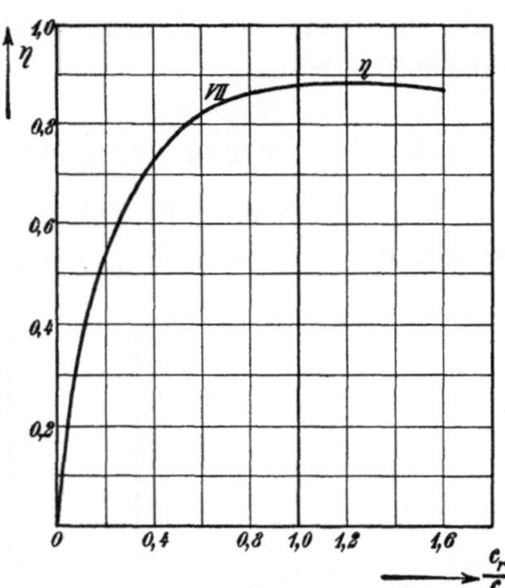

Fig. 72b. Abhängigkeit des Wirkungsgrades von der Geschwindigkeit.

Die Stromwärmeverluste im Stator und Rotor und die Eisenverluste im Stator bleiben konstant, sie sind für konstante Zugkraft als Funktion der Geschwindigkeit in Fig. 72a durch die Gerade I dargestellt. Die Rotoreisenverluste und die Verluste in den
kurzgeschlossenen Spulen nehmen von Stillstand bis Synchronismus
ab, oberhalb dieser Geschwindigkeit wieder zu. II stellt die Rotorverluste, III die Verluste in den kurzgeschlossenen Spulen dar.
Die Reibungsverluste wachsen zum Teil linear mit der Geschwindigkeit (Bürstenreibung), zum Teil mit der 1,5ten Potenz bzw. dem
Quadrat der Geschwindigkeit (Lager und Luftreibung). Sie sind

durch Kurve IV dargestellt. Die zusätzlichen Eisen- und Kommutationsverluste endlich wachsen etwa mit der 1,5 ten bis zweiten Potenz der Geschwindigkeit, s. Kurve V. Hierzu kämen die Verluste im Transformator, die nicht konstant sind, weil sekundär die Windungszahl verändert wird, und primär der Strom bei gleichem Drehmoment mit der Leistung wächst. Da es ganz von der Schaltung abhängt, wie sie verlaufen, z. B. bei einem Autotransformator wesentlich anders als bei einem Zweispulentransformator, soll von diesen hier abgesehen und der Wirkungsgrad des Motors allein betrachtet werden. Kurve VI zeigt die gesamten Verluste und VII (Fig. 72 b) den Wirkungsgrad. Die Verluste haben ein Minimum etwas unterhalb Synchronismus und steigen dann schnell wieder an; da aber die Leistung mit der Geschwindigkeit steigt, bleibt der Wirkungsgrad lange konstant.

Der mittlere Wirkungsgrad bei der Tourenregulierung ist also hoch. Ein Nachteil der Spannungsregulierung ist, daß die Abstufung nur in groben Stufen möglich ist, sofern man nicht sehr viele Kontakte am Transformator oder einen Induktionsregulator verwenden will.

b) Regulierung durch Änderung der Erregerwicklung.

Diese Methode läßt sich nur bei Motoren mit zweiteiliger Statorwicklung zur Anwendung bringen. Nehmen wir der Einfachheit halber an, daß die Achsen der Erregerwicklung und der Kompensationswicklung senkrecht aufeinander stehen, so erhalten wir die Spannungsdiagramme Fig. 73, in denen der Winkel α vernachlässigt worden ist. Bei konstanter Stromstärke bewegen die Endpunkte der Spannungsvektoren $\overline{OP}$ sich auf den vertikalen Geraden $\overline{E_1 P_{01}}$, $\overline{E_2 P_{02}}$.

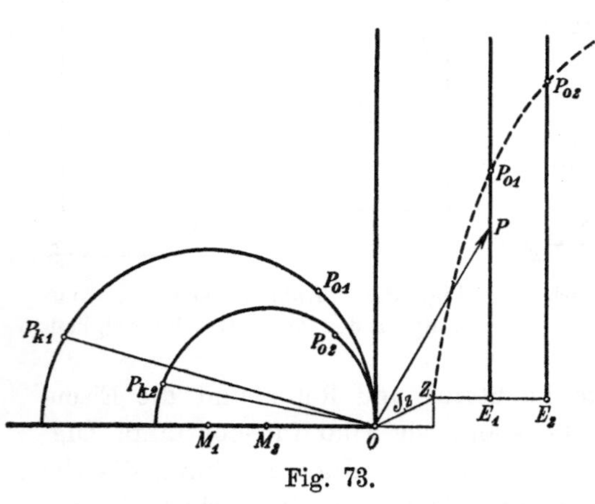

Fig. 73.

Als Stromdiagramme ergeben sich somit Kreise, deren Mittelpunkte alle auf der Abszissenachse liegen und die alle die Ordinatenachse im Ursprunge O tangieren.

Die Endpunkte der Spannungen $\overline{OP_{01}}$, $\overline{OP_{02}}$, ..., die der synchronen Umdrehungszahl entsprechen, liegen auf einer Kurve, und deren Abstände $\overline{P_0 E}$ von der Horizontalen bei ungesättigter Maschine sind proportional $\sqrt{\overline{ZE}}$. Denn $\overline{ZE}$ ist proportional $w_e\,\Phi$, und da Φ außerdem proportional w_e ist, so wird $\overline{ZE}$ proportional Φ^2. Bei gesättigter Maschine verläuft die Kurve P_{01}, P_{02}, ... noch flacher. Die zu P_{01}, P_{02} ... inversen Punkte sind an den Kreisen angegeben und wie ersichtlich wird der Leistungsfaktor des Motors bei Synchronismus um so höher, je kleiner die Erregerspannung E_m ist.

c) Regulierung durch Bürstenverschiebung.

Um diese Regulierung schnell angenähert zu übersehen, kann man zunächst das einfache Kreisdiagramm ohne Berücksichtigung der Sättigung und der Kurzschlußströme verwenden. Dieses kann nach Kap. II für jeden Bürstenwinkel sofort gezeichnet werden, wenn wir den Strom bei Stillstand und den Winkel kennen, den der Durchmesser mit der Abszissenachse bildet. Die Reaktanz bei Stillstand war

$$x_a(1 + u^2 + 2u\cos\varrho) + (x_1 + x_2).$$

Der Winkel des Durchmessers gegen die Abszissenachse ist

$$\operatorname{tg}\psi_2 = -\left(\frac{u + \cos\varrho}{\sin\varrho}\right).$$

Wir wollen zunächst die Veränderung der Reaktanz

$$x_a(1 + u^2 + 2u\cos\varrho)$$

mit dem Winkel ϱ graphisch darstellen und tragen sie (s. Fig. 74) in Richtung der positiven Abszissenachse an, weil wir doch durch eine spätere Inversion zum Stromdiagramm übergehen.

Es sei $\overline{O_1 A} = x_a$, $\overline{AB} = u^2 x_a$, $\overline{BC} = 2u x_a$.

Schlagen wir nun einen Kreis mit $\overline{BC}$ als Radius um B, so schneidet dieser $\overline{O_1 A}$ in D sehr nahe an O_1, denn es ist $\overline{O_1 D} = x_a(1 + u^2 - 2u) = x_a(1 - u)^2$ fast Null, wenn u nicht viel von 1 abweicht.

Tragen wir nun an $\overline{CB}$ einen beliebigen Winkel ϱ an, dessen freier Schenkel den Kreis in F schneidet, und fällen das Lot $\overline{FE}$ auf $\overline{O_1 C}$, so ist $\overline{BE} = 2u x_a \cos(\pi - \varrho)$ und $\overline{O_1 E} = x_a(1 + u^2 + 2u\cos\varrho)$ die gesuchte Reaktanz.

Machen wir ferner $\overline{AG} = \overline{AB} = u^2 x_a$, so wird

$$\overline{GE} = 2u^2 x_a + 2u x_a \cos\varrho,$$

und da $\overline{EF} = 2u x_a \sin\varrho$ ist, wird

$$\operatorname{tg} EFG = \frac{2u^2 x_a + 2u x_a \cos\varrho}{2u x_a \sin\varrho} = \operatorname{tg}(\pi - \psi_2),$$

$$\measuredangle EFG = \pi - \psi_2.$$

Verschieben wir nun den Koordinatenanfangspunkt von O_1 nach O um $(r_1 + r_2 + r_a)$ in Richtung der Ordinatenachse und um $(x_1 + x_2)$ in Richtung der Abszissenachse, so ist $\overline{OE}$ die Impedanz bei Stillstand. Bei Veränderung von ϱ bewegt sich ihr Endpunkt auf der Geraden $\overline{O_1C}$ parallel zur Abszissenachse. Der Ort der Ströme bei Stillstand ist also ein Kreis k, dessen Radius

$$\frac{P}{2\,(r_1 + r_2 + r_a)}$$

ist. P_k sei der zu E inverse Kurzschlußpunkt. Der Mittelpunkt M des Arbeitskreises liegt nun auf der Mittelsenkrechten auf $\overline{OP_k}$ und

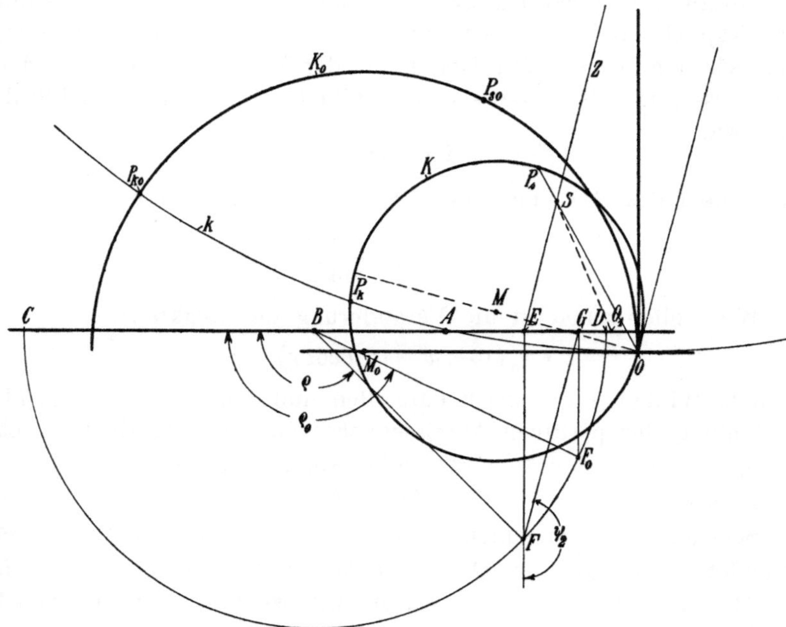

Fig. 74. Diagramm für die Bürstenverschiebung.

zweitens auf dem Lot von O auf $\overline{FG}$. Der Geschwindigkeitsmaßstab ist nach Kap. II das Spiegelbild der Impedanzgeraden, sie geht durch E und bildet mit der Ordinatenachse den Winkel ψ_2. Es ist also $\overline{EZ}$ parallel zu $\overline{FG}$. Den synchronen Punkt S finden wir auf $\overline{EZ}$, wenn wir $\sphericalangle ESO_1 = \pi - \varrho = \sphericalangle O_1BF$ machen, und damit erhält man den synchronen Punkt P_s auf dem Kreis.

Fällt der Endpunkt der Kurzschlußimpedanz auf $\overline{O_1C}$ nach G, so entspricht diesem Punkt der Bürstenwinkel $\varrho_0 = \sphericalangle CBF_0$, für den $\psi_2 = \pi$ ist, also für jene Bürstenstellung, bei der AW_2 und AW_r senkrecht aufeinanderstehen.

Der entsprechende Kreis ist K_0 mit dem Kurzschlußpunkt P_{k0} (invers zu G) und dem synchronen Punkt P_{s0}. Für diesen Kreis liegt der Mittelpunkt M_0 auf der Abszissenachse. Liegt der Endpunkt E des Impedanzvektors links von G, ist also $\cos \varrho > -u$, so liegt der Mittelpunkt des Kreises oberhalb der Abszissenachse; liegt E rechts von G, also $\cos \varrho < -u$, so ist der Kreismittelpunkt unterhalb der Abszissenachse. Dies ist nur möglich, wenn $u < 1$ ist.

Die kleinste Kurzschlußimpedanz ist $\overline{OD}$ für $\varrho = \pi$, die größte $\overline{OC}$ für $\varrho = 0$. In beiden Fällen magnetisieren Stator und Rotor in gleicher Achse, im ersten Fall in entgegengesetzter, im zweiten in gleicher Richtung.

Beide Male ergeben sich Kreise, deren Mittelpunkte auf die Ordinatenachse fallen, und deren sämtliche Punkte oberhalb der Abszissenachse liegen. Ist $u < 1$, so fällt das Arbeitsbereich von $s = 1$ bis $s = -\infty$ für den Kreis, dessen Kurzschlußimpedanz $\overline{OD}$ ist, vollständig auf die linke Seite der Ordinatenachse.

Die Drehmomente werden in jedem Arbeitskreis gemessen durch die Abstände der Kreispunkte von der Tangente in O, der Drehmomentlinie. Die Maßstäbe sind aber für die verschiedenen Kreise nicht gleich. Nach Gl. 15 Kap. II ist $W_a = J^2 x_a u \sin \varrho$, und ϱ ist für die verschiedenen Kreise verschieden. Nun ist J^2 gleich dem Abstand des Kreispunktes von der Drehmomentlinie mal dem Kreisdurchmesser. Multiplizieren wir also die Abstände von der Drehmomentlinie mit $D \sin \varrho$ ($D = $ Kreisdurchmesser), so können wir die Drehmomente der verschiedenen Kreise direkt vergleichen.

Aus der Figur ist ersichtlich, wie die Ströme bei Stillstand mit abnehmender Reaktanz, d. h. zunehmendem ϱ steigen, und bei $\varrho = \pi$ ihr Maximum haben. Hier ist das Drehmoment Null, es steigt dann schnell, um dann wieder langsam zu fallen. Wir können die Lage des Maximums für konstantes x_a wie folgt bestimmen.

Es ist bei Stillstand

$$W_a = J^2 x_a u \sin \varrho = \frac{P^2 x_a u \sin \varrho}{[x_a(1 + u^2 + 2u \cos \varrho) + (x_1 + x_2)]^2 + [\Sigma(r)]^2}.$$

$$\frac{dW_a}{d\varrho} = 0 \quad \text{gibt}$$

$$\{[x_a(1 + u^2 + 2u \cos \varrho) + (x_1 + x_2)]^2 + [\Sigma(r)]^2\} x_a u \cos \varrho$$

$$= -4 x_a^2 u^2 \sin^2 \varrho \, [x_a(1 + u^2 + 2u \cos \varrho) + (x_1 + x_2)].$$

Vernachlässigen wir (Σr), so wird

$$[x_a(1 + u^2 + 2u \cos \varrho) + (x_1 + x_2)] \cos \varrho = -4 x_a u \sin^2 \varrho$$

$$= -4 x_a u + 4 x_a u \cos^2 \varrho,$$

$$\cos^2 \varrho - \cos \varrho \, \frac{x_a(1+u^2)+(x_1+x_2)}{2\,x_a u} = 2,$$

$$\cos \varrho = \frac{x_a(1+u^2)+(x_1+x_2)}{4\,x_a u} \pm \sqrt{2 + \left[\frac{x_a(1+u^2)+(x_1+x_2)}{4\,x_a u}\right]^2}. \quad (38)$$

Dieser Winkel ϱ, für den das Anlaufmoment ein Maximum wird, ist stets sehr groß. Nehmen wir an, $x_1 + x_2 = 0{,}06\,x_a$, $u = 0{,}95$, so wird $\cos \varrho = -0{,}99$, $\varrho = 172^0$. Je größer ϱ bis zu dieser Grenze ist, um so größer ist auch die Stromaufnahme beim Lauf, um so höher die Geschwindigkeit bei einem bestimmten Drehmoment. Wie aus der Lage der Kreise K in Fig. 74

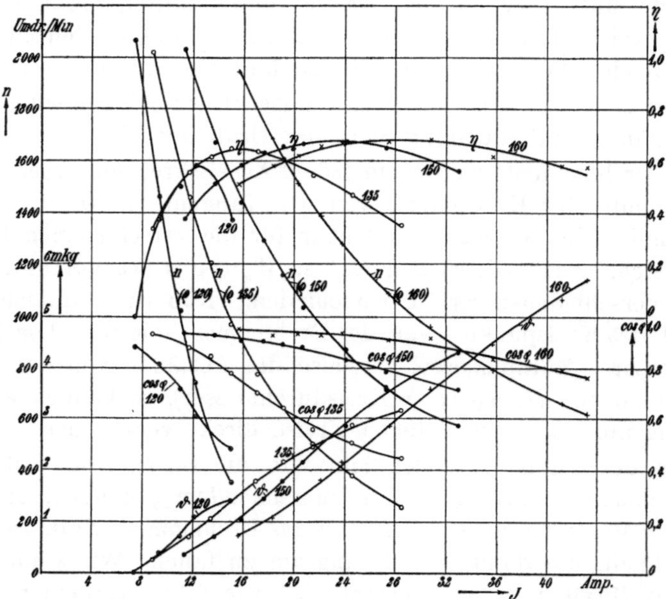

Fig. 75. Arbeitskurven eines Hauptschlußmotors bei Regulierung durch Bürstenverschiebung.

hervorgeht, ist bei kleinen Winkeln ϱ das Drehmoment bei Stillstand nicht das größte im motorischen Arbeitsgebiet, und zwar dann, wenn der Durchmesser des Kreises durch O den Kreis oberhalb P_k schneidet, also wenn $\pi - \psi_2 > \left(\dfrac{\pi}{2} - \varphi_k\right)$ ist. Dann steigt das Drehmoment nach dem Anlauf noch an, um dann wieder abzunehmen. Die Geschwindigkeitscharakteristik wird also immer steiler, je kleiner ϱ ist. Phasenkompensation ist stets möglich, wenn $\psi_2 < \pi$ ist, sie tritt aber erst bei sehr hoher Geschwindigkeit ein, so lange $u \leqq 1$ ist.

Zur genaueren Untersuchung der Regulierungskurven muß man sich stets der Magnetisierungskurve bedienen. In Fig. 75 sind die experimentell aufgenommenen Werte von Drehmoment, Tourenzahl, Leistungsfaktor und Wirkungsgrad als Funktion des Stromes für denselben 3 PS-Motor aufgetragen, für den die Kurven der Fig. 70 gelten, und zwar bei den Bürstenwinkeln $\varrho = 160^0$, $\varrho = 150^0$, $\varrho = 135^0$ und $\varrho = 120^0$, wobei hier die Klemmenspannung konstant $P = 110$ Volt gehalten wurde.

30. Geschwindigkeitsbegrenzung von mehrphasigen Hauptschlußmotoren.

Bei Aufzügen, Kranen und dergleichen kommt es oft vor, daß Motoren, die mit großer Zugkraft anfahren sollen, beim Lauf nur eine geringe Last zu ziehen haben. Ein Hauptschlußmotor würde hierbei eine außerordentlich hohe Geschwindigkeit annehmen, und es kann erwünscht sein, ihn über eine bestimmte Grenze nicht hinauflaufen zu lassen. In Kap. II haben wir schon gesehen, daß die Leerlauftourenzahl durch den Magnetisierungsstrom des Hauptschlußtransformators begrenzt werden kann. Andererseits kann man den Hauptschlußmotor entweder durch Kurzschließen aller Bürsten in einen Induktionsmotor oder durch Zuführung einer konstanten Spannung an den Rotor in einen kompensierten Nebenschlußmotor verwandeln.

Damit beim Umschalten kein Stromstoß entsteht, muß am Stator und Rotor vor und nach der Umschaltung dieselbe Spannung bestehen. In dem Spannungsdiagramm (Fig. 76) ist $\overline{OA} = E_1$, $\overline{AB} = Jz_1$, $\overline{OB}$ die Spannung P_s am Stator. $\overline{BC} = E_{2s}$ eilt um ϱ gegen E_1 vor. Ferner ist $\overline{CD} = Jz_{2s}$, $\overline{BD} = P_r$ die Spannung am Rotor und $\overline{OD} = P$ die Netzspannung.

Führen wir nun mittels eines Transformators dem Rotor eine Spannung zu, die nach Größe und Phase gegenüber der Netzspannung gleich P_r ist, was bei mehr als einer Phase durch Kombination von mehreren Phasen stets möglich ist, so wird sich bei konstanter Belastung an

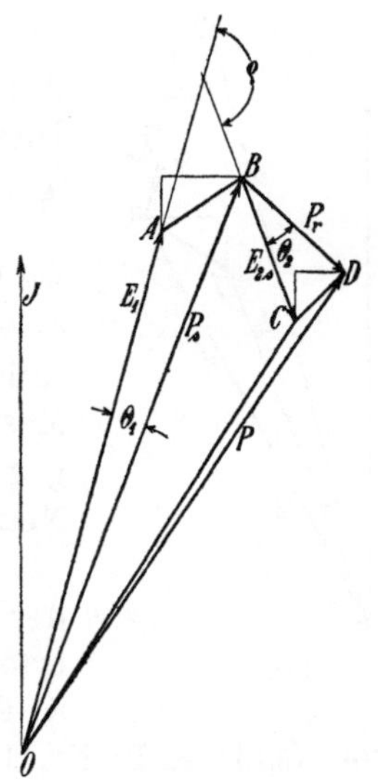

Fig. 76.

der Stromaufnahme nichts ändern, und der Transformator wird weder einen Strom vom Netz aufnehmen, noch an dasselbe zurückgeben. Ändert sich aber die Belastung, so bleibt die Spannung am Stator konstant, weil wir ihm nun die Differenz der Netzspannung und der Transformatorspannung zuführen, es wird sich also der Kraftfluß nicht wesentlich ändern können. Da wir ferner am Rotor eine konstante Spannung haben, kann sich auch die Schlüpfung nur wenig ändern. Der Motor ist also nach der Umschaltung ein Nebenschlußmotor geworden.

In Fig. 76 eilt P_s gegen E_1 um Θ_1 vor, P_r gegen E_{2s} um Θ_2 nach, und da E_{2s} gegen E_1 um ϱ voreilt, eilt P_r gegen P_s um $\varrho - (\Theta_1 + \Theta_2)$ vor, wobei Θ_1 und Θ_2 durch den Belastungszustand bei der Umschaltung gegeben sind.

Die Maschine kann nun so behandelt werden wie eine Nebenschlußmaschine, bei der die Bürsten in der Grundstellung stehen $(\varrho = 0)$ und die Rotorspannung gegen die Statorspannung um $(\Theta_1 + \Theta_2)$ nacheilt. Es ist also $P_r \cos (\Theta_1 + \Theta_2)$ die Gegenspannung, $P_r \sin (\Theta_1 + \Theta_2)$ die Kompensationsspannung. Diese ist positiv, die Maschine wird also bei Leerlauf vom Rotor erregt und in bezug auf P_s kompensiert. Da aber P_s gegen P nacheilt, bleibt sie stets in bezug auf die Netzspannung unkompensiert. Um keinen zu großen wattlosen Leerlaufstrom im Rotor zu erhalten, muß man also $(\Theta_1 + \Theta_2)$ klein machen.

Das Diagramm (Fig. 76) bezog sich auf Untersynchronismus. Bei Übersynchronismus ist x_{2s} negativ, hier eilt also (s. Fig. 77) wieder P_r gegen E_{2s} um Θ_2 nach, P_s gegen E_1 um Θ_1 vor, E_{2s} gegen E_1 um $\pi - \varrho$ nach, d. h. P_r gegen P_s um $(\pi - \varrho) + (\Theta_1 + \Theta_2)$ nach. Dies wirkt so, als ob bei der Grundstellung $(\varrho = 0)$ P_r gegen P_s um $(\pi + \Theta_1 + \Theta_2)$ nacheilt. $P_r \cos (\pi + \Theta_1 + \Theta_2) = - P_r \cos (\Theta_1 + \Theta_2)$ ist hier die Zusatzspannung, $P_r \sin (\pi + \Theta_1 + \Theta_2) = - P_r \sin (\Theta_1 + \Theta_2)$ ist eine negative Kompensationsspannung. In bezug auf P_s ist also die Maschine unterkompensiert, da aber P_s hier gegen P voreilt, kann sie in bezug auf die Netzspannung doch kompensiert sein.

Die Erzielung der richtigen Phase bei der Umschaltung ist ziemlich umständlich und erfordert komplizierte Schaltungen. Die Felten & Guilleaume Lahmeyer-Werke schlagen z. B. vor (s. D. R. P. Nr. 183418), die Spannungen zyklisch zu vertauschen.

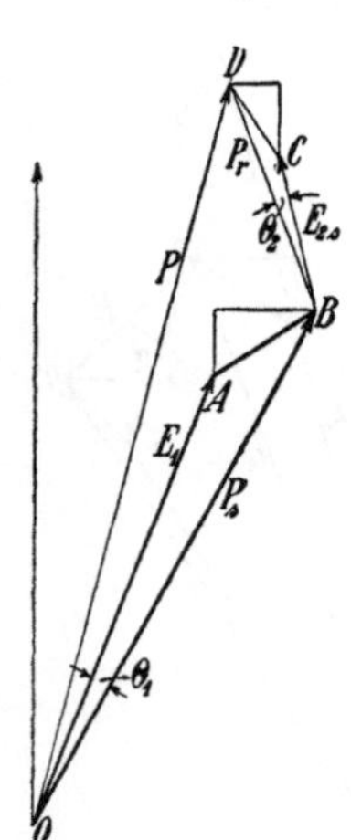

Fig. 77.

Am einfachsten ist es, wenn man es so einrichten kann, daß bei Synchronismus umgeschaltet wird, denn hier kommutiert die Maschine am besten, ferner braucht man nur eine mit der Netzspannung phasengleiche kleine Spannung an den Rotor zu legen, die man z. B. vom Stator abzweigen kann. Da die Bürsten verschoben sind, wirkt sie zum Teil als Zusatzspannung, so daß der Motor entlastet etwas über Synchronismus hinausläuft, und zum anderen Teil wirkt sie als Kompensationsspannung, so daß die Maschine als Nebenschlußmaschine kompensiert ist.

Fünftes Kapitel.

Anlassen und Tourenregulierung der mehrphasigen Nebenschlußmotoren.

31. Allgemeines über die Tourenregulierung des doppeltgespeisten Nebenschlußmotors. — 32. Regulierung der Tourenzahl mittels Regulieren der Rotorspannung. — 33. Regulierung der Tourenzahl mittels Bürstenverschiebung. — 34. Tourenregulierung des direkt gespeisten Nebenschlußmotors. — 35. Anlauf der mehrphasigen Nebenschlußmotoren.

31. Allgemeines über die Tourenregulierung des doppeltgespeisten Nebenschlußmotors.

Die mehrphasigen Nebenschlußmotoren verdanken ihre Bedeutung der Möglichkeit einer ökonomischen Geschwindigkeitsregulierung in weiten Grenzen; die zweite Möglichkeit, die sie bieten, die Phasenverschiebung zwischen Strom und Spannung zu kompensieren, rechtfertigt nur in den seltensten Fällen die Verwendung eines Kommutatormotors an Stelle des viel einfacheren Induktionsmotors.

Die Geschwindigkeitsregulierung der mehrphasigen doppeltgespeisten Nebenschlußmotoren ist entweder eine Spannungsregulierung oder eine Feldregulierung. Sie ist gleichzeitig von mehreren Erfindern in den Jahren 1901/02 angegeben worden, und zwar von Winter und Eichberg (Union El.-Gesellschaft, Wien), Roth (Société alsacienne de construction électriques, Belfort) und von Blondel (Sautter Harlé, Paris).

Die Leerlauftourenzahl des doppeltgespeisten Nebenschlußmotors ist, wie wir in Kap. III gesehen haben, bestimmt durch einen solchen Gleichgewichtszustand zwischen der vom Stator im Rotor induzierten EMK und der dem Rotor zugeführten Klemmenspannung, daß im Rotor kein Strom oder nur ein wattloser Strom erhalten wird.

Sind Stator- und Rotorspannung phasengleich, d. h. stehen bei Parallelschaltung die Bürsten in der Nullstellung, so ist bei Leerlauf die im Rotor induzierte EMK auch mit seiner Klemmenspannung phasengleich und bei Reduktion auf die primäre Windungszahl gleich

$$s_0\,E_1 = s_0\,\frac{P_1}{C_1},$$

worin s_0 die Leerlaufschlüpfung ist.

Sie ist also gleich der Rotorklemmenspannung $\pm P_2'$ (die ebenfalls auf die Statorwindungszahl reduziert ist), wenn

$$s_0 = \pm\,\frac{P_2'}{P_1}\,C_1 \quad \text{(Gl. 32, S. 103)}.$$

Hierin hatten wir die Gegenspannung im Rotor mit dem positiven Vorzeichen, die Zusatzspannung mit dem negativen bezeichnet, so daß das Vorzeichen der Spannung auch den Sinn der Schlüpfung angibt.

Das Verhältnis der Spannungen, das also die Leerlaufschlüpfung bestimmt, kann nun in verschiedener Weise eingestellt werden.

Erstens können wir die Statorklemmenspannung, d. h. den Hauptfluß Φ der Maschine konstant halten. Um nun die Leerlauftourenzahl einzustellen, kann die Rotorklemmenspannung P_2' mit Hilfe eines regulierbaren Transformators verändert werden. Wollte man dagegen die im Rotor induzierte EMK verändern, so müßte bei konstantem Fluß die Rotorwindungszahl verändert werden. Dies ist, wie wir später zeigen werden, bei bestimmten Bürstenanordnungen durch Bürstenverschiebung möglich.

Zweitens können wir auch die im Rotor induzierte EMK, d. h. den Hauptkraftfluß verändern und erhalten dann bei einer bestimmten Rotorklemmenspannung jeweils eine andere Leerlauftourenzahl.

Die Veränderung des Flusses kann geschehen durch Regulierung der Klemmenspannung am Stator, oder bei konstanter Statorspannung durch Veränderung der Statorwindungszahl, durch Ab- und Zuschalten von Windungen, endlich durch Vorschalten einer Drosselspule. (Die letzte Regulierung kommt in Gl. 32 dadurch zum Ausdruck, daß hierbei C_1 größer wird, sie ist aber nicht zweckmäßig, weil die Maschine hierbei stets einen schlechten Leistungsfaktor hat.)

Im wesentlichen können wir also unterscheiden: Regulierung bei konstantem und bei veränderlichem Hauptkraftfluß.

Diese beiden Regulierungsarten bedingen ein verschiedenes Verhalten der Maschine hinsichtlich der Funkenbildung, des Wirkungsgrades und der Überlastungsfähigkeit bei der Tourenregulierung.

Sehen wir zunächst von der um 90^0 gegen die Statorspannung phasenverschobenen Kompensationsspannung und deren Einfluß auf die Überlastungsfähigkeit ab, so wird bei konstantem Hauptfluß und konstanten Windungszahlen, d. h. bei reiner Zu- und Gegenschaltung der Rotorspannung die maximale Leistung proportional dem Quadrat der wirksamen Spannung sein, als die wir die Differenz $P_1 - (\pm P_2')$ der Stator- und Rotorspannung betrachten.

Nun ist, abgesehen von C_1, $\dfrac{P_1 - (\pm P_2')}{P_1} = 1 - s_0 = \dfrac{c_r}{c}$ das Verhältnis der Leerlaufgeschwindigkeit zur synchronen, und da die maximale Leistung proportional $[P_1 - (\pm P_2')]^2$ ist, ist sie auch proportional $P_1^2 \left(\dfrac{c_r}{c}\right)^2$. Das maximale Drehmoment ist angenähert proportional der maximalen Leistung und umgekehrt proportional der Geschwindigkeit, bei der sie auftritt, also ist die Überlastungsfähigkeit proportional $P_1^2 \dfrac{c_r}{c}$.

Läßt man P_1 konstant und reguliert nur die Rotorspannung, so ist die Überlastungsfähigkeit der Geschwindigkeit, bei der die Maschine arbeitet, einfach proportional. Sie nimmt also bei untersynchronem Lauf ab, bei übersynchronem Lauf zu.

Dies rührt daher, daß wir bei konstanter Statorspannung auch das Drehfeld angenähert konstant halten, dagegen durch die Gegenspannung die Stromaufnahme im Rotor verkleinern, durch die Zusatzspannung die Stromaufnahme vergrößern.

Sind die Statorspannung und das Drehfeld konstant, so wächst die Transformator-EMK in den kurzgeschlossenen Spulen angenähert der Schlüpfung proportional.

Wir können die Überlastungsfähigkeit auch unabhängig von der Geschwindigkeit machen, wenn man auch die Statorspannung derart ändert, daß $P_1^2 \dfrac{c_r}{c} =$ konst. ist. Setzen wir hierbei die Statorspannung für $c_r = c$, d. h. für Synchronismus, gleich P_{1s}, so wird

$$P_1^2 = \frac{P_{1s}^2}{\dfrac{c_r}{c}} \qquad \text{oder} \qquad P_1 = P_{1s} \sqrt{\frac{c}{c_r}} = \frac{P_{1s}}{\sqrt{1 - s_0}}.$$

Um die Überlastungsfähigkeit konstant zu halten, müßte also die Statorspannung umgekehrt proportional der Quadratwurzel aus der Geschwindigkeit eingestellt werden, was ja bedeutet, daß das Drehfeld bei untersynchronem Lauf verstärkt und bei übersynchronem Lauf geschwächt wird. Die Rotorspannung ergibt sich dann

$$\pm P_2' = s_0 P_1 = P_{1s} \frac{s_0}{\sqrt{1 - s_0}}.$$

Die Transformator-EMK, die sich ja stets in derselben Weise verhält wie die ganze Rotorspannung, wird also auch nicht mehr linear mit der Schlüpfung zunehmen, sondern bei Untersynchronismus schneller und bei Übersynchronismus langsamer zunehmen als die Schlüpfung. Da nun bei kleiner Geschwindigkeit eine größere resultierende Funkenspannung zugelassen werden kann, ehe die Bürsten funken, als bei hoher, so sehen wir, daß die gleichzeitige Änderung der Statorspannung, bzw. des Kraftflusses neben der gleichmäßigen Überlastungsfähigkeit auch eine bessere Verteilung der Transformator-EMK auf das Reguliergebiet gestattet. Die Veränderung des Kraftflusses kann entweder durch Änderung der Statorklemmenspannung oder bei konstanter Klemmenspannung durch Ab- und Zuschalten von Statorwindungen geschehen. Bei der letzten Methode muß darauf geachtet werden, daß keine Oberfelder entstehen. In beiden Fällen bedingt sie eine kompliziertere Regulierungsvorrichtung, als wenn die Rotorspannung allein geändert wird.

Auf den Wirkungsgrad hat die Änderung des Kraftflusses ebenfalls einen Einfluß, denn bei schwächerem Kraftfluß muß bei gleichem Drehmoment der Strom entsprechend größer sein, und umgekehrt. Bei hoher Geschwindigkeit wachsen besonders die Kommutierungsverluste des Arbeitsstromes, und die Kommutierung eines größeren Stromes wird schwieriger. Aus diesem Grunde wäre es besser, bei Übersynchronismus die Statorspannung bzw. den Kraftfluß nicht zu vermindern. Es hängt daher ganz von den Anforderungen an die Regulierung ab, ob beide Spannungen oder nur die Rotorspannung verändert wird. Im allgemeinen wird man nur die Rotorspannung ändern und die geringere Überlastungsfähigkeit bei Untersynchronismus durch eine geeignete Kompensationsspannung etwas beeinflussen.

Neben der mit der Statorspannung gleichphasigen Spannung am Rotor müßte auch die um 90^0 dagegen phasenverschobene Kompensationsspannung entsprechend der Tourenzahl eingestellt werden.

Soll z. B. die Tourenzahl bei einem bestimmten Drehmoment ohne Veränderung der Statorspannung reguliert werden, so ergibt sich, wie in Kap. III gezeigt, der kleinste Rotorstrom, wenn der Winkel ψ_2 zwischen E_1 und J_2' gleich Null ist. Hierzu muß $P_2' \sin \varrho = J_2' x_2{'}_s$ werden. Die Kompensationsspannung müßte also, wenn nur die Rotorreaktanz in Frage kommt, bei Untersynchronismus positiv, bei Übersynchronismus negativ sein. Es kommt aber noch die Reaktanz des Transformators hinzu, der dem Rotor die Spannung zuführt, und da dessen Windungszahl und Reaktanz um so größer werden, je größer die Zusatz- bzw. Gegenspannung ist, d. h. je weiter die Geschwindigkeit sich von Synchronismus entfernt, kann die Kompensationsspannung oberhalb Synchronismus zwar kleiner, aber nicht negativ gemacht werden. Endlich ist die Größe des Leistungsfaktors zu berücksichtigen, der ja bei gegebenem Winkel ψ_2 zwischen E_1 und J_2' für ein bestimmtes Moment bei steigender Tourenzahl beständig zunehmen würde, wenn die Rückwirkung der Kurzschlußströme nicht in Betracht kommt. Diese verbessern aber den Leistungsfaktor bei kleiner Geschwindigkeit und verschlechtern ihn bei übersynchroner Geschwindigkeit, es ist daher mit Rücksicht auf den Leistungsfaktor nicht ratsam, die Kompensationsspannung oberhalb Synchronismus zu vermindern, wie es $\psi_2 = 0$ bedingen würde. Durch die verschiedenen Gesichtspunkte kommt man daher dazu, daß die Kompensationsspannung bei der Tourenregulierung fast gar nicht geändert zu werden braucht.

Wir wollen nun einige Anordnungen zur Tourenregulierung näher besprechen, und zwar beschränken wir uns auf

       1. die Regulierung der Rotorspannung,

       2. die Regulierung durch Bürstenverschiebung,

weil die Veränderung der Statorspannung bzw. Statorwindungszahl keiner besonderen Erläuterung bedarf.

32. Regulierung der Tourenzahl mittels Regulieren der Rotorspannung.

Die Regulierung der Rotorspannung soll derart geschehen, daß neben der Zusatz- bzw. Gegenspannung auch die zur Phasenkompensation erforderliche Kompensationsspannung erhalten wird. Man könnte diese durch eine Verschiebung des ganzen Bürstenkranzes, wie in Kap. III gezeigt, erhalten; es wäre dann $P_2' \cos \varrho$ die Zusatz- bzw. Gegenspannung und $P_2' \sin \varrho$ die Kompensationsspannung. Nun soll $P_2' \cos \varrho$ bei der Tourenregulierung in weiten Grenzen verändert werden, während, wie erwähnt, $P_2' \sin \varrho$ nur wenig geändert zu werden braucht. Ändert man also die Rotorspannung, so müßte auch gleichzeitig für jede Umdrehungszahl eine andere Bürstenstellung gewählt werden, um bei der Tourenregulierung einen guten Wirkungsgrad zu erhalten. Dies ist praktisch nicht einfach durchzuführen.

Andererseits sollen mit Rücksicht auf die Oberfelder die Bürsten möglichst in der Nullstellung stehen bleiben.

Es ist daher zweckmäßiger, durch Kombination mehrerer Phasen die Rotorspannung derart zu verändern, daß die Zusatz- bzw. Gegenspannung und die Kompensationsspannung unabhängig voneinander sind, derart, daß bei Änderung der ersten in weiten Grenzen die zweite nur wenig geändert wird oder konstant bleibt.

a) Verwendung von Transformatoren.

Eine Anordnung zur Kombination der Phasen eines Zweiphasentransformators ist z. B. von Winter und Eichberg in dem D. R. P. Nr. 180111 angegeben und in Fig. 78 dargestellt. T_I, T_{II} sind die primären Wicklungen von zwei Einphasentransformatoren, deren Sekundärwicklungen je zwei Teile I_a, I_b und II_a, II_b besitzen.

I_a liefert die mit der Statorspannung phasengleiche Regulierspannung für den Rotorstromkreis $B_I B_I'$ und II_b die um 90° dazu verschobene Kompensationsspannung, ebenso sind II_a und I_b kombiniert und an den zweiten Rotorstromkreis $B_{II} B_{II}'$ angeschlossen.

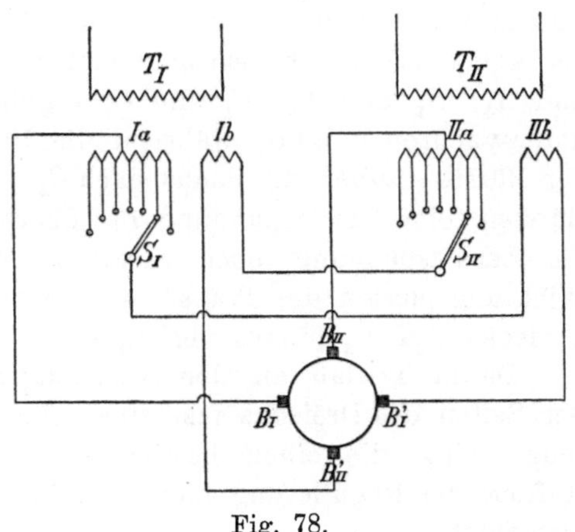

Fig. 78.

I_a und II_a besitzen abschaltbare Spulen zur Änderung der Zusatz- bzw. Gegenspannung, I_b und II_b sind konstant und könnten gegebenenfalls auch einige Stufen erhalten.

Die analoge Ausführung für einen Dreiphasenmotor läßt sich bei Verwendung von sechs Bürsten für das Polpaar ausführen. Bei Verwendung von drei Bürsten kann die kombinierte Schaltung nach Eichberg (D. R. P. Nr. 180112) Fig. 79 verwendet werden, bei der die Enden der drei Wicklungsphasen des Transformators (der hier als Autotransformator ausgeführt gedacht ist) nicht zu einem Sternpunkt verbunden sind, sondern an einem mittleren Punkt der nächsten Phase angeschlossen sind, so daß sich eine Sterndreieckschaltung ergibt. O ist hier der Spannungsmittelpunkt des Systems, und die drei Phasen der Statorspannung können wir uns dargestellt denken durch die Verbindungslinien $\overline{OA}_1$, $\overline{OB}_1$, $\overline{OC}_1$.

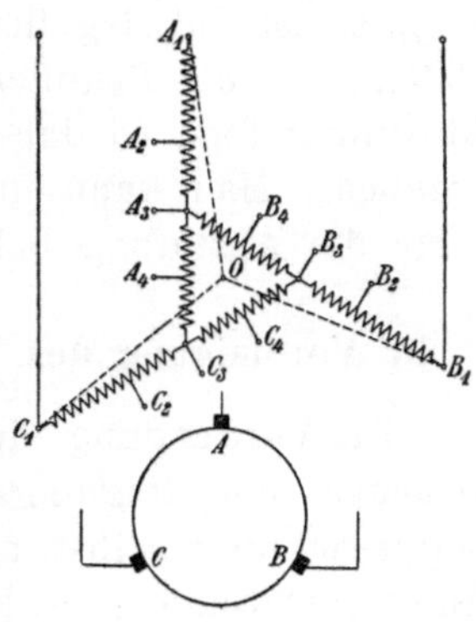

Fig. 79.

Sind nun die Rotorbürsten ABC an drei Abzweigpunkte, z. B. A_2, B_2, C_2, angeschlossen, so stellen die Verbindungslinien $\overline{OA}_2$,

$\overline{OB_2}$ und $\overline{OC_2}$, ebenso die Phasen der Rotorspannungen dar, die wir in Richtung der Statorspannung und senkrecht dazu zerlegen können. Die erste gibt die Regulierspannung, die zweite die Kompensationsspannung.

In der Stellung $A_4 B_4 C_4$ ergibt sich fast nur eine Kompensationsspannung, d. h. hier läuft der Motor leer bei Synchronismus als kompensierter Nebenschlußmotor. Die Kontakte zwischen A_1 und A_4, B_1 und B_4, C_1 und C_4 ergeben die Gegenspannung für untersynchronen Lauf; während die Vorschiebung des Anschlusses der Bürste A über A_4 hinaus nach C_3, und ebenso für die anderen Bürsten, eine Zusatzspannung für übersynchronen Lauf ergibt. Um die Zusatzspannung noch mehr zu vergrößern, kann man die Wicklungsphasen des Transformators auch über die Eckpunkte des Dreiecks $A_3 B_3 C_3$ hinaus verlängern.

Dadurch, daß an den Anschlußpunkten $A_4 B_4 C_4$ in der Mitte der Seiten des Dreiecks fast eine reine Kompensationsspannung erzeugt wird, die einen bestimmten Wert haben soll, ist die Abstufung der Regulierung hierdurch in gewissem Grade zwangläufig festgelegt.

Ist in Fig. 79 die Kompensationsspannung

$$\overline{OA_4} = \overline{OB_4} = \overline{OC_4} = P_c,$$

so ist die Gegenspannung bzw. Zusatzspannung auf der folgenden Stufe A_3, B_3, C_3

$$= \overline{OA_3} \cos (A_1 O A_3) \cong \overline{OA_3} = 2\,\overline{OA_4} = 2P_c.$$

Beträgt also die Kompensationsspannung bei Synchronismus etwa $5\,^0/_0$, so ist die Regulierspannung auf der ersten Stufe angenähert $10\,^0/_0$, und die Regulierstufen schreiten auch angenähert in dieser Abstufung fort, so daß sich Schlüpfungen von $\pm\,10\,^0/_0$, $20\,^0/_0$ usf. ergeben. Man kann nun durch Vergrößerung der Zahl der Kontakte die Abstufung beliebig verfeinern.

b) Vereinigung des Transformators mit der Statorwicklung.

Die Verwendung eines besonderen regulierbaren Transformators verteuert den Regulierapparat, und man kann statt dessen die Statorwicklung selbst als Transformator verwenden, entweder als Autotransformator, wobei ein Teil der Windungen des Stators sowohl als Statorhauptwicklung wie als Regulierwindungen verwendet wird und zu diesem Zweck eine Anzahl Anzapfungen erhält, oder indem neben die Statorwicklung eine besondere mit Anzapfungen versehene Regulierwicklung in die Statornuten gelegt wird.

Fig. 80 zeigt eine Anordnung, die von der A. E. G. ausgeführt wird, und bei der ein Teil der Statorwindungen als Regulierwindungen verwendet sind. Stehen die Bürsten in der Nullstellung, so wird hier nur die Regulierspannung, nicht die Kompensationsspannung erzeugt. Zur Phasenkompensation kann ein besonderer Erregertransformator etwa primär mit Stern- und sekundär mit Dreieckschaltung verwendet werden, oder es kann die Statorwicklung auch die kombinierte Schaltung erhalten, die in Fig. 79 für den Transformator dargestellt ist.

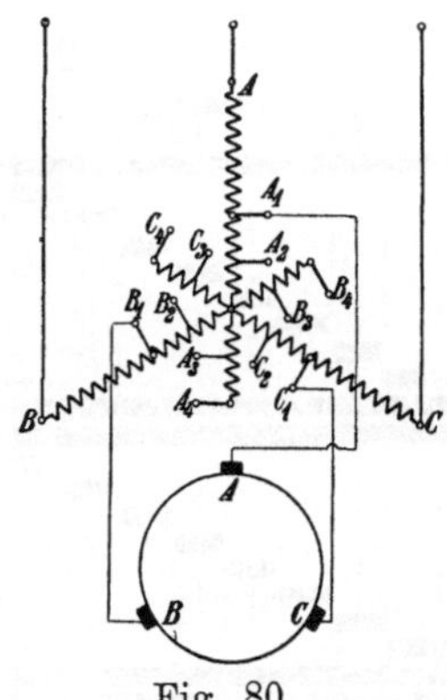

Fig. 80.

Wesentlich ist hierbei, daß beim Abschalten von Regulierwindungen die verbleibenden Windungen stets die gleiche Wicklungsachse behalten. Dies wird dadurch erreicht, daß die Regulierwindungen und die nicht regulierbaren Windungen zu entsprechenden Teilen in allen Statornuten liegen.

Die gemeinsamen, als Statorhaupt- und als Regulierwicklung dienenden Teile der Statorwicklung (z. B. $\overline{OA_1}$, $\overline{O_fB_1}$, $\overline{OC_1}$ in Fig. 80) sind von der Differenz des Stator- und des Rotorstromes durchflossen, in den gesonderten, jenseits des Sternpunktes liegenden Regulierwindungen ($\overline{OA_4}$, $\overline{OB_4}$, $\overline{OC_4}$), die für übersynchronen Lauf dienen, fließt der Rotorstrom allein. Da der Rotorstrom meist viel größer ist als der Statorstrom, weil der Rotor nur für eine kleine Spannung gebaut werden kann, sind die Querschnitte der Regulierwindungen stärker als der der übrigen Statorwindungen zu bemessen.

Bei Statorspannungen, die größer als etwa 200 Volt sind, ist bei 50 Perioden die Ausbildung der Statorwicklung als Autotransformator keine nennenswerte Ersparnis mehr, und man kann dann die Regulierwindungen ebensogut gesondert ausführen.

Als Beispiel hierfür zeigt Fig. 81 das vollständige Schaltungsschema eines Motors mit Kontroller der Allmänna Svenska Elektriska Aktiebolaget in Vesterås. S_1, S_2, S_3 sind die Statorhauptwindungen, die ans Netz angeschlossen sind, H_1, H_2, H_3 die Regulierwindungen, die in denselben Nuten wie die ersten liegen. Sie sind an den Kontroller angeschlossen und mittels eines dreipoligen Umschalters U wird der Sternpunkt der Regulierwicklung einmal an $A_1A_2A_3$, das andere Mal an $G_1G_2G_3$ gelegt, wodurch der Sinn der Wicklung umgekehrt wird und die Regulierwindungen sowohl für die Zusatzspannung wie für die Gegenspannung verwendet werden können. Zur Phasenkompensation dient der kleine Transformator T_r, dessen primäre Wicklung in Dreieck und dessen sekundäre Wicklung in Stern geschaltet ist.

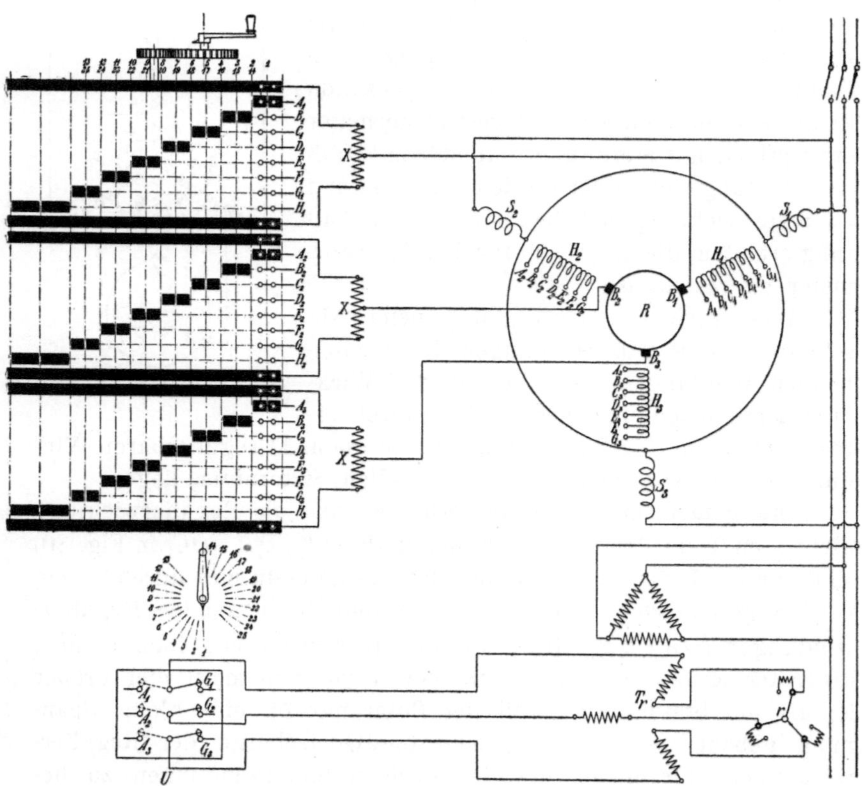

Fig. 81. Schaltung eines regulierbaren Nebenschlußmotors mit Kontroller der Allmänna Svenska Elektriska Aktiebolaget.

Der Kontroller ist so ausgebildet, daß der direkte Kurzschluß der abzuschaltenden Windungen beim Übergang von einer Stufe zur nächsten durch Vorschaltung kleiner induktiver Widerstände X vermieden wird, die vom Rotorstrom bifilar durchflossen sind und ihm daher keinen nennenswerten Widerstand bieten.

c) Verwendung von Induktionsregulatoren.

Eine ganz allmähliche Abstufung der Geschwindigkeit wird ermöglicht durch die Verwendung eines Induktionsreglers. Die Société alsacienne de constructions mécaniques, Belfort baut ihn nach dem D. R. P. 220708 als doppelten Induktionsregulator, der aus zwei auf gemeinsamer Achse angeordneten Systemen besteht, mit je einem Stator und je einem Rotor. Die beiden Drehfelder rotieren in entgegengesetztem Sinne, so daß bei gleichen EMKen e_2' in beiden Rotoren deren Summe von $+\,2\,e'$ bis $-\,2\,e_2'$ reguliert werden kann. Um die zur Phasenkompensation erforderliche Phasenverschiebung zu erhalten, wird mit der Wicklung jeder Rotorphase eine zusätzliche Statorwicklung mit einer phasenverschobenen EMK in Reihe geschaltet. In Fig. 82 sind 1. die Statorwicklungen des Induktionsreglers, 2. die

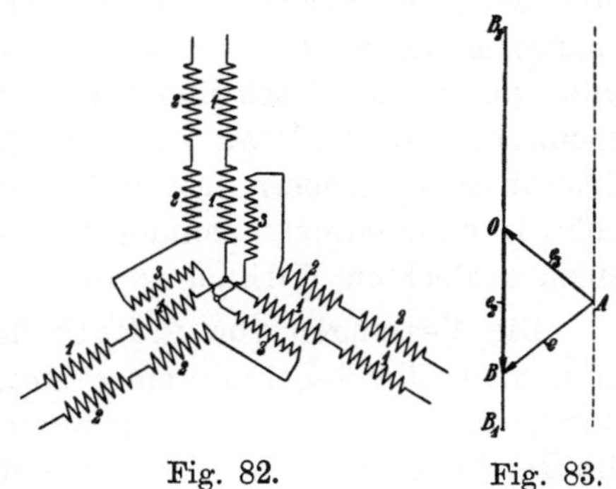

Fig. 82.   Fig. 83.

Rotorwicklungen, 3. die zusätzlichen Statorwicklungen. Fig. 83 zeigt das Spannungsdiagramm.

Die resultierende EMK einer Phase der beiden in Serie geschalteten Läuferwicklungen $\overline{OB} = e_2$ kann, wie gezeigt, durch Drehung der Rotoren um $180^{\,0}$ von $\overline{OB}_1 = -\,2\,e_2'$ bis $\overline{OB}_2 = +\,2\,e_2'$ verändert werden. Zu dieser EMK tritt nun jene der Wicklung 3, die durch den Vektor $\overline{OA}$ dargestellt ist. Die resultierende, dem Rotor zugeführte Spannung einer Phase ist also $\overline{AB} = e$, die nun von $\overline{AB}_1$ bis $\overline{AB}_2$ geändert werden kann.

Da die Richtung der Ordinatenachse die Phase der primären (Netz-) Spannung darstellt, sind die Komponenten der Vektoren AB in dieser Richtung die Zusatz- bzw. Gegenspannungen, während die Komponente in Richtung der Abszissenachse die Kompensationsspannung darstellt. Sie bleibt bei der dargestellten Anordnung konstant; durch Änderung der Größe der zusätzlichen EMK e_3 kann auch die Größe der Kompensationsspannung geändert werden.

33. Regulierung der Tourenzahl mittels Bürstenverschiebung.

Verstellt man den ganzen Bürstenkranz, während dem Rotor etwa eine konstante Spannung zugeführt wird, so ist eine Tourenregulierung hiermit nur in engen Grenzen zu erreichen. Denn hierbei wird die Achse der Rotorwicklung gegenüber der Statorwicklung verstellt, und eine mit der Statorspannung gleichphasige Spannung P_2', die bei der Bürstenstellung $\varrho = 0$ als Gegenspannung, bei $\varrho = \pi$ als Zusatzspannung wirkt, ist bei $\varrho = \dfrac{\pi}{2}$ eine reine Kompensationsspannung. Bei dieser Stellung, die dem Synchronismus

entspricht, ist nur eine kleine Kompensationsspannung erforderlich,
es können also die Zusatz- und die Gegenspannung für die äußer-
sten Reguliergrenzen nicht größer sein als die Kompensationsspannung bei Synchronismus. Ferner erhält man bei der obersten
und untersten Geschwindigkeitsstufe gar keine Kompensationsspannung. Würde man zur Vergrößerung des Regulierbereichs die
Spannung vergrößern, so erhält man bei Synchronismus eine zu
hohe Kompensationsspannung und dadurch Überkompensation und
einen schlechten Wirkungsgrad.

Die Messungen von E. Roth (in Lumière électrique 1909), die
u. a. auch die Regelung eines Motors nur durch Verstellung des
Bürstenkranzes bei konstanter Rotorspannung enthalten, zeigen, daß
die Geschwindigkeit bei konstanter Belastung von 790 bis 1020 Umdrehungen in der Minute geändert werden konnte, wobei aber der
Wirkungsgrad bei Synchronismus niedriger war, als er bei kleinerer
Geschwindigkeit ist. Denn zur Regulierung auf 790 Umdrehungen
ist eine Gegenspannung von ca. $20\,^0/_0$ erforderlich. Diese wirkt bei
Synchronismus als reine Kompensationsspannung, sie braucht hier
aber nur etwa $5\,^0/_0$ zu betragen.

Bei normaler Kompensation ist dagegen der Wirkungsgrad bei
Synchronismus stets höher als bei kleiner
Geschwindigkeit.

Wirksamer zur Geschwindigkeitsregulierung durch Bürstenverschiebung ist die
von J. Jonas angegebene Anordnung[1])
(Fig. 84) mit zwei Bürstensätzen, die gegenläufig verdreht werden. Hierbei erhält
man drei unverkettete Rotorphasen mit
veränderlicher Windungszahl, die in der
Figur durch die dick ausgezogenen Kreis-
ringsegmente angedeutet sind. Werden
die beiden Bürstensätze in gleichem Maße
in entgegengesetztem Sinne gedreht, so
bleiben die Achsen der Rotorphasen unverändert, wobei der Anteil der Kompensationsspannung an der ganzen dem Rotor zugeführten Spannung konstant bleibt.

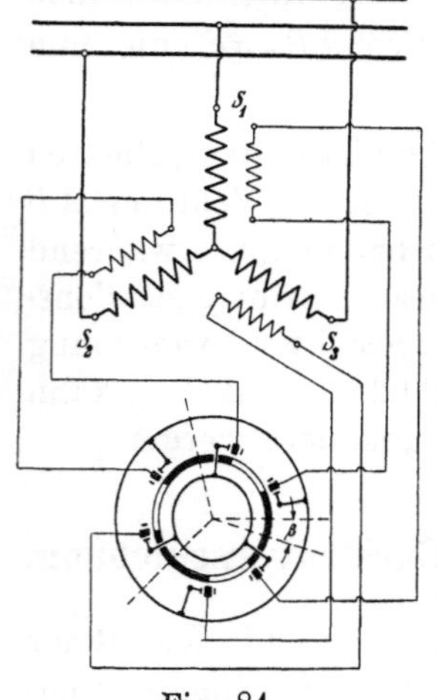

Fig. 84.

Man kann sie aber auch in verschiedenem Maße verschieben,
um die Kompensationsspannung zu ändern. Bei dieser Anordnung
kann nur in bestimmten Grenzen um eine über- bzw. untersynchrone

---

[1]) Siehe ETZ 1910, S. 392.

Geschwindigkeit reguliert werden, die durch die Windungszahl der Statorhilfswicklung gegeben ist. Für Synchronismus ist diese Wicklung kurzzuschließen. Der Nachteil ist hier, daß der Rotor schlecht ausgenutzt wird, weil einzelne Wicklungsteile stromlos sind, auch wird die Streuung durch Entstehung von Oberfeldern vergrößert.

Die Regulierung durch Bürstenverschiebung ist also nur in beschränktem Maße bei Nebenschlußmotoren verwendbar.

34. Tourenregulierung des direkt gespeisten Nebenschluß-motors.

Der direkt gespeiste Nebenschlußmotor kann entweder mit Stator- oder mit Rotorerregung ausgeführt werden. Im ersten Falle ändert sich der Winkel Θ, den der Vektor der Arbeitsspannung mit dem Vektor der im Arbeitskreise induzierten EMK einschließt, sehr wenig mit der Tourenzahl. Will man die Umdrehungszahl des Motors mit Statorerregung ändern, so muß man entweder die Arbeitsspannung oder die Erregerspannung ändern. Die Leerlauftourenzahl ändert sich fast proportional mit der Arbeitsspannung, wenn die Erregerspannung konstant gehalten wird. Gleichzeitig mit der Änderung der Arbeitsspannung ist eine Änderung ihrer Phase nicht nötig. — Hält man die Arbeitsspannung konstant und ändert entweder die Erregerspannung oder die Zahl der Erregerwindungen, so ändert sich die Umdrehungszahl fast umgekehrt proportional dem Kraftflusse. Bei ungesättigter Maschine ist der Kraftfluß proportional der Erregerspannung und umgekehrt proportional der Zahl der Erregerwindungen.

Im allgemeinen wird man bei statorerregten Nebenschlußmotoren die Erregung ändern, erstens, weil der Erregerstrom viel kleiner ist als der Arbeitsstrom, und zweitens, weil bei der niedrigsten Tourenzahl das größte Drehmoment auftritt. Für Motoren zum Antrieb von Werkzeugmaschinen ist dies nämlich eine Hauptforderung.

Bei den Nebenschlußmotoren mit Rotorerregung liegen die Verhältnisse noch komplizierter; denn hier ändert sich der Winkel φ_3 und mit diesem der Winkel Θ mit der Umdrehungszahl. Man ist deswegen bei dieser Maschine gezwungen, gleichzeitig sowohl die Größe wie die Phase der Erregerspannung zu ändern; dies läßt sich am einfachsten mittels eines stern-dreieck-geschalteten Transformators erreichen, ähnlich dem in Fig. 79 dargestellten. Nur muß berücksichtigt werden, daß die Änderung der Umdrehungszahl durch eine Änderung des Kraftflusses erfolgt, und daß deswegen die wattlose Komponente der Erregerspannung auch mit Rücksicht auf den geänderten Kraftfluß zu berechnen ist.

35. Anlauf der mehrphasigen Nebenschlußmotoren.

Zum Anlauf der Nebenschlußmotoren kann zweckmäßig der Reguliertransformator verwendet werden. Durch die Gegenschaltung wird der Anlaufstrom im Rotor herabgesetzt, und durch die Leistungstransformation ist der Strom im Netz entsprechend kleiner.

Um für ein bestimmtes Anlaufmoment den kleinsten Strom zu erhalten, müßte die Welle der Rotor-MMK gegen die Grundwelle des Drehfeldes um 90^0 räumlich verschoben sein. Dies wäre aber nur möglich bei Verwendung einer Kompensationsspannung, die gleich $J_2'x_2'$ ist, worin J_2' den Anlaufstrom des Rotors bezeichnet.

Die beim Lauf erforderliche Kompensationsspannung ist aber wesentlich kleiner; man wird daher bei besonders schwierigen Verhältnissen, um einen ökonomischen Anlauf zu erzielen, die Kompensationsspannung auf der Anlaufstufe vergrößern.

Bei einer reinen Gegenspannung ist die Verschiebung von der 90^0-Lage zwischen Strom und Drehfeld

$$\chi_2 = \operatorname{arctg} \frac{x_2}{r_2}$$

und etwa in der Größenordnung 45 bis 60^0.

Durch Vergrößerung der Kompensationsspannung läßt sich also bei gleichen Größen von Rotorstrom und Drehfeld das Anlaufmoment im Maximum im Verhältnis $\dfrac{1}{\cos \chi_2}$ vergrößern, d. h. auf etwa den $1^1/_2$ bis 2 fachen Betrag.

Andererseits kann man aber die Phasenverzögerung des Rotorstromes beim Anlauf durch Einschalten von Widerständen verringern. Diese Widerstände werden aber viel kleiner als die Anlaßwiderstände von Induktionsmotoren mit Schleifringanker, bei denen die ganze beim Anlauf auf den Rotor übertragene Leistung in Widerständen vernichtet wird, während sie beim Kommutatormotor nach Maßgabe der dem Rotor zugeführten Spannung an das Netz zurückgegeben wird.

Weil der Statorstrom durch die Gegenschaltung beim Anlauf ebenfalls herabgesetzt wird, ist der Spannungsabfall nicht viel größer als beim Lauf, und das Drehfeld hat daher fast dieselbe Stärke. Daher kommt für die von den Bürsten kurzgeschlossenen Spulen beim Anlauf fast die volle Transformator-EMK zur Geltung, und es muß daher wie bei den Hauptschlußmaschinen auf diese beim Entwurf der Maschine hinsichtlich der Kommutation beim Anlauf Rücksicht genommen werden.

Den direkt gespeisten Nebenschlußmotor läßt man am besten mittels eines gewöhnlichen Anlaßwiderstandes an.

Sechstes Kapitel.

Mehrphasenkommutatormaschinen mit Wendepolen.

36. Allgemeines über die Verwendung von Wendepolen.

Bei großen Maschinen ist es oft nicht möglich, sowohl die Transformatorspannung der kurzgeschlossenen Spulen als auch die Stromwende- (Reaktanz-) Spannung in so kleinen Grenzen zu halten, daß die Kommutation funkenfrei vor sich geht, und es ist dann nötig, sie künstlich zu verbessern.

Das erste Mittel hierzu sind Widerstandsverbindungen zwischen Rotorwicklung und Kommutator, sie verhindern das Entstehen der genannten Spannungen aber nicht, sondern verringern nur die zusätzlichen inneren Ströme. Sie sind daher nur in beschränktem Maße verwendbar und vergrößern den Spannungsabfall des gesamten Rotorstromes.

Wirksamer ist das zweite Mittel, das bei Gleichstrommaschinen schon längst verwendet wird, die Anwendung von Wendepolen.

Prinzipiell bestehen aber bei der Verwendung von Wendefeldern bei Wechselstrommaschinen im allgemeinen einige wesentliche Unterschiede gegenüber Gleichstrommaschinen, die dadurch begründet sind, daß das Feld pulsiert.

Bei einer Gleichstrommaschine soll das Wendefeld die Spannungen aufheben, die in den kurzgeschlossenen Spulen einerseits durch die Drehung im Ankerquerfeld, andererseits durch die Änderung des Nutenfeldes des kommutierten Stromes entstehen.

Das Ankerquerfeld wird bei Gleichstrommaschinen am vollständigsten aufgehoben durch eine verteilte Kompensationswicklung (kompensierte Maschinen von Ryan und Déri), die mit dem Anker

11*

in Reihe geschaltet ist. Hier fällt dann dem Wendefeld lediglich die Aufgabe zu, die Reaktanzspannung aufzuheben, die dem Strom und der Geschwindigkeit proportional ist. Daraus ergibt sich die Hintereinanderschaltung der Wendepolwicklung mit dem Anker. Daher kann die Wendepolwicklung auch mit der verteilten Kompensationswicklung vereinigt werden, und beide zusammen erhalten eine etwas größere MMK als der Anker. Die Differenz der MMKe der Kompensationswicklung und des Ankers muß so groß sein, daß an der Kommutierungsstelle ein Feld entsteht, das dem vom Rotorstrom erzeugten Streufeld entgegengerichtet ist und die der Stromwendespannung entgegengerichtete EMK induziert. Dieses Feld besteht aber dann fast auf dem ganzen Umfang und ist räumlich um $^1/_2$ Polteilung gegen das Hauptfeld der Maschine (in dessen neutraler Zone die Bürsten liegen) verschoben; es ist also ein verteiltes Wendefeld.

Bei den Mehrphasenkommutatormaschinen ist die Kompensationswicklung ohnehin vorhanden, denn die Stator- und Rotoramperewindungen heben sich stets bis auf jenen Betrag auf, der zur Erregung des Hauptfeldes der Maschine dient.

Es ist also hier zunächst ein Wendefeld zur Stromwendung wie bei Gleichstrom zu schaffen, und zweitens ist die Transformatorspannung aufzuheben, die durch die Pulsation des Hauptfeldes oder bei Mehrphasenmotoren durch die relative Bewegung des Drehfeldes gegen die kurzgeschlossene Spule entsteht.

Die letzte Spannung besteht bei Gleichstrommaschinen nicht.

Es ist nun bei Mehrphasenmaschinen mit Drehfeldern nicht ohne weiteres möglich, die erforderlichen Wendefelder, die ja entsprechend den verschiedenen Phasen des Rotors zu verschiedenen Zeiten an verschiedenen Stellen des Rotors liegen müssen, als gleichmäßig über den Polbogen verteilte Drehfelder auszubilden.

Zur Aufhebung der Reaktanzspannung des kommutierten Stromes müßte ja die vom Wendefeld induzierte EMK proportional dem Strom und der Geschwindigkeit sein. Ein Drehfeld kann aber im Rotor nur eine Spannung erzeugen, die proportional der Relativgeschwindigkeit des Drehfeldes gegenüber dem Rotor ist; ein Wendedrehfeld würde also bei Synchronismus nichts im Rotor induzieren, während hier die Reaktanzspannung schon ziemlich beträchtlich sein kann. Ein Wendedrehfeld zur Aufhebung der Transformatorspannung würde zwar stets dieselbe relative Geschwindigkeit gegenüber dem Rotor haben wie das Hauptfeld, es müßte aber ebenso groß wie dieses und ihm entgegengesetzt gerichtet sein, so daß bei vollständiger Aufhebung der Transformator-EMK kein Feld bestehen bliebe. Es ist daher nur möglich, lokale Wendefelder zu verwenden.

Es ist ferner darauf acht zu geben, daß die beiden Kommutierungsfelder einander nicht gegenseitig störend beeinflussen. Das Kommutierungsfeld zur Unterdrückung der Pulsationsspannung muß von einer regelbaren Spannung erzeugt werden, die aber bei gegebener Umdrehungszahl konstant ist. Speist man aber nun die Wicklung eines Kommutierungszahnes oder Kommutierungspoles von einer konstanten Spannung, so bestimmt diese Spannung vollständig die Größe und Phase des Kommutierungsfeldes unter diesem Zahne und das Feld läßt sich nicht ändern, selbst wenn man den Kommutierungszahn noch mit einer vom Hauptstrom durchflossenen Wicklung versieht. Denn in diesem Falle würde die an die konstante Spannung angeschlossene Wicklung erstens einen Strom aufnehmen, der die magnetisierende Wirkung der vom Hauptstrom durchflossenen Wicklung vollständig aufhebt, und zweitens einen Magnetisierungsstrom zur Erzeugung des Wendefeldes. Man muß deswegen für die kommutierenden Ankerspulen zwei unabhängige Kommutierungsfelder schaffen, wie in Fig. 85 für einen zweipoligen Anker gezeigt ist. Von diesen beiden Kommutierungsfeldern ist das eine H ein reines vom Rotorstrom erzeugtes Stromwendefeld, während das andere P von einer solchen Spannung erzeugt wird, daß die Pulsationsspannung in den kurzgeschlossenen Spulen aufgehoben wird. Eine derartige Spannung erhält man zwischen den diametralen Bürsten B_I, $B_I{}'$ (Fig. 85).

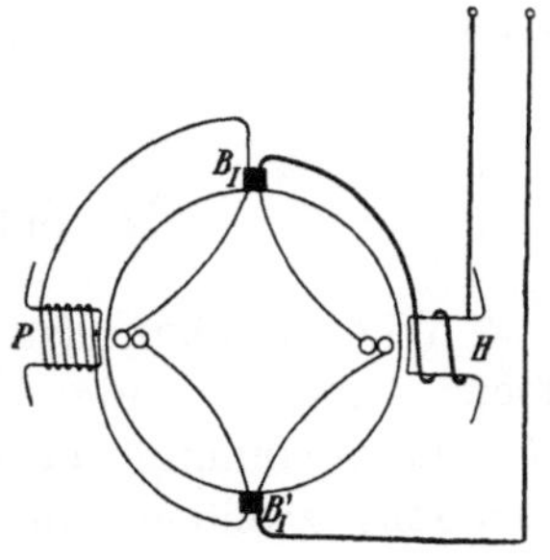

Fig. 85.

Es gibt noch eine zweite Methode, bei der die beiden Felder in demselben Zahne ohne gegenseitige Beeinflussung gleichzeitig bestehen können. Sie besteht darin, daß man mit den Kommutierungsspulen zur Aufhebung der Transformatorspannung eine Drosselspule D in Serie schaltet, wie die Fig. 86 zeigt. Hierdurch wird verhindert, daß die Kommutierungsspule, die an der konstanten Spannungsquelle liegt, einen Strom aufnimmt, der die magnetisierende

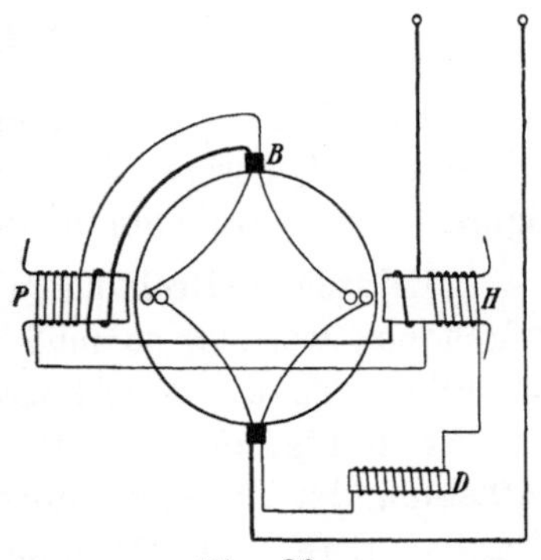

Fig. 86.

Wirkung des Hauptstromes aufhebt. Außer der gegenseitigen Beeinflussung der beiden Kommutierungsfelder ist noch die gegenseitige Induktion zwischen den Kommutierungsspulen und den Hauptwicklungen des Motors zu berücksichtigen. Es ist deswegen bei der Ausführung der Kommutierungspolwicklung dafür zu sorgen,

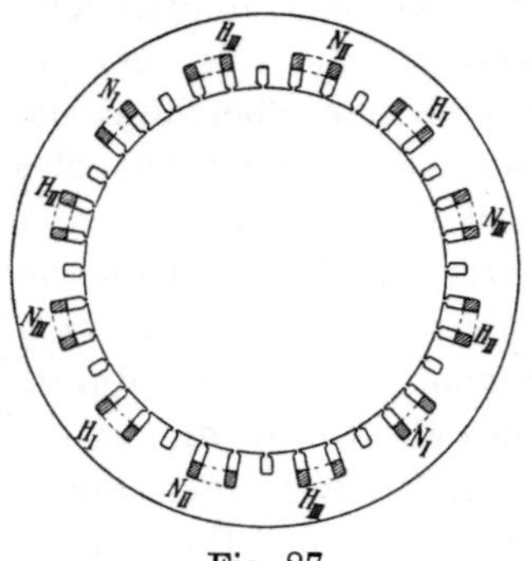

Fig. 87.

daß die Streuinduktion zwischen den Hauptwicklungen des Motors und den Kommutierungspolwicklungen möglichst groß wird; denn dann beeinflussen sie sich gegenseitig am wenigsten. Es ist nun leicht, die Kommutierungspolwicklungen für die ungleichen Schaltungen der Hauptwicklungen und für ungleiche Phasenzahlen aufzuzeichnen. Fig. 87 zeigt die Nutung eines vierpoligen Stators mit zwölf Kommutierungszähnen, von denen sechs im Hauptschluß und sechs im Nebenschluß zu den Rotorströmen erregt sind.

37. Berechnung der Wendepole.

Wie erwähnt, ist die Aufgabe der Wendepole eine zweifache, erstens sollen sie die bei der Kommutation auftretende Reaktanzspannung aufheben und ein Wendefeld für den Strom schaffen, zweitens sollen sie die von dem Hauptkraftfluß in den kurzgeschlossenen Spulen induzierte EMK vernichten.

Wie die Fig. 85 zeigt, umspannt eine kurzgeschlossene Windung den ganzen Kraftfluß, der aus einem Pol austritt; es wird daher die effektive Transformatorspannung s. Gl. 3a S. 4

$$\Delta e' = \pi \sqrt{2} \,(c - c_r) S_k \Phi_{max} \, 10^{-8},$$

wobei zwei Drähte pro Lamelle vorausgesetzt sind, d. h. $N = 2K$. $\Delta e'$ ist um $^1/_4$ Periode gegenüber dem Kraftfluß in der Phase verzögert. Wir betrachten beide Kommutierungsfelder getrennt.

Soll durch die Drehung im Wendefelde die Transformatorspannung aufgehoben werden, so muß der Kraftfluß des Wendefeldes jeweils um 90^0 gegen den Kraftfluß des Hauptpoles phasenverschoben sein. Dies ist in Fig. 85 auch der Fall. Die Größe des Wendefeldes zur Aufhebung der Transformatorspannung $\Delta e'$ ergibt sich daraus, daß die effektive EMK der Drehung $\Delta e_r'$ in den $2 S_k$ kurzgeschlossenen Drähten in dem Wendefelde von der maximalen Induktion B_w' gleich ist $\Delta e_r' = 2 S_k \dfrac{B_w'}{\sqrt{2}} l_i v \, 10^{-6}$ Volt. Soll sie entgegengesetzt gleich $\Delta e'$ sein, so ist

$$(1 \text{ bzw. } 2)\, S_k \frac{B_w{}'}{\sqrt{2}}\, l_i\, v\, 10^{-6} = \pi \sqrt{2}\, (c - c_r)\, S_k\, \Phi_{max}\, 10^{-8}$$

$$B_w{}' = \frac{2\,\pi\,(c - c_r)\,\Phi_{max}}{(1 \text{ bzw. } 2)\, l_i\, v \cdot 100}.$$

Hierin ist im Nenner 1 oder 2 zu setzen, je nachdem wie in Fig. 85 nur eine, oder wie in Fig. 86 beide Seiten einer kurzgeschlossenen Spule unter dem Nebenschlußwendepol liegen.

Bei kleinen Schlüpfungen und einem bestimmten Wert von Φ_{max} muß das Wendefeld nahezu proportional der Schlüpfung sein, da die anderen Größen nahezu konstant sind. Dies erreicht man am besten, indem die Kommutierungsspule, wie in Fig. 85 gezeigt, an die Rotorbürsten angeschlossen wird. Bei Stillstand wirkt das Wendefeld überhaupt nicht, wie kräftig man es auch macht.

Die zweite Aufgabe der Wendepole ist die Aufhebung der Reaktanzspannung des kommutierten Stromes. Hierin kann die Wendepolwicklung als Fortsetzung der Kompensationswicklung aufgefaßt werden und ist dementsprechend in Reihe mit ihr und dem Rotor zu schalten. Derselbe Strom, der aus einer Bürste heraustritt, muß nämlich unter der betreffenden Bürste gewendet (kommutiert) werden.

Die Größe des Wendefeldes $B_w{}''$ zur Kommutation des Stromes ergibt sich nun daraus, daß es bei der Drehung des Ankers die durch die Änderung des Nutenfeldes bei der Kommutation entstehende EMK $\varDelta e''$ aufheben soll. Es ist hier, wenn wieder $N = 2K$ angenommen wird, für $m =$ ungerade, z. B. für eine Dreiphasenmaschine nach Gl. 4 Seite 13

$$\varDelta e'' = 2\, S_k \sin \frac{\pi}{m}\, \frac{t_1\, A\, S\, \lambda_N\, l_i\, v}{t_1 + b_D - \beta_D}\, 10^{-6} \text{ Volt,}$$

und es soll nun

$$(1 \text{ bzw. } 2)\, S_k \frac{B_w{}''}{\sqrt{2}}\, l_i\, v\, 10^{-6}$$

ebenso groß wie $\varDelta e''$ sein, daher

$$B_w{}'' = \frac{2\sqrt{2}\, t_1\, A\, S\, \lambda_N \sin \dfrac{\pi}{m}}{(1 \text{ bzw. } 2)\, (t_1 + b_D - \beta_D)}.$$

Diese Beziehung ist, abgesehen von dem Faktor $\sqrt{2}$, der die Amplitude des Wendefeldes berücksichtigt, und von $\sin \dfrac{\pi}{m}$, dieselbe wie bei einer Gleichstrommaschine. Ist das Feld für einen Strom richtig erregt, so bleibt es, solange das Eisen nicht stark gesättigt ist, für alle Ströme und Geschwindigkeiten richtig.

38. Mehrphasenmaschinen mit ausgeprägten Haupt- und Hilfspolen.

Obwohl zum Betrieb von Mehrphasenmaschinen ein reines Drehfeld meist am geeignetsten ist, wird doch, wie gezeigt, bei Anwendung von Wendepolen das Drehfeld an einzelnen Stellen unterbrochen, bzw. werden lokale Felder darüber gelagert.

Es sind auch Maschinen mit ausgeprägten Polen angegeben worden, die von vornherein kein eigentliches Drehfeld besitzen, zuerst von F. Lydall und Siemens Brothers [Brit. Pat. 13033 (1901)]. Die Maschine hat drei ausgeprägte Pole und einen Anker mit Sehnenwicklung, bei der die Kommutation nur an drei Stellen des Umfangs, in den Lücken zwischen den Polen vor sich geht. In den Polschuhen liegt die Kompensationswicklung, die mit dem Rotor in Reihe geschaltet ist.

A. Scherbius[1]) verwendet die gleiche Anordnung für eine Wendepolmaschine, um mit drei Wendefeldern auszukommen. Die Maschine wird von der A.-G. Brown, Boveri & Co. gebaut und für kleine Periodenzahlen verwendet, wie man sie bei der Kaskadenschaltung mit einem Induktionsmotor erhält.

Fig. 88. Dreiphasenkommutatormaschine mit ausgeprägten Polen und Sehnenwicklung.

Fig. 88 zeigt schematisch die Anordnung einer Dreiphasenmaschine. Sie besitzt drei (oder ein Vielfaches von drei) Hauptpole P_I, P_{II}, P_{III} und ebensoviele Wendepole W_I, W_{II}, W_{III}. In den Nuten der Hauptpole liegt die Kompensationswicklung, die das Feld des Rotors vollständig aufheben soll, so daß das eigentliche Feld der Maschine nur von der um die drei Hauptpole gelegten Erregerwicklung erzeugt wird.

---

1) Schweiz. Pat. 38638 (1906), Engl. Pat. 18817 (1906).

Der Rotor besitzt eine Sehnenwicklung mit zu zwei Drittel verkürztem Schritt, von der in der Figur nur die von den drei Bürsten kurzgeschlossenen Spulen mit den Spulenseiten $a_1 a_2$, $b_1 b_2$ und $c_1 c_2$ eingezeichnet sind. Die übereinanderliegenden Spulenseiten in den Nuten einer Polteilung sind hier von Strömen durchflossen, die um 60^0 in der Phase gegeneinander verschoben sind. In der Figur bezeichnen 1, 2, 3 die obere Lage der Ankerleiter zwischen $c_1 a_1$, $a_1 b_1$ und $b_1 c_1$ und $1'$, $2'$, $3'$ die untere Lage zwischen $c_2 a_2$, $a_2 b_2$ und $b_2 c_2$. Es entsprechen sich 1 und $1'$ unter den Polen P_{III} bzw. P_{II}, ebenso 2 und $2'$ und 3 und $3'$. Da ein und derselbe Strom die unteren Spulenseiten einer Phase, z. B. $1'$, in entgegengesetzter Richtung durchfließt wie die entsprechenden oberen Spulenseiten (1), kann man das Vektordiagramm der Ströme in den einzelnen Spulenseiten wie in Fig. 89 darstellen, wobei die Ströme selbst mit 1, 2, 3 usw. bezeichnet sind.

Der Strom, der einer Bürste zufließt, ist die Differenz der Phasenströme der beiden nebeneinanderliegenden Phasen, also z. B. der Strom der Bürste B_{III} die Differenz der Ströme in 1 und 2, oder da in $2'$ der Strom entgegengesetzt gerichtet ist wie in 2, ist der Strom der Bürste B_{III} auch als Summe der Ströme in 1 und $2'$ anzusehen. In dem Vektordiagramm sind die Bürstenströme mit I, II, III bezeichnet.

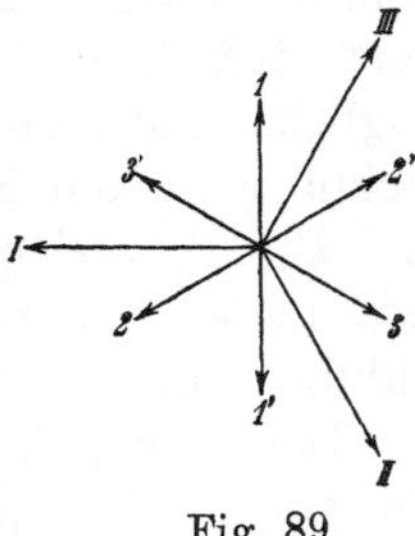

Fig. 89.

Die Kompensationswicklung soll das Ankerfeld aufheben, sie soll also auf jedem Pol ebenso viele Ampereleiter von gleicher Phase haben wie der Rotor unter dem betreffenden Pol, jedoch von entgegengesetzter Richtung. Nun erzeugt aber die Rotorwicklung mit dem um $^1/_3$ verkürzten Schritt ein unsymmetrisches Feld, d. h. es kommen darin geradzahlige Harmonische vor (ähnlich wie die Wicklungen für Polumschaltung mit verkürztem Schritt s. W. T. V. 1 Seite 270). Die genaue Kompensation dieses Feldes bietet daher einige Schwierigkeiten.

Betrachten wir einen beliebigen Pol, z. B. P_{II}. Die Phase der Ströme in den darunter liegenden Ankerleitern $1'$ und 3 ist verschieden; die MMK beider zusammen ist aber ebenso groß, wie wenn in einer der Lagen der Bürstenstrom II fließt, der ja die Summe aus den Strömen $1'$ und 3 ist. Also würde es genügen, in die Nuten des Poles P_{II} so viele Leiter der Kompensationswicklung zu legen, wie eine Lage des Rotors unter dem Pol hat und sie mit dem Strom der Bürste B_{II} zu speisen, und ebenso bei den anderen Polen, vorausgesetzt, daß die Kompensationswicklung als Ringwicklung ausgeführt wird, d. h. die Windungen um das Joch gewickelt werden. Hierbei würde von jeder Windung nur ein Leiter ausgenutzt. Um auch den zweiten nutzbar zu machen, ist die Kompensationswicklung als Trommelwicklung auszuführen. Hierzu legt man dann die zweiten Spulenseiten der Kompensations-Windungen des Poles P_{II}, die vom Strom der Bürste B_{II} durchflossen werden, zur Hälfte nach P_I und zur anderen Hälfte nach P_{III}, und wenn dies für alle Pole gleichmäßig durchgeführt wird, haben wir auf jedem Pole alle drei Phasen der Kompensationswicklung, die Hälfte der Leiter eines Poles ist von dem Strom der Bürste mit der gleichen Ziffer durchflossen, die zweite Hälfte wieder je zur Hälfte von den Strömen der beiden anderen Bürsten. Das Resultat wäre wieder dasselbe, wenn man in jede Nut alle drei Phasen legen könnte, denn dann würde die Bildung von lokalen Feldern vermieden. Da dies nicht einfach ausführbar ist, werden die drei Phasen auf jedem Pol möglichst gut verteilt. In Fig. 88 sind die Leiter der Kompensationswicklung in den Nuten der Hauptpole mit den Ziffern I, II, III, bzw. I', II', III' bezeichnet, die andeuten, mit welcher Bürste die betr. Leiter hintereinander geschaltet sind. Hierbei ist jedoch die Bildung von lokalen Feldern nicht ganz vermieden.

Die Erregerwicklung der Hauptpole, die, wie erwähnt, hier von der Kompensationswicklung getrennt ausgeführt ist, kann mit dem Rotor in Reihe oder im Nebenschluß dazu geschaltet sein, und ferner ist hier, wie später ·gezeigt werden soll, auch die Doppelschlußschaltung möglich.

Die drei Phasen der Erregerwicklung, von denen wir uns zunächst je eine auf einem der drei Hauptpole denken, bilden hier keine eigentliche Dreiphasenwicklung, weil die drei Phasen sich nicht übergreifen, sondern zwischen ihnen die Stelle für den Wendepol frei lassen. Daher ist auch das erzeugte Feld kein eigentliches Drehfeld, dessen Pole mit konstanter Stärke und Winkelgeschwindigkeit umlaufen.

Es entstehen hier drei um 120^0 gegeneinander zeitlich und räumlich verschobene Flüsse, die, weil sie nicht sinusförmig verteilt sind und weil die magnetische Leitfähigkeit nicht in allen Richtungen gleich groß ist, ein Drehfeld mit starken Oberfeldern ergeben.

Bei der Betrachtung der Maschine ist es daher zweckmäßiger, die Wechselfelder zu betrachten.

Wir können immer einen Pol als die magnetische Rückleitung der beiden anderen ansehen. Ist der Fluß eines Poles z. B. P_I im Maximum, so gehen die Kraftlinien, die aus ihm austreten, zu gleichen Hälften durch den Rotor nach den beiden anderen Polen;

ist der Kraftfluß eines Poles Null, so verlaufen alle Kraftlinien zwischen den beiden anderen Polen, deren Fluß in diesem Augenblicke $\frac{1}{2}\sqrt{3}$ von dem Maximalwert ist.

Die Kommutierungswicklungen der Wendepole sind hier auch anders geschaltet als bei den gewöhnlichen Mehrphasenkommutatormaschinen. Wie die Fig. 88 zeigt, umspannt eine kurzgeschlossene Windung den ganzen Kraftfluß, der aus einem Pol austritt, es wird daher hier unabhängig von der Drehung

$$\Delta e' = \pi \sqrt{2}\, c\, S_k\, \Phi_{max}\, 10^{-8}.$$

$\Delta e'$ ist um $^1/_4$ Periode gegenüber dem Kraftfluß in der Phase verzögert. Soll durch die Drehung im Wendefeld die EMK $\Delta e'$ aufgehoben werden, so muß der Kraftfluß des Wendepoles jeweils um 90^0 gegen den des Hauptpoles phasenverschoben sein.

Nun liegen aber die Spulenseiten der von einer Bürste kurzgeschlossenen Spulen unter den beiden, dem betr. Hauptpol benachbarten Wendepolen, und die unter einem Wendepol liegenden kurzgeschlossenen Spulenseiten gehören je zur Hälfte Spulen an, die von benachbarten Bürsten kurzgeschlossen sind. Die Phase des Wendeflusses eines Wendepoles muß also eine kombinierte sein. Bedenken wir, daß die induzierende Wirkung auf den Rotor aufgehoben wird, wenn der Magnetismus mit dem Rotor fortschreitet, so sehen wir, daß der Kraftfluß eines Wendepoles um $^1/_6$ Periode später sein Maximum gleicher Polarität erreichen soll wie der in der Drehrichtung des Rotors zurückliegende Hauptpol.

Sind also in Fig. 90 P_I, P_{II}, P_{III} die Phasen der Kraftflüsse der drei Hauptpole, so sind $W_I{}'$, $W_{II}{}'$, $W_{III}{}'$ die Phasen der Kraftflüsse der drei Wendepole, sofern sie die EMK $\Delta e'$ in den unter ihnenliegenden Spulenseiten kompensieren sollen.

Die Größe des Wendefeldes zur Aufhebung der EMK $\Delta e'$ ergibt sich daraus, daß die effektive EMK der Drehung $\Delta e_r{}'$ in den $2\,S_k$ kurzgeschlossenen Drähten in dem Wendefelde von der maximalen Induktion $B_w{}'$ gleich ist

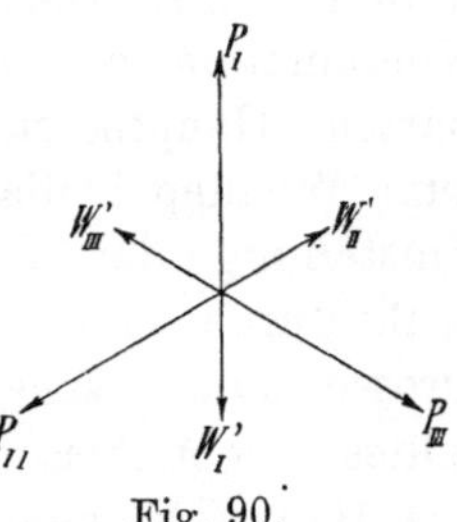

Fig. 90.

$$\Delta e_r{}' = \sqrt{3}\, S_k\, \frac{B_w{}'}{\sqrt{2}}\, l_i\, v\, 10^{-6}\ \text{Volt}.$$

Soll sie entgegengesetzt gleich $\Delta e'$ sein, so ist

$$\sqrt{3}\, S_k\, \frac{B_w{}'}{\sqrt{2}}\, l_i\, v\, 10^{-6} = \pi \sqrt{2}\, c\, S_k\, \Phi_{max}\, 10^{-8}.$$

$$B_w' = \frac{2}{\sqrt{3}} \frac{\pi c \, \Phi_{max}}{l_i v \, 100} \quad \ldots \ldots \ldots \quad (39)$$

Bei einem bestimmten Wert von Φ_{max} muß das Wendefeld umgekehrt proportional der Umfangsgeschwindigkeit sein, da die anderen Größen konstant sind.

Bei Stillstand wirkt das Wendefeld überhaupt nicht, es muß aber seine Größe auch entsprechend der Geschwindigkeit eingestellt werden. Zunächst soll es proportional dem Hauptkraftfluß sein; diese Proportionalität ließe sich durch Hintereinanderschaltung mit dem Rotor nur bei Hauptschlußerregung der Hauptpole erzielen, aber auch hier besteht keine Proportionalität zwischen Hauptkraftfluß und Strom, sobald die Maschine gesättigt ist. Die Phase des Wendeflusses müßte entsprechend dem oben abgeleiteten, durch Kombination der Erregerströme der zwei benachbarten Hauptpole oder durch Hintereinanderschaltung mit der Erregerwicklung des diametral liegenden Hauptpoles erzielt werden. Um aber die Abhängigkeit von der Geschwindigkeit einstellen zu können, müßte ein regelbarer Hauptschlußtransformator eingeschaltet werden.

Bessere Proportionalität mit dem Kraftfluß der Hauptpole und unabhängig von deren Schaltung gegenüber dem Rotor ergibt sich durch Parallelschaltung zu den Hauptpolen, etwa durch einen Nebenschlußtransformator. Diesen kann man entbehren, wenn man als Primärwicklung des Transformators die Erregerwicklung der Hauptpole selbst verwendet und auf diese Pole eine Sekundärwicklung legt, deren Spannung der Erregerwicklung des Wendepoles zugeführt wird. Die richtige Phase des Wendefeldes ist wieder durch Kombination der Spannungen von den dem Wendepol benachbarten Hauptpolen oder durch Zuführung der Spannung des zum Wendepol diametral liegenden Hauptpoles zu erzielen. Die Einstellung der Größe entsprechend der Geschwindigkeit kann z. B. durch einen eingeschalteten Widerstand, besser durch eine Drosselspule geschehen, weil der Widerstand die Phase des Wendefeldes gegenüber der Spannung verschiebt. Das Wendefeld und das Hauptfeld sind gegenüber den Spannungen an ihren Erregerwicklungen um fast 90° phasenverzögert, bei Einschaltung eines Widerstandes würde die Verzögerung kleiner werden, also das Wendefeld nicht mehr die richtige Phase gegenüber dem Hauptfeld haben.

Die zweite Aufgabe der Wendepole ist nun die Aufhebung der Reaktanzspannung des kommutierten Stromes. Hierin kann die Wendepolwicklung als Fortsetzung der Kompensationswicklung aufgefaßt werden und ist entsprechend in Reihe mit ihr und dem Rotor zu schalten.

Soll außer der Aufhebung des Rotorfeldes unter dem Wendepol auch ein kommutierendes Feld für den Strom geschaffen werden, so muß dieses dem Eigenfeld des kommutierten Stromes entgegengerichtet sein. Unter einem Wendepol werden in den oberen und unteren Spulenseiten des Rotors Ströme verschiedener Phase kommutiert. Aus Fig. 88 und 89 ist z. B. ersichtlich, daß unter dem Wendepol W_{II} die obere Spulenseite a_1 aus 2 nach 1 tritt. Der kommutierte Strom ist also in Fig. 89 die geometrische Differenz von 2 und 1, d. h. III. Gleichzeitig tritt die untere Spulenseite b_2 von $3'$ nach $2'$, der kommutierte Strom ist also I. Das Wendefeld muß also eine Phase haben, die durch die Verbindungslinie $I\,III$ gegeben ist, also um 90^0 gegen II phasenverschoben. II war aber die Phase des Wendefeldes des Poles W_{II} zur Aufhebung von $\varDelta e'$. Die Wendefelder eines Wendepoles zur Aufhebung der Transformator-EMK einerseits und zur Kommutierung des Stromes andererseits müssen also um 90^0 gegeneinander phasenverschoben sein. Die richtige Phase des Wendefeldes ergibt sich durch Kombination der Ströme jener Bürsten, deren kurzgeschlossene Spulenseiten unter dem betr. Wendepol liegen.

Die Größe des Wendefeldes B_w'' zur Kommutation des Stromes ergibt sich nun daraus, daß es bei der Drehung des Ankers die durch die Änderung des Nutenfeldes bei der Kommutation entstehende EMK $\varDelta e''$ aufheben soll. Weil bei der Dreiphasenmaschine mit Sehnenwicklung zwei Spulenseiten in der Nut gleichzeitig kommutieren, die verschiedene Phase haben, wird $\varDelta e''$ größer als für eine Dreiphasenmaschine mit Durchmesserwicklung nach Gl. 4 Seite 13, und zwar bei gleichem Wert von AS um $\left(1 + \cos\dfrac{\pi}{m}\right)$. Es wird also hier

$$\varDelta e'' = 2\,S_k\left(1 + \cos\frac{\pi}{m}\right)\sin\frac{\pi}{m}\,\frac{t_1\,AS\,\lambda_N\,l_i\,v}{t_1 + b_D - \beta_D}\,10^{-6}\ \text{Volt},$$

und es soll nun

$$\sqrt{3}\,S_k\,\frac{B_w''}{\sqrt{2}}\,l_i\,v\,10^{-6}$$

ebenso groß wie $\varDelta e''$ sein, daher

$$B_w'' = \frac{2\sqrt{2}}{\sqrt{3}}\,\frac{t_1\,AS\,\lambda_N}{t_1 + b_D - \beta_D}\left(1 + \cos\frac{\pi}{m}\right)\sin\frac{\pi}{m}.$$

Vergleichen wir diesen Ausdruck mit dem früheren, für eine Maschine mit Durchmesserwicklung und etwa 6 Kommutierungsfeldern (s. S. 167), so sehen wir, daß das Wendefeld hier $\left(1 + \cos\dfrac{\pi}{m}\right)\dfrac{2}{\sqrt{3}}$, d. h. für 3 Phasen $\sqrt{3}$ mal so stark sein muß, wenn AS in beiden Fällen gleich groß ist. Nun hat aber die Maschine mit Sehnenwicklung einen Wicklungsfaktor, der nur $\dfrac{\sqrt{3}}{2}$ mal so groß ist, wie für die Durchmesserwicklung, für gleiche Leistung ist also AS etwa im Verhältnis von $\dfrac{2}{\sqrt{3}}$ größer, d. h. das Wendefeld wird bei ihr $\sqrt{3} \cdot \dfrac{2}{\sqrt{3}} = 2$ mal so groß. Es sind also 2 mal so viel Amperewindungen erforderlich, also für alle 3 Wendepole ebensoviel wie für sechs bei Durchmesserwicklung, oder auch ebensoviel, wie wenn bei einer Durchmesserwicklung nur die Hälfte der Spulenseiten unter einem Wendepol liegen, d. h. 3 Wendepole ausgeführt werden. Die Maschine mit Sehnenwicklung ist also in bezug auf Wendepolkupfer nicht günstiger, als eine Maschine mit Durchmesserwicklung.

Wir haben nun wieder zwei Wendefelder unter jedem Pol zu erzeugen, das eine am besten im Nebenschluß zu den Hauptpolen, das andere in Reihe mit dem Anker. Diese Felder dürfen nicht gegenseitig verkettet sein, da sonst, wie oben schon erläutert, die im Nebenschluß erregte Wendepolwicklung das Hauptstromwendefeld wegdrosseln würde. Um dies zu vermeiden, können dieselben Mittel verwendet werden, wie bei der Doppelschlußerregung der Hauptpole. Es kann z. B. die axiale Länge des Wendepoles geteilt werden und zur Hälfte mit der Nebenschlußerregerwicklung, zur anderen Hälfte mit der Hauptschlußerregerwicklung bewickelt werden. Es genügt aber auch, die beiden Wendepolwicklungen mit großer gegenseitiger Streuung anzuordnen, und hierzu genügt unter Umständen eine vor die Nebenschlußwicklung geschaltete Drosselspule, oder es kann die Spannung zur Erregung eines gemeinsamen Wendepoles durch Hintereinanderschaltung eines Nebenschluß- und eines Hauptschlußtransformators erhalten werden.

Das Drehmoment eines Poles ist proportional dem Fluß dieses Poles mal der MMK der Leiter, die unter dem Pol liegen, mal dem cosinus der Phasenverschiebung zwischen Rotorstrom und Fluß. Die Drähte unter einem Pol haben in der oberen und unteren Lage Ströme von verschiedener Phase, sie wirken aber zusammen wie eine Lage, die von dem Bürstenstrom (Linienstrom) durchflossen wird.

Phasengleichheit zwischen Strom und Fluß würde also bestehen, wenn die Erregerwicklung jedes Poles mit der Bürste in Reihe geschaltet wird, die eine Spule kurzschließt, die den Fluß des betreffenden Poles umfaßt; dies ist also bei Hauptschlußerregung der Fall. Bei Nebenschlußerregung kann sie durch entsprechende Wahl der Phase der Erregerspannung ebenfalls erhalten werden.

Ehe wir die verschiedenen Schaltungen besprechen, wollen wir das Drehmoment und die auftretenden EMKe auf Grund der Betrachtung der drei Wechselfelder berechnen, um uns den Unterschied dieser Maschine gegenüber der Maschine mit normaler Dreiphasenwicklung im Stator klar zu machen.

Das Drehmoment berechnet sich wie folgt.

Sei $\alpha_i B_{l\,max}$ der räumliche Mittelwert der Amplitude der Luftinduktion unter einem Pol, die zeitlich nach einer Sinusfunktion pulsieren möge, J der Effektivwert des Bürstenstromes, ψ die Phasenverschiebung zwischen J und B_l, $\dfrac{N}{3a}$ die Zahl der Ankerleiter in Serie unter einem Pol, so ist die Zahl der Ampereleiter $\dfrac{J}{2}\dfrac{N}{3a}$ und die Zugkraft aller Drähte im Maximum

$$K_{1\,max} = \sqrt{2}\,\frac{J}{2}\frac{N}{3a}\,l_i\,\alpha_i\,B_{l\,max}\,\frac{\cos\psi}{9{,}81}\,10^{-6}\,\text{kg.}$$

Die Zugkraft pulsiert mit der doppelten Periodenzahl um den Mittelwert

$$K_1 = \frac{1}{2}\,K_{1\,max} = \frac{J}{2}\frac{N}{3a}\,l_i\,\alpha_i\,\frac{B_{l\,max}}{\sqrt{2}}\cos\psi\,\frac{10^{-6}}{9{,}81}\,\text{kg.}$$

Die Zugkraft aller drei Pole ist konstant und dreimal so groß

$$K = 3\,K_1 = \frac{J}{2}\frac{N}{a}\,l_i\,\alpha_i\,\frac{B_{l\,max}}{\sqrt{2}}\cos\psi\,\frac{10^{-6}}{9{,}81}\,\text{kg}$$

und das Drehmoment am Ankerumfang, dessen Durchmesser D cm ist:

$$\vartheta = K\frac{D}{2} = \frac{J}{2}\frac{N}{a}\,l_i\,\alpha_i\,\frac{B_{l\,max}}{\sqrt{2}}\cos\psi\,\frac{D}{2}\frac{10^{-8}}{9{,}81}\,\text{kgm.}$$

Hier ist $\pi D = 3\tau$, wenn drei Pole vorhanden sind und bei einem Vielfachen (p) von drei Polen:

$$\pi D = 3p\,\tau$$

und wenn wir $\alpha_i\,l_i\,\tau\,B_{l\,max} = \Phi_{max}$ setzen, wird:

$$\vartheta = J\frac{N}{2a}\,3\,p\,\frac{\Phi_{max}}{\sqrt{2}}\,\frac{\cos\psi}{2\pi\cdot 9{,}81}\,10^{-8}\,\text{mkg.} \quad . \quad . \quad . \quad (40)$$

Dreht sich der Rotor unter der Wirkung dieses Drehmomentes mit n Umdrehungen in der Minute, so ist seine mechanische Leistung

$$\vartheta\,\frac{2\pi n}{60} = J\,\frac{N}{2a}\,3\,p\,\frac{\Phi_{max}}{\sqrt{2}}\,\frac{\cos\psi}{9{,}81}\cdot\frac{n}{60}\,10^{-8}\,\mathrm{mkg/sek},$$

oder

$$W_m = J\,\frac{N}{2a}\,3\,p\,\frac{\Phi_{max}}{\sqrt{2}}\,\cos\psi\,\frac{n}{60}\,10^{-8}\,\mathrm{Watt.}$$

Dieser mechanischen Leistung entspricht eine ebenso große zugeführte elektrische Leistung, sie ist proportional dem Strom und einer EMK, die um ψ gegeneinander verschoben sind.

Die EMK entsteht durch Drehung der Ankerleiter im Feld der drei Pole, sie ist daher proportional dem Fluß und der Geschwindigkeit, d. h. in Phase mit dem Fluß, sie entspricht daher der GEMK der Rotation eines Gleichstrommotors.

Wir bezeichnen sie auch hier als EMK der Rotation.

Der Rotor bildet eine Dreieckschaltung, jede Phase (Seite des Dreiecks) besteht aus einer oberen und einer unteren Lage von Spulenseiten, die unter verschiedenen Polen liegen (z. B. $1-1'$ liegen zwischen B_{II} und B_{III} in Fig. 88 unter P_{III} und P_{II}), ihre Rotations-EMKe sind daher um 120^0 phasenverschoben, entsprechend der Phasenverschiebung der Felder, in denen sie rotieren. Die resultierende EMK der Rotation zwischen zwei Bürsten ist daher $\sqrt{3}$ mal so groß wie die einer Lage von Spulenseiten.

Für einen Draht ist der Effektivwert der Rotations-EMK:

$$e_2 = \frac{B_{l\,max}}{\sqrt{2}}\,l_i\,v\,10^{-6} = \frac{B_{l\,max}}{\sqrt{2}}\,l_i\,\frac{\pi\,Dn}{60}\,10^{-8}\,\mathrm{Volt.}$$

Für alle $\dfrac{N}{2\cdot 3a}$ Drähte einer Lage haben wir, da die mittlere räumliche Amplitude der Luftinduktion $\alpha_i\,B_{l\,max}$ ist:

$$\frac{N}{2\cdot 3a}\,e_2\,\alpha_i$$

und zwischen zwei Bürsten

$$E_a = \sqrt{3}\,\frac{N}{2\cdot 3a}\,e_2\,\alpha_i = \sqrt{3}\,\frac{N}{2\cdot 3a}\,\alpha_i\,\frac{B_{l\,max}}{\sqrt{2}}\,l_i\,3\,p\,\tau\,\frac{n}{60}\,10^{-8}$$

$$= \sqrt{3}\,\frac{N}{2a}\,p\,\frac{\Phi_{max}}{\sqrt{2}}\,\frac{n}{60}\,10^{-8}\,\mathrm{Volt.} \quad \ldots \ldots \ldots \quad (41)$$

Ist J der Linienstrom, so erhalten wir wieder

$$W_m = \sqrt{3}\,E_a\,J\cos\psi = J\,\frac{N}{2a}\,3\,p\,\frac{\Phi_{max}}{\sqrt{2}}\,\cos\psi\,\frac{n}{60}\,10^{-8}\,\mathrm{Watt.}$$

39. Die Arbeitsweise der Doppelschlußmaschine nach Scherbius.

Führt man die Maschine mit ausgeprägten Polen, wie in dem Engl. Patent von Lydall angegeben, mit Hauptschlußerregung aus, so verhält sie sich genau wie ein gewöhnlicher Dreiphasenkommutatormotor mit Hauptschlußerregung und ergibt dasselbe Stromdiagramm (Fig. 23) wie dieser.

Führt man dagegen die Maschine mit reiner Nebenschlußerregung aus, so verhält sie sich nicht ganz wie der direkt gespeiste Nebenschlußmotor mit Statorerregung von Winter und Eichberg (s. S. 116). Dieser hat nämlich eine stark veränderliche Rotorreaktanz, während die Rotorreaktanz der Maschine mit Sehnenwicklung sich mit der Umdrehungszahl weniger ändert. Man erhält deswegen als Stromdiagramm für die Maschine mit Nebenschlußerregung fast eine gerade Linie, die Seite 117, Fig. 58 abgeleitet wurde. Hieraus folgt, daß die Maschine mit Nebenschlußerregung sich nicht besonders für praktische Zwecke eignet, weil das Stromdiagramm (Fig. 58) fast eine von der Umdrehungszahl unabhängige Belastung ergibt.

Brown, Boveri & Co. führen deswegen auch fast alle Maschinen nach dem Vorschlag von Scherbius mit Doppelschlußerregung (Kompoundschaltung) aus. Zu diesem Zwecke darf der Kraftfluß, der von der Hauptschlußerregerwicklung erzeugt wird, nicht mit der Nebenschlußerregerwicklung verkettet sein, weil diese ihn sonst bis auf einen kleinen Betrag vernichten würde. Dies kann dadurch vermieden werden, daß man den Stator in axialer Richtung teilt und den einen Teil von der Hauptschlußwicklung, den anderen von der Nebenschlußwicklung erregt. Der Rotor besitzt die ganze axiale Länge, so daß beide voneinander unabhängigen Flüsse auf ihn einwirken.

Eine andere Anordnung besteht darin, daß jeder der drei Pole in zwei Teile gespalten wird, wovon der eine im Hauptschluß, der andere im Nebenschluß erregt wird, so daß jede Polteilung einen Hauptschlußpol H und einen Nebenschlußpol N umfaßt (s. Fig. 91), die verschiedene Breite einnehmen können.

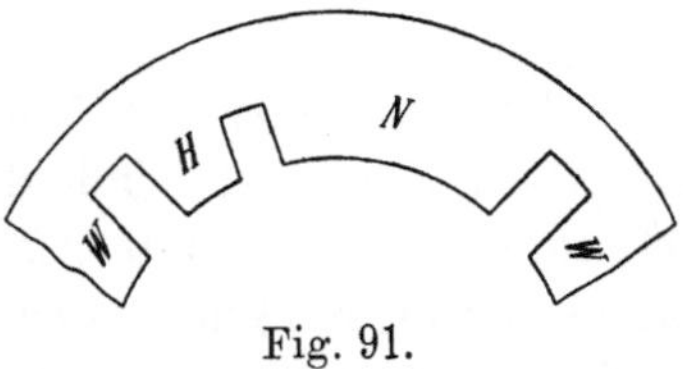

Fig. 91.

Hierdurch kann, wie bei Gleichstromdoppelschlußmotoren, der Tourenabfall eines reinen Nebenschlußmotors mit Hilfe der Kompoundierung entweder aufgehoben oder verstärkt werden.

Im ersten Fall wirkt das Feld des Hauptschlußpoles dem des

Nebenschlußpoles in bezug auf den Rotor entgegen, im zweiten addieren sich die Wirkungen derart, daß sowohl die von den Hauptschluß- als auch die von den Nebenschlußfeldern im Rotor infolge Drehung induzierten EMKe gleichgerichtet sind.

Man kann die Doppelschlußerregung auch mittels zweier Transformatoren, eines Hauptschluß- und eines Nebenschlußtransformators erhalten, deren Sekundärwicklungen hintereinander geschaltet sind. Hierbei ist ein gemeinsamer Pol mit einer Erregerwicklung vorhanden.

Wir legen der Einfachheit halber im folgenden getrennte Hauptschluß- und Nebenschlußpole zugrunde.

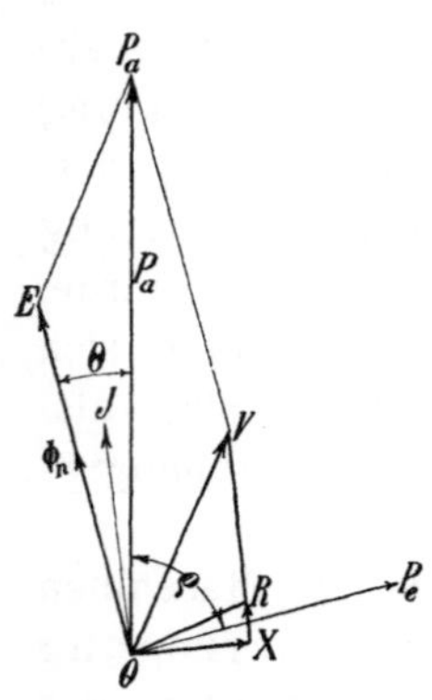

Fig. 92.
Spannungsdiagramm
des Doppelschluß-
motors.

Sei wieder P_a (Fig. 92) die Arbeitsspannung, die jetzt wie bei einem Hauptschlußmotor auf die Hauptschlußwicklung, die Wicklung des Rotors und die Kompensationswicklung, die in Reihe geschaltet sind, wirkt; P_e die Erregerspannung an den Klemmen der Nebenschlußerregerwicklung, die gegen P_a um einen Winkel ϱ voreilt, durch den wieder die Phase Θ des Nebenschlußfeldes Φ_n gegen die Arbeitsspannung bestimmt sei. Die Arbeitsspannung hat nun zunächst der GEMK der Drehung E_{an} im Nebenschlußfeld in Phase mit Φ_n das Gleichgewicht zu halten; die erforderliche Spannungskomponente ist $\overline{OE}$, die verbleibende $\overline{EP_a} = \overline{OV}$ überwindet wie beim Hauptschlußmotor

1. die EMK der Selbstinduktion der Hauptschlußerregerwicklung und die Summe der Streureaktanzspannungen der drei in Serie geschalteten Wicklungen (Rotor-, Kompensations- und Hauptschlußerregerwicklung);

2. den Ohmschen Spannungsabfall in den drei Wicklungen;

3. die GEMK der Drehung E_{ah} des Rotors im Feld der Hauptschlußpole.

Sehen wir von der Verschiebung des Kraftflusses Φ_h gegen den Strom J ab, so sind die Spannungen unter 1. gegen J um 90° voreilend, die unter 2. und 3. in Phase mit J. Ist x_h die Magnetisierungsreaktanz der Hauptschlußwicklung, x die Summe der Streureaktanzen, r die Summe der Widerstände, so ist

$$1.\ J(x_h + x) = \overline{OX},$$

$$2.\ Jr \qquad\ = \overline{XR},$$

$$3.\ E_{ah} \qquad = \overline{RV}.$$

$\overline{OJ}$ der Strom in Phase mit $\overline{XV}$.

Das Spannungsdreieck $\overline{OXV}$ ist das Spannungsdiagramm des gewöhnlichen Serienmotors, dessen Rotorfeld aufgehoben ist. Es wirkt aber auf ihn hier nicht eine konstante Spannung, sondern die Differenz aus der konstanten Spannung P_a und der der Geschwindigkeit proportionalen Spannung E_{an}.

Hieraus folgt, daß wir das Arbeitsdiagramm des Doppelschlußmotors für konstante Spannung in derselben Weise aus dem des Hauptschlußmotors erhalten, wie das des doppelt gespeisten Nebenschlußmotors (Kap. III) aus dem des Induktionsmotors. Ist $\Phi_n = 0$, so wirkt nur P_a auf die in Reihe geschalteten drei Wicklungen, die Maschine ist ein reiner Hauptschlußmotor.

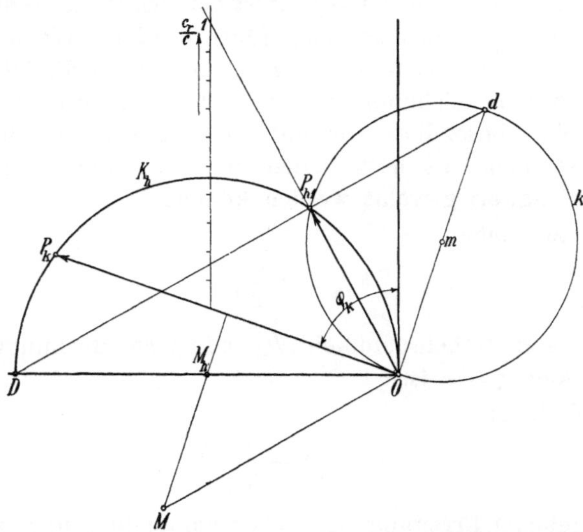

Fig. 93.　Ableitung des Diagramms für den Doppelschlußmotor.

Das Diagramm dieses Motors ist der bekannte Kreis (K_h in Fig. 93), dessen Durchmesser hier $OD = \dfrac{P_a}{x_h + x}$ ist und mit der Abszissenachse zusammenfällt. Der Kurzschlußstrom ist $\dfrac{P_a}{\sqrt{(x_h + x)^2 + r^2}}$ und dies ist auch der Strom des Doppelschlußmotors bei Stillstand, denn wie groß auch das Feld des Nebenschlußpoles sein mag, bei Stillstand ist $E_{an} = 0$, und hat daher keinen Einfluß auf den Rotorstrom. Wenn wir nun neben P_a noch die veränderliche Spannung E_{an} auf den Hauptschlußmotor wirken lassen, so verhält sich der Strom des Doppelschlußmotors J_d zu dem des Hauptschlußmotors J_h nach Größe und Phase wie die geometrische Differenz von P_a und E_{an} zu P_a

$$\frac{\mathfrak{J}_d}{\mathfrak{J}_h} = \frac{\mathfrak{P}_a - \mathfrak{E}_{an}}{\mathfrak{P}_a} \quad \text{also} \quad \mathfrak{J}_d = \mathfrak{J}_h\left(1 - \frac{\mathfrak{E}_{an}}{\mathfrak{P}_a}\right).$$

Wie die zweite Gleichung zeigt, erhalten wir den Strom des Doppelschlußmotors, wenn wir von dem Vektor des Stromes J_h einen Vektor subtrahieren, der sich zu ihm verhält wie E_{an} zu P_a.

E_{an} ist mit der Geschwindigkeit veränderlich. $E_{an} = kn\,\Phi_n$.

Es ist aber nicht bequem, in die Diagramme, in denen mit Spannungen und Strömen gearbeitet wird, Umdrehungszahlen und Kraftflüsse einzuführen; man ersetzt die Geschwindigkeit zweckmäßig durch eine Verhältniszahl in bezug auf eine beliebig gewählte Einheit, und den Kraftfluß durch eine Spannung, die sich ergibt aus dem Produkt des Kraftflusses und der Einheit der Geschwindigkeit.

Als Einheit der Geschwindigkeit ist bei den früher besprochenen Maschinen der Synchronismus eingeführt worden. Wenn wir diese Einheit auch hier beibehalten, so geschieht dies lediglich der Einheitlichkeit der Bezeichnung wegen. Der Synchronismus nimmt hier nicht eine besondere Stellung ein wie bei den doppelt gespeisten Maschinen. Es hätte daher auch eine andere Einheit für die Geschwindigkeit gewählt werden können.

Wir setzen daher

$$E_{an} = E\,\frac{c_r}{c},$$

worin E die vom Nebenschlußfeld Φ_n induzierte Spannung bei der Geschwindigkeit $c_r = c$ ist.

Es wird daher

$$\mathfrak{J}_d = \mathfrak{J}_h\left[1 - \frac{\mathfrak{E}}{\mathfrak{P}_a}\,\frac{c_r}{c}\right].$$

Bei gegebener Erregung des Nebenschlußfeldes und gegebener Arbeitsspannung P_a ist also $\dfrac{\mathfrak{E}}{\mathfrak{P}_a}$ nun konstant.

Wir betrachten erst die Größe $J_h\,\dfrac{c_r}{c}$, die mit $\dfrac{\mathfrak{E}}{\mathfrak{P}_a}$ zu multiplizieren und von J_h geometrisch zu subtrahieren ist.

In Fig. 93 stellt K_h das Stromdiagramm des Hauptschlußmotors bei konstanter Spannung P_a dar. Multiplizieren wir die Vektoren $\mathfrak{J}_h$ dieses Kreises mit $\dfrac{c_r}{c}$, so liegen die Endpunkte der Vektoren $\mathfrak{J}_h\,\dfrac{c_r}{c}$, die stets die Richtung von $\mathfrak{J}_h$ haben, auf einem Kreis k, der den Vektor des Kurzschlußstromes $\overline{OP_k}$ tangiert, denn bei Stillstand ist $J_h\,\dfrac{c_r}{c} = 0$. Der Kreis k schneidet den Kreis K_h in dem Punkte P_{h1}, der der Geschwindigkeit $\dfrac{c_r}{c} = 1$ entspricht. Der Durchmesser $\overline{Od}$

steht also senkrecht auf $\overline{OP_k}$ und bildet daher mit der Ordinatenachse denselben Winkel $\left(\dfrac{\pi}{2} - \varphi_k\right)$, den $\overline{OP_k}$ mit der Abszissenachse bildet. Daher erhält man den Kreisdurchmesser $\overline{Od}$ leicht wie in der Figur angedeutet, indem man das Lot $\overline{Od}$ in $\overline{OP_k}$ mit der Verlängerung der Verbindungslinie $\overline{DP_{h1}}$ in d zum Schnitt bringt.

Wir haben nun diesen Kreis mit $\dfrac{\mathfrak{C}}{\mathfrak{P}_a}$ zu multiplizieren und seine Vektoren von denen des Kreises K_h zu subtrahieren. Da die Kreise in bezug auf O korrespondieren, ergibt sich also wieder ein Kreis[1]), und die Multiplikation und Subtraktion braucht nur für den Kreismittelpunkt ausgeführt zu werden, um den Mittelpunkt des Kreises für den Doppelschlußmotor zu erhalten. Da ferner P_k stets der Kurzschlußpunkt für den Doppelschlußmotor ist, ist auch der Radius des Kreises gegeben.

Um nun gleich den Einfluß der Größe und Phase des Nebenschlußfeldes zu übersehen, nehmen wir verschiedene Größen und Phasen von E gegenüber P_a an.

1. Doppelschlußmotor ohne Kompensation.

Es sei $\Theta = 0$, also E, d. h. Φ_n und P_a phasengleich, dies wird angenähert erreicht, wenn die Erregerspannung P_e um 90^0 gegen die Arbeitsspannung P_a voreilt.

Der Vektor $\mathfrak{I}_h \dfrac{c_r}{c} \dfrac{E}{P_a}$ ist also in Phase mit $\mathfrak{I}_h$. Der Durchmesser des Kreises k ist nur mit dem Betrage $\dfrac{E}{P_a}$ zu multiplizieren, die Lage des Radius ist unverändert. Nehmen wir z. B. $E = P_a$ an, so brauchen wir nur $\overline{Om}$ von $\overline{OM_h}$ zu subtrahieren, um M, den Mittelpunkt des Kreises, für den Doppelschlußmotor zu erhalten. Es wird also (Fig. 93) $\overline{M_h M}$ senkrecht auf $\overline{OP_k}$ und gleich $\overline{Om}$, d. h. M ist der Schnittpunkt von $\overline{M_h M}$ und $\overline{OM}$ senkrecht auf $\overline{OP_{h1}}$.

Ist E von P_a verschieden, aber noch $\Theta = 0$, so wird $\overline{M_h M}$ stets in derselben Richtung liegen bleiben, aber $\dfrac{E}{P_a}$ mal so groß wie $\overline{Om} = \overline{M_h M}$ sein. Der Kreisradius ist $\overline{MP_k}$.

In Fig. 94 sind drei Kreise, K, K_1, K_2, eingezeichnet mit den Mittelpunkten M, M_1, M_2. Für den ersten ist $E = P_a$, für den zweiten $E > P_a$, für den dritten $E < P_a$. Alle drei gehen durch den Punkt O, er ist der Leerlaufpunkt, bei dem der Arbeitsstrom

---

[1]) Siehe Wechselstromtechnik Bd. I, 2. Aufl., S. 76.

verschwindet, weil E_{an} und P_a in Phase und gleich groß werden. Die Leerlaufgeschwindigkeit ist also

$$\frac{c_{r0}}{c} = \frac{P_a}{E}.$$

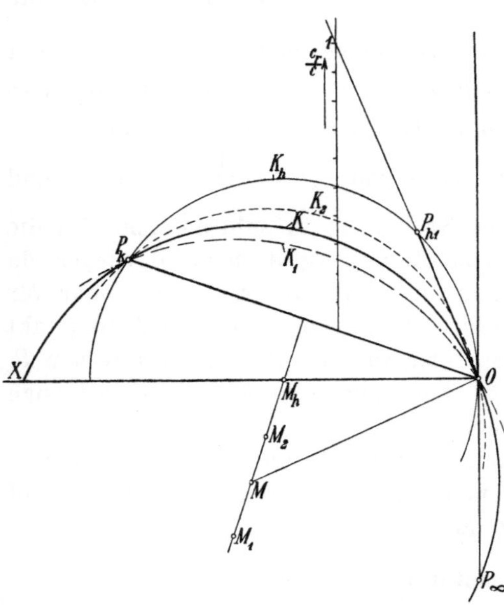

Fig. 94. Stromdiagramme des Doppelschlußmotors.

Weil die Phase des Stromes bei gleicher Geschwindigkeit in allen drei Fällen dieselbe geblieben ist wie beim Hauptschlußmotor und der Strom nur seine Größe geändert hat, gilt derselbe Geschwindigkeitsmaßstab wie für den Hauptschlußmotor.

Der Schnittpunkt der drei Kreise mit der Ordinatenachse ergibt daher die Punkte P_∞ für $\frac{c_r}{c} = \infty$. Bei dieser Geschwindigkeit muß nämlich das resultierende Feld Null sein, wenn die endliche Klemmenspannung durch zwei EMKe der Drehung ausbalanciert werden soll. Hauptschluß und Nebenschlußfeld müssen also in bezug auf den Rotor die entgegengesetzte induzierende Wirkung haben, d. h. um 180° phasenverschoben sein. Für $\Theta = 0$ liegt ja Φ_n in der positiven Ordinatenachse, und das Hauptschlußfeld Φ_h, das in Phase mit dem Arbeitsstrom ist, liegt daher in der negativen Ordinatenachse.

Das Drehmoment besteht aus zwei Teilen, dem Drehmoment des Rotorstromes mit dem Hauptschlußfeld und dem mit dem Nebenschlußfeld. Das erste ist wie beim Hauptschlußmotor proportional dem Abstand der Kreispunkte von der Halbpolaren, also hier der Tangente in O. Das zweite ist proportional der Projektion der Stromvektoren auf die Richtung von Φ_n, d. h. auf die Ordinatenachse.

Die Drehmomentlinie für das Drehmoment des Nebenschlußfeldes ist also die Abszissenachse. Das resultierende Drehmoment kann daher auch durch eine Gerade dargestellt werden, die erstens durch O, den Schnittpunkt der beiden Linien für die Teildrehmomente, geht, und zweitens durch P_∞, bei dem das Drehmoment zum zweiten Mal Null wird. Die resultierende Drehmomentlinie ist also hier die Ordinatenachse.

Auf dem Bogen $\overline{P_k O}$ ist motorische Wirkung, wobei beide Drehmomente sich unterstützen, auf $O P_\infty$ generatorische, wobei beide Drehmomente einander entgegenwirken, weil das Drehmoment des Nebenschlußfeldes oberhalb der Leerlauftourenzahl seine Richtung umkehrt, generatorisch wirkt, während das Drehmoment des Hauptschlußfeldes, da die Drehrichtung unverändert geblieben ist, noch motorisch wirkt. Bei P_∞ sind sie gleich groß und entgegengerichtet. Der Bogen $P_k X P_\infty$ entspricht umgekehrter Drehrichtung und generatorischer Wirkung beider Momente.

Auf dem Bogen $P_k X$ ist die generierte Leistung kleiner als die Verluste, es wird noch eine elektrische Leistung aus dem Netz aufgenommen, und diese sowie die generierte Leistung werden in der Maschine vernichtet, die Maschine wirkt als Bremse.

Auf dem Gebiet $X P_\infty$ endlich wird elektrische Leistung an das Netz abgegeben, die Maschine ist ein Generator.

Die Linie der (beim Motor) zugeführten oder (beim Generator) abgegebenen elektrischen Leistung ist die Abszissenachse, die Linie der (beim Motor) abgegebenen oder (beim Generator) aufgenommenen mechanischen Leistung die Linie $\overline{O P_k}$. In dem Arbeitsgebiet als Motor ist, wie ersichtlich, der Leistungsfaktor und die Leistungsfähigkeit um so geringer, je kleiner die Leerlauftourenzahl ist.

Bezüglich der Verwendbarkeit als Generator muß aber auf die Bemerkungen über die Selbsterregung Seite 65 verwiesen werden, die auch hier natürlich auftritt.

2. Kompensation des Doppelschlußmotors.

Man kann nun den Motor kompensieren, indem man Φ_n um einen bestimmten Winkel Θ gegen P_a verzögert. Es ist dann bei der Multiplikation des Kreises k mit $\dfrac{E}{P_a}$ der Radius um Θ zu drehen.

In Fig. 95 ist wieder M_h der Mittelpunkt des Kreises K_h, M der Mittelpunkt des Kreises für den Doppelschlußmotor, bei dem $E = P_a$ und $\Theta = 0$ ist. M' für die gleiche Größe von E, die jedoch um Θ gegen P_a verzögert ist. Es ist also lediglich $\overline{M_h M'}$ um Θ gegen $\overline{M_h M}$ im Sinne der Verzögerung verdreht und ebenso groß gemacht. K_D ist der Kreis für die gewählte Größe von Φ_n. Um den Geschwindigkeitsmaßstab zu erhalten, brauchen wir nur die Punkte P_1 für $\dfrac{c_r}{c} = 1$ und P_∞ für $\dfrac{c_r}{c} = \infty$ zu finden. Die Vektoren $\left(\dfrac{\mathfrak{E}}{\mathfrak{P}_a}\right)\dfrac{c_r}{c}\,\mathfrak{J}_h$ eilen denen für dieselbe Geschwindigkeit des Kreises K_h des Hauptschlußmotors um den Winkel Θ nach. Tragen wir also an

184   Sechstes Kapitel.

$\overline{OP_{h1}}$ den Vektor $\overline{P_{h1}P_1}$ mit dem Winkel Θ an, so ist $\overline{OP_1}$ der Strom für $\dfrac{c_r}{c}=1$. Da in diesem Fall $(E=P_a)$ die Strecken $\overline{OP_{h1}}$ und $\overline{P_{h1}P_1}$ gleich sind, ist der Winkel $P_{h1}OP_1$ gleich $\frac{1}{2}(\pi-\Theta)$. Für $\dfrac{c_r}{c}=\infty$ ist der Strom des Hauptschlußmotors Null, die Richtung

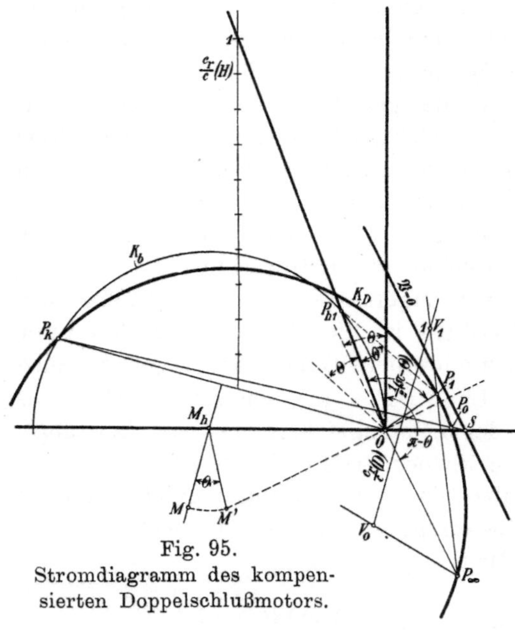

seines Vektors ist also die der Tangente in O an K_h, also die Ordinatenachse, und wir haben an diese $(\pi-\Theta)$ anzutragen, um P_∞ auf K_D zu finden.

Weil Φ_n jetzt gegen die Arbeitsspannung P_a, die in Richtung der Ordinatenachse liegt, um Θ verzögert ist, ist also Φ_h bei $\dfrac{c_r}{c}=\infty$ wieder genau entgegengesetzt gerichtet wie Φ_n, da Φ_h in Phase mit dem Strom $\overline{OP_\infty}$ ist.

Fig. 95.
Stromdiagramm des kompensierten Doppelschlußmotors.

Der Geschwindigkeitsmaßstab $\overline{V_0V_1}$ liegt nun parallel zur Tangente in P_∞, und der Abschnitt $\overline{V_0V_1}$ zwischen den Strahlen von P_∞ nach P_k für $\dfrac{c_r}{c}=0$ und nach P_1 für $\dfrac{c_r}{c}=1$ kann nun entsprechend eingeteilt werden.

Es erübrigt nun noch, die Linie für die Nutzleistung zu finden. Da wir bei der Aufstellung des Diagramms zur Vereinfachung nur die Stromwärmeverluste in Rücksicht gezogen haben, ist die einzige Verlustinie die Halbpolare $\mathfrak{W}=0$ des Punktes O in bezug auf M'. Sie schneidet die Abszissenachse, die die Linie der zugeführten Leistung $\mathfrak{W}_1=0$ ist, im Punkte S. Die Linie der Nutzleistung $(\mathfrak{W}_2'=0)$, die nach Abzug der Stromwärmeverluste von der zugeführten Leistung übrig bleibt, geht durch P_k und S. Sie schneidet den Kreis in P_0, dem ideellen Leerlaufpunkt, bei dem die Maschine leer laufen würde, wenn keine Reibung, Eisenverluste usw. vorhanden wären. Die Drehmomentlinie geht wieder durch P_0 und P_∞. Das Diagramm kann an sich ja nur ein angenähertes Bild von der

Wirkungsweise geben, da es weder die Sättigung, die bei der Superposition von Nebenschluß- und Hauptschlußfeld im gleichen Kerneisen besonders kompliziert wird, noch sonstige Nebeneinflüsse berücksichtigt; es wäre daher überflüssig, es weiter zu vervollständigen.

Bemerkt möge nur noch sein, daß bei den Maschinen mit ausgeprägten Polen das Verhalten der Rotoreisenverluste ganz anders ist als bei einem reinen Drehfeld. Der Rotor erfährt eine Ummagnetisierung, die zusammengesetzt ist aus einer Grundwelle von der Periodenzahl des Wechselstromes und Oberwellen, die von der Umdrehungszahl abhängen und die z. B. bei $\dfrac{c_r}{c} = 1$ die dreifache Periodenzahl von der des Wechselstromes haben. Diese Erscheinungen, die bisher noch nicht eingehender untersucht sind, bedingen ein beständiges Zunehmen der Rotorverluste mit der Geschwindigkeit, wobei der mit der Geschwindigkeit wachsende Anteil als ein mechanischer Verlust erscheint, während nur der bei Stillstand auftretende Verlust vom Strom gedeckt wird und fast unabhängig von der Umdrehungszahl von ihm dem Netz entnommen wird.

Siebentes Kapitel.

Vorausberechnung mehrphasiger Kommutatormotoren.

40. Allgemeines über die Vorausberechnung.

Dem Entwurf eines Motors muß die vorgeschriebene Regelung der Umdrehungszahl und des Drehmomentes zugrunde gelegt werden. Wir können unterscheiden:

1. Das Drehmoment ist bei den verschiedenen Geschwindigkeiten nahezu konstant, die Belastungsänderungen sind gering und der Motor wird nicht vollständig entlastet. In diesem Fall, der z. B. beim Antrieb von Textilmaschinen, Papiermaschinen usw. vorliegt, bei denen der Kraftbedarf der Arbeitsmaschine sich etwa gleichbleibt, ob sie leer oder belastet läuft, können Hauptschlußmotoren oder Nebenschlußmotoren verwendet werden. Die Regulierung kann bei den ersten durch Bürstenverstellung erfolgen.

2. Das Drehmoment ist stark veränderlich; besonders hohe Anforderungen werden an den Anlauf gestellt; vollständige Entlastung tritt nicht ein. Hier sind Hauptschlußmotoren zu verwenden, bei großem Anzugsmoment wie bei Kranen ist die Spannung beim Anlauf zu regulieren.

3. Das Drehmoment ist veränderlich und nimmt entweder mit abnehmender Geschwindigkeit ab (Ventilatoren), oder es sollen große Belastungsänderungen bei gleichbleibender Geschwindigkeit erzielt werden (Werkzeugmaschinen). Hier sind stets Nebenschlußmotoren am Platz.

Die Schwierigkeit des Entwurfs liegt im wesentlichen in der Erreichung einer funkenfreien Kommutierung für das ganze Arbeitsgebiet.

Wir werden sehen, daß ohne besondere Hilfsmittel für die Kommutation die Leistung und das Reguliergebiet beschränkt sind. Wendepole werden zurzeit nur wenig angewandt, und da es ein leichtes ist, eine ohne Wendepole berechnete Maschine nachträglich mit solchen zu versehen, um den Regulierungsbereich zu vergrößern, so werden wir uns hier auf die Berechnung von Maschinen ohne Wendepole beschränken.

Bei großen Leistungen wird man den Kommutatormotor nur für einen Teil der Leistung bauen, was durch Anwendung von Kaskadenschaltung möglich ist.

Die Kommutation erfordert bei den Wechselstrom-Kommutatormotoren einige von anderen Maschinen ganz abweichende Rücksichten, die wir zunächst besprechen wollen.

41. Die Rotorspannung.

Charakteristisch für alle Wechselstrom-Kommutatormaschinen ist, daß der Rotor nur für eine kleine Spannung gebaut werden kann. Wir wollen im folgenden als Rotorspannung (einer Phase) die EMK E_2 bezeichnen, die bei Stillstand, d. h. bei voller Periodenzahl vom Hauptfeld Φ im Rotor induziert wird. Obwohl sie beim Lauf im Rotor nicht auftritt, bestimmt sie dennoch die Größe des Stromes bei einer bestimmten Zugkraft.

Die mechanische Leistung ist, wenn J_2 der Phasenstrom, ψ_2 die Phasenverschiebung zwischen E_2 und J_2 ist:

$$W_m = m_2 E_2 J_2 \cos \psi_2 (1 - s) 10^{-3} \text{ KW} \quad . \quad . \quad (42)$$

und das Drehmoment in synchronen Watt

$$W_a = m_2 E_2 J_2 \cos \psi_2 \quad . \quad . \quad . \quad . \quad . \quad (43)$$

Die Spannung E_2 verhält sich zu der Transformator-EMK $\varDelta e_p$ bei Stillstand, die hier in voller Größe zur Geltung kommt und bestimmte Werte nicht überschreiten darf, wie die Zahl der effektiven Rotorwindungen einer Phase $w_2 f_2$ zu der Zahl der in Serie geschalteten, von einer Bürste kurzgeschlossenen Windungen $S_k \dfrac{N}{2K}$. Es ist also

$$E_2 = \frac{\varDelta e_p}{S_k} \frac{2K}{N} w_2 f_2 \cdot \quad . \quad . \quad . \quad . \quad (44)$$

Es ist nun

$$w_2 = \frac{1}{m_2} \frac{N}{2a},$$

$$f_2 = \frac{\sin \dfrac{\pi}{m_2}}{\dfrac{\pi}{m_2}},$$

$$w_2 f_2 = \frac{N}{2a} \frac{\sin \dfrac{\pi}{m_2}}{\pi}.$$

Andererseits können wir im Mittel setzen

$$S_k = \frac{b_1}{\beta} \frac{p}{a}$$

s. Kap. I, S. 5, daher

$$E_2 = \frac{\Delta e_p}{\dfrac{b_1}{\beta}} \frac{K}{2p} \frac{2 \sin \dfrac{\pi}{m_2}}{\pi} \qquad \ldots \ldots \quad (45)$$

oder indem wir die Polteilung am Kommutator mit

$$\tau_k = \frac{\beta K}{2p}$$

bezeichnen, wird

$$E_2 = \Delta e_p \frac{\tau_k}{b_1} \frac{2 \sin \dfrac{\pi}{m_2}}{\pi} \qquad \ldots \ldots \quad (46)$$

Δe_p ist durch den Anlauf bestimmt. Braucht der Kraftfluß bei Anlauf nicht über den normalen Wert bei Lauf vergrößert zu werden, wie z. B. bei Nebenschlußmotoren, so kann Δe_p für den normalen Kraftfluß den größten zulässigen Wert erhalten, d. h. bei harten Kohlebürsten etwa $\Delta e_p \simeq 7$ Volt effektiv.

Ist dagegen eine Vergrößerung des Kraftflusses beim Anlauf nötig, wie beim Anlauf von Hauptschlußmotoren mit größerem als normalem Drehmoment, so darf Δe_p für den normalen Kraftfluß den größten zulässigen Wert noch nicht erreichen.

Bei gegebenen Δe_p ist die Rotorspannung umgekehrt proportional der Bürstenbedeckung $\dfrac{b_1}{\beta}$ und proportional der Lamellenzahl $\dfrac{K}{2p}$ einer Polteilung.

Um möglichst viel Lamellen bei mäßigen Kommutatorabmessungen zu erhalten, muß man daher die Lamellenteilung so klein wie möglich machen. Als untere Grenze kann etwa $\beta = 0{,}4$ cm angesehen werden, wobei eine Isolationsdicke von 0,05 bis 0,08 cm einbegriffen ist.

Die Dicke b_1 der Kohlebürsten wird zwischen 0,5 bis 1,2 cm gewählt. Für die untere Grenze $b_1 \approx 0,5$ hat man etwa $\dfrac{b_1}{\beta} \approx 1$, für die obere Grenze $b_1 \approx 2\,\beta$.

Kohlebürsten unter 0,8 cm verwendet man jedoch nur bei ganz kleinen Maschinen (etwa unter 10 PS), um hier $\dfrac{b_1}{\beta} \approx 1$ zu erhalten, weil oft bei so kleinen Maschinen keine genügende Lamellenzahl pro Pol gewählt werden kann, um eine genügende Rotorspannung zu bekommen. Derart schmale Kohlebürsten haben den Nachteil, daß sie leicht springen und häufig ein störendes Geräusch verursachen.

Wir können die Gleichung 46 noch wie folgt umformen: Es ist die Polteilung τ_k des Kommutators

$$\tau_k = \frac{100\,v_{k1}}{2\,c} = \frac{50\,v_{k1}}{c}\,,$$

worin v_{k1} die Kommutatorgeschwindigkeit in m/sek. bei Synchronismus ist. Daher wird:

$$E_2 = \frac{\varDelta e_p}{b_1}\,\frac{50\,v_{k1}}{c}\,\frac{2\sin\dfrac{\pi}{m_2}}{\pi} \quad\ldots\ldots\ (47)$$

also für einen Dreiphasenmotor:

$$E_2 = \frac{\varDelta e_p}{b_1}\,\frac{50\,v_{k1}}{c}\,\frac{\sqrt{3}}{\pi}$$

und für einen Zweiphasenmotor

$$E_2 = \frac{\varDelta e_p}{b_1}\,\frac{50\,v_{k1}}{c}\,\frac{2}{\pi}\,.$$

Bei gegebenen Werten von $\varDelta e_p$ und b_1 ist also E_2 proportional der Kommutatorgeschwindigkeit v_{k1}, und umgekehrt proportional der Periodenzahl c. Dies zeigt deutlich, daß bei kleinen Motoren, die einen kleinen Kommutatordurchmesser erhalten, nur ganz schmale Bürsten verwendet werden können. Andererseits ist der Einfluß der Periodenzahl hier klar ersichtlich.

Um die Größenordnungen zu übersehen, um die es sich handelt, betrachten wir folgendes Beispiel. Es sei

$$\varDelta e_p = 7, \quad b_1 = 0,8 \text{ cm}, \quad v_{k1} = 20 \text{ m i. d. Sek.},$$

so ist für drei Phasen bei

$c =$	50	$E_2 =$	96 Volt
	25		192 „
	15		322 „

und bei zwei Phasen, bei denen die Spannung am Durchmesser statt an $^2/_3$ des Umfangs abgegriffen wird, im Verhältnis $\dfrac{2}{\sqrt{3}}$, d. h. um rund $15\,^0/_0$ höher, also bei $c = 50$ etwa 110 Volt.

Die niedrige Spannung ist natürlich von Nachteil für den Wirkungsgrad, denn die Bürsten-Übergangsverluste für den Hauptstrom werden prozentual um so größer, je kleiner die Spannung ist.

Ist $\varDelta P$ die effektive Übergangsspannung an einer Bürste, so ist, weil der Bürstenstrom $2 \sin \dfrac{\pi}{m_2}$ mal so groß ist wie der Phasenstrom, der Übergangsverlust für alle m_2 Bürstenstifte:

$$W_u = m_2\, J_2\, 2 \sin \frac{\pi}{m_2}\, \varDelta P \ \text{Watt}$$

und

$$\frac{W_u}{W_m} = \frac{2 \sin \dfrac{\pi}{m_2}\, \varDelta P}{E_2\,(1 - s)\cos \psi_2} = \frac{\pi\, \varDelta P\, b_1\, c}{\varDelta e_p\, v_k\, 50 \cos \psi_2} \quad . \quad . \quad (48)$$

worin $v_k = v_{k\,1}(1 - s)$ die wirkliche Kommutatorgeschwindigkeit ist.

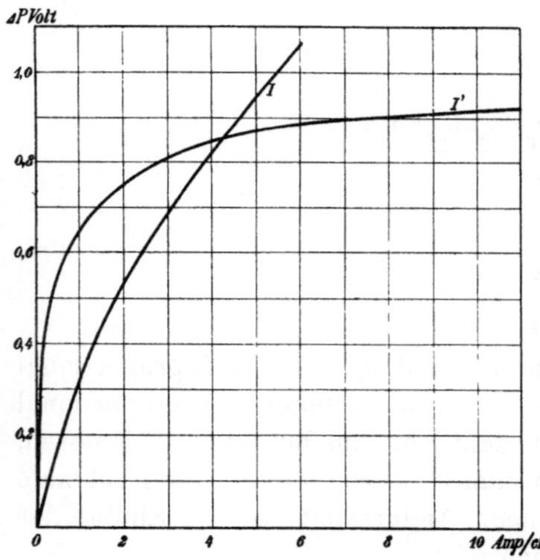

Fig. 96. Übergangsspannung für Kohlebürsten als Funktion der Stromdichte: I für die Momentanwerte, I' für die Effektivwerte.

$\varDelta P$ ist für den Momentanwert des Wechselstromes viel stärker von der Stromdichte abhängig als für die Effektivwerte bzw. für Gleichstrom, und nimmt mit wachsender Stromdichte zu wie Fig. 96 zeigt.

Die Kurve I entspricht den Momentanwerten und Kurve I' den Effektivwerten der Stromdichte.

Mit Rücksicht auf die beim Anlauf auftretenden Kurzschlußströme, die durch den Übergangswiderstand begrenzt werden sollen, wählt man die Bürstenfläche klein, die Stromdichte für den Hauptstrom hoch. Es ist daher $\varDelta P$ stets groß. Dies zeigt, daß mit Rücksicht auf den Wirkungsgrad hohe Kommutatorgeschwindigkeiten zu wählen sind.

Die Reibungsverluste am Kommutator bleiben hiervon jedoch unberührt. Weil nämlich die Spannung mit steigender Kommutatorgeschwindigkeit steigt, nimmt der Strom und die gesamte Bürstenfläche bei gegebener Stromdichte entsprechend ab, und da die Reibung proportional dem Produkt aus der reibenden Fläche und der Geschwindigkeit ist, bleibt sie konstant.

Aus den abgeleiteten Beziehungen folgt weiter, daß kleinere Motoren bei 50 Perioden auch als Hauptschlußmotoren meist eines Transformators bedürfen. Entweder wickelt man den Stator für die Netzspannung und schaltet einen Stromtransformator zwischen Stator und Rotor. Dieser Transformator erhält ein festes Übersetzungsverhältnis, wenn man durch Bürstenverschiebung reguliert. Er erhält den vollen Rotorstrom, die volle Rotorspannung jedoch nur beim Anlauf. Da man ihn hier magnetisch überlasten kann, braucht seine Dauerleistung nicht gleich der Motorleistung zu sein. Die Spannung, für die der Kraftfluß als dauernd vorhanden anzusehen ist, ist die Rotorspannung bei der größten Schlüpfung. Die Größe des Transformators hängt also von dem Regulierbereich ab. Ist der Stator für eine nur wenig höhere Netzspannung gewickelt als der Rotor, z. B. für 110 Volt, so ist ein Autotransformator am billigsten. Bei großen Spannungsunterschieden wählt man einen Transformator mit getrennten Spulen.

Bei Regulierung der Netzspannung ist der Transformator für die ganze Leistung zu bemessen.

42. Wahl der Polzahl.

Auf die Wahl der Polzahl ist wieder in erster Linie die Kommutation von maßgebendem Einfluß. In der Nähe von Synchronismus sind die Bedingungen für die Kommutation am günstigsten. Bei Synchronismus wird vom Drehfeld nichts in den kurzgeschlossenen Spulen induziert, und es kommt nur die durch Stromwendung auftretende Reaktanzspannung allein in Betracht.

Betrachten wir als Maßstab die resultierende effektive Spannung $\varDelta e$, die in den Spulen zwischen den Kanten einer Bürste auftritt, so können wir uns deren Verlauf als Funktion der Geschwindigkeit für einen bestimmten Fall etwa wie folgt darstellen. Es werde bei konstantem Kraftfluß und konstantem Strom reguliert.

Für $\cos \psi_2 \simeq 1$ wird

$$\varDelta e = \sqrt{\varDelta e'^2 + \varDelta e''^2}$$

(s. Kap. I, Gl. 4). Hierin setzen wir die vom Hauptkraftfluß induzierte EMK

$$\varDelta e' = s\, \varDelta e_p$$

und die von der Kommutation des Stromes herrührende EMK

$$\varDelta e'' = (1 - s)\, \varDelta e_N.$$

$\varDelta e_N$ ist die bei Synchronismus auftretende Reaktanzspannung,
es wird also

$$\varDelta e = \varDelta e_p \sqrt{s^2 + (1-s)^2 \left(\frac{\varDelta e_N}{\varDelta e_p}\right)^2}\,.$$

Fig. 97 zeigt den Verlauf von $\dfrac{\varDelta e}{\varDelta e_p}\cdot 100$ als Funktion der Geschwindigkeit $(1-s)$, für verschiedene Werte von $\dfrac{\varDelta e_N}{\varDelta e_p}$, und zwar
ist für Kurve

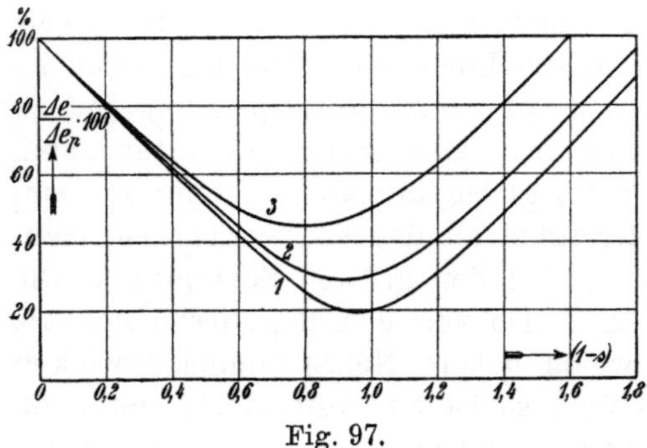

1. $\varDelta e_N = 0{,}2\ \varDelta e_p$

2. $\varDelta e_N = 0{,}3\ \varDelta e_p$

3. $\varDelta e_N = 0{,}5\ \varDelta e_p\,.$

Die Kurven zeigen alle
ein Minimum unterhalb
Synchronismus und einen
symmetrischen Verlauf zu
beiden Seiten des Mini-
mums. Da nun die zu-

Fig. 97.

lässige Spannung von der Selbstinduktion der kurzgeschlossenen
Spulen, den Übergangswiderständen und der Kurzschlußzeit abhängt,
ist sie bei hoher Geschwindigkeit kleiner als bei geringer, man
sieht sofort, daß man die höchste geforderte Geschwindigkeit nur
wenig oberhalb Synchronismus legen kann.

Nehmen wir z. B. an, es sei ein Nebenschlußmotor gegeben;
der Kraftfluß kann beim Anlauf also nicht vergrößert werden. Es
sei $\varDelta e_p = 7$ und bei der höchsten Geschwindigkeit sei $\varDelta e = 3$ Volt
zulässig, $\varDelta e = 0{,}43\ \varDelta e_p$, so ergibt sich für

$$\frac{\varDelta e_N}{\varDelta e_p} = 0{,}2 \qquad\qquad s = -0{,}34$$

$$\frac{\varDelta e_N}{\varDelta e_p} = 0{,}3 \qquad\qquad s = -0{,}22\,.$$

Aus dem Verlauf der Kurven sehen wir, daß bei demselben
Drehmoment bei kleineren Geschwindigkeiten die Bedingungen viel
günstiger sind. Erst bei $s \cong +0{,}4$ wird derselbe Wert von $\varDelta e$
wieder erreicht, da aber bei kleiner Umdrehungszahl höhere Werte
von $\varDelta e$ zulässig sind, kann man annehmen, daß im ganzen untersynchronen Gebiet die Kommutation funkenfrei ist. Ist also die
höchste Geschwindigkeit gegeben, so ist hierdurch die Polzahl
festgelegt, denn es soll die höchste Geschwindigkeit nicht viel oberhalb Synchronismus liegen.

Wie groß dieser Betrag sein darf, hängt von den Werten von $\varDelta e_p$ und $\varDelta e_N$, also bei bestimmtem $\varDelta e_p$ von dem Verhältnis $\dfrac{\varDelta e_N}{\varDelta e_p}$ ab.

Diese Größe hängt von dem Verhältnis des kommutierten Nutenfeldes zu dem Hauptfelde ab. Nach Kap. I, Gl. 3 b ist für sich überlappende Phasen, wie es bei Dreiphasenmotoren mit Durchmesserwicklung der Fall ist:

$$\varDelta e_N = 2\,S_k \sin\frac{\pi}{m}\,A\,S\,l_i\,\lambda_N\,v_1\,\frac{t_1}{t_1 + b_D - \beta_D}\,10^{-8}\ \text{Volt.}$$

Hierin ist v_1 die synchrone Umfangsgeschwindigkeit in cm,

$$v_1 = 2\,\tau\,c,$$

ferner ist

$$\varDelta e_p = \pi\,\sqrt{2}\,S_k\,c\,B_l\,l_i\,\alpha_i\,\tau\,10^{-8}\ \text{Volt,}$$

daher

$$\frac{\varDelta e_N}{\varDelta e_p} = \frac{2\sin\dfrac{\pi}{m}\,A\!S\,2\,\lambda_N\,\dfrac{t_1}{t_1 + b_D - \beta_D}}{\pi\sqrt{2}\,B_l\,\alpha_i}.$$

Für kleine Bürstenbedeckungen ist

$$\frac{t_1}{t_1 + b_D - \beta_D} \cong 1$$

und setzen wir

$$\alpha_i \cong \frac{2}{\pi},$$

so wird für einen Dreiphasenmotor

$$\frac{\varDelta e_N}{\varDelta e_p} = \frac{\sqrt{2}\sin\dfrac{\pi}{3}\,A\!S\,\lambda_N}{B_l}\ \ldots\ldots\ (49)$$

Da mit wachsender Größe der Maschinen sowohl $A\!S$ wie B_l größer gewählt werden und die Leitfähigkeit λ_N für 1 cm Ankerlänge sich nicht viel ändert, ist dieses Verhältnis nicht sehr veränderlich und liegt etwa zwischen 0,2 bis 0,4.

Bei kleinen Periodenzahlen ($c = 25$) ist es oft bei kleinen Motoren nicht nötig, mit $\varDelta e_p$ an die zulässige Grenze zu gehen, um eine hinreichende Spannung von etwa 110 Volt zu erhalten. In diesem Fall kann die höchste Geschwindigkeit mehr oberhalb Synchronismus gewählt werden, doch wird man selten mehr als höchstens 50 bis 60 $^0/_0$ Übersynchronismus erreichen.

Die Verwendung höherer Polzahl, d. h. stark übersynchronen Laufs bietet, auch wenn wir von der Kommutationsschwierigkeit bei Übersynchronismus absehen, bei Mehrphasenkommutatormaschinen nicht viele Vorteile. Das Gewicht des aktiven Eisens nimmt mit steigender Polzahl ab, ebenso bei gleicher Stromdichte das Gewicht des Kupfers, weil die Stirnverbindungen kürzer werden. Weil aber bei gleichem Kommutatordurchmesser und gleicher Teilung die Lamellenzahl pro Pol der Polzahl umgekehrt proportional ist, wird die Rotorspannung E_2 bei sonst gleichen Verhältnissen umgekehrt proportional der Polzahl (s. Gl. 45), der Strom ihr proportional, daher, wenn man entsprechend der höheren Polzahl mehr Bürsten auflegt, die Kommutatorlänge ebenso groß wie zuvor.

Die Längen des Eisens und des Kommutators bleiben also bei gleichem Durchmesser gleich.

Der Verringerung der Eisenverluste im Stator steht eine Erhöhung der Eisenverluste im Rotor bei größerer Schlüpfung gegenüber, der geringen Verminderung der Stromwärmeverluste steht einerseits eine Vergrößerung der Übergangsverluste am Kommutator bei größerem Strom gegenüber, andererseits jetzt aber auch eine Vergrößerung der Bürstenreibung, weil hier bei gleicher Kommutatorgeschwindigkeit die Bürstenfläche vergrößert ist.

Der Magnetisierungsstrom wächst mit der Polzahl, da man den Luftraum nicht entsprechend der kleineren Polteilung verringern kann. Die Streureaktanzen werden bei höherer Polzahl etwas kleiner, weil die Stirnverbindungen kürzer sind.

Abgesehen von den ungünstigen Bedingungen für die Kommutation bei Übersynchronismus dürfte also der Wirkungsgrad bei Anwendung größerer Polzahl geringer werden.

43. Berechnung der Hauptabmessungen.

Die mechanische Leistung des Rotors ist

$$W_m = m_2\, E_2\, J_2 \cos \psi_2 \,(1 - s)\, 10^{-3}\ \mathrm{KW}.$$

Hierin ist
$$E_2 = \pi \sqrt{2}\, c\, w_2\, f_2\, \varPhi\, 10^{-8},$$
$$2\, m_2\, J_2\, w_2 = \pi\, D\, AS.$$
$$(1 - s)\, c = c_r = \frac{p\,n}{60}$$

ist die Periodenzahl der Rotation, daher:

$$W_m = \frac{\pi}{4} \sqrt{2}\, f_2\, (\pi\, D\, AS)\, \frac{n}{60}\, (2\,p\,\varPhi) \cos \psi_2\, 10^{-11}\ \mathrm{KW}. \quad (50)$$

$$= \frac{\pi}{4} \sqrt{2}\, f_2\, (v\, AS)\, (2\,p\,\varPhi) \cos \psi_2\, 10^{-9}\ \mathrm{KW} \quad . \quad . \quad (51)$$

worin v in m/sek gesetzt ist.

Die zweite Gleichung zeigt, daß die Leistung proportional ist $(v\,AS)$ und $(2\,p\,\Phi)$. Die erste Größe ist maßgebend für die Kommutation beim Lauf, der Kraftfluß Φ für die Kommutation beim Anlauf. Die Gleichung wird uns also zeigen, bis zu welcher Größe Mehrphasenmotoren ohne Wendepole überhaupt gebaut werden können.

Zuerst wollen wir jedoch die umgekehrte Aufgabe lösen, d. h. bei gegebener Leistung die Abmessungen berechnen.

Wir benutzen die erste Gleichung (50) und setzen

$$2\,p\,\Phi = \pi\,D\,\alpha_i\,B_l\,l_i.$$

Es wird daher

$$W_m = \pi^2\,D^2\,l_i\,\alpha_i\,B_l\,AS\,\frac{n}{60}\,f_2\,\frac{\pi}{4}\sqrt{2}\,\cos\psi_2\,10^{-11}\,\mathrm{KW}.$$

Die Nutzleistung des Motors ist um die mechanischen Verluste kleiner als W_m. Setzen wir den mechanischen Wirkungsgrad η_m, so erhalten wir die Nutzleistung in PS:

$$PS = W_m\,\frac{\eta_m}{0,736}.$$

und

$$\frac{D^2\,l_i\,n}{PS} = \frac{0,736}{\eta_m}\,\frac{5,5\cdot 10^{11}}{\alpha_i\,f_2\,B_l\,AS\,\cos\psi_2} \quad \cdot \quad \cdot \quad \cdot \quad (52)$$

Für einen Dreiphasenmotor ist

$$f_2 = \frac{\sin\dfrac{\pi}{3}}{\dfrac{\pi}{3}} = 0,828$$

und für das Grundfeld

$$\alpha_i = \frac{2}{\pi},$$

daher

$$\frac{D^2\,l_i\,n}{PS} = \frac{0,736}{\eta_m}\,\frac{10,4\cdot 10^{11}}{B_l\,AS\,\cos\psi_2} \quad \cdot \quad \cdot \quad \cdot \quad (53)$$

Weil der Wicklungsfaktor des mehrphasigen Kommutatorankers etwas kleiner ist als der einer Phasenwicklung, bei der jede Phase nur $\dfrac{1}{m}$-tel der Polteilung bedeckt, ist die Maschinenkonstante bei gleichen Werten von B_l und AS hier etwas größer und zwar für drei Phasen im Verhältnis

$$\frac{\dfrac{\pi}{3}\sin\dfrac{\pi}{6}}{\dfrac{\pi}{6}\sin\dfrac{\pi}{3}} = \frac{1}{0,866} = 1,155.$$

Sind Leistung und Tourenzahl gegeben, so haben wir Werte für B_l, AS und $\cos \psi_2$ anzunehmen, um das Produkt der Hauptabmessungen $D^2 l_i$ zu bestimmen.

$\cos \psi_2$ soll nur wenig von 1 abweichen. Zur Kompensation der Phasenverschiebung muß J_2 um einen geringen Betrag gegen E_2 voreilen; soll der ganze Magnetisierungsstrom vom Rotorstrom geliefert werden, so sind hierzu die Amperewindungen

$$\frac{m}{2} \frac{4}{\pi} \sqrt{2}\, J_2\, w_2\, f_2 \sin \psi_2 = p\, AW_k$$

erforderlich.

Um den Rotor hierbei nicht zu sehr mit wattlosem Strom zu überlasten, sollen also die Erregeramperewindungen $p\,AW_k$ klein gegen die Arbeitsamperewindungen sein. Andererseits ist auch schon im Kap. II, Seite 48 gezeigt, daß ein voreilender Strom im Rotor die Kommutation bei Übersynchronismus empfindlicher macht. Man wird daher nicht vollständig kompensieren und kann daher $\cos \psi_2 \cong 1$ setzen.

Die Größe der Luftinduktion B_l wird man etwa in der gleichen Größenordnung wie bei einem Induktionsmotor wählen.

Obwohl es durch die (teilweise oder ganze) Phasenkompensation möglich ist, den Magnetisierungsstrom etwas größer zu machen als bei einem Induktionsmotor, so wird man dies hier doch zweckmäßig mit Rücksicht auf die Kommutation durch Wahl eines etwas größeren Luftraumes erreichen und nicht durch eine größere Luftinduktion.

Auch die magnetischen Oszillationen, die bei der Kommutation entstehen und große zusätzliche Verluste erzeugen können, werden bei einem größeren Luftraum verringert.

Man kann etwa setzen

bei 50   25 Perioden

$B_l = 3500$ bis $5000 \ldots$ bis 5500 für kleinere Motoren,
$B_l = 4000$ bis $6000 \ldots$ bis 7000 für mittlere und größere Motoren.

Die lineare Belastung AS bestimmt die Verluste im Kupfer, die Erwärmung, die Kommutation und die Streuung. Sie hängt auch von der Art der Regelung ab. Nebenschlußmotoren, bei denen der Stator als Transformator zur Erzeugung der Regulierspannung für den Rotor verwendet wird, erfordern einen größeren Wicklungsraum zur Unterbringung der Regulierwindungen, und daher ein kleineres AS, als wenn ein besonderer Transformator verwendet wird. Sehen wir von dieser besonderen Konstruktion ab, so kann AS gewählt werden:

$AS = 100$ bis 180 für kleinere Motoren,
$AS = 150$ bis 250 für mittlere und größere Motoren.

Bei kleiner Periodenzahl und besonders günstigen Kommutierungsbedingungen (kleiner Regulierbereich) kann AS unter Umständen bis zu 300 gewählt werden.

Die Größe von AS hängt ferner noch von der Statorspannung ab. Da die Amperewindungen in Stator und Rotor sich nur durch die Erreger-Amperewindungen unterscheiden, ist AS für beide fast gleich groß.

Bei höherer Spannung ist mit Rücksicht auf die stärkere Isolation im Stator AS kleiner zu wählen als bei niederer Spannung.

44. Wahl der Polteilung und der Pollänge.

Hat man durch entsprechende Wahl der Werte von B_l und AS das Produkt $D^2 l_i$ ermittelt und aus dem Regulierbereich die Polzahl festgesetzt, so handelt es sich darum, passende Werte für D und l zu finden.

Die Reaktanzspannung ist proportional $v l_i AS = \pi D \dfrac{n}{60} l_i AS$.

Da nun $D^2 l_i n AS = \text{konst.} \dfrac{PS}{B_l}$ ist, so folgt, daß für eine bestimmte Leistung und Luftinduktion $v l_i AS$ um so kleiner wird, je größer der Durchmesser ist. Um die Reaktanzspannung klein zu machen, soll der Durchmesser also groß sein. Wir hatten ferner gesehen, daß auch mit Rücksicht auf die Transformatorspannung der Kommutatordurchmesser groß gewählt werden soll, und da er kleiner sein muß als der Ankerdurchmesser, stellen beide dieselbe Anforderung.

Das gesamte Kupfergewicht hängt bei einer bestimmten Stromdichte von dem Verhältnis $\dfrac{l}{\tau}$ ab (s. WT. V, 1, Seite 345), und nimmt schnell zu, wenn $l < \tau$ ist.

Ebenso nehmen die Streureaktanzen zu, je kleiner $\dfrac{l}{\tau}$ ist.

Die Kommutatoroberfläche bleibt konstant, da für eine bestimmte Stromdichte die Länge umgekehrt proportional dem Durchmesser ist, dagegen nehmen die Übergangsverluste mit wachsendem Durchmesser ab, und da es sich hier meist um kleine Rotorspannungen handelt (wenigstens bei 50 Perioden), kommen sie wesentlich in Betracht. Außerdem ist eine Maschine mit größerem Durchmesser und kleiner Länge meist teurer als eine mit kleinem Durchmesser.

Man wird also im ganzen bei Kommutatormaschinen kleinere Werte für $\dfrac{l}{\tau}$ wählen als bei Induktionsmaschinen, jedoch sich nicht zu weit von $\dfrac{l}{\tau}$ nach unten entfernen, um die Maschine nicht zu teuer zu machen.

45. Wahl der Ankerwicklung.

Für die Ankerwicklung kommen sowohl einfache Parallelwicklungen als auch Reihen- und Reihenparallelwicklungen in Betracht.

Der Ankerzweigstrom $i_a = \dfrac{J}{2a}$ ist so zu wählen, daß der Leiter einen passenden Querschnitt erhält. Im allgemeinen wird man $i_a < 150$ bis 200 Amp. wählen. Große Stabquerschnitte bedingen große Wirbelstromverluste im Kupfer und sind am besten zu unterteilen.

Durch die Einhaltung der Transformatorspannung ist man bei Wechselstrom-Kommutatormaschinen in gewissem Sinne in der Auswahl der Wicklung beschränkt, und nur bei kleineren Leistungen läßt sie eine größere Mannigfaltigkeit zu.

Sind nämlich die Hauptabmessungen und B_l und AS gewählt, so ist der Kraftfluß Φ bekannt.

Aus der zulässigen Transformatorspannung Δe_p ergibt sich die größte Zahl der kurzgeschlossenen Windungen $S_k \dfrac{N}{2K} = \dfrac{\Delta e_p}{\pi \sqrt{2} c \Phi}$.

Nun ist im Mittel $S_k = \dfrac{b_1}{\beta} \dfrac{p}{a}$.

Es gibt also, wenn S_k eine größere Zahl ist, was nur eintritt, wenn Φ klein ist, d. h. bei kleinen Maschinen, verschiedene Möglichkeiten.

Man kann $\dfrac{b_1}{\beta}$, $\dfrac{p}{a}$ und $\dfrac{N}{2K}$ wählen.

Für $S_k \dfrac{N}{2K} = 6$ ergeben sich z. B. bei $p = 3$ folgende Möglichkeiten:

$$\text{I.} \quad \frac{b_1}{\beta} = 1; \quad p = 3: \quad a = 1, \quad \frac{N}{2K} = 2,$$
$$a = 2, \quad \frac{N}{2K} = 4,$$
$$a = 3, \quad \frac{N}{2K} = 6.$$
$$\text{II.} \quad \frac{b_1}{\beta} = 2; \quad p = 3: \quad a = 1, \quad \frac{N}{2K} = 1,$$
$$a = 2, \quad \frac{N}{2K} = 2,$$
$$a = 3, \quad \frac{N}{2K} = 3.$$

Bei den Reihen- und Reihenparallelwicklungen, bei denen alle gleichnamigen Bürsten aufliegen, ist $S_{k\,max} > S_k$ (s. Kap. I), jedoch sind die zu dem Mittelwert hinzutretenden, kurzgeschlossenen Windungen von Bürsten verschiedener Stifte kurzgeschlossen, und die sich hier bietenden Übergangsflächen sind klein; daher ist der Kurzschlußstrom nicht wesentlich größer, als wenn nicht alle Bürsten aufliegen.

Andererseits ist es besser, alle Bürsten aufzulegen, erstens um die Kommutatorlänge klein zu halten, zweitens treten weniger Spulen gleichzeitig aus dem Kurzschluß, was für die Kommutation beim Lauf günstiger ist. Liegen z. B. bei einer Reihenwicklung nur m_2 Bürsten auf, so treten an jeder Bürste gleichzeitig $p \cdot \left(\dfrac{N}{2K}\right)$ kurzgeschlossene Windungen aus dem Kurzschluß. Liegen jedoch alle $p\,m_2$ Bürsten auf, so treten nur $\dfrac{N}{2K}$ Windungen gleichzeitig aus dem Kurzschluß. Mit Rücksicht auf die Selbstinduktion der gleichzeitig aus dem Kurzschluß tretenden Windungen soll $\left(\dfrac{N}{2K}\right)$ klein sein.

Man wird daher auch bei kleinen Maschinen $\left(\dfrac{N}{2K}\right)$ nicht größer als 2 bis 3 wählen können. In dieser Hinsicht erscheint in dem angeführten Beispiel die Reihenwicklung am günstigsten. Für kleine Maschinen ist aber die Drahtwicklung billiger. Da die Rotorspannung klein ist, ergibt die Reihenwicklung schon bei kleinen Leistungen eine Stabwicklung. Man kann dann, um eine Drahtwicklung zu erhalten, mehrere Drähte parallel schalten oder eine Parallelwicklung wählen. Es ist daher eine genaue Untersuchung der Kommutationsverhältnisse nötig, ehe man sich für die eine oder die andere Wicklung entscheidet.

Je kleiner S_k sein darf, d. h. je größer der Kraftfluß und die Leistung der Maschine ist, um so geringer ist die Zahl der Möglichkeiten. Für $S_k = 2$ hat man, da man für eine größere Maschine nicht gut unter $\dfrac{b_1}{\beta} = 2$ gehen kann (s. S. 189), nur $\dfrac{N}{2K} = 1$ und $p = a$ zu wählen, wobei ebensogut eine Parallelwicklung wie eine Reihenparallelwicklung verwendet werden kann.

Die letzten erhalten stets Äquipotentialverbindungen (s. Gleichstrommaschine Bd. I, Kap. II), und es sind stets, wenn $b_1 < a\beta$ ist, alle Bürsten aufzulegen.

46. Grenze der Leistung.

Nach Gl. 51 war die mechanische Leistung

$$W_m = \frac{\pi \sqrt{2}}{4} f_2 (v\,AS)(2\,p\,\Phi) \cos \psi_2 \, 10^{-9} \text{ KW,}$$

und es war schon darauf hingewiesen worden, daß der Kraftfluß Φ eines Poles durch die Transformatorspannung bei Anlauf, das Produkt $(v\,AS)$ durch die Reaktanzspannung beim Lauf, begrenzt ist, durch beide also jene Leistung, für die Maschinen ohne Wendepole gebaut werden können. Es soll nun im folgenden ein angenähertes Bild gegeben werden, wie groß diese Leistung sein kann.

Es ist
$$\Delta e_p = \pi \sqrt{2} \, c\, S_k \frac{N}{2\,K} \, \Phi\, 10^{-8},$$

also
$$\Phi = \frac{\Delta e_p}{\pi \sqrt{2}\, c\, S_k} \frac{2\,K}{N} \, 10^{8},$$

ferner für drei Phasen

$$\Delta e'' = (1-s)\, \Delta e_N = 2\, S_k \frac{N}{2\,K} \sin \frac{\pi}{m}\, AS\, l_i\, \lambda_N\, v\, \frac{t_1}{t_1 + b_D - \beta_D}\, 10^{-6}$$

$$v\,AS = \frac{\Delta e''}{2\, S_k \dfrac{N}{2\,K} \sin \dfrac{\pi}{m}\, l_i\, \lambda_N\, \dfrac{t_1}{t_1 + b_D - \beta_D}} \, 10^{6}.$$

Obwohl beim Lauf die Resultierende aus $\Delta e' = s\,\Delta e_p$ und $\Delta e''$ in Betracht kommt, brauchen wir jedoch, da man die höchste Geschwindigkeit nicht wesentlich übersynchron annehmen kann, für diese nur $\Delta e''$ zu berücksichtigen. Es ist auf S. 192 gezeigt, daß, wenn Δe_p für den Anlauf in zulässigen Grenzen gehalten wird und $\Delta e''$ für die höchste Geschwindigkeit noch keine Funkenbildung bedingt, die Kommutation bei den niedrigen Geschwindigkeiten bei gleicher Belastung günstig ausfällt.

Durch Einsetzen der Werte von Φ und $v\,AS$ erhalten wir also, wenn wir noch

$$f_2 = \frac{\sin \dfrac{\pi}{m}}{\dfrac{\pi}{m}}, \quad \cos \psi_2 \cong 1 \quad \text{und} \quad \frac{t_1}{t_1 + b_D - \beta_D} \cong 1$$

setzen,

$$W_m = \frac{m}{4\pi} \frac{\Delta e_p\, \Delta e''}{S_k^2} \left(\frac{2\,K}{N}\right)^2 \frac{p}{c\, l_i}\frac{1}{\lambda_N}\, 10^5 \text{ KW.} \quad \ldots \quad (54)$$

Die Leistung ist also bei gegebenen Werten von Δe_p, $\Delta e''$ um so größer, je kleiner die Zahl der kurzgeschlossenen Windungen, je kleiner die Periodenzahl, die Länge l_i, die Leitfähigkeit λ_N des kommutierten Eigenfeldes und je größer die Polzahl ist.

Je größer die Maschine, d. h. je größer der Kraftfluß, um so kleiner muß man S_k machen. Die unterste Grenze ist (abgesehen von Wicklungen mit vermehrter Lamellenzahl) $S_k = 1$. Hierzu ist entweder die Bürste gleich der Lamellenbreite zu wählen bei Parallelwicklung und $\dfrac{N}{2K} = 1$ oder die Bürstenbreiten gleich m Lamellenteilungen bei $m$facher Parallelwicklung, wobei entweder eine Schleifenwicklung oder eine Wellenwicklung verwendet werden kann.

Für $\varDelta e_p = 5$ Volt und $S_k = 1$ wäre z. B. für $c = 50$ Perioden im Maximum $\varPhi = 2,3 \cdot 10^6$.

λ_N ist im allgemeinen nicht sehr veränderlich und beträgt etwa bei größeren Maschinen $\lambda_N \simeq 6$.

Bei gegebener Periodenzahl wächst also die Leistung in erster Linie durch Vergrößerung der Polzahl.

Die Länge ist bei gegebenem Kraftfluß durch die Luftinduktion und ein geeignetes Verhältnis von Polteilung zu Länge gegeben, so daß wir uns denken können, daß wir eine bestimmte Grenzleistung für ein Polpaar dadurch vergrößern können, daß wir die Polzahl vergrößern.

Die Umdrehungszahl nimmt dann mit der Leistung entsprechend der höheren Polzahl ab, da ein bestimmter Grad von Übersynchronismus zugrunde gelegt ist; der Rotordurchmesser wächst mit der Polzahl, und die Umfangsgeschwindigkeit bleibt konstant.

Diese Annahmen werden nun allerdings nicht vollständig zutreffen, denn sie setzen ein konstantes Verhältnis von $\dfrac{B_l}{AS}$ voraus, wenn $\dfrac{\varDelta e_p}{\varDelta e''}$ konstant bleibt, und um prozentual den gleichen Magnetisierungsstrom zu erhalten, müßte bei gleicher Polteilung der Luftraum konstant bleiben. Man wird aber mit steigender Polzahl und wachsendem Durchmesser den Luftraum etwas größer wählen müssen. Daher können diese Grundlagen nur ein angenähertes Bild geben, ebenso sind die Annahmen über zulässige Werte von $\varDelta e_p$ und $\varDelta e''$ nur angenähert.

Bei einem Verhältnis $\dfrac{l_i}{\tau} \simeq 1$ und $B_l \simeq 6000$ und $\alpha_i \simeq \dfrac{2}{\pi}$ erhält man für $\varPhi = 2,3 \cdot 10^6$ als Grenzwert für 50 Perioden

$$l_i \tau = \frac{\varPhi}{B_l \alpha_i} = 600 \text{ qcm}$$

$$l_i = \tau = 24,5 \text{ cm},$$

was bei $\dfrac{c_r}{c} = 1{,}2$, d. h. $20\,^0/_0$ Übersynchronismus bei 50 Perioden einer Umfangsgeschwindigkeit von ca. 30 m in der Sekunde entspricht. Nehmen wir ferner an, daß $\varDelta e'' \cong 2{,}0$ Volt betragen darf, $S_k = 1$, $\lambda_N \cong 6$, $c = 50$ und $m = 3$ sei, so wird:

$$W_m = \frac{3}{4\,\pi} \cdot \frac{5 \cdot 2{,}0}{1} \cdot \frac{p}{50 \cdot 24{,}5} \cdot \frac{1}{6} \, 10^5 \text{ KW} \cong p \cdot 32 \text{ KW.}$$

Man würde demnach bei 50 Perioden mit 2 Polen eine Maschine von 32 KW oder rund 40 PS,

mit 4 Polen eine solche von   80 PS,
„   6   „   „   „   „ 120 PS,
„   8   „   „   „   „ 160 PS usw.

bauen können.

Mit den folgenden Annahmen

$$S_k = 2, \quad N = 2K, \quad \varDelta e_p = 7 \quad \text{und} \quad \varDelta e'' = 2{,}5 \text{ Volt}$$

würde

$$W_m \cong p \cdot 17 \text{ KW.}$$

Obwohl diese Zahlen nicht als durchaus feststehende betrachtet werden können, zeigen sie erstens, daß es nicht möglich ist, schnelllaufende Maschinen von großer Leistung zu bauen; zweitens ist der Sprung von der ersten zur zweiten Grenze ziemlich groß, so daß Zwischenleistungen dann zwar günstiger in bezug auf die Funkenbildung sich verhalten, aber dann nicht so voll ausgenutzt sind wie die Grenzleistungen.

Im ganzen ist man also in bezug auf Leistungen und - Geschwindigkeiten stark beschränkt: Für große, schnellaufende Maschinen müssen daher Wendepole verwendet werden.

Achtes Kapitel.

Kompensierte Induktionsmaschinen.

47. Die Induktionsmaschine von Heyland. — 48. Phasenregler von Leblanc. —
49. Phasenregler von M. Walker.

47. Die Induktionsmaschine von Heyland.

Die Nachteile, die die wattlosen Ströme bei Induktionsmaschinen für das Netz und die Generatoren mit sich bringen, gaben Veranlassung, nach Mitteln zu suchen, diese Nachteile zu beseitigen.

Die Phasenverschiebung zwischen Strom und Spannung bei einer gewöhnlichen Induktionsmaschine rührt erstens her von den Reaktanzen der Wicklungen, und zweitens von dem Magnetisierungsstrom, der vom Stator bei voller Spannung aufgenommen wird und dem daher eine große, scheinbare Leistung in VA entspricht.

Weil im Rotor beim Lauf in der Nähe von Synchronismus nur eine sehr kleine EMK zu überwinden ist, kann man denselben Strom dem Rotor mit kleinerer Spannung und entsprechend viel kleinerer, scheinbarer Leistung zuführen als dem Stator. Auf die Netzspannung bezogen, ergibt dies einen viel kleineren Erregerstrom, und da die Reaktanz des Rotors in der Nähe von Synchronismus fast Null ist, ist er im wesentlichen ein Wattstrom.

Die Phasenkompensation kann also dadurch erreicht werden, daß man den Magnetisierungsstrom dem Rotor zuführt.

Um dies zu erreichen, muß dem Rotor, wie aus dem Spannungsdiagramm (Fig. 98) ersichtlich ist (das für $\varphi_1 = 0$ gilt), eine kleine Spannung P_2 zugeführt werden. Sie ist die Resultante der bei der Schlüpfung s induzierten EMK E_{2s} und der Impedanzspannung $J_2 z_{2s}$ und, wie die Figur zeigt, gegen J_2 um nahezu 90^0 phasenverschoben.

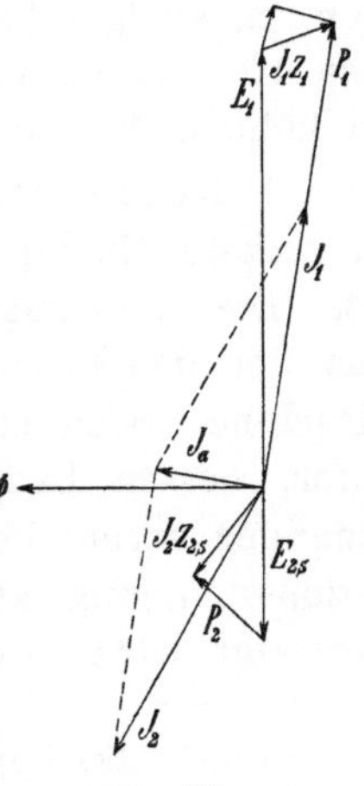

Fig. 98.

M. Leblanc schlug im Jahre 1895 zu diesem Zwecke vor, Erregermaschinen zu verwenden, deren Spannung entsprechend dem Rotorstrom einer gewöhnlichen Induktionsmaschine die Periodenzahl der Schlüpfung hat und die gegen den Rotorstrom um ca. 90⁰ phasenverschoben ist. Er verwendete hierzu einphasige Kommutatorgeneratoren, deren Feld von dem Rotorstrom erregt ist und daher mit der Periodenzahl der Schlüpfung pulsiert. Die Phasenverschiebung von 90⁰ erhält er z. B. bei einem zweiphasigen Rotor dadurch, daß er das Feld des Erregergenerators für die erste Phase von dem Strom der zweiten Phase erregt, und umgekehrt.

Dadurch, daß Strom und Spannung in der Erregermaschine um 90⁰ gegeneinander verschoben sind, gibt sie keine Leistung an den Induktionsmotor ab und nimmt keine von ihm auf, wie dies etwa bei der Kaskadenschaltung der Fall ist (s. Kap. X).

Eine etwas andere Anordnung schlug A. Blondel[1]) 1898 vor, die darin bestand, daß man dem Rotor mittels eines Kommutators und Bürsten Gleichstrom zuführte, wobei die Bürsten gegenüber dem Kommutator mit einer der Schlüpfung entsprechenden Umdrehungszahl rotieren, so daß der Gleichstrom einmal für jede Schlüpfungsperiode kommutiert wird und im Rotor ein kommutierter Strom von der Periodenzahl der Schlüpfung besteht.

Diese und ähnliche Anordnungen haben jedoch keine praktische Anwendung gefunden, man erhoffte dadurch einerseits einen besseren Leistungsfaktor zu erzielen, die Motoren mit größerem Luftraum und kleineren Nutenzahlen, d. h. größerer Streuung und billigerer Wicklung bauen zu können, andererseits asynchrone Generatoren zu bauen, deren Rotor den Magnetisierungsstrom liefert, während ein gewöhnlicher asynchroner Generator den Magnetisierungsstrom von parallelgeschalteten Synchronmaschinen entnehmen muß. In den meisten Fällen steht aber die Verteuerung und Komplikation in keinem Verhältnis zu den erzielten Vorteilen.

A. Heyland[2]) gab 1901 eine kompensierte Maschine an, die in einigen Exemplaren von verschiedenen Firmen gebaut worden ist. Die ursprüngliche Anordnung der Heylandschen Maschine, aus der das Prinzip ersichtlich ist, ist in Fig. 99 dargestellt. Die Maschine besitzt einen Rotor mit Gleichstromwicklung und Kommutator, dessen Lamellen durch induktionsfreie Widerstände r miteinander verbunden sind. Den Bürsten wird eine kleine Kompensationsspannung zugeführt, die etwa von der Statorwicklung abgezweigt wird, wobei die Bürsten um ca. 90⁰ aus der Grund-

---

[1]) Siehe Eclairage Electrique 1898.
[2]) Siehe ETZ 1901, 1902, 1903.

stellung gegen die Drehrichtung des Drehfeldes verschoben sind.
Der Zweck der Widerstandsverbindungen ist, einerseits dem Rotor
den Charakter eines Kurzschlußankers zu verleihen, andererseits
die Funkenbildung bei der Kommutation
des eingeleiteten Stromes zu vermeiden.
Der Kommutator erhielt daher nur ganz
wenige Lamellen, etwa vier bis sechs
pro Pol.

Wir haben in Kap. I, S. 9 gesehen,
daß der zeitliche Verlauf des kommutierten Mehrphasenstromes, der einer Gleichstromwicklung zugeführt wird, in jeder
Windung sich darstellt (s. Fig. 6, Kap. I)
als eine Welle von der Periodenzahl der
Schlüpfung, über die sich Wellenstücke
von der Grundperiodenzahl abwechselnd
mit solchen von der Kommutierungsperiodenzahl lagern. Bei der Heylandschen Maschine, bei der benachbarte
Lamellen durch induktionsfreie Widerstände verbunden sind, stellt jenes Bild
die Summe der Ströme dar, die einer
Ankerspule und dem dazu parallelgeschal-

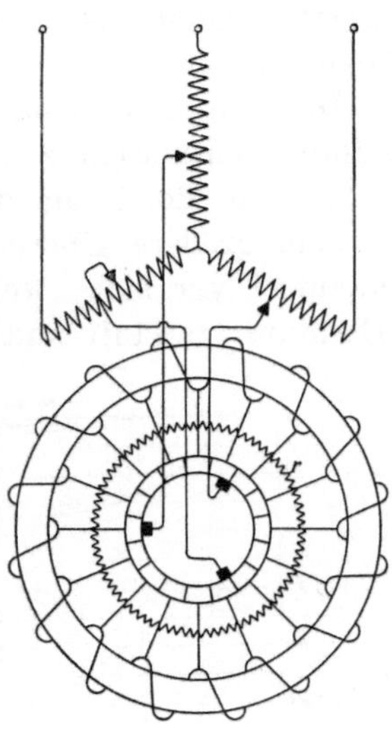

Fig. 99. Kompensierte
Maschine von Heyland.

teten Widerstand zugeführt werden. Weil die Selbstinduktion der
Ankerspule sich allen schnellen Pulsationen des Stromes widersetzt,
so folgt, daß alle Stromwellenstücke von höherer Periodenzahl ihren
Weg hauptsächlich durch die induktionsfreien Verbindungen zwischen
den Lamellen nehmen, während in die Wicklung im wesentlichen
nur eine Stromwelle von der geringen Schlüpfungsperiodenzahl tritt.
Bei kleinen Schlüpfungen ist die Reaktanz der Wicklung gegenüber
dieser langsam pulsierenden Stromwelle gegen den Widerstand sehr
klein, so daß man etwa annehmen kann, daß die Stromwelle von
der Schlüpfungsperiodenzahl sich im umgekehrten Verhältnis der
Widerstände auf die Wicklung und die Lamellenverbindungen verteilt, während alle Strompulsationen höherer Ordnung fast ganz in
den Lamellenverbindungen verlaufen.

In bezug auf die bei der Schlüpfung vom Grundfeld im Rotor
induzierten Ströme bilden die äußeren Verbindungen der Bürsten
einen Nebenschluß von hoher Impedanz zu den Lamellenverbindungen, und wegen der bei dem Übertritt des Stromes in die äußeren
Verbindungen der Bürsten erfolgenden Pulsationen schließen sich
die induzierten Ströme im wesentlichen durch die Lamellenverbindungen und nur zum geringen Teil über die Bürsten.

Daraus folgt, daß über die Bürsten fast nur der zur Erregung des Drehfeldes in den Rotor geschickte Strom und der in die Lamellenverbindungen tretende Strom fließt, daß dagegen der das Drehmoment bildende Strom, der gegen den ersten um ca. 90° phasenverschoben ist, nur zum kleinen Teile seinen Weg über die Bürsten nimmt.

Die Maschine behält daher im wesentlichen ihre Eigenschaft als Induktionsmaschine und besitzt, weil das Feld vom Rotor erregt ist, d. h. im Rotor um den doppelten Betrag der Streuung größer ist, eine größere Überlastungsfähigkeit. Die Stromwendung geht funkenfrei vor sich, weil die Strompulsation durch die Lamellenverbindung verläuft und nicht über die Bürste geht.

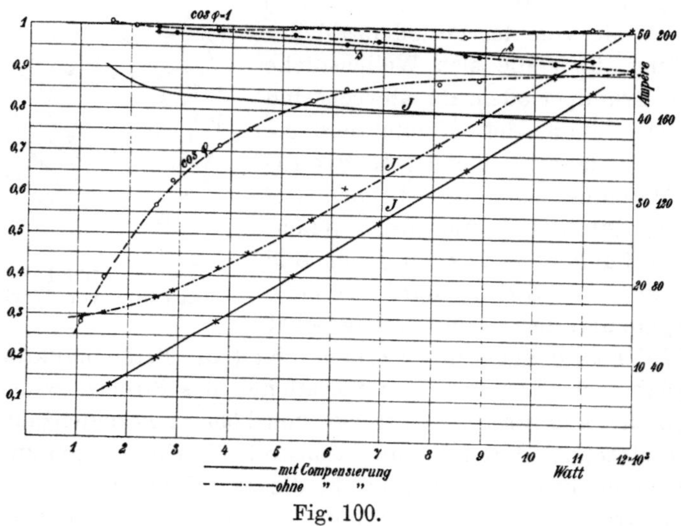

Fig. 100.

Versuche an ausgeführten Maschinen haben dies bestätigt. Fig. 100 zeigt die charakteristischen Kurven eines 12 PS-Motors der Vereinigten E.-A.-G. Wien bei Kompensation und ohne diese. Die fast horizontal verlaufende Stromkurve stellt den über die Bürsten fließenden Strom dar. Er nimmt mit steigender Belastung ein wenig ab, weil mit zunehmender Schlüpfung der in die Wicklung eintretende Teil dieses Stromes entsprechend der steigenden Reaktanz kleiner wird. Der ganze Rotorstrom nimmt dagegen mit steigender Leistung zu, so daß hieraus folgt, daß nur ein Teil des Rotorstromes, und zwar nur der zur Erregung dienende Teil sich über die Bürsten schließt.

Der Nachteil dieser Anordnung ist, daß nur ein Teil des den Bürsten zugeführten Stromes in den Rotor und der andere in die

Lamellenverbindungen eintritt, so daß verhältnismäßig große Verluste entstehen.

Bei späteren Ausführungen wurde dann statt der geschlossenen Gleichstromwicklung auf dem Rotor eine Dreiphasenwicklung mit zwei oder mehr parallelen Zweigen für jede Phase verwendet. Die Anfänge aller Wicklungszweige werden zu einem neutralen Punkt vereinigt oder an Schleifringe gelegt und die Enden an die Kommutatorlamellen angeschlossen. Fig. 101 zeigt die Anordnung für ein zweipoliges Schema für drei parallele Zweige in jeder Phase; ihre Anfänge sind mit Schleifringen S verbunden, die beim Anlauf über einen Widerstand und beim Lauf direkt geschlossen sind.

Zwischen je drei Lamellen, an die die Zweige der einzelnen Phasen angeschlossen sind, befindet sich eine blinde (schraffierte) Lamelle, um einen direkten Kurzschluß zwischen zwei Bürsten, z. B. B_I und B_{II}, zu vermeiden. Es müssen aber auch die nebeneinander liegenden Lamellen einer Phase durch

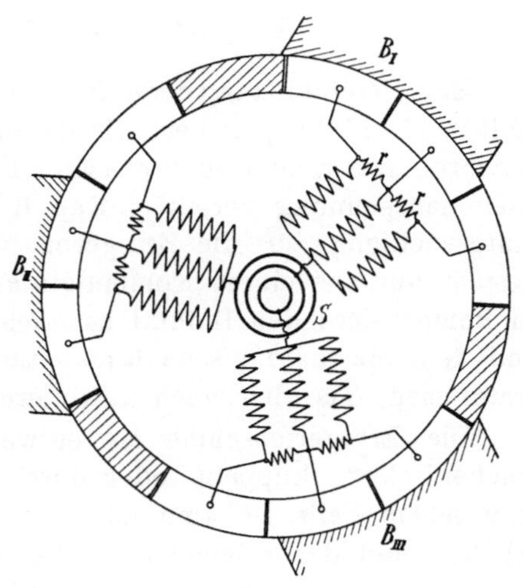

Fig. 101.

Widerstände r verbunden werden, um zu vermeiden, daß der Strom in diesen Zweigen vollständig unterbrochen wird.

Der Verlust wird hierbei insofern vermindert, als nur während eines Teiles der Umdrehung ein direkter Stromübergang von einer Bürste zur anderen durch die Widerstände möglich ist, andererseits wird aber gerade durch die Unterbrechung dieser Querströme ein funkenfreier Gang sehr erschwert oder unmöglich. Es scheint, daß mit diesen Anordnungen keine Erfolge erzielt worden sind. Im ganzen ist heutzutage bei Motoren das Bedürfnis nach Verbesserung des Leistungsfaktors nicht so groß, um seinetwegen allein einen Kommutator zu verwenden, der immerhin zu Betriebsstörungen Anlaß geben kann. Bei großen Motoren, wo die Phasenkompensation eher von Wichtigkeit ist, besteht eine weitere Schwierigkeit in den sehr großen Rotorströmen, weil die Rotoren mit Rücksicht auf die Isolation und den Anlaßwiderstand für keine höhere Spannung als etwa 600 bis höchstens 1000 Volt gewickelt werden. Bei großen Leistungen, bei denen also die Phasenkompensation hier und da erwünscht ist, sind dann sehr große Ströme über den Kommutator zu führen.

Aber auch in diesen Fällen wäre das Prinzip besonderer Erregermaschinen, wie es von Leblanc vorgeschlagen worden ist, insofern vorzuziehen, als bei Störungen oder Defekten am Kommutator die Erregermaschine zeitweise außer Betrieb gesetzt werden und die Induktionsmaschine dann unkompensiert in Betrieb bleiben kann.

48. Phasenregler von Leblanc.

Eine Vereinfachung der getrennten Erregermaschine hat Leblanc (D.R.P. 157378) angegeben, die darauf beruht, daß bei einem übersynchron rotierenden mehrphasigen Kommutatoranker der Strom der Klemmenspannung voreilt (s. Kap. I, Seite 29). Es ist hierbei keine Statorwicklung für die Erregermaschine erforderlich, sondern sie besteht nur aus einem Kommutatoranker mit einer dem Rotor der zu kompensierenden Induktionsmaschine entsprechenden Phasenzahl und dem die magnetische Rückleitung für das Drehfeld bildenden Statoreisen, das aber auch mitrotieren könnte.

Die Erregermaschine ist entweder mit dem Induktionsmotor mechanisch zu kuppeln, oder durch einen Hilfsmotor anzutreiben, in welchem Falle sie eine höhere Tourenzahl als der Hauptmotor erhalten und daher leichter werden kann.

Obwohl ein solcher Phasenregler stark übersynchron gegen sein eigenes Drehfeld laufen muß, kann dennoch die in den kurzgeschlossenen Spulen vom Drehfeld induzierte (Transformator-) EMK klein gehalten werden, weil die ganze Spannung nur gering ist und bei genügender Lamellenzahl nur ein kleiner Teil davon auf ein Segment entfällt.

Wie aus Fig. 98 folgt, ist die gegen den Rotorstrom um 90° voreilende Komponente der Erregerspannung

$$P_{2\,wl} = J_2 x_{2\,s} + E_{2\,s} \sin (E_2 J_2),$$

sie ist also für Phasenkompensation bei Vollast etwa $2\,^0/_0$ von der Rotor-EMK E_2 der Induktionsmaschine. Diese beträgt bei größeren Maschinen, um nicht zu große Rotorströme zu erhalten, etwa 1000 Volt zwischen zwei Schleifringen bei Stillstand, so daß man an der Erregermaschine zwischen zwei Bürsten etwa 20 Volt erhält. Bei einer Dreiphasenmaschine braucht man daher für dieses Beispiel 36 Lamellen pro Polpaar, d. h. 12 zwischen 2 Bürsten, um eine Segmentspannung von $\dfrac{20}{0,83 \cdot 12} \cong 2$ Volt zu haben.

Dagegen bietet die Stromwendung größere Schwierigkeiten, und es können unter Umständen Wendefelder angeordnet werden, die in Reihe mit dem Hauptstrom geschaltet werden.

Da bei konstanter Umdrehungszahl der Erregermaschine die Erregerspannung mit dem Strom steigt, so ist, wenn man die Hauptmaschine etwa für Vollast gerade kompensiert, diese bei Leerlauf und bei kleinen Belastungen nicht kompensiert.

Durch Änderung der Umdrehungszahl des Antriebsmotors der Erregermaschine kann jedoch bei verschiedenen Belastungen Kompensation erzielt werden.

49. Phasenregler von M. Walker.

Die Westinghouse El. Mfg. Co. hat neuerdings die Leblancschen Erregermaschinen nach den Angaben von M. Walker[1]) weiter ausgebildet und z. B. zur Phasenkompensation eines 900 PS-Motors verwendet. Die Erregermaschine wird besonders angetrieben und ist mit dem Rotor in Serie geschaltet. Um eine funkenfreie Kommutation zu erhalten, ist sie besonders ausgebildet.

Die Ankerwicklung ist wie bei der zuletzt erwähnten Heylandschen Anordnung als offene Mehrphasenwicklung mit parallelen Zweigen ausgeführt, deren Anfänge ebenfalls, wie Fig. 102 zeigt, zu einem Sternpunkt vereinigt sind und deren Enden an die Kommutatorsegmente angeschlossen sind. Die Phasenzahl ist aber hier größer, und blinde Lamellen und Widerstandsverbindungen sind nicht vorgesehen. Zur Kompensation des Rotorfeldes ist eine Kompensationswicklung in den Polnuten vorgesehen und das Feld besitzt drei Pole (oder

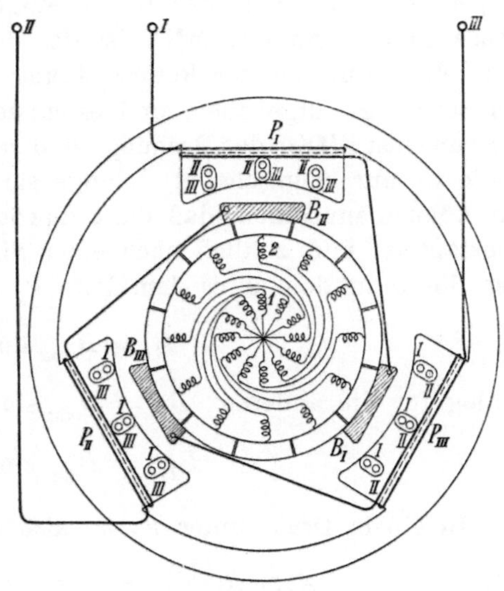

Fig. 102. Phasenregler von M. Walker.

ein Vielfaches von 3), die in Serie mit dem Rotor geschaltet sind und von den Rotorströmen der zu kompensierenden Maschine erregt werden.

---

[1]) Journ. of the Inst. of El. Eng. 1909, S. 599.

Bei dieser Anordnung des Feldes entsteht (s. Kap. VI) kein eigentliches Drehfeld, sondern jeder Pol erzeugt ein Wechselfeld, dessen Kraftlinien sich durch die beiden anderen Pole schließen, und die drei Wechselfelder sind zeitlich um $^1/_3$ Periode gegeneinander phasenverschoben.

Die Ankerspulen liegen auf einer Sehne derart, daß die beiden Spulenseiten unter benachbarten Polen liegen, eine Spule umfaßt also einen Bogen von 120°. In der Figur sind die oben und unten in einer Nut liegenden Spulenseiten schematisch durch die äußeren und inneren Spulen dargestellt.

Betrachten wir eine solche Spule, deren eine Spulenseite 1 unter dem Pol P_{III}, deren andere 2 unter dem Pol P_{II} liegt. Der Strom in ihr geht von dem neutralen Punkt durch 1—2 zur Bürste B_I, von dort (durch in der Figur fortgelassene Verbindungen) in die mit I bezeichneten Leiter der Kompensationswicklung in den Nuten der Pole P_{II} und P_{III} und zur Erregerwicklung des Poles P_I. Analog für die anderen Phasen. Die Zahl der Ampereleiter der Kompensationswicklung einer Phase in jedem Pol ist ebenso groß wie die Zahl der unter dem Pol liegenden Rotorampereleiter, die von der Bürste eingeschaltet sind und dieselbe Phase haben, und ihre MMK ist der des Rotors entgegengerichtet. Die Selbstinduktion der Rotorwicklung ist dadurch, abgesehen von der Streuung, aufgehoben, und es entstehen in jeder Rotorspule daher zunächst EMKe der Drehung in dem Felde der drei Pole. Jede Spule ist nur eingeschaltet, solange sie unter dem Pole liegt, und wir können annehmen, daß die Induktion unter dem Pole räumlich konstant ist und zeitlich nach einer Sinusfunktion variiert. Es ist also die Induktion unter dem Pole P_I

$$B_I = B_{max} \sin \omega t,$$

analog für die anderen $\quad B_{II} = B_{max} \sin (\omega t - 120°),$

$$B_{III} = B_{max} \sin (\omega t - 240°).$$

In einem Draht unter P_I ist also die EMK

$$B_I\, l v\, 10^{-8}\ \text{Volt} = B_{max}\, l v \sin \omega t\, 10^{-8}$$

in Phase mit dem Kraftfluß des betr. Poles, und die EMKe in zwei Drähten einer Windung sind um 120° phasenverschoben. Die resultierende maximale EMK einer Windung ist daher $\sqrt{3}\, B_{max}\, l v$ und der Effektivwert

$$\sqrt{3}\, B_{eff}\, l v.$$

Weil die Kraftflüsse zweier Pole, unter denen die Seiten einer Spule liegen, nicht gleichzeitig Null sind, ist die EMK in der Spule Null, wenn beide Pole den gleichen Kraftfluß und gleiche Polarität haben; dies ist der Fall, wenn der Kraftfluß des dritten Poles im Maximum ist. Ist z. B. in Fig. 101 der Kraftfluß des Poles P_I im Maximum

$$B_I = B_{max},$$

so ist
$$B_{II} = B_{max} \sin(-30) = -\tfrac{1}{2} B_{max},$$
$$B_{III} = B_{max} \sin(-150) = -\tfrac{1}{2} B_{max}.$$

Die Hälfte der Kraftlinien, die aus P_1 austritt, tritt also in P_{II} ein, die andere Hälfte in P_{III}, und beide Spulenseiten der von Bürste B_I eingeschalteten Spulen haben die gleiche und gleichgerichtete EMK, ihre Resultierende ist Null. Weil nun der Pol P_I vom Strom der Bürste B_I erregt wird und sein Kraftfluß in Phase mit diesem Strom ist, ist also die in jeder Phase induzierte EMK um 90^0 gegen den Strom phasenverschoben, wie es zur Kompensation des Induktionsmotors erforderlich ist.

Wir hatten angenommen, daß die Kompensationswicklung auf jedem Pol ebensoviel Ampereleiter hat wie der Rotor unter dem betr. Pol. Sie kann aber auch etwas stärker gemacht werden, und dies geschieht zur Vermeidung der Funkenbildung beim Ab- und Zuschalten der einzelnen Spulen.

Der Strom einer Bürste verteilt sich auf die einzelnen von ihr parallel geschalteten Zweige nach Maßgabe der in ihnen induzierten EMKe. Liegen sie alle in der gleichen Induktion des Poles, so wird der Strom in ihnen gleich groß sein. Beim Ein- und Abschalten einer Spule an den Polkanten entsteht eine große GEMK des ein- bzw. ausgeschalteten Stromes, die sich dem Ansteigen bzw. Verschwinden des Stromes widersetzt und besonders an der ablaufenden Bürstenkante leicht einen Funken hervorrufen kann.

Macht man nun die Kompensationswicklung etwas stärker als die Ankeramperewindungen, so wird sie ein Querfeld unter dem Pole hervorrufen, das aus der einen Polkante austritt und in die andere eintritt und dem Rotorfeld entgegengerichtet ist. Durch Drehung in diesem Feld wird also an der ablaufenden Polkante eine dem Rotorstrom entgegengerichtete EMK induziert, an der auflaufenden eine ihm gleichgerichtete. Dadurch ist es möglich, den Rotorstrom an der ablaufenden Kante fast zum Verschwinden zu bringen, ehe er unterbrochen wird, und an der eintretenden Kante beim Einschalten schnell ansteigen zu lassen. Zwischen den von einer Bürste parallel geschalteten Spulen besteht nun ferner noch eine EMK, die durch die Pulsation des Kraftflusses der drei

Pole induziert wird und der früher betrachteten Transformatorspannung entspricht; da hier die Pulsationen nur die kleine Periodenzahl der Schlüpfung des Rotorstromes der Induktionsmaschine haben, erreicht sie hier keine großen Werte.

Das Feld der Hauptpole und das Querfeld der Kompensationswicklung sind gegeneinander phasenverschoben so daß sie sich durch die Sättigung nicht sehr beeinflussen, und da beide dem Strom proportional sind, genügt es nach Angabe von M. Walker, die Bürsten einmal einzustellen um, für alle Belastungen eine funkenfreie Kommutation zu erhalten.

Neuntes Kapitel.

Untersuchung ausgeführter Motoren.

50. Untersuchung eines 5 PS dreiphasigen Nebenschluß-Motors der A.E.G. — 51. Untersuchung und Nachrechnung eines 10 PS dreiphasigen Nebenschluß-Motors der Allmänna Svenska Elektriska Aktiebolaget Vesterås. — 52. Untersuchung und Nachrechnung eines 50 PS dreiphasigen Nebenschlußmotors der A. S. El. A. Vesterås.

50. Untersuchung eines 5 PS dreiphasigen Nebenschluß-Motors der A. E. G.[1]

Beschreibung des Motors.

Der Motor ist für 110 Volt, 50 Perioden gebaut und ist 4 polig. Seine synchrone Tourenzahl ist also $n_1 = 1500$. Der Stator besitzt eine dreiphasige Spulenwicklung mit Anzapfungen für die Tourenregulierung nach der in Kap. V Fig. 79 dargestellten Schaltung.

Die Abmessungen sind (s. Fig. 103):

Stator: Eisendurchmesser außen $D_a = 370$ mm

        Bohrung . . . . . . $D_1 = 252$ mm

        Eisenlänge. . . . . $l = 120$ mm

        keine Luftschlitze

        Polteilung . . . . . $\tau = 196$ mm

Rotor: Durchmesser außen . . $D = 250$ mm

                innen . . $D_i = 120$ mm

        Eisenlänge. . . . . $l = 120$ mm

        Luftraum einseitig . . $\delta = 1$ mm

Statorwicklung:

        Nutenzahl . . . . . $Z_1 = 36$

        „   pro Pol . . . $Q_1 = 9$

        „   pro Pol und Phase $q_1 = 3$

---

[1] Die Messungen wurden von Herrn Dr.-Ing. A. Rajz im E. T. J. Karlsruhe ausgeführt.

Nutenabmessungen (s. Fig. 104):

Höhe . . . . 27,5 mm
Breite . . . . 17 mm
Schlitz . . . . 4 mm

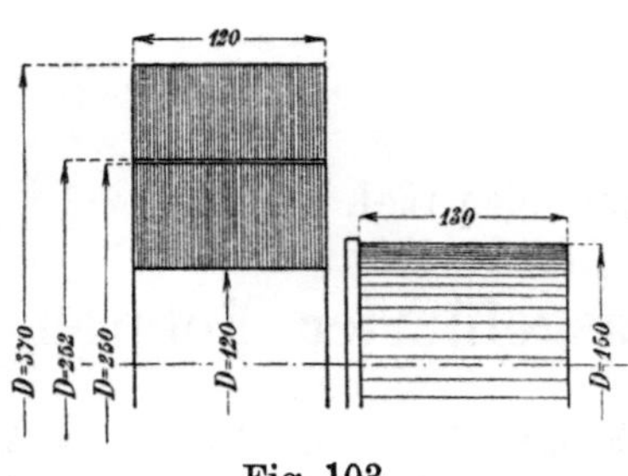
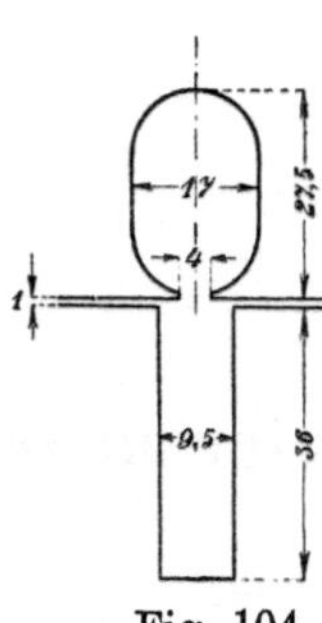

Fig. 103.   Fig. 104,

Drahtzahl pro Nut $s_{n\,1} = 24$ (2 parallel).

Abmessungen: 2,8/3,2 mm ϕ

$$q_s = 2 \times 6,15 = 12,3 \text{ qmm.}$$

Windungszahl in Serie pro Phase: $w_1 = 72$.

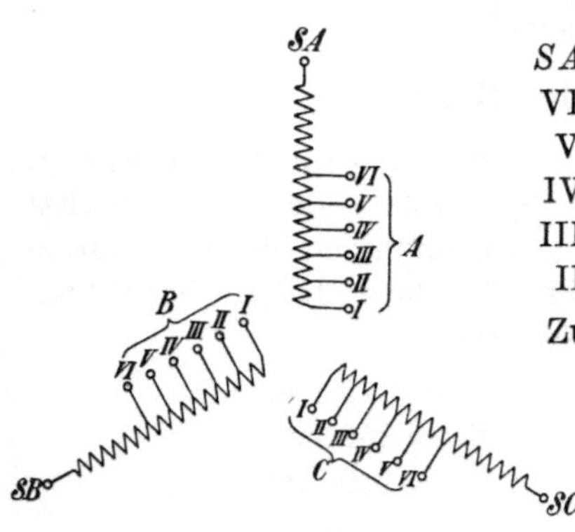

Abzweigungen: s. Fig. 105.

SA — VI = 42 Hauptwindungen
VI — V = 6 Regulier Windungen
V — IV = 6   „   „
IV — III = 6   „   „
III — II = 6   „   „
II — I = 6   „   „

Zusammen 72.

Von den 42 Hauptwindungen einer Phase liegen 2×7 Drähte in einer Nut, von den 30 Regulierwindungen 2×5 Drähte, so daß auf jeden Zweig

Fig. 105.

parallel geschaltete Drähte pro Nut entfallen. Hierdurch bleiben die Regulierwindungen beim Abschalten auf den ganzen Umfang verteilt.

Rotorwicklung: Reihenwicklung $a = 1$
                          Nutenzahl . . $Z_2 = 37$
Abmessungen: Höhe . . . 36 mm
                          Weite . . . 9,5 mm

Drahtzahl pro Nut $s_{n\,2} = 36$ (3 parallel).

Gesamte Drahtzahl in Serie

$$N_2 = 37 \cdot \frac{36}{3} = 444.$$

Abmessungen: 2,1/2,5 mm ϕ

$$q_r = 3 \times 3,45 = 10,4 \text{ qmm.}$$

Kommutator:

Durchmesser . . . . $D_k = 150$ mm

Länge . . . . $L_k = 130$ mm

Lamellenzahl . . . . . . $K = 111$

Drahtzahl pro Lamelle . . . $\dfrac{N_2}{K} = 4$

Lamellenteilung (inkl. Isolation) $\beta = 4,75$ mm

Isolation . . . . $\delta_i = 0,75$ mm.

Bürsten: 6 Stifte zu je 2 Kohlebürsten $25 \times 7,5$ mm.

Lamellenbedeckung $\dfrac{b_1}{\beta} = \dfrac{7,5}{4,75} \backsimeq 2$.

Gesamte Bürstenfläche:

$$F_b = 12 \times 2,5 \times 0,75 = 22,5.$$

Schaltung.

Fig. 106 stellt die Schaltung des Nebenschluß-Motors dar.

Die drei Phasen der Statorwicklung sind zu einer Sterndreieckschaltung mit überragenden Enden verbunden, indem die zweite Abzweigstelle einer Phase mit der vierten der folgenden Phase verbunden ist, also A_{II} mit B_{IV}, B_{II} mit C_{IV} und C_{II} mit A_{IV}. Die Bürsten des Rotors werden mittels eines Kontrollers zur Einstellung der verschiedenen Geschwindigkeitsstufen an gleichliegende Anzapfungen der entsprechenden drei Phasen der Statorwicklung angeschlossen und stehen in der Nullstellung.

Die Phasenverschiebung der dem Rotor aufgedrückten Spannung geschieht durch die Stern-Dreieck-Schaltung. O ist der Spannungsmittelpunkt des Stators. $O—SA$, $O—SB$, $O—SC$ stellen die Phasenspannungen dar, wenn $SA—SB$, $SB—SC$, $SC—SA$ die zugeführten

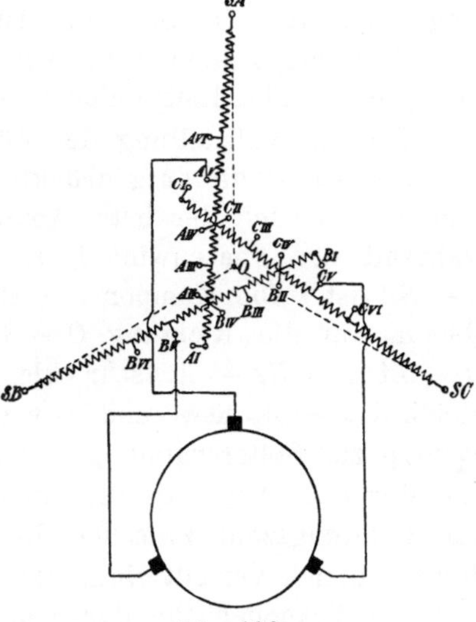

Fig. 106.

Linienspannungen darstellen. Sind die Bürsten an die Mittelpunkte A_{III}, B_{III}, C_{III} der drei Seiten des inneren Dreiecks der Statorwicklung angeschlossen, so sind die dem Rotor zugeführten Phasenspannungen OA_{III}, OB_{III}, OC_{III} fast genau um 90^0 gegen die des

Stators verschoben, sie sind also lediglich Kompensationsspannungen, und die Leerlauftourenzahl liegt bei Synchronismus. Verschiebt man die Anschlüsse an den Rotor in die Richtung nach den Endpunkten SA, SB, SC der Statorwicklung zu, an die Kontakte IV, V, VI, so treten wachsende Gegenspannungen hinzu und das Arbeitsgebiet liegt bei Untersynchronismus; verschiebt man dagegen die Anschlüsse in entgegengesetzter Richtung nach den Kontakten II bis I, so treten Zusatzspannungen hinzu und das Arbeitsgebiet liegt oberhalb Synchronismus.

Geschwindigkeitsstufen.

Wir wollen nun sofort die Geschwindigkeiten berechnen, die sich auf den verschiedenen Stufen einstellen und mit den gemessenen Leerlauftourenzahlen vergleichen.

Bei Leerlauf ist, abgesehen vom Spannungsabfall des Leerlaufstromes im Rotor, die im Rotor induzierte EMK gleich der aufgedrückten gleichphasigen Spannung

$$s_0\, E_2 \simeq P_2 \cos \varrho$$

$$s_0 \simeq \frac{P_2 \cos \varrho}{E_2}\,.$$

Abgesehen von der Streuung ist E_2 die im Verhältnis der effektiven Windungszahlen reduzierte Klemmenspannung des Stators, die durch die Verbindungslinien $O - SA$ usw. dargestellt ist.

Für die Nullstellung der Bürsten ist sie mit ihr in Phase.

Ebenso ist die aufgedrückte Spannung durch die Verbindungslinie von O nach der betr. Abzweigstelle dargestellt, z. B. $O - A_V$, während der Phasenwinkel ϱ, der Winkel zwischen $O - A_V$ und $O - SA$ ist. Die Komponente $P_2 \cos \varrho$ ist also die Projektion von $O - A_V$ auf die Richtung $O - SA$. Da nun der Winkel zwischen $O - SA$ und $SA - A_I$ sehr klein ist, ist $P_2 \cos \varrho$ auch sehr nahe gleich $A_{III} - A_V$ usw. und es verhalten sich die Regulierspannungen $P_2 \cos \varrho$ zur Statorspannung wie die Windungszahlen zwischen A_{III} und der betr. Abzweigstelle, an die der Rotor angeschlossen ist, zu der Windungszahl zwischen SA und A_{III}. Da alle Regulierwindungen gleich verteilt sind, haben sie denselben Wicklungsfaktor, und wir brauchen ihn daher nicht zu berücksichtigen. Zwischen je zwei Abzweigstellen liegen 6 Windungen und zwischen der letzten (VI) und dem Ende der Wicklung (S) 42 Windungen. Also entsprechen z. B. $SA - A_{III}$ 60 Windungen und $OA_{III} \ldots \dfrac{6}{\sqrt{3}}$ Windungen.

Daher ist der Winkel

$$O - SA - A_{III} = \text{arctg}\ \frac{6}{\sqrt{3}\cdot 60} = \text{arctg}\ 0{,}0578 \cong 3^{0}\ 20',$$

also sehr klein.

Es ist nun die Regulierspannung auf

$$\text{Kontakt VI}\quad \frac{3\cdot 6\cdot P_1}{60} = 0{,}3\,P_1$$

$$\text{,,}\qquad \text{V}\quad \frac{2\cdot 6\cdot P_1}{60} = 0{,}2\,P_1$$

$$\text{,,}\qquad \text{IV}\qquad = 0{,}1\,P_1$$

$$\text{,,}\qquad \text{III}\qquad = 0$$

$$\text{,,}\qquad \text{II}\qquad = -0{,}1\,P_1$$

$$\text{,,}\qquad \text{I}\qquad = -0{,}2\,P_1.$$

Die Rotor-EMK E_2 ist pro Phase

$$E_2 \cong \frac{P_1\,w_2\,f_2}{\sqrt{3}\,w_1\,f_1} = \frac{P_1\,\dfrac{N_2}{2\,a\,m}\,f_2}{\sqrt{3}\,w_1\,f_1} = \frac{P_1\,\dfrac{444}{2\cdot 3}\cdot 0{,}83}{\sqrt{3}\cdot 60\cdot 0{,}955} = 0{,}62\,P_1.$$

Wir erhalten daher:

Kontakt	$s_0 = \dfrac{P_2}{E_2}$	$(1 - s_0)\,1500 = n_0$	Gemessene Leerlauf-tourenzahl	Abweichung %
VI	$\dfrac{0{,}3}{0{,}62} = 0{,}485$	772	850	$+10$
V	$0{,}322$	1020	1080	$+6$
IV	$0{,}161$	1260	1320	$+4{,}8$
III	0	1500	1510	$+0{,}7$
II	$-0{,}161$	1740	1740	± 0
I	$-0{,}322$	1980	1940	-2

Die Unterschiede zwischen berechneten und gemessenen Werten sind bei den stark untersynchronen Stufen am größten und rühren zum größten Teil von den Kurzschlußströmen her, die hier motorisch wirken und daher die Leerlauftourenzahl erhöhen, während sie diese bei Übersynchronismus herabsetzen, wie in Kap. III, Seite 80 erläutert worden ist.

Eine weitere kleine Erhöhung der Leerlauftourenzahl bedingt die Reaktanz des Leerlaufstromes im Rotor zufolge der Kompensationsspannung. Diese tritt bei reiner Kompensationsspannung (Synchronismus) allein auf, wie auch aus dem Diagramm hierfür Kap. III, Fig. 50, Seite 105 hervorgeht.

Leerlauf- und Kurzschluß-Charakteristiken.

In Fig. 107 ist die Leerlaufcharakteristik der Maschine dargestellt, die dadurch erhalten ist, daß bei abgehobenen Bürsten dem Stator eine veränderliche Klemmenspannung P bei 50 Perioden zugeführt und Spannung P, Strom J_0 und Leistung W_0 gemessen wurden. Die Leistung besteht aus Eisenverlusten im Stator und Rotor und den Stromwärmeverlusten des Magnetisierungsstromes.

Bei der normalen Klemmenspannung von

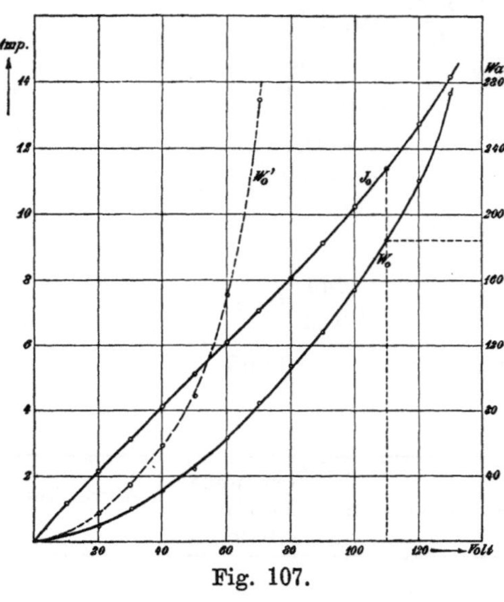

Fig. 107.

$$P = 110 \text{ Volt}$$

ist

$$J_0 = 11,4 \text{ Amp.}$$
$$W_0 = 184 \text{ Watt.}$$

Der Widerstand einer Statorphase ist $r_1 = 0,088$ Ohm, daher

$$3 J_0^2 r_1 = 35 \text{ Watt.}$$

Die Eisenverluste bei Stillstand sind daher

$$V_{ei} = 149 \text{ Watt.}$$

Liegen die Bürsten auf, so erhält man bei Stillstand die gestrichelte, mit W_0' bezeichnete Verlustkurve, die nun auch die Verluste in den kurzgeschlossenen Spulen enthält. Der Statorstrom ändert sich dagegen nur wenig, weil nur seine Wattkomponente wächst. Daher ist die Ordinatendifferenz der Kurven W_0 und W_0' sehr angenähert der Verlust in den kurzgeschlossenen Spulen. Diese Messung läßt sich nicht bis zur vollen Spannung fortsetzen, weil hierbei die Bürsten glühen würden.

Es ist nämlich, abgesehen von der Streuung, die Transformator-EMK

$$\varDelta e_p = \frac{P_1 S_k}{\sqrt{3}\, w_1 f_1} \cdot \frac{N}{2K} .$$

Hier ist

$$\frac{N}{2K} S_k = \frac{b_1}{\beta} \frac{p}{a} \frac{N}{2K} = 2 \cdot 2 \cdot 2 = 8,$$

daher bei $\quad P_1 = 110$ Volt $\quad\quad \varDelta e_p = 8,8$ Volt,

während bei

$\quad\quad P_1 = 70$ Volt $\quad\quad \varDelta e_p = 5,5$ Volt

ist, wobei der Verlust $V_k = 180$ Watt beträgt.

In Fig. 108 ist die **Kurzschlußcharakteristik** aufgetragen, die die Kurzschlußspannung P_{1k} und die Leistung bei Kurzschluß W_{1k} als Funktion des Statorstromes J_{1k} bei kurzgeschlossenen Bürsten und bei langsamer Drehung des Rotors darstellt. Die nieraus berechneten Werte einer Phase

des Kurzschlußwiderstandes $\quad r_k = \dfrac{W_{1k}}{3\,J_{1k}^{\,2}}$

und der Kurzschlußreaktanz $\quad x_k = \sqrt{\left(\dfrac{P_{1k}}{\sqrt{3}\,J_{1k}}\right)^2 - r_k^{\,2}}$

sind in der Fig. 108 als Funktion des Stromes aufgetragen, sie ändern sich mit dem Strom ein wenig. Im Mittel ist

$$x_k = 0{,}46\ \Omega$$
$$r_k = 0{,}26\ \Omega$$

und der in das Diagramm einzutragende auf volle Klemmenspannung bezogene Kurzschlußstrom wird daher

$$J_k = 119\ \text{Amp.}$$
$$\cos \varphi_k = 0{,}49.$$

(Die Variation der Kurzschlußreaktanz bei Stillstand mit der Bürstenstellung ist in Kap. III, Fig. 51 dargestellt, die hier gemessenen Werte beziehen sich auf langsame Drehung.)

Fig. 109 stellt die **Kurzschlußmessung** am Rotor bei kurzgeschlossenem Stator dar (s. Kap. I, Abschn. 8). Es ist für konstanten Strom $J = 50$ Amp. die Rotorspannung zwischen 2 Bürsten zerlegt in die Widerstandsspannung Jr und die Reaktanzspannung Jx, die als Funktion der Geschwindigkeit aufgetragen sind. Diese Messung benutzen wir zur Bestimmung des Winkels β.

Die bei Synchronismus verbleibende Reaktanzspannung des Rotors ist in der Figur nach Elimination der höheren Harmonischen

$$J_2\,x_{20} = 0{,}85\ \text{Volt}$$

und die Widerstandsspannung

$$J_2\,r_2 = 5{,}0\ \text{Volt},$$

daher ist $\qquad \operatorname{tg}\beta = \dfrac{x_{20}}{r_2} = \dfrac{0{,}85}{5{,}0} = 0{,}17.$

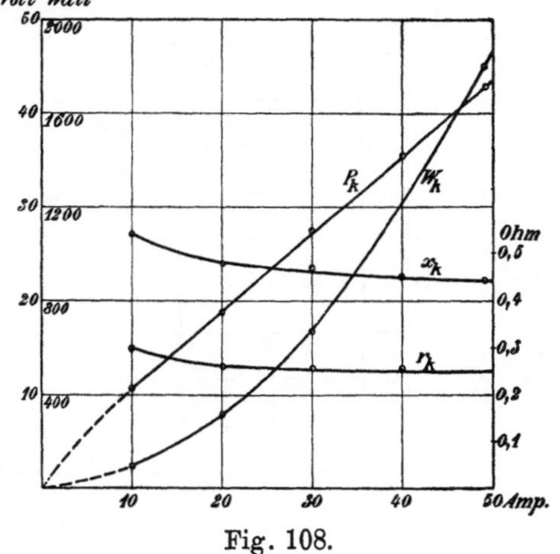

Fig. 108.

Diagramm des kurzgeschlossenen Kommutatormotors.

Um das Diagramm des kurzgeschlossenen Kommutatormotors aufzuzeichnen, tragen wir den Kurzschlußstrom $J_k = 119$ Amp. $= \overline{OP_k}$ in Fig. 110 unter dem Winkel $\cos \varphi_k = 0,49$ auf. Bei leerlaufendem Motor wurde gemessen:

$$P = 110 \text{ Volt} \qquad J_0 = 11,2 \text{ Amp.} \qquad W_0 = 732 \text{ Watt.}$$

Von der Leerlaufleistung ziehen wir die Reibungsverluste ab, um den synchronen Punkt in das Diagramm einzutragen. Sie betragen (wie durch Auslauf ermittelt wurde)

$$V_r = 350 \text{ Watt.}$$

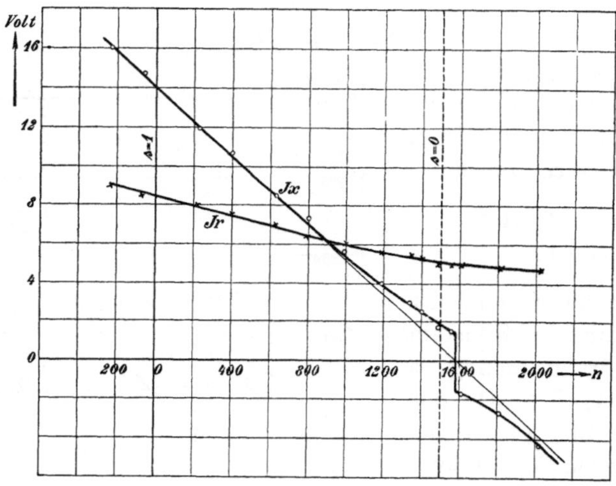

Fig. 109.

Wir rechnen daher mit einer Leistung $732 - 350 = 382$ Watt und tragen den Leerlaufstrom $\overline{OP_a}$ unter dem Winkel

$$\cos \varphi_0 = \frac{382}{\sqrt{3} \cdot 110 \cdot 11,2} = 0,18 \text{ auf.}$$

Der erste Ort des Kreismittelpunktes M ist die Mittelsenkrechte auf $\overline{P_a P_k}$. Den zweiten finden wir nach Kap. III, Seite 87, indem wir an die Parallele zur Abszissenachse durch P_a den Winkel $(\beta - 2\gamma_1)$ oder angenähert $(\beta - \sphericalangle O P_k P_a)$ antragen.

Der wirkliche Leerlaufpunkt ist P_0.

In der Figur sind eine größere Anzahl experimentell aufgenommener Punkte eingetragen sowohl für das motorische wie für das generatorische Arbeitsgebiet, und zwar sind die mit Kreuz (×)

bezeichneten bei voller Klemmenspannung, die mit einem Kreis (○) bezeichneten bei reduzierter Spannung aufgenommen, da bei den letzten der Motor sich zu stark erhitzt hätte.

Die Übereinstimmung ist durchwegs gut. Punkt P_∞ wird in bekannter Weise ermittelt, indem wir nach Gl. 31, S. 89 tg ε berechnen.

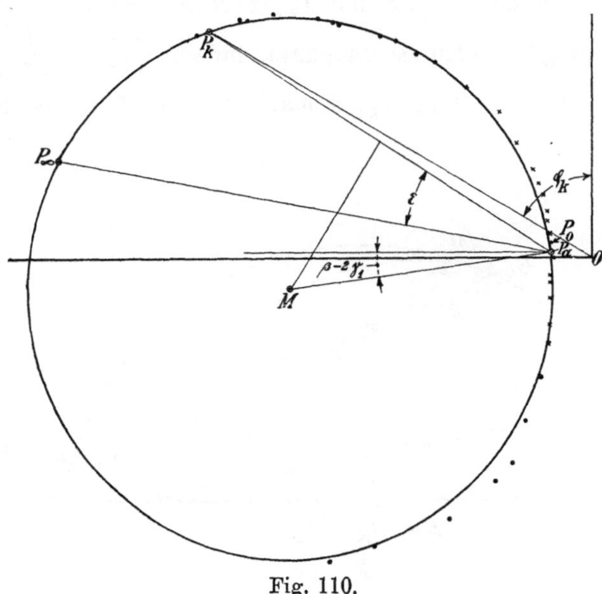

Fig. 110.

Diagramm für Phasenkompensation.

Wir wollen zunächst das Diagramm für Phasenkompensation ohne Tourenregulierung konstruieren, die auf Kontakt III Fig. 106 erhalten wird.

In Fig. 111 ist zunächst nochmals der Kreis K_1 des Induktionsmotors aufgetragen. Die zu ihm gehörigen Punkte sind M_1, P_{k1}, $P_{\infty 1}$, O_1 $(= P_a)$.

Wir haben nun zunächst $\overline{P_{k1}P_{kI}} = \left(\dfrac{P_2'}{P_1}\right)\overline{O_1 P_{k1}}$ zu machen und unter dem Winkel $(\varrho + \gamma_1) \eqsim \varrho$ aufzutragen. Um diese Konstruktion für alle Kontakte graphisch ausführen zu können, brauchen wir nur entsprechend dem Spannungsdiagramm in Fig. 106 zunächst einen Kreis über $\overline{O_1 P_{k1}}$ zu schlagen und hier die Strecke $\overline{P_{k1} III}$ einzutragen, die sich zu $\overline{O_1 P_{k1}}$ verhält wie in Fig. 106 $\overline{O A_{III}}$ zu $O - S A$. Teilen wir nun $O_I III$ entsprechend den Abzweigwindungen des Stators ein, so erhalten wir die Punkte I bis VI und es stellen die Vektoren von P_{k1} nach diesen Punkten die Rotorspannungen P_2

im Verhältnis zur Statorspannung P_1 dar. Die reduzierten Rotor-spannungen P_2' erhalten wir durch Vergrößerung der Vektoren $\overline{P_{k1}\,I}$ usf. im Verhältnis der Windungszahlen $\dfrac{\sqrt{3}\,w_1 f_1}{w_2 f_2} = 1{,}59$.

Die Punkte P_{kI} liegen also auf einer Parallelen zu $\overline{I—VI}$. Für Kontakt III erhalten wir den mit P_{kI} bezeichneten Punkt. Es ist nun P_k der endgültige Kurzschlußpunkt, indem $\overline{P_k\,P_{kI}} = \left(\dfrac{P_2'}{P_1}\right)\overline{O_1\,P_{k1}}$ und $\measuredangle\,O_1\,P_{kI}\,P_k = \measuredangle\,O_1\,P_{k1}\,P_{kI}$ gemacht ist. Er fällt fast mit P_{k1} zusammen.

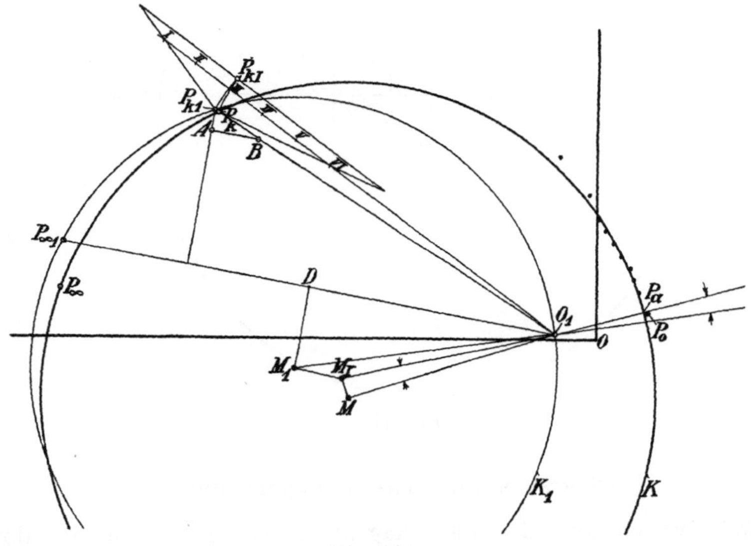

Fig. 111.

Um den neuen Kreismittelpunkt M zu bestimmen, tragen wir an das Lot $\overline{M_1 D}$ auf $\overline{O_1 P_{\infty 1}}$ den Winkel $\varrho = \dfrac{\pi}{2}$ auf und machen $\overline{M_1 M_I} = \overline{AB}$, ferner das Dreieck $O_1 M_I M$ ähnlich dem Dreieck $O_1 P_{kI} P_k$.

Der Kreis für den kompensierten Induktionsmotor ist K. Die aufgenommenen Punkte liegen auch hier gut auf ihm, denn das Arbeitsgebiet liegt ja hier noch bei Synchronismus, und daher kann das Diagramm durch die Kurzschlußströme nicht stark verzerrt werden. Den synchronen Punkt P_a für $\varrho = \dfrac{\pi}{2}$ finden wir, wenn wir an die Verlängerung von $\overline{M_1 O_1}$ den Winkel $M_I O_1 M$ antragen. Der aufgenommene Leerlaufpunkt liegt also bei einer ganz wenig übersynchronen Geschwindigkeit, wie auch schon auf Seite 217 erwähnt war.

Die Überkompensation bei Leerlauf ist hier ziemlich stark und entsprechend die Vergrößerung der Überlastung. Dagegen wird durch die Überkompensation der Wirkungsgrad besonders bei kleiner Leistung herabgesetzt, weil die Rotor- und Kommutatorverluste größer werden.

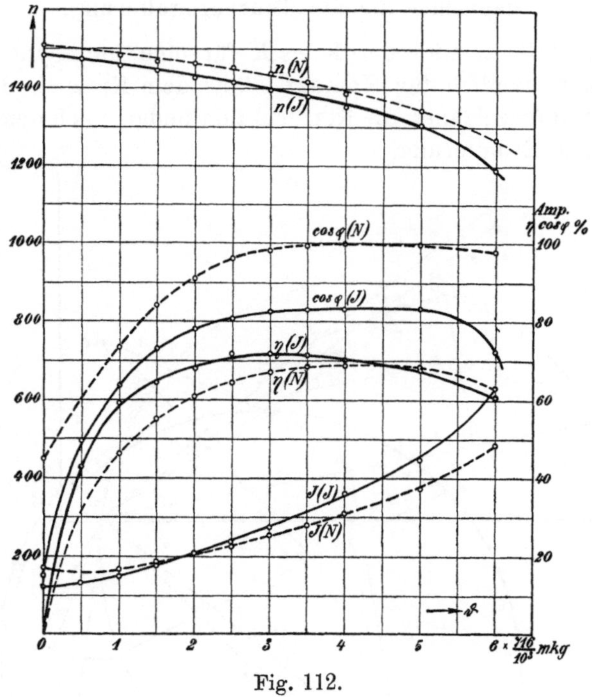

Fig. 112.

In Fig. 112 sind die Bremskurven des Induktionsmotors und des Nebenschlußmotors aufgetragen, die des ersten sind mit dem Index (J), die des Nebenschlußmotors mit (N) bezeichnet. Der Motor wurde mittels Wirbelstrombremse gebremst. Es sind die Umdrehungszahl (n), der Strom (J), Wirkungsgrad (η) und Leistungsfaktor $(\cos \varphi)$ als Funktion des Drehmomentes aufgetragen. Als Einheit des Drehmomentes sind 716 mkg gewählt, so daß das Drehmoment mit der Tourenzahl multipliziert die Leistung in PS ergibt. Die Abszisse $3{,}5 \cdot 10^{-3}$, die also einem Drehmoment von $3{,}5 \cdot 0{,}716 = 2{,}5$ mkg entspricht, bedeutet daher bei 1410 Umdr. i. d. M. eine Leistung von $\dfrac{3{,}5}{10^3} \cdot 1410 \cong 5$ PS.

Wie die Kurven zeigen, liegt der Wirkungsgrad des Nebenschlußmotors bei kleinen Belastungen durchwegs tiefer als der des Induktionsmotors, bei Vollast (5 PS) ist der Unterschied noch zirka $2\,^0/_0$ und erst bei größerer Belastung schneiden die Kurven sich. Der Leistungsfaktor ist dagegen beim Nebenschlußmotor bedeutend besser und von Vollast bis fast zur doppelten Belastung nur wenig von 1 verschieden.

Diagramm für die Tourenregulierung.

In Fig. 113 ist nun der Kreis K für eine untersynchrone Geschwindigkeit nämlich für Kontakt V aus dem Kreis K_1 des Induktionsmotors aufgezeichnet, die Konstruktion bedarf nach dem früheren weiter keiner Erläuterung.

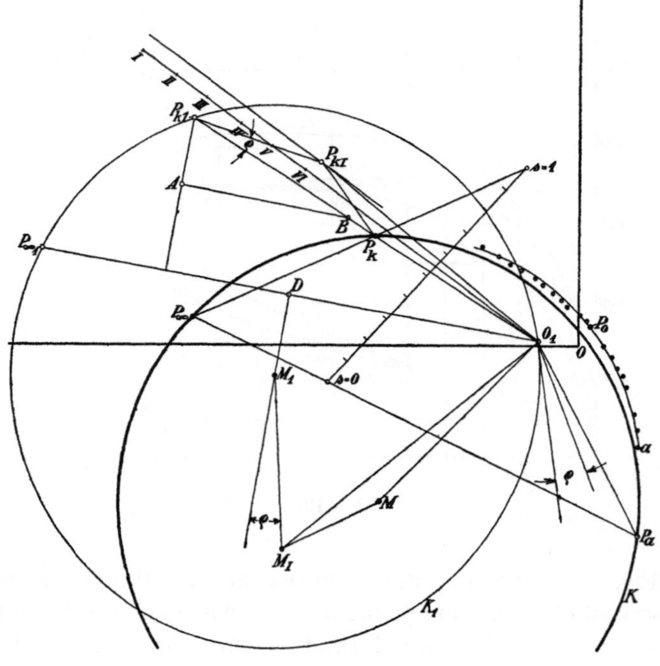

Fig. 113.

Hier liegen nun die aufgenommenen Punkte im motorischen Gebiet durchwegs etwas höher als der Kreis, weil eben hier durch die Kurzschlußströme eine vergrößerte Leistungsaufnahme der Maschine bedingt wird. Erst im generatorischen Gebiet, wo die Geschwindigkeit sich dem Synchronismus (Punkt P_a) nähert, nähern sich die aufgenommenen Punkte dem Kreise wieder mehr.

In das Diagramm ist der Schlüpfungsmaßstab $s - s$ eingetragen;

für den tiefsten aufgenommenen Punkt (*a*) im generatorischen Gebiet, ergibt sich daraus eine Schlüpfung $s = 0,1$, also 1350 Umdr.,
während die gemessene Umdrehungszahl 1346 ist, so daß hier wieder

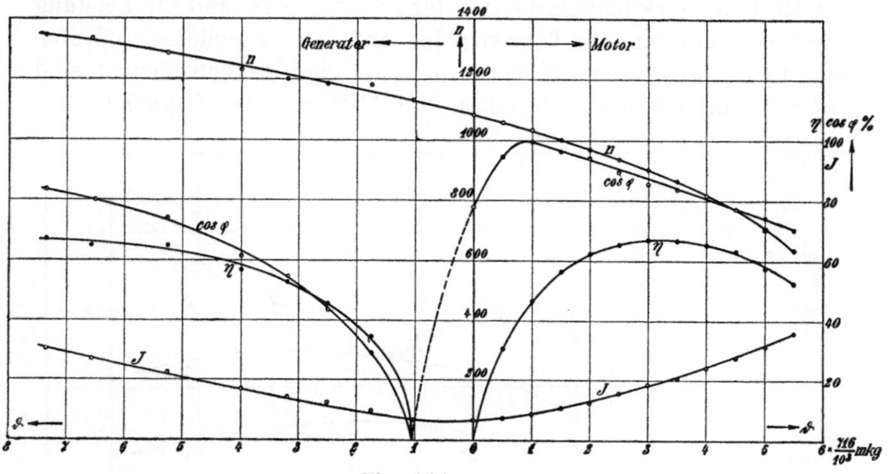

Fig. 114.

Übereinstimmung besteht.　Dagegen ist im motorischen Gebiet die
aus dem Diagramm erhaltene Geschwindigkeit um durchschnittlich
5 % kleiner als die gemessene.
Je mehr man untersynchron arbeitet, um so größer werden die
Abweichungen durch die Rückwirkung der Kurzschlußströme.

Fig. 114 zeigt die Brems-
kurven der Maschine als Motor
und Generator für die Kontakt-
stellung V, bei der die Leerlauftourenzahl 1080, also 72 % von
der synchronen ist.

Arbeitskurven
der Tourenregulierung.

Fig. 115 zeigt nun die
Geschwindigkeitscharakteristiken
für die verschiedenen Kontakt-
stellungen, die mit den entsprechenden Ziffern bezeichnet
sind.　Aus ihnen ist deutlich
der große Tourenabfall bei Be-

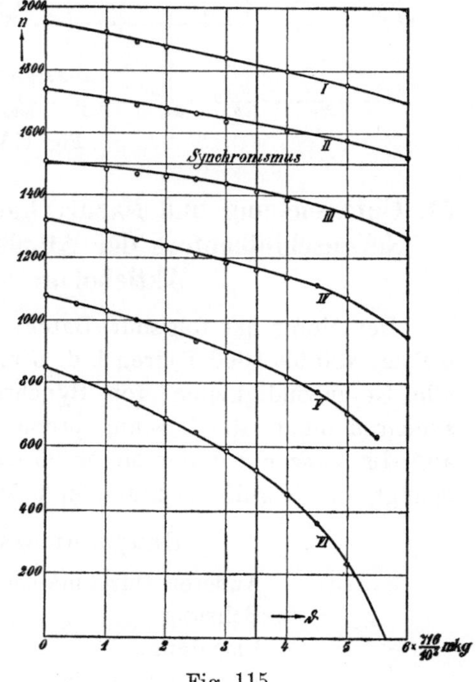

Fig. 115.

lastung, besonders für die niedrigen Geschwindigkeiten, zu erkennen, worauf in Kap. III hingewiesen wurde.

Fig. 116 stellt endlich für normales Drehmoment $\vartheta = 2{,}5$ mkg, den Strom J, Wirkungsgrad η, Leistungsfaktor $\cos\varphi$ und die Leistung in PS als Funktion der Tourenzahlen auf den verschiedenen Stufen dar, die selbst durch die vertikalen Geraden gekennzeichnet sind und gibt uns ein übersichtliches Bild über das Arbeitsgebiet.

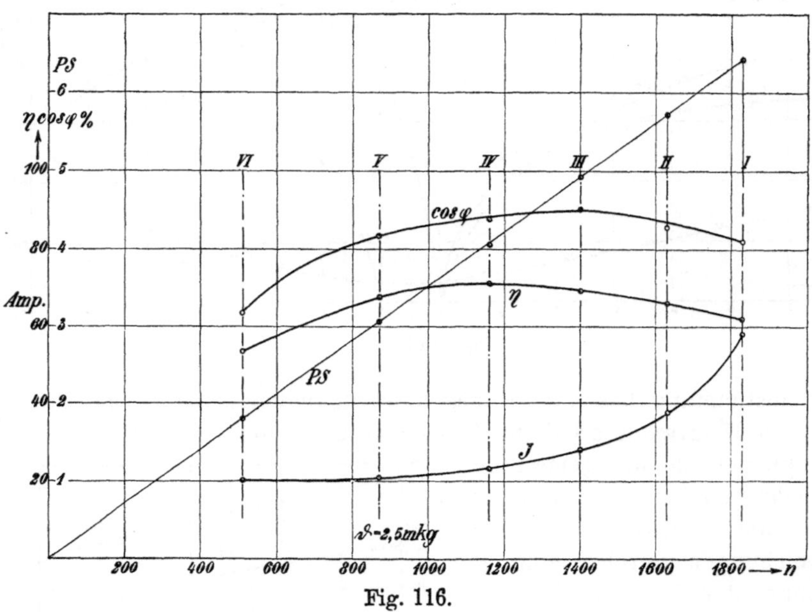

Fig. 116.

51. Untersuchung und Nachrechnung eines 10 PS-Dreiphasen-Nebenschlußmotors der Allmänna Svenska Elektriska Aktiebolaget Vesterås.

Der Motor hat folgende Daten: 10 PS, 220 Volt, 50 Perioden, 6 Pole, 400 bis 1600 Touren i. d. Min. Die Leistung 10 PS gilt für alle Geschwindigkeiten von Synchronismus ab aufwärts, untersynchron nimmt die Leistung proportional mit der Geschwindigkeit ab. Im ganzen hat der Motor 25 Geschwindigkeitsstufen, wozu es genügt, die Regulierwicklung in 6 Stufen zu unterteilen.

Hauptabmessungen.

Stator: Äußerer Durchmesser . . . 450 mm
Bohrung . . . . 320 „
Eisenlänge . . . . 135 „
Keine Luftschlitze

54 Nuten

Nutenabmessungen (s. Fig. 117) 11,5 $\times$ 32 mm

Nutenöffnung . . . . 2,5 ,,

Luftspalt . . . . 0,75 ,,

Rotor: Äußerer Durchmesser . . . . . 318,5 ,,

Bohrung 196   ,,

Eisenlänge 135   ,,

Keine Luftschlitze

59 Nuten

Nutendimensionen (s. Fig. 117) . 8 $\times$ 35 ,,

Offene Nuten mit Holzkeil.

Statorwicklungen (s. Fig. 118):

   Hauptwicklung: Dreiphasen-Sternschaltung

      Gewöhnliche Spulenwicklung

      3 Nuten pro Pol und Phase

Fig. 117.

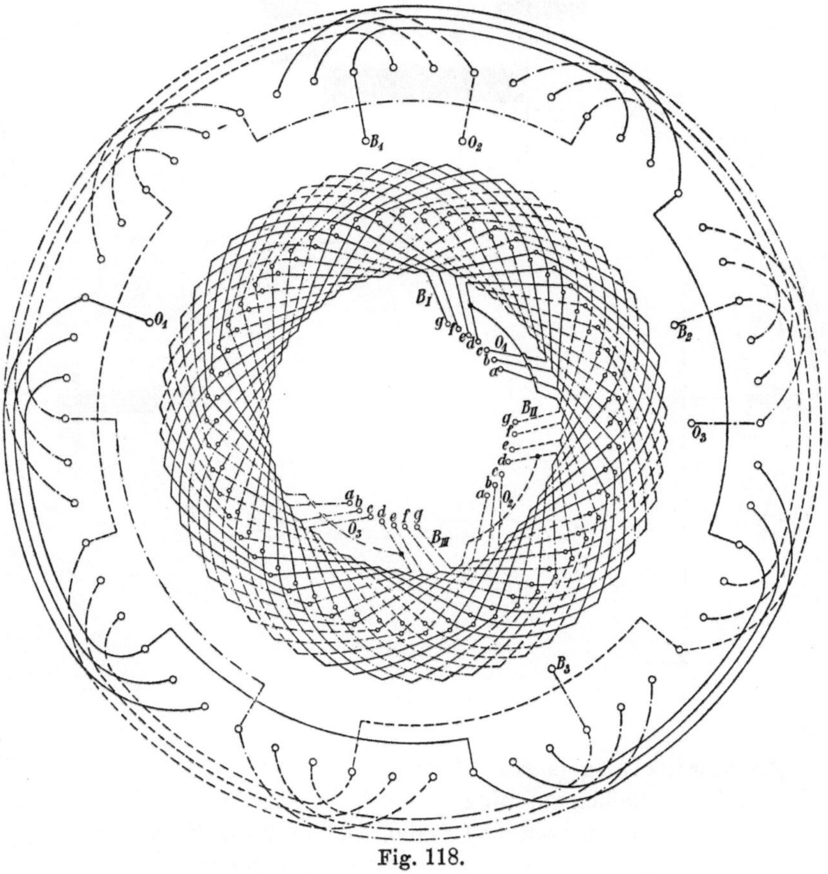

Fig. 118.

15*

Pro Phase 72 Windungen in Serie
8 Drähte pro Nut
Runder Kupferdraht, nackt 3,5 mm.

Regulierwicklung: Drei getrennte Phasen
Umlaufende Stabwicklung
Pro Phase 18 Windungen in Serie
2 Stäbe pro Nut
Stabdimens. nackt $8 \times 3,5$ mm mit halbrunden Kanten
Jede Phase hat 7 Anzapfungen.

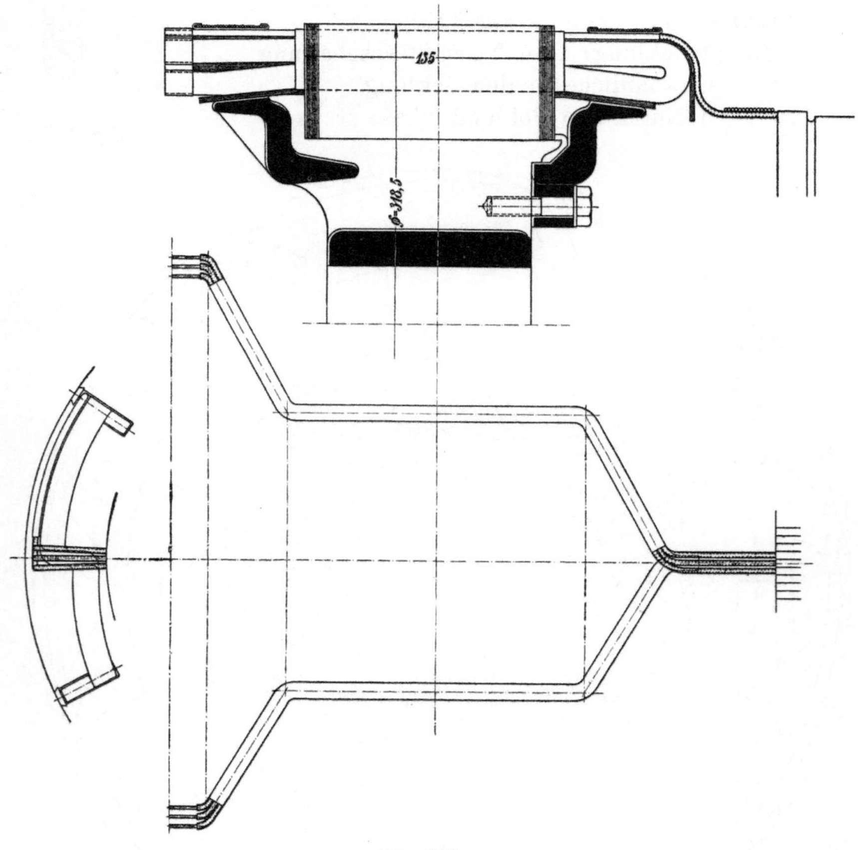

Fig. 119.

Rotorwicklung (s. Fig. 119):
Reihenwicklung
Im ganzen 354 Stäbe, wovon 2 tote Stäbe
6 Stäbe pro Nut, $12 \times 1,2$ mm blank

Widerstandsverbindungen oben in den Nuten aus
rundem Kupferdraht, nackt 1 mm
Länge dieser Verbindungen 425 „

Kommutator:

Durchmesser . . . . 225 mm
Schleiflänge . . . . 140 „
Lamellenzahl 176
Lamellenteilung . . . . . 4,0 „
Zahl der Bürstenstifte . . 6
Anzahl Bürsten pro Stift . 4
Kohlensorte: le Carbone SC
Dimensionen der Kohlen 7 × 32 „

Der Magnetisierungstransformator hat primär 590 Windungen pro Phase und sekundär 9 Windungen pro Phase. Die Magnetisierungsspannung ist also ungefähr $\dfrac{9}{590}\cdot 220 = 3{,}3$ Volt pro Phase. Die scheinbare Leistung beträgt ca. 1,2 KVA.

Nachrechnung des Motors.

Die Regulierung. Die höchste und niedrigste Tourenzahlen ergeben sich angenähert nach Abschn. 24, Seite 111:

$$n_{max} \cong \frac{w_2 f_2 + w_h f_h}{w_2 f_2}\cdot\frac{60\,c}{p} \qquad\qquad n_{min} \cong \frac{w_2 f_2 - w_h f_h}{w_2 f_2}\cdot\frac{60\,c}{p}$$

$$= \frac{\dfrac{176}{2\pi} + 18\cdot 0{,}956}{\dfrac{176}{2\pi}}\cdot 1000 \qquad\qquad = \frac{\dfrac{176}{2\pi} - 18\cdot 0{,}956}{\dfrac{176}{2\pi}}\cdot 1000$$

$$= \mathbf{1610} \qquad\qquad\qquad\qquad = \mathbf{390.}$$

Magnetisierungsstrom.

Der Kraftfluß pro Pol:

$$\Phi \cong \frac{P\cdot 10^8}{4{,}44\,c\,w f_w} = \frac{127\cdot 10^8}{4{,}44\cdot 50\cdot 72\cdot 0{,}956} = 0{,}83\cdot 10^6.$$

Für sinusförmige Feldverteilung wird

$$B_l = \frac{\Phi}{\dfrac{2}{\pi}\,l\tau} = \frac{0{,}83\cdot 10^6}{\dfrac{2}{\pi}\cdot 13{,}5\cdot 16{,}8} = \mathbf{5800}$$

und

$$AW_l = 1{,}6\cdot k_1\,B_l\,\delta = 1{,}6\cdot 1{,}5\,{}^{*)}\cdot 5800\cdot 0{,}075 = \mathbf{1040.}$$

---

*) k_1 berechnet nach Band V. 1, S. 43.

Für die Statorzähne ist:

$$t_1 = 18,6 \qquad z_{min} = 7,4 \qquad B_{z\,max} = 16\,200 \qquad aw = 40$$
$$z_{mitt} = 9,1 \qquad B_{z\,mitt} = 13\,200 \qquad aw = 13$$
$$z_{max} = 10,9 \qquad B_{z\,min} = 11\,000 \qquad aw = 5$$

$$AW_{zs} = \frac{40 + 4\cdot 13 + 5}{6}\cdot 6,4 = 102.$$

Für die Rotorzähne ist:

$$t_1 = 17 \qquad z_{min} = 5,2 \qquad B_{z\,max} = 21\,000 \qquad aw = 300$$
$$z_{mitt} = 7,1 \qquad B_{z\,mitt} = 15\,400 \qquad aw = 30$$
$$z_{max} = 8,95 \qquad B_{z\,min} = 12\,200 \qquad aw = 8$$

$$AW_{zr} = \frac{300 + 4\cdot 30 + 8}{6}\cdot 7 = 500$$

$$k_z' = \frac{1040 + 602}{1040} = 1,58 \qquad \alpha_i' = 0,69$$

$$B_l = \frac{0,637}{0,69}\,5800 = \mathbf{5350}$$

$$AW_l = \mathbf{960.}$$

Stator: $B_{z\,max} = 15\,000 \quad aw = 25 \qquad$ Rotor: $B_{z\,max} = 19\,400 \quad aw = 160$

$\qquad\qquad B_{z\,mitt} = 12\,200 \quad aw = 9 \qquad\qquad\qquad B_{z\,mitt} = 14\,200 \quad aw = 18$

$\qquad\qquad B_{z\,min} = 10\,200 \quad aw = 4 \qquad\qquad\qquad B_{z\,min} = 11\,300 \quad aw = 5$

$$AW_{zs} = \frac{25 + 4\cdot 9 + 4}{6}\cdot 6,4 = \mathbf{69} \qquad AW_{zr} = \frac{160 + 4\cdot 18 + 5}{6}\cdot 7 = \mathbf{275}$$

$$B_{as} = \frac{\Phi}{2\,lhk_2} = \frac{0,83\cdot 10^6}{2\cdot 13,5\cdot 3,2\cdot 0,9} = 10\,700 \qquad aw = 2$$

$$AW_{as} = 2\cdot 22 = \mathbf{44}$$

$$B_{ar} = \frac{\Phi}{2\,lhk_2} = \frac{0,83\cdot 10^6}{2\cdot 13,5\cdot 2,6\cdot 0,9} = 13\,200 \qquad aw = 4,6$$

$$AW_{ar} = 4,6\cdot 11,6 = \mathbf{53}$$

$$AW_k = 960 + 69 + 275 + 44 + 53 = \mathbf{1400}$$

$$J_{0\,wl} = \frac{2,22\cdot 3\cdot \frac{1}{2}\cdot 1400}{3\cdot 72\cdot 0,956} = \mathbf{22,5}\ \text{Amp.}$$

Widerstände.

Hauptwicklung.

Länge einer halben Windung $\cong l + \tau + 2\times 9$
$$= 13,5 + 16,8 + 18 = 48\ \text{cm}$$

$$r_1 = \frac{0,0175\cdot 72\cdot 2\cdot 0,48}{9,6} = \mathbf{0,126}\ \Omega\ \text{bei}\ 15^0\ \text{C.}$$

Regulierwicklung.

Länge eines Stabes $\cong l + 1{,}6\,\tau = 13{,}5 + 16{,}8 \cdot 1{,}6 = 40{,}5$ cm

$$r_3 = \frac{0{,}0175 \cdot 18 \cdot 2 \cdot 0{,}405}{25{,}4} = \mathbf{0{,}0101}\ \varOmega \text{ bei } 15^0 \text{ C.}$$

Rotorwicklung.

Wir rechnen den Widerstand einer Phase, also von einem Drittel der ganzen Wicklung.

Länge eines Stabes $\cong l + 1{,}5\,\tau = 13{,}5 + 1{,}5 \cdot 16{,}8 = 38{,}7$ cm

$$r_{2\triangle} = \frac{0{,}0175 \cdot \tfrac{1}{3} \cdot 352 \cdot 0{,}387}{14{,}1} = \mathbf{0{,}0565}\ \varOmega \text{ bei } 15^0 \text{ C.}$$

Bei einer äquivalenten Sternschaltung mit derselben Hauptspannung würden wir haben

$$r_2'' = \left(\frac{1}{\sqrt{3}}\right)^2 r_2 = \mathbf{0{,}0188}\ \varOmega.$$

Die Lamellenbreite ist 4 mm, die Bürstenbreite 7 mm. Wir haben also fast immer 2 Widerstandsverbindungen an jeder Bürste parallel geschaltet und bei 2 Bürstenstiften pro Phase im ganzen $2 \times 2 = 4$ Widerstandsverbindungen parallel geschaltet. Die Widerstandsverbindungen erhöhen also den Rotorwiderstand r_2'' um

$$r_w = \frac{1}{4} \cdot \frac{0{,}0175 \cdot 0{,}425}{0{,}79} \cong \mathbf{0{,}0024}\ \varOmega \text{ pro Phase.}$$

Unter Annahme, daß der Bürstenwiderstand unabhängig von der Stromdichte ist und daß die Übergangsspannung 1,0 Volt bei 10 Amp. pro qcm beträgt, finden wir für den Bürstenwiderstand pro Phase

$$r_B = 0{,}1\,\frac{1}{F_B} = 0{,}1\,\frac{1}{18} = \mathbf{0{,}0055}\ \varOmega.$$

Bei kurzgeschlossenen Bürsten wird der Sekundärwiderstand pro Phase für Wechselstrom und 40^0 Temperaturerhöhung:

$$r_2 = (1 + t \cdot 0{,}004)\,k_r\,(r_2'' + r_w) + r_B = 1{,}16 \cdot 1{,}15\,(0{,}0188 + 0{,}0024)$$
$$+ 0{,}0055 = \mathbf{0{,}0338}\ \varOmega,$$

und reduziert auf den Primärkreis

$$r_2' = 2{,}45^2 \cdot 0{,}0338 = 0{,}203\ \varOmega$$
$$r_1 = 1{,}16 \cdot 1{,}15 \cdot 0{,}126 = \underline{0{,}167\ \varOmega}$$
$$r_k = \mathbf{\underline{0{,}37\ \varOmega.}}$$

Reaktanzen (s. Fig. 120).

Hauptwicklung.

$$r = 16 \quad r_1 = 2,5 \quad r_3 = 11,5 \quad r_4 = 0,75 \quad r_5 = 12 \quad r_6 = 2$$

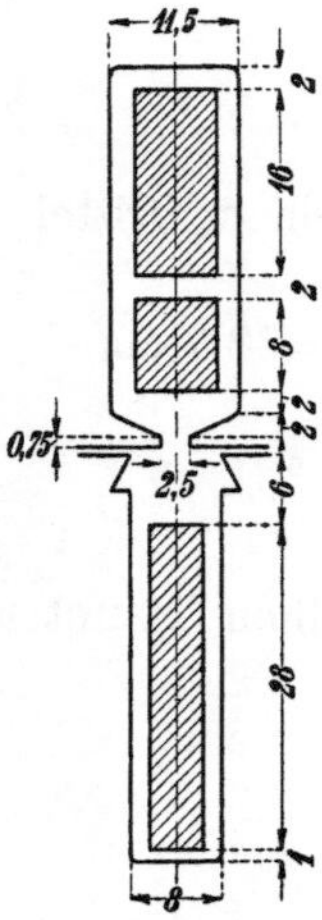

$$\lambda_n = 1,25 \left(\frac{16}{34,5} + \frac{12}{11,5} + \frac{4}{14} + \frac{0,75}{2,5} \right) = 2,62$$

$$\lambda_k = 1,25 \, \frac{9 - 2,5}{4,5} = 1,8$$

$$\lambda_s = 0,46 \cdot 3 \log \frac{1,5 \cdot 34,8}{10,8} = 0,93$$

$$\lambda_n + \lambda_k + \lambda_s \frac{l_s}{l} = 2,62 + 1,8 + 0,93 \cdot 2,58 = 6,82.$$

$$x_{s1} = \frac{4 \cdot \pi \cdot 50 \cdot 72^2 \cdot 13,5 \cdot 6,82}{3 \cdot 3 \cdot 10^8} = \mathbf{0{,}335 \, \Omega}.$$

Rotorwicklung.

$$r = 28 \quad r_1 = r_3 = 8 \quad r_4 = 0 \quad r_5 = 6 \quad r_6 = 0$$

$$\lambda_n = 1,25 \left(\frac{28}{24} + \frac{6}{8} \right) = 2,4$$

Fig. 120.

$$\lambda_k = 1,25 \, \frac{16,1 - 8}{4,5} = 2,25$$

$$\lambda_s = 0,46 \cdot 1 \log \frac{1,5 \cdot 25}{2,6} = 0,55$$

$$\lambda_n + \lambda_k + \lambda_s \frac{l_s}{l} = 2,4 + 2,25 + 0,55 \cdot 1,87 = 5,68$$

$$x_{s2} = \frac{4 \cdot \pi \cdot 50 \left(\dfrac{59}{\sqrt{3}} \right)^2 13,5 \cdot 5,68}{3 \cdot 3,3 \cdot 10^8} = \mathbf{0{,}057 \, \Omega}$$

$$x_{s2}' = 2,44^2 \cdot 0,057 = 0,34 \, \Omega$$

$$x_k = x_{s1} + x_{s2}' = 0,335 + 0,34 = \mathbf{0{,}675 \, \Omega}$$

$$z_k = \sqrt{0,675^2 + 0,37^2} = \mathbf{0{,}77 \, \Omega}$$

$$J_k = \mathbf{165} \text{ Amp.} \qquad \cos \varphi_k = 0,48.$$

Die Magnetisierungsspannung, die erforderlich ist, damit $\cos \varphi$ bei Synchronismus und Vollast gleich Eins wird, berechnet sich wie folgt. Für $\cos \varphi = 1,0$ und unter vorläufiger Annahme, daß $\eta = 76 \, ^0/_0$ ist, wird $J_1 = 25,5$ Amp. und

$$J_2 = 2,44 \sqrt{25,5^2 + 22,4^2} = 83 \text{ Amp.}$$

Die erforderliche Magnetisierungsspannung ist:

$$P_m = J_2 r_2 \sin \psi_2 + J_2 x_{20} \cos \psi_2.$$

Die Rotorreaktanz bei Synchronismus ist:

$$x_{20} = x_2\left(1 - \frac{\sin\dfrac{\pi}{m}}{\dfrac{\pi}{m}}\frac{\Delta p}{\Delta e}\right).$$

Wir schätzen $x_{20} \cong 0,3\,x_2$, was ungefähr mit der Wirklichkeit übereinstimmt.

Es wird dann

$$P_m = 83 \cdot 0,0338 \cdot 0,66 + 83 \cdot 0,3 \cdot 0,057 \cdot 0,75 = \mathbf{2,91}\ \text{Volt}.$$

Wirkungsgrad bei Synchronismus und Vollast.

Stromwärmeverluste im Stator:

$$3 \cdot J_1{}^2 \cdot r_1 = 3 \cdot 25,5^2 \cdot 0,167 \ldots \ldots \ldots \ldots = 325\ \text{Watt}$$

Stromwärmeverluste im Sekundärkreis:

$$3 \cdot J_2{}^2 \cdot r_2 = 3 \cdot 83^2 \cdot 0,0338 \ldots \ldots \ldots \ldots = 700\ \text{„}$$

Eisenverluste im Stator:

$$W_h = \sigma_h \frac{c}{100}\left[\left(\frac{B_{as}}{1000}\right)^{1,6} V_{as} + k_4\left(\frac{B_{z\,min}}{1000}\right)^{1,6} V_{zs}\right]$$

$$= 1\frac{50}{100}\left[\left(\frac{10\,700}{1000}\right)^{1,6}\cdot 5,2 + 1,25\left(\frac{10\,200}{1000}\right)^{1,6}\cdot 1,9\right] \quad . \ = 165\ \text{„}$$

$$W_w = \sigma_w\left(\frac{c\Delta}{100}\right)^2\left[\left(\frac{B_{as}}{1000}\right)^2 V_{as} + k_5\left(\frac{B_{z\,min}}{1000}\right)^2 V_{zs}\right].$$

$$= 6\left(\frac{50\cdot 0,5}{100}\right)^2\left[\left(\frac{10\,700}{1000}\right)^2\cdot 5,2 + 1,4\left(\frac{10\,200}{1000}\right)^2\cdot 1,9\right] = 325\ \text{„}$$

Die Luft- und Lagerreibung schätzen wir auf $1\,^0/_0$
der Leistung $\ldots \ldots \ldots \ldots \ldots = 75\ \text{„}$

Die Bürstenreibung

$$W_\varrho = \text{konst.}\cdot F_B \cdot v_k = 0,55\cdot 54\cdot 11,8 \ldots \ldots = 350\ \text{„}$$

Schätzen wir den Wirkungsgrad des Magnetisierungstransformators auf $90\,^0/_0$ bei $\cos\varphi = 1,0$, so betragen die Verluste ungefähr $\ldots \ldots \ldots = 75\ \text{„}$

totale Verluste $= \mathbf{2015}\ \text{Watt}$

Die zugeführte Leistung $= \sqrt{3}\cdot 220\cdot 25,5 \ldots \ldots = \mathbf{9700}\ \text{„}$

Der Wirkungsgrad $= \dfrac{9700 - 2015}{9700}\,100 \ldots \ldots = \mathbf{79\,^0/_0}$

Kommutieruug.

Die vom Drehfeld zwischen den Bürstenkanten induzierte Spannung bei Stillstand und normalem Felde:

$$\Delta e' = 2,22 \frac{b_1 p}{\beta a} c \frac{N}{K} \Phi \, 10^{-8} = 2,22 \cdot 2 \cdot \frac{3}{1} \cdot 50 \frac{352}{176} \cdot 0,83 \cdot 10^{-2}$$
$$= \mathbf{11,2} \, \text{Volt.}$$

Bei der höchsten und niedrigsten Geschwindigkeit wird diese Spannung:

$$\frac{c_s}{c} \Delta e' = \frac{30,5}{50} \cdot 11,2 = \mathbf{6,8} \, \text{Volt.}$$

Die Reaktanzspannung zwischen den Bürstenkanten bei der höchsten Geschwindigkeit und 90 Amp. pro Phase wird:

$$\Delta e'' = \frac{b_1 p}{\beta a} \frac{N}{K} v\, l \, \frac{t_1 \, A \, S \sin \dfrac{\pi}{m} \lambda_N}{t_1 + b_D - \dfrac{a}{p} \beta_D} \, 10^{-6} \, \text{Volt}$$

$$= 2 \cdot \frac{3}{1} \cdot 2 \cdot 27 \cdot 13,5 \cdot \frac{17 \cdot 185 \cdot 0,86 \cdot 5,68}{17 + 10 - \frac{1}{3} \cdot 5,7} \, 10^{-6} = \mathbf{2,7} \, \text{Volt.}$$

Versuchsergebnisse.

Widerstandsmessungen.

Hauptwicklung . . 0,133 Ohm pro Phase bei 20^0 C
Regulierungswicklung 0,0125 „   „   „   „ 20^0 „
Armaturwicklung . . 0,042   „ gemessen zwischen zwei um 120 elektrische Grade verschobenen Punkten am Kommutator bei 20^0 C.

Leerlauf bei direkt kurzgeschlossenen Bürsten

$$J_0 = 21,5 \, \text{Amp.} \qquad W_0 = 1575 \, \text{Watt.}$$

Diese hohen Leerlaufverluste beruhen teils auf dem großen Magnetisierungsstrom, teils auf der großen Bürstenreibung, da der Bürstendruck anfangs viel zu groß genommen war. Auch hätte die Bürstenzahl ohne weiteres kleiner gewählt werden können, z. B. 3 Bürsten pro Stift.

Kurzschluß bei direkt kurzgeschlossenen Bürsten

$$J_k = 159 \, \text{Amp.} \qquad \cos \varphi_k = 0,458.$$

Konstruieren wir jetzt das Kreisdiagramm wie für einen gewöhnlichen Induktionsmotor, so bekommen wir den Kreis I (Fig. 121).

Kreis *II* zeigt den wirklichen Stromkreis, wie er bei kurzgeschlossenen Bürsten aufgenommen wurde.

Arbeitskurven.

Fig. 122 zeigt Arbeitskurven bei 200 Volt Klemmenspannung und ca. 3 Volt Magnetisierungsspannung für 5 verschiedene Umdrehungszahlen n_1 bis n_5. Aus den Kurven ist ersichtlich, daß $\cos \varphi$ bei den übersynchronen Geschwindigkeiten fast gleich Eins ist, bei den niedrigsten Geschwindigkeiten ist $\cos \varphi$ dagegen sehr niedrig.

Dauerversuch.

Nach 5 stündigem Dauerversuch bei 220 Volt 29 Amp. und ca. 1000 Touren wurden folgende Temperaturerhöhungen gemessen.

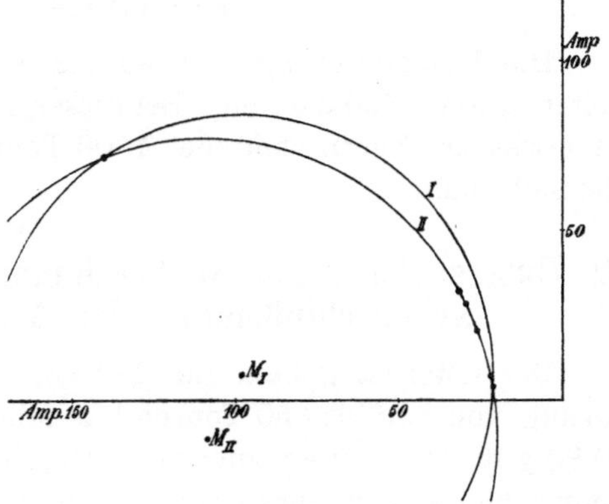

Fig. 121.

Statoreisen (mit Thermometer gemessen) . . .   47,5° C
Hauptwicklung (aus Widerstandsmessung) . .   41,0° „
Regulierungswicklung (aus Widerstandsmessung) 25,0° „
Rotorwicklung (aus Widerstandsmessung) . .   28,2° „
Kommutator (mit Thermometer gemessen) . .   37,0° „

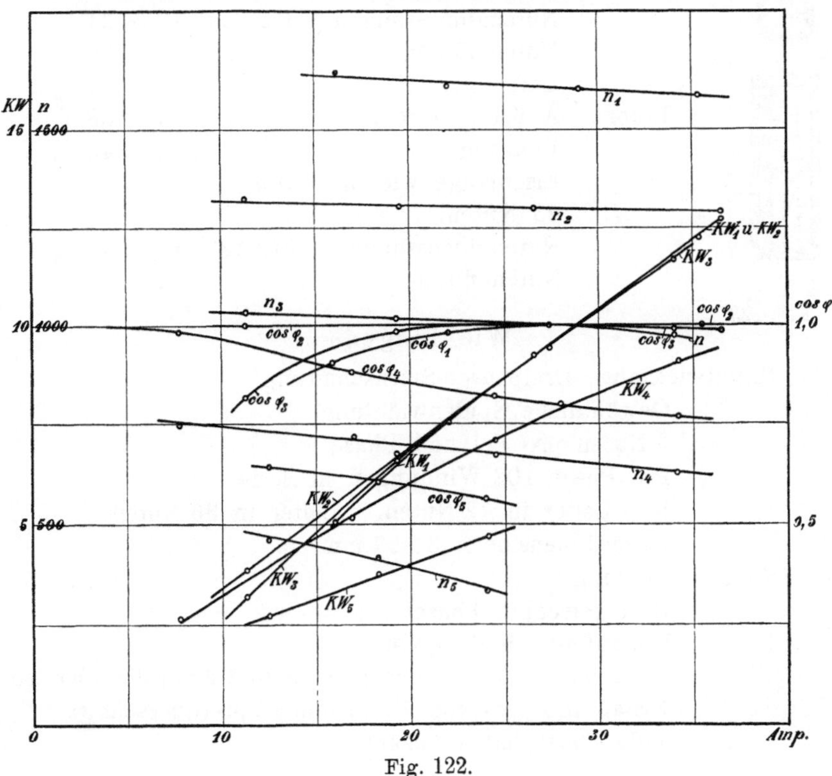

Fig. 122.

Kommutierung.

Die Kommutierung war ausgezeichnet bei allen Geschwindigkeiten unter 1300 Touren. Bei dieser Tourenzahl fingen die Bürsten an etwas zu feuern, und bei 1600 Touren war die Funkenbildung ziemlich stark.

52. Untersuchung und Nachrechnung eines 50 PS-Dreiphasen-Nebenschlußmotors der A. S. E. A. Vesterås.

Der Motor ist gebaut für 380 Volt, 50 Perioden und eine Regulierung von 350 bis 650 Touren i. d. Min. in 13 Stufen. Die Leistung 50 PS gilt für alle übersynchronen Geschwindigkeiten, untersynchron nimmt die Leistung proportional mit der Tourenzahl ab. Der Motor hat 12 Pole.

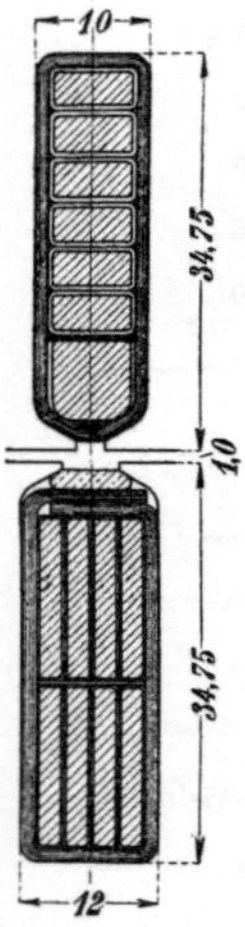

Hauptabmessungen.

Stator: Äußerer Durchmesser . . . . 650 mm

Bohrung . . . . 510 „

Eisenlänge (inkl. Luftschlitze) . 250 „

3 Luftschlitze . . . . à 8 „

108 Nuten,

Nutenabmessungen (s. Fig. 123) 10 × 34 „

Nutenöffnung . . . . 2,5 „

Luftspalt . . . . 1 „

Rotor: Äußerer Durchmesser . . . . 508 „

Bohrung . . . . 340 „

Eisenlänge wie im Stator

73 Nuten,

Nutenabmessungen (s. Fig. 123) 12 × 34 „

Nutenöffnung . . . . 5 „

Fig. 123.

Wicklungen:

Hauptwicklung: Dreiphasen-Sternschaltung

Gewöhnliche Spulenwicklung

3 Nuten pro Pol und Phase

Pro Phase 102 Windungen in Serie

je 6 Leiter in 72 Nuten, 5 Leiter in 36 Nuten

Leiterdimensionen 3 × 7 mm.

Regulierwicklung:

Drei getrennte Phasen

Umlaufende Stabwicklung

Pro Phase 9 Windungen in Serie und 2 parallele Kreise

1 Stab pro Nut von 7 × 7 mm Kupferquerschnitt

Jede Phase hat 4 Anzapfungen.

Rotorwicklung:

Reihenparallelwicklung mit $a = 2$
Stabzahl 584
8 Stäbe pro Nut, nackt 14×2 mm
Keine Widerstandsverbindungen
4 Ausgleichringe.

Kommutator:

Durchmesser . . . . 420 mm
Schleiflänge . . . . 195 „
Lamellenzahl 292
Lamellenteilung . . . . 4,5 „
Zahl der Bürstenstifte 9
Anzahl Bürsten pro Stift 5
Dimensionen der Kohlen . . . 7×32 „
Kohlensorte: le Carbone QS.

Magnetisierungstransformator:
primär   552 Windungen pro Phase
sekundär 7   „   „   „
Magnetisierungsspannung 4,8 Volt
Scheinbare Leistung 5 KVA.

Nachrechnung des Motors.

Regulierung:

$$n_{max} \cong \frac{\dfrac{146}{2\pi} + 9 \cdot 0{,}956}{\dfrac{146}{2\pi}} \, 500 \qquad\qquad n_{min} \cong \frac{\dfrac{146}{2\pi} - 9 \cdot 0{,}956}{\dfrac{146}{2\pi}} \, 500$$

$$= 685 \qquad\qquad\qquad\qquad = 315$$

Magnetisierungsstrom:

$$\Phi \cong \frac{220 \cdot 10^8}{4{,}44 \cdot 50 \cdot 102 \cdot 0{,}956} \cong 1{,}0 \cdot 10^6$$

für $\alpha_i = 0{,}635$ wird

$$B_l = \frac{1{,}0 \cdot 10^6}{0{,}635 \cdot 22{,}6 \cdot 13{,}3} = 5250$$

$$k_1 = 1{,}15 \qquad \tfrac{1}{2} AW_l = 0{,}8 \cdot 1{,}15 \cdot 5250 \cdot 0{,}1 = 483.$$

Statorzähne:

$$t_1 = 14{,}8 \quad z_{min} = 5 \qquad B_{z\,max} = 17300 \qquad aw = 75$$
$$z_{mitt} = 5{,}9 \qquad B_{z\,mitt} = 14700 \qquad aw = 23$$
$$z_{max} = 6{,}9 \qquad B_{z\,min} = 12500 \qquad aw = 10$$

$$\tfrac{1}{2} AW_{zs} = \frac{75 + 4 \cdot 23 + 10}{6} \cdot 3{,}4 = 100.$$

Rotorzähne:

$$t_1 = 21{,}9 \quad z_{min} = 6{,}8 \quad B_{z\,max} = 18800 \quad aw = 200$$
$$z_{mitt} = 8{,}2 \quad B_{z\,mitt} = 15600 \quad aw = 32$$
$$z_{max} = 9{,}6 \quad B_{z\,min} = 13300 \quad aw = 13$$

$$\tfrac{1}{2}AW_{z\,r} = \frac{200 + 4 \cdot 32 + 13}{6} \cdot 3{,}4 = 193$$

$$k_z' = \frac{483 + 100 + 193}{483} = 1{,}6 \quad \alpha_i' = 0{,}69$$

$$B_l = \frac{0{,}635}{0{,}69}\,5250 = 4850$$

$$\tfrac{1}{2}AW_l = \mathbf{447}\,.$$

Stator: Rotor:

$$B_{z\,max} = 16000 \quad aw = 39 \qquad B_{z\,max} = 17400 \quad aw = 80$$
$$B_{z\,mitt} = 13600 \quad aw = 14{,}5 \qquad B_{z\,mitt} = 14400 \quad aw = 21$$
$$B_{z\,min} = 11600 \quad aw = 7 \qquad B_{z\,min} = 12300 \quad aw = 9$$

$$\tfrac{1}{2}AW_{z\,s} = \frac{39 + 4 \cdot 14{,}5 + 7}{6} \cdot 3{,}4 = \mathbf{59} \quad \tfrac{1}{2}AW_{z\,r} = \frac{80 + 4 \cdot 21 + 9}{6} \cdot 3{,}4 = \mathbf{98}.$$

$$B_{a\,s} = \frac{1{,}0 \cdot 10^6}{2 \cdot 22{,}6 \cdot 3{,}5 \cdot 0{,}9} = 7000 \qquad AW_{a\,s} \text{ ist vernachlässigbar}$$

$$B_{a\,r} = \frac{1{,}0 \cdot 10^6}{2 \cdot 22{,}6 \cdot 4{,}9 \cdot 0{,}9} = 5000 \qquad AW_{a\,r} \text{ „ \qquad „}$$

$$\tfrac{1}{2}AW_k = 447 + 59 + 98 = 604$$

$$J_{0\,wl} = \frac{2{,}22 \cdot 6 \cdot 604}{3 \cdot 102 \cdot 0{,}956} = \mathbf{27{,}5}\ \text{Amp.}$$

Widerstände.

Hauptwicklung:

Länge einer halben Windung $\cong l_1 + \tau + $ ca. 2×10
$$= 25 + 13{,}3 + 20 \cong 58{,}5\ \text{cm}$$

$$r_1 = \frac{0{,}0175 \cdot 102 \cdot 2 \cdot 0{,}585}{19{,}3} = \mathbf{0{,}109}\ \text{Ohm für Gleichstrom bei } 15^0\,\text{C.}$$

Regulierwicklung:

Länge einer halben Windung $\cong l_1 + 1{,}6\,\tau = 25 + 1{,}6 \cdot 13{,}3$
$$= 46{,}2\ \text{cm}$$

$$r_3 = \frac{0{,}0175 \cdot 9 \cdot 2 \cdot 0{,}462}{96} = \mathbf{0{,}00152}\ \text{Ohm für Gleichstrom bei } 15^0\,\text{C.}$$

Rotorwicklung:

Länge einer halben Windung $\cong l_1 + 1{,}5\,\tau = 25 + 1{,}5 \cdot 13{,}3 = 45\ \text{cm}$
Widerstand pro Phase oder ein Drittel der ganzen Wicklung

$$r_2 = \frac{0,0175 \cdot \frac{1}{3} \cdot 292 \cdot 0,45}{2 \times 27,1} = \mathbf{0,0141} \text{ Ohm für Gleichstrom bei } 15^0 \text{ C,}$$

und für äquivalente Sternschaltung:

$$r_2'' = \frac{0,0141}{3} = 0,0047 \text{ Ohm.}$$

Für die Berechnung des Bürstenwiderstandes nehmen wir an, daß die Übergangsspannung 1 Volt bei 10 Amp. pro qcm beträgt

$$r_B = \frac{1}{10} \cdot \frac{1}{F_B} = \frac{1}{10} \cdot \frac{1}{33,6} = 0,003 \text{ Ohm.}$$

Der totale Sekundärwiderstand für Wechselstrom (40^0 Temperaturerhöhung) bei direkt kurzgeschlossenen Bürsten:

$$1,16 \cdot 1,15 \cdot 0,0047 + 0,003 = 0,0093 \text{ Ohm}$$

und reduziert auf den Primärkreis

$$4,2^2 \cdot 0,0093 = 0,164 \text{ Ohm}$$
$$r_{1w} = 1,15 \cdot 1,16 \cdot 0,109 = \underline{0,145 \quad \text{„}}$$
$$r_k = 0,309 \text{ Ohm.}$$

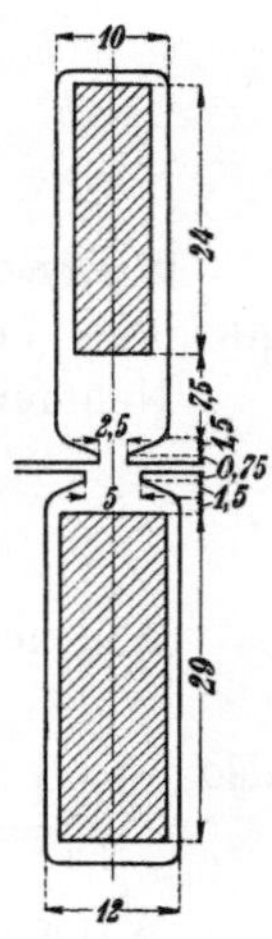

Fig. 124.

Reaktanzen (s. Fig. 124).

Hauptwicklung:

$$r = 24 \quad r_1 = 2,5 \quad r_3 = 10 \quad r_4 = 0,75 \quad r_5 = 7,5 \quad r_6 = 1,5$$

$$\lambda_n = 1,25 \left(\frac{24}{30} + \frac{7,5}{10} + \frac{3}{12,5} + \frac{0,75}{2,5} \right) = 2,6$$

$$\lambda_k = 1,25 \frac{21,9 - 5 - 2,5}{6} = 3,0$$

$$\lambda_s = 0,46 \cdot 3 \cdot \log \frac{1,5 \cdot 35,7}{13} = 0,85 \qquad \frac{l_s}{l} \lambda_s = \frac{35,7}{22,6} 0,85 = 1,34$$

$$x_{s1} = \frac{4 \cdot \pi \cdot 50 \cdot 102^2 \cdot 22,6}{6 \cdot 3 \cdot 10^8} (2,6 + 3 + 1,34) = 0,568 \text{ Ohm.}$$

Rotorwicklung:

$$r = 29 \quad r_1 = 5 \quad r_3 = 12 \quad r_4 = 0,75 \quad r_5 = 1,5 \quad r_6 = 1,5$$

$$\lambda_n = 1,25 \left(\frac{29}{36} + \frac{1,5}{12} + \frac{3}{17} + \frac{0,75}{5} \right) = 1,57$$

$$\lambda_k = 1,25 \left(\frac{14,8 - 5 - 2,5}{6} \right) = 1,52$$

$$\lambda_s \simeq 0,8 \frac{l_s}{l} = 0,8 \frac{22,4}{22,6} = 0,8$$

$$x_{s2} = \frac{4\,\pi \cdot 50 \cdot \left(\dfrac{48,5}{\sqrt{3}}\right)^2 \cdot 22,6}{6 \cdot 2,02 \cdot 10^8}\,(1,57 + 1,52 + 0,8) = 0,036 \ \text{Ohm}$$

$$x_{s2}' = 4,2^2 \cdot 0,036 = 0,635 \ \text{Ohm}$$

$$x_k = 0,568 + 0,635 = 1,203 \ \text{Ohm}$$

$$z_k = \sqrt{1,203^2 + 0,309^2} = 1,24 \ \text{Ohm}$$

$$J_k = \frac{220}{1,24} = \mathbf{177} \ \text{Amp.} \qquad \cos\varphi_k = \mathbf{0,25}.$$

Magnetisierungsspannung für $\cos\varphi = 1,0$ **bei Synchronismus und Vollast.**

Nehmen wir $\eta = 80^0/_0$ an, so wird $J_1 \simeq 70$ Amp. bei 50 PS und

$$J_2 = 4,2\,\sqrt{70^2 + 27,5^2} = \mathbf{315} \ \text{Amp.}$$
$$P_m = J_2\, r_2 \sin\psi_2 + J_2\, x_{20} \cos\psi_2.$$

Wir nehmen

$$x_{20} \simeq 0,3\, x_2 = 0,3 \cdot 0,036 \simeq 0,011 \ \text{Ohm},$$

also

$$P_m = 315 \cdot 0,0093 \cdot 0,366 + 315 \cdot 0,011 \cdot 0,93 \simeq \mathbf{4,3} \ \text{Volt.}$$

Wirkungsgrad bei Vollast und Synchronismus:

Stromwärmeverluste im Stator:

$$3 \cdot J_1^2\, r_1 = 3 \cdot 70^2 \cdot 0,145. \ \ldots\ldots\ldots\ldots\ldots = 2130 \ \text{Watt}$$

Stromwärmeverluste im Rotor:

$$3 \cdot J_2^2\, r_2 = 3 \cdot 315^2 \cdot 0,0093 \ \ldots\ldots\ldots\ldots = 2770 \ \text{„}$$

Eisenverluste im Stator:

$$W_h = 1 \cdot \frac{50}{100} \left[\left(\frac{7000}{1000}\right)^{1,6} \cdot 13,8 + 1,25\left(\frac{11600}{1000}\right)^{1,6} 4,5\right] \ . \ \ = \ 295 \ \text{„}$$

$$W_w = 6 \cdot \left(\frac{50 \cdot 0,5}{100}\right)^2 \left[\left(\frac{7000}{1000}\right)^2 \cdot 13,8 + 1,35\left(\frac{11600}{1000}\right)^2 4,5\right] = \ 560 \ \text{„}$$

Die Luft- und Lagerreibung schätzen wir auf ca. $1^0/_0$

der Leistung $\ldots\ldots\ldots\ldots\ldots\ldots = 680 \ \text{„}$

Bürstenreibung:

$$W_\varrho = \text{konstant} \cdot F_B\, v_k = 0,55 \cdot 101 \cdot 11 \ \ldots\ldots\ldots = \ 610 \ \text{„}$$

Schätzen wir den Wirkungsgrad des Magnetisierungstransformators auf $95^0/_0$ bei $\cos\varphi = 1$, so werden
diese Verluste ungefähr $\ldots\ldots\ldots\ldots = 200 \ \text{„}$

$$\text{totale Verluste} = 7245 \ \text{Watt}$$

zugeführte Leistung $\sqrt{3} \cdot 380 \cdot 70 \ \ldots\ldots\ldots = 46000 \ \text{„}$

Wirkungsgrad $\ldots\ldots\ldots\ldots\ldots = 84^0/_0.$

Kommutierung:

Vom Drehfelde zwischen den Bürstenkanten induzierte Spannung bei Stillstand und normaler Feldstärke

$$\Delta e' = 2{,}22 \frac{b_1}{\beta} \frac{p}{a} c \frac{N}{K} \Phi \, 10^{-8} = 2{,}22 \cdot 2 \cdot 3 \cdot 50 \cdot 2 \cdot 1{,}0 \cdot 10^{-2} = \mathbf{13{,}3} \text{ Volt.}$$

Bei der höchsten und niedrigsten Geschwindigkeit wird diese Spannung

$$\frac{c_s}{c} \Delta e' = \frac{18{,}5}{50} \cdot 13{,}3 = \mathbf{4{,}9} \text{ Volt.}$$

Die Reaktanzspannung zwischen den Bürstenkanten bei der höchsten Geschwindigkeit und 300 Amp. pro Phase sekundär $(AS \simeq 320)$:

$$\Delta e'' = \frac{b_1}{\beta} \cdot \frac{p}{a} \frac{N}{K} l v \sin \frac{\pi}{m} A S \lambda_N \frac{t_1}{t_1 + b \; - \beta_D \dfrac{a}{p}} 10^{-6}$$

$$= 2 \cdot \tfrac{6}{2} \cdot 2 \cdot 22{,}6 \cdot 18{,}3 \cdot 0{,}86 \cdot 320 \cdot 3{,}89 \frac{21{,}9}{21{,}9 + 8{,}5 - 5{,}5 \cdot \tfrac{2}{6}} 10^{-6}$$

$$= \mathbf{4} \text{ Volt.}$$

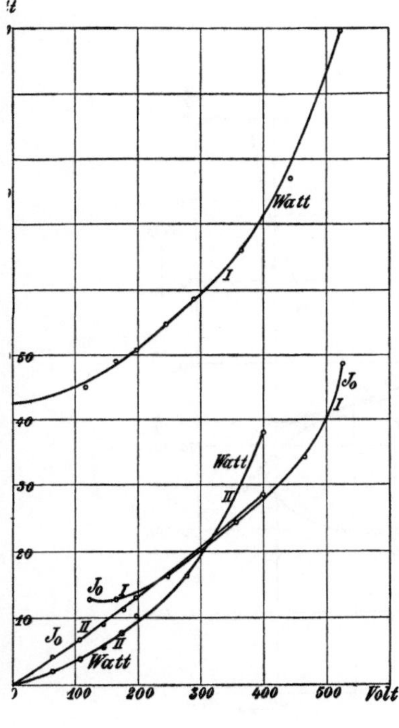

Fig. 125.

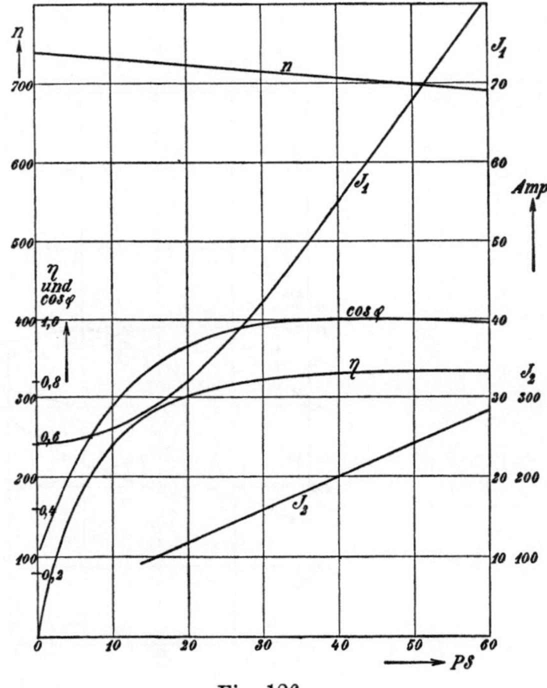

Fig. 126.

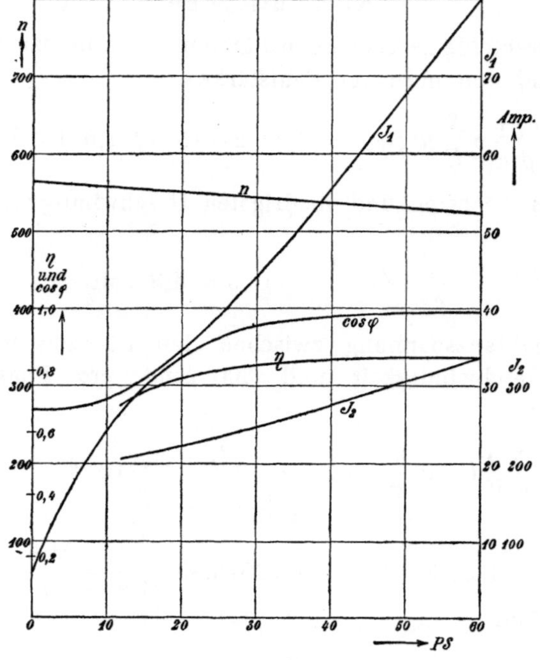

Fig. 127.

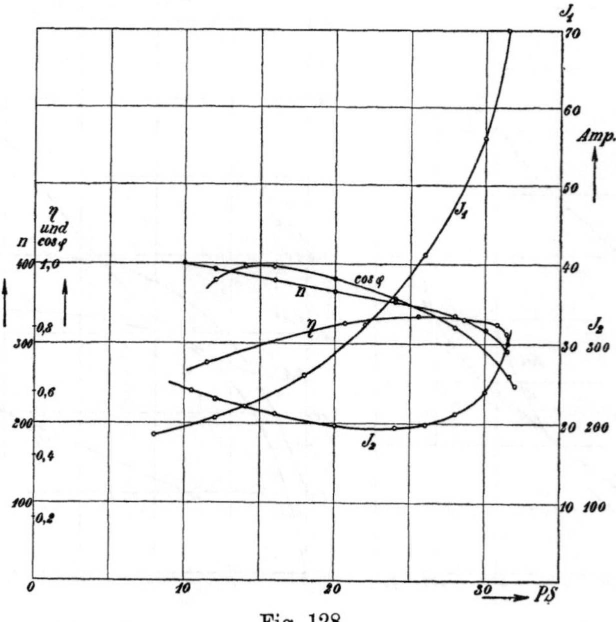

Fig. 128.

Versuchsergebnisse.

Widerstände:

  Hauptwicklung . . . 0,114 Ohm pro Phase bei 17⁰ C

  Regulierwicklung . . 0,00159 „ „ „ „ 17⁰ „

  Rotorwicklung . . . 0,00951 „ gemessen zwischen zwei
um 120 elektrische Grade verschobenen Punkten am Kommutator
bei 17⁰ C.

  Leerlauf bei direkt kurzgeschlossenen Bürsten

$$J_0 = 26{,}5 \qquad W_0 = 2700.$$

  Fig. 125 zeigt die Leerlaufströme und Verluste in Abhängigkeit von der Spannung, u. zw.

  I bei direkt kurzgeschlossenen Bürsten und rotierender Armatur,
II bei abgehobenen Bürsten und stillstehender Armatur.

  Kurzschluß bei direkt kurzgeschlossenen Bürsten

$$J_k = 190 \text{ Amp.} \qquad \cos \varphi_k = 0{,}38$$

  Arbeitskurven bei verschiedenen Geschwindigkeiten zeigen
Fig. 126 bis 128.

  Dauerversuche: Nach 5 stündigem Betrieb mit 365 Volt,
75 Amp. und ungefähr 500 Umdrehungen i. d. M. wurden folgende
Temperaturerhöhungen gemessen:

  Statoreisen   (mit Thermometer gemessen) 47,5⁰ C

  Hauptwicklung (aus Widerstandsmessung) 44,5⁰ „

    „   (mit Thermometer gemessen) 38,5⁰ „

  Rotorwicklung (aus Widerstandsmessung) 44,5⁰ „

  Nach 4 stündigem Betrieb mit 380 Volt, 55,5 Amp. und 315
Umdrehungen i. d. M. wurden folgende Temperaturerhöhungen
gemessen:

  Statoreisen   (mit Thermometer gemessen) 56,5⁰ C

  Hauptwicklung (aus Widerstandsmessung) 55,0⁰ „

    „   (mit Thermometer gemessen) 57,5⁰ „

  Rotorwicklung (aus Widerstandsmessung) 72,5⁰ „

  Kommutierung. Die Kommutierung zeigte sich abhängig
von der Belastung, was auf eine große Reaktanzspannung hinweist.
Sogar bei synchroner Geschwindigkeit und Vollast trat etwas Funkenbildung auf, und natürlich noch mehr bei der höchsten Geschwindigkeit und Vollast. Ohne Zweifel würden Widerstandsverbindungen hier gute Dienste geleistet haben.

16*

Zehntes Kapitel.

Kaskadenschaltung einer Induktionsmaschine und einer Mehrphasen-Kommutatormaschine.

53. Allgemeines über die Kaskadenschaltung einer Induktionsmaschine und einer Mehrphasen-Kommutatormaschine. — 54. Die Kaskadenschaltung einer Induktionsmaschine mit einem Mehrphasen-Hauptschlußmotor bei direkter Kupplung. — 55. Die Kaskadenschaltung einer Induktionsmaschine mit einem Mehrphasen-Nebenschlußmotor bei direkter Kupplung. — 56. Die Kaskadenschaltung eines Mehrphasen-Induktionsmotors mit einem mechanisch unabhängigen Kommutatormotor. — 57. Die Kaskadenschaltung eines Induktionsmotors mit einem Periodenumformer.

53. Allgemeines über die Kaskadenschaltung einer Induktionsmaschine und einer Mehrphasen-Kommutatormaschine.

Zur ökonomischen Geschwindigkeitsregulierung von Induktionsmotoren dienen die in WT V, 1, Kap. XX besprochenen verschiedenen Ausführungen der Kaskadenschaltung.

Bei der gewöhnlichen Kaskadenschaltung von zwei Induktionsmotoren setzt der zweite Motor die Leistung, die der Schlüpfung des Hauptmotors entspricht, in mechanische Leistung um, indem er mit dem Hauptmotor gekuppelt ist.

Diese Anordnung ermöglicht jedoch nur eine geringe Anzahl von Geschwindigkeitsstufen, auch wenn einer oder beide Motoren mit Wicklungen für Polumschaltung versehen sind, und das Aggregat arbeitet mit einem geringen Leistungsfaktor.

Andere Einrichtungen beruhen darauf, daß die der Schlüpfung des Induktionsmotors entsprechende Leistung in einem Hilfsaggregat wieder nutzbar gemacht wird, z. B. nach Umformung in Gleichstrom nach Krämer, D.R.P. 177270 (s. WT V, 1, S. 582) in einem Gleichstrommotor, der die Leistung entweder direkt als mechanische Leistung an die Welle abgeben kann oder einen Generator antreibt, der die Leistung an das Netz zurückgibt. Hierauf beruhen auch die sog. Heylandgetriebe (s. WT V, 1, S. 583). Bei andern

Schaltungen endlich wird der Rotor des zu regelnden Induktionsmotors mit einer Stromquelle von anderer Periodenzahl gespeist (s. z. B. das D.R.P. Nr. 109208 von Siemens und Halske, WT V, 1, S. 574).

Während nun eine Mehrphasen-Kommutatormaschine an sich eine fein abgestufte Geschwindigkeitsregulierung gestattet und auch mit einem hohen Leistungsfaktor arbeiten kann, so lassen sich diese Maschinen doch, wie in Kap. VII, S. 200 gezeigt ist, nur für beschränkte Leistungen bauen, sie vermögen also einen großen Induktionsmotor nicht zu ersetzen.

Dagegen bietet die Kaskadenschaltung einer Induktionsmaschine und einer Mehrphasen-Kommutatormaschine alle jene Möglichkeiten zur Geschwindigkeitsregulierung eines Induktionsmotors. Diese sind:

1. Direkte Rückgabe der geschlüpften Leistung in Form von mechanischer Leistung durch mechanische Kupplung des Kommutatormotors mit dem Induktionsmotor.

Nachdem die Kaskadenschaltung einer Induktionsmaschine und einer Mehrphasen-Kommutatormaschine i. J. 1902 von O. S. Bragstad und J. L. la Cour (D.R.P. Nr. 148305) zu dem Zwecke angegeben worden ist, die Phasenverschiebung des Induktionsmotors zu kompensieren und einen selbsterregten Generator zu bauen, hat später C. Krämer vorgeschlagen (s. D.R.P. Nr. 169453 der FGL v. J. 1905), ein solches Aggregat zur Geschwindigkeitsregelung zu verwenden. Hierbei sind die in Kaskade geschalteten Maschinen direkt oder indirekt miteinander gekuppelt.

Bei der Geschwindigkeitsregulierung wirkt der Induktionsmotor teils als Motor und teils als Transformator. Seine mechanische Leistung verhält sich zur ganzen aufgenommenen Leistung wie seine Umdrehungszahl zur synchronen, und der Rest, der der geschlüpften Umdrehungszahl entspricht, wird elektrisch transformiert und an die Kommutatormaschine abgegeben, die sie in mechanische Leistung umsetzt. Wenn wir von den Verlusten absehen, verhält sich also die Leistung der Kommutatormaschine W_{mII} zur Leistung der Induktionsmaschine W_{mI}

$$\frac{W_{mII}}{W_{mI}} = \frac{s_1}{1 - s_1},$$

wenn s_1 die Schlüpfung der Induktionsmaschine ist. Die Kommutatormaschine braucht also nur für einen Teil der Leistung, nämlich den der Schlüpfung des Hauptmotors entsprechenden Teil gebaut zu werden. Sie erhält die Periodenzahl der Schlüpfung des Rotors der Induktionsmaschine und eine entsprechend kleine Spannung; sie verhält sich daher günstig in bezug auf Funkenbildung.

Ihre Geschwindigkeit und damit jene des Aggregates läßt sich beliebig einstellen und sie kann bei Übererregung einen voreilenden Strom an die Induktionsmaschine abgeben, so daß das Aggregat bei einem hohen Leistungsfaktor arbeiten kann.

Bei der Kaskadenschaltung mit einem langsamlaufenden Induktionsmotor arbeitet aber die Kommutatormaschine bei direkter Kupplung mit einer für ihre Leistung unter Umständen sehr niedrigen Umdrehungszahl, und sie erhält dann sehr große Abmessungen. Man könnte statt dessen eine Riemen- oder Zahnradübertragung zwischenschalten.

2. In diesem Falle kann die Rückgewinnung der geschlüpften Leistung durch ein Hilfsaggregat Anwendung finden, das in Kaskade mit dem Induktionsmotor geschaltet und von ihm mechanisch unabhängig ist.

Ein solches Hilfsaggregat besteht z. B. nach dem Vorschlag von A. Scherbius, D.R.P. Nr. 179525 (1905), aus einem Kommutatormotor und einem Wechselstromgenerator. Der erste erhält die der Schlüpfung des Hauptmotors entsprechende Leistung vom Rotor dieses Motors und treibt den Generator an, der sie an das Netz wieder zurückgibt.

Bei einem solchen mechanisch unabhängigen Hilfsaggregat kann ein schnellaufender Kommutatormotor verwendet werden, das Aggregat kann an beliebiger Stelle aufgestellt und es kann damit ein Induktionsmotor nachträglich regelbar gemacht werden. Da das Drehmoment des Kommutatormotors hier nicht an der Hauptwelle mechanisch nutzbar gemacht wird, eignet sich die Schaltung aber nur für konstantes Drehmoment.

Der Wirkungsgrad ist wegen der doppelten Leistungstransformation geringer als bei einfacher; an sich dürfte jedoch der Wirkungsgrad eines schnellaufenden Kommutatormotors etwas höher als der eines direkt gekuppelten langsam laufenden Motors sein.

Als Generator des Hilfsaggregates kann ein synchroner oder ein asynchroner Generator verwendet werden. Der letzte ist im allgemeinen vorzuziehen, schon deshalb, weil mit ihm das Hilfsaggregat in Gang gesetzt und bei der verlangten Tourenzahl mit dem Hauptmotor zusammengeschaltet werden kann.

Das Anlassen in der Kaskadenschaltung wird besser vermieden, weil hierbei der Kommutatormotor die volle Periodenzahl erhält. Es ist daher stets, auch bei direkter Kupplung, vorzuziehen, den Hauptmotor mittels Anlaßwiderständen in Gang zu setzen und den Kommutatormotor erst nachher hinzuzuschalten.

Zur Kaskadenschaltung können Hauptschluß-, Nebenschluß- oder Doppelschlußmotoren verwendet werden. Die Schaltung des

Kommutatormotors bestimmt die Hauptschluß-, Nebenschluß- usw. Charakteristik des ganzen Aggregates.

Bei einer Hauptschlußmaschine wird z. B. mit steigender Belastung der Fluß des Kommutatormotors größer, seine Spannung steigt und er bringt den Hauptmotor zum Abfall. Wird das Aggregat entlastet, so kann es nur bis in die Nähe des Synchronismus des Induktionsmotors hinauflaufen, denn bei Synchronismus erhält der Kommutatormotor die Spannung und Periodenzahl Null.

Die Kaskadenschaltung des Induktionsmotors mit einem Seriemotor ergibt daher stets eine von Synchronismus des Vordermotors bis zum Stillstand stark abfallende Hauptschlußcharakteristik.

Bei der Kaskadenschaltung mit einem Nebenschlußmotor wird dagegen eine beliebig einstellbare Leerlauftourenzahl erreicht. Hierzu wird, wie bei einem Nebenschlußmotor allein (s. Kap. V), nach dem Verfahren von Winter und Eichberg entweder die Rotorspannung allein oder der Fluß der Kommutatormaschine so eingestellt, daß die Klemmenspannung und die induzierte EMK im Rotor sich bei der gewünschten Tourenzahl das Gleichgewicht halten. Hierbei kann entweder so eingestellt werden, daß der Rotorstrom des Kommutatormotors Null ist, dann nimmt das Aggregat bei Leerlauf die Summe der Magnetisierungsströme beider Maschinen vom Netz auf. Oder es kann die Kommutatormaschine übererregt werden, so daß der wattlose Strom teilweise oder ganz kompensiert wird.

Bei Belastung wird bei der Kaskadenschaltung mit einer Nebenschlußmaschine die Tourenzahl nur wenig abfallen. Ein größerer Tourenabfall kann durch die Kompoundmaschine erhalten werden.

Das Reguliergebiet ist im allgemeinen gegeben von Null bis zum Synchronismus des Vordermotors. Durch besondere Hilfsmittel kann aber auch ein übersynchroner Betrieb erhalten werden, der unter Umständen bei kleiner Periodenzahl und schnellaufenden Arbeitsmaschinen erwünscht ist.

Zu diesem Zweck muß aber der Hauptmotor erst auf Übersynchronismus gebracht werden, etwa durch besonderen Antrieb oder dadurch, daß man die Kommutatormaschine zeitweise an das Netz schaltet, bis sie das ganze Aggregat auf Übersynchronismus gebracht hat. Bei der dann herzustellenden Kaskadenschaltung sind die Anschlüsse des Kommutatormotors an die Schleifringe des Induktionsmotors für zwei Phasen zu vertauschen, weil bei Übersynchronismus die Richtung der im Rotor induzierten EMK sich umkehrt und ohne die Vertauschung das Drehfeld in der Kommutatormaschine seine Richtung umkehren würde.

Diese Anordnung besitzt deswegen ebenso wie die Differential-Kaskadenschaltung von zwei Induktionsmotoren von Danielson keine große praktische Bedeutung. Dies gilt sowohl für die Kaskadenschaltung mit mechanischer Kupplung wie für die Kaskadenschaltung mit einem Hilfsaggregat.

3. Die dritte Art der Geschwindigkeitsregulierung eines Induktionsmotors durch Anschluß des Rotors an eine Stromquelle von anderer Periodenzahl als die des Netzes kann ebenfalls mit einer Kommutatormaschine ausgeführt werden, indem man die Kommutatormaschine als Periodenumformer verwendet, wie in dem D.R.P. Nr. 109 308 (1898) von Siemens & Halske angegeben und auch von M. Osnos[1]) vorgeschlagen worden ist. Sie erhält in diesem Falle sowohl einen Kommutator als auch Schleifringe und wird einerseits an den Rotor der Induktionsmaschine, andererseits an das Netz angeschlossen. Mit dieser Anordnung läßt sich der Induktionsmotor sowohl über- wie untersynchron ohne Schwierigkeit regulieren.

Endlich kann auch die Kommutatormaschine als Generator verwendet werden und dem Rotor des Induktionsmotors Strom von veränderlicher Periodenzahl zuführen. Sie wird zu diesem Zweck von einem besonderen Hilfsmotor angetrieben und tritt in diesem Falle an die Stelle der einen Synchronmaschine bei der Anordnung nach dem D.R.P. Nr. 109 208 (s. WT V, 1, S. 574). Im Gegensatz zu dem synchronen Generator kann aber die Periodenzahl des Kommutatorgenerators ohne Änderung der Geschwindigkeit der Antriebsmaschine eingestellt werden; als Antriebsmotor kann daher ein Induktionsmotor verwendet werden.

Diese Anordnung gestattet hauptsächlich, die Tourenzahl des Hauptmotors über Synchronismus zu regulieren und stellt gewissermaßen die Umkehrung der Kaskadenschaltung mit einem Hilfsaggregat dar, die hauptsächlich für untersynchrone Regulierung verwendbar ist.

Es ist natürlich nicht möglich, im folgenden alle möglichen Ausführungsformen eingehend zu behandeln, die auch nicht alle praktische Bedeutung haben. Es sollen vielmehr einige Beispiele in ihrer Wirkungsweise besprochen werden.

Als erstes wählen wir die **Kaskadenschaltung** eines Induktionsmotors mit einem Kommutatormotor **bei direkter Kupplung** und verwenden hierbei folgende

Allgemeine Bezeichnungen.

Der Induktionsmotor werde als Hauptmotor, der Kommutatormotor als Hilfsmotor bezeichnet.

---

[1]) ETZ 1902, S. 1079.

Die Indizes 1, 2, 3, 4 unterscheiden der Reihe nach die Stator- und Rotorwicklungen des Haupt- und des Hilfsmotors. Alle Größen werden auf die Windungszahl des Stators des Hauptmotors reduziert.

Ferner sei

c_1 die Netzperiodenzahl,

c_2 die sekundäre Periodenzahl,

n_1 die Umdrehungszahl des Drehfeldes im Hauptmotor,

n_2 die Umdrehungszahl des Drehfeldes im Hilfsmotor,

n die Umdrehungszahl des Aggregates,

$\left.\begin{array}{l} p_1 \\ p_2 \end{array}\right\}$ die Polpaarzahlen,

Es wird

$$c_2 = \frac{n_1 - n}{n_1}\, c_1 = s_1 c_1;$$

s_1 ist die Schlüpfung des Hauptmotors. In der Hilfsmaschine macht das Drehfeld n_2 Umdrehungen

$$n_2 = \frac{60\, c_2}{p_2} = s_1 n_1 \frac{p_1}{p_2}.$$

Die Schlüpfung des Hilfsmotors gegen sein Drehfeld ist daher

$$s_2 = 1 - \frac{n}{n_2} = 1 - \frac{(1 - s_1)\, p_2}{s_1 \quad p_1} = \frac{p_1 + p_2}{p_1} - \frac{1}{s_1}\frac{p_2}{p_1}. \tag{55}$$

54. Die Kaskadenschaltung einer Induktionsmaschine mit einem Mehrphasen-Hauptschlußmotor bei direkter Kupplung.

Fig. 129 zeigt das Schaltungsschema für direkte Reihenschaltung von Stator und Rotor des Kommutatormotors.

Fig. 130 zeigt das Spannungsdiagramm, bei dem wir am besten vom sekundären Strom J_2' ausgehen.

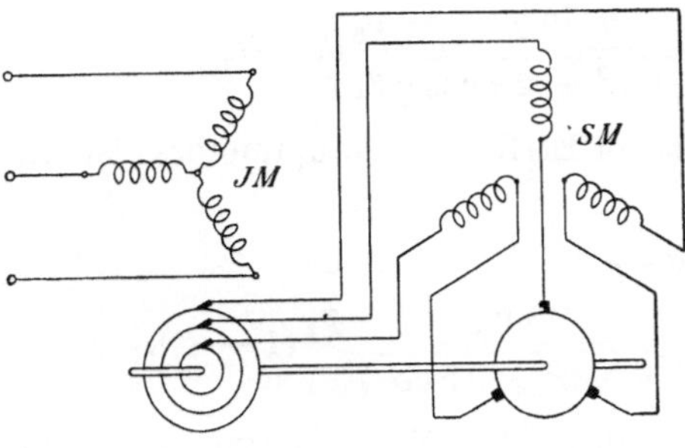

Fig. 129.

Kaskadenschaltung eines Induktionsmotors (JM) mit einem Hauptschlußmotor (SM).

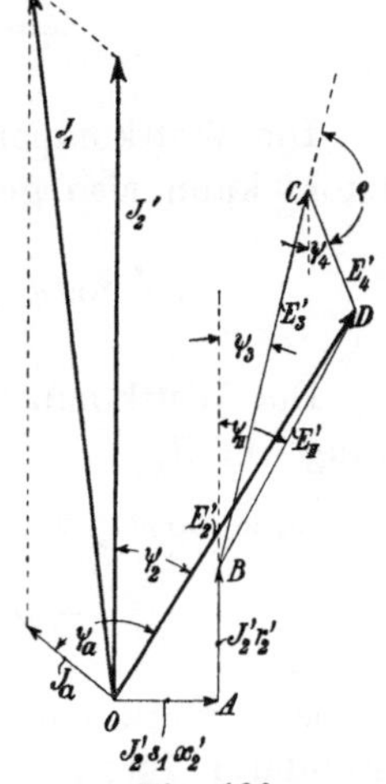

Fig. 130.

Spannungsdiagramm der Schaltung Fig. 129.

$\overline{OA} = s_1 J_2' x_2'$ ist die gesamte sekundäre Reaktanzspannung des Rotors des Hauptmotors und der Hilfsmaschine, $\overline{AB} = J_2' r_2'$ die gesamte sekundäre Widerstandsspannung.

$\overline{BC} = E_3'$ ist die Stator-EMK des Hilfsmotors, die gegen J_2' um $\psi_3 = \operatorname{arctg} \dfrac{1 + u \cos \varrho}{u \sin \varrho}$ voreilt (s. Kap. II).

$\overline{CD} = E_4'$ ist die Rotor-EMK des Hilfsmotors, die gegen E_3' um ϱ voreilt. Daher ist $\overline{BD} = E_{II}'$ die resultierende EMK des Hilfsmotors und $\overline{OD} = E_2'$ die Rotor-EMK des Hauptmotors, die gleich $s_1 E_1$ ist. Um ψ_a gegen $\overline{OD}$ verzögert liegt der Magnetisierungsstrom J_a des Hauptmotors, und die Summe aus J_a und J_2' ergibt den Stätorstrom J_1, der dem Netz entnommen wird.

Setzen wir die Stator-EMK des Hilfsmotors bei dem gleichen Strom und Bürstenwinkel, jedoch bei voller Periodenzahl c_1 gleich E_{3k}', so wird

$$E_3' = s_1 E_{3k}'$$

und die Rotor-EMK $E_4' = s_2 E_3' u = s_1 s_2 E_{3k}' u$, worin u wieder das Verhältnis der effektiven Rotor- zu den Statorwindungen ist. Es wird nun die mechanische Leistung des Hilfsmotors pro Phase

$$W_{mII} = J_2' E_{II}' \cos \psi_{II} = J_2' (E_3' \cos \psi_3 - E_4' \cos \psi_4),$$

und unter Einsetzung der Werte für $\cos \psi_3$ und $\cos \psi_4$

$$W_{mII} = J_2' E_{3k}' \frac{u \sin \varrho}{\sqrt{1 + u^2 + 2u \cos \varrho}} s_1 (1 - s_2)$$

$$= J_2' E_{3k}' \frac{u \sin \varrho}{\sqrt{1 + u^2 + 2u \cos \varrho}} \frac{p_2}{p_1} (1 - s_1).$$

Die Wattkomponente der resultierenden EMK des Kommutatormotors kann also geschrieben werden:

$$E_{II}' \cos \psi_{II} = E_{3k}' \frac{u \sin \varrho}{\sqrt{1 + u^2 + 2u \cos \varrho}} \frac{p_2}{p_1} (1 - s_1).$$

Die Wattkomponente der Rotor-EMK des Hauptmotors ist in bezug auf J_2'

$$s_1 E_1 \cos \psi_2 = J_2' r_2' + E_{II}' \cos \psi_{II}$$

$$= J_2' r_2' + E_{3k}' \frac{u \sin \varrho}{\sqrt{1 + u^2 + 2u \cos \varrho}} \cdot \frac{p_2}{p_1} (1 - s_1).$$

Die Wattkomponente der Stator-EMK E_1 in bezug auf den sekundären Strom ist:

$$E_1 \cos \psi_2 = \frac{J_2' r_2'}{s_1} + \frac{E_{II}' \cos \psi_{II}}{s_1}$$

und die auf den Rotor des Hauptmotors übertragene Leistung ist

$$W_a = J_2' E_1 \cos \psi_2 = \frac{J_2'^2 r_2'}{s_1} + \frac{J_2' E_{II}' \cos \psi_{II}}{s_1}.$$

Der der Schlüpfung s_1 entsprechende Teil dieser Leistung ist

$$s_1 W_a = J_2'^2 r_2' + J_2' E_{II}' \cos \psi_{II} = V_2 + W_{mII}$$

und ist teils der Verlust im Rotor des Hauptmotors und in der Kommutatormaschine (V_2), teils die dem Hilfsmotor zugeführte Leistung (W_{mII}), die er in mechanische Leistung umsetzt.

Die Differenz ist daher die mechanische Leistung des Hauptmotors und gleich

$$W_{mI} = W_a (1 - s_1) = J_2'^2 r_2' \left(\frac{1}{s_1} - 1\right) + W_{mII} \left(\frac{1}{s_1} - 1\right).$$

Die gesamte mechanische Leistung ist

$$W_m = W_{mI} + W_{mII} = J_2'^2 r_2' \left(\frac{1}{s_1} - 1\right) + \frac{W_{mII}}{s_1},$$

die wieder gleich $W_a - V_2$ ist.

Wir können nun in dem Spannungsdiagramm (Fig. 130) alle sekundären EMKe auf die primäre Periodenzahl beziehen, indem wir sie durch s_1 dividieren, die Schlußlinie wird dann $\overline{OD} = E_1$ die Stator-EMK des Hauptmotors, deren Veränderung mit der Schlüpfung s_1 bei konstantem Strom J_2' wir dann sofort übersehen. Es wird dann

$$\overline{OA} = J_2' x_2'; \quad \overline{AB} = \frac{J_2' r_2'}{s_1}; \quad \overline{BC} = \frac{E_3'}{s_1} = E_{3\,k}',$$

$$\overline{CD} = \frac{E_4'}{s_1} = s_2 u E_{3\,k}' = E_{3\,k}' u \left(\frac{p_1 + p_2}{p_1} - \frac{1}{s_1}\frac{p_2}{p_1}\right)$$

$$= E_{3\,k}' u \left[1 + \frac{p_2}{p_1}\left(1 - \frac{1}{s_1}\right)\right].$$

Hierin sind also $\overline{OA} = J_2' x_2'$ und $\overline{BC} = E_{3\,k}'$ konstante Größen, wenn J_2' konstant ist, während

$$\overline{AB} = J_2' \frac{r_2'}{s_1} \quad \text{und} \quad \overline{CD} = E_{3\,k}' u \left[1 + \frac{p_2}{p_1}\left(1 - \frac{1}{s_1}\right)\right]$$

sich mit der Schlüpfung ändern. Tragen wir in Fig. 131 daher zunächst die von der Schlüpfung s_1 unabhängigen Strecken $\overline{OA} = J_2' x_2'$ und $\overline{AB} = E_{3\,k}'$ auf, ferner

$$\overline{BC} = E_{3\,k}' u; \quad \overline{CD} = \frac{p_2}{p_1} E_{3\,k}' u = \frac{p_2}{p_1} \overline{BC} \quad \text{und} \quad \overline{CE} = J_2' r_2',$$

so ist $\overline{OE}$ die EMK E_1 für $s_1 = 1$.

Ziehen wir nun durch $\overline{DE}$ eine Gerade $\overline{DF}$ und $\overline{FG}$ parallel $\overline{EC}$, so verhält sich offenbar

$$\frac{\overline{FG}}{\overline{EC}} = \frac{\overline{GD}}{\overline{CD}}.$$

Setzen wir

$$\frac{\overline{FG}}{\overline{EC}} = \frac{1}{a},$$

so wird auch

$$\overline{GD} = \frac{\overline{CD}}{a} = \frac{p_2}{p_1} E_{3\,k}' \frac{u}{a}$$

und

$$\overline{BG} = \overline{BC} + \overline{CD} - \frac{\overline{CD}}{a}$$

$$= E_{3\,k}' u \left[1 + \frac{p_2}{p_1}\left(1 - \frac{1}{a}\right)\right],$$

d. h. F ist der Endpunkt des EMK-Vektors $E_1 = \overline{OF}$, wenn das Verhältnis

$$a = \frac{\overline{EC}}{\overline{FG}} = \frac{\overline{DE}}{\overline{DF}}$$

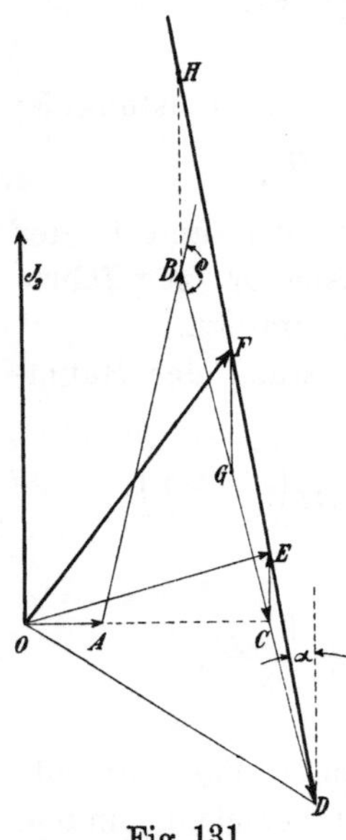

Fig. 131.
Spannungsdiagramm.

irgendeine Schlüpfung s_1 bezeichnet. Der Endpunkt F des EMK-Vektors $E_1 = \overline{OF}$ bewegt sich also bei veränderlicher Schlüpfung s_1 auf der Geraden $\overline{DF}$. Diese dient auch als Schlüpfungsmaßstab, denn es war

$$\frac{\overline{DE}}{\overline{DF}} = s_1.$$

Welche Bedeutung kommt nun dem Punkt D dieser Geraden zu? Wenn F nach D fällt, ist der senkrechte Abstand der Geraden $\overline{DF}$ und $\overline{DB}$, der allgemein

$$\overline{GF} = \frac{J_2' r_2'}{s_1}$$

ist, gleich Null, und andererseits

$$\overline{BG} = E_{3\,k}' u \left[1 + \frac{p_2}{p_1}\left(1 - \frac{1}{s_1}\right)\right]$$

gleich

$$\overline{BD} = E_{3\,k}' u \left(1 + \frac{p_2}{p_1}\right).$$

Beides ist bei konstantem Strom J_2' nur möglich, wenn $s_1 = \infty$ ist.

D ist also der Punkt für unendliche Schlüpfung des Vordermotors und unendliche Geschwindigkeit des Aggregates.

Den Punkt für Synchronismus des Hilfsmotors mit seinem Drehfeld finden wir auf der Geraden $\overline{DF}$, wenn $\overline{BG} = s_2 u E_3'{}_k$ gleich Null wird, also in H senkrecht über B. Es wird ja nach Gl. 55 $s_2 = 0$, wenn $s_1 = \dfrac{p_2}{p_1 + p_2}$ ist. Dem Synchronismus des Vordermotors entspricht der unendlich ferne Punkt der Geraden. Auf dem Gebiet von H bis zum ∞ fernen Punkt läuft der Kommutatormotor übersynchron; bei Synchronismus des Vordermotors ist $s_2 \dfrac{c_2}{c_1} = \dfrac{-p_2}{p_1}$. Bei endlicher Primärspannung kann aber kein Strom und kein Drehfeld im Kommutatormotor bestehen. Wollen wir nun das Diagramm des Stromes J_2 bei konstanter Stator-EMK E_1 erhalten, so brauchen wir nur die Gerade $\overline{DF}$ in bezug auf den Koordinatenanfangspunkt 0 zu inversieren.

Das Diagramm ist ein Kreis durch den Koordinatenanfangspunkt 0, dessen Radius mit der Abszissenachse den Winkel α bildet, den die Gerade $\overline{DF}$ mit der Ordinatenachse einschließt. Diesen berechnen wir aus den Konstanten der Maschine, wenn wir wie in Kap. II

$$E_3'{}_k = J_2' x_a'{}_{II} \sqrt{1 + u^2 + 2u \cos \varrho}$$

setzen, worin $x_a'{}_{II}$ die auf die primäre Periodenzahl bezogene Erregerreaktanz des Hilfsmotors ist. Es läßt sich leicht ableiten

$$\operatorname{tg} \alpha = \frac{u + \cos \varrho}{\sin \varrho + \dfrac{r_2'}{u\, x_a'{}_{II}} \dfrac{p_1}{p_2}}.$$

In dem besonderen Falle, daß $u = -\cos \varrho$ ist, liegt also die Gerade $\overline{DF}$ vertikal (s. auch Kap. II).

Das Diagramm läßt sich nun in bekannter Weise durch Addition des Magnetisierungsstromes J_a und des Spannungsabfalles im Stator $J_1 z_1$ ergänzen zu dem **Stromdiagramm des Statorstromes J_1 bei konstanter Klemmenspannung P_1.** Dieser Kreis ist in Fig. 132 dargestellt. Hier ist P_k der Punkt für Stillstand, P_a der Punkt für Synchronismus des Hauptmotors, P_∞ der Punkt für unendliche Geschwindigkeit, der also dem Punkt D in Fig. 131 entspricht. Die Vektoren $\overline{OP}$ stellen, wie beim Induktionsmotor, die Statorströme dar, die Vektoren $\overline{P_a P}$ das Maß für die Rotorströme, nämlich $\dfrac{J_2'}{C_1}$. Bedenken wir, daß bei der Addition von J_a und $J_1 z_1$ und den hierzu erforderlichen Inversionen alle Vektoren $\overline{P_a P}$ um γ_1 gedreht worden sind, so ergibt sich, daß der Radius $\overline{P_a M}$ mit der Horizontalen durch Punkt P_a den Winkel $(\alpha + \gamma_1)$ bildet, wofür wir, da γ_1 ein sehr kleiner Winkel ist, angenähert α setzen können, den wir oben berechnet haben.

Die Linien der aufgenommenen und der abgegebenen Leistung $\mathfrak{W}_1 = 0$ und $\mathfrak{W}_2' = 0$ erhalten wir in üblicher Weise. Am meisten interessiert uns die Drehmomentlinie, die durch die Punkte P_a und P_∞ geht. Durch die tiefe Lage des Punktes P_∞ erkennen wir, daß das maximale Drehmoment und besonders das Anlaufdrehmoment gegenüber dem des Induktionsmotors allein wesentlich vergrößert ist, wenn dieser mit dem gleichen Strom angelassen wird. Hierdurch macht sich die teilweise Hauptschlußcharakteristik der Kaskadenschaltung geltend, die von einer reinen Seriecharakteristik allerdings durch die Begrenzung nach oben auf die synchrone Tourenzahl abweicht. Das maximale Drehmoment liegt übrigens nicht bei Anlauf, sondern bei Punkt U senkrecht über der Mitte von $\overline{P_a P_\infty}$. Der Bogen $P_k U$ ist also unstabil. Die Lage dieses Punktes hängt von den Polzahlen und von dem Bürstenwinkel ab.

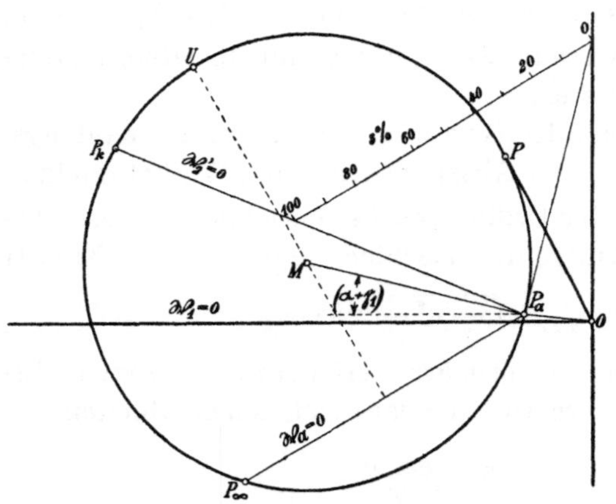

Fig. 132. Stromdiagramm.

Die Schlüpfungslinie ist in Fig. 132 genau wie bei einem Induktionsmotor konstruiert als Parallele zu $\overline{P_a P_\infty}$ zwischen $\overline{P_a P_k}$ und der Tangente in P_a.

Neben den Abweichungen, die das Verhalten der Kaskadenschaltung von dem Diagramm durch die Sättigung aufweist und die in gleicher Weise wie bei dem Seriemotor durch punktweise Konstruktion berücksichtigt werden kann, werden Abweichungen durch die Kurzschlußströme bedingt.

Daß diese groß werden können, folgt aus der Überlegung, daß, wie erwähnt, der Rotor des Kommutatormotors in der Nähe des Synchronismus des Vordermotors gegenüber seinem eigenen Drehfeld stark übersynchron läuft. Obwohl er also vom Rotor des Hauptmotors eine geringe Periodenzahl erhält, kann die Periodenzahl der Relativbewegung des Rotors gegen sein Drehfeld schon ziemlich groß werden. Diese Periodenzahl, die ja für die Transformator-EMK maßgebend ist, ist

$$s_2 c_2 = s_1 s_2 c_1 = c_1 \left(s_1 \frac{p_1 + p_2}{p_1} - \frac{p_2}{p_1} \right).$$

Bei kleinen Schlüpfungen s_1 nähert sie sich dem Wert $-\frac{p_2}{p_1} c_1$; sie ist also um so größer, je höher die Polzahl des Hilfsmotors gegenüber der des Hauptmotors ist. Da nun bei einem Mehrphasen-Kommutatormotor bei Übersynchronismus die Kurzschlußströme ein generatorisches (bremsendes) Moment ausüben, das dem Moment des Rotorstromes entgegenwirkt, so ist es möglich, daß das Aggregat entlastet nicht bis auf Synchronismus läuft, sondern nur bis auf eine etwas geringere Tourenzahl, wobei der Leerlaufstrom und der Leerlaufverlust entsprechend größer sind. Hierbei halten sich ja das Bremsmoment der Kurzschlußströme und das motorische Moment des Hauptstromes das Gleichgewicht. Steigert man durch Antrieb von außen die Geschwindigkeit, so kann das generatorische Moment der Kurzschlußströme überwiegen, so daß das ganze Aggregat bei einer untersynchronen Tourenzahl generiert. Je näher man nun an Synchronismus kommt, um so kleiner wird der Fluß der Kommutatormaschine und daher die Kurzschlußströme. Es kann nun dicht unterhalb Synchronismus wieder das motorische Moment überwiegen und wieder ein stabiler Betriebszustand, jedoch bei kleiner Belastung, erzielt werden. Dieser Einfluß der Kurzschlußströme äußert sich in dem Diagramm dadurch, daß in der Nähe des synchronen Punktes innerhalb des Kreises ein zweiter kleiner Kreis liegt, wie das experimentell aufgenommene Diagramm (Fig. 133) zeigt.[1]) Bei diesem Versuch waren die Polpaarzahlen $p_1 = 3$, $p_2 = 2$; die sekundäre Schlüpfungsperiodenzahl nähert sich also dem Wert

$$s_2 c_2 = -\frac{p_2}{p_1} c_1 = -\frac{2}{3} \cdot 50 = -33{,}3.$$

Das Aggregat lief entlastet nur auf 950 Umdr.; die Schleife liegt also zwischen 950 und 1000 Umdr., der zweite Leerlaufpunkt liegt bei 980 Umdr. i. d. Min. Wie ersichtlich, verändern die Kurzschlußströme das Diagramm auch im übersynchronen Gebiet, da sie hier wieder steigen; dagegen liegen die Punkte zwischen Stillstand und Leerlauf alle auf dem Kreis. Genauer würde also das Diagramm für eine Kommutatormaschine mit Wendepolen gelten.

Je nach der Größe des Bürstenwinkels und des Übersetzungsverhältnisses zwischen Stator und Rotor läßt sich nicht nur der wattlose Strom des Kommutatormotors kompensieren, sondern er

---

[1]) S. A. Rajz Dissertation Karlsruhe 1911.

kann durch Überkompensation auch einen voreilenden Strom an den Hauptmotor abgeben, so daß die Phasenverschiebung im Netz kompensiert wird. Dies ist möglich (s. Kap. II), wenn $u > - \cos \varrho$ ist.

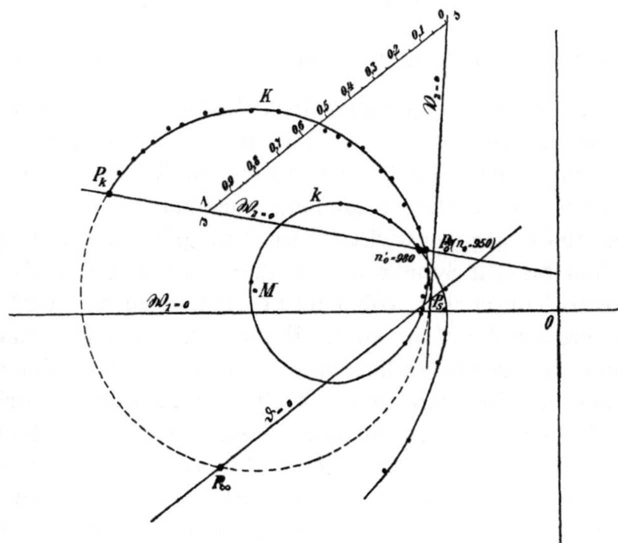

Fig. 133. Experimentell aufgenommenes Stromdiagramm.

Je kleiner ϱ, bei gegebenem u, um so größer ist der Fluß des Kommutatormotors für einen bestimmten Strom, um so größer also der Tourenabfall des Aggregats. Fig. 134 zeigt Umdrehungszahl n und $\cos \varphi$ als Funktion des Drehmoments für die drei Bürstenwinkel $\varrho = 120, 150$ und 170^0.

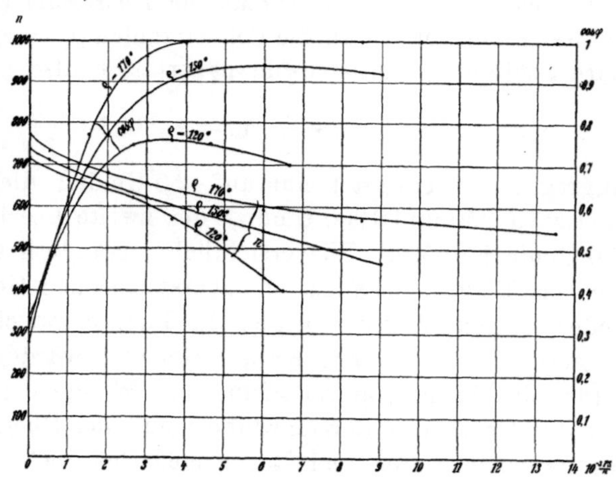

Fig. 134. Einfluß der Bürstenstellung auf den Tourenabfall und den Leistungsfaktor.

Da der Hilfsmotor in der Nähe des Synchronismus des Hauptmotors, d. h. in der Nähe des Leerlaufs des Aggregates stark übersynchron läuft, kommt hier die Sättigung des Serientransformators in Betracht, der zwischen Stator und Rotor geschaltet sein kann. Wie aus Kap. II bekannt ist, bewirkt die Transformatorsättigung beim Serienmotor bei Untersynchronismus eine Vergrößerung der Stromaufnahme und des Drehmomentes und eine Verbesserung des Leistungsfaktors, bei Übersynchronismus dagegen eine Verkleinerung des Stromes, Drehmomentes und Leistungsfaktors.

Daher liegt die Leerlauftourenzahl des Aggregates um so tiefer, je stärker die Sättigung des Transformators ist. Etwas unterhalb des Synchronismus des Hilfsmotors ist die Transformatorsättigung fast Null und hat infolgedessen keinen Einfluß auf die Wirkungsweise, und bei noch kleinerer Geschwindigkeit wird bei gesättigtem Transformator die Tourenzahl bei gleichem Drehmoment höher als bei ungesättigtem. In dem ersten Bereich, d. h. zwischen Leerlauf des Aggregates und Synchronismus des Hilfsmotors ist der Leistungsfaktor bei gesättigtem Transformator kleiner als bei ungesättigtem, im zweiten Bereich, unterhalb Synchronismus des Hilfsmotors, ist er größer.

55. Die Kaskadenschaltung einer Induktionsmaschine mit einem Mehrphasen-Nebenschlußmotor bei direkter Kupplung.

Wir beschränken uns auf die Kaskadenschaltung mit einem doppelt gespeisten Nebenschlußmotor, bei dem Stator und Rotor durch einen regulierbaren Nebenschluß-Transformator nach Winter und Eichberg parallel geschaltet sind.

Fig. 135 zeigt die Schaltung.

Der Nebenschlußmotor kann, wie wir aus Kap. III wissen, bei irgendeiner Tourenzahl leerlaufen, bei der Gleichgewicht zwischen der im Rotor induzierten EMK und der aufgedrückten Klemmenspannung herrscht, und da die Stromaufnahme des Kaskadenaggregates sich stets nach der des Hilfsmotors richtet, kann auch

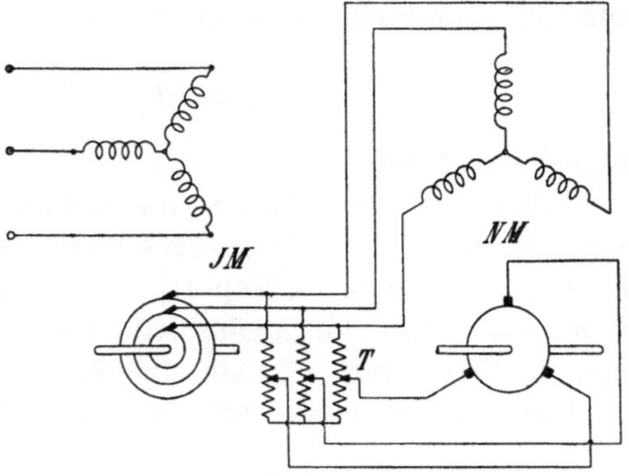

Fig. 135. Kaskadenschaltung eines Induktionsmotors mit einem Nebenschlußmotor.

das Kaskadenaggregat auf dieselbe Weise auf eine beliebige Leerlauftourenzahl eingestellt werden und es behält den Nebenschlußcharakter bei.

Dies gilt zunächst bis zum Synchronismus des Hauptmotors. Es läßt sich aber auch hier das Aggregat oberhalb dieser Geschwindigkeit als Motor betreiben, wenn man es darüber hinaus antreibt und zwei Stromzuführungen vom Rotor des Hauptmotors zum Hilfsmotor vertauscht, damit das Drehfeld des zweiten in demselben Sinne weiter rotiert. Wir beschränken uns auf den ersten Fall, da im zweiten das Aggregat ungünstig arbeitet.

Ist der Kommutatoranker in Fig. 135 kurzgeschlossen, wobei der Transformator abgeschaltet sein kann, so verhält sich das Aggregat wie zwei in Kaskade geschaltete Induktionsmaschinen und die synchrone Tourenzahl dieses Aggregates n_0 entspricht der Summe der Polzahlen beider Maschinen:

$$n_0 = \frac{60\,c_1}{p_1 + p_2}.$$

Bei einer Tourenzahl n ist die Rotor-EMK des Hilfsmotors, wenn wir vom Spannungsabfall absehen und alle Größen auf die Windungszahl des Hauptmotors reduzieren

$$s_1 s_2 P_1 = \frac{n_0 - n}{n_0} P_1 = s\,P_1,$$

worin s die Schlüpfung gegenüber dem Kaskadensynchronismus (n_0) ist. Aus Gl. 55 erhalten wir nämlich:

$$s_1 s_2 = 1 - \frac{n}{n_1}\frac{p_1 + p_2}{p_1} = 1 - \frac{n}{n_0} = s.$$

Soll also das Aggregat bei einer Tourenzahl n leerlaufen, so muß dem Rotor des Hilfsmotors die Klemmenspannung

$$P_4' \simeq s P_1 = \frac{n_0 - n}{n_0} P_1 \quad \ldots \ldots \quad (56)$$

aufgedrückt werden.

Für alle Tourenzahlen n, die kleiner als der Kaskadensynchronismus n_0 sind, d. h. für positive Werte von s, ist diese Spannung eine Gegenspannung, (s. Kap. III, S. 69), für Umdrehungszahlen, die größer als n_0 sind, d. h. oberhalb des Kaskadensynchronismus für negative Werte von s ist sie eine Zusatzspannung.

Das Übersetzungsverhältnis u_t des Nebenschlußtransformators wird

$$u_t = \frac{w_{1t}}{w_{2t}} = \frac{P_3'}{P_4'} = \frac{w_3 f_3}{s_2 w_4 f_4} = \frac{n_1 - n}{n_0 - n}\frac{p_1}{p_1 + p_2}\frac{w_3 f_3}{w_4 f_4}.$$

Bei Synchronismus des Vordermotors, $n = n_1$, müßte also $u_t = 0$ werden; denn hierzu müßte dem Rotor des Hilfsmotors ja die Spannung (s. Gl. 56)

$$P_4' = \frac{n_0 - n_1}{n_0} P_1 = \left(1 - \frac{p_1 + p_2}{p_1}\right) P_1 = -\frac{p_2}{p_1} P_1$$

zugeführt werden, während die Primärspannung am Transformator Null ist.

Fig. 136 stellt das Spannungsdiagramm für Belastung bei Untersynchronismus dar; hierbei ist die Rotorspannung P_4' um $\varrho < \frac{\pi}{2}$ gegen die Statorspannung P_3' des Kommutatormotors verzögert angenommen, $P_4' \cos \varrho$ ist daher die Gegenspannung, $P_4' \sin \varrho$ die Kompensationsspannung. $\varPhi_{II}$ stellt den Fluß des Kommutatormotors dar, dem um 90^0 die Stator-EMK $E_3' = s_1 E_{3k}'$ voreilt; hierzu addieren sich der Ohmsche Spannungsabfall $J_3' r_3'$ und der induktive Spannungsabfall $J_3' x_3' s_1$.

P_3' ist die Klemmenspannung am Stator des Hilfsmotors. $E_4' = s_2 E_3' = s_1 s_2 E_{3k}'$ ist die Rotor-EMK des Hilfsmotors. Sie gibt zusammen mit der Rotorklemmenspannung P_4' den Spannungsabfall im Rotor $J_4' r_4'$ und $J_4' s_1 \cdot (x_{40}' - s_2 x_{4v}')$ (s. Kap. I). Die Summe aus J_3' und J_4' ist der Magnetisierungsstrom J_{aII}' des Hilfsmotors, und wenn wir zu J_3' den Primärstrom des Nebenschlußtransformators $J_4' \cdot \dfrac{P_4'}{P_3'} = \dfrac{J_4'}{u_t}$ addieren, erhalten wir den Rotorstrom J_2' des Hauptmotors. Dieser bedingt den Spannungsabfall $J_2' r_2'$ und $J_2' x_2' s_1$ im Rotor des Induktionsmotors, die wir zu P_3' addieren, um die Rotor-EMK $E_2' = s_1 E_1$ zu erhalten, die auch die Richtung der Stator-EMK des Hauptmotors angibt. Um ψ_a dagegen verzögert liegt der Magnetisierungsstrom J_{aI} des Hauptmotors. Die Summe aus J_2' und J_{aI} ist der Statorstrom J_1. Wir sehen aus dem Diagramm, daß der Rotor des Kommutatormotors stark übererregt werden muß, damit die Phasenverschiebung klein wird. Ein für starken Untersynchronismus, d. h. starke Tourenverminderung gebauter Reguliermotor erhält eine scheinbare Leistung in KVA, die viel größer ist als seine Leistung in KW.

Demgegenüber zeigt das Diagramm (Fig. 137), das für Übersynchronismus gilt, daß sich hier die Phasenkompensation viel günstiger gestaltet. Hier hat der ganze Strom des Nebenschlußmotors J_2' eine viel kleinere Phasenverschiebung gegen P_3, wie auch aus Kap. III bekannt ist.

Der stark übersynchrone Lauf ist für die Kommutation ungünstig; ein solcher ist aber erforderlich für eine starke Touren-

änderung. Je größer die Polzahl des Hilfsmotors, um so größer
ist die Abweichung des Kaskadensynchronismus vom Synchronismus
des Vordermotors, denn es ist

$$\frac{n_0}{n_1} = \frac{p_1}{p_1 + p_2}$$

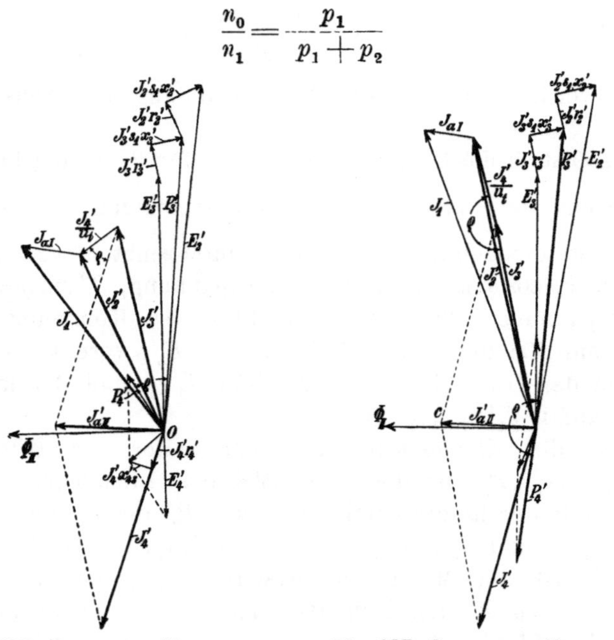

Fig. 136. Spannungsdiagramm　　Fig. 137. Spannungsdiagramm
für Untersynchronismus.　　für Übersynchronismus.

In der Nähe des Synchronismus arbeitet die Kommutatormaschine am besten. Soll das Aggregat um $\pm s$ gegen Synchronismus reguliert werden, so ist für den Hilfsmotor die Periodenzahl
der Relativbewegung des Rotors gegen das Drehfeld $s_1 s_2 c_1 = s c_1$,
und diese kommt für die Kommutation in Betracht.

Für $p_1 = 3$, $p_2 = 2$ ist z. B. bei 50 Perioden $n_0 = 600$. Soll
$\pm s c_1 \leqq 15$, also s innerhalb der Grenzen $\pm 0,3$ liegen, so entspricht
dies einer Regulierung von $n = 780$ bis $n = 420$. Bei $n = 780$ ist
$s_2 = -1,36$ und bei $n = 420$, $s_2 = 0,52$.

Arbeitsdiagramm.

Wir können für den Nebenschlußmotor die entsprechenden
Gleichungen wie in Kap. III aufstellen und da die EMKe proportional der sekundären Periodenzahl $s_1 c_1$ sind, alle EMKe durch
s_1 dividieren und auf die primäre Periodenzahl beziehen.

Die auf die primäre Periodenzahl bezogenen EMKe mögen
mit dem Index k bezeichnet sein: es ist also z. B. $E_{3\,k}'$ die Stator-

EMK des Kommutatormotors bei der Periodenzahl c_1 und $s_1 E'_{3\,k} = E'_3$ ist die EMK bei der Periodenzahl $c_2 = s_1 c_1$.

Für den Stator des Kommutatormotors gilt also die Gleichung

$$s_1 \mathfrak{P}'_{3\,k} - s_1 \mathfrak{E}'_{3\,k} = \mathfrak{J}'_3\, \mathfrak{Z}'_{3\,s}, \quad \ldots \ldots \quad (57)$$

worin $\mathfrak{Z}'_{3\,s}$ die Impedanz der Statorwicklung bei der Periodenzahl $s_1 c_1$ ist, oder

$$\mathfrak{P}'_{3\,k} - \mathfrak{E}'_{3\,k} = \mathfrak{J}'_3\,\frac{\mathfrak{Z}'_{3\,s}}{s_1}.$$

Die Summe aus Stator- und Rotorstrom ist der Magnetisierungsstrom $\mathfrak{J}'_{a\,II}$; es ist also $\mathfrak{J}'_3 + \mathfrak{J}'_4 = \mathfrak{J}'_{a\,II}$ oder $\mathfrak{J}'_3 = \mathfrak{J}'_{a\,II} - \mathfrak{J}'_4$.

$-\mathfrak{J}'_4 = \mathfrak{J}'_c$ ist die Komponente des Statorstromes, die entgegengesetzt gleich dem Rotorstrom ist.

Wir setzen

$$\mathfrak{J}'_{a\,II} = \frac{\mathfrak{E}'_{3\,k}}{\mathfrak{Z}'_{a\,II}},$$

worin $\mathfrak{Z}'_{a\,II}$ die Erregerimpedanz des Hilfsmotors ist. Da für einen bestimmten Kraftfluß der Magnetisierungsstrom unabhängig von der Periodenzahl ist, fällt in dem Ausdruck für $\mathfrak{J}'_{a\,II}$ die Schlüpfung s_1 in Zähler und Nenner heraus.

Gl. 57 wird also

$$\mathfrak{P}'_{3\,k} = \mathfrak{E}'_{3\,k}\left(1 + \frac{\mathfrak{Z}'_{3\,s}}{s_1\,\mathfrak{Z}'_{a\,II}}\right) + \mathfrak{J}'_c\,\frac{\mathfrak{Z}'_{3\,s}}{s_1} \quad \ldots \ldots \quad (57a)$$

oder

$$\mathfrak{E}'_{3\,k} = \frac{\mathfrak{P}'_{3\,k} - \mathfrak{J}'_c\,\dfrac{\mathfrak{Z}'_{3\,s}}{s_1}}{1 + \dfrac{\mathfrak{Z}'_{3\,s}}{s_1\,\mathfrak{Z}'_{a\,II}}} \quad \ldots \ldots \ldots \ldots \quad (58)$$

Das Verhältnis zwischen EMK und Klemmenspannung bei offenem Rotor ($\mathfrak{J}'_c = 0$) ist also hier bei veränderlicher Periodenzahl nicht mehr konstant wie früher, wo wir

$$1 + \frac{\mathfrak{Z}_1}{\mathfrak{Z}_a} = \mathfrak{C}_1$$

(s. Kap. III, S. 81) als konstant betrachten konnten.

Es wird daher:

$$\mathfrak{J}'_{a\,II} = \frac{\mathfrak{E}'_{3\,k}}{\mathfrak{Z}'_{a\,II}} = \frac{\mathfrak{P}'_{3\,k} - \mathfrak{J}'_c\,\dfrac{\mathfrak{Z}'_{3\,s}}{s_1}}{\mathfrak{Z}'_{a\,II}\left(1 + \dfrac{\mathfrak{Z}'_{3\,s}}{s_1\,\mathfrak{Z}'_{a\,II}}\right)}$$

$$\mathfrak{J}'_3 = \mathfrak{J}'_{a\,II} + \mathfrak{J}'_c = \frac{\mathfrak{P}'_{3\,k}}{\mathfrak{Z}'_{a\,II}\left(1 + \dfrac{\mathfrak{Z}'_{3\,s}}{s_1\,\mathfrak{Z}'_{a\,II}}\right)} + \frac{\mathfrak{J}'_c}{\left(1 + \dfrac{\mathfrak{Z}'_{3\,s}}{s_1\,\mathfrak{Z}'_{a\,II}}\right)} \quad (59)$$

Die Klemmenspannung am Rotor ist $\mathfrak{P}_4{}' = \dfrac{s_1}{u_t}\,\mathfrak{P}_{3\,k}{}'\,e^{j\varrho}$ und die induzierte EMK $\mathfrak{E}_4{}' = -\,s_2\,\mathfrak{E}_3{}' = -\,s_1 s_2\,\mathfrak{E}_{3\,k}{}' = -\,s\,\mathfrak{E}_{3\,k}{}'$. Die Summe beider ist $\mathfrak{J}_4{}'\,\mathfrak{Z}_{4\,s}{}'$, worin $z_{4\,s}{}'$ die Impedanz des Rotors des Kommutatormotors bei der Periodenzahl $c_2 = s_1 c_1$ und der Schlüpfung s_2 des Rotors gegenüber dem Drehfeld ist. Die Reaktanz wird also

$$x_{4\,s}{}' = s_1 x_{4\,0}{}' + s_1 s_2 x_{4\,v}{}',$$

worin $x_{4\,0}{}'$ und $x_{4\,v}{}'$ sich auf die Periodenzahl c_1 beziehen. Die Gleichung für den Rotor lautet daher

$$\frac{s_1}{u_t}\,\mathfrak{P}_{3\,k}{}'\,e^{j\varrho} - s_1 s_2\,\mathfrak{E}_{3\,k}{}' = \mathfrak{J}_4{}'\,\mathfrak{Z}_{4\,s}{}' = -\,\mathfrak{J}_c{}'\,\mathfrak{Z}_{4\,s}{}'$$

$$\mathfrak{E}_{3\,k}{}' = \frac{1}{u_t}\,\frac{\mathfrak{P}_{3\,k}{}'\,e^{j\varrho}}{s_2} + \frac{\mathfrak{J}_c{}'\,\mathfrak{Z}_{4\,s}{}'}{s_1 s_2}.$$

Durch Elimination von $E_{3\,k}{}'$ aus dieser Gleichung mit Hilfe von Gl. 58 wird

$$\mathfrak{J}_c{}' = \mathfrak{P}_{3\,k}{}'' \,\frac{1 - \dfrac{e^{j\varrho}}{u_t s_2}\left(1 + \dfrac{\mathfrak{Z}_{3\,s}{}'}{s_1\,\mathfrak{Z}_{a\,II}{}'}\right)}{\dfrac{\mathfrak{Z}_{3\,s}{}'}{s_1} + \dfrac{\mathfrak{Z}_{4\,s}{}'}{s_1 s_2}\left(1 + \dfrac{\mathfrak{Z}_{3\,s}{}'}{s_1\,\mathfrak{Z}_{a\,II}{}'}\right)}. \quad \ldots \quad (60)$$

Mit Hilfe dieser Gleichung läßt sich zunächst das Diagramm für den Rotorstrom $\mathfrak{J}_c{}'$ konstruieren und mittels Gl. 59 das für den Statorstrom $\mathfrak{J}_3{}'$. Der Primärstrom des Transformators ergibt sich

$$\frac{\mathfrak{J}_4{}'}{u_t}\cdot e^{-j\varrho} = -\,\frac{\mathfrak{J}_c{}'}{u_t}\,e^{-j\varrho},$$

so daß der ganze Strom des Hilfsmotors oder der Rotorstrom des Hauptmotors

$$\mathfrak{J}_2{}' = \mathfrak{J}_3{}' + \frac{\mathfrak{J}_4{}'}{u_t}\,e^{-j\varrho}$$

ebenfalls dargestellt werden kann. Für den Rotor des Hauptmotors gilt nun die Gleichung

$$-\,\mathfrak{E}_2{}' = \mathfrak{J}_2{}'\,\mathfrak{Z}_{2\,s}{}' + \mathfrak{P}_3{}'.$$

Hierin ist

$$-\,\mathfrak{E}_2{}' = s_1\,\mathfrak{E}_1, \quad \mathfrak{P}_3{}' = s_1\,\mathfrak{P}_{3\,k}{}',$$

daher

$$\mathfrak{E}_1 = \mathfrak{J}_2{}'\,\frac{\mathfrak{Z}_{2\,s}{}'}{s_1} + \mathfrak{P}_{3\,k}{}' \quad \ldots \ldots \ldots \quad (61)$$

Durch Inversion des zuerst erhaltenen Stromdiagramms für $\mathfrak{J}_2{}'$ bei gegebenem $\mathfrak{P}_{3\,k}{}'$ erhalten wir das Spannungsdiagramm, das bei gegebenem Strom $\mathfrak{J}_2{}'$ den Ort der Spannung $\mathfrak{P}_{3\,k}{}'$ darstellt; addieren wir zu dieser Spannung

$$\mathfrak{J}_2{}'\,\frac{\mathfrak{Z}_{2\,s}{}'}{s_1},$$

so erhalten wir nach Gl. 61 den Ort für E_1 und nach nochmaliger Inversion das Stromdiagramm für J_2' bei konstanter EMK E_1. Durch Addition des Magnetisierungsstromes des Hauptmotors

$$\mathfrak{J}_{aI} = \frac{\mathfrak{E}_1}{\mathfrak{Z}_{aI}}$$

ergibt sich der Statorstrom J_1 und nach Berücksichtigung des Spannungsabfalles $J_1 z_1$ im Stator erhält man das Stromdiagramm für J_1 bei gegebener Klemmenspannung P_1.

Die Stromkurven sind hier natürlich keine Kreise und können daher nur punktweise konstruiert werden. Wir beschränken uns daher darauf, den Gang der Konstruktion angedeutet zu haben.

Fig. 138 stellt ein Stromdiagramm dar, bei dem die Geschwindigkeit des Hauptmotors um $20^0/_0$ von seiner synchronen Geschwindigkeit herabreguliert ist. Der Hilfsmotor läuft hierbei nicht synchron, sondern, um die Kompensation zu erleichtern, übersynchron gegenüber seinem Drehfeld. Mit Rücksicht auf die Kurzschlußströme sind die Verhältnisse aber so gewählt, daß die Periodenzahl seiner Schlüpfung $s_1 s_2 c_1$ nur von $c_1 = 50$ wird also

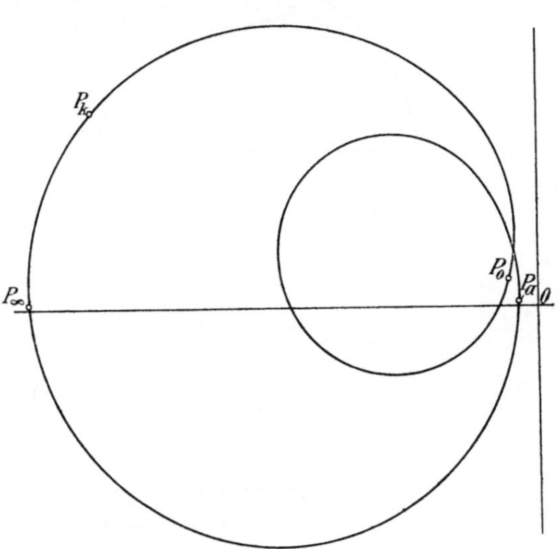

Fig. 138. Stromdiagramm für Kompensation.

gleich 10 ist. Bei einer Netzperiodenzahl

$$s_1 s_2 = -\tfrac{10}{50} = -0,2$$

und da

$$s_1 = 0,2$$

sein sollte, wird

$$s_2 = -1,$$

wobei der Hilfsmotor halb so viele Pole erhält wie der Hauptmotor.

Die Zusatzspannung $P_4' \cos \varrho$ wird also $100^0/_0$. Die Kompensationsspannung $P_4' \sin \varrho$ können wir berechnen, wenn wir eine Annahme für die Konstanten machen. Soll der Rotor der Kommutatormaschine bei Leerlauf etwa die Magnetisierungsströme beider

Maschinen liefern, so muß die Kompensationsspannung gleich dem
Ohmschen Spannungsabfall des Leerlaufstromes des Rotors sein; also

$$P_4' \sin \varrho \cong (J_{a\,I}' + J_{a\,II}')\, r_4'.$$

Nehmen wir an, daß der Magnetisierungsstrom jeder Maschine
$30\,^0/_0$ des Vollaststromes beträgt, und daß der Spannungsabfall des
Vollaststromes im Rotor der Kommutatormaschine und an den
Bürsten $6\,^0/_0$ der Klemmenspannung ist, so ist die Kompensationsspannung $0{,}6 \cdot 0{,}06 = 0{,}036$, d. h. $3{,}6\,^0/_0$ der Klemmenspannung.

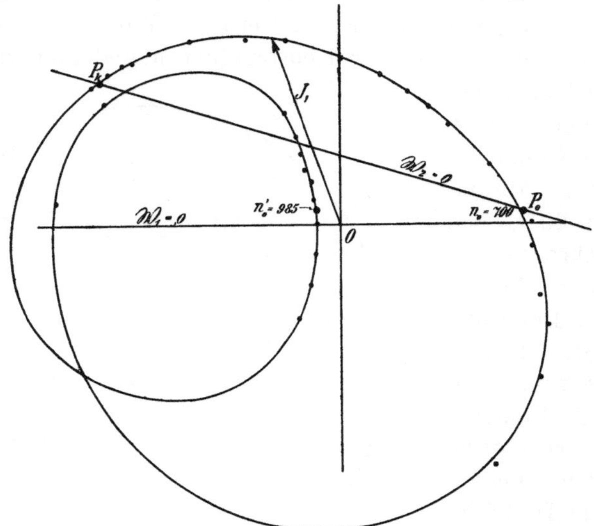

Fig. 139. Experimentell aufgenommenes Stromdiagramm
für Überkompensation.

Das Diagramm (Fig. 138) zeigt große Ähnlichkeit mit dem
Diagramm der Kaskadenschaltung von zwei Induktionsmotoren,
P_k ist der Punkt für Stillstand, P_0 der Leerlaufpunkt, P_a der Punkt
für Synchronismus des Hauptmotors; nur ist hier die Phasenverschiebung fast ganz kompensiert. Ferner ist der zweite innere Kreis
der Schleife hier wesentlich kleiner als bei der Kaskadenschaltung
von zwei Induktionsmotoren und entspricht bei diesen etwa dem
Falle, daß in dem Rotor des zweiten Motors Widerstände eingeschaltet sind. Der Punkt P_a ist natürlich unabhängig von der
Größe der Kompensationsspannung, dagegen rückt P_0 bei noch
größerer Kompensationsspannung als hier weiter nach rechts, während P_k sich dabei wenig ändert.

Fig. 139 u. 140 zeigen zwei experimentell aufgenommene Schleifen,
die erste bei Überkompensation, die zweite bei Unterkompensation.

Fig. 141 zeigt Bremskurven eines Aggregates, bestehend aus einem sechspoligen 5 PS-Induktionsmotor und einem vierpoligen Nebenschlußmotor. Die Einstellung der Leerlauftourenzahl geschah mittels eines regulierbaren Autotransformators und die Kompensation wurde durch Bürstenverschiebung erzielt. Der Kaskadensynchronismus ist hier für 50 Perioden

$$n_0 = \frac{60\,c_1}{p_1 + p_2} = 600.$$

Bei den höheren Geschwindigkeitsstufen, bei denen der Nebenschlußmotor übersynchron läuft, ist der Tourenabfall klein, bei den niederen größer. Auch hierin

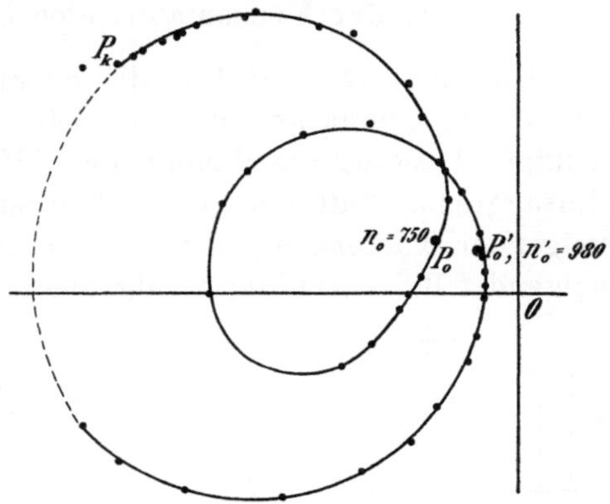

Fig. 140. Experimentell aufgenommenes Stromdiagramm für Unterkompensation.

prägt der Nebenschlußmotor dem Aggregat seinen Charakter auf (s. Kap. III). Die Kompensation ließ sich bei Übersynchro-

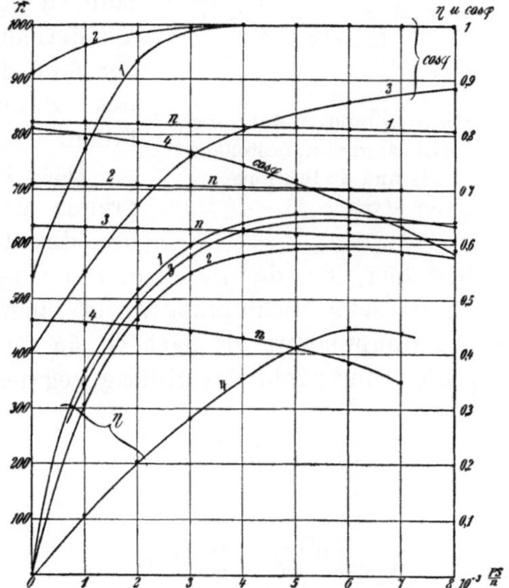

Fig. 141. Arbeitskurven für 4 verschiedene Geschwindigkeitsstufen.

nismus des Nebenschlußmotors auch bei gutem Wirkungsgrad durchführen (s. Kurve 1), bei Untersynchronismus dieses Motors dagegen nicht.

56. Kaskadenschaltung eines Mehrphasen-Induktionsmotors mit einem mechanisch unabhängigen Kommutatormotor.

1. Der Kommutatormotor ist ein Seriemotor.

Hierfür zeigt Fig. 142 die Schaltung, wobei der Seriemotor mit einem Induktionsgenerator JG gekuppelt ist, der die geschlüpfte Leistung des Hauptmotors JM an das Netz zurückgibt. Das Hilfsaggregat läuft mit nahezu konstanter, bei Belastung nur wenig steigender Tourenzahl, denn der Induktionsgenerator braucht bei steigender Belastung nur wenig oberhalb Synchronismus zu laufen, um die Leistung an das Netz zurückzugeben. Wird der Hauptmotor belastet, so steigt sein Rotorstrom, der auch den Seriemotor durchfließt, so daß dessen Feld stärker wird, und da er mit fast konstanter Tourenzahl läuft, steigt die Spannung am Seriemotor und daher muß die Tourenzahl des Hauptmotors abfallen.

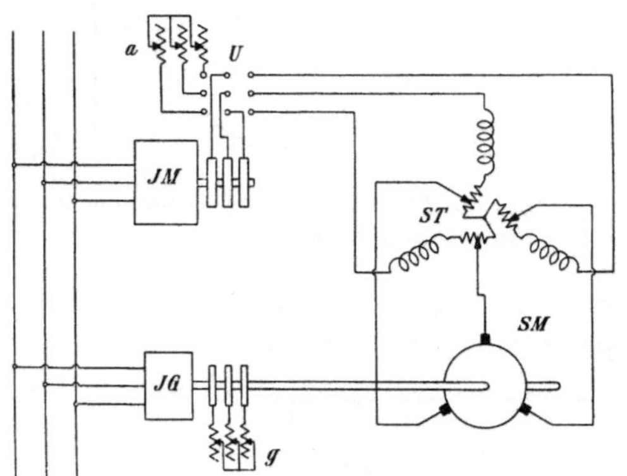

Fig. 142. Kaskadenschaltung eines Induktionsmotors (JM) mit einem Hilfsaggregat, bestehend aus Seriemotor (SM) und Induktionsgenerator (JG).

Das Spannungsdiagramm ist analog dem bei direkter Kupplung (Fig. 130), nur steht hier, da der Seriemotor mit fast konstanter Umdrehungszahl läuft, seine Schlüpfung s_2 in einer andern Beziehung zu der des Hauptmotors als nach Gl. 55 für die direkte Kupplung. Ist n_h die Tourenzahl des Hilfsaggregates, so ist

$$s_2 = \frac{n_2 - n_h}{n_2}.$$

Hierin ist

$$n_2 = \frac{60\,c_2}{p_2} = \frac{60\,s_1\,c_1}{p_2}.$$

Ist ferner p_3 die Polpaarzahl des Induktionsgenerators, so ist dessen synchrone Tourenzahl

$$n_3 = \frac{60\,c_1}{p_3}$$

und dies ist auch angenähert die Tourenzahl n_h des Hilfsaggregates. Daher wird

$$s_2 = 1 - \frac{n_h}{n_2} \cong 1 - \frac{1}{s_1}\frac{p_2}{p_3} \quad \ldots \ldots \quad (62)$$

Haben der Kommutatormotor und der Induktionsgenerator z. B.
gleiche Polzahlen $p_2 = p_3$, so läuft der Seriemotor bei Stillstand des
Hauptmotors $(s_1 = 1)$ synchron, und sobald der Hauptmotor läuft,
wird die Periodenzahl kleiner und der Seriemotor läuft übersynchron.

Ist $p_2 > p_3$, so läuft der Seriemotor schon bei Stillstand des
Hauptmotors übersynchron und, wenn $p_2 < p_3$ ist, untersynchron.
Soll der Kommutatormotor möglichst in der Nähe seines Synchro-
nismus laufen, so muß seine Polzahl um so kleiner gegen die des
Induktionsgenerators sein, je weniger der Hauptmotor schlüpft.

Damit die Kompensation erleichtert wird, soll der Seriemotor
etwas übersynchron laufen (etwa $s_2 = -1$), hiernach hat sich also
das Verhältnis der Polzahlen zu richten.

Die Kompensation wird hier dadurch erschwert, daß auch noch
die Phasenverschiebung des Induktionsgenerators zu kompensieren
ist. Hierdurch werden größere wattlose Ströme im Kommutatormotor und größere Verluste bedingt.

Das Stromdiagramm des Hauptmotors allein ohne Berücksichtigung des Stromes des Induktionsgenerators ist wieder ein Kreis,
der sich genau wie der für die Kaskadenschaltung bei mechanischer Kupplung ableiten läßt (s. Fig. 132). Nur liegt hier die Drehmomentlinie wesentlich ungünstiger als dort; der Punkt P_∞ liegt
viel höher, ähnlich wie bei dem Kreise eines Induktionsmotors oberhalb der Abszissenachse. Dies rührt eben daher, daß das Drehmoment des Kommutatormotors hier nicht für die Hauptwelle nutzbar gemacht wird, sondern zum Antrieb des Hilfsaggregates verwendet wird. Das Drehmoment an der Hauptwelle steigt also bei
der mechanisch unabhängigen Kaskadenschaltung mit einem Seriemotor bei abnehmender Tourenzahl viel weniger als bei mechanischer Kupplung oder umgekehrt. Die gleiche Drehmomentszunahme
bedingt bei der ersten einen größeren Tourenabfall als bei der
letzten. Der Tourenabfall läßt sich in beiden Fällen durch die
Übersetzung des Serientransformators (ST in Fig. 142) und durch
Bürstenverschiebung verändern.

In der Nähe des Synchronismus des Hauptmotors ergeben sich
auch hier die beiden auf S. 255 erwähnten Leerlaufzustände, zwischen
denen ein generatorischer und ein labiler Bereich liegen. Der erste
liegt dort, wo durch entsprechende Schlüpfung des Hauptmotors

die sekundäre Spannung und das Drehmoment des Seriemotors aus-
reichen, die Verluste des Hilfsaggregates zu decken. Treibt man
den Hauptmotor über diese Geschwindigkeit an, so kann er auch
in der Nähe seines eigenen Synchronismus leerlaufen, in diesem
Falle werden die Verluste des Hilfsaggregates durch die Induktionsmaschine gedeckt, die hierbei als Motor läuft.

Um das ganze Aggregat anzulassen, werden sowohl der Hauptmotor wie der Induktionsgenerator mittels der Anlaßwiderstände
(s. Fig. 142) auf ihre synchrone Umdrehungszahl gebracht, worauf
der Umschalter U umgelegt und die Kaskadenschaltung hergestellt
wird. Da der Hauptmotor, sofern er nicht belastet ist, hierbei nur
einen kleinen Rotorstrom hat und der Seriemotor vor der Umschaltung spannungslos ist, bereitet die Umschaltung hier keinerlei
Schwierigkeiten.

2. Die Kommutatormaschine ist ein Nebenschlußmotor.

In Fig. 143 bezeichnet wieder JM den Hauptmotor, der mit
dem Anlasser a angelassen wird. Der Nebenschlußmotor NM ist
mit dem Induktionsgene-
rator JG gekuppelt und das
Hilfsaggregat wird mit dem
Widerstand g angelassen.
Der Transformator T dient
zur Einstellung des Ver-
hältnisses der Spannungen
am Stator und Rotor des
Nebenschlußmotors, das
die Leerlauftourenzahl des
Hauptmotors bestimmt.

Das Hilfsaggregat läuft
hier wieder mit nahezu konstanter Umdrehungszahl. Um
die Tourenzahl des Haupt-
motors einzustellen, wird

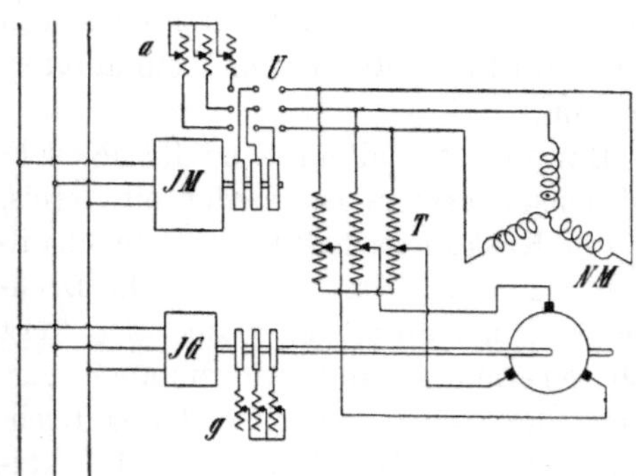

Fig. 143. Kaskadenschaltung eines Induktionsmotors (JM) mit einem Hilfsaggregat, bestehend aus Nebenschlußmotor (NM) und
Induktionsgenerator (JG).

der Transformator so reguliert, daß bei Leerlauf die Rotorspannung des Kommutatormotors mit der induzierten EMK im
Gleichgewicht ist, so daß kein Strom oder kein Wattstrom im Rotor
des Hauptmotors fließt.

Die sekundäre Schlüpfung steht hier wieder zur primären in
der Beziehung (s. Gl. 62)

$$s_2 \cong 1 - \frac{1}{s_1} \frac{p_2}{p_3}.$$

Bei Leerlauf ist für eine primäre Schlüpfung s_1 die Rotor-EMK des Nebenschlußmotors:

$$E_{4s} \cong s_2 P_3 \frac{w_4 f_4}{w_3 f_3} = \left(1 - \frac{1}{s_1} \frac{p_2}{p_3}\right) \frac{w_4 f_4}{w_3 f_3} P_3 \, .$$

Das Übersetzungsverhältnis des Transformators wird daher

$$u_t = \frac{w_{1t}}{w_{2t}} = \frac{P_3}{P_4} = \frac{w_3 f_3}{w_4 f_4} \cdot \frac{1}{1 - \dfrac{1}{s_1} \dfrac{p_2}{p_3}}$$

oder

$$u_t = \frac{w_3 f_3}{w_4 f_4} \cdot \frac{1}{1 - \dfrac{n_1}{n_1 - n} \dfrac{p_2}{p_3}} \, .$$

Wird der Hauptmotor belastet, so wächst die Spannung und die Periodenzahl an den Schleifringen. Bei steigender Periodenzahl und unverändertem Übersetzungsverhältnis des Transformators wird der Nebenschlußmotor beschleunigt, so daß der Induktionsgenerator auf das Netz arbeitet. Die Geschwindigkeitsänderung braucht jedoch nur wenige Prozente zu betragen, da der Induktionsgenerator nur wenig zu schlüpfen braucht, um sich zu belasten.

Auch hier ist der wesentlichste Unterschied gegenüber der direkten Kupplung des Kommutatormotors mit dem Hauptmotor, die verminderte Leistung an der Hauptwelle bei erniedrigter Tourenzahl. Die Anordnung ist also auch nur dort verwendbar, wo die Leistung mit der Tourenzahl abnimmt und das Drehmoment bei der Regulierung konstant bleibt.

Bezüglich der Phasenkompensierung gilt das gleiche wie bei der Verwendung eines Hilfsaggregates mit einem Seriemotor; sie erfordert eine stärkere Überkompensation des Rotors als bei direkter Kupplung, weil auch der Leerlaufstrom des Induktionsgenerators zu kompensieren ist. Um die Kompensation zu erleichtern, muß der Nebenschlußmotor übersynchron laufen. Die Grenze wird jedoch durch die Kommutation gegeben.

Der Wirkungsgrad nimmt bei Verkleinerung der Tourenzahl des Hauptmotors schnell ab; weil seine Leistung mit der Tourenzahl abnimmt, wächst die vom Hilfsaggregat zurückgegebene Leistung und der Verlust im Verhältnis zur Nutzleistung sehr schnell und der Hauptmotor wird schlecht ausgenützt, weil er mehr Leistung aufnimmt als in mechanischer Leistung nutzbar gemacht wird.

Daher ist auch das Reguliergebiet beschränkt durch die Größe des Hilfsaggregates. Bei der Regulierung der Umdrehungszahl des Hauptmotors auf die Hälfte seines Synchronismus sind die beiden

Hilfsmaschinen schon jede für die halbe zugeführte Leistung, also je für die ganze mechanisch nutzbare Leistung zu bauen, und da der Hauptmotor doppelt so viel Leistung aufnimmt als er mechanisch abgibt, ist die Maschinenleistung viermal so groß als die mechanisch abgegebene. Dies wird dadurch noch ungünstiger, daß die Kommutatormaschine für eine viel größere Leistung in KVA zu bemessen ist, als ihrer wirklichen Leistung in KW entspricht, wenn sie die ganze Anlage kompensieren soll. Dieser Fall wäre also praktisch schon nicht mehr wirtschaftlich.

Die Vektordiagramme (Fig. 136 und 137) gelten auch hier, sofern man berücksichtigt, daß entsprechend der Beziehung für die Schlüpfung (Gl. 62) die gleiche Rotor-EMK zu einer anderen Geschwindigkeit gehört als bei direkter Kupplung.

Das Stromdiagramm des Statorstromes des Hauptmotors ist daher dieselbe Schleife (Fig. 138), die für die mechanisch gekuppelte Kaskade abgeleitet wurde. Um das Diagramm des gesamten Stromes zu erhalten, wäre noch der Strom des Induktionsgenerators für jede Belastung davon zu subtrahieren.

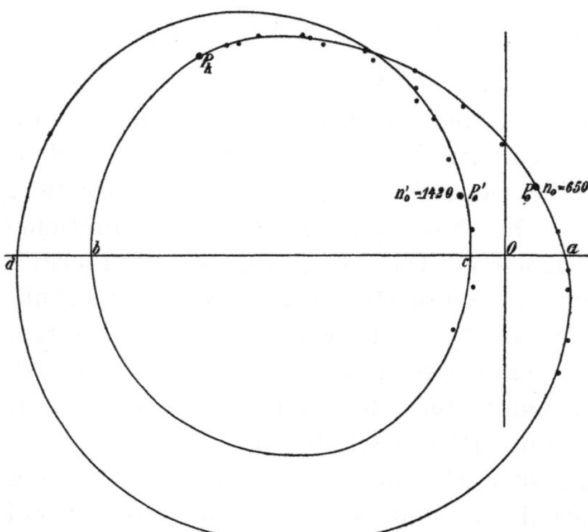

Fig. 144. Stromdiagramm des Hauptmotors für die Kaskadenschaltung mit einem unabhängigen Nebenschlußmotor.

Fig. 144 zeigt ein experimentell aufgenommenes Stromdiagramm des Hauptmotors bei Überkompensation. Die Leerlauftourenzahl ist $n_0 = 650$.

Der Hauptmotor ist vierpolig, die Netzperiodenzahl ist 50, also

$$s_1 = \frac{1500 - 650}{1500} = 0{,}576.$$

Der Kommutatormotor war vierpolig, der Induktionsgenerator sechspolig. Daher wird

$$s_2 = 1 - \frac{1}{s_1}\frac{p_2}{p_3} = 1 - \frac{1}{0{,}576} \cdot \frac{2}{3} = -0{,}16.$$

Der Kommutatormotor läuft also etwas übersynchron, wodurch die Kompensation ermöglicht ist.

3. Übersynchroner Betrieb des Hauptmotors.

Die bisher beschriebenen Anordnungen gestatten, wie erwähnt, nur eine Regulierung der Geschwindigkeit des Hauptmotors unterhalb seiner synchronen Tourenzahl; in der Nähe des Synchronismus auch nur dann, wenn die Schlüpfung und die Spannung am Kommutatormotor so groß werden, daß sich bei diesem ein hinreichendes Feld ausbilden kann und die Spannung nicht nur in den Widerständen der Maschine verzehrt wird. Andernfalls wird der Zustand in der Nähe des Synchronismus labil und der Hauptmotor läuft entlastet in seinen Synchronismus hinein.

Ein übersynchroner Betrieb des Hauptmotors wäre, wie auf S. 247 erwähnt, möglich durch Vertauschung zweier Phasen am Kommutatormotor, nachdem der Hauptmotor irgendwie auf Übersynchronismus gebracht ist. Diese Kaskadenschaltung, die bei direkter Kupplung der Differentialkaskade von zwei Induktionsmotoren von Danielson entspricht, hat deshalb ebenso wie diese gar keine praktische Bedeutung, weil hierbei die Differenz der Drehmomente des Haupt- und des Hilfsmotors zur Geltung kommt und das Aggregat sehr unwirtschaftlich arbeitet.

Die zweite Möglichkeit ist, wie auf S. 248 erwähnt, die Umkehrung der zuletzt beschriebenen mechanisch unabhängigen Kaskade. Hierbei wirkt die Kommutatormaschine als Generator, sie wird von der mit ihr gekuppelten Induktionsmaschine als Motor angetrieben und führt dem Rotor des Hauptmotors Strom von kleiner Periodenzahl zu. Der Hauptmotor arbeitet hierbei als doppelt gespeister Induktionsmotor, dessen mechanische Leistung die Summe der ihm vom Netz durch den Stator direkt und durch den Rotor von dem Kommutatorgenerator zugeführten Leistungen ist. Er behält aber seine Eigenschaft als asynchrone Maschine bei, im Gegensatz zu der doppelt gespeisten Induktionsmaschine, deren Stator und Rotor parallel an dasselbe Netz von konstanter Periodenzahl angeschlossen sind (s. WT V, 1, S. 575), weil der Kommutatorgenerator ein asynchroner Generator ist, d. h. bei konstanter Geschwindigkeit nimmt seine Periodenzahl bei steigender Belastung ab. Zur näheren Erläuterung der Wirkungsweise dieser Schaltung sollen hier kurz die Eigenschaften der Mehrphasengeneratoren erwähnt werden. Ein ausführliches Eingehen hierauf ist mit Rücksicht auf die noch geringe praktische Anwendung dieser Generatoren nicht beabsichtigt.

4. Eigenschaften der Mehrphasen-Kommutatorgeneratoren.

Wir beschränken uns zunächst auf einen Nebenschlußgenerator, dessen Stator und Rotor etwa durch einen Transformator parallel geschaltet sind. Wir haben in Kap. III, S. 69 schon erwähnt, daß es durch geeignete Wahl der Rotorklemmenspannung nach Größe und Phase gegenüber der im Rotor induzierten EMK bei irgendeiner Schlüpfung möglich ist, dem Rotorstrom eine solche Richtung zu geben, daß die MMK-Welle des Rotorstromes der Grundwelle des Drehfeldes räumlich voreilt. Das Drehmoment, das stets so gerichtet ist, daß es die Welle des Rotorstromes mit der des Feldes gleichzurichten trachtet, wirkt dann der Drehung entgegen. Es muß mechanische Leistung aufgewendet werden, um den Rotor im Lauf zu erhalten, und der Strom ist daher ein Generatorstrom.

Dort hatten wir uns allerdings Stator und Rotor parallel an ein Netz von konstanter Periodenzahl angeschlossen vorgestellt und die Geschwindigkeit des Rotors durch irgendwelche Hilfsmittel veränderlich gemacht.

Denken wir uns nun dagegen den Rotor mit konstanter Geschwindigkeit angetrieben und irgendwie ein Drehfeld in der Maschine bestehend, gleichviel woher der Erregerstrom dafür genommen wird, so muß dieses offenbar mit einer solchen Geschwindigkeit umlaufen, daß bei unbelasteter Maschine, d. h. wenn kein Spannungsabfall im Stator und Rotor besteht, die induzierten EMKe im Stator und Rotor an der Primärseite des Transformators nach Größe und Phase übereinstimmen. Die Phase hängt von der Stellung der Bürsten ab, die wir uns in der Nullstellung denken, so daß die Phasen gleich werden. Da das Verhältnis der EMKe nur von dem Verhältnis der Windungszahlen und den relativen Geschwindigkeiten des Drehfeldes gegenüber den Wicklungen abhängt, ist das Verhältnis der Periodenzahlen in Stator und Rotor direkt durch das Windungsverhältnis bestimmt.

Das Verhältnis der EMKe in Stator und Rotor ist

$$\frac{E_{10}}{E_{20}} = \frac{c_{10} w_1 f_1}{c_{20} w_2 f_2},$$

und damit diese am Transformator gleich werden, muß auch das Windungsverhältnis des Transformators

$$u_t = \frac{w_{1t}}{w_{2t}} = \frac{c_{10} w_1 f_1}{c_{20} w_2 f_2} \quad \ldots \ldots \ldots (63)$$

sein, oder bei Reduktion auf gleiche effektive Windungszahlen im Stator und Rotor

$$u_t' = \frac{c_{10}}{c_{20}} \quad \ldots \ldots \ldots \ldots (64)$$

Bei n Umdrehungen des Rotors, entsprechend einer Rotations-periodenzahl

$$c_r = \frac{pn}{60},$$

ist seine Schlüpfung gegenüber dem Drehfeld, das mit n_{10} Um-drehungen rotiert,

$$s_0 = 1 - \frac{n}{n_{10}} = 1 - \frac{c_r}{c_{10}}.$$

Hierbei ist die Schlüpfung s_0 wie früher positiv, wenn der Rotor langsamer rotiert als das Drehfeld $(n < n_{10})$.

Daher
$$c_{20} = s_0 \, c_{10} = c_{10} - c_r.$$

Wir erhalten also die primäre Frequenz

$$c_{10} = c_r \frac{u_t'}{u_t' - 1} = \frac{c_r}{1 - \dfrac{1}{u_t'}} \quad \cdots \cdots \quad (65)$$

Ebenso wie früher (s. Kap. III, Gl. 31) die Gleichheit der Spannungen bzw. EMKe die ideelle Leerlaufstourenzahl des Motors bestimmte, gibt sie hier bei konstanter Tourenzahl die ideelle Leerlaufperiodenzahl des Generators. Da der Übergang vom Generator zum Motor stetig ist, ist die Bedingung offenbar dieselbe.

Die Periodenzahl des Generators kann also durch Einstellung der Übersetzung des Transformators geändert werden, ebenso wie die Tourenzahl des Motors.

Ist $w_{2t} = 0$, d. h. der Rotor kurzgeschlossen, so wird

$$u_t = \infty \quad \text{und} \quad c_{10} = c_r = \frac{pn}{60}.$$

Wir haben hier einen reinen Induktionsgenerator, dessen Statorfrequenz gleich der Rotationsfrequenz ist. Ist u_t positiv, d. h. sind Stator- und Rotorspannung gleich gerichtet, so wird $c_{10} < c_r$. Ist u_t negativ, d. h. Stator- und Rotorspannung entgegengesetzt gerichtet, so ist $c_{10} > c_r$. Wird ferner $w_{1t} = 0$, d. h. der Stator kurzgeschlossen, so wird $c_{10} = 0$.

Wir haben hierbei keine Rücksicht auf den Spannungsabfall des Magnetisierungsstromes genommen, der das Resultat in geringem Maße beeinflußt. Zunächst sehen wir, daß ein Kommutatorgenerator eine ganz bestimmte, durch seine Umdrehungszahl und die Übersetzung zwischen Stator und Rotor bestimmte, Eigenfrequenz hat.

Der Magnetisierungsstrom kann einem fremden Netz entnommen werden, das die gleiche Periodenzahl besitzt. Wir wissen aber, daß ein Kommutatormotor durch geeignete Bürstenverschiebung oder durch Kombination der Phasen am Transformator so kompensiert werden kann, daß er keinen Magnetisierungsstrom vom Netz aufnimmt. Der Kommutatorgenerator kann daher auch so eingestellt werden, daß er „selbsterregend" ist. Da er hierbei keinen Magnetisierungsstrom vom Netz aufnimmt, kann er auch vom Netz getrennt werden. Ob er hierbei sein Drehfeld und seine Spannung behält, d. h. ob die Selbsterregung stabil ist, hängt, ganz analog wie bei einem selbsterregten Gleichstromgenerator, von der Sättigung und den Widerständen ab.

Bei der hier vorliegenden Verwendung für die Kaskadenschaltung mit einem Induktionsmotor kommt diese Frage zwar nicht in Betracht, weil der Generator stets indirekt über den Rotor des Hauptmotors transformatorisch mit dem Netz verbunden ist, daher sein Feld nicht verlieren kann. Sie bietet jedoch genügend Interesse, um auf die Bedingung der Stabilität der Selbsterregung kurz einzugehen[1]).

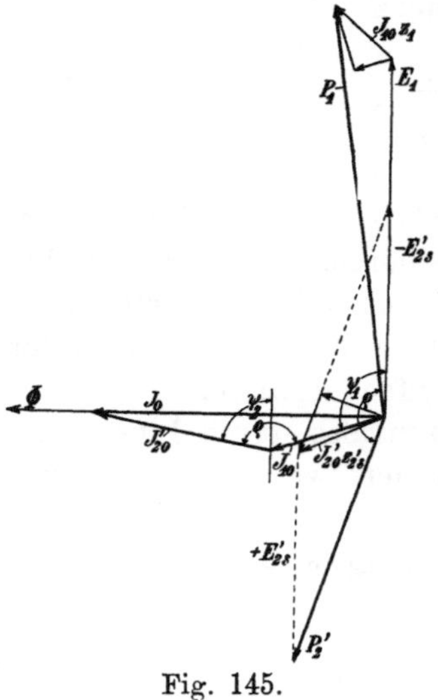
Fig. 145.

Fig. 145 zeigt das Spannungsdiagramm für Leerlauf, und zwar ist übersynchroner Lauf vorausgesetzt, weil hierbei ja die Kompensation leichter möglich ist als bei Untersynchronismus.

Der Stator-EMK E_1 eilt der Fluß Φ um 90^0 nach, und in Phase mit Φ ist der Magnetisierungsstrom J_0, wobei wir von den Eisenverlusten und Kurzschlußströmen absehen. Die Richtung der Spannungsvektoren ist hier, wie für das Diagramm des Motors, die, wie sie vom Netz aus betrachtet erscheinen. Der Magnetisierungsstrom J_0 setzt sich zusammen aus den beiden Teilen J_{10} und J_{20} des Stators und Rotors.

E_1 und $J_{10}z_1$ geben die Statorspannung P_1.

Die induzierte GEMK $-E_2{'}_s = -sE_1$ liegt bei Übersynchronismus in Richtung von E_1, die EMK $+E_2{'}_s$ ist ihr entgegengesetzt gerichtet. $+E_2{'}_s$ und $J_{20}'z_2'{}_s$ geben zusammen die Rotorspannung P_2'. Die Reaktanz $x_2'{}_s$ ist bei Übersynchronismus negativ. Damit P_1 und P_2' am Transformator zusammengeschaltet werden können, muß das Übersetzungsverhältnis

$$u_t = \frac{P_1}{P_2'}$$

____

[1]) Siehe Rüdenberg, ETZ 1911.

sein, und die Bürsten sind um den Winkel ϱ aus der Nullage verschoben. Da der ganze Netzstrom der Maschine Null ist, ist

$$\frac{J_{20}'}{u_t} = J_{10}$$

und $-J_{20}'$ ist gegen J_{10} um denselben Winkel ϱ verschoben, um den P_2' gegen P_1 nacheilt.

Die in der Maschine erzeugte Leistung ist bei Leerlauf gleich dem Stromwärmeverlust im Stator und Rotor.

$$- E_1 J_{10} \cos \psi_1 - E_{2\,s}' J_{20}' \cos \psi_2 = J_{10}{}^2 r_1 + J_{20}'{}^2 r_2'.$$

Nun ist

$$J_{10} \cos \psi_1 = - J_{20}' \cos \psi_2$$

(s. Fig. 145) und

$$\frac{J_{20}'}{J_{10}} = u_t,$$

daher

$$- (E_1 - E_{2\,s}') J_{10} \cos \psi_1 = J_{10}{}^2 r_1 \left(1 + u_t^2 \frac{r_2'}{r_1}\right) \quad . \quad . \quad . \quad (66)$$

Hierin ist

$$E_1 - E_{2\,s}' = E_1(1 - s) = E_1 \frac{c_r}{c}$$

proportional dem Kraftfluß und der Geschwindigkeit. Um J_{10} durch J_0 zu ersetzen, kann man aus der Fig. 145 ablesen

$$\frac{J_{10}}{J_0} = \frac{\sin\left(\dfrac{\pi}{2} - \psi_2\right)}{\sin \varrho} = \frac{\cos \psi_2}{\sin \varrho}.$$

Nun war

$$\cos \psi_2 = - \frac{J_{10}}{J_{20}'} \cos \psi_1 = - \frac{\cos \psi_1}{u_t},$$

daher

$$\frac{J_{10}}{-\cos \psi_1} = \frac{J_0}{u_t \sin \varrho}.$$

Setzen wir dies in Gl. 66 ein, so wird

$$J_0 = \frac{E_1}{r_1} \frac{c_r}{c} \frac{u_t \sin \varrho}{1 + u_t^2 \dfrac{r_2'}{r_1}} \quad . \quad . \quad . \quad . \quad . \quad . \quad (67)$$

Für jede EMK $E_1 \dfrac{c_r}{c}$, die auch die bei Synchronismus $\left(\dfrac{c_r}{c} = 1\right)$ im Stator induzierte EMK ist, und die wir mit E_0 bezeichnen, ergibt diese Gleichung bei einem bestimmten Wert der Übersetzung u_t und des Bürstenwinkels ϱ einen Magnetisierungsstrom, der den Widerständen umgekehrt proportional ist. Bei konstanter Geschwindigkeit ist die Beziehung zwischen J_0 und E_0 linear. Andererseits ist E_0 proportional dem Kraftfluß, der von J_0 nach Maßgabe der Magnetisierungskurve abhängt. Damit die Selbsterregung stabil ist, müssen beide Werte des Magnetisierungsstromes übereinstimmen.

In Fig. 146 stellt A die Magnetisierungskurve, d. h. die EMK

$$E_0 = E_1 \frac{c_r}{c}$$

für eine bestimmte Geschwindigkeit als Funktion von J_0 dar, und die Gerade B die durch Gl. 67 ausgedrückte Beziehung. Die Neigung dieser Geraden ist

$$\operatorname{tg} \alpha = \frac{E_0}{J_0} = \frac{r_1\left(1 + u_t^2\, \frac{r_2'}{r_1}\right)}{u_t \sin \varrho}.$$

Die Maschine arbeitet stabil im Schnittpunkt P von A und B. Wie eine selbsterregte Gleichstrommaschine kann auch die Kommutatormaschine nur auf dem oberen Teil der Magnetisierungskurve stabil arbeiten.

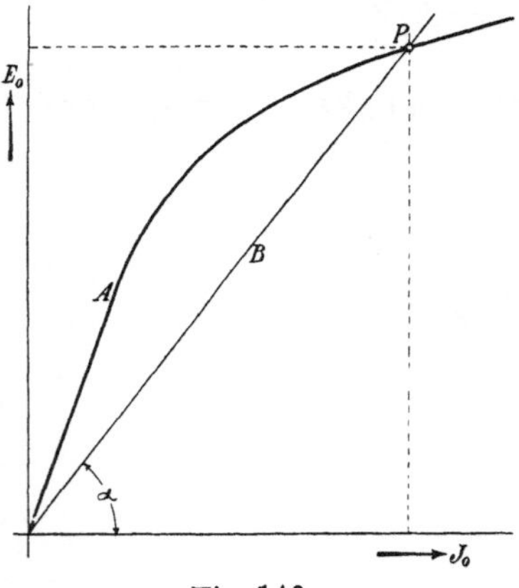

Fig. 146.

Die Spannung kann nun durch Veränderung von u_t und ϱ reguliert werden. Verkleinert man ϱ, so wird die Neigung der Geraden B größer, die Spannung kleiner. Vergrößert man u_t, so wächst $\operatorname{tg} \alpha$ ebenfalls.

Wird nun mit der Transformatorübersetzung die Periodenzahl, wie früher gezeigt, geregelt, so muß auch der Bürstenwinkel geändert werden, damit die Spannung konstant bleibt. Die Periodenzahl und die Spannung ändern sich nun bei Belastung der Maschine.

Es soll aber hier nicht weiter darauf eingegangen werden, wie sich die selbsterregte Maschine bei Belastung auf einen beliebigen Widerstand verhält, da für den hier zu behandelnden Fall die Maschine, wie erwähnt, stets indirekt an das Netz angeschlossen ist.

Bemerkt möge nur sein, daß die Spannungskurve einer solchen Maschine eine reine Sinuskurve ist, weil sie sich für jede Tourenzahl und Übersetzung nur mit Strom von einer ganz bestimmten Periodenzahl erregt, höhere Harmonische also nicht auftreten können.

5. Arbeitsweise des Kaskadenaggregates bei Übersynchronismus des Hauptmotors.

Bezüglich der Beziehung der Schlüpfungen gilt hier folgendes. Während bei Untersynchronismus des Hauptmotors das Drehfeld des Sekundärstromes im gleichen Sinne rotiert wie der Rotor und langsamer als dieser, so daß die Summe der Umdrehungszahlen gleich der des primären Drehfeldes ist, rotiert es bei Übersynchronismus in entgegengesetztem Sinne wie der Rotor. Das Drehfeld des Kommutatorgenerators, das von demselben Sekundärstrom erzeugt wird, rotiert dagegen im gleichen Sinne wie der Rotor, ebenso wie beim Betrieb als Motor, daraus folgt, daß wir der Umdrehungszahl n_2 des sekundären Drehfeldes gegenüber ihrer Wicklung bzw. der sekundären Periodenzahl c_2 in beiden Maschinen das umgekehrte Vorzeichen geben müssen.

Ist also $c_2 = s_1 c_1$ die sekundäre Periodenzahl im Rotor des Hauptmotors, so ist sie im Kommutatorgenerator $- c_2$ und die Umdrehungszahl seines Drehfeldes

$$n_2 = - \frac{60\,c_2}{p_2} = - \frac{60\,s_1 c_1}{p_2}.$$

Der Kommutatorgenerator dreht sich mit

$$n_h = \frac{60\,c_1}{p_3}\ \text{Umdrehungen,}$$

daher ist seine Schlüpfung

$$s_2 = 1 - \frac{n_h}{n_2} = 1 + \frac{1}{s_1}\,\frac{p_2}{p_3} \ \ldots \ldots \tag{68}$$

In Gl. 62, S. 267 für den untersynchronen Betrieb steht das $-$ Zeichen, während hier das $+$ Zeichen vorkommt, und dies bedeutet, daß bei Übersynchronismus der Sinn des Übersetzungsverhältnisses des Nebenschlußtransformators umzukehren ist.

Fig. 147 zeigt das Spannungsdiagramm des Kommutatorgenerators für übersynchronen Lauf. Es entspricht dem des Motors; nur sind hier entsprechend der generatorischen Wirkung Stator- und Rotorstrom J_3' und J_4' um fast 180^0 gegen die Klemmenspannungen P_3' und P_4' verschoben. Die Summe aus J_3' und $\dfrac{J_4'}{u_t}$, der um ϱ gegen J_4' voreilt, ist der Rotorstrom J_2' des Hauptmotors.

Für konstante Periodenzahl, wie dies der Fall ist bei Anschluß an ein primäres Netz, ist das

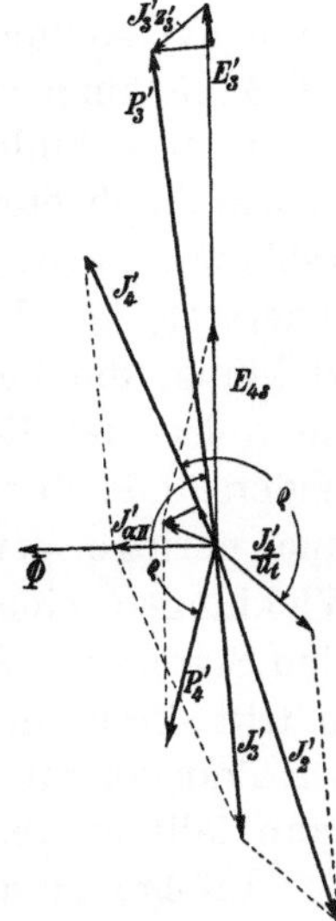

Fig. 147.

Arbeitsgebiet des Nebenschlußgenerators der unterhalb der Abszissenachse liegende Teil des Kreises, den wir in Kap. III, S. 98 für den Motor abgeleitet haben. Steigt die Belastung, so muß bei konstanter Periodenzahl die Umdrehungszahl gesteigert werden.

Beim Antrieb mit konstanter Umdrehungszahl nimmt dagegen die Periodenzahl bei steigender Belastung ab. Der Hauptmotor wird daher gezwungen, etwas abzufallen. Die Leistung, die dem Hauptmotor teils direkt, teils vom Hilfsaggregat zugeführt wird, verteilt sich nun auf die beiden Teile nach Maßgabe des Spannungsabfalles im Hauptmotor und im Generator. Um den Hauptmotor auf Übersynchronismus zu bringen, kann er entweder mechanisch darüber hinaus angetrieben werden, oder es kann ein Periodenumformer verwendet werden. Der Kommutatorgenerator kann hierzu auch benutzt werden, wenn es gelingt, ihn bei Synchronismus des Hauptmotors zur Abgabe von Gleichstrom zu bringen und dann durch Änderung des Übersetzungsverhältnisses die Periodenzahl zu steigern. Auf S. 273 hatten wir zwar für $c_1 = 0$ ohne Berücksichtigung des Spannungsabfalles gefunden, daß $u_t' = 0$, d. h. der Stator kurzgeschlossen sein soll. Die Gleichspannung ist dann Null. Bei Berücksichtigung des Spannungsabfalles ergibt sich jedoch, daß auch Gleichstrom erzeugt werden kann. Es gelingt aber nicht leicht, ihn in solcher Stärke zu stabilisieren, wie zur Beschleunigung des Hauptmotors erforderlich ist. Die Inbetriebsetzung des Aggregates bietet daher ziemlich große Schwierigkeiten.

Eine besonders störende Erscheinung ist bei den Kommutatorgeneratoren ferner das Auftreten von Gleichströmen bei bestimmten Bürstenverstellungen. Für den Hauptschlußmotor ist hierauf schon auf S. 65 hingewiesen worden.

Ebenso bilden aber auch die Stator- und Rotorwicklungen eines Nebenschlußmotors, wenn wir zunächst direkte Parallelschaltung betrachten, einen in sich kurzgeschlossenen Gleichstromhauptschlußgenerator, bei dem allerdings im allgemeinen die Achse der Statorwicklung, die die Erregerwicklung für den Gleichstrom bildet, gegen die Achse der Rotorwicklung nur wenig geneigt ist. Da aber die Widerstände der Wicklungen sehr klein sind, so genügt schon u. U. eine geringe Verschiebung, um in den aufeinander geschlossenen Wicklungen einen sehr starken Gleichstrom entstehen zu lassen. Sind Stator und Rotor durch einen Transformator parallel geschaltet, so tritt dieser innere Strom während des Entstehens natürlich durch den Transformator durch, bis er durch die Sättigung begrenzt wird, dann fällt er ab, um von neuem zu entstehen.

Infolge dieser vielen Übelstände hat die Schaltung bisher noch nicht viel Anwendung gefunden.

Man kann natürlich das Hilfsaggregat für unter- und übersynchronen Betrieb des Hauptmotors auch anders ausbilden. Man kann nach dem Vorschlag von Jonas[1]) die Kommutatormaschine direkt an das Netz anschließen und damit eine synchrone oder asynchrone Maschine antreiben, die mit dem Hauptmotor in Kaskade geschaltet ist.

Auch mit diesen Anordnungen läßt sich jedoch der Hauptmotor nicht in der Nähe seines Synchronismus regulieren, und es bestehen dieselben Schwierigkeiten, ihn auf Übersynchronismus zu bringen.

Dagegen läßt sich der Hauptmotor sowohl über- wie untersynchron leicht mittels eines Periodenumformers regulieren.

57. Kaskadenschaltung eines Induktionsmotors mit einem Periodenumformer.

Der Periodenumformer besteht aus einem Gleichstromanker mit Kommutator, dessen Wicklung außerdem an drei Schleifringe angeschlossen ist. Er ist von einem lamellierten Statoreisen umgeben, das entweder keine Wicklung besitzt, in welchem Falle der Anker entweder durch Kupplung mit dem Hauptmotor oder durch Antrieb mittels eines kleinen Hilfsmotors in Drehung gehalten wird, oder der Stator ist mit einer Mehrphasenwicklung versehen, die parallel zum Rotor geschaltet ist, so daß der Umformeranker frei läuft.

Die Schaltung kann derart getroffen sein, daß

a) die Schleifringe S über einen Transformator T an das Netz von konstanter Periodenzahl und der Kommutator an den Rotor des Hauptmotors angeschlossen sind, s. Fig. 148a, oder

b) daß der Kommutator an das Netz und die Schleifringe an den Rotor des Hauptmotors geschaltet sind, Fig. 148b.

Es sei zunächst die Verbindung des Hauptmotors mit dem Periodenumformer unterbrochen; dann nimmt dieser im Falle a über die Schleifringe, im Falle b über den Kommutator einen Magnetisierungsstrom vom Netz auf. Im ersten Falle rotiert das Drehfeld mit $n_3 = \dfrac{60\,c_1}{p_2}$ Umdrehungen i. d. Min. gegenüber der Ankerwicklung, im zweiten Falle mit der gleichen Geschwindigkeit gegenüber irgendeinem festen Punkte. Dreht man im ersten Falle den Rotor entgegen der Drehrichtung des Drehfeldes mit n Umdrehungen, so ist die Geschwindigkeit des Drehfeldes im Raum kleiner als n_3, und zwar

$$n_3 - n,$$

----

[1]) D. R. P. Nr. 187648 der F. G. L.

und man erhält also an den Bürsten eine Spannung von der Periodenzahl

$$c_2 = p_2 \frac{(n_3 - n)}{60} = \left(1 - \frac{n}{n_3}\right) c_1 = s_2 \cdot c_1 \, .$$

Dreht man im zweiten Falle den Rotor im Sinne des Drehfeldes, so erhält man an den Schleifringen die kleinere Periodenzahl $c_2 = s_2 \, c_1$.

Die Effektivwerte der Spannungen an den Schleifringen und am Kommutator sind, abgesehen vom Spannungsabfall des Magnetisierungsstromes, gleich groß. Für $n = n_3$ erhält man an der Sekundärseite eine Gleichspannung. Die in den kurzgeschlossenen Spulen induzierte Transformator-EMK verhält sich jedoch in beiden Fällen verschieden.

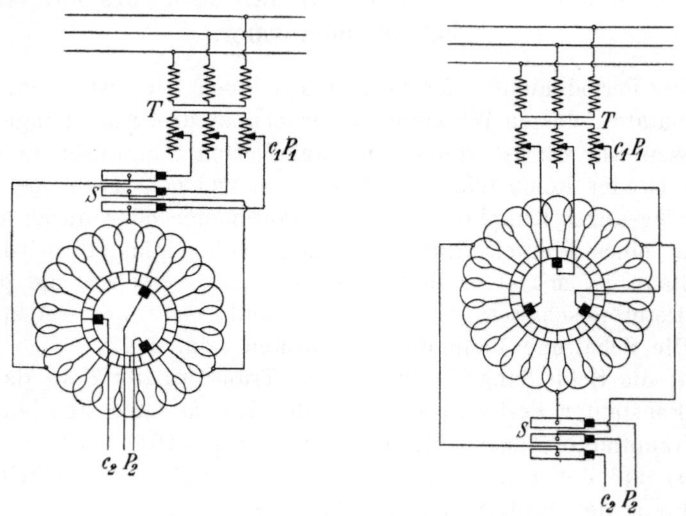

Fig. 148a.   Periodenumformer.   Fig. 148b.

Sind die Schleifringe an das Netz von konstanter Periodenzahl angeschlossen, wie bei Fall a, so ist die Geschwindigkeit des Drehfeldes gegenüber der Wicklung konstant und die Transformator-EMK ist unabhängig von der Umdrehungszahl des Ankers und nur abhängig von der dem Rotor zugeführten Spannung.

Im zweiten Falle dagegen ist die Transformator-EMK der Schlüpfung proportional und sie verschwindet bei Synchronismus. Will man daher die Transformator-EMK durch eine im Nebenschluß zum Rotor gelegte Wendepolwicklung auf dem Stator aufheben, so ist sie im zweiten Falle parallel zu den Bürsten zu schalten, während sie im ersten Falle parallel zu den Schleifringen geschaltet werden kann.

Belastet man den nach Fig. 148a oder 148b an das Netz angeschlossenen und irgendwie angetriebenen Periodenumformer auf einen Widerstand, so hat der Strom im Widerstand die transformierte Periodenzahl c_2, während dem Netz ein Strom von der Periodenzahl c_1 entnommen wird. Der Effektivwert des aufgenommenen Stromes ist ebenso groß wie der des abgegebenen, vermehrt um den Magnetisierungsstrom.

In der Wicklung fließt daher die Differenz der beiden (abgesehen vom Magnetisierungsstrom) gleich großen Ströme von verschiedener Periodenzahl; der Stromwärmeverlust ist daher analog wie beim Einankerumformer kleiner, als dem abgegebenen Strom entspricht. Der Periodenumformer geht ja bei Synchronismus in einen Einankerumformer über.

Der kommutierte Strom ist dagegen stets der volle Bürstenstrom, die Stromwendespannung ist daher in beiden Fällen gleich groß. Sie kann ebenso, wie in Abschn. 36 besprochen, durch eine in Serie mit den Bürsten geschaltete Wendepolwicklung auf dem Stator aufgehoben werden. Das Wendefeld wird für die beiden Fälle a und b gleich groß, da es aber im Falle a vom Strom der kleineren Periodenzahl erregt wird, ist die in der Wendepolwicklung induzierte EMK und daher die Zahl der Erregervoltampere für die Wendepole kleiner.

Um nun den Periodenumformer zur Tourenregulierung eines großen Induktionsmotors verwenden zu können, muß die dem Rotor des Hauptmotors zugeführte Spannung P_2 und die Periodenzahl c_2 in etwa gleichem Maße geändert werden. Die Spannung setzt sich aus einer der Periodenzahl c_2 proportionalen Wattspannung und einer weniger veränderlichen wattlosen Spannung zusammen. Man reguliert die Spannung am besten, indem man die dem Periodenumformer zugeführte Netzspannung reguliert. Würde man einen Transformator zwischen den Periodenumformer und den Rotor des Hauptmotors schalten, so erhielte dieser die kleinere Schlüpfungsperiodenzahl und würde daher schwerer werden. Bei Regulierung der dem Periodenumformer vom Netz zugeführten Spannung ist der Umformer für konstantes Drehmoment des Hauptmotors fast unabhängig von der Geschwindigkeit mit Strom gleichmäßig belastet; die Spannung nimmt dagegen mit der Schlüpfung ab. Damit nun die Periodenzahl sich gleichzeitig mit der Spannung und in gleichem Sinne wie diese ändert, könnte der Periodenumformer mit dem Hauptmotor gekuppelt werden. In diesem Falle würde er aber ebenso viele Pole erhalten wie dieser, und der Kommutator würde ebenso groß, wie wenn man den Hauptmotor direkt als Kommutatormotor bauen und regulieren würde. Der Vorteil der Anwendung des Periodenum-

formers liegt aber darin, daß man einen unabhängigen Kommutator
verwenden kann. Dies ist z. B. bei großen, langsam laufenden Motoren von Wichtigkeit. Wie aus Gl. 47, S. 189 hervorgeht, ist ja
bei gleichen Werten der Periodenzahl, der Transformator-EMK und
der Bürstenbreite die Rotor-EMK proportional der Umfangsgeschwindigkeit des Kommutators. Trennt man daher den Kommutator vom
Hauptmotor und läßt ihn mit größerer Umdrehungszahl laufen, so
wird sein Durchmesser entsprechend kleiner. Daß dies mit Rücksicht auf die Erwärmung möglich ist, folgt daraus, daß bei langsam laufenden großen Kommutatormotoren der Kommutatordurchmesser, um eine genügende Segmentzahl pro Pol unterbringen zu
können, größer wird als für die Abkühlung erforderlich ist.

Umgekehrt liegt es bei großen, sehr schnell laufenden Motoren,
wie z. B. beim Antrieb von Turbokompressoren. Diese lassen sich
als Kommutator-Motoren nicht
mehr bauen, weil die Polzahl zu
klein, die Leistung pro Pol zu groß
würde; hier wird der räumlich getrennte Kommutator für eine größere
Polzahl gebaut werden können.

Man könnte nun den Periodenumformer durch Riemen oder
Zahnräder mit dem Hauptmotor
kuppeln oder durch einen Hilfsmotor antreiben.

Ein Hilfsmotor wird z. B. verwendet bei der von A. Heyland[1]) und den Siemens-
Schuckert-Werken angegebenen

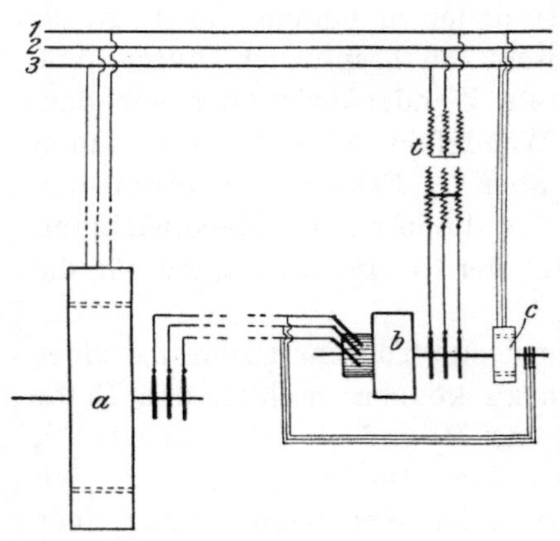

Fig. 149.

Anordnung, s. Fig. 149. Hier ist a der Hauptmotor, b der Periodenumformer, t der Stufentransformator, c der Hilfsmotor. Damit der
Hilfsmotor alle Geschwindigkeitsänderungen genau synchron mit
dem Hauptmotor mitmacht, ist sein Stator parallel zu dem des
Hauptmotors an das Netz und sein Rotor parallel zu dem Rotor des
Hauptmotors an den Periodenumformer angeschlossen. Der Periodenumformer erhält hierbei auf dem Stator außer den Wendepolwicklungen keine Wicklung.

Man kann aber den Umformer auch frei laufen lassen[2]), indem man ihm eine dreiphasige Hilfsstatorwicklung gibt und diese

---

[1]) ETZ 1911, S. 1054.

[2]) Ein freilaufender Periodenumformer ist zuerst zur Phasenkompensation
eines Induktionsmotors von J. Jonas in dem D. R. P. 178461 der F. G. L.
(1902) angegeben worden.

parallel zu den Bürsten schaltet. Diese Wicklung braucht jedoch nicht für den vollen Strom bemessen zu werden; weil die dem Rotor vom Netz und von ihm an den Hauptmotor abgegebenen Ströme sich bis auf den Magnetisierungsstrom aufheben, nimmt die Statorwicklung nur den Leerlaufstrom zur Deckung der Leerlaufverluste auf, der nun auch im Rotor besteht.

Fig. 150 zeigt die Schaltung für den Fall, daß der Kommutator des Umformers an das Netz angeschlossen ist (s. a. Fig. 148 b). Die Hilfsstatorwicklung (HS) ist an das Netz geschaltet. Hierbei bleibt das Drehfeld des Periodenumformers nahezu konstant, und durch Änderung der Spannung an den Bürsten wird die Umdrehungszahl, d. h. die Periodenzahl im richtigen Sinne mit der Spannung verändert. Für den Fall der Fig. 148 a müßte dagegen sowohl die Rotorspannung wie die Statorspannung des Periodenumformers reguliert werden.

Durch passende Einstellung der Bürsten kann auch hier, wie bei einem Nebenschlußkommutatormotor die Phasenverschiebung des Hauptmotors besonders bei Übersynchronismus verbessert werden, oder bei fester Bürstenstellung durch Kombination der Phasen am Reguliertransformator NT, wie in Fig. 150 angedeutet ist.

Da der Periodenumformer nichts weiter ist als ein vom Hauptmotor räumlich getrennter Kommutator, so sind Wirkungsweise und Stromdiagramm dieser Kaskadenschaltung ganz gleich denen des Nebenschlußmotors, nur ist hier für den sekundären Widerstand der Rotorwiderstand des Hauptmotors, vermehrt um den Widerstand des Umformers und des Transformators, einzusetzen, und ebenso addiert sich zu der Streureaktanz des Induktionsmotors die z. T. konstante, z. T. mit der Schlüpfung veränderliche Reaktanz des Umformers sowie die des Transformators. Der Magnetisierungsstrom ist die Summe der beiden Ströme des Hauptmotors und des Umformers. Zu den konstanten Verlusten addieren sich die Leerlaufverluste des Umformers. Es braucht da-

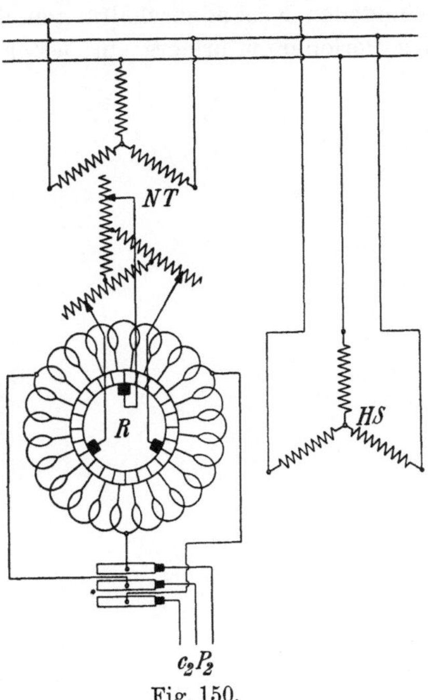

Fig. 150.

her auf das Diagramm dieser Schaltung nicht weiter eingegangen zu werden.

Der Kommutator des Periodenumformers und der Transformator sind für die der Schlüpfung des Hauptmotors entsprechende Leistung zu bemessen, die Rotorwicklung wird etwas schwächer, da sie nur den Differenzstrom führt. Gegenüber den andern Kaskadenschaltungen wird bei dem Periodenumformer keine elektrische Leistung in mechanische Leistung umgesetzt, wenn man von seinen Leerlaufverlusten absieht. Er entspricht also auch hierin dem Einankerumformer und läßt sich wie dieser mit geringen Verlusten bauen. Da auch die Verluste im Transformator klein sind, dürfte von den verschiedenen Kaskadenschaltungen der Wirkungsgrad bei Anwendung des Periodenumformers am besten sein.

Elftes Kapitel.

Die Einphasen-Wechselstrom-Kommutator-
motoren.

58. Überblick über die Entwicklung der Wechselstrom-Kommutatormotoren. —
59. Einteilung und Bezeichnungen.

58. Überblick über die Entwicklung der Kommutatormotoren
für Einphasen-Wechselstrom[1]).

Die Kommutatormotoren für Einphasen-Wechselstrom können
nächst den Synchronmotoren als die ältesten mit Wechselstrom betriebenen Motoren angesehen werden. Die ersten Wechselstrom-
Kommutatormotoren waren dem Gleichstrom-Hauptschlußmotor nachgebildet.

Die Erkenntnis, daß ein Gleichstrom-Hauptschlußmotor, dessen
Feldsystem zur Vermeidung starker Wirbelströme lamelliert ist,
mit Wechselstrom betrieben werden kann, weil bei gleichzeitiger
Umkehr des Stromes im Anker und in der Erregerwicklung das
Drehmoment immer dieselbe Richtung behält, stammt zum minde-
sten aus der Mitte der achtziger Jahre. (Die erste Erwähnung in
der Literatur rührt wohl von Alexander Siemens her. Journ.
Soc. Telegr. Engineers 1884.)

Die Hauptschlußmotoren wurden schon anfangs der neunziger
Jahre in Größen bis zu etwa 50 PS vereinzelt gebaut. Die Aufhebung des Ankerfeldes durch eine Kompensationswicklung, wodurch die Selbstinduktion des Ankers beseitigt und der Leistungsfaktor des Motors verbessert wird, stammt von Blathy (Ganz & Co.)
und Eickemeyer in New York. Große Schwierigkeit bereitete
bei der damals üblichen Periodenzahl von mindestens 40 i. d. Sek.
die Funkenbildung am Kommutator, zu deren Behebung (nach

---

[1]) Vgl. A. Linker, Die historische Entwicklung des Einphasenmotors.
Dissertation Karlsruhe 1906 und Dinglers Polytechnisches Journal 1907.

Blathy) Widerstände zwischen Wicklung und Kommutator oder geteilte Bürsten mit zwischengeschalteten Widerständen verwendet wurden (s. Duncan, Trans. Am. Inst. El. Eng. 1888).

In dieselbe Zeit (1887) fallen die Untersuchungen von Elihu Thomson über die Wirkung von Wechselfeldern auf in sich geschlossene Spulen oder Ringe. Bringt man nämlich eine in sich kurzgeschlossene Windung oder Spule in ein Wechselfeld, so daß ihre Ebene schräg zur Richtung des Feldes liegt, so wirkt auf sie ein Drehmoment, das bestrebt ist die Spule in eine Lage zu bringen, in der ihre Ebene parallel zur Richtung des Feldes steht. (Lage der maximalen Reaktanz.)

Diese elektroinduktive Abstoßung benützte E. Thomson zum Betrieb eines Wechselstrommotors.

Der Motor von Elihu Thomson (U.S.P. 400971, D.R.P. 59373) hat ausgesprochene Pole und einen Anker mit offener Wicklung,

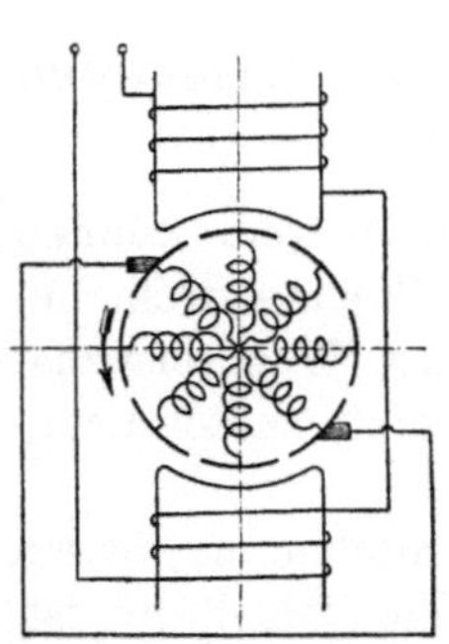

Fig. 151. Motor von Elihu Thomson.

dessen Spulen einzeln bei der Rotation kurzgeschlossen werden. Die schematische Darstellung des Motors gibt Fig. 151. Vielfache Versuche von E. Thomson u. a. (z. B. J. v. Depoele, L. Gutmann, El.-A.-G. vorm. Schuckert & Co., D.R.P. 78313), nach diesem Prinzip einen Motor zu bauen, führten zu keinem Erfolg und konnten auch nicht dazu führen. — E. Thomson hatte übrigens nur die Absicht, die beschriebene Anordnung zum Anlauf eines Motors mit kurzgeschlossenen Rotorwindungen zu benützen. Im D.R.P. 59373 heißt es: „Ein Stromwender wird erfordert bei derjenigen Abart der Maschine, bei welcher nicht das Ankersystem im ganzen, sondern einzelne Spulen desselben zur Zeit ihrer wirksamen Stellung kurzgeschlossen werden."

In dem Motor von Thomson wird das Drehmoment nur von wenigen kurzgeschlossenen Spulen des Rotors erzeugt, das Rotorfeld pulsiert mit der Periodenzahl des Kurzschließens, und da außerdem ein kontinuierliches Feldeisen nicht vorhanden ist, kann sich ein Drehfeld nicht ausbilden. Die Erreichung eines funkenfreien Ganges und eine Wirkungsweise, wie sie der heutige Repulsionsmotor besitzt, ist bei dem Motor von Thomson unmöglich; er kann daher nur als der Vorläufer des heutigen Repulsionsmotors bezeichnet werden.

Der erste Repulsionsmotor, der mit dem heutigen vollkommen übereinstimmt, wurde von E. Arnold in der Maschinenfabrik Oerlikon gebaut, indem er, ausgehend von dem asynchronen Mehrphasenmotor, für den Stator einen Eisenring mit verteilter Wicklung und für den Rotor einen Anker mit geschlossener Gleichstrom-Trommelwicklung und Kommutator verwendete. Die gegen die Achse des Hauptfeldes um etwa 45° verschobenen Bürsten wurden kurzgeschlossen.

Der erste Motor dieser Art kam i. J. 1892 in der Maschinenfabrik Oerlikon in das Versuchsfeld. Er war für eine Leistung von 6 PS 210 Volt 50 Perioden gebaut. Wie aus den Patentbeschreibungen hervorgeht, sollte er auch als Hauptschlußmotor und als doppelt gespeister Motor arbeiten.

Fig. 152.

Wegen übermäßiger Funkenbildung war ein dauerndes Arbeiten mit dem Kommutator jedoch nicht möglich. Auch die Anwendung mehrteiliger Bürsten ließ die Funkenbildung nicht genügend unterdrücken.

Der Motor wurde daher mit einer Kurzschlußvorrichtung versehen, die gestattet, die Rotorwicklung nach dem Anlauf in sich kurzzuschließen und die Bürsten abzuheben.

Der erste von der Maschinenfabrik Oerlikon i. J. 1894 ausgeführte Motor mit Kurzschlußvorrichtung ist in Fig. 152 dargestellt.

Es ist ein sechspoliger Motor von 9 PS, der von einer amerikanischen Firma bestellt war und der den Ausgangspunkt für den Bau dieses Motors in Amerika bildete.

Seit dem Jahre 1897 wird der Motor von der Wagner Electric

Mfg. Co. in St. Louis mit großem Erfolge gebaut und ist unter dem Namen „Wagner-Motor" sehr verbreitet.

Déri, der die Vorzüge des beschriebenen Prinzips erkannte, konstruierte (1898) ebenfalls einen als Repulsionsmotor anlaufenden einphasigen Induktionsmotor, bei dem die Umschaltung durch Änderung der Polzahl im Stator erfolgt. Diese Maschinen wurden von der Österreichischen Union E.-G. und von der Helios-A.-G. gebaut.

Zu den bemerkenswertesten Versuchen und Veröffentlichungen der gleichen Zeit (1897—98[1]) gehören die von L. B. Atkinson. Seine Schaltungen beziehen sich hauptsächlich auf Repulsionsmotoren mit zwei Statorwicklungen, deren Achsen (die Arbeitsachse und die Erregerachse) senkrecht zueinander stehen. Die Rotorwicklung wird in Richtung der Arbeitsachse kurzgeschlossen und in Richtung der Erregerachse wird der Motor auf verschiedene Arten erregt.

Trotz der aussichtsreichen Anfänge im Bau von Wechselstrom-Kommutatormotoren, wozu auch der Mehrphasen-Kommutatormotor von Wilson (1888)[2] und Görges (1891) zu zählen ist, machte ihre Entwicklung lange Zeit nur langsame Fortschritte. Sie wurde durch die Erfindung des Induktionsmotors fast für ein Jahrzehnt nahezu zum Stillstand gebracht. Ein Wechselstrommotor mit empfindlichem Kommutator konnte gegenüber dem einfachen Induktionsmotor, besonders in seiner einfachen Form mit Kurzschlußanker, lange Zeit nicht aufkommen.

Einen neuen Anstoß erhielt die Entwicklung der Einphasen-Kommutatormotoren erst zu Anfang dieses Jahrhunderts durch das Problem des elektrischen Betriebes der Vollbahnen. Denn von den verschiedenen Stromarten zeichnet sich für den Betrieb von Bahnen der Wechselstrom durch die Einfachheit der Fahrdrahtanlage in erster Linie aus. Während der Dreiphasenstrom sich durch die Wirtschaftlichkeit der Übertragung auszeichnet und der Gleichstrom am geeignetsten ist für den Bau von großen, für den Bahnbetrieb geeigneter Motoren, ließen die Komplikation der Stromzuführung und der Schaltungen bei Dreiphasenstrom und die begrenzte Übertragungs-spannung bei Gleichstrom den Einphasen Wechselstrom als die geeignetste Stromart für Bahnen erscheinen. Diese Erkenntnis drängte zur Ausbildung von Einphasen Wechselstrommotoren.

Im Jahre 1902 trat zuerst die Westinghouse El. u. Mfg. Co. in Pittsburg mit dem vollständigen Projekt einer mit Wechselstrom-motoren ausgerüsteten Bahn, der 73 km langen Strecke Washington—

---

[1]) Minutes of Proceedings Inst. C. E, Vol. CXXXIII, 22. Febr. 1898. The theory, design and working of alternate-current motors.

[2]) E. P. 18525.

Baltimore—Annapolis an die Öffentlichkeit, bei der sie die alten den Gleichstrom-Hauptschlußmotoren nachgebildeten Maschinen in einer von B. G. Lamme vervollkommneten Form zur Anwendung brachte. Nicht zum geringsten Teil war die Möglichkeit, diese Motoren für große Leistungen in befriedigender Weise zu betreiben, dadurch erreicht, daß eine kleine Periodenzahl ($16\,^2/_3$ i. d. Sek.) verwendet wurde.

Unabhängig von den Versuchen der Westinghouse-Gesellschaft trat 1903 die Union E.-G. mit einem Wechselstrom-Kommutatormotor der Bauart Latour, Winter und Eichberg an die Öffentlichkeit und führte einen Probebetrieb auf einer ca. 4 km langen Strecke der preußischen Staatsbahn bei Oranienburg vor, und im gleichen Jahre stellte G. Finzi in Mailand Versuchsfahrten auf einer 5 km langen Strecke mit einer Wechselstrombahn an.

Seit jener Zeit hat eine rastlose Tätigkeit in der Vervollkommnung der Motoren eingesetzt. Zahlreiche Verbesserungen wurden an den bekannten Maschinen angebracht, von denen als eine der wichtigsten die Einführung der Wendepole durch Dr. Behn-Eschenburg und R. Richter erwähnt sei, und zahlreiche neue Typen sind in diesen Jahren entstanden. Die meisten Großfirmen besitzen heute ein gut durchgearbeitetes System für Wechselstrombahnen.

Aber nicht allein die Bahnmotoren wurden ausgebildet und vervollkommnet, sondern auch die Motoren für stationäre Zwecke, weil die Wechselstrom-Kommutatormotoren eine ökonomische Geschwindigkeitsregulierung ermöglichen. Der erste brauchbare Nebenschlußmotor mit regulierbarer Umdrehungszahl wurde 1904[1]) von E. Arnold und J. L. la Cour angegeben.

Hierdurch ist die Zahl der Ausführungsformen ganz außerordentlich angewachsen, um so mehr als die Zahl der Ausführungsmöglichkeiten größer ist als z. B. bei Dreiphasen-Kommutatormaschinen.

Eine vollständige Beschreibung aller existierenden Typen ist in den nachstehenden Kapiteln nicht beabsichtigt und wäre auch zwecklos, weil viele kaum das Anfangsstadium der Entwicklung verlassen haben, es können daher nur die Hauptarten eingehend beschrieben werden.

Auch die Frage nach der Priorität der Erfindung ist heute in vielen Fällen noch offen. Bei einem von so vielen Seiten in Angriff genommenen Gebiet kommt es stets vor, daß mehrere Erfinder gleichzeitig vielleicht von ganz verschiedenen Gesichtspunkten ausgehend denselben Gedanken verwirklichen.

Zur Übersicht über den Zusammenhang der verschiedenen Ausführungsformen soll jedoch der näheren Beschreibung eine Ein-

---

[1]) D. R. P. 165 053.

teilung der Wechselstrom-Kommutatormotoren vorangestellt werden. Im Anschluß an diese wird dann die einheitliche Bezeichnung der einzelnen Wicklungsteile bei den verschiedenen Maschinen erläutert.

59. Einteilung der Wechselstrom-Kommutatormotoren und Bezeichnungen.

Um die Gesichtspunkte für die Einteilung der Wechselstrom-Kommutatormotoren zu erläutern, betrachten wir die wesentlichen Teile, die erforderlich sind, um eine Kommutatormaschine mit Wechselstrom zu betreiben. Diese sind

1. die Erregerwicklung, die das Magnetfeld erzeugt, das hier ein Wechselfeld ist;

2. der Rotor mit Kommutator, dessen Bürsten wie bei einer Gleichstrommaschine etwa in der neutralen Zone des Magnetfeldes liegen, so daß die von gleichem Strom durchflossenen Ankerleiter möglichst alle im Felde gleicher Polarität liegen.

In dem Schema (Fig. 153) ist E die Erregerwicklung, R der Rotor.

3. Ein dritter wesentlicher Bestandteil aller Wechselstrom-Kommutatormaschinen ist die Kompensationswicklung in Fig. 153 mit C bezeichnet. Sie liegt auf dem Stator koaxial zu der Rotorwicklung und dient dazu, das von den Rotoramperewindungen erzeugte Feld (das Rotorquerfeld) aufzuheben, das ja in der Achse der Bürsten liegt und daher kein Drehmoment mit dem Rotorstrom bildet, sondern nur die Selbstinduktion der Maschine vergrößern und daher ihre Leistungsfähigkeit verringern würde.

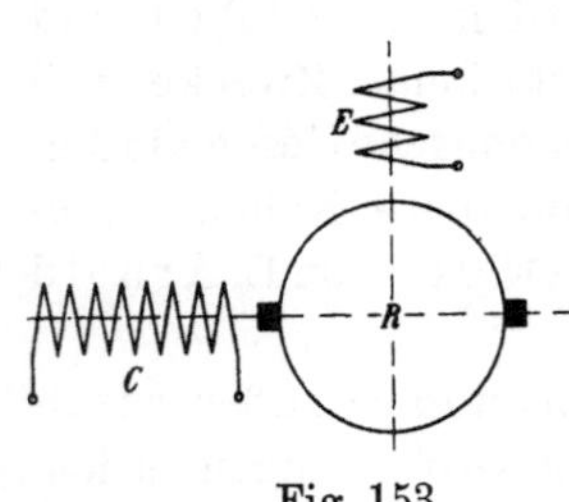

Fig. 153.

Wir können nun die Wechselstrom-Kommutatormotoren nach drei verschiedenen Gesichtspunkten ordnen.

I. Der erste Gesichtspunkt ist gegeben durch die Art, wie dem Rotor die seiner mechanischen Leistung entsprechende elektrische Leistung zugeführt wird. Wir können hier folgende Arten unterscheiden:

1. Direkt gespeiste Maschinen. Die ganze mechanische Leistung wird dem Rotor als elektrische Leistung direkt vom Netz zugeführt.

Dies ist stets der Fall, wenn an der Kompensationswicklung keine Spannung besteht, d. h. wenn diese z. B. in sich kurzgeschlossen ist oder mit dem Rotor in Reihe geschaltet ist, so daß das Rotorfeld bis auf Streufelder möglichst aufgehoben ist. Die

Arbeitsspannung, die mit dem Strom multipliziert die mechanische Leistung ergibt, tritt am Rotor auf.

2. **Indirekt gespeiste Maschinen.** Die ganze mechanische Leistung wird auf den Rotor durch ruhende Induktion übertragen; zu diesem Zweck ist die mit dem Rotor koaxiale Kompensationswicklung an das Netz angeschlossen, der Rotor kurzgeschlossen. Der Stator entnimmt also die Leistung dem Netz und überträgt sie durch statische Induktion auf den Rotor. Weil hier die Arbeitsspannung, die der Leistung entspricht, an der Kompensationswicklung auftritt, bezeichnet man sie in diesem Falle häufig als Stator-Arbeitswicklung oder Stator-Hauptwicklung im Gegensatz zu der Erregerwicklung, die auch auf dem Stator liegen kann (s. unten).

Zu dieser Klasse gehören die Repulsionsmotoren, Kommutator-Induktionsmotoren usw.

3. **Doppelt gespeiste Maschinen.** Die mechanische Leistung wird zum Teil vom Netz dem Rotor direkt zugeführt und zum Teil von der Kompensationswicklung (Stator-Arbeitswicklung) durch Induktion auf den Rotor übertragen. Es ist also sowohl die Statorarbeitswicklung als auch die Rotorwicklung an das Netz angeschlossen. Die Arbeitsspannung tritt zum Teil an jeder von beiden auf.

Der wesentliche Unterschied zwischen der ersten Klasse einerseits und der zweiten und dritten Klasse andererseits ist nun der, daß bei den letzten beiden eine Arbeitsspannung an der Kompensationswicklung besteht, die einen Kraftfluß in der Achse der Rotorwicklung bedingt, also senkrecht zum eigentlichen Magnetkraftfluß. Diese beiden Kraftflüsse zusammen bilden, wie wir sehen werden, ein im allgemeinen elliptisches Drehfeld, das von wesentlichem Einfluß auf das Verhalten der Maschine in bezug auf die Funkenbildung ist.

Direkt gespeiste Maschinen arbeiten dagegen mit einem Wechselfeld.

Ein weiterer Unterschied, der aus dem Arbeiten mit einem Wechselfeld oder einem Drehfeld folgt, besteht wie wir sehen werden, in der Art der Abhängigkeit der Arbeitsweise von der Periodenzahl.

Der zweite Gesichtspunkt, nach dem die Motoren eingeteilt werden, ist

II. **Die Anordnung der Erregerwicklung.** In Fig. 153 ist die Erregerwicklung als eine Spule schematisch dargestellt, die auf dem Stator untergebracht zu denken ist. Man kann aber auch die Erregerwicklung auf dem Rotor anordnen, entweder als besondere Rotorwicklung oder mit der vorhandenen Rotorwicklung vereinigt. Im letzten Falle können z. B. neben den beiden in Fig. 153 gezeichneten Bürsten noch zwei um je $^1/_2$ Polteilung dagegen versetzte Bürsten angeordnet werden, wie Fig. 154 zeigt. Die Maschine hat dann zwei „Arbeitsbürsten" AA (Fig. 154) in der Achse der Kompensations-(Stator-)Wicklung und zwei „Erregerbürsten" EE in der dazu senkrechten Achse.

Wir bezeichnen diese Maschinen, zum Unterschiede von jenen, bei denen die Erregerwicklung auf dem Stator liegt, als Maschinen mit Rotorerregung.

Es ist aber auch möglich und für manche Zwecke nötig, die Erregung auf Stator und Rotor zu verteilen so, daß wir haben:

 a) Maschinen mit Statorerregung,
 b) Maschinen mit Rotorerregung,
 c) Maschinen mit auf Stator und Rotor verteilter Erregung.

III. Endlich können wir eine Einteilung vornehmen nach der Abhängigkeit des Stromes der Erregerwicklung von dem Arbeitsstrom des Rotors und der Kompensationswicklung:

α) Zunächst können wir eine direkte Proportionalität beider Ströme etwa durch Reihenschlußschaltung der Wicklungen erhalten. Diese Motoren haben stets, seien sie nach irgendeiner der Arten 1, 2, 3 und mit einer der Erregungen a, b, c ausgeführt, die Charakteristik eines Gleichstromhauptschlußmotors, und wir bezeichnen daher die Schaltung als abhängige oder als Reihenschlußschaltung.

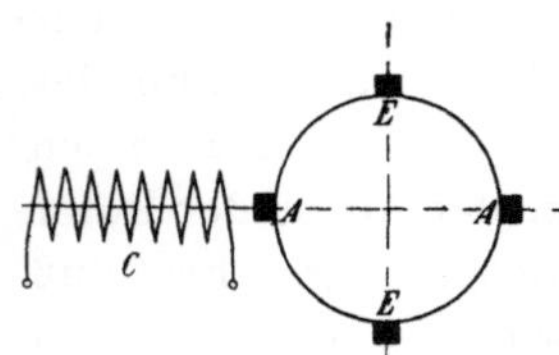

Fig. 154.

β) Zweitens kann der Erregerstrom im wesentlichen unabhängig von dem Arbeitsstrom sein, etwa durch Parallelschaltung oder, wie es bei Rotorerregung möglich ist, durch Kurzschließen des Erregerstromkreises. Dies ergibt die unabhängige Schaltung. Die Motoren gleichen in ihrem Verhalten den Gleichstrom-Nebenschlußmotoren.

γ) Endlich ergibt sich durch Kombination der Schaltungen α und β die gemischte Schaltung, deren Verhalten dem der Gleichstrom-Doppelschlußmotoren am nächsten kommt.

Stellen wir nun die drei Gesichtspunkte zusammen, so erhalten wir folgende Gruppen:

 I. Art der Arbeitsübertragung auf den Rotor:
  1. direkt gespeiste Maschinen,
  2. indirekt gespeiste Maschinen,
  3. doppelt gespeiste Maschinen.
 II. Anordnung der Erregung:
  a) Stator-Erregung,
  b) Rotor-Erregung,
  c) auf Stator und Rotor verteilte Erregung.

III. Schaltung:

 α) abhängige (Erreger-)Schaltung,

 β) unabhängige (Erreger-)Schaltung,

 γ) gemischte (Erreger-)Schaltung.

Die Kombination dieser dreimal drei Arten würde nun schon 27 verschiedene Maschinen ergeben, jedoch sind nicht alle Kombinationen ausführbar. Von den direkt gespeisten Maschinen haben z. B. fast nur die mit Stator-Erregung in abhängiger (Hauptschluß-) Schaltung Bedeutung. Dagegen können andere wieder in weitere Unterklassen geteilt werden. So ist z. B., wie schon erwähnt, die unabhängige Schaltung entweder durch Parallelschaltung oder durch Kurzschließen der Rotor-Erregung möglich.

Bei den doppelt gespeisten Maschinen mit Stator-Erregung und abhängiger(Reihenschluß-)Schaltung sind z. B. in dem D.R.P. Nr. 198 248 der Felten Guilleaume Lahmeyerwerke vier verschiedene Möglichkeiten angegeben. Die Zahl der möglichen Maschinentypen ist daher außerordentlich groß.

Andere Unterscheidungspunkte sind für die Einteilung von untergeordneter Bedeutung. Man unterscheidet z. B. oft zwischen Maschinen mit ausgeprägten Polen und solchen mit verteiltem Statoreisen. Da wir aber erkannt haben, daß alle indirekt und doppelt gespeisten Maschinen mit Drehfeldern arbeiten, ist ohne weiteres klar, daß bei ihnen die Ausführung mit ausgeprägten Polen gar nicht zweckmäßig ist, und daß die Alternative auf die direkt gespeisten Maschinen beschränkt ist, von denen außerdem, wie schon erwähnt, nur der vom Stator erregte Hauptschlußmotor Bedeutung hat.

Wir werden nun bei Behandlung der verschiedenen Motorarten die einzelnen Wicklungsteile und ihre Konstanten (Windungszahlen, Wicklungsfaktoren, Widerstände, Reaktanzen usw.) in folgender Weise unterscheiden: Die Statorarbeitswicklung (Kompensationswicklung) ist durch den Index 1 gekennzeichnet, die Rotorwicklung durch den Index 2, die Erregerwicklung durch den Index 3.

Bei Rotorerregung bezieht sich der Index 2 auf den Arbeitsstromkreis des Rotors, der Index 3 auf den Erregerstromkreis des Rotors.

Bei auf Stator und Rotor verteilter Erregung behält der Erregerstromkreis des Rotors den Index 3 und der Erregerstromkreis des Stators erhält den Index 4.

Zwölftes Kapitel.

Allgemeine Eigenschaften der Wechselstrom-Kommutatormaschinen.

60. Die in einem einphasigen Rotor mit Kommutator induzierten EMKe. — 61. Kommutation von Einphasenstrom. — 62. Berechnung des Drehmomentes. — 63. Die Transformationsverhältnisse und die Streuung. — 64. Rückwirkung der Kurzschlußströme. — 65. Rotorerregung. — 66. Einfluß der Rotorwiderstände und der Rotorreaktanzen auf die Rotorfelder.

60. Die in einem einphasigen Rotor mit Kommutator induzierten EMKe.

In einem Gleichstromanker mit Kommutator, bei dem wie bei einer Gleichstrommaschine die Bürsten in einem Abstand von je einer Polteilung gegeneinander aufgelegt sind, können bei der Drehung in einem Wechselfeld zwischen zwei im Abstande einer Polteilung liegenden Bürsten je nach deren Stellung zweierlei Spannungen gemessen werden.

1. Es mögen zuerst die Bürsten in der neutralen Zone des Feldes liegen, wie Fig. 155 für eine zweipolige Maschine zeigt. Ist das Feld konstant (mit Gleichstrom erregt) und Φ der gesamte in den Rotor eintretende Kraftfluß, so werden in den einzelnen Windungen bei n Umdrehungen in der Minute EMKe induziert, deren Summe zwischen den Bürsten eine konstante (Gleich-)Spannung von dem Betrage[1])

$$E = \frac{N}{a}\frac{pn}{60}\,\Phi\,10^{-8}\ \text{Volt}$$

ergibt. Setzen wir die Windungszahl $w = \dfrac{N}{4a}$ ein und bezeichnen

$\dfrac{pn}{60} = c_r$ als die Periodenzahl der Rotation, so ist auch

$$E = 4\,c_r\,w\,\Phi\,10^{-8}\ \text{Volt}.$$

---

[1]) Siehe Gleichstrommaschine, Bd. I.

Diese EMK ist proportional der Geschwindigkeit und der Größe des Kraftflusses.

Ändert sich daher bei konstanter Geschwindigkeit des Rotors der Kraftfluß um $d\Phi$ auf $(\Phi + d\Phi)$, so wächst auch die EMK der Rotation auf

$$(E + dE) = 4\,c_r\,w\,(\Phi + d\Phi)\,10^{-8},$$

denn jede Änderung der Größe des Kraftflusses bewirkt eine ihr proportionale Änderung der EMK. Ist nun das Feld ein Wechselfeld, d. h. pulsiert seine Größe periodisch nach irgendeinem Gesetz, so wird auch die an den Bürsten infolge der Rotation auftretende EMK alle Pulsationen des Feldes mitmachen und eine Wechsel-EMK von derselben Periodenzahl sein, mit der das Feld pulsiert. Sie hat ihr Maximum, wenn das Feld im Maximum ist, und ist Null, wenn dieses Null ist. Die EMK der Rotation ist also zeitlich in Phase mit dem Kraftfluß.

Nehmen wir eine zeitlich nach einem Sinusgesetz verlaufende Änderung des Kraftflusses an, dessen Amplitude Φ_{max} sei, so wird die Amplitude der EMK

$$E_{max} = 4\,c_r\,w\,\Phi_{max}\,10^{-8}\ \text{Volt}$$

und der Effektivwert der EMK der Rotation, deren Periodenzahl gleich c ist, wird

$$E_r = 2\,\sqrt{2}\,c_r\,w\,\Phi_{max}\,10^{-8}\ \text{Volt} \quad . \ . \ . \quad (69)$$

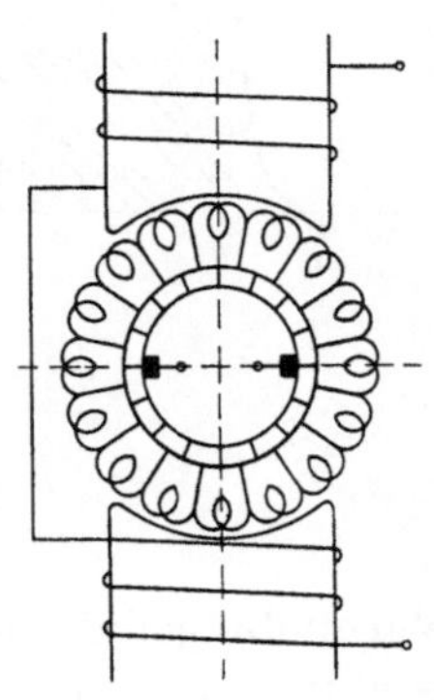

Fig. 155.

2. Stehen die Bürsten nicht in der neutralen Zone des Feldes, so ist zunächst bei gleichem Wert des gesamten Kraftflusses und gleicher Umdrehungszahl die EMK E_r kleiner als zuvor, weil jetzt die Leiter einer Ankerhälfte nicht mehr alle unter demselben Pol liegen, so daß die EMKe in ihnen z. T. entgegengesetzt gerichtet sind.

Der wirksame, in eine kurzgeschlossene Windung, deren Weite gleich der Polteilung ist, eintretende Kraftfluß ist jetzt kleiner als Φ und werde mit $\dfrac{\Phi}{\sigma_a}$ bezeichnet. Er ergibt sich durch Aufzeichnung der Feldkurve, Fig. 156, als Differenz der positiven Fläche $B_1 A_1 P_2$ und der negativen Fläche $P_2 A_2 B_2$ und ist daher gleich der schraffierten Fläche $B_1 A_1 C_1 D_1$. Es ist dann

$$E_r = 2\,\sqrt{2}\,c_r\,w\,\frac{\Phi_{max}}{\sigma_a}\,10^{-8}\ \text{Volt}.$$

In diesem Falle, d. h. wenn die Bürsten nicht in der neutralen Zone des Feldes stehen, besteht noch eine weitere EMK an den Bürsten, die abhängig ist von der Änderungsgeschwindigkeit der Kraftlinienverkettungen infolge der Pulsation des Kraftflusses. Sie ist unabhängig von der Umdrehungszahl des Rotors, weil die Zahl der Windungen des Rotors zwischen den Bürsten unverändert bleibt.

Diese EMK entsteht also durch statische Induktion etwa wie die induzierte EMK in der sekundären Wicklung eines Transformators, und bei zeitlich sinusförmiger Pulsation der Kraftflußverkettungen ist der Effektivwert der EMK der Pulsation, deren Periodenzahl c ist,

$$E_p = \pi \sqrt{2}\, c\, \Sigma (\Phi_x w_x)_{max}\, 10^{-8}\ \text{Volt,}$$

worin c die Periodenzahl der Pulsation und $\Sigma (\Phi_x w_x)_{max}$ die zeitliche Amplitude der Summe der Kraftlinienverkettungen des Kraftflusses mit den Rotorwindungen ist. Die EMK E_p ist um $^1/_4$ Periode gegen den Kraftfluß verzögert.

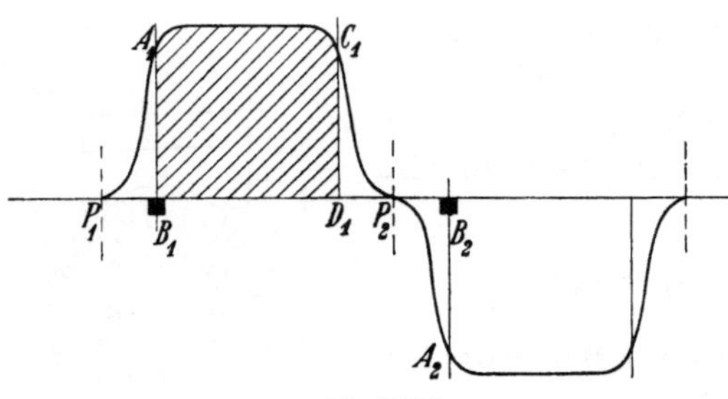

Fig. 156.

Denken wir uns z. B. die Bürsten in Fig. 155 unter die Mitte der Pole geschoben, so daß die magnetische Achse des pulsierenden Feldes mit der durch die Verbindungslinie der Bürsten bestimmten Symmetrieachse der Rotorwicklung zusammenfällt, so ist die Richtung der durch die Pulsation des Feldes induzierten EMK jeweils in allen Leitern jeder Ankerhälfte dieselbe, die Summe der Kraftlinienverkettungen ist ein Maximum.

Wir setzen

$$\Sigma (\Phi_x w_x)_{max} = f w\, \Phi_{max},$$

worin f der Wicklungsfaktor der Rotorwicklung in bezug auf das Feld ist, und definiert ist durch

$$f = \frac{\Sigma (\Phi_x w_x)_{max}}{w\, \Phi_{max}}.$$

Es wird dann

$$E_p = \pi \sqrt{2}\, c\, w\, f\, \Phi_{max}\, 10^{-8}\ \text{Volt.} \quad . \quad . \quad . \quad . \quad (70)$$

Ist z. B. ein in der Bürstenachse pulsierendes Wechselfeld am Umfang des Rotors sinusförmig verteilt, so ist der Wicklungsfaktor der verteilten Gleichstromwicklung $f = \dfrac{2}{\pi}$ und

$$E_p = 2 \sqrt{2}\, c\, w\, \Phi_{max}\, 10^{-8}\ \text{Volt} \quad . \quad . \quad . \quad . \quad (71)$$

Wir können nun sagen: ein pulsierender Kraftfluß, dessen magnetische Achse senkrecht steht zu der durch die Verbindungslinie der Bürsten bestimmten Symmetrieachse, induziert im Rotor nur eine EMK der Rotation E_r, die in Phase mit dem Kraftfluß ist, an den Bürsten die Grundperiodenzahl c hat, und deren Größe dem Kraftfluß und der Umdrehungszahl proportional ist. Dagegen induziert ein pulsierender Kraftfluß, der in Richtung der Bürstenachse in den Rotor eintritt, nur eine EMK der Pulsation E_p, die um 90^0 gegen den Kraftfluß verzögert ist, ebenfalls die Periodenzahl c der Pulsation des Feldes besitzt und proportional der Periodenzahl und dem Kraftfluß ist, außerdem aber von seiner Verteilung, d. h dem Wicklungsfaktor abhängt.

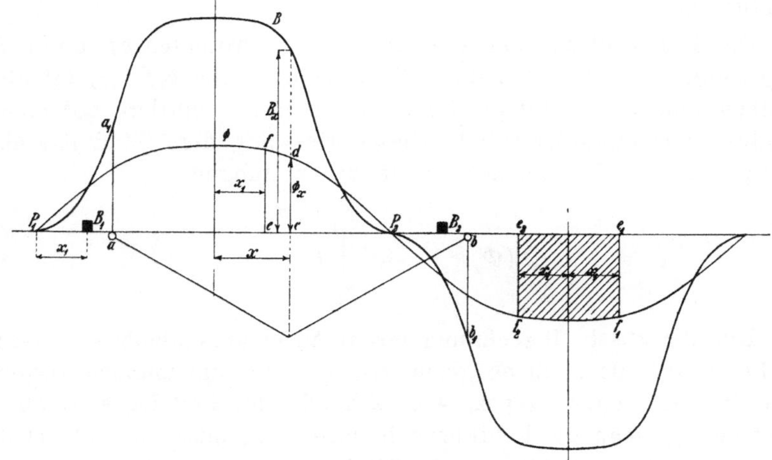

Fig. 157.

Bei einer beliebigen Lage der Bürsten gegenüber dem Kraftfluß treten beide EMKe auf. Die EMK der Rotation nach Maßgabe des „wirksamen", d. h. senkrecht zur Rotorachse eintretenden Kraftflusses und die EMK der Pulsation nach Maßgabe der gesamten Kraftlinienverkettungen.

Bei einer beliebigen Verteilung des Feldes am Umfang kann die Berechnung entweder graphisch erfolgen oder analytisch.

Die graphische Ermittlung des für die EMK der Rotation maßgebenden wirksamen Kraftflusses geschieht, wie in Fig. 156 gezeigt, durch Subtraktion der ungleichnamigen Flächenstücke der Feldkurve zwischen den Bürsten. Um die Summe der Kraftlinienverkettungen einer gleichmäßig verteilten Wicklung zu bestimmen, trägt man über der Mitte jeder Windung $a-b$ in Fig. 157 den mit dieser Windung verketteten Kraftfluß Φ_x als Ordinate $\overline{cd}$ auf. Es ist also im entsprechenden Maßstab $\overline{cd}$ der Flächeninhalt der Feldkurve B von der Ordinate $\overline{aa_1}$ bis $\overline{bb_1}$ dieser Kurve, denn es ist

$$\Phi_x = l \int_{x-\frac{\tau}{2}}^{x+\frac{\tau}{2}} B_x \, dx,$$

wenn x der Abstand der Mitte der Spule von der Mitte des Poles ist. Hierdurch erhält man die mit Φ bezeichnete Integralkurve der Feldkurve, die fast sinusförmig verläuft.

Liegen die Bürsten B_1 und B_2 um x_1 aus der neutralen Zone verschoben, so stellen die Ordinaten der Integralkurve von $\overline{ef}$ (in der Mitte zwischen B_1, B_2) bis $\overline{e_1 f_1}$ (um eine Polteilung dagegen verschoben) der Reihe nach die Kraftlinienverkettungen der einzelnen Windungen dar.

Die Mittelordinate der zwischen diesen Ordinaten $\overline{ef}$ und $\overline{e_1 f_1}$ eingeschlossenen und mit der schraffierten Fläche $e_1 f_1 e_2 f_2$ inhaltsgleichen Fläche der Integralkurve ist nun der mittlere mit einer Windung verkettete Kraftfluß. Dieser gibt mit der Windungszahl multipliziert die Summe der Kraftflußverkettungen

$$\Sigma(\Phi_x w_x) = w\frac{1}{\tau} \int_{x=x_1}^{x=\tau+x_1} \Phi_x \, dx.$$

Die analytische Berechnung gestaltet sich am einfachsten, wenn die Feldkurve als einfache geometrische Figur angenommen werden kann (Dreieck oder Trapez, wie es häufig der Fall ist, s. S. 308). Sonst zerlegt man die Feldkurve in ihre Harmonischen und erhält bei symmetrischer Feldkurve die Gleichung

$$B_x = B_1 \sin \alpha \pm B_3 \sin 3\,\alpha \pm B_5 \sin 5\,\alpha \pm \dots,$$

worin $\alpha = \dfrac{x}{\tau}\pi$ ist, und wo der Index „max“ für die zeitliche Amplitude der Einfachheit halber fortgelassen ist. Es ist dann der gesamte Kraftfluß

$$\Phi = \Phi_1 \pm \Phi_3 \pm \Phi_5 \pm \Phi_7 \pm \dots,$$

worin

$$\Phi_1 = \frac{2}{\pi}\,\tau\,l\,B_1$$

$$\Phi_3 = \frac{2}{\pi}\,\frac{\tau}{3}\,l\,B_3$$

$$\Phi_5 = \frac{2}{\pi}\,\frac{\tau}{5}\,l\,B_5$$

die Kraftflüsse der einzelnen Harmonischen sind.

Bei einer Bürstenverschiebung um einen Winkel α aus der neutralen Zone ist dann der für die EMK der Rotation wirksame Kraftfluß:

$$\frac{\Phi}{\sigma_a} = \Phi_1 \cos \alpha \pm \Phi_3 \cos 3\alpha \pm \Phi_5 \cos 5\alpha \pm \ldots$$

und

$$E_r = 2\sqrt{2}\,c_r\,w\,[\Phi_1 \cos \alpha \pm \Phi_3 \cos 3\alpha \pm \Phi_5 \cos 5\alpha \pm \ldots]\,10^{-8}\ \text{Volt.}$$

Die Summe der Kraftflußverkettungen ergibt sich dann wie folgt.

Für eine Windung, deren Mitte um einen Winkel α aus der Polmitte verschoben ist, ist

$$\Phi_\alpha = \Phi_1 \cos \alpha \pm \Phi_3 \cos 3\alpha \pm \Phi_5 \cos 5\alpha \pm \ldots$$

und wir erhalten bei einer Verschiebung der Bürsten um einen Winkel α aus der neutralen Zone

$$\Sigma(\Phi_x w_x) = w\,\frac{1}{\pi}\int_{\alpha-\pi}^{\alpha}\Phi_\alpha\,d\alpha$$

$$= \frac{2w}{\pi}\left(\Phi_1 \sin \alpha \pm \frac{\Phi_3}{3}\sin 3\alpha \pm \frac{\Phi_5}{5}\sin 5\alpha \pm \ldots\right)$$

und daher:

$$E_p = 2\sqrt{2}\,cw\left(\Phi_1 \sin \alpha \pm \frac{1}{3}\Phi_3 \sin 3\alpha \pm \frac{1}{5}\Phi_5 \sin 5\alpha \pm \ldots\right)10^{-8}\ \text{Volt.}$$

Sind die Bürsten unter der Polmitte, so ist $\alpha = \dfrac{\pi}{2}$; es wird dann

$$E_p = 2\sqrt{2}\,cw\left(\Phi_1 \mp \frac{1}{3}\Phi_3 \pm \frac{1}{5}\Phi_5 \mp \ldots\right)10^{-8}\ \text{Volt,}$$

daher ist der früher definierte Wicklungsfaktor $f = \dfrac{\Sigma(\Phi_x w_x)}{w\,\Phi}$ für $\alpha = \dfrac{\pi}{2}$

$$f = \frac{\dfrac{2}{\pi}\left(\Phi_1 \mp \dfrac{\Phi_3}{3} \pm \dfrac{\Phi_5}{5}\right)}{\Phi_1 \pm \Phi_3 \pm \Phi_5},\quad \ldots \ldots \quad (72)$$

woraus wieder für sinusförmige Verteilung $f = \dfrac{2}{\pi}$ folgt. Wir können uns somit jedes sinusförmig verteilte Feld zerlegt denken in eine Komponente $\Phi \sin \alpha$ in Richtung der Bürsten und in eine Komponente $\Phi \cos \alpha$ senkrecht zu den Bürsten. Die Komponente $\Phi \sin \alpha$ kommt für die EMK der Pulsation, $\Phi \cos \alpha$ für die EMK der Rotation in Frage. Für die Oberfelder ist die entsprechende Bürstenverschiebung 3α, 5α usf. Während aber für die EMK der Rotation die ganzen Oberfelder in Betracht kommen, treten sie für die EMK der Pulsation nur zu $^1/_3$, $^1/_5$ usw. in die Rechnung ein. Man kann dies auch so ausdrücken, daß der Wicklungsfaktor der verteilten Gleichstromwicklung für das Grundfeld $f_1 = + \dfrac{2}{\pi}$ ist,

$$\text{für die Oberfelder } f_3 = -\frac{1}{3}\frac{2}{\pi}$$

$$f_5 = +\frac{1}{5}\frac{2}{\pi} \quad \text{usf.}$$

3. Wir haben bei Betrachtung der induzierten EMKe im Rotor die an den Bürsten auftretenden Summen der Spannungen in den einzelnen Windungen berechnet und durch einfache Überlegung gefunden, daß sie die Grundperiodenzahl haben, mit der das Feld pulsiert.

Betrachtet man eine einzelne Windung, die in einem Wechselfeld rotiert, so erhält man z. B. bei räumlich sinusförmiger Verteilung des Feldes, wie in WT Bd. V, 1, S. 137 erwähnt ist, eine Welle von zusammengesetzter Periodenzahl, die durch Übereinanderlagerung einer Welle von der Periodenzahl $(c - c_r)$ und einer anderen von der Periodenzahl $(c + c_r)$ gebildet ist. Denn wir können uns das Wechselfeld in zwei Drehfelder, ein links- und ein rechtsdrehendes zerlegt denken. Rotiert die Windung nach links, so induziert das erste Drehfeld eine EMK von der Periodenzahl $(c - c_r)$ und das zweite, rechtsdrehende eine solche von der Periodenzahl $(c + c_r)$. Besitzt dagegen die Wicklung einen Kommutator, so erhält man an den Bürsten nur die Grundperiodenzahl c.

Durch den Kommutator werden also die EMKe der einzelnen Windungen addiert und auf die Grundperiodenzahl transformiert.

4. Betrachten wir nun die von den Bürsten kurzgeschlossenen Spulen. Sie umschlingen den ganzen in den Rotor eintretenden wirksamen Kraftfluß $\dfrac{\Phi}{\sigma_a}$, und es entsteht in ihnen eine EMK

$$\sqrt{2}\,\varDelta e_p = 2\pi c\,S_k \frac{N}{2K}\frac{\Phi_{max}}{\sigma_a} 10^{-8}\,\text{Volt} \quad . \quad . \quad (73)$$

die um $^1/_4$ Periode gegen den Kraftfluß verzögert ist, und die ganz unabhängig von der Umdrehungszahl des Rotors ist. Man nennt sie häufig die Transformator-EMK, und sie wird, sofern nicht andere Felder vorhanden sind, durch die sie aufgehoben wird, nicht wie bei Mehrphasenmotoren bei einer bestimmten Geschwindigkeit verschwinden.

Liegen die Bürsten nicht in der neutralen Zone des Feldes, sondern an einer Stelle, an der die Induktion $B_{a\,max}$ ist, so entsteht eine weitere EMK durch die Drehung. Ihre Amplitude ist

$$\sqrt{2}\,\varDelta\,e_r = 2\,l\,v\,S_k\,\frac{N}{2\,K}\,B_{a\,max}\,10^{-6}\,\text{Volt}\quad.\quad.\quad(74)$$

worin die Umfangsgeschwindigkeit v in Metern i. d. Sek. angegeben ist.

Sie ist der Geschwindigkeit proportional und in Phase mit dem Kraftfluß. Die resultierende EMK zwischen den Kanten der Bürste ist also

$$\varDelta e = \sqrt{\varDelta\,e_p{}^2 + \varDelta\,e_r{}^2}.$$

Sie erzeugt in den kurzgeschlossenen Windungen einen zusätzlichen inneren Strom, der auf das Feld zurückwirkt, und verursacht Funken und Verluste an den Bürsten.

Um die zusätzlichen Ströme klein zu halten, sind dieselben Mittel, die bei Mehrphasenmotoren erwähnt sind, anzuwenden. $\varDelta e$ soll bei Stillstand nicht mehr als zirka 7 Volt betragen, wenn Bürsten von hohem Übergangswiderstand verwendet werden. Gegebenenfalls sind Widerstände zwischen Wicklung und Kommutator einzuschalten.

61. Die Kommutation von Einphasenstrom.

Schicken wir durch die Bürsten des Kommutatorankers, Fig. 155, einen Wechselstrom, so erzeugt er, wenn wir den Rotor zunächst stillstehend denken, ein Wechselfeld, dessen Lage im Raum durch die Lage der Bürsten gegeben ist. Denn alle Ankerleiter, die zwischen zwei aufeinander folgenden Bürsten liegen, haben in jedem Augenblick die gleiche und gleichgerichtete MMK, und das räumliche Maximum aller MMKe liegt an den Stellen, wo die Bürsten liegen, d. h. wo die Richtung des Stromes in den Ankerleitern sich umkehrt, dort liegen die Pole des Wechselfeldes.

Dreht sich der Rotor, so bleibt die Zahl der Windungen zwischen zwei Bürsten und die räumliche Lage der resultierenden MMK stets dieselbe, und da der Strom in allen Leitern zwischen den beiden Bürsten in einem Augenblick jeweils dieselbe Richtung hat, werden Größe und Richtung, sowie die Periodenzahl des Feldes durch die Drehung des Rotors nicht beeinflußt, wenn wir von den sekundären Wirkungen (Rotorhysterese, Nutenwirkungen, endliche Lamellenzahl usw.) vorerst absehen. Tragen wir den Strom, der in einem bestimmten Augenblick in den Ankerleitern fließt, als Funktion des Umfangs auf, so erhalten wir die rechteckige Welle Fig. 158, die uns die räumliche Verteilung des Stromes am Ankerumfang darstellt. Die Stromumkehr findet nach je einer Polteilung statt, dort, wo die Bürsten liegen. Diese Welle ist nicht wie bei Gleichstrom konstant, sondern sie pulsiert mit der Periodenzahl c des zugeführten Wechselstromes. Ist J der Effektivwert dieses Stromes, so ist der Strom in einem Ankerleiter $\dfrac{J}{2\,a}$ und $\dfrac{\sqrt{2}\,J}{2\,a}$ die Amplitude der pulsierenden Welle.

Bei der Rotation tritt nun jede Ankerwindung von einem Stromzweig in einen andern über und bewegt sich gegenüber der pulsierenden Stromwelle, wodurch der Stromverlauf einer Windung eine zusammengesetzte Form erhält.

Ebenso wie die Welle der induzierten EMK einer im Wechselfeld sich drehenden Windung sich aus zwei Wellen zusammensetzt, von denen die eine die Periodenzahl $(c + c_r)$, die andere die Periodenzahl $(c - c_r)$ hat, aber durch den Kommutator auf die Grundperiodenzahl c kommutiert wird, so wird auch umgekehrt der zugeführte Strom von der Periodenzahl c so kommutiert, daß er in einer Windung, während sie die verschiedenen Ankerstromzweige durchläuft, eine zusammengesetzte Welle bildet, in der wir zwei Hauptwellen von den Periodenzahlen $(c + c_r)$ und $(c - c_r)$ unterscheiden können, über die sich die Oberschwingungen lagern, die von der Kommutation herrühren.

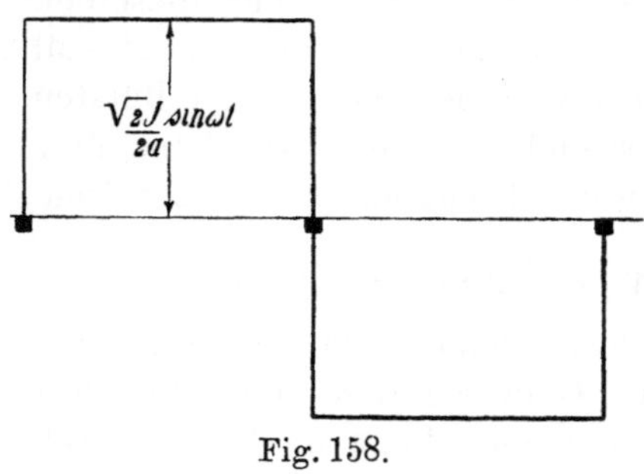

Fig. 158.

Fig. 159 zeigt z. B. den Stromverlauf in einer beliebig herausgegriffenen Windung bei einer Geschwindigkeit $c_r = \dfrac{2\,c}{3}$. Die Dauer einer Umdrehung des Rotors ist also $\dfrac{3}{2}\,T$, wenn eine zweipolige Maschine angenommen wird und $T = \dfrac{1}{c}$ die Dauer der Periode des Wechselstromes ist. Nach einer halben Umdrehung, d. h. nach $^3/_4\,T$ Sek., wird der Strom jedesmal kommutiert. Die gebrochenen Stücke der ursprünglichen Stromwelle lagern sich über eine lange Welle, deren Dauer $T' = \dfrac{1}{c - c_r} = 3\,T$ ist und bilden hierüber Wellen von der Länge $T'' = \dfrac{1}{c + c_r} = \dfrac{3}{5}\,T$, über die sich die höheren Harmonischen lagern. Das Bild wechselt von Windung zu Windung, d. h. es hängt von dem gewählten Anfangszeitpunkt ab.

Wir haben also wieder zu unterscheiden: Solange eine Windung einem Ankerstromzweig angehört, ändert sich der Strom in ihr mit der Grundperiodenzahl. Diese bestimmt die Reaktanz der Wicklung, weil das Eigenfeld aller zwischen zwei Bürsten liegenden Windungen sich mit der Grundperiodenzahl ändert. Sobald die Windung von einer Bürste kurzgeschlossen ist, ändert sich der Strom in ihr mit der Kommutierungsperiodenzahl. Diese Änderung hat aber zunächst keinen Einfluß auf die Reaktanz der Wicklung, weil die von den Bürsten kurzgeschlossenen Windungen keinem Ankerstromzweig angehören und weil die Wirkung der Änderung des Eigenfeldes der von den Bürsten verschiedener Polarität kurzgeschlossenen Windungen auf benachbarte, nicht kurzgeschlossene Windungen eines Ankerzweiges entgegengesetzt gerichtet und gleich groß ist, so daß sie sich in bezug auf den ganzen Stromkreis aufheben.

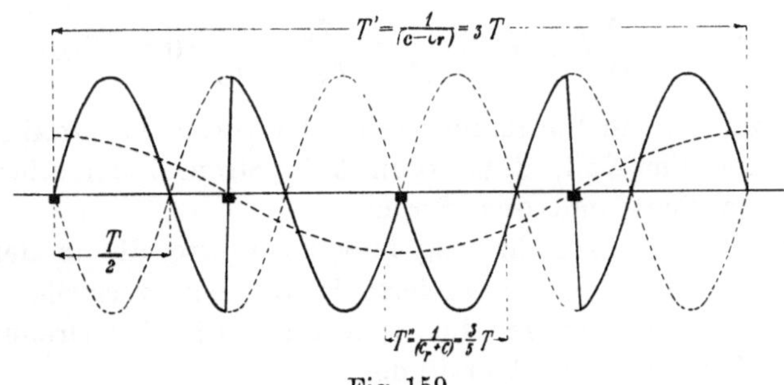

Fig. 159.

Sie bestimmt daher zunächst den Stromverlauf in den kurzgeschlossenen Spulen und hat erst dann einen Einfluß auf die Reaktanz der ganzen Wicklung, wenn mehr als eine Bürste pro Pol aufliegt, so daß sich überlappende Ankerstromzweige entstehen, wie es bei Rotorerregung der Fall ist.

Die vom Nutenfeld in den kurzgeschlossenen, zwischen den Bürstenkanten liegenden Windungen induzierte EMK. Sie läßt sich ähnlich wie bei einer Gleichstrommaschine berechnen.

Ist $AS = \dfrac{NJ}{2\,a\,\pi\,D}$ das effektive Stromvolumen auf einem Zentimeter des Umfangs, $t_1 AS$ das effektive Stromvolumen einer Nut, λ_N die Leitfähigkeit der Streuflüsse für 1 cm Ankerlänge, so ist die Amplitude des Nutenfeldes

$$\Phi_N = \sqrt{2}\,t_1\,A\,S\,\lambda_N\,l_i,$$

worin

$$\lambda_N = \left(\lambda_n + \lambda_k + \frac{l_s}{l_i}\,\lambda_s\right)$$

ist[1]).

---

[1]) Siehe: WT, V_1, S. 53, Gl. 70.

Das Nutenfeld wird während der Kommutierungszeit[1]) T_N kommutiert von $-\Phi_N \sin \omega t$ auf $\Phi_N \sin \omega(t + T_N)$. Da T_N klein ist gegen die Dauer der Periode des Wechselstromes, wird das Nutenfeld im Maximum fast um die doppelte Amplitude kommutiert.

Es ist daher der Mittelwert der maximalen Änderungsgeschwindigkeit des Nutenfeldes

$$2\,\frac{\Phi_N}{T_N} = \frac{2\sqrt{2}\,t_1\,A\,S\,l_i\,\lambda_N\,100\,v}{t_1 + b_D - \beta_D}.$$

Bei $S_k \dfrac{N}{K}$ in Serie geschalteten und von jeder Bürste im Mittel kurzgeschlossenen Drähten wirkt daher zwischen den Kanten der Bürste die maximale EMK

$$\sqrt{2}\,\varDelta\,e_N = 2\sqrt{2}\,S_k\,\frac{N}{K}\,l_i\,v\,A\,S\,\lambda_N\,\frac{t_1}{t_1 + b_D - \beta_D}\,10^{-6}\;\text{Volt} \qquad (75)$$

Die EMK ist ein Maximum, wenn der Strom im Maximum ist, und wird mit ihm Null, d. h. wenn kein Strom kommutiert wird; sie ist also in Phase mit dem Strom.

Ist das Ankerfeld nicht aufgehoben, so wird die in den kurzgeschlossenen Windungen induzierte EMK noch vergrößert durch die Drehung der Windungen im Ankerfeld. Die der Drehung entsprechende EMK hat die Amplitude

$$\sqrt{2}\,\varDelta\,e_r = 2\,S_k\,\frac{N}{2\,K}\,B_{q\,max}\,l_i\,v\,10^{-6}\;\text{Volt} \qquad . \quad . \quad (76)$$

wenn $B_{q\,max}$ die zeitliche Amplitude des Rotorfeldes an der Stelle des Umfanges ist, an der die kurzgeschlossenen Windungen liegen.

Je nach der Betriebsart tritt bei einer Maschine in den kurzgeschlossenen Windungen die geometrische Summe aller oder nur einiger der verschiedenen berechneten EMKe auf. Es kommen also in Betracht:

1. die infolge Pulsation des Hauptfeldes induzierte EMK $\varDelta e_p$, die kurz als **Transformatorspannung** bezeichnet wird;

2. die durch die Kommutation des Rotorstromes bedingte Spannung $\varDelta e_N$, kurz als **Stromwendespannung** bezeichnet;

3. die EMKe $\varDelta e_r$, die infolge Rotation in einem fremden Felde oder im Eigenfelde des Rotorstromes entstehen.

Eine zweckmäßige Ausbildung der Maschine ergibt eine Anordnung der Felder, bei der die genannten EMKe sich möglichst aufheben. Dies ist, wie wir bei Besprechung der verschiedenen Maschinen sehen werden, mehr oder weniger möglich.

---

[1]) Siehe E. Arnold und J. L. la Cour: Die Kommutation bei Gleichstrom- und Wechselstromkommutatormaschinen, S. 13.

Die Transformatorspannung und die Stromwendespannung
können z. B. durch Rotationsspannungen zum Teil oder ganz aufgehoben werden. Nur bei Stillstand kann die Transformatorspannung
nicht aufgehoben werden, wenn nicht das ganze Feld aufgehoben
wird, wobei dann aber auch kein Drehmoment besteht. Daher ist
die Transformatorspannung für alle Einphasenmaschinen, ebenso
wie bei den Mehrphasenmaschinen, von größter Bedeutung. Bei
Stillstand sind die von ihr erzeugten Kurzschlußströme und deren
Verluste, sowie ihre Rückwirkung auf das Feld am größten.

62. Berechnung des Drehmomentes.

In der Maschine (Fig. 155) sei das Magnetfeld mit Wechselstrom erregt, es sei
$$\Phi = \Phi_{max} \sin \omega t.$$

In den Rotor, dessen Bürsten in der neutralen Zone liegen,
werde ein Wechselstrom geschickt,
$$i = J_{max} \sin (\omega t + \psi),$$

ψ ist also die Phasenverschiebung zwischen Strom und Kraftfluß.
Ein Ankerleiter, in dem der Strom
$$i_a = \frac{i}{2\,a}$$

fließt, befinde sich an einer Stelle, an der die Induktion
$$B_x = B_{x\,max} \sin \omega t$$
sei. Die auf ihn ausgeübte Zugkraft ist
$$\frac{i_a B_x l_i}{9,81} 10^{-6} \,\text{kg}.$$

Da wir die Bürsten in der neutralen Zone vorausgesetzt haben,
liegen alle Ankerleiter, in denen gleichzeitig die Stromrichtung
dieselbe ist, in dem Feld gleicher Polarität. Die Richtung der Zugkraft ist also in jedem Augenblick für alle Ankerleiter gleich. Sie
liegen aber an Stellen verschiedener Induktion B_x, deren räumlicher
Mittelwert gleich $\alpha_i B_l$ ist, wenn B_l im betrachteten Moment der
größte räumliche Wert der Induktion
$$B_l = B_{l\,max} \sin \omega t$$
und α_i der Füllfaktor ist. Die Zugkraft auf alle Drähte ist
$$K_t = \frac{N i_a \alpha_i B_l l_i 10^{-6}}{9,81} = N \frac{J_{max}}{2\,a} \sin (\omega t + \psi)\, \alpha_i l_i B_{l\,max} \sin \omega t \frac{10^{-6}}{9,81} \,\text{kg}$$
$$= \frac{1}{2} \frac{N}{2\,a} J_{max} \frac{\alpha_i l_i B_{l\,max}}{9,81} \left[\cos \psi - \cos (2 \omega t + \psi)\right] 10^{-6} \,\text{kg}.$$

Die Zugkraft des ganzen Rotors pulsiert also (wie die Leistung eines Wechselstromes) mit der doppelten Periodenzahl des Wechselstromes um einen konstanten Mittelwert:

$$K = J\,\frac{N}{2a}\,\alpha_i\,\frac{B_{l\,max}}{\sqrt{2}}\,l_i\,\frac{\cos\psi}{9{,}81}\,10^{-6}\,\text{kg} \quad \ldots \quad (77)$$

worin

$$J = \frac{J_{max}}{\sqrt{2}}$$

gesetzt ist.

Das mittlere Drehmoment am Rotorumfang, dessen Durchmesser D cm ist, wird also

$$\vartheta = K\,\frac{D}{2\cdot 100} = J\,\frac{N}{2a}\,\frac{\alpha_i B_{l\,max}\,l_i}{\sqrt{2}}\,\frac{D}{2}\,\frac{\cos\psi}{9{,}81}\,10^{-8}\,\text{kgm}$$

oder, da $\pi D = 2p\,\tau$ und $\alpha_i B_{l\,max}\,l_i D = \dfrac{2p\,\Phi_{max}}{\pi}$ ist,

$$\vartheta = J\,\frac{N}{2a}\,\frac{2p\,\Phi_{max}}{\sqrt{2}}\,\cos\psi\,\frac{10^{-8}}{2\pi\cdot 9{,}81}\,\text{kgm} \quad \ldots \quad (78)$$

Das mittlere Drehmoment ist also proportional dem Produkt: Effektive Ampereleiterzahl $\times$ effektiver Kraftfluß aller Pole $\times$ cos der Phasenverschiebung zwischen Strom und Kraftfluß. Das Drehmoment pulsiert wie die Zugkraft mit der doppelten Periodenzahl, wie die Fig. 160 zeigt. Während der Zeit $\dfrac{\psi}{\omega}$ ist es negativ, d. h. entgegengesetzt gerichtet wie das mittlere Drehmoment. Die Richtung des Drehmomentes kann sich also während einer Periode viermal umkehren. Dies ist nur der Fall, wenn ψ von Null verschieden ist. Eine günstige Ausnützung verlangt also stets, daß $\psi = 0$ und Strom und Kraftfluß in Phase miteinander sind.

Daß ein Wechselstrommotor, trotz der Pulsation des Drehmomentes um den doppelten Betrag des Mittelwertes, mit konstanter Umfangsgeschwindigkeit läuft, liegt daran, daß die Trägheit des Rotors und die Periodenzahl der Pulsationen zu groß sind, als daß der Rotor den Pulsationen folgen könnte. Man hat auch angenommen, daß bei elektrischen Bahnen die Gefahr des Schlüpfens der Räder größer sei, wenn sie mit Wechselstrom betrieben werden als wenn

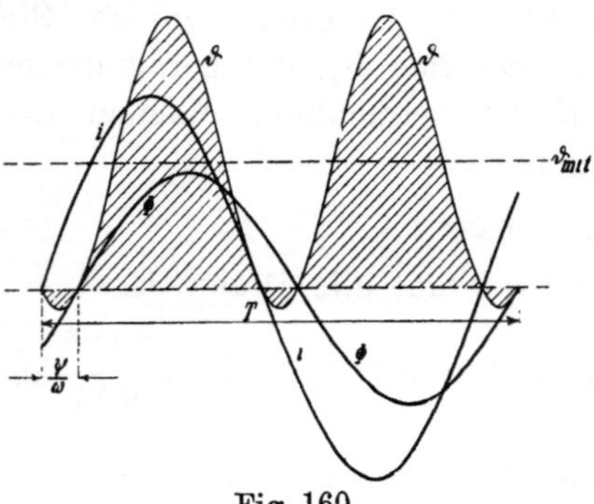

Fig. 160.

Gleichstrom oder Mehrphasenmotoren verwendet werden, weil bei gleicher mittlerer Zugkraft beim Wechselstrommotor (z. B. für $\psi = 0$) die maximale Zugkraft bis auf den doppelten Betrag des Mittelwertes steigt.

Durch die Untersuchungen von Ossanna[1]) ist aber klargelegt, daß dies nur in sehr geringem Maße zutrifft und bei elastischer Kupplung der Motoren das Gleiten der Räder etwa bei gleicher mittlerer Zugkraft eintritt.

Dem Drehmoment ϑ des Rotors entspricht bei n Umdrehungen eine mechanische Leistung, die in Watt ausgedrückt:

$$W_m = \vartheta \frac{2\pi n}{60} 9{,}81 = J \frac{N}{2a} 2p \frac{\Phi_{max}}{\sqrt{2}} \frac{n}{60} \cos\psi \, 10^{-8} = E_r J \cos\psi \text{ Watt ist.}$$

E_r ist die auf S. 295 berechnete EMK der Drehung im Felde Φ. Sie ist in Phase mit dem Kraftfluß und bei einem Motor dem Strom entgegengerichtet. Es besteht zwischen ihr und dem Strom also dieselbe Phasenverschiebung ψ, die zwischen dem Strom und dem Kraftfluß besteht. Zur Überwindung dieser EMK muß dem Rotor irgendwie eine entgegengesetzt gleichgroße Spannung zugeführt werden, entweder direkt vom Netz oder durch statische Induktion von einer mit dem Rotor gleichachsigen Statorwicklung oder auf beide Arten. Dies führt uns zu den in Kap. XI erwähnten drei Arten der Arbeitsübertragung auf den Rotor und der darauf begründeten Einteilung der Maschinen.

Für den Fall, daß die Bürsten nicht in der neutralen Zone des Feldes liegen, ist die Richtung des Drehmomentes der Ankerleiter, die vom Strom in gleicher Richtung durchflossen sind, verschieden, weil sie zum Teil unter Polen ungleicher Polarität liegen. Für die Berechnung des Drehmomentes kommt dann nur der „wirksame", bei Berechnung der EMK der Rotation definierte Kraftfluß $\dfrac{\Phi}{\sigma_a}$ in Betracht.

63. Die Transformationsverhältnisse und die Streuung von Wechselstrom-Kommutatormaschinen.

Wie auf Seite 290 erwähnt ist, besitzen alle Wechselstromkommutatormaschinen neben der Felderregerwicklung eine mit dem Rotor koaxiale Statorwicklung, die je nach ihrem Zweck als Kompensationswicklung oder als Statorhaupt-(Arbeits)wicklung bezeichnet wird. Sie ist somit induktiv zu der Rotorwicklung ebenso gelagert wie die Primärwicklung eines Transformators zu seiner Sekundär-

---

1) Elektrische Bahnen und Betriebe 1906.

wicklung, und die MMKe beider zusammen erzeugen ein in der gemeinsamen Achse pulsierendes Wechselfeld. Von einem gewöhnlichen Transformator unterscheiden sich diese beiden Wicklungen dadurch, daß sie auf verschiedene Teile des Stator- bzw. Rotorumfanges verteilt sein können, d. h. daß die Kraftlinien der Felder, die von jeder der beiden Wicklungen je für sich erzeugt würden, wenn die andere Wicklung nicht vorhanden wäre, sich auf verschiedenen Wegen schließen und daher diese Felder im Luftraum ganz verschiedene Verteilungen haben können. Das resultierende Feld, das also durch Zusammenwirken der MMKe beider Wicklungen entsteht, hat daher im allgemeinen keine konstante Form, sondern mit der Stärke des Feldes pulsiert auch seine Form in einer Weise, die von der Größe der MMKe beider Wicklungen und deren Phase gegeneinander abhängt. Dies möge zunächst an einem Beispiel erläutert werden.

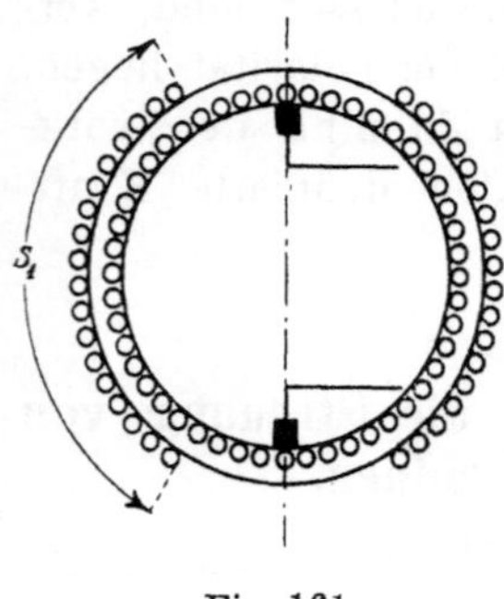

Fig. 161.

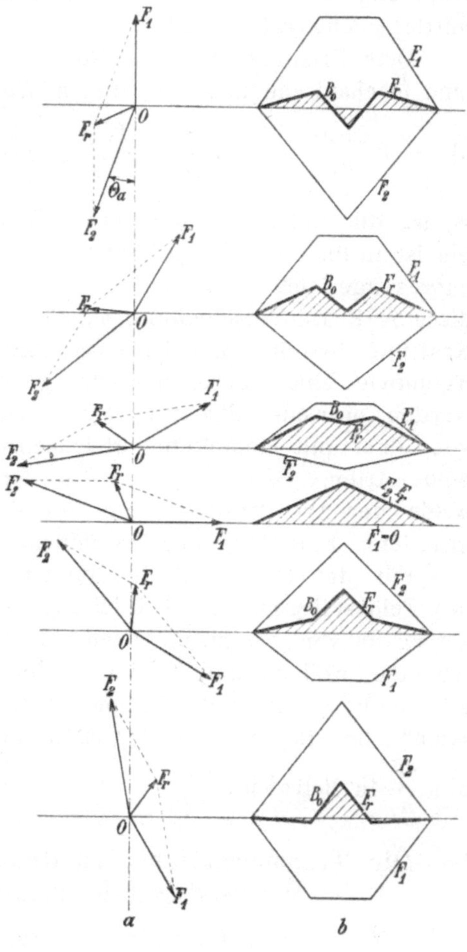

Fig. 162 a/b.

Fig. 161 stellt die Wicklungen dar. Der Stator, der ein gleichmäßig verteiltes Feldeisen besitzt, sei pro Pol nur auf einem Bogen $S_1 (< \tau)$ bewickelt.

Die Größe und Phase der MMKe in Stator und Rotor seien durch das Vektordiagramm 162 a dargestellt. $\overline{OF_1}$ sei die MMK des Stators, $\overline{OF_2}$ die des Rotors, $\overline{OF_r}$ die resultierende MMK. $\overline{OF_2}$ ist wie bei einem Transformator um fast 180° gegen $\overline{OF_1}$ verzögert und etwa ebenso groß.

Sind die Wicklungen gleichmäßig am Umfang verteilt, so ergibt die räumliche Verteilung der MMK des Stators am Umfang ein Trapez, die des Rotors ein Dreieck. In Fig. 162b sind für sechs Zeitpunkte innerhalb einer halben Periode die Verteilung der Stator-MMK, der Rotor-MMK und der resultierenden MMK aufgezeichnet. Die Kurve der resultierenden MMK F_r stellt nun noch nicht die Verteilung des resultierenden Feldes im Luftraum dar, denn dieses wird durch den magnetischen Widerstand des Eisens noch deformiert. Aber auch ohne Berücksichtigung der Sättigung sehen wir, daß die Felddeformation größer ist als die innerhalb einer Periode auftretende Feldpulsation im Drehfeld eines Mehrphasenmotors, das nur innerhalb zweier Grenzwerte pulsiert. Ferner ist ersichtlich, daß die Projektion des Vektors F_r auf die Ordinatenachse (bzw. wenn man die Zeitlinie statt der Vektoren rotieren läßt, auf die Zeitlinie) gar kein Maß für den gesamten resultierenden Kraftfluß und die maximale Induktion ist. In den Zeitpunkten 3 und 6 sind die Projektionen des Vektors F_r etwa gleichgroß, während die Flächen der resultierenden MMK-Kurven, die bei Vernachlässigung der Sättigung die Induktionskurven darstellen, sehr verschieden groß sind.

Es kann also hier von einem resultierenden MMK-Vektor nicht mehr gesprochen werden.

Um die Wirkung der gegenseitigen Induktion (Transformation) zweier derartiger Wicklungen aufeinander und die Streuung zu berechnen, verfährt man am besten wie folgt.

Den Hauptkraftfluß kennen wir sowohl der Größe wie der Form nach nicht. Wir nehmen ihn aber vorläufig als bekannt an. Um diesen Kraftfluß zu erzeugen, würde die Primärwicklung einen anderen Magnetisierungsstrom als die Sekundärwicklung aufnehmen, und zwar stehen diese beiden Magnetisierungsströme J_1 und J_2 in folgendem Verhältnis zueinander:

$$f_1 w_1 J_1 = f_2 w_2 J_2,$$

worin w_1 und w_2 die Windungszahlen der beiden Wicklungen sind, während f_1 und f_2 zwei unbekannte Wicklungsfaktoren sind. Bezeichnen wir außerdem die dem Hauptkraftfluß entsprechenden Erregerreaktanzen der beiden Wicklungen mit $x_{m,1}$ und $x_{m,2}$, so wissen wir, daß diese sich wie die Quadrate der Windungszahlen und die Quadrate der Wicklungsfaktoren verhalten müssen, so daß

$$\frac{x_{m,1}}{x_{m,2}} = \frac{f_1{}^2 w_1{}^2}{f_2{}^2 w_2{}^2}$$

ist, eine Beziehung, die ganz allgemein, unabhängig von der Form des resultierenden Hauptkraftflusses gilt.

Die Reaktanz der Primärwicklung, die man bei offener Sekundärwicklung messen kann, ist, abgesehen von der Nutenstreuung,

$$x_{a,1} = x_{m,1} + x_{0,1}$$

und die der Sekundärwicklung, auch abgesehen von der Nutenstreuung,

$$x_{a,2} = x_{m,2} + x_{0,2}.$$

Nehmen wir nun an, daß die von den Oberfeldern herrührenden Streureaktanzen $x_{0,1}$ und $x_{0,2}$ sich wie die Erregerreaktanzen des Hauptfeldes verhalten, was ja der Fall sein muß, wenn die beiden Wicklungen sich magnetisch das Gleichgewicht halten sollen, so erhalten wir

$$\frac{x_{0,1}}{x_{0,2}} = \frac{x_{m,1}}{x_{m,2}} = \frac{x_{m,1} + x_{0,1}}{x_{m,2} + x_{,02}} = \frac{x_{a,1}}{x_{a,2}}.$$

Aus dieser und der früheren Gleichung folgt

$$\frac{f_1{}^2 w_1{}^2}{f_2{}^2 w_2{}^2} = \frac{x_{a,1}}{x_{a,2}},$$

und hieraus ergibt sich direkt das Verhältnis der primären und sekundären Wicklungsfaktoren für den Hauptkraftfluß

$$\frac{f_2}{f_1} = \sqrt{\frac{w_1{}^2 x_{a,2}}{w_2{}^2 x_{a,1}}}.$$

Berechnung von $x_{a,1}$ und $x_{a,2}$.

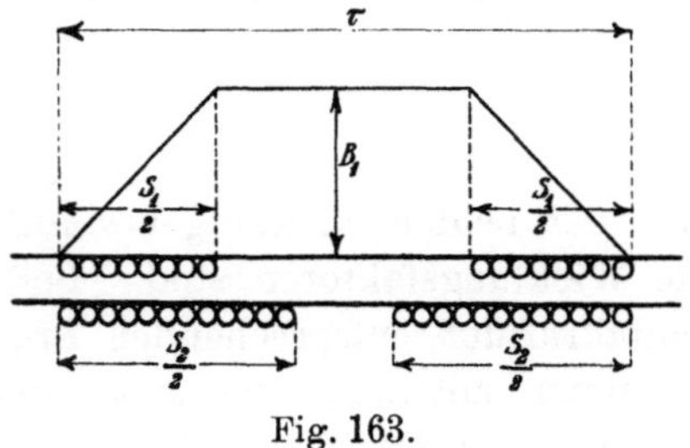

Fig. 163.

Es sind bekanntlich die Reaktanzen von Stromkreisen mit Selbstinduktion

$$x_{a,1} = 2\pi c L_1 = 2\pi c \varSigma \frac{w_{1x}{}^2}{R_x 10^8}$$

und

$$x_{a,2} = 2\pi c L_2 = 2\pi c \varSigma \frac{w_{2x}{}^2}{R_x 10^8}.$$

Erstrecken wir die Summen über die halbe Polteilung der Wicklungen (Fig. 163), so erhalten wir

$$x_{a,1} = \frac{2\pi c w_1^2}{R_p 10^8}\, \frac{2}{\tau} \int_0^{\frac{\tau}{2}} \left(\frac{w_{1x}}{w_1}\right)^2 dx = \frac{2\pi c w_1^2}{R_p 10^8}\left(1 - \frac{2}{3}\frac{S_1}{\tau}\right)$$

und

$$x_{a,2} = \frac{2\pi c w_2^2}{R_p 10^8}\, \frac{2}{\tau} \int_0^{\frac{\tau}{2}} \left(\frac{w_{2x}}{w_2}\right)^2 dx = \frac{2\pi c w_2^2}{R_v 10^8}\left(1 - \frac{2}{3}\frac{S_2}{\tau}\right),$$

worin

$$R_p = \frac{1{,}6\, p\, \delta\, k_1\, k_z}{l\,\tau}$$

den magnetischen Widerstand aller Polflächen bedeutet, und wir erhalten für die Wicklungen (Fig. 163) das Verhältnis der Wicklungsfaktoren

$$\frac{f_2}{f_1} = \sqrt{\frac{w_1^2\, x_{a,2}}{w_2^2\, x_{a,1}}} = \sqrt{\frac{1 - \dfrac{2}{3}\dfrac{S_2}{\tau}}{1 - \dfrac{2}{3}\dfrac{S_1}{\tau}}}.$$

Für die Wicklungen Fig. 161 ist $\dfrac{S_2}{\tau} = 1$ und $\dfrac{S_1}{\tau} = \dfrac{2}{3}$, so daß in diesem Falle

$$\frac{f_2}{f_1} = \sqrt{\frac{3}{5}} = 0{,}775 \quad \text{ist.}$$

Es lassen sich nun die Felder des Motors leicht aufzeichnen, indem man erst die MMK-Kurve der Statorwicklung mit der maximalen Ordinate $J_1 w_1$ und die MMK-Kurve der Rotorwicklung mit der maximalen Ordinate $J_2 w_2 = \dfrac{f_1}{f_2} J_1 w_1$ (oder $J_2 w_2 = \dfrac{f_1}{f_2}\dfrac{J_1}{C_2} w_1$, wenn die Rotorwicklung in sich kurzgeschlossen ist,) aufzeichnet. Die Differenz dieser beiden MMK-Kurven erzeugt Oberfelder B_0, die der MMK-Kurve F_r proportional sind. Schaltet man die Rotorwicklung in Serie mit der Statorwicklung, so daß in beiden genau derselbe Strom fließt, und macht man $w_2 = \dfrac{f_1}{f_2} w_1$, so zeigen einfache Rechnungen, daß die Oberfelder B_0 sowohl in der Stator- wie in der Rotorwicklung kleine EMKe induzieren. Diese Oberfelder B_0 verhalten sich somit analog wie die Oberfelder bei Dreiphasenmotoren, denn sie haben wie diese eine Vergrößerung der Nutenreaktanzen um $x_{0,1}$ und $x_{0,2}$ zur Folge. Diese lassen sich wie folgt berechnen:

Die Reaktanz der gegenseitigen Induktion zwischen der Primär-
und der Sekundärwicklung ist

$$x_{a\,1,2} = 2\,\pi\,c\,M = 2\,\pi\,c\,\varSigma\,\frac{w_{1x}\,w_{2x}}{R_x\,10^8}$$

$$= \frac{2\,\pi\,c\,w_1\,w_2}{R_p\,10^8}\cdot\frac{2}{\tau}\int\limits_0^{\frac{\tau}{2}}\left(\frac{w_{1x}\,w_{2x}}{w_1\,w_2}\right)dx$$

$$= \frac{2\,\pi\,c\,w_1\,w_2}{R_p\,10^8}\left(1 - \frac{1}{6}\frac{S_1}{S_2}\frac{S_1}{\tau} - \frac{1}{2}\frac{S_2}{\tau}\right),$$

wobei angenommen ist, daß wie in der Fig. 163 $S_2 > S_1$ ist, andernfalls sind S_1 und S_2 zu vertauschen.

Reduzieren wir diese Reaktanz erstens auf die primäre und
zweitens auf die sekundäre Wicklung, so erhalten wir die Erregerreaktanzen $x_{m,1}$ und $x_{m,2}$, die dem Hauptkraftflusse entsprechen:

$$x_{m,1} = \frac{f_1\,w_1}{f_2\,w_2}\,x_{a\,1,2} \quad\text{und}\quad x_{m,2} = \frac{f_2\,w_2}{f_1\,w_1}\,x_{a\,1,2}.$$

Wir können nun die Reaktanzen der Oberfelder $x_{0,1}$ und $x_{0,2}$ berechnen.

$$x_{0,1} = x_{a,1} - x_{m,1} = x_{a,1} - \frac{f_1\,w_1}{f_2\,w_2}\,x_{a\,1,2}$$

$$= \frac{2\,\pi\,c\,w_1^2}{R_p\,10^8}\left[1 - \frac{2}{3}\frac{S_1}{\tau} - \frac{f_1}{f_2}\left(1 - \frac{1}{6}\frac{S_1}{S_2}\frac{S_1}{\tau} - \frac{1}{2}\frac{S_2}{\tau}\right)\right]$$

oder

$$x_{0,1} = \frac{2\,\pi\,c\,w_1^2}{R_p\,10^8}\left[1 - \frac{2}{3}\frac{S_1}{\tau} - \sqrt{\frac{1 - \frac{2}{3}\frac{S_1}{\tau}}{1 - \frac{2}{3}\frac{S_2}{\tau}}}\left(1 - \frac{1}{6}\frac{S_1}{S_2}\frac{S_1}{\tau} - \frac{1}{2}\frac{S_2}{\tau}\right)\right]$$

und analog

$$x_{0,2} = \frac{2\,\pi\,c\,w_2^2}{R_p\,10^8}\left[1 - \frac{2}{3}\frac{S_2}{\tau} - \sqrt{\frac{1 - \frac{2}{3}\frac{S_2}{\tau}}{1 - \frac{2}{3}\frac{S_1}{\tau}}}\left(1 - \frac{1}{6}\frac{S_1}{S_2}\frac{S_1}{\tau} - \frac{1}{2}\frac{S_2}{\tau}\right)\right],$$

worin wie oben $S_2 > S_1$ angenommen ist. Die allgemeinen Ausdrücke für $x_{0,1}$ und $x_{0,2}$ lauten:

$$x_{0,1} = \frac{2\,\pi\,c\,w_1^2}{R_p\,10^8}\frac{2}{\tau}\int\limits_0^{\frac{\tau}{2}}\frac{w_{1x}}{w_1}\left(\frac{w_{1x}}{w_1} - \frac{f_1}{f_2}\frac{w_{2x}}{w_2}\right)dx$$

und

$$x_{0,2} = \frac{2\,\pi\,c\,w_2^2}{R_p\,10^8}\frac{2}{\tau}\int\limits_0^{\frac{\tau}{2}}\frac{w_{2x}}{w_2}\left(\frac{w_{2x}}{w_2} - \frac{f_2}{f_1}\frac{w_{1x}}{w_1}\right)dx,$$

die beide stets positiv sind. In Fig. 164 sind die Verhältnisse $\dfrac{x_{0,1}}{x_{m,1}} = \dfrac{x_{0,2}}{x_{m,2}}$ und $\dfrac{f_1}{f_2}$ für verschiedene Werte von $\dfrac{S_1}{\tau}$ aufgetragen, während $S_2 = \tau$ angenommen worden ist.

Wie aus diesen Kurven ersichtlich, sind die Reaktanzen der Oberfelder für normale Wicklungen $\left(\dfrac{S_1}{\tau} = \dfrac{1}{2} \text{ bis } 1\right)$ sehr klein im Verhältnis zur Erregerreaktanz des Hauptfeldes. Erst für $\dfrac{S_1}{\tau} < \dfrac{1}{2}$ nehmen die Oberfelder an Stärke zu. Liegen die beiden Wicklungen auf Stator und Rotor nicht einander genau gegenüber, so werden die Nutenstreulinien, die sich durch die gegenüberliegenden Zahnköpfe schließen, auch vermehrt. Es ist deswegen ratsam, den Stator- und Rotorwicklungen möglichst gleiche Ausbreitung $\dfrac{S}{\tau}$ zu geben.

Zur Berechnung des Kraftflusses, der mit dem Rotorstrom das Drehmoment bildet, ermittelt man zuerst die Statoramperewindungen, die senkrecht zu der Bürstenachse des Rotors magnetisieren. Wie dies für spezielle Fälle geschehen kann, ist in Kap. XIV gezeigt. Diese zur Rotorachse senkrecht magnetisierenden Amperewindungen sind $J_3 w_3$, sie erzeugen den Kraftfluß

$$\Phi = \frac{\sqrt{2}\,J_3 w_3}{R_p}\,\alpha_3 \,.$$

Dieses Feld induziert in der Magnetisierungswicklung w_3 selbst eine EMK

$$E_{p,3} = 4{,}44\,c\,w_3\,f_3\,\Phi\,10^{-8}$$

$$= \frac{2\,\pi\,c\,w_3{}^2\,J_3}{R_p}\,\alpha_3 f_3\,10^{-8}$$

$$= \frac{2\,\pi\,c\,w_3{}^2\,J_3}{R_p\,10^8}\,\frac{2}{\tau}\int_0^{\frac{\tau}{2}}\left(\frac{w_{3x}}{w_3}\right)^2 dx$$

$$= \frac{2\,\pi\,c\,w_3{}^2\,J_3}{R_p\,10^8}\left(1 - \frac{2}{3}\frac{S_3}{\tau}\right) = x_{a,3}\,J_3 \,.$$

Die Erregerreaktanz ist somit

$$x_{a,3} = \frac{2\,\pi\,c\,w_3{}^2}{R_p\,10^8}\,\frac{2}{\tau}\int_0^{\frac{\tau}{2}}\left(\frac{w_{3x}}{w_3}\right)^2 dx$$

und

$$\alpha_3 f_3 = 1 - \frac{2}{3}\frac{S_3}{\tau} \,.$$

Bei der Berechnung der Sättigungskurve (resp. R_p) ist es nicht richtig, die Amperewindungen für die Amplitude der Induktion mittels einer statisch aufgenommenen Magnetisierungskurve zu berechnen und durch Division durch $\sqrt{2}$ den Effektivwert zu ermitteln. Denn wenn die Induktion nach einem Sinusgesetz sich ändert, wird der magnetisierende Strom nach einer ganz anderen, von der Sättigung abhängenden spitzen Kurvenform sich ändern (auch wenn man die Hysteresiswirkung noch außer Betracht läßt). Diese Kurve hat dann einen ganz anderen Formfaktor als die Sinuskurve, und der Effektivwert des Stromes wird bei Zugrundelegung des Verhältnisses $\sqrt{2}$ von Amplitude zu Effektivwert zu groß. Man verfährt daher genauer entweder nach dem in WT I, S. 431 ff. angegebenen Verfahren, aber auch angenähert richtig, wenn man statt der Amperewindungen für die Amplitude der Induktion gleich jene für den Effektivwert ermittelt, also eine mit Wechselstrom aufgenommene Magnetisierungskurve benutzt.

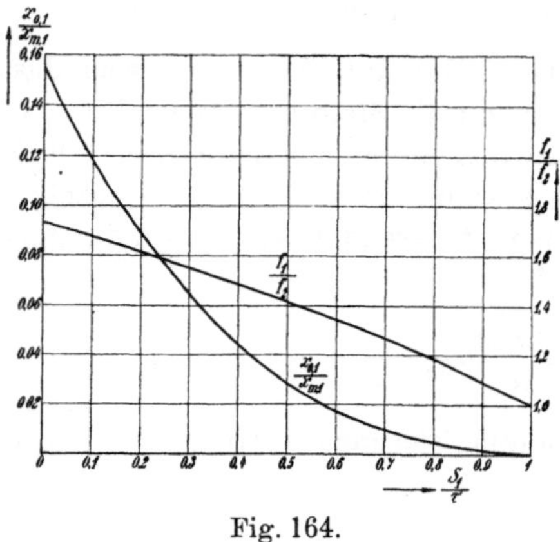

Fig. 164.

Bei der Berechnung der Magnetisierungskurve muß man auch die von den Stator- und Rotor-MMKen des Arbeitskreises herrührenden Differenzfelder berücksichtigen, weil diese eine Feldverzerrung hervorrufen. Um sie möglichst klein zu machen, muß die Kompensationswicklung der Rotorwicklung genau gegenüberliegen. Dies wird, wenn die Kompensationswicklung nicht den ganzen Polbogen bedecken kann, weil der andere Teil z. B. für die Erregerwicklung verwendet wird, dadurch erzielt, daß man dem Rotor eine Sehnenwicklung gibt, bei der eine Windung nur jenen Teil des Polbogens umspannt, der von der Statorwicklung bedeckt ist, oder man verwendet eine Durchmesserwicklung und stellt die Bürsten statt in den Durchmesser in eine Sehne, wie wir bei der Besprechung der Motoren näher zeigen werden.

64. Rückwirkung der Kurzschlußströme.

Der Teil des Kraftflusses, mit dem der Rotorstrom das Drehmoment bildet (s. S. 306), ist mit den von den Bürsten kurzgeschlossenen Windungen verkettet und erzeugt in ihnen die auf S. 300

berechnete Transformator-EMK. Die inneren Ströme, die diese EMK hervorruft, (Kurzschlußströme), magnetisieren in der Achse des Feldes und suchen den Kraftfluß zu schwächen. Um den Kraftfluß aufrechtzuerhalten, muß also die Erregerwicklung neben den magnetisierenden Amperewindungen zur Erzeugung des Kraftflusses eine entsprechende Amperewindungszahl aufnehmen, die der entmagnetisierenden Wirkung der Kurzschlußströme entgegenwirkt. Ihre Größe und Phase hängt von der Größe der Kurzschlußströme und der Streuung ab, denn die Kurzschlußströme können das ursprüngliche Feld auch in seiner Form verzerren.

Nehmen wir erst den Fall einer konzentrierten Erregerwicklung an, etwa wie Fig. 155 zeigt, auf ausgeprägten Polen. Die kurzgeschlossenen Windungen liegen am Rande (in der neutralen Zone) des Feldes konzentriert. Die von ihnen erzeugten Kraftlinien, die in das Statoreisen eintreten, sind mit allen Windungen der Erregerwicklung verkettet; es tritt daher hier keine Verzerrung des Feldes durch die Kurzschlußströme ein. Diese sind durch den Widerstand des Kurzschlußstromkreises und die Selbstinduktion ihrer Streufelder begrenzt. Bei Stillstand pulsieren sie mit der Grundperiodenzahl. Der Einfluß der Selbstinduktion ist daher klein gegen den des Übergangswiderstandes der Bürsten, so daß die Ströme fast in Phase mit der EMK $\varDelta e_p$ sind. Diese ist um 90^0 gegen den Kraftfluß verzögert, die Erregerwicklung nimmt daher einen gegen den Kraftfluß um 90^0 voreilenden Strom zur Kompensation der Kurzschlußströme auf, der sich geometrisch mit dem Strom zur Erregung des Flusses zusammensetzt (s. Kap. I, S. 25).

Rotiert der Rotor, so dauert jeder Kurzschluß nur einen Bruchteil der Periode, nämlich $T_1 = \dfrac{b_r}{100\, v_k}$. In dieser Zeit wächst der Kurzschlußstrom einer Windung von Null auf den Maximalwert und fällt wieder auf Null. Die Maxima der Kurzschlußströme in den nacheinander kurzgeschlossenen Windungen werden den jeweiligen Momentanwerten der EMKe entsprechen und also wieder eine Rückwirkung von der Grundperiodenzahl ergeben. Sie sind am größten, wenn die EMK am größten ist, und Null, wenn diese Null ist, sie sind also in Phase mit der EMK. Die Wirkung der Selbstinduktion tritt aber jetzt bei dem schnellen Ansteigen und wieder Abfallen des Kurzschlußstromes innerhalb der Kurschlußzeit einer Windung in erhöhtem Maße zur Geltung, derart, daß der Strom nicht mehr denselben Maximalwert erreichen kann wie bei Stillstand. Dadurch nimmt die Rückwirkung und der durch die Kurzschlußströme bedingte Verlust bei gleichem Kraftfluß mit steigender Umdrehungszahl ab.

Die innerhalb der Kurzschlußzeit pulsierende Stärke der Kurzschlußströme ergibt in dem Kraftfluß magnetische Schwankungen von der Lamellenperiodenzahl $\dfrac{Kn}{60}$, die sich in der Spannungswelle an der Erregerwicklung und in der Stromwelle bemerkbar machen.

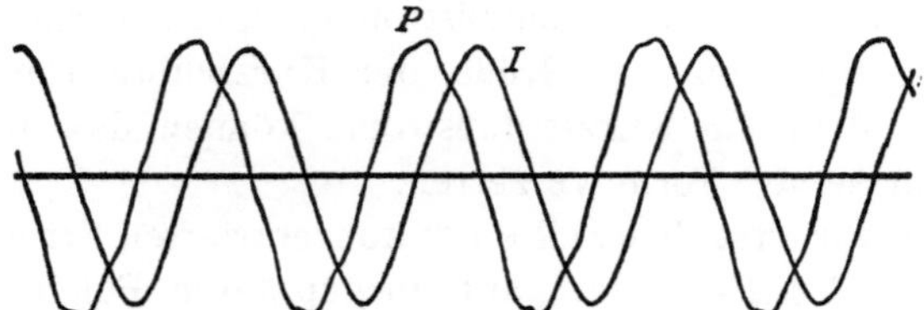

Fig. 165. Spannung und Strom an der Erregerwicklung
bei abgehobenen Bürsten.

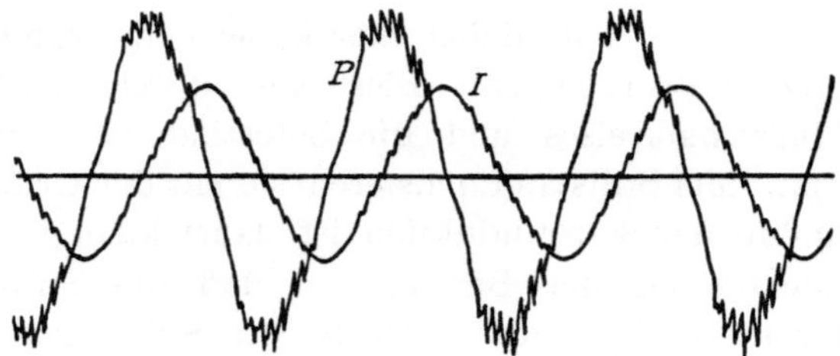

Fig. 166. Spannung und Strom an der Erregerwicklung
bei aufliegenden Bürsten.
Umdrehungszahl 760 i. d. M.

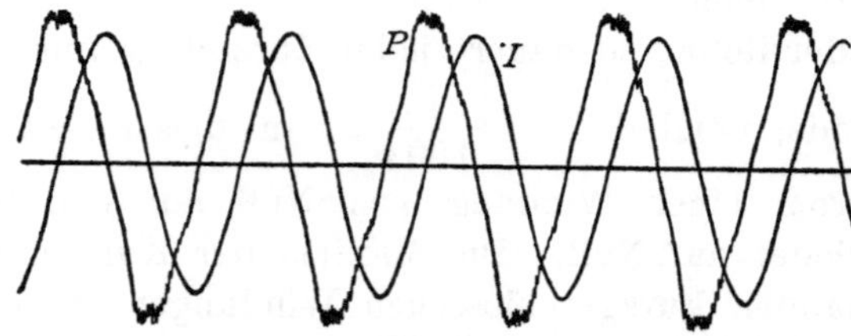

Fig. 167. Spannung und Strom an der Erregerwicklung
bei aufliegenden Bürsten.
Umdrehungszahl 1900 i. d. M.

Fig. 165 zeigt die Oszillogramme der Spannung P und des Stromes J der Erregerwicklung einer Wechselstrom-Kommutatormaschine, wenn die Bürsten abgehoben sind; der Strom ist gegen die Spannung um fast $\frac{1}{4}$ Periode verzögert.

Sobald die Bürsten auf den Kommutator in die neutrale Zone gelegt werden, wird das Bild in der in Fig. 166 veranschaulichten Weise verändert. Die Oberschwingungen sind in der Spannungskurve besonders ausgeprägt und nahezu dort am größten, wo die Spannung am größten ist. Bei hoher Umdrehungszahl verschwinden sie in der Stromkurve fast ganz (s. Fig. 167), die bei 1900 Umdr. einer vierpoligen Maschine mit 99 Lamellen aufgenommen ist, während Fig. 166 bei 760 Umdr. erhalten wurde. Die Abnahme der Kurzschluß-ströme mit wachsender Geschwindigkeit bei gleicher Kurzschluß-EMK selbst ist von A. Fraenckel und B. Lane[1]) im Elektr. Institut zu Karlsruhe experimentell gezeigt worden, teils durch Messung der auf die kurzge-schlossenen Spulen von der Erregerwicklung übertrage-nen Leistung, teils durch oszillographische Aufnahmen der Spannungen und Ströme. Die vier Kurven der Fig. 168 zeigen die Abhängigkeit der Verluste von der Geschwindigkeit für die effektiven Spannungen $\Delta e_p = 4,5{-}4,18{-}3,82$ und 3,42 Volt. Fig. 169 zeigt die Ab-hängigkeit des maximalen Stromes von der Geschwindig-keit bei einer momentanen Spannung von 3 Volt in einer Windung

Die Vorausberechnung der Abhängigkeit ist aber wegen des veränderlichen Übergangs-widerstandes nicht möglich, die Berechnung auf Grund eines bestimmten spezifischen Übergangswiderstandes ergibt nicht den tatsächlichen Verlauf.

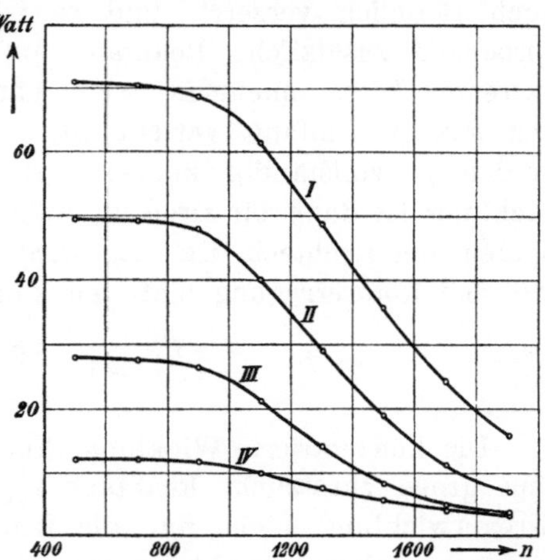

Fig. 168. Verlust in den kurzgeschlossenen Spulen bei veränderlicher Geschwindigkeit.

I. $\Delta e_p = 4,5$ Volt   III. $\Delta e_p = 3,82$ Volt

II. $\Delta e_p = 4.18$ „   IV. $\Delta e_p = 3,42$ „

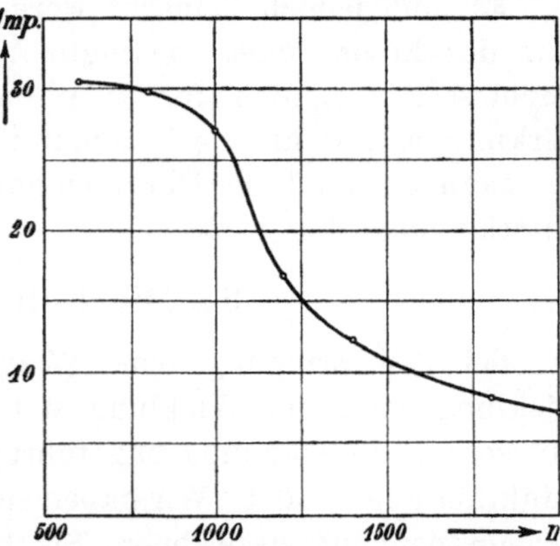

Fig. 169. Der Maximalwert des Kurz-schlußstromes bei veränderlicher Ge-schwindigkeit.

Ist die Erregerwicklung nicht konzentriert, sondern auf einen mehr oder weniger großen Teil des Polbogens verteilt, so wird

---

[1]) Siehe Electrician 1910.

die MMK der Kurzschlußströme eine andere räumliche Verteilung haben, als die der Erregerwicklung. Es wird also der Kraftfluß auch räumlich verzerrt, und es tritt hier die in Abschn. 63 besprochene zusätzliche Reaktanz auf. Sie kann hier einen ganz extremen Wert annehmen, wenn nämlich die Erregerwicklung auf den ganzen Umfang verteilt ist, während die kurzgeschlossenen Spulen ja vollständig konzentriert sind. Die MMK der Erregerwicklung ist dann ein Dreieck, während die der kurzgeschlossenen Spulen ein Rechteck ist. Es wird also für diesen extremen Fall (der bei Rotorerregung eintreten kann)

$$\frac{S_1}{\tau} = 1, \qquad \frac{S_2}{\tau} = 0.$$

Die konzentrierte Wicklung (kurzgeschlossene Spulen) hat hier eine große zusätzliche Reaktanz x_{02}, welche bedingt, daß in der Erregerwicklung nicht nur die Wattkomponente der Amperewindungen, sondern auch deren wattlose Komponente vergrößert wird.

Die Kurzschlußströme, die wir zunächst nur durch die Transformatorspannung $\varDelta e_p$ bedingt annahmen, die bei Stillstand am stärksten auftritt, weil sie beim Lauf stets z. T. kompensiert werden kann, werden nun beim Lauf durch die aus der EMK der Pulsation, der EMK der Drehung und der Stromwendespannung resultierenden EMK hervorgerufen.

Es muß jedoch bemerkt werden, daß die durch die Kommutation des Rotorstromes bedingte Änderung des Stromes der kurzgeschlossenen Spulen für sich betrachtet keine magnetisierende Wirkung hat, wenn die Kommutation geradlinig verläuft, und daß sie magnetisierend bei Überkommutation und entmagnetisierend bei Unterkommutation wirkt.

65. Die Rotorerregung.

Bei der Erregung eines Wechselfeldes durch eine ruhende Wicklung muß der Wicklung stets eine große, dem Kraftfluß um 90^0 voreilende Spannung zugeführt werden, die die EMK der Selbstinduktion überwindet. Wir haben sie in Kap. II, Seite 40 als Magnetisierungsspannung bezeichnet. Sie bedingt eine Phasenverschiebung des Stromes gegen die Klemmenspannung bei allen Maschinen, deren Feld vom Stator erzeugt wird.

Wird das Feld dagegen durch eine rotierende Wicklung, die Rotorwicklung, erzeugt, so kann die EMK der Selbstinduktion durch eine EMK der Drehung in einem anderen Feld aufgehoben werden, das senkrecht zur magnetischen Achse der Rotorwicklung liegt und eine passende Größe und Phase hat.

Eine Anordnung, bei der der Rotor dieses Feld selbst erzeugt, besitzt also zwei Rotorkreise, die aufeinander senkrecht stehen (im zweipoligen Schema), so daß der Rotor zwei um $^1/_2$ Polteilung gegeneinander verschobene Felder erzeugt. Sie ist zuerst in der amerikanischen Patentschrift 476346 (1888) von Wightman angegeben, und später unabhängig davon zuerst von M. Latour (Industrie Electrique 1902) beschrieben worden, und sie wird z. B. bei den Motoren von Latour und von Winter und Eichberg, sowie bei anderen Motoren angewendet.

Der Rotor, den wir uns in einem gleichmäßig verteilten Statoreisen denken, besitzt (s. Fig. 170) im zweipoligen Schema 4, allgemein $4p$ Bürsten, die paarweise mit $B_e — B_e$ und $B_a — B_a$ bezeichnet sind.

In die Bürsten $B_e — B_e$ wird der Erregerstrom eingeleitet. Er erzeugt das eigentliche Feld (Magnetfeld) der Maschine, das in der Achse dieser Bürsten pulsiert. Die Bürsten $B_e — B_e$ bezeichnen wir als Erregerbürsten, den von ihnen gebildeten Stromkreis den Erregerstromkreis des Rotors.

Die Bürsten B_a können, wie in Fig. 170, direkt miteinander verbunden sein. Auf den dadurch entstehenden kurzgeschlossenen Rotorstromkreis wird durch statische Induktion von einer gleichachsigen Statorwicklung der Arbeitsstrom übertragen, der mit dem senkrecht dazu liegenden Magnetfeld

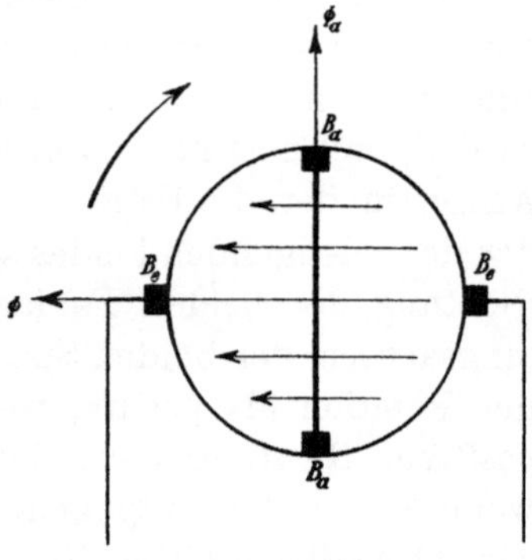

Fig. 170.

das Drehmoment bildet. $B_a — B_a$ bezeichnen wir daher als Arbeitsbürsten, den von ihnen gebildeten Stromkreis den Arbeitsstromkreis des Rotors.

Wir nehmen zunächst an, daß nur durch die Erregerbürsten ein Strom zugeführt werde und denken uns die Statorwicklung offen. Der Rotor werde irgendwie mechanisch in Drehung erhalten. Ein Wechselstrom, der durch die Erregerbürsten in die Rotorwicklung geschickt wird, erzeugt den in der Richtung der Achse dieser Bürsten pulsierenden Kraftfluß Φ. In den Rotorwindungen werden EMKe teils durch Pulsation, teils durch die Rotation induziert. Die EMKe der Pulsation addieren sich in bezug auf die Erregerbürsten, die der Rotation in bezug auf die Arbeitsbürsten. Öffnen wir z. B. die Kurzschlußverbindung der Arbeitsbürsten, so können wir zwischen ihnen die resultierende EMK der Rotation

$$E_r = 2\sqrt{2}\,c_r\,w\,\Phi_{max}\,10^{-8} \text{ Volt}$$

messen, während wir den Erregerbürsten eine Klemmenspannung zuführen müssen, die erstens die resultierende durch die Pulsation des Feldes induzierte EMK

$$E_p = \pi \sqrt{2}\, c\, w\, f\, \Phi_{max}\, 10^{-8} \text{ Volt}$$

und die zweitens den Ohmschen Spannungsabfall des Erregerstromes in der Wicklung und an den Bürsten, sowie die von seinen Streufeldern induzierte EMK überwindet.

E_r und E_p sind zeitlich um genau 90^0 gegeneinander verschoben.

Jeder EMK kommt auch eine Richtung zu. Unterscheiden wir die induzierte EMK der Pulsation von der zu ihrer Überwindung erforderlichen Spannung durch das negative Vorzeichen, so ist also die induzierte EMK $(-E_p)$ gegen Φ um 90^0 verzögert.

Die Richtung der EMK der Rotation E_r ist von der Richtung von Φ und der Drehrichtung abhängig. Es kann E_r gegen Φ um 180^0 phasenverschoben oder in Phase mit Φ sein. Im ersten Falle wird E_r mit dem negativen Vorzeichen versehen. Da die magnetische Achse, in der die EMK der Rotation auftritt, räumlich senkrecht zu der des erzeugenden Feldes steht, haben wir also zunächst die positive Richtung der beiden Feldachsen anzunehmen, die auch die Wicklungsachsen der beiden Stromkreise sind. Wir bezeichnen eine EMK der Rotation als positiv, wenn ein von ihr erzeugter Strom in der positiven Richtung ihrer Wicklungsachse magnetisiert, und negativ, wenn er in der entgegengesetzten Richtung magnetisiert. Haben wir also die positive Richtung einer Feldachse angenommen, so hängt die positive Richtung der zweiten von der Drehrichtung ab.

In Fig. 170 ist die positive Richtung des Feldes Φ von rechts nach links angenommen. Dreht sich die Rotorwicklung im Sinne des Uhrzeigers, so wird in ihr eine EMK der Rotation E_{2r} induziert, die in den Drähten links von der Achse $B_a - B_a$ nach vorn, rechts davon nach hinten gerichtet ist. Schließen wir die Bürsten $B_a - B_a$ kurz, so bewirkt E_{2r} in der Arbeitswicklung einen Strom, der ein Feld Φ_a erzeugt, dessen positive Richtung von unten nach oben gerichtet ist.

Jeder der beiden Kraftflüsse Φ und Φ_a erzeugt nun Pulsations- und Rotations-EMKe, die wir in den zueinander senkrechten Achsen (den beiden Stromkreisen des Rotors) zusammenfassen. Eine EMK im Erregerkreis erhält den Index 3, im Arbeitsstromkreis den Index 2 (siehe S. 293). Wir wollen die verschiedenen EMKe nun in ein Vektordiagramm eintragen (Fig. 171).

Den Vektor des positiven Kraftflusses Φ legen wir in die Abszissenachse nach links. Zeitlich um 90^0 dagegen verzögert liegt die EMK $(-E_{3p})$ der Pulsation im Erregerkreis, und in Phase mit ihm die positive EMK der Rotation E_{2r} im Arbeitsstromkreis.

Da wir gefunden haben, daß wir in Fig. 170 zur positiven Richtung von Φ_a gegenüber der von Φ durch Fortschreiten im Sinne der Drehrichtung des Rotors gelangen, ist also Φ_a in dieser Richtung zeitlich um $^1/_4$ Periode später im Maximum als Φ in seiner positiven Richtung. Der Vektor Φ_a ist daher im Zeitdiagramm Fig. 171 um $^1/_4$ Periode gegen Φ verzögert aufgetragen.

Φ_a induziert im Arbeitsstromkreis die EMK der Pulsation $(-E_{2p})$, die gegen Φ_a um 90^0 verzögert ist. Im kurzgeschlossenen Arbeitskreis wirkt nur eine Verlustspannung; wenn wir daher zunächst vom Spannungsabfalle absehen, muß $(-E_{2p})$ entgegengesetzt gleich E_{2r} sein.

Φ_a induziert ferner im Erregerkreis eine EMK der Rotation. Da Φ_a in dem betrachteten Moment nach Fig. 170 räumlich von unten nach oben gerichtet ist, ist diese EMK im Zeitdiagramm um 180^0 gegen Φ_a verschoben und daher als negativ $(-E_{3r})$ zu bezeichnen und Φ_a entgegengerichtet aufzutragen.

Die beiden Felder Φ und Φ_a bilden zusammen also ein im

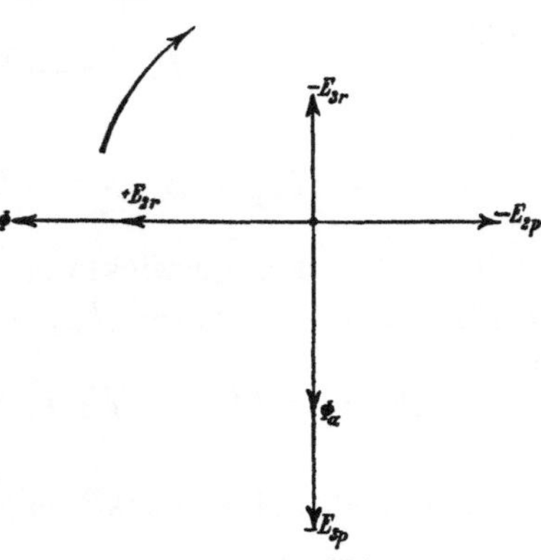

Fig. 171.

Sinne der Drehung des Rotors fortschreitendes Drehfeld, und daher ist es selbstverständlich, daß die von ihnen in beiden Stromkreisen induzierten EMKe sich paarweise entgegenwirken. Über die Größe der Felder gibt uns die Bedingung Aufschluß, daß im Arbeitsstromkreis (abgesehen vom Spannungsabfall)

$$+ E_{2r} - E_{2p} = 0$$

sein muß. Da

$$E_{2r} = 2\sqrt{2}\,c_r w_2 \Phi_{max} 10^{-8}$$

und

$$E_{2p} = \pi\sqrt{2}\,c w_2 f_2 \Phi_{a\,max} 10^{-8}$$

ist, folgt

$$\Phi_a = \Phi \frac{c_r}{c} \frac{2}{\pi f_2} \quad \cdots \cdots \quad (79)$$

Für sinusförmige Feldverteilung ist $f_2 = \dfrac{2}{\pi}$ und

$$\Phi_a = \Phi \frac{c_r}{c} \quad \cdots \cdots \quad (80)$$

Das Drehfeld ist also elliptisch, wenn $\dfrac{c_r}{c} \gtrless 1$ ist, und ist symmetrisch, wenn $\dfrac{c_r}{c} = 1$ ist, d. h. bei Synchronismus.

Im Erregerkreis ist die resultierende Gegenspannung aus beiden induzierten EMKen $-(E_{3p} + E_{3r})$.

Hierin ist

$$E_{3p} = \pi \sqrt{2}\, c\, w_3\, f_3\, \Phi_{max}\, 10^{-8}$$

$$-E_{3r} = 2 \sqrt{2}\, c_r\, w_3\, \Phi_{a\,max}\, 10^{-8}.$$

Unter Berücksichtigung von Gl. 79

$$\Phi_a = \Phi \frac{c_r}{c} \frac{2}{\pi f_2}$$

ist daher

$$E_{3r} = - E_{3p} \left(\frac{c_r}{c}\right)^2 \frac{4}{\pi^2} \frac{1}{f_2 f_3}$$

und

$$-(E_{3p} + E_{3r}) = - E_{3p} \left[1 - \left(\frac{c_r}{c}\right)^2 \frac{4}{\pi^2} \frac{1}{f_2 f_3} \right].$$

Die der Erregerwicklung zuzuführende Magnetisierungsspannung E_e ist gleich $-(E_{3p} + E_{3r})$, aber entgegengesetzt gerichtet, also

$$E_e = + (E_{3p} + E_{3r}) = + E_{3p} \left[1 - \left(\frac{c_r}{c}\right)^2 \frac{4}{\pi^2} \frac{1}{f_2 f_3} \right]. \quad (81)$$

Sind beide Felder sinusförmig verteilt, so wird $f_2 = f_3 = \dfrac{2}{\pi}$ und also

$$E_e = E_{3p} \left[1 - \left(\frac{c_r}{c}\right)^2 \right] \quad \cdots \quad (81\,\mathrm{a})$$

Die wattlose Magnetisierungsspannung wird durch die Entstehung des Kraftflusses Φ_a derart kompensiert, daß sie bei Synchronismus verschwindet. Hier braucht dann dem Erregerstromkreis nur eine Spannung zugeführt zu werden, die den Spannungsabfall überwindet. Oberhalb Synchronismus wächst E_e wieder im negativen Sinne, hier kann also der Strom der Spannung voreilen.

Dies gilt zunächst bei Sinusfeldern. Allgemein ist erst $E_e = 0$, wenn $\dfrac{c_r}{c} = \dfrac{\pi}{2} \sqrt{f_2 f_3}$ ist.

Nehmen wir bei einer ungesättigten Maschine entsprechend der MMK-Kurve eine dreieckige Verteilung der Induktion im Luftraum an, so wird

$$f_2 = f_3 = \frac{2}{3}$$

und an Stelle des Synchronismus tritt

$$\frac{c_r}{c} = \frac{\pi}{3} = 1,045.$$

66. Einfluß der Rotorwiderstände und der Rotorreaktanzen auf die Rotorfelder.

Die Spannungsverluste haben wir bis jetzt nicht berücksichtigt. Nun hat aber der Erregerstrom in jedem der beiden Stromkreise einen Ohmschen und einen induktiven Spannungsabfall, durch den erstens die Bedingung, daß $\Phi_a = \dfrac{c_r}{c}\,\Phi\,\dfrac{2}{\pi f_2}$ und um 90^0 gegen den Erregerstrom verschoben ist, etwas verändert wird, und zweitens ist die Spannung an der Erregerwicklung um den Abfall in dieser Wicklung größer als E_e.

Endlich tritt auch eine gegenseitige Beeinflussung der beiden Stromzweige bei der Kommutation ein, wie wir sie bei Mehrphasenmotoren gefunden haben, weil auch hier die von den Bürsten des einen Stromkreises kurzschlossenen Spulen in der Mitte des anderen

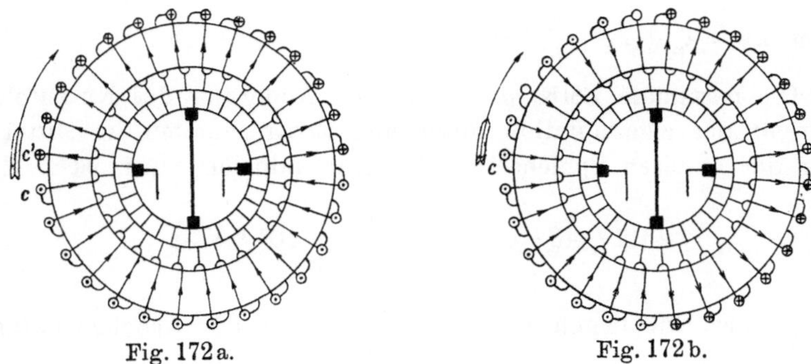

Fig. 172a.   Fig. 172b.

Stromkreises liegen. Der Rotor besitzt nach Fig. 170 zwei Durchmesserphasen (s. Kap. I), und die Ströme in ihnen bilden ein unsymmetrisches Zweiphasensystem.

Daher ist auch hier zu erwarten, daß die gegenseitige Beeinflussung beider Stromkreise bei der Kommutation derart gerichtet ist, daß sie den von den Streufeldern induzierten EMKen entgegenwirkt und sie zum Teil aufhebt.

Fig. 172a stellt für einen Augenblick die Stromrichtung in den Ankerdrähten dar, die den Erregerkreis bilden. Ist der Strom in dieser Richtung gerade im Maximum, so wird bei der Drehung im Sinne des Uhrzeigers der Strom in den Arbeitswindungen gerade von Null an in der in Fig. 172b angedeuteten Richtung ansteigen, weil dieser Strom um $^1/_4$ Periode gegen die EMK der Rotation phasenverzögert ist, wenn wir den Widerstand der Arbeitswicklung vernachlässigen.

Gelangt nun in Fig. 172a eine kurzgeschlossene Spule c bei der Kommutation in die Lage c', so ändern sich hierbei ihr Strom und ihr Eigenfeld gerade in umgekehrtem Sinne, wie sie sich nach Fig. 172 b ändern. Die während der Kommutation vom Eigenfeld des Stromes der Erregerwicklung induzierte EMK ist also der von dem Streufeld des Stromes in der Arbeitswicklung induzierten EMK entgegengesetzt gerichtet und hebt sie zum Teil auf und umgekehrt.

Die von den Streufeldern herrührende Reaktanz der Rotorwicklung berechnet sich wie folgt.

Die auf eine Nut entfallende Drahtzahl in Serie ist $\dfrac{N}{2\,a\,Z}$, daher ist für Z Nuten

$$x = 2\,\pi\,c\left(\frac{N}{2\,a\,Z}\right)^2 Z l_i \lambda_N 10^{-8}$$

oder

$$x = 2\,\pi\,c\left(\frac{N}{2\,a}\right)^2 \frac{l_i \lambda_N}{Z} 10^{-8}\;\text{Ohm} \quad . \quad . \quad . \quad (82)$$

worin $\lambda_N = \lambda_n + \lambda_k + \dfrac{l_s}{l_i}\lambda_s$ ist.

Die maximale EMK, die durch die Änderung des Nutenfeldes während der Kommutation unter den Erregerbürsten im Mittel in jeder der anderen Spulenseiten der Nut induziert wird, ist

$$2\sqrt{2}\,t_1\,AS\,l_i\,\lambda_N\,\frac{100\,v}{t_1 + b_D - \beta_D}\,10^{-8}\;\text{Volt.}$$

In der Nut liegen in Serie $\dfrac{N}{2\,Za}$ Drähte der Arbeitswicklung, und da die Kommutation des Stromes gleichzeitig im Mittel in $2p\,\dfrac{t_1 + b_D - \beta_D}{t_1}$ Nuten stattfindet, so wird also im Arbeitskreise eine EMK induziert, deren Effektivwert

$$\frac{N}{a\,Z}\,2\,p\,v\,AS\,l_i\,\lambda_N\,10^{-6}\;\text{Volt} = 4\,J\left(\frac{N}{2\,a}\right)^2 \frac{l_i \lambda_N}{Z}\,c_r\,10^{-8}\;\text{Volt}$$

$$= \frac{2}{\pi}\,J\,x\,\frac{c_r}{c}\;\text{Volt}$$

ist.

Hiervon ist die Spannung $\varDelta P$ zu subtrahieren, die durch die inneren Ströme der kurzgeschlossenen Spulen an den Bürstenübergängen verbraucht wird. Wir setzen die verbleibende effektive EMK, die in Phase mit dem kommutierten Strom ist,

$$= J\,x_N\,\frac{c_r}{c},$$

worin x_N kleiner als x ist.

Das Spannungsdiagramm unter Berücksichtigung aller dieser Einflüsse ist nun in Fig. 173 dargestellt. Der Vektor des Kraftflusses Φ ist in die Abszissenachse von 0 nach links aufgetragen, der Erregerstrom J_3 eilt ihm um einen Winkel α_3 (entsprechend Hysterese, Wirbel- und Kurzschlußströmen) vor. Wir betrachten zuerst den Arbeitsstromkreis.

In Phase mit Φ liegt die EMK der Rotation $\overline{OA} = E_{2r}$, hierzu addiert sich $\overline{AB} = J_3 x_N \dfrac{c_r}{c}$ in Phase mit J_3. Diese beiden EMKe zusammen überwinden nun die EMK $- E_{2p}$ des Flusses Φ_a, ferner den Ohmschen Spannungsabfall des Arbeitsstromes $- J_2 r_2$ und die von den Streufeldern des Stromes J_2 induzierte EMK $- J_2 x_2$. Wir zerlegen also $\overline{OB}$ in drei Komponenten, die den drei genannten EMKen entgegengesetzt gleich sind. Sie sind $\overline{OC} = + J_2 r_2$ in Phase mit J_2, $\overline{CD} = + J_2 x_2$ um 90° dagegen voreilend und $\overline{DB} = + E_{2p}$ um 90° gegen den Kraftfluß Φ_a voreilend, der gegen J_2 um α_2 verzögert ist. Solange Φ proportional J_3, und Φ_a proportional J_2 ist und α_2 und α_3 sich nicht ändern, sind einerseits $\overline{OA}$ und $\overline{AB}$ und daher ihre Summe $\overline{OB}$ für konstanten Strom J_3 nur proportional der Geschwindigkeit und haben stets dieselbe Phase.

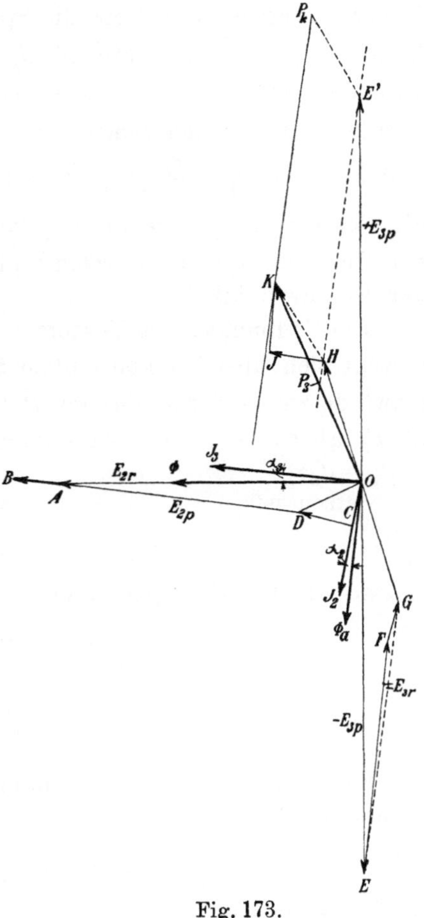

Fig. 173.

Ebenso sind $\overline{OD} = J_2 z_2$ und $\overline{DB} = + E_{2p}$ dem Strom J_2 proportional und haben gegen ihn konstante Phasenverschiebung. Daher folgt, daß das Verhältnis der Kraftflüsse $\dfrac{\Phi_a}{\Phi}$ und der Ströme $\dfrac{J_2}{J_3}$ proportional der Geschwindigkeit und ihre Phasenverschiebung konstant bleibt.

Betrachten wir nun die Spannungen im Erregerkreis. Um 90° gegen Φ verzögert ist $\overline{OE} = - E_{3p}$, hierzu addiert sich

$\overline{EF} = - E_{3r}$, die, wie erläutert, um 180^0 gegen Φ_a verschoben ist, und die von der Kommutation des Stromes J_2 herrührende EMK $- J_2 x_N \dfrac{c_r}{c} = \overline{FG}$, die aus dem gleichen Grunde gegen J_2 um 180^0 verschoben ist. Die resultierende EMK ist also $\overline{OG}$ und zu ihrer Überwindung ist vom Netz die Spannung $\overline{OH} = - \overline{OG}$ zuzuführen, ferner $J_3 r_3 = \overline{HJ}$ in Phase mit J_3 und $J_3 x_3 = \overline{JK}$ um 90^0 dagegen voreilend. $\overline{OK}$ ist die ganze Klemmenspannung P_3 an der Erregerwicklung. Unter den gemachten Voraussetzungen sind $\overline{EF} = - E_{3r}$ und $\overline{FG} = - J_2 x_N \dfrac{c_r}{c}$ proportional J_2 und der Geschwindigkeit. Da die Phase von J_2 gegenüber J_3 konstant und J_2 selbst proportional der Geschwindigkeit ist, wächst also $\overline{EG}$ proportional dem Quadrat der Geschwindigkeit.

Der Endpunkt K des Vektors der zugeführten Spannung $P_3 = \overline{OK}$ bewegt sich also bei konstantem Strom J_3 und veränderlicher Geschwindigkeit auf der Geraden $\overline{P_k K}$, parallel zu $\overline{EG}$. Bei Stillstand ist P_3 gleich $\overline{OP_k}$ und zusammengesetzt aus $\overline{OE'} = + E_{3p}$ und $\overline{E'P_k} = J_3 z_3$.

Setzen wir
$$+ \mathfrak{E}_{3p} = \mathfrak{J}_3 \mathfrak{Z}_a,$$
$$+ \mathfrak{E}_{2p} = \mathfrak{J}_2 \mathfrak{Z}_a,$$

so sind die Rotationsspannungen
$$+ \mathfrak{E}_{2r} = j \frac{c_r}{c} \mathfrak{J}_3 \mathfrak{Z}_a,$$
$$+ \mathfrak{E}_{3r} = j \frac{c_r}{c} \mathfrak{J}_2 \mathfrak{Z}_a.$$

Es lauten daher die Spannungsgleichungen für den Arbeitsstromkreis:
$$j \frac{c_r}{c} \mathfrak{J}_3 \mathfrak{Z}_a + \mathfrak{J}_3 x_N \frac{c_r}{c} - \mathfrak{J}_2 (\mathfrak{Z}_a + \mathfrak{Z}_2) = 0,$$

für den Erregerkreis:
$$\mathfrak{P}_3 = \mathfrak{J}_3 (\mathfrak{Z}_a + \mathfrak{Z}_3) + j \frac{c_r}{c} \mathfrak{J}_2 \mathfrak{Z}_a + \mathfrak{J}_2 x_N \frac{c_r}{c}.$$

Aus der ersten Gleichung wird:
$$\mathfrak{J}_2 = j \frac{c_r}{c} \mathfrak{J}_3 \left(\frac{\mathfrak{Z}_a - j x_N}{\mathfrak{Z}_a + \mathfrak{Z}_2} \right),$$

daher
$$\mathfrak{P}_3 = \mathfrak{J}_3 \left[(\mathfrak{Z}_a + \mathfrak{Z}_3) - \left(\frac{c_r}{c} \right)^2 (\mathfrak{Z}_a - j x_N) \left(\frac{\mathfrak{Z}_a - j x_N}{\mathfrak{Z}_a + \mathfrak{Z}_2} \right) \right].$$

Bei Stillstand ist $c_r = 0$ und

$$\mathfrak{P}_{3k} = \mathfrak{J}_3 (\mathfrak{Z}_a + \mathfrak{Z}_3),$$

bei Synchronismus $\dfrac{c_r}{c} = 1$ und

$$\mathfrak{P}_{3s} = \mathfrak{J}_3 \left[\mathfrak{Z}_a \left(1 - \frac{\mathfrak{Z}_a - j x_N}{\mathfrak{Z}_a + \mathfrak{Z}_2}\right) + \mathfrak{Z}_3 + j x_N \frac{\mathfrak{Z}_a - j x_N}{\mathfrak{Z}_a + \mathfrak{Z}_2} \right]$$

$$= \mathfrak{J}_3 \left[\frac{\mathfrak{Z}_a}{\mathfrak{Z}_a + \mathfrak{Z}_2} (\mathfrak{Z}_2 + j x_N) + \mathfrak{Z}_3 + j x_N \frac{\mathfrak{Z}_a - j x_N}{\mathfrak{Z}_a + \mathfrak{Z}_2} \right].$$

Unter Vernachlässigung der Brüche, die nicht viel von 1 abweichen wird, also

$$\mathfrak{P}_{3s} \simeq \mathfrak{J}_3 (\mathfrak{Z}_3 + \mathfrak{Z}_2 + 2 j x_N).$$

Es wird also die Wattspannung

$$P_{3s} \cos \varphi_{3s} \simeq J_3 (r_3 + r_2)$$

und die wattlose Spannung

$$P_{3s} \sin \varphi_{3s} \simeq J_3 (x_3 + x_2 - 2 x_N).$$

Da bei vollständiger Symmetrie $r_3 = r_2$ ist, ist also die Widerstandsspannung bei Synchronismus etwa doppelt so groß wie der Spannungsabfall des Erregerkreises; die Reaktanzspannung ist, da $x_3 = x_2$ ist, gleich der doppelten scheinbaren Reaktanzspannung, d. h. gleich $2 J_3 (x_3 - x_N)$ und es wird

$$\mathfrak{P}_{3s} = 2 \mathfrak{J}_3 (\mathfrak{Z}_3 + j x_N).$$

Trägt man nun die Spannungen bei Stillstand und bei Synchronismus in ein Koordinatensystem auf, dessen Ordinatenachse die Richtung des Stromes J_3 angibt, (s. Fig. 174)

$$\overline{OQ} = J_3 (\mathfrak{Z}_a + \mathfrak{Z}_3), \qquad \overline{OS} = 2 J_3 (\mathfrak{Z}_3 + j x_N),$$

so ist $\overline{QS}$ der Ort der Spannungsvektoren für veränderliche Geschwindigkeit, also in bezug auf den Strom das Spiegelbild der Geraden $\overline{P_k K}$ in Fig. 173. Für einen beliebigen Punkt P ist $\overline{OP}$ die Spannung P_3 bei einer Geschwindigkeit $\left(\dfrac{c_r}{c}\right)^2 = \dfrac{\overline{QP}}{\overline{QS}}$.

Durch Inversion erhält man das Stromdiagramm bei konstanter Spannung P_3, also einen Kreis. Der größte Strom, der etwas oberhalb Synchronismus eintritt, wenn die gesamte Reaktanz Null ist, ist daher angenähert

$$J_{3max} \simeq \frac{P_3}{2 r_3}.$$

Fig. 175 zeigt ein experimentell aufgenommenes Stromdiagramm. Die an den Punkten eingetragenen Zahlen sind die Geschwindigkeiten $\dfrac{c_r}{c}$. Bei $5\,^0/_0$ oberhalb und unterhalb Synchronismus war der Strom kaum noch $^1/_3$ des maximalen. Die konstante Klemmenspannung war $P_3 = 5$ Volt, während bei Gleichstrom nur ca. 2 Volt

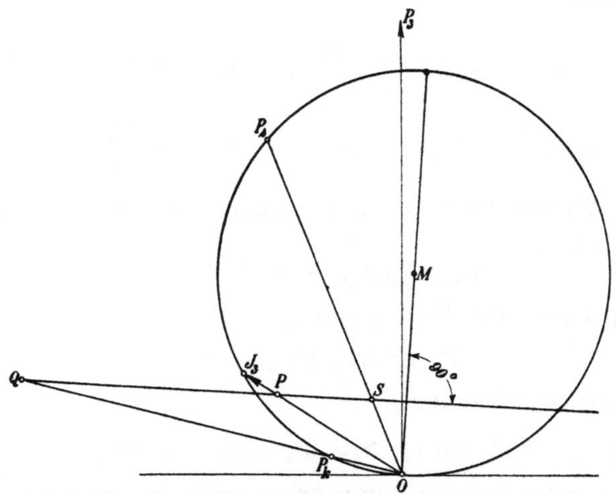

Fig. 174. Ableitung des Stromdiagrammes für konstante
Spannung an den Erregerbürsten.

erforderlich waren, um den größten Strom $J_3 = 34$ Amp. durch den Rotor zu schicken. Die scheinbare Erhöhung des Widerstandes im Erregerkreis rührt, wie Fig. 173 zeigt, hauptsächlich davon her, daß durch den Widerstand des Arbeitskreises Φ_a um weniger als

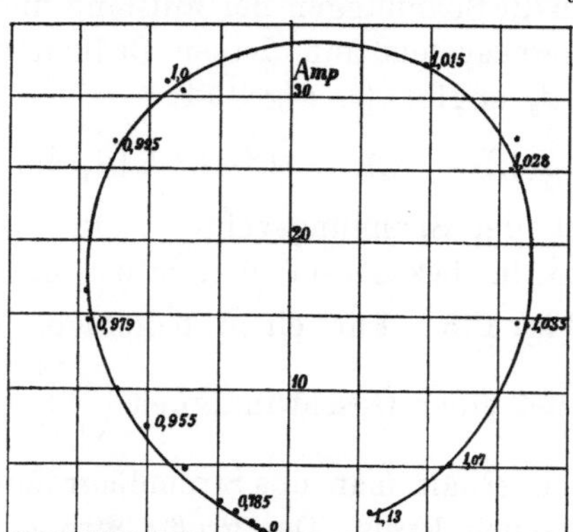

Fig. 175. Experimentell aufgenommenes
Stromdiagramm.

90^0 gegen J_3 phasenverschoben ist, so daß die Differenz der EMKe $-E_{3p}$ und $-E_{3r}$, die nun um weniger als 180^0 phasenverschoben sind, eine Spannung erfordert, die zum Teil gegen J_3 als Wattspannung erscheint.

Die Rückwirkung der Kurzschlußströme kommt bei dem besprochenen Versuch nicht in Betracht. Allgemein ist für die von den Arbeitsbürsten kurzgeschlossenen Spulen die EMK der Pulsation des Feldes Φ

$$\Delta e_p = S_k \frac{N}{2K} \pi \sqrt{2}\, c\, \Phi_{max} 10^{-8}$$

und die EMK der Rotation im Felde Φ_a

$$\Delta e_r = S_k \frac{N}{2K} \sqrt{2}\, l_i\, v\, B_{max} 10^{-6} = S_k \frac{N}{2K} 2\sqrt{2}\, \frac{\Phi_{a\,max}\, c_r}{\alpha_i} 10^{-8}.$$

Da nun
$$\Phi_a \cong \frac{c_r}{c}\, \Phi$$

ist, wird
$$\Delta e_1 = \Delta e_p - \Delta e_r = \Delta e_p \left[1 - \left(\frac{c_r}{c}\right)^2 \frac{2}{\pi\,\alpha_i} \right],$$

oder für ein sinusförmiges Feld gleich $\Delta e_p \left[1 - \left(\frac{c_r}{c}\right)^2 \right]$. Ebenso ist für die von den Erregerbürsten kurzgeschlossenen Spulen

$$\Delta e_p = S_k \frac{N}{2K} \pi \sqrt{2}\, c\, \Phi_{a\,max} 10^{-8},$$

$$\Delta e_r = S_k \frac{N}{2K} 2\sqrt{2}\, c_r\, \frac{\Phi_{max}}{\alpha_i} 10^{-8},$$

und
$$\Delta e_2 = \Delta e_p - \Delta e_r = \Delta e_p \left(1 - \frac{2}{\pi\,\alpha_i} \right)$$

oder für ein Sinusfeld $\Delta e_2 = 0$.

Die Möglichkeit des Entstehens von Kurzschlußströmen besteht also nur für die von den Arbeitsbürsten kurzgeschlossenen Spulen, denn sie sind ein Teil des Erregerstromkreises, in dem die EMKe der Hauptfelder sich nur bei Synchronismus aufheben. In den von den Erregerbürsten kurzgeschlossenen Spulen, die einen Teil des kurzgeschlossenen Arbeitsstromkreises bilden, müssen sich dagegen die EMKe wie für den ganzen Stromkreis bei allen Geschwindigkeiten fast ganz aufheben. Für die Größe der ersten gibt die Spannung am ganzen Rotor angenähert einen Maßstab (genauer nach Abzug von $J_3 z_3$). Diese Spannung betrug aber nur 5 Volt, so daß auf die kurzgeschlossenen Spulen nur ein Bruchteil davon entfällt, etwa im Verhältnis $\frac{S_k}{w_3 f_3} \frac{N}{2K}$.

Es war $S_k \dfrac{N}{2K} = 4$, $w_3 f_3 = 31$; daher

$$\Delta e \leqq \sim 0,6 \text{ Volt}.$$

Anders ist es, wenn man das Spannungsdiagramm bei konstantem Strom untersucht, denn hier ist bei allen von Synchronismus abweichenden Geschwindigkeiten P_3 groß und daher auch die Spannung Δe.

Zerlegt man P_3 in

$$P_3 \sin \varphi_3 = J_3 x$$

und

$$P_3 \cos \varphi_3 = J_3 r,$$

so müssen beide Spannungen nach den Annahmen, die der Ableitung der Diagramme (Fig. 173 und 174) zugrunde liegen, als

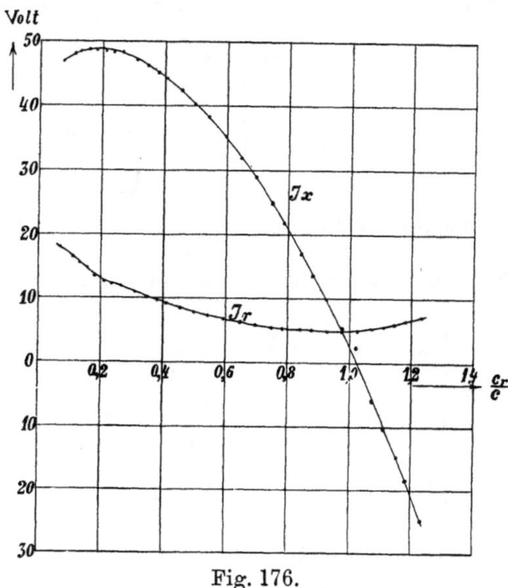

Fig. 176.

Funktion der Geschwindigkeit aufgetragen, sich nach einer Parabel ändern. Die Kurzschlußströme in den von den Arbeitsbürsten kurzgeschlossenen Spulen bewirken, solange $\Delta e_p > \Delta e_r$ ist, eine Vergrößerung des Winkels α_3 zwischen J_3 und Φ in Fig. 173. Der Kraftfluß wird bei konstantem Strom kleiner und dadurch die Reaktanzspannung verringert, die Widerstandsspannung erhöht. Dies zeigen die experimentell aufgenommenen Werte (Fig. 176). Jx nimmt gegen Stillstand hin nicht mehr zu, wie ohne Berücksichtigung der Kurzschlußströme zu erwarten wäre, sondern ab.

In beiden Fig. 175 und 176 konnte der Punkt für Phasengleichheit zwischen Strom und Spannung nicht ermittelt werden (s. a. Kap. I, S. 32).

Dies kommt wieder durch die Oberschwingungen zustande, die bei der Kommutation durch die Änderungen des Stromes erzeugt werden und besonders stark in der Spannungswelle ausgeprägt sind. Es ist daher

$$P = \sqrt{J^2 r^2 + J^2 x^2 + \Sigma (e_h)^2}.$$

Solange eine Reaktanzspannung Jx vorhanden ist, ist der Einfluß der höheren Harmonischen gering, weil sie sich quadratisch zur Grundspannung addieren. Ist $Jx = 0$, so wirken sie wie eine Reaktanzspannung, und man erhält $\cos \varphi = 1$ aus der Messung nicht.

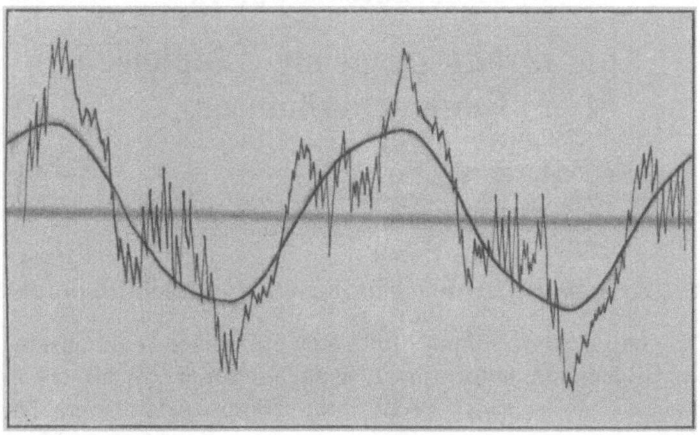

Fig. 177.

Das Oszillogramm (Fig. 177) zeigt Strom und Spannung bei jener Geschwindigkeit, bei der Phasengleichheit zu erwarten wäre. Die höheren Harmonischen sind in der Spannungswelle außerordentlich stark ausgeprägt.

Die mittels Wattmeter aufgenommenen Vektordiagramme können daher hierbei mit den berechneten nicht genau übereinstimmen, weil die letzten nur die Grundwellen berücksichtigen.

Dreizehntes Kapitel.

Der direkt gespeiste Einphasen-Hauptschlußmotor.

67. Arbeitsweise des Einphasen-Hauptschlußmotors. — 68. Vorausberechnung der Arbeitskurven. — 69. Vorausberechnung der Magnetisierungskurve. — 70. Mittel zur Verbesserung der Kommutation.

67. Arbeitsweise des Einphasen-Hauptschlußmotors.

Der einphasige Hauptschlußmotor in seiner einfachsten Form ist dem Gleichstrommotor Fig. 178 nachgebildet. Weil das Magnetfeld vom Hauptstrom erregt ist, sind Rotorstrom und Kraftfluß in Phase und wir haben, wenn wir zunächst von sekundären Wirkungen absehen, die günstigsten Bedingungen für das Drehmoment (s. S. 306). Joch und Magnete werden wie der Rotor aus dünnem Eisenblech hergestellt, weil der Kraftfluß pulsiert. Mit dieser Maßregel allein wäre aber ein guter Gleichstrommotor für Wechselstrom noch ganz unbrauchbar. Die erste Ursache hierzu liegt in dem schlechten Leistungsfaktor, der bedingt wird durch die großen EMKe der Selbstinduktion der Erreger- und der Rotorwicklung.

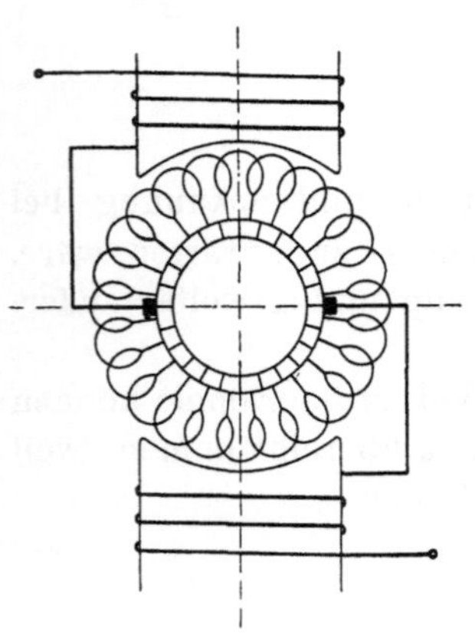

Fig. 178. Hauptschlußmotor.

Senkrecht zum Magnetfeld entsteht das Ankerfeld, das etwa die in Fig. 179 durch die Kurve II dargestellte Form hat, während I die Verteilung des Magnetfeldes zeigt. Diese Felder überlagern sich wie bei dem Gleichstrommotor zum resultierenden Feld bei Belastung. Beim Wechselstrommotor pulsieren alle Felder, und es bedingt das Magnetfeld an der Erregerwicklung, das Ankerfeld an

der Rotorwicklung eine große wattlose Spannung, die den Leistungsfaktor des Motors stark verkleinert. Das Querfeld trägt zur Bildung
des Drehmomentes nichts bei, es kann also entbehrt werden.
Bei allen Wechselstrommotoren wird das Rotorquerfeld daher möglichst vollständig aufgehoben.

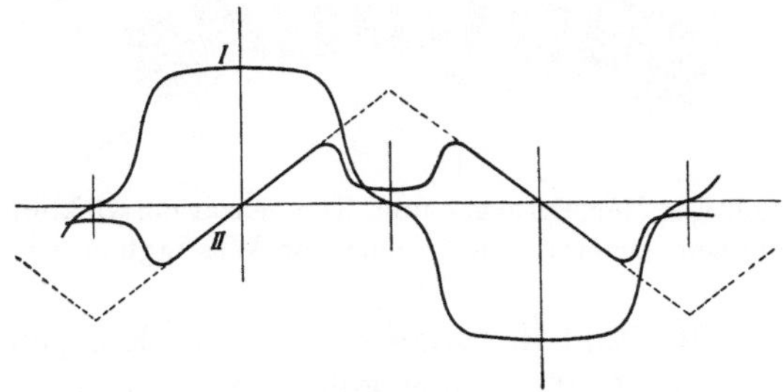

Fig. 179.

Dies geschieht entweder, wie bei dem Motor von Finzi[1]),
durch breite Schlitze in den Polen, die dem Querfeld einen großen
magnetischen Widerstand bieten, s. Fig. 180, oder in vollkommener
Weise durch Anwendung einer
Kompensationswicklung. Sie
soll möglichst das Spiegelbild des
Rotors sein, d. h. sie soll nicht
nur eine ebenso große und entgegengesetzte MMK haben wie der
Rotor, sondern auch möglichst
wie der Rotor ganz über die Polteilung verteilt sein, so daß die
verbleibenden Streufelder zwischen
Rotor und Kompensationswicklung
auf einen Mindestbetrag herab-
gedrückt werden. Sie kann mit
dem Rotor in Serie geschaltet
werden oder auch in sich kurzgeschlossen sein. Die älteren Mo-

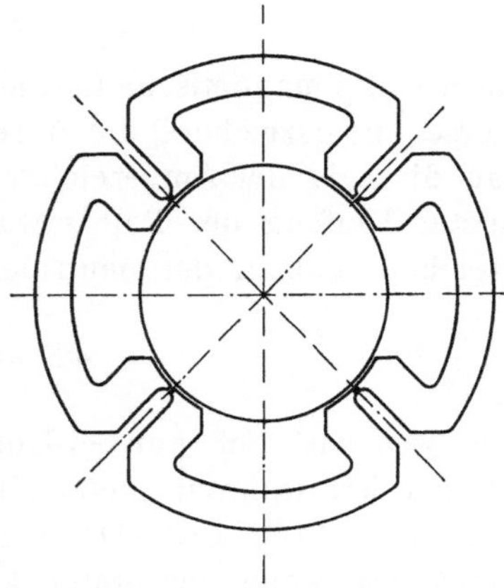

Fig. 180. Anordnung der Magnete
der Seriemotoren von Finzi.

toren von Ganz & Co. und von Helios hatten einen oder zwei
Kupferstäbe in jedem Pol, die durch Bohrungen quer durch den
Pol gingen und mit den Bronzeschildern vernietet waren[2]). Eine
auf den ganzen Polbogen (b_i) in mehrere Nuten verteilte Kompensationswicklung wurde bei den Motoren von Eickemeyer ver-

<hr>

[1]) D. R. P. 146 208.
[2]) Siehe Feldmann, Z. Ver. deutsch. Ing. 1904.

wendet. Fig. 181 zeigt die Anordnung der Kompensations- (K) und der Erregerwicklung (E) bei dem Motor von Lamme der Westinghouse El. & Mfg. Co.

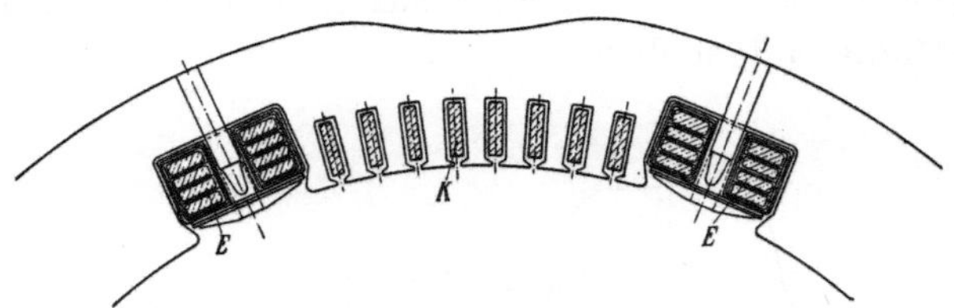

Fig. 181. Anordnung der Erreger- und Kompensationswicklungen bei dem Hauptschlußmotor von Lamme der Westinghouse Co.

Macht man die Zahl der Ampereleiter der Kompensationswicklung pro Zentimeter Umfang der Pole (AS_1) ebenso groß wie die des Rotors (AS_2), so ist die quermagnetisierende Wirkung der Rotorwicklung unter den Polen vollständig aufgehoben; es liegt dann nur dem in den Pollücken liegenden Teile der Rotorleiter keine Kompensationswicklung gegenüber, und das Querfeld hat in der neutralen Zone den Wert

$$B_q = (\tau - b_i)\, AS_2\, 2\, \lambda_q,$$

worin λ_q die magnetische Leitfähigkeit einer Kraftröhre vom Einheitsquerschnitt bezeichnet, die durch zwei neutrale Zonen geht. Macht man die Zahl der Ampereleiter der Kompensationswicklung pro Zentimeter Umfang der Pole etwas größer als im Rotor, so kann man erreichen, daß in der neutralen Zone $B_q = 0$ wird; hierzu muß

$$AS_1 = AS_2\, \frac{\tau}{\tau - b_i}$$

sein, was natürlich nur bei Hintereinanderschaltung der Wicklungen möglich ist, während beim Kurzschließen der Kompensationswicklung $AS_1 < AS_2$ ist. Am vollständigsten ist die Aufhebung des Querfeldes, wenn der Stator keine ausgeprägten Pole hat und die Kompensationswicklung auf den ganzen Umfang verteilt ist, wie dies bei den Motoren der Siemens Schuckert-Werke und der Maschinenfabrik Örlikon der Fall ist. Sie ist dann häufig mit der Erregerwicklung und den später zu behandelnden Wendepolwicklungen vereinigt.

Fig. 182a zeigt das Schaltungsschema bei Hintereinanderschaltung der Kompensationswicklung (1), des Rotors (2) und der Erregerwicklung (3), Fig. 182b zeigt die Vereinigungen der Wicklungen (1) und (3) und Fig. 182c das Schema bei kurzgeschlossener Kompensationswicklung.

Während es also möglich ist, das Rotorquerfeld bis auf kleine Beträge von Streufeldern der Rotor- und Kompensationswicklung aufzuheben und dadurch die Selbstinduktion des Rotors zu beseitigen, ist dies für die Erregerwicklung natürlich nicht möglich.

Durch die Aufhebung des Querfeldes ist die Ankerrückwirkung und die von den Gleichstrommaschinen her bekannte Verzerrung des Magnetfeldes durch den Rotorstrom ganz unterdrückt.

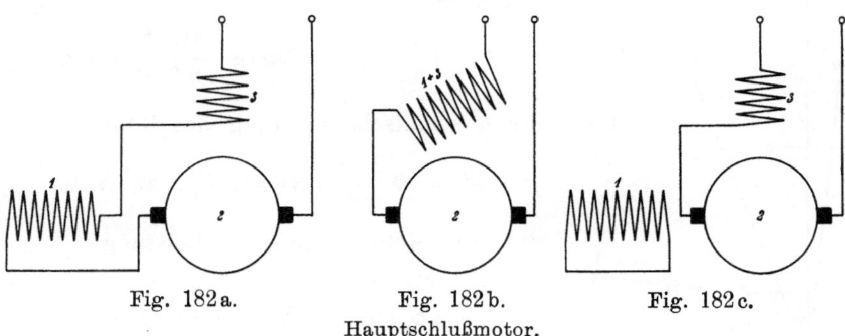

Fig. 182a.   Fig. 182b.   Fig. 182c.

Hauptschlußmotor.

Dagegen wirken die von der Pulsation des Feldes bedingten Kurzschlußströme des Rotors auf das Feld in der in Kap. XII S. 315 erläuterten Weise zurück. Sie vergrößern die Phasenverschiebung zwischen Strom und Kraftfluß, die schon durch Hysterese und Wirbelströme bei jedem Wechselstrom entsteht.

Das Spannungsdiagramm.

Wenn wir nun die Arbeitsweise des einphasigen Hauptschlußmotors übersehen wollen, stellen wir zunächst die EMKe zusammen, die die Klemmenspannung zu überwinden hat. Sie sind:

1. die EMK der Drehung des Rotors im Felde Φ

$$- E_r = 2\sqrt{2}\, c_r\, w_2\, \Phi_{max}\, 10^{-8},$$

2. die EMK der Pulsation der Erregerwicklung

$$- E_m = \pi\sqrt{2}\, c\, w_3\, f_3\, \Phi_{max}\, 10^{-8},$$

$- E_r$ ist um 180^0, $- E_m$ um 90^0 gegen Φ verzögert,

3. den Ohmschen Spannungsabfall in den drei Wicklungen (Kompensations-, Rotor- und Erregerwicklung)

$$- J(r_1 + r_2 + r_3) = - Jr,$$

4. die von den Streufeldern der drei Wicklungen induzierten EMKe

$$- J(x_1 + x_2 + x_3) = - Jx.$$

Die Zusammensetzung der vier, den genannten EMKen entgegengerichteten Teilspannungen ergibt in dem Spannungsdiagramm Fig. 183 die gesammte Klemmenspannung P.

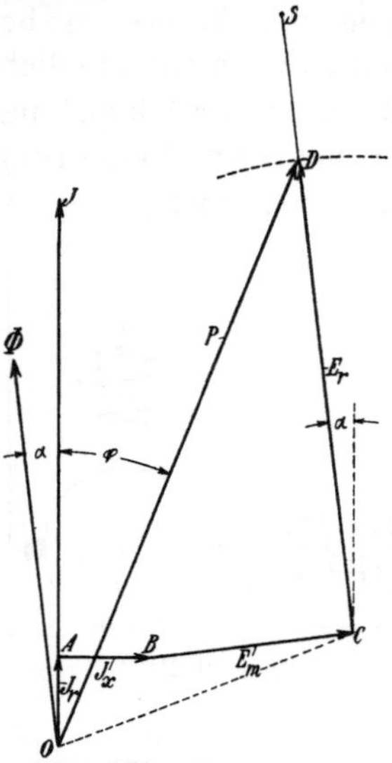

Die Phasenverschiebung α zwischen Strom J und Kraftfluß Φ ist, wie erwähnt, durch Eisenverluste und Kurzschlußströme bedingt. Das Drehmoment ist nun (s. S. 306 Gl. 78)

$$\vartheta = J \frac{N}{2a} 2p \frac{\Phi_{max}}{\sqrt{2}} \cos \alpha \frac{10^{-8}}{2\pi\,9{,}81} \text{ mkg},$$

die mechanische Leistung des Rotors

$$W_m = \vartheta \frac{2\pi n}{60} 9{,}81 = J E_r \cos \alpha \text{ Watt},$$

die dem Motor zugeführte Leistung

$$W_1 = P J \cos \varphi$$
$$= (E_r \cos \alpha + E_m \sin \alpha + Jr)\,J.$$

Die Verluste

$$V = W_1 - W_m$$
$$= E_m J \sin \alpha + J^2 r = V_e + V_k + J^2 r.$$

Fig. 183. Spannungsdiagramm des Einphasen-Hauptschlußmotors.

$J^2 r$ sind die Stromwärmeverluste in den drei Wicklungen. Die Leistung $E_m J \sin \alpha$ wird von der Erregerwicklung zur Deckung der Eisenverluste (V_e) und der Verluste in den kurzgeschlossenen Spulen (V_k) aufgenommen. Außer diesen Verlusten treten noch mechanische Verluste (Reibung, Eisenverluste) auf, die sich von der mechanischen Leistung des Rotors subtrahieren. Die Nutzleistung ist daher etwas kleiner als W_m. Die in mechanische Leistung umgesetzte elektrische Leistung ist durch das Produkt aus Rotationsspannung des Rotors mal Strom mal $\cos \alpha$ gegeben. Diese Leistung wird dem Rotor direkt zugeführt, wie bei einer Gleichstrommaschine.

Der Hauptschlußmotor gehört also zur Klasse der direkt gespeisten Maschinen, und zwar kann er entsprechend der Einteilung (Kap. XI) bezeichnet werden als direkt gespeister Motor mit Statorerregung in abhängiger (Hauptschluß-) Schaltung.

Die Phasenverschiebung φ zwischen P und J ist gegeben durch

$$\operatorname{tg} \varphi = \frac{E_m \cos \alpha + Jx - E_r \sin \alpha}{E_r \cos \alpha + Jr + E_m \sin \alpha}.$$

Damit φ klein wird, soll zunächst $\dfrac{E_m}{E_r}$ klein sein. Es ist

$$\frac{E_m}{E_r} = \frac{\pi c w_3 f_3}{2 c_r w_2} = \frac{\pi}{2} \frac{60c}{n} \frac{w_3}{p} \frac{f_3}{w_2}.$$

Hieraus ersehen wir zunächst, daß ein übersynchroner Betrieb $(c_r > c)$ die Phasenverschiebung φ verkleinert.

Bei gegebener Periodenzahl c und Umdrehungszahl n soll ferner die Windungszahl pro Polpaar der Erregerwicklung $\dfrac{w_3}{p}$ klein sein gegen die Windungszahl w_2 des Rotors.

Dies wird erreicht durch einen kleinen Widerstand des magnetischen Kreises, d. h. einen kleinen Luftspalt. Die Polzahl ist hierauf nicht von Einfluß, denn bei Vergrößerung der Polzahl bleiben die Amperewindungen für jeden magnetischen Kreis (bei gleichen Werten der Induktion und des Luftraumes) und damit die Erregerwindungszahl pro Polpaar unverändert. Während eine Gleichstrommaschine ein Verhältnis der Feld-AW zu den Anker-AW von etwa $2:1$ hat, ist es hier mit Rücksicht auf den Leistungsfaktor etwa $1:4$ bis $1:3$.

Ferner sollen die Streureaktanzen x klein sein. Hier hat die Polzahl insofern einen Einfluß, als ein und dieselbe Maschine für eine größere Polzahl gewickelt, kürzere Stirnverbindungen und daher kleinere Stirnstreuung hat. Die Phasenverschiebung zwischen Kraftfluß und Strom verbessert den Leistungsfaktor $\cos \varphi$ bei gegebener Leistung, allerdings, da sie von Verlusten herrührt, auf Kosten des Wirkungsgrades.

Halten wir den Strom und den Kraftfluß unverändert, während die Geschwindigkeit des Motors sich ändert, so bleiben alle Spannungen bis auf die Rotationsspannung E_r konstant. Diese ist dem Kraftfluß und der Geschwindigkeit proportional.

Bleibt α bei konstantem Kraftfluß konstant, so ändert sich auch die Phase von E_r nicht. Die Klemmenspannung muß also nur nach Maßgabe von E_r vergrößert werden. Der Endpunkt D des Vektors der Klemmenspannung $\overline{OD}$ bewegt sich also auf der Geraden $\overline{CD}$. Sie ist das Spannungsdiagramm für konstanten Strom. Bei Stillstand ist die Klemmenspannung $\overline{OC}$. Die Strecke $\overline{CD}$ ist der Geschwindigkeit proportional. Wir können als Einheit der Geschwindigkeit $c_r = c$ annehmen, für diese ist

$$E_{r(cr\,=\,c)} = E_m \frac{2}{\pi} \frac{w_2}{w_3 f_3} \quad \ldots \ldots \ldots \quad (83)$$

Machen wir in Fig. 183

$$\overline{CS} = \overline{BC} \frac{2}{\pi} \frac{w_2}{w_3 f_3} = E_{r(cr\,=\,c)}\,,$$

so ist

$$\overline{CD} : \overline{CS} = c_r : c\,.$$

Dadurch ist der Maßstab der Geschwindigkeit gegeben.

Das Stromdiagramm.

Das Stromdiagramm für konstante Klemmenspannung ist der zu $\overline{CS}$ inverse Kreis K in Fig. 184 durch den Koordinatenanfangspunkt.

Weil im Spannungsdiagramm $\overline{CS}$ mit der Ordinatenachse (Richtung des Stromes) den Winkel α bildet, bildet der Radius $\overline{OM}$ des Kreises denselben Winkel mit der Abszissenachse. Dem Punkt C entspricht auf dem Kreis der „Kurzschlußpunkt" P_k bei Stillstand, dem Punkt S auf dem Kreis der Punkt P_s für $c_r = c$.

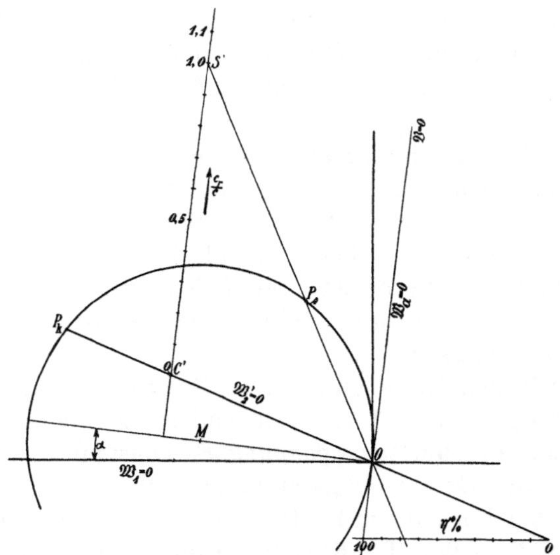

Fig. 184. Stromdiagramm des Einphasen-Hauptschlußmotors.

Dieser Geschwindigkeit, die wir willkürlich als Einheit dem Maßstabe zugrunde gelegt haben und die dem „Synchronismus" bei Drehfeldmotoren entspricht, kommt hier weiter keine besondere Bedeutung zu. Als Geschwindigkeitsmaßstab können wir nun im Kreis das Spiegelbild $\overline{C'S'}$ der Geraden $\overline{CS}$ verwenden.

Das Kreisdiagramm gilt natürlich nur solange, als Strom und Kraftfluß einander proportional sind und ihre Phasenverschiebung α konstant ist. Es berücksichtigt also weder die Sättigung noch die Abhängigkeit der Eisen- und Kurzschlußverluste von dem Kraftfluß und der Geschwindigkeit. Es gibt daher nur ein angenähertes, durch seine Einfachheit aber sehr übersichtliches Bild der Arbeitsweise des Hauptschlußmotors.

Neben dem Strom, dem Leistungsfaktor und der Geschwindigkeit können wir auch die Leistungen, das Drehmoment und den Wirkungsgrad darstellen.

Leistung, Drehmoment, Wirkungsgrad.

Die zugeführte Leistung $W_1 = PJ\cos\varphi$ ist der Ordinate jedes Kreispunktes proportional. Wir bezeichnen daher die Abszissenachse als Linie der zugeführten Leistung $\mathfrak{W}_1 = 0$.

Das Drehmoment ist bei Proportionalität zwischen Strom und Kraftfluß dem Quadrat des Stromes proportional, wird also gemessen durch den Abstand eines Kreispunktes von der Tangente in 0.

Weil das Drehmoment hier als eine Leistung erscheint, drücken wir es durch die Leistung aus, die ihm bei der Einheit der Geschwindigkeit $(c_r = c)$ entspricht, und erhalten W_a als das Drehmoment in „synchronen Watt". Es ist also

$$W_a = \frac{2\pi c}{p}\,\vartheta\,9{,}81 = \frac{c}{c_r}\,E_r\,J\cos\alpha\ \text{Watt.}\quad\ldots\quad(84)$$

$J\cos\alpha$ ist die Komponente des Stromes, die die magnetisierenden AW des Kraftflusses liefert. Wir setzen

$$E_m = J x_a \cos\alpha,$$

worin x_a die Reaktanz der Erregerwicklung in bezug auf den Hauptkraftfluß ist. Es ist nach S. 335

$$E_r\frac{c}{c_r} = E_m\frac{\frac{2}{\pi}w_2}{w_3 f_3} = E_m u,$$

worin u das Verhältnis der „effektiven" Rotorwindungszahl $\frac{2}{\pi}w_2$ zur effektiven Erregerwindungszahl $w_3 f_3$ ist.

Daher wird

$$W_a = J^2 x_a u \cos^2\alpha\ \ldots\ldots\ldots\ (85)$$

Die Tangente in 0 bezeichnen wir als die Drehmomentlinie $\mathfrak{W}_a = 0$.

Die Verluste, die wir hier betrachten, sind ebenfalls dem Quadrate des Stromes proportional. Es sind die Stromwärmeverluste $J^2 r$ und die vom Strom gedeckten Eisen- und Kurzschlußverluste

$$V_e + V_k = E_m J\sin\alpha = J^2 x_a \sin\alpha\cos\alpha\ \ldots\ (86)$$

Daher ist die Tangente in 0 auch die resultierende Verlustlinie $\mathfrak{W} = 0$. Die Linie der mechanischen Leistung geht durch P_k und 0 und der Wirkungsgrad η' (ausschließlich mechanischer Verluste) kann, wie in der Fig. 184 gezeichnet, in bekannter Weise eingetragen werden. Das Diagramm zeigt die Abnahme des Stromes und Drehmomentes bei steigender Geschwindigkeit, sowie die Zunahme des Leistungsfaktors sehr deutlich, es zeigt auch, daß bei hoher Geschwindigkeit $\cos\varphi = 1$ werden kann. Dies rührt von der Wattkomponente der Amperewindungen infolge der Kurzschlußströme her. In der Tat würde für $\alpha = 0$ der Kreismittelpunkt auf der Abszissenachse liegen und $\cos\varphi$ niemals gleich 1 werden.

Weil alle Hauptschlußmaschinen mehr oder weniger stark gesättigt sind, hat das Diagramm aber nur beschränkten Wert. Daher geht man zur Berechnung der Arbeitskurven punktweise mit Hilfe der Magnetisierungskurve vor.

68. Vorausberechnung der Arbeitskurven.

Hierbei geht man von der Magnetisierungskurve aus, die entweder durch Versuch oder durch Berechnung gegeben ist. Es ist auch nötig, die Wattkomponente der erregenden Amperewindungen zu kennen, d. h. die Verluste, und diese sind in Eisen- und Kurzschlußverluste zu trennen. Durch den Versuch geschieht dies etwa folgendermaßen (s. Fig. 185):

Der Erregerwicklung wird allein Strom zugeführt; wir messen Strom J, Spannung P und Leistung W, ferner die im Rotor induzierte EMK E_r, wobei die Bürsten in der neutralen Zone

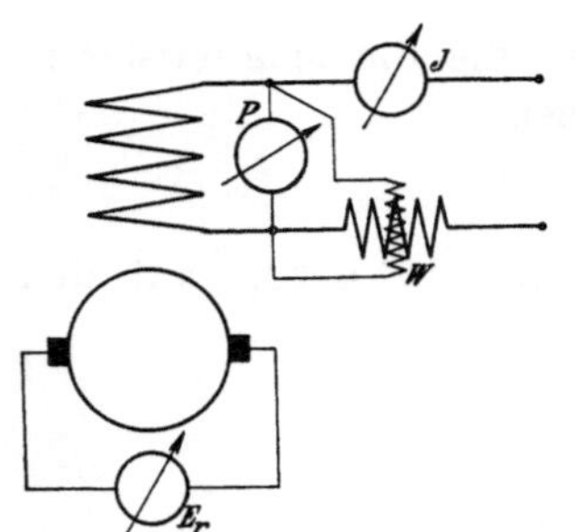

Fig. 185.

stehen und der Rotor mit einem Hilfsmotor angetrieben wird.

Es wird nun

$$\Phi_{max} = \frac{\sqrt{2}\, E_r\, 10^8}{\dfrac{p}{a}\dfrac{n}{60}\, N}.$$

Die zugeführte Leistung ist:

$$W = J^2 r_3 + V_e + V_k.$$

Berechnet man $J^2 r_3$, so verbleibt

$$V_e + V_k = J E_m \sin\alpha.$$

Da hierbei E_m nicht viel von P abweicht, wird

$$J \sin\alpha \simeq \frac{W - J^2 r_3}{P}.$$

Kennt man den Wicklungsfaktor der Erregerwicklung f_3 genau, z. B. bei ausgeprägten Polen $f_3 = 1$, so kann man E_m berechnen

$$E_m = \pi \sqrt{2}\, c\, \Phi_{max}\, w_3\, f_3\, 10^{-8},$$

wobei Φ_{max} wie zuvor bestimmt ist. Dann wird genauer

$$J \sin \alpha = \frac{W - J^2 r_3}{E_m}$$

und

$$J \cos \alpha = \sqrt{J^2 - J^2 \sin^2 \alpha}\,.$$

Will man die Verluste in Eisen- und Kurzschlußverluste trennen, so ersetzt man die Bürsten durch schmale Prüfbürsten, die etwa so stark wie die Isolation zwischen zwei Lamellen sind, um Kurzschlußströme zu vermeiden. Man stellt nun auf denselben Wert des Kraftflusses ein, und mißt wie zuvor. Nach Abzug der Stromwärmeverluste bleiben nun nur die Eisenverluste übrig, und wenn diese von der zuvor bestimmten Summe der Eisen- und Kurzschluß verluste abgezogen werden, erhält man die Kurzschlußverluste. Auf diese Weise sind die in Kap. XII, Fig. 168 gezeichneten Verlustkurven ermittelt.

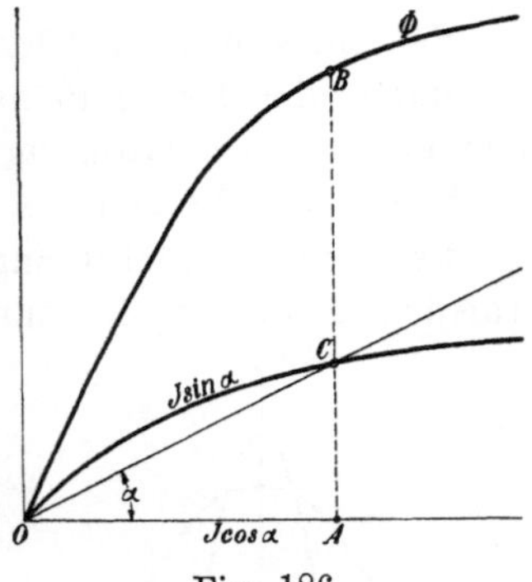

Fig. 186.

Während die Kurzschlußverluste bei konstantem Kraftfluß und steigender Geschwindigkeit abnehmen, findet man, daß die vom Erregerstrom gelieferten Eisenverluste fast konstant bleiben (Näheres siehe unten S. 348, 349).

Trägt man nun Φ als Funktion von $J \cos \alpha$ auf, und ferner $J \sin \alpha$ als Funktion von $J \cos \alpha$, Fig. 186, so ist $\sphericalangle\, COA = \alpha$.

Da die Kurzschlußverluste sich mit der Geschwindigkeit ändern, hätte man streng genommen die Kurve $J \sin \alpha$ für verschiedene Geschwindigkeiten zu ermitteln.

Hiermit läßt sich nun das Vektordiagramm Fig. 183 zeichnen. Man nimmt einen Strom J an, entnimmt der Magnetisierungskurve Φ und α, trägt in Richtung von J die Widerstandsspannung $Jr = \overline{OA}$ auf, wobei man zur Bestimmung der Übergangsspannung an den Bürsten am besten die Bürstencharakteristik $\Delta P = f(s_u)$ verwendet, senkrecht zu J die Reaktanzspannung $Jx = \overline{AB}$, senkrecht zu Φ $E_m = \overline{BC}$, und schlägt um O mit der gegebenen Klemmenspannung $P = \overline{OD}$ einen Kreis, zieht durch C eine Parallele zu Φ. Deren Abschnitt $\overline{CD}$ bis zum Kreis ist E_r; damit ist die Geschwindigkeit bekannt.

Es sind nun alle Größen bestimmbar, zugeführte Leistung, Drehmoment, Leistungsfaktor, mechanische Leistung und nach Abzug der mechanischen Verluste die Nutzleistung. Statt zeichnerisch kann man auch rechnerisch verfahren und berechnet

$$E_r = \sqrt{P^2 - (E_m + Jx \cos \alpha + Jr \sin \alpha)^2} - (Jr \cos \alpha - Jx \sin \alpha). \quad (87)$$

Man hat nun zu vergleichen, ob die gefundene Geschwindigkeit mit der für die Verluste angenommenen übereinstimmt, andernfalls ist eine Korrektur vorzunehmen.

69. Vorausberechnung der Magnetisierungskurve.

a) Berechnung der wattlosen Komponente des Magnetisierungsstromes.

Bei sinusförmiger Klemmenspannung ändern sich die GEMKe und daher der Kraftfluß nach einer Sinusfunktion, der Strom wird aber bei starker Sättigung verzerrt, auch wenn wir zunächst von der Hysterese absehen.

Es werde zunächst angenommen, die räumliche Verteilung des Kraftflusses ändere sich innerhalb der Periode durch die Sättigung nicht, wie es etwa bei konzentrierter Erregerwicklung und bei ausgeprägten Polen der Fall ist; d. h. α_i bleibt konstant. Dann ist der zeitliche Verlauf der Induktion auch sinusförmig. Tragen wir nun die Momentanwerte der Induktion B als Sinusfunktion und die etwa mittels einer statisch aufgenommenen Magnetisierungskurve zu jeder Induktion berechneten Momentanwerte des Stromes J auf, so erhalten wir bei starker Sättigung die von der Sinuskurve stark abweichende Stromkurve, Fig. 187.

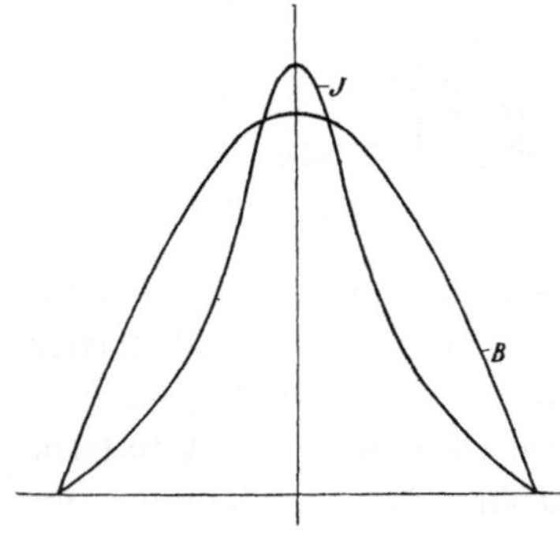

Fig. 187.

Für das Drehmoment, das dieser Strom mit dem zeitlich sinusförmig pulsierenden Kraftfluß bildet, kommt nur die Grundwelle dieses Stromes in Betracht, für den Verlust aber der Effektivwert.

Nun weicht aber der Effektivwert der verzerrten Kurve nicht viel von dem Effektivwert der Grundwelle ab. Ist J_1 der Effektivwert der Grundwelle, J_h die effektive Summe der höheren Harmonischen, so ist

$$J = \sqrt{J_1{}^2 + J_h{}^2}.$$

Ist z. B. $J_h = 0{,}2\,J_1$, so wird

$$J = J_1\sqrt{1{,}04} \cong 1{,}02\,J_1.$$

Bei $20\,^0/_0$ höheren Harmonischen wird also das Drehmoment nur um $2\,^0/_0$ zu groß; da der Verlustbestimmung meist größere Fehler anhaften, kann man sich hiermit begnügen und hat also den Effektivwert der Kurve zu ermitteln.

Würde man nun den Strom nur für die Amplitude der Induktion berechnen und durch $\sqrt{2}$ dividieren und damit das Drehmoment berechnen, so würde der Fehler leicht $20\,^0/_0$ betragen.

Die höheren Harmonischen des Stromes bedingen nun auch höhere Harmonische in der Spannung, weil in den Widerstandsspannungen Jr die höheren Harmonischen auftreten (allerdings auch schon bei sinusförmigem Strom, weil die Übergangsspannung $\varDelta P$ dem Strom nicht proportional ist). Sie sind aber so klein gegen die ganze Spannung, daß wir sie nicht berücksichtigen. Schwieriger liegen die Verhältnisse noch, wenn α_i innerhalb einer Periode nicht konstant bleibt, sondern zu der zeitlichen Verzerrung der Stromkurve auch eine räumliche Verzerrung der Induktionskurve durch die Sättigung tritt. Dies ist bei verteilter Erregerwicklung der Fall.

Führen wir der Erregerwicklung eine sinusförmige Spannung zu, so ändert sich jetzt die Summe der Kraftlinienverkettungen auch nach einer Sinuskurve; da aber die Verkettungen von der Verteilung des Kraftflusses abhängen, die sich innerhalb der Periode ändert, pulsiert der ganze Kraftfluß nicht mehr nach einer Sinusfunktion. Mit anderen Worten, der Wicklungsfaktor der Erregerwicklung ändert sich innerhalb der Periode und $\varPhi$ ist eine andere zeitliche Funktion als E_m.

Beim Motor soll aber der größte Teil der Klemmenspannung auf die Rotationsspannung E_r des Rotors fallen, diese ist von der Feldverteilung unabhängig. Ändert sich E_r nach einer Sinuskurve, so muß also auch der ganze Kraftfluß sich nach demselben Gesetz ändern.

Wir gehen daher der Einfachheit halber von einem sinusförmigen zeitlichen Verlauf des Kraftflusses aus, haben aber zunächst zu berücksichtigen, daß bei Verzerrung des Feldes die Induktion an einer bestimmten Stelle keine Sinusfunktion der Zeit mehr ist. Wir haben also mittels der MMK-Kurve und der Magnetisierungskurve für die angenommenen Werte von B_l (etwa in der Mitte des Poles) zunächst die Feldkurve für verschiedene Zeitmomente aufzuzeichnen. Ihr Inhalt gibt den Kraftfluß. Wir erhalten damit $B_l = f(\varPhi)$ und, da $\varPhi$ als Funktion der Zeit angenommen ist, auch B_l als Funktion der Zeit. Die Magnetisierungsströme sind nun zunächst als Funktion von B_l und endlich als Funktion der Zeit bekannt. Die Kurve des Stromes ist nun wie früher zu behandeln.

Aus der räumlichen Verteilung der Feldkurve können wir nun den Wicklungsfaktor für verschiedene Zeitmomente, daher die effektive EMK der Erregerwicklung berechnen.

b) Berechnung der Wattkomponente des Magnetisierungsstromes.

Zu ihrer Kenntnis müssen die Verluste bekannt sein, deren Vorausberechnung sehr schwierig ist. Wir betrachten erst die Kurzschlußverluste, über die wir nur bei Stillstand uns angenähert ein Bild machen können.

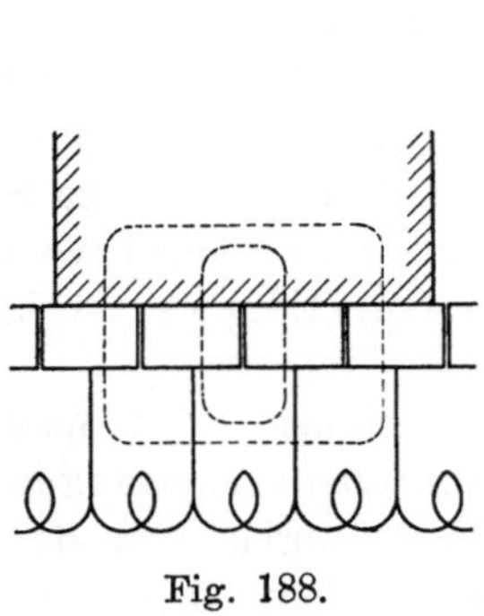

Fig. 188.

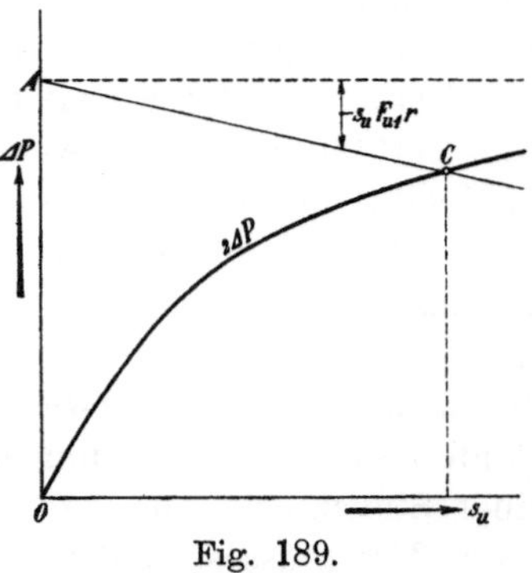

Fig. 189.

Bedeckt die Bürste mehrere Lamellen, so können wir mehrere Stromkreise unterscheiden, s. Fig. 188. Auf den einen (äußeren) wirkt die EMK in drei Spulen, auf den zweiten nur die in einer. Um die Übergangswiderstände zu berücksichtigen, verwendet man die Bürstencharakteristik $\Delta P = f(s_u)$, wobei wir, da es sich zunächst um die Effektivwerte handelt, die Charakteristik für diese verwenden, die fast den gleichen Verlauf zeigt wie für konstanten Strom. Der Strom ist

$$J = s_u F_{u1},$$

wenn F_{u1} die Auflagefläche einer Lamelle ist. Der Spannungsabfall in der Wicklung und den Lamellenverbindungen ist $Jr = s_u F_{u1} r$, worin r den gesamten Widerstand der eingeschalteten Spulen und Verbindungen bezeichnet. Da ΔP zweimal in Frage kommt, trägt man am besten $2\Delta P = f(s_u)$ auf (s. Fig. 189). Macht man nun $\overline{OA}$ gleich der in den hintereinandergeschalteten Spulen induzierten EMK und zieht eine Gerade $\overline{AB}$, deren Abstände von der Parallelen zur

Abszissenachse in A die Spannung $s_u F_{u1} r$ darstellen, so gibt uns die Abszisse des Schnittpunktes mit der $\varDelta P$-Kurve die auftretende Stromdichte und den Strom. In dieser Weise ist für jeden Stromzweig zu verfahren. Ferner sind mehrere Stellungen zu nehmen und ein Mittelwert zu berechnen.

Der gefundene Verlust ist bei Parallelwicklungen mit der Bürstenzahl zu multiplizieren. Bei Reihen- und Reihenparallelwicklungen, bei denen mehrere Bürsten gleicher Polarität aufliegen, betrachtet man sie am besten zusammen mit Hilfe des reduzierten Kommutatorschemas (Kap. I, s. S. 7).

Bei schneller Drehung kann der Kurzschlußstrom innerhalb der Kommutierungszeit nicht mehr auf den gleichen Wert anwachsen wie bei Stillstand. Es käme für den maximalen Strom hier die Kurve der momentanen Werte der $(\varDelta P - s_u)$-Kurve in Frage, die einen ganz anderen Verlauf hat als für die Effektivwerte. Man verwendet daher am besten experimentell aufgenommene Kurven, wie sie in Kap. XII gezeigt sind.

Berechnung der Eisenverluste.

Maschinen, die mit einem Wechselfeld arbeiten, zeigen bezüglich der Eisenverluste ein abweichendes Verhalten von den Maschinen, die mit Drehfeldern oder konstanten Feldern arbeiten. Wir wollen die Verhältnisse in elementarer Form untersuchen.

Wir legen der Untersuchung verteiltes Stator- und Rotoreisen zugrunde und betrachten zunächst die Verhältnisse bei der ruhenden Maschine.

Die Feldkurve sei:

$$B_x = B_1 \cos \frac{x}{\tau} \pi \pm B_3 \cos 3\frac{x}{\tau}\pi \pm \ldots, \qquad \ldots \quad (88)$$

wobei $x = 0$ die Polmitte bezeichnet. Auf dem Bogen von der Polmitte bis zum Abstand x davon tritt in den Stator oder Rotor der Kraftfluß

$$l\int_0^x B_x \, d_x = l\frac{\tau}{\pi}\left(B_1 \sin \frac{x}{\tau}\pi \pm \frac{B_3}{3}\sin 3\frac{x}{\tau}\pi \pm \ldots\right).$$

Dieser Fluß geht durch die Querschnitte $\overline{AB}$ des Stators und $\overline{CD}$ des Rotors (s. Fig. 190). Die mittlere Induktion dieses Querschnittes ist daher, wenn h die Höhe des Eisenkerns bezeichnet

$$\frac{1}{h}\frac{\tau}{\pi}\left(B_1 \sin \frac{x}{\tau}\pi \pm \frac{B_3}{3}\sin \frac{3x}{\tau}\pi \pm \ldots\right). \quad \ldots \ldots \quad (89)$$

Die Kurve der mittleren Induktion im Eisen als Funktion des Abstandes x von der Polmitte ist also die Integralkurve der Feldkurve. Da die höheren Harmonischen nur zu $\dfrac{1}{m}$ tel entsprechend ihrer Ordnung m in sie eingehen, ist sie fast eine Sinuskurve.

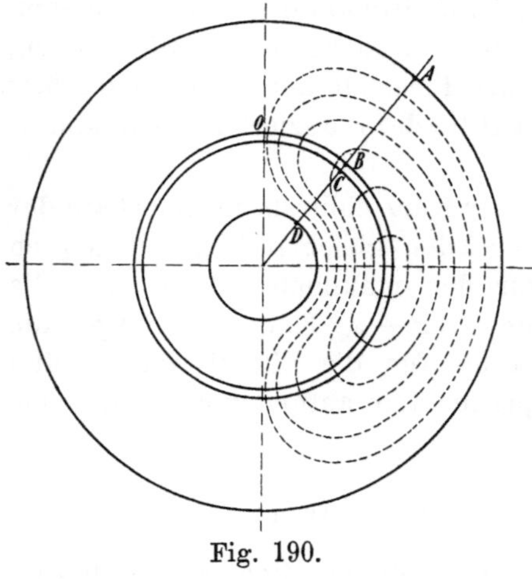

Fig. 190.

Die einzelnen Querschnitte werden also nicht mit der gleichen Amplitude der Induktion ummagnetisiert, sondern an der Polmitte ist die Induktion im Eisen Null, an der „neutralen Zone“ des Feldes ist sie im Maximum.

Die Verluste sind also kleiner als bei einem Drehfeld von gleicher Stärke, weil bei diesem alle Querschnitte nacheinander die gleiche maximale Induktion haben. Nehmen wir eine sinusförmige Verteilung an, so ist für die Wirbelstromverluste, die dem Quadrat der Induktion proportional sind, das Verhältnis der Verluste bei einem Wechselfeld zu denen im Drehfeld

$$\frac{2}{\pi}\int\limits_{0}^{\frac{\pi}{2}}\sin^2 x\,dx = \frac{1}{2}.$$

Die Wirbelstromverluste sind also gerade halb so groß. Um auch das Verhältnis für die Hystereseverluste zu bestimmen, nehmen wir an, daß das Steinmetzsche Gesetz als Differentialgesetz gültig sei.

Das Verhältnis der Hystereseverluste für ein Wechselfeld zu jenem im Drehfeld von gleicher Stärke wird dann

$$\frac{2}{\pi}\int\limits_{0}^{\frac{\pi}{2}}\sin^{1,6} x\,dx .$$

Dieses Integral läßt sich durch die Substitution

$$\sin x = \sqrt{1 - u^2} \qquad\qquad dx = -\frac{du}{\sqrt{1 - u^2}}$$

umformen in

$$-\int\limits_{u\,=\,1}^{u\,=\,0}(1-u^2)^{0,3}\,du$$

und durch Reihenentwicklung lösen. Die Reihe konvergiert schnell nach dem Wert 0,55.

Bei sinusförmiger Feldverteilung des Wechselfeldes sind also $55^0/_0$ der Hystereseverluste und $50^0/_0$ der Wirbelstromverluste zu erwarten, die beim Drehfeld auftreten. Die Rechnung ist zunächst für das Kerneisen abgeleitet, sie gilt aber auch für die Zähne, weil bei sinusförmiger Feldverteilung die Induktion in den aufeinanderfolgenden Zähnen nach einer Sinuskurve abgestuft ist.

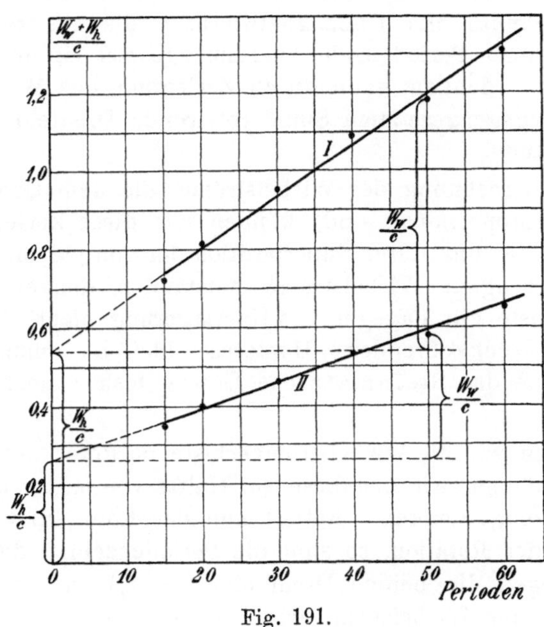

Fig. 191.

Der folgende Versuch bestätigt die Rechnung. An einem dreiphasigen Induktionsmotor wurden die Eisenverluste bei Stillstand gemessen und durch Änderung der Periodenzahl bei konstantem Verhältnis $\dfrac{E}{c}$ nach der Periodenzahl getrennt.

Ferner wurde der Motor bei Hintereinanderschaltung von zwei Phasen des Motors einphasig erregt und die Verluste nun für das Wechselfeld bei gleichem Fluß wieder nach der Periodenzahl getrennt. Die Kurven I und II, Fig. 191, zeigen die Trennung.

Es ist für das Drehfeld

$$\frac{W_h}{c} = 0{,}54, \qquad\qquad \frac{W_w}{c^2} = 0{,}00132,$$

für das Wechselfeld

$$\frac{W_h}{c} = 0{,}27, \qquad\qquad \frac{W_w}{c^2} = 0{,}00067.$$

Diese Berechnung gilt nun zunächst für die Verluste bei Still-stand, d. h. für die Verluste im Stator, wenn dieser verteiltes Eisen besitzt und das Wechselfeld angenähert sinusförmig im Luftraum verteilt ist.

Bei der Drehung des Rotors im Wechselfeld erleiden die ein-zelnen Querschnitte eine Ummagnetisierung, die aus zwei Wellen von verschiedener Periodenzahl zusammengesetzt ist und die man sich entstanden denken kann durch Zerlegung des Wechselfeldes in zwei in entgegengesetztem Sinne rotierende Drehfelder von der halben Amplitude.

Für die Berechnung der Wirbelströme, die dem Quadrate der Periodenzahl proportional sind, können wir diese Zerlegung ver-wenden, d. h. sie uns durch Superposition der von jedem der beiden Drehfelder erzeugten Wirbelströme entstanden denken; für die Hystereseverluste gilt dagegen die Überlagerung nicht, da die Mo-leküle nach rückkehrenden Hystereseschleifen ummagnetisiert werden, für die das Steinmetzsche Gesetz bisher noch nicht er-wiesen ist.

Bezeichnen wir die Wirbelstromverluste im Rotor bei Stillstand mit W_{w0}, so können wir uns diese zur Hälfte von jedem der beiden Drehfelder erzeugt denken. Rotiert nun der Rotor, und ist c_r die Periodenzahl der Rotation, so sind die Periodenzahlen der Relativ-bewegung gegen die beiden Drehfelder $(c - c_r)$ und $(c + c_r)$, und es wird daher der Wirbelstromverlust beim Lauf

$$W_w = \frac{W_{w0}}{2}\left[\left(\frac{c-c_r}{c}\right)^2 + \left(\frac{c+c_r}{c}\right)^2\right] = W_{w0}\left[1 + \left(\frac{c_r}{c}\right)^2\right]. \quad (90)$$

Zu den Wirbelstromverlusten W_{w0} bei Stillstand treten beim Lauf weitere hinzu, die $\left(\frac{c_r}{c}\right)^2$ mal so groß sind. Diese werden me-chanisch gedeckt.

Bei Synchronismus sind also die Rotorwirbelstromverluste im Wechselfeld doppelt so groß wie bei Stillstand und ebenso groß wie die vom Drehfeld im stillstehenden Rotor erzeugten Verluste.

Für die Hystereseverluste haben die Versuche von Dr.-Ing. M. Radt[1]) ergeben, daß sie bis Synchronismus fast konstant bleiben und dann etwa linear mit der Geschwindigkeit wachsen.

Die aus der Annahme, daß auch für die Hystereseverluste die Superposition gilt, folgende Beziehung

$$W_h = \frac{W_{h0}}{2}\left\{\pm\left(1-\frac{c_r}{c}\right)+\left(1+\frac{c_r}{c}\right)\right\} \quad \ldots \quad (91)$$

ergibt, wenn für das erste Glied $(\pm)$ stets der positive Wert eingesetzt wird, annähernd richtige Resultate.

Für die zusätzlichen Eisenverluste, die durch die Nutenöffnungen entstehen, gilt ähnliches wie für die Wirbelstromverluste, d. h. sie sind im Wechselfeld etwa halb so groß wie bei einem Drehfeld. Wir können sie also nach WTV 1, S. 213 berechnen und mit dem Faktor $^1/_2$ reduzieren.

70. Mittel zur Verbesserung der Kommutation.

Hierzu gehören einerseits Widerstandsverbindungen zwischen Rotorwicklung und Kommutator, andrerseits Wendefelder.

1. Widerstandsverbindungen.

Die Widerstandsverbindungen werden bei den Motoren von Lamme der Westinghouse El. & Mfg. Co. ohne Wendefelder verwendet, in Verbindung mit Wendefeldern bei den Motoren der Siemens-Schuckert-Werke, der Maschinen-Fabrik Örlikon usw.

Sie sind beim Anlauf ein wirksames Mittel zur Verminderung der Kurzschlußströme, bedingen aber eine große lokale Erwärmung im Anker und eine Erhöhung des ganzen Rotorwiderstandes für den Hauptstrom und setzen den Wirkungsgrad beim Lauf um etwa 1 bis 2 $^0/_0$ herab.

Fig. 192 zeigt die Anordnung der Widerstandsleiter und Fig. 193 die Nutenanordnung der Motoren von Lamme. Die Widerstände r sind aus Neusilber mit einem spez. Widerstand $\varrho = 0,35$ hergestellt.

Für die Bemessung der Widerstände ist maßgebend, daß der gesamte Verlust ein Minimum sein soll, der einerseits durch die

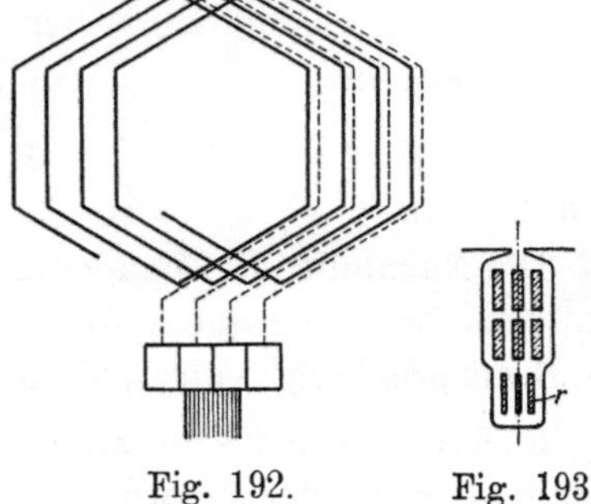

Fig. 192.　　　　Fig. 193.

---

[1]) M. Radt, Die Eisenverluste in ellipt. Drehfeldern. Arbeiten II aus dem E. T. I. Karlsruhe 1911.

Kurzschlußströme, andrerseits durch den Ankerstrom selbst in den Widerständen entsteht.

R. Richter hat gezeigt[1]), daß dies der Fall ist, wenn beide Verluste gleich groß sind; je größer nämlich die Widerstände werden, um so kleiner wird der Kurzschlußverlust bei gegebener Spannung zwischen den Bürstenkanten, und um so größer wird der Verlust für einen bestimmten Rotorstrom.

Vernachlässigt man die Widerstände der Spulen und bezeichnet die effektive Spannung zwischen zwei Lamellen mit e', so werden für die verschiedenen Kurzschlußkreise, wenn x Lamellen berührt sind, die Kurzschlußströme angenähert

$$J_{k1} = \frac{(x-1)\,e' - 2\,\Delta P}{2\,r}$$

$$J_{k2} = \frac{(x-3)\,e' - 2\,\Delta P}{2\,r}$$

$$\vdots$$

wobei nur die positiven Zahlen $(x-n)$ einzusetzen sind. Der Verlust in den Widerständen wird daher

$$V_1 = \frac{[(x-1)\,e' - 2\,\Delta P]^2 + [(x-3)\,e' - 2\,\Delta P]^2 + \cdots}{2\,r}. \tag{92}$$

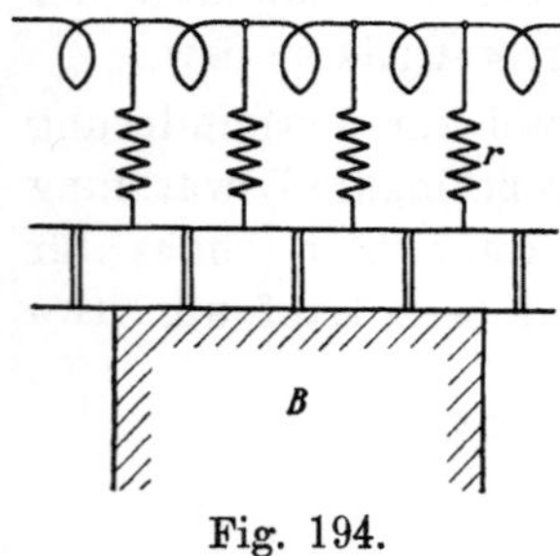

Fig. 194.

Für den Rotorstrom J (vgl. Fig. 194) sind die x Widerstände parallel geschaltet, daher ist der Verlust

$$V_2 = J^2\,\frac{r}{x}.$$

Die Summe $V_1 + V_2$ wird nun, wenn wir r als einzige Variable betrachten, ein Minimum, wenn

$$V_1 = V_2$$

wird.

Die Nachteile der Widerstandsverbindungen sind die Gefahr des Erhitzens bei langsamem Anlauf und Lösung der Lötstellen, sowie die Beanspruchung von Wicklungsraum in den Nuten.

R. Richter hat eine sinnreiche Anordnung angegeben, um die Ausnutzung zu verbessern; er legt die Leiter, wie Fig. 195 zeigt,

---

[1]) ETZ 1906.

so unter die Pole, daß der in ihnen fließende Hauptstrom an dem Drehmoment teilnimmt. Die Widerstandsverbindungen bilden dann für sich eine besondere offene Wicklung (Zusatzwicklung), die über der eigentlichen geschlossenen Rotorwicklung in den Nuten liegt. Die Summe der mit einer Windung der Zusatzwicklung verketteten Kraftröhren des Hauptflusses ist Null, es entsteht also in ihr keine zusätzliche Transformator-EMK.

Die Anordnung wird bei den Motoren der Siemens-Schuckert-Werke ausgeführt. Da die Länge der Leiter groß ist, braucht kein Widerstandsmaterial verwendet zu werden. Die Zusatzwicklung wird aus Kupferdrähten von dünnerem Querschnitt als die Ankerleiter hergestellt.

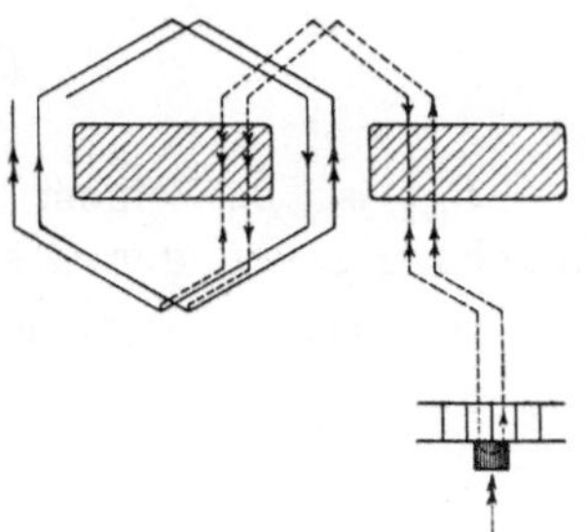

Fig. 195. Anordnung der Widerstandsverbindungen nach R. Richter.

2. Wendefelder.

Die Aufgabe der Wendefelder besteht darin, erstens die EMK der Pulsation des Hauptflusses durch eine EMK der Rotation aufzuheben, zweitens das Ankerquerfeld auch unter den Wendepolen aufzuheben, also als Fortsetzung der Kompensationswicklung zu wirken, drittens ein dem Ankerfeld entgegengesetzt gerichtetes Wendefeld zur Kommutation des Stromes zu schaffen.

Die erste Bedingung allein erfordert einen Wendefluß, der gegen den Kraftfluß der Hauptpole zeitlich um genau 90° phasenverschoben ist, und zwar derart, daß der auf einen Hauptpol im Sinne der Drehrichtung des Rotors folgende Wendepol $^{1}/_{4}$ Periode später dieselbe Polarität hat wie der Hauptpol, so daß der Magnetismus mit dem Rotor wandert.

Die Induktion unter dem Wendepol hierfür sei B_{w1}, sie soll der Bedingung genügen

$$B_{w1} = \frac{\pi\, c\, \Phi_{max}}{l_i\, v\, 100} \quad \ldots \ldots \quad (93)$$

wenn v im m/sek ausgedrückt ist. Sie ist bei gegebenem Hauptfluß (und Drehmoment) umgekehrt proportional der Geschwindigkeit. Die zweite und dritte Bedingung erfordern eine MMK, die der MMK des Rotorstromes entgegengesetzt gerichtet und ihr proportional ist; sie ist also zeitlich gegen die MMK, die zur Erzeugung des Wendefeldes B_{w1} erforderlich ist, um etwa 90° in der Phase verschoben.

Die für die Kommutation des Stromes erforderliche Stärke des Wendefeldes sei B_{w2}. Sie soll der Bedingung genügen

$$B_{w2} = \frac{2\sqrt{2}\,t_1\,A\,S\,\lambda_N}{t_1 + b_D - \beta_D} \quad \ldots \ldots \quad (94)$$

B_{w2} ist bei einem bestimmten Rotorstrom und Drehmoment unabhängig von der Geschwindigkeit.

Um das resultierende Wendefeld von der Stärke

$$B_w \cong \sqrt{B_{w1}^2 + B_{w2}^2} \quad \ldots \ldots \quad (95)$$

zu erzeugen, sind verschiedene Methoden besonders von Dr. Behn-Eschenburg, R. Richter, M. Latour u. a. vorgeschlagen worden.

Bei Verwendung von Wendefeldern werden entweder ausgeprägte Pole oder verteiltes Statoreisen verwendet. Im letzten Falle werden die Nuten für die Erreger-, die Kompensations- und die Wendepolwicklung meist gleich groß ausgeführt, so daß sich eine gleichmäßige Nutung des ganzen Stators ergibt. Fig. 196 zeigt eine Ausführung eines Motors der Maschinenfabrik Örlikon mit verteiltem Eisen.

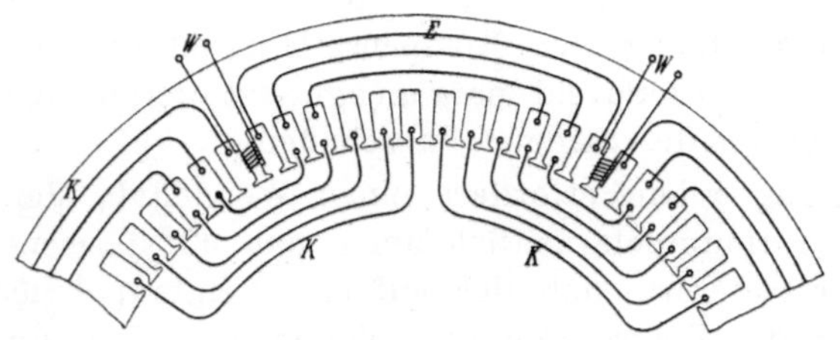

Fig. 196. Anordnung der Erreger-, Kompensations- und Wendepolwicklungen bei den Hauptschlußmotoren der Maschinenfabrik Örlikon.

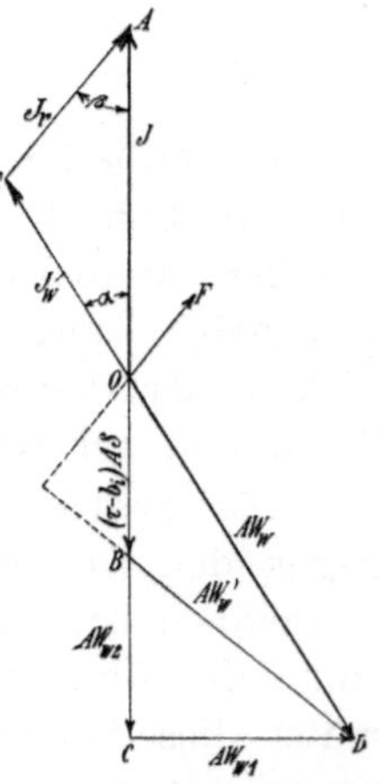

Fig. 197.

Das Vektordiagramm der MMKe ergibt sich wie folgt. Sei $\overline{OA}$ (Fig. 197) die Phase des Rotorstromes und, da die Kurzschlußströme aufgehoben sein sollen, unter Vernachlässigung der Hysteresis auch die Phase des Hauptkraftflusses. Von der Rotor-MMK $(\tau\,A\,S)$ sei jener Teil, der auf dem Bogen b_i liegt, durch die Kompensationswicklung aufgehoben. Die Wendepole erhalten also zunächst eine MMK $\overline{OB} = (\tau - b_i)\,A\,S$, die der MMK des Rotorstromes entgegengesetzt gerichtet ist. Zur Erzeugung des Wendefeldes Φ_{w2}, das zur Stromwendung dient, ist die MMK der Wendepole $A\,W_{w2} = \overline{BC}$ ebenfalls dem Rotorstrom entgegengerichtet. Zur Erzeugung des kommutierenden Feldes Φ_{w1}, das die Transformator-EMK aufheben soll, ist die MMK $AW_{w1} = \overline{CD}$, um 90^0 gegen J voreilend, vorhanden. $\overline{OD}$ ist die resultierende MMK der Wendepole

$$AW_w = \sqrt{[(\tau - b_i)\, AS + AW_{w2}]^2 + AW_{w1}^2}.$$

Das Wendefeld selbst ist proportional

$$\overline{BD} = AW_w{}' = \sqrt{AW_{w1}^2 + AW_{w2}^2}.$$

Die Phase des Stromes der Wendepole hängt von dem Wicklungssinn ab. Ist dieser umgekehrt wie der des Rotors, so daß derselbe Strom in der Wendepolwicklung umgekehrt magnetisiert wie im Rotor, so ist die Phase des Wendepolstromes gegenüber jener des Rotorstromes gegen $\overline{OD}$ um 180^0 verschoben. Es sei $\overline{OE} = J_w$ der Strom des Wendepoles. Der Teil $\overline{OC} = (\tau - b_i)\, AS + AW_{w2}$ der MMK der Wendepole ist dem Rotorstrom proportional und unabhängig von der Geschwindigkeit. Er kann durch eine einmalige Einstellung für alle Belastungen richtig erhalten werden. Der Teil $\overline{CD} = AW_{w1}$ soll dem Hauptkraftfluß direkt und der Geschwindigkeit umgekehrt proportional sein. Solange Rotorstrom und Kraftfluß einander proportional sind, d. h. die Maschine ungesättigt ist, kann die Proportionalität z. B. durch Erregung mittels eines dem Ankerstrom proportionalen, gegen ihn entsprechend phasenverschobenen Stromes erfolgen. Die Beziehung zur Geschwindigkeit kann aber durch eine einmalige Einstellung nicht für alle Arbeitsgebiete erhalten werden. Daraus folgt, daß alle Wendepolanordnungen bei einer bestimmten Einstellung der Erregung nach Größe und Phase nur bei einer bestimmten Geschwindigkeit unabhängig von der Belastung genau wirken. Es ist nun allerdings nicht nötig, daß die resultierende Kurzschluß-EMK $\varDelta e$ für alle Belastungen vollständig aufgehoben wird. Am meisten wird man dies bei den höchsten Geschwindigkeiten anstreben. Ist die Erregung für diese bei einer Belastung richtig eingestellt, so ist sie dabei für alle Belastungen richtig. Bei kleineren Geschwindigkeiten wird dann aber AW_{w1} zu klein, bei höheren zu groß. Es ist dann zu untersuchen, ob der Fehler zulässig ist, sonst ist für geringere Geschwindigkeiten eine zweite Einstellung mit entsprechender Vergrößerung der AW_{w1} vorzunehmen.

Von den verschiedenen Wendepolschaltungen seien nur einige erläutert.

a) Reihenschaltung von Wendepolwicklung und Rotor.

Bei dieser Schaltung muß die Phase des Wendepolstromes gegenüber dem Rotorstrom beeinflußt werden.

Dies wird z. B. durch Parallelschaltung eines induktionsfreien Widerstandes zur Wendepolwicklung erreicht (nach Behn-Eschenburg), s. Fig. 198. Die Wendepolwicklung ist mit 4 bezeichnet, die übrigen Wicklungen tragen die üblichen Ziffern. Hier können wir das Diagramm Fig. 197 ohne weiteres verwenden. Der Haupt-

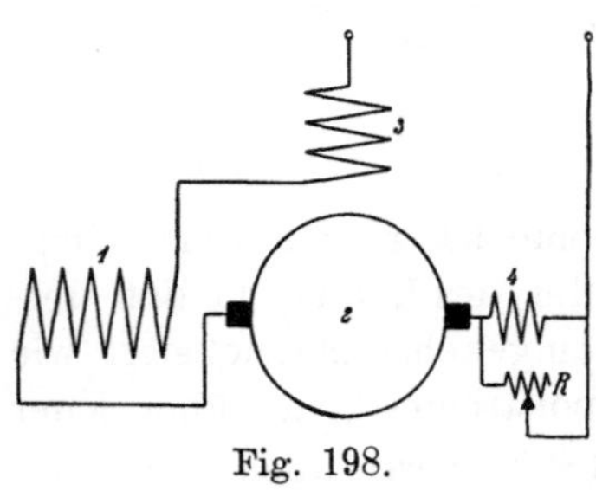

Fig. 198.

strom, der die Erreger-, die Kompensations- und die Rotorwicklung durchfließt, spaltet sich in zwei Teile, J_w im Wendepol und J_r im Widerstand. Die Spannung am Wendepol eilt dem resultierenden Wendefluß Φ_w um fast 90^0 vor, wenn wir den Ohmschen Spannungsfall der Wendepolwicklung vernachlässigen. Sie sei in Fig. 197 $\overline{OF}$, senkrecht auf $AW_w' = \overline{BD}$.

Daher ist J_r in Phase mit ihr und durch $\overline{EA}$ parallel $\overline{OF}$ dargestellt.

Es ist also
$$J_w \sin \alpha = J_r \sin \beta,$$
$$J = J_w \cos \alpha + J_r \cos \beta,$$

worin $\beta = \sphericalangle EAO$ bei der gemachten Annahme auch gleich $\sphericalangle BDC$ ist. Hiermit wird

$$J_w = J \frac{AW_w}{(\tau - b_i) AS + AW_{w2} + \dfrac{AW_{w1}^2}{AW_{w2}}}, \quad \ldots \ldots (96)$$

$$J_r = J \frac{AW_{w1} \sqrt{AW_{w1}^2 + AW_{w2}^2}}{AW_{w2} [(\tau - b_i) AS + AW_{w2}] + AW_{w1}^2} \ldots (97)$$

Aus der Belastung, für die die Wendepolerregung eingestellt werden soll, erhält man $(\tau - b_i) AS$, AW_{w1} und AW_{w2} und hiermit J_w, J_r, Φ_w.

Die Windungszahl der Wendepole wird $w_w = \dfrac{AW_w}{J_w}$, die Spannung am Wendepol $P_w \cong \pi \sqrt{2} c w_w \Phi_w 10^{-8}$ und der Widerstand $R = \dfrac{P_w}{J_r}$.

Der für die Wendepolerregung nutzbar gemachte Teil J_w des ganzen Stromes J ist um so kleiner, der Strom im Widerstand und der Verlust um so größer, je größer AW_{w1} gegen $(\tau - b_i) AS + AW_{w2}$ ist.

b) Parallelschaltung der Wendepolwicklung zum Motor.

Da das Wendefeld Φ_{w1} in bezug auf seine Größe von dem Hauptkraftfluß Φ abhängt und gegen ihn um 90^0 phasenverschoben sein soll, da ferner die Spannung an der Wendepolwicklung um weitere 90^0 gegen das Wendefeld phasenverschoben ist, so ergibt sich zur Erzeugung dieses Feldes allein eine Spannung an der Wendepolwicklung, die in Phase mit dem Hauptfluß ist. Hierzu wäre die Rotorspannung geeignet. Die Transformatorspannung $\varDelta e_p$ allein kann also aufgehoben werden durch Parallelschaltung der Wendepolwicklung zum Rotor.

Das Rotorquerfeld kann bei ganz verteiltem Statoreisen durch die verteilte Kompensationswicklung aufgehoben werden. Es bliebe also noch die Erzeugung des Wendefeldes $\varPhi_{w2}$ zur Stromwendung übrig. Dieses soll die Phase des Stromes haben und ihm proportional sein. Die zur Erzeugung dieses Feldes erforderliche Spannung an der Wendepolwicklung müßte dem Strom um 90° voreilen. Hierzu wäre also die wattlose Spannung an der Erregerwicklung geeignet.

Wir sehen, daß die ganze Motorspannung unter Umständen die richtige Phase für das Wendefeld gibt, so daß es möglich ist, die Wendepolwicklung parallel zum ganzen Motor zu schalten, s. Fig. 199.

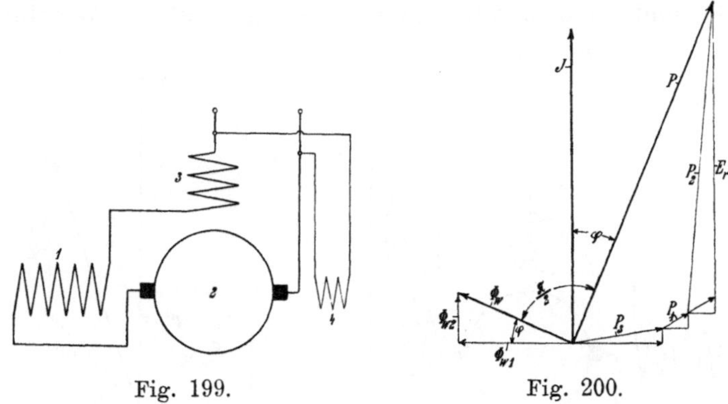

Fig. 199.   Fig. 200.

Das Vektordiagramm zeigt Fig. 200. Da die Kurzschlußströme aufgehoben sein sollen, nehmen wir den Kraftfluß in Phase mit dem Strom an (unter Vernachlässigung der Hysteresis). P_1, P_2, P_3 sind die Spannungen an Kompensationswicklung, Rotor und Erregerwicklung, P ist die Klemmenspannung. Unter Vernachlässigung des Widerstandes der Wendepolwicklung ist $\varPhi_w$ um 90° gegen P verzögert; es ist daher $\varPhi_{w2} : \varPhi_{w1} = \operatorname{tang} \varphi$.

Bei konstantem Strom und Drehmoment bleiben $P \sin \varphi$ und $\varPhi_{w2}$ konstant, dagegen steigt $P \cos \varphi$ mit der Geschwindigkeit und ebenso $\varPhi_{w1}$.

Es soll aber $\varPhi_{w1}$ umgekehrt proportional der Geschwindigkeit sein, die Erregung des Wendepols ist also nur für eine Geschwindigkeit richtig, bei der $\varDelta e_N : \varDelta e_p = \operatorname{tg} \varphi$ ist.

Bei hohen Geschwindigkeiten ist aber meist $\Delta e_N : \Delta e_p > \operatorname{tg} \varphi$.

Ein weiterer Nachteil dieser Schaltung ist, daß bei einer gesättigten Maschine $P \sin \varphi$ und daher Φ_{w2} nicht dem Strom proportional ansteigt, die Einstellung ist also auch für die Stromwendespannung nicht bei allen Belastungen richtig.

c) Gemischte Erregung der Wendepole.

Besser ist es daher, eine gemischte Erregung des Wendefeldes zu verwenden: für die Stromwendung Reihenschaltung und für die Aufhebung der Transformatorspannung Parallelschaltung, damit das Wendefeld Φ_{w1} für sich entsprechend der Geschwindigkeit eingestellt werden kann.

Hierbei muß die gegenseitige Beeinflussung der vom Hauptstrom und vom Nebenschlußstrom erzeugten Wendefelder verhütet werden. Die gemischte Erregung kann mit einer oder mit zwei Wendepolwicklungen ausgeführt werden. Fig. 201 zeigt z. B. eine in Reihe mit dem Rotor (2) geschaltete Hauptschlußwendepolwicklung (4) und eine parallel zum Motor geschaltete Wicklung 5.

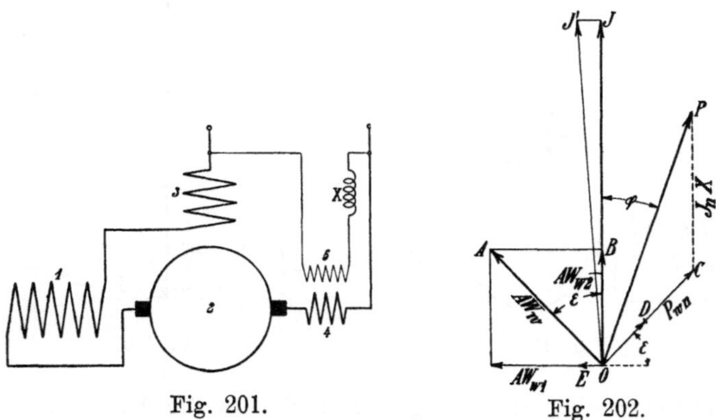

Fig. 201.   Fig. 202.

Nehmen wir an, die Wicklungen seien um denselben Zahn, den „Wendezahn", gelegt, so ist der Kraftfluß in diesem Zahn nach Größe und Phase bestimmt durch die Spannung an der Nebenschlußwicklung (5), der Hauptstrom in der Wendewicklung 4 kann diesen nicht ändern, denn die Nebenschlußwicklung nimmt einen Strom aus dem Netz, der jede Änderung ihres Feldes verhindert. Dies kann verhütet werden durch Vorschalten einer Drosselspule (X in Fig. 201). Das entsprechende Vektordiagramm zeigt Fig. 202. P, J und φ sind gegeben, $\overline{OA}$ stellt die Wendepolamperewindungen AW_w für das resultierende Wendefeld Φ_w dar, daher entspricht die Komponente $\overline{OB}$ in Phase mit dem Strom den Wendepol-AW AW_{w2}

zur Erregung von Φ_{w2}, und die senkrechte dazu $\overline{BA} = AW_{w1}$ zur Erzeugung von Φ_{w1}. Die unabhängige Einstellbarkeit der zweiten AW von den ersten erhalten wir dadurch, daß wir AW_{w2} von der Hauptschlußerregung, AW_{w1} von der Nebenschlußerregerwicklung erzeugen. Sind w_h und w_n die Windungszahlen, J_n der Strom in der Nebenschlußwicklung, so soll also

$$Jw_h = AW_{w2},$$

$$J_n w_n = AW_{w1}$$

sein. J_n steht senkrecht zu J.

Die Windungszahl der Hauptschlußwicklung ist also

$$w_h = \frac{AW_{w2}}{J}.$$

Die übrigen Größen J_n, w_n und die Reaktanz der Drosselspule ergeben sich wie folgt. Die Spannung an der Nebenschlußwicklung P_{wn} eilt gegen Φ_w um 90° vor (wenn der Widerstand vernachlässigt wird) und sei durch $\overline{OC}$ senkrecht zu $\overline{OA}$ dargestellt. $\overline{CP}$ senkrecht zu J_n (in Phase mit $\overline{OB}$) ist dann die in der Drosselspule zu drosselnde Spannung $J_n X$.

Aus der Fig. 202 ergibt sich

$$P_{wn} \cos \varepsilon = P \sin \varphi,$$

$$P_{wn} \sin \varepsilon + J_n X = P \cos \varphi,$$

hierin ist

$$\cos \varepsilon = \frac{AW_{w2}}{AW_w},$$

$$\sin \varepsilon = \frac{AW_{w1}}{AW_w},$$

daher

$$P_{wn} \simeq \pi \sqrt{2}\, c w_n \Phi_w\, 10^{-8} = P \sin \varphi \frac{AW_w}{AW_{w2}},$$

$$w_n = \frac{P \sin \varphi}{\pi \sqrt{2}\, c\, \Phi_w} \frac{AW_w}{AW_{w2}}\, 10^8.$$

Diese Windungszahl ist also aus den für die Belastung gegebenen Größen zu ermitteln. Ferner ist dann

$$J_n = \frac{AW_{w1}}{w_n} = \frac{AW_{w1}\, AW_{w2}\, \pi \sqrt{2}\, c}{P \sin \varphi} \frac{\Phi_w}{AW_w}\, 10^{-8}.$$

Die Reaktanz der Drosselspule wird nun

$$X = \frac{P\sin\varphi\left[P\cos\varphi - P\sin\varphi\,\dfrac{AW_{w1}}{AW_{w2}}\right]}{AW_{w1}\,AW_{w2}\,\pi\sqrt{2}\,c}\,\frac{AW_w}{\Phi_w}\,10^8 \quad . \quad . \quad (98)$$

Diese Gleichung zeigt, wie X verändert werden muß, wenn die Belastung sich ändert. Bei ungesättigten Wendepolen kann $\Phi_w : AW_w =$ konst. angenommen werden. Ändert sich bei konstantem Drehmoment die Geschwindigkeit, so bleiben $P\sin\varphi$ und AW_{w2} konstant, bei Geschwindigkeitszunahme nimmt $P\cos\varphi$ zu und AW_{w1} nimmt ab. X muß vergrößert werden. Bei einer bestimmten Geschwindigkeit wird $X=0$, wenn

$$\frac{AW_{w2}}{AW_{w1}} = \operatorname{tg}\varphi$$

ist, und bei kleineren Geschwindigkeiten müßte X negativ sein. Man wird diese „kritische" Geschwindigkeit möglichst klein wählen,

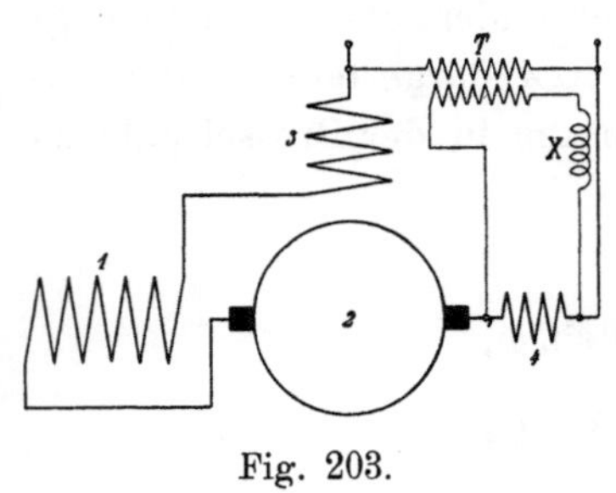

Fig. 203.

denn oberhalb ihrer kann durch Einstellung der Drosselspule stets das richtige Wendefeld erzeugt werden, darunter nicht mehr ganz[1]). Diese Methode ist also außerordentlich wirksam, sie hat aber den Nachteil, daß sie in der Maschine viel Wicklungsraum beansprucht, um beide Wicklungen unterzubringen. Dies läßt sich dadurch abändern, daß man die Wicklungen vereinigt. Die Nebenschlußwicklung fällt fort und es wird die Hauptschlußwicklung vermittels eines Transformators parallel zum Netz geschaltet, s. Fig. 203. Das Übersetzungsverhältnis dieses Transformators ist dann ebenso groß wie früher das Verhältnis $\dfrac{w_n}{w_h}$, und die Reaktanz der Drosselspule kann in den Transformator verlegt werden oder es kann wieder eine besondere Drosselspule verwendet werden. Im letzten Falle kann das Übersetzungsverhältnis konstant sein und die Drosselspule wird ebenso eingestellt wie früher. Läßt man die Drosselspule fort und verlegt die Reaktanz in den Transformator, so ist, um die Erregung nachzuregulieren, das Übersetzungsverhältnis zu ändern. Hierbei verändert sich freilich auch die Reaktanz des Transformators,

---

[1]) Die Verhältnisse ändern sich nur unwesentlich, wenn man die Widerstände berücksichtigt.

allerdings nicht ganz in dem beabsichtigten Sinne, die Regulierung des Wendefeldes wird nicht mehr so genau wie früher.

Verwendet man einen Autotransformator AT, s. Fig. 204, so besitzen die vor der Abzweigungsstelle a liegenden Windungen eine große Streuung, die wie eine vorgeschaltete Drosselspule wirkt, so daß eine besondere Drosselspule meist nicht nötig ist.

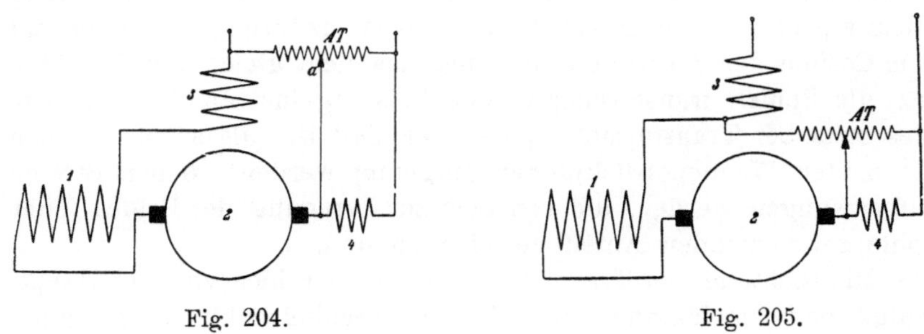

Fig. 204.   Fig. 205.

Die Maschinenfabrik Örlikon schließt den Autotransformator auch hinter der Erregerwicklung (3) an; s. Fig. 205. Die primäre Nebenschlußspannung ist dann die Spannung am Rotor und an der Kompensationswicklung. Die Wirkungsweise ist ganz analog der früheren Schaltung, nur ist hier zu berücksichtigen, daß der Primärstrom des Transformators durch die Magnetwicklung (3) fließt, so daß der Strom darin um einen geringen Betrag gegen den Rotorstrom phasenverzögert ist. Ist die Kompensationswicklung nicht in Reihe mit dem Rotor, sondern kurzgeschlossen, so wird der Autotransformator an den Rotor angeschlossen.

Einige besondere Eigenschaften der gemischten Wendepolerregung können wir noch aus dem Diagramm Fig. 202 erkennen. Die Nebenschlußwendepolwicklung gibt scheinbar eine Leistung an das Netz zurück, denn J_n ist um 90^0 gegen J, also um $\left(\dfrac{\pi}{2}+\varphi\right)$ gegen P verzögert. Die Leistung ist also

$$- PJ_n \sin\varphi = - P_{wn}J_n \cos\varepsilon.$$

Andererseits nimmt die Hauptstromwendepolwicklung scheinbar eine Leistung vom Netz auf; selbst wenn wir den Widerstand vernachlässigen und die Spannung an der Hauptschlußwendepolwicklung

$$P_{wh} \eqsim \pi \sqrt{2}\, c w_h \Phi_w\, 10^{-8}.$$

in Phase mit $P_{wn} = \overline{OC}$ setzen. Diese Leistung ist

$$+ JP_{wh} \sin\varepsilon.$$

Nun ist
$$P_{wh} : P_{wn} = w_h : w_n,$$

$$J \sin \varepsilon : J_n \cos \varepsilon = J \operatorname{tg} \varepsilon : J_n = \frac{AW_{w2}}{w_h} \cdot \frac{AW_{w1}}{AW_{w2}} : \frac{AW_{w1}}{w_n} = w_n : w_h,$$

d. h. die Leistungen sind natürlich gleich und entgegengesetzt, ihre Summe also Null.

Hätten wir die Verluste in beiden Wicklungen berücksichtigt, so würden sich als Summe die Verluste ergeben. Für jede Wicklung allein ergibt aber die Messung ein Produkt aus Strom, Spannung und dem Cosinus der Phasenverschiebung, das nicht gleich den Verlusten ist; die Spulen transformieren eine Leistung ineinander über, wie dies stets bei Transformatorspulen der Fall ist (als solche können die beiden Wendepolwicklungen aufgefaßt werden), denen Ströme aufgezwungen werden, die von dem zur Erregung des Feldes jeder Spule zukommenden Anteil verschieden sind.

Die Richtung der Transformation, die wir hier von der Hauptschlußwendepolwicklung auf die Nebenschlußwicklung gefunden haben, kann auch umgekehrt sein. Dies hängt vom Wicklungssinn ab. Der Fig. 202 liegt ein Wicklungssinn der Wendepolwicklungen zugrunde, der gegenüber dem des Rotors umgekehrt ist, so daß der Rotorstrom in der Wendepolwicklung fließend, entgegengesetzt wie im Rotor magnetisiert. Bei anderem Wicklungssinn liegt die Phase der Wendepol-MMK gegen $\overline{OA}$ um 180° gedreht; die Spannung an der Nebenschlußwendepolwicklung ist dann umzukehren. Hier ist dann die Transformation umgekehrt gerichtet.

Behalten wir nun den Wicklungssinn bei, den wir der Fig. 202 zugrunde gelegt haben, und sei die Spannung an der Hauptschlußwendepolwicklung $\overline{OD}$ in Phase mit $\overline{OC}$ aber im Verhältnis $\frac{w_h}{w_n}$ kleiner, so sehen wir, daß an Rotor, Kompensations- und Erregerwicklung nur der Teil $P' = \overline{DP}$ der Klemmenspannung bleibt: Scheinbar ist also die vom Motor aufgenommene Leistung größer als $P'J\cos(P'J)$, die Differenz wird von der Hauptschlußwicklung aufgenommen.

Wir haben nun noch den Nebenschlußstrom $J_n = \overline{OE}$ zu J zu addieren. J_n gibt seine Leistung wieder an das Netz zurück, weil $\overline{EOP}$ ein stumpfer Winkel ist. Der gesamte Netzstrom wird $\overline{OJ'}$. Es bleibt nun eine Vergrößerung der Phasenverschiebung des gesamten Stromes gegen die ganze Klemmenspannung übrig. Durch Nebenschlußerregung des Wendefeldes wird der Leistungsfaktor stets etwas verringert, abgesehen davon, daß durch Unterdrückung der Kurzschlußströme die Verschiebung zwischen Φ und J und die davon herrührende Verbesserung des $\cos \varphi$ (s. S. 337) fortgefallen ist

Diese Überlegungen, die wir zunächst für die getrennten Wendepolwicklungen nach Fig. 201 angestellt haben, gelten natürlich sinngemäß auch bei Vereinigung der Wicklungen und Verwendung eines Transformators. Hier gibt der Transformatorstrom die Leistung, die der Hauptstrom dem Wendepol zuführt, nach Abzug der Verluste zurück.

Sind die Kurzschlußströme nicht ganz aufgehoben, so können sie mit dem Wendefeld ein Drehmoment bilden. Während Δe_N stets durch einmalige Einstellung für alle Belastungen und Geschwindigkeiten kompensiert werden kann, ist dies bei Δe_p dagegen nicht der Fall. Bei kleiner Geschwindigkeit ist das Nebenschlußwendefeld, das umgekehrt proportional der Geschwindigkeit steigen soll, zu schwach. Es bleibt also eine Spannung Δe unkompensiert, die kleiner als die Transformatorspannung Δe_p ist und ihre Richtung hat. Die Kurzschlußströme haben daher die Richtung von Δe_p, und die EMK der Drehung im Wendefeld, die sie aufheben soll, ist ihnen entgegengerichtet wie bei einem Motor, die Kurzschlußströme wirken also motorisch.

Ist dagegen das Nebenschlußwendefeld zu stark, wie es bei hoher Geschwindigkeit möglich ist, d. h. die EMK der Drehung im Wendefeld größer als die Transformator-EMK, so ist die Richtung der Kurzschlußströme umgekehrt und sie wirken generatorisch.

d) Verteilte Wendefelder.

Solche sind bei Hauptschlußmotoren zuerst von Milch und R. Richter, von diesem bei den Motoren der Siemens-Schuckert-Werke angewendet worden, und zwar in der Absicht, die gegenseitige Beeinflussung der Haupt- und Nebenschlußwendepolwicklungen ohne Zuhilfenahme einer Drosselspule oder eines Transformators mit großer Streuung zu verhindern. Ist nämlich die Nebenschlußwendepolwicklung ganz verteilt, also in einer größeren Zahl Nuten des Stators untergebracht, die Hauptschlußwendepolwicklung etwa nur um einen Zahn gewickelt, so besteht eine große Streuung zwischen ihnen und der von der Hauptschlußwicklung erzeugte Wendefluß kann von der Nebenschlußwicklung nicht vernichtet, sondern nur geschwächt oder deformiert werden.

Ferner ist bei diesen Motoren die Erregerwicklung der Hauptpole und die Hauptschlußerregung der Wendepole vereinigt zu einer Wicklung, deren Achse gegen den Rotor geneigt ist. Die Möglichkeit hierzu erhellt aus der Überlegung, daß die Hauptschlußerregung der Wendepole ersetzt werden kann durch eine Verschiebung der Bürsten aus der „neutralen" Zone der Hauptpole, und zwar bei einem Motor entgegen der Drehrichtung des Rotors. Die Kompensationswicklung und die Nebenschlußerregerwicklung müssen dagegen koaxial zum Rotor liegen bleiben. Das Prinzip der Anordnung zeigt das Schaltungsschema Fig. 206. Die beiden Erregerwicklungen 3 und 3′ werden abwechselnd für je eine Drehrichtung verwendet, zur Umschaltung dient der einpolige Umschalter *u*. Bei der praktischen Ausführung bilden die Erregerwicklungen mit der Kompensationswicklung 1 eine umlaufende, nur an bestimmten Stellen aufgeschnittene Wicklung; die Nebenschlußwendewicklung 4 ist in eine größere Anzahl Nuten gelegt und aus dünnem Draht hergestellt. Sie ist an die Netzspannung oder einen Teil davon angeschlossen, bei Vorhandensein eines Transformators *T* für den ganzen

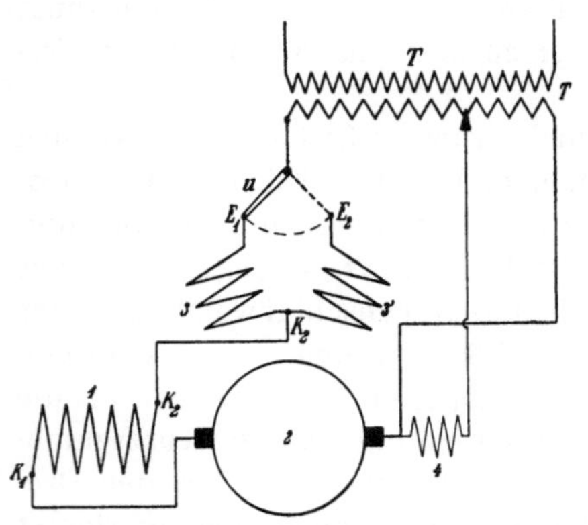

Fig. 206.　Reihenschlußmotor mit umschaltbarer Erregerwicklung der Siemens-Schuckert-Werke.

Motor wird die Spannung an entsprechenden Abzweigungen abgenommen, sonst gegebenenfalls durch Vorschalten einer Drosselspule eingestellt.

Die drei Abbildungen 207, 208, 209 zeigen das 4polige Schema der umlaufenden Wicklungen für 6 Nuten pro Pol und 2 Stäbe pro Nut, und zwar Fig. 207 die beiden Erregerwicklungen in je einer Nut pro Pol; ihre Enden sind mit $E_1 - K_2$ bzw. $E_2 - b$ bezeichnet. Die Verschiebung aus der neutralen Zone beträgt also eine halbe Nutenteilung. Fig. 208 zeigt die Kompensationswicklung in den übrigen 4 Nuten pro Pol. Sie hat zwei parallele Zweige, und die Enden sind mit $(K_1 a)$ bzw. $(K_2 b)$ bezeichnet. Fig. 209 ist endlich die Übereinanderlagerung, wobei die gleichbenannten Enden von 207 und 208 wie im Schema 206 miteinander verbunden sind.

Bei mehr als zwei Stäben pro Nut können in den der neutralen Zone benachbarten Nuten einzelne Stäbe der Erregerwicklung und andere der Kompensationswicklung angehören, wie in Fig. 210 mit acht Stäben pro Nut, wo sechs Stäbe in den der neutralen Zone benachbarten Nuten je einer der beiden Erregerwicklungen angehören, die anderen beiden der Kompensationswicklung. Dadurch reicht die Kompensationswicklung bis an die neutrale Zone heran. Die über den Stäben liegende Drahtwicklung ist die Nebenschlußwicklung.

Sie ist mit dem durch den „Wendezahn" tretenden Teil des

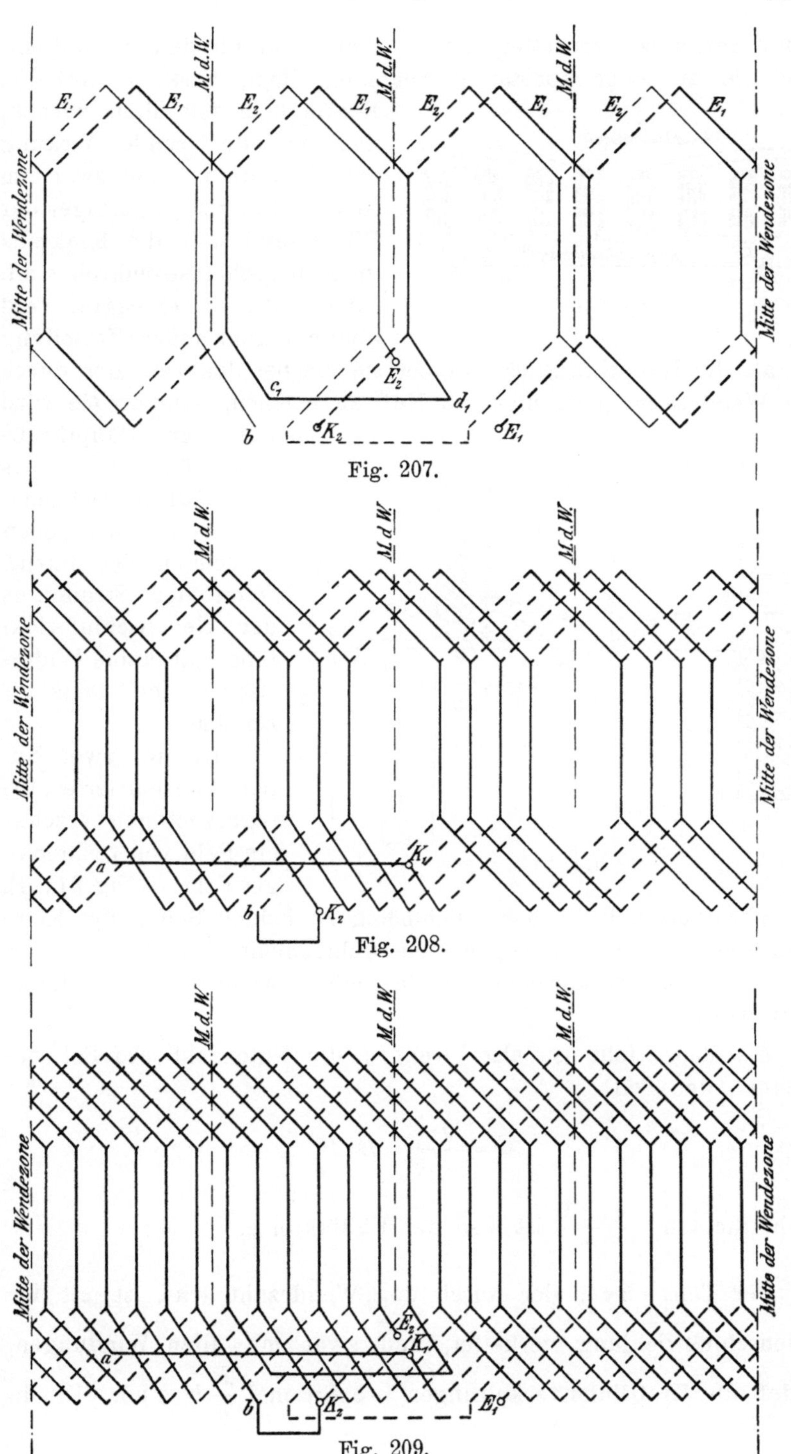

Fig. 207.

Fig. 208.

Fig. 209.

Hauptkraftflusses verkettet, der als Wendefeld für den Strom dient. Weil sie an einer konstanten Spannung liegt, wirkt sie auf den

Fig. 210.

Kraftfluß in dem Sinne zurück, daß die induzierende Wirkung auf sie aufhört, und zwar um so vollständiger, je geringer der Widerstand und die Reaktanz im Nebenschlußstromkreis sind. Da ein von ihr erzeugtes Feld aber eine ganz andere Verteilung

hat als der Hauptkraftfluß, braucht sie hierbei den Teil, der durch den Wendezahn geht, nicht zu Null zu machen, sondern sie wird

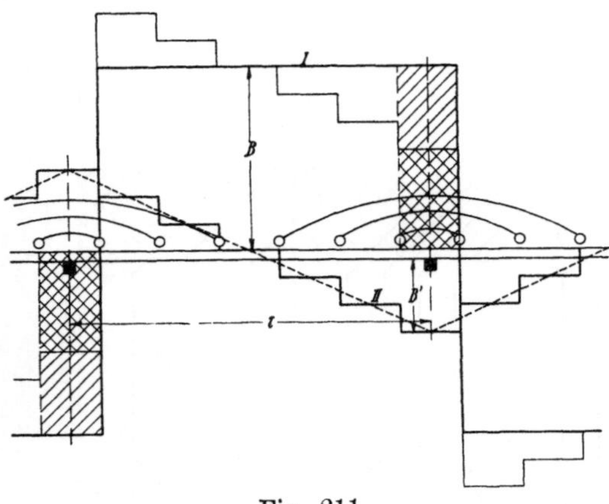

Fig. 211.

nur den Hauptkraftfluß deformieren. Als Grenzfall der Deformation wollen wir jenen berechnen, der eintritt, wenn der Stromkreis der Nebenschlußwicklung gar keine Widerstände und Reaktanzen hat.

Die in zwei Nuten konzentrierte Erregerwicklung erzeugt ein Feld von rechteckiger Form (s. Fig. 211, I).

Die schraffierten Teile, die gleichmäßig zu beiden Seiten der Kommutierungszone liegen, tragen zum Drehmoment nichts bei, sie würden das Hauptschlußwendefeld darstellen, wenn es nicht deformiert würde.

Als Magnetfeld ist also, wenn q die Nutenzahl pro Pol bezeichnet, der Teil

$$\Phi = \frac{q-1}{q} B \tau l$$

zu betrachten. $\dfrac{q-1}{q}$ ist also der Füllfaktor α.

Der Teil $\dfrac{1}{q} B \tau l$, der durch den Wendezahn tritt, ist mit der Nebenschlußwicklung verkettet, und zwar mit allen Windungen, so daß die Kraftlinienverkettungen proportional $\dfrac{B}{q} l \tau$ sind. Die in alle q Nuten verteilte Nebenschlußwicklung hat eine MMK, deren Form durch die abgetreppte Kurve II dargestellt ist.

(Bei kleiner Nutenzahl ist es unter Umständen genauer mit dieser Form statt mit dem flächengleichen einpunktierten Dreieck zu rechnen.)

Die Kraftflußverkettungen eines Feldes dieser Form mit der Nebenschlußwicklung sind, wenn B' die Amplitude ist, für gerade Zahlen q proportional

$$\frac{B'\,\tau\,l}{q}\left[1 + 2\left(\frac{q-2}{q}\right)^2 + 2\left(\frac{q-4}{q}\right)^2 + \ldots\right].$$

Damit die Induktionswirkung des Hauptflusses auf die Nebenschlußwicklung ganz verschwindet, muß sie ein ihm entgegengesetztes Feld erzeugen, dessen Induktion B' sich daraus ergibt, daß der letzte Ausdruck gleich $\frac{B}{q}\,\tau\,l$ wird, d. h.:

$$B' = \frac{B}{\left[1 + 2\left(\frac{q-2}{q}\right)^2 + 2\left(\frac{q-4}{q}\right)^2 + \ldots\right]}.$$

Nehmen wir z. B. an $q = 6$, so wird:

$$B' = \frac{9\,B}{19}.$$

Der Hauptfluß wird also in der in Fig. 211 dargestellten Form verzerrt. Die doppelt schraffierte Fläche (das Hauptschlußwendefeld) ist um $\frac{9}{19}$, d. h. $47\,^0/_0$ geschwächt, das Wendefeld für den Strom ist also $B_{w2} = (B - B')$, der übrige Teil, der eigentliche Hauptfluß, der das Drehmoment ergibt, ist der Fläche nach gleich geblieben, jedoch ist die Induktion an der auflaufenden Seite um $\frac{6}{19} = 31{,}5\,^0/_0$ gestiegen, an der anderen ebenso gesunken. Bei starker Sättigung wird aber auch der Inhalt der Feldkurve verringert.

Je größer die Nutenzahl ist, um so kleiner wird B' gegen B; da ferner stets Reaktanz, sei es die einer Drosselspule oder nur die Reaktanz des Transformators, vorgeschaltet ist, wird die Verzerrung des Feldes quantitativ selten so groß werden, wie in dem Grenzfall berechnet. Die Verzerrung hat den Vorteil, daß das Hauptschlußwendefeld, das selten die gleiche Induktion erfordert, wie sie das Hauptfeld hat, dadurch auf einen passenden Wert heruntergesetzt oder sonst beeinflußt werden kann. Das Nebenschlußwendefeld Φ_{w2} besteht nun für sich und hat gegen das Hauptfeld eine zeitliche Phasenverschiebung von ca. $^1/_4$ Periode. Es hat die abgetreppte Form II in Fig. 211, also den Füllfaktor $\alpha_i = \dfrac{1}{2}$. Der Teil $\dfrac{B'}{q}\tau\,l = \dfrac{2\,\Phi_{w2}}{q}$ ist mit der Erregerwicklung verkettet und bedingt daher eine Vergrößerung der Spannung an ihr um

$$\pi\,\sqrt{2}\,c\,w_3\,\frac{2}{q}\,\Phi_{w2}\,10^{-8}\ \text{Volt}$$

mit einer Voreilung von 90^0 gegen Φ_{w2}.

Die von den Wendefeldern im Rotor und in der Kompensationswicklung induzierten EMKe haben wir bisher nicht berücksichtigt, und zwar deshalb, weil beide fast gleiche und gleich verteilte Windungszahlen haben und gegeneinander geschaltet sind, so daß die EMKe fast genau gleich groß und entgegengesetzt gerichtet sind und sich in bezug auf den ganzen Stromkreis aufheben. Daher vermitteln die Wendefelder keine Arbeitsübertragung.

Anders ist es, wenn die Schaltung (Fig. 206) so abgeändert wird, daß die Nebenschlußwendewicklung fortgelassen und die Kompensationswicklung selbst statt dessen an einen Teil der Netzspannung angeschlossen wird. Die Kompensationswicklung erzeugt dann das Nebenschlußwendefeld und hebt auch wie früher das Rotorquerfeld auf, da sie vom Rotorstrom durchflossen wird. Sie überträgt aber mittels ihres als Wendefeld wirkenden Feldes, das die ihr zugeführte Spannung bedingt, auch eine Leistung aus dem Netz auf den Rotor, die gleich ist dem Produkt aus· dem Rotorstrom mal der der Kompensationswicklung zugeführten Spannung mal dem Cosinus der Phasenverschiebung, abzüglich der Verluste.

Der Rotor erhält dann also elektrische Leistung teils direkt aus dem Netz, teils durch Transformation von der Kompensationswicklung. Die Maschine wird also zu einer doppelt gespeisten Maschine und wir werden sie bei diesen in Kap. XVI behandeln.

Vierzehntes Kapitel

Der indirekt gespeiste Hauptschlußmotor mit Statorerregung (Repulsionsmotor).

71. Wirkungsweise. — 72. Arbeitsdiagramme. — 73. Einfluß der Bürstenstellung auf die Arbeitsweise. — 74. Berechnung der Feldkurven und Konstanten. — 75. Mittel zur Verbesserung der Kommutation. — 76. Die Eisenverluste im elliptischen Drehfeld.

71. Wirkungsweise des indirekt gespeisten Hauptschlußmotors mit Statorerregung (Repulsionsmotor).

Vom direkt gespeisten Hauptschlußmotor mit kurzgeschlossener Kompensationswicklung und mit hintereinandergeschalteten Erreger- und Rotorwicklungen (Fig. 212) kommen wir zum indirekt gespeisten Hauptschlußmotor (Repulsionsmotor), wenn Erreger- und Kompensationswicklung in Reihe geschaltet werden, dagegen der Rotor kurzgeschlossen wird (Fig. 213).

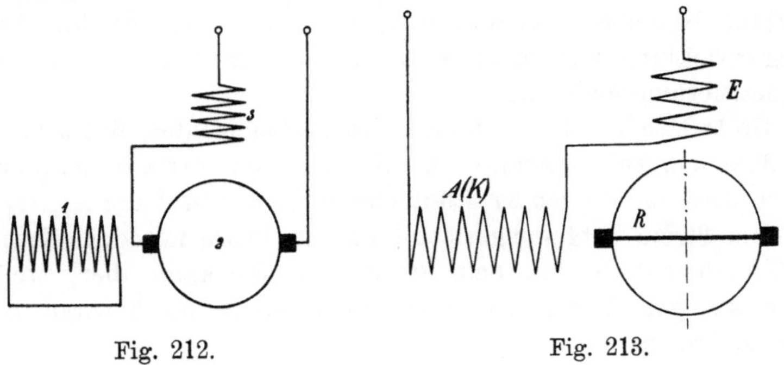

Fig. 212.

Fig. 213.

Rotor und Kompensationswicklung bilden in Fig. 212 und 213 einen Transformator. Im ersten Fall induziert der Hauptstrom, der dem Rotor und der Erregerwicklung zugeführt wird, einen gegen ihn um nahezu 180^0 phasenverschobenen Strom in der Kompensationswicklung, der das Rotorquerfeld aufhebt. Im zweiten Fall überträgt die mit der Erregerwicklung in Reihe geschaltete Kompensationswicklung durch Transformation den Arbeitsstrom auf den Rotor. Sie wird daher hier besser als Statorarbeitswicklung bezeichnet. Die Erregerwicklung liefert in beiden Fällen den senkrecht zur Rotor-(Arbeits-) Achse pulsierenden Kraftfluß, der mit dem Rotorstrom das Drehmoment bildet, denn die Richtung der Rotorströme zu beiden Seiten der neutralen Zone dieses Feldes ist auf der ganzen Polteilung in jedem Augenblick die gleiche.

Beim Anlauf ist das Verhalten dieser Maschine von dem des direkt gespeisten Hauptschlußmotors nicht abweichend. Der Rotor stellt hier die kurzgeschlossenc Sekundärwicklung eines Transformators dar, dessen Primärwicklung die Arbeitswicklung ist, und wie bei einem kurzgeschlossenen Transformator nimmt der Rotor einen Strom auf, der gegen den der Arbeitswicklung um nahezu 180^0 phasenverschoben und ihm proportional ist. Da der Kraftfluß der Erregerwicklung ebenfalls, von sekundären Wirkungen abgesehen, dem Strom der Arbeits- und Erregerwicklung proportional ist, liegen wieder gleich günstige Bedingungen für die Bildung des Drehmomentes vor.

Der Fluß der Arbeitswicklung ist bei Stillstand ebenso wie der Kraftfluß eines kurzgeschlossenen Transformators bis auf die Streufelder fast vollständig durch den sekundären Strom abgedrosselt, es besteht daher bei Stillstand an der Arbeitswicklung nur eine kleine Spannung, die der Kurzschluß-Impedanzspannung des Transformators entspricht, und die beim direkt gespeisten Hauptschlußmotor bei Stillstand am Rotor besteht, wenn die Kompensationswicklung kurzgeschlossen ist, oder, wenn Rotor- und Kompensationswicklung in Reihe geschaltet sind, an dieser Serie besteht. An der Erregerwicklung besteht stets die dem Kraftfluß um 90^0 voreilende Magnetisierungsspannung.

Dreht sich der Rotor infolge des Drehmomentes, das sein Strom mit dem nahezu phasengleichen Kraftfluß der Erregerwicklung bildet, so wird von diesem Kraftfluß eine EMK der Drehung E_{2r} erzeugt, die dem Strom entgegengerichtet und in Phase mit dem Kraftfluß, d. h. auch nahezu mit dem Strom ist. Sie kann aber, weil der Rotor kurzgeschlossen ist, nicht unmittelbar im äußeren Stromkreis auftreten.

In dem Transformator, den Arbeitswicklung und Rotor bilden, wirkt also jetzt dem Strom in der Sekundärwicklung eine phasengleiche EMK so entgegen als ob er induktionsfrei belastet wäre, und die Spannung an der Primärwicklung des Transformators — der Arbeitswicklung — muß um einen Betrag steigen, der bei gleicher Windungszahl gleich der GEMK in der Sekundärwicklung ist.

Es tritt also beim Lauf an der Arbeitswicklung eine mit dem Strom phasengleiche Spannung auf, die sich zu der bei Stillstand bestehenden Kurzschluß-Impedanzspannung addiert und die dadurch zustande kommt, daß die EMK E_{2r} bzw. der ihr entsprechende Strom in der Arbeitsachse einen Kraftfluß Φ_q erzeugt, der gegen die Spannung und also auch gegen den Strom um $^1/_4$ Periode verzögert ist. Durch diesen Kraftfluß Φ_q wird jetzt mittelbar die EMK der Drehung auf den äußeren Stromkreis übertragen.

Weil er in der Achse des Rotors pulsiert, kann der Kraftfluß Φ_q mit dem Rotorstrom kein Drehmoment bilden, denn zu beiden Seiten dieser Achse ist die Stromrichtung in den Rotordrähten entgegengesetzt gerichtet. Das Drehmoment wird vielmehr nur von dem Kraftfluß Φ der Erregerwicklung mit dem Rotorstrom J_2 gebildet, und die mechanische Leistung ist gleich dem Produkt aus Rotorstrom J_2, GEMK der Drehung E_{2r} des Rotors im Kraftfluß Φ und $\cos (J_2 E_{2r})$. Das Äquivalent dieser mechanischen Leistung ist das Produkt aus Rotorstrom, EMK der Pulsation E_{2p}, die im Rotor durch den Kraftfluß Φ_q erzeugt wird, und $\cos (J_2 E_{2p})$. Diese elektrische Leistung wird von der Arbeitswicklung dem Netz entnommen und durch Vermittlung des (Transformator) Flusses Φ_q auf den Rotor übertragen, der sie nach Abzug der unvermeidlichen Verluste in mechanische Leistung umsetzt.

Wir haben hier also eine Maschine, bei der das Äquivalent der mechanischen Leistung auf den Rotor (indirekt) durch Transformation übertragen wird. Die Maschine ist also indirekt gespeist. Die indirekte Speisung ist, wie wir sehen, an das Bestehen eines Kraftflusses in der Arbeitsachse gebunden, der die Transformation der Leistung vom Netz durch den Stator auf den Rotor vermittelt. Man bezeichnet diesen Fluß am besten als Transformatorfluß Φ_q, zum Unterschied vom Ankerquerfeld, welches in derselben Achse auftritt.

Das Ankerquerfeld ist bei dieser Maschine bis auf die Streufelder aufgehoben, denn dieses Feld ist in Phase mit dem Arbeitsstrom und ihm proportional, während das hier in Frage kommende Transformatorfeld, wie gezeigt, um ca. $^1/_4$ Periode dagegen phasenverschoben ist. Der Fluß Φ der Erregerwicklung, der das Drehmoment bewirkt, kann nach dem Vorschlag von Petersen als Drehmomentfluß bezeichnet werden.

Durch die Reihenschaltung der Erregerwicklung mit der Arbeitswicklung bleibt der Hauptschlußcharakter der Maschine gewahrt.

Das Spannungsdiagramm.

Das Spannungsdiagramm unter Vernachlässigung der Eisen- usw. Verluste zeigt Fig. 214.

In Phase mit dem Statorstrom J_1 sind der Drehmomentfluß Φ und die EMK der Rotation $-E_{2r} = \overline{OA}$ im Rotor, die zusammen mit der EMK $(-E_{2p})$ der Pulsation des Feldes Φ_q, den Ohmschen und induktiven Spannungsabfall $J_2 r_2$, $J_2 x_2$ des Rotors ergibt.

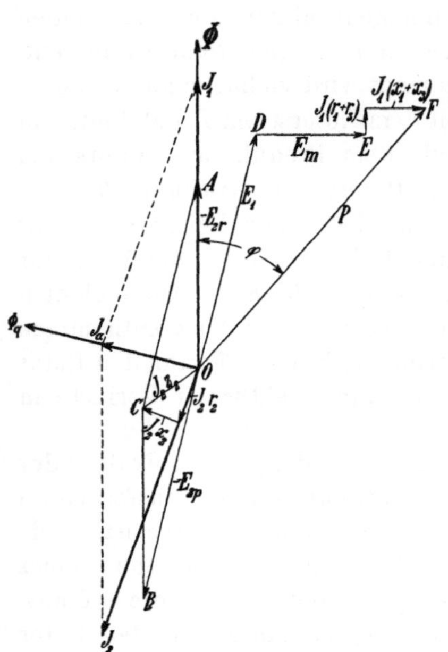

Fig. 214. Spannungsdiagramm des Repulsionsmotors.

$-E_{2p} = \overline{OB}$ ist um 90^0 verzögert gegen den Transformatorfluß Φ_q. An der Arbeitswicklung besteht eine $-E_{2p}$ entgegengerichtete und gegen Φ_q um 90^0 voreilende Spannung E_1. Sie ist bei gleicher Windungszahl von Rotor und Arbeitswicklung ebenso groß wie $-E_{2p}$. Um 90^0 voreilend gegen den Drehmomentfluß Φ liegt die Magnetisierungsspannung der Erregerwicklung E_m; hieran reihen sich der Ohmsche und induktive Spannungsabfall in der Arbeits- und Erregerwicklung $J_1(r_1 + r_3)$ und $J_1(x_1 + x_3)$. P ist die Netzspannung. Die Spannung E_1 an der Statorarbeitswicklung bedingt den Transformatorfluß Φ_q, dessen Magnetisierungsstrom J_a die geometrische Summe des Primärstromes J_1 und des Sekundärstromes J_2 (bezogen auf gleiche Windungszahl von Rotor- und Arbeitswicklung) ist.

Da der Rotor kurzgeschlossen ist, kann hier der Stator für eine beliebig hohe Spannung gewickelt werden, das Windungsverhältnis der Arbeitswicklung zum Rotor braucht also nicht eins zu sein. Wir haben dann nur alle sekundären Größen auf primär reduziert einzuführen.

Abgesehen vom Spannungsabfall $J_2 z_2$ in der Rotorwicklung heben die EMKe der Rotation $-E_{2r}$ und der Pulsation $-E_{2p}$ sich auf, weil der Rotor kurzgeschlossen ist, und da E_1 entgegengesetzt gleich $-E_{2p}$ ist, wächst die im wesentlichen mit dem Strom phasengleiche Spannung E_1 der Arbeitswicklung nach Maßgabe von

E_{2r}, d. h. bei einem bestimmten Strom und Drehmomentfluß proportional mit der Geschwindigkeit.

Die Größe des Transformatorflusses Φ_q erhalten wir sehr angenähert, wenn wir den Spannungsabfall im Rotor vernachlässigen und annehmen, daß die vom Drehmomentfluß und vom Transformatorfluß im Rotor induzierten EMKe sich die Wage halten. Es ist

$$E_{2r} = 2\sqrt{2}\,c_r\,w_2\,\Phi\,10^{-8}$$

und

$$E_{2p} = 2\sqrt{2}\,c\,w_2\,\Phi_q\,10^{-8},$$

wenn wir Φ_q sinusförmig verteilt annehmen,

daher

$$\Phi_q = \frac{c_r}{c}\,\Phi.$$

Zeitlich ist Φ_q gegen Φ um fast 90^0 phasenverschoben, bei Vernachlässigung des Spannungsabfalls $J_2 z_2$ wäre dies genau erfüllt, und da die beiden Kraftflüsse auch räumlich um 90^0 gegeneinander verschoben sind, bilden sie zusammen ein **elliptisches Drehfeld**. Bei synchronem Lauf wird

$$c_r = c \quad \text{und} \quad \Phi_q = \Phi.$$

Das Drehfeld wird also bei Synchronismus fast symmetrisch (kreisförmig), die Symmetrie wird nur in geringem Grade durch den Spannungsabfall im Rotor gestört.

Die Ausbildung eines Drehfeldes, das bei Synchronismus fast symmetrisch wird und synchron mit dem Rotor umläuft, ist für die indirekt gespeisten Maschinen charakteristisch und gibt dem Synchronismus bei ihnen eine gegenüber allen anderen Geschwindigkeiten ausgezeichnete Stellung. Weil nämlich hierbei das Drehfeld gegenüber dem Rotor stillsteht, können in den von den Bürsten kurzgeschlossenen Spulen keine Kurzschlußströme entstehen.

Bei sinusförmiger Verteilung des Flusses müssen nicht nur die im ganzen Rotor, sondern auch die in jeder einzelnen Windung durch die beiden Felder induzierten EMKe sich bei Synchronismus aufheben. Allgemein ist die vom Drehmomentfluß induzierte EMK in den $S_k \dfrac{N}{2K}$ von einer Bürste kurzgeschlossenen Windungen, die den ganzen Fluß Φ umschlingen,

$$\Delta e_p = \pi\sqrt{2}\,c\,S_k\,\frac{N}{2K}\,\Phi_{max}\,10^{-8}$$

und die EMK der Drehung am Scheitel des Transformatorflusses Φ_q, wo die Induktion B_q sei,

$$\Delta e_r = \sqrt{2}\,S_k\,\frac{N}{2K}\,B_{q\,max}\,l\,v\,10^{-6}.$$

Für sinusförmige Verteilung des Transformatorflusses ist

$$B_q = \frac{\pi}{2}\frac{\Phi_q}{\tau l};$$

setzt man

$$v = \frac{2\,p\,\tau\,n}{100\cdot 60} = \frac{2c_r\tau}{100},$$

so wird

$$\Delta e_r = \pi\sqrt{2}\,c_r\,S_k\,\frac{N}{2K}\,\Phi_{q\,max}\,10^{-8}.$$

Mit $\Phi_q = \dfrac{c_r}{c}\Phi$ ergibt sich die resultierende, durch Dreh-
moment- und Transformatorfluß in den kurzgeschlossenen
Spulen induzierte EMK zu

$$\Delta e' = \Delta e_p - \Delta e_r = \pi\sqrt{2}\,c\,S_k\,\frac{N}{2K}\,\Phi_{max}\left[1-\left(\frac{c_r}{c}\right)^2\right]10^{-8}$$

oder

$$\Delta e' = \Delta e_p\left[1-\left(\frac{c_r}{c}\right)^2\right]. \quad \ldots \ldots \quad (105)$$

Durch die Drehung im Transformatorfluß wird also die durch
die Pulsation des Drehmomentflusses induzierte EMK Δe_p derart
aufgehoben, daß sie mit dem Quadrat der Geschwindigkeit abnimmt
und bei Synchronismus Null wird. Der Spannungsabfall im Rotor
ändert hieran nur wenig, da er klein sein soll gegen die EMK $E_{2\,r}$.

Der Transformatorfluß des indirekt gespeisten Hauptschlußmotors
wirkt also ähnlich wie das Nebenschlußwendefeld des direkt gespeisten
Motors. In der Tat ist ja die Aufhebung der Transformator-EMK
in beiden Fällen prinzipiell dieselbe, denn das Nebenschlußwende-
feld des letzten Motors sollte um 90^0 gegen die Rotor-(Anker-)
spannung verzögert sein und konnte durch Parallelschaltung der
Wendepolwicklung zum Rotor erhalten werden. Hier ist die Stator-
Arbeitswicklung der Anker; die Arbeitsspannung E_1 in ihr bedingt den
Transformatorfluß, der also von selbst als Nebenschlußwendefeld wirkt.
Während aber beim direkt gespeisten Motor durch passende Wahl der
Nebenschlußwendepolwicklung oder durch Änderung der Spannung
an ihr unabhängig von der Rotorspannung die Größe des Nebenschluß-
wendefeldes z. B. durch einen Autotransformator für irgendeine
Geschwindigkeit eingestellt werden kann (außer für sehr kleine Ge-
schwindigkeiten), ist hier die Größe des Transformatorflusses eine
lineare Funktion der Geschwindigkeit und abhängig von der
„Anker"spannung E_1. Für die Funkenaufhebung ist also die
Größe des Transformatorflusses nur bei einer Geschwindigkeit richtig
und sie müßte erst durch besondere Hilfsmittel für andere Geschwindigkeiten beeinflußt werden.

Für übersynchrone Geschwindigkeit, $c_r > c$, wird $\varDelta e_r > \varDelta e_p$, und die resultierende EMK $\varDelta e' = \varDelta e_p \left[1 - \left(\frac{c_r}{c} \right)^2 \right]$ wächst wieder sehr schnell, jetzt in umgekehrtem Sinne. Bei $\frac{c_r}{c} = \sqrt{2}$ ist $\varDelta e'$ wieder gleich $\varDelta e_p$; da bei hoher Geschwindigkeit aber die Gefahr der Funkenbildung bei gleichem Wert von $\varDelta e$ viel größer ist als bei kleiner, kann der Repulsionsmotor überhaupt nicht bei stark übersynchroner Geschwindigkeit funkenfrei arbeiten, denn es ist zu berücksichtigen, daß zu $\varDelta e'$ sich noch die Stromwendespannung $\varDelta e_N$, die mit der Geschwindigkeit steigt, rechtwinklig addiert. Für die Stromwendung selbst bietet der Transformatorfluß kein Wendefeld. Die resultierende Funkenspannung ist daher

$$\varDelta e = \sqrt{(\varDelta e_p - \varDelta e_r)^2 + \varDelta e_N{}^2} \ \ \ \ \ \ (106)$$

Das Arbeitsgebiet des Repulsionsmotors ist also im allgemeinen in der Nähe von Synchronismus und darunter am günstigsten.

Der in Fig. 213 dargestellte Motor, dessen Wirkungsweise wir in den Hauptzügen in Anlehnung an den direkt gespeisten Hauptschlußmotor abgeleitet haben, wird häufig als Atkinsonscher Repulsionsmotor bezeichnet.

Die beiden Statorwicklungen können auch zu einer vereinigt werden, deren Achse geneigt zu der des Rotors steht, ohne daß sich an der Wirkungsweise im Prinzip etwas ändert. Denken wir uns z. B. ein verteiltes Statoreisen und den Stator gleichmäßig bewickelt (s. Fig. 215), und ist die Symmetrieachse des Rotors gegen die des Stators um einen bestimmten Winkel ϱ geneigt, so bestimmt dieser Winkel die Anteile der Erregerwicklung und der Arbeitswicklung. Die auf dem Bogen 2ϱ liegenden Leiter des Stators, die senkrecht zur Rotorachse magnetisieren, gehören zur Erreger

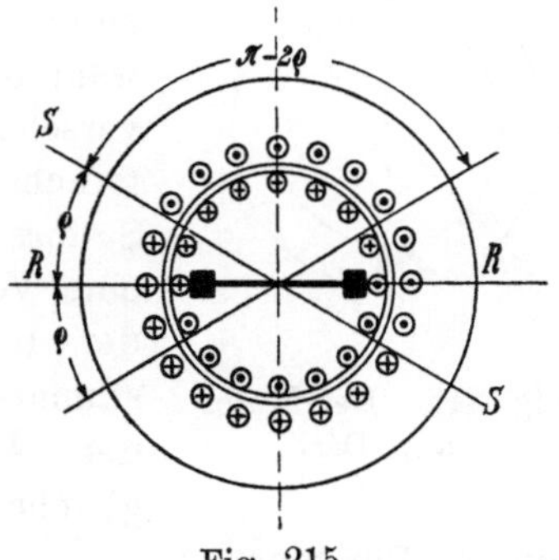

Fig. 215.

wicklung, jene auf dem Bogen $(\pi - 2\varrho)$, deren magnetische Achse mit der Richtung der Rotorachse zusammenfällt, zur Arbeitswicklung.

Ob diese Wicklungen als zwei oder als eine Wicklung ausgeführt sind, hängt nur von der Anordnung der Stirnverbindungen ab und ist daher auf die prinzipielle Wirkungsweise ohne Einfluß.

Dieser Motor mit einer Statorwicklung und gegen die Statorachse geneigter Rotorachse ist von E. Arnold 1892 entworfen und in der Maschinenfabrik Örlikon ausgeführt und geprüft worden[1]).

Der Name Repulsionsmotor stammt von E Thomson[2]), dessen Motoren ausgeprägte Pole und eine offene Rotorwicklung hatten und mit den hier beschriebenen, als Repulsionsmotoren bezeichneten Maschinen nicht mehr viel Gemeinsames haben.

Daher ist entsprechend der Wirkungsweise die Bezeichnung „indirekt" gespeister Hauptschlußmotor gewählt.

Der indirekt gespeiste Hauptschlußmotor hat in den letzten Jahren eine sehr große Bedeutung erlangt und große Vervollkommnung erfahren, weil er eine außerordentlich einfache und feine Regulierung der Geschwindigkeit lediglich durch Verstellung der Bürsten zuläßt. Wie wir an Fig. 215 gezeigt haben, bestimmt ja die Lage der Rotorachse gegenüber der Statorachse die Anteile der Erreger- und der Arbeitswicklung des Stators. Es wird also das Verhältnis der wirksamen Windungszahlen dieser Wicklungsteile geändert.

Besonders fein ist diese Änderung beim Motor von Déri, der von Brown, Boveri & Co. A.-G. (K. Schnetzler) zu hoher Vollkommenheit entwickelt worden ist. Dieser Motor besitzt (s. Fig. 216, wie auch die Motoren von Lundell und Latour) zwei Paar Bürstensätze (im zweipoligen Schema) und die Regulierung geschieht beim Déri-Motor in der Weise, daß ein Bürstenpaar AA' feststeht, und zwar etwa in der Achse der Statorwicklung, während das andere Bürstenpaar BB' dagegen verschoben wird. Eine Verschiebung der Rotorachse um den Winkel ϱ gegenüber der Statorachse erfordert also beim Déri-Motor eine Verschiebung um 2ϱ (elektrische Grade) der beweglichen Bürsten, so daß eine bestimmte Verstellung der Bürsten nur die Hälfte der Achsenverschiebung bewirkt, wie die gleiche Verstellung bei einem Motor mit einem Bürstenpaar.

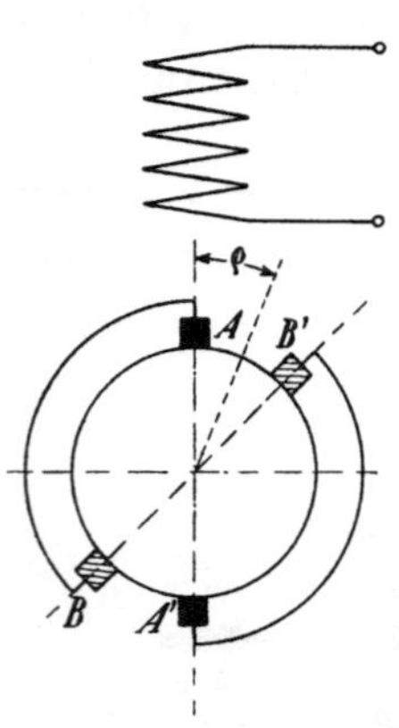

Fig. 216. Der Motor von Déri.

Auch die Drehrichtung wird bei dem indirekt gespeisten Motor lediglich durch Bürstenverstellung umgekehrt. Befindet sich eine kurzgeschlossene und beweglich angeordnete Windung in dem von einer festen Spule erzeugten Wechselfelde, so sucht die bewegliche Windung sich stets parallel zum Felde einzustellen. Ihre Achse sucht sich also auf dem kürzesten Wege senkrecht zum

---

[1]) S. Engl. Patent 23290/1892 und E. Arnold, ETZ 1893, S. 256.
[2]) Amerikanisches Patent 363185 vom Jahre 1887.

Felde zu stellen. Da nun die Achse der kurzgeschlossenen Wicklung (Fig. 217) mit der Bürstenachse zusammenfällt wird die Drehrichtung des Rotors die sein, in der die Rotorachse gegenüber der Statorachse verschoben worden ist. Ist die Verschiebung $\varrho = 0$, so kommt gar kein Drehmoment zustande; der Stator kann nur in der Richtung der Rotorachse magnetisieren, der Drehmomentfluß ist Null. Die ganze Statorwicklung wirkt als Arbeitswicklung, der Rotor ist ihr gegenüber die kurzgeschlossene Sekundärwicklung eines Transformators. Der Rotorstrom ist groß, übt aber kein Drehmoment aus. Jede Verschiebung der Rotorachse aus dieser Lage $(\varrho = 0)$ in die eine oder andere Richtung bewirkt einen starken Antrieb in der betreffenden Richtung.

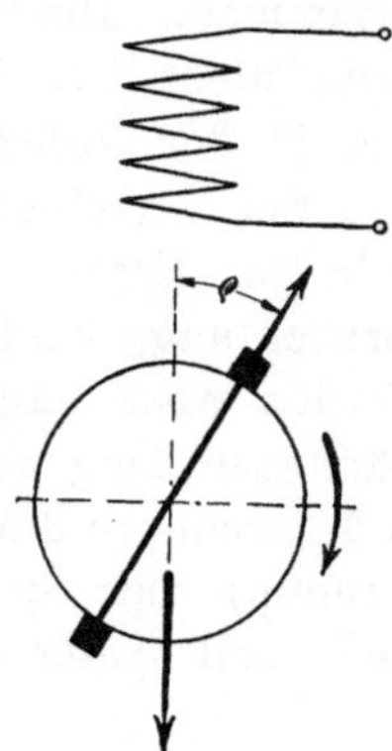

Fig. 217.

Ist die Verschiebung $\varrho = \dfrac{\pi}{2}$ geworden, so magnetisiert der Stator nur senkrecht zur Rotorachse, er kann also im Rotor keinen Strom induzieren und das Drehmoment ist wieder Null. Alle Statorwindungen wirken als Erregerwicklung, keine als Arbeitswicklung.

Geht man nun von der Stellung $\varrho = \dfrac{\pi}{2}$ aus und verkleinert die Verschiebung, so wächst das Drehmoment immer mehr bis dicht an $\varrho = 0$. $\varrho = \dfrac{\pi}{2}$ ist also die Nullstellung, von der man beim Anlauf durch Bürstenverschiebung ausgeht. Da im Rotor kein Strom induziert wird, ist dort der Netzstrom am kleinsten. Verschieben wir nun die Bürsten aus dieser „Nullstellung" $\left(\varrho = \dfrac{\pi}{2}\right)$ in die eine oder andere Richtung, so wird der Motor jeweils in der entgegengesetzten Richtung anlaufen, da die Achse der kurzgeschlossenen Rotorwicklung sich immer wieder in die ursprüngliche Lage senkrecht zur Feldrichtung einzustellen sucht.

Ein weiterer Vorzug des Déri-Motors gegenüber dem Motor mit einem Bürstenpaare ist folgender:

Bei dem Motor mit einem Bürstenpaar sind in der Nullstellung $\left(\varrho = \dfrac{\pi}{2}\right)$ die von jeder Bürste kurzgeschlossenen Spulen vollständig mit dem Fluß des Stators verkettet, und es entstehen starke innere Kurzschlußströme, so daß man den Motor in dieser Stellung, in der er nicht anläuft, nicht ans Netz geschaltet lassen kann.

Beim Déri-Motor sind in der Nullstellung $\left(\varrho = \dfrac{\pi}{2}\right)$ die beweglichen Bürsten B und B' (Fig. 216) um $2\varrho = \pi$ verschoben, sie fallen also mit den mit ihnen verbundenen festen Bürsten A und A' zusammen. Die von den Bürsten kurzgeschlossenen Spulen sind dann nicht mit dem Statorfluß verkettet, und es entstehen daher hier in der Nullstellung keine inneren Ströme.

Bei Verschiebung der Bürsten ändern sich nicht nur die Anteile der Erreger- und der Arbeitswindungen an der ganzen Statorwicklung, sondern auch die Feldformen und die Streuung. Wir werden aber zunächst die Wirkungsweise bei einer bestimmten Bürstenstellung weiter verfolgen, indem wir eine bestimmte Erreger- und Arbeitswindungszahl annehmen. Wie die Faktoren, Feldformen, Streuung usw. in Abhängigkeit von der Bürstenstellung zu rechnen sind, soll später gezeigt werden.

72. Arbeitsdiagramme.

Für den indirekt gespeisten Hauptschlußmotor können wir, wie für den direkt gespeisten Motor, die Arbeitsdiagramme — das Spannungsdiagramm bei konstantem Strom und das Stromdiagramm bei konstanter Spannung — ableiten, die uns einige weitere Unterschiede in der Arbeitsweise zeigen. Auch hier gilt, daß wir die Sättigung im Stromdiagramm nicht berücksichtigen können. Für die quantitative Vorausberechnung ist es nur eine Annäherung; daher berücksichtigen wir auch die Wirkung der Kurzschluß- ströme nicht.

Ein Unterschied gegen den direkt gespeisten Motor ist zunächst, daß Stator und Rotorstrom sich um den Magnetisierungsstrom J_a des Transformatorflusses unterscheiden. Hierbei denken wir uns alle sekundären Größen auf die Windungszahl der Arbeitswicklung reduziert und bezeichnen die reduzierten Größen mit einem Strich ($'$).

J_a ist bestimmt durch die vom Transformatorfluß in der Statorarbeits- und der Rotorwicklung induzierte EMK. Wir setzen

$$J_a = \frac{E_1}{z_a},$$

worin z_a die Erregerimpedanz der Arbeitswicklung ist. J_a wächst bei steigender Geschwindigkeit nach Maßgabe der Zunahme des Transformatorflusses, und daher ist das Verhältnis von Statorstrom J_1 zu Rotorstrom J_2' mit der Geschwindigkeit veränderlich.

Denken wir uns z. B. die Belastung so eingestellt, daß der Statorstrom bei veränderlicher Geschwindigkeit konstant bleibt. Der Drehmomentfluß, den er erregt, bleibt demnach auch konstant, die Klemmenspannung muß nach Maßgabe der Zunahme von E_1 steigen. Die Zunahme des Magnetisierungsstromes J_a, entsprechend dem bei steigender Geschwindigkeit wachsenden Transformatorfluß, ist vom Rotorstrom zu liefern, da J_1 konstant angenommen ist. Wir sehen also, daß wir bei konstantem Statorstrom den Rotorstrom aus zwei Komponenten bestehend denken können, einem Strom J'_{2k}, der unabhängig von der Geschwindigkeit ist, der ebenso bei Stillstand wie beim Lauf vom Stator im Rotor induziert wird, und einem zweiten J_{a2}, der mit der Geschwindigkeit ansteigt und von der Sättigung des Eisens durch den Transformatorfluß abhängt.

Der erste schon bei Stillstand im Rotor induzierte Strom ist wie der sekundäre Kurzschlußstrom eines Transformators gegeben durch

$$\mathfrak{J}'_{2k} = - \frac{\mathfrak{J}_1}{\mathfrak{C}_2},$$

worin

$$\mathfrak{C}_2 = 1 + \frac{\mathfrak{Z}'_2}{\mathfrak{Z}_a}$$

etwas größer als 1 ist. J'_{2k} ist gegen J_1 um $180^0 - \gamma_2$ verzögert. Es unterscheiden sich ja bei Stillstand der primäre und sekundäre Strom J_1 und J'_{2k} nur um den kleinen Magnetisierungsstrom J_{a1} des geringen Querflusses, der die EMK $J'_{2k}z'_2$ induziert. Daher ist

$$\mathfrak{J}_{a1} = - \mathfrak{J}'_{2k} \frac{\mathfrak{Z}'_2}{\mathfrak{Z}_a}$$

und um ca. 90^0 gegen $J'_{2k}z'_2$ voreilend (s. Fig. 218). Setzen wir den Betrag der Erregerimpedanz z_a gleich der Reaktanz x_a, indem wir die Wattkomponente des Magnetisierungsstromes vernachlässigen, so ist

$$\text{tg } \gamma_2 = \frac{r'_2}{x'_2 + x_a}$$

und in erster Linie vom Rotorwiderstand r'_2 (einschließlich Bürsten) abhängig.

Die zweite Komponente J'_{a2} des Rotorstromes entsteht durch die beim Lauf hinzutretende EMK der Drehung $(- E'_{2r})$ im Drehmomentfluß, die er durch Ausbildung des Transformatorflusses kompensiert. Wir können daher setzen

$$\mathfrak{J}_{a2} = \frac{- \mathfrak{E}'_{2r}}{\mathfrak{Z}_a + \mathfrak{Z}'_2}.$$

Fig. 218.

$- \mathfrak{E}'_{2r}$ ist in Phase mit dem Drehmomentfluß Φ und ihm und der Geschwindigkeit direkt proportional. Solange die Sättigung klein, d. h. z_a konstant ist, wächst J'_{a2} also direkt proportional mit der Geschwindigkeit. J'_{a2} ist um $\left(\frac{\pi}{2} - \gamma_2\right)$ gegen Φ und gegen J_1 verzögert. Er ist also gegen die zuerst betrachtete Komponente des Rotorstromes J'_{2k} um $90°$ voreilend.

Da nun der ganze Rotorstrom

$$\mathfrak{J_2}' = \mathfrak{J}'_{2k} + \mathfrak{J}_{a2}$$

ist und der resultierende Magnetisierungsstrom

$$\mathfrak{J}_a = \mathfrak{J}'_{a2} + \mathfrak{J}_{a1},$$

wird

$$\mathfrak{E}_1 = \mathfrak{J}_a \mathfrak{Z}_a = - \mathfrak{E}'_{2r} \frac{\mathfrak{Z}_a}{\mathfrak{Z}_a + \mathfrak{Z}_2'} - \mathfrak{J}'_{2k} \mathfrak{Z}_2' \quad . \quad . \quad (107)$$

was wir umformen können in

$$\mathfrak{E}_1 = - \mathfrak{E}'_{2r} - \mathfrak{J}_2' \mathfrak{Z}_2' \quad . \quad . \quad . \quad . \quad . \quad (108)$$

eine Gleichung, die ja nur sagt, daß die vom Transformatorfluß im Rotor induzierte und auf primär reduzierte EMK $- \mathfrak{E}'_{2p} = - \mathfrak{E}_1$ entgegengesetzt gleich ist der Rotations-EMK $- \mathfrak{E}'_{2r}$ und dem Spannungsabfall im Rotor $- \mathfrak{J}_2' \mathfrak{Z}_2'$.

Die erste Gleichung (107) zerlegt $\mathfrak{E}_1$ in zwei Teile, von denen nur der erste bei konstantem Statorstrom der Geschwindigkeit proportional ist; der andere ist unabhängig davon. Wir können setzen:

$$\mathfrak{E}_1 = \frac{- \mathfrak{E}'_{2r}}{\mathfrak{E}_2} + \frac{\mathfrak{J}_1 \mathfrak{Z}_2'}{\mathfrak{E}_2} = \mathfrak{E}_a + \frac{\mathfrak{J}_1 \mathfrak{Z}_2'}{\mathfrak{E}_2}.$$

E_a ist also hier die eigentliche GEMK des Ankers (Arbeitswicklung). Den Betrag von

$$C_2 \simeq \sqrt{\left(1 + \frac{x_2'}{x_a}\right)^2 + \left(\frac{r_2'}{x_a}\right)^2} \simeq 1 + \frac{x_2'}{x_a},$$

der bei einer bestimmten Stellung der Bürsten und gegebener Streuung sich nicht ändert, und den Winkel $\gamma_2 = \mathrm{arctg}\, \dfrac{r_2'}{x_2' + x_a}$, der ein kleiner Winkel ist und sich bei Sättigungsänderungen nur wenig vergrößert, kann man als konstant ansehen.

Spannungsdiagramm.

Das Spannungsdiagramm bei konstantem Strom ergibt sich daher wie folgt (s. Fig. 219): $\overline{OJ}$ sei der Statorstrom J_1. Bei Stillstand ist die Rotor-EMK $E_\iota = J_{2k}' z_2' = J_1 \dfrac{z_2'}{C_2} = \overline{OA}$, hieran reiht sich die Impedanzspannung des Stators $J_1 (z_1 + z_3) = \overline{AB}$ und die Magnetisierungsspannung $E_m = \overline{BC}$. E_m ist bei Vernachlässigung von Eisen- und Kurzschlußverlusten um $90°$ gegen J_1 voreilend. $\overline{OC}$

ist die Klemmenspannung bei Stillstand. $\overline{OD} = \dfrac{J_{2k}' z_2'}{z_a}$ senkrecht auf $\overline{OA}$ ist J_{a1} und $\overline{DJ} = J_{2k}'$.

Bei der Drehung wächst die Stator-EMK E_1 um den der Drehung proportionalen Teil $E_a = \dfrac{-E_{2r}'}{C_2} = \overline{CE}$, die gegen E_m um $90^0 - \gamma_2$ verzögert ist, also gegen J_1 um γ_2 voreilt, $\overline{OE} = P$ ist also die Statorspannung beim Lauf. Der Rotorstrom wächst um $J_{a2}' = \overline{DF}$ senkrecht zu $\overline{CE}$ auf den Wert $J_2' = \overline{JF}$ an. $\overline{JF} = J_2'$ ist also der ganze Rotorstrom und $\overline{OF} = J_a$ der ganze Magnetisierungsstrom.

Der Linienzug der Spannungen ist fast genau der gleiche wie für den direkt gespeisten Hauptschlußmotor, wenn wir auch dort die Eisen- und Kurzschluß- verluste vernachlässigen, mit der Ausnahme, daß hier die Arbeitsspannung E_a im Sta- tor auftritt und um γ_2 gegen J_1 voreilt, während sie dort im Rotor auftritt und in Phase mit dem Strom ist. Der Rotor- strom wächst bei konstantem Statorstrom, weil die um 90^0 voreilende Komponente J_{a2}' zu J_{2k}' hinzutritt, sie ver- größert die Phasenverschie- bung ψ_2 des ganzen Rotor- stromes gegen den Drehmo- mentfluß.

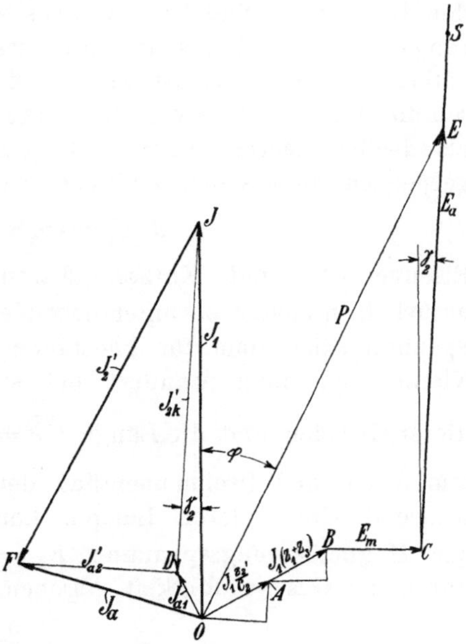

Das Drehmoment, das proportional $J_2' \Phi \cos \psi_2$ ist, können wir uns aus den bei- den Teilen, die den Strömen J_{2k}' und J_{a2}' entsprechen,

Fig. 219. Spannungsdiagramm.

zusammengesetzt denken. J_{2k}' ist um $(180^0 - \gamma_2)$ gegen $\Phi(J_1)$ ver- zögert und bildet ein motorisches Moment proportional $J_{2k}' \Phi \cos \gamma_2$. J_{a2}' ist um $(90^0 - \gamma_2)$ gegen Φ verzögert und ergibt ein generato- risches Moment proportional $J_{a2}' \Phi \sin \gamma_2$.

J_{2k}' ist also der eigentliche Arbeitsstrom des Läufers. Von seinem Moment subtrahiert sich das Verlustmoment des Magneti- sierungsstromes, der ja durch die Drehung entsteht und dessen Stromwärmeverluste eine mechanische Belastung darstellen. Die mechanische Leistung ist also

$$W_m = E_{2r}' J_2' \cos \psi_2 = E_{2r}' J_{2k}' \cos \gamma_2 - E_{2r}' J_{a2}' \sin \gamma_2.$$

Da hierin

$$E_{2\,r}' = E_a\,C_2 \quad \text{und} \quad J_{2\,k}' = \frac{J_1}{C_2}$$

ist, ferner

$$E_{2\,r}' \sin \gamma_2 = J_{a\,2}'\,r_2',$$

wird

$$W_m = J_1\,E_a \cos \gamma_2 - J_{a\,2}'^{\,2}\,r_2' \quad \ldots \quad (109)$$

Bei gleichem Strom und gleichem Kraftfluß sind also das Drehmoment und die mechanische Leistung des indirekt gespeisten Motors aus zwei Gründen um einen geringen Betrag kleiner als beim direkt gespeisten, erstens weil der Rotorarbeitsstrom um $\dfrac{1}{C_2}$ kleiner als der Primärstrom ist und eine Verschiebung γ_2 gegen den Drehmomentfluß hat, zweitens weil die Verluste des Magnetisierungsstromes des Transformatorflusses hinzutreten. Während also der entlastete direkt gespeiste Motor bei Abwesenheit von Eisen-, Kurzschluß- und Reibungsverlusten unendlich großer Geschwindigkeit als ideellem Leerlauf zustrebt, liegt der ideelle Leerlauf des indirekt gespeisten Motors bei endlicher Geschwindigkeit, bestimmt durch

$$J_1\,E_a \cos \gamma_2 = J_{a\,2}'^{\,2}\,r_2'.$$

Eisenverluste und Kurzschlußströme verändern dieses Resultat natürlich in später zu untersuchender Weise. In Fig. 219 ist $\overline{CE}$ das Spannungsdiagramm für konstanten Strom. Der Endpunkt E der Klemmenspannung wandert bei steigender Geschwindigkeit auf dieser Geraden und die Länge $\overline{CE} = E_a = \dfrac{E_{2\,r}'}{C_2}$ ist bei konstantem Strom und Drehmomentfluß der Geschwindigkeit proportional, während alle anderen Längen konstant bleiben. Ihr Verhältnis zur Magnetisierungsspannung $E_m = \overline{BC}$ der Erregerwicklung ist durch die Geschwindigkeit gegeben. Es ist

$$E_{2\,r} = E_m\,\frac{2}{\pi}\,\frac{w_2}{w_3}\,\frac{c_r}{f_3}\,\frac{c_r}{c}$$

und

$$E_a = \frac{E_{2\,r}}{C_2}\,\frac{w_1\,f_1}{w_2\,f_2} = \frac{c_r}{c}\,E_m\,\frac{w_1\,f_1}{w_3\,f_3}\,\frac{1}{C_2},$$

daher

$$\frac{\overline{CE}}{\overline{BC}} = \frac{c_r}{c}\,\frac{w_1\,f_1}{w_3\,f_3}\,\frac{1}{C_2} = \frac{c_r}{c}\,\frac{u}{C_2},$$

worin u das Verhältnis der effektiven Windungszahl der Arbeitswicklung zu der der Erregerwicklung ist. Für Synchronismus, $c_r = c$, ist also $\overline{CS} = \dfrac{\overline{BC}\,u}{C_2}$, und es ist $\overline{CE} : \overline{CS} = c_r : c$. Damit der

Leistungsfaktor $\cos\varphi$ groß wird, soll $u\dfrac{c_r}{c}$ groß sein. Da der Motor am besten bei Synchronismus arbeitet, sollte u etwa 3 bis 4 betragen, was wieder durch einen kleinen Luftraum erreicht wird.

Stromdiagramm.

Durch Inversion des Spannungsdiagramms $\overline{CS}$ in bezug auf den Koordinatenanfangspunkt erhalten wir als Stromdiagramm bei konstanter Klemmenspannung den Kreis (Fig. 220) durch O, dessen Radius $\overline{OM}$ mit der Abszissenachse denselben Winkel γ_2 bildet, den

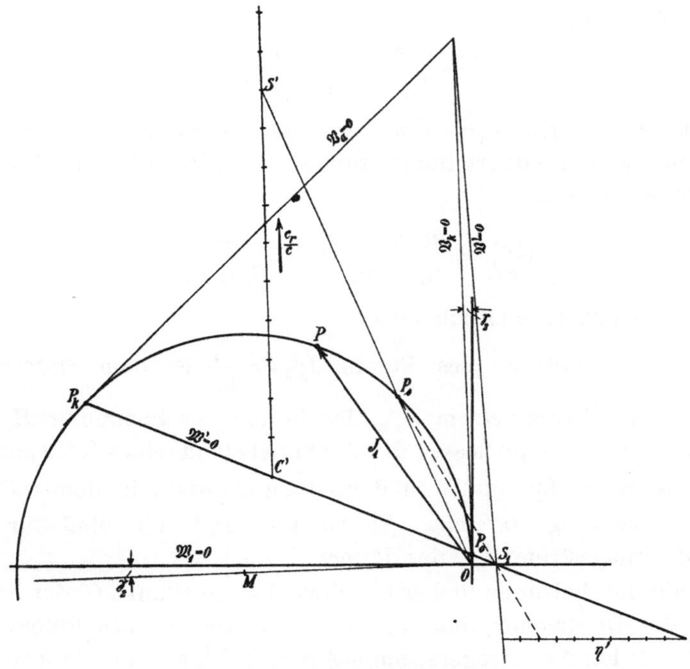

Fig. 220. Stromdiagramm.

die Gerade $\overline{CS}$ im Spannungsdiagramm (Fig. 219) mit der Ordinatenachse bildet. Der Kreismittelpunkt M liegt also unterhalb der Abszissenachse, während er für den direkt gespeisten Motor bei Vernachlässigung der Eisen- und Kurzschlußverluste auf der Abszissenachse liegt (s. S. 340). Der Geschwindigkeitsmaßstab $\overline{C'S'}$ ist wieder das Spiegelbild der Geraden $\overline{CS}$ im Spannungsdiagramm. Der zu C' inverse Punkt P_k ist der „Kurzschlußpunkt" für Stillstand, P_s invers zu S' der synchrone Punkt, O der Punkt für unendliche Geschwindigkeit.

Der ideelle Leerlaufpunkt P_0 wird erhalten, wenn $J_{2\,k}' \cos \gamma_2 = J_{a\,2}' \sin \gamma_2$ ist. Hierin ist

$$J_{2\,k}' = \frac{J_1}{C_2} \quad \text{und} \quad \cos \gamma_2 = \frac{x_a + x_2'}{x_a C_2}, \quad \sin \gamma_2 = \frac{r_2'}{x_a C_2}.$$

Setzen wir ferner die Erregerreaktanz der Erregerwicklung gleich x_e, also $E_m = J_1 x_e$, so wird

$$E_{2\,r}' = J_1 x_e u \frac{c_r}{c}$$

und

$$J_{a\,2}' = \frac{E_{2r}'}{x_a} = J_1 \frac{x_e}{x_a} u \frac{c_r}{c}$$

also ist für Leerlauf

$$\frac{x_a + x_2'}{C_2} = \frac{c_r}{c} \frac{x_e u}{x_a} r_2'.$$

Nehmen wir hierin $x_a = u^2 x_e$, was allerdings nur bei gleicher Sättigung und Feldverteilung zutrifft, so wird die ideelle Leerlaufgeschwindigkeit

$$\left(\frac{c_r}{c}\right)_0 = \frac{u}{C_2} \frac{x_a + x_2'}{r_2'} = \frac{u}{C_2 \operatorname{tg} \gamma_2}.$$

Sie ist also außerordentlich hoch.

Der Arbeitsstrom des Rotors $J_{2\,k}' = \dfrac{J_1}{C_2}$ ist dem Statorstrom $J_1 = \overline{OP}$, der Erregerstrom $J_{a\,2}'$ des Rotors der Spannung E_a proportional. E_a wird gemessen durch den Abstand eines Kreispunktes P vom Kurzschlußpunkt P_k in demselben Maßstab, in dem $\overline{OP_k}$ die Klemmenspannung darstellt. Es ist also $\overline{P_k P}$ ein Maß für den Magnetisierungsstrom $J_{a\,2}'$ des Rotors.

Während bei unendlicher Geschwindigkeit (Punkt O) der Statorstrom, der Drehmomentfluß und der Arbeitsstrom des Rotors Null werden, werden der Erregerstrom des Rotors $J_{a\,2}'$ und der Transformatorfluß nicht Null, denn dieser muß in der Arbeitswicklung die EMK $E_a\left(\frac{c_r}{c} = \infty\right) = P$ induzieren.

Er kann durch Rotation im Drehmomentfluß Null nur bei unendlich großer Geschwindigkeit entstehen.

Die in das Diagramm eingetragenen Leistungs- und Verlustlinien sind ohne weiteres verständlich.

Interessant ist die Rückwirkung der Kurzschlußströme, die wir qualitativ kurz betrachten wollen. Sie werden, wie auf S. 373 gezeigt ist, unterhalb Synchronismus vom Drehmomentfluß erzeugt und sie bilden mit dem Transformatorfluß ein motorisches Moment; hierbei vergrößern sie die Leistungsaufnahme, den Leistungsfaktor und auch die Nutzleistung. Bei Synchronismus sind sie fast vollständig aufgehoben und oberhalb Synchronismus wirken sie generatorisch. Hier verringern sie die Leistungsaufnahme des Motors und seine mechanische Leistung und verschlechtern den Leistungsfaktor. Dieser nimmt also bei starker Rückwirkung der Kurzschlußströme oberhalb Synchronismus nicht mehr zu, wie das Diagramm ohne Berücksichtigung der Kurzschlußströme erwarten läßt, sondern er bleibt erst konstant und nimmt dann ab, eine Tatsache, die durch den Versuch bestätigt wird. Durch die bremsende Wirkung der Kurzschlußströme wird daher auch die Leerlauftourenzahl des Motors bei Entlastung stark gegenüber dem ideellen Wert herabgesetzt.

73. Einfluß der Bürstenstellung auf die Arbeitsweise des indirekt gespeisten Hauptschlußmotors.

Wir haben gesehen, daß die Achsenverschiebung ϱ zwischen Stator- und Rotorachse die Anteile der Statorwicklung an den Erreger- und den Arbeitswindungen bestimmt.

Den Einfluß dieses Verhältnisses können wir in sehr einfacher, freilich nur qualitativ richtiger Weise graphisch darstellen, wenn wir die trapezförmigen Felder durch ihre sinusförmigen Grundfelder angenähert ersetzen. Für die genauere quantitative Vorausberechnung hat man die im folgenden Abschnitt gezeigte Zerlegung der MMKe und die wirklichen Feldformen zugrunde zu legen. Nehmen wir also sinusförmige Verteilung der MMKe an, so können wir die sinusförmige MMK AW_1 des Stators in zwei sinusförmige Wellen zerlegen:

$AW_1 \cos \varrho$ in Richtung der Rotorachse entsprechend der MMK der Arbeitswindungen und

$AW_1 \sin \varrho$ senkrecht zur Rotorachse entsprechend der MMK der Erregerwindungen.

Ferner nehmen wir an, daß die magnetische Leitfähigkeit in allen Richtungen gleich groß sei, wobei wir also unter Vernachlässigung der Sättigung auch die Flüsse sinusförmig verteilt annehmen, und es sei z_a die konstante Erregerimpedanz, bezogen auf die ganze Windungszahl des Stators.

Weil von den gesamten Stator-AW nur $AW_1 \sin \varrho$ als Erreger AW wirken, wird die Magnetisierungsspannung

$$E_m = J_1 z_a \sin^2 \varrho.$$

Die EMK der Arbeitswindungen bestand (s. S. 378) aus zwei Teilen, und zwar aus der auf die Arbeitswindungen reduzierten

Impedanzspannung des Rotors und der der Geschwindigkeit proportionalen EMK E_a. Weil von den Stator-AW der Teil $AW_1 \cos \varrho$ als Arbeits-AW zu zählen ist, wird die Impedanzspannung

$$J_1 \frac{z_2'}{C_2} \cos^2 \varrho,$$

wenn z_2' die auf die ganze Statorwindungszahl reduzierte Rotorimpedanz ist.

E_a verhielt sich zu E_m wie

$$\frac{1}{C_2} \frac{w_1 f_1}{w_3 f_3} \frac{c_r}{c} = \frac{1}{C_2} \frac{c_r}{c} \frac{\cos \varrho}{\sin \varrho},$$

es wird also

$$E_a = J_1 \frac{z_a}{C_2} \frac{c_r}{c} \sin \varrho \cos \varrho.$$

Hierzu addiert sich noch die Impedanzspannung der Arbeits- und Erregerwindungen, die wir als Impedanzspannung des ganzen Stators gleich $J_1 z_s$ setzen. Es wird also die ganze Klemmenspannung

$$\mathfrak{P}_1 = \mathfrak{J}_1 \left(\mathfrak{Z}_s + \frac{\mathfrak{Z}_2'}{\mathfrak{C}_2} \cos^2 \varrho + \mathfrak{Z}_a \sin^2 \varrho + j \frac{c_r}{c} \frac{\mathfrak{Z}_a}{\mathfrak{C}_2} \sin \varrho \cos \varrho \right).$$

Wir können hierin das zweite Glied rechts zerlegen in

$$\frac{\mathfrak{Z}_2'}{\mathfrak{C}_2} \cos^2 \varrho = \frac{\mathfrak{Z}_2'}{\mathfrak{C}_2} - \frac{\mathfrak{Z}_2'}{\mathfrak{C}_2} \sin^2 \varrho$$

und mit dem dritten zusammenfassen, also

$$\frac{\mathfrak{Z}_2'}{\mathfrak{C}_2} \cos^2 \varrho + \mathfrak{Z}_a \sin^2 \varrho = \frac{\mathfrak{Z}_2'}{\mathfrak{C}_2} + \left(\mathfrak{Z}_a - \frac{\mathfrak{Z}_2'}{\mathfrak{C}_2} \right) \sin^2 \varrho,$$

oder da

$$\mathfrak{C}_2 = \frac{\mathfrak{Z}_a + \mathfrak{Z}_2'}{\mathfrak{Z}_a}$$

ist, wird dieser Ausdruck gleich

$$\frac{\mathfrak{Z}_2'}{\mathfrak{C}_2} + \frac{\mathfrak{Z}_a}{\mathfrak{C}_2} \sin^2 \varrho,$$

so daß wir erhalten

$$\mathfrak{P}_1 = \mathfrak{J}_1 \left(\mathfrak{Z}_s + \frac{\mathfrak{Z}_2'}{\mathfrak{C}_2} + \frac{\mathfrak{Z}_a}{\mathfrak{C}_2} \sin^2 \varrho + j \frac{c_r}{c} \frac{\mathfrak{Z}_a}{\mathfrak{C}_2} \sin \varrho \cos \varrho \right).$$

Dies ergibt die folgende einfache graphische Übersicht über das Verhalten bei Änderung des Bürstenverschiebungswinkels ϱ.

Es sei in Fig. 221 $\overline{OA} = \mathfrak{Z}_s$, $\overline{AB'} = \mathfrak{Z}_2'$, $\overline{AC} = \mathfrak{Z}_a$.

$\overline{AD} = \mathfrak{Z}_a + \mathfrak{Z}_2'$ bildet also mit $\overline{B'D} = \overline{AC} = \mathfrak{Z}_a$ den Winkel γ_2.

Zeichnen wir über $\overline{AC}$ ein Dreieck ABC ähnlich dem Dreieck $AB'D$, indem wir $\sphericalangle\,B'AB = ACB = \gamma_2$ machen, so wird

$$\overline{AB} : \overline{AB'} = \overline{AC} : \overline{AD},$$

also

$$\overline{AB} = \mathfrak{Z}_2{}' \frac{\mathfrak{Z}_a}{\mathfrak{Z}_a + \mathfrak{Z}_2{}'} = \frac{\mathfrak{Z}_2{}'}{\mathfrak{C}_2}$$

und

$$\overline{BC} : \overline{AC} = \overline{B'D} : \overline{AD},$$

$$\overline{BC} = \mathfrak{Z}_a \frac{\mathfrak{Z}_a}{\mathfrak{Z}_a + \mathfrak{Z}_2{}'} = \frac{\mathfrak{Z}_a}{\mathfrak{C}_2}.$$

Schlagen wir nun über $\overline{BC}$ als Durchmesser einen Kreis K_s und tragen in C an $\overline{BC}$ einen Winkel ϱ an, so schneidet der freie Schenkel den Kreis in S.

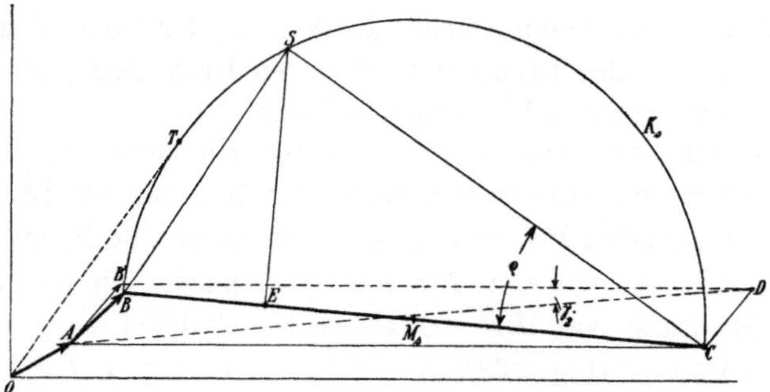

Fig. 221. Spannungsdiagramm für Bürstenverschiebung.

Das Lot $\overline{SE}$ auf $\overline{BC}$ teilt die Strecke $\overline{BC}$ im Verhältnis $\overline{BE} : \overline{EC} = \sin^2\varrho : \cos^2\varrho$.

Es ist also $\overline{BE} = \overline{BC}\sin^2\varrho = \dfrac{\mathfrak{Z}_a}{\mathfrak{C}_2}\sin^2\varrho$.

Es ist also (im Spannungsmaßstab) der Linienzug $OABE$ gleich $\mathfrak{J}_1\left(\mathfrak{Z}_s + \dfrac{\mathfrak{Z}_2{}'}{\mathfrak{C}_2} + \dfrac{\mathfrak{Z}_a}{\mathfrak{C}_2}\sin^2\varrho\right)$ die Spannung bei Stillstand für den Strom J_1.

Das Lot $\overline{SE}$ von S auf $\overline{BC}$ ist gleich $\overline{EC}\,\mathrm{tg}\,\varrho$, und da $\overline{EC} = \overline{BC}\cos^2\varrho$ war, wird $\overline{SE} = \overline{BC}\sin\varrho\cos\varrho = \dfrac{\mathfrak{Z}_a}{\mathfrak{C}_2}\sin\varrho\cos\varrho$ und steht senkrecht auf $\dfrac{\mathfrak{Z}_a}{\mathfrak{C}_2}$. D. h. im Spannungsmaßstab ist $\overline{ES}$ die GEMK bei Synchronismus, die in der Spannungsgleichung die Form hatte

$$j\,\frac{c_r}{c}\,\mathfrak{J}_1\,\frac{\mathfrak{Z}_a}{\mathfrak{C}_2}\sin\varrho\cos\varrho\,.$$

Es ist also $\overline{ES}$ die Gerade des Spannungsdiagramms übereinstimmend mit $\overline{CS}$ in Fig. 219, E der Punkt für Stillstand, S der Punkt für Synchronismus und die Länge $\overline{ES}$ auch der Geschwindigkeitsmaßstab. Bei der Bürstenverschiebung ändert sich ϱ und es bewegt sich also einfach der Punkt E für Stillstand auf der Geraden $\overline{BC}$, während der Punkt S für Synchronismus sich auf dem Kreis K_s bewegt. Für $\varrho = 0$ fallen E und S nach B. Hier ist also die gesamte Impedanz der Maschine gleich $\mathfrak{Z}_s + \dfrac{\mathfrak{Z}_2'}{\mathfrak{C}_2}$. Sie ist einfach ein kurzgeschlossener Transformator und leistet keine Arbeit. Für $\varrho = \dfrac{\pi}{2}$ fallen E und S in C zusammen, die gesamte Impedanz ist $\mathfrak{Z}_s + \mathfrak{Z}_a$; der Stator ist also lediglich eine Drosselspule, im Rotor wird kein Strom induziert. Der beste Leistungsfaktor bei Synchronismus ergibt sich, wenn der Vektor der Spannung $\overline{OS}$ für Synchronismus in der Tangente $\overline{OT}$ an den Kreis liegt; dies ergibt, wie ersichtlich, einen sehr kleinen Winkel ϱ.

Die Stromdiagramme bei konstanter Klemmenspannung sind für jeden Wert von ϱ die zu den Spannungsdiagrammen $\overline{ES}$ inversen Kreise. Alle Geraden $\overline{ES}$ sind einander parallel, die ihnen inversen Kreise haben also als Ort für den Mittelpunkt ein Lot auf $\overline{ES}$, d. h. die Richtung von $\overline{BC}$. Gehen wir bei der Inversion in den ersten Quadranten (Fig. 222), so bilden alle Radien $\overline{OM}$ mit der

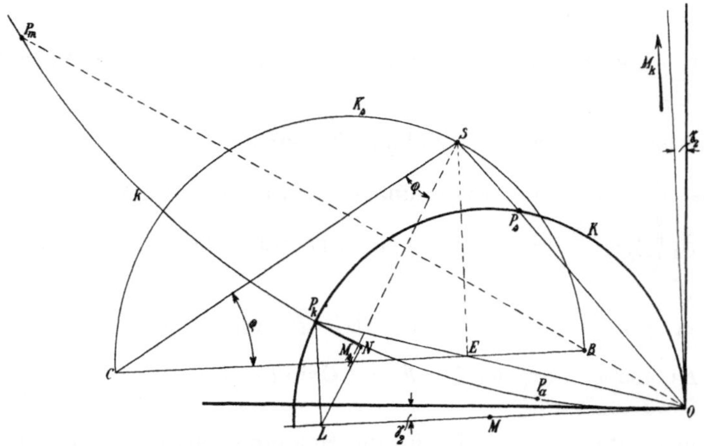

Fig. 222. Ableitung des Stromdiagrammes für Bürstenverschiebung.

Abszissenachse den Winkel γ_2 nach unten. Hierbei haben wir für $\mathfrak{Z}_a$ den Betrag x_a angenommen und den den Verlusten entsprechenden Widerstand r_a vernachlässigt, weil wir die Veränderung der

Eisen- und Kurzschlußverluste im elliptischen Drehfeld ohnehin nicht im Diagramm darstellen können; es ist also in Fig. 221 $\overline{AC} = z_a$ in der Richtung der Abszissenachse aufgetragen.

Da alle Mittelpunkte M auf einer Geraden liegen und die Kreise alle durch den Koordinatenanfangspunkt gehen, brauchen wir nur noch den Ort für die Kurzschlußpunkte bei veränderlichem ϱ. Im Spannungsdiagramm Fig. 221 war der Punkt für Stillstand E und er bewegt sich auf der Geraden $\overline{BC}$. Die zu E inversen Punkte P_k im Stromdiagramm bewegen sich also auf einem zur Geraden $\overline{BC}$ inversen Kreis k in Fig. 222, dessen Radius $\overline{OM_k}$ senkrecht auf dem Spiegelbild von $\overline{BC}$, also auch auf $\overline{OM}$ steht. Invers zu Punkt B ist P_m, und $\overline{OP_m}$ ist der größte Kurzschlußstrom, der bei $\varrho = 0$ auftritt. Invers zu C ist P_a, der Magnetisierungsstrom des Stators für $\varrho = \dfrac{\pi}{2}$. Für einen beliebigen Winkel ϱ erhält man daher aus dem Hilfskreis K_s über $\overline{CB}$ zunächst E und S. Der Strahl $\overline{OE}$ schneidet den Hilfskreis k in dem Punkt P_k für Stillstand. Mit diesem und dem Ort des Mittelpunktes M ergibt sich das Stromdiagramm K, das der Strahl $\overline{OS}$ in dem synchronen Punkt P_s schneidet. Je kleiner die Achsenverschiebung, um so größer ist der Kurzschlußstrom, und abgesehen von $\varrho = 0$ auch der Kreisdurchmesser, und um so größer ist die Leistungsfähigkeit der Maschine. Für P_a und P_m schrumpfen die Kreise in diese beiden Punkte zusammen. Das Drehmoment des Rotorarbeitsstromes ist in synchronen Watt:

$$W_a = J_1{}^2 \frac{x_a}{C_2} \sin \varrho \cos \varrho \cos \gamma_2 = \frac{1}{2} J_1{}^2 \frac{x_a}{C_2} \cos \gamma_2 \sin 2\varrho.$$

Dieses Drehmoment ist also proportional dem Abstand des Kreispunktes von der Tangente in O mal $\dfrac{1}{2} \dfrac{x_a}{C_2} \cos \gamma_2 \sin 2\varrho$. Hierin ist ϱ für die verschiedenen Kreise veränderlich und $\sin 2\varrho = \overline{SE} : \overline{M_s S}$.

Für die Anlaufmomente ergibt sich aber zum Vergleich für die verschiedenen ϱ folgende einfache Konstruktion. Da die Endpunkte P_k aller Anlaufströme auf dem zu $\overline{CB}$ inversen Hilfskreis k liegen, wird $J_1{}^2$ für den Anlauf auch proportional dem Abstand $\overline{P_k L}$ des Punktes P_k von der Tangente $\overline{OM}$ an k in O, die ja der Ort der Mittelpunkte M aller Arbeitskreise K ist. Zieht man durch L eine Parallele $\overline{LN}$ zu dem Radius $\overline{SM_s}$ des Kreises K_s über $\overline{BC}$, so wird deren Abschnitt zwischen L und dem Lot $\overline{P_k N}$ $\overline{LN} = \overline{P_k L}$ $\sin(LP_k N)$. Hierin ist $\sphericalangle LP_k N = \sphericalangle SM_s B = 2\varrho$, also ist $\overline{LN}$ prop.

$J_1{}^2 \sin 2\varrho$, d. h. ein Maß für das Anlaufmoment bei dem betreffenden Winkel ϱ.

In Fig. 223 ist das auf diese Weise erhaltene Anlaufmoment als Funktion des Verschiebungswinkels ϱ aufgetragen. Die Kurve besitzt zwei Äste, von denen der eine von der Nullstellung $\varrho = 90^0$ langsam ansteigt, der andere von der Kurzschlußstellung $\varrho = 0^0$ sehr steil verläuft. Bei einer Achsenverschiebung von ca. $\varrho = 15^0$ liegt das maximale Drehmoment, das etwa **4** bis 5 mal so groß ist wie das normale Moment der Maschine.

Beim Anlassen verfährt man nun derart, daß man, von der Nullstellung ($\varrho = 90^0$) ausgehend, die Bürsten je nach der gewünschten Drehrichtung in dem einen oder andern Sinne verschiebt, wodurch das Anzugsmoment erst ganz langsam und allmählich gesteigert wird, bis die Maschine anläuft.

Fig. 223. Anlaufdrehmoment als Funktion der Bürstenverschiebung.

Dieses einfache Anlaßverfahren hat durch die ganz kontinuierliche Steigerung des Anzugsmomentes dem Repulsionsmotor eine große Bedeutung verschafft.

74. Berechnung der Feldkurven und Konstanten.

Bei der Vorausberechnung der Arbeitsweise eines Motors haben wir zunächst die Form der Felder zu berücksichtigen, die von der Bewicklung, d. h. indirekt von der Bürstenstellung, abhängen, weil sich mit der Bürstenstellung die Anteile der Arbeits- und der Erregerwicklung an der Statorwicklung ändern.

Die Kenntnis der Feldkurven ist von Wichtigkeit zur Beurteilung der Kommutation. Es ist nötig zu wissen, wie groß das Feld in der Kommutierungszone ist, und zwar erstens wenn der Strom ein Maximum ist, d. h. wenn der größte Strom kommutiert wird, und zweitens wenn der Strom Null ist, also wenn die in den kurzgeschlossenen Spulen induzierte Transformator-EMK ein Maximum ist. Wir haben gesehen, daß der Transformatorfluß sie nur bei einer Geschwindigkeit ziemlich vollständig aufhebt, daß er aber ein Wendefeld für den Strom nicht liefert.

Ein Kommutierungsfeld für den Strom läßt sich beim indirekt

gespeisten Motor nicht wie beim direkt gespeisten erzeugen, denn der kurzgeschlossene Rotor drosselt dieses Feld sofort bis auf Streufelder ab. Wird andererseits zur Regulierung die Bürstenverstellung verwendet, so ist es überhaupt nicht möglich, an einer bestimmten Stelle des Umfangs ein Wendefeld etwa am Stator anzubringen.

Die Untersuchung wird dadurch erschwert, daß ein resultierendes Drehfeld entsteht, das von Stator und Rotor zusammen erzeugt wird. Wir haben dieses in zwei Wechselfelder, den Drehmomentfluß und den Transformatorfluß, zerlegt, über diese lagern sich noch die Streufelder, die von der ungleichen Verteilung der Statorarbeits- und Rotorwicklung herrühren.

In dem Fall der Fig. 215 ist z. B. die Spulenbreite des Rotors $S_2 = \tau$, die der Arbeitswicklung $S_1 = \left(1 - \dfrac{2\varrho}{\pi}\right)\tau$, die von beiden zusammen erzeugte resultierende MMK des Transformator- und Querflusses hat also eine veränderliche Form, wie in Fig. 162, Kap. XII, S. 308 gezeigt ist.

Mit dieser Form, die sich nun mit zeitlicher und räumlicher Verschiebung über den Drehmomentfluß lagert, werden wir aber nicht rechnen, denn sie verändert sich, ganz abgesehen von der Sättigung, auch mit der Geschwindigkeit bei gegebenem Statorstrom nach Maßgabe des Steigens des Rotorstromes.

Auf Grund der Ergebnisse des vorigen Abschnittes können wir aber folgendermaßen verfahren.

Der Rotorstrom besteht aus zwei zueinander senkrechten Komponenten. Die erste ist der Arbeitsstrom J'_{2k}, der bei einem gegebenen Statorstrom unabhängig von der Geschwindigkeit und um fast 180^0 gegen den Statorstrom verzögert ist, die zweite ist der Magnetisierungsstrom J'_{a2} des Transformatorflusses. Während also J_1 den Drehmomentfluß erzeugt, bilden J_1 und J'_{2k} zusammen nur Streuflüsse, die von ungleicher Verteilung der Arbeits- und Rotorwicklung herrühren. Sie sind zeitlich fast genau in Phase mit dem Drehmomentfluß und liegen quer dazu, verursachen also eine Verzerrung dieses Flusses.

Der um 90^0 dagegen verzögerte und von J'_{a2} erzeugte Transformatorfluß, der mit der Geschwindigkeit steigt, wird vom Rotor allein erregt, ihm ist also die MMK-Verteilung des Rotors allein zugrunde zu legen. Wir betrachten also zwei Augenblicke in einem zeitlichen Abstand von $^1/_4$ Periode, den ersten, wenn der Strom J_1 ein Maximum ist, dann ist die MMK des Drehmomentflusses und der Streufelder des Stator- und Rotorarbeitsstromes ein Maximum, diese resultierende MMK ist also der Feldkurve zugrunde zu legen; den zweiten, wenn der Statorstrom und

der Rotorarbeitsstrom Null sind, dann ist der Magnetisierungsstrom J_{a2} des Rotors ein Maximum. Für diese zeitlich und räumlich um 90^0 phasenverschobenen MMKe können wir die Feldkurve
aus der MMK-Kurve mit Hilfe der Magnetisierungskurve berechnen.
Die Übereinanderlagerung dieser zeitlich und räumlich um 90^0 verschobenen Felder gibt ein sehr angenähertes Bild der wirklichen
Verteilung, denn die gegenseitige Beeinflussung durch die Sättigung
kann deswegen nicht groß sein, weil die zeitlichen und räumlichen
höchsten Sättigungen beider Felder nicht zusammentreffen.

Vernachlässigt haben wir dann nur die Abweichung der Phasenverschiebung von 180^0 zwischen J_1 und J'_{2k}; da aber γ_2 ein kleiner
Winkel ist, ist diese Vernachlässigung unwesentlich.

Zunächst ist das Verhältnis von J_1 zu J'_{2k} zu berechnen. Für
einen gegebenen Statorstrom J_1 ist der Arbeitsstrom des Rotors

$$J'_{2k} = \frac{J_1}{C_2},$$

worin

$$C_2 \simeq 1 + \frac{x'_{2s} + x'_{0,2}}{x_a}.$$

x_a ist die Wechselreaktanz der Statorarbeits- und Rotorwicklung,
bezogen auf die Windungszahl der Arbeitswicklung. Haben wir
nun C_2 berechnet, so kennen wir für einen bestimmten Strom J_1
die Größe und Verteilung der MMKe der Statorarbeits- und Rotorwicklung; ihre Differenz ergibt die Verteilung der MMKe des restlichen Oberfeldes. Zweitens kennen wir die MMK-Verteilung des
Drehmomentflusses und durch Zusammensetzung beider die resultierende MMK in dem Augenblicke, wenn der Strom am größten
ist. Sie gibt uns also einerseits die größte Sättigung für den Drehmomentfluß, andererseits die auf die Kommutierungszone wirkende
MMK, wenn der Rotorarbeitsstrom im Maximum ist. Ferner ist der
zeitlich um 90^0 dagegen verzögerte mit der Geschwindigkeit steigende
Transformatorfluß durch die MMK-Verteilung des Rotors und die
Magnetisierungskurve bekannt. Wir können nun in dem Vektordiagramm Fig. 219 zunächst die gesamte Spannung bei Stillstand $\overline{OC}$
für jeden Strom J_1 berechnen. Ist die Klemmenspannung P gegeben,
so schlagen wir damit um O einen Kreis und ziehen (zunächst unter
Vernachlässigung von γ_2) eine Vertikale durch C, um durch den
Schnittpunkt E mit dem Kreis die Strecke E_a zu erhalten. Diese ist die
in der Arbeitswicklung induzierte EMK von dem beim Lauf entstehenden Transformatorfluß. Seine Größe läßt sich an Hand der Feldverteilung dieses Flusses und der Ausbreitung der Arbeitswindungen berechnen. Die Magnetisierungskurve des Transformatorflusses ist durch

$\Phi_q = f(J_{a,2})$ gegeben, und der Wicklungsfaktor der Arbeitswicklung in Bezug auf diesen Fluß ist f_{1q}. Aus der Länge $\overline{CE} = E_a$ läßt sich somit Φ_q und daraus wieder E_{2p} berechnen. Wir entnehmen nun der Magnetisierungskurve des Erregerstromes den Wert J_{a2}' und berechnen

$$E_{2r}' = \sqrt{(E_{2p}' + J_{a2}' x_{s2}')^2 + (J_{a2}' r_2')^2}\,.$$

Dies ist die Rotations-EMK des Rotors im Drehmomentfluß, und aus dieser ist die Geschwindigkeit bekannt.

Als erstes Beispiel betrachten wir:

1. Stator ganz bewickelt; der Rotor besitzt nur einen Bürstensatz.

Als Erregerwindungen rechnen wir die Windungen des Stators auf dem Bogen $\dfrac{2\varrho}{\pi}\tau$ und als Arbeitswindungen die auf dem Bogen $\left(1 - \dfrac{2\varrho}{\pi}\right)\tau$. Ist w_s die ganze Windungszahl des Stators, so sind $w_1 = \left(1 - \dfrac{2\varrho}{\pi}\right)w_s$ die Arbeitswindungen und $w_3 = \dfrac{2\varrho}{\pi}w_s$ die Erregerwindungen.

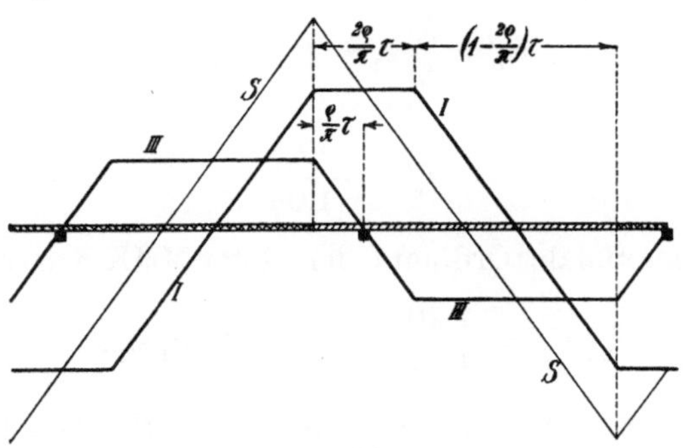

Fig. 224.

Wir denken uns also (s. Fig. 224) die dreieckige MMK-Kurve S des Stators in zwei Trapeze I und III zerlegt. Die Erregerwindungen haben eine Spulenbreite $S_3 = \dfrac{2\varrho}{\pi}\tau$ und die Arbeitswindungen $S_1 = \left(1 - \dfrac{2\varrho}{\pi}\right)\tau$. Die MMK-Kurve des Rotorstromkreises hat dreieckige Form und der Fluß wird durch die Sättigung abgeflacht. Es ist $S_2 = \tau$. Ohne Berücksichtigung der Sättigung ist der Wicklungsfaktor der Arbeitswindungen in bezug auf den Transformatorfluß

$$f_{1q} = \frac{1 - \dfrac{1}{6}\dfrac{S_1}{S_2}\dfrac{S_1}{\tau} - \dfrac{1}{2}\dfrac{S_2}{\tau}}{1 - \dfrac{1}{2}\dfrac{S_2}{\tau}}\,.$$

Nehmen wir eine Bürstenverschiebung von $\varrho = 20^{\circ}$ an, das heißt $\dfrac{2\varrho}{\pi} = \dfrac{2}{9}$, so entspricht diese Verschiebung einem Verhältnis von Arbeits-AW zu Erreger-AW des Stators von

$$\left(1 - \frac{2\varrho}{\pi}\right) \quad \text{zu} \quad \frac{2\varrho}{\pi} = \frac{7}{2} = 3,5\,.$$

Es wird dann

$$\frac{f_1}{f_2} = \sqrt{\frac{1 - \dfrac{2}{3}\dfrac{S_1}{\tau}}{1 - \dfrac{2}{3}\dfrac{S_2}{\tau}}} = \sqrt{\frac{1 - \dfrac{2}{3}\dfrac{7}{9}}{1 - \dfrac{2}{3}}} = 1,20\,.$$

Schätzen wir $\dfrac{x'_{s2}}{x_a} = 0,04$, so wird, da $\dfrac{x'_{0,2}}{x_a}$ sehr wenig von Null verschieden ist, $C_2 = 1,04$.

Die auf den Arbeitsstromkreis reduzierte Windungszahl des Rotorstromkreises ist

$$w_2' = \frac{f_1}{f_2}\, w_1 = 1,20\, w_1\,,$$

und da

$$J'_{2k} = \frac{J_1}{1,04}$$

ist, wird die maximale Ordinate der Rotor-MMK-Kurve

$$J'_{2k}\, w_2' = \frac{1,20}{1,04}\, J_1\, w_1 = 1,15\, J_1\, w_1\,.$$

In Fig. 225 sind S, I und III wieder die gleichen MMK-Kurven des Stators wie in Fig. 224. ($-$ II) ist die umgeklappte Kurve des Rotorarbeitsstromes, der ja entgegengesetzt wie der Stator magnetisiert.

Die schraffierten Flächenstücke zwischen I und $-$ II stellen die MMKe des restlichen Differenzfeldes zwischen Statorarbeits- und Rotorwicklung dar. Wir sehen, daß in der Kommutierungszone die Rotor-MMK überwiegt, der Arbeitsstrom kommutiert also im Eigenfeld. Die Differenzfelder lagern sich über die MMK des Drehmomentflusses III, so daß die resultierende MMK die verzerrte Form F erhält. Diese Kurve ergibt sich auch als Differenz von S und $-$ II. In der Figur ist die Bürstenverschiebung ϱ aus der

Rotorachse nach rechts dargestellt, die Drehrichtung des Rotors ist daher von links nach rechts. Der Drehmomentfluß wird also hier an der ablaufenden Polseite verstärkt, an der auflaufenden geschwächt und so verzerrt, daß die Bürsten aus der „neutralen Zone" vorausgeschoben sind, umgekehrt wie es bei einem Motor der Fall sein sollte. Ist die Sättigung klein, so daß die Verstärkung der

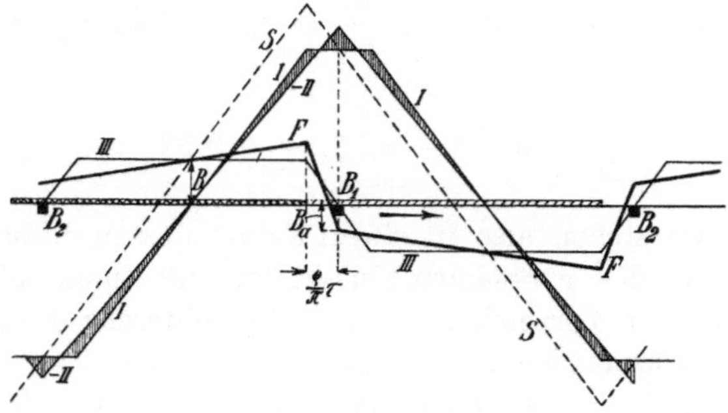

Fig. 225.

Induktion an der einen Seite so stark anwachsen kann, wie sie auf der andern Seite abnimmt, so ist der Inhalt der Kurve F zwischen den Bürsten B_1 und B_2 ebenso groß wie der Inhalt der Kurve III. Dies folgt ohne weiteres daraus, daß die MMK der Differenzfelder zu beiden Seiten der Bürsten symmetrisch ist. Der Berechnung der induzierten EMKe und des Drehmomentes können wir dann die Form der Kurve III zugrunde legen. Ihr Füllfaktor ist

$$\alpha_i = 1 - \frac{1}{2}\frac{S_3}{\tau} = 1 - \frac{\varrho}{\pi}$$

und der Wicklungsfaktor der Erregerwindungen w_3 in bezug auf dieses Feld

$$f_3 = \frac{1 - \dfrac{2}{3}\dfrac{S_3}{\tau}}{1 - \dfrac{1}{2}\dfrac{S_3}{\tau}} = \frac{1 - \dfrac{4}{3}\dfrac{\varrho}{\pi}}{1 - \dfrac{\varrho}{\pi}}.$$

Ist die Sättigung dagegen groß, so hat man die Feldkurve mit Hilfe der MMK-Kurve und der Magnetisierungskurve $B = f(\mathrm{AW})$ für verschiedene Momente innerhalb der Periode oder einfacher für den Effektivwert und den Füllfaktor und Wicklungsfaktor zu berechnen.

In Fig. 225 stehen die Bürsten in einem Eigenfelde B_a, das für die Kommutation des Arbeitsstromes schädlich ist. Die Größe dieser Induktion B_a verhält sich (ohne Berücksichtigung der Sättigung) zu der des Drehmomentflusses B, wie die darauf wirkenden Amperewindungen, und zwar setzen wir für B den Wert in der Mitte zwischen den Bürsten, wo der Drehmomentfluß nicht verzerrt ist, also

$$\frac{B_a}{B} = \frac{J_1 w_1 - J_2{}'_k w_2{}'}{J_1 w_3} \,.$$

In dem früheren Beispiel war $\dfrac{w_1}{w_3} = 3{,}5$ und $J_2{}'_k w_2{}' = 1{,}15\, J_1 w_1$, also

$$\frac{B_a}{B} = 3{,}5\,(1 - 1{,}15) = -\,0{,}52 \,.$$

Die Bürsten stehen also in einem Felde, dessen Induktion halb so groß wie die des wirksamen Flusses ist; das Eigenfeld erscheint hier mit negativem Vorzeichen, weil in der Differenz $J_1 w_1 - J_2{}'_k w_2{}'$ an der Kommutierungsstelle die Rotor-MMK überwiegt. Ein positives Vorzeichen bedeutet daher ein dem Eigenfeld des Rotorstromes entgegengerichtetes, als Wendefeld für den Arbeitsstrom wirkendes Feld.

In Fig. 235 Seite 406 stellt die mit $\dfrac{S_1}{\tau} = 1$ bezeichnete Kurve die Werte von $\dfrac{B_a}{B}$ für verschiedene Winkel ϱ dar, wobei, wie in dem Beispiel $\dfrac{x'_{s\,2}}{x_a} = 0{,}04$ geschätzt ist. In dem Gebiet, in dem der Motor mit Rücksicht auf guten Leistungsfaktor normal arbeiten soll, also bei kleinen Bürstenwinkeln, bei denen das Verhältnis der Arbeits-AW zu den Erreger-AW und der Füllfaktor α_i des Drehmomentflusses groß sind, bewegt sich $B_a : B$ stets zwischen $-0{,}4$ und $-0{,}5$.

Bezüglich der Kommutation ist zu berücksichtigen, daß einerseits die Transformator-EMK $\varDelta e_p$ im Drehmomentfluß z. T. aufgehoben wird durch die Rotations-EMK $\varDelta e_r$ im Transformatorfluß, jedoch überwiegt bei synchronem Lauf und bei einem spitzen Transformatorfluß auch schon bei Synchronismus die zweite (s. S. 372). Die Resultierende aus beiden ist $(\varDelta e_p - \varDelta e_r)$ und um 90^0 gegen den Statorstrom phasenverschoben.

Die Stromwendespannung $\varDelta e_N$ ist in Phase mit dem Rotorstrom, der gegen den Statorstrom phasenverschoben ist. Entsprechend der Zerlegung in Rotorarbeits- und Erregerstrom können wir $\varDelta e_N$ zerlegen in:

$\varDelta e'_N$, herrührend vom Arbeitsstrom $J_2{}'_k$ und $\varDelta e''_N$, herrührend vom Erregerstrom $J_{a\,2}{}'$.

$\varDelta e_N'$ wird vergrößert um die EMK der Drehung im Eigenfeld B_a; diese sei $\varDelta e_r'$, und $\varDelta e_N''$ ist gleichzeitig im Maximum mit der EMK der Drehung $\varDelta e_r$ im Transformatorfluß und addiert sich zu ihr.

Die Resultierende wird

$$\sqrt{[\varDelta e_p - (\varDelta e_r + \varDelta e_N'')]^2 + (\varDelta e_N' + \varDelta e_r')^2}.$$

Alle EMKe der Rotation überwiegen bei hoher Geschwindigkeit, so daß der Motor nur sehr wenig oberhalb Synchronismus arbeiten kann.

Etwas günstiger in bezug auf die Stellung der Bürsten im Eigenfeld wird es, wenn der Stator nicht ganz bewickelt ist. Wir betrachten diesen Fall zunächst für einen Bürstensatz.

2. Der Stator ist nicht ganz bewickelt, der Rotor hat nur einen Bürstensatz.

Zerlegung der Stator-MMK. In Fig. 226 sei $\overline{S\,S_1}$ die Statorachse, $\overline{R\,R_1}$ die Rotorachse. Der Stator sei auf dem Bogen $S_1 = \overset{\frown}{A\,B} = \overset{\frown}{A_1\,B_1}$ bewickelt, ϱ ist die Achsenverschiebung, der entsprechende Bogen also $\dfrac{\varrho}{\pi}\tau$.

Denken wir uns den Winkel zwischen $\overline{B\,B_1}$ und $\overline{R\,R_1}$ nochmals an die andere Seite von $\overline{R\,R_1}$ angetragen, so erhalten wir zwischen den Durchmessern $\overline{B\,B_1}$ und $\overline{C\,C_1}$ eine Zone $\overset{\frown}{B\,C} = \overset{\frown}{B_1\,C_1}$, deren Achse senkrecht zur Rotorachse liegt und als Erregerzone anzusehen ist.

Der Bogen $\overset{\frown}{C_1\,B_1}$ ist die doppelte Differenz von $\overset{\frown}{R_1\,S} = \dfrac{\varrho}{\pi}\tau$ und dem halben unbewickelten Bogen $\overset{\frown}{B_1\,S} = \dfrac{\tau - S_1}{2}$, also

$$\overset{\frown}{C\,B} = \frac{2\,\varrho}{\pi}\tau - \tau + S_1.$$

Ziehen wir den auf der Bürstenachse senkrechten Durchmesser $\overline{D\,D_1}$ und verdoppeln wieder den Winkel zwischen $\overline{A\,A_1}$ und $\overline{D\,D_1}$, so erhalten wir eine Zone $\overset{\frown}{A\,E} = \overset{\frown}{A_1\,E_1}$, deren Achse parallel zur Rotorachse liegt und als Arbeitszone angesehen werden kann.

Der Bogen $\overset{\frown}{D\,R_1}$ ist gleich $\dfrac{\tau}{2}$, $\overset{\frown}{A\,E}$ ist also die doppelte Differenz von $\overset{\frown}{D\,S} = \dfrac{\tau}{2} - \dfrac{\varrho}{\pi}\tau$ und $\overset{\frown}{A\,S} = \dfrac{\tau - S_1}{2}$, also

$$\overset{\frown}{A\,E} = S_1 - \frac{2\,\varrho}{\pi}\tau.$$

Es bleibt nun der Bogen $\overset{\frown}{CE}=\overset{\frown}{C_1 E_1}$ übrig, dessen Achse weder senkrecht noch parallel zur Rotorachse liegt. Er ist die Differenz von S_1 und $(\overset{\frown}{BC}+\overset{\frown}{AE})$, also gleich $\overset{\frown}{CE}=(\tau-S_1)$, d. h. ebenso groß wie der unbewickelte Bogen $\overset{\frown}{AB_1}=\overset{\frown}{A_1 B}$.

Wir können uns nun in dieser unbewickelten Zone zwei Lagen von Drähten mit entgegengesetzter Stromrichtung denken, ohne an der resultierenden MMK etwas zu ändern. Je eine Lage denken wir uns mit der Hälfte der Leiter der Bogen $\overset{\frown}{CE}$ und $\overset{\frown}{C_1 E_1}$ zusammenwirkend, so daß diese zur Hälfte zur Erregerzone und zur Hälfte zur Arbeitszone gehören.

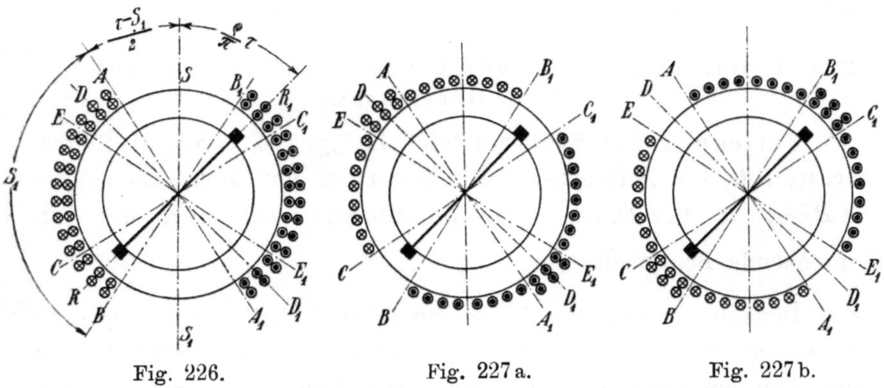

Fig. 226.   Fig. 227a.   Fig. 227b.

Zerlegung der Statorwicklung bei teilweise bewickeltem Stator.

In Fig. 227a und b ist diese gedachte Zerlegung schematisch dargestellt. Die Übereinanderlagerung der Statorleiter dieser beiden Fälle gibt wieder die ursprüngliche Verteilung der Fig. 226.

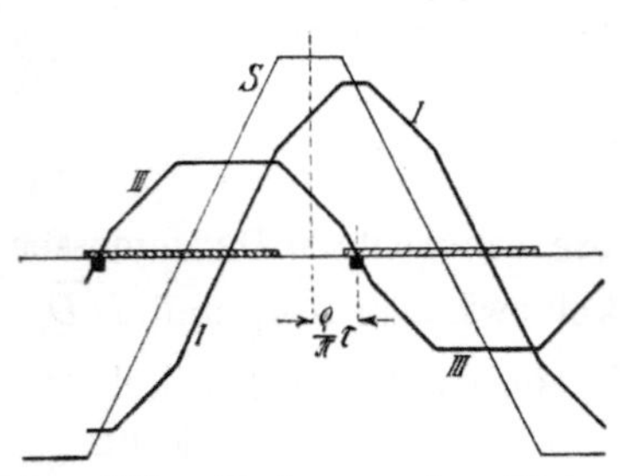

Fig. 228.   Zerlegung der Stator-MMK bei teilweise bewickeltem Stator.

Die Summe der Stator-MMKe der beiden Fig. 227a und b ist genau äquivalent mit der MMK der wirklichen Statorwicklung nach Fig. 226; das gleiche gilt von den EMKen. Wir können also mit der Verteilung nach Fig. 227a und b rechnen.

Wir haben dort für Erreger- und Arbeitswindungen je einen Teil in der Mitte der Windungen, auf dem alle Statorwindungen zu der betreffenden Wicklung zu zählen sind, daneben zwei Teile, auf denen nur die Hälfte der Windungen zu ihr zu rechnen sind, endlich einen unbewickelten Teil. Jede dieser MMKe gibt ein Doppeltrapez I und III (Fig. 228), und die

Summe beider Doppeltrapeze ist wieder gleich dem ursprünglichen Trapez S.

Ist die Bürstenverschiebung nur so groß, daß die Bürsten gerade am Anfang des bewickelten Bogens stehen, so daß in Fig. 226 $\overline{RR_1}$ mit $\overline{BB_1}$ zusammenfällt, also

$$\frac{\varrho}{\pi}\tau = \frac{\tau - S_1}{2}$$

ist, so ist der Bogen $\overset{\frown}{CB} = 0$, d. h. für die Erregerwindungen fällt die Zone fort, auf der alle Windungen zu ihr zu zählen sind, ihr Doppeltrapez geht in ein einfaches Trapez über (s. Fig. 229). Dasselbe tritt für die Arbeitswindungen ein, wenn die Bürstenverschiebung so groß ist, daß die zur Bürstenlinie senkrechte Achse $\overline{DD_1}$ in Fig. 226 mit $\overline{AA_1}$ zusammenfällt, also

$$\frac{\varrho}{\pi}\tau = \frac{\tau}{2} - \frac{\tau - S_1}{2} = \frac{S_1}{2}$$

ist, dann haben die MMK-Kurven I und III in Fig. 229 ihre Form vertauscht.

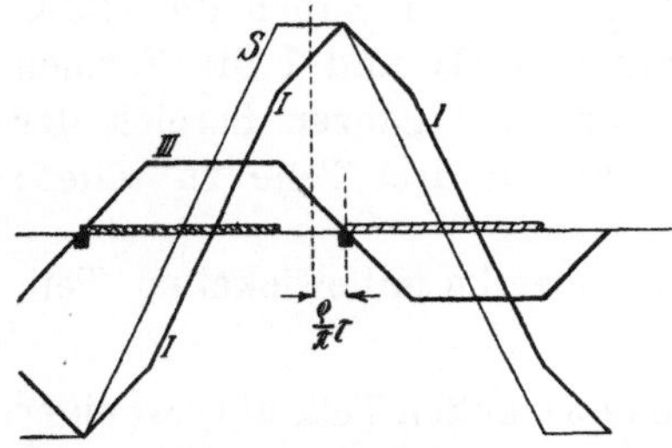
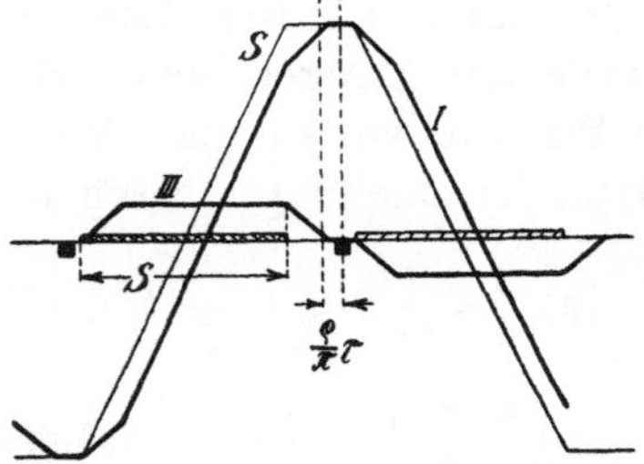

Fig. 229. Zerlegung der Stator-MMK für $\dfrac{\varrho}{\pi}\tau = \dfrac{\tau - S_1}{2}$.

Fig. 230. Zerlegung der Stator-MMK für $\dfrac{\varrho}{\pi}\tau < \dfrac{\tau - S_1}{2}$.

Ist endlich die Bürstenverschiebung noch kleiner als der halbe unbewickelte Teil, $\dfrac{\varrho}{\pi}\tau < \dfrac{\tau - S_1}{2}$, oder größer als der halbe bewickelte Teil, $\dfrac{\varrho}{\pi}\tau > \dfrac{S_1}{2}$, d. h. fällt die Rotorachse bzw. die dazu senkrechte in den unbewickelten Teil, so braucht man die Leiter entgegengesetzter Stromrichtung nicht auf dem ganzen unbewickelten Bogen $\tau - S_1$ anzubringen. Stehen z. B. die Bürsten innerhalb des unbewickelten Teiles, d. h. $\dfrac{\varrho}{\pi}\tau < \dfrac{\tau - S_1}{2}$, so hat nur die Arbeitswicklung einen Bogen $\overset{\frown}{AE}$ in Fig. 226, auf dem alle Windungen zu ihr zu rechnen sind, er ist (s. S. 395) $S_1 - \dfrac{2\varrho}{\pi}\tau$, für die Erregerwick-

lung fällt er hier fort. Wir bringen nun auf der Breite $\dfrac{2\varrho}{\pi}\tau$
im unbewickelten Bogen von $\overline{A\,A_1}$ aus Leiter entgegengesetzter
Stromrichtung an. Wir erhalten dann neben $\overline{B\,B_1}$ eine Lücke und
die MMK-Kurve III der Erregerwicklung (s. Fig. 230) ist ein nach
der Mitte zwischen den Bürsten gerücktes Trapez.

Ist andererseits $\dfrac{\varrho}{\pi}\tau > \dfrac{S_1}{2}$, so gilt ähnliches für die Arbeitswindungen. Die Erregerwindungen haben einen Bogen

$$\overset{\frown}{CB} = \frac{2\varrho}{\pi}\tau - \tau + S_1 ,$$

auf dem alle Windungen zu ihnen zu zählen sind, für die Arbeitswindungen tritt an dessen Stelle die Lücke, und die Leiter entgegengesetzter Richtung sind neben $\overline{B\,B_1}$ auf

$$S_1 - \left(\frac{2\varrho}{\pi}\tau - \tau + S_1\right) = \tau - \frac{2\varrho}{\pi}\tau$$

in der unbewickelten Zone anzubringen, dann haben die MMK-
Kurven der Erreger- und Arbeitswindungen III und I die Formen
der Fig. 230 vertauscht. Wir haben also den ganzen Bereich der
Bürstenverschiebung zwischen 0 und 90° in drei Teile zu teilen:

a) $0 < \dfrac{\varrho}{\pi}\tau < \dfrac{\tau - S_1}{2}$, die Bürsten stehen im unbewickelten Teil,

b) $\dfrac{\tau - S_1}{2} < \dfrac{\varrho}{\pi}\tau < \dfrac{S_1}{2}$, Bürsten im bewickelten Teil, aber weniger

als $\dfrac{S_1}{2}$ verschoben,

c) $\dfrac{S_1}{2} < \dfrac{\varrho}{\pi}\tau < \dfrac{\pi}{2}$ Bürsten mehr als $\dfrac{S_1}{2}$ verschoben.

Grenzfälle treten ein für $\dfrac{\varrho}{\pi}\tau = 0,\ \dfrac{\tau - S_1}{2},\ \dfrac{S_1}{2}$ und $\dfrac{\pi}{2}$.

Wir brauchen aber nur die Konstanten für zwei MMK-Formen
zu berechnen, für das nach der Mitte gerückte Trapez (z. B. III in
Fig. 230) und das Doppeltrapez (Fig. 228). Alle andern Fälle, das
einfache Trapez III in Fig. 229 und das Trapez mit aufgesetztem
Dreieck I in Fig. 229, ergeben sich als Spezialfälle.

Wir setzen zunächst für die ganz bewickelten und halb bewickelten Teile allgemeine Buchstaben ein, um dann durch Einsetzen der entsprechenden Werte die Formeln für die verschiedenen

Bürstenstellungen für Arbeitswicklung und Erregerwicklung zu erhalten.

Berechnung der Konstanten.

Es sei w_s die ganze Statorwindungszahl, $2\,\alpha$ der Bogen, auf dem alle Windungen zu einer Wicklung zu zählen sind (ganz bewickelter Bogen), $2\,\beta$ die beiden Bogen, auf denen die Hälfte der Windungen zu ihr zu zählen sind (halb bewickelter Bogen). Wir haben also die beiden Fälle Fig. 231 und 232.

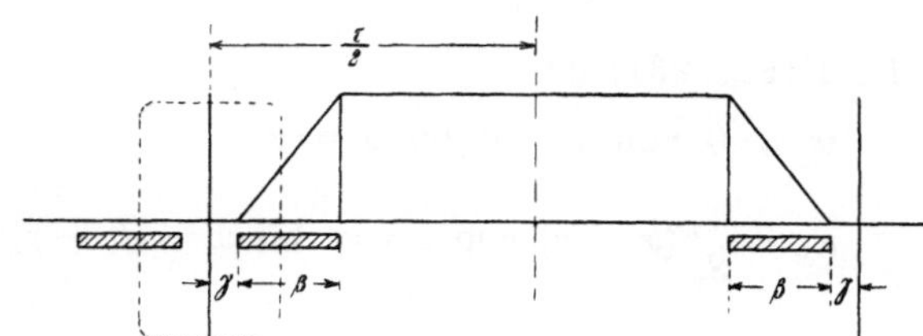

Fig. 231.

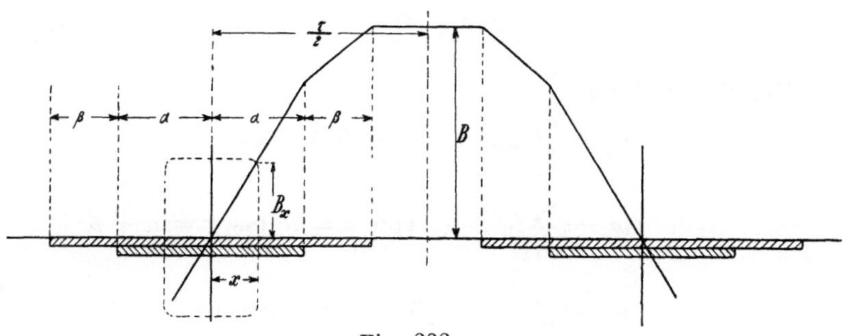

Fig. 232.

In Fig. 231 ist nur ein halb bewickelter Bogen auf jeder Polhälfte, die daneben liegende Lücke bezeichnen wir mit γ.

In Fig. 232 sind beide Bogen α und β vorhanden.

Windungszahlen. Da die ganzen Statorwindungen w_s auf dem Bogen S_1 pro Pol liegen, so liegen auf dem doppelt bewickelten Bogen $2\,\alpha$

$$\frac{2\,\alpha}{S_1}\,w_s \text{ Windungen,}$$

auf dem halb bewickelten Bogen $2\,\beta$

$$\frac{\beta}{S_1}\,w_s \text{ Windungen.}$$

Also ist die Windungszahl für Fig. 231

$$w = \frac{w_s}{S_1}\beta \quad . \qquad . \quad . \quad . \quad (110)$$

für Fig. 232
$$w = \frac{w_s}{S_1}(2\,\alpha + \beta) \quad . \quad . \quad . \quad . \quad (111)$$

Füllfaktor: Es ist

$$\alpha_i = \frac{2}{\tau}\int\limits_0^{\frac{\tau}{2}} \frac{w_x}{w}\,dx$$

Für das Feld (Fig. 231) ist

$$w_x = 0 \quad \text{von} \quad x = 0 \quad \text{bis} \quad x = \gamma$$

$$w_x = \frac{w_s}{S_1}(x - \gamma) \quad \text{von} \quad x = \gamma \quad \text{bis} \quad x = (\beta + \gamma)$$

$$w_x = \frac{w_s}{S_1}\beta = w \quad \text{von} \quad x = (\beta + \gamma) \quad \text{bis} \quad x = \frac{\tau}{2}.$$

Hiermit wird

$$\alpha_i = \frac{\tau - (2\,\gamma + \beta)}{\tau}. \quad . \quad . \quad . \quad . \quad . \quad . \quad . \quad (112)$$

Für Fig. 232 ist

$$w_x = \frac{w_s}{S_1}\,2\,x \quad \text{von} \quad x = 0 \quad \text{bis} \quad x = \alpha$$

$$w_x = \frac{w_s}{S_1}(\alpha + x) \quad \text{von} \quad x = \alpha \quad \text{bis} \quad x = \alpha + \beta$$

$$w_x = \frac{w_s}{S_1}(2\,\alpha + \beta) = w \quad \text{von} \quad x = (\alpha + \beta) \quad \text{bis} \quad x = \frac{\tau}{2}$$

und es wird

$$\alpha_i = 1 - \frac{(2\,\alpha + \beta)}{2\,\tau} - \frac{1}{2}\frac{\beta^2}{\tau\,(2\,\alpha + \beta)} \quad . \quad . \quad . \quad (113)$$

Die Selbstreaktanz und der Wicklungsfaktor in bezug auf das Eigenfeld ergeben sich nach S. 311 und 313

$$x_{a1} = \frac{2\,\pi\,c\,w^2}{R_p\,10^8}\frac{2}{\tau}\int\limits_0^{\frac{\tau}{2}}\left(\frac{w_x}{w}\right)^2 dx$$

und
$$f = \frac{1}{\alpha_i}\frac{2}{\tau}\int\limits_0^{\frac{\tau}{2}}\left(\frac{w_x}{w}\right)^2 dx.$$

Unter Einsetzung derselben Werte wie oben für w_x wird daher für Fig. 231

$$\frac{2}{\tau} \int\limits_0^{\frac{\tau}{2}} \left(\frac{w_x}{w}\right)^2 dx = 1 - \frac{2\gamma + \beta}{\tau} - \frac{1}{3}\frac{\beta}{\tau} \quad \dots \quad (114)$$

und für Fig. 232

$$\frac{2}{\tau} \int\limits_0^{\frac{\tau}{2}} \left(\frac{w_x}{w}\right)^2 dx = 1 - \frac{2}{3}\left(\frac{2\alpha + \beta}{\tau}\right) - \left(\frac{\beta}{2\alpha + \beta}\right)^2 \left(\frac{2\alpha}{\tau} + \frac{2}{3}\frac{\beta}{\tau}\right) (115)$$

Für die Wechselreaktanz und die gegenseitigen Wicklungsfaktoren haben wir nach S. 312 die Ausdrücke

$$\frac{2}{\tau} \int\limits_0^{\frac{\tau}{2}} \left(\frac{w_{1x}\,w_{2x}}{w_1\,w_2}\right) dx$$

zu bilden.

Da der Rotor hier ganz bewickelt ist, wird

$$w_{2x} = \frac{2\,w_2\,x}{\tau}$$

und für Fig. 231 unter Einsetzung der früheren Werte von w_{1x}:

$$\frac{2}{\tau} \int\limits_0^{\frac{\tau}{2}} \frac{w_{1x}\,w_{2x}}{w_1\,w_2} dx = \frac{1}{2} - \frac{2}{3}\left(\frac{\beta}{\tau}\right)^2 - 2\frac{\gamma}{\tau}\left(\frac{\beta + \gamma}{\tau}\right) \quad . \quad (116)$$

ebenso für Fig. 232

$$\frac{2}{\tau} \int\limits_0^{\frac{\tau}{2}} \frac{w_{1x}\,w_{2x}}{w_1\,w_2} dx = \frac{1}{2} - \frac{2}{3}\left(\frac{\alpha^2 + \alpha\beta + \beta^2}{\tau^2}\right) \quad \dots \quad (117)$$

Die besonderen Fälle ergeben nun folgende Werte:

a) Bürsten im unbewickelten Teil,

$$\frac{\varrho}{\pi}\tau \leqq \frac{\tau - S_1}{2},$$

$$\alpha = \frac{S_1}{2} - \frac{\varrho}{\pi}\tau,$$

$$\beta = \frac{2\,\varrho}{\pi}\,\tau,$$

$$\gamma = \frac{\tau}{2} - \frac{S_1}{2} - \frac{\varrho}{\pi}\,\tau.$$

Für die Erregerwindungen ist:

nach Gl. 110
$$w_3 = w_s \frac{2\,\varrho}{\pi}\frac{\tau}{S_1},$$

„ „ 112
$$\alpha_i = \frac{S_1}{\tau},$$

„ „ 114
$$x_e = \frac{2\,\pi c w_3{}^2}{R_p\,10^8}\left[\frac{S_1}{\tau} - \frac{2}{3}\frac{\varrho}{\pi}\right]$$

$$f_3 = 1 - \frac{2}{3}\frac{\varrho}{\pi}\frac{\tau}{S_1};$$

für die Arbeitswindungen wird

nach Gl. 111
$$w_1 = w_s,$$

„ „ 115
$$x_{a1} = \frac{2\,\pi c w_1{}^2}{R_p\,10^8}\left[1 - \frac{2}{3}\frac{S_1}{\tau} - \left(\frac{2\,\varrho}{\pi}\frac{\tau}{S_1}\right)^2\left(\frac{S_1}{\tau} - \frac{2}{3}\frac{\varrho}{\pi}\right)\right],$$

die Wechselreaktanz $x_a = \dfrac{2\,\pi c w_1{}^2 f_1}{R_p f_2\,10^8}\left[\dfrac{1}{2} - \dfrac{1}{6}\left(\dfrac{S_1}{\tau}\right)^2 - \dfrac{1}{2}\left(\dfrac{2\,\varrho}{\pi}\right)^2\right],$

der Wicklungsfaktor in bezug auf den Transformatorfluß, wenn

$$\alpha_{iq} = \frac{1}{2}, \qquad f_{1q} = 1 - \frac{1}{3}\left(\frac{S_1}{\tau}\right)^2 - \left(\frac{2\,\varrho}{\pi}\right)^2,$$

ferner:
$$x_{01} = x_{a1} - x_a.$$

Für den Rotor ist $S_2 = \tau$,

also
$$x_{a2} = \frac{1}{3}\frac{2\,\pi c w_2{}^2}{R_p\,10^8}$$

und die auf primär reduzierte Reaktanz

$$x'_{a,2} = \frac{f_1{}^2}{3 f_2{}^2}\frac{2\,\pi c w_1{}^2}{R_p\,10^8}.$$

Es ist somit

$$\frac{f_1}{f_2} = \sqrt{\frac{x_{a,1}\,w_2{}^2}{x_{a,2}\,w_1{}^2}} = \sqrt{\frac{1 - \dfrac{2}{3}\dfrac{S_1}{\tau} - \left(\dfrac{2\,\varrho}{\pi}\dfrac{\tau}{S_1}\right)^2\left(\dfrac{S_1}{\tau} - \dfrac{2}{3}\dfrac{\varrho}{\pi}\right)}{1 - \dfrac{2}{3}}}$$

und
$$\frac{x'_{0,2}}{x_a} = \frac{f_1}{f_2}\frac{2}{3 - \left(\dfrac{S_1}{\tau}\right)^2 - 3\left(\dfrac{2\,\varrho}{\pi}\right)^2} - 1 = \frac{x_{0,1}}{x_a}.$$

Ferner
$$\frac{B_a}{B} = \frac{w_1}{w_3}\left(1 - \frac{f_1}{C_2 f_2}\right) = \frac{\dfrac{S_1}{\tau}}{\dfrac{2\,\varrho}{\pi}}\left(1 - \frac{f_1}{C_2 f_2}\right).$$

Beispiel:

Nehmen wir den Grenzfall an, daß die Bürsten am Ende des unbewickelten Bogens stehen, so haben wir nur $\dfrac{\varrho}{\pi}\,\tau = \dfrac{\tau - S_1}{2}$ zu setzen.

Der Stator soll so bewickelt sein, daß, wie in dem Beispiel S. 392, das Verhältnis der Arbeits- zu den Erregerwindungen 3,5 sei.

Es wird dann

$$\frac{w_1}{w_3} = \frac{\dfrac{S_1}{\tau}}{\dfrac{2\,\varrho}{\pi}} = \frac{S_1}{\tau - S_1} = 3,5\,,$$

also
$$\frac{S_1}{\tau} = \frac{3,5}{4,5} = 0,78 \quad \text{und} \quad \frac{\varrho}{\pi} = \frac{1}{2} - \frac{S_1}{2\,\tau} = \frac{2}{18}\,,$$

also
$$\varrho = 20^{\,0}.$$

Hier wird

$$\frac{f_1}{f_2} = \sqrt{3\left[1 - \frac{2}{3}0,78 - \left(\frac{2}{9}\cdot\frac{4,5}{3,5}\right)^2\left(\frac{3,5}{4,5} - \frac{2}{3}\cdot\frac{2}{18}\right)\right]} = 1,128\,,$$

$$\frac{x'_{0,2}}{x_a} = 1,128\,\frac{2}{3 - \left(\dfrac{3,5}{4,5}\right)^2 - 3\left(\dfrac{2}{9}\right)^2} - 1 = \frac{1,128}{1,123} - 1 = 0,005\,.$$

Schätzen wir wieder

$$\frac{x'_{s\,2}}{x_a} = 0,04\,,$$

also

$$\frac{x'_2}{x_a} = 0,045$$

und

$$C_2 = 1,045\,,$$

so wird

$$\frac{B_a}{B} = 3,5\left(1 - \frac{1,128}{1,045}\right)$$
$$= -0,273\,.$$

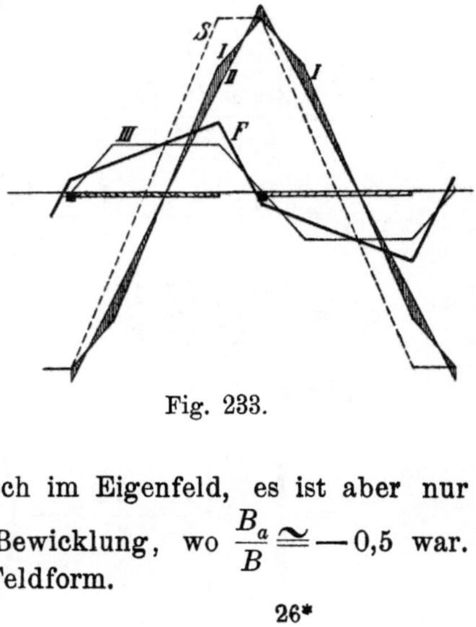

Fig. 233.

Die Bürsten stehen zwar noch im Eigenfeld, es ist aber nur halb so groß wie bei ganzer Bewicklung, wo $\dfrac{B_a}{B} \cong -0,5$ war. Fig. 233 zeigt die resultierende Feldform.

26*

b) Bürsten im bewickelten Teil, aber $\dfrac{\varrho}{\pi}\tau \leqq \dfrac{S_1}{2}$.

Hier wird für die Erregerwindungen

$$\alpha = \frac{\varrho}{\pi}\tau - \frac{\tau}{2} + \frac{S_1}{2},$$

$$\beta = \tau - S_1;$$

für die Arbeitswindungen

$$\alpha = \frac{S_1}{2} - \frac{\varrho}{\pi}\tau$$

$$\beta = \tau - S_1,$$

also für die Erregerwindungen: $w_3 = w_s \dfrac{2\varrho}{\pi}\dfrac{\tau}{S_1}$;
nach Gl. 113

$$\alpha_i = 1 - \frac{\varrho}{\pi} - \left(\frac{\tau - S_1}{2\tau}\right)^2 \frac{\pi}{\varrho},$$

$$x_e = \frac{2\pi c\, w_3^2}{R_p\, 10^8}\left\{1 - \frac{2}{3}\frac{2\varrho}{\pi} - \left(\frac{1 - \dfrac{S_1}{\tau}}{\dfrac{2\varrho}{\pi}}\right)^2\left[\frac{2\varrho}{\pi} - \frac{1}{3}\left(1 - \frac{S_1}{\tau}\right)\right]\right\}.$$

Für die Arbeitswindungen:

$$x_{a1} = \frac{2\pi c w_1^2}{R_p\, 10^8}\left[\frac{1}{3} + \frac{2}{3}\frac{2\varrho}{\pi} - \left(\frac{1 - \dfrac{S_1}{\tau}}{1 - \dfrac{2\varrho}{\pi}}\right)\left(\frac{2}{3} + \frac{1}{3}\frac{S_1}{\tau} - \frac{2\varrho}{\pi}\right)\right]$$

$$x_a = \frac{2\pi c w_1^2 f_1}{R_p f_2\, 10^8}\left[\frac{S_1}{\tau} + \frac{2}{3}\frac{\varrho}{\pi} - \frac{1}{6} - \frac{1}{2}\left(\frac{S_1}{\tau}\right)^2 - \frac{2}{3}\left(\frac{\varrho}{\pi}\right)^2\right]$$

$$f_{1q} = 2\frac{S_1}{\tau} + \frac{4}{3}\frac{\varrho}{\pi} - \frac{1}{3} - \left(\frac{S_1}{\tau}\right)^2 - \frac{4}{3}\left(\frac{\varrho}{\pi}\right)^2$$

$$x_{a2}' = \frac{2\pi c w_1^2 f_1^2}{R_p f_2^2\, 10^8} \cdot \frac{1}{3}$$

$$x_{02}' = x_{a2}' - x_a$$

$$\frac{f_1}{f_2} = \sqrt{3\left[\frac{1}{3} + \frac{2}{3}\frac{2\varrho}{\pi} - \left(\frac{1 - \dfrac{S_1}{\tau}}{1 - \dfrac{2\varrho}{\pi}}\right)^2\left(\frac{2}{3} + \frac{1}{3}\frac{S_1}{\tau} - \frac{2\varrho}{\pi}\right)\right]}.$$

c) $\dfrac{\varrho}{\pi}\tau > \dfrac{S_1}{2}$.

Für die Erregerwindungen wird

$$\alpha = \frac{\varrho}{\pi}\tau - \frac{\tau}{2} + \frac{S_1}{2}$$

$$\beta = \tau - \frac{2\,\varrho}{\pi}\tau$$

$$w_3 = w_s$$

$$x_e = \frac{2\pi c w_3{}^2}{R_p 10^8}\left\{1 - \frac{2}{3}\frac{S_1}{\tau} - \left(\frac{1 - \dfrac{2\,\varrho}{\pi}}{\dfrac{S_1}{\tau}}\right)^2\left[\frac{S_1}{\tau} - \frac{1}{3}\left(1 - \frac{2\,\varrho}{\pi}\right)\right]\right\}$$

für die Arbeitswindungen

$$\beta = \tau\left(1 - \frac{2\,\varrho}{\pi}\right),$$

$$\gamma = \frac{\varrho}{\pi}\tau - \frac{S_1}{2},$$

$$w_1 = w_s\left(1 - \frac{2\,\varrho}{\pi}\right)\frac{\tau}{S_1},$$

$$x_{a1} = \frac{2\pi c w_1{}^2}{R_p 10^8}\left[\frac{S_1}{\tau} - \frac{1}{3} + \frac{1}{3}\frac{2\,\varrho}{\pi}\right],$$

$$x_a = \frac{2\pi c w_1{}^2 f_1}{R_p f_2 10^8}\left[\frac{1}{3}\frac{2\,\varrho}{\pi}\left(1 - \frac{1}{2}\frac{2\,\varrho}{\pi}\right) - \frac{1}{6} + \frac{S_1}{\tau}\left(1 - \frac{1}{2}\frac{S_1}{\tau}\right)\right],$$

$$x_{a2}' = \frac{1}{3}\frac{2\pi c w_1{}^2 f_1{}^2}{R_p f_2{}^2 10^8},$$

$$\frac{f_1}{f_2} = \sqrt{3\left[\frac{S_1}{\tau} - \frac{1}{3} + \frac{1}{3}\frac{2\,\varrho}{\pi}\right]}.$$

In Fig. 234a ist nun für $\dfrac{S_1}{\tau} = 1$, $\dfrac{S_1}{\tau} = \dfrac{3}{4}$ und $\dfrac{S_1}{\tau} = \dfrac{2}{3}$ $\dfrac{x_{0,2}'}{x_a}$ als Funktion von ϱ aufgetragen. Die Kurven zeigen, daß die zusätzliche Reaktanz auch hier sehr klein bleibt, solange die Wicklung nicht ganz konzentriert ist. In Fig. 234b ist das Verhältnis $\dfrac{f_1}{f_2}$ für dieselben Wicklungen auch als Funktion von ϱ aufgetragen. Fig. 235 zeigt für die gleichen Bewicklungen $\dfrac{B_a}{B}$ als Funktion von ϱ. Es ist hieraus ersichtlich, daß man bei nicht ganz bewickeltem Stator am besten etwa an der Grenze der bewickelten

Zone arbeitet. Rücken die Bürsten stark in den unbewickelten Teil, so steigt das Eigenfeld, in dem die Bürsten kommutieren, gleich sehr schnell an. Ebenso steigt das Eigenfeld, wenn man die Bürsten sehr in den bewickelten Teil verschiebt. In den Kurven

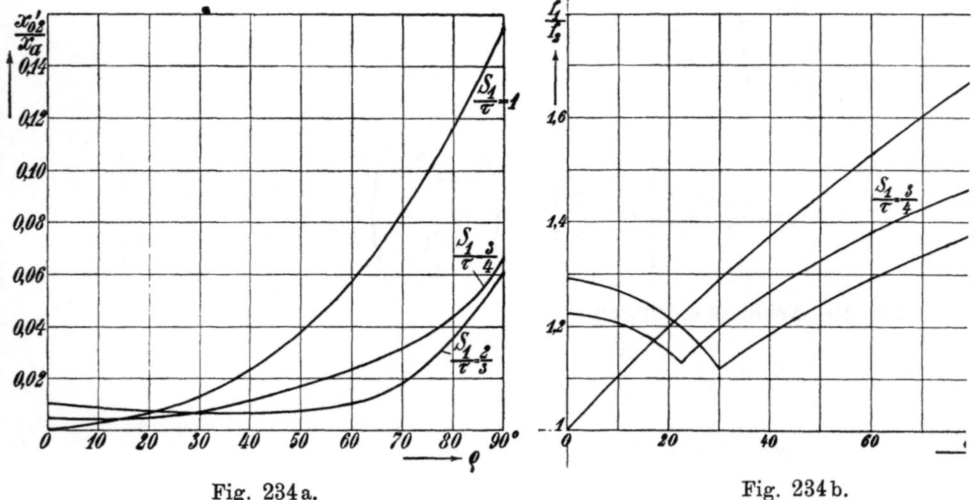

Fig. 234a.
Fig. 234b.

kommt dies nicht so sehr zum Ausdruck, weil sie nur das Verhältnis $\frac{B_a}{B}$ darstellen; berücksichtigt man aber, daß einer Vergrößerung der Verschiebung auch eine Vergrößerung der Erreger-

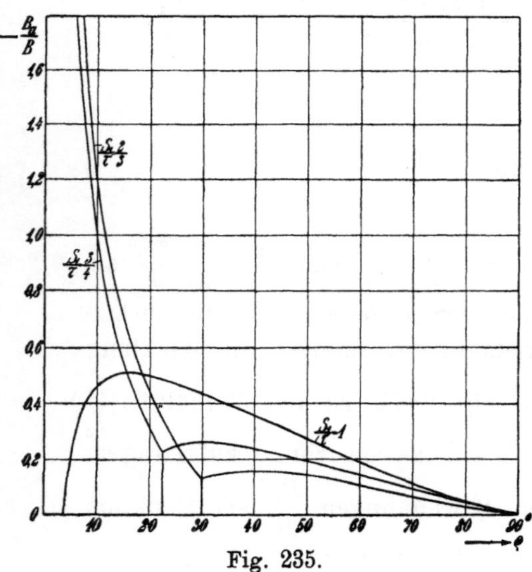

Fig. 235.

windungen und des Drehmomentflusses bei verkleinertem Füllfaktor entspricht, so sieht man, daß B und B_a aus zwei Gründen steigen.

Stehen die Bürsten nämlich im unbewickelten Teil, so wirken an der Kommutierungsstelle alle Rotoramperewindungen und alle Statoramperewindungen einander entgegen. Je mehr man die Bürsten in den bewickelten Teil rückt, um so weniger Statoramperewindungen wirken an der betreffenden Stelle den Rotoramperewindungen entgegen.

3. Motoren mit zwei Bürstensätzen.

1. Stator ganz bewickelt.

Wir wollen den Déri-Motor betrachten, bei dem die festen Bürsten $B_1 B_2$ stets in der Statorachse $\overline{SS}$ stehen, während in Fig. 236 die beweglichen Bürsten $B_1' B_2'$ um den doppelten Achsenverschiebungswinkel 2ϱ gegen die Statorachse verschoben sind. Ist der Stator, wie in Fig. 236, ganz bewickelt, so liegen die Erregerwindungen des Stators auf dem Bogen $\left(\dfrac{2\varrho}{\pi}\right)\tau$ und die Arbeits-

windungen auf dem Bogen $\left(1 - \dfrac{2\varrho}{\pi}\right)\tau$.

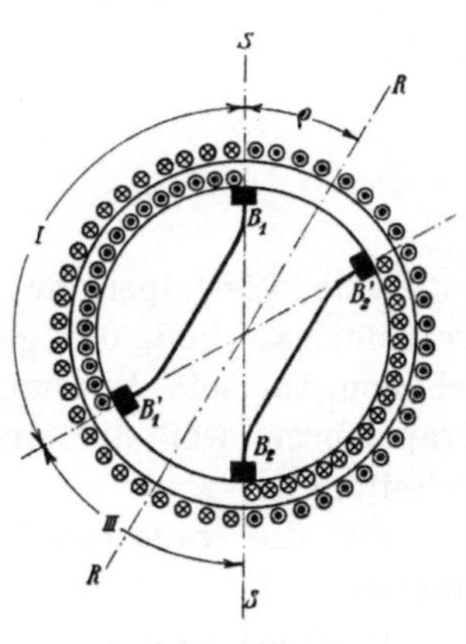

Fig. 236.

Die Arbeitswindungen bedecken also denselben Bogen wie die Rotorwindungen, denn die Zone des Rotors auf dem Bogen des doppelten Achsenwinkels 2ϱ ist stromlos und die zusätzlichen Reaktanzen werden Null. Der Drehmomentfluß hat auf dem ganzen Bogen $\left(1 - \dfrac{2\varrho}{\pi}\right)\tau$, auf dem die wirksamen Rotorleiter liegen, die gleiche Stärke, und da er durch keine doppelt verketteten Streufelder verzerrt wird, nehmen alle Rotorleiter in gleichem Maße an der Bildung des Drehmomentes teil.

Bezüglich der Stromwendung besteht allgemein bei den Motoren mit zwei Bürstensätzen der Vorteil gegenüber denen mit einem Bürstensatz, daß an jeder Kommutierungsstelle nur der halbe Strom kommutiert wird, weil die Rotorleiter bei der Kommutation aus der stromdurchflossenen Zone in eine stromlose Zone treten. Dafür ist die Zahl der Kommutierungsstellen verdoppelt. Dieser Umstand hat zur Folge, daß im allgemeinen die Zahl der von allen vier Bürsten kurzgeschlossenen Windungen größer ist als bei zwei Bürsten. Die gesamte Bürstenfläche ist in beiden Fällen angenähert die gleiche, legen wir aber als Vergleichsmaßstab zugrunde, daß in beiden Fällen die dünnsten Bürsten verwendet werden, die mechanisch ausführbar sind, so ergibt sich, daß die Bürsten eines Stiftes bei Doppelbürsten halb so lang aber ebenso dick sind wie bei Einfachbürsten. Die Zahl der pro Bürste kurzgeschlossenen Windungen ist die gleiche, die gesamte Zahl aber verdoppelt, die Rückwirkung der Kurzschlußströme und die Verluste sind vergrößert. Der Einfluß auf den Wirkungsgrad wird dadurch nun aufgehoben, daß der ganze

Verlust des Rotorstromes wegen des besseren Wicklungsfaktors etwas kleiner wird. Fig. 237 zeigt die Trapezform des Drehmomentflusses; quer zu ihm überlagert sich ein kleiner von den Statorarbeitswindungen erzeugter Fluß, der den Spannungsabfall des Arbeitsstromes im Rotor induziert, der erste wird also nur unwesentlich verzerrt.

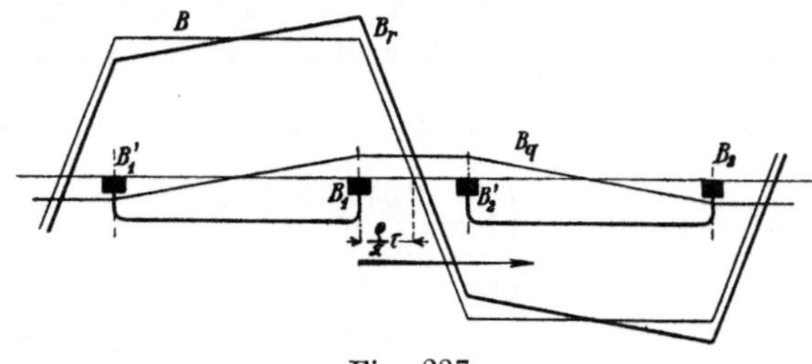

Fig. 237.

Eine Viertelperiode nach dem Drehmomentfluß erreicht der Transformatorfluß, der gegen den ersten auch räumlich um 90° verschoben ist, sein Maximum. Auch der Transformatorfluß hat hier Trapezform, weil der stromdurchflossene Bogen kleiner ist als die Polteilung.

Für die trapezförmigen Felder haben wir die folgenden Konstanten.

Drehmomentfluß. Die Erregerwindungen liegen auf dem Bogen $S_3 = \dfrac{2\varrho}{\pi}\,\tau$, der Füllfaktor ist

$$\alpha = 1 - \frac{1}{2}\frac{S_3}{\tau} = 1 - \frac{\varrho}{\pi}.$$

Der Wicklungsfaktor der Erregerwindungen ist

$$f_3 = \frac{1 - \dfrac{2}{3}\dfrac{S_3}{\tau}}{1 - \dfrac{1}{2}\dfrac{S_3}{\tau}} = \frac{1 - \dfrac{4}{3}\dfrac{\varrho}{\pi}}{1 - \dfrac{\varrho}{\pi}}.$$

Weil die Bürsten auf einer Sehne liegen, tritt von dem ganzen Drehmomentfluß Φ nur ein Teil $\dfrac{\Phi}{\sigma_a}$ als wirksamer Fluß in den Rotor und durchsetzt die kurzgeschlossenen Spulen. Es ist

$$\frac{1}{\sigma_a} = \frac{1 - \dfrac{2\varrho}{\pi}}{1 - \dfrac{\varrho}{\pi}}.$$

Transformatorfluß. Die Rotorwicklung bedeckt den Bogen

$$S_2 = \left(1 - \frac{2\varrho}{\pi}\right)\tau,$$

daher ist der Füllfaktor des Transformatorflusses

$$\alpha_q = \left(1 - \frac{1}{2}\frac{S_2}{\tau}\right) = \left(\frac{1}{2} + \frac{\varrho}{\pi}\right)$$

und der Wicklungsfaktor des Rotors und der Arbeitswindungen in bezug auf den Transformatorfluß

$$f_{1q} = f_2 = \frac{1 - \dfrac{2}{3}\dfrac{S_2}{\tau}}{1 - \dfrac{1}{2}\dfrac{S_2}{\tau}} = \frac{2\left(1 + 2\dfrac{2\varrho}{\pi}\right)}{3\left(1 + \dfrac{2\varrho}{\pi}\right)}.$$

Aus der Gleichheit der EMK der Rotation im Drehmomentfluß und der EMK der Pulsation des Transformatorflusses ergibt sich für die Flüsse die Beziehung

$$\Phi_q = \frac{2}{\pi}\frac{c_r}{c}\Phi\frac{1}{\sigma_a f_2}.$$

Bei Sehnenkurzschlüssen haben wir zu berücksichtigen, daß bei Zerlegung des resultierenden Drehfeldes in zwei Wechselfelder in den kurzgeschlossenen Spulen zwei Paare von EMKen erhalten werden, die zu zweien einander entgegengerichtet sind.

Zunächst ist die Transformator-EMK im Drehmomentfluß

$$\varDelta e_p' = \pi\sqrt{2}\,c\,S_k\frac{N}{2K}\frac{\Phi}{\sigma_a}10^{-8},$$

der die Rotations-EMK im Transformatorfluß entgegengerichtet ist. Diese ist

$$\varDelta e_r' = \sqrt{2}\,S_k\frac{N}{2K}lvB_q'\,10^{-6},$$

worin B_q' die Induktion des Transformatorflusses an der Stelle ist, wo die Bürsten stehen.

Für das Trapezfeld wird

$$B_q' = B_q = \frac{\Phi_q}{\alpha_q l\tau},$$

und durch Einsetzen des Wertes von Φ_q wird

$$\varDelta e_r' = \varDelta e_p'\left(\frac{c_r}{c}\right)^2\frac{4}{\pi^2}\frac{1}{\alpha_q f_2}.$$

Die Resultierende aus beiden ist also

$$\varDelta e' = \varDelta e_p' - \varDelta e_r' = \varDelta e_p'\left[1 - \left(\frac{c_r}{c}\right)^2\frac{4}{\pi^2}\frac{1}{\alpha_q f_2}\right].$$

Hierzu tritt noch mit gleicher Phase, wie auf S. 394 gezeigt, die Stromwendespannung $\varDelta e_N''$ des Erregerstromes. Nun stehen ferner, wie Fig. 237 zeigt, die Bürsten an der Polkante des Drehmomentflusses. Das eine Bürstenpaar ist aus der neutralen Zone des Drehmomentflusses voraus-, das andere zurückverschoben. Bei dem Déri-Motor sind die ersten die beweglichen, die zweiten die festen Bürsten.

Es entsteht also eine EMK der Rotation

$$\varDelta e_r'' = \sqrt{2}\, S_k \frac{N}{2K} B' l v\, 10^{-6} = 2\sqrt{2}\, c_r\, S_k \frac{N}{2K} \frac{\varPhi}{\alpha}\, 10^{-8}.$$

Ferner umschlingen die kurzgeschlossenen Spulen auch einen Teil des Transformatorflusses, den wir mit $\dfrac{\varPhi_q}{\sigma_q}$ bezeichnen wollen, hierdurch entsteht eine EMK der Pulsation $\varDelta e_p''$, die, da sie gegen den Transformatorfluß um 90^0 phasenverschoben ist, mit dem Drehmomentfluß und mit $\varDelta e_r''$ in Phase und dieser entgegengerichtet ist.

Für das trapezförmige Feld wird

$$\frac{\varPhi_q}{\sigma_q} = \varPhi_q \frac{2\varrho}{\pi\alpha_q} \quad \text{und} \quad \varDelta e_p'' = \pi\sqrt{2}\, c\, S_k \frac{N}{2K} \frac{2\varrho}{\pi} \frac{\varPhi_q}{\alpha_q}\, 10^{-8}.$$

Setzen wir den Wert von $\varPhi_q$ ein, so wird

$$\varDelta e_p'' = 2\sqrt{2}\, c_r\, S_k \frac{N}{2K} \frac{\varPhi}{\sigma_a f_2} \frac{\frac{2\varrho}{\pi}}{\alpha_q}\, 10^{-8} = \varDelta e_r'' \frac{\alpha}{\alpha_q} \frac{\frac{2\varrho}{\pi}}{\sigma_a f_2}.$$

Die Resultierende aus $\varDelta e_r''$ und $\varDelta e_p''$ wird daher

$$\varDelta e'' = \varDelta e_r'' - \varDelta e_p'' = \varDelta e_r'' \left(1 - \frac{\alpha}{\alpha_q} \frac{\frac{2\varrho}{\pi}}{\sigma_a f_2}\right),$$

d. h. nach Einsetzung der Werte für die Trapezfelder

$$\varDelta e'' = \varDelta e_r'' \left[1 - 3 \frac{\frac{2\varrho}{\pi}\left(1 - \frac{2\varrho}{\pi}\right)}{\left(1 + 2\frac{2\varrho}{\pi}\right)}\right].$$

Die Stromwendespannung des Arbeitsstromes $\varDelta e_N'$ ist nun für die beweglichen Bürsten mit $\varDelta e_r''$ und, da der Klammerausdruck positiv ist, auch mit $\varDelta e''$ gleich gerichtet und addiert sich dazu, für die festen Bürsten subtrahiert sie sich davon. Es wird daher

$$\varDelta e = \sqrt{[\varDelta e_p' - (\varDelta e_r' + \varDelta e_N'')]^2 + (\varDelta e_r'' - \varDelta e_p'' \pm \varDelta e_N')^2},$$

wobei das $\pm$ Zeichen die Addition bzw. Subtraktion berücksichtigt.

Die EMK $\varDelta e''$, die bei Annahme sinusförmiger Felder gleich Null würde, verschwindet hier nicht und verschlechtert die Kommutation. Es wird daher auch hier der Stator nur zum Teil bewickelt.

2. Stator nicht ganz bewickelt. Fig. 238.

Wir haben hier die Zerlegung der Stator-MMK nach den beiden Achsen wie bei Motoren mit einem Bürstenpaar wieder dadurch vorzunehmen, daß wir uns je nach der Bürstenstellung auf einzelnen Teilen oder auf dem ganzen unbewickelten Bogen des Stators Leiter von entgegengesetzter Stromrichtung angebracht denken. Die Berechnung ist dann genau die gleiche wie früher, nur daß für den Rotor die Spulenbreite nicht mehr gleich der Polteilung,

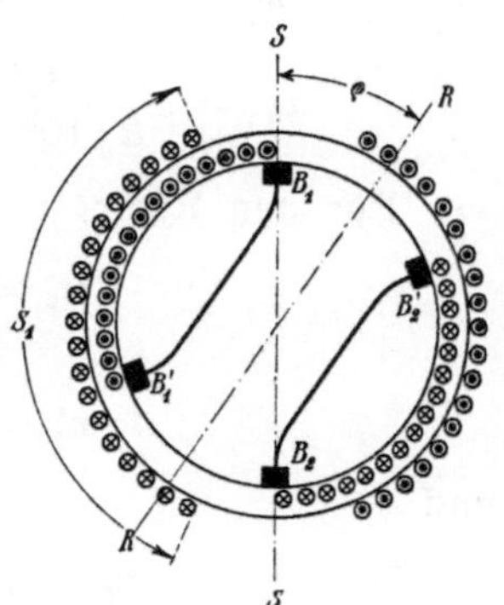

Fig. 238.

sondern $S_2 = \left(1 - \dfrac{2\varrho}{\pi}\right)\tau$ ist.

Weil ferner die Bürstenverschiebung hier doppelt so groß ist wie die Achsenverschiebung, ergibt sich noch eine größere Abhängigkeit der Feldformen von der Achsenverschiebung, die sich dadurch geltend macht, daß die Faktoren für eine größere Anzahl von Fällen zu berechnen sind. Hierzu tritt noch, daß die festen und die beweglichen Bürsten sich verschieden verhalten, einerseits in bezug auf die Induktion, die an der betreffenden Stelle herrscht, andrerseits in bezug auf den von den kurzgeschlossenen Windungen umschlungenen Fluß. Da die Berechnung der Faktoren hier ganz analog ist wie bei Einfachbürsten, soll sie hier nicht vollständig durchgeführt werden, sondern nur für einige Beispiele die Feldverteilung gezeigt werden.

a) Als erstes Beispiel nehmen wir an, daß die Bürsten alle im unbewickelten Teil stehen. Die Verschiebung der beweglichen Bürsten liegt also zwischen Null und dem halben unbewickelten Bogen, die Achsenverschiebung ist also kleiner als der vierte Teil des unbewickelten Bogens. Hier ist also

$$0 < \frac{\varrho}{\pi}\tau < \frac{1}{4}(\tau - S_1).$$

Die Konstanten werden für die Erregerwindungen

$$w_3 = w_s \frac{\tau}{S_1} \frac{2\varrho}{\pi}$$

$$\alpha_i = \frac{S_1}{\tau}$$

$$x_e = \frac{2\,\pi c\,w_3{}^2}{R_p\,10^8}\left(\frac{S_1}{\tau} - \frac{1}{3}\,\frac{2\,\varrho}{\pi}\right)$$

$$\frac{1}{\sigma_a} = 1 .$$

Für die Arbeitswindungen:

$$w_1 = w_s,$$

$$x_{a1} = \frac{2\,\pi c\,w_1{}^2}{R_p\,10^8}\left[1 - \frac{2}{3}\,\frac{S_1}{\tau} - \left(\frac{2\,\varrho}{\pi}\,\frac{\tau}{S_1}\right)^2\left(\frac{S_1}{\tau} - \frac{1}{3}\,\frac{2\,\varrho}{\pi}\right)\right].$$

Für den Rotor:

$$w_2 = w_r\left(1 - \frac{2\,\varrho}{\pi}\right)$$

$$x'_{a2} = \frac{2\,\pi c\,w_1{}^2\,f_1{}^2}{R_p\,f_2{}^2\,10^8}\left(\frac{1}{3} + \frac{2}{3}\,\frac{2\,\varrho}{\pi}\right)$$

und

$$\frac{f_1}{f_2} = \sqrt{\frac{1 - \frac{2}{3}\,\frac{S_1}{\tau} - \left(\frac{2\,\varrho}{\pi}\,\frac{\tau}{S_1}\right)^2\left(\frac{S_1}{\tau} - \frac{1}{3}\,\frac{2\,\varrho}{\pi}\right)}{\frac{1}{3} + \frac{2}{3}\,\frac{2\,\varrho}{\pi}}} .$$

Der Füllfaktor des Transformatorflusses ist

$$\alpha_q = \left(\frac{1}{2} + \frac{\varrho}{\pi}\right) = \left(1 - \frac{S_2}{2\,\tau}\right).$$

Die Wechselreaktanz ist

$$x_a = \frac{2\,\pi c\,w_1{}^2\,f_1}{R_p\,f_2\,10^8}\,\frac{\frac{1}{2} - \frac{1}{6}\left(\frac{S_1}{\tau}\right)^2 - \left(\frac{2\,\varrho}{\pi}\right)^2}{1 - \frac{2\,\varrho}{\pi}}$$

und der Wicklungsfaktor der Arbeitswindungen in bezug auf den Transformatorfluß

$$f_{1q} = \frac{1 - \frac{1}{3}\left(\frac{S_1}{\tau}\right)^2 - 2\left(\frac{2\,\varrho}{\pi}\right)^2}{1 - \left(\frac{2\,\varrho}{\pi}\right)^2} .$$

Da sowohl auf die Stellen, wo die festen Bürsten liegen, wie auf jene, wo die beweglichen Bürsten liegen, die ganzen Stator- und Rotoramperewindungen wirken, wird die Induktion an beiden Stellen gleich groß, und zwar

$$\frac{B_a}{B} = \frac{S_1}{\tau}\,\frac{\pi}{2\,\varrho}\left(1 - \frac{f_1}{C_2\,f_2}\right).$$

Beispiel: Es sei $\dfrac{S_1}{\tau} = \dfrac{2}{3}$, die beweglichen Bürsten liegen an der Grenze des bewickelten Teiles, sie sind also um

$$2\,\varrho = \frac{\pi}{2}\,\frac{\tau - S_1}{\tau} = \frac{\pi}{6} = 30^{0}$$

verschoben, die Achsenverschiebung ist also $\varrho = 15^{0}$.

Das Verhältnis der Arbeits- zu den Erregeramperewindungen ist

$$\frac{w_1}{w_3} = \frac{S_1}{\tau}\,\frac{\pi}{2\,\varrho} = \frac{2 \cdot 6}{3} = 4\,.$$

Es wird

$$\frac{f_1}{f_2} = \sqrt{\frac{1 - \dfrac{4}{9} - \dfrac{1}{4^2}\left(\dfrac{2}{3} - \dfrac{1}{3}\cdot\dfrac{1}{6}\right)}{\dfrac{1}{3} + \dfrac{2}{3}\cdot\dfrac{1}{6}}} = 1{,}078.$$

$$\frac{x'_{0,2}}{x_a} = \frac{x'_{a,2}}{x_a} - 1$$

$$= \frac{f_1}{f_2}\,\frac{\left(\dfrac{1}{3} + \dfrac{2}{3}\,\dfrac{2\,\varrho}{\pi}\right)\left(1 - \dfrac{2\,\varrho}{\pi}\right)}{\dfrac{1}{2} - \dfrac{1}{6}\left(\dfrac{S_1}{\tau}\right)^2 - \left(\dfrac{2\,\varrho}{\pi}\right)^2} - 1$$

$$= 1{,}078\,\frac{\left(\dfrac{1}{3} + \dfrac{2}{3}\,\dfrac{1}{6}\right)\left(1 - \dfrac{1}{6}\right)}{\dfrac{1}{2} - \dfrac{1}{6}\left(\dfrac{2}{3}\right)^2 - \left(\dfrac{1}{6}\right)^2} - 1 = \frac{1{,}078}{1{,}074} - 1 = 0{,}004\,.$$

Die zusätzliche Reaktanz ist also auch hier sehr klein. Setzen wir auch hier schätzungsweise

$$\frac{x'_{0,2}}{x_a} = 0{,}04$$

ein, so wird

$$C_2 = 1{,}044$$

und

$$\frac{B_a}{B} = \frac{2}{3 \cdot \dfrac{1}{6}}\left(1 - \frac{1{,}078}{1{,}044}\right) = -0{,}135.$$

Die Bürsten stehen nur noch in einem sehr schwachen Eigenfelde.

Fig. 239 zeigt die Form der MMK-Kurven. Die resultierende Kurve F aus der MMK-Kurve III der Erregerwindungen und der Kurve der Streufelder hat wieder symmetrisch zur Rotorachse RR den gleichen Inhalt wie Kurve III; weil aber die Windungsebene der von den beweglichen Bürsten kurzgeschlossenen Windungen gegen die Rotorachse um ϱ vorausgeschoben, die Ebene der Win-

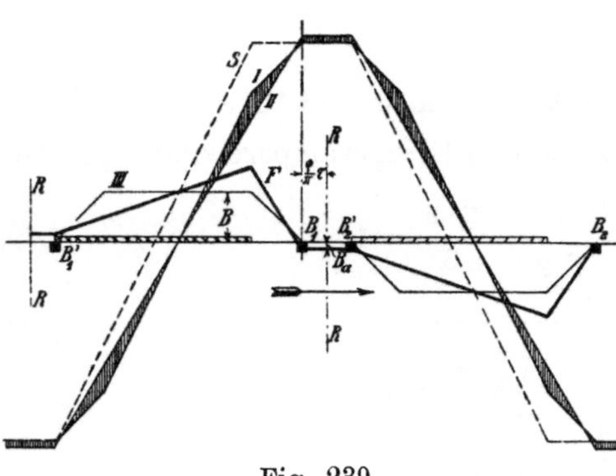

Fig. 239.

dungen, die von den festen Bürsten kurzgeschlossen sind, um ebensoviel zurückgeschoben ist, umschließen sie nicht den gleichen Kraftfluß. In Fig. 239 sind $B_1 B_2$ die festen, $B_1' B_2'$ die beweglichen Bürsten. Die von den festen Bürsten kurzgeschlossenen Spulen umschlingen also den Kraftfluß über dem Bogen $\overline{B_1 B_2}$,

die von den beweglichen kurzgeschlossenen den auf dem Bogen $\overline{B_1' B_2'}$. Der erste ist um das kleine Rechteck über $\overline{B_1 B_2'}$ von der Höhe B_a größer als der Inhalt der Kurve F über dem Bogen $\overline{B_2' B_2}$, der zweite um den gleichen Betrag kleiner. Der Kraftfluß, der die von den festen Spulen kurzgeschlossenen Windungen durchsetzt, ist also um das doppelte Rechteck, d. h. um

$$\varDelta\,\varPhi = 2\,B_a\,\frac{2\,\varrho}{\pi}\,\tau\,l$$

größer, als der Kraftfluß, den die durch die beweglichen Bürsten kurzgeschlossenen Windungen umfassen. Der Inhalt der Kurve F über $\overline{B_2' B_2}$ ist gleich dem Inhalt der Kurve III und gleich dem wirksamen Drehmomentfluß $\varPhi$. Dieser durchsetzt alle kurzgeschlossenen Windungen. Wird er auch durch die Sättigung verzerrt, so bleibt die Differenz davon unberührt.

Sehen wir von der Sättigung ab, so können wir den Unterschied berechnen. Es ist dann $\varPhi = B S_1 l$ und daher

$$\frac{\varDelta\,\varPhi}{\varPhi} = 2\,\frac{B_a}{B}\,\frac{2\,\varrho}{\pi}\,\frac{\tau}{S_1},$$

und im vorliegenden Beispiel

$$\frac{\varDelta\,\varPhi}{\varPhi} = 2\cdot 0{,}135\cdot\frac{1}{6}\cdot\frac{3}{2} = 0{,}0675.$$

Die kurzgeschlossenen Spulen der festen Bürsten umschlingen also einen um rund $7^0/_0$ größeren Fluß als die der beweglichen. Allgemein wird hier für die festen Bürsten

$$\frac{\Phi_f}{\Phi} = 1 - \frac{B_a}{B}\frac{2\varrho}{\pi}\frac{\tau}{S_1}$$

und für die beweglichen

$$\frac{\Phi_b}{\Phi} = 1 + \frac{B_a}{B}\frac{2\varrho}{\pi}\frac{\tau}{S_1},$$

worin B_a unter Berücksichtigung des Vorzeichens einzusetzen ist. Für die Berechnung der ganzen Funkenspannung haben wir wieder je zwei Rotations- und zwei Transformator-EMKe zu berechnen und diese mit der Reaktanzspannung geometrisch zu addieren.

Zunächst wirken einander wieder entgegen die Transformator-EMK im Drehmomentfluß

$$\Delta e_p' = \pi\sqrt{2}\, c\, S_k \frac{N}{2\,K}(\Phi \pm \Delta\Phi)\,10^{-8}$$

die, wie gezeigt, für beide Bürsten etwas verschieden ist, und die Rotations-EMK im Transformatorfluß

$$\Delta e_r' = \sqrt{2}\, S_k \frac{N}{2\,K}\, l v\, B_q'\, 10^{-6},$$

die wir für das trapezförmige Transformatorfeld wieder

$$\Delta e_r' = \frac{\Delta e_p'}{1 + \frac{\Delta\Phi}{\Phi}}\frac{4}{\pi^2}\left(\frac{c_r}{c}\right)^2\frac{1}{\alpha_q f_2}$$

setzen können.

Die Resultierende aus beiden

$$\Delta e' = \Delta e_p' - \Delta e_r'$$

ist gegen den Strom um 90^0 phasenverschoben.

In Phase mit dem Strom ist die Rotationsspannung

$$\Delta e_r'' = \sqrt{2}\, S_k \frac{N}{2\,K}\, B_a\, l v\, 10^{-6}$$

und hier gleichgerichtet mit ihr die Reaktanzspannung $\Delta e_N'$. Von dem Transformatorfluß umschlingen die kurzgeschlossenen Spulen wieder

$$\frac{\Phi_q}{\sigma_q} = \Phi_q \frac{2\varrho}{\pi\alpha_q}$$

und die entsprechende EMK ist

$$\Delta e_p'' = \pi\sqrt{2}\, c\, S_k \frac{N}{2\,K}\frac{2\varrho}{\pi}\frac{\Phi_q}{\alpha_q}\,10^{-8}.$$

Diese addiert sich hier zu $\varDelta e_r''$ bei den festen Bürsten und subtrahiert sich davon bei den beweglichen.

b) Die beweglichen Bürsten stehen im bewickelten Teil, aber die Rotorachse liegt noch im unbewickelten Teil. Hier ist also

$$\frac{1}{2}(\tau - S_1) < \frac{2\,\varrho}{\pi}\,\tau < (\tau - S_1).$$

Für die Erregerwindungen wird

$$w_3 = w_s\,\frac{2\,\varrho}{\pi}\frac{\tau}{S_1},$$

$$\alpha_i = \frac{S_1}{\tau},$$

$$x_e = \frac{2\pi c w_3^2}{R_p\,10^8}\left[\frac{S_1}{\tau} - \frac{1}{3}\frac{2\,\varrho}{\pi}\right],$$

$$\frac{1}{\sigma_a} = 1 - \frac{\left[\dfrac{2\,\varrho}{\pi} - \dfrac{1}{2}\left(1 - \dfrac{S_1}{\tau}\right)\right]^2}{\dfrac{S_1}{\tau}\dfrac{2\,\varrho}{\pi}}.$$

Für die Arbeitswindungen ist

$$w_1 = w_s,$$

$$x_{a1} = \frac{2\pi c w_1^2}{R_p\,10^8}\left[1 - \frac{2}{3}\frac{S_1}{\tau} - \left(\frac{2\,\varrho}{\pi}\frac{\tau}{S_1}\right)^2\left(\frac{S_1}{\tau} - \frac{1}{3}\frac{2\,\varrho}{\pi}\right)\right].$$

Die Wechselreaktanz ist

$$x_a = \frac{2\pi c w_1^2 f_1}{R_p f_2\,10^8}\left[1 - \frac{2\,\varrho}{\pi} - \frac{2}{3}\frac{\left(\dfrac{S_1}{2\tau} + \dfrac{1}{2} - \dfrac{2\,\varrho}{\pi}\right)^3}{\dfrac{S_1}{\tau}\left(1 - \dfrac{2\,\varrho}{\pi}\right)}\right];$$

für den Rotor ist wieder

$$x_{a2}' = \frac{2\pi c w_1^2 f_1^2}{R_p f_2^2\,10^8}\left(\frac{1}{3} + \frac{2}{3}\frac{2\,\varrho}{\pi}\right),$$

also

$$\frac{f_1}{f_2} = \sqrt{\frac{1 - \dfrac{2}{3}\dfrac{S_1}{\tau} - \left(\dfrac{2\,\varrho}{\pi}\dfrac{\tau}{S_1}\right)^2\left(\dfrac{S_1}{\tau} - \dfrac{1}{3}\dfrac{2\,\varrho}{\pi}\right)}{\dfrac{1}{3} + \dfrac{2}{3}\dfrac{2\,\varrho}{\pi}}}$$

und der Wicklungsfaktor der Arbeitswindungen für den Transformatorfluß

$$f_{1q} = \cfrac{1 - \cfrac{2\varrho}{\pi} - \cfrac{2}{3}\cfrac{\left(\cfrac{S_1}{2\tau} + \cfrac{1}{2} - \cfrac{2\varrho}{\pi}\right)^3}{\cfrac{S_1}{\tau}\left(1 - \cfrac{2\varrho}{\pi}\right)}}{\cfrac{1}{2} + \cfrac{\varrho}{\pi}}.$$

Beispiel: für $\dfrac{S_1}{\tau} = \dfrac{3}{4}$ und $\dfrac{\varrho}{\pi} = \dfrac{1}{2}\dfrac{\tau - S_1}{\tau} = \dfrac{1}{8}$, entsprechend $\varrho = 22{,}5^0$, wird

$$\frac{w_1}{w_3} = \frac{S_1}{\tau}\frac{\pi}{2\varrho} = \frac{3 \cdot 4}{4 \cdot 1} = 3,$$

$$\frac{f_1}{f_2} = \sqrt{\frac{1 - \dfrac{2}{3} \cdot \dfrac{3}{4} - \left(\dfrac{1}{4} \cdot \dfrac{4}{3}\right)^2\left(\dfrac{3}{4} - \dfrac{1}{3} \cdot \dfrac{1}{4}\right)}{\dfrac{1}{3} + \dfrac{2}{3} \cdot \dfrac{1}{4}}} = 0{,}923$$

$$\frac{x_{0,2}'}{x_a} = \frac{f_1}{f_2}\frac{\dfrac{S_1}{\tau}\left(1 - \dfrac{2\varrho}{\pi}\right)\left(1 + 2\dfrac{2\varrho}{\pi}\right)}{3\left[\dfrac{S_1}{\tau}\left(1 - \dfrac{2\varrho}{\pi}\right)^2 - \dfrac{2}{3}\left(\dfrac{S_1}{2\tau} + \dfrac{1}{2} - \dfrac{2\varrho}{\pi}\right)^3\right]} - 1,$$

$$= 0{,}923 \cdot 1{,}086 - 1 = 0{,}003.$$

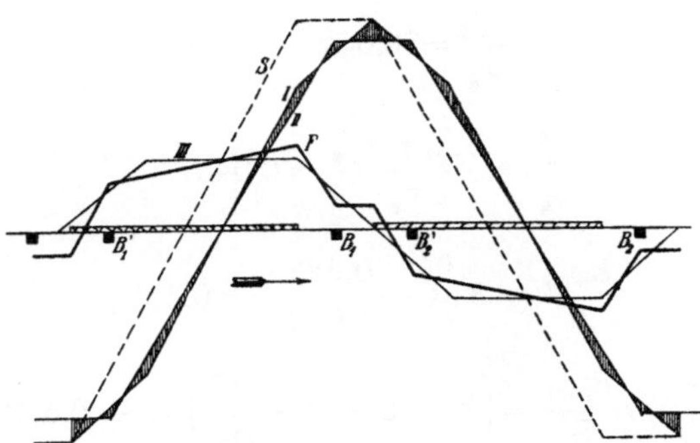

Fig. 240.

Das Verhältnis $\dfrac{f_1}{f_2}$ wird also kleiner als 1. Dies kommt daher, daß, wie aus den MMK-Kurven Fig. 240 ersichtlich, die trapezförmige MMK des Rotors II flacher ist als die zusammengesetzte MMK I der Arbeitswindungen. In der Rotorachse überwiegt also die letzte. Dagegen stehen nur die festen Bürsten $B_1 B_2$ in einem dem eigenen entgegengerichteten Feld, die beweglichen $B_1' B_2'$ im Eigen-

feld. Dies kommt daher, daß auf die Kommutierungszone beider
Bürstenachsen alle Rotorwindungen wirken, von den Statoramperewindungen aber auf die der festen Bürsten alle, auf die der beweglichen nur ein Teil, nämlich

$$J_1 \frac{w_s}{S_1}\left(\tau - 2\,\frac{2\,\varrho}{\pi}\,\tau\right).$$

Es ist nun

$$J_{2\,k}' w_2' = J_1 \frac{w_1}{C_2}\frac{f_1}{f_2},$$

und da hier $w_1 = w_s$ war, wird für die festen Bürsten

$$\frac{B_{a(f)}}{B} = \frac{w_1}{w_3}\left(1 - \frac{f_1}{C_2 f_2}\right) = \frac{S_1}{\tau}\frac{\pi}{2\,\varrho}\left(1 - \frac{f_1}{C_2 f_2}\right)$$

wie früher, für die beweglichen dagegen

$$\frac{B_{a(b)}}{B} = \frac{w_1}{w_3}\left(\frac{\tau - 2\,\dfrac{2\,\varrho}{\pi}\,\tau}{S_1} - \frac{f_1}{f_2\,C_2}\right) = \left(\frac{\pi}{2\,\varrho} - 2 - \frac{S_1}{\tau}\frac{\pi}{2\,\varrho}\frac{f_1}{f_2\,C_2}\right).$$

In dem Beispiel ist

$$\frac{2\,\varrho}{\pi} = \frac{(\tau - S_1)}{\tau}.$$

Schätzen wir wieder

$$\frac{x_{s\,2}'}{x_a} = 0{,}04\,,$$

so ist

$$\frac{x_2'}{x_a} = \frac{x_{0\,2}' + x_{s\,2}'}{x_a} = 0{,}043$$

und

$$\frac{B_{a(f)}}{B} = 3\left(1 - \frac{0{,}923}{1{,}043}\right) = 0{,}327\,,$$

$$\frac{B_{a(b)}}{B} = \left(4 - 2 - 3\,\frac{0{,}923}{1{,}043}\right) = -\,0{,}673\,.$$

Die beweglichen Bürsten verhalten sich also in Bezug auf die
Stromwendung ungünstiger. Anders ist es in Bezug auf die von
Drehmoment- und Transformatorfluß induzierten EMKe.

Der mit den kurzgeschlossenen Spulen verkettete
Kraftfluß ergibt sich für die festen Bürsten im Augenblick, wenn
der Strom im Maximum ist,

$$\Phi_{(f)} = \Phi - \frac{2\,\varrho}{\pi}\,\tau\, l\, B_{a(f)}$$

und für die beweglichen

$$\Phi_{(b)} = \Phi + B_{a\,(f)}\left(\frac{\tau - S_1}{2}\right)l + B_{a\,(b)}\left(\frac{2\varrho}{\pi}\tau - \frac{\tau - S_1}{2}\right)l,$$

worin $B_{a(f)}$ und $B_{a(b)}$ unter Berücksichtigung des Vorzeichens einzusetzen sind. Für den unverzerrten Drehmomentfluß ist $\Phi = S_1\,l\,B$, daher

$$\frac{\Phi_{(f)}}{\Phi} = 1 - \frac{2\varrho}{\pi}\frac{\tau}{S_1}\frac{B_{a(f)}}{B},$$

$$\frac{\Phi_{(b)}}{\Phi} = 1 + \frac{\tau - S_1}{2\,S_1}\frac{B_{a(f)}}{B} + \left(\frac{2\varrho}{\pi}\frac{\tau}{S_1} - \frac{\tau - S_1}{2\,S_1}\right)\frac{B_{a(b)}}{B}.$$

In dem Beispiel wird daher

$$\frac{\Phi_{(f)}}{\Phi} = 0{,}88,$$

$$\frac{\Phi_{(b)}}{\Phi} = 0{,}944.$$

Hier kommt also auf die kurzgeschlossenen Spulen der beweglichen Bürsten der größere Kraftfluß, d. h. die größere Transformator-EMK. Die EMK der Rotation im Transformatorfluß, der durch die trapezförmige MMK des Rotors bestimmt ist, ist nun für beide Bürsten gleich und die EMKe $\varDelta e_r''$ und $\varDelta e_p''$ sind hier wieder für beide Bürsten einander entgegengerichtet.

Die Bürstenstellungen a und b, $\left(\dfrac{\varrho}{\pi} < \dfrac{\tau - S_1}{2\,\tau}\right)$, sind für den Lauf die wichtigsten, weil hier das Verhältnis der Arbeitsamperewindungen zu den Erregeramperewindungen klein und der Füllfaktor des Transformatorflusses groß ist, die übrigen kommen nur für den Anlauf in Betracht. Es sollen daher für diese nur noch die hauptsächlichsten Konstanten angegeben werden.

c) $$1 - \frac{S_1}{\tau} < \frac{2\varrho}{\pi} < \frac{S_1}{\tau}$$

Erregerwicklung:

$$w_3 = w_s\,\frac{2\varrho}{\pi}\frac{\tau}{S_1},$$

$$\alpha_i = 1 - \frac{1}{2}\left[\frac{2\varrho}{\pi} + \frac{\left(1 - \dfrac{S_1}{\tau}\right)^2}{\dfrac{2\varrho}{\pi}}\right],$$

$$x_e = \frac{2\pi c w_3^2}{R_p\,10^8}\left\{1 - \frac{2}{3}\frac{2\varrho}{\pi} - \left(\frac{1-\frac{S_1}{\tau}}{\frac{2\varrho}{\pi}}\right)^2\left[\frac{2\varrho}{\pi} - \frac{1}{3}\left(1-\frac{S_1}{\tau}\right)\right]\right\},$$

$$\frac{1}{\sigma_a} = 1 - \frac{\left(\frac{2\varrho}{\pi}\right)^2 - \frac{1}{2}\left(1-\frac{S_1}{\tau}\right)^2}{2\frac{2\varrho}{\pi} - \left(\frac{2\varrho}{\pi}\right)^2 - \left(1-\frac{S_1}{\tau}\right)^2}.$$

Arbeitswindungen:

$$w_1 = w_s\left(1-\frac{2\varrho}{\pi}\right)\frac{\tau}{S_1},$$

$$x_{a1} = \frac{2\pi c w_1^2}{R_p\,10^8}\left[\frac{1}{3} + \frac{2}{3}\frac{2\varrho}{\pi} - \frac{\left(1-\frac{S_1}{\tau}\right)^2}{\left(1-\frac{2\varrho}{\pi}\right)^2}\left(\frac{2}{3}+\frac{1}{3}\frac{S_1}{\tau} - \frac{2\varrho}{\pi}\right)\right].$$

Rotor:

$$x_{a'2} = \frac{2\pi c w_1^2 f_1^2}{R_p f_2^2\,10^8}\,\frac{1}{3}\left(1+2\frac{2\varrho}{\pi}\right)$$

und

$$\frac{f_1}{f_2} = \sqrt{\frac{\frac{1}{3}+\frac{2}{3}\frac{2\varrho}{\pi} - \frac{\left(1-\frac{S_1}{\tau}\right)^2}{\left(1-\frac{2\varrho}{\pi}\right)^2}\left(\frac{2}{3}+\frac{1}{3}\frac{S_1}{\tau}-\frac{2\varrho}{\pi}\right)}{\frac{1}{3}+\frac{2}{3}\frac{2\varrho}{\pi}}}.$$

Wechselreaktanz:

$$x_a = \frac{2\pi c w_1^2 f_1}{R_p f_2\,10^8}\left\{\frac{S_1}{\tau} - \frac{2}{3}\frac{\left[\left(1-\frac{2\varrho}{\pi}\right)-\frac{1}{2}\left(1-\frac{S_1}{\tau}\right)\right]^3}{\left(1-\frac{2\varrho}{\pi}\right)^2}\right\}.$$

d)
$$\frac{S_1}{\tau} < \frac{2\varrho}{\pi} < \frac{1}{2}\left(1+\frac{S_1}{\tau}\right).$$

Erregerwindungen:

$$w_3 = w_s,$$

$$\alpha_i = 1 - \frac{1}{2}\left[\frac{S_1}{\tau} + \frac{\left(1-\frac{2\varrho}{\pi}\right)^2}{\left(\frac{S_1}{\tau}\right)}\right],$$

$$x_e = \frac{2\pi c w_3^2}{R_p 10^8} \left\{ 1 - \frac{2}{3}\frac{S_1}{\tau} - \frac{\left(1 - \frac{2\varrho}{\pi}\right)^2}{\left(\frac{S_1}{\tau}\right)^2}\left[\frac{S_1}{\tau} - \frac{1}{3}\left(1 - \frac{2\varrho}{\pi}\right)\right] \right\},$$

$$\frac{1}{\sigma_a} = 1 - \frac{\left(\frac{2\varrho}{\pi}\right)^2 - \frac{1}{2}\left(1 - \frac{S_1}{\tau}\right)^2}{2\frac{S_1}{\tau} - \left(\frac{S_1}{\tau}\right)^2 - \left(1 - \frac{2\varrho}{\pi}\right)^2}.$$

Arbeitswindungen:

$$w_1 = w_s \left(1 - \frac{2\varrho}{\pi}\right)\frac{\tau}{S_1},$$

$$x_{a1} = \frac{2\pi c w_1^2}{R_p 10^8}\left[\frac{S_1}{\tau} - \frac{1}{3}\left(1 - \frac{2\varrho}{\pi}\right)\right].$$

Rotor:

$$x'_{a2} = \frac{2\pi c w_1^2 f_1^2}{R_p f_2^2 10^8}\frac{1}{3}\left[1 + 2\frac{2\varrho}{\pi}\right],$$

$$\frac{f_1}{f_2} = \sqrt{\frac{\frac{S_1}{\tau} - \frac{1}{3}\left(1 - \frac{2\varrho}{\pi}\right)}{\frac{1}{3} + \frac{2}{3}\frac{2\varrho}{\pi}}}.$$

Wechselreaktanz:

$$x_a = \frac{2\pi c w_1^2 f_1}{R_p f_2 10^8}\left[1 - \frac{2}{3}\left(1 - \frac{2\varrho}{\pi}\right) - \frac{1}{2}\frac{\left(1 - \frac{S_1}{\tau}\right)^2}{\left(1 - \frac{2\varrho}{\pi}\right)}\left(1 - \frac{1}{6}\frac{1 - \frac{S_1}{\tau}}{1 - \frac{2\varrho}{\pi}}\right)\right]$$

e)
$$\frac{1}{2}\left(1 + \frac{S_1}{\tau}\right) \leqq \frac{2\varrho}{\pi} \leqq 1.$$

Erregerwindungen:

$$w_3 = w_s,$$

$$\alpha_i = 1 - \frac{1}{2}\left[\frac{S_1}{\tau} + \frac{\left(1 - \frac{2\varrho}{\pi}\right)^2}{\frac{S_1}{\tau}}\right]$$

$$x_e = \frac{2\pi c w_3^2}{R_p 10^8}\left\{1 - \frac{2}{3}\frac{S_1}{\tau} - \left(\frac{1 - \frac{2\varrho}{\pi}}{\frac{S_1}{\tau}}\right)^2\left[\frac{S_1}{\tau} - \frac{1}{3}\left(1 - \frac{2\varrho}{\pi}\right)\right]\right\},$$

$$\frac{1}{\sigma_a} = \frac{2\left(1 - \frac{2\varrho}{\pi}\right)^2 \frac{S_1}{\tau}}{2\frac{S_1}{\tau} - \left(\frac{S_1}{\tau}\right)^2 - \left(1 - \frac{2\varrho}{\pi}\right)^2}$$

Arbeitswindungen:

$$w_1 = w_s \cdot \frac{1 - \frac{2\varrho}{\pi}}{\frac{S_1}{\tau}},$$

$$x_{a1} = \frac{2\pi c\, w_1^2}{R_p\, 10^8}\left[\frac{S_1}{\tau} - \frac{1}{3}\left(1 - \frac{2\varrho}{\pi}\right)\right].$$

Rotor:

$$x_{a2}' = 2\pi c\, \frac{w_1^2 f_1^2}{R_p f_2^2\, 10^8}\, \frac{1}{3}\left(1 + 2\frac{2\varrho}{\pi}\right)$$

$$\frac{f_1}{f_2} = \sqrt{\frac{\frac{S_1}{\tau} - \frac{1}{3}\left(1 - \frac{2\varrho}{\pi}\right)}{\frac{1}{3} + \frac{2}{3}\frac{2\varrho}{\pi}}}.$$

Wechselreaktanz:

$$x_a = \frac{2\pi c\, w_1^2 f_1}{R_p f_2\, 10^8}\, \frac{S_1}{\tau}.$$

In Fig. 241a und b sind die Werte von $\frac{f_1}{f_2}$ resp. von $\frac{x_{02}'}{x_a}$ als Funktion von ϱ für $S_1 = {}^3/_4\,\tau$ und ${}^2/_3\,\tau$ aufgetragen. Ebenso sind in Fig. 242 $\frac{B_a}{B}$ für die festen und beweglichen Bürsten und in Fig 243 $\frac{\Phi_b}{\Phi}$ und $\frac{\Phi_f}{\Phi}$ als Funktion von ϱ aufgetragen. Wir sehen aus diesen Kurven, daß außer bei ganz kleinen Verschiebungen, bei denen die beweglichen Bürsten im unbewickelten Teil stehen, durch die von ihnen kurzgeschlossenen Spulen ein größerer Kraftfluß tritt als durch die der festen Bürsten, daß sie sich also in bezug auf die von den Hauptfeldern induzierten EMKe bei Untersynchronismus schlechter, bei Übersynchronismus besser verhalten als die festen Bürsten. Ferner sehen wir, daß die beweglichen Bürsten stets im Eigenfelde stehen, das bei großer Achsenverschiebung sehr groß werden kann, während die festen außer bei ganz kleinen Verschiebungen stets in einem dem Rotorstrom entgegengerichteten Feld stehen. Sind die beweglichen Bürsten z. B. um 90° aus der Statorachse verschoben, so wirken auf diese Stelle gar keine Statoramperewindungen, sondern nur die Rotoramperewindungen, geht die Verschiebung darüber hinaus, so summieren sie sich, während auf die festen Bürsten stets die Differenz der Stator- und Rotoramperewindungen wirkt. Um dieses ungünstige Überwiegen der Rotoramperewindungen zu verhindern, gibt die Brown Boveri & Co. A.-G. dem Teil des Rotorkraftflusses, der senkrecht zur Statorachse verläuft, einen größeren mag-

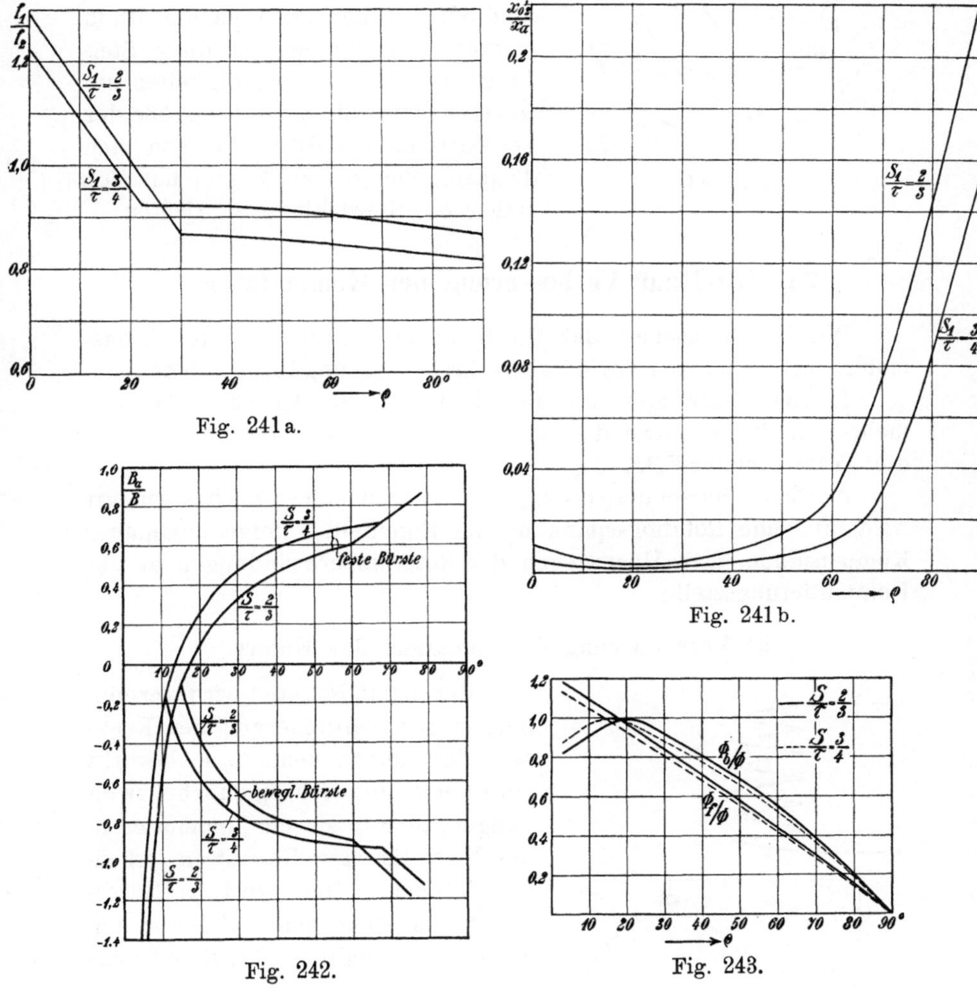

Fig. 241 a.

Fig. 241 b.

Fig. 242.

Fig. 243.

netischen Widerstand durch große Nuten NN im Statoreisen (siehe Fig. 244) in der Achse der Statorwicklung, durch die aber der Fluß in Richtung der Statorachse nicht aufgehoben wird.

Aus Fig. 241 und 242 sehen wir ferner, daß die festen und beweglichen Bürsten sich am gleichmäßigsten und günstigsten verhalten in der Nähe der Stellung, bei der die beweglichen Bürsten

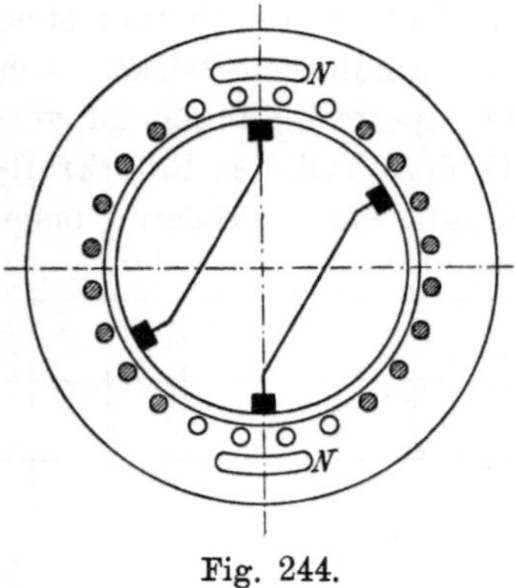

Fig. 244.

an der Grenze der unbewickelten Zone stehen; diese Stellung ist also dem normalen Lauf zugrunde zu legen. Das Feld, in dem die Bürsten stehen, ist sehr klein, die kurzgeschlossenen Spulen beider Bürsten sind mit dem ganzen Drehmomentfluß verkettet, und daher ist diese Stellung für hohe Geschwindigkeiten am geeignetsten. Je nach der Größe der resultierenden EMKe, die von den Beanspruchungen abhängen, hat sich daher die Bewicklung zu richten.

75. Mittel zur Verbesserung der Kommutation.

Wir haben gesehen, daß für die Stromwendung des Repulsionsmotors bei hoher Geschwindigkeit besonders ungünstig wirken:

1. Das Überwiegen der Rotations-EMK im Querfluß Δe_r vermehrt um die Stromwendespannung $\Delta e_N''$ des Erregerstromes über die Transformator-EMK Δe_p.

2. Die Stromwendespannung, die im allgemeinen noch vermehrt wird um eine Rotationsspannung im Eigenfeld infolge ungenauer Kompensation, d. h. Überwiegen der Rotoramperewindungen an der Kommutierungsstelle.

a) Vergrößerung der Reaktanz des Rotors.

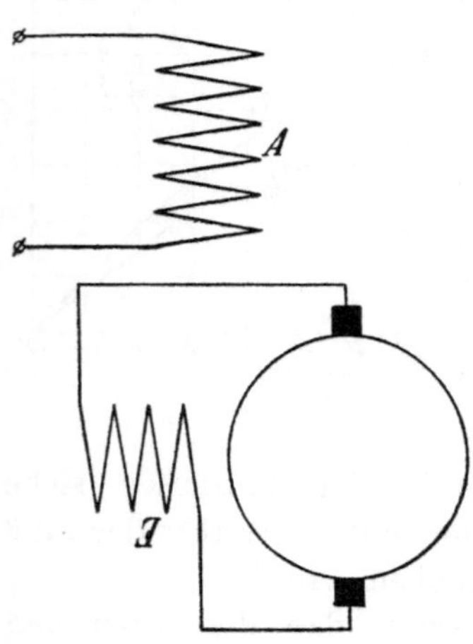

Fig. 245. Repulsionsmotor nach Atkinson.

Der letzte Nachteil wird vermindert durch Vergrößerung der Reaktanz des Rotors, denn diese bewirkt ein Überwiegen der Statorarbeitswindungen, so daß sie ein kommutierendes Feld für den Rotorstrom erzeugen können. Dies wird z. B. erreicht bei einer von Atkinson angegebenen Schaltung des Repulsionsmotors Fig. 245, bei der der Rotor nicht kurzgeschlossen, sondern über die Erregerwicklung geschlossen ist. Die Selbstinduktion dieser Wicklung vergrößert die Reaktanz des Rotors. Der Drehmomentfluß ist hier in Phase mit dem Rotorstrom.

Das Spannungsdiagramm zeigt Fig. 246. J_2 ist der Rotorstrom, $-J_2$ die Komponente des Statorstromes, die die Rotoramperewindungen kompensiert, und die Phase des Drehmomentflusses Φ. Senkrecht zu $-J_2$ liegt $\overline{OA} = E_m$, die EMK der Erregerwicklung, und in Phase damit $\overline{AB} = E_r$, die Rotations-EMK des Rotors. $\overline{BD}$ ist der Spannungsabfall in Rotor- und Erregerwicklung, $\overline{OD} = E_1$ ist die vom Transformatorfluß Φ_q in Stator und Rotor induzierte EMK. Der Transformatorfluß und der Magnetisierungsstrom J_a stehen daher senkrecht auf E_1, und der Stator-strom J_1 ist die geometrische Summe aus J_a und $-J_2$.

Hier ist der Transformatorfluß um $(90^0 + \psi_2)$ gegen J_2 phasenverschoben; während daher $\Phi_q \cos \psi_2$ der Transformator-EMK entgegenwirkt, liefert $\Phi_q \sin \psi_2$ ein Wendefeld für den Strom. Die Komponente $\Phi_q \sin \psi_2$ wird bedingt von $E_1 \sin \psi_2 = E_m + J_2 (x_2 + x_3)$ und ist daher für einen bestimmten Rotorstrom konstant. Es bleibt also auch das Wendefeld für den Strom unabhängig von der Geschwindigkeit. Dem Rotorstrom selbst ist es jedoch nur dann proportional, wenn E_m dem Strom proportional ist, d. h. solange Proportionalität zwischen Strom und Drehmomentfluß besteht.

Für die Aufhebung der Transformator-EMK gilt jedoch das gleiche wie früher. Da nämlich die Komponente $\Phi_q \cos \psi_2$ durch $E_1 \cos \psi_2 = E_r + J_2 (r_2 + r_3)$ bedingt wird, ist hier unter Vernachlässigung des Ohmschen Spannungsabfalles

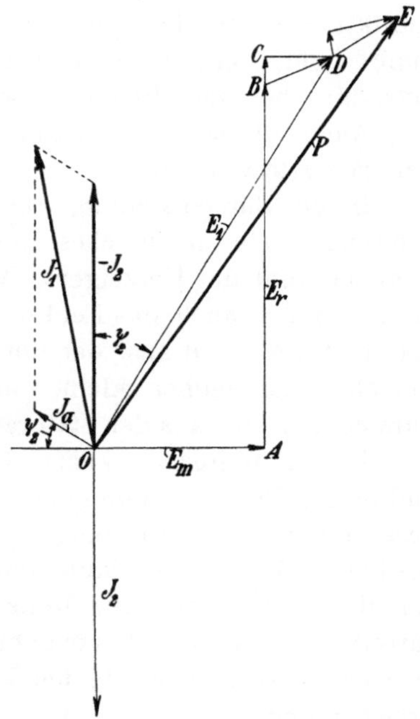

Fig. 246. Spannungdiagramm des Motors Fig. 245.

$$E_1 \cos \psi_2 \eqsim E_r$$

und für Sinusfelder

$$\Phi_q \cos \psi_2 \eqsim \Phi \frac{c_r}{c},$$

woraus sich wieder die Kompensation der Transformator-EMK bei Synchronismus und die Überkompensation oberhalb Synchronismus ergibt.

Durch die Aufhebung der Stromwendespannung kann aber ein solcher Motor besser übersynchron laufen, als wenn die Erregerwindungen vom Statorstrom durchflossen sind. Der Leistungsfaktor dieses Motors wird jedoch kleiner. Während der Strom des gewöhnlichen Repulsionsmotors bei unendlicher Geschwindigkeit Null wird, wie wir bei der Ableitung des Kreisdiagramms S. 381 gesehen haben, wird er hier nicht Null, sondern gleich dem Magnetisierungsstrom des Stators. Das Kreisdiagramm dieses Motors, das sich in ganz analoger Weise ableiten läßt, ähnelt also mehr dem eines Induktionsmotors darin, daß es nicht durch den Koordinatenanfangspunkt geht, sondern einen wattlosen Strom für den ideellen Leerlauf, hier bei unendlicher Geschwindigkeit, aufweist.

Auch dieser Motor kann durch Bürstenverschiebung geregelt und reversiert werden.

In der Bürstenstellung Fig. 245 übt nur das Feld der Erregerwindungen ein motorisches Moment auf den Rotorstrom aus, und zwar im Sinne des Uhrzeigers. Verstellen wir die Bürsten in diesem Sinne, so übt auch das Feld der Statorarbeitswindungen ein gleichgerichtetes Moment aus, der Rotorstrom wird aber mit zunehmender Verschiebung immer kleiner und schließlich Null, wenn wir die Bürsten um 90^0 aus der Statorachse verschoben haben. Verschieben wir sie nun weiter, so kehrt sich die Richtung des Stromes im Rotor und in den Erregerwindungen um, und da nun die relative Achsenverschiebung ebenfalls umgekehrt ist, wird sowohl das Drehmoment des Feldes der Erregerwindungen wie das der Statorarbeitswindungen auf den Rotorstrom den Rotor in umgekehrtem Sinne wie zuvor antreiben. Bei einer Verschiebung von 180^0 herrschen wieder die gleichen Verhältnisse wie bei Fig. 245, jedoch für die umgekehrte Drehrichtung.

Würde man dagegen die Bürsten aus der in Fig. 245 gezeichneten Stellung entgegengesetzt der Drehrichtung verschieben, so übt das Feld der Statorarbeitswindungen auf den Rotor ein entgegengesetztes Drehmoment aus wie das der Erregerwindungen, und subtrahiert sich von ihm. Hierbei arbeitet der Motor natürlich ungünstig.

Bei weiterer Verschiebung wird das Drehmoment Null, wenn das gegenwirkende Moment der Statorarbeitswindungen ebenso groß ist wie das der Erregerwindungen. Der Rotorstrom ist aber nicht Null. Diese Stellung entspricht also dem Kurzschluß des gewöhnlichen Repulsionsmotors. Geht man über diese Stellung hinaus, so überwiegt das Drehmoment der Statorarbeitswindungen über das der Erregerwindungen, und der Motor dreht sich in umgekehrter Richtung. Weil er sich aber gegen das Drehmoment des Feldes der

Erregerwindungen dreht, bildet der Rotor mit diesen Windungen nun einen in sich geschlossenen Gleichstrom-Hauptschlußgenerator; es kann ein starker Gleichstrom entstehen, der sich über den induzierten Wechselstrom lagert und einen Betrieb unmöglich machen kann.

Wir sehen daher folgende Beschränkung in der Bürstenverschiebung gegenüber dem gewöhnlichen Repulsionsmotor. Während es bei diesem gleichgültig ist, unter welchem Pol eine der beiden Bürsten verschoben wird, ist dies hier nicht gleichgültig; jede Bürste darf nur auf einer bestimmten Polteilung verschoben werden, und zwar auf der, die gegenüber der betreffenden Bürste bei koaxialer Lage der Rotorachse mit der Statorarbeitswicklung im Sinne der Drehrichtung vorausliegt.

b) Beeinflussung des Feldes an der Kommutierungsstelle.

Das Überwiegen der Rotations-EMKe in den kurzgeschlossenen Spulen bei Übersynchronismus kann zum Teil herabgesetzt werden durch eine Beeinflussung des Feldes in der Kommutierungszone. Dies kann zunächst bis zu einem gewissen Grade geschehen durch passende Sättigung des Transformatorflusses, der bei Übersynchronismus ja größer ist als der Drehmomentfluß.

Die EMK der Rotation im Eigenfeld des Rotorarbeitsstromes n folge Überwiegens der Rotor-MMK, sowie die Stromwendespannung können hierdurch jedoch nicht beeinflußt werden.

Dr. Th. Lehmann[1]) hat vorgeschlagen, dem magnetischen Kreise an der Kommutierungsstelle einen vergrößerten Widerstand zu geben durch Anwendung einer größeren Nut bzw. Kommutierungslücke, um die Ausbildung der schädlichen Eigenfelder des Rotorstromes zu verhindern.

Oder es kann das Überwiegen der Rotoramperewindungen verhindert werden durch eine Konzentration der Statoramperewindungen an der Kommutierungsstelle, dadurch, daß der den Bürsten gegenüberliegende Zahn als Wendezahn ausgebildet wird, dessen Erregerwicklung mit der Statorhauptwicklung in Reihe geschaltet ist.

Die Wendezahnwicklung kann auch in sich, bzw. über eine Drosselspule kurzgeschlossen sein, um das Eigenfeld des Rotorstromes an dieser Stelle abzudrosseln, sie kann auch an die Netzspannung angeschlossen werden.

Die Beeinflussung des Feldes an der Kommutierungsstelle ist natürlich in erster Linie beschränkt auf Motoren, die mit fester Bürstenstellung arbeiten, d. h. nicht durch Bürstenverschiebung

----

[1]) D. R. P. 182991.

reguliert werden. Bei Motoren mit Einfachbürsten wird häufig ein
verkürzter Schritt verwendet. Er hat die gleiche Wirkung auf die
Ausbildung des Rotorfeldes wie die Anwendung von Doppelbürsten, hat jedoch den Vorteil, daß die gesamte Zahl der kurzgeschlossenen Spulen nicht verdoppelt wird, wie für Doppelbürsten,
dagegen wird der Strom wie stets bei Einfachbürsten um den
doppelten Momentanwert kommutiert. Die stromlose Zone, die bei
Doppelbürsten vorhanden ist, ist hier die Zone, um die der Wicklungsschritt verkürzt ist, und es sind hier die übereinanderliegenden
Rotorleiter vom Strom in entgegengesetztem Sinne durchflossen, so
daß sie nach außen magnetisch unwirksam sind. Nimmt man an,
daß die Streuung zwischen den Leitern in einer Nut sehr klein ist,
so wird auch das Nutenfeld in der Zone des verkürzten Wicklungsschrittes fast Null sein, d. h. es wird das Nutenfeld auch nur jeweils um den einfachen Momentanwert kommutiert. Hiernach wäre
zu erwarten, daß die Wicklung mit Einfachbürsten und verkürztem
Schritt sich besser verhält als mit Einfachbürsten und unverkürztem
Schritt.

76. Die Eisenverluste im elliptischen Drehfeld.

Bei dem indirekt gespeisten Motor und auch bei den doppelt
gespeisten Motoren setzt sich das resultierende Feld aus zwei zeitlich und räumlich um ca. 90^0 gegeneinander verschobenen Wechselfeldern zusammen und ist daher als eine Art elliptisches Drehfeld
anzusehen. Hierbei weichen allerdings, wie wir gesehen haben, die
Feldformen der beiden Wechselfelder im allgemeinen stark von der
Sinusform ab, so daß das resultierende elliptische Feld starke Oberwellen erhält.

Eine exakte Berechnung der Eisenverluste für den stillstehenden wie für den rotierenden Eisenkörper ist bisher nicht möglich, denn selbst bei einem sinusförmig verteilten elliptischen Drehfeld erleiden die Eisenteile eine zusammengesetzte Ummagnetisierung,
weil das elliptische Drehfeld mit veränderlicher Geschwindigkeit
umläuft, und die Schwierigkeit der Berechnung wird durch die
Oberfelder noch beträchtlich vergrößert.

Um trotzdem eine angenäherte Rechnung anstellen zu können,
denkt man sich die Felder sinusförmig verteilt, d. h. man nimmt
ein sinusförmig verteiltes elliptisches Drehfeld an. Ein solches kann
aus zwei sinusförmig verteilten Wechselfeldern zusammengesetzt
gedacht werden, oder aber aus zwei gegenläufig rotierenden ungleich großen Drehfeldern.

Man berechnet nun die Verluste für die beiden Drehfelder und superponiert diese.

Versuche von Dr.-Ing. M. Radt[1]) haben gezeigt, daß diese Berechnung der Wirklichkeit sehr nahe kommt. Zunächst haben wir das elliptische Drehfeld in die beiden invers rotierenden Drehfelder zu zerlegen bzw. die beiden Hauptachsen der Ellipse zu bestimmen.

Sind zwei Wechselfelder B_1' und B_2' gegeben, die räumlich um den Winkel γ verschoben sind und eine zeitliche Phasendifferenz δ haben, so ist das rechts- und das linksläufige Feld gegeben durch

$$B_r = \tfrac{1}{2}\sqrt{B_1'^2 + B_2'^2 + 2\,B_1'\,B_2'\cos(\gamma - \delta)},$$

$$B_l = \tfrac{1}{2}\sqrt{B_1'^2 + B_2'^2 + 2\,B_1'\,B_2'\cos(\gamma + \delta)}\,.$$

Die beiden Hauptachsen der Ellipse sind dann

$$B_1 = B_r + B_l,$$

$$B_2 = B_r - B_l.$$

Die Wirbelstromverluste.

Berechnet man nun die Wirbelstromverluste für die beiden Drehfelder, wobei der Eisenkörper die Geschwindigkeit c_r und daher gegen das rechtsläufige die relative Geschwindigkeit $c - c_r$, gegen das linksläufige $c + c_r$ hat, so erhalten wir

$$W_w = \sigma_w \frac{\varDelta^2 c^2}{10^{10}}\left[B_r^2\left(1 - \frac{c_r}{c}\right)^2 + B_l^2\left(1 + \frac{c_r}{c}\right)^2 \right] V \text{ Watt.}$$

Setzt man die Amplituden der Wechselfelder B_1 und B_2 ein, und bezeichnet das Achsenverhältnis $\dfrac{B_2}{B_1}$ mit k, so ergibt sich

$$W_w = \frac{1}{2}\sigma_w \left(\frac{B_1}{1000}\,\varDelta\,\frac{c}{100}\right)^2 \left[\left(k - \frac{c_r}{c}\right)^2 + \left(1 - k\frac{c_r}{c}\right)^2\right] V \text{ Watt}$$

Der Faktor in der eckigen Klammer gibt an, wie sich die Eisenverluste im elliptischen Drehfeld zu jenen eines stehenden Ankers im Kreisdrehfeld von gleicher Amplitude B_1 verhalten. Er werde mit k_w bezeichnet.

---

[1]) M. Radt, Die Eisenverluste in elliptischen Drehfeldern, Dissertation, 1911 Karlsruhe (Springer).

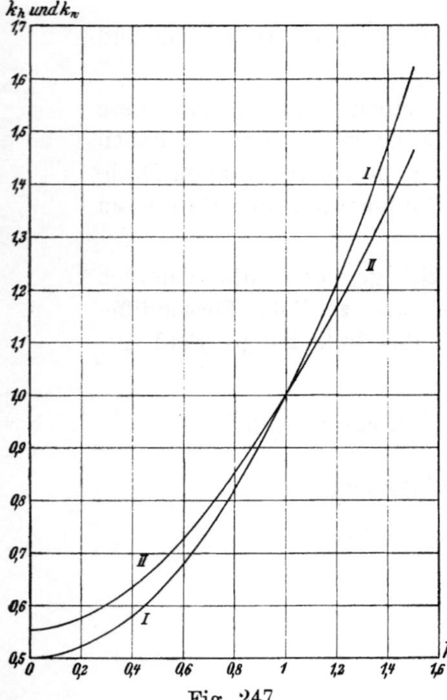

Fig. 247.

Als besondere Fälle sind hier enthalten der stillstehende Eisenkörper für $\frac{c_r}{c} = 0$, wobei der Faktor wird

$$k_w = \tfrac{1}{2}(1 + k^2),$$

und das Wechselfeld $(k = 0)$, bei dem der Faktor lautet

$$k_w = \frac{1}{2}\left[1 + \left(\frac{c_r}{c}\right)^2\right].$$

Hysteresisverluste.

Hier liegen die Verhältnisse wesentlich schwieriger, weil die Richtigkeit der Superposition der von den beiden Drehfeldern erzeugten Verluste

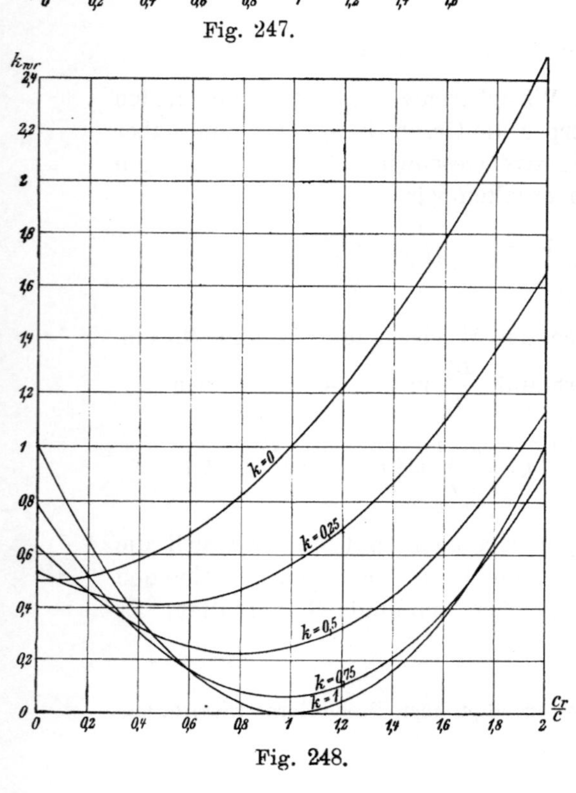

Fig. 248.

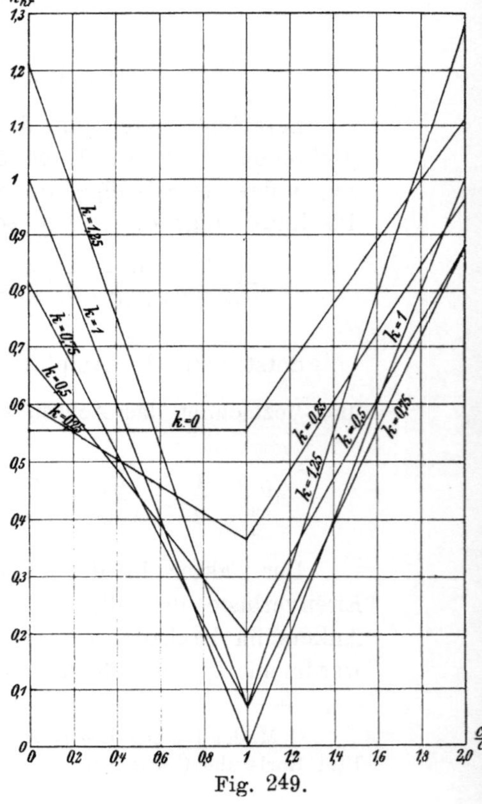

Fig. 249.

noch nicht erwiesen ist. Als Annäherung kann die Formel
gelten:

$$W_{hr} = \frac{\pm (1 + k)^{1,6}\left(1 - \dfrac{c_r}{c}\right) + (1 - k)^{1,6}\left(1 + \dfrac{c_r}{c}\right)}{3,6 - 0,6\,k}\; \sigma_h \frac{c}{100}\left(\frac{B_1}{1000}\right)^{1,6} V.$$

Das $\pm$ Zeichen vor der ersten Klammer bedeutet, daß das
Glied immer positiv zu nehmen ist. Der Bruch werde mit k_h bezeichnet. In der Fig. 247 sind die Faktoren k_w (Kurve I) und
k_h (Kurve II) zur Berechnung der Wirbelstromverluste und Hysteresisverluste für den stillstehenden Eisenkörper als Funktion von k
dargestellt. In Fig. 248 und 249 sind dieselben Faktoren für den
rotierenden Eisenkörper für verschiedene Werte des Achsenverhält-
nisses k als Funktion der Geschwindigkeit aufgetragen.

Die zusätzlichen Verluste.

Da die zusätzlichen Verluste (s. Bd. V, 1, S. 208) dem Quadrat
der maximalen Induktion proportional sind, können wir sie wie für
ein Kreisdrehfeld berechnen, haben aber an Stelle der Amplitude
des Drehfeldes den Mittelwert der Quadrate der veränderlichen
Maximalinduktion zu setzen, d. h. den Wert

$$\tfrac{1}{2}(k^2 + 1)\,B_1{}^2.$$

Wir erhalten also wieder wie bei den Wirbelstromverlusten
den Faktor $k_w = \tfrac{1}{2}(k^2 + 1)$, mit dem wir die für ein Kreisdrehfeld
berechneten Verluste zu multiplizieren haben und den wir daher
aus der Kurve (Fig. 248) entnehmen können.

Fünfzehntes Kapitel

Der indirekt gespeiste Hauptschlußmotor mit Rotorerregung.

(Kompensierter Repulsionsmotor.)

77. Beschreibung der Wirkungsweise. — 78. Arbeitsdiagramme. — 79. Mittel zur Verbesserung der Stromwendung.

77. Beschreibung der Wirkungsweise.

Bei dem indirekt gespeisten Hauptschlußmotor mit Rotorerregung wird der Drehmomentfluß vom Rotor erregt. Zu diesem Zwecke wird (s. Fig. 250) der Primärstrom dem Rotor durch zwei senkrecht zur Arbeitsachse liegende Bürsten $B_e - B_e$ zugeführt, die wir als Erregerbürsten bezeichnen, während die in der Achse der Statorwicklung kurzgeschlossenen Bürsten $B_a - B_a$ die Arbeitsbürsten sind. Der von den Erregerbürsten gebildete Rotorstromkreis ersetzt also die Statorerregerwindungen des indirekt gespeisten Motors mit Statorerregung. Die ganze Statorwicklung ist hier Arbeitswicklung.

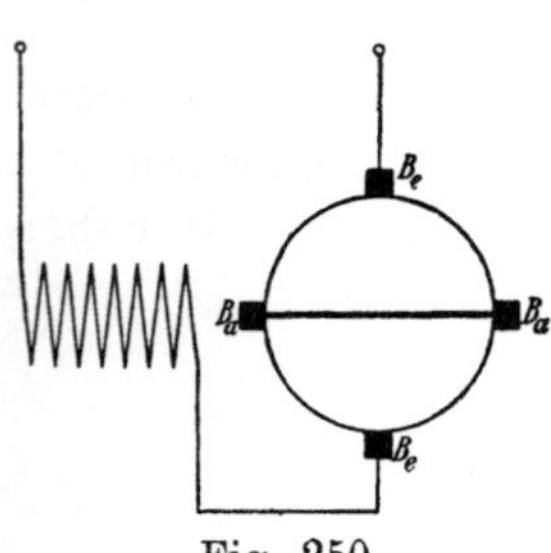

Fig. 250.

Dieser Motor ist von M. Latour und von Winter und Eichberg angegeben worden. Er wird von der A. E. G., Berlin, für Bahnbetrieb gebaut. Für die Bildung des Drehmomentes ist die Verlegung der Erregerwindungen vom Stator auf den Rotor ohne Einfluß. Der von den Arbeitsbürsten gebildete kurzgeschlossene Arbeitsstromkreis des Rotors und die gleichachsige Statorwicklung bilden einen Transformator, und der Arbeitsstrom des Rotors ist um ca. 180° phasenverschoben gegen den Primärstrom, daher in Phase mit dem Drehmomentfluß, der vom Primärstrom im Erregerstromkreis des Rotors erregt wird. Die EMK der Drehung im Drehmomentfluß wird auch hier durch die Ausbildung des Transformatorflusses in der Arbeitsachse auf den Stator übertragen und die Beziehung des Transformatorflusses zum Drehmomentfluß ist wieder dieselbe. Der Transformatorfluß ist $\dfrac{c_r}{c}$ mal so groß wie der Drehmomentfluß und um etwa 90° dagegen zeitlich phasenverschoben.

Hierbei entsteht nun eine neue Wirkung dadurch, daß die Erregerwicklung im Transformatorfluß rotiert. Es entsteht in ihr eine EMK der Drehung im Transformatorfluß, die der vom Drehmomentfluß induzierten EMK der Pulsation entgegengerichtet ist und dadurch die der Erregerwicklung zuzuführende wattlose Spannung, die Magnetisierungsspannung, vermindert und die Phasenverschiebung zwischen Klemmenspannung und Strom verkleinert.

Fig. 251 zeigt das Spannungsdiagramm ohne Berücksichtigung der Eisen- und Kurzschlußverluste. In Phase mit dem Primärstrom J_1 liegt der Drehmomentfluß Φ und die EMK $— E_{2r}$ der Drehung des

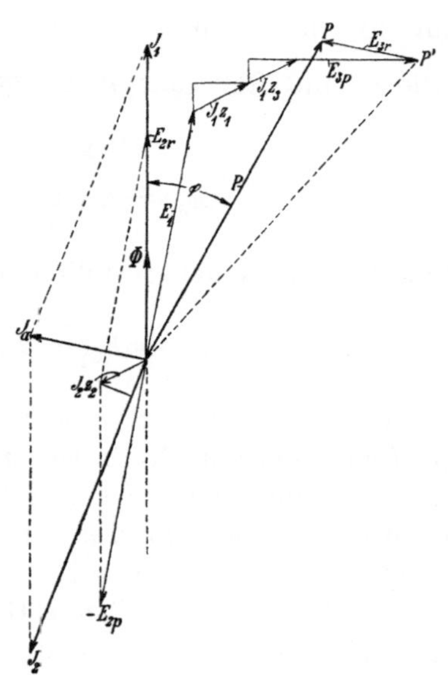

Fig. 251.

zwischen den Bürsten $B_a — B_a$ liegenden Arbeitsstromkreises des Rotors im Flusse Φ. Es wird E_{2r} bis auf den Spannungsabfall $J_2 z_2$ des Rotorstromes ausbalanciert durch die EMK der Pulsation $— E_{2p}$ des Transformatorflusses. Statorstrom J_1 und Rotorstrom J_2 ergeben zusammen den Magnetisierungsstrom des Transformatorflusses J_a. J_a steht also senkrecht auf $— E_{2p}$, und die $— E_{2p}$ entgegengesetzt gleiche Stator-EMK E_1 eilt gegen J_a um 90° vor. An diese reiht sich der Spannungsabfall $J_1 z_1$ im Stator und $J_1 z_3$ im Erregerstromkreis des Rotors, ferner die Differenz der Pulsationsspannung E_{3p} des Erregerkreises, 90° voreilend gegen Φ und J_1, und der Spannung E_{3r}[1]) der Drehung des Erregerkreises des Rotors im Transformatorfelde Φ_q, die in Phase mit Φ_q, d. h. mit J_a ist. $\overline{OP}$ ist der Vektor der Klemmenspannung P.

---

[1]) Es sei hier daran erinnert, daß $— E_{3p}$, $— E_{3r}$ GEMKe bezeichnen und daß somit $+ E_{3p}$, $+ E_{3r}$ Komponenten der aufzudrückenden Spannung darstellen.

Bei dem Motor mit Statorerregung (Fig. 213) fällt die Rotationsspannung im Erregerkreis E_{3r} fort, der Vektor der Klemmenspannung würde in $\overline{OP'}$ liegen. Dies zeigt deutlich die Verkleinerung der Phasenverschiebung zwischen Strom und Spannung.

Unter Vernachlässigung des Spannungsabfalles im Rotor hatten wir gefunden (siehe Kap. XIV), daß für sinusförmige Feldverteilung die Phasenverschiebung zwischen Transformatorfluß und Drehmomentfluß 90^0 beträgt und daß $\Phi_q = \Phi \dfrac{c_r}{c}$ ist. Hieraus folgt für die Pulsations- und Rotationsspannungen im Erregerkreis

$$E_{3p} = 2\sqrt{2}\, c w_2\, \Phi\, 10^{-8}$$

$$E_{3r} = 2\sqrt{2}\, c_r w_2\, \Phi_q\, 10^{-8} = \left(\frac{c_r}{c}\right)^2 E_{3p}$$

und die aus beiden resultierende Magnetisierungsspannung

$$E_m = E_{3p} - E_{3r} = E_{3p}\left[1 - \left(\frac{c_r}{c}\right)^2\right].$$

Sie nimmt also mit dem Quadrat der Geschwindigkeit ab, wird bei Synchronismus Null, wo das Drehfeld symmetrisch wird und synchron mit dem Rotor rotiert, und oberhalb Synchronismus negativ, so daß sie die Streureaktanzspannungen der Maschine kompensieren kann, wobei Strom und Klemmenspannung in Phase kommen. Bei noch höherer Geschwindigkeit kann der Strom der Spannung voreilen, sofern die Rückwirkung der Kurzschlußströme die Phasenverschiebung nicht wieder verschlechtert.

Für die Arbeitsbürsten gilt nämlich bezüglich der Kurzschlußströme das gleiche wie für den Motor mit Statorerregung. In der Tat verhalten sich bei sinusförmiger Feldverteilung die von den Hauptfeldern in den kurzgeschlossenen Spulen induzierten EMKe zu denen im Erregerkreis des Rotors, von dem sie einen Teil bilden, wie die effektiven Windungszahlen, also

$$(\Delta e_p - \Delta e_r)_a = S_k \frac{N}{2K}\frac{E_{3p}}{\underset{\dfrac{}{\frac{2}{\pi}w_2}}{2}}\left[1 - \left(\frac{c_r}{c}\right)^2\right] = \Delta e_p\left[1 - \left(\frac{c_r}{c}\right)^2\right].$$

Die resultierende EMK wird Null bei Synchronismus und kehrt oberhalb Synchronismus ihre Richtung um, wo die EMK $\Delta e_r > \Delta e_p$ wird. Dort wirken die Kurzschlußströme generatorisch, sie verzögern den Strom, während sie ihn bei Untersynchronismus in der Phase vorausschieben. Der Transformatorfluß hebt also die Transformator-EMK nur bei Synchronismus vollständig auf.

Für die von den Erregerbürsten kurzgeschlossenen Spulen

liegen die Verhältnisse anders. Sie bilden ja einen Teil des kurzgeschlossenen Arbeitsstromkreises, in dem die Resultierende der von
beiden Feldern induzierten EMKe gleich $J_2 z_2$ ist. Es kann also
nur eine im Verhältnis der effektiven Windungszahlen verkleinerte
Spannung hier zur Geltung kommen. Für sinusförmige Felder und
mit der Annäherung $\Phi_q = \dfrac{c_r}{c}\,\Phi$ wird hier

$$\Delta e_{p\,(e)} = \pi \sqrt{2}\, c\, \Phi_q\, S_k\, \frac{N}{2\,K}\, 10^{-8}$$

und

$$\Delta e_{r\,(e)} = \pi \sqrt{2}\, c_r\, \Phi\, S_k\, \frac{N}{2\,K}\, 10^{-8} = \Delta e_{p\,(e)},$$

daher

$$(\Delta e_p - \Delta e_r)_e = 0.$$

Hier liegen also stets günstige Kommutierungsbedingungen vor.

Wir sehen, daß für den indirekt gespeisten Motor mit Rotorerregung die Geschwindigkeit in der Nähe des Synchronismus in
zwei Richtungen vor den übrigen ausgezeichnet ist. Zunächst
wieder hinsichtlich der Kommutation der Arbeitsbürsten und zweitens
hinsichtlich des Leistungsfaktors. Die normale Geschwindigkeit
dieser Motoren liegt also am besten in der Nähe von Synchronismus. Weil hier die wattlose Komponente der Klemmenspannung zum
Teil oder ganz entfällt, braucht hier das Verhältnis von Erregerwindungen zu Arbeitswindungen nicht so klein zu sein wie bei den
vom Stator erregten Maschinen, mit anderen Worten: das Verhältnis von Kraftfluß zu Arbeits-AW, deren Produkt das Drehmoment
ergibt, darf hier größer sein, so daß sich bei gleicher Beanspruchung
ein etwas größeres Eisen- und kleineres Kupfergewicht ergibt,
unter Umständen eine billigere Ma-
schine.

Beim Anlauf liegen die Verhältnisse aber bei allen Maschinen gleich,
hier darf der Kraftfluß mit Rücksicht
auf die Transformator-EMK bei allen
Maschinen den gleichen Wert (für
sonst gleiche Verhältnisse) nicht überschreiten. Daher erhält der vom
Rotor erregte Motor besondere Bedeutung erst durch den Erreger-

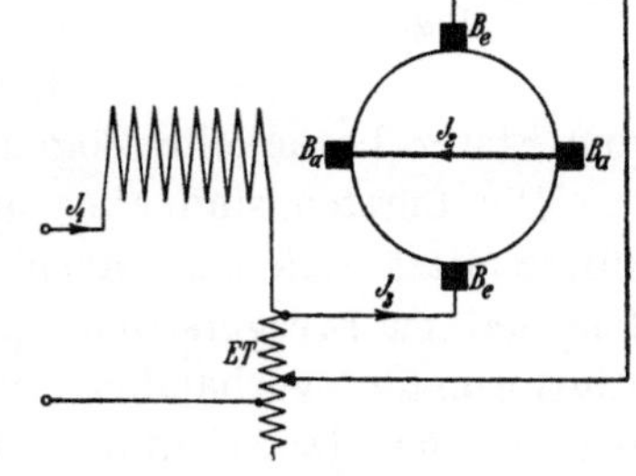

Fig. 252.

transformator von Eichberg, s. Fig. 252. ET ist ein Stromtransformator, mit dem der Erregerstrom J_3 des Rotors derart reguliert wird, daß beim Anlauf der Drehmomentfluß für einen bestimmten Statorstrom J_1 klein, beim Lauf groß ist. Es wird also

ein bestimmtes Moment beim Anlauf mit kleinem Kraftfluß Φ und großem Rotorarbeitsstrom J_2 erzeugt, beim Lauf hat man umgekehrt einen kleinen Strom und großen Fluß. Der große Rotorstrom beim Anlauf ist für die Stromwendung nicht störend, weil die Geschwindigkeit klein ist, und der große Kraftfluß ist beim Lauf nicht störend, weil die Transformator-EMK aufgehoben ist. Hier ist es wichtiger, einen kleinen Strom zu kommutieren. Ein Nachteil der Rotorerregung ist die spitze MMK-Form des Drehmomentflusses, der allerdings bei hoher Sättigung wenigstens während eines Teiles der Periode abgeflacht wird. Das gleiche gilt vom Transformatorfluß und ebenso sind die Streufelder zwischen Stator- und Rotorarbeitswicklung groß, da die Statorwicklung mit Rücksicht auf die Ausnutzung nur einen Teil des Umfangs bedeckt, ferner die etwas größere Bürstenreibung und größere Verluste für die Erregung.

Eine bessere MMK-Form des Rotors erhält man zunächst, wie schon Seite 428 erwähnt, durch einen verkürzten Wicklungsschritt, oder dadurch, daß die Bürsten in eine Sehne statt in den Durchmesser gestellt werden.

M. Latour und M. Milch haben auch für den indirekt gespeisten Motor mit Rotorerregung eine Anordnung mit Doppelbürsten angegeben (siehe Fig. 253), bei der alle Bürsten sowohl den Rotorarbeitsstrom wie den Erregerstrom führen. Hier wird der Drehmomentfluß von der schmalen, nicht kurzgeschlossenen Zone ($B_1 B_4$ und $B_2 B_3$) des Rotors erregt, der Füllfaktor ist groß und alle Arbeitswindungen liegen im gleichen Feld. Die Differenzfelder von Stator- und Rotorarbeitsstrom fallen fort, wenn der von den Arbeitswindungen bedeckte Bogen ($B_1 B_2$ und $B_3 B_4$) ebenso groß wie der vom Stator bewickelte Bogen ist.

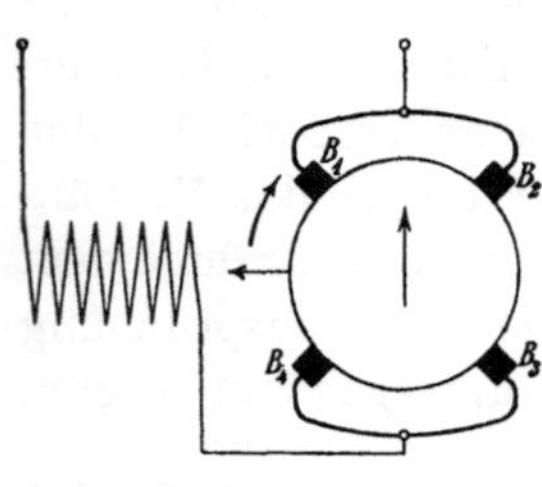

Fig. 253.

Die Bürsten sind aber ungleich beansprucht. Der Strom einer Bürste setzt sich zusammen aus dem halben Rotorstrom J_2 und dem halben Erregerstrom J_3. Der letzte ist, wenn kein Erregertransformator vorhanden ist, gleich dem Statorstrom J_1. An den in der Drehrichtung aus der neutralen Zone des Drehmomentflusses vorausgeschobenen Bürsten $B_1 B_3$ wirken die Ströme in entgegengesetztem Sinne, der Strom der Bürste ergibt sich also gleich ihrer geometrischen Differenz, an den zurückliegenden Bürsten B_2, B_4 dagegen gleich ihrer Summe. Andererseits liegen die Bürsten B_1, B_3 im vollen Drehmomentfluß im Sinne der Drehrichtung aus der neutralen Zone verschoben, für sie ist also die Stromwendung ungünstig. Für die Bürsten $B_2 B_4$, die aus der neutralen Zone in den vollen Drehmomentfluß zurück verschoben sind, hat zwar das Feld die für die Stromwendung geeignete Richtung gegenüber dem Rotorarbeitsstrom, aber meist eine zu große Stärke.

Eine fast sinusförmige MMK-Form erhält man für den Rotor in beiden Achsen
durch die von E. Arnold und J. L. la
Cour angegebene Schaltung[1]) mit drei
Bürsten (Fig. 254), die natürlich nur für
Trommelwicklungen verwendbar ist. Bezüglich der ungleichen Belastung der Bürsten und der Stromwendung gilt hier ähnliches wie für den Motor von Latour
(Fig. 253), dagegen wird auch hier wieder

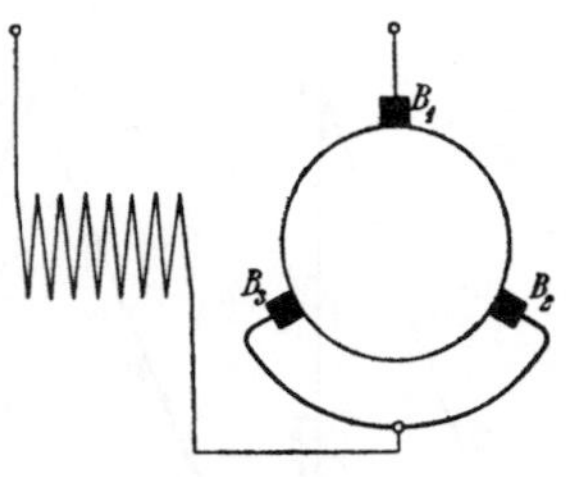

Fig. 254.

die Streuung zwischen Stator- und Rotorarbeitswindungen sehr klein.

Am günstigsten für die Stromwendung erscheint die Anordnung nach Fig. 250 mit verkürztem Wicklungsschritt.

Soll der Motor übersynchron laufen, so spielt die von Transformatorfluß und Drehmomentfluß induzierte EMK meist eine viel
größere Rolle als die Stromwendespannung. Um sie in kleinen
Grenzen zu halten, muß die Induktion des Transformatorflusses an
der Kommutierungsstelle beeinflußt werden, wie schon beim indirekt
gespeisten Motor mit Statorerregung gezeigt wurde, worauf wir
später noch zurückkommen.

78. Arbeitsdiagramme.

Bei der Vorausberechnung gehen wir vom Spannungsdiagramm
aus. Die Berechnung der einzelnen Konstanten ist wie in Kap. XIV
gezeigt, vorzunehmen.

Wir zerlegen den Rotorstrom der Arbeitswindungen J_2' am
besten wieder, s. Fig. 255, wie in Kap. XIV, in den Arbeitsstrom

$$J_{2k}' = \frac{J_1}{C_2} = \overline{AB},$$ der um $180^\circ - \gamma_2$ gegen $J_1 = \overline{OA}$ verzögert und

unabhängig von der Geschwindigkeit ist, und den um 90° dazu
voreilenden Magnetisierungsstrom $J_{a2}' = \overline{BC}$. $\overline{AC} = J_2'$ ist der
ganze Rotorstrom, $\overline{OC} = J_a$ der ganze Magnetisierungsstrom in der
Arbeitsachse, zusammengesetzt aus J_{a1} und J_{a2}'.

Bei Stillstand besteht an der Statorwicklung die Summe aus
der auf primär reduzierten Impedanzspannung des Rotorarbeits-

---

1) D. R. P. 163295.

stromes $\overline{OD}=J_{2\,k}'\,z_2'=J_1\dfrac{z_2'}{C_2}$, senkrecht auf J_{a1}, vermehrt um

$\overline{DE}=J_1\,z_1$. An den Erregerwindungen des Rotors, bzw. an der

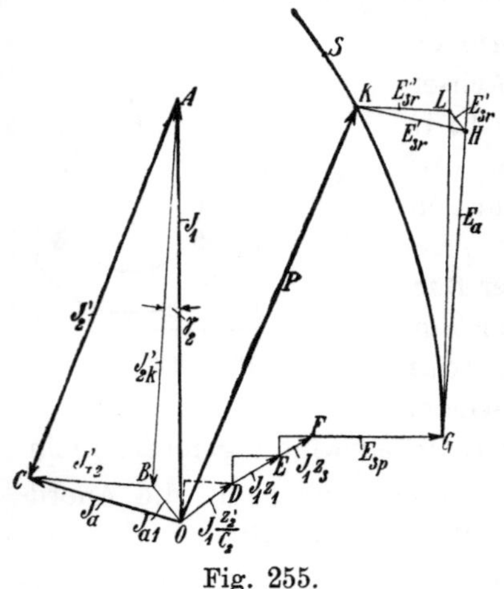

Fig. 255.

Primärwicklung des Transformators, wenn ein solcher eingeschaltet ist, besteht die Impedanzspannung der Erregerwindungen vermehrt um die des Transformators $J_1\,z_3=\overline{EF}$ und die Magnetisierungsspannung $E_{3\,p}=\overline{FG}$. Die letzten Größen sind bei Einschaltung eines Transformators (siehe Fig. 252) auf die primäre Windungszahl zu reduzieren, und es ist z. B.

$$E_{3\,p}=u_t\,\pi\,\sqrt{2}\,cw_3 f_3\,\varPhi\,10^{-8}$$

worin u_t das Übersetzungsverhältnis des Transformators ist. $\overline{OG}$ ist also die ganze Spannung bei Stillstand, $\overline{OE}$ entfällt auf die Statorwicklung, $\overline{EG}$ auf die Erregerwindungen.

Beim Lauf tritt nun im Stator die EMK $E_a=\overline{GH}$ hinzu, die dem mit der Geschwindigkeit wachsenden Transformatorfluß proportional ist, also senkrecht auf $J_{a}'_2$ steht, und in den Erregerwindungen wird die EMK der Rotation im Transformatorfluß $E_{3\,r}=\overline{HK}$ induziert, die in Phase mit J_a ist.

Ebenso wie wir die EMK des Stators E_1 in zwei Teile entsprechend dem bei Stillstand bestehenden Streufluß (entsprechend J_{a1}) und dem beim Lauf hinzutretenden Transformatorfluß (entsprechend J_{a2}') zerlegt haben in $E_{1k}=J_1\dfrac{z_2'}{C_2}$ und E_a, können wir auch die Rotationsspannung $E_{3\,r}$ der Erregerwindungen zerlegen in $E_3{'}_r=\overline{HL}$ in Phase mit J_{a1} und $E_{3r}''=\overline{LK}$ in Phase mit $J_{a}'_2$. Die Beziehung zwischen den EMKen ist nun durch die Größe der Felder und die Faktoren gegeben. Der vom Rotorstrom $J_{a}'_2$ erregte Transformatorfluß $\varPhi_q$ hebt in den Arbeitswindungen durch seine Pulsation die EMK der Drehung bis auf den Spannungsabfall $J_{a2}'z_2'$ auf. Die EMK der Drehung ist

$$E_{2\,r}=2\sqrt{2}\,c_r w_2\,\varPhi\,10^{-8}$$

und die EMK der Pulsation

$$E_{2\,p}=\pi\,\sqrt{2}\,cw_2 f_2\,\varPhi_q\,10^{-8}$$

und
$$\sqrt{(E_{2p} + J'_{a\,2}\,x'_{s\,2})^2 + (J'_{a\,2}\,r'_2)^2} = E_{2r}$$

oder
$$E_{2p} = \frac{E_{2r}}{C_2},$$

daher
$$\Phi_q = \frac{c_r}{c}\,\Phi\,\frac{2}{\pi f_2}\,\frac{1}{C_2}.$$

Es verhält sich daher die vom Transformatorfluß im Stator induzierte EMK E_a zu der wattlosen Spannung E_{3p}

$$\frac{E_a}{E_{3p}} = \frac{\overline{GH}}{\overline{FG}} = \frac{\pi\sqrt{2}\,c\,\Phi_q\,w_1\,f_1}{\pi\sqrt{2}\,c\,\Phi\,w_3\,f_3\,u_t} = \frac{c_r}{c}\,\frac{1}{C_2}\,\frac{w_1 f_1}{w_3 f_3}\,\frac{2}{\pi f_2}\,\frac{1}{u_t} = \frac{c_r}{c}\,\frac{u}{C_2}.$$

und ist um $(90^0 - \gamma_2)$ dagegen nacheilend.

Für die verteilte Gleichstromwicklung ist der Wicklungsfaktor $f_2 = f_3$ sehr nahe gleich $\dfrac{2}{\pi}$, besonders wenn das Feld sinusförmig abgeflacht ist. Es ist daher $u = \dfrac{w_1 f_1}{w_3 f_3}\,\dfrac{1}{u_t}$ unter Berücksichtigung der Übersetzung des Transformators wieder das Verhältnis der effektiven Arbeitswindungen zu den Erregerwindungen.

Die Rotationsspannung der Erregerwindungen $E''_{3r} = \overline{LK}$ steht senkrecht auf $E_a = \overline{GH}$, und es verhält sich

$$\frac{E''_{3r}}{E_a} = \frac{2\,w_3\,c_r\,u_t}{\pi w_1 f_1 c} = \frac{c_r}{c}\,\frac{1}{u},$$

also auch
$$E''_{3r} = E_{3p}\left(\frac{c_r}{c}\right)^2 \frac{1}{C_2}.$$

Ebenso steht $E'_{3r} = \overline{HL}$ senkrecht auf

$$E_{1k} = J_1\,\frac{z'_2}{C_2} = \overline{OD},$$

und wir können setzen
$$E'_{3r} = J_1\,\frac{z'_2}{C_2}\,\frac{c_r}{c}\,\frac{1}{u}.$$

Wir sehen also: bei konstantem Strom J_1 und konstantem Wert von C_2 wachsen

$$\overline{GH} = E_a = E_{3p}\,\frac{c_r}{c}\,\frac{u}{C_2}$$

und

$$\overline{HL} = E'_{3r} = J_1\,\frac{z'_2}{C_2}\,\frac{c_r}{c}\,\frac{1}{u}$$

proportional der Geschwindigkeit, während

$$\overline{LK} = E_{3r}'' = E_{3p}\left(\frac{c_r}{c}\right)^2 \frac{1}{C_2}$$

mit dem Quadrat der Geschwindigkeit wächst.

Es bewegt sich daher der Endpunkt K des Vektors der Klemmenspannung auf einer Parabel, die die Verbindungslinie $\overline{GL}$ in G tangiert.

Weil $\overline{GL}$ die Summe von $\overline{GH} = E_a$ und $\overline{HL} = E_{3r}'$ ist und der Geschwindigkeit proportional ist, kann $\overline{GL}$ auch als Geschwindigkeitsmaßstab angesehen werden. Die Strecke $\overline{KL} = E_{3r}''$ bildet mit der Abszissenachse den Winkel γ_2.

Um nun das Spannungsdiagramm bei gegebener Klemmenspannung P zu verwenden, hat man punktweise vorzugehen und für jeden Strom mit Hilfe der Magnetisierungskurve die Punkte G für Stillstand und Synchronismus zu berechnen, und kann hiermit für jeden Strom die Parabel konstruieren. Ein Kreis mit $P = \overline{OK}$ schneidet diese Parabeln in den Punkten K, die den betreffenden Strömen entsprechen. Hieraus ergibt sich dann zunächst die Geschwindigkeit und die aufgenommene Leistung. Weicht die Geschwindigkeit sehr von Synchronismus ab, so ist erst noch eine Korrektur bezüglich der Rückwirkung der Kurzschlußströme vorzunehmen, da die resultierende EMK erst mit der Geschwindigkeit berechnet werden kann. Wir lassen sie jedoch hier noch außer Betracht.

Das Drehmoment besteht aus zwei Teilen, dem Drehmoment des Stromes J_2' der Arbeitswindungen mit dem Drehmomentfluß und einem kleinen Drehmoment des Erregerstromes mit dem Transformatorfluß. Wir sehen in Fig. 255, daß die Rotationsspannung E_{3r} des Erregerkreises auch eine kleine Wattkomponente hat, daß also durch den Erregerstrom auch eine Leistung zugeführt wird, abgesehen von den Verlusten. Dies rührt daher, daß J_3 (in Phase mit J_1) nicht genau um $90°$ gegen den Fluß in der Arbeitsachse (in Phase mit J_a) verschoben ist, so daß ein kleines Drehmoment zustande kommt. Den Drehmomenten entsprechen die Leistungen

$$W_m' = J_2' E_{2r}' \cos\left(E_{2r}' J_2'\right)$$

und

$$W_m'' = J_1 E_{3r} \cos\left(J_1 E_{3r}\right).$$

Die erste Leistung ist wie beim Motor mit Statorerregung (s. S. 380)

$$W_m' = J_2' E_{2r}' \cos\left(E_{2r} J_2'\right) = E_a J_1 \cos\gamma_2 - J_{a2}'^2 r_2',$$

die zweite wird

$$W_m'' = J_1 E_{3r} \cos(J_1 E_{3r}) = J_1 E_{3r}' \cos(J_1 E_{3r}') + J_1 E_{3r}'' \cos(J_1 E_{3r}'').$$

Hierin war $E_{3r}' = \dfrac{c_r}{c} J_1 \dfrac{z_2'}{C_2 u}$ und steht senkrecht auf $J_1 \dfrac{z_2'}{C_2}$,

bildet also mit J_1 den Winkel $\dfrac{\pi}{2} - \left(\gamma_2 + \operatorname{arctg} \dfrac{x_2}{r_2}\right)$.

Es wird daher

$$J_1 E_{3r}' \cos(J_1 E_{3r}') = \frac{c_r}{c} \frac{1}{u} \frac{J_1^2}{C_2} (x_2' \cos\gamma_2 + r_2' \sin\gamma_2)$$

und

$$J_1 E_{3r}'' \cos(J_1 E_{3r}'') = \left(\frac{c_r}{c}\right)^2 J_1 \frac{E_{3p}}{C_2} \sin\gamma_2.$$

Hierin sind die Glieder mit $\sin\gamma_2$ sehr klein, so daß wir sie gegen das Glied $-J_{a2}'^2 r_2'$ in dem ersten Teil, das auch klein ist, etwa fortheben können, und angenähert ist

$$W_m = W_m' + W_m'' = E_a J_1 \cos\gamma_2 + \frac{c_r}{c} \frac{1}{u} \frac{J_1^2}{C_2} x_2' \cos\gamma_2. \quad (118)$$

Es bildet also neben dem Hauptdrehmoment des Rotorarbeitsstromes $J_{2k}' = \dfrac{J_1}{C_2}$ mit dem Drehmomentfluß, dem die erste Leistung entspricht, der Erregerstrom ein Drehmoment mit dem von der Streuung zwischen Stator- und Rotorarbeitsstrom herrührenden Teil des Flusses in der Arbeitsachse, der $\dfrac{J_1}{C_2} x_2'$ proportional ist und in dem zweiten Teil der Leistung zum Ausdruck kommt.

Was nun die von den Hauptfeldern induzierten inneren Ströme in den von den Arbeitsbürsten kurzgeschlossenen Spulen betrifft, so werden sie bei Untersynchronismus, wo $\Delta e_p > \Delta e_r$ ist, durch den Drehmomentfluß (Δe_p) erzeugt, und der Transformatorfluß induziert eine ihnen entgegengesetzte EMK Δe_r. Sie sind mit dem Transformatorfluß nahezu in Phase und magnetisieren senkrecht zu dessen Achse, so daß sie mit ihm ein Drehmoment bilden können. Der Erregerstromkreis des Rotors nimmt zu ihrer Kompensation einen gegen den Drehmomentfluß um 90° voreilenden Strom auf, dessen MMK entgegengesetzt gleich ist der MMK der Kurzschlußströme, und dieser Kompensationsstrom bildet daher auch mit dem Transformatorfluß ein dem Moment der Kurzschlußströme entgegengesetzt gleiches Moment, das resultierende Moment wird also Null. Bei dem Motor mit Statorerregung war dies nicht der Fall, weil der Strom zur Kompensation der Kurzschlußströme die Statorerregerwicklung durchfließt und hier kein dem Moment der Kurzschlußströme entgegengerichtetes Moment bilden kann. Dort resultierte also bei Untersynchronismus eine motorische Leistung der Kurzschlußströme, die ihnen von der Erregerwicklung elektrisch zugeführt wurde, hier werden ihnen lediglich die Verluste von der Erregerwicklung zugeführt.

Bei Übersynchronismus ist $\varDelta e_r > \varDelta e_p$, die Kurzschlußströme kehren ihre Richtung um und suchen mit dem Transformatorfluß ein generatorisches Moment zu bilden. Der zu ihrer Kompensation im Erregerkreis fließende Strom hat sich nun aber auch umgekehrt und bildet mit dem Transformatorfluß wieder das entgegengesetzt gleiche Moment, und das resultierende Moment wird wieder Null. Das heißt, die Verluste der Kurzschlußströme werden bei Übersynchronismus hier nicht mechanisch gedeckt, sondern ebenfalls elektrisch dem Erregerkreis zugeführt, während sie bei Statorerregung eine generatorische Leistung erzeugten. In bezug auf die Phasenverschiebung hat dies den Einfluß, daß durch die Kurzschlußströme hier stets die Phasenverschiebung zwischen Strom und Spannung verkleinert wird, außer bei Synchronismus, wo jene fast Null sind. Auch bei Übersynchronismus, wo oberhalb einer bestimmten Geschwindigkeit der Strom der Spannung vorzueilen sucht (also jenseits des Schnittpunktes der Parabel mit der Ordinatenachse in Fig. 255), wird durch die Kurzschlußströme die Leistungsaufnahme, wie gezeigt, vergrößert, während sie bei Statorerregung verkleinert wird. Daher wird bei Rotorerregung die Voreilung des Stromes bei Übersynchronismus nicht sehr groß.

Die Phasenverschiebung zwischen Klemmenspannung und Strom wird, wie wir aus Fig. 255 sehen, Null, wenn die Rotationsspannung im Erregerkreis die bei Stillstand bestehenden Reaktanzspannungen aufgehoben hat. Setzen wir die Summe der Streureaktanzspannungen

$$J_1\left(x_1 + \frac{x_2{}'}{C_2} + x_3\right) = J_1 x,$$

die Magnetisierungsspannung bei Stillstand $E_{3p} = J_1 x_e$, so hängt die Erregerreaktanz x_e, abgesehen von der Sättigung, von der Übersetzung, d. h. von dem Verhältnis u der Arbeitswindungen zu den Erregerwindungen einschließlich Transformator ab. Setzen wir die Erregerreaktanz für $u = 1$, $x_e = x_a$, so würde x_a, bei gleicher Sättigung und Feldverteilung in beiden Achsen, die Erregerreaktanz in der Arbeitsachse sein. Für ein beliebiges Verhältnis u wird dann $x_e = \dfrac{x_a}{u^2}$.

Es wird nun φ nahezu Null, wenn

$$J_1\left\{x + \frac{x_a}{u^2}\left[1 - \left(\frac{c_r}{c}\right)^2\right]\right\} = 0$$

ist, also bei einer Geschwindigkeit

$$\frac{c_r}{c} = \sqrt{1 + \frac{x u^2}{x_a}}\,.$$

Sie wird also um so mehr oberhalb Synchronismus liegen, d. h. die Parabel in Fig. 255 ist um so flacher, je größer die Streureaktanz x gegenüber der Erregerreaktanz $x_e = \dfrac{x_a}{u^2}$ ist. Betrachten wir x_a als Konstante, so sehen wir, daß die Phasenverschiebung bei um so höherer Geschwindigkeit Null wird, je größer u, das Verhältnis der Arbeitswindungen zu den Erregerwindungen ist.

Beim Anlauf soll, wie in Kap. XVII gezeigt wird, x_e klein sein, um ein hohes Anzugsmoment bei geringem Verbrauch in Voltampere zu erreichen, beim Lauf soll x_e größer sein, um die Geschwindigkeit für Phasenkompensation nicht zu hoch zu erhalten. Dies wird wieder durch Vergrößerung der Erregerwindungen gegenüber den Arbeitswindungen erzielt, mit Hilfe des Erregertransformators, der also auch in dieser Beziehung sehr wirksam ist, abgesehen von dem schon auf S. 435 erwähnten Einfluß auf die Kommutierung beim Anlauf und beim Lauf.

Durch Inversion der Parabel in Fig. 255 erhalten wir als Stromdiagramm die in Fig. 256 dargestellte blattförmige Kurve, die für

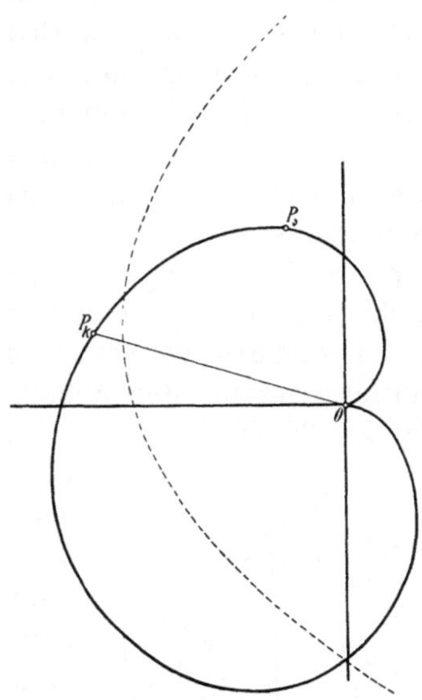

Fig. 256. Stromdiagramm.

$\dfrac{c_r}{c} = \infty$ in den Koordinatenanfangspunkt läuft, entsprechend dem unendlich fernen Punkt der Parabel.

Dieses Stromdiagramm besitzt nun keine Leistungs- und Verlustlinien und hat daher noch viel weniger praktische Bedeutung als die Kreisdiagramme der vom Stator erregten direkt und indirekt gespeisten Motoren. Es soll daher hier nicht weiter darauf eingegangen werden.

79. Mittel zur Verbesserung der Stromwendung.

Für die Erregerbürsten liegen, wie schon auf S. 435 gezeigt, stets günstige Kommutierungsbedingungen vor. Bei sinusförmiger Verteilung des Transformator- und des Drehmomentflusses würden sich, wie dort gezeigt, die von ihnen durch Pulsation bzw. Rotation induzierten EMKe vollständig aufheben. Abweichungen der Felder von der Sinusform bedingen nur sehr kleine resultierende EMKe in den kurzgeschlossenen Spulen, und der Erregerstrom, der an diesen Bürsten kommutiert wird, ist stets kleiner als der Arbeitsstrom.

Für die Arbeitsbürsten werden die Verhältnisse besonders ungünstig oberhalb Synchronismus, zunächst durch das Überwiegen der Rotations-EMK Δe_r im Transformatorfluß über die Transformator-EMK, dann durch das Eigenfeld des Rotorarbeitsstromes bzw. durch das Fehlen eines Wendepoles für den Strom.

Das Anwachsen des Transformatorflusses an der Kommutierungsstelle der Arbeitsbürsten wird in gewissem Grade verhindert durch die Sättigung. Dies genügt jedoch meistens nicht. Es würde dann bei konstantem Δe_p, Δe_r nur noch linear mit der Geschwindigkeit wachsen.

Eine Lücke im Eisen des Stators an der Kommutationsstelle, wie es von Dr. Th. Lehmann für Motoren mit Statorerregung angegeben ist (s. S. 427), ist für die Motoren mit Rotorerregung auch von Dr. Eichberg unabhängig davon angegeben worden. Sie wirkt aber bei untersynchronem Lauf ungünstig.

Eichberg verwendet daher Wendepolwicklungen in der Kommutierungszone der Arbeitsbürsten. Die Statorwicklung ist, wie auf S. 436 erwähnt, nur auf einem Teil des Polbogens verteilt. Der Zahn an der Kommutierungsstelle in der Mitte des unbewickelten Bogens (wie in Fig. 257), der auch breiter als die übrigen Zähne ausgeführt wird, ist mit einer Wendepolwicklung mit vielen dünnen Windungen versehen. Diese Wicklung ist mit dem Teil des Transformatorflusses verkettet, der durch den Wendezahn in den Stator tritt. Wird sie nun z. B. über eine Drosselspule geschlossen, so entsteht in ihr ein gegen den Fluß um ca. 180° phasenverschobener Strom, der diesen Teil des Flusses schwächt. Da aber im Rotor die Rotations-EMK im Drehmomentfluß durch die Pulsations-EMK des Transformatorflusses aufgehoben werden muß, wächst der Magnetisierungsstrom J_{a2} des Rotors und vergrößert den Transformatorfluß. Es kann nun aber nur der Teil seitlich vom Wendezahn wachsen, und es ist

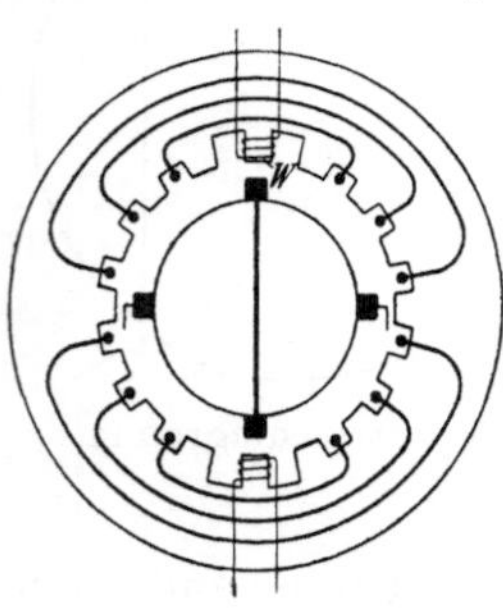

Fig. 257.

hierdurch möglich, den Transformatorfluß aus der Kommutierungszone zur Seite zu drängen.

Um nun andererseits ein Wendefeld für den Strom zu schaffen,
müßte der Wendepolwicklung eine gegen den Strom um 90^0 phasenverschobene Spannung zugeführt werden. Diese besteht bei Übersynchronismus, wobei die Beeinflussung des Transformatorflusses ja nur
erforderlich ist, an den Erregerbürsten bzw. am Erregertransformator,
und man kann die Wendepolwicklung an einen Teil der Spannung des Erregertransformators anschließen. Die Drosselung des
Transformatorflusses an der Kommutierungsstelle bleibt hierbei wie
früher, denn an Stelle der zuvor betrachteten Reaktanz der Drosselspule tritt nun die Reaktanz des Erregerkreises, über den die Wendewicklung geschlossen ist. Das Feld der Wendewicklung, das durch
die ihr aufgedrückte Spannung bedingt wird, ist mit dem kurzgeschlossenen Arbeitsstromkreis des Rotors verkettet, dieser muß
also einen Strom aufnehmen, der die induzierende Wirkung aufhebt.
Da aber die MMK des Rotors ganz verteilt ist, wird der Wendefluß nicht Null, sondern nur in ähnlicher Weise verzerrt, wie wir
es für das Stromwendefeld des direkt gespeisten Motors gezeigt
haben, s. Kap. XIII, S 365.

Die Wendewicklung darf natürlich erst bei übersynchroner Geschwindigkeit eingeschaltet werden, denn die
drosselnde Wirkung auf den Transformatorfluß in der Kommutierungszone
würde unterhalb Synchronismus auf
die Kommutation schädlich wirken.

Fig. 258 zeigt das Prinzip der
Schaltung. Die Wendepolwicklung
W wird mittels des Schalters s bei
Übersynchronismus eingeschaltet.

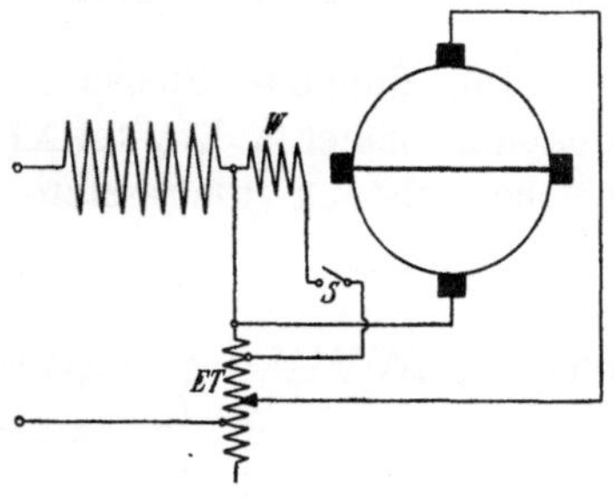

Fig. 258.

Es kann auch die dem Wendepol zugeführte Spannung zum
Teil der Netzspannung und zum Teil der Erregerspannung proportional sein. In diesem Falle bedingt der der Netzspannung proportionale Teil ein dem Transformatorfluß entgegengerichtetes lokales Wendefeld. Er unterstützt also die zuvor betrachtete drosselnde
Wirkung, die unter Umständen zu klein sein kann, wenn die Reaktanz der Teile, denen die Wendewicklung parallel geschaltet ist
(Erregerstromkreis oder Transformator), groß ist.

Sechzehntes Kapitel.

Doppelt gespeiste Hauptschlußmotoren.

80. Beschreibung und Wirkungsweise des doppelt gespeisten Hauptschluß-motors mit Statorerregung. — 81. Arbeitsdiagramm bei Reihenschaltung der Erregerwicklung mit dem Rotor. — 82. Arbeitsdiagramm bei Reihenschaltung der Erregerwicklung mit der Statorarbeitswicklung. — 83. Arbeitsdiagramm bei der Schaltung von Osnos. — 84. Doppelt gespeiste Hauptschluß-motoren mit Rotorerregung.

80. Beschreibung und Wirkungsweise des doppelt gespeisten Hauptschlußmotors mit Statorerregung.

Die doppelte Speisung der Wechselstrommotoren ist dadurch gekennzeichnet (s. Kapitel XI S. 291), daß die vom Rotor in mechanische Leistung umgesetzte elektrische Leistung ihm teils direkt

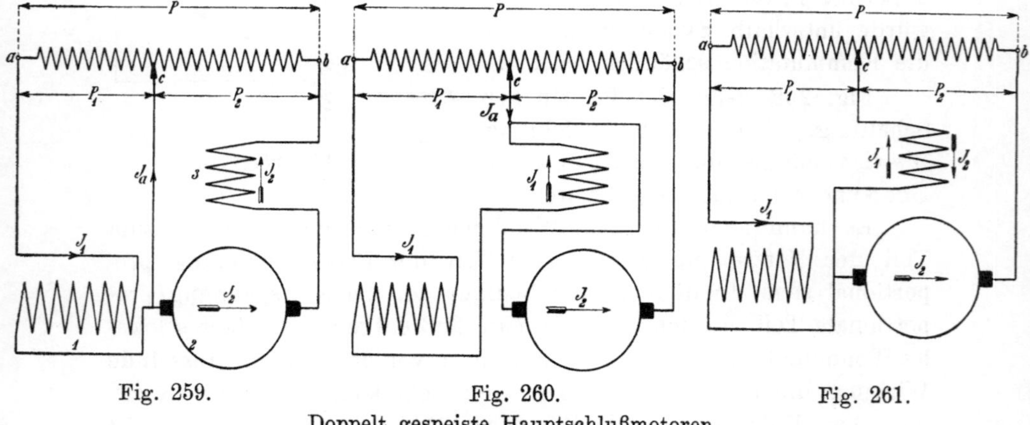

Fig. 259.   Fig. 260.   Fig. 261.

Doppelt gespeiste Hauptschlußmotoren.

von der Stromquelle zugeführt und teils indirekt durch Transformation von der gleichachsigen Statorwicklung auf ihn übertragen wird. Zu diesem Zweck sind beide Wicklungen parallel an die Netzspannung geschaltet, etwa an geeignete Abzweigungen des

Transformators (der hier als Spannungsteiler verwendet wird, s. Fig. 259 bis 261). Die Hauptschlußcharakteristik wird gewahrt durch die abhängige Erregung des Drehmomentflusses, indem die Erregerwicklung von dem Arbeitsstrom durchflossen wird, entweder von dem Rotorstrom (Fig. 259), oder von dem Strom der Statorarbeitswicklung (Fig. 260), oder von der Differenz dieser beiden Ströme (Fig. 261), oder endlich analog dazu von der Summe der beiden Ströme

Die doppelte Speisung der Wechselstrommotoren nach Fig. 260 ist schon in dem Englischen Patent 23290 vom 17. Dezember 1892 von E. Arnold enthalten. Ihre Bedeutung ist aber erst durch die Arbeiten von Milch, Alexanderson, Punga[1]), Latour[1]), Richter[1]) und Osnos festgestellt worden.

Die Schaltung Fig. 259 wird bei den Bahnmotoren der Siemens-Schuckert-Werke benutzt. Die Schaltung Fig. 261 ist von Osnos angegeben und wird von den Felten und Guilleaume Lahmeyerwerken bei ihren Bahnmotoren angewandt. Auch der Motor von Alexanderson (s. S. 459), der von der General Electric Co. gebaut wird, ist ein doppelt gespeister Motor.

Die doppelte Speisung, die durch die Aufteilung der ganzen Spannung P in die beiden Teilspannungen P_1 und P_2 erreicht wird, vereinigt die Vorzüge der direkten und der indirekten Speisung. Die indirekte Speisung des Rotors ist gebunden an das Bestehen eines Transformatorflusses in der Arbeitsachse, der die Leistung von der Statorarbeitswicklung auf den Rotor überträgt und um etwa 90^0 gegen die Arbeitsspannung phasenverschoben ist. Die Bedeutung dieses Transformatorflusses für die Kommutation besteht darin, daß er die Transformator-EMK des Drehmomentflusses zum Teil aufhebt. Die Größe des Transformatorflusses ist durch die Spannung an der Arbeitswicklung des Stators gegeben. Diese ist bei der rein indirekten Speisung (s. Kapitel XV) gleich der ganzen Wattkomponente der Klemmenspannung und steigt bei einem bestimmten Drehmoment mit der Geschwindigkeit. Der Transformatorfluß hat daher in diesem Falle nur bei einer Geschwindigkeit die zur vollständigen Aufhebung der Transformator-EMK passende Größe. Durch geeignete Wahl der Teilspannungen P_1 und P_2 bei dem doppelt gespeisten Motor, von denen die erste der indirekt, die zweite der direkt auf den Rotor übertragenen Leistung proportional ist, läßt sich die Größe des Transformatorflusses, die stets von der Spannung an der Statorarbeitswicklung abhängt, für beliebige Geschwindigkeiten — abgesehen von ganz geringen — auf die geeignete Größe einstellen, die für die Auf-

---

[1]) ETZ 1906.

hebung der Transformator-EMK nötig ist. Wie diese Einstellung vorzunehmen ist, ergibt sich wie folgt.

Damit die Rotations-EMK $\varDelta e_r$ im Transformatorfluß gleich und entgegengesetzt der Transformator-EMK $\varDelta e_p$ gerichtet ist, muß bei sinusförmiger Feldverteilung $\varPhi_q = \varPhi \dfrac{c}{c_r}$ sein.

Der Transformatorfluß soll bei untersynchronem Lauf größer sein als der Drehmomentfluß, bei synchronem ihm gleich und bei übersynchronem kleiner.

Sehen wir zunächst von der wattlosen Magnetisierungsspannung und den Verlusten ab, so entspricht der ganzen Spannung P die mechanische Leistung, d. h. die Rotations-EMK des Rotors E_{2r}, die proportional $w_2\, c_r\, \varPhi$ ist. Die Spannung P_1 an der Statorwicklung bestimmt die Größe des Transformatorflusses, denn sie ist proportional $w_1\, c\, \varPhi_q$. Soll nun $\varPhi_q = \dfrac{c}{c_r}\, \varPhi$ sein, so muß P_1 proportional $w_1\, \varPhi \dfrac{c^2}{c_r}$ gemacht werden. Es soll sich also bei gleichen effektiven Windungszahlen in Stator und Rotor $(w_1 = w_2)$ die Statorspannung P_1 zur ganzen Spannung verhalten wie

$$\frac{P_1}{P} = \left(\frac{c}{c_r}\right)^2.$$

Die Teilspannung P_2 am Rotor wird daher

$$\frac{P_2}{P} = \frac{P - P_1}{P} = 1 - \left(\frac{c}{c_r}\right)^2.$$

Hieraus ergibt sich zunächst, daß für Synchronismus

$$P_1 = P$$

und

$$P_2 = 0$$

sein soll, wie es bei dem indirekt gespeisten Motor der Fall ist.

Gehen wir in Fig. 259 und 260 mit dem Kontakt c nach b, so erhalten wir als Spezialfall für $P_2 = 0$ den indirekt gespeisten Motor, und zwar aus Fig. 260 den gewöhnlichen Repulsionsmotor (Kap. XIV), aus Fig. 259 den Repulsionsmotor von Atkinson (Kap. XIV, S. 424), dessen Drehmomentfluß vom Rotorstrom in den Erregerwindungen des Stators erregt wird.

Bei Übersynchronismus soll $P_1 < P$ sein, bei Untersynchronismus wird $P_1 > P$ und P_2 negativ. Das letzte bedeutet, daß P_2 die entgegengesetzte Richtung wie P_1 haben soll. Es wären also die Kontakte c und b in Fig. 259 bis 261 in ihrer Lage zu vertauschen.

Es soll also bei Übersynchronismus die mechanische Leistung gleich der Summe der vom Stator und Rotor aufgenommenen elektrischen Leistungen sein, bei Untersynchronismus gleich deren Differenz, bei Synchronismus gleich der vom Stator allein aufgenommenen Leistung, genau wie dies bei den mehrphasigen doppeltgespeisten Motoren der Fall ist (s. Kap. II und III). Nur ist bei den Mehrphasen-Maschinen das Drehfeld stets symmetrisch, während es hier entsprechend den Anforderungen der Funkenunterdrückung beliebig unsymmetrisch gemacht werden kann. Die doppelt gespeisten Wechselstrommotoren sind also hinsichtlich der Aufhebung der Transformator-EMK auf einem großen Arbeitsgebiet den mehrphasigen doppelt gespeisten Motoren überlegen. Bei Stillstand ist natürlich bei allen Maschinen die Aufhebung der Transformator-EMK unmöglich, denn für $\dfrac{c_r}{c} = 0$ müßte $P_1 = \infty$, d. h. der Transformatorfluß unendlich groß sein.

Die direkt gespeisten Maschinen sind als Grenzfall auch hier enthalten, und zwar für $P_1 = 0$. Gehen wir z. B. in Fig. 259 mit dem Kontakt c nach a, so erhalten wir den direkt gespeisten Hauptschlußmotor mit kurzgeschlossener Kompensationswicklung. Hier ist der Transformatorfluß Null. In der Tat ergibt $P_1 = 0$ als Geschwindigkeit für die Aufhebung der Transformator-EMK $c_r = \infty$, d. h. erst bei unendlicher Geschwindigkeit kann die endliche Transformator-EMK durch Rotation im Transformatorfluß Null aufgehoben werden.

Gehen wir in Fig. 260 mit c nach a, so erhalten wir ebenfalls einen direkt gespeisten Motor, bei dem jedoch die Erregerwicklung nicht vom Rotorstrom, sondern vom Strom der Kompensationswicklung durchflossen wird. Diese Maschine wird häufig als „umgekehrter Repulsionsmotor" bezeichnet, wegen des äußeren Unterschiedes, daß nicht die Rotorwicklung, sondern die Statorwicklung in einer zur Rotorachse geneigten Achse kurzgeschlossen ist. Die Bezeichnung ist aber, wie wir sehen, sehr irreführend, denn ein sog. Repulsionsmotor ist eine indirekt gespeiste Maschine und daher an das Bestehen eines Drehfeldes gebunden. Die kurzgeschlossene Statorwicklung dieser direkt gespeisten Maschine kann natürlich mit dem Rotor zusammen kein Drehfeld erzeugen.

Die hier prinzipiell abgeleiteten Eigenschaften werden wir nun durch Berücksichtigung der induktiven Spannungskomponenten und des Ohmschen Spannungsabfalles etwas zu erweitern haben. Wir sehen aber schon hier, daß die doppelt gespeisten Maschinen die Vorzüge der direkt und der indirekt gespeisten vereinigen. Sie besitzen das der Geschwindigkeit anpassungsfähige verteilte „Nebenschlußwendefeld" der direkt gespeisten Maschinen, bedürfen aber im Gegensatz zu diesen ebenso wie die indirekt gespeisten keine besondere Nebenschlußwendewicklung.

Ein Vorzug der doppelt gespeisten Motoren vor den direkt gespeisten ist, daß die Kompensationswicklung unabhängig vom Rotor für eine höhere Spannung als dieser gewickelt werden kann. Die Kompensation des Ankerfeldes erfolgt bei den direkt gespeisten Maschinen durch Reihenschaltung des Rotors mit der Kompensationswicklung, bei den doppelt gespeisten durch Parallelschaltung. Ähnlich wie bei den doppelt gespeisten Mehrphasen-Nebenschlußmotoren heben sich hier die Stator- und Rotoramperewindungen bis auf den Betrag auf, der zur Erzeugung des Flusses erforderlich ist, um der dem Stator aufgedrückten Spannung durch eine Gegen-EMK das Gleichgewicht zu halten.

81. Arbeitsdiagramm eines doppelt gespeisten Motors bei Reihenschaltung der Erregerwicklung mit dem Rotor.

Der Einfachheit halber nehmen wir zunächst gleiche Windungszahl der Statorarbeitswicklung und des Rotors an, und es sei J_1 der Strom in der Arbeitswicklung, J_2 der Strom im Rotor. Denken

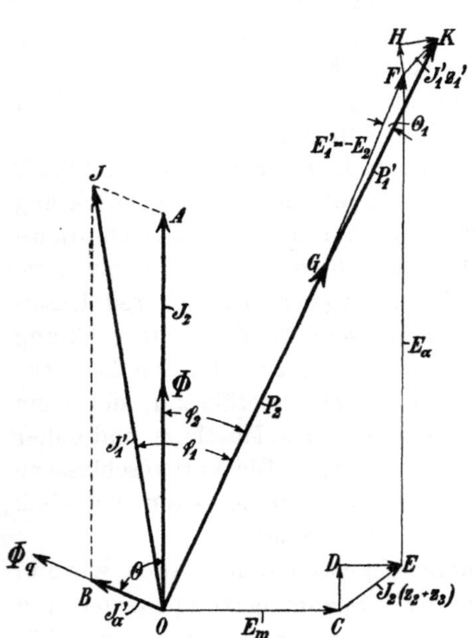

Fig. 262. Spannungsdiagramm des doppelt gespeisten Hauptschlußmotors.

wir uns zunächst die Verbindung zu dem Kontakt c in Fig. 259 gelöst, so ist $J_1 = J_2$ und die Maschine ist ein direkt gespeister Hauptschlußmotor. Da Rotor- und Arbeitswicklung gegeneinander geschaltet sind, ist das Feld in der Arbeitsachse bis auf die Streufelder aufgehoben.

Denken wir uns andererseits den Rotorstrom unterbrochen etwa durch Öffnung des Kontaktes b, so nimmt die Statorarbeitswicklung nur einen Magnetisierungsstrom J_a auf, der einen Fluß in der Arbeitsachse von solcher Größe erregt, daß die von ihm in der Arbeitswicklung induzierte GEMK $(-E_1)$ der Klemmenspannung P_1 bis auf den Spannungsabfall $J_a z_1$ das Gleichgewicht hält. In der wirklichen Schaltung Fig. 259 ist nun J_1 die Summe der Ströme J_a und J_2 und der Spannungsabfall entspricht dem Summenstrom J_1. Es werden also E_1 und J_a etwas kleiner, als im zuerst betrachteten Falle. Fig. 262 zeigt das Spannungsdiagramm. $\overline{OA}$ ist der Strom J_2 des Rotors und der Erregerwicklung, der in Phase mit dem Drehmomentfluß Φ ist. $\overline{OC} = E_m$ ist die Magnetisierungsspannung der Erregerwicklung, ferner

$$\overline{CD} = J_2 (r_2 + r_3)$$
$$\overline{DE} = J_2 (x_2 + x_3).$$

$\overline{EF} = E_a$, in Phase mit Φ, ist die Rotationsspannung des Rotors. Die Resultierende $\overline{OF}$ ist also die Summe aus der dem Rotor zugeführten Spannung $P_2 = \overline{OG}$, und der vom Transformatorfluß im Rotor induzierten EMK $(-E_2) = \overline{GF}$, die bei gleicher Windungszahl auch gleich ist der in der Arbeitswicklung induzierten EMK E_1. Diese unterscheidet sich von der Spannung $P_1 = \overline{GK}$ an der Kompensationswicklung um den Spannungsabfall $J_1 z_1 = \overline{FK}$ in dieser Wicklung. J_1 ist zusammengesetzt aus $J_2 = \overline{OA}$ und $J_a = \overline{OB}$ senkrecht zu E_1.

J_a ist also die Phase des Transformatorflusses. $\overline{OK}$ ist die ganze Klemmenspannung $P = P_1 + P_2$. Wir sehen, daß der Linienzug der Spannungen in den des direkt gespeisten Hauptschlußmotors übergeht, wenn $J_1 = J_2$ wird, denn dann hat der Spannungsabfall $J_1 r_1 = \overline{FH}$ die Richtung von J_2 und $J_1 x_1 = \overline{HK}$ die dazu senkrechte Richtung. Hier erscheinen J_1 und J_2 in fast gleicher Phase, wie sie es der Klemmenspannung gegenüber, d. h. dem äußern Stromkreis gegenüber, sind. Das Stromdreieck OAJ mit den eingetragenen Pfeilen stellt aber nicht das Amperewindungsdreieck dar. Es ist zu berücksichtigen, daß Rotor- und Statorarbeitswicklung gegeneinander geschaltet sind, d. h. daß derselbe Strom in beiden Wicklungen in entgegengesetztem Sinne magnetisiert. Von der Rotorwicklung aus betrachtet wäre also die MMK des Statorstromes um 180^0 gegen $\overline{OJ}$ verschoben aufzutragen, oder von der Arbeitswicklung aus betrachtet die Rotor-MMK um 180^0 gegen $\overline{OA}$ anzutragen.

Das gleiche gilt von den EMKen E_1 und E_2, die, von den einzelnen Wicklungen aus betrachtet, um 180^0 gegeneinander phasenverschoben sind, da die Wicklungen entgegengesetzten Sinn haben. Wir haben hier in $\overline{GF}$ die dem Stator zugeführte Spannung $+ E_1$ gleichgerichtet mit der im Rotor induzierten EMK $(-E_2)$ aufgetragen, wodurch der Zusammenhang mit dem direkt gespeisten Motor deutlicher hervorgeht.

Das in Fig. 262 dargestellte Beispiel entspricht also dem Fall, daß P_1 und P_2 gleiche Richtung haben. Die Leistung ist $E_a J_2$, also entspricht sie der Summe der Leistungen $P_2 J_2 \cos \varphi_2 + P_1 J_1 \cos \varphi_1$ vermindert um die Verluste $J_2{}^2 (r_2 + r_3) + J_1{}^2 r_1$, wobei wir von den Eisen- und Kurzschlußverlusten absehen.

Das Diagramm gilt natürlich auch für verschiedene Windungszahlen im Stator und Rotor. In diesem Falle werden wir, da der Drehmomentfluß vom Rotorstrom erregt wird, hier am bequemsten alle Größen der Arbeitswicklung auf die Windungszahl des Rotors reduzieren. Es ist also im Diagramm

$$\overline{OJ} = J_1{}' = J_1 \frac{w_1 f_1}{w_2 f_2},$$

die Spannung $\qquad \overline{GK} = P_1{}' = P_1 \dfrac{w_2 f_2}{w_1 f_1}$ usf.

Bei ungleicher Verteilung von Statorarbeits- und Rotorwicklung sind die Streuung und die Faktoren nach Kap. XIV zu berechnen. Für den Transformatorfluß ist, wie aus der Ableitung folgt, die MMK-Form der Statorarbeitswicklung zugrunde zu legen.

Da J_a senkrecht auf E_1 steht, bildet der Transformatorfluß mit der Klemmenspannung den Winkel $\left(\Theta_1 + \dfrac{\pi}{2} \right)$, worin Θ_1 die Phasenverschiebung zwischen E_1 und P_1 ist. Die Phasenverschiebung Θ zwischen Φ_q und Φ ist

$$\Theta = \left(\frac{\pi}{2} + \Theta_1 - \varphi_2 \right).$$

Die um 90^0 zeitlich gegen Φ verzögerte Komponente von Φ_q ist also

$$\Phi_q \sin \Theta = \Phi_q \cos (\varphi_2 - \Theta_1),$$

die in Phase mit J_2

$$\Phi_q \cos \Theta = \Phi_q \sin (\varphi_2 - \Theta_1).$$

Die erste ist das eigentliche Wendefeld zur Aufhebung der Transformator-EMK, da sie um 90^0 gegen Φ phasenverschoben ist, die zweite ist ein Wendefeld für den Rotorstrom, denn nach dem Gesagten ist die Rotor-MMK in ihrer räumlichen Lage gegenüber der Stator-MMK in Fig. 262 gegen J_2 um 180^0 gedreht zu denken. Es soll nun zur Aufhebung der Transformator-EMK bei gegebenem Drehmoment und Fluß Φ die Komponente $\Phi_q \sin \Theta$ umgekehrt proportional der Geschwindigkeit sein. Ist der Füllfaktor des Transformatorflusses α_q, so soll

$$\Phi_q \sin \Theta = \frac{\alpha_q \pi}{2} \frac{c}{c_r} \Phi$$

sein. Da der Winkel Θ_1 zwischen E_1 und P_1 meist klein ist, können wir ihn vernachlässigen und

$$\Phi_q \sin \Theta = \Phi_q \cos (\varphi_2 - \Theta_1) \cong \Phi_q \cos \varphi_2$$

setzen, d. h.

$$\Phi_q \cos \varphi_2 = \alpha_q \frac{\pi}{2} \frac{c}{c_r} \Phi.$$

Dann wird aber

$$\Phi_q \cos \Theta \cong \Phi_q \sin \varphi_2 = \Phi_q \cos \varphi_2 \, \mathrm{tg} \, \varphi_2 = \alpha_q \frac{\pi}{2} \frac{c}{c_r} \Phi \, \mathrm{tg} \, \varphi_2.$$

Diese Komponente, die, wie gezeigt, die Stromwendung unterstützt, soll bei konstantem Drehmoment konstant sein, sie nimmt aber hier aus zwei Gründen mit steigender Geschwindigkeit ab, denn tg φ_2 wird bei konstantem Moment immer kleiner, je größer E_a gegen E_m wird. Sie ist daher besonders bei hoher Geschwindigkeit zu klein. Daher gibt es nur eine Geschwindigkeit, bei der sowohl die Transformator-EMK als auch die Stromwendespannung vollständig aufgehoben werden, nämlich wenn

$$\mathrm{tg} \, \varphi_2 = \frac{\varDelta e_N}{\varDelta e_p}$$

ist. Das ist offenbar die gleiche Bedingung, wie sie in Kap. XIII für eine Nebenschlußwendewicklung des direkt gespeisten Motors bei Parallelschaltung zum ganzen Motor besteht; es ist ja auch die Erregung des Wendefeldes prinzipiell dieselbe. Daher verwenden auch die Siemens-Schuckertwerke bei den doppelt gespeisten Bahnmotoren, wie bei den direkt gespeisten, die beiden Erregerwicklungen, die geneigt zum Rotor stehen (siehe Kap. XIII, S. 362) für je eine Drehrichtung, um das dem Strom proportionale Wendefeld unabhängig von der Geschwindigkeit zu erzeugen.

Für das Wendefeld $\Phi_q \cos \varphi_2$ zur Aufhebung der Transformator-EMK ergibt sich nun folgende Einstellung der Spannungen. Es sollte $\Phi_q \cos \varphi_2 = \alpha_q \dfrac{\pi}{2} \Phi \dfrac{c}{c_r}$ sein. Es ist nun

$$\Phi = \frac{E_a}{2 \sqrt{2} \, c_r \, w_2} 10^8.$$

Hierin ist

$$E_a \cong (P_1' + P_2) \cos \varphi_2 - J_2 (r_2 + r_3 + r_1'),$$

ferner

$$\Phi_q \cos \varphi_2 = \frac{E_2 \cos \varphi_2}{\pi \sqrt{2} \, c w_2 f_{2q}} 10^8$$

und

$$E_2 \cos \varphi_2 \cong P_1' \cos \varphi_2 - J_2 r_1'.$$

Vernachlässigen wir die Spannungsabfälle Jr, die klein sind gegen die Arbeitsspannungen, so wird

$$\frac{P_1'}{P_1' + P_2} \eqsim \left(\frac{\pi}{2}\right)^2 f_{2q}\,\alpha_q \left(\frac{c}{c_r}\right)^2$$

oder für ein sinusförmiges Querfeld mit $\alpha_q = \dfrac{2}{\pi}$, $f_{2q} = \dfrac{2}{\pi}$

$$\frac{P_1'}{P_1' + P_2} = \left(\frac{c}{c_r}\right)^2 \quad \dots \dots \quad (119)$$

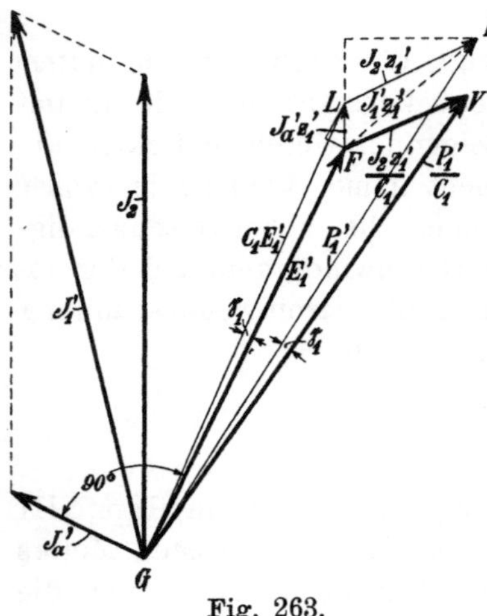

Fig. 263.

wie früher gefunden, nur ist bei verschiedener Windungszahl die auf die Rotorwindungszahl reduzierte Spannung P_1' der Statorarbeitswicklung einzuführen.

Da der Linienzug der Spannungen in Fig. 262 sich von dem des direkt gespeisten Motors nur dadurch unterscheidet, daß in der Arbeitswicklung der Spannungsabfall $J_1 z_1$ zusammengesetzt ist aus $J_2 z_1$ und $J_a z_1$, ist das Spannungsdiagramm für konstanten Rotorstrom J_2 ihm ganz analog.

Setzen wir $E_1 = J_a z_a$, so können wir zunächst E_1 und $J_a z_1$, wie früher öfter gezeigt, zusammenfassen in

$$\mathfrak{E}_1 + \mathfrak{J}_a\,\mathfrak{Z}_1 = \mathfrak{E}_1\left(1 + \frac{\mathfrak{Z}_1}{\mathfrak{Z}_a}\right) = \mathfrak{E}_1\,\mathfrak{C}_1$$

worin $\mathfrak{C}_1 = C_1 e^{j\gamma_1}$ nur wenig von 1 abweicht und γ_1 ein sehr kleiner Winkel ist. Wir können uns also $P_1' = \overline{GK}$ statt wie in Fig. 262 aus $E_1' = \overline{GF}$ und $J_1' z_1' = \overline{FK}$ jetzt auch, wie Fig. 263 zeigt, aus $C_1 E_1' = \overline{GL}$ und $J_2 z_1' = \overline{LK}$ zusammengesetzt denken. Nun ist in Fig. 262 F der Endpunkt von $E_a = \overline{EF}$, und $\overline{FL} = J_a' z_1'$ (Fig. 263) ändert sich mit der Geschwindigkeit. Dividieren wir die Seiten des Dreiecks GLK durch C_1 und drehen es um den Winkel γ_1 um G, so fällt L mit F zusammen, K fällt nach V und es wird $\overline{GV} = \dfrac{P_1'}{C_1}$, $\overline{FV} = \dfrac{J_2 z_1'}{C_1}$ und $\overline{GF} = E_1'$.

Legen wir dieses Spannungsdreieck in F und G an Fig. 262, so erhalten wir Fig. 264. Machen wir hierin noch $\overline{EQ} = \overline{FV} = J_2 \dfrac{z_1'}{C_1}$

und $\overline{QV} = \overline{EF} = E_a$, so sehen wir, daß bei konstantem Strom J_2 $\overline{OQ}$ konstant und nur $\overline{QV} = E_a$ von der Geschwindigkeit abhängig ist. Beide zusammen ergeben $\overline{OV} = P'$, die Summe aus P_2 und $\dfrac{P_1'}{C_1}$. Die Netzspannung, $P_2 + P_1' = \overline{OK}$, ist gegen $\overline{OV} = P'$ um δ verzögert, und es ist

$$\operatorname{tg} \delta = \frac{P_1' \sin \gamma_1}{C_1 P_2 + P_1' \cos \gamma_1}.$$

Wollen wir nun das Spannungsdiagramm zur punktweisen Berechnung der Arbeitskurven verwenden, wenn P_1 und P_2 gegeben sind, so können wir zunächst J_a angenähert ermitteln, weil E_1 nur wenig kleiner als P_1 ist. Hiermit berechnen wir C_1 und kennen dann $P' = \overline{OV}$ als Summe von $\dfrac{P_1'}{C_1}$ und P_2. Für die verschiedenen Werte von J_2 erhalten wir nun $\overline{OC} = E_m$ und $\overline{CQ}$ als Summe von $J_2 z_2$, $J_2 z_3$ und $J_2 \dfrac{z_1'}{C_1}$ und finden in bekannter Weise $E_a = \overline{QV}$ als Schlußlinie des Spannungspolygons. Hiermit sind Geschwindigkeit, Leistung

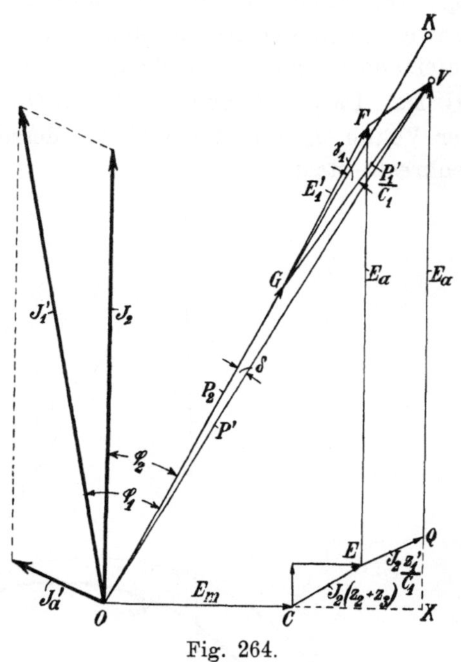

Fig. 264.

und φ_2 bekannt. E_1 kann nun genauer ermittelt und J_a kontrolliert werden. Die Summe aus J_2 und J_a' gibt dann J_1'.

Der ganze Netzstrom J (auf die volle Klemmenspannung P bezogen) ist nun die geometrische Summe aus

$$\mathfrak{J}_2 \frac{P_2}{P} \quad \text{und} \quad \mathfrak{J}_1' \frac{P_1'}{P}$$

oder, da $\mathfrak{J}_1' = \mathfrak{J}_2 + \mathfrak{J}_a'$ ist, wird

$$\mathfrak{J} = \mathfrak{J}_2 \frac{P_2 + P_1'}{P} + \mathfrak{J}_a' \frac{P_1'}{P} \quad \cdots \cdots \quad (120)$$

Es wäre also $\mathfrak{J}_2$ im Verhältnis $\dfrac{P_2 + P_1'}{P}$ zu verkleinern und hierzu $\mathfrak{J}_a{}'$ im Verhältnis $\dfrac{P_1{}'}{P}$ verkleinert zu addieren. Die Konstruktion ist fortgelassen, um die Figur nicht zu verwirren. Für gleiche Windungszahl in Stator und Rotor ist $\dfrac{P_2 + P_1{}'}{P} = 1$.

Stromdiagramm für konstante Spannung.

Sind P_1 und $P_2{}'$ konstant, also in Fig. 264 $P_1 + P_2{}' = \overline{OK}$ und $\overline{OV} = P'$ gegeben, und nehmen wir den Drehmomentfluß und daher E_m proportional J_2 an, so bewegt sich bei veränderlicher Geschwindigkeit der Schnittpunkt X von $\overline{OC} = E_m$ und $\overline{QV} = E_a$, die aufeinander senkrecht stehen, auf einem Kreis, dessen Durchmesser $\overline{OV}$ ist. Da der Rotorstrom J_2 auf $\overline{OC}$ senkrecht steht, bewegt sich der Vektor J_2 auf einem Kreis, dessen Durchmesser auf $P' = \overline{OV}$ senkrecht steht.

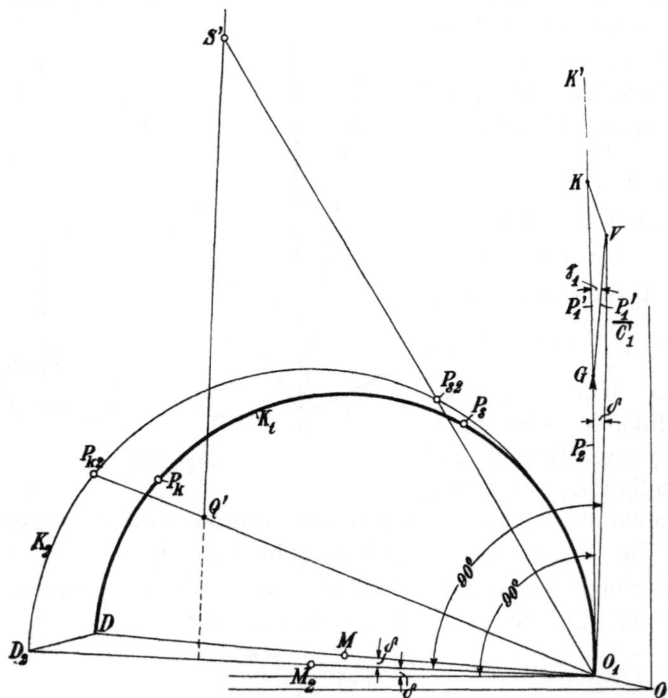

Fig. 265. Stromdiagramm des doppelt gespeisten Hauptschlußmotors nach Fig. 259.

Legen wir in Fig. 265 die Richtung der Klemmenspannung in die Ordinatenachse, so eilt $\overline{O_1 V} = P'$ um δ dagegen vor und der Durchmesser $\overline{O_1 D_2}$ des Kreises K_2 des Rotorstromes bildet mit der Abszissenachse den Winkel δ.

In Fig. 264 ist $\overline{OX} = E_m + J_2 x = J_2\,(x_e + x)$, worin x_e die Reaktanz der Erregerwicklung in Bezug auf den Hauptfluß und x die Summe der Streureaktanzen $\dfrac{x_1{}'}{C_1} + x_2 + x_3$ ist. Der Kreisdurchmesser ist also $\dfrac{P'}{x_e + x}$.

Das Lot $\overline{Q'S'}$ auf dem Durchmesser ist der Geschwindigkeitsmaßstab, P_{k2} der Kurzschlußpunkt, P_{s2} der synchrone Punkt.

Um nun den Netzstrom J zu erhalten, haben wir die Ströme J_2, die durch die Vektoren von O_1 nach dem Kreis K_2 dargestellt sind, mit $\dfrac{P_2 + P_1{}'}{P}$ zu multiplizieren und $J_a{}'\,\dfrac{P_1{}'}{P}$ zu addieren.

Es war $J_a{}' = \dfrac{E_1{}'}{z_a{}'}$, wir nehmen $z_a{}'$ als konstant an, da $E_1{}'$ die geometrische Differenz von $\dfrac{P_1{}'}{C_1}$ und $\dfrac{J_2 z_1{}'}{C_1}$ ist und sich nicht viel ändert.

Da $\dfrac{P_1{}'}{C_1}$ konstant ist und $J_2\dfrac{z_1{}'}{C_1}$ sich nach einem Kreis ändert, ist der Ort für $E_1{}'$ und $J_a{}'$ wieder ein Kreis, und das gleiche gilt für den ganzen Strom. Den endgültigen Kreis finden wir aus K_2 wie folgt. Es war

$$\mathfrak{J}_a{}' = \frac{\mathfrak{E}_1{}'}{\mathfrak{Z}_a{}'} = \frac{\mathfrak{P}_1{}'}{\mathfrak{C}_1\,\mathfrak{Z}_a{}'} - \frac{\mathfrak{J}_2\,\mathfrak{Z}_1{}'}{\mathfrak{C}_1\,\mathfrak{Z}_a{}'} = \frac{\mathfrak{P}_1{}'}{\mathfrak{Z}_1{}' + \mathfrak{Z}_a{}'} - \frac{\mathfrak{J}_2\,\mathfrak{Z}_1{}'}{\mathfrak{Z}_1{}' + \mathfrak{Z}_a{}'}$$

und

$$\mathfrak{J} = \mathfrak{J}_2\,\frac{\mathfrak{P}_2 + \mathfrak{P}_1{}'}{\mathfrak{P}} + \mathfrak{J}_a{}'\,\frac{\mathfrak{P}_1{}'}{\mathfrak{P}} = \mathfrak{J}_2\,\frac{\mathfrak{P}_2 + \dfrac{\mathfrak{P}_1{}'}{\mathfrak{C}_1}}{\mathfrak{P}} + \frac{\mathfrak{P}_1{}'}{\mathfrak{Z}_1{}' + \mathfrak{Z}_a{}'}\,\frac{\mathfrak{P}_1{}'}{\mathfrak{P}} \quad . \quad (121)$$

Für $\mathfrak{J}_2 = 0$ wird

$$\mathfrak{J} = \mathfrak{J}_0 = \frac{\mathfrak{P}_1{}'}{\mathfrak{Z}_1{}' + \mathfrak{Z}_a{}'}\,\frac{\mathfrak{P}_1{}'}{\mathfrak{P}}.$$

Dies ist der Magnetisierungsstrom des Stators bei offenem Rotor, oder da $\mathfrak{J}_2$ auch Null wird, wenn $\dfrac{c_r}{c} = \infty$ ist, der Strom der Maschine bei dieser Geschwindigkeit. Den Strom $\mathfrak{J}_2$ haben wir mit dem Verhältnis $\dfrac{\mathfrak{P}_2 + \dfrac{\mathfrak{P}_1{}'}{\mathfrak{C}_1}}{\mathfrak{P}}$ zu multiplizieren und hierzu $\mathfrak{J}_0$ zu addieren. Nehmen wir gleiche Windungszahl in Stator und Rotor an, also

$$P_1{}' = P_1\,\frac{w_2 f_2}{w_1 f_1} = P_1,$$

so ist

$$\frac{\mathfrak{P}_2+\dfrac{\mathfrak{P}_1{}'}{\mathfrak{C}_1}}{\mathfrak{P}}=\frac{\overline{O_1 V}}{\overline{O_1 K}}.$$

Wir brauchen also nur über dem Durchmesser $\overline{O_1 D_2}$ des Kreises K_2 ein Dreieck $\Delta\, O_1 D_2 D \sim \Delta\, O_1 KV$ zu konstruieren, und erhalten $\overline{O_1 D}$, den Durchmesser des Kreises K_t. Verschieben wir den Koordinatenanfangspunkt von O_1 nach O um J_0, so stellen die Vektoren von O nach K_t die gesamten Ströme J dar. Das Hinzutreten des Magnetisierungsstromes des Transformatorflusses verschlechtert den Leistungsfaktor etwas, da aber der Leistungsfaktor des Stromes J_2 um so größer ist, je höher die Geschwindigkeit über Synchronismus ist und der Transformatorfluß und J_a um so kleiner zu sein brauchen, je größer $\dfrac{c_r}{c}$ ist, so ist der Nachteil nicht erheblich.

Wie gering der Einfluß besonders bei hoher Geschwindigkeit wird, zeigt folgende Überschlagsrechnung. Nehmen wir an, es verhielten sich die Induktionen des Transformatorflusses und des Drehmomentflusses wie die Amperewindungszahlen, also

$$\frac{J_a{}' w_2}{J_2 w_3}=\frac{B_q}{B}.$$

Es soll nun

$$\Phi_q \cos\varphi_2 = \frac{\pi}{2}\, \alpha_a\, \Phi \frac{c}{c_r}$$

sein, und setzen wir

$$\frac{B_q}{B}=\frac{\Phi_q}{\alpha_q}\frac{\alpha}{\Phi},$$

so wird auch

$$\frac{J_a{}' w_2}{J_2 w_3}=\frac{\pi}{2}\,\alpha\,\frac{c}{c_r}\,\frac{1}{\cos\varphi_2},$$

und wenn wir mit $\dfrac{w_3}{w_2}$ multiplizieren

$$\frac{J_a{}'}{J_2}=\frac{\pi}{2}\,\alpha\,\frac{c}{c_r}\,\frac{w_3}{w_2}\,\frac{1}{\cos\varphi_2}.$$

Nun geht in das resultierende Diagramm $J_a{}'$ im Verhältnis $\dfrac{P_1{}'}{P}$ und J_2 im Verhältnis $\dfrac{P_1{}'+P_2}{P}$ ein. Wir haben also $\dfrac{J_a{}'}{J_2}$ noch mit $\dfrac{P_1{}'}{P_1{}'+P_2}$ zu multiplizieren, und dieses Verhältnis sollte $\left(\dfrac{c}{c_r}\right)^2$ sein. Es wird also

$$\frac{J_a{}' P_1{}'}{J_2\,(P_1{}'+P_2)}=\frac{\pi}{2}\,\alpha\,\frac{w_3}{w_2}\,\frac{1}{\cos\varphi_2}\left(\frac{c}{c_r}\right)^3.$$

Da hierin $\dfrac{w_3}{w_2}$, das Verhältnis der Erregerwindungen zu den Rotorwindungen, etwa in der Größenordnung $^1/_3$ ist, haben wir für $c_r = c$ und $\alpha = 0,85$ bei Synchronismus ein Verhältnis von rund 0,5, wenn wir $\cos \varphi_2 = 0,9$ schätzen. Bei doppeltem Synchronismus wird es aber nur der achte Teil, selbst wenn wir den etwas größeren $\cos \varphi_2$ nicht berücksichtigen, also nur ca. $6^0/_0$, bei dreifachem Synchronismus nur $^1/_{27}$ von 0,5, also kaum $2^0/_0$.

Sind w_1 und w_2 verschieden, so braucht man nur $P_1 = \overline{G\,K'}$ zu machen, dann ist $\overline{O_1\,K'} = P$, und das Verhältnis $\dfrac{\mathfrak{P}_2 + \dfrac{\mathfrak{P}_1{}'}{\mathfrak{C}_1}}{\mathfrak{P}}$ wird dargestellt durch $\left(\dfrac{\overline{O_1\,V}}{\overline{O_1\,K'}}\right)$. Die Konstruktion ist dann ganz analog. Die Ableitungen gelten natürlich auch, wenn P_2 negativ oder Null ist. Ist $P_2 = 0$, so ergibt sich der indirekt gespeiste Motor, dessen Erregerwicklung mit dem Rotor statt mit der Statorarbeitswicklung hintereinander geschaltet ist. Im Gegensatz zum gewöhnlichen Repulsionsmotor ist bei ihm, wie beim doppelt gespeisten Motor, der Transformatorfluß vom Stator erregt, er besitzt also auch den charakteristischen Leerlaufstrom in Fig. 265, arbeitet also mit schlechterem Leistungsfaktor als der gewöhnliche Repulsionsmotor. Dagegen ist der Transformatorfluß zum Teil auch Stromwendefluß, wie auf Seite 452 gezeigt, der Motor kommutiert also besser als der gewöhnliche Repulsionsmotor.

Der Motor von Alexanderson. Fig. 266.

Dieser Motor ist beim Anlauf ein indirekt gespeister Motor, beim Lauf ein doppelt gespeister Motor. Beim Anlauf ist der Schalter S_3 geschlossen, S_2 offen und S_1 an die Abzweigung für die kleinste Spannung gelegt. Die Maschine ist also ein Repulsionsmotor, und die Erregerwicklung liegt in Reihe mit der Statorarbeitswicklung. Beim Lauf ist Schalter S_3 offen und S_2 und S_1 sind geschlossen, die Maschine ist doppelt gespeist und die Erregerwicklung liegt in Reihe mit dem Rotor. Erhält die Statorarbeitswicklung etwa doppelt so viele Windungen wie die Rotorwicklung, so wird $J_2 \cong 2\,J_1$. Beim Anlauf ist daher der Erregerstrom etwa halb so

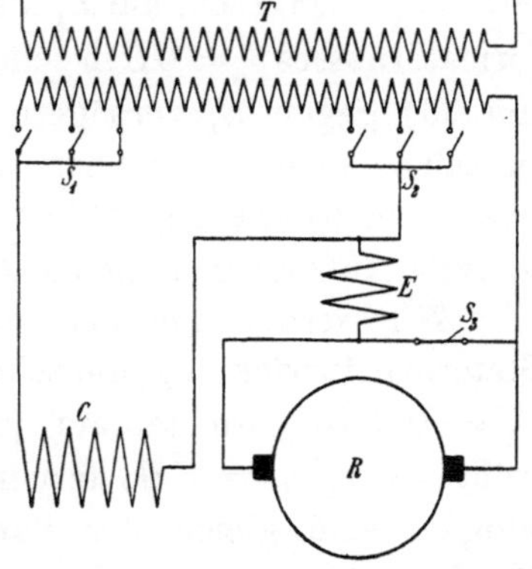

Fig. 266. Motor von Alexanderson.

groß wie der Rotorstrom, beim Lauf ebenso groß, so daß die
Maschine bei gleichem Drehmoment beim Anlauf einen kleineren
Drehmomentfluß erhält als beim Lauf, um die Transformator-
EMK beim Anlauf klein zu erhalten, wie dies bei dem indirekt
gespeisten Motor mit Rotorerregung durch den Eichbergschen Er-
regertransformator geschieht (siehe Kap. XV, S. 435.) Nur hat dieser
Motor gegen den Motor von Alexanderson den besseren Leistungs-
faktor voraus.

Die Arbeits- und Erregerwicklung bedecken beim Motor von
Alexanderson zusammen den ganzen Polbogen. Die Erreger-
wicklung ist auf einen kleinen Teil konzentriert und die Arbeits-
wicklung bedeckt den übrigen größeren Teil. Der Schritt der
Rotorwicklung ist um so viel verkürzt, daß der wirksame Teil der
Rotorwindungen genau den gleichen Teil des Bogens wie die
Statorarbeitswicklung bedeckt. Dadurch sind die zusätzlichen
Reaktanzen vermieden und die Bürsten kommutieren nicht im Eigen-
feld des Rotorstromes (siehe Kap. XIV, S. 428).

82. Arbeitsdiagramm eines doppelt gespeisten Motors bei Reihenschaltung der Erregerwicklung mit der Statorarbeitswicklung.

Bei dieser Schaltung, siehe Fig. 260, auf deren Vorzüge Punga
zuerst hingewiesen hat, unterscheidet sich die EMK E_1 des Transformatorflusses in der Arbeitswicklung von der Teilspannung P_1 nicht
nur durch den Spannungsabfall, sondern auch um die hauptsächlich
wattlose Spannung an der Erregerwicklung. Fig. 267 zeigt das
Spannungsdiagramm. Wir legen hier den Statorstrom $J_1 = \overline{OA}$, der
hier den Drehmomentfluß Φ erregt, in die Ordinatenachse und er-
halten $\overline{OD} = E_m$, $\overline{DE} = J_1 (r_1 + r_3)$, $\overline{EF} = J_1 (x_1 + x_3)$, $\overline{FG} = E_1$,
$\overline{OG} = P_1$. Senkrecht auf E_1 steht der Magnetisierungsstrom des Transformatorflusses $J_a = \overline{OC}$ in seiner Lage relativ zur Statorwicklung, d. h.
um 90^0 gegen E_1 verzögert. $\overline{AC} = J_2'$ ist daher der Rotorstrom
in seiner Lage gegenüber der Statorarbeitswicklung. Die Phase
des Rotorstromes gegenüber der Netzspannung ist daher um 180^0
gedreht aufzutragen gleich $\overline{OB}$.

Wir werden hier bei ungleicher Windungszahl von Rotor- und
Statorarbeitswicklung die sekundären Größen auf primär reduzieren.
$J_2' = \overline{OB}$ ist also der auf primär reduzierte Rotorstrom. An $\overline{OF}$
reiht sich $J_2' z_2' = \overline{FH}$, ferner $E_{2\,r}' = \overline{HK}$, und diese beiden Spannungen sind gleich der Summe aus $- E_{2\,p}' = E_1 = \overline{FG}$ und der
Rotorklemmenspannung $P_2' = \overline{GK}$.

Zunächst ist hier J_2 nicht mehr in Phase mit Φ, sondern um Θ_a voreilend. Das Drehmoment ist also bei gleichen Werten von Kraftfluß und Strom nur $\cos \Theta_a$ mal so groß wie beim ersten Fall, und damit $\cos \Theta_a$ möglichst gleich 1 sei, soll J_a klein sein. Ferner sehen wir, daß der Winkel zwischen J_1 und J_a mehr als 90^0 beträgt, d. h. der Transformatorfluß Φ_q wird nicht vom Stator, sondern vom Rotor erregt, ähnlich wie beim Repulsionsmotor, in den die Maschine auch übergeht, wenn wir $P_2 = 0$ machen. Es ist also der Winkel zwischen J_a und $(-J_2')$ spitz, d. h. während die Komponente von Φ_q, die senkrecht auf Φ steht, die Transformatorspannung aufhebt, hat die Komponente von Φ_q, die in Phase mit dem Rotorstrom ist, räumlich die Richtung des Eigenfeldes des Rotorstromes, hebt also die

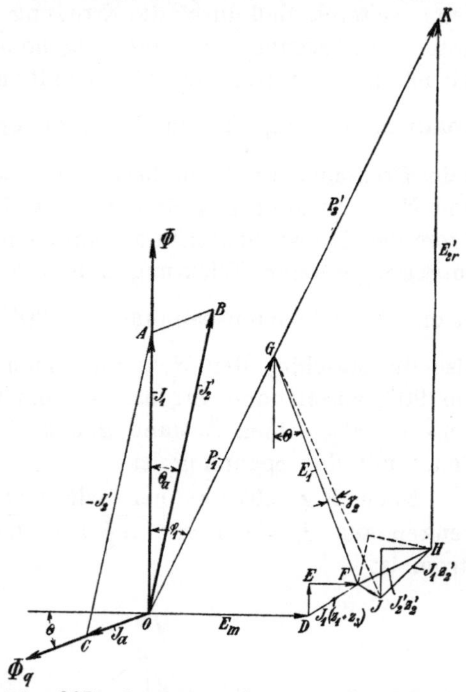

Fig. 267. Spannungsdiagramm des doppelt gespeisten Motors nach Fig. 260.

Stromwendespannung $\varDelta e_N$ nicht nur nicht auf, sondern vergrößert sie. Die funkenfreie Stromwendung wird also erschwert.

Für die Aufhebung der Transformator-EMK ergibt sich hier analog dem früheren, wenn wir die Komponente $E_1 \cos \Theta$ in Phase mit Φ unter Vernachlässigung der Widerstände $E_1 \cos \Theta \cong P_1 \cos \varphi_1$ und ebenso $E_2{}'_r \cong (P_1 + P_2') \cos \varphi_1$ einsetzen, und berücksichtigen, daß $\Phi_q \cos \Theta = \alpha_q \dfrac{\pi}{2} \Phi \dfrac{c}{c_r}$ sein soll,

$$\frac{P_1}{P_1 + P_2'} = \left(\frac{\pi}{2}\right)^2 f_{2q} \alpha_q \left(\frac{c}{c_r}\right)^2 \cong \left(\frac{c}{c_r}\right)^2.$$

Die richtige Phase für E_1 bzw. Φ_q zur gleichzeitigen Unterstützung der Stromwendung des Rotorstromes erhalten wir aber erst, wenn wir Punkt G in Fig. 267 über K hinauslegen, also P_2' negativ machen, was aber nach der Bedingung zur Aufhebung der Transformator-EMK nur bei untersynchronem Lauf geschehen soll, wo die Stromwendung weniger schwierig ist.

Bei dieser Maschine ist daher die Verwendung eines verkürzten Wicklungsschrittes besonders empfehlenswert. Dagegen ergibt sich ohne weiteres, daß durch die Erregung des Transformatorflusses vom Rotor die Phasenverschiebung aufgehoben werden kann. Betrachten wir nämlich den Grenzfall für unendliche Geschwindigkeit. Um die Rotationsspannung E_{2r} im Rotor zu erzeugen, braucht bei $\frac{c_r}{c} = \infty$ kein Drehmomentfluß zu bestehen, also wird der Statorstrom Null und $E_1 = P_1$. Hier muß, da $J_1 = 0$ ist, der Rotor den Magnetisierungsstrom des Transformatorflusses aufnehmen, und da die Rotorwicklung entgegengesetzten Wicklungssinn wie der Stator hat, eilt dieser Strom der Klemmenspannung um 90^0 vor. Bei $\frac{c_r}{c} = \infty$ entnimmt also die Maschine dem Netz nur einen gegen die Klemmenspannung um 90^0 voreilenden Strom; bei einer mittleren Geschwindigkeit muß es also einen Zustand geben, bei dem der ganze Strom in Phase mit der Spannung ist.

Nach Fig. 267 können wir uns $J_2' = \overline{OB}$ zusammengesetzt denken aus $J_1 = \overline{OA}$ und $\overline{AB} = -\overline{OC} = -J_a$. Der ganze Netzstrom ist

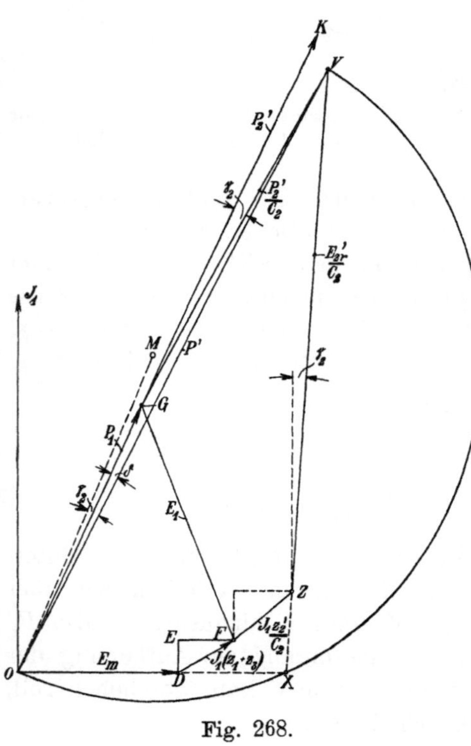

$$\Im = \Im_1 \frac{P_1}{P} + \Im_2' \frac{P_2'}{P},$$

und da $\Im_2' = \Im_1 - \Im_a$ ist, wird

$$\Im = \Im_1 \frac{P_1 + P_2'}{P} - \Im_a \frac{P_2'}{P}.$$

Zur Verwendung des Spannungsdiagramms zerlegen wir hier am besten $J_2' z_2'$ in $J_1 z_2'$ und $-J_a z_2'$, worin $J_a = \frac{E_1}{z_a}$ gesetzt werden kann.

In Fig. 267 sei

$$\overline{FJ} = J_a z_2' \text{ und } \overline{JH} = J_1 z_2',$$

und wir setzen

$$\overline{GJ} = C_2 \, \overline{GF} = C_2 E_1,$$

worin

$$\mathfrak{C}_2 = 1 + \frac{\Im_2'}{\Im_a}$$

und $\measuredangle FGJ = \gamma_2$ ist.

Fig. 268.

Dividieren wir das Spannungsviereck $JGKH$ durch C_2 und drehen es um den Punkt G im Sinne der Voreilung um den $\measuredangle \gamma_2$, so daß J mit F zusammenfällt, so erhalten wir das Diagramm Fig. 268, in dem die Spannungen $\overline{OD} = E_m$, $\overline{DF} = J_1 (z_1 + z_3)$, $\overline{FG} = E_1$ und $\overline{OG} = P_1$ genau der Fig. 267 entsprechen. Es ist aber hier

$$\overline{FZ} = J_1 \frac{z_2'}{C_2}, \quad \overline{ZV} = \frac{E_{2r}'}{C_2} \quad \text{und} \quad \overline{GV} = \frac{P_2'}{C_2}.$$

Sind P_1 und P_2 konstant, so ist auch $\dfrac{P_2'}{C_2}$ konstant und die Resultierende aus P_1 und $\dfrac{P_2'}{C_2}$ ist $P' = \overline{OV}$, die hier gegen P_1 und P_2' um $\delta = \operatorname{arctg}\left(\dfrac{P_2' \sin \gamma_2}{P_2' \cos \gamma_2 + C_2 P_1}\right)$ voreilt.

Zur punktweisen Berechnung der Arbeitskurven verwenden wir dieses Diagramm für angenommene Werte von J_1 nun ebenso wie früher.

Nehmen wir alle Spannungen dem Strom proportional an, so sehen wir, daß der Schnittpunkt X von $\overline{OD} = E_m$ und $\overline{ZV} = \dfrac{E_{2r}'}{C_2}$, die den Winkel $\left(\dfrac{\pi}{2} + \gamma_2\right)$ miteinander bilden, sich bei konstanter Spannung und veränderlicher Geschwindigkeit auf einem Kreis über $\overline{OV}$ als Sehne bewegt, deren Peripheriewinkel

$$OXV = \left(\frac{\pi}{2} + \gamma_2\right)$$

ist. Der Radius $\overline{OM}$ bildet also mit $P' = \overline{OV}$ den Winkel γ_2. Da der Strom J_1 senkrecht auf $\overline{OX}$ steht und dieser Strecke proportional ist, beschreibt er also einen Kreis, dessen Durchmesser mit $P' = \overline{OV}$ den Winkel $(90^0 + \gamma_2)$ bildet.

Legen wir in Fig. 269 die Richtung der Klemmenspannungen P_1 und P_2' in die Ordinatenachse, so eilt P' um δ dagegen vor, und der Radius $\overline{O_1 M_1}$ des Kreises K_1 für den Statorstrom bildet also mit der Abszissenachse nach unten den Winkel $(\gamma_2 - \delta)$. Für $P_2' = 0$ wird $\delta = 0$, und der Radius

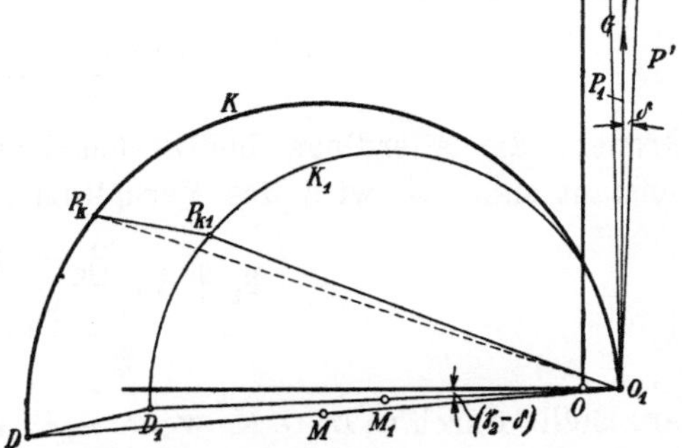

Fig. 269. Stromdiagramm des doppelt gespeisten Hauptschlußmotors nach Fig. 260.

bildet mit der Abszissenachse den Winkel γ_2, wie wir bei dem Repulsionsmotor gesehen haben, der sich ja in diesem Falle ergibt. Hier haben wir, um den Netzstrom zu erhalten, für den die Gleichung gilt

$$\Im = \Im_1 \frac{P_1 + P_2'}{P} - \Im_a \frac{P_2'}{P},$$

zunächst J_1 mit $\dfrac{P_1 + P_2'}{P}$ zu multiplizieren und davon $J_a \dfrac{P_2'}{P}$ zu subtrahieren. Setzen wir die Strecke $\overline{OF}$ in Fig. 267 gleich $J_1 z_s$, worin die Impedanz z_s aus $(x_e + x_1 + x_3)$ und $(r_1 + r_3)$ besteht, so wird

$$\Im_a = \frac{\mathfrak{E}_1}{\mathfrak{Z}_a} = \frac{\mathfrak{P}_1 - \Im_1\, \mathfrak{Z}_s}{\mathfrak{Z}_a},$$

daher

$$\Im = \Im_1 \left(\frac{\mathfrak{P}_1 + \mathfrak{P}_2'}{\mathfrak{P}} + \frac{\mathfrak{Z}_s}{\mathfrak{Z}_a} \frac{\mathfrak{P}_2'}{\mathfrak{P}} \right) - \frac{\mathfrak{P}_1}{\mathfrak{Z}_a} \frac{\mathfrak{P}_2'}{\mathfrak{P}}.$$

Für $J_1 = 0$ wird

$$\Im = \Im_0 = - \frac{\mathfrak{P}_1}{\mathfrak{Z}_a} \frac{\mathfrak{P}_2'}{\mathfrak{P}}.$$

Dies ist der voreilende Leerlaufstrom des Rotors, den er, weil J_1 bei $\dfrac{c_r}{c} = \infty$ Null wird, bei dieser Geschwindigkeit aufnimmt.

Wir können setzen

$$\Im = \Im_1 \frac{\mathfrak{P}_1 + \mathfrak{P}_2' \dfrac{\mathfrak{Z}_a + \mathfrak{Z}_s}{\mathfrak{Z}_a}}{\mathfrak{P}} + \Im_0 .$$

Machen wir in Fig. 269

$$\overline{KL} = P_2' \frac{z_s}{z_a}$$

und den Winkel

$$LKY = \operatorname{arctg} \frac{r_1 + r_3}{x_e + x_1 + x_3}$$

(Größen, die allerdings bei Berücksichtigung der Sättigung nicht konstant sind), so wird das Verhältnis

$$\frac{\mathfrak{P}_1 + \mathfrak{P}_2' \dfrac{\mathfrak{Z}_a + \mathfrak{Z}_s}{\mathfrak{Z}_a}}{\mathfrak{P}}$$

dargestellt durch $\overline{O_1 L} : \overline{O_1 K}$, wenn $w_1 = w_2$ ist, und wir finden den Durchmesser des Kreises K für den resultierenden Strom J, wenn wir über $\overline{O_1 D_1}$ ein Dreieck $\triangle O_1 D_1 D \sim \triangle O_1 KL$ zeichnen. $\overline{O_1 D}$ ist der Durchmesser des Kreises K. Um J_0 zu addieren, verschieben wir den Koordinatenanfangspunkt von O_1 nach O um

$$\mathfrak{J}_0 = -\frac{\mathfrak{P}_1}{\mathfrak{Z}_a}\frac{P_2'}{P},$$

und die Vektoren von O nach dem Kreise K stellen die Netzströme J dar.

Daß der voreilende Strom nur ein Kennzeichen des doppelt gespeisten Motors ist, ersehen wir daraus, daß für $P_1 = 0$ oder $P_2 = 0$ J_0 stets Null wird. Ist P_2' negativ, wie es zur Funkenunterdrückung bei Untersynchronismus nötig wäre, so wird J_0 positiv.

83. Arbeitsdiagramm eines doppelt gespeisten Motors mit der Schaltung von Osnos.

Bei dieser von den Felten und Guilleaume Lahmeyer-Werken verwendeten Anordnung (Fig. 261) darf im Gegensatz zu den beiden erst besprochenen Schaltungen die Windungszahl von Rotor- und Statorarbeitswicklung nicht gleich sein, denn der Transformatorfluß wird von der Differenz der Amperewindungen von Rotor- und Arbeitswicklung, der Drehmomentfluß von der Differenz der Ströme erregt. Bei gleicher Windungszahl von Rotor- und Arbeitswicklung wäre die Differenz der Amperewindungen stets proportional der Differenz der Ströme, d. h. Transformatorfluß und Drehmomentfluß wären stets in Phase, was eben nicht beabsichtigt ist.

Es ergeben sich nun die beiden Möglichkeiten, entweder daß die Statorarbeitswindungszahl größer ist als die Rotorwindungszahl, oder umgekehrt die Rotorwindungszahl größer als die Statorwindungszahl. Betrachten wir zunächst den wichtigeren Fall, daß P_2 positiv ist, wie es für übersynchronen Lauf nötig ist. Die Statorarbeits- und Rotoramperewindungen sind ja fast gleich groß. Ist die effektive Windungszahl der Statorarbeitswicklung größer, so wird jedenfalls $J_1 < J_2$, und hat der Rotor mehr Windungen, so wird $J_1 > J_2$.

Da J_1 im ersten Falle kleiner als J_2 ist, wird der Strom J_3 der Erregerwicklung so gerichtet sein, daß er J_1 zu J_2 ergänzt. J_3 und J_1 sind also als Komponenten von J_2 anzusehen. Ist dagegen J_1 größer als J_2, so wird J_3 umgekehrt gerichtet sein als zuvor, d. h. J_3 und J_2 sind als Komponenten von J_1 anzusehen.

Um in beiden Fällen die gleiche Drehrichtung zu erhalten, ist natürlich der Sinn der Erregerwicklung umzukehren.

Welcher der beiden Fälle Phasenkompensation ergibt, ist auf Grund des früheren (s. S. 462) ohne weiteres zu ersehen, wenn wir den Grenzfall für $\dfrac{c_r}{c} = \infty$ betrachten. Hierbei wird der Drehmomentfluß Null, also $J_3 = 0$, und daher $J_1 = J_2$, und $E_1 \simeq P_1$.

Die Amperewindungen zur Erzeugung des Transformatorflusses, der im Stator $E_1 \simeq P_1$ induziert, werden bei gleichen Strömen $J_1 = J_2$ vom Stator oder Rotor geliefert, je nachdem die Statorarbeitswicklung oder der Rotor mehr Windungen hat. Werden sie vom Stator geliefert, so ist der Leerlaufstrom wie bei Schaltung Fig. 259 (s. Fig. 265) um ca. 90^0 verzögert gegen die Klemmenspannung, werden sie vom Rotor geliefert, der ja gegen den Stator geschaltet ist, so eilt der Leerlaufstrom der Klemmenspannung um 90^0 vor, wie bei Schaltung Fig. 260. Wir sehen also, die Phasenkompensation ist daran gebunden, daß der Rotor mehr Windungen hat als der Stator. Für $w_1 > w_2$ verhält sich also der Motor ähnlich wie Fig. 259, für $w_1 < w_2$ ähnlich wie Fig. 260.

Praktisch ist es aber wichtiger, den Stator mit größerer Windungszahl zu versehen als den Rotor, da der Rotor nicht für sehr hohe Spannungen gewickelt werden kann. Wie auch schon auf S. 458 erwähnt, ist die Vergrößerung der Phasenverschiebung durch den Magnetisierungsstrom des Transformatorflusses, wenn er vom Stator erregt wird, um so geringfügiger, je kleiner der Transformatorfluß selbst zu sein braucht, d. h. je mehr die Maschine übersynchron arbeitet, daher machen die Felten und Guilleaume Lahmeyer-Werke die Windungszahl der Statorarbeitswicklung größer als die des Rotors. Weil bei übersynchronem Lauf ebenso wie bei der Schaltung Fig. 259 die Komponente des Transformatorflusses, die die Stromwendung des Rotorstromes unterstützt, viel zu gering ist, verwenden die F. u. G. L.-W. eine besondere Wendewicklung, die in Reihe mit der Statorarbeitswicklung geschaltet ist und nur den Wendezahn umschließt, sie ist also ein Teil der Statorarbeitswicklung.

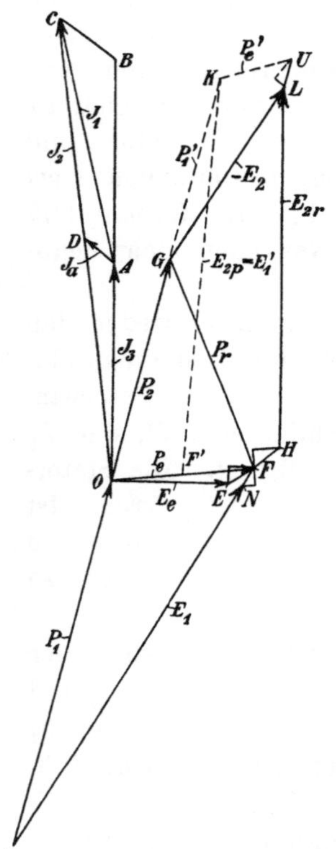

Fig. 270.

Das Spannungsdiagramm zeigt Fig. 270

für $w_1 > w_2$. Zunächst ist $\overline{OA} = J_3$ der Strom der Erregerwicklung, $\overline{OE} = E_e$, $\overline{EF} = J_3 z_3$.

$\overline{OF}$ ist also die Spannung P_e an der Erregerwicklung. Ist $\overline{MO} = P_1$, so gibt die Summe aus P_1 und P_e die Spannung an der Arbeitswicklung $P_a = \overline{MF}$. $\overline{MF}$ setzt sich zusammen aus $E_1 = \overline{MN}$ und $J_1 z_1 = \overline{NF}$. Andererseits ist die Spannung $P_2 = \overline{OG}$ die Summe aus der Spannung an der Erregerwicklung $\overline{OF}$ und der Spannung am Rotor $\overline{FG} = P_r$. Das Spannungsdreieck MFG zeigt also, wie die ganze Klemmenspannung $\overline{MG} = P_1 + P_2$ sich aufteilt in die drei Spannungen $P_a = \overline{MF}$, $P_e = \overline{OF}$ und $P_r = \overline{FG}$. Die Rotorspannung $P_r = \overline{FG}$ vermehrt um die vom Transformatorfluß im Rotor induzierte EMK $(-E_2) = \overline{GL}$, die im Verhältnis der Windungszahlen kleiner als $E_1 = \overline{MN}$ und mit ihr phasengleich ist (Rotor und Arbeitswicklung sind gegeneinander geschaltet), ist auch gleich $J_2 z_2 = \overline{FH}$ vermehrt um $E_{2r} = \overline{HL}$.

Es war nun $\overline{OA} = J_3$. Fügen wir hieran $J_1 = \overline{AC}$, so ist $\overline{OC} = J_2$ der Rotorstrom, und zwar sind die Ströme in ihrer Phase gegenüber dem äußeren Stromkreis aufgetragen. Dem Stator gegenüber ist die Rotor-MMK gegen $\overline{OC}$ um 180^0 gedreht, und um die MMKe zu vergleichen, haben wir J_2 mit dem Verhältnis der Windungen $\dfrac{w_2}{w_1} = u$ zu multiplizieren. Machen wir daher $\overline{CD} = -\overline{OC}u = -J_2 u$, so stellt $\overline{CD}$ die Rotor-MMK im gleichen Maßstab dar, wie $\overline{AC}$ die Stator-MMK. Die Resultierende ist $\overline{AD}$, und diese muß um 90^0 gegen E_1 verzögert sein, da sie in der räumlichen Lage gegenüber der Stator-MMK die Amperewindungen des Transformatorflusses darstellt.

Im Strommaßstab bezeichnen wir $\overline{AD}$ wieder mit J_a. Ziehen wir $\overline{BC}$ parallel $\overline{AD}$, so ergibt sich aus den ähnlichen Dreiecken folgendes: Es war

$$\overline{OC} = J_2 \quad \text{und} \quad \overline{CD} = -J_2 \frac{w_2}{w_1} = -J_2 u, \quad \text{also} \quad \overline{OD} = J_2 (1 - u)$$

und

$$\frac{\overline{OB}}{\overline{OA}} = \frac{\overline{OC}}{\overline{OD}}, \quad \text{also} \quad \overline{OB} = \frac{J_3}{1 - u} \quad \text{und} \quad \overline{AB} = \frac{J_3}{1 - u} - J_3 = J_3 \frac{u}{1 - u}$$

und ebenso

$$\overline{BC} = \frac{J_a}{1 - u}.$$

Da wir zunächst für den Erregerstrom J_3 des Drehmomentflusses das Kreisdiagramm bestimmen können, ist es daher bequem sich $J_2 = \overline{OC}$

aus $\overline{OB}$ und $\overline{BC}$ zusammengesetzt zu denken und $J_1 = \overline{AC}$ aus $\overline{AB}$ und $\overline{BC}$, also

$$\mathfrak{J}_2 = \frac{\mathfrak{J}_3}{1-u} + \frac{\mathfrak{J}_a}{1-u}$$

und

$$\mathfrak{J}_1 = \mathfrak{J}_3 \frac{u}{1-u} + \frac{\mathfrak{J}_a}{1-u}.$$

Der Netzstrom ist

$$\mathfrak{J} = \mathfrak{J}_2 \frac{P_2}{P} + \mathfrak{J}_1 \frac{P_1}{P} = \frac{\mathfrak{J}_3}{1-u} \frac{P_2 + P_1'}{P} + \frac{\mathfrak{J}_a}{1-u},$$

worin $P_1' = P_1 u$ die auf die Rotorwindungszahl reduzierte Spannung P_1 ist.

Den Zusammenhang des Spannungsdiagramms Fig. 270 mit dem des Motors nach Fig. 259 ersehen wir, wenn wir das Spannungsdreieck MOF bestehend aus $\overline{MO} = P_1$, $\overline{OF} = P_e$ und $\overline{MF} = P_a$ im Verhältnis $u = \frac{w_2}{w_1}$ auf die Rotorwindungszahl reduzieren und an G antragen. Es wird dann $\overline{GK} = P_1' = P_1 u$, $\overline{KU} = P_e' = P_e u$ und $\overline{GU} = P_a' = P_a u$; die letzte Strecke besteht aus $\overline{GL} = E_1' = E_1 u$ $= - E_{2p}$ und $\overline{LU} = J_1' z_1' = (J_1 z_1) u$. Ziehen wir nun $\overline{KF'}$ gleich und parallel $\overline{UF}$, so ist das Dreieck $OF'K$ wieder das frühere Spannungsdiagramm.

Hier haben wir nur wegen der Verschiedenheit der Ströme $J_2 z_2$ und $J_1 z_1$ zunächst durch J_3 und J_a auszudrücken. Wir erhalten

$$\mathfrak{J}_2 \mathfrak{z}_2 = \frac{\mathfrak{J}_3}{1-u} \mathfrak{z}_2 + \frac{\mathfrak{J}_a}{1-u} \mathfrak{z}_2$$

$$\mathfrak{J}_1 \mathfrak{z}_1 u = \mathfrak{J}_3 \frac{u^2 \mathfrak{z}_1}{1-u} + \mathfrak{J}_a \frac{u}{1-u} \mathfrak{z}_1.$$

Setzen wir ferner

$$\mathfrak{J}_a = \frac{\mathfrak{E}_1}{\mathfrak{z}_a},$$

so wird

$$\mathfrak{E}_1' + \mathfrak{J}_a \frac{u}{1-u} \mathfrak{z}_1 = \mathfrak{E}_1 u \left[1 + \frac{\mathfrak{z}_1}{(1-u) \mathfrak{z}_a} \right] = - \mathfrak{E}_{2p} \mathfrak{E}_1,$$

ferner

$$- \mathfrak{E}_{2p} - \mathfrak{J}_a \frac{\mathfrak{z}_2}{1-u} = - \mathfrak{E}_{2p} \left[1 - \frac{\mathfrak{z}_2}{u(1-u) \mathfrak{z}_a} \right] = - \frac{\mathfrak{E}_2}{\mathfrak{E}_2},$$

und hiermit ergibt sich zunächst das Kreisdiagramm für J_3 und ferner das für J in ganz analoger Weise wie früher. Es soll daher nicht nochmals abgeleitet werden. Der Vorzug dieser Schaltung gegenüber der nach Fig. 259 ist, daß hier nicht nur die Arbeitswicklung, sondern auch die Erregerwicklung des Stators unabhängig und für geringere Stromstärken als der Rotor gewickelt werden kann. Arbeits- und Erregerwicklung erhalten etwa den gleichen Querschnitt, wenn $\dfrac{w_2}{w_1} \eqsim \dfrac{1}{2}$ ist, denn dann wird $J_3 \eqsim J_1$.

Die weiter noch mögliche Schaltung, daß der Erregerstrom die Summe aus J_1 und J_2 ist, ist demgegenüber praktisch ungünstiger.

Die Regulierung der Spannung zur Aufhebung der Transformator-EMK bedingt hier wieder wie beim Motor nach Fig. 259, daß

$$\frac{P_1'}{P_1' + P_2} \eqsim \left(\frac{c}{c_r}\right)^2$$

sein soll.

Ein konstantes Drehmoment erfordert nahezu bei allen Geschwindigkeiten konstanten Drehmomentfluß und Rotorstrom, wenn wir von der Veränderung von J_a absehen, also wächst $(P_1' + P_2)$ bei konstantem Moment proportional der Geschwindigkeit. P_1' selbst soll umgekehrt proportional der Geschwindigkeit abnehmen, P_2 dagegen muß zunehmen. Dies erfordert also eine gleichzeitige Regulierung an zwei Kontakten in Fig. 259 bis 261, entweder a und b oder a und c oder b und c. Da es aber unterhalb Synchronismus nicht so wichtig ist, die Transformator-EMK vollständig aufzuheben, kann man bis Synchronismus etwa $P_2 = 0$ machen und nur P_1 regulieren und dann P_2 vergrößern.

84. Doppelt gespeiste Motoren mit Rotorerregung.

Die doppelte Speisung läßt sich auch bei Motoren mit Rotorerregung anwenden, sie bietet aber hier nicht so große Vorteile wie bei Statorerregung. Sie wird von der A. E.-G. bei übersynchronem Betriebe angewendet. Fig. 271 zeigt z. B. die Schaltung mit einem Hauptschluß-Transformator HT, durch den Erreger- und Arbeitsbürsten hintereinander geschaltet sind. Der Nachteil ist, daß, wenn man die Transformator-EMK für die Arbeitsbürsten bei Asynchronismus aufhebt, die resultierende EMK für die von den Erregerbürsten kurzgeschlossenen Spulen um so größer wird, je größer die Abweichung von Syn-

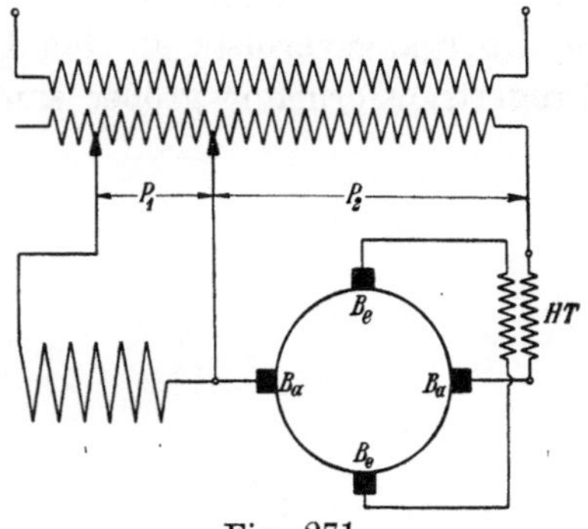

Fig. 271.

chronismus ist. Denn mit der Entfernung von Synchronismus wächst
die dem Arbeitsstromkreis des Rotors direkt zuzuführende Spannung
und von dieser entfällt im Verhältnis der Windungszahlen ein Teil
auf die von den Erregerbürsten kurzgeschlossenen Spulen. Macht
man z. B. die resultierende Spannung für die von den Arbeitsbürsten kurzgeschlossenen Spulen Null für doppelten Synchronismus,
so wird $\Phi_q = \dfrac{\Phi}{2}$, und für die Erregerbürsten

$$(\Delta e_p - \Delta e_r)_e = \pi \sqrt{2}\, S_k \frac{N}{2K} [c\, \Phi_q - c_r\, \Phi]\, 10^{-8},$$

d. h. mit

$$\frac{c_r}{c} = 2 \quad \text{und} \quad \Phi_q = \frac{\Phi}{2},$$

$$\pi \sqrt{2}\, S_k \frac{N}{2K}\, c\, \Phi\, \frac{3}{2}\, 10^{-8},$$

d. h. anderthalbmal so groß wie für die Arbeitsbürsten bei Stillstand für den gleichen Drehmomentfluß Φ. Man könnte nun suchen
den Fehler zu halbieren und gleiche EMKe in den von den Arbeits-
und Erregerbürsten kurzgeschlossenen Windungen zulassen. Dies
würde erfordern $\Phi_q = \Phi$, d. h. unabhängig von der Geschwindigkeit ein konstantes Drehfeld, und um dies zu erreichen, müßte
$\dfrac{P_1'}{P_1' + P_2} \eqsim \dfrac{c}{c_r}$ sein, was natürlich bei ganz kleinen Geschwindigkeiten nicht möglich ist. Es würde dies dem Mehrphasen-Motor
entsprechen, und man erhielte nun an beiden Bürsten z. B. für
$\dfrac{c_r}{c} = 2$ die gleiche resultierende Kurzschlußspannung, wie an den
Arbeitsbürsten bei Stillstand und dem gleichen Drehmomentfluß.
Wir sehen also, daß bei den Maschinen mit Rotorerregung die
doppelte Speisung nicht so wirksam ist. Außerdem kommen hier
die größeren Verluste des Erregerstromes in Betracht, die um
die Übergangsverluste an den Erregerbürsten und die Verluste im
Erregertransformator größer sind als bei Statorerregung.

Siebzehntes Kapitel.

Anlassen und Tourenregulierung der Einphasen-Hauptschlußmotoren.

85. Anforderungen an den Anlauf. — 86. Anlauf durch Spannungsregulierung. — 87. Regulierung durch Bürstenverstellung.

85. Anforderungen an den Anlauf.

Die Einphasen-Hauptschlußmotoren, seien sie nun direkt, indirekt oder doppelt gespeist, mit Statorerregung oder Rotorerregung oder mit beiden versehen, haben ihre Hauptverwendung bei den elektrischen Bahnen gefunden, denen sie ihre Entwicklung verdanken. Dieser Betrieb stellt hohe Anforderungen an den Anlauf.

Es muß ein möglichst hohes Beschleunigungsmoment ohne schädlichen Stromstoß und ohne starke Funkenbildung erzielt werden.

Beim Anlauf verhalten sich die verschiedenen Motorarten fast genau gleich. Das Anlaufdrehmoment ist

$$\vartheta = 2\,J_2\,w_2\,2p\,\frac{\Phi_{max}}{\sqrt{2}}\,\frac{\cos{(J_2\,\Phi)}}{2\,\pi\,g}\,10^{-8}\,\text{kgm}.$$

Hierin ist der $\sphericalangle\,(J_2\,\Phi)$ bei dem direkt gespeisten Hauptschlußmotor mit Statorerregung der Verzögerungswinkel α zwischen Kraftfluß und Strom durch Kurzschluß- und Wirbelströme und Hysteresis. Bei den indirekt gespeisten Motoren tritt hierzu noch der Winkel γ_2, um den der sekundäre Strom gegen den primären phasenverschoben ist. Bei den Maschinen mit Rotorerregung tritt ferner noch ein sehr kleines Drehmoment hinzu, das der Erregerstrom mit dem nicht aufgehobenen Fluß in der Arbeitsachse bildet. Sehen wir von diesen geringfügigen Unterschieden ab, so ist das Drehmoment bei allen Motorarten bei gleichem Kraftfluß und Strom gleich.

Die Schwierigkeit der Erzielung eines hohen Anlaufmomentes liegt genau wie beim Anlauf der Mehrphasen-Motoren darin, daß die Transformator-EMK beim Anlauf nicht aufgehoben werden kann, so daß die Eigenschaft etwa eines ungesättigten Hauptschlußmotors, daß das Drehmoment mit dem Quadrat des Stromes steigt, nicht ausgenützt werden kann, sofern die Maschine beim Lauf gut ausgenützt werden soll.

Denn abgesehen von ganz kleinen Maschinen erhält man schon für das normale Drehmoment einen so großen Kraftfluß, daß dabei die Transformator-EMK den Wert von 6 bis 7 Volt erreicht, bei dem der Anlauf noch ohne Beschädigung des Kommutators möglich ist, sofern man von Widerstandsverbindungen absieht. Die Vergrößerung des Kraftflusses über den der normalen Belastung entsprechenden hinaus ist also nicht möglich. Das vergrößerte Anlaufmoment muß durch Vergrößerung der Rotoramperewindungen ohne Vergrößerung des Kraftflusses erhalten werden. Die Mittel, um diesen Zweck zu erreichen, sind erstens, daß man die Sättigung für den normalen Kraftfluß so groß wählt, daß der Kraftfluß nicht mehr steigen kann, wenn der Strom steigt, und zweitens, daß man das Verhältnis der Erregeramperewindungen zu den Rotoramperewindungen in dem Sinne ändert, daß die letzten steigen, während die ersten konstant bleiben oder abnehmen.

Die Sättigung ist besonders wirksam bei konzentrierter Erregerwicklung, bei verteilter Erregerwicklung kann bei starker Sättigung die Induktion am Scheitel des Kraftflusses nicht steigen, wohl aber zu den Seiten, so daß sich der Kraftfluß ausbreitet.

Bei den indirekt gespeisten Maschinen, die mit einem Drehfeld arbeiten und normal in der Nähe von Synchronismus laufen, verlegt man mit Rücksicht auf die Verluste die Sättigung am besten in den Rotor. Bei den stark übersynchron laufenden Motoren mit verteiltem Wendefeld werden die Rotorverluste beim Lauf wieder sehr groß, und es sollte daher hier ein Teil der Sättigung in den Stator gelegt werden. Diese Maschinen erhalten mitunter im Rotor dünnere Bleche als im Stator.

Die Schwächung der Erregeramperewindungen gegenüber den Rotoramperewindungen wird bei den indirekt gespeisten Motoren mit Rotorerregung (s. Kap. XV) durch den Eichbergschen Erregertransformator erreicht und bei dem Motor von Alexanderson verwendet (s. Kap. XVI).

In allen diesen Fällen wird eine Herabsetzung der Klemmenspannung erforderlich. Denn zur Erzeugung eines bestimmten Momentes ist beim Anlauf nur eine Spannung erforderlich, die den Ohmschen Spannungsabfall und die wattlose EMK der Erregerwicklung und die von den Streufeldern induzierten EMKe überwindet. Sie ist etwa $^1/_3$ bis $^1/_4$ der Klemmenspannung, die beim

Lauf für das gleiche Drehmoment erforderlich ist, d. h. eine ungesättigte Maschine würde bei Stillstand und voller Klemmenspannung etwa das drei- bis vierfache des normalen Stromes aufnehmen.

Durch die Sättigung wächst aber die EMK der Erregerwicklung langsamer als der Strom, so daß bei einer gesättigten Maschine der Strom noch mehr, etwa auf den fünf- bis sechsfachen Betrag, steigen würde. Dies wird noch gesteigert, wenn die Erregeramperewindungen beim Anlauf geschwächt werden.

Eine etwas abweichende Anlaufmethode ist die durch Bürstenverschiebung, die beim Repulsionsmotor verwendet wird.

86. Anlauf durch Spannungsänderung.

a) Ohne Feldregulierung.

Wird das Verhältnis der Erregeramperewindungen zu den Arbeitsamperewindungen nicht geändert, so ergibt ein und derselbe Strom beim Anlauf und beim Lauf dasselbe Drehmoment, abgesehen von der beim Anlauf etwas größeren Rückwirkung der Kurzschlußströme.

Die Herabsetzung der Spannung kann, wie bei den Mehrphasenmotoren gezeigt wurde, geschehen

1. durch Widerstände,
2. durch Drosselspulen,
3. durch Transformatoren.

Die ersten beiden Methoden sind nicht sehr wichtig, die Berechnung ist genau entsprechend der bei den Mehrphasen-Hauptschlußmotoren angegebenen (s. Kap. IV), so daß hier nicht weiter darauf eingegangen zu werden braucht.

Am wichtigsten ist der Anlauf mittels Transformatoren, weil bei gleichem Drehmoment bei Anlauf und bei Lauf der primäre Strom beim Anlauf in dem gleichen Maße kleiner ist als beim Lauf, wie die Spannung am Motor beim Anlauf kleiner ist als beim Lauf. Erfordert z. B. das normale Drehmoment beim Anlauf nur $^1/_3$ der Spannung wie beim Lauf, so ist der primäre Strom beim Anlauf auch nur $^1/_3$ des normalen Stromes, wenn vom Magnetisierungsstrom des Transformators abgesehen wird.

Dadurch ist es also möglich ein größeres, als das normale Drehmoment zu entwickeln, während der Strom im Netz noch kleiner ist als der normale. Dies ist für Bahnen und Aufzüge mit Rücksicht auf die Stromstöße im Netz außerordentlich wichtig und außerdem wird außer den Verlusten im Motor und Transformator keine Energie vernichtet. Der Anlauf ist also sehr ökonomisch.

Für ein bestimmtes Moment ergibt sich ein bestimmtes Verhältnis von Kraftfluß zu Strom für jede Maschine, bei dem die Anlaufspannung und damit der Strom im Netz am kleinsten ist.

Bedingung für den kleinsten Anlaufstrom.

Die Anlaufspannung besteht aus der Magnetisierungsspannung der Erregerwicklung E_e und der Summe der Impedanzspannungen Jz, bestehend aus den Streureaktanzspannungen Jx und den Widerstandsspannungen Jr. E_e eilt gegen den Drehmomentfluß um 90^0, gegen den Strom um $(90^0 - \alpha)$ vor, und Jz gegen J um $\chi = \operatorname{arctg} \dfrac{x}{r}$.

Wir können α und χ als Konstanten betrachten, so daß E_e und Jz einen konstanten Winkel $\left(\alpha - \dfrac{\pi}{2} + \chi\right)$ bilden. Da E_e dem Kraftfluß, Jz dem Strom proportional ist, ist bei gegebener Summe ihr Produkt, das dem Drehmoment proportional ist, am größten, wenn sie gleich sind. Bei gegebener Anlaufspannung P_a ist also das Drehmoment am größten, wenn

$$E_e = Jz$$

ist, oder bei gegebenem Drehmoment die Anlaufspannung und damit der Netzstrom am kleinsten, wenn diese Bedingung erfüllt ist. Unter Vernachlässigung der Verluste können wir diese Bedingung sehr angenähert auch ersetzen durch

$$Jx_e = Jx.$$

x_e ist die Reaktanz der Erregerwicklung und x die Summe der Streureaktanzen.

Hält man diese Bedingungen ein, so wird die ganze wattlose Spannung beim Anlauf

$$2\,Jx$$

und unter Berücksichtigung der Verluste

$$P_a = \frac{2\,Jx}{\sin\varphi_k}.$$

Da $\sin\varphi_k$ nicht sehr viel von 1 abweicht ($\sin\varphi_k = 0{,}9$ ergibt schon $\cos\varphi_k = 0{,}43$!), wird die Spannung also um so kleiner, je kleiner die Summe der Streureaktanzspannungen ist. Es ist daher auch hierfür wichtig, die zusätzlichen Reaktanzen durch ungleiche Verteilung zu vermeiden, sei es durch einen verkürzten Wicklungsschritt, oder durch teilweise Bewicklung des Stators bei Repulsionsmotoren, deren Bürsten dann an der Grenze des bewickelten Teiles stehen. Die Streureaktanzen, von denen wir im wesentlichsten die in der Arbeitsachse zu betrachten haben, sind dem Quadrate der Arbeitswindungszahl und der Leitfähigkeit der Streuflüsse proportional, die Erregerreaktanz x_e ist dem Quadrat der Erregerwindungszahl und der Leitfähigkeit des Drehmomentflusses proportional. Die Bedingung $x_e = x$ fordert also ein bestimmtes Verhältnis von Arbeitswindungen zu Erregerwindungen, das durch die Leitfähigkeiten des Hauptflusses und der Streuflüsse gegeben ist.

Setzen wir

$$x_e = 2\,\pi\,c\,w_3{}^2\,\frac{f_3\,\alpha_i\,l_i\,\tau}{2\,p\,0{,}8\,\delta\,k_1\,k_z}\,10^{-8}\,\text{Ohm}$$

und

$$x = \frac{4\,\pi\,c\,w_1{}^2\,l_i}{p}\,\sum\left(\frac{\lambda_1}{q_1} + \frac{\lambda_2}{q_2}\right)10^{-8}\,\text{Ohm}$$

für primäre und sekundäre Arbeitswicklung zusammen, so erhalten wir für $x_e = x$

$$\frac{w_1}{w_3} = \sqrt{\frac{f_3\,\alpha_i\,\tau}{1{,}6\,\delta\,k_1\,k_z}\,\frac{1}{2\sum\left(\frac{\lambda_1}{q_1} + \frac{\lambda_2}{q_2}\right)}} \quad \cdots \quad (122)$$

Beispiel: Schätzen wir

$$f_3\,\alpha_i = 0{,}8\,, \qquad \frac{\tau}{\delta} = 130\,, \qquad k_1\,k_z \cong 2\,, \qquad \sum\left(\frac{\lambda_1}{q_1} + \frac{\lambda_2}{q_2}\right) \cong 1\,,$$

so wird

$$\frac{w_1}{w_3} = 4\,.$$

Wir können nun auch überschläglich den spezifischen Verbrauch beim Anlauf in VA pro mkg berechnen, der möglichst klein sein soll.

Es ist

$$\vartheta = \frac{2\,J\,w_1\,2\,p\,\Phi_{max}\,\cos\alpha}{2\,\pi\,g\sqrt{2}}\,10^{-8}\,\text{mkg.}$$

Hierin kann

$$\Phi_{max} = \frac{E_e\,10^8}{\pi\,\sqrt{2}\,c\,w_3\,f_3} = \frac{J\,x_e}{\pi\,\sqrt{2}\,c\,w_3\,f_3}\,10^8$$

gesetzt werden, also

$$\vartheta = J^2\,x_e\,\frac{w_1}{w_3}\,\frac{p\,\cos\alpha}{g\,\pi^2\,c\,f_3}\,\text{mkg.}$$

Der Verbrauch in Voltampere ist

$$V_a = J\,P_a = \frac{J^2\,(x_e + x)}{\sin\varphi_k}\,,$$

also

$$\frac{V_a}{\vartheta} = \frac{x_e + x}{x_e}\,\frac{w_3}{w_1}\,\frac{c}{p}\,\frac{f_3\,\pi^2\,g}{\sin\varphi_k\cos\alpha}\ \text{VA/mkg.}$$

Diese Zahl ist natürlich von Polzahl und Periodenzahl abhängig. Vergleichen wir dagegen den Verbrauch in Voltampere mit dem Drehmoment in „synchronen Watt"

$$W_a = \frac{2\,\pi\,c\,\vartheta}{p}\,g\ \text{Watt,}$$

so werden wir unabhängig davon und erhalten

$$\frac{V_a}{W_a} = \frac{x_e + x}{x_e}\,\frac{w_3}{w_1}\,\frac{f_3\,\pi}{2\sin\varphi_k\cos\alpha}\ \text{VA/Watt,}$$

für $x_e = x$ wird diese Zahl

$$\frac{w_3}{w_1}\,\frac{f_3\,\pi}{\sin\varphi_k\cos\alpha}\,.$$

Beispiel: Für einen 6 poligen Aufzugsmotor für 40 Perioden der F. G. LW. sind in der ETZ 1907 Heft 15 von M. Osnos Anlaufkurven veröffentlicht. Es ergab sich ein spezifischer Verbrauch

$$\frac{V_a}{\vartheta} = 643\ \text{VA/mkg.}$$

Dieser Motor besitzt Rotorerregung, so daß wir $f_3 \cong \dfrac{2}{\pi}$ schätzen. Nehmen wir ferner an, daß $x_e = x$ eingehalten ist und setzen $\sin\varphi_k\cos\alpha \cong 0{,}8$, so würde dies also ein Verhältnis bedingen

$$\frac{w_1}{w_3} = \frac{\vartheta}{V_a}\,2\,\frac{c}{p}\,\frac{2\,\pi\,g}{\sin\varphi_k\cos\alpha} = 3{,}2\,.$$

Die Bedingung eines kleinen Anlaufstromes führt also neben jener, daß die Streureaktanz klein sein soll, dazu, daß das Verhältnis der Arbeitswindungen zu den Erregerwindungen groß sein soll. In gewissem Sinne hängt hiervon ja auch das Verhältnis von Strom zu Kraftfluß ab, und gerade die Kommutation beim Anlauf verlangt, daß ein großes Drehmoment durch kleinen Kraftfluß und großen Strom erzielt wird, also die gleiche Bedingung. Dieselbe Anforderung stellt auch die Einhaltung eines guten Leistungsfaktors beim Lauf bei den Maschinen mit Statorerregung. Nur ist zu berücksichtigen, daß, wenn die Bedingung $x_e = x$ für ein größeres als das normale Moment eingehalten wird, bei dem kleineren Moment x_e mit abnehmender Sättigung wächst, während x fast konstant bleibt.

b) Anlassen mit Feldregulierung.

Wo die Bedingung für guten Leistungsfaktor nicht ausschlaggebend ist, also bei Rotorerregung oder bei der von E. Arnold und J. L. la Cour angegebenen auf Stator und Rotor verteilten Erregung[1]), kann x_e beim Lauf größer sein als beim Anlauf. Dies geschieht z. B. mittels des Erregertransformators nach Eichberg. Die auf Stator und Rotor verteilte Erregung gestattet die Erregerreaktanz zu verändern, entweder durch Veränderung der Windungszahl der Statorerregerwicklung oder durch Einschaltung eines Hauptschlußtransformators zwischen Stator- und Erregerstromkreis. Nur tritt hier bei verschiedener Verteilung der Stator- und Rotorerregerwindungen eine zusätzliche Streuung im Erregerkreis auf, die dadurch vermieden werden kann, daß man die Statorerregerwicklung z. T. als verteilte Wicklung ausführt und sie mit der Statorarbeitswicklung vereinigt, so daß sowohl die Arbeits- wie die Erregerwicklung des Stators die gleiche Verteilung wie die Rotorarbeits- und Erregerstromkreise besitzen.

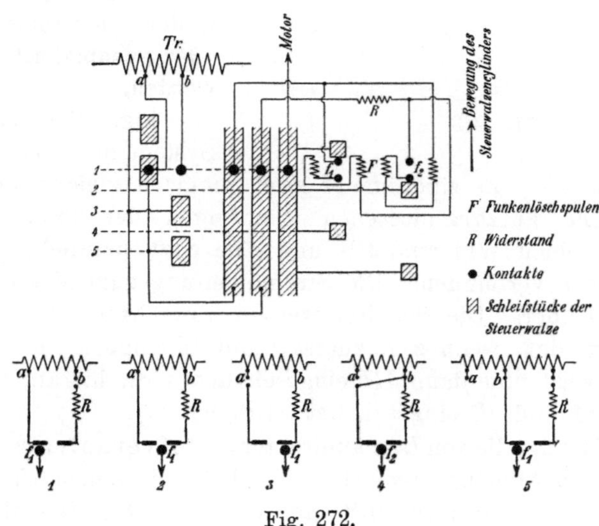

Fig. 272.

c) Ausführung der Reguliertransformatoren.

Die zum Anlauf mit Spannungsregulierung verwendeten Reguliertransformatoren werden häufig als Autotransformatoren ausgebildet. Das Abschalten von Windungen erfordert besondere Vorrichtungen, die einerseits den direkten Kurzschluß der Windungen, andererseits die Unterbrechung des Stromes verhindern. Sie beruhen

---

[1]) D. R. P. 165053.

fast alle darauf, daß die abzuschaltenden Windungen momentan
über einen Widerstand kurzgeschlossen werden, der beim Umschalten
vor den Hauptstrom geschaltet ist, wodurch gleichzeitig die ruckweise Änderung der Spannung vermindert wird. Er kann induktionsfrei oder induktiv sein und wird im letzten Fall vom Hauptstrom bifilar durchflossen.

Fig. 272 zeigt als Beispiel die verschiedenen Schaltvorgänge,
wie sie bei der Konstruktion der Schaltwalze der Siemens-Schuckert-
Werke vor sich gehen, die bei der Bahn Murnau-Oberammergau verwendet ist[1]).

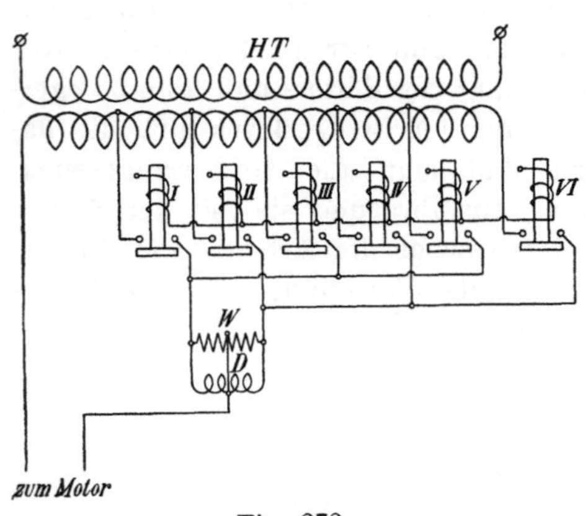

Fig. 273.

Bei größeren Lei-
stungen werden die Schalt-
verbindungen nicht durch
Steuerwalzen hergestellt,
sondern durch Einzelschalter (Schützen), die ent-
weder elektromagnetisch
oder pneumatisch betätigt
werden.

Fig. 273 stellt das
System der Westinghouse
El. Mfg. Co. dar. Es sind immer zwei Schützen gleichzeitig eingeschaltet. Die kurzgeschlossenen Windungen des Transformators
sind durch einen Widerstand W und eine dazu parallel geschaltete
Drosselspule D verbunden. Die Stromableitung zum Motor liegt in
der Mitte beider. Die Schalter werden abwechslungsweise in der
Art betätigt, daß, wenn z. B. zuerst I und II eingelegt sind, I ausgeschaltet wird und dann III eingeschaltet wird, hierauf II ausgeschaltet wird und IV eingeschaltet wird, usf.

Fig. 274 zeigt die von Bureaudirektor J. Oefverholm angegebene
Schaltung der Allmänna Svenska E. A. B.[2]) mit einem Haupttransformator HT und mehreren Hilfstransformatoren ht. Der als Stufentransformator ausgeführte Haupttransformator und jeder der Hilfstransformatoren besitzt drei Anschlüsse. Eine Klemme jedes Hilfs-
transformators ist an die Mitte der Wicklung des vorhergehenden
Transformators angeschlossen. Die andere Klemme des Hilfstrans-
formators kann mittels des Umschalters U an das eine oder andere
Ende der Wicklung des vorhergehenden Transformators angeschlossen

---

[1]) Ausf. Schaltungsschema siehe „Elektrische Bahnen und Betriebe" 1905,
S. 385/86.

[2]) D. R. P. 188848 vom Mai 1906.

werden. Es lassen sich bei dieser Schaltung mit x Doppelschaltern 2^x Schaltstufen erreichen (in Fig. 274 mit drei Schaltern acht Stufen). Jeder Transformator ist nur für einen Teil der Leistung des vorhergehenden gebaut.

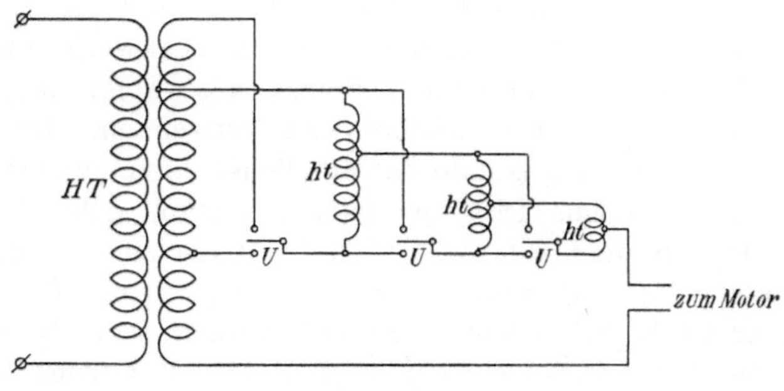

Fig. 274.

Fig. 275 zeigt eine elektrisch gesteuerte Schütze dieses Systems, Fig. 276 zeigt den Kontroller zur Betätigung der Schützen für eine 1000 PS-Lokomotive.

Bei den ersten Wechselstrombahnen der Westinghouse El. Mfg. Co. waren zur Regelung Induktionsregulatoren vorgesehen, die eine kontinuierliche Spannungsänderung gestatten

Fig. 275.

Fig. 276.

und keine Schaltkontakte besitzen, sie wurden aber wegen des hohen Gewichtes und schlechten Leistungsfaktors wieder aufgegeben.

Die große Zahl der Kontakte oder Einzelschalter, die aber bei der Verwendung von Transformatoren mit abschaltbaren Spulen erforderlich sind und sich abnützen, ferner der Wunsch, die Spannung möglichst kontinuierlich zu steigern, um die ruckweise Änderung der Zugkraft ganz zu vermeiden, führen neuerdings dazu[1]), bei Bahnen wieder Induktionsregulatoren zu verwenden. Damit das Gewicht der Induktionsregulatoren möglichst klein werde, sucht man sie nur für einen Teil des ganzen Spannungsbereiches zu bauen, so daß sie nur die Zwischenstufen zwischen den gröberen Spannungsstufen des Haupttransformators herstellen. Der Haupttransformator ist ja bei Bahnen stets erforderlich, weil die Motoren nicht für die hohe Fahrdrahtspannung gewickelt werden können. Nehmen wir an, die Motorspannung soll von $\frac{P}{2}$ auf P reguliert werden, so kann der Haupttransformator zunächst nur eine Abnahmestelle für eine Spannung $^3/_4\,P$ erhalten. Der Induktionsregulator hat diese Spannung um $\pm\,^1/_4\,P$ auf $\frac{P}{2}$ zu erniedrigen bzw. auf P zu erhöhen. Er ist also für eine scheinbare Leistung von $^1/_4$ der Motorleistung zu bauen.

Erhält dagegen der Haupttransformator zwei Abzweigstellen für die Spannungen $^5/_8\,P$ und $^7/_8\,P$, so braucht der Induktionsregulator sie nur um $\pm\,^1/_8\,P$ zu ändern, um an der ersten Abzweigung von $\frac{P}{2}$ auf $^3/_4\,P$ und an der zweiten von $^3/_4\,P$ auf P zu gelangen. Er hat also nur $^1/_8$ der Leistung. Ist allgemein m die Zahl der Abzweigstellen am Haupttransformator, α das Verhältnis der kleinsten Spannung zur vollen Motorspannung P, so ist die Zusatzspannung, für die der Induktionsregulator zu bauen ist,

$$P_i = P\,\frac{1-\alpha}{2\,m},$$

und ebenso verhält sich seine Leistung in VA zur Motorleistung. Sie nimmt mit wachsender Zahl m ab. Die Spannungen, die an den Abzweigstellen bestehen müssen, sind

$$\alpha\,P + P\,\frac{1-\alpha}{2\,m}, \qquad \alpha\,P + 3\,P\,\frac{1-\alpha}{2\,m},$$

$$\alpha\,P + \frac{5\,P\,(1-\alpha)}{2\,m}, \ldots P - \frac{P\,(1-\alpha)}{2\,m}.$$

---

[1]) Siehe C. Heilfron, ETZ 1910, S. 283.

Je kleiner die Leistung des Induktionsregulators gegen die Motorleistung ist, um so geringer ist auch die durch ihn hervorgerufene Verschlechterung des Leistungsfaktors.

Ein Beispiel einer solchen Anordnung zeigt Fig. 277, eine Schaltung der S. S.-W. Der Induktionsregulator wird von einer Hilfswicklung des Haupttransformators gespeist. Es ist jeweils nur ein Schalter eingelegt, außer im Augenblick des Umschaltens. Der Regulator wird auf jeder Schaltstufe um 180° gedreht, stets in derselben Richtung. Die Spannung des Induktionsregulators ist gleich der Spannung

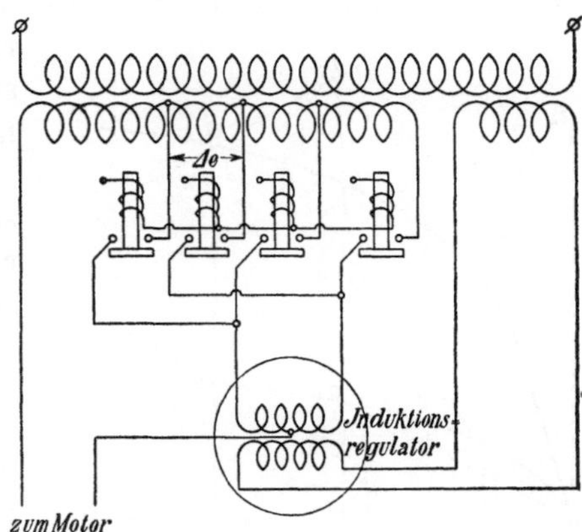

Fig. 277.

zwischen zwei Abzweigstellen Δe des Haupttransformators. Die Stromableitung erfolgt von der Mitte der Wicklung des Induktionsregulators aus.

Stets muß der Induktionsregulator eine Kompensationsvorrichtung erhalten, die bei der Verdrehung der sekundären Wicklung um 90° aus der Achse der primären Wicklung, d. h. bei der Zusatzspannung Null, das Eigenfeld der sekundären Wicklung aufhebt, weil der Motorstrom durch sie fließt und in dieser Stellung stark gedrosselt würde. Am einfachsten wird hierzu die primäre Wicklung in der zu ihrer Wicklungsachse senkrechten Achse kurzgeschlossen oder eine besondere Kompensationswicklung vorgesehen. (Näheres s. WT, Bd. II, Transformatoren.)

87. Anlauf durch Bürstenverschiebung.

Im Gegensatz zu den zuvor beschriebenen Anlaßmethoden wird bei dem Anlauf durch Bürstenverschiebung, der bei den Repulsionsmotoren verwendet wird, durch Vergrößerung des Winkels zwischen Stator- und Rotorachse das Verhältnis der Erreger-AW zu den Arbeits-AW vergrößert, so daß die wattlose Magnetisierungsspannung bei einem gegebenen Strom entsprechend der größeren Erregerwindungszahl steigt.

Wir haben in Kap. XIV das Verhalten des Anlaufdrehmomentes und Stromes bei konstanter Klemmenspannung abhängig von der Bürstenverschiebung angenähert in einem Diagramm dargestellt, dem die Annahmen sinusförmiger Feldverteilung und konstanter Sättigung und Streuung zugrunde liegen.

Bei genauerer Vorausberechnung hat man die Magnetisierungskurve zugrunde zu legen und die Änderung der Streuung zu berücksichtigen, die von der Bürstenstellung abhängt. Das Verfahren gestaltet sich wie folgt.

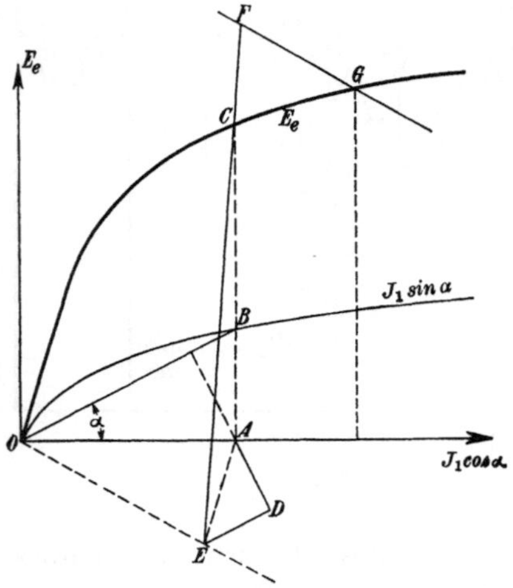

Auf Grund der Magnetisierungskurve $B = f$ (AW) berechnen wir für die jeweilige Bürstenstellung zu jedem B den Drehmomentfluß Φ und die Magnetisierungsspannung E_e, sowie den zugehörigen Strom $J_1 \cos \alpha$ in Phase mit Φ. Wir können nun $\Phi = f(J_1 \cos \alpha)$ oder in anderem Maßstab $E_e = f(J_1 \cos \alpha)$ auftragen. Aus den gemessenen oder berechneten Verlusten bestimmen wir die Verlustkomponente des Stromes $J_1 \sin \alpha$, die wir ebenfalls als Funktion von $J_1 \cos \alpha$ auftragen.

Fig. 278.

Ist also in Fig. 278 $\overline{OA} = J_1 \cos \alpha$, $\overline{AC} = E_e$, $\overline{AB} = J_1 \sin \alpha$ so ist $\sphericalangle AOB = \alpha$ und $\overline{OB} = J_1$. Senkrecht zu $\overline{OB}$ tragen wir $\overline{AD} = J_1 (x_1 + x_3 + x_2')$ und parallel zu $\overline{OB}$ $\overline{DE} = J_1 (r_1 + r_3 + r_2')$ auf. Verändert sich J_1, so bewegt sich E auf einer Kurve $\overline{OE}$, die man angenähert durch eine Gerade ersetzen kann.

Trägt man nun in der Richtung von $\overline{EC}$ die Klemmenspannung P gleich $\overline{EF}$ auf und zieht durch F eine Parallele zu $\overline{OE}$, so ist der Schnittpunkt G mit der Magnetisierungskurve der Punkt, der der angenommenen Bürstenstellung entspricht. Das Drehmoment ist dann

$$\vartheta = J_2 \frac{N}{2a} \frac{2p}{\sqrt{2}} \frac{\Phi_{max}}{2\pi g} \cos\alpha \, 10^{-8} \, \mathrm{mkg} = 2 \frac{J_1}{C_2} w_1 \frac{f_1}{f_2} \frac{2p}{\sqrt{2}} \frac{\Phi_{max}}{2\pi g} \cos\alpha \, 10^{-8} \, \mathrm{mkg}.$$

Jeder Bürstenstellung entspricht nun ein anderer Maßstab der EMK-Kurve E_e, sowie der Verluststromkurve $J_1 \sin \alpha$, und ebenso der Kurve $\overline{OE}$, weil mit der Bürstenstellung auch die Reaktanzen und der auf primär reduzierte Rotorwiderstand sich ändern. Es ist daher nötig, sie für verschiedene Bürstenstellungen zu ermitteln.

Bei verkürztem Schritt oder bei Sehnenkurzschlüssen und ebenso bei dem Déri-Motor kommt nicht der ganze Drehmomentfluß für das

Drehmoment und für die in den kurzgeschlossenen Spulen induzierte EMK in Betracht, sondern der „wirksame" Fluß $\dfrac{\Phi}{\sigma_a}$ auf dem von den Rotorwindungen bedeckten Bogen (s. Kap. XIV), während für die Stator-EMK E_e der ganze Fluß in Rechnung zu ziehen ist.

Der wirksame Fluß wird ja beim Déri-Motor bei der Achsenverschiebung $\varrho = \dfrac{\pi}{2}$ gleich Null und der Rotorstrom ist hier auch Null, bei Verkleinerung der Achsenverschiebung nehmen beide zu. Bei allen Motorarten wird aber bis zu einer gewissen Grenze das gleiche Drehmoment beim Anlauf mit kleinerem Strom und größerem Fluß erzielt als beim Lauf, und durch die Sättigung muß erreicht werden, daß bei Anlauf mit großem Drehmoment der Fluß nicht in unzulässiger Weise steigt.

Der Anlauf durch Bürstenverstellung bedingt wesentlich größere Stromstöße im Netz als bei Spannungsregulierung, er gestattet aber eine ganz allmähliche Steigerung der Zugkraft ohne besondere Hilfsvorrichtungen.

Achtzehntes Kapitel.

Übersicht über die Motoren mit unabhängiger Erregung.

88. Einteilung und Ausführungsformen. — 89. Direkt gespeiste Maschinen. — 90. Indirekt gespeiste Maschinen. — 91. Doppelt gespeiste Maschinen.

88. Einteilung und Ausführungsformen.

Als Motoren mit unabhängiger Erregung haben wir in Kap. XI jene Maschinen definiert, bei denen der Drehmomentfluß unabhängig von dem Arbeitsstrom ist, oder nur indirekt von ihm beeinflußt wird, also Motoren, die in ihrem Verhalten den Gleichstrom-Nebenschlußmotoren oder den Mehrphasen-Induktionsmotoren entsprechen.

Bei diesen Maschinen bedingt das Bestehen eines vom Belastungsstrome unabhängigen Kraftflusses eine Leerlauftourenzahl, die dann erreicht wird, wenn die dem Rotor zugeführte Spannung gleich der Rotations-EMK im Drehmomentfluß ist. Hierbei kann ein Strom im Rotor nicht entstehen, das Drehmoment ist also Null. Wird die Maschine belastet, so muß bei konstanter zugeführter Spannung, wie z. B. bei einer Gleichstrom-Nebenschlußmaschine, die Rotations-EMK um so viel abnehmen, daß zwischen ihr und der Klemmenspannung ein Unterschied besteht, der gleich dem Spannungsabfall ist, den der zur Überwindung des Belastungsmomentes erforderliche Strom bedingt. Bei konstantem Kraftfluß sinkt also die Geschwindigkeit, bis diese Differenz hergestellt ist. Bei den Gleichstrom-Nebenschlußmotoren bleibt der Kraftfluß, abgesehen von der Ankerrückwirkung, konstant. Denken wir uns z. B. eine kompensierte Maschine, so ist die Rückwirkung aufgehoben und die indirekte Beeinflussung des Kraftflusses durch den Arbeitsstrom ist Null. Weil nun der Spannungsabfall klein sein soll gegen die EMK der Drehung, ergibt sich eine sehr kleine Geschwindigkeitsabnahme bei Belastung, was, eben zusammen mit der Leerlauftourenzahl, das Wesen der Nebenschlußcharakteristik ausmacht.

Größer ist die indirekte Beeinflussung des Kraftflusses vom Arbeitsstrom schon bei den Induktionsmotoren. Diese sind ja im Gegensatz zu dem direkt gespeisten Gleichstrom-Nebenschlußmotor indirekt gespeiste Maschinen. Bei ihnen nimmt der Stator einen dem Arbeitsstrom des Rotors entsprechenden Strom auf, und da die Größe des Kraftflusses von der Stator-EMK abhängt, die um so kleiner gegen die Klemmenspannung ist, je größer der Spannungsabfall des Arbeitsstromes in der Statorwicklung ist, nimmt der Kraftfluß mit der Belastung etwas ab. Dies kann so weit gehen, daß bei einer bestimmten Grenze bei zunehmendem Arbeitsstrom das Produkt aus ihm und dem Kraftfluß, also das Drehmoment, nicht mehr steigt, sondern abnimmt. Dies ist die bekannte Stabilitätsgrenze, die also ein wesentlicher Punkt der Nebenschlußcharakteristik von indirekt gespeisten Maschinen ist, während sie bei direkt gespeisten Maschinen nicht notwendigerweise in demselben Maße vorhanden zu sein braucht, sondern hauptsächlich bei großer Ankerrückwirkung vorhanden ist.

Ähnlich liegt es auch bei Einphasen-Synchronmaschinen, die ja direkt gespeiste Maschinen sind, und es ist bekannt, wie weit die Stabilitätsgrenze durch Verminderung der Ankerrückwirkung (durch eine sog. Dämpferwicklung) hinausgeschoben werden kann. Nur kann sie hier nicht ganz beseitigt werden, weil die Maschinen eben an Synchronismus gebunden sind. Die asynchronen Wechselstromkommutatormaschinen, die ja, wie in der Einleitung Kap. XI erwähnt, mit Rücksicht auf den Leistungsfaktor stets eine Kompensation des Ankerquerfeldes haben müssen, werden also bei unabhängiger Erregung eine Stabilitätsgrenze haben oder nicht, je nachdem sie indirekt oder direkt gespeist sind.

Bei den doppelt gespeisten Mehrphasen-Nebenschlußmotoren, s. Kap. III, haben wir ja z. B. gesehen, daß eine Stabilitätsgrenze im allgemeinen besteht, nur dann nicht, wenn die „Gegenspannung" am Rotor so groß ist, daß kein so großer Rotorstrom aufgenommen werden kann, daß eine Stabilitätsgrenze erreicht wird (s. S. 104). Bei den direkt gespeisten Mehrphasen-Nebenschlußmotoren, s. S. 116, besteht zwar auch eine Stabilitätsgrenze, diese läßt sich aber nach Wunsch sehr weit herausschieben.

Diese Zusammenstellung zeigt uns also, welche Eigenschaften wir von den Einphasen-Kommutatormotoren mit unabhängiger Erregung zu erwarten haben. Welche Ausführungsformen hier möglich sind, können wir an der Hand unserer Einteilung leicht übersehen, die hier um so nützlicher erscheint, als die Anschauungen über diese Maschinen in der Literatur noch lange nicht so geklärt sind, wie über die Maschinen mit abhängiger (Hauptschluß-) Er-

regung, bei denen erstens die Verhältnisse einfacher liegen und
die sich zweitens entsprechend dem größeren Bedürfnisse der Praxis
schneller entwickelt haben.

89. Direkt gespeiste Maschinen.

Als Beispiel einer direkt gespeisten Maschine wäre z. B. eine
dem Gleichstrom-Nebenschlußmotor nachgebildete Maschine (Fig. 279)

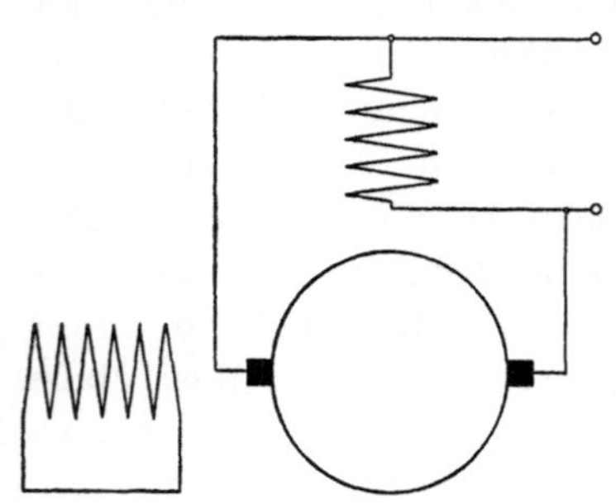

Fig. 279. Direkt gespeister Nebenschlußmotor.

zu betrachten, der man zur Kompensation der Ankerrückwirkung
eine kurzgeschlossene oder mit
dem Rotor in Reihe geschaltete
Kompensationswicklung gibt. Daß
eine solche Maschine nicht günstig
arbeiten kann, ergibt sich ohne
weiteres daraus, daß der Drehmomentfluß um fast 90^0 gegen
die Klemmenspannung verzögert
ist. Der Rotorstrom kann mit
diesem Fluß nur ein Drehmoment
bilden, sobald er eine Komponente
hat, die ebenfalls um 90^0 gegen die Klemmenspannung verzögert
ist. Aber gerade diese wattlose Komponente, die das Drehmoment
bilden soll, entnimmt dem Netz keine Leistung, so daß ein Arbeiten der Maschine gar nicht möglich ist.

Hieran ändert sich auch nicht viel, wenn wir die Erregung vom
Stator auf den Rotor verlegen, denn beide sind äquivalent, solange
nicht ein Fluß in der Arbeitsachse besteht, der gegen die Arbeitsspannung um 90^0 phasenverschoben ist und die EMK der Selbstinduktion der Erregerwicklung durch eine EMK der Rotation aufhebt. Dieser Fluß wäre zwar bei geöffneter Kompensationswicklung
vorhanden, solange der Rotorstrom um 90^0 gegen die Klemmenspannung phasenverschoben ist. Soll aber der Strom Arbeit auf
den Rotor übertragen, so muß er in Phase mit der Klemmenspannung
sein, und dann erzeugt er eben nicht mehr den Transformatorfluß
der erforderlichen Phase.

Zur Aufhebung der Phasenverschiebung zwischen Drehmomentfluß und Klemmenspannung ist z. B. von Stanley und Kelly die
Vorschaltung eines Kondensators vor die Erregerwicklung vorgeschlagen worden, dessen Reaktanz dann ebenso groß sein muß wie
die der Erregerwicklung. Das Arbeitsdiagramm einer solchen Maschine wäre genau entsprechend dem der direkt gespeisten Mehrphasennebenschlußmaschine (s. Kap. III, S. 116).

Die Möglichkeit, solche Kondensatoren zu bauen, wäre allenfalls für kleine Motoren noch gegeben, denn die scheinbare Leistung in Voltampere des Kondensators ist ebenso groß wie die scheinbare Erregerleistung der Erregerwicklung, die etwa $^1/_3$ der wirklichen Leistung der Maschine ist. Ob aber selbst dann, wenn sich Kondensatoren der erforderlichen Größe bauen ließen, ein Betrieb möglich wäre, erscheint sehr fraglich, weil die unvermeidlichen Feldpulsationen bei der Kommutation große höhere Harmonische in der Erregerwicklung induzieren, die sich auf die Kondensatorspannung fortsetzen und in ihm um so größere Harmonische im Strom hervorrufen, je höher ihre Periodenzahl ist, und weil dieser Strom die Erregerwicklung durchfließt, ruft er neue Pulsationen im Feld hervor.

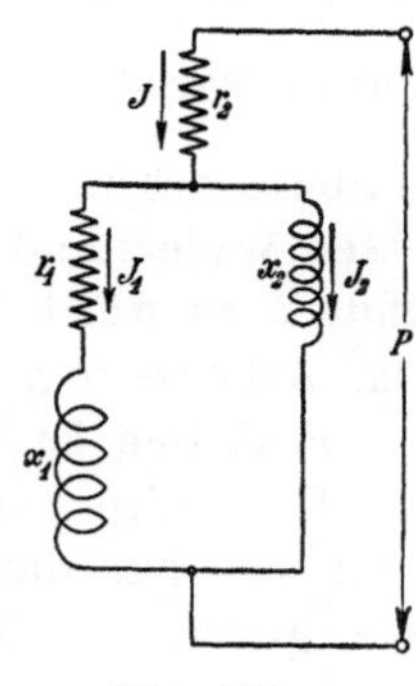

Eine sinnreiche Anordnung zur Aufhebung der Phasenverschiebung ist von der Maschinenfabrik Oerlikon, D.R.P. 217782, angegeben worden. Sie beruht darauf, daß in Reihe mit der Erregerwicklung, die eine Reaktanz x_1 darstellt (s. Fig. 280), ein Widerstand r_1 geschaltet ist, parallel zu beiden eine Reaktanz x_2 und vor das Ganze ein Widerstand r_2. Der ganze Strom J teilt sich also in die beiden Teile J_1 und J_2, und es ist J_1 in Phase mit der Netzspannung P, wenn

Fig. 280.

$$r_1\,r_2 = x_1\,x_2$$

ist. So sinnreich diese Anordnung ist, so erfordert sie doch sehr große Verluste in den Vorschaltwiderständen. Die Größe dieser Verluste können wir angenähert berechnen, wenn wir sie in Beziehung setzen zu der scheinbaren Leistung in VA der Erregerwicklung. Diese ist $J_1^2\,x_1$, und die Verluste betragen $J_1^2\,r_1 + J^2\,r_2$. Unter Berücksichtigung der Beziehung zwischen den Strömen und Widerständen ergibt sich leicht als Verhältnis der Verluste zu den Erreger Voltampere

$$\frac{J_1^2\,r_1 + J^2\,r_2}{J_1^2\,x_1} = \frac{r_1}{x_1} + \frac{r_2}{x_1} + 2\,\frac{x_1}{r_1} + \frac{x_1}{r_2}\left[1 + \left(\frac{x_1}{r_1}\right)^2\right].$$

Suchen wir das Minimum dieses Verhältnisses, d. h. das Minimum der Verluste für gegebene Erregerleistung auf, so erhalten wir

$$r_1 = x_1\sqrt{3}$$

$$r_2 = \frac{2\,x_1}{\sqrt{3}}$$

$$x_2 = 2\,x_1$$

$$J_1 = J_2$$

und das Minimum des Verhältnisses selbst wird

$$\frac{9}{\sqrt{3}} = 5{,}2 \, .$$

Nun beträgt die Erregerleistung in Voltampere kaum weniger als $\frac{1}{4}$ der wirklichen Leistung einer Maschine, und dies würde bedingen, daß der Verlust in den Vorschaltwiderständen $\frac{5{,}2}{4} = 1{,}3$ mal so groß wäre wie die Nutzleistung. Hätte die Maschine sonst gar keine Verluste, so würden schon die Vorschaltwiderstände den Wirkungsgrad auf $\frac{1}{1 + 1{,}3} = 43{,}5\,^0/_0$ herabsetzen. Würde man nun an Stelle des Widerstandes r_2 z. B. den Rotor selbst setzen, so wäre dieser Widerstand nicht allein mit jeder Belastung veränderlich, sondern es würde auch der Erregerstrom als Teilstrom nun wieder vom Arbeitsstrom direkt abhängen.

Praktisch ist also auch diese Anordnung unmöglich.

Eine direkt gespeiste Maschine mit unabhängiger Erregung kann also nur dann erhalten werden, wenn für die Erregerwicklung eine gegen die Arbeitsspannung um ca. 90^0 phasenverschobene Erregerspannung zur Verfügung steht. Bei großen Motoren kann es unter Umständen zu diesem Zweck vorteilhaft sein, eine besondere Erregermaschine zu verwenden oder den Generator als monozyklischen Generator auszubilden. Die direkt gespeiste Maschine kann mit all den Wendefeldeinrichtungen versehen werden, die wir bei den Maschinen mit Hauptschlußerregung besprochen haben. Ihr Verhalten ist genau analog dem Verhalten der mehrphasigen direkt gespeisten Maschine (s. Kap. III, S. 116). Im Aufbau ist die Einphasenmaschine mitunter einfacher.

90. Indirekt gespeiste Maschinen.

Bei den indirekt gespeisten Maschinen ist es ohne weiteres möglich, den Drehmomentfluß in Phase mit der Arbeitsspannung zu bringen, sofern die Erregerwicklung auf dem Rotor liegt oder teils auf dem Rotor und teils auf dem Stator. Denn bei der indirekten Speisung besteht stets in der Arbeitsachse der um 90^0 gegen die Arbeitsspannung phasenverschobene Transformatorfluß, so daß eine Rotations-EMK in der rotierenden Erregerwicklung entstehen kann, die die EMK der Selbstinduktion des Erregerkreises ausbalanciert.

Der Erregerkreis kann in sich kurzgeschlossen sein, wie Fig. 281 für den Fall zeigt, daß der Erregerkreis nur auf dem

Rotor liegt und durch besondere Erregerbürsten $B_e - B_e$ gebildet wird, während der Arbeitsstromkreis, wie es die rein indirekte Speisung erfordert, durch die Arbeitsbürsten $B_a - B_a$ kurzgeschlossen ist. Der Drehmomentfluß kann hier nur entstehen durch die Drehung des Rotors in dem Transformatorfluß der Arbeitsachse, die Maschine ist also ein gewöhnlicher Einphasen-Induktionsmotor mit Kommutatoranker.

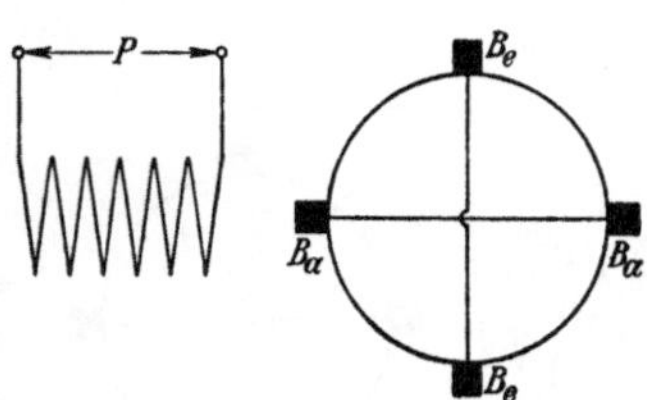

Fig. 281. Einphasen-Kommutator-Induktionsmotor.

Bei der Theorie des Einphasen-Induktionsmotors (s. Bd. V, 1, Kap. VIII) haben wir, wie es früher üblich war, den Fluß in der Arbeitsachse, der die Leistung vom Stator auf den Rotor überträgt, als „Hauptfluß", und den senkrecht dazu liegenden als „Querfluß" bezeichnet. Der Zusammenhang mit den übrigen Formen der Wechselstrommotoren hat uns hier dazu geführt, den ersten als „Transformatorfluß" und den zweiten als „Drehmomentfluß" zu bezeichnen. Wir werden hier an dieser Bezeichnung festhalten.

Bei der Induktionsmaschine Fig. 281 können ebensogut wie die beiden Durchmesserkurzschlüsse auch andere Bürstenanordnungen verwendet werden, wie sie bei den entsprechenden Hauptschlußmotoren mit Rotorerregung (Kap. XV) angegeben worden sind, also z. B. Sehnenkurzschlüsse nach M. Latour, oder die Anordnung mit drei Bürsten nach E. Arnold und J. L. la Cour, bei denen lediglich bessere Feldformen erzielt werden.

Der Erregerkreis kann nun auch nach Arnold und la Cour zum Teil auf dem Rotor und zum Teil auf dem Stator liegen, s. Fig. 282, und z. B. wieder kurzgeschlossen sein. Der Unterschied gegen Fig. 281 ist, wie wir sehen werden, daß die Maschine dann bei einer anderen Umdrehungszahl läuft.

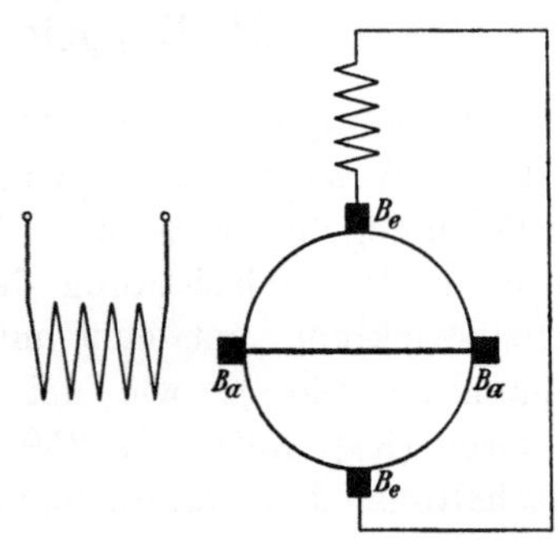

Fig. 282.

Die unabhängige Erregung bleibt natürlich auch gewahrt, wenn der Erregerkreis statt kurzgeschlossen, parallel zu der Statorarbeitswicklung geschaltet wird, am besten mit Hilfe eines Transformators, um die Netzspannung herabzusetzen. Weil nämlich die Maschine nur dort stabil läuft, wo der Drehmomentfluß angenähert in Phase mit der Arbeitsspannung ist, muß die EMK der Selbstinduktion des Erregerkreises hierbei durch die Rotations-EMK der rotierenden

Erregerwicklung aufgehoben sein. Die dem Erregerkreis zuzuführende Spannung braucht also etwa nur den Verlusten zu entsprechen und ist danach nur eine kleine Spannung. Dementsprechend wird der Leistungsfaktor wesentlich verbessert.

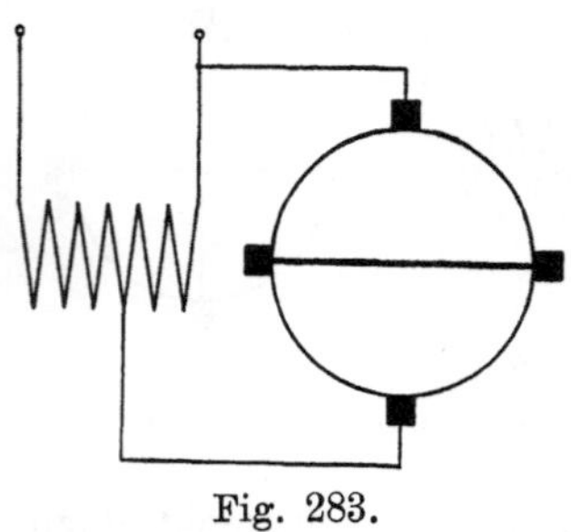

Fig. 283.

Fig. 283 zeigt z. B. eine Maschine, bei der die Statorarbeitswicklung selbst als (Auto-)Transformator verwendet ist. Wir bezeichnen diese Maschine als indirekt gespeiste Nebenschlußmaschine. Auch hier kann die auf Stator und Rotor verteilte Erregerwicklung verwendet werden.

Mit direkter Parallelschaltung von Stator und Erregerkreis des Rotors, die allerdings bei den gebräuchlichen Netzspannungen unausführbar ist, ist diese Maschine von Wightman (1887) angegeben.

Alle diese Maschinen besitzen bei Stillstand keinen, oder Maschinen nach Fig. 283 nur einen sehr schwachen Drehmomentfluß, sie können also nicht von selbst anlaufen. Der Anlauf geschieht meist durch Umschaltung in einen indirekt gespeisten Hauptschlußmotor mit Stator- oder Rotorerregung, wie wir bei der näheren Besprechung zeigen werden.

91. Doppelt gespeiste Maschinen.

Doppelt gespeiste Maschinen mit unabhängiger Erregung sind zuerst von Winter und Eichberg und von F. Punga (D.R.P. 194888, 1905) angegeben worden. Die doppelte Speisung wird stets erreicht durch die Parallelschaltung des Rotorarbeitsstromkreises zur Statorarbeitswicklung entweder mittels eines besonderen Transformators (Spannungsteilers), wie bei den doppelt gespeisten Hauptschlußmotoren (Kap. XVI, Fig. 259) angegeben, oder durch direkte Parallelschaltung des Rotorarbeitsstromkreises zu der ganzen Statorarbeitswicklung oder einem Teil davon. Es kann auch gleichachsig mit der Statorarbeitswicklung eine besondere Statorwicklung (s. Fig. 284) angeordnet sein, die als sekundäre Transformatorwicklung wirkt und dem Rotor die Arbeitsspannung zum Teil direkt zuführt, während der andere Teil durch Transfor

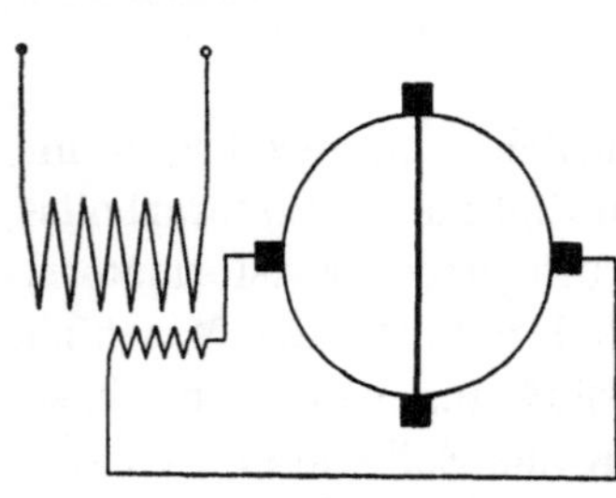

Fig. 284.

mation von der Statorarbeitswicklung selbst auf den Rotor übertragen wird.

Die Erregerwicklung muß auch bei den doppelt gespeisten Maschinen mindestens zum Teil auf dem Rotor liegen, damit durch die Rotations-EMK im Transformatorfluß der Arbeitsachse die EMK der Selbstinduktion des Erregerkreises aufgehoben wird.

Der Erregerkreis kann, wie in Fig. 284, kurzgeschlossen sein, oder besser mit entsprechender Spannungstransformation parallel zur Statorarbeitswicklung geschaltet sein, und es kann sowohl Rotorerregung als auch auf Stator und Rotor verteilte Erregung verwendet werden.

Die verschiedenen Anordnungen, indirekte oder doppelte Speisung, Rotorerregung allein oder auf Stator und Rotor verteilte Erregung, unterscheiden sich durch die Geschwindigkeit, bei der der Motor je nach der Kombination mehrerer Schaltungen läuft. Sie sind also mehr oder weniger Methoden zur Regulierung der Geschwindigkeit einer Motorgrundform, als die wir den indirekt gespeisten Motor mit Rotorerregung entweder bei kurzgeschlossenem Erregerkreis, Fig. 281, also den Induktionsmotor, oder bei Parallelschaltung des Erregerkreises zum Stator, den Nebenschlußmotor betrachten. Es läßt sich durch verschiedene Kombinationen eine bestimmte Geschwindigkeit in verschiedener Weise einstellen. Die möglichen Kombinationen unterscheiden sich aber durch die Funkenbildung, die Überlastungsfähigkeit und den Wirkungsgrad.

Neunzehntes Kapitel.

Der indirekt gespeiste Nebenschlußmotor.

92. Wirkungsweise des indirekt gespeisten Nebenschlußmotors.

Wir legen unserer Betrachtung die Ausführungsform Fig. 285 zugrunde, bei der ein Nebenschlußtransformator T verwendet

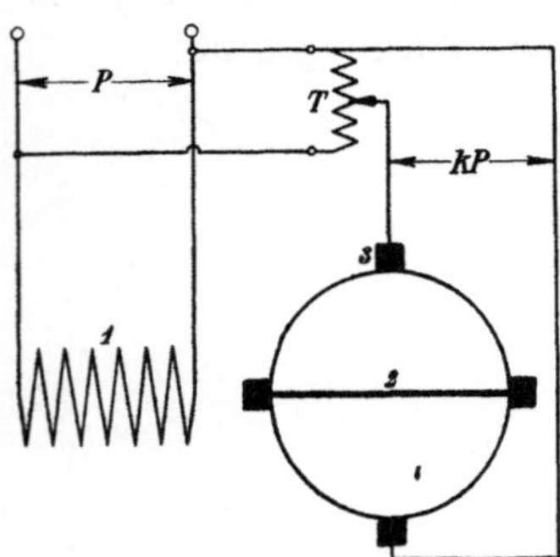

Fig. 285. Indirekt gespeister Nebenschlußmotor.

wird, um dem Erregerkreise des Ro-tors eine der Netzspannung propor-tionale Spannung zuzuführen. Das Übersetzungsverhältnis sei k, so daß bei einer Netzspannung P der Er-regerkreis die Spannung kP erhält. Diese Spannung ist, wie wir schon gesehen haben (s. S. 490), klein, sie kann also bei Stillstand keinen nen-nenswerten Strom in der Erregerwick-lung hervorrufen, weil deren Selbstin-duktion sehr groß ist; es entsteht also nur ein sehr schwacher Dreh-momentfluß.

In den Rotorarbeitswindungen, die dagegen die kurzgeschlossene Sekundärwicklung eines Transformators bilden, dessen Primär-wicklung die Statorwicklung ist, entsteht bei Stillstand ein starker Strom, der Kurzschlußstrom, der nur durch den Widerstand und die Streuung der Wicklung begrenzt ist. Trotzdem kann dieser Strom kein genügendes Anzugsmoment bilden, um den Motor in Gang zu setzen, weil der Drehmomentfluß, wie erwähnt, sehr klein ist. Wir denken uns also die Maschine zunächst irgendwie, z. B. durch mechanischen Antrieb, in Drehung versetzt, und zwar im Sinne des ursprünglich bestehenden kleinen Antriebmomentes. Hierbei entstehen in beiden Rotorstromkreisen Rotations-EMKe. Die Rotations-EMK des Erregerstromkreises (E_{3r}) im Transformatorfluß setzt sich geometrisch mit der zugeführten Spannung (kP) zusammen, so daß ein entsprechend größerer Drehmomentfluß entsteht je größer E_{3r} wird, und die Maschine als Motor arbeiten kann. Im Arbeitsstromkreis entsteht durch die Drehung im Drehmomentfluß eine Rotations-EMK E_{2r}, die, wenn eine motorische Leistung besteht, dem vom Stator im Arbeitsstromkreis induzierten Strom entgegengerichtet ist, d. h. als eine sekundäre Belastung des Transformators (Stator—Rotor) wirkt, die bedingt, daß die

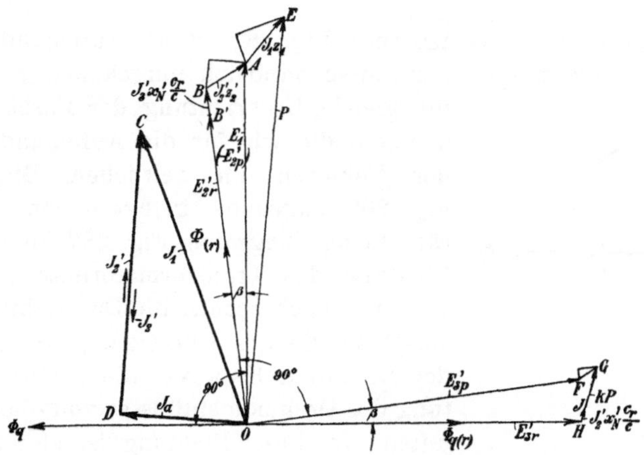

Fig. 286. Spannungsdiagramm des Nebenschlußmotors.

EMK der Primärwicklung, d. h. der Transformatorfluß in der Arbeitsachse, gegenüber Stillstand steigt. Die zeitliche Lage der Vektoren zeigt Fig. 286. Der Transformatorfluß Φ_q bedingt am Stator die ihm um 90^0 voreilende Spannung $E_1 = \overline{OA}$ und induziert im Rotor eine EMK $-E_{2p}'$, die (auf gleiche Windungszahl reduziert) gleich E_1 ist.

Da hier Stator und Rotor ans Netz geschaltet sind, und da sie in der Arbeitsachse einander entgegenwirken, wollen wir gleich von vornherein die Richtung der Vektoren festlegen, je nachdem sie vom Stator oder vom Rotor aus betrachtet werden. Liegt die Phase von Φ_q in bezug auf den Stator von O nach links, so ist sie in bezug auf den Rotor von O nach rechts aufzutragen $[\Phi_{q(r)}]$. Dann fällt die Rotor-EMK $-E_{2p}'$, die um 90^0 gegen $\Phi_{q(r)}$ verzögert ist, mit E_1 zusammen.

Der Statorstrom $J_1 = \overline{OC}$ und der Rotorstrom $-J_2' = \overline{CD}$ ergeben zusammen den Magnetisierungsstrom des Transformatorflusses

$J_a = \overline{OD}$. Es ist $-J_2' = \overline{CD}$ die Phase des Rotorstromes gegenüber dem Stator und $+J_2' = \overline{DC}$ nach unserer Festsetzung seine Phase vom Rotor aus betrachtet und auch gleich der Komponente des Statorstromes, die er zur Überwindung der Rotor-MMK aufnimmt, mit der wir rechnen wollen. Ist nun $\overline{AB} = -J_2'z_2'$ der Spannungsabfall in der Rotorarbeitswicklung, so muß, damit für diese kurzgeschlossene Wicklung Gleichgewicht der EMKe besteht, $\overline{BO}$ die Gegen-EMK der Rotation dieser Wicklung im Drehmomentfluß Φ sein. Sie ist in Phase mit dem Fluß und bei einem Motor ihm entgegengerichtet, d. h. die zeitliche Phase des Drehmomentflusses vom Rotor aus betrachtet, $\Phi_{(r)}$, liegt $\overline{BO}$ entgegengerichtet, also gegen $\Phi_{q(r)}$ um ca. 90° verzögert.

Im räumlichen Diagramm Fig. 287 ist die Aufeinanderfolge der positiven Richtungen der Flüsse natürlich umgekehrt, wenn wir die gleiche Drehrichtung der Maschine annehmen, die wir für die Aufeinanderfolge der Vektoren im zeitlichen Diagramm Fig. 286 zugrunde gelegt haben. Ist im räumlichen Diagramm Fig. 287 die positive Richtung des Transformatorflusses wieder von links nach rechts, die Drehrichtung der Maschine die des Uhrzeigers, so ist nach der Definition Kap. XII die positive Richtung des Drehmomentflusses von oben nach unten. In dieser Richtung ist also zeitlich Φ gegen Φ_q um ca. $\tfrac{1}{4}$ Periode verspätet, d. h. die Felder geben zusammen ein in

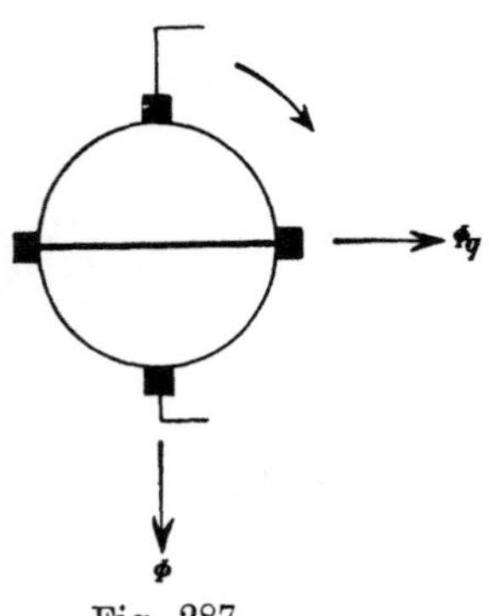

Fig. 287.

der Drehrichtung der Maschine fortschreitendes Drehfeld, wie es bei motorischer Wirkung der Fall sein muß.

Die Rotations-EMK des Arbeitskreises des Rotors besteht aus zwei Teilen, denn wir haben in Kap. XII gesehen, daß bei einem Kommutatoranker nach Fig. 285 mit zwei Stromkreisen die Rotations-EMKe in jedem Stromkreise teils von dem Hauptfluß, teils von dem Streufluß in der zu dem Stromkreise senkrechten Achse herrühren. Wir können uns also $\overline{BO}$ in Fig. 286 zusammengesetzt denken aus

$$\overline{B'O} = -E_{2r}' = 2\sqrt{2}\, c_r\, w_2\, \Phi\, \frac{w_1 f_1}{w_2 f_2} \quad \text{und} \quad \overline{BB'} = -J_3' x_N' \frac{c_r}{c},$$

worin J_3' der Erregerstrom des Drehmomentflusses ist. Sind J_3' und Φ in Phase, so sind auch E_{2r}' und $J_3' x_N' \frac{c_r}{c}$ in Phase.

Die gegen $-E_{2r}' = \overline{B'O}$ und $-J_3'x_N'\dfrac{c_r}{c} = \overline{BB'}$ gerichteten Spannungen, die also zur Überwindung dieser EMKe dem Rotor vom Stator als Teilspannungen von E_1 zugeführt werden, bezeichnen wir mit $+$, also $\overline{OB'} = E_{2r}'$ und $\overline{B'B} = J_3'x_N'\dfrac{c_r}{c}$, ebenso $\overline{BA} = J_2'z_2'$. Reihen wir an $E_1 = \overline{OA}$ den Spannungsabfall im Stator $J_1z_1 = \overline{AE}$, so ist P die Klemmenspannung.

Im Erregerkreise des Rotors haben wir nun die folgenden Spannungen. Der Drehmomentfluß Φ bedingt die ihm um 90^0 voreilende Spannung $E_{3p}' = \overline{OF}$ und den Spannungsabfall $J_3'z_3' = \overline{FG}$ des Erregerstromes. Die Spannung $\overline{OH}$ ist die Rotations-EMK E_{3r}' im Transformatorfluß, sie ist in Phase mit $\Phi_{q(r)}$, schließlich ist $J_2'x_N'\dfrac{c_r}{c} = \overline{HJ}$ in Phase mit J_2' und die zugeführte Erregerspannung $kP = \overline{JG}$ in Phase mit der Arbeitsspannung P. (Bei ungleicher Windungszahl von Stator und Rotor ist die Erregerspannung auch auf die Statorwindungszahl zu reduzieren, d. h. ihr Verhältnis k zur Arbeitsspannung ist gleich dem Übersetzungsverhältnis des Transformators, multipliziert mit dem Verhältnis von Stator- zu Rotorwindungszahl.)

Es steht also
$$E_{3p}' \text{ senkrecht auf } E_{2r}'$$
und
$$E_{3r}' \text{ senkrecht auf } E_1 \text{ bzw. } E_{2p}',$$
und es ist
$$E_{2r}' = \frac{c_r}{c}E_{3p}'$$
und
$$E_{3r}' = \frac{c_r}{c}E_1.$$

Das Drehmoment ist proportional
$$J_2'\,\Phi\cos(J_2'\,\Phi) + J_3'\,\Phi_q\cos(J_3'\,\Phi_q).$$

Das erste Moment ist positiv, weil der Winkel $(J_2'\Phi)$ kleiner als 90^0 ist, das zweite ist negativ, weil der Winkel $(J_3'\Phi_q) = \left(\dfrac{\pi}{2} + \beta\right)$ größer als 90^0 ist. Zu dem positiven Moment des Rotorarbeitsstromes mit dem Drehmomentfluß tritt also noch ein kleines negatives Moment des Erregerstromes mit dem Transformatorfluß.

Wächst die Geschwindigkeit, wobei wir Φ_q und E_1 als konstant annehmen wollen, so wächst $E_{3r}' = \overline{OH}$. Nehmen wir zunächst $\overline{HG}$ konstant an, so wird E_{3p}' und der Drehmomentfluß steigen, und der Winkel β wird spitzer. $E_{2\,r}' = \overline{OB'}$ und $J_3'x_N'\dfrac{c_r}{c} = \overline{B'B}$ wachsen also auch, und da β kleiner wird, wird $J_2'z_2' = \overline{BA}$ und damit der Rotorstrom kleiner und in seiner Phase immer mehr gegen Φ verschoben. Das Drehmoment nimmt also immer mehr ab, bis J_2' um fast 90^0 gegen Φ phasenverschoben ist. Weil ein kleines negatives Moment des Erregerstromes besteht, ist das resultierende Moment schon Null, wenn J_2' noch nicht ganz um 90^0 gegen Φ verschoben ist. Da J_2' und J_3' hierbei klein sind, ist angenähert

$$E_{2\,p}' \cong E_{2\,r}',$$

d. h.

$$c\,\Phi_q \cong c_r\,\Phi,$$

und da kP im Erregerkreise fast um 90^0 gegen $E_{3\,r}'$ und $E_{3\,p}'$ phasenverschoben ist, wird auch angenähert

$$E_{3\,p}' \cong E_{3\,r}',$$

also

$$c\,\Phi \cong c_r\,\Phi_q.$$

Beide Bedingungen zusammen ergeben also

$$c_r \cong c$$

als Geschwindigkeit bei Leerlauf. Hieran kann die Größe der Erregerspannung nicht viel ändern, weil sie um fast 90^0 gegen $E_{3\,p}'$ und $E_{3\,r}'$ phasenverschoben ist.

Den Einfluß der Erregerspannung kP übersehen wir, wenn wir bei gegebenem Werte von Φ_q die Geschwindigkeit konstant annehmen. Da $E_{3\,r}'$ proportional $c_r\,\Phi_q$ ist, bleibt also $\overline{OH}$ konstant. Machen wir kP immer kleiner, so nimmt $\measuredangle\,\beta$ ab, $E_{3\,p}'$ und der Drehmomentfluß ändern ihre Größe fast nicht, wohl aber ihre Phase. Es wird also $\overline{OB'} = E_{2\,r}'$, das proportional $c_r\,\Phi$ ist, in der Größe fast nicht geändert, sondern es wird sich nur im Sinne der Voreilung verschieben, und $\overline{BA} = J_2'z_2'$ wird sich um den Punkt A im Sinne der Verzögerung drehen. Der Rotorstrom J_2' wird also auch um Punkt D im Sinne der Verzögerung verschoben, und ebenso J_1 um O.

Die Größe der Erregerspannung kP hat also bei einer bestimmten Geschwindigkeit im wesentlichen einen Einfluß auf die Phase zwischen J_2' und Φ und auf die Phase des primären Stromes.

Ist kP gleich Null, d. h. sind die Erregerbürsten kurzgeschlossen, so haben wir den Induktionsmotor mit Kommutatoranker. Bei ihm wird J_2' stets gegen $-E_{2\,p}'$ verzögert sein, während wir in Fig. 286 durch eine kleine positive Erregerspannung $+(kP)\,J_2'$ schon in

Voreilung gegen $-E_{2\,p}'$ gebracht haben. Wir können durch Vergrößerung von $kP\ J_2'$ und J_1 immer mehr in der Phase vorausschieben, bis primär Phasengleichheit zwischen Strom und Spannung besteht. Nun haben wir gesehen, daß J_2' und Φ bei Veränderung von kP sich im entgegengesetzten Sinne verschieben. Eine gute Ausnutzung verlangt, daß J_2' und Φ, deren Produkt das Drehmoment ergibt, in Phase sind. Würden wir durch Vergrößerung von kP die Phase von J_2' so weit vorausschieben, daß primär Phasenkompensation erreicht wird, so ist stets Φ um einen bestimmten Winkel dagegen verzögert, die Ausnutzung ist also nicht die günstigste. Damit dieser Winkel zwischen J_2' und Φ klein sei, wenn Kompensation erreicht wird, muß $J_2'x_2'$ klein sein, ferner J_1x_1 und J_a klein gegen J_2'.

Wir haben bisher immer angenommen, daß die Erregerspannung kP nicht nur die gleiche Phase, sondern auch die gleiche Richtung wie die Arbeitsspannung P hat. Wir können ihr aber offenbar auch die entgegengesetzte Richtung geben, wobei wir ihr dann das negative Vorzeichen beilegen. Dies können wir z. B. erreichen durch Vertauschung der Anschlüsse des Transformators an die Erregerwicklung, oder aber bei gleichbleibenden Anschlüssen durch Umkehr der Drehrichtung. Ein negativer Wert von (kP) wird immer, wie wir aus Fig. 286 sehen, wo wir $(-kP)$ nach unten anzutragen hätten, die Phasenverschiebung vergrößern und J_2' gegen Φ verzögern, so daß auch die Ausnutzung schlechter wird. Während es beim Induktionsmotor mit kurzgeschlossenen Erregerbürsten, ebenso wie beim Induktionsmotor mit Phasen- oder Käfiganker, gleichgültig ist, in welcher Richtung man ihn antreibt, bis er von selbst weiter laufen kann, ist dies beim Nebenschlußmotor nicht der Fall; bei ihm besteht bei Stillstand ein kleines Drehmoment, weil ein um etwas weniger als 90^0 gegen die Erregerspannung verzögerter Drehmomentfluß besteht. Beim Lauf ist, wie wir gesehen haben, der Drehmomentfluß nahezu in Phase mit $+kP$, während er gegen eine negative Erregerspannung $-kP$ um ca. 180^0 phasenverschoben wäre. Hieraus ergibt sich, daß der Erregerspannung das positive Vorzeichen zukommt, wenn der Motor im Sinne des bei Stillstand bestehenden Drehmomentes angetrieben wird, das negative, wenn er sich umgekehrt dreht. Der Nebenschlußmotor kann, wie gezeigt, auch bei negativer Erregerspannung, wenn er auf Touren gebracht wird, als Motor laufen, aber mit großer Verzögerung des Rotorarbeitsstromes J_2' gegen den Drehmomentfluß Φ, also mit großer Phasenverschiebung und schlechtem Wirkungsgrad.

Die Verhältnisse werden aus dem Stromdiagramm noch übersichtlicher hervorgehen.

Weil zwischen den EMKen des Arbeits- und des Erregerkreises immer die Beziehung besteht, daß die von einem Fluß induzierte EMK der Rotation in dem zu seiner Achse senkrechten Stromkreis $\frac{c_r}{c}$ mal so groß ist wie die EMK der Pulsation in dem mit dem Kraftfluß gleichachsigen Stromkreis (sinusförmige Feldverteilung vorausgesetzt) und die Rotations-EMK gegen die Pulsations-EMK des gleichen Kraftflusses um $^1/_4$ Periode phasenverschoben ist, können wir die Differenz zwischen der Rotations- und Pulsations-EMK in jedem Stromkreis zueinander in Beziehung setzen.

In Fig. 286 ist

$$E_2{}'_r = \overline{OB'} = \frac{c_r}{c} E_3{}'_p = \frac{c_r}{c} \overline{OF}$$

und

$$E_3{}'_r = \overline{OH} = \frac{c_r}{c} E_1 = \frac{c_r}{c} \overline{OA}$$

und

$$\measuredangle\, B'OA = \measuredangle\, FOH = \beta.$$

Denken wir uns alle Spannungen des Linienzuges $OHJGF$ des Erregerkreises mit $\frac{c_r}{c}$ multipliziert und um 90^0 im Sinne der Verzögerung gedreht, so wird $\frac{c_r}{c}\overline{OF} = \frac{c_r}{c} E_3{}'_p = E_2{}'_r$ mit $\overline{OB'}$ zusammenfallen. $\overline{OH}\frac{c_r}{c} = E_3{}'_r \frac{c_r}{c} = E_1\left(\frac{c_r}{c}\right)^2$ fällt nach der Drehung um 90^0 in die Richtung von E_1, ist aber nur $\left(\frac{c_r}{c}\right)^2$ mal so groß. Wir können also die Rotations-EMK $E_2{}'_r$ im Arbeitsstromkreis ersetzen durch $\left(\frac{c_r}{c}\right)^2 E_1$ in Phase mit E_1, vermehrt um $J_2{}' x'_N \left(\frac{c_r}{c}\right)^2$, um 90^0 gegen $J_2{}'$ verzögert, $kP\frac{c_r}{c}$ um ebensoviel gegen P verzögert und $-J_3{}'z_3{}'\frac{c_r}{c}$ um 90^0 gegen $-J_3{}'z_3{}'$ verzögert.

Deuten wir die um 90^0 gedrehten Spannungen durch die Multiplikation mit $+j$ an, so wird also

$$\mathfrak{E}_1\left[1-\left(\frac{c_r}{c}\right)^2\right] = \mathfrak{J}_2{}'\,\mathfrak{z}_2{}' + \mathfrak{J}_3{}'\,x'_N\,\frac{c_r}{c} + j\frac{c_r}{c}\left(k\mathfrak{P} + \mathfrak{J}_2{}'x'_N\frac{c_r}{c} - \mathfrak{J}_3{}'\,\mathfrak{z}_3{}'\right)$$

oder umgeformt

$$\mathfrak{E}_1\left[1-\left(\frac{c_r}{c}\right)^2\right] - j\frac{c_r}{c}k\mathfrak{P} = \mathfrak{J}_2{}'\left[\mathfrak{z}_2{}' + jx'_N\left(\frac{c_r}{c}\right)^2\right] - j\frac{c_r}{c}\mathfrak{J}_3{}'(\mathfrak{z}_3{}' + jx'_N)$$

$$\tag{123}$$

Diese Gleichung geht in die des Einphasen-Induktionsmotors mit Phasen- oder Käfiganker über[1]), wenn $kP=0$ und in den Ausdrücken

$$\left[\mathfrak{Z}_2' + j x_N' \left(\frac{c_r}{c}\right)^2\right] \quad \text{und} \quad (\mathfrak{Z}_3' + j x_N')$$

$$x_N' = x_2' = x_3'$$

gesetzt wird.

Hier ist, wie in Kap. XII gezeigt, x_N' meist kleiner als x_2'. Der Induktionsmotor mit Kommutatoranker unterscheidet sich also von dem mit Käfiganker durch eine etwas größere resultierende Reaktanz im Rotor, weil eben die Ströme die Grundperiodenzahl haben, während sie beim Käfiganker eine kleine Periodenzahl besitzen. Für den Induktionsmotor $(k=0)$ mit Kommutator und Bürsten wird für Synchronismus, $\dfrac{c_r}{c}=1$, aus Gl. 123

$$\mathfrak{J}_2'\left(\frac{c_r}{c}=1\right) = j\,\mathfrak{J}_3'\,\frac{r_3' - j\,(x_3' - x_N')}{r_2' - j\,(x_2' - x_N')} \quad \dots \quad (124)$$

und bei vollständiger Symmetrie

$$\mathfrak{J}_2' = j\,\mathfrak{J}_3',$$

der Arbeitsstromkreis nimmt also auch hier den wattlosen Leerlaufstrom auf, der bei Synchronismus ebenso groß wie der Magnetisierungsstrom des Drehmomentflusses ist. Beim Nebenschlußmotor ist dieser Strom bei Synchronismus

$$\mathfrak{J}_2'\left(\frac{c_r}{c}=1\right) = j\,\mathfrak{J}_3' - j\,\frac{k\,\mathfrak{P}}{r_2' - j\,(x_2' - x_N')} \quad \dots \quad (125)$$

Hier tritt ein um fast 90^0 gegen die Klemmenspannung voreilender Strom hinzu, durch den die Phasenverschiebung aufgehoben wird.

Den Verlauf des Stromes für das ganze Arbeitsgebiet übersehen wir am besten aus dem Stromdiagramm für konstante Klemmenspannung.

Zuerst stellen wir die Gleichungen für den indirekt gespeisten Nebenschlußmotor auf. Der ganze Strom J dieses Motors setzt sich zusammen aus dem Statorstrom J_1 und dem Primärstrom des Nebenschlußtransformators, der k mal so groß wie der Erregerstrom J_3 ist.

$$\mathfrak{J} = \mathfrak{J}_1 + k\,\mathfrak{J}_3'.$$

---

[1]) Siehe WT V, 1, S. 145, Gl. 128.

Den Statorstrom $\mathfrak{J}_1$ zerlegen wir in die beiden Komponenten

$$\mathfrak{J}_1 = \mathfrak{J}_2{}' + \mathfrak{J}_a .$$

Hierin ist

$$\mathfrak{J}_a = \frac{\mathfrak{E}_1}{\mathfrak{Z}_a}$$

und

$$\mathfrak{E}_1 = \mathfrak{P} - \mathfrak{J}_1 \mathfrak{Z}_1 = \mathfrak{P} - \mathfrak{J}_a \mathfrak{Z}_1 - \mathfrak{J}_2{}' \mathfrak{Z}_1 .$$

Setzen wir

$$\mathfrak{E}_1 + \mathfrak{J}_a \mathfrak{Z}_1 = \mathfrak{E}_1 \left(1 + \frac{\mathfrak{Z}_1}{\mathfrak{Z}_a} \right) = \mathfrak{E}_1 \mathfrak{C}_1 ,$$

so wird

$$\mathfrak{E}_1 \mathfrak{C}_1 = \mathfrak{P} - \mathfrak{J}_2{}' \mathfrak{Z}_1 ,$$

oder

$$\mathfrak{E}_1 = \frac{\mathfrak{P}}{\mathfrak{C}_1} - \mathfrak{J}_2{}' \frac{\mathfrak{Z}_1}{\mathfrak{C}_1} . \quad\quad\quad\quad (126)$$

$$\mathfrak{J}_a = \frac{\mathfrak{P}}{\mathfrak{C}_1 \mathfrak{Z}_a} - \mathfrak{J}_2{}' \frac{\mathfrak{Z}_1}{\mathfrak{C}_1 \mathfrak{Z}_a} = \mathfrak{J}_{10} - \mathfrak{J}_2{}' \frac{\mathfrak{Z}_1}{\mathfrak{C}_1 \mathfrak{Z}_a} .$$

$\mathfrak{J}_{10} = \dfrac{\mathfrak{P}}{\mathfrak{C}_1 \mathfrak{Z}_a}$ ist der Magnetisierungsstrom des Stators für $J_2{}' = 0$, also bei offenem Rotor. Daher wird

$$\mathfrak{J}_1 = \mathfrak{J}_2{}' + \mathfrak{J}_a = \mathfrak{J}_2{}' + \mathfrak{J}_{10} - \mathfrak{J}_2{}' \frac{\mathfrak{Z}_1}{\mathfrak{C}_1 \mathfrak{Z}_a}$$

$$\mathfrak{J}_1 = \mathfrak{J}_{10} + \mathfrak{J}_2{}' \left(1 - \frac{\mathfrak{Z}_1}{\mathfrak{C}_1 \mathfrak{Z}_a} \right) = \mathfrak{J}_{10} + \frac{\mathfrak{J}_2{}'}{\mathfrak{C}_1} .$$

Kennen wir daher $\mathfrak{J}_{10}$ und $\mathfrak{J}_2{}'$, so ergeben $\dfrac{\mathfrak{J}_2{}'}{\mathfrak{C}_1}$ und $\mathfrak{J}_{10}$ den Statorstrom $\mathfrak{J}_1$.

Im Arbeitsstromkreis halten die Pulsations-EMK E_1 des Transformatorflusses und die Rotations-EMK $-E_2{}'{}_r$ und $-J_3{}' x_N' \dfrac{c_r}{c}$ dem Spannungsabfall $-J_2{}' z_2{}'$ das Gleichgewicht. Es ist also

$$\mathfrak{E}_1 - \mathfrak{E}_2{}'{}_r - \mathfrak{J}_3{}' x_N' \frac{c_r}{c} - \mathfrak{J}_2{}' \mathfrak{Z}_2{}' = 0 . \quad\quad (127)$$

Im Erregerkreis besteht die zugeführte Spannung kP, durch Rotation im Transformatorfluß entsteht $E_3{}'{}_r$ und $J_2{}' x_N' \dfrac{c_r}{c}$ und diese werden aufgehoben durch $E_3{}'{}_p$ und $J_3{}' z_3{}'$. Es ist also

$$k\mathfrak{P} + \mathfrak{E}_3{}'{}_r + \mathfrak{J}_2{}' x_N' \frac{c_r}{c} = \mathfrak{E}_3{}'{}_p + \mathfrak{J}_3{}' \mathfrak{Z}_3{}' \quad\quad (128)$$

Es ist nun (s. Fig. 286)

$$\mathfrak{E}_{3\,r}' = -j\frac{c_r}{c}\,\mathfrak{E}_1 = -j\frac{c_r}{c}\,\frac{\mathfrak{P} - \mathfrak{J}_2'\,\mathfrak{Z}_1}{\mathfrak{E}_1}\,.$$

Setzen wir ferner

$$\mathfrak{E}_{3\,p}' = \mathfrak{J}_3'\,\mathfrak{Z}_a\,,$$

so wird

$$\mathfrak{J}_3'\,(\mathfrak{Z}_a + \mathfrak{Z}_3') = k\,\mathfrak{P} + \mathfrak{J}_2'\,x_N'\,\frac{c_r}{c} - j\frac{c_r}{c}\,\frac{\mathfrak{P} - \mathfrak{J}_2'\,\mathfrak{Z}_1}{\mathfrak{E}_1}\,. \tag{128a}$$

Die Rotations-EMK im Arbeitskreis ist

$$\mathfrak{E}_{2\,r}' = j\frac{c_r}{c}\,\mathfrak{E}_{3\,p}' = j\frac{c_r}{c}\,\mathfrak{J}_3'\,\mathfrak{Z}_a$$

und in Gl. 127

$$-\left(\mathfrak{E}_{2\,r}' + \mathfrak{J}_3'\,x_N'\,\frac{c_r}{c}\right) = -j\frac{c_r}{c}\,\mathfrak{J}_3'\,(\mathfrak{Z}_a - j\,x_N')$$

$$= -j\frac{c_r}{c}\,\mathfrak{J}_3'\,(\mathfrak{Z}_a + \mathfrak{Z}_3')\,\frac{\mathfrak{Z}_a - j\,x_N'}{\mathfrak{Z}_a + \mathfrak{Z}_3'}\,.$$

Setzen wir

$$\frac{\mathfrak{Z}_a - j\,x_N'}{\mathfrak{Z}_a + \mathfrak{Z}_3'} = 1 - \frac{r_3' - j\,(x_3' - x_N')}{\mathfrak{Z}_a + \mathfrak{Z}_3'} = \mathfrak{C}_e\,,$$

so wird $\quad -\left(\mathfrak{E}_{2\,r}' + \mathfrak{J}_3'\,x_N'\,\frac{c_r}{c}\right) = -j\frac{c_r}{c}\,\mathfrak{J}_3'\,(\mathfrak{Z}_a + \mathfrak{Z}_3')\,\mathfrak{C}_e$

und nach Gl. 128a

$$= -j\frac{c_r}{c}\,\mathfrak{C}_e\left(k\,\mathfrak{P} + \mathfrak{J}_2'\,x_N'\,\frac{c_r}{c} - j\frac{c_r}{c}\,\frac{\mathfrak{P} - \mathfrak{J}_2'\,\mathfrak{Z}_1}{\mathfrak{E}_1}\right)\,.$$

Setzen wir dies in Gl. 127 ein, so wird:

$$\left(\frac{\mathfrak{P}}{\mathfrak{E}_1} - \mathfrak{J}_2'\,\frac{\mathfrak{Z}_1}{\mathfrak{E}_1}\right)\left[1 - \left(\frac{c_r}{c}\right)^2\mathfrak{C}_e\right] - j\frac{c_r}{c}\,k\,\mathfrak{P}\,\mathfrak{C}_e$$

$$- \mathfrak{J}_2'\left[\mathfrak{Z}_2' + j\,x_N'\left(\frac{c_r}{c}\right)^2\mathfrak{C}_e\right] = 0$$

und $\quad \mathfrak{J}_2' =$

$$\cfrac{\mathfrak{P}}{\mathfrak{Z}_1 + \mathfrak{C}_1 - \cfrac{\mathfrak{Z}_2' + j\,x_N'\left(\dfrac{c_r}{c}\right)^2\mathfrak{C}_e}{1 - \left(\dfrac{c_r}{c}\right)^2\mathfrak{C}_e}}$$

$$- j\frac{c_r}{c}\,\cfrac{k\,\mathfrak{P}\,\mathfrak{C}_e}{\dfrac{\mathfrak{Z}_1}{\mathfrak{C}_1}\left[1 - \left(\dfrac{c_r}{c}\right)^2\mathfrak{C}_e\right] + \mathfrak{Z}_2' + j\,x_N'\left(\dfrac{c_r}{c}\right)^2\mathfrak{C}_e} \tag{129}$$

$$\mathfrak{J}_2' = \mathfrak{J}_{2\,i}' + \mathfrak{J}_{2\,c}'\,.$$

Der Strom J_2 erscheint hier in zwei Teilen. Für $k=0$ bleibt nur der erste Teil. Dies ist der Rotorstrom des Einphasen-Induktionsmotors mit kurzgeschlossenem Kommutatoranker, der zweite Teil tritt hinzu durch die Erregerspannung kP. Er ist, wie wir schon gesehen haben, hauptsächlich ein voreilender Strom, durch den die Phasenverschiebung kompensiert wird. Die Beziehung zwischen beiden Strömen ist

$$\mathfrak{I}_{2\,c}' = -j\,\mathfrak{I}_{2\,i}'\,\frac{\dfrac{c_r}{c}\,k\,\mathfrak{C}_1\,\mathfrak{C}_e}{1-\left(\dfrac{c_r}{c}\right)^2\mathfrak{C}_e} \quad\ldots\ldots \quad (130)$$

Haben wir also das Stromdiagramm des Induktionsmotors ermittelt, so erhalten wir zu jedem Strom $J_{2\,i}'$ auch $J_{2\,c}'$ und damit J_2'.

Um den Statorstrom J_1 zu erhalten, haben wir dann nur J_2' durch C_1 zu dividieren und den konstanten Wert J_{10} zu addieren.

Wir betrachten also zuerst das Stromdiagramm des Induktionsmotors mit kurzgeschlossenem Kommutatoranker und ermitteln den Ort für $J_{2\,i}$.

93. Stromdiagramm des Kommutator-Induktionsmotors.

Es war

$$\mathfrak{I}_{2\,i}' = \frac{\mathfrak{P}}{\mathfrak{Z}_1 + \mathfrak{C}_1\,\dfrac{\mathfrak{Z}_2' + j\,x_N'\left(\dfrac{c_r}{c}\right)^2\mathfrak{C}_e}{1-\left(\dfrac{c_r}{c}\right)^2\mathfrak{C}_e}}.$$

Wir zerlegen zunächst unter Einsetzung des Wertes von $\mathfrak{C}_e$

$$\frac{\mathfrak{Z}_2' + j\,x_N'\left(\dfrac{c_r}{c}\right)^2\mathfrak{C}_e}{1-\left(\dfrac{c_r}{c}\right)^2\mathfrak{C}_e} = \frac{\mathfrak{Z}_2' + j\,x_N'}{1-\left(\dfrac{c_r}{c}\right)^2\left(1-\dfrac{\mathfrak{Z}_3' + j\,x_N'}{\mathfrak{Z}_a + \mathfrak{Z}_3'}\right)} - j\,x_N'$$

$$= \frac{1}{\dfrac{1-\left(\dfrac{c_r}{c}\right)^2}{r_2' - j\,(x_2' - x_N')} + \dfrac{\left(\dfrac{c_r}{c}\right)^2}{\mathfrak{Z}_e}} - j\,x_N' \quad\ldots\ldots \quad (131)$$

worin zur Abkürzung

$$\mathfrak{Z}_e = (\mathfrak{Z}_a + \mathfrak{Z}_3')\,\frac{r_2' - j\,(x_2' - x_N')}{r_3' - j\,(x_3' - x_N')}$$

gesetzt ist und bei vollständiger Symmetrie

$$\mathfrak{Z}_e = \mathfrak{Z}_a + \mathfrak{Z}_3{}'$$

wird. Diese Zerlegung zeigt uns, daß wir die Rotorimpedanz ersetzen können durch die Hintereinanderschaltung der Reaktanz x_N' mit den parallel geschalteten Impedanzen

$$\frac{z_e}{\left(\dfrac{c_r}{c}\right)^2} \quad \text{und} \quad \frac{r_2{}' - j\,(x_2{}' - x_N')}{1 - \left(\dfrac{c_r}{c}\right)^2}.$$

Der Ersatzstromkreis des Rotors (Fig. 288) geht also auch in den des Einphasen - Induktionsmotors, s. WT V, 1, S. 147, über, wenn $x_N = x_2$ wird, s. S. 499.

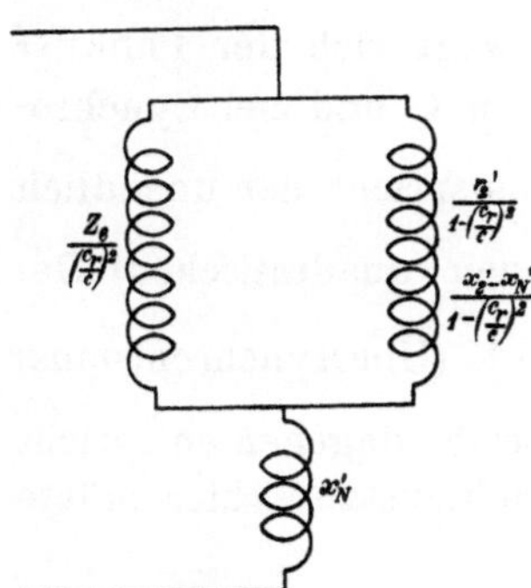

Fig. 288. Ersatzstromkreis für den Rotor.

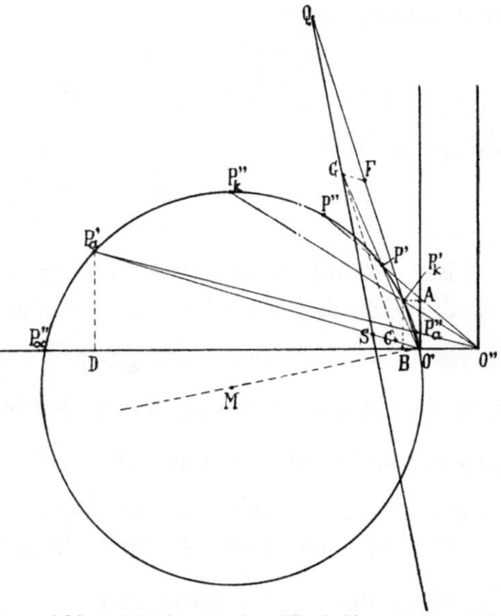

Fig. 289. Ableitung des Kreisdiagrammes.

Die Konstruktion ergibt sich analog wie dort.
Es sei, s. Fig. 289,

$$\overline{O'A} = r_2{}', \qquad \overline{O'B} = (x_2{}' - x_N'),$$

daher
$$\overline{O'P_k}' = r_2{}' - j\,(x_2{}' - x_N').$$

Ferner sei
$$\overline{O'P_a}' = \mathfrak{Z}_e.$$

Q sei der inverse Punkt zu P_k', und S zu P_a', so ist

$$\overline{O'Q} = \frac{1}{r_2{}' - j\,(x_2{}' - x_N')} \quad \text{und} \quad \overline{O'S} = \frac{1}{\mathfrak{Z}_e}.$$

Teilt man $\overline{O'Q}$ durch einen Punkt F derart, daß

$$\overline{FQ} = \left(\frac{c_r}{c}\right)^2 \overline{O'Q},$$

so ist
$$\overline{O'F} = \left[1 - \left(\frac{c_r}{c}\right)^2\right]\overline{O'Q} = \frac{1 - \left(\frac{c_r}{c}\right)^2}{r_2' - j\,(x_2' - x_N')},$$

und aus dem Parallelogramm $G\,F\,O'\,C$ ergibt sich dann

$$\overline{G\,F} = \overline{O'\,C} = \left(\frac{c_r}{c}\right)^2 \overline{O'S} = \left(\frac{c_r}{c}\right)^2 \frac{1}{\mathfrak{Z}_e}.$$

$\overline{O'G}$ ist also die Resultierende aus den beiden parallelgeschalteten Admittanzen

$$\left[1 - \left(\frac{c_r}{c}\right)^2\right]\frac{1}{r_2' - j\,(x_2' - x_N')} \qquad \text{und} \qquad \left(\frac{c_r}{c}\right)^2 \frac{1}{\mathfrak{Z}_e},$$

und es ist auch

$$\frac{\overline{Q\,G}}{\overline{Q\,S}} = \left(\frac{c_r}{c}\right)^2.$$

Bei veränderlicher Geschwindigkeit bewegt sich der Punkt G auf der Geraden $\overline{Q\,S}$, liegt bei Stillstand in Q und bei Synchronismus in S. Der Geschwindigkeit $\frac{c_r}{c} = \infty$ entspricht der unendlich ferne Punkt der Geraden, die gleichzeitig den (quadratischen) Geschwindigkeitsmaßstab darstellt. Für $\frac{c_r}{c} > 1$ (Übersynchronismus) liegt G in der Verlängerung der Geraden über S, dagegen entspricht der Verlängerung über Q hinaus kein Betriebszustand, hier müßte $\left(\frac{c_r}{c}\right)^2 < 0$, also $\frac{c_r}{c}$ imaginär sein.

Durch Inversion der Geraden in bezug auf O' ergibt sich der Kreis mit dem Mittelpunkte M als Ort der Vektoren der Impedanz

$$\frac{1}{\left[1 - \left(\frac{c_r}{c}\right)^2\right]\dfrac{1}{r_2' - j\,(x_2' - x_N')} + \left(\frac{c_r}{c}\right)^2 \dfrac{1}{\mathfrak{Z}_e}},$$

der durch O', P_k' und P_a' geht. Dem Punkte G entspricht auf dem Kreise der Punkt P'. Zu dieser Impedanz addieren wir x_N' durch Verschieben des Koordinatenanfangspunktes auf der Abszissenachse um $\overline{O'O''} = x_N'$. Die Strahlen von O'' nach dem Kreise stellen also die äquivalente Rotorimpedanz dar, und durch Inversion ergibt sich der Ort der Rotorströme für den Fall, daß die Statorimpedanz $z_1 = 0$ und somit $C_1 = 1$ ist, d. h. wenn die Stator-EMK E_1 konstant ist.

In der Fig. 289 ist die Inversionspotenz so gewählt, daß der Kreis bei der Inversion derselbe bleibt. Es ist also

$\overline{O''P_k''}$ der Strom bei Stillstand,

$\overline{O''P_a''}$ der Strom bei Synchronismus,

$\overline{O''P_\infty''}$ der Strom für $\dfrac{c_r}{c} = \infty$.

Der Kreis entspricht dem des Induktionsmotors mit Phasen-
oder Käfiganker (der ebenfalls für $z_1 = 0$ in WT V, 1, S. 149,
Fig. 90 dargestellt ist). Nur liegt der Mittelpunkt hier unterhalb
der Abszissenachse, während er dort oberhalb der Abszissenachse liegt.

Der Winkel, den der Radius $\overline{O'M}$ mit der Abszissenachse nach
unten bildet, ist der gleiche, den die Gerade $\overline{QS}$, die senkrecht
auf dem Radius steht, mit der Ordinatenachse bildet, und ergibt
sich zu

$$\sphericalangle\, DO'M = \operatorname{arctg}\left(\frac{x_2' - x_N'}{r_2'}\right) - \sphericalangle (O'P_a'P_k').$$

Für den gewöhnlichen Induktionsmotor ist $x_2 = x_N$. Das erste
Glied wird also Null und der Winkel wird negativ, d. h. der Radius
$\overline{MO'}$ liegt oberhalb der Abszissenachse und ist parallel $\overline{P_a'P_k'}$.

Im Strommaßstab ist $\overline{O''P_\infty''} = \dfrac{E_1}{x_N'}$, und da $\overline{O''O'}$ klein ist und
der Winkel $DO'M$ von x_N stark abhängt, wird der Kreisdurchmesser
um so größer, je kleiner x_N ist. Für $x_N = 0$ würde der Kreis in
die Gerade $\overline{QS}$ übergehen. Um den Strom $J_{2\,i}'$ unter Berücksichtigung der Statorimpedanz zu erhalten, ist der Impedanzkreis vor
der Inversion mit $\mathfrak{C}_1$ zu multiplizieren und z_1 zu addieren. Nach
einer Inversion ergibt sich $J_{2\,i}'$. Um J_1 zu erhalten, wäre der Kreis
für J_2' durch $\mathfrak{C}_1$ zu dividieren und J_{10} zu addieren, wie dies bei
dem Kreisdiagramm für den Mehrphasen-Motor Kap. III gezeigt
ist. Da die Konstruktion nichts Neues bietet, ist sie fortgelassen.
Das endgültige Stromdiagramm ist wieder ein Kreis (Fig. 290), der
sich von dem Kreise des gewöhnlichen Einphasen-Induktionsmotors
wieder nur durch die Lage des Kreismittelpunktes und die Größe
des Radius unterscheidet.

$\overline{OP_a}$ ist der Strom bei Synchronismus, $\overline{OP_k}$ bei Stillstand,
$\overline{OP_\infty}$ für $\dfrac{c_r}{c} = \overline{\overline{\infty}}$. $\overline{OP_s} = J_{10}$ ist der Strom bei offenem Rotor, daher ist $\overline{P_sP} = \dfrac{J_2'}{C_1}$, wenn $\overline{OP} = J_1$ einen beliebigen Statorstrom darstellt.

Auch der Geschwindigkeitsmaßstab kann, wie aus der Ableitung
folgt, wie beim gewöhnlichen Induktionsmotor eingezeichnet werden.

Es teilt also der Strahl $\overline{P_\infty P}$ den Abschnitt $\overline{QS}$ der Parallelen zur Tangente in P_∞, zwischen den Strahlen $\overline{P_\infty P_k}$ und $\overline{P_\infty P_a}$ im Verhältnis $\dfrac{\overline{QV}}{\overline{QS}} = \left(\dfrac{c_r}{c}\right)^2$.

In dieses Diagramm lassen sich genau wie in das Diagramm des Einphasen-Induktionsmotors Leistungs- und Verlustlinien eintragen, und es kann hierauf verwiesen werden. Der Unterschied von jenem liegt nur in der Größe des Radius und in der Lage des Mittelpunktes, die, wie schon erwähnt, von x_N abhängen. Da die Formeln sehr unübersichtlich werden, läßt es sich einfacher am Diagramm wie folgt zeigen. Der Punkt P_k ist ganz unabhängig von x_N, P_a ist nur in sehr geringem Maße, P_∞ dagegen stark davon abhängig.

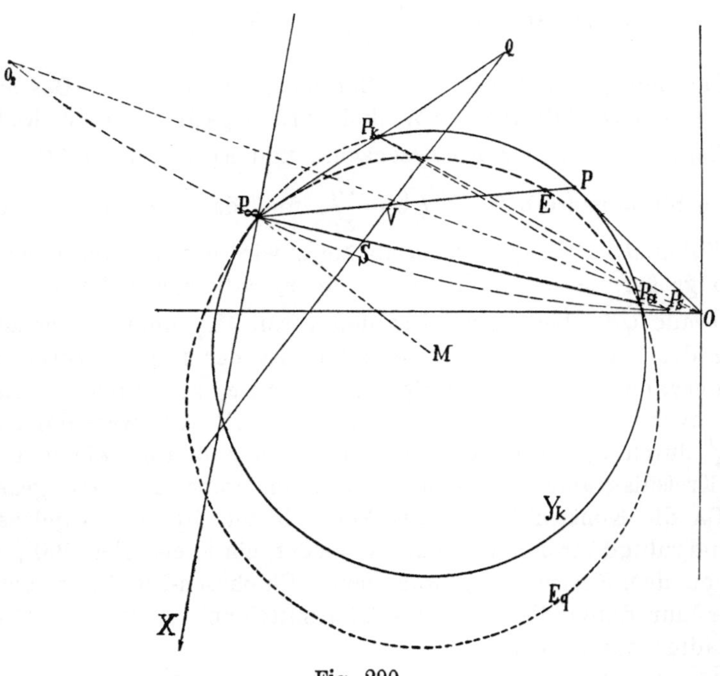

Fig. 290.

Für $\qquad \dfrac{c_r}{c} = \infty \qquad$ wird $\qquad \mathfrak{J}_2{'}_i = \dfrac{\mathfrak{P}}{\mathfrak{Z}_1 - \mathfrak{C}_1 j x'_N}$

und

$$\mathfrak{J}_1 = \mathfrak{J}_{10} + \dfrac{\mathfrak{J}_2{'}_i}{\mathfrak{C}_1} = \dfrac{\mathfrak{P}}{\mathfrak{Z}_1 - j \dfrac{x'_N \mathfrak{Z}_a}{\mathfrak{Z}_a - j x'_N}} .$$

Ist $x_N = 0$, so ist

$$\mathfrak{I}_1\left(\tfrac{c_r}{c} = \infty\right) = \frac{\mathfrak{P}}{\mathfrak{Z}_1} = \overline{O\,O_2},$$

P_∞ liegt also in O_2; ist andererseits $x_N = \infty$, so ist

$$\mathfrak{I}_1\left(\tfrac{c_r}{c} = \infty\right) = \frac{\mathfrak{P}}{\mathfrak{Z}_1 + \mathfrak{Z}_a} = \mathfrak{I}_{10} = \overline{O\,P_s}.$$

Sind alle übrigen Konstanten der Maschine unverändert und x_N veränderlich, so bewegt sich P_∞ auf einem Kreis durch O_2 und P_s, dessen Radius mit der Ordinate in P_s den kleinen Winkel γ_1 bildet. Je kleiner x_N ist, um so mehr rückt P_∞ an O_2 heran, um so größer ist der Kreisradius und um so größer die negative Ordinate des Mittelpunktes; um so kleiner wird die Leistung als Motor, um so größer die Leistung als Generator. Je größer andererseits x_N ist, um so mehr rückt P_∞ nach rechts, um so kleiner wird der Kreis, um so höher rückt der Mittelpunkt.

Der Einfluß läßt sich auch aus dem Verlauf des Drehmomentflusses erkennen, dessen Diagramm wir bei dem gewöhnlichen Induktionsmotor aus dem Stromdiagramm ableiten können[1]).

Die vom Drehmomentfluß in den Erregerwindungen induzierte EMK $E_{3\,p}'$ kann wieder analog WT V, 1, S. 155 dargestellt werden, wenn wir die Vektoren $\overline{P_\infty P}$ mit der dem betreffenden Kreispunkte P entsprechenden Geschwindigkeit $\dfrac{c_r}{c}$ multiplizieren. Sei $\overline{P_\infty E} = \dfrac{c_r}{c}\,\overline{P_\infty P}$, so wird auch hier

$$\frac{\overline{P_\infty E}}{\overline{P_s P_\infty}} = \mathfrak{C}_1\,\mathfrak{C}_2\,\frac{\mathfrak{E}_{3\,p}'}{j\,\mathfrak{P}},$$

wobei allerdings vorausgesetzt ist, daß $\mathfrak{Z}_3 = \mathfrak{Z}_2$ ist, was bei vollständiger Symmetrie zutrifft.

Es stellt also $\overline{P_\infty E}$ die von dem Drehmomentfluß induzierte EMK $E_{3\,p}'$ in demselben Maßstabe dar, in dem $\overline{P_s P_\infty}$ die Klemmenspannung P, dividiert durch $\mathfrak{C}_1\,\mathfrak{C}_2$, darstellt.

Um P selbst in der richtigen Phase zu erhalten, braucht man nur zu berücksichtigen, daß bei Stillstand

$$\frac{\overline{O\,P_k}}{\overline{P_s P_k}} = \mathfrak{C}_1\,\mathfrak{C}_2$$

ist, und hat also $\overline{P_s P_\infty}$ in diesem Verhältnis zu vergrößern und um $\left(\dfrac{\pi}{2} - \sphericalangle\,O\,P_k P_s\right)$ nach $\overline{P_\infty X}$ zu drehen, um $E_{3\,p}'$ in der richtigen

---

[1]) Siehe WT V, 1, S. 154. Es ist dort als Querfelddiagramm bezeichnet.

Lage gegen die Klemmenspannung zu erhalten. Führt man die Multiplikation durch, indem man alle Strahlen $\overline{P_\infty P}$ mit der zugehörigen Geschwindigkeit $\dfrac{c_r}{c}$ multipliziert, so erhält man die Kurve E_q, die einen zweiten symmetrischen Zweig für die umgekehrte Drehrichtung hat. Denn bei Umkehr der Drehrichtung liegen die Stromvektoren wieder auf demselben Bogen $P_k P_a P_\infty$ des Kreises, das kurze Bogenstück $P_\infty P_k$ (in Fig. 290 punktiert), das auf der Geraden $\overline{QS}$ (Fig. 289) der Verlängerung über Q hinaus entspricht, stellt keinen Betriebszustand dar.

Die Kurve E_q ändert ihre Gestalt mit der Lage und Größe des Kreises, d. h. mit x_N. Da P_∞ um so näher an O_2 liegt, je kleiner x_N ist, wird die E_q-Kurve für diesen Fall in dem Teile, der dem Betrieb als Motor entspricht, sehr flach, nahezu geradlinig verlaufen und oberhalb Synchronismus noch stark ansteigen, ehe die Umkehr erfolgt. Ist x_N dagegen groß, wie beim gewöhnlichen Induktionsmotor, bei dem $x_N = x_2$ ist, so ist die Kurve in dem motorischen Teile schon stark gekrümmt, noch stärker als Fig. 290 zeigt, und steigt oberhalb Synchronismus nur wenig an. Die Kurve läßt sich, wie in WT V, 1, S. 158 gezeigt ist, mit Hilfe einer Hilfsstatorwicklung in der Erregerachse experimentell aufnehmen.

Eine derartige vergleichende Messung an ein und demselben Motor, der einmal über Kommutator und Bürsten, das andere Mal über Schleifringe als gewöhnlicher Induktionsmotor kurzgeschlossen werden konnte, ist von F. Eichberg in der ETZ 1903, S. 447/48 veröffentlicht und bestätigt den hier abgeleiteten Unterschied.

Die Kurve E_q stellt auch den Verlauf des Erregerstromes J_3' dar, denn es war

$$\mathfrak{J}_3' = \frac{\mathfrak{E}_3{}'_p}{\mathfrak{Z}_a}.$$

Gegenüber der Netzspannung ist seine Phase jedoch um

$$\psi_a = \operatorname{arctg} \frac{x_a}{r_a}$$

gegen $E_3{}'_p$ verzögert. Es braucht also nur $\overline{P_\infty X}$ um diesen Winkel zurückgedreht zu werden. Der Maßstab ergibt sich daraus, daß für Synchronismus

$$\mathfrak{J}_2' = j\mathfrak{J}_3' \frac{r_3{}' - j\,(x_3{}' - x_N')}{r_2{}' - j\,(x_3{}' - x_N')} \quad \text{(s. Gl. 124)},$$

also bei vollständiger Symmetrie

$$\mathfrak{J}_2' = j\mathfrak{J}_3'$$

ist. Es wäre also, da $\overline{P_s P_a}$ in Fig. 290 den Rotorstrom $\dfrac{\mathfrak{J}_2{}'}{\mathfrak{C}_1}$ für Synchronismus darstellt und $\overline{P_\infty P_a}$ den Erregerstrom für Synchronismus, die Länge der Vektoren von P_∞ an die E_q-Kurve im Verhältnis $\dfrac{\overline{P_s P_a}}{\overline{P_\infty P_a}} \mathfrak{C}_1$ zu verkleinern, um $\mathfrak{J}_3{}'$ in dem gleichen Maßstabe wie die übrigen Ströme zu erhalten.

Die magnetische Rückwirkung der inneren Ströme in den kurzgeschlossenen Spulen ist hier nicht berücksichtigt worden. Diese bilden je einen Kurzschlußstromkreis, der zu einem der beiden Stromkreise des Rotors parallel geschaltet ist und eine viel kleinere EMK hat. Die Erregerbürsten schließen einen Teil des Spannungsabfalles des Stromes in den kurzgeschlossenen Arbeitswindungen kurz, die Arbeitsbürsten einen Teil der Erregerwindungen. Die größere Kurzschlußspannung entfällt also hier auf die Erregerbürsten, und da die Kurzschlußströme Wattströme sind, vergrößern sie bei Untersynchronismus den aufgenommenen Wattstrom, bei Übersynchronismus den abgegebenen Wattstrom des Stators. Beim stabilen Betrieb als Motor oder Generator beträgt der Spannungsabfall in jedem Rotorstromkreis nur wenige Volt, jede Bürste schließt also nur einen Bruchteil hiervon kurz, so daß die Kurzschlußströme hier vernachlässigbar klein sind.

94. Stromdiagramm des Nebenschlußmotors.

Um den Statorstrom des Nebenschlußmotors zu erhalten, brauchen wir zu dem Strom $\dfrac{J_2{}'_i}{C_1}$ des Induktionsmotors, wie auf S. 500 gezeigt, nur den Strom $\dfrac{J_2{}'_c}{C_1}$ und J_{10} zu addieren. $\dfrac{J_2{}'_i}{C_1}$ wird in Fig. 290 gemessen durch den Abstand $\overline{P_s P}$ eines Kreispunktes P vom Punkte P_s, wobei $\overline{OP_s}$ der Strom J_{10} bei offenem Rotor war.

Wir könnten nun das Diagramm des Stromes $J_2{}'_c$ für sich mit Hilfe der Gleichung dieses Stromes konstruieren (s. Gl. 129) und dann zu dem Kreise addieren. Da aber $J_2{}'_c$ (das den Rotorstrom darstellt, wenn man dem Erregerkreise die Spannung kP zuführt und den Stator kurzschließt) als Ort keinen Kreis hat, so lassen sich die beiden Diagramme nicht in so einfacher Weise zusammensetzen wie bei den Mehrphasen-Motoren. Da eine punktweise Konstruktion daher auf jeden Fall nötig ist, so wollen wir zeigen, wie sich das Stromdiagramm direkt aus dem schon erhaltenen Diagramm des Induktionsmotors ableiten läßt.

Hierzu benutzen wir die Beziehung (Gl. 130)

$$\frac{\mathfrak{J}_{2c}'}{\mathfrak{C}_1} = -j\frac{\mathfrak{J}_{2i}'}{\mathfrak{C}_1}\frac{\dfrac{c_r}{c}k\,\mathfrak{C}_1\,\mathfrak{C}_e}{1-\left(\dfrac{c_r}{c}\right)^2\mathfrak{C}_e} = -j\,\overline{P_s P}\,\frac{\dfrac{c_r}{c}k\,\mathfrak{C}_1\,\mathfrak{C}_e}{1-\left(\dfrac{c_r}{c}\right)^2\mathfrak{C}_e}\,.$$

Wir betrachten zunächst die Division durch $1-\left(\dfrac{c_r}{c}\right)^2\mathfrak{C}_e$.
In Fig. 289 war

$$\overline{O'P'} = \frac{\mathfrak{Z}_2' + j\,x_N'}{1-\left(\dfrac{c_r}{c}\right)^2\mathfrak{C}_e}$$

und

$$\overline{O'P_k'} = (\mathfrak{Z}_2' + j\,x_N'),$$

also

$$\frac{\overline{O'P'}}{\overline{O'P_k'}} = \frac{1}{1-\left(\dfrac{c_r}{c}\right)^2\mathfrak{C}_e}\,.$$

Bei der Inversion in bezug auf O'' kam P' nach P'' und P_k' nach P_k'', und aus den ähnlichen Dreiecken $O''O'P_k'$ und $O''P_\infty''P_k''$ einerseits und $O''O'P'$ und $O''P_\infty''P''$ finden wir

$$\frac{1}{1-\left(\dfrac{c_r}{c}\right)^2\mathfrak{C}_e} = \frac{\overline{O'P'}}{\overline{O'P_k'}} = \frac{\overline{O''P_k''}}{\overline{P_\infty''P_k''}}\cdot\frac{\overline{P_\infty''P''}}{\overline{O''P''}}\,.$$

Das Doppelverhältnis der Abstände der Punkte P_k'' und P'' von den Punkten O'' und P_∞'', durch das wir also die Größe $\dfrac{1}{1-\left(\dfrac{c_r}{c}\right)^2\mathfrak{C}_e}$ ausgedrückt haben, und das eine komplexe Zahl ist, bleibt sowohl hinsichtlich seines Betrages als auch seines Argumentes bei der nachträglichen Inversion unverändert[1]), es besteht also auch an dem endgültigen Kreise Fig. 290.

In dieser Figur entspricht dem Punkte O'' der Fig. 289 Punkt P_s, es wird also dort

$$\frac{1}{1-\left(\dfrac{c_r}{c}\right)^2\mathfrak{C}_e} = \frac{\overline{P_s P_k}}{\overline{P_\infty P_k}}\,\frac{\overline{P_\infty P}}{\overline{P_s P}}\,.$$

---

[1]) Bei der Konstruktion der Verlustlinien usw. macht man hiervon z. B. Gebrauch.

Die Vektoren von P_∞ an die E_q-Kurve verhalten sich zu den Vektoren von P_∞ an den Kreis wie $\dfrac{c_r}{c}$, also

$$\frac{c_r}{c} = \frac{\overline{P_\infty E}}{\overline{P_\infty P}}.$$

Daher wird

$$\frac{\dfrac{c_r}{c}}{1 - \left(\dfrac{c_r}{c}\right)^2 \mathfrak{C}_e} = \frac{\overline{P_s P_k}}{\overline{P_\infty P_k}}\, \frac{\overline{P_\infty E}}{\overline{P P}}$$

Da hierin $\overline{P_s P} = \dfrac{\mathfrak{J}_2' i}{\mathfrak{C}_1}$ ist, wird

$$\frac{\mathfrak{J}_2' i}{\mathfrak{C}_1}\, \frac{\dfrac{c_r}{c}}{1 - \left(\dfrac{c_r}{c}\right)^2 \mathfrak{C}_e} = \frac{\overline{P_s P_k}}{\overline{P_\infty P_k}} \cdot \overline{P_\infty E}$$

und

$$\frac{\mathfrak{J}_2' c}{\mathfrak{C}_1} = \frac{\mathfrak{J}_2' i}{\mathfrak{C}_1}\, \frac{-j\dfrac{c_r}{c} k \mathfrak{C}_1 \mathfrak{C}_e}{1 - \left(\dfrac{c_r}{c}\right)^2 \mathfrak{C}_e} = -jk\, \mathfrak{C}_1 \mathfrak{C}_e \frac{\overline{P_s P_k}}{\overline{P_\infty P_k}}\, \overline{P_\infty E}.$$

Bei gegebenem Verhältnis k der Erregerspannung zur Arbeitsspannung ist auf der rechten Seite nur noch $\overline{P_\infty E}$ veränderlich: die Vektoren von P_∞ an die E_q-Kurve stellen also ein Maß für den Rotorstrom dar, der bei der Nebenschlußerregung zu dem Strom des Induktionsmotors hinzutritt. Sein Diagramm ist also dieselbe Kurve.

Um ihn nun in richtiger Phase an $\overline{P_s P}$ anzureihen, benutzen wir die folgende Konstruktion (s. Fig. 291). Wir machen $\dfrac{\overline{P_k A}}{\overline{P_s P_k}} = k$ gleich dem Verhältnis der Erregerspannung zur Arbeitsspannung und drehen $\overline{P_k A}$ um 90^0 im Sinne der Voreilung nach $\overline{P_k B}$, so daß $\overline{P_k B} = -jk\, \overline{P_s P_k}$ wird. Macht man nun

$$\triangle P_\infty EC \sim \triangle P_\infty P_k B,$$

so wird

$$\overline{EC} = \overline{P_\infty E}\, \frac{\overline{P_k B}}{\overline{P_\infty P_k}} = -jk\, \frac{\overline{P_s P_k}}{\overline{P_\infty P_k}}\, \overline{P_\infty E},$$

also abgesehen von $\mathfrak{C}_1 \mathfrak{C}_e$ der gesuchte Strom $\dfrac{\mathfrak{J}_2' c}{\mathfrak{C}_1}$ nach Größe und

Phase, und wir brauchen ihn nun nur durch Parallelverschiebung nach $\overline{PP_n}$ zu $\overline{P_s P} = \dfrac{\mathfrak{J}_2' i}{\mathfrak{C}_1}$ zu addieren und erhalten $\overline{P_s P_n} = \dfrac{J_2'}{C_1}$, den ganzen Rotorstrom, und $\overline{OP_n} = J_1$, den ganzen Statorstrom des Nebenschlußmotors.

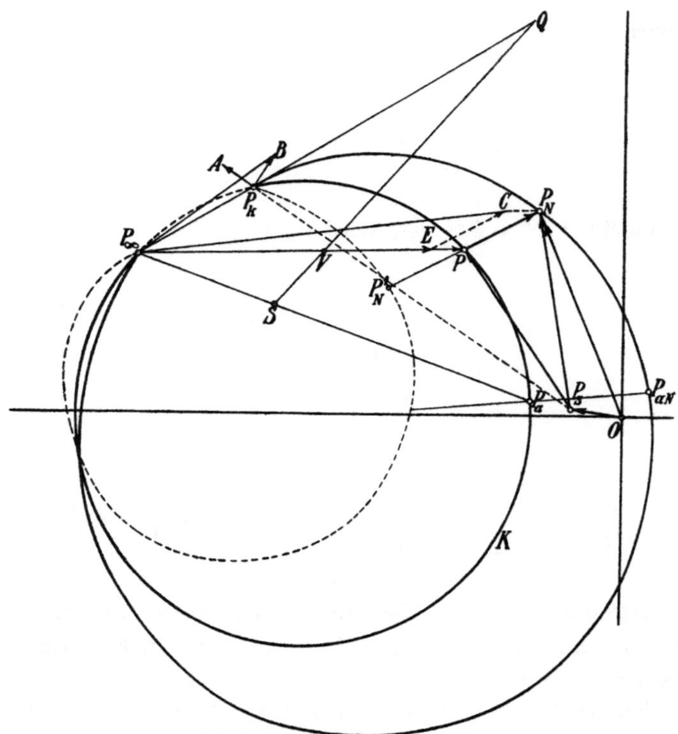

Fig. 291. Ableitung des Stromdiagrammes des Nebenschlußmotors aus dem des Kommutator-Induktionsmotors.

Die Multiplikation mit $\mathfrak{C}_1 \mathfrak{C}_e$ braucht deshalb nicht berücksichtigt zu werden, weil C_1 etwas größer als 1, C_e etwas kleiner als 1 ist und die Argumente dieser Zahlen sehr kleine Winkel sind und entgegengesetztes Vorzeichen haben, so daß mit sehr großer Annäherung $\mathfrak{C}_1 \mathfrak{C}_e \cong 1$ gesetzt werden kann. Wollte man sie berücksichtigen, so würde nur $\overline{P_k B} = C_1 C_e \overline{P_k A}$ ein wenig verschieden von $\overline{P_k A}$ und $\measuredangle BP_k A$ unwesentlich von 90° verschieden sein.

Führt man die Konstruktion durch, so erhält man das Stromdiagramm des Nebenschlußmotors, das natürlich kein Kreis ist, so daß wir keine Leistungs- und Verlustlinien darin einzeichnen können.

Trotzdem können wir aber auf Grund der angegebenen Konstruktion die Wirkung der Größe und Richtung der Erregerspannung

kP einfach übersehen. Bei Vergrößerung von k wächst $\overline{PP_n} = \dfrac{\mathfrak{J}_2{}'}{\mathfrak{C}_1}c$ proportional k, ohne seine Richtung zu ändern. Es ist daraus ersichtlich, wie die Ordinate des ganzen Stromes $J_1 = \overline{OP_n}$, d. h. die aufgenommene Leistung bei konstanter Geschwindigkeit, steigt und damit auch die abgegebene Leistung, während die Phasenverschiebung des aufgenommenen Stromes gegen die Klemmenspannung bis auf Null abnimmt, und Voreilung erreicht werden kann. Macht man k negativ, d. h. kehrt man bei gleicher Drehrichtung den Sinn der Erregerspannung oder bei gleicher Erregerspannung die Drehrichtung um, so erhält man das gestrichelte Stromdiagramm dadurch, daß man jeweils die Strecken $\overline{PP_N}$ nach rückwärts gleich $\overline{PP_N'}$ aufträgt. Hier ergibt sich eine verminderte Leistung und durchwegs eine vergrößerte Phasenverschiebung.

Auch die Tatsache, daß die Maschine, unabhängig von der Größe der Erregerspannung, stets in der Nähe von Synchronismus leer läuft, erkennen wir sofort, wenn wir die Änderung des synchronen Punktes P_a betrachten. Er bewegt sich auf $\overline{P_aP_{aN}}$, fast parallel zur Abszissenachse, es kann also bei Synchronismus fast keine Leistung, abgesehen von Verlusten, aufgenommen werden.

Man findet mitunter, daß diese Maschinen auch als Induktionsmotoren mit kurzgeschlossenen Erregerbürsten etwas oberhalb Synchronismus leer laufen. Dies rührt von der nicht genau sinusförmigen Feldverteilung her, bei der die Wicklungsfaktoren des Rotors nicht gleich $\dfrac{2}{\pi}$ sind. In diesem Falle ist die Beziehung der EMKe im Arbeits- und Erregerkreise

$$E_{3r} = \frac{2}{\pi} \frac{E_{2p}}{f_2} \frac{c_r}{c}$$

und

$$E_{2r} = \frac{2}{\pi} \frac{E_{3p}}{f_3} \frac{c_r}{c}.$$

Es tritt also jeweils an Stelle von $1 - \left(\dfrac{c_r}{c}\right)^2$ in den Gleichungen

$$1 - \left(\frac{c_r}{c}\right)^2 \frac{4}{\pi^2} \frac{1}{f_2 f_3},$$

und man findet die „ideelle" Leerlauftourenzahl des Motors, also abgesehen von den mechanischen Verlusten, statt bei Synchronismus bei

$$\frac{c_r}{c} = \frac{\pi}{2} \sqrt{f_2 f_3}.$$

Sind z. B. die Felder dreieckig, so ist

$$f_2 = f_3 = \tfrac{2}{3}$$

und die ideelle Leerlaufgeschwindigkeit

$$\frac{c_r}{c} = \frac{\pi}{3} = 1{,}045 .$$

Wegen der Reibung und der mechanisch zu deckenden Verluste des Drehmomentflusses und der Abflachung der Felder wird die wirkliche Leerlauftourenzahl aber selten mehr als 2 bis $3\,^0/_0$ übersynchron sein.

Wird die Maschine durch eine Erregerspannung kompensiert, so wächst der Drehmomentfluß und der Transformatorfluß bei Leerlauf gegenüber denen des Induktionsmotors, und da die hinzutretenden Eisenverluste zum größten Teil mechanisch gedeckt werden, ist die Leerlauftourenzahl des Nebenschlußmotors um einige Zehntel Prozent kleiner als die des Induktionsmotors. Dies zeigen die folgenden Messungen an einem 8 PS-Nebenschlußmotor für 200 Volt und 1500 Umdrehungen bei 50 Perioden von Brown Boveri & Co., der im E. I. zu Karlsruhe untersucht worden ist[1]).

Erregerspannung kP	Schlüpfung bei Leerlauf		Erregerstrom J_3	$\cos \varphi$ bei Leerlauf	
0,0 Volt	$-\,0{,}93\,^0/_0$		22,5 Amp.	0,194	
2,0 „	$-\,0{,}90\,^0/_0$	über-	25,0 „	0,306	verzögert
4,1 „	$-\,0{,}65\,^0/_0$	synchron	28,0 „	0,510	
6,2 „	$-\,0{,}23\,^0/_0$		30,0 „	0,440	voreilend

In Fig. 292 sind die Bremskurven dargestellt, und zwar I. für kurzgeschlossene Erregerbürsten als Induktionsmotor, II. als Nebenschlußmotor. Fig. 293 zeigt die Schlüpfung als Funktion der Belastung in mkg.

Mit Rücksicht auf den Wirkungsgrad wird man die Erregerspannung kP nicht zu groß machen, denn wir haben schon auf S. 496 gesehen, daß zur Erreichung der Phasenkompensation eine Voreilung des Rotorarbeitsstromes J_2 gegen den Drehmomentfluß erforderlich ist, wodurch der Wirkungsgrad abnimmt. Man wird die Erregerspannung etwa nicht größer machen, als daß bei Leerlauf der wattlose Strom angenähert Null wird, dann hat man bei Belastung eine geringe Phasenverzögerung. Es soll dann der Rotorstrom bei Leerlauf in Fig. 291 $\overline{P_s P_{aN}} \simeq J_{10}$ sein, wenn J_{10} der Magnetisierungsstrom ist.

---

[1]) Siehe A. Fraenckel: Der einphasige kompensierte Nebenschlußmotor. Dissertation Karlsruhe 1908 (Springer).

Bei Synchronismus ist

$$\mathfrak{J}_2'{\left(\tfrac{c_r}{c}=1\right)} = j\mathfrak{J}_3' - jk\,\frac{\mathfrak{P}}{r_2' - j\,(x_2' - x_N')} \quad \text{(s. Gl. 125).}$$

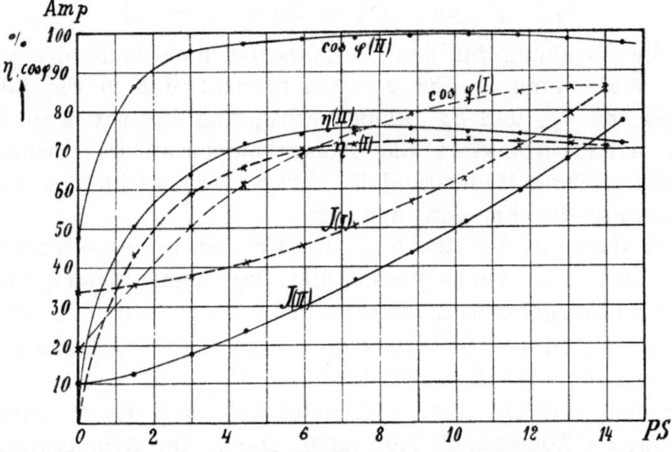

Fig. 292. Bremskurven eines 8 PS-Motors als Induktionsmotor (I) und als
Nebenschlußmotor (II).

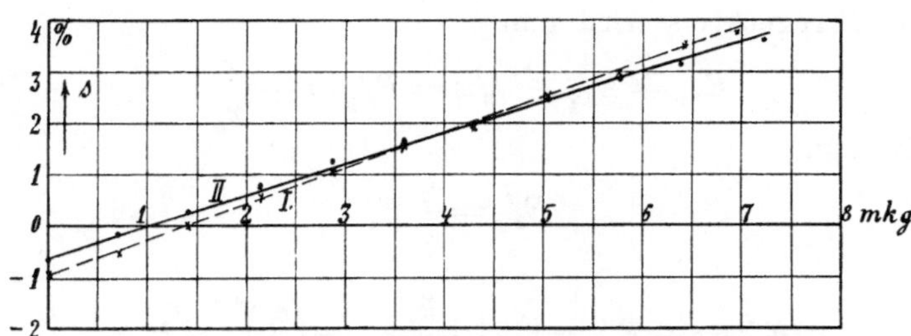

Fig. 293. Schlüpfung als Funktion des Belastungsmomentes beim Induktionsmotor (I) und beim Nebenschlußmotor (II).

$j\mathfrak{J}_3'$ ist der wattlose Leerlaufstrom des Rotorarbeitskreises beim
Induktionsmotor. Er ist etwa ebenso groß wie der Magnetisierungsstrom des Stators J_{10}. Soll nun

$$\mathfrak{J}_2'{\left(\tfrac{c_r}{c}=1\right)} = -\,\mathfrak{J}_{10}$$

sein, so wird, wenn wir $(x_2' - x_N')$ gegen r_2' vernachlässigen,

$$-\,\mathfrak{J}_{10} = \mathfrak{J}_{10} - jk\,\frac{\mathfrak{P}}{r_2'}$$

oder

$$kP \cong 2\,J_{10}\,r_2'.$$

Die Erregerspannung soll etwa doppelt so groß sein wie der

Ohmsche Spannungsabfall des Magnetisierungsstromes im Rotor und an den Bürsten. Sie hängt also hauptsächlich vom Bürstenübergangswiderstand ab. Ist

$$r_2' \lessgtr r_3' \quad \text{und} \quad (x_2' - x_N') \lessgtr (x_3' - x_N'),$$

so gilt die Gleichung für den Leerlaufstrom nicht mehr streng. Ein größerer Widerstand im Erregerkreis bewirkt, daß in Fig. 286 der $\not\subset \beta$ zwischen $E_{3\,r}'$ und $E_{3\,p}'$ kleiner wird, und dies hat ja zur Folge, daß im Arbeitsstromkreis die Phasenkompensation verschlechtert wird. Ein größerer Widerstand im Erregerkreis wirkt also wie eine Verkleinerung der Erregerspannung.

Wird dagegen die Reaktanz des Erregerkreises vergrößert, so bedeutet dies eine Verkleinerung des Drehmomentflusses, und der von ihm im Erregerkreis induzierten EMK der Pulsation. In Fig. 286 würde ja ein Teil von $\overline{OF}$ durch die eingeschaltete Reaktanz x verbraucht und nur der Rest würde gleich $E_{3\,p}'$ sein.

Bei dem verkleinerten Drehmomentfluß muß die Maschine bei einer höheren Tourenzahl leerlaufen, damit im Arbeitsstromkreis die EMK E_1 von der Rotations-EMK $E_{2\,r}'$ ausbalanciert wird.

Bei Leerlauf ist ja sehr angenähert $E_{2\,r}' = E_1$.

Im Erregerkreis wird nun

$$E_{3\,r}' \eqsim E_{3\,p}' + J_3' x = E_{3\,p}' \left(1 + \frac{x}{x_a}\right).$$

Da nun

$$E_{3\,r}' = \frac{c_r}{c} E_1$$

und

$$E_{2\,r}' = \frac{c_r}{c} E_{3\,p}' = \left(\frac{c_r}{c}\right) \frac{E_{3\,r}'}{1 + \dfrac{x}{x_a}} = \left(\frac{c_r}{c}\right)^2 \frac{E_1}{1 + \dfrac{x}{x_a}}$$

ist, wird also

$$E_1 - E_{2\,r}' = E_1 \left[1 - \left(\frac{c_r}{c}\right)^2 \frac{1}{1 + \dfrac{x}{x_a}}\right] = 0,$$

wenn

$$\frac{c_r}{c} = \sqrt{1 + \frac{x}{x_a}}$$

ist.

Die Einschaltung einer Drosselspule in den Erregerkreis verlegt also das Arbeitsgebiet sowohl für den Motor wie für den Generator auf eine höhere als die synchrone Geschwindigkeit. Prinzipiell bleibt sonst das Spannungsdiagramm (Fig. 286) und das Stromdiagramm (Fig. 291) unverändert. Die Arbeitsweise der Maschine ist also genau die gleiche, nur daß für die Arbeitsweise in der Nähe des Synchronismus das Drehfeld nahezu symmetrisch ist, d. h.

$$\Phi_q \cong \Phi,$$

während es bei der Arbeitsweise oberhalb Synchronismus elliptisch wird, nämlich sehr angenähert

$$\Phi \cong \Phi_q \frac{c}{c_r}.$$

Wir haben ja den Drehmomentfluß um so viel geschwächt, wie c_r größer wird als c, und der Transformatorfluß, der im Stator die EMK E_1 bedingt, muß ja, abgesehen vom Spannungsabfall, konstant bleiben. Ähnlich wie man bei einem Gleichstrom-Nebenschlußmotor das Feld und die Tourenzahl durch einen Widerstand im Erregerkreis einstellen kann, ist es bei dem Wechselstrommotor möglich durch eine Reaktanz.

Soll das Feld verstärkt werden und die Geschwindigkeit unterhalb Synchronismus liegen, so müßte die Reaktanz negativ sein, also statt einer Drosselspule ein Kondensator verwendet werden. Nach Arnold und la Cour kann die Reaktanz des Erregerkreises durch die auf Stator und Rotor verteilte Erregerwicklung in weiten Grenzen verkleinert und vergrößert werden, indem man die Statorerregerwicklung gegen den Rotorerregerkreis oder im gleichen Sinne schaltet und mehr oder weniger Teile der Statorerregerwindungen einschaltet.

95. Wirkungsweise eines Motors mit auf Stator und Rotor verteilter Erregung.

In Fig. 294 sei 4 die zusätzliche Statorerregerwicklung, von der Teile gegen die Rotorerregerwindungen oder im gleichen Sinn geschaltet werden können. Die übrigen Teile entsprechen dem Schema Fig. 285. Das Spannungsdiagramm ist in Fig. 295 z. B. für Gegenschaltung dargestellt, es entspricht vollständig dem der Fig. 286, abgesehen davon, daß im Erregerkreis jetzt $\overline{OF}$ die Differenz der vom Drehmomentfluß induzierten EMKe $E_{3\,p}' = \overline{OK}$ in den Rotorerregerwindungen und $E_4' = \overline{KF}$ in den Statorerregerwindungen wirksam ist, und daß $\overline{FG}$ jetzt den Spannungsabfall in beiden Erregerwicklungen $J_3' z_3'$ und $J_3' z_4'$ darstellt und daher entsprechend größer ist.

Die EMKe $E_{3\,p}'$ und E_4' verhalten sich wie die effektiven Windungszahlen $w_3 f_3$ und $w_4 f_4$.

Es wird also

$$E_{3\,p}' - E_4' = E_{3\,p}'\left(1 - \frac{w_4 f_4}{w_3 f_3}\right) = E_{3\,p}'(1 - \alpha),$$

wenn wir α als das Verhältnis der effektiven Erregerwindungen des Stators zu denen des Rotors einführen. Nun ist wieder

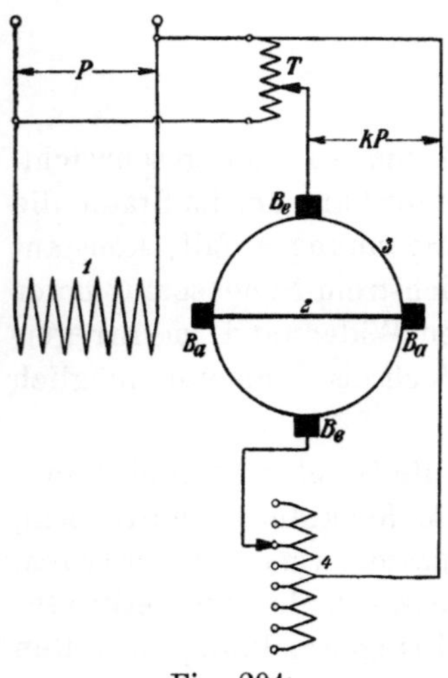

$$E_{3\,r}' = \frac{c_r}{c}\, E_1$$

und

$$E_{2\,r}' = \frac{c_r}{c}\, E_{3\,p}'.$$

Bei Leerlauf wird wieder im Arbeitskreis

$$E_{2\,r}' \cong E_1.$$

Im Erregerkreis halten nun, abgesehen von kleinen Größen, der Rotations-EMK $E_{3\,r}'$ die Spannungen $(E_{3\,p}' - E_4')$ vermehrt um die Reaktanzspannung des Erregerstromes $J_3'\,(x_3' + x_4')$, das Gleichgewicht.

Fig. 294.

Es ist also

$$E_{3\,r}' \cong (E_{3\,p}' - E_4') + J_3'\,(x_3' + x_4') = E_{3\,p}'(1 - \alpha) + J_3'\,(x_3' + x_4').$$

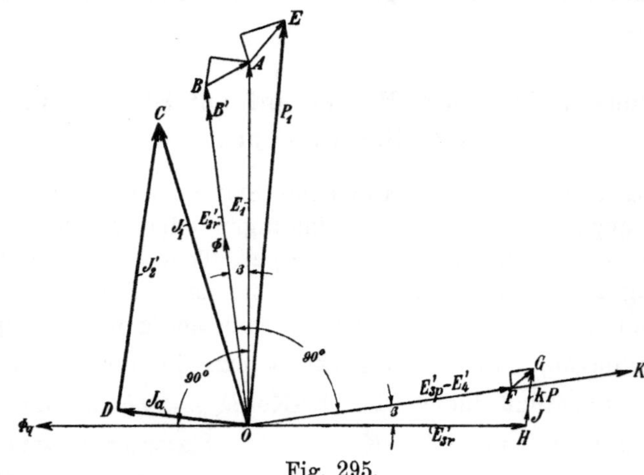

Fig. 295.

Setzen wir die Erregerreaktanz des Drehmomentflusses auf die Rotorwindungszahl bezogen gleich x_a, so ist sie für den Erregerkreis, dessen Windungszahl nun $(1 - \alpha)$ mal so groß ist, gleich $x_a(1 - \alpha)^2$, also

$$J_3' = \frac{E_3'{}_p - E_4'}{x_a(1-\alpha)^2} = \frac{E_3'{}_p(1-\alpha)}{x_a(1-\alpha)^2}\,.$$

Daher ist

$$E_3'{}_r = E_3'{}_p(1-\alpha)\left[1 + \frac{x_3' + x_4'}{x_a(1-\alpha)^2}\right].$$

Weil nun $E_3'{}_r = \frac{c_r}{c}\,E_1$ und $E_2'{}_r = \frac{c_r}{c}\,E_3'{}_p$ war, wird für Leerlauf, wo $E_2'{}_r \cong E_1$ sein muß,

$$E_1 \cong \left(\frac{c_r}{c}\right)^2 \frac{E_1}{(1-\alpha)\left[1 + \dfrac{x_3' + x_4'}{x_a(1-\alpha)^2}\right]}$$

oder

$$\frac{c_r}{c} \cong \sqrt{(1-\alpha)\left[1 + \frac{x_3' + x_4'}{x_a(1-\alpha)^2}\right]}.$$

Ersetzen wir hierin $-\alpha$ durch $+\alpha$, so erhalten wir auch die Leerlauftourenzahl für die gleichsinnige Schaltung von Rotor- und Statorerregerwindungen.

Wäre die Streuung sehr klein, also

$$x_3' + x_4' \cong 0,$$

so wäre

$$\frac{c_r}{c} = \sqrt{1 \pm \alpha}.$$

Das Korrektionsglied, das durch die Streuung hinzutritt, wird um so größer, je kleiner $(1-\alpha)$ ist. Es ist ja zu berücksichtigen, daß wir bei Regulierung unterhalb Synchronismus den Drehmomentfluß verstärken, und zwar wird angenähert

$$\Phi \cong \Phi_q \frac{c}{c_r}.$$

Da nun nur noch $(1-\alpha) \cong \left(\dfrac{c_r}{c}\right)^2$ mal so viel Erregerwindungen zur Erregung des Drehmomentflusses wirksam sind, wächst der Erregerstrom im Verhältnis $\left(\dfrac{c}{c_r}\right)^3$, also umgekehrt proportional der dritten Potenz der Geschwindigkeit, bei starker Sättigung noch etwas schneller. Außerdem ist es nötig, die zusätzlichen Reaktanzen durch ungleiche Verteilung von Stator- und Rotorerregerwindungen, die in $(x_3' + x_4')$ enthalten sind, besonders bei kleiner Geschwindigkeit klein zu halten, weil diese das Korrektionsglied vergrößern. Bei Übersynchronismus wird das Korrektionsglied verschwindend klein, um so mehr als wir in x_3' die Reaktanz x_N' (die gegenseitige Beeinflussung des Arbeits- und Erregerstromes) vernachlässigt haben.

Bei kleinen Geschwindigkeiten ist also die Wirksamkeit der auf Stator und Rotor verteilten Erregung durch Streuung und größere Verluste begrenzt. Durch den stärkeren Drehmomentfluß und Erregerstrom bei kleiner Geschwindigkeit wachsen die Verluste im Erregerkreis, dagegen wird bei gleichem Drehmoment der Arbeitsstrom wegen des stärkeren Drehmomentflusses kleiner, die Überlastungsfähigkeit steigt, die Verluste des Arbeitsstromes werden kleiner.

Bei hoher Geschwindigkeit ist es umgekehrt. Hier werden die Verluste im Erregerkreis kleiner, im Arbeitsstromkreis größer. Da nun die Leistung bei konstantem Drehmoment der Geschwindigkeit proportional ist, wird bei kleiner Geschwindigkeit der Wirkungsgrad etwas schneller fallen als bei hoher Geschwindigkeit. Bei hoher Geschwindigkeit fällt er deswegen, weil höhere Reibungs-, Eisen-, Kommutations- und Kurzschlußverluste gegenüber Synchronismus hinzutreten.

Während beim Lauf in der Nähe von Synchronismus nur verschwindend kleine Kurzschlußströme auftreten können, weil das Drehfeld nahezu symmetrisch ist, so treten solche bei Über- und Untersynchronismus auf, und zwar in den von den Arbeitsbürsten kurzgeschlossenen Spulen, die ja einen Teil des Erregerkreises bilden, dessen Spannung bei Entfernung vom Synchronismus wächst.

Induziert der Drehmomentfluß in den von einer Arbeitsbürste kurzgeschlossenen Spulen die EMK

$$\Delta e_p = \pi \sqrt{2}\, c\, S_k\, \frac{N}{2K}\, \Phi\, 10^{-8},$$

so ist die Rotations-EMK im Transformatorfluß (bei sinusförmiger Verteilung)

$$\Delta e_{\dot r} = \pi \sqrt{2}\, c_r S_k\, \frac{N}{2K}\, \Phi_q\, 10^{-8}$$

und die Resultierende

$$\Delta e = \Delta e_p - \Delta e_r = \pi \sqrt{2}\, c\, S_k\, \frac{N}{2K}\, \Phi_q \left(\frac{\Phi}{\Phi_q} - \frac{c_r}{c} \right) 10^{-8},$$

oder da

$$\Phi \cong \Phi_q\, \frac{c}{c_r}$$

ist, wird

$$\Delta e = \pi \sqrt{2}\, c\, S_k\, \frac{N}{2K}\, \Phi_q\, \frac{1 - \left(\dfrac{c_r}{c} \right)^2}{\dfrac{c_r}{c}}\, 10^{-8} = \text{konst.}\, \frac{1 - \left(\dfrac{c_r}{c} \right)^2}{\dfrac{c_r}{c}},$$

weil Φ_q nahezu konstant bleibt.

Wegen der Phasenverschiebung β zwischen den EMKen gilt dies nur angenähert. Die Kurzschlußströme steigen also bei Untersynchronismus schneller als bei Übersynchronismus. Im ersten Falle ist Δe positiv, weil

$$c\,\Phi > c_r\,\Phi_q$$

ist, im zweiten Falle negativ; d. h. im ersten Falle bedingen sie eine Voreilung des Erregerstromes J_3 gegen den Drehmomentfluß, im zweiten eine Verzögerung. Diese Verschiebung zwischen Erregerstrom und Drehmomentfluß macht sich in der Erregerspannung geltend, die zur Phasenkompensation erforderlich ist. Denken wir uns in Fig. 295 alle Größen konstant und nur $\overline{FG} = J_3'\,(z_3' + z_4')$ entsprechend der Voreilung von J_3 gegen Φ bei Untersynchronismus um den Punkt F im Sinne der Voreilung gedreht, so sehen wir, daß eine kleinere Erregerspannung kP erforderlich ist. Bei Übersynchronismus ist es umgekehrt, weil J_3 gegen Φ verzögert wird.

Die Kurzschlußströme verbessern also, wie allgemein bei indirekt gespeisten Maschinen, den Leistungsfaktor bei Untersynchronismus und verschlechtern ihn bei Übersynchronismus.

Die Kurzschlußströme können mit dem Transformatorfluß, mit dem sie zeitlich in Phase sind, ein Drehmoment bilden, das bei Untersynchronismus motorisch, bei Übersynchronismus generatorisch wirkt. Der Erregerstrom J_3 besitzt aber eine Komponente $J_3 \sin \alpha$, deren MMK die der Kurzschlußströme kompensiert, d. h. ihr entgegengesetzt gleich ist. Dieser Strom durchfließt den Rotorerregerkreis und bildet hier mit dem Transformatorfluß ein entgegengesetzt gerichtetes Moment wie die Kurzschlußströme. Das resultierende Moment ist aber nicht Null, denn die Größe des Stromes $J_3 \sin \alpha$ ist, wenn AW_k die MMK der Kurzschlußströme ist,

$$J_3 \sin \alpha = \frac{AW_k}{w_3 f_3 (1 \pm \alpha)}.$$

Seine MMK im Rotor ist also

$$\frac{AW_k}{1 \pm \alpha},$$

d. h. bei Untersynchronismus sind die den Kurzschlußströmen entgegengerichteten Amperewindungen in den Rotorerregerwindungen allein größer als die der Kurzschlußströme. Es bleibt also als Differenz ein kleines generatorisches Drehmoment. Bei Übersynchronismus sind die entgegengerichteten Rotoramperewindungen kleiner als die der Kurzschlußströme, und weil diese hier generatorisch wirken, bleibt wieder ein kleines bremsendes Moment.

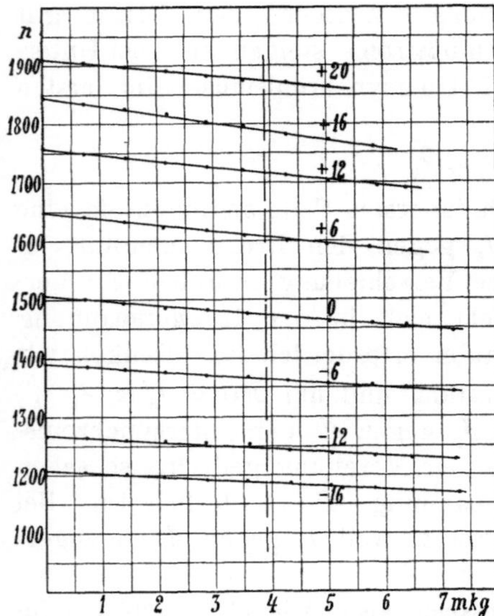

Fig. 296. Regulierkurven eines 8 PS-Nebenschlußmotors der A.-G. Brown Boveri & Co. nach Arnold und la Cour.

Die Leerlauftourenzahl wird also durch die Kurzschlußströme hier nicht erhöht, wie es bei dem doppeltgespeisten Nebenschlußmotor (s. Kap. XX) der Fall sein kann.

Fig. 296 zeigt die an dem auf S. 514 erwähnten Motor aufgenommenen Regulierkurven $n = f(\vartheta)$. Die eingetragenen Zahlen bezeichnen die Windungszahl der Statorerregerwicklung.

Fig. 297 zeigt Strom, Wirkungsgrad und Leistungsfaktor a) bei halbem, b) bei vollem und c) bei anderthalbfachem normalem Drehmoment als Funktion der Umdrehungszahl.

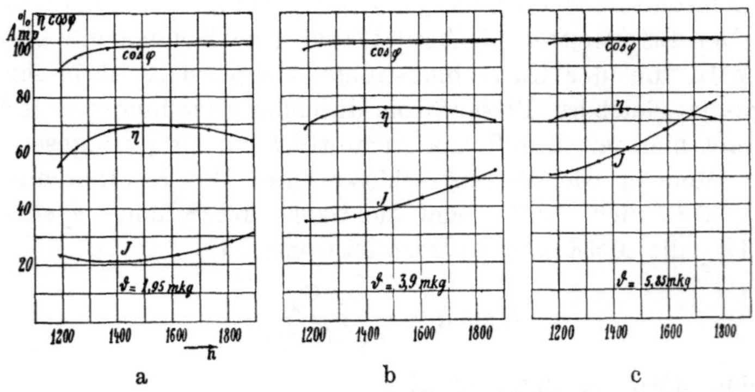

Fig. 297. Strom, Wirkungsgrad und Leistungsfaktor als Funktion der Umdrehungszahl für $\frac{1}{2}$, 1 und $1\frac{1}{2}$ Drehmoment.

96. Motoren mit gemischter Erregung.

Wie bei den Mehrphasenmotoren läßt sich auch bei den Einphasenmotoren gemischte Erregung anwenden. Ein derartiger Doppelschlußmotor ist in Fig. 298 schematisch dargestellt. Die Erregerwicklungen des Stators und Rotors sind hier gegeneinander geschaltet, so daß der Motor bei Leerlauf untersynchron läuft. Da der Arbeitsstrom auch die Statorerregerwicklung durchfließt, ergibt sich bei Belastung ein größerer Tourenabfall als bei dem reinen Nebenschlußmotor. Dieser Motor ist zuerst von E. Arnold und J. L. la Cour im D. R. P. 165053 angegeben worden.

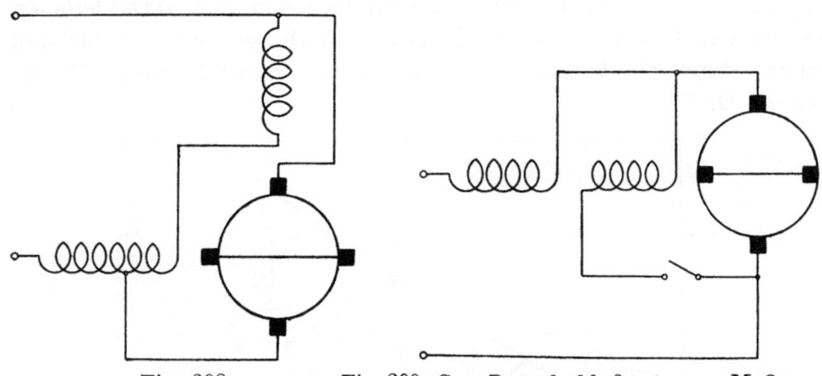

Fig. 298.   Fig. 299. Sog. Doppelschlußmotor von M. Osnos.

Einen ähnlichen Doppelschlußmotor hat M. Osnos[1]) bei den F. G. Lahmeyerwerken ausgeführt. Dieser ist schematisch in Fig. 299 dargestellt.

Der Stator besitzt zwei gleichachsige Wicklungen, von denen die eine, die die Hilfsspannung zur Kompensation liefert, mit Hilfe eines Schalters parallel zu den Erregerbürsten gelegt werden kann. Bei geschlossenem Schalter liegt der Rotor in Serie mit der Statorarbeitswicklung und parallel zur Statorhilfswicklung.

Bei offenem Schalter verhält sich der Motor wie eine gewöhnliche Reihenschlußmaschine, bei geschlossenem Schalter dagegen wie ein kompensierter Nebenschlußmotor und läuft mit nahezu konstanter Geschwindigkeit bei allen Belastungen.

Aber nicht nur durch Kombination verschiedener Wicklungen, sondern auch durch das Vorschalten einer Drosselspule oder eines Widerstandes vor die Erregerbürsten lassen sich Motortypen schaffen, deren Charakteristiken zwischen jenen des Nebenschluß- und des Hauptschlußmotors liegen.

Fig. 300 zeigt schematisch einen derartigen Motor, der von der Allmänna Svenska El. A. B. ausgeführt

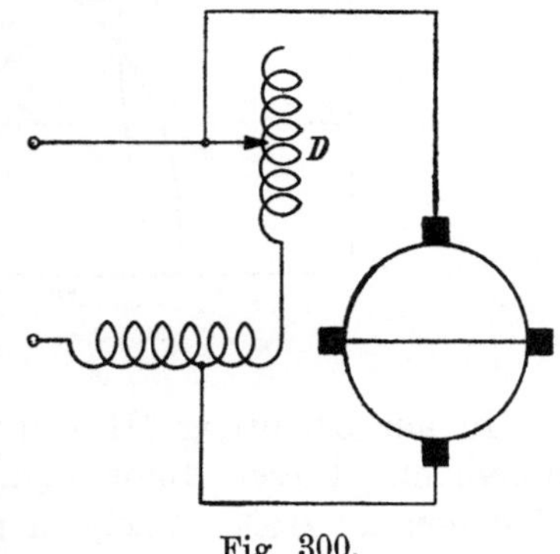

Fig. 300.

____

1) ETZ 1907, S. 336.

wird. Wenn die Drosselspule D nicht eingeschaltet ist, verhält sich der Motor wie ein reiner Nebenschlußmotor. Bei Vorschaltung einer Reaktanz geht die Charakteristik des Motors fast in die eines Hauptschlußmotors über. Fig. 301 zeigt verschiedene Belastungskurven für einen Motor von 110 Volt und 50 Perioden, bei verschiedenen Werten der Reaktanz der vorgeschalteten Drosselspule. I für den reinen Hauptschlußmotor, $x = \infty$, II für $x = 1\,\Omega$ und III für $x = 0{,}4\,\Omega$.

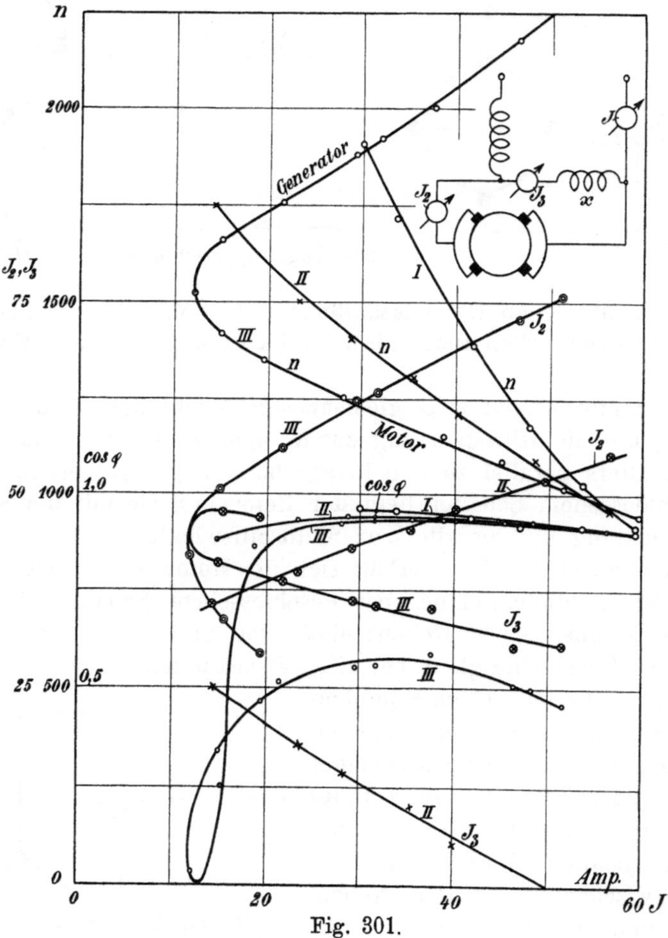

Fig. 301.

In der Schaltung III wurde die Maschine auch als Generator untersucht. Dieser Motor eignet sich besonders in jenen Fällen, bei denen ein großes Anzugsmoment und eine begrenzte Tourenzahl bei Leerlauf verlangt wird, ohne daß an der Schaltung etwas geändert wird.

Ersetzt man die Drosselspule durch einen Widerstand, so kann dieser zum Anlassen verwendet werden. Beim Betrieb wird dieser Widerstand natürlich ausgeschaltet.

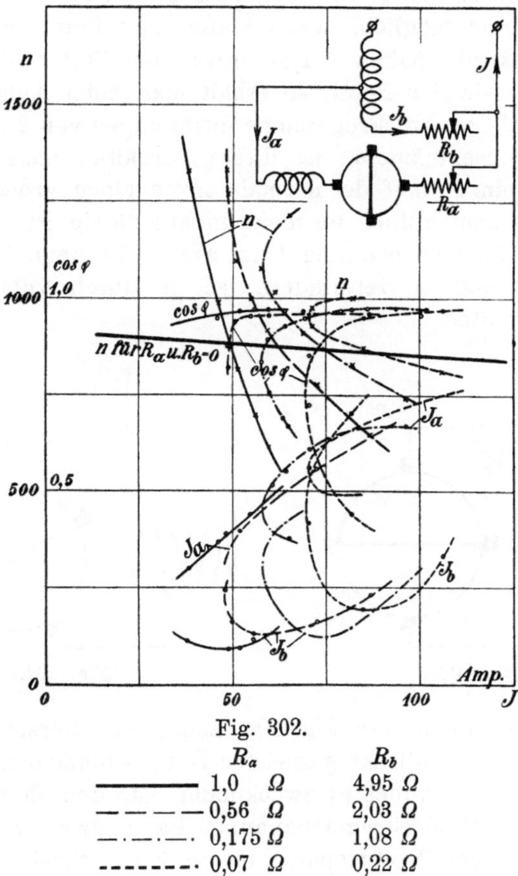

Fig. 302.

	R_a	R_b
——————	1,0 Ω	4,95 Ω
—————	0,56 Ω	2,03 Ω
—·—·—·	0,175 Ω	1,08 Ω
-------	0,07 Ω	0,22 Ω

Fig. 302 zeigt die Abhängigkeit von Tourenzahl n, $\cos\varphi$ und der Ströme J_a und J_b vom Hauptstrom bei verschiedenen Widerständen R_a und R_b.

97. Anlaßmethoden.

Da der indirekt gespeiste Nebenschlußmotor als solcher nicht anläuft, ist es nötig, ihn zum Anlauf in einen Hauptschlußmotor umzuschalten. Fig. 303 zeigt eine Schaltung, bei der die Statorarbeitswicklung gleichzeitig als Nebenschlußtransformator verwendet wird. Öffnet man den Schalter S, so ist die Maschine ein indirekt gespeister Hauptschlußmotor mit Rotorerregung, der mit großem

Moment anläuft und sobald die Spannung am Schalter fast Null
geworden ist, kann er geschlossen werden, und die Maschine läuft
als Nebenschlußmotor weiter.

Die Reihenschaltung von Stator und Rotor beim Anlauf ist
freilich nur dann möglich, wenn Stator und Rotor ein passendes
Windungsverhältnis haben. Hat etwa der Stator die doppelte
Windungszahl wie der Rotor, so erhält man beim Anlauf ein Verhältnis von Arbeits- zu Erregeramperewindungen von 2 zu 1. Beim
Lauf als Nebenschlußmotor ist dieses Verhältnis meist größer, es
ergibt dann beim Anlauf der normale Strom einen größeren als den
normalen Drehmomentfluß, der meist nicht zulässig ist. Eine Herabsetzung der Klemmenspannung beim Anlauf ist dann immer nötig,
um den Stromstoß zu vermindern, sei es durch Anlaßwiderstand
oder Transformator.

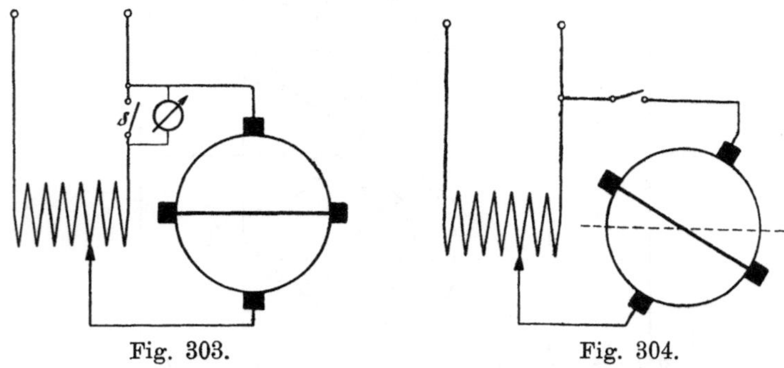

Fig. 303.   Fig. 304.

Man kann auch, wie Fig. 304 zeigt, die Bürsten verstellen
und den Motor als indirekt gespeisten Hauptschlußmotor mit Statorerregung anlassen, wobei es zweckmäßig ist, den Erregerkreis zu
öffnen. Die kleine Erregerspannung kann zwar bei Stillstand
keinen wesentlichen Drehmomentfluß im Erregerkreis hervorrufen.
Der Erregerkreis wirkt aber bei Stillstand wie ein Kurzschluß
gegenüber dem vom Stator senkrecht zu den kurzgeschlossenen
Arbeitsbürsten erzeugten Kraftfluß und drosselt ihn zum Teil ab,
so daß der Motor bei sehr großem Stromstoß nur ein kleines Drehmoment entwickeln würde. Auch hier wird bei Synchronismus die
Spannung zwischen den Schalterklemmen fast Null, so daß man
den richtigen Augenblick der Umschaltung durch ein Voltmeter
erkennen oder die Umschaltung durch ein Relais betätigen lassen
kann. Nach dem Anlauf werden die Bürsten zurückverschoben.

Bei Maschinen mit Sehnenkurzschlüssen nach Latour läßt
sich die Achsenverschiebung ohne weiteres durch Umschaltung der
Kurzschlüsse bewerkstelligen.

Zwanzigstes Kapitel

Doppelt gespeiste Nebenschlußmotoren.

98. Der doppelt gespeiste Nebenschlußmotor mit Rotorerregung. — 99. Der doppelt gespeiste Nebenschlußmotor mit auf Stator und Rotor verteilter Erregung.

98. Der doppelt gespeiste Nebenschlußmotor mit Rotorerregung.

Fig. 305 zeigt einen doppelt gespeisten Nebenschlußmotor nach Winter und Eichberg, bei dem ein Transformator T als Spannungsteiler verwendet ist und einige sekundäre Windungen des Transformators zur Entnahme der Erregerspannung für den Erregerkreis des Rotors dienen.

Der Transformator läßt sich auch ohne wesentliche Änderung der Wirkungsweise mit dem Stator vereinigen, wie von Punga angegeben ist.

Wir reduzieren wieder alle sekundären Größen auf die primäre Windungszahl.

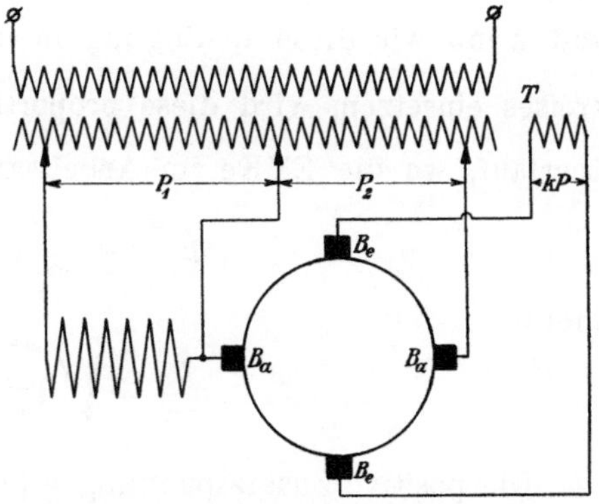

Fig. 305. Doppelt gespeister Nebenschlußmotor.

Im Arbeitsstromkreise wirkt hier die Summe der vom Stator im Rotor induzierten EMK E_1, und der dem Rotor zugeführten Spannung P_2', die bei gleicher Richtung wie P_1 positiv zu rechnen ist und als Zusatzspannung wirkt, während sie bei entgegengesetzter Richtung negativ zu rechnen ist und als Gegenspannung wirkt. Abgesehen vom primären Spannungsabfall ist $E_1 \cong P_1$, und der Transformatorfluß, der um 90^0 dagegen verzögert ist, ist der primären Arbeitsspannung P_1 proportional.

Im Arbeitsstromkreise wirkt also die Summe von E_1 und P_2', oder angenähert

$$E_1 \left(1 \pm \frac{P_2'}{P_1}\right),$$

die proportional

$$c\,\Phi_q \left(1 \pm \frac{P_2'}{P_1}\right)$$

ist. Diese resultierende Spannung muß abgesehen vom Spannungsabfall gleich sein der Rotations-EMK $E_{2\,r}'$ im Drehmomentfluß, die proportional $c_r\,\Phi$ ist.

Die Spannung kP am Erregerkreise ist wieder klein und dient zur Kompensation der Phasenverschiebung. Sie ist beim Lauf nahezu in Phase mit dem Drehmomentfluß. Im wesentlichen muß daher für den Erregerkreis Gleichheit der um 90^0 gegen den Drehmomentfluß phasenverschobenen EMKe bestehen, d. h. der Rotations-EMK $E_{3\,r}'$, die proportional $c_r\,\Phi_q$ ist, und der Pulsations-EMK $E_{3\,p}'$, die proportional $c\,\Phi$ ist.

Es ist daher

$$\Phi = \frac{c_r}{c}\,\Phi_q,$$

und wenn wir diese Bedingung in die Rotations-EMK des Arbeitskreises einsetzen, wird diese proportional $\dfrac{c_r{}^2}{c}\,\Phi_q$. Daher wird bei Leerlauf, wo die EMKe im Arbeitskreise sich aufheben:

$$c\,\Phi_q \left(1 \pm \frac{P_2'}{P_1}\right) = \frac{c_r{}^2}{c}\,\Phi_q$$

oder

$$\frac{c_r}{c} = \sqrt{1 \pm \frac{P_2'}{P_1}} \quad \ldots \ldots \ldots \quad (132)$$

Die positive Zusatzspannung gibt also eine übersynchrone Leerlauftourenzahl, die negative Gegenspannung eine untersynchrone. $P_2' = 0$ gibt wieder den indirekt gespeisten Nebenschlußmotor, der bei Synchronismus leer läuft. Wie für die doppelt gespeisten Einphasen-Hauptschlußmotoren und für die doppelt gespeisten Mehrphasenmotoren ergibt sich daraus auch hier, daß die mechanische Leistung des Motors bei Übersynchronismus der Summe der elektrischen Leistungen entspricht, die dem Stator und Rotor vom Netz zugeführt werden; bei Untersynchronismus ist sie die Differenz der dem Stator zugeführten und der vom Rotor an das Netz zurückgegebenen Leistung, bei Synchronismus (indirekt gespeister Motor) entspricht sie der vom Stator aufgenommenen Leistung, jeweils nach Abzug der Verluste.

Die Geschwindigkeit, bei der das Arbeitsgebiet liegt, verhält sich also zur synchronen wie die Quadratwurzel aus dem Verhältnis der Summe der Arbeitsspannungen an Stator und Rotor zur Statorspannung.

Dieses Verhältnis kann in verschiedener Weise geregelt werden, entweder durch Veränderung der Rotorspannung allein oder beider Spannungen. Maßgebend dafür ist die Funkenbildung und die Überlastungsfähigkeit. Da die maximale Leistung (abgesehen von kleinen Größen) angenähert proportional dem Quadrate der Summe der Arbeitsspannungen ist, ist sie, wie aus Gl. 132 für die Geschwindigkeit folgt, proportional

$$(P_1 \pm P_2')^2 = \left(\frac{c_r}{c}\right)^4 P_1{}^2.$$

Da das maximale Drehmoment proportional der maximalen Leistung und umgekehrt proportional der Geschwindigkeit ist, wird das maximale Drehmoment angenähert proportional $\left(\frac{c_r}{c}\right)^3 P_1{}^2$.

Verändert man nur die Rotorarbeitsspannung und läßt die Statorarbeitsspannung konstant, so ist die Überlastungsfähigkeit proportional der dritten Potenz der Geschwindigkeit, bei Regulierung unterhalb Synchronismus würde sie daher außerordentlich schnell abnehmen. Dies folgt daraus, daß einerseits, wie die Gleichung der Flüsse zeigt, bei konstanter Statorarbeitsspannung (also angenähert konstantem Werte von Φ_q) der Drehmomentfluß der Geschwindigkeit proportional ist, d. h. er ist bei Untersynchronismus kleiner, bei Übersynchronismus größer als der Transformatorfluß, umgekehrt wie es bei Regulierung der Erregerreaktanz bei konstanter Statorarbeitsspannung der Fall ist, und daß andererseits durch die Gegenspannung bei Untersynchronismus die Stromaufnahme des Arbeitskreises vermindert, durch die Zusatzspannung bei Übersynchronismus die Stromaufnahme vergrößert wird.

Die geringste Änderung der Überlastungsfähigkeit ergibt sich, wenn man $P_1 \frac{c_r}{c}$ konstant hält, d. h. die primäre Arbeitsspannung umgekehrt proportional der Geschwindigkeit einstellt, denn dann wird das maximale Drehmoment nur noch proportional $\frac{c_r}{c}$ sein, die Überlastungsfähigkeit wird sich nur einfach proportional mit der Geschwindigkeit ändern. Hierbei würde der Transformatorfluß umgekehrt proportional der Geschwindigkeit geändert und der Drehmomentfluß konstant bleiben.

Setzen wir die Statorarbeitsspannung bei Synchronismus P_{1s}, so wird also für diesen Fall

$$P_1 = P_{1s} \frac{c}{c_r},$$

da ferner

$$\frac{P_1 \pm P_2'}{P_1} = \left(\frac{c_r}{c}\right)^2$$

ist, wird

$$P_1 \pm P_2' = P_1 \left(\frac{c_r}{c}\right)^2 = P_{1s} \frac{c_r}{c},$$

und

$$P_2' = \pm P_1 \left[\left(\frac{c_r}{c}\right)^2 - 1\right] = \pm P_{1s} \frac{\left(\frac{c_r}{c}\right)^2 - 1}{\left(\frac{c_r}{c}\right)}$$

sein müssen.

Was nun die Funkenbildung anbetrifft, so ist die Gefahr des Feuerns hier für die Erregerbürsten am größten, weil ja bei Regulierung oberhalb oder unterhalb Synchronismus die Spannung am Arbeitsstromkreise des Rotors wächst, von dem die von den Erregerbürsten kurzgeschlossenen Spulen einen Teil bilden. Nehmen wir an, daß die Spannung am ganzen Rotor sich auf die kurzgeschlossenen Spulen nach Maßgabe der effektiven Windungszahlen verteilt, so würde also hier die Resultierende der von den Hauptflüssen in den von den Erregerbürsten kurzgeschlossenen Spulen induzierten EMKe bei der zuletzt erwähnten Regelung sich ebenso wie die ganze Rotorspannung ergeben zu:

$$\varDelta e = \text{konst.} \; \frac{1 - \left(\frac{c_r}{c}\right)^2}{\frac{c_r}{c}},$$

worin die Konstante die vom Transformatorfluß bei Synchronismus induzierte EMK der Pulsation

$$\varDelta e_p = \pi \sqrt{2}\, c\, S_k \frac{N}{2K} \Phi_{qs}\, 10^{-8}$$

ist. Hier würden sich also die Erregerbürsten genau so verhalten wie die Arbeitsbürsten beim indirekt gespeisten Motor, dessen Geschwindigkeit durch die auf Stator und Rotor verteilte Erregung bei konstanter Arbeitsspannung geregelt wird. Die Arbeitsbürsten kommutieren beim doppelt gespeisten Motor besser. Nur erfordert die hier zugrunde gelegte Regulierung zwei Einstellungen, die der Stator- und der Rotorspannung. Würde man die Statorarbeitsspannung konstant lassen und nur die Rotorspannung ändern, so würde dies neben der starken Abnahme der Überlastungsfähigkeit bei Untersynchronismus, die wir schon betrachtet haben, ein viel schnelleres Anwachsen der Funkenspannung der Erregerbürsten bei Übersynchronismus ergeben. Weil nämlich immer

$$P_2' = \mp P_1 \left[1 - \left(\frac{c_r}{c} \right)^2 \right]$$

ist, wird

$$\varDelta e' = \pi \sqrt{2}\, c\, S_k \frac{N}{2K} \varPhi_q \left[1 - \left(\frac{c_r}{c} \right)^2 \right] 10^{-8},$$

also im Verhältnis $\dfrac{c_r}{c}$ größer sein als im ersten Falle und bei Über-

synchronismus wesentlich schneller wachsen.

Endlich kann man P_1 allein ändern und P_2' konstant lassen. Dies ist natürlich erst von einer bestimmten übersynchronen Geschwindigkeit an möglich. Ist P_2' konstant, so bleibt auch $\varDelta e'$ konstant.

Das Spannungsdiagramm unter Berücksichtigung des Spannungsabfalles zeigt Fig. 306 z. B. für eine Gegenspannung. Der Trans-

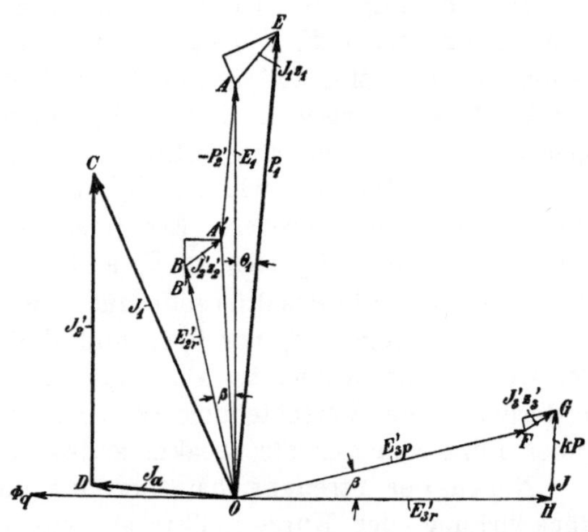

Fig. 306. Spannungsdiagramm des Motors Fig. 305.

formatorfluß $\varPhi_q$ bedingt die ihm um 90^0 voreilende Statorspannung $E_1 = \overline{OA}$, die unter Berücksichtigung der Gegeneinanderschaltung von Stator und Rotor auch die induzierte EMK $- E_{2\,p}'$ im Arbeitsstromkreise des Rotors darstellt. Der Statorstrom $J_1 = \overline{OC}$ und der auf primär reduzierte Rotorstrom $J_2' = \overline{DC}$ ergeben als Differenz den Magnetisierungsstrom $J_a = \overline{OD}$.

$E_1 = \overline{OA}$ vermehrt um $J_1 z_1 = \overline{AE}$ ergibt die Klemmenspannung $P_1 = \overline{OE}$ am Stator. Im Rotorarbeitsstromkreise wirkt E_1 entgegen zunächst die zugeführte Gegenspannung $- P_2' = \overline{AA'}$, die relativ

34*

zu P_1 entgegengerichtet ist. Nach Abzug von $J_2'z_2' = \overline{BA'}$ bleibt die Rotations-EMK $\overline{OB}$ im Drehmomentfluß, die wir wieder in

$$\overline{OB'} = E_{2\,r}' = 2\sqrt{2}\,c_r\,w_2\,\Phi\,\frac{w_1 f_1}{w_2 f_2}10^{-8}$$

und

$$\overline{B'B} = J_3'\,x_N'\,\frac{c_r}{c}$$

zerlegen können.

$\overline{OB'}$ ist also auch die Phase des Drehmomentflusses in bezug auf den Rotor, von dem aus betrachtet die Phase von Φ_q von O nach rechts erscheint (s. Kap. XIX, S. 493).

Im Erregerkreise ist nun $\overline{OH} = E_{3\,r}'$ die Rotations-EMK im Transformatorfluß, $\overline{HJ} = J_2'\,x_N'\,\frac{c_r}{c}$, $\overline{JG}$ die Erregerspannung kP, $\overline{OF} = E_{3\,p}'$, $\overline{FG} = J_3'z_3'$.

Hier bedingt die Phasenverschiebung Θ_1 zwischen E_1 und P_1, also auch zwischen E_1 und P_2' eine Verzögerung der aus E_1 und P_2' resultierenden EMK $\overline{OA'}$ gegen E_1 und daher eine Vergrößerung des Winkels β zwischen E_1 und $E_{2\,r}'$ gegenüber dem indirekt gespeisten Motor. Im Erregerkreise ist der Phasenverschiebungswinkel β der Winkel zwischen $E_{3\,r}'$ und $E_{3\,p}'$ und erfordert daher eine entsprechend größere Erregerspannung kP. Bei Übersynchronismus, wo $+P_2'$ sich zu E_1 addiert und dagegen um Θ_1 voreilt, wird auch die Resultierende aus beiden, $\overline{OA'}$, die dann größer als E_1 wird, gegen E_1 voreilen, und dadurch wird β verkleinert. Bei Übersynchronismus ist also eine kleinere Erregerspannung erforderlich. Die Verschiebung Θ_1 zwischen E_1 und P_1 hängt in erster Linie von der Streureaktanz des Stators ab.

Neben der Streuung hat hier auf die Leerlauftourenzahl die Rückwirkung der Kurzschlußströme einen großen Einfluß. Diese entstehen, wie wir gesehen haben, hauptsächlich in den von den Erregerbürsten kurzgeschlossenen Spulen. Sie magnetisieren also in der Arbeitsachse und bilden ein Drehmoment mit dem Drehmomentfluß, mit dem sie nahezu in Phase sind. Bedenken wir, daß auf sie die Transformator-EMK vom Transformatorfluß

$$\Delta e_p = \pi\sqrt{2}\,c\,S_k\,\frac{N}{2K}\,\Phi_q\,10^{-8}$$

und die Rotations-EMK am Scheitel des Drehmomentflusses, die bei sinusförmiger Verteilung

$$\Delta e_r = \pi\sqrt{2}\,c_r\,S_k\,\frac{N}{2K}\,\Phi\,10^{-8}$$

ist, wirken, und daß

$$\Phi \cong \frac{c_r}{c}\,\Phi_q$$

ist, so sehen wir, daß unterhalb Synchronismus

$$\Delta e_r < \Delta e_p,$$

oberhalb Synchronismus

$$\Delta e_r > \Delta e_p$$

ist. Die Kurzschlußströme werden bei Untersynchronismus durch die Transformator-EMK erzeugt, und die Rotations-EMK ist ihnen entgegengerichtet, d. h. sie ergeben eine motorische Leistung. Oberhalb Synchronismus ist es umgekehrt. Weil dort $\Delta e_r > \Delta e_p$ ist, werden die Kurzschlußströme durch Rotation erzeugt, sie wirken generatorisch.

Ist nun der Rotorstrom J_2' Null oder um 90^0 gegen Φ phasenverschoben, so würde dies, wenn keine Kurzschlußströme vorhanden wären, dem ideellen Leerlauf des verlustlosen Motors entsprechen. Bei Untersynchronismus wirken aber nun noch die Kurzschlußströme motorisch und der Motor wird erst bei einer höheren Tourenzahl leer laufen, bei der das motorische Moment der Kurzschlußströme das nun generatorisch gewordene Moment des Rotorarbeitsstromes gerade überwindet. Quantitativ läßt sich das nicht verfolgen, da wir die Größe der Kurzschlußströme nicht genau kennen. Es läßt sich aber folgendes übersehen: je größer man die Gegenspannung $-P_2'$ gegen P_1 macht, d. h. je mehr man untersynchron zu regulieren sucht, um so größer werden die Kurzschlußströme, um so mehr suchen sie den Motor wieder in die Nähe von Synchronismus zu bringen, und es folgt, daß es fast gar nicht möglich ist, den Motor wesentlich unterhalb Synchronismus leerlaufen zu lassen. Nach Messungen von Eichberg (ETZ 1908) wirkte eine Gegenspannung von $71\,^0/_0$ weniger als eine solche von $48\,^0/_0$. Die erste ergab statt $\dfrac{c_r}{c} = 0{,}535$ in Wirklichkeit 0,96, die zweite statt 0,72 in Wirklichkeit 0,92 usf.

Oberhalb Synchronismus wirken die Kurzschlußströme bremsend und erniedrigen die Leerlauftourenzahl. Allerdings sind die Kurzschlußströme bei hoher Geschwindigkeit und gleichem Wert von Δe viel schwächer als bei geringer Geschwindigkeit wegen der Wirkung der Selbstinduktion (s. Kap. XII), und da bei hoher Geschwindigkeit ein kleinerer Wert von Δe schon Funken hervorruft, wird die Wirkung nicht groß sein, solange die Bürsten nicht feuern. Nach denselben Messungen ergab eine Zusatzspannung von $96\,^0/_0$, $\dfrac{c_r}{c} = 1{,}4$ in Übereinstimmung mit der Rechnung.

Die Streuung erhöht meist die Tourenzahl, ihre Wirkung addiert sich also bei Untersynchronismus zu jener der Kurzschlußströme. Bei Übersynchronismus wirkt sie ihnen entgegen.

Die doppelte Speisung kann also nur als Mittel zur Regulierung bei Übersynchronismus angesehen werden, für kleine Geschwindigkeiten ist sie nicht wirksam.

Die Figuren 307a bis c stellen die Resultate der Messungen von F. Eichberg dar.

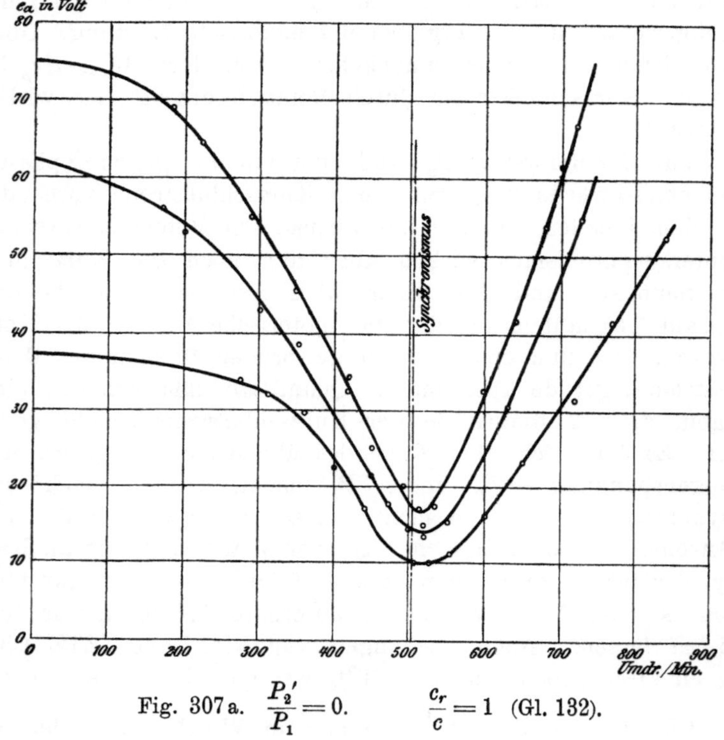

Fig. 307a. $\dfrac{P_2'}{P_1} = 0.$ $\qquad \dfrac{c_r}{c} = 1$ (Gl. 132).

Sie wurden in der Art ausgeführt, daß die Maschine angetrieben, nur dem Rotor die Erregerspannung kP zugeführt (in den Figuren mit e_a bezeichnet) und der Haupttransformator vom Netz abgeschaltet wurde, so daß die Arbeitswicklungen von Rotor und Stator lediglich durch den Transformator im Verhältnis $\dfrac{P_2'}{P_1}$ miteinander magnetisch gekuppelt waren. Für bestimmte Werte von $\dfrac{P_2'}{P_1}$ wurden bei verschiedenen Tourenzahlen die erforderlichen Werte der Rotorerregerspannungen bestimmt, um die Erregerströme J_3 von 22, 44 und 66 Amp. konstant zu halten. Man erhält V-förmige

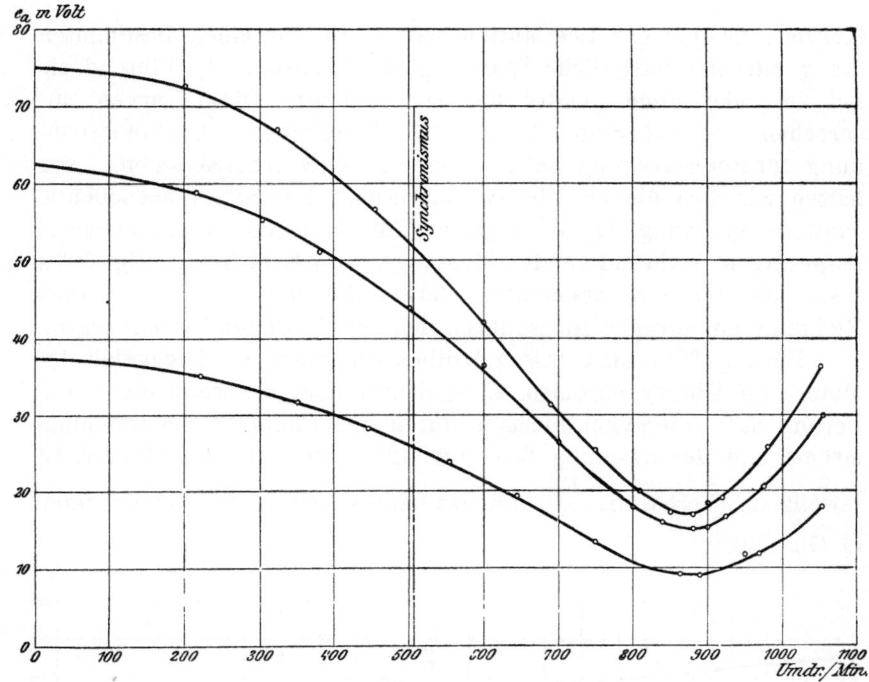

Fig. 307b.　$\dfrac{P_2'}{P_1} = 2{,}27.$　　　$\dfrac{c_r}{c} = 1{,}82.$

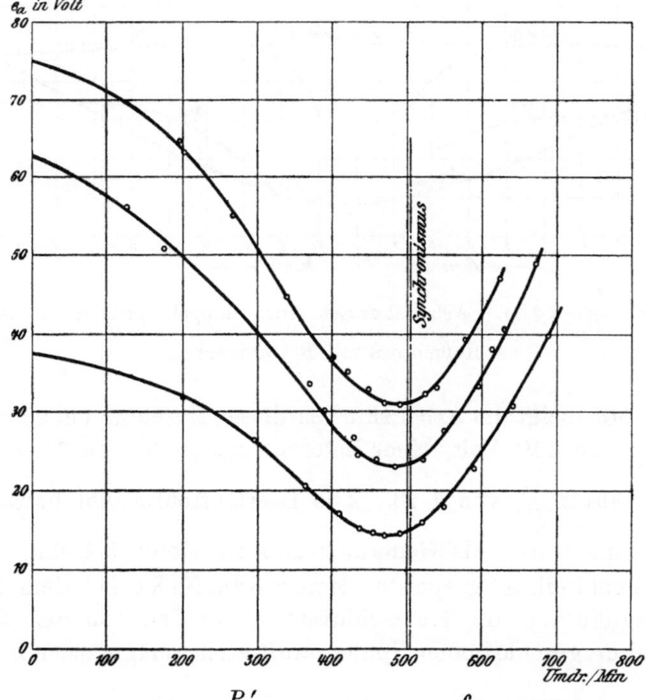

Fig. 307c.　$\dfrac{P_2'}{P_1} = -\,0{,}712.$　　　$\dfrac{c_r}{c} = 0{,}535.$

Kurven, da bei der Leerlauftourenzahl die für einen bestimmten
Erregerstrom erforderliche Spannung am kleinsten ist, während sie
bei zu- oder abnehmender Tourenzahl steigt. Diese Kurven entsprechen der auf Seite 330 Fig. 176 besprochenen Reaktanzspannung für Rotorerregung bei kurzgeschlossenen Arbeitsbürsten. Nur
hatten wir dort die bei Übersynchronismus dem Strom nacheilende
wattlose Spannung Jx als negativ (unterhalb der Abszissenachse)
aufgetragen, während in den Messungen von Eichberg (Fig. 307a
bis c) die ganze Rotorspannung dargestellt und stets in derselben
Richtung aufgetragen ist, wodurch sich der V-förmige Verlauf ergibt.

Die Fig. 307a bis c lassen deutlich erkennen, wie leicht sich der
Motor auf Übersynchronismus regulieren läßt, während die Regulierung auf Untersynchronismus durch den Einfluß der Kurzschlußströme und der Streuung fast unmöglich ist. In den Figuren ist
jeweils das Verhältnis $\dfrac{P_2'}{P_1}$ und das daraus berechnete $\dfrac{c_r}{c}$ eingetragen
(s. Gl. 132).

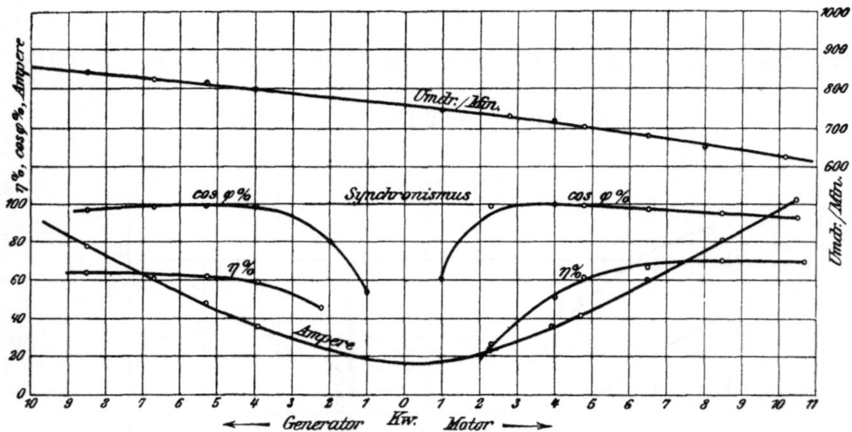

Fig. 308. $\dfrac{P_2'}{P_1} = 0{,}85$. Arbeitskurven eines doppelt gespeisten Nebenschlußmotors mit Rotorerregung.

Fig. 308 zeigt die Arbeitskurven dieser Maschine bei einer Netzspannung von 110 Volt, einer Rotorspannung kP von 15 Volt und
dem Verhältnis $\dfrac{P_1}{P_2'}$ von 1,18. Die Leerlauftourenzahl betrug 765,
die Maschine wurde als Generator und als Motor belastet.

Bei dem indirekt gespeisten Motor (Kap. XIX), bei dem bei der
Tourenregulierung die Kurzschlußströme in den von den Arbeitsbürsten kurzgeschlossenen Spulen auftreten, magnetisieren sie in

der Achse des Erregerkreises und wirken, wie wir dort gesehen haben, nicht erhöhénd auf die Leerlauftourenzahl.

Das Stromdiagramm des doppelt gespeisten Nebenschlußmotors läßt sich ganz analog wie das des indirekt gespeisten Nebenschlußmotors aus dem des Induktionskommutatormotors ableiten, es soll jedoch hier nur der Weg angedeutet werden, weil diese Diagramme keine Kreise ergeben und daher keinen großen praktischen Wert besitzen.

Der Rotorstrom $\mathfrak{J}_2'$ läßt sich hier in drei Teile zerlegen:

$$\mathfrak{J}_2' = \mathfrak{J}_{2\,i}' + \mathfrak{J}_{2\,d}' + \mathfrak{J}_{2\,c}'.$$

$\mathfrak{J}_{2\,i}'$ ist der Strom des Induktionskommutatormotors mit der Statorspannung P_1, der sich aus dem Kreisdiagramm dieses Motors (s. Kap. XIX) ohne weiteres ergibt. $\mathfrak{J}_{2\,d}'$ ist ein Strom, der durch die doppelte Speisung hinzutritt, und es ist

$$\mathfrak{J}_{2\,d}' = \mathfrak{J}_{2\,i}'\, \frac{P_2'}{P_1}\, \frac{\mathfrak{C}_1}{1 - \left(\dfrac{c_r}{c}\right)^2 \mathfrak{C}_e},$$

worin $\mathfrak{C}_e$ dieselbe Bedeutung wie in Kap. XIX, S. 501 hat. Er läßt sich in ganz ähnlicher Weise durch die Strahlen $\overline{P_\infty P}$ konstruieren, wie dort $\mathfrak{J}_{2\,i}'$, nur ergibt dieser Strom als Diagramm einen Kreis, so daß

$$\mathfrak{J}_{2\,i}' + \mathfrak{J}_{2\,d}',$$

der Rotorstrom des doppelt gespeisten Nebenschlußmotors, dessen Erregerspannung Null ist, wieder einen Kreis ergibt. Ist die Erregerspannung nicht Null, so tritt das dritte Glied

$$\mathfrak{J}_{2\,c}' = -j\frac{c_r}{c}\,\mathfrak{J}_{2\,i}'\,k\,\frac{P}{P_1}\,\frac{\mathfrak{C}_1\mathfrak{C}_e}{1 - \left(\dfrac{c_r}{c}\right)^2 \mathfrak{C}_e}$$

hinzu, der in genau derselben Weise wie beim indirekt gespeisten Motor gefunden wird und keinen Kreis ergibt.

Der ganze Arbeitsstrom (auf die Netzspannung P bezogen) wird dann

$$\mathfrak{J} = \mathfrak{J}_1\frac{P_1}{P} + \mathfrak{J}_2'\frac{P_2'}{P}$$

$$= \mathfrak{J}_{10}\frac{\mathfrak{P}_1}{\mathfrak{P}} + \mathfrak{J}_2'\frac{\dfrac{\mathfrak{P}_1}{\mathfrak{C}_1} + \mathfrak{P}_2'}{\mathfrak{P}},$$

worin $\mathfrak{J}_{10}$ der Magnetisierungsstrom des Stators bei offenem Rotor und der Spannung P_1 ist.

99. Der doppelt gespeiste Nebenschlußmotor mit auf Stator und Rotor verteilter Erregung.

Versieht man den doppelt gespeisten Nebenschlußmotor, wie auch schon von Punga angegeben ist, mit einer auf Stator und Rotor verteilten Erregerwicklung, so läßt sich hier eine viel weitgehendere Regulierung mit geringerer Funkenbildung erzielen als in den vorher beschriebenen Fällen. Fig. 309 stellt wieder das Schaltungsschema bei Verwendung eines Transformators zur Spannungsteilung und mit besonderen Windungen für die Erregerspannung dar.

Wir setzen das Verhältnis der Erregerwindungen im Stator zu denen im Rotor

$$\frac{w_4 f_4}{w_3 f_3} = \alpha.$$

Vernachlässigen wir zunächst wieder den Spannungsabfall, so wird im Erregerkreis die Gleichheit der gegen den Drehmomentfluß um ca. $90°$ phasenverschobenen EMKe bedingen, daß

$$E_{3r}' = E_{3p}' \pm E_4' = E_{3p}'(1 \pm \alpha)$$

ist, oder daß

$$c_r \Phi_q = c\,\Phi(1 \pm \alpha)$$

ist.

Im Arbeitsstromkreis wirkt $E_1\left(1 \pm \dfrac{P_2'}{P_1}\right)$ der Rotations-EMK E_{2r}' entgegen und es ist bei Leerlauf

$$E_1\left(1 \pm \frac{P_2'}{P_1}\right) = E_{2r}',$$

also

$$c\,\Phi_q\left(1 \pm \frac{P_2'}{P_1}\right) = c_r\,\Phi.$$

Da hierin

$$\Phi = \frac{c_r}{c}\frac{\Phi_q}{1 \pm \alpha}$$

ist, wird bei Leerlauf

$$\frac{c_r}{c} = \sqrt{\left(1 \pm \frac{P_2'}{P_1}\right)(1 \pm \alpha)}.$$

Macht man nun

$$\frac{\pm P_2'}{P_1} = \pm \alpha,$$

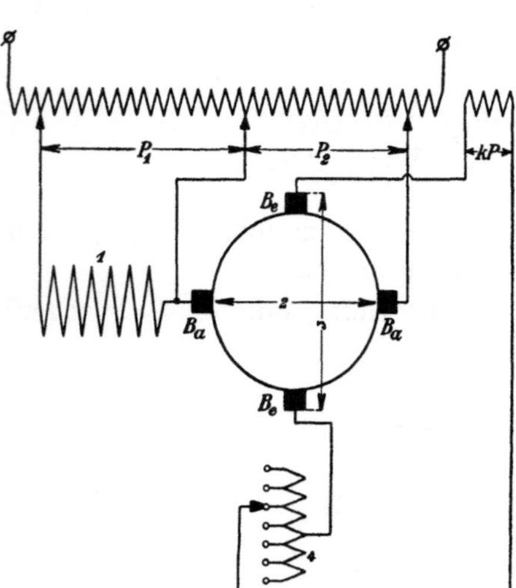

Fig. 309. Doppelt gespeister Nebenschlußmotor mit Stator- und Rotorerregung.

d. h. macht man die Gegenspannung bzw. Zusatzspannung im Arbeitsstromkreis des Rotors im Verhältnis zur Statorarbeitsspannung ebenso groß wie die gegen- bzw. gleichsinnig geschalteten Statorerregerwindungen im Verhältnis zu den Rotorerregerwindungen, so wird

$$\frac{c_r}{c} = 1 \pm \frac{P_2'}{P_1} = 1 \pm \alpha$$

und

$$\Phi = \Phi_q,$$

d. h. das Drehfeld bleibt unabhängig von der Geschwindigkeit symmetrisch.

Dies hat nun zur Folge, daß die Funkenspannung sowohl an den Arbeits- wie an den Erregerbürsten auftritt, aber weil sie jetzt nur entsprechend der Schlüpfung, d. h. linear mit der Entfernung von Synchronismus wächst, kann man die Umdrehungszahl viel weiter von Synchronismus entfernen, ehe sie den gleichen Wert erreicht, wie bei Regulierung im Arbeitsstromkreis allein oder im Erregerkreis allein, bei der sie quadratisch mit der Entfernung von Synchronismus zunimmt. Es wird also gewissermaßen die bei den beiden Einzelregulierungen entweder an den Arbeits- oder an den Erregerbürsten auftretende Funkenspannung auf beide Bürstenarten verteilt, wobei jede nur entsprechend weniger erhält.

Setzt man das maximale Drehmoment wieder proportional $\dfrac{(P_1 \pm P_2')^2}{\dfrac{c_r}{c}}$, so wird es hier proportional $P_1{}^2 \dfrac{c_r}{c}$, und wenn man $P_1{}^2 \dfrac{c_r}{c}$ konstant läßt, d. h. das Quadrat der Statorarbeitsspannung umgekehrt proportional der Geschwindigkeit reguliert, so bleibt die Überlastungsfähigkeit konstant. Bei konstanter Statorspannung würde die Überlastungsfähigkeit dagegen der Geschwindigkeit proportional sein.

Die schädliche Wirkung der Streuung bei untersynchronem Lauf auf die Leerlauftourenzahl, die sich bei der ausschließlichen Regulierung im Erregerkreis ergab, ist hier wesentlich kleiner, weil der Drehmomentfluß hier nicht verstärkt wird und nicht so viel Statorerregerwindungen gegen den Rotor geschaltet zu werden brauchen. Der Erregerstrom und die Streufelder wachsen also viel langsamer bei Regulierung im untersynchronen Gebiet.

Ebenso ist die schädliche Wirkung der Kurzschlußströme in den von den Erregerbürsten kurzgeschlossenen Spulen auf die Leerlauftourenzahl viel geringer als bei ausschließlicher Regulierung im Arbeitskreis, denn obwohl jene motorisch wirken, gilt hier von den

Kurzschlußströmen der Arbeitsbürsten das gleiche wie in Kap. XIX. Der Rotorstrom, der sie kompensiert, wirkt bei Untersynchronismus generatorisch, beide Wirkungen heben sich also fast ganz auf, so daß die gleichzeitige Regulierung im Arbeits- und Erregerkreis auch unterhalb Synchronismus eine ziemlich genaue Einstellung der Leerlaufgeschwindigkeit ermöglicht.

Es ist nun freilich nicht nötig, die Bedingung $\pm \dfrac{P_2'}{P_1} = \pm \alpha$ genau einzuhalten. Eine etwas stärkere Gegenschaltung im Erregerkreis kann z. B. bei Untersynchronismus von Nutzen sein, weil dabei der Drehmomentfluß etwas verstärkt und die Überlastungsfähigkeit vergrößert wird, und bei Übersynchronismus kann eine etwas größere Zusatzspannung im Arbeitskreis ebenfalls erwünscht sein, um die Arbeitsbürsten, die den größeren Strom kommutieren, etwas geringer zu belasten. Der Möglichkeit der Regulierung sind hier sehr weite Grenzen gegeben.

Bei der praktischen Ausführung wird man den Transformator mit der Statorwicklung vereinigen, und wenn die Ströme von Stator und Rotor verschieden groß sind, besondere Regulierwindungen für Arbeits- und Erregerkreis verwenden, die durch Umkehr des Sinnes sowohl Zusatz- und Gegenspannungen liefern, als auch die gegengeschalteten und gleichsinnigen Statorerregerwindungen ergeben.

Einundzwanzigstes Kapitel.

Vorausberechnung der Einphasen-Kommutatormotoren.

100. Allgemeines über die Vorausberechnung. — 101. Die Rotorspannung. —
102. Wahl der Polzahl. — 103. Berechnung der Hauptabmessungen. — 104. Wahl
der Rotorwicklung und Nutendimensionen.

100. Allgemeines über die Vorausberechnung.

Dem Entwurf des Motors sind die durch den Betrieb vorgeschriebenen Bedingungen für die Regelung der Umdrehungszahl und des Drehmomentes zugrunde zu legen.

Bei Bahnmotoren, die die wichtigste Anwendung der Wechselstrom-Kommutatormotoren sind, unterscheidet man die Motoren bekanntlich nach der Stundenleistung, d. i. jener Leistung, die der Motor während einer Stunde abgeben kann, ohne die vorgeschriebene Übertemperatur zu erreichen.

Die Wahl des Motors für einen bestimmten Betrieb richtet sich aber nicht allein nach der Erwärmung bei einer bestimmten Belastung während einer Stunde, sondern nach der von den Anforderungen der wechselnden Belastungen im Betrieb abhängigen Erwärmung bei zeitweisen Überlastungen, denen die Zeittemperaturkurve (s. Gl.-M., Bd. I, S. 762) zugrunde zu legen ist.

Die der Stundenleistung entsprechende Zugkraft und Geschwindigkeit bei einer bestimmten Spannung, z. B. der normalen Motorspannung, ist ferner noch kein Maß für die größte beim Anlauf zu entwickelnde Zugkraft, die aber beim Entwurf des Motors hinsichtlich der Funkenbildung zu berücksichtigen ist.

Bei Zugrundelegung der Stundenleistung hat also der Entwurf einen je nach dem Betrieb mehr oder weniger weiten Spielraum für die Überlastungen zu lassen, besonders mit Rücksicht auf die Kommutation beim Anlauf.

Anders liegt es bei stationären Anlagen, wo die Kommutator-motoren zur Tourenregulierung verwendet werden. Die Wahl der Motorart, d. h. ob Hauptschluß- oder Nebenschlußcharakteristik zu wählen ist, hängt von der Belastungsart ab.

1. Werden besonders hohe Anforderungen an den Anlauf gestellt, wie bei Kran- und Aufzugsmotoren, so liegen die Verhältnisse ähnlich wie bei Bahnen, und es sind hier dem Entwurf des Motors in erster Linie die Anlaufverhältnisse zugrunde zu legen. Hier sind natürlich Hauptschlußmotoren zu wählen. Ist eine Begrenzung der Höchstgeschwindigkeit nötig, so können am besten die Motoren mit Rotorerregung verwendet werden, die leicht in Nebenschlußmotoren umgewandelt werden können.

2. Bleibt das Drehmoment bei den verschiedenen Geschwindigkeiten nahezu konstant, oder wird der Motor niemals vollständig entlastet, so sind die Repulsionsmotoren mit der Regelung durch Bürstenverstellung am ersten zu verwenden, z. B. bei Textilmaschinen, bei denen das Drehmoment mit wachsender Geschwindigkeit etwas steigt, bei Papiermaschinen usw.

3. Ist das Drehmoment sehr veränderlich und nimmt es z. B. mit abnehmender Geschwindigkeit ab, wie bei Ventilatoren, oder sollen große Belastungsänderungen bei gleichbleibender Geschwindigkeit erreicht werden (Werkzeugmaschinen), so sind Motoren mit Nebenschlußcharakteristik am Platze, die durch Umschaltung als Hauptschlußmotoren angelassen werden.

Durch die Verwendung von Kommutierungswicklungen ist die Begrenzung der Leistung der Wechselstrom-Kommutatormotoren hinsichtlich der Funkenbildung beim Lauf fast ganz aufgehoben. Nur die Kommutation beim Anlauf erfordert Rücksichten, die den Kommutatormotoren ihr besonderes Gepräge verleihen. Als erste ist wieder zu nennen die begrenzte Rotorspannung. Wir wollen hier als Rotorspannung die im Drehmomentfluß induzierte Rotations-EMK bezeichnen. Tritt diese auch bei den indirekt gespeisten und doppelt gespeisten Maschinen nicht als meßbare Größe auf, so bestimmt sie doch die Größe des Rotorstromes bei einer bestimmten Leistung, denn die mechanische Leistung kann stets gleich dem Produkt aus Rotations-EMK, Strom und dem Cosinus der Phasenverschiebung zwischen ihnen gesetzt werden.

Die Größe dieser Rotorspannung ist genau wie bei Mehrphasen-Kommutatormotoren durch die Kommutation beim Anlauf begrenzt.

101. Die Rotorspannung.

Die Rotor-EMK ist

$$E_a = \frac{p}{a}\,\frac{n}{60}\,N\,\frac{\Phi_{max}}{\sqrt{2}}\,10^{-8}\ \text{Volt}^{1}),$$

worin Φ_{max} die Amplitude des Drehmomentflusses ist. Die Transformator-EMK beim Anlauf für den gleichen Fluß ist

$$\Delta e_p = \pi\,\sqrt{2}\,c\,S_k\,\frac{N}{2\,K}\,\Phi_{max}\,10^{-8}.$$

Setzen wir für S_k den Mittelwert

$$\frac{b_1}{\beta}\,\frac{p}{a},$$

so wird

$$E_a = \frac{\Delta e_p\,\beta\,K}{\pi\,c\,b_1}\,\frac{n}{60},$$

oder da βK der Kommutatorumfang, $\beta K\dfrac{n}{60}$ daher die Kommutatorumfangsgeschwindigkeit $100\,v_k$ ist, worin v_k in Metern in der Sekunde ausgedrückt ist, wird

$$E_a = \frac{\Delta e_p}{\pi\,c}\,\frac{v_k}{b_1}\,100 \ \ldots \ldots \ldots \ (133)$$

Die Rotor-EMK ist also bei begrenzter Transformator-EMK Δe_p direkt proportional der Umfangsgeschwindigkeit des Kommutators, umgekehrt proportional der Periodenzahl und der Bürstendicke. Bei großen Motoren ist die beschränkte Spannung sehr nachteilig wegen der großen Ströme, die sich dabei ergeben und die außerordentlich schwere Schaltapparate erfordern. Da sie von der Kommutatorgeschwindigkeit abhängt, ist die Spannung durch die mechanische Festigkeit des Kommutators begrenzt. Dr. Behn-Eschenburg gibt als höchste Umfangsgeschwindigkeit bei Bahnmotoren $v_k = 33$ m/sek an. Hiermit erhalten wir unter der Annahme $\Delta e_p = 7$ Volt und $b_1 = 1$ cm als größten Wert der Rotor-EMK für

$$\begin{array}{lll}
50\ \text{Perioden} & E_a = 147\ \text{Volt} \\
25\ \quad\text{,,} & = 294\ \quad\text{,,} \\
15\ \quad\text{,,} & = 490\ \quad\text{,,}
\end{array}$$

$^{1})$ Bei verkürztem Schritt oder bei Sehnenkurzschlüssen tritt an Stelle von Φ der wirksame Fluß $\Phi_a = \dfrac{\Phi}{\sigma_a}$ (s. Kap. XII, S. 295) sowohl für die Rotor-EMK wie für die Transformator-EMK.

Die Erzielung einer passenden Rotorspannung bei Einhaltung einer gegebenen Grenze der Transformator-EMK setzt einen großen Kommutator mit sehr feiner Teilung und geringer Bürstendicke voraus.

Bei kleinen Motoren und 50 Perioden kann aber auch bei ganz dünnen Bürsten, als deren untere Grenze etwa $b_1 = 0,5$ cm angegeben werden kann, noch keine Spannung von 110 Volt erreicht werden, weil eben hier die Lamellenzahl durch den beschränkten Kommutatordurchmesser nicht genügend groß werden kann und die Kommutatorgeschwindigkeit v_k wesentlich kleiner ist, als in dem Beispiel angenommen. Die von der Netzspannung unabhängige Rotorspannung bei Repulsionsmotoren ist daher bei kleinen Maschinen von großem Vorteil.

Kleine Hauptschlußmotoren von 50 Perioden, die direkt an das Netz angeschlossen werden sollen, können selbst bei verhältnismäßig großem Kommutator nicht für die Netzspannung gebaut werden, ohne daß Δe_p beim Anlauf größer als 6 bis 7 Volt wird. In diesem Falle müssen sie mit Widerstandsverbindungen versehen werden.

Die kleine Rotorspannung hat einen wesentlichen Einfluß auf den Wirkungsgrad, weil die Übergangsverluste des Hauptstromes an den Bürsten groß werden. Der prozentuale Übergangsverlust des Stromes an den Bürsten ist durch das Verhältnis der Übergangsspannung zu der Rotor-EMK gegeben.

$$\frac{W_u}{W_m} = \frac{2\Delta P}{E_a} = \frac{2\Delta P \pi c\, b_1}{\Delta e_p\, v_k\, 100} \quad \ldots \ldots \quad (134)$$

Bei gegebener Transformator-EMK ist also der Übergangsverlust der Periodenzahl direkt proportional. Der Effektivwert ΔP verhält sich ja ähnlich wie bei Gleichstrom und nimmt bei größeren Stromdichten nur noch wenig mit der Stromdichte zu. Die Gleichung zeigt deutlich den Einfluß der Kommutatorgeschwindigkeit auf die Verluste. Da man mit Rücksicht auf die Funkenbildung Bürsten von hohem Übergangswiderstand wählen muß, ist der prozentuale Verlust besonders bei 50 Perioden sehr groß und erreicht leicht die Größe des Verlustes in der Wicklung selbst. Schätzen wir $\Delta P \cong 1$ Volt, $c = 50$, $b_1 = 0,8$ cm, $\Delta e_p = 7$ Volt, $v_k = 10$ m/sek, so wird $\dfrac{W_u}{W_m} = 0,035$, also $3,5\,{}^0/_0$.

Die Kommutierungsverluste erhöhen diesen Betrag jedoch noch wesentlich. Eine hohe Umfangsgeschwindigkeit ist daher mit Rücksicht auf den Wirkungsgrad von Nutzen.

Die Reibungsverluste werden davon nicht direkt beeinflußt,

weil bei höherer Umfangsgeschwindigkeit die Rotorspannung größer,
der Strom und die Bürstenfläche kleiner werden.

Die Stromdichte des Belastungsstromes wird mit Rücksicht auf
die Kurzschlußströme beim Anlauf groß gewählt. Stromdichten
s_u von 10 bis 15 A/qcm haben sich, sofern die Funkenbildung beim
Lauf vollständig unterdrückt ist, auch bei Bürsten mit hohen Übergangswiderständen bewährt.

102. Wahl der Polzahl.

Die Wahl der Polzahl wird nur bei solchen Maschinen von der Kommutation beeinflußt, bei denen der Transformatorfluß zur Aufhebung
der Transformator-EMK von der Geschwindigkeit direkt abhängig
ist und nicht besonders beeinflußt wird. Dies ist z. B. der Fall bei
indirekt gespeisten Maschinen, die durch Bürstenverstellung reguliert
werden, wobei die Kommutierungsstelle wandert. Diese Maschinen
können nicht viel übersynchron laufen. Bei indirekt gespeisten
Maschinen mit konstanter Bürstenstellung kann das Feld an der
Kommutierungsstelle beeinflußt werden (s. z. B. Kap. XIV). Sie können
daher in gewissem Grade unabhängig von der Polzahl gemacht
werden. Am meisten sind von den Hauptschlußmotoren die direkt
und doppelt gespeisten Maschinen mit Statorerregung unabhängig
von der Polzahl. Bei Nebenschlußmaschinen kann die Polzahl nicht
frei gewählt werden, weil sie Rotorerregung besitzen müssen. Die
normale Tourenzahl soll bei ihnen bei Synchronismus liegen. Die
Polzahl hat bei gegebener Leistung und Tourenzahl einen Einfluß
auf die Gewichte und auf den Wirkungsgrad.

Im allgemeinen nimmt das aktive Eisen mit steigender Polzahl
ab, und das Kupfergewicht wird bei kleinerer Länge der Stirnverbindungen etwas kleiner. Die Größe des Kommutators ist fast
unabhängig von der Polzahl, sofern es möglich ist, die Ankerwicklung bei der größeren Polzahl so zu ändern, daß bei gleichem
Kommutatordurchmesser (v_k) Δe_p unverändert bleibt.

Bezüglich der Verluste gilt, daß die Rotoreisenverluste in der
Nähe von Synchronismus am kleinsten sind, auch bei den direkt
gespeisten Hauptschlußmotoren mit verteiltem Nebenschlußwendefeld, weil diese eben bei Synchronismus auch ein nahezu sym-
metrisches Drehfeld haben. Bei den doppelt gespeisten Maschinen
wird aber, wenn sie oberhalb Synchronismus laufen, der Transformatorfluß kleiner als der Drehmomentfluß, bei den indirekt gespeisten
größer, auch wenn er lokal beeinflußt wird. Bei übersynchronem
Lauf sind daher die Eisenverluste bei gleichem Drehmomentfluß
bei den direkt und doppelt gespeisten Maschinen kleiner als bei

den indirekt gespeisten, und da bei größerer Polzahl (übersynchron laufender Maschine) das Eisengewicht abnimmt, sind bei den direkt und doppelt gespeisten Maschinen die Verluste fast gleich, ob sie synchron oder übersynchron laufen, bei den indirekt gespeisten werden sie bei übersynchronem Lauf größer.

Der Leistungsfaktor, der ja nur bei Statorerregung eine Rolle spielt, ist nicht sehr abhängig von der Polzahl; wir haben in Kap. XIII gesehen, daß er bei gegebener Umdrehungszahl hauptsächlich von dem Verhältnis der Erregerwindungen pro Polpaar zu den gesamten Rotorwindungen abhängt, und daß er durch die Polzahl im wesentlichen nur durch die Streureaktanzen beeinflußt wird, die bei größerer Polzahl wegen der kurzen Stirnverbindungen etwas kleiner werden.

Bei den direkt und den doppelt gespeisten Maschinen wird daher stets eine große Polzahl mit Rücksicht auf die Gewichte gewählt, die Motoren laufen normal zwei- bis dreifach synchron, bei den indirekt gespeisten Maschinen ist dies nicht ohne weiteres möglich.

103. Berechnung der Hauptabmessungen.

Die mechanische Leistung ist

$$W_m = E_a J_2 \cos (E_a J_2) \, 10^{-3} = E_a J_2 \cos \psi_2 \, 10^{-3} \ \text{KW}.$$

Hierin ist

$$E_a = \frac{p}{a} \frac{n}{60} N \frac{\Phi_{max}}{\sqrt{2}} \, 10^{-8} \ \text{Volt}.$$

Setzen wir ferner

$$J_2 \frac{N}{2a} = \pi D A S,$$

worin AS die lineare Belastung des Ankers ist, so wird

$$W_m = \left(2p \frac{\Phi_{max}}{\sqrt{2}} \right) \frac{\pi D n}{60} A S \cos \psi_2 \, 10^{-11} \ \text{KW}. \quad . \quad (135)$$

$$= \left(2p \frac{\Phi_{max}}{\sqrt{2}} \right) (v A S) \cos \psi_2 \, 10^{-9} \ \text{KW}. \quad . \quad . \quad (136)$$

worin die Umfangsgeschwindigkeit v in Meter i. d. Sek. eingesetzt ist.

Von den beiden eingeklammerten Größen ist die erste proportional dem effektiven Kraftfluß $\dfrac{\Phi_{max}}{\sqrt{2}}$ und ist maßgebend für die Kommutation beim Anlauf, die zweite $(v A S)$ für die Kommutation des Stromes beim Lauf. Da die Kommutation beim Anlauf nicht verbessert und die Funkenbildung nur durch Begrenzung des Kraftflusses beherrscht werden kann, zeigt die Gleichung, daß die Vergrößerung der Leistung über einen bestimmten Grenzwert nur durch Vergrößerung der Polzahl möglich ist.

Um bei gegebener Leistung die Abmessungen zu berechnen, formen wir die erste Gleichung um und setzen

$$2p\, \Phi_{max} = \pi D \alpha_i B_{l\,max} l_i.$$

Es wird daher

$$W_m = \pi^2 D^2 l_i \alpha_i \frac{B_{l\,max}}{\sqrt{2}} AS \cos\psi_2 \frac{n}{60} 10^{-11}\ \mathrm{KW}.$$

Die Nutzleistung des Motors ist um die mechanischen Verluste kleiner als W_m. Wir setzen den mechanischen Wirkungsgrad gleich η_m und erhalten die Leistung in PS:

$$\mathrm{PS} = W_m \frac{\eta_m}{0{,}736}$$

und

$$\frac{D^2 l_i n}{\mathrm{PS}} = \frac{0{,}736}{\eta_m}\ \frac{8{,}6\cdot 10^{11}}{\alpha_i B_{l\,max} AS \cos\psi_2}\ .\ \ .\ \ (137)$$

Sind die Leistung und die Umdrehungszahl gegeben, so können wir durch Annahme der Beanspruchungen B_l und AS, sowie des Füllfaktors α_i und von η_m und $\cos\psi_2$ zunächst das Produkt der Hauptabmessungen $D^2 l_i$ berechnen.

Der Füllfaktor α_i hängt von der Maschinenart ab. Bei Statorerregung kann α_i stets groß gemacht werden, und beträgt durchschnittlich 0,75 bis 0,85.

Bei Rotorerregung ist α_i wesentlich kleiner, abgesehen von den indirekt gespeisten Maschinen nach M. Latour mit schmaler Erregerzone (s. Kap. XV, S. 436). Stehen die Erregerbürsten dagegen im Durchmesser, so ist α_i bei einer ungesättigten Maschine 0,5. Durch die Sättigung wird das Feld abgeflacht und man kann als erste Annahme eine sinusförmige Abflachung und $\alpha_i = \dfrac{2}{\pi}$ annehmen.

Eine weitere Verbesserung kann durch verkürzten Schritt oder durch Stellung der Erregerbürsten in eine Sehne erzielt werden.

Die Luftinduktion B_l bedingt zusammen mit dem Luftraum die erforderliche Anzahl der Erregeramperewindungen des magnetischen Kreises. Nun soll das Verhältnis der Erregeramperewindungen zu den Arbeitsamperewindungen klein sein, einerseits mit Rücksicht auf den Leistungsfaktor der Maschinen mit Statorerregung, andererseits bei allen Maschinen, die durch Spannungsänderung reguliert werden, mit Rücksicht auf einen ökonomischen Anlauf.

Die Erregeramperewindungen eines magnetischen Kreises sind bei einem bestimmten Sättigungsgrad proportional δB_l, und die Arbeitsamperewindungen proportional τAS.

Das Verhältnis der Arbeits- zu den Erregeramperewindungen ist also gegeben durch $\dfrac{\tau\,AS}{\delta\,B_l}$.

Wir sehen also, daß die Wahl von B_l mit der von AS Hand in Hand gehen muß, um einen günstigen Leistungsfaktor und gute Anlaufsbedingungen zu erzielen.

Macht man den Luftraum so klein, wie es mechanisch zulässig ist, so kann B_l bei gegebenem AS und Ankerdurchmesser um so größer werden, je größer die Polteilung, d. h. je kleiner die Polzahl ist.

Von der Luftinduktion hängt ferner bei einer bestimmten Zahnteilung und Nutenform die Zahnsättigung ab, die bei kleiner Periodenzahl größer als bei hoher Periodenzahl gewählt werden kann. Die Wahl von B_l wird daher auch von der Periodenzahl beeinflußt. Es ist daher nicht möglich, für alle Maschinenarten gültige Normen aufzustellen. Als Anhaltspunkte können gelten

	bei 40 bis 50 Perioden	25 Perioden
kleine Maschinen	$B_l = 3500$ bis 5000	bis 6000
große Maschinen	$B_l = 4000$ bis 6000	bis 7000

Die lineare Belastung AS bestimmt die Verluste im Kupfer, die Erwärmung, die Streuung und die Kommutation. Je genauer das Wendefeld für den Strom eingestellt ist, um so höher kann AS gewählt werden. Große Maschinen, die mit einem Wendefeld arbeiten und eine hohe Beanspruchung erhalten, müssen künstlich ventiliert werden.

Bei kleineren Maschinen ohne besondere Wendepoleinrichtungen für den Strom (z. B. kleinen Repulsionsmotoren) liegt AS etwa in den Grenzen $AS = 100$ bis 160, bei größeren Maschinen bis 200.

Bei Maschinen mit Wendepolvorrichtungen für den Strom wird $AS = 250$ bis 500 und kann bei ganz großen gut gelüfteten Maschinen bis ca. 600 steigen.

Pollänge und Polteilung.

Ist das Produkt $D^2 l_i$ ermittelt und die Polzahl angenommen, so ist das Produkt in D und l_i zu zerlegen.

Bei Maschinen ohne Wendevorrichtung für den Strom spielt die Reaktanzspannung beim Lauf eine Rolle. Sie ist proportional

$$v\,l_i\,AS = \pi\,\frac{D\,n}{60}\,l_i\,AS.$$

Da nun

$$D^2 l_i\,n\,AS = \text{konst.}\,\frac{\mathrm{PS}}{B_l}$$

ist, so wird bei gegebener Leistung und Luftinduktion vl_iAS um so kleiner, je größer der Durchmesser ist.

Ein großer Rotordurchmesser wird auch bedingt durch die Anforderung, daß der Kommutator groß sein soll, um eine genügende Lamellenzahl unterzubringen.

Dagegen wird das Kupfergewicht bei einer bestimmten Stromdichte und linearen Belastung AS größer, wenn die Maschine einen großen Durchmesser und kleine Länge erhält, d. h. wenn $\dfrac{l_i}{\tau}$ klein ist, ebenso wächst die Streuung, wie in WT V, 1, S. 343 gezeigt ist, beides wegen der zunehmenden Länge der Stirnverbindungen im Verhältnis zur Länge des eingebetteten Kupfers bei kleinen Werten von $\dfrac{l_i}{\tau}$.

Die dort für Dreiphasenmotoren abgeleiteten Beziehungen erleiden allerdings bei Einphasenwicklungen eine Verschiebung insofern, als z. B. bei einer einphasigen Spulenwicklung, wie sie häufig im Stator verwendet wird, die Länge der Spulenköpfe im Verhältnis zur eingebetteten Länge kleiner ist als bei einer Dreiphasenwicklung. Bei dieser wird der Berechnung eine Länge der Stirnverbindungen $l_s = 1{,}5\,\tau$ als Durchschnitt zugrunde gelegt, während bei einer einphasigen Spulenwicklung, die z. B. $^2/_3$ des Polbogens bedeckt, durchschnittlich $l_s = \tau$ gesetzt werden kann. Für den Rotor bleibt allerdings die Länge gleich, außer bei Schleifenwicklungen mit verkürztem Schritt, bei denen die Stirnverbindungen ebenfalls kürzer werden. Diese Betrachtung führt also dazu, daß man unter Umständen bei einem Einphasenmotor die gleichen Verhältnisse in bezug auf Streuung und relatives Kupfergewicht mit etwas kleineren Werten von $\dfrac{l_i}{\tau}$ erreicht, als bei einem Dreiphasenmotor. Im allgemeinen wird man aber nicht viel unter $\dfrac{l_i}{\tau} = 1$ bleiben.

104. Wahl der Rotorwicklung und Nutendimensionen.

Für die Rotorwicklung kommen einfache und mehrfache Parallelwicklungen sowie Reihen- und Reihenparallelwicklungen in Betracht. Von Vorteil ist es meist, alle $2p$ Bürsten aufzulegen, weil dann jeweils nur eine Spule auf einmal aus dem Kurzschluß tritt, während bei einer Reihenwicklung mit zwei Bürsten jeweils p Spulen gleichzeitig aus dem Kurzschluß treten.

Reihenparallelwicklungen sind stets symmetrisch auszuführen und mit Äquipotentialverbindungen zu versehen.

Durch die Begrenzung der Transformator-EMK ist man im allgemeinen in der Auswahl der Wicklung beschränkt, und nur bei kleinen Leistungen, d. h. kleinem Kraftfluß pro Pol, ergibt sich eine größere Mannigfaltigkeit dadurch, daß eine größere Zahl von Windungen kurzgeschlossen werden darf (s. d. Beispiel, Kap. VII, S. 198). Kleine Motoren erhalten am besten eine Drahtwicklung (Schablonenwicklung), die am billigsten ist. Bei ihnen kann die Drahtzahl pro Lamelle größer als 2 sein, und man kann z. B. für eine vierpolige Maschine $(p = 2)$, bei der $S_k = 8$ sein darf und $b_1 = 2\beta$ gewählt wird,

$$\frac{N}{2K} = 2 \quad \text{und} \quad a = 1$$

machen oder

$$\frac{N}{2K} = 4 \quad \text{und} \quad a = 2.$$

Die erste Ausführung ist besser. Ergibt die Reihenwicklung einen zu großen Querschnitt, so kann man mehrere Drähte parallel schalten.

Bei größeren Motoren erhält man stets $\frac{N}{2K} = 1$ und ist dann mit dem Kraftfluß pro Pol beschränkt, da man die Bürste kaum schmaler als zwei Lamellen machen kann. Durch vermehrte Lamellenzahl könnte man $N = K$ machen, und es ist wohl auch vorgeschlagen worden noch mehr Lamellen zu wählen, indem man etwa in der Mitte des Stabes und an den Enden jeweils Lamellen anschließt; praktisch ist dies aber wohl kaum durchführbar, da man die zur Zeit üblichen Lamellenteilungen von ca. 4 mm bis 5 mm einschließlich Isolation nicht mehr unterteilen kann und weil die Stromwendung sehr ungünstig ist, wenn jeweils nur ein Stab kurzgeschlossen ist.

Es bleibt daher nur übrig, die Zahl der parallel geschalteten Stromzweige bei steigender Leistung zu erhöhen. Dies können wir leicht aus Formel 136 übersehen. Es war die mechanische Leistung

$$W_m = 2p \frac{\Phi_{max}}{\sqrt{2}} v A S \cos \psi_2 \, 10^{-9} \text{ KW.}$$

Drücken wir Φ_{max} durch die Transformator-EMK aus, so wird

$$W_m = 2p \frac{\Delta e_p}{2\pi c S_k \dfrac{N}{2K}} v A S \cos \psi_2 \, 10^{-1},$$

und da im Mittel

$$S_k = \frac{b_1}{\beta}\frac{p}{a}$$

ist, wird

$$W_m = \frac{\varDelta e_p}{\pi\,\dfrac{b_1}{\beta}\dfrac{N}{2K}c}\,a v A S \cos\psi_2\,10^{-1}\,\mathrm{KW} \quad . \quad . \quad (138)$$

Da wir AS und v mit steigender Leistung nicht beliebig vergrößern können, bleibt als einzige Veränderliche nur noch a.

Eichberg[1]) setzt für große Bahnmotoren die Leistung in PS

$$\mathrm{PS} = \frac{1000\,(2\,a)}{c}.$$

Berücksichtigen wir, daß

$$W_m = 0,736\,\frac{\mathrm{PS}}{\eta_m} \cong 0,8\,\mathrm{PS}$$

ist, so würde unter Annahme von $\varDelta e_p = 7$ Volt, $\dfrac{b_1}{\beta} = 2$, $\dfrac{N}{2K} = 1$

und $\cos\psi_2 \cong 1$ die Konstante 1000 einem Produkt $(v A S) \cong 14000$ entsprechen, d. h. bei $v = 28$ m/sek $AS \cong 500$.

Man kann bei der Vergrößerung der Anzahl parallel geschalteter Stromzweige die Polzahl gleich oder verschieden von der Zahl der parallelen Stromzweige machen und Schleifen- oder Wellenwicklungen verwenden.

Die Maschinenfabrik Oerlikon[2]) geht bei dem Entwurf großer Bahnmotoren von einer Parallelwicklung aus und dem bei einer Bürstenbreite von zwei Lamellen und $\dfrac{N}{2K} = 1$ sich ergebenden Fluß pro Pol. Es ist

$$\varPhi_{max} = \frac{\varDelta e_p\,10^8}{\pi\,\sqrt{2}\,c\,S_k\,\dfrac{N}{2K}} = \frac{7}{4,44\cdot 2\,c}\,10^8 = \frac{0,79}{c}\,10^8,$$

also für

$$c = 15 \qquad \varPhi_{max} = 5,2\cdot 10^6$$
$$c = 25 \qquad \varPhi_{max} = 3,2\cdot 10^6.$$

Aus der maximalen Kommutatorgeschwindigkeit (für die höchste Tourenzahl!) und der kleinsten Lamellenteilung (ca. 4,3 mm) ergibt sich die Lamellenzahl

$$K = \frac{v_k\,6000}{\beta n}.$$

---

[1]) ETZ 1908, S. 590.
[2]) s. Dr. Behn-Eschenburg, ETZ 1908, S. 958.

Es ist nun die Ankerumfangsgeschwindigkeit v, AS und die Polzahl zu bestimmen (s. Gl. 136). Nehmen wir v an, so wird AS um so kleiner, je größer die Polzahl ist, es ist aber, da die Lamellenzahl festgelegt ist, die Zahl der Lamellen pro Pol nicht zu klein zu wählen, um einen genügenden Abstand der einzelnen Bürstenstifte zu erhalten.

Nutenzahlen und Nutenformen.

Für die Wahl der Nutenzahlen und Nutenformen sind in erster Linie maßgebend die Herstellung, die Streuung und die Verluste.

Während für die Herstellung wenige große und bei Schablonenwicklung im Rotor offene Nuten am einfachsten sind, wird die Streuung kleiner bei Unterteilung der Wicklung in eine größere Zahl von Nuten und es verlangt die Rücksicht auf die Verluste halbgeschlossene oder ganz geschlossene Nuten.

Motoren mit offenen Nuten geben häufig starke Oberschwingungen in der primären Leitung, wie Dr. Behn-Eschenburg durch sorgfältige Untersuchungen an der Wechselstrombahn Seebach—Wettingen festgestellt hat (s. ETZ 1908), wo sie große Telephonstörungen verursachten. Nach seiner Angabe hat das Schließen der Nut keinen merklichen Einfluß auf die Kommutation. Vermieden werden die Oberschwingungen zum Teil auch durch Schrägstellen der Nut.

Mit Rücksicht auf die Streuung und den Leistungsfaktor können Hauptschlußmotoren mit Phasenkompensation (Rotorerregung) geringere Nutenzahlen im Stator erhalten als solche mit Statorerregung. Man wird aber kaum unter 8 bis 9 Nuten pro Pol gehen, wovon gegebenenfalls nur ein Teil (etwa 6), bewickelt ist. Die Rotornutenzahl soll groß sein, um ein kleines Stromvolumen pro Nut zu kommutieren. Bei größeren Motoren dürften 10 bis 12 Nuten pro Pol die untere Grenze sein, während man bei kleinen Motoren wohl auch bis zu 8 Nuten pro Pol heruntergeht.

Nebenschlußmotoren erhalten mit Rücksicht auf die Überlastungsfähigkeit eine größere Nutenzahl.

Nachrechnung und Untersuchung ausgeführter Einphasen-Motoren.

105. Nachrechnung und Untersuchung eines 10 PS Nebenschlußmotors mit Geschwindigkeitsregulierung der Allmänna Svenska E. A. — 106. Nachrechnung und Untersuchung eines 60 PS-Einphasen-Bahnmotors der Allmänna Svenska E. A. — 107. Nachrechnung und Untersuchung eines doppeltgespeisten Einphasen-Bahnmotors nach Alexanderson für 225 PS. — 108. Nachrechnung und Untersuchung eines 225 PS-Bahnmotors der Allmänna Svenska E. A.

105. Nachrechnung und Untersuchung eines 10 PS-Einphasen-Nebenschlußmotors mit Geschwindigkeitsregulierung der Allmänna Svenska E. A.

Der Motor, dessen Schaltungsschema aus Fig. 310 hervorgeht, ist für 220 Volt, 50 Perioden, 700 bis 1300 Umdr. i. d. Min. gebaut. Es zeigte sich aber, daß bei der verwendeten Ausführung, bei der die Regulierwicklung nur auf $^1/_5$ der Polteilung verteilt war, die Streuung des Erregerkreises zu groß wurde, so daß die Tourenzahl nur auf ungefähr 920 Umdr. i. d. Min. herunterreguliert werden konnte. Es kann aber immerhin von Interesse sein, hier die Daten und Versuchsresultate mitzuteilen.

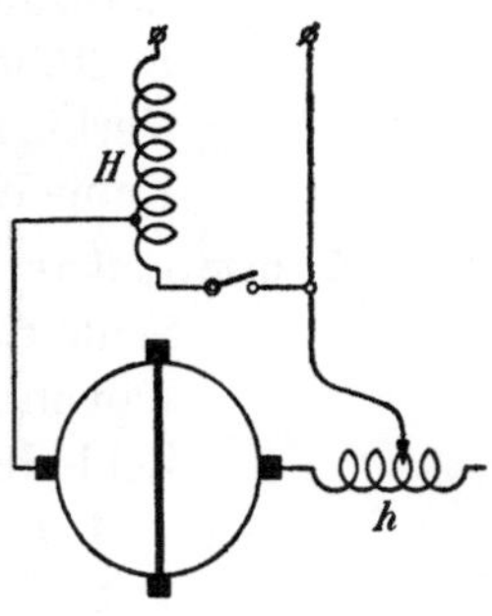

Fig. 310.

H Hauptwicklung.
h Regulierwicklung.

Daten des Motors:

6 Pole.

Eisenabmessungen:

Stator: Äußerer Durchmesser . . . . 442 mm
      Innerer   „   . . . . 320 „
      Eisenlänge . . . . 135 „
      Keine Luftschlitze,

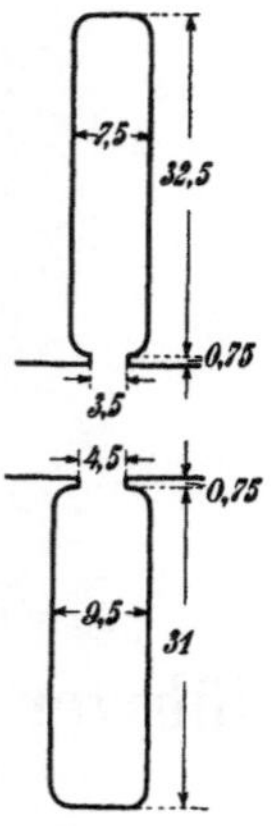

Fig. 311.

60 Nuten,

Nutenabmessungen (s. Fig. 311)   7,5 × 32,5 mm

Nutenöffnung . . . .   3,5 „

Luftspalt . . . .   0,75 „

Rotor: Äußerer Durchmesser . . . .   318,5 „

Innerer   „   196   „

Eisenlänge wie im Stator,

44 Nuten,

Nutenabmessungen (s. Fig. 311)   9,5 × 31   „

Nutenöffnung   4,5   „

Statorarbeitswicklung: Einphasige

Spulenwicklung,

8 Nuten pro Pol,

192 Windungen in Serie,

8 Stäbe pro Nut,

Kupferquerschnitt 5 × 3 mm mit

abgerundeten Kanten.

Erreger-(Regulier)wicklung: Wellenwicklung

2 Nuten pro Pol,

30 Windungen in Serie,

5 Stäbe pro Nut,

Kupferquerschnitt 5 × 3 mm mit

abgerundeten Kanten,

6 Anzapfungen.

Rotorwicklung: Reihenwicklung,

Stabzahl 352,

8 Stäbe pro Nut, nackt   . . .   1,2 × 12 mm

Verkürzter Schritt ($y_1 = 0,82\,\tau$),

Keine Widerstandsverbindungen.

Kommutator: Durchmesser   225   „

Schleiflänge   140   „

Lamellenzahl   176   „

Zahl der Bürstenstifte 6, wovon

4 für den Arbeitskreis und

2 für den Erregerkreis,

Anzahl der Bürsten eines Stiftes 4,

Abmessungen der Kohlen   . .   32 × 7   „

Kohlensorte: le Carbone SC.

Nachrechnung des Motors. Unter Voraussetzung sinusförmiger Feldverteilung und bei Vernachlässigung der Streuung und Widerstände ergeben sich folgende Reguliergrenzen (s. Kap. XIX, S. 519):

$$n_{max} = \sqrt{\frac{w_3 f_3 + w_4 f_4}{w_3 f_3}\,\frac{60\,c}{p}} \qquad n_{min} = \sqrt{\frac{w_3 f_3 - w_4 f_4}{w_4 f_4}\,\frac{60\,c}{p}}$$

$$= \sqrt{\frac{72\cdot 0,74 + 30\cdot 1,0}{72\cdot 0,74}}\,1000 \qquad = \sqrt{\frac{72\cdot 0,74 - 30\cdot 1,0}{72\cdot 0,74}}\,1000$$

$$\simeq 1250 \text{ Umdr. i. d. Min.} \qquad \simeq 665 \text{ Umdr. i. d. Min.}$$

Durch den Einfluß der Streuung liegen diese Geschwindigkeiten höher, und besonders für die untere Grenze ist die Abweichung groß. Wir werden den Einfluß der Streuung auf die untere Geschwindigkeitsgrenze nachrechnen, und zwar wollen wir nur die lokalen Streufelder in Betracht ziehen und den Einfluß der

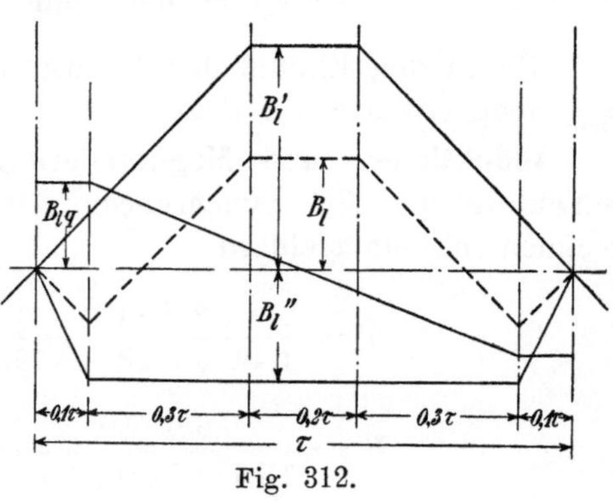

Fig. 312.

Nutenstreuung und der Sättigung vernachlässigen. Wir rechnen also mit trapezförmigen Feldern (s. Fig. 312).

Für den Arbeitskreis des Rotors ist bei Leerlauf

$$E_{2p} = E_{2r},$$

also

$$4,44\,c w_2 f_2\,\Phi_q = 2\sqrt{2}\,c_r\,\frac{N}{4a}\,\Phi$$

oder

$$4,44\,c\cdot 72\cdot 0,78\cdot 0,6\cdot B_{lq}\,l\tau = 2\sqrt{2}\,c_r\cdot 88\cdot(0,575\,B_l'\,l\tau - 0,8\,B_l''\,l\tau)$$

$$= 2\sqrt{2}\,c_r\cdot 88\cdot 0,41\,B_l\,l\tau.$$

Hieraus ergibt sich

$$B_l = 1,46\,\frac{c}{c_r}\,B_{lq} \quad \ldots \ldots \ldots \quad (139)$$

Für den Erregerkreis wird, abgesehen vom Spannungsabfall:

$$E_{3r} = E_{3p} - E_4,$$

$$2\sqrt{2}\,c_r\,\frac{N}{4a}\,\Phi_q = 4,44\,c w_3 f_3\,\Phi - 4,44\,c w_4 f_4\,\Phi$$

oder $\quad 2\sqrt{2}\,c_r\cdot 88\cdot 0,575\,B_{lq}\,l\tau = 4,44\,c\cdot 72\cdot 0,78\cdot 0,6\,B_l'\,l\tau$

$$- 4,44\,c\cdot 72\cdot 0,655\cdot 0,9\,B_l''\,l\tau - 4,44\,c\cdot 30\cdot 0,985\cdot 0,6\,B_l'\,l\tau$$

$$+ 4,44\,c\cdot 30\cdot 0,96\cdot 0,9\,B_l''\,l\tau.$$

Hieraus folgt

$$142\,c_r\,B_{lq} = 70\,c\,B_l \quad . \quad . \quad . \quad . \quad . \quad . \quad (140)$$

Aus Gl. 139 und 140 folgt

$$c_r = 0{,}86\,c,$$

also

$$n_{min} \cong 860 \text{ Umdr. i. d. Min.}$$

Durch den Einfluß der Nutenstreuung und der Sättigung wird n_{min} noch etwas höher liegen.

Induktionen und Magnetisierungsstrom bei synchroner Geschwindigkeit. Bei Synchronismus ist $\Phi \cong \Phi_q$, $B_l \cong B_{lq}$. Wir rechnen mit Sinusfeldern.

$$\Phi = \frac{220 \cdot 10^8}{4{,}44 \cdot 50 \cdot 192 \cdot 0{,}755} = 0{,}685 \cdot 10^6,$$

$$B_l = \frac{0{,}685 \cdot 10^6}{16{,}7 \cdot 13{,}5 \cdot 0{,}635} = 4750,$$

$$k_1 = 1{,}18 \qquad \tfrac{1}{2}AW_l = 0{,}8 \cdot 1{,}18 \cdot 4750 \cdot 0{,}075 = 338.$$

Statorzähne:

$$t_1 = 16{,}7 \qquad z_{min} = 9{,}4 \qquad B_{z\,max} = 9250 \qquad aw = 3{,}0$$
$$z_{mitt} = 11{,}0 \qquad B_{z\,mitt} = 7900 \qquad aw = 1{,}8$$
$$z_{max} = 12{,}7 \qquad B_{z\,min} = 6800 \qquad aw = 1{,}3$$
$$\tfrac{1}{2}AW_{zs} \cong 6.$$

Rotorzähne:

$$t_1 = 22{,}8 \qquad z_{min} = 8{,}7 \qquad B_{z\,max} = 13800 \qquad aw = 16{,}0$$
$$z_{mitt} = 10{,}8 \qquad B_{z\,mitt} = 11100 \qquad aw = 5{,}6$$
$$z_{max} = 13{,}0 \qquad B_{z\,min} = 9200 \qquad aw = 2{,}8$$
$$\tfrac{1}{2}AW_{zr} \cong 21.$$

$$B_{as} = \frac{0{,}342}{2{,}8 \cdot 13{,}5 \cdot 0{,}9} = 10000 \qquad \tfrac{1}{2}AW_{as} = 16,$$

$$B_{ar} = \frac{0{,}342}{2{,}8 \cdot 13{,}5 \cdot 0{,}9} = 10000 \qquad \tfrac{1}{2}AW_{ar} = 9,$$

$$\tfrac{1}{2}AW_k = 338 + 6 + 21 + 16 + 9 = 390.$$

$$J_{awl} \cong \frac{p\,AW_k}{w_1\sqrt{2}} = \frac{3 \cdot 390 \cdot 2}{192 \cdot 1{,}41} = 8{,}8 \text{ Amp.}$$

Widerstände:

Hauptwicklung:

Halbe Länge einer Windung gleich $l_1 + 0,6\,\tau + \text{ca. } 2 \cdot 8 = 39,5$ cm,

$$r_1 = \frac{0,0175 \cdot 384 \cdot 0,395}{13,1} = 0,202\ \Omega.$$

Regulierwicklung:

Halbe Länge einer Windung gleich $l_1 + \tau + \text{ca. } 2 \cdot 8 = 46,2$ cm.

$$r_4 = \frac{0,0175 \cdot 60 \cdot 0,462}{13,1} = 0,037\ \Omega.$$

Rotorwicklung:

Halbe Länge einer Windung gleich $l_1 + 1,5 \cdot 0,82\,\tau = 34$ cm.

$$r_2 = r_3 = \frac{0,0175 \cdot 176 \cdot 0,34}{2 \cdot 14} = 0,0375\ \Omega.$$

Wir nehmen einen spez. Bürstenübergangswiderstand von $0,1\ \Omega$ pro cm² an. Für den Arbeitskreis wird dann der Bürstenübergangswiderstand:

$$R_B = 2 \cdot \frac{1}{10}\,\frac{1}{17,9} = 0,0112\ \Omega.$$

und für den Erregerkreis

$$R_B = 2 \cdot \frac{1}{10}\,\frac{1}{8,95} = 0,0224\ \Omega.$$

Für eine Temperaturerhöhung von 40^0 C und $k_r = 1,15$ wird der Kurzschlußwiderstand des Arbeitskreises

$$r_k = 1,15 \cdot 1,16 \cdot 0,202 + 2,6^2\,(1,15 \cdot 1,16 \cdot 0,0375 + 0,0112) = 0,68\ \Omega.$$

Reaktanzen:

Hauptwicklung (s. Fig. 313):

$$r = 30 \quad r_1 = 3,5 \quad r_3 = 7,5 \quad r_4 = 0,75 \quad r_5 = 1,25 \quad r_6 = 0.$$

$$\lambda_n = 1,25\left(\frac{30}{22,5} + \frac{1,25}{7,5} + \frac{0,75}{3,5}\right) = 2,14$$

$$\lambda_k = 1,25\,\frac{16,7 - 4,5}{4,5} = 3,38$$

$$\frac{l_s}{l}\,\lambda_s = \frac{26}{13,5}\,0,46 \cdot 4 \log \frac{1,5 \cdot 26}{13,8} = \frac{1,6}{7,12}$$

$$x_{s1} = \frac{4\,\pi \cdot 50 \cdot 192^2 \cdot 13,5}{3 \cdot 8 \cdot 10^8}\,7,12 = 0,925\ \Omega.$$

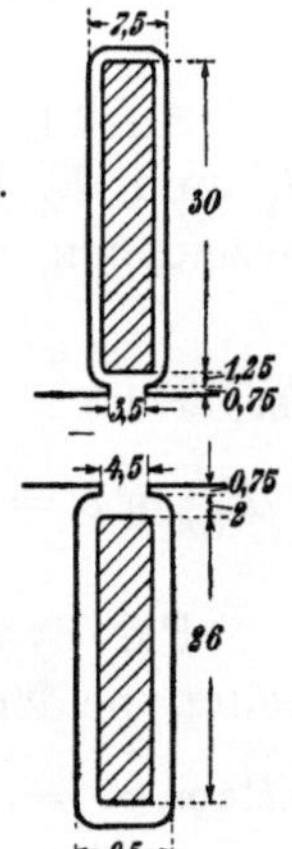

Fig. 313.

Rotorwicklung:

$$r = 26 \quad r_1 = 4,5 \quad r_3 = 9,5 \quad r_4 = 0,75 \quad r_5 = 2 \quad r = 0.$$

$$\lambda_n = 1{,}25 \left(\frac{26}{28{,}5} + \frac{2}{9{,}5} + \frac{0{,}75}{4{,}5} \right) = 1{,}61$$

$$\lambda_k = 1{,}25 \, \frac{16{,}7 - 3{,}5 - 4{,}5}{4{,}5} = 2{,}42$$

$$\lambda_s \simeq 0{,}8 \qquad \lambda_s \frac{l_s}{l} = 0{,}8 \, \frac{20{,}6}{13{,}5} = \frac{1{,}22}{5{,}25}$$

$$x_{s2} = \frac{4\,\pi \cdot 50 \cdot 72^2 \cdot 13{,}5}{3 \cdot 6 \cdot 10^8} \, 5{,}25 = 0{,}129 \, \Omega.$$

$$x'_{s\,2} = 2{,}6^2 \cdot 0{,}129 = 0{,}88 \, \Omega,$$

$$x_k = 0{,}925 + 0{,}88 = 1{,}8 \, \Omega,$$

$$z_k = \sqrt{1{,}8^2 + 0{,}68^2} = 1{,}93 \, \Omega,$$

$$\boldsymbol{J_k} = \frac{220}{1{,}93} = \mathbf{114 \ Amp.} \qquad \cos \boldsymbol{\varphi_k} = \mathbf{0{,}352.}$$

Die Erregerspannung bei Vollast und Synchronismus für Phasenkompensation. Nehmen wir $\eta = 76\,^0/_0$ an, so wird für 10 PS und $\cos \varphi = 1{,}0$, $J_1 = 44$ Amp.

Nehmen wir J_1 in Phase mit E_1 an, so besteht J_2 aus 2 zueinander senkrechten Komponenten

$$J_1 \frac{w_1 f_1}{w_2 f_2} \quad \text{und} \quad J_a \frac{w_1 f_1}{w_2 f_2}.$$

Es wird also

$$\boldsymbol{J_2} = \frac{w_1 f_1}{w_2 f_2} \sqrt{J_1^2 + J_a^2} = 2{,}6 \sqrt{44^2 + 8{,}8^2} = \mathbf{117 \ Amp.}$$

Aus Fig. 286, S. 493 ergibt sich, wenn wir den Winkel zwischen J_2' und E_1 mit ψ_2 und den Winkel zwischen P und E_1 mit Θ_1 bezeichnen, sehr angenähert

$$E_1 \operatorname{tg} \beta \simeq J_2' r_2' \sin \psi_2 + J_2' x_2' \cos \psi_2,$$

ferner ist

$$E'_{3\,r} \operatorname{tg} \beta = k P \cos \Theta_1 + J_2' x_N' \frac{c_r}{c} \cos \psi_2 - (J_3' r_2' \cos \beta + J_3' x_2' \sin \beta).$$

Für Synchronismus ist $E'_{3\,r} = E_1$, daher folgt aus den rechten Seiten beider Gleichungen

$$k P \cos \Theta_1 = J_2' r_2' \sin \psi_2 + J_2' (x_2' - x_N') \cos \psi_2 + J_3' r_2' \cos \beta + J_3' x_2' \sin \beta.$$

Hier ist ferner bei Synchronismus

$$J_2' \sin \psi_2 = J_3' = J_a \quad \text{und} \quad J_2' \cos \psi_2 = J_1.$$

Setzen wir ferner

$$\cos \Theta_1 \quad \text{und} \quad \cos \beta \simeq 1 \quad \text{und} \quad \sin \beta \simeq 0,$$

so wird

$$kP \simeq 2\,J_a \frac{w_1 f_1}{w_2 f_2}\, r_2 + J_1 \frac{w_1 f_1}{w_2 f_2}\,(x_2 - x_N).$$

Es ist etwa

$$x_N = 0{,}6\,x_2, \qquad x_2 - x_N = 0{,}4\,x_2,$$

also

$$kP \simeq 2 \cdot 8{,}8 \cdot 2{,}6 \cdot 0{,}0612 + 44 \cdot 2{,}6 \cdot 0{,}4 \cdot 0{,}129 = 8{,}7\ \text{Volt}.$$

Kommutierung:

Wir untersuchen nur die Kommutierung der Arbeitsbürsten bei der höchsten Tourenzahl und rechnen mit Sinusfeldern

$$B_l \simeq \frac{c}{c_r}\, B_{lq} = \frac{50}{64{,}5} \cdot 4750 = 3750.$$

Die Rotationsspannung zwischen den Bürstenkanten wird:

$$\varDelta e_r = \frac{1}{\sqrt{2}} \frac{b_1}{\beta} \frac{p}{a} \frac{N}{K}\, l\,v\,B_{lq}\, 10^{-6}$$

$$= \frac{1}{\sqrt{2}} \cdot 2 \cdot \frac{3}{1} \cdot 2 \cdot 13{,}5 \cdot 21{,}5 \cdot 4750 \cdot 10^{-6} = \mathbf{11{,}7}\ \text{Volt}.$$

Die Transformatorspannung zwischen den Bürstenkanten wird:

$$\varDelta e_v = 2{,}22\, \frac{b_1}{\beta} \frac{p}{a} \frac{N}{K}\, c\,\Phi\, 10^{-8} = 2{,}22 \cdot 2 \cdot \frac{3}{1} \cdot 2 \cdot 50 \cdot 0{,}54 \cdot 10^{-2} = \mathbf{7{,}2}\ \text{Volt}.$$

Die Resultierende dieser beiden Spannungen ist

$$11{,}7 - 7{,}2 = \mathbf{4{,}5}\ \text{Volt}.$$

Die Reaktanzspannung bei 120 Amp. sekundär wird:

$$\varDelta e_N = 2\, \frac{b_1}{\beta} \frac{p}{a} \frac{N}{K}\, l\,v\,A\,S\,\lambda_N \frac{t_1}{t_1 + b_D - \beta_D \dfrac{a}{p}}\, 10^{-6}$$

$$= 2 \cdot 2 \cdot \frac{3}{1} \cdot 2 \cdot 13{,}5 \cdot 21{,}5 \cdot 210 \cdot 5{,}25 \cdot \frac{22{,}8}{22{,}8 + 10 - 5{,}7 \cdot \frac{1}{3}}\, 10^{-6} = \mathbf{5{,}66}\,\text{Volt}.$$

Versuchsergebnisse:

Widerstandsmessungen:

Hauptwicklung . . . . . 0,1925 Ohm bei 20° C
Regulierwicklung 0,0359   „   „   20° C
Rotorwicklung 0,040   „   „   20° C.

Magnetisierungskurven für 1000 Umdr. i. d. Min. (s. Fig. 314):

I. Rotorwicklung und Regulierwicklung in Serie geschaltet, entsprechend der Schaltung für die höchste Tourenzahl.

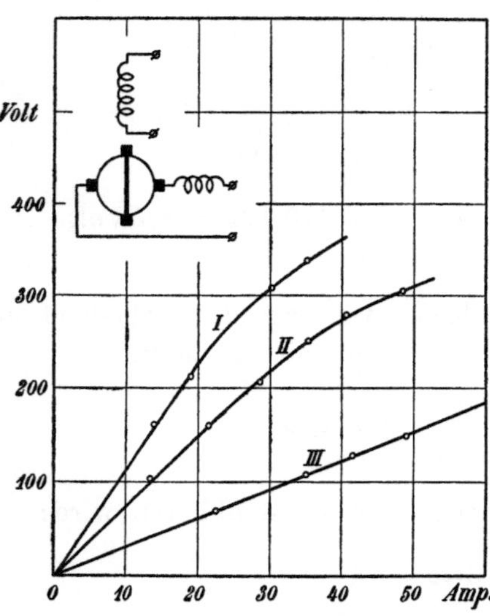

Fig. 314.   Magnetisierungskurven.

II. Rotorwicklung allein, entsprechend der Schaltung für Synchronismus.

III. Rotorwicklung und Regulierwicklung entgegengeschaltet, entsprechend der Schaltung für die niedrigste Tourenzahl.

Kurzschlußstrom:

$$J_k = 115 \text{ Amp.}$$
$$\cos \varphi_k = 0{,}34.$$

Belastungskurven:

Fig. 315 und 316 zeigen Belastungskurven für zwei verschiedene Erregerspannungen, nämlich 9 Volt und 4,5 Volt. Fig. 317 zeigt die Spannungskurven am Erregerstromkreis für konstanten Strom in Abhängigkeit von der Rotorgeschwindigkeit. Die Kurven der Fig. 315 bis 317 wurden bei denselben drei Schaltungen, bei denen die Mag-

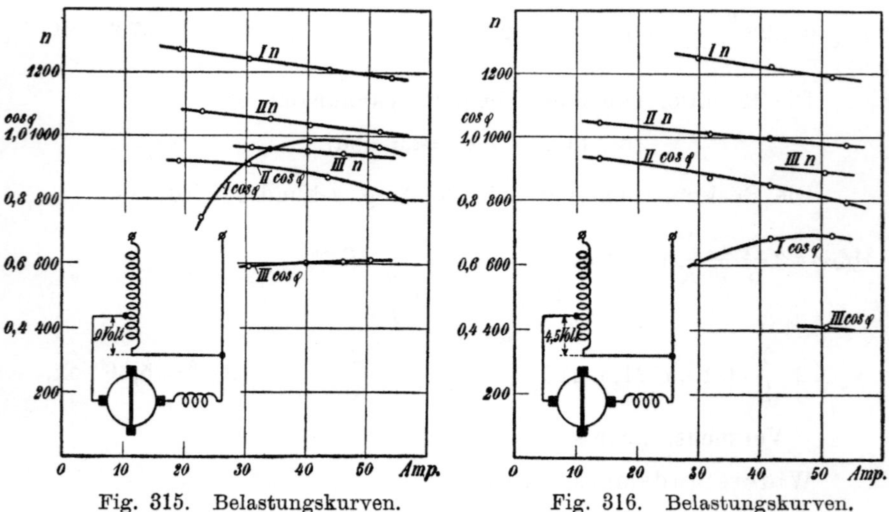

Fig. 315.   Belastungskurven.   Fig. 316.   Belastungskurven.

netisierungskurven (Fig. 314) aufgenommen wurden, bestimmt. Wir sehen, daß bei jeder Kurve die Spannung ihren kleinsten Wert ungefähr bei der Geschwindigkeit erreicht, die der Motor im Betrieb mit der entsprechenden Schaltung der Hilfswicklung annimmt.

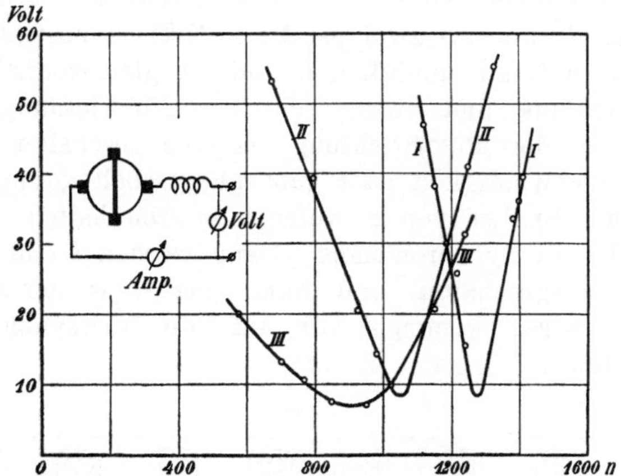

Fig. 317. Spannungskurven am Erregerkreis bei konstantem Strom und veränderlicher Geschwindigkeit.

Die Kommutierung des Motors war ausgezeichnet, und nur bei der höchsten Geschwindigkeit zeigte sich etwas Funkenbildung.

Nach Beendigung dieser Versuche wurde der Stator dieses Motors umgewickelt und mit einer auf dem Umfang verteilten Regulierwicklung versehen, um die Streuung zwischen Rotorwicklung und Regulierwicklung zu verkleinern und dadurch die untere Reguliergrenze weiter herabzusetzen.

Fig. 318 stellt das Schaltungsschema und Fig. 319 die Statorwicklung für eine Polteilung dar. Zur Erklärung der letzten Figur diene noch folgendes:

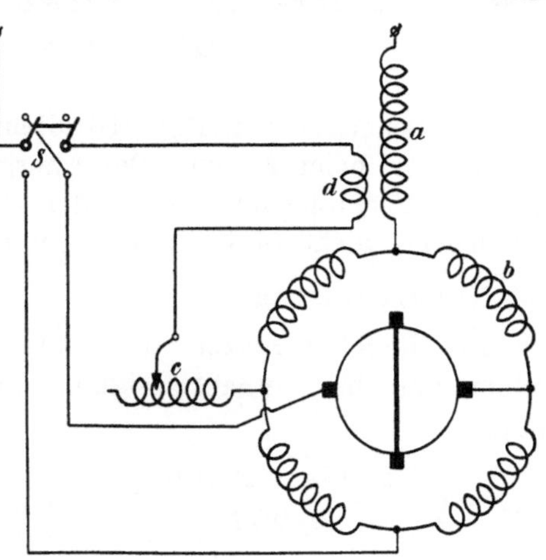

Fig. 318.

a, b Hauptwicklung. c Regulierwicklung.
d Hilfswicklung.

nicht schraffiert ist Wicklung *a*,
einmal schraffiert ist Wicklung *b*,
zweimal schraffiert ist Wicklung *c*,
ganz schwarz ist Wicklung *d*.

Die Wicklungen sind teils als Spulenwicklung, teils als Wellenwicklung ausgeführt, wie aus Fig. 319 hervorgeht. Alle Leiter der verschiedenen Wicklungen sind in Serie geschaltet, mit Ausnahme von Wicklung b, die aus zwei parallelen Kreisen besteht. Bei den untersynchronen Geschwindigkeiten bildet b gleichzeitig einen Teil der Hauptwicklung und einen Teil der Hilfswicklung, und als solche ist sie der Rotorwicklung entgegengeschaltet. Bei der niedrigsten Geschwindigkeit ist c ganz ausgeschaltet, und wenn wir dann einzelne Spulen von c stufenweise einschalten, steigt die Tourenzahl bis zu Synchronismus. Dann werden b und c aus dem Erregerkreis ausgeschaltet, und wenn jetzt c wieder stufenweise eingeschaltet wird, kommen wir auf die übersynchronen Geschwindigkeiten.

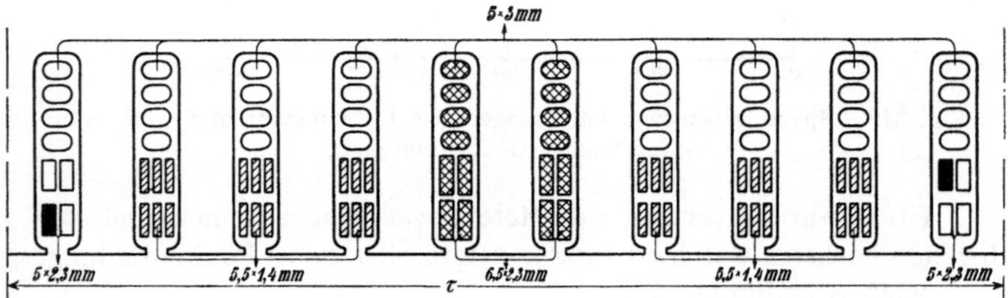

Fig. 319. Statorwicklung.

Der Schalter S in Fig. 318 dient zur Umschaltung in einen Serienmotor beim Anlauf. Der Übergang von Untersynchronismus auf Übersynchronismus ist in der Fig. 318 nicht angegeben, um das Schema nicht zu kompliziert zu machen.

Nachrechnung:

Die Reguliergrenzen sind unter Voraussetzung sinusförmiger Felder und bei Vernachlässigung der Streuung und der Widerstände

$$n_{max} = \sqrt{\frac{72 \cdot 0{,}74 + 48 \cdot 1{,}0}{72 \cdot 0{,}74}}\, 1000, \quad n_{min} = \sqrt{\frac{72 \cdot 0{,}74 - 54 \cdot 0{,}68}{72 \cdot 0{,}74}}\, 1000$$

$$= 1380 \qquad\qquad\qquad\quad = 560.$$

Induktionen und Magnetisierungsstrom bei synchroner Geschwindigkeit. Weil die Hauptwicklung jetzt sieben Leiter pro Nut hat gegen früher acht, werden die Kraftflüsse und Induktionen im Verhältnis $\frac{8}{7}$ größer. Also

$$\Phi = 0{,}785 \cdot 10^6,$$

$$B_l = 5400 \qquad \tfrac{1}{2} A W_l = 386.$$

Statorzähne: Rotorzähne:

$B_{z\,max} = 10\,600$ $aw = 4,5$ $B_{z\,max} = 15\,800$ $aw = 35$

$B_{z\,mitt} = 9\,000$ $aw = 2,6$ $B_{z\,mitt} = 12\,700$ $aw = 10$

$B_{z\,min} = 7\,800$ $aw = 1,8$ $B_{z\,min} = 10\,500$ $aw = 4,5$

$$\frac{1}{2}\,AW_{zs} = \frac{4,5 + 4\cdot 2,6 + 1,8}{6}\,3,25 = 9$$

$$\frac{1}{2}\,AW_{zr} = \frac{35 + 4\cdot 10 + 4,5}{6}\,3,1 = 40$$

$$B_{as} = 11\,400 \qquad \tfrac{1}{2}AW_{as} \cong 27$$

$$B_{ar} = 11\,400 \qquad \tfrac{1}{2}AW_{ar} \cong 15$$

$$\tfrac{1}{2}AW_k = 386 + 9 + 40 + 27 + 15 = 477$$

$$J_a \cong \frac{p\,AW_k}{w_1\,\sqrt{2}} = \frac{3\cdot 2\cdot 477}{168\cdot 1,41} = 12{,}1\ \textbf{Amp.}$$

Widerstände:

Hauptwicklung:

$$r_1 = \frac{0,0175\cdot 192\cdot 0,395}{13,1} + \frac{0,0175\cdot 144\cdot 0,385}{14,5} = 0,168\ \Omega.$$

Wicklung b:

$$r_4 = \frac{0,0175\cdot 108\cdot 0,385}{14,5} = 0,05\ \Omega.$$

Regulierwicklung:

$$r_3 = \frac{0,0175\cdot 48\cdot 0,462}{13,1} + \frac{0,0175\cdot 48\cdot 0,385}{14} = 0,0527\ \Omega.$$

Rotorwicklung:

wie früher $r_2 = 0,0375\ \Omega.$

Nehmen wir den Bürstenübergangswiderstand wie früher an, dann wird bei einer Temperaturerhöhung von 40^0 C und $k_r = 1,15$

$$r_k = 1,15\cdot 1,16\cdot 0,168 + 2,4^2(1,15\cdot 1,16\cdot 0,0375 + 0,0112) = 0,574\ \Omega.$$

Reaktanzen:

Hauptwicklung:

$$x_{s1} \cong \left(\tfrac{7}{8}\right)^2\cdot 0,925 \cong 0,7\ \Omega.$$

Rotorwicklung:

$$x_{s2} = 0,129\ \Omega.$$

$$x_k = 0,70 + 2,4^2\cdot 0,129 = 1,44\ \Omega.$$

$$z_k = \sqrt{1,44^2 + 0,57^2} = 1,55\ \Omega.$$

$$J_k = \frac{220}{1,55} = 142\ \text{Amp.} \qquad \cos\varphi_k = 0,368.$$

36*

Die für $\cos\varphi = 1$ erforderliche Erregerspannung bei Vollast und Synchronismus. Wir nehmen wieder $J_1 = 44$ Amp. an und erhalten

$$J_2 = \frac{w_1 f_1}{w_2 f_2}\sqrt{J_1{}^2 + J_a{}^2} = 2,4\sqrt{44^2 + 12,1^2} \cong 110\ \text{Amp.}$$

Wie oben wird nun

$$\boldsymbol{kP} \cong 2\,J_a\,\frac{w_1 f_1}{w_2 f_2}\,r_2 + J_1\,\frac{w_1 f_1}{w_2 f_2}\,(x_2 - x_N)$$
$$= 2\cdot 12,1\cdot 2,4\cdot 0,0722 + 44\cdot 2,4\cdot 0,4\cdot 0,129 = 9,6\ \textbf{Volt.}$$

Kommutierung:

Wir betrachten wieder die Kommutierung der Arbeitsbürsten bei der höchsten Tourenzahl. Es ist

$$B_l \cong \frac{c}{c_r}\,B_{lq} = \frac{50}{69}\,5400 = 3900\,.$$

Die Rotationsspannung zwischen den Bürstenkanten ist

$$\varDelta e_r = \frac{1}{\sqrt 2}\,\frac{b_1}{\beta}\,\frac{p}{a}\,\frac{N}{K}\,l\,v\,B_{lq}\,10^{-6}$$
$$= \frac{1}{\sqrt 2}\cdot 2\cdot\frac{3}{1}\cdot 2\cdot 13,5\cdot 23\cdot 5400\cdot 10^{-6} = \textbf{14,3}\ \text{Volt.}$$

Die Transformatorspannung zwischen den Bürstenkanten

$$\varDelta e_p = 2,22\,\frac{b_1}{\beta}\,\frac{p}{a}\,\frac{N}{K}\,c\,\varPhi\,10^{-8} = 2,22\cdot 2\cdot\frac{3}{1}\cdot 2\cdot 50\cdot 0,56\cdot 10^{-2} = \textbf{7,5}\ \text{Volt.}$$

Die Resultierende dieser beiden Spannungen ist
$$14,3 - 7,5 = \textbf{6,8}\ \text{Volt.}$$

Die Reaktanzspannung bei 110 Amp. sekundär wird

$$\varDelta e_N = 2\,\frac{b_1}{\beta}\,\frac{p}{a}\,\frac{N}{K}\,l\,v\,A S\,\lambda_N\,\frac{t_1}{t_1 + b_D - \beta_D\,\dfrac{a}{p}}\,10^{-6}$$

$$= 2\cdot 2\cdot\frac{3}{1}\cdot 2\cdot 13,5\cdot 23\cdot 200\cdot 5,25\cdot\frac{22,8}{22,8 + 10 - 5,7\cdot\frac13}\,10^{-6} = \textbf{5,8}\ \text{Volt.}$$

Versuchsergebnisse:

Widerstandsmessungen:

Hauptwicklung	. . . . .	0,158 Ohm	bei 17° C
Wicklung b	. . . .	0,0538 ,,	,, 17° C
Regulierwicklung	. . . .	0,0538 ,,	,, 17° C
Rotorwicklung	. . . . . .	0,0372 ,,	,, 17° C

Die Magnetisierungskurven für 1000 Umdr. i. d. Min. zeigt
Fig. 320 bei verschiedenen Schaltungen des Erregerkreises:

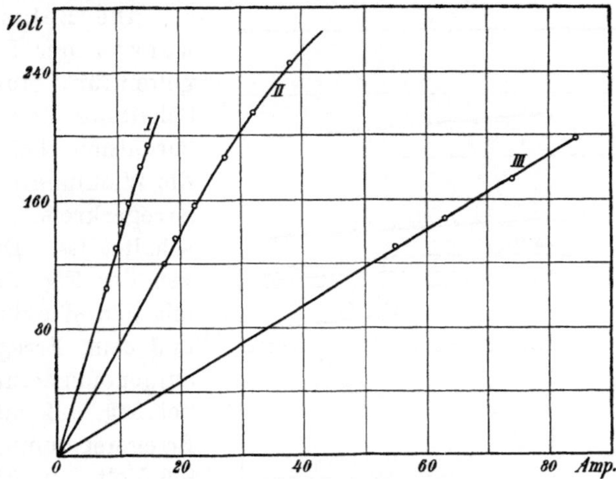

Fig. 320. Magnetisierungskurven.

I. Rotorwicklung und Regulierwicklung in Serie geschaltet,
entsprechend der Schaltung für die höchste Tourenzahl.

II. Rotorwicklung allein, entsprechend der Schaltung für
Synchronismus.

III. Rotorwicklung und Wicklung b gegeneinandergeschaltet,
entsprechend der Schaltung für die niedrigste Tourenzahl.

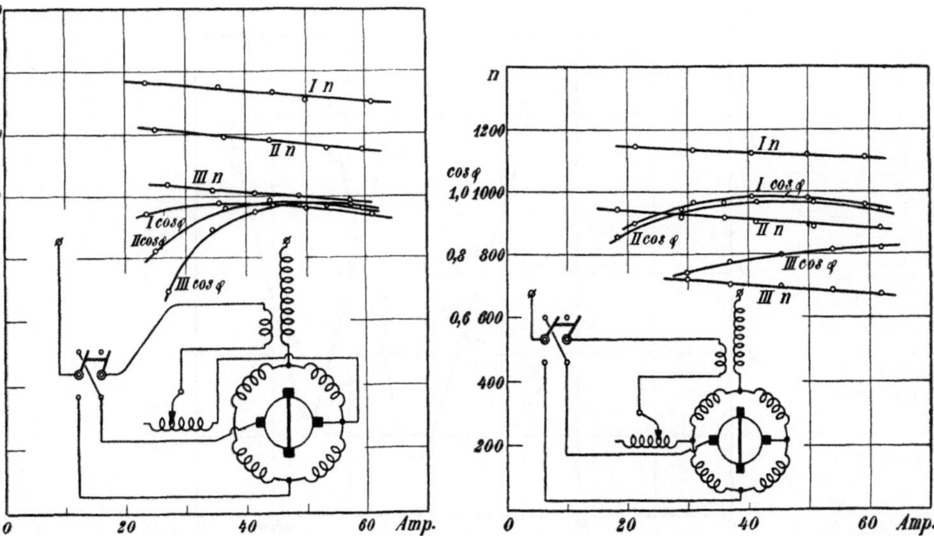

321. Belastungskurven. Im Erregerkreise
Wicklung c. 9,5 Volt Erregerspannung.

Fig. 322. Belastungskurven. Im Erregerkreis
Wicklungen b u. c. Erregerspannung 9,5 Volt.

Kurzschlußversuch:

$$J_k = 158 \text{ Amp.} \qquad \cos \varphi_k = 0,355.$$

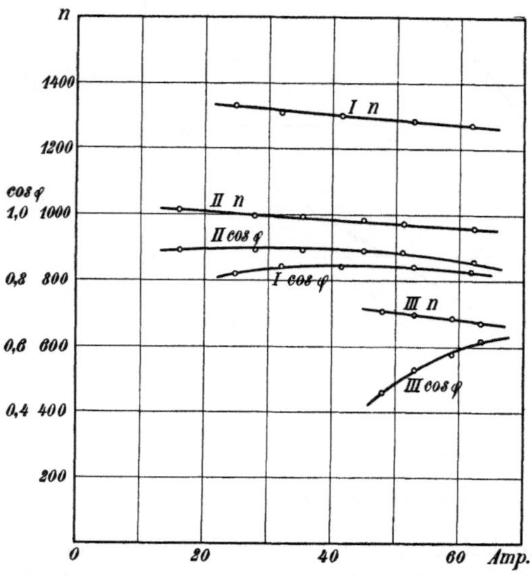

Fig. 323. Im Erregerkreis Wicklungen b und c für die Kurve III und c allein für die Kurven I und II. Erregerspannung 4,7 Volt.

Die Belastungskurven der Fig. 321 gelten für 3 Stufen der Schaltung für Übersynchronismus, bei der nur die Wicklung c in den Erregerkreis eingeschaltet ist. Die Kurven der Fig. 322 sind mit den Wicklungen b und c im Erregerkreis aufgenommen, und zwar bei Fig. 322 mit einer Erregerspannung von 9,5 Volt. In Fig. 323 ist bei den beiden höchsten Geschwindigkeiten die Wicklung b nicht im Erregerkreis enthalten um über 1100 Touren hinauszukommen.

Die Erregerspannung betrug hier 4,7 Volt. Bei dieser Anordnung der

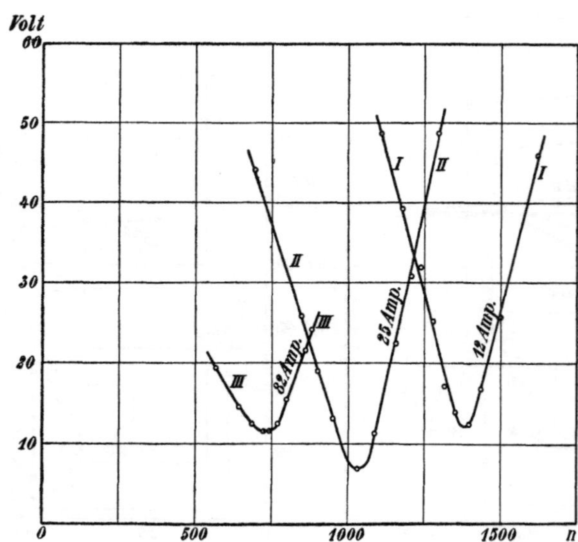

Fig. 324. Spannung des Erregerkreises bei konstantem Strom und veränderlicher Umdrehungszahl.

Regulierwicklung gelingt es also, die niedrigste Reguliergrenze bedeutend weiter herunterzudrücken.

Die Spannungen des Erregerkreises bei konstantem Strom in Abhängigkeit von der Umdrehungszahl sind in Fig. 324 für die neue Schaltung dargestellt.

Die Kommutierung war ungefähr ebenso wie bei der alten Schaltung, d. h. es zeigte sich etwas Funkenbildung bei der höchsten Tourenzahl.

Die vollständige Zusammenstellungszeichnung dieses Motors befindet sich auf Tafel I am Ende dieses Bandes.

106. Nachrechnung und Untersuchung eines 60 PS-Einphasen-Bahnmotors der Allmänna Svenska E. A. nach der Schaltung von Latour

für 375 Volt, 500 Umdr. i. d. Min., 25 Perioden.

Die Schaltung des Motors geht aus Fig. 325 hervor. Die Hauptwicklung besteht aus den beiden Teilen h und einer der beiden Wicklungen e und e', je nach der Drehrichtung. e bzw. e' bilden weiter einen Teil der Erregerwicklung und haben die Aufgabe die Feldform des Drehmomentflusses zu verbessern, indem sie die Spitze dieses Feldes wegnehmen. Wicklung m unterstützt die Erregung. Wicklung k, die zwischen die Arbeitsbürsten geschaltet ist, dient zur Verbesserung der Kommutation. Der Einfluß dieser Wicklung auf die Kommutation war jedoch nicht merkbar, und

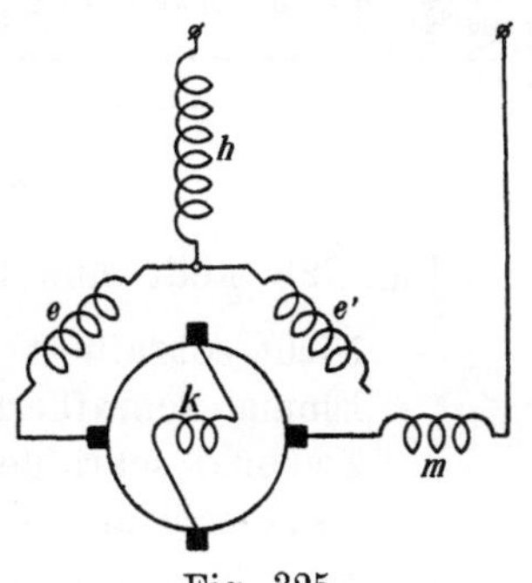

Fig. 325.

weil sie außerdem den Leistungsfaktor ungünstig beeinflußte, wurde sie nicht benutzt, sondern die Arbeitsbürsten wurden direkt kurzgeschlossen.

Die Zusammenstellungszeichnung dieses Motors befindet sich auf Tafel II.

Der Motor hat folgende Daten:

Polzahl = 6.

Eisenabmessungen:

Stator: Äußerer Durchmesser . . . .   700 mm

Innerer   „   . . .   505 „

Eisenlänge . . . .   244 „

Keine Luftschlitze

Nutenzahl   60

Nutenabmessungen	18×46 mm
Nutenöffnung	3 „
Luftspalt	2,5 „
Rotor: Äußerer Durchmesser	500 „
Innerer „	314 „
Eisenlänge (ohne Luftschlitze) .	232 „
2 Luftschlitze . . . . à	10 „
Nutenzahl	68
Nutenabmessungen	$35,5 \times 12$ „
Offene Nuten mit Keilverschluß.	

Die Statorwicklung ist eine Wellenwicklung mit acht Leitern in einer Nut von 3×19 mm Querschnitt. Sie ist in verschiedene Wicklungen aufgeschnitten.

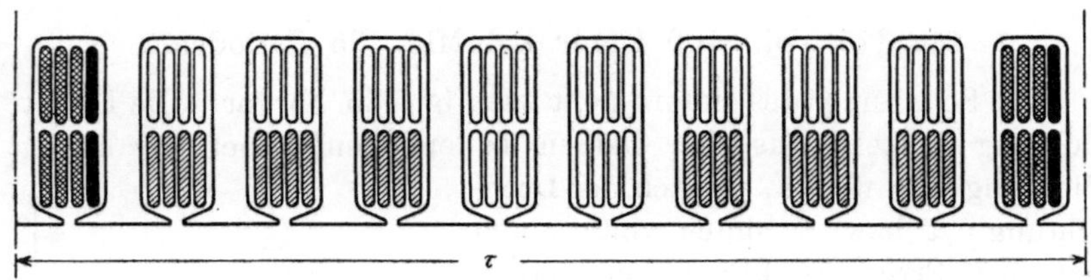

Fig. 326.　Statorwicklung.

Fig. 326 stellt eine Polteilung der Statorwicklung dar.

Nicht schraffiert ist Wicklung h (vgl. Fig. 325).
Einmal schraffiert ist Wicklung e und e'.
Zweimal schraffiert ist Wicklung k.
Ganz schwarz ist Wicklung m.

Für alle diese Wicklungen sind alle Leiter in Serie geschaltet, mit Ausnahme von Wicklung k, bei der drei Leiter parallel geschaltet sind.

Rotorwicklung:

Reihenparallelwicklung mit $a = 2$.
Acht Leiter in einer Nut von $12 \times 1,9$ mm Querschnitt.
Verkürzter Schritt $(y_1 = 0,8 \tau)$.
Widerstandsverbindungen aus Neusilber von $10 \times 0,9$ mm Querschnitt und ca. 23 cm Länge.

Kommutator:

Durchmesser	360 mm
Schleiflänge	220 „
Lamellenzahl	272

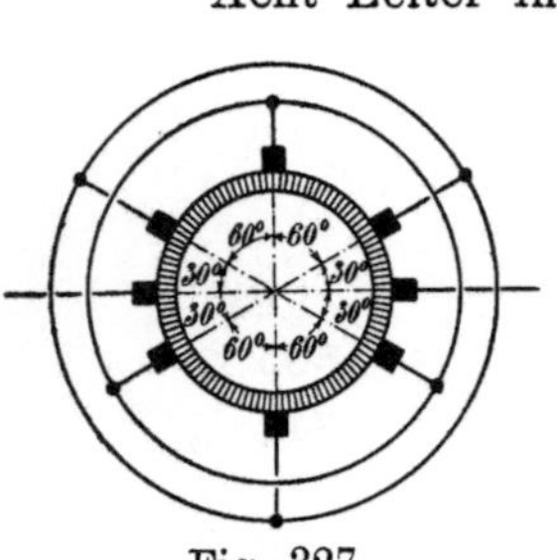

Fig. 327.

Anzahl Bürstenstifte 8, davon 6 Arbeits-
bürsten und 2 Erregerbürsten (siehe
Fig. 327).
Anzahl Bürsten pro Stift 4.
Dimensionen der Kohlen . . . . 9×45 mm
Kohlensorte le Carbone SC.

Nachrechnung:

Für die Berechnung ist es zweckmäßig, sich die Schaltung durch Fig. 328 zu ersetzen, in der T ein Transformator mit einem Übersetzungsverhältnis gleich Eins ist. Unter der Annahme, daß T keine Streuung und keinen Verlust hat, ist diese Schaltung vollkommen identisch mit der wirklichen Schaltung nach Fig. 325, abgesehen davon, daß in Fig. 328 die Wicklung k weggelassen ist, die, wie erwähnt, nicht benutzt wurde. Die Wicklung $e - e'$ bildet gleichzeitig einen Teil der Hauptwicklung und

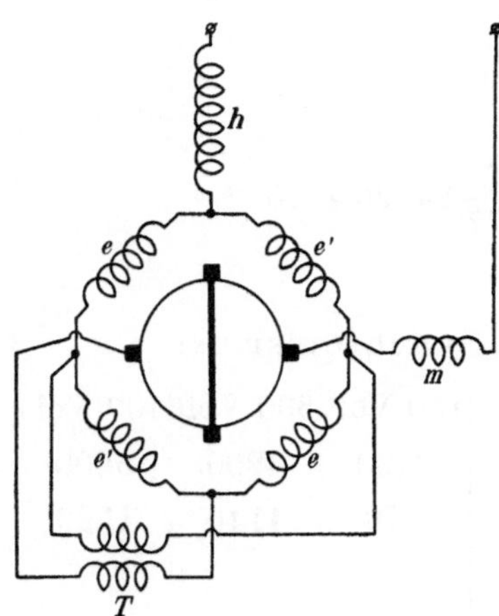

Fig. 328.

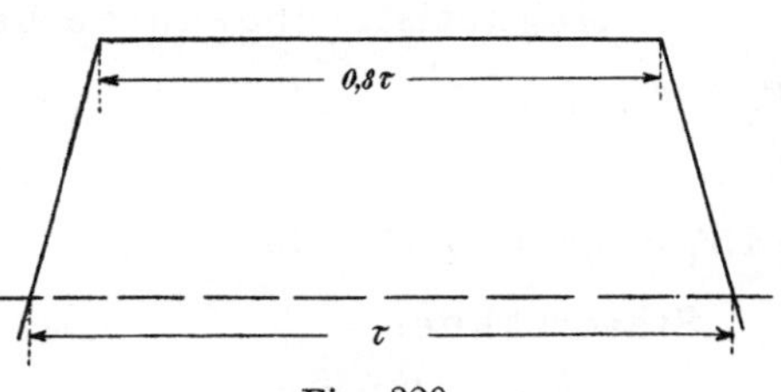

Fig. 329.

einen Teil der Erregerwicklung und hat die Aufgabe, die Spitze des Drehmomentflusses wegzunehmen. Weil der Rotor mit verkürztem Schritt ($y_1 = 0{,}8\,\tau$) ausgeführt ist, wirken nur $^8/_{10}$ der Rotorwicklung magnetisierend, und von diesen Amperewindungen werden ziemlich genau $^6/_{10}$ durch die Wicklung $e - e'$ aufgehoben, d. h. von den Rotor-Amperewindungen bleiben nur $^2/_{10}$ übrig, und weil außerdem die Wicklung m auf $^2/_{10}$ der Polteilung konzentriert ist, dürfen wir für den Drehmomentfluß mit der Feldform rechnen, die in Fig. 329 angegeben ist. Für den Transformatorfluß Φ_q nehmen wir Sinusform an.

Es berechnet sich nun die EMK der Statorarbeitswicklung

$$E_1 = 4{,}44\,c w_1 f_1\, \Phi_q\, 10^{-8}$$
$$= 4{,}44 \cdot 25 \cdot 156 \cdot 0{,}78\, \Phi_q\, 10^{-8}$$

und im Arbeitskreise des Rotors

$$E_{2p} = 4,44\, c\, w_2\, f_2\, \Phi_q\, 10^{-8}$$
$$= 4,44 \cdot 25 \cdot 54,4 \cdot 0,755\, \Phi_q\, 10^{-8}$$

$$\Phi_q = 0,64\, B_{lq}\, l\tau .$$

Die EMK der Drehung im Arbeitskreise des Rotors bei Synchronismus beträgt

$$E_{2r} = 2\sqrt{2}\, c\, \frac{w_2}{0,8}\, \Phi'\, 10^{-8}$$
$$= 2\sqrt{2} \cdot 25 \cdot 68\, \Phi'\, 10^{-8},$$

worin $\qquad \Phi' = 0,8\, B_l\, l\tau ,$

dagegen $\qquad \Phi = 0,9\, B_l\, l\tau .$

Aus $E_{2p} \cong E_{2r}$ folgt $B_l \cong 0,77\, B_{lq}$.

$$E_1 = 4,44 \cdot 25 \cdot 156 \cdot 0,78\, \Phi_q\, 10^{-8}$$
$$= 4,44 \cdot 25 \cdot 156 \cdot 0,78 \cdot 0,64\, \frac{B_l}{0,77}\, 24 \cdot 26,4 \cdot 10^{-8}$$
$$= 0,071\, B_l .$$

Magnetisierungskurve bei Synchronismus:

	150 Volt	300 Volt	400 Volt
E_1 . . . . $=$			
B_l . . . . $=$	2100	4200	5600
$\frac{1}{2}AW_l = 0,8 \cdot 1,36 \cdot B_l \cdot 0,25$ . . . . . $=$	**570**	**1140**	**1520**

Statorzähne:

		300 Volt	400 Volt
$B_{z\,max} = \dfrac{B_l t_1}{z_{min} k_2} = \dfrac{B_l \cdot 26,4}{8,7 \cdot 0,9}$ . . . . . $=$		14 200	18 900
$a\,w_{z\,max}$ . . . . $=$		19	120
$B_{z\,mitt}$ . . . . $=$		11 200	14 900
$a\,w_{z\,mitt}$ . . . . $=$		6	25
$B_{z\,min}$ . . . . $=$		9400	12 500
$a\,w_{z\,min}$ . . . . $=$		3	10
$\frac{1}{2}AW_{z\,stat} = \dfrac{aw_{z\,max} + 4\,aw_{z\,mitt} + aw_{z\,min}}{6}\, \dfrac{l_z}{2} =$		**36**	**175**

Rotorzähne:

		300 Volt	400 Volt
$B_{z\,max} = \dfrac{B_l t_1}{z_{min} k_2} = \dfrac{B_l \cdot 23,3}{7,85 \cdot 0,9}$ . . . . . $=$		13 800	18 400
$a\,w_{z\,max}$ . . . . $=$		15	100
$B_{z\,mitt}$ . . . . $=$		11 300	15 000

$aw_{z\,mitt}$	$=$	6	25
$B_{z\,min}$	$=$	9600	12800
$aw_{z\,min}$	$=$	3	10
$\frac{1}{2}AW_{z\,rot}=\dfrac{aw_{z\,max}+4\,aw_{z\,mitt}+aw_{z\,min}}{6}\dfrac{l_z}{2}=$		25	125
Φ	$=$	$2{,}4\cdot10^6$	$3{,}2\cdot10^6$
$B_s=\dfrac{\frac{1}{2}\Phi}{24\cdot5{,}1\cdot0{,}9}$	$=$	10900	14500
$\frac{1}{2}AW_{j\,stat}$	$=$	34	135
$B_r=\dfrac{\frac{1}{2}\Phi}{24\cdot5{,}8\cdot0{,}9}$	$=$	9500	12600
$\frac{1}{2}AW_{j\,rot}$	$=$	17	34

$\frac{1}{2}AW_{total}$	$=$	570	1250	2090
$J\cong\dfrac{AW_{total}}{6}$	$=$	95 Amp.	208 Amp.	350 Amp.

Mit diesen drei Punkten läßt sich die Magnetisierungskurve aufzeichnen (s. Fig. 330).

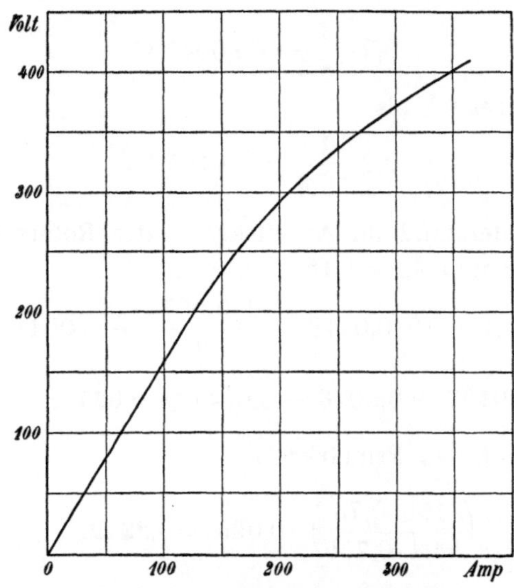

Fig. 330. Magnetisierungskurve.

Widerstände:

Wicklung h:

$$\frac{0{,}0175\,w\,2\,l}{q}=\frac{0{,}0175\cdot120\cdot2\cdot0{,}64}{55{,}1}=0{,}049\,\Omega.$$

Wicklung e (resp. e'):

$$\frac{0,0175 \cdot 36 \cdot 2 \cdot 0,64}{55,1} = 0,0147 \; \Omega.$$

Wicklung m:

$$\frac{0,0175 \cdot 12 \cdot 2 \cdot 0,64}{55,1} = 0,0049 \, \Omega.$$

Wicklung k:

$$\frac{0,0175 \cdot 12 \cdot 2 \cdot 0,64}{3 \cdot 55,1} = 0,00165 \; \Omega.$$

Rotorwicklung:

$$\frac{0,0175 \cdot 68 \cdot 2 \cdot 0,56}{4 \cdot 22,5} = 0,0148 \; \Omega.$$

Eine Widerstandsverbindung:

$$\frac{0,28 \cdot 0,23}{9} = 0,0072 \; \Omega.$$

Bürstenübergangswiderstand gleich $0,2 \dfrac{1}{F_B}$ für 2 Bürsten in Serie, also für den Arbeitskreis

$$0,2 \, \frac{1}{48,5} = 0,0041 \; \Omega$$

und für den Erregerkreis

$$0,2 \, \frac{1}{16,2} = 0,0125 \; \Omega.$$

Totaler Widerstand im Arbeitskreise des Rotors für 40^0 Temperaturerhöhung und $k_r = 1,15$

$$1,15 \cdot 1,16 \cdot 0,0148 + \frac{2 \cdot 0,0072}{9} + 0,0041$$

$$= 0,0197 + 0,0016 + 0,0041 \simeq 0,025 \; \Omega$$

und reduziert auf den Primärkreis

$$\left(\frac{156 \cdot 0,78}{54,4 \cdot 0,755} \right)^2 \cdot 0,025 = 0,22 \; \Omega.$$

Totaler Widerstand im Erregerkreise des Rotors

$$0,0197 + 3 \cdot 0,0016 + 3 \cdot 0,0041 = 0,036 \; \Omega.$$

Gesamter Ohmscher Widerstand des Motors

$$r_k = 1,15 \cdot 1,16 \, (0,049 + 0,0147 + 0,0049) + 0,22 + 0,036 \simeq 0,35 \; \Omega.$$

Reaktanzen:

Stator (s. Fig. 331):

$$\lambda_n = 1{,}25 \left(\frac{40}{54} + \frac{1{,}5}{18} + \frac{5}{21} + \frac{0{,}75}{3} \right) = 1{,}64,$$

$$\lambda_k = \frac{1{,}25\,(23{,}3 - 3 - 12)}{15} = 0{,}69$$

$$\lambda_s = 0{,}8 \qquad \lambda_s \frac{l_s}{l} = 0{,}8\,\frac{1{,}5 \cdot 26{,}4}{24{,}4} = 1{,}3$$

$$\overline{3{,}63}$$

$$x_{s1} = \frac{4\,\pi \cdot 25 \cdot 156^2 \cdot 24}{3 \cdot 8 \cdot 10^8} \cdot 3{,}63 \simeq 0{,}28\ \Omega.$$

Rotor (s. Fig. 332):

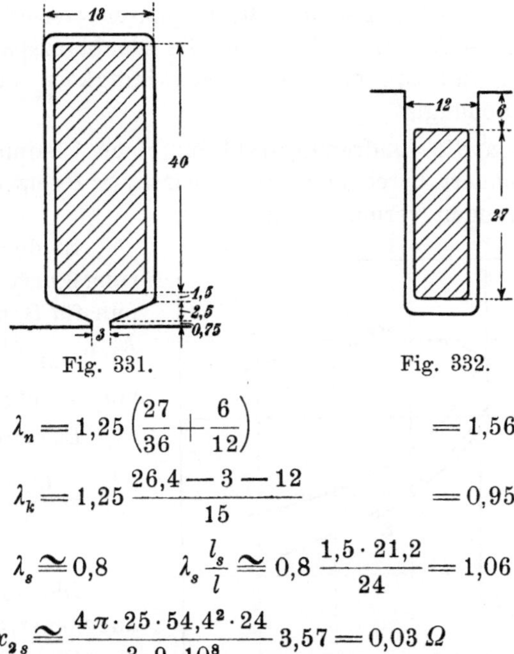

Fig. 331.   Fig. 332.

$$\lambda_n = 1{,}25 \left(\frac{27}{36} + \frac{6}{12} \right) = 1{,}56$$

$$\lambda_k = 1{,}25\,\frac{26{,}4 - 3 - 12}{15} = 0{,}95$$

$$\lambda_s \simeq 0{,}8 \qquad \lambda_s \frac{l_s}{l} \simeq 0{,}8\,\frac{1{,}5 \cdot 21{,}2}{24} = 1{,}06$$

$$x_{2s} \simeq \frac{4\,\pi \cdot 25 \cdot 54{,}4^2 \cdot 24}{3 \cdot 9 \cdot 10^8}\,3{,}57 = 0{,}03\ \Omega$$

und reduziert auf den Primärkreis

$$x_{2s}' = 2{,}98^2 \cdot 0{,}03 = 0{,}27\ \Omega, \qquad x_k = 0{,}28 + 0{,}27 = \mathbf{0{,}55\ \Omega.}$$

Die EMK der Pulsation im Erregerkreis ist

$$(E_{3p} - E_4) = 4{,}44\,c\,(w_3 f_3 - w_4 f_4)\,\Phi\,10^{-8}$$

$$= 4{,}44 \cdot 25 \cdot 25{,}6 \cdot 0{,}96\,B_l\,24 \cdot 26{,}4 \cdot 0{,}9 \cdot 10^{-8} \simeq 0{,}0156\,B_l,$$

und da wir vorher fanden, daß für $c_r = c$, $E_1 = 0{,}071\,B_l$ ist, können wir $(E_{3p} - E_4)$ aus der Magnetisierungskurve finden, indem wir die Ordinaten mit $\dfrac{0{,}0156}{0{,}071} = 0{,}22$ multiplizieren.

Die EMK der Drehung im Erregerkreis ist

$$E_{3r} = 2\sqrt{2}\, c_r\, \frac{w_2}{0,8}\, \Phi_q\, 10^{-8}.$$

Hierin ist

$$\Phi_q \simeq \frac{300 \cdot 10^8}{4,44 \cdot 25 \cdot 156 \cdot 0,78} \simeq 2,2 \cdot 10^6,$$

also

$$E_{3r} \simeq 2\sqrt{2}\, c_r\, 68 \cdot 2,2 \cdot 10^{-2} \simeq 4,2\, c_r.$$

Um nun für die verschiedenen Ströme die Geschwindigkeit und den Leistungsfaktor zu berechnen, haben wir die folgenden Spannungen zur Klemmenspannung zu addieren: In Phase mit dem Strom die EMK E_1 der Statorarbeitswicklung und die Widerstandsspannung Jr_k und 90^0 gegen den Strom phasenverschoben die Differenz von $(E_{3p} - E_4)$ und E_{3r}, und die Reaktanzspannung Jx_k. Hierin sind E_1 und E_{3r} von der Geschwindigkeit, die wir noch nicht kennen, abhängig.

Wir können die Umdrehungszahl für einen bestimmten Strom zunächst angenähert berechnen, indem wir $E_1 \simeq P$ setzen, d. h. alle anderen Spannungen vernachlässigen.

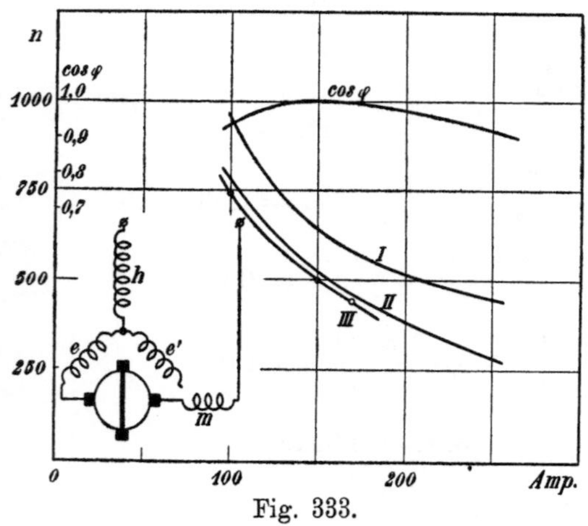

Fig. 333.

In der Magnetisierungskurve Fig. 330 ist nun für Synchronismus $E_{1\left(\frac{c_r}{c}=1\right)}$ als Funktion von J aufgetragen.

Es wird dann

$$n' = \frac{60\, c}{p}\, \frac{P}{E_{1\left(\frac{c_r}{c}=1\right)}}$$

Die so erhaltenen angenäherten Umdrehungszahlen sind für $P = 300$ Volt in Fig. 333 als Kurve I aufgetragen. Mit dieser rechnen wir weiter.

J	100 Amp.	150 Amp.	200 Amp.	250 Amp.
Jr_k	35 Volt	52,5 Volt	70 Volt	87,5 Volt
Jx_k	55 ,,	82,5 ,,	110 ,,	137,5 ,,
$(E_{3p} - E_4)$	35 ,,	52 ,,	65 ,,	73 ,,
E_{3r}	198 ,,	134 ,,	108 ,,	93 ,,

Jetzt können wir für die verschiedenen Ströme E_1 finden und daraus n und außerdem $\cos \varphi$. Fig. 333, Kurve II gibt die so erhaltene Tourenkurve, während III die gemessenen Werte zeigt.

Wirkungsgrad bei 300 Volt, 150 Amp., 500 Umdr. i. d. Min. entsprechend 50 PS.

Gesamte Stromwärmeverluste:

$$J^2 r_k = 150^2 \cdot 0{,}35 \quad \ldots \ldots \quad = 7900\,\text{Watt}$$

Eisenverluste: Wir rechnen mit einem reinen

Drehfelde von der Größe Φ_q:

$$W_h = \sigma_h \frac{c}{100}\left[\left(\frac{B_{as}}{1000}\right)^{1,6} V_{as} + k_4 \left(\frac{B_{zs\,min}}{1000}\right)^{1,6} V_{zs}\right]$$

$$= 1{,}0 \cdot \frac{25}{100}\left[\left(\frac{10\,000}{1000}\right)^{1,6} 22{,}5 + 1{,}3 \left(\frac{12\,000}{1000}\right)^{1,6} 6{,}5\right] = \quad 340 \quad\text{,,}$$

$$W_w = \sigma_w \left(\frac{c\varDelta}{100}\right)^2\left[\left(\frac{B_{as}}{1000}\right)^2 V_{as} + k_5 \left(\frac{B_{zs\,min}}{1000}\right)^2 V_{zs}\right]$$

$$= 6 \left(\frac{25 \cdot 0{,}5}{100}\right)^2\left[\left(\frac{10\,000}{1000}\right)^2 22{,}5 + 1{,}4\left(\frac{12\,000}{1000}\right)^2 6{,}5\right] = \quad 335 \quad\text{,,}$$

Luft- und Lagerreibung:

Wir schätzen sie zu ca. $1^0/_0$ der Leistung $= \quad 680 \quad$,,

Bürstenreibung:

$$0{,}5\,F_B v_k = 0{,}5 \cdot 130 \cdot 9{,}5 \quad \ldots \quad = \quad \underline{620 \quad\text{,,}}$$

Gesamte Verluste . . . . $= 9875\,\text{Watt}$

Zugeführte Leistung . . . . $= 45\,000\,\text{Watt}$

Wirkungsgrad . . . . $= 78^0/_0$

Kommutierung bei 300 Volt, 150 Amp. und 500 Umdrehungen. Wir betrachten nur die Kommutierung der Arbeitsbürsten.

Transformatorspannung in einer kurzgeschlossenen Windung:

$$e_p = 4{,}44 \cdot 25 \cdot 1 \cdot 2{,}4 \cdot 10^{-2} = \mathbf{2{,}66}\,\text{Volt}$$

und zwischen den Bürstenkanten

$$\varDelta e_p = \frac{p}{a}\frac{b_1}{\beta} e_p = \frac{3}{2}\,3 \cdot 2{,}66 = \mathbf{12{,}1}\,\text{Volt.}$$

Rotationsspannung in einer kurzgeschlossenen Windung:

$$e_r = 2\,B_{lq}\,l\,v\,10^{-6}$$

$$= 2 \cdot 5400 \cdot 24 \cdot 13{,}3 \cdot 10^{-6} = \mathbf{3{,}45}\,\text{Volt}$$

und zwischen den Bürstenkanten:

$$\varDelta e_r = \frac{p}{a}\frac{b_1}{\beta} e_r = \frac{3}{2}\,3 \cdot 3{,}45 = \mathbf{15{,}5}\,\text{Volt.}$$

Reaktanzspannung in einer kurzgeschlossenen Windung:

$$e_N = 2\,\frac{N}{K}\,l\,v\;\frac{t_1\,A\,S\,\lambda_N}{t_1 + b_D - \dfrac{a}{p}\,\beta_D}\;10^{-6}$$

$$= 2\cdot 2\cdot 24\cdot 13,3\;\frac{23,3\cdot 380\cdot 3,57}{23,3 + 12,6 - \tfrac{2}{3}\cdot 5,8}\;10^{-6} = \mathbf{1,27}\ \text{Volt}$$

und zwischen den Bürstenkanten:

$$\varDelta e_N = \frac{p}{a}\,\frac{b_1}{\beta}\,e_N = \frac{3}{2}\cdot 3\cdot 1,27 = \mathbf{5,72}\ \text{Volt.}$$

Versuchsresultate:

Widerstandsmessungen:

Wicklung h	0,0525 Ohm bei	20° C
Wicklung e (resp. e') . .	0,0158 ,, ,,	20° C
Wicklung k	0,0022 ,, ,,	20° C
Wicklung m	0,0059 ,, ,,	20° C

Der Widerstand der Rotorwicklung wurde nicht gemessen.

Da die Hauptwicklung und die Erregerwicklung nicht voneinander getrennt werden können, konnte die Magnetisierungskurve nicht aufgenommen werden und aus demselben Grunde konnte auch der Kurzschlußversuch nicht gemacht werden.

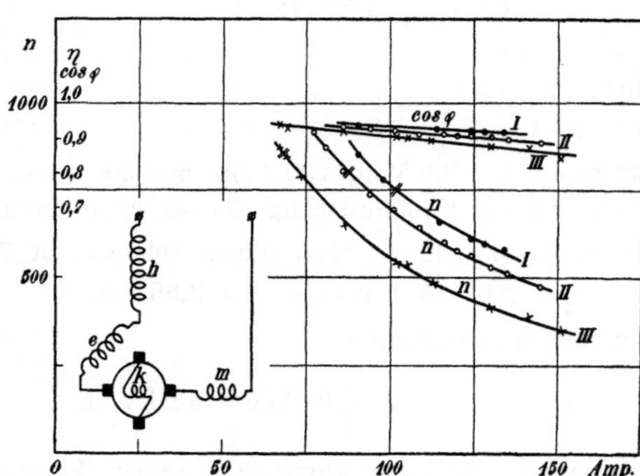

Fig. 334. Belastungskurven.

Kurve I: Klemmenspannung 392 Volt

     ,, II: ,,   368 ,,

     ,, III: ,,   316 ,,

Belastungskurven sind in Fig. 334, 335, 336 dargestellt. Aus dem Vergleich der Fig. 334 mit 335 und 336 ergibt sich, daß durch das Einschalten der Wicklung k zwischen die Arbeitsbürsten der Leistungsfaktor bedeutend heruntergeht und weil außerdem

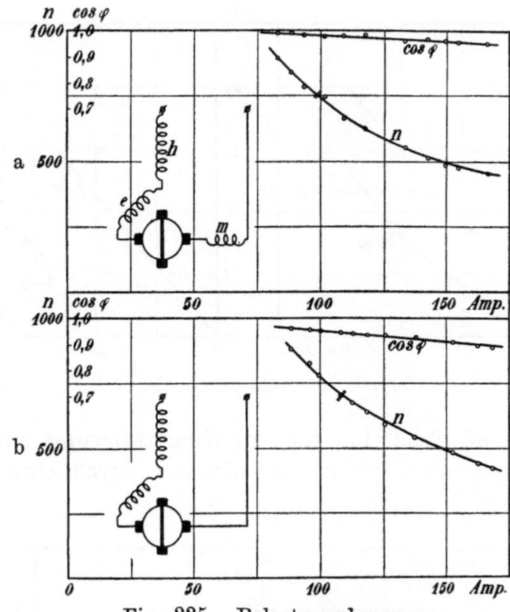

Fig. 335. Belastungskurven.
a) Klemmenspannung 300 Volt.   b) Klemmenspannung 220 Volt.

eine Verbesserung der Kommutierung durch diese Wicklung nicht beobachtet werden konnte, wurde sie später weggelassen bzw. (s. Fig. 336) in Serie mit der Wicklung m geschaltet. Auffallend

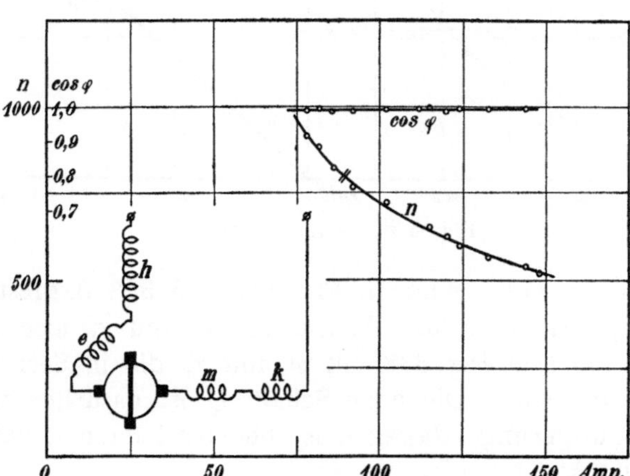

Fig. 336. Belastungskurve bei 365 Volt.

ist der hohe Leistungsfaktor bei der Schaltung nach Fig. 336, wo
k in Serie mit m geschaltet ist (k hat dieselbe AW-Zahl wie m).

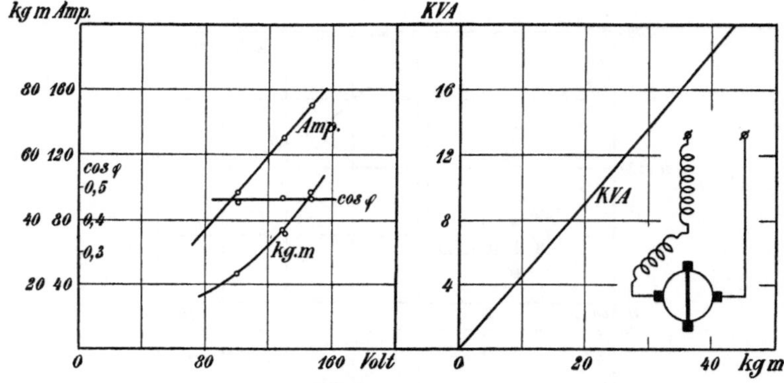

Fig. 337. Anlaufversuch.

Die Geschwindigkeit, bei der die Kommutierung anfängt ziemlich schlecht zu werden, ist in den Kurven durch einen doppelten
Strich angegeben.

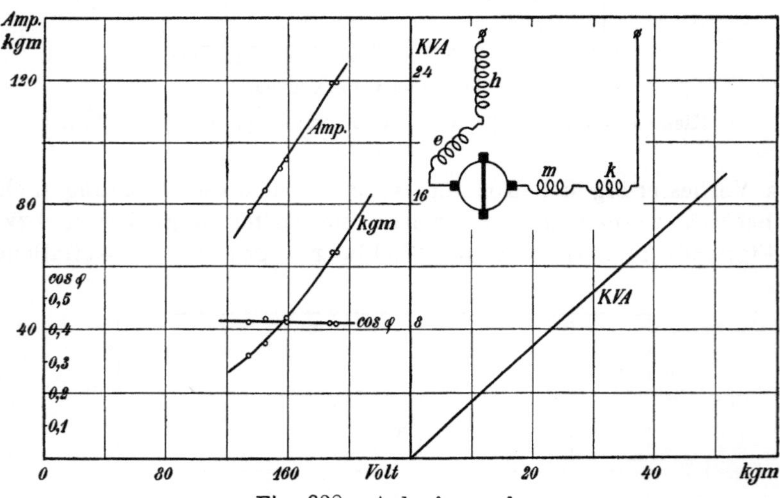

Fig. 338. Anlaufversuch.

Anlaufversuche sind in Fig. 337 und 338 dargestellt, und
zwar in Fig. 337 ohne die Wicklungen m und k, also mit Feld-
schwächung, und in Fig. 338 mit m und k, die in Serie mit dem
Rotor geschaltet sind. Die erste Schaltung ist natürlich vorteilhaft
für die Kommutierung, dagegen ist bei der letzten Schaltung das
Verhältnis $\dfrac{\text{KVA}}{\text{kgm}}$ bedeutend kleiner.

Die Erwärmung des Motors nach einstündigem Betriebe mit 370 Volt, 148 Amp. und 455 Umdrehungen, entsprechend einer Belastung von ca. 60 PS, ist in Fig. 339 gezeigt.

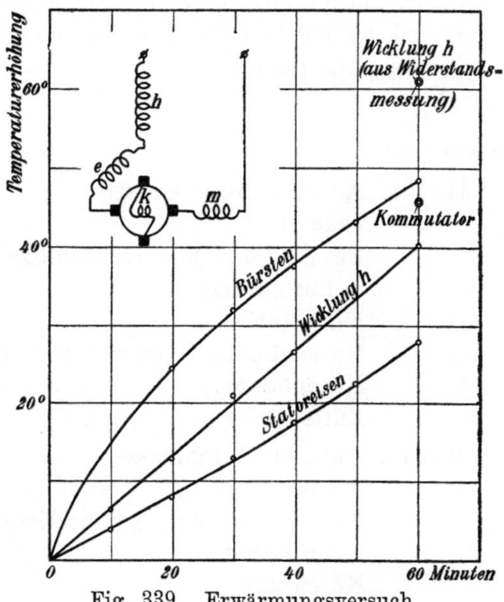

Fig. 339. Erwärmungsversuch.

107. Nachrechnung und Untersuchung eines 225 PS doppeltgespeisten Einphasen-Bahnmotors der Allmänna Svenska E. A. nach der Schaltung von Alexanderson.

190 + 80 Volt, 25 Perioden, 600 Umdr. i. d. Min.

Die Schaltung des Motors geht aus Fig. 340a hervor. Da das Übersetzungsverhältnis zwischen Stator- und Rotorwicklung ca. 2,2 beträgt, steigt die Tourenzahl, wenn K nach oben ver-

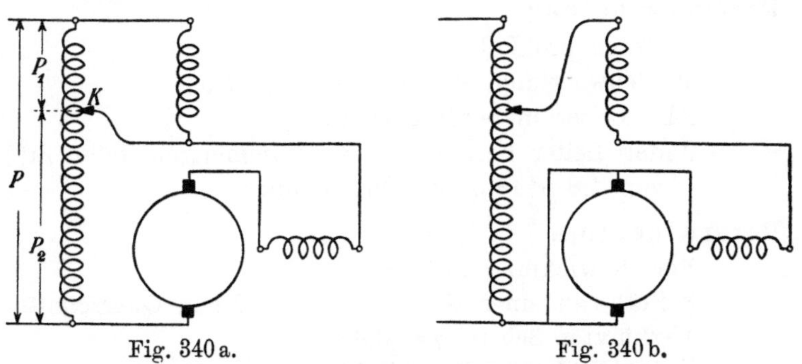

Fig. 340a. Fig. 340b.
Fig. 340a und b. Schaltungen nach Alexanderson.

schoben wird, wobei dann gleichzeitig das Transformatorfeld geschwächt wird.

Der Motor soll als Repulsionsmotor nach Fig. 340b anlaufen, wobei die Kompensationswicklung und die Erregerwicklung denselben Strom führen, d. h. das Feld wird beim Anlauf geschwächt.

Der Motor hat folgende Daten:

10 Pole.

Eisenabmessungen:

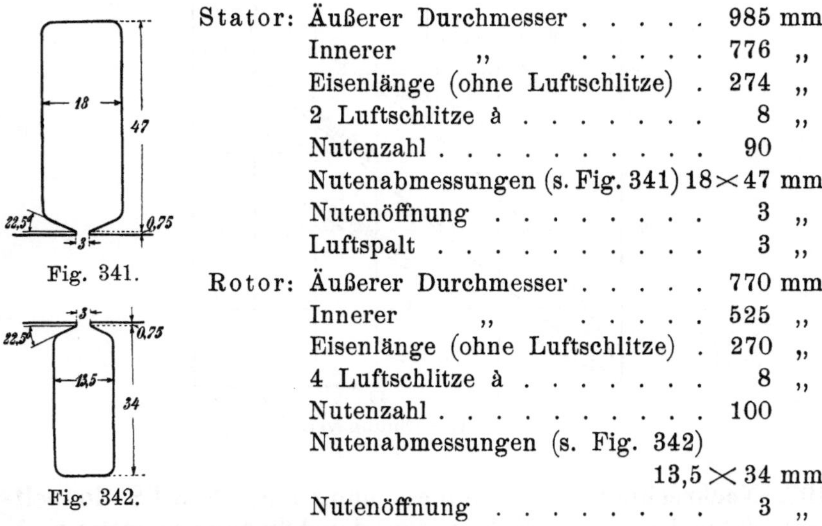

Fig. 341.

Fig. 342.

Stator: Äußerer Durchmesser . . . . . 985 mm

Innerer   „   . . . . 776 „

Eisenlänge (ohne Luftschlitze) . 274 „

2 Luftschlitze à . . . . 8 „

Nutenzahl 90

Nutenabmessungen (s. Fig. 341) 18×47 mm

Nutenöffnung . . . . 3 „

Luftspalt . . . . 3 „

Rotor: Äußerer Durchmesser . . . . . 770 mm

Innerer   „   . . . . 525 „

Eisenlänge (ohne Luftschlitze) . 270 „

4 Luftschlitze à . . . . 8 „

Nutenzahl 100

Nutenabmessungen (s. Fig. 342)

$13,5 \times 34$ mm

Nutenöffnung . . . . 3 „

Statorarbeitswicklung:

7 Nuten pro Pol.

Wellenwicklung, 2 Leiter in einer Nut.

Alle Leiter in Serie geschaltet.

Jeder Leiter besteht aus 3 zusammengenieteten Stäben von $3,7 \times 18,5$ mm Querschnitt.

Erregerwicklung:

2 Nuten pro Pol.

Wellenwicklung, 2 Leiter in einer Nut.

Alle Leiter in Serie geschaltet.

Jeder Leiter besteht aus 3 zusammengenieteten Stäben von $4,6 \times 18,5$ mm Querschnitt.

Rotorwicklung:

Parallelwicklung mit $a = 5$.

8 Stäbe in einer Nut von $1,9 \times 12$ mm Querschnitt.

Verkürzter Schritt $y = 0,8\,\tau$.

Keine Widerstandsverbindungen.

Kommutator:

Durchmesser . . . . 550 mm

Schleiflänge . . . . 280 „

Lamellenzahl 400

Zahl der Bürstenstifte 10

Anzahl der Bürsten eines Stiftes . 7

Abmessungen der Kohlen . . 11 × 35 mm

Kohlensorte: le Carbone SC.

Der Motor soll künstlich gekühlt werden.

Nachrechnung.

Der Motor soll ca. 225 PS während einer Stunde bei 600 Umdr. i. d. Min. leisten, wobei der Rotorstrom 920 Amp. betragen soll. Das entspricht bei einem gewöhnlichen Serienmotor mit 89 % Wirkungsgrad und $\cos \varphi = 0{,}9$ einer Klemmenspannung von 225 Volt. Wir dürfen den doppeltgespeisten Motor als einen Serienmotor mit der Klemmenspannung $P' = P_2 + P_1 \dfrac{w_2 f_2}{w_1 f_1}$ ansehen.

Um die Tourenzahl für verschiedene Belastungsströme bestimmen zu können, müssen wir zuerst die Magnetisierungskurve, die Streuung und die Widerstände der verschiedenen Wicklungen berechnen.

Magnetisierungskurve für 600 Umdr. i. d. Min.:

$$E_a = \frac{1}{\sqrt{2}} \frac{p n N}{60 \, a} \, \Phi \, 10^{-8} \, .$$

Da der Wicklungsschritt gleich $0{,}8 \, \tau$ ist, können wir setzen

$$\Phi = 0{,}8 \, B_l \, l \, \tau .$$

	100 Volt	200 Volt
E_a . . . . $=$	100 Volt	200 Volt
$\Phi = \sqrt{2} \dfrac{60 \, a}{p n N} E_a 10^8$ . . . . $=$	$1{,}76 \cdot 10^6$	$3{,}52 \cdot 10^6$
$B_l = \dfrac{\Phi}{0{,}8 \, l \tau}$ . . . . $=$	3300	6600
$\tfrac{1}{2} A W_l = 0{,}8 \, k_1 \, \delta \, B_l = 0{,}8 \cdot 1{,}05 \cdot 0{,}3 \, B_l$ . . $=$	830	1660
Statorzähne:		
$B_{z\,i\,max} = \dfrac{B_l t_1}{z_{min} k_2} = \dfrac{B_l \cdot 27}{9{,}3 \cdot 0{,}9}$ . . . . $=$	10 600	21 200
$k_3 = \dfrac{l_1 t_1}{l \, k_2 \, z} - 1 = \dfrac{290 \cdot 57}{274 \cdot 0{,}9 \cdot 9{,}3} - 1$ $= 2{,}4$		
$B_{z\,w\,max}$ . . . . $=$	10 600	20 200

$$aw_{z\,max} \quad \cdots \cdots \cdots \cdots \cdots \cdots = \quad 300$$

$$B_{z\,i\,mitt} = \frac{B_l\,t_1}{z_{mitt}\,k_2} = \frac{B_l \cdot 27}{10{,}9 \cdot 0{,}9} \quad \cdots \cdots = \quad 9050 \quad\mid\quad 19\,200$$

$$k_3 = \frac{290 \cdot 28{,}9}{274 \cdot 0{,}9 \cdot 10{,}9} - 1 = 2{,}1$$

$$B_{z\,w\,mitt} \quad \cdots \cdots \cdots \cdots \cdots = \quad 9050 \quad\mid\quad 18\,800$$

$$aw_{z\,mitt} \quad \cdots \cdots \cdots \cdots \cdots = \quad 140$$

$$B_{z\,w\,min} \cong B_{z\,i\,min} = \frac{B_l \cdot 27}{12{,}4 \cdot 0{,}9} \quad \cdots \cdots = \quad 8000 \quad\mid\quad 15\,900$$

$$aw_{z\,min} \quad \cdots \cdots \cdots \cdots \cdots = \quad 30$$

$$\tfrac{1}{2} AW_{z\,stat} = \frac{l_z}{2}\,\frac{aw_{z\,max} + 4\,aw_{z\,mitt} + aw_{z\,min}}{6} = \quad \text{vernach-} \quad\mid\quad \textbf{700}$$

$$\text{lässigbar}$$

Rotorzähne:

$$B_{z\,i\,max} = \frac{B_l\,t_1}{z_{min}\,k_2} = \frac{B_l \cdot 24{,}4}{8{,}5 \cdot 0{,}9} \quad \cdots \cdots = \quad 10\,500 \quad\mid\quad 21\,000$$

$$k_3 = \frac{290 \cdot 22}{274 \cdot 0{,}9 \cdot 85} - 1 = 2$$

$$B_{z\,w\,max} \quad \cdots \cdots \cdots \cdots \cdots = \quad 10\,500 \quad\mid\quad 20\,200$$

$$aw_{z\,max} \quad \cdots \cdots \cdots \cdots \cdots = \quad 300$$

$$B_{z\,i\,mitt} = \frac{B_l \cdot 24{,}4}{9{,}5 \cdot 0{,}9} \quad \cdots \cdots \cdots = \quad 9400 \quad\mid\quad 18\,700$$

$$k_3 = \frac{290}{274} \cdot \frac{23}{0{,}9 \cdot 9{,}5} - 1 = 1{,}85$$

$$B_{z\,w\,mitt} \quad \cdots \cdots \cdots \cdots \cdots = \quad 9400 \quad\mid\quad 18\,300$$

$$aw_{z\,mitt} \quad \cdots \cdots \cdots \cdots \cdots \doteq \quad 100$$

$$B_{z\,w\,min} \cong B_{z\,i\,min} = \frac{B_l \cdot 24{,}4}{10{,}5 \cdot 0{,}9} \quad \cdots \cdots = \quad 8500 \quad\mid\quad 17\,000$$

$$aw_{z\,min} \quad \cdots \cdots \cdots \cdots \cdots = \quad 40$$

$$\tfrac{1}{2} AW_{z\,rot} = \frac{l_z}{2}\,\frac{aw_{z\,max} + 4\,aw_{z\,mitt} + aw_{z\,min}}{6} = \quad \text{vernach-} \quad\mid\quad \textbf{420}$$

$$\text{lässigbar}$$

$$B_s = \frac{\Phi}{2\,l\,h_s\,k_2} \quad \cdots \cdots \cdots \cdots = \quad 6200 \quad\mid\quad 12\,400$$

$$B_r = \frac{\Phi}{2\,l\,h_r\,k_2} \quad \cdots \cdots \cdots \cdots = \quad 4000 \quad\mid\quad 8000$$

Die AW für den Kern können wir vernachlässigen.

$$\tfrac{1}{2} AW_{tot} \quad \cdots \cdots \cdots \cdots \cdots = \quad \textbf{830} \quad\mid\quad \textbf{2780}$$

$$J_{eff} = \frac{AW_{tot}}{4\,\sqrt{2}} \quad \cdots \cdots \cdots \cdots = \quad \textbf{295 Amp.} \quad\mid\quad \textbf{980 Amp.}$$

Mit Hilfe dieser beiden Punkte können wir den Verlauf der Magnetisierungskurve angenähert bestimmen (s. Fig. 343 Kurve II).

Widerstände.

Rotorwicklung:

$$r_a = 0,0175 \frac{N}{(2\,a)^2} \frac{l_a}{q}$$

$$= 0,0175 \frac{800}{100} \frac{0,58}{22}$$

$$= 0,003\,68 \text{ Ohm.}$$

Statorarbeitswicklung:

$$r_1 = \frac{0,0175 \cdot 2\,w\,l}{q}$$

$$= \frac{0,0175 \cdot 2 \cdot 70 \cdot 0,66}{205}$$

$$= 0,008 \text{ Ohm}$$

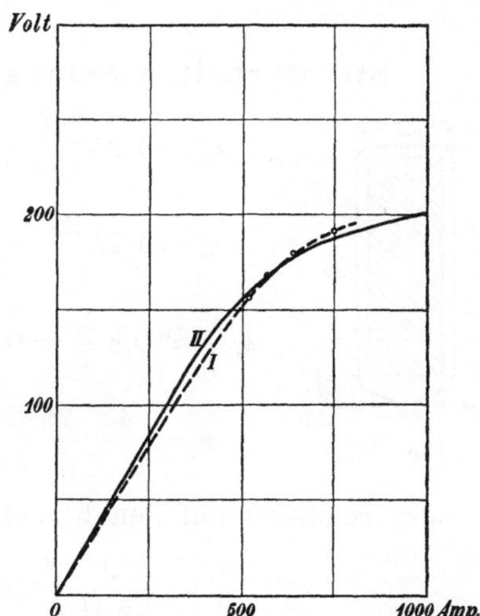

Fig. 343. Magnetisierungskurve.
I gemessen, II berechnet.

und reduziert auf den Rotorkreis

$$r_1' = \left(\frac{1}{2,19}\right)^2 \cdot 0,008 = 0,001\,67 \text{ Ohm.}$$

Erregerwicklung:

$$r_3 = \frac{0,0175 \cdot 2\,w\,l}{q} = \frac{0,0175 \cdot 2 \cdot 20 \cdot 0,66}{252} = 0,001\,76 \text{ Ohm.}$$

Rechnen wir mit einem Bürstenübergangswiderstand von 0,1 Ohm pro cm², so wird

$$r_B = 2 \frac{1}{10} \frac{1}{F_B} = 2 \frac{1}{10} \frac{1}{135} \approx 0,0015 \text{ Ohm.}$$

Der gesamte Ohmsche Widerstand wird bei 55° C und $k_r = 1,15$

$$r = 1,16 \cdot 1,15 \,(0,003\,68 + 0,001\,67 + 0,001\,76) + 0,0015$$
$$= 0,011 \text{ Ohm.}$$

Reaktanz.

Rotorwicklung (s. Fig. 344):

$$\lambda_n = 1,25 \left(\frac{27}{40,5} + \frac{2}{13,5} + \frac{4}{16,5} + \frac{0,75}{3}\right) = 1,62$$

$$\lambda_k = 1,25 \frac{24,4 - 3 - 3}{18} = 1,28$$

$$\lambda_s \frac{l_s}{l} \approx 0,8 \frac{l_s}{l} = 0,8 \frac{30,8}{27,4} = 0,9$$

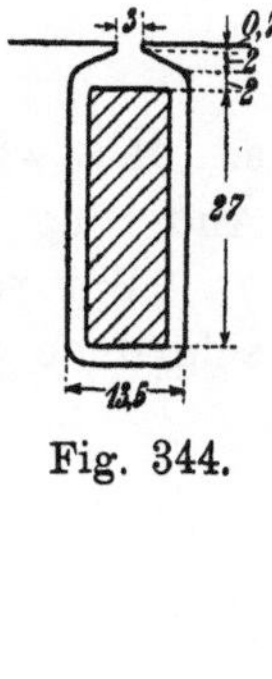

Fig. 344.

$$x_2 = \frac{4\pi c w^2 l}{p q\, 10^8}\left(\lambda_n + \lambda_k + \lambda_s \frac{l_s}{l}\right) = \frac{4\pi\cdot 25\cdot 32^2\cdot 27,4}{5\cdot 8\cdot 10^8}\,3,8$$

$$= \mathbf{0{,}0083}\ \text{Ohm}.$$

Statorarbeitswicklung (s. Fig. 345):

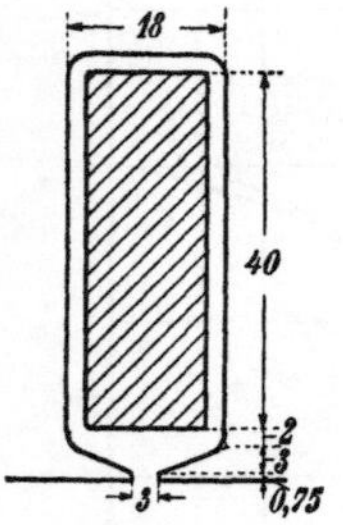

$$\lambda_n = 1,25\left(\frac{40}{54} + \frac{2}{18} + \frac{6}{21} + \frac{0,75}{3}\right) = 1,39$$

$$\lambda_k = 1,25\,\frac{27 - 3 - 3}{18} = 1,46$$

$$\lambda_s \frac{l_s}{l} \simeq 0,8\,\frac{l_s}{l} = 0,8\,\frac{38,3}{27,4} = 1,12$$

Fig. 345.

$$x_1 = \frac{4\pi\cdot 25\cdot 70^2\cdot 27,4}{5\cdot 7\cdot 10^8}\,3,97 = \mathbf{0{,}0294}\ \text{Ohm}$$

oder reduziert auf den Rotorkreis

$$x_1' = \left(\frac{1}{2,19}\right)^2\cdot 0,0294 = \mathbf{0{,}0059}\ \text{Ohm}.$$

Erregerwicklung:

$$x_3 \simeq \frac{w_3}{w_1}\,x_1 = \frac{2}{7}\cdot 0,0294 = \mathbf{0{,}0084}\ \text{Ohm}.$$

Die gesamte Reaktanz ist:

$$x = 0,0083 + 0,0059 + 0,0084 = \mathbf{0{,}0226}\ \Omega.$$

Die Spannung der Erregerwicklung (die Magnetisierungsspannung) ist

$$E_m \simeq \pi\,\sqrt{2}\,c w_3 f_3\,\Phi\,10^{-8}$$

$$\simeq 2\pi c w_3 f_3\,\frac{60}{p n}\,\frac{a}{N}\,E_a.$$

Wir haben in Fig. 343 E_a für $n = 600$ als Funktion des Stromes aufgetragen; es wird in Beziehung zu dieser

$$E_m \simeq 2\pi\cdot 25\cdot 20\,\frac{60}{5\cdot 600}\,\frac{5}{800}\,E_{a(n\,=\,600)}$$

$$= 0,39\,E_{a(n\,=\,600)},$$

so daß wir aus der Magnetisierungskurve (Fig. 343) E_m durch Änderung des Maßstabes erhalten.

Wir rechnen nun zunächst einen Serienmotor und nehmen verschiedene Ströme J an, berechnen Jr, Jx und E_m und erhalten

$$E_a = \sqrt{P^2 - (E_m + Jx)^2} - Jr,$$

ferner die Umdrehungszahl

$$n = 600 \frac{E_{a\,(n=600)}}{E_a}$$

und

$$\cos\varphi = \frac{E_a + Jr}{P}$$

J	250 Amp.	500 Amp.	750 Amp.	1000 Amp.
E_m	33 Volt	61 Volt	73 Volt	78 Volt
Jx	5,6 ,,	11,3 ,,	17 ,,	22,6 ,,
Jr	2,75 ,,	5,5 ,,	8,25 ,,	11 ,,

Die so erhaltenen Werte für
n und $\cos\varphi$ für den Serienmotor
sind in Fig. 346 (Kurven III und I)
aufgetragen. In Wirklichkeit liegt
die Geschwindigkeitskurve etwas
tiefer (s. Kurve IV), was darauf beruht, daß die Magnetisierungskurve
für Wechselstrom nicht so stark
abbiegt wie für Gleichstrom, was
wir nicht berücksichtigt haben.

Wir haben jetzt die Spannung
an der Statorarbeitswicklung so
zu berechnen, daß die Kommutierung bei Vollast sich am günstigsten gestaltet.

Bei 225 Volt und 920 Amp.
ist $n \simeq 580$ Touren und $E_{2r} \simeq 190$
Volt. Der Kraftfluß wird dann

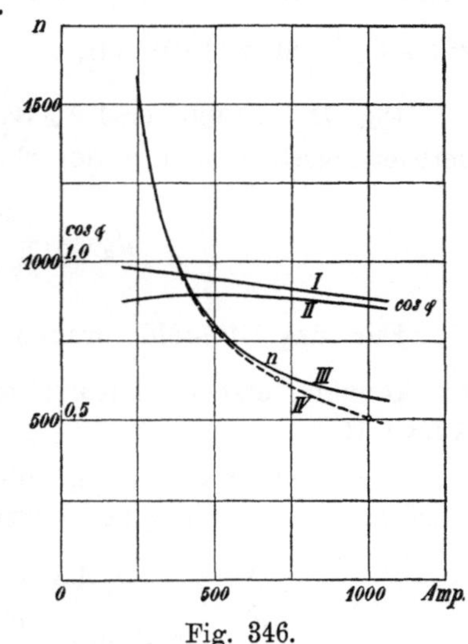

Fig. 346.

$$\Phi = \sqrt{2}\,\frac{60}{p\,n}\,\frac{a}{N}\,E_{2r}\,10^8 = \sqrt{2}\,\frac{60}{5\cdot 580}\cdot\frac{5}{800}\cdot 190\cdot 10^8 = 3,46\cdot 10^6.$$

Die Transformator-EMK in einer von den Bürsten kurzgeschlossenen Windung wird

$$e_p = 4,44\cdot 25\cdot 3,46\cdot 10^{-2} = \mathbf{3,84}\ \text{Volt.}$$

Die kurzgeschlossenen Windungen rotieren im Transformatorfluß von der Stärke B_q und die EMK der Drehung in einer
Windung ist

$$e_r = 2\,B_q\,v\,l\,10^{-6}.$$

Für $e_r = e_p$ wird

$$B_n = \frac{3,84\cdot 10^6}{2\,v\,l} \simeq 3000.$$

Der Transformatorfluß ist

$$\Phi_q = \alpha_q \, \tau \, l \, B_q = 0{,}61 \cdot 24{,}4 \cdot 27{,}4 \cdot 3000 = 1{,}26 \cdot 10^6,$$

worin

$$\alpha_q = 1 - \frac{1}{2}\frac{S_1}{\tau} = 1 - \frac{1}{2}\frac{7}{9} = 0{,}61$$

ist.

Die von diesem Felde in der Statorarbeitswicklung induzierte Spannung wird

$$4{,}44 \, c \, w_1 \, f_1 \, \Phi_q \, 10^{-8} = 4{,}44 \cdot 25 \cdot 70 \cdot 0{,}79 \cdot 1{,}26 \cdot 10^{-2} = 77{,}7 \text{ Volt.}$$

Wir müssen also die Statorarbeitswicklung an ca. 80 Volt legen und die in Serie geschaltete Rotor- und Erregerwicklung an

$$225 - \frac{1}{2{,}19} \, 80 \backsimeq 190 \text{ Volt.}$$

Für $B_q = 3000$ wird $\frac{1}{2}AW_l = 750$ und der erforderliche Magnetisierungsstrom der Statorarbeitswicklung

$$J_a = \frac{750}{7\sqrt{2}} \backsimeq 76 \text{ Amp.}$$

Für das Hilfsfeld brauchen wir also $\dfrac{80 \cdot 76}{1000} = 6{,}1 \, \text{KVA}$ und wir können jetzt eine Korrektur für $\cos\varphi$ anbringen (s. Fig. 346, Kurve II).

Die Reaktanzspannung, die bei dieser Schaltung nicht kompensiert wird, ist in einer kurzgeschlossenen Windung

$$e_N = 2 \, \frac{N}{K} \, l \, v \, \frac{t_1 \, A \, S \, \lambda_N}{t_1 + b_D - \dfrac{a}{p}\,\beta_D} \, 10^{-6}$$

$$= 2 \cdot 2 \cdot 27{,}4 \cdot 23{,}6 \, \frac{24{,}4 \cdot 330 \cdot 3{,}80}{24{,}4 + 15{,}5 - 1 \cdot 6{,}1} \, 10^{-6} = \mathbf{2{,}1} \text{ Volt.}$$

Wirkungsgrad.

Ohmsche Verluste:

$$J^2 r \backsimeq 920^2 \cdot 0{,}011 \qquad\qquad = 9350 \text{ Watt}$$

Eisenverluste im Stator:

$$W_h = 1 \cdot \frac{25}{100}\left[\left(\frac{12\,400}{1000}\right)^{1{,}6} 44 + 1{,}2\left(\frac{15\,900}{1000}\right)^{1{,}6} 12{,}5\right] \quad = 1022 \quad \text{,,}$$

$$W_w = 6 \cdot \left(\frac{25 \cdot 0{,}5}{100}\right)^2\left[\left(\frac{12\,400}{1000}\right)^2 44 + 1{,}3\left(\frac{15\,900}{1000}\right)^2 12{,}5\right] \quad = \quad 985 \quad \text{,,}$$

Eisenverluste im Rotor:

$$W_h = 1 \cdot \frac{25}{100}\left[\left(\frac{8000}{1000}\right)^{1,6} 46 + 1,2 \left(\frac{17000}{1000}\right)^{1,6} 8,8\right] \quad = \quad 561 \text{ Watt}$$

$$W_w = 6 \cdot \left(\frac{25 \cdot 0,5}{100}\right)^2\left[\left(\frac{8000}{1000}\right)^2 46 + 1,25 \left(\frac{17000}{1000}\right)^2 8,8\right] \quad = \quad 576 \text{ „}$$

Luft- und Lagerreibung:
Wir nehmen dafür ungefähr $1\,^0/_0$ der Leistung $\simeq$ 1600   „

Bürstenreibung:

$$k\,F_B\,v_k \simeq 0,6 \cdot 135 \cdot 17,3 \ldots = 1400 \text{ „}$$

Totale Verluste . . $= 15\,494$ Watt

Zugeführte Leistung $166\,000 + 15\,494 \simeq 181\,500$ Watt

Wirkungsgrad . . . . $\simeq \mathbf{91,4\,^0/_0}$.

Versuchsergebnisse.

Widerstandsmessungen:

Statorarbeitswicklung .   . $= 0,008\,06$ Ohm bei 17^0 C
Erregerwicklung . . . . . $= 0,002\,01$ „   „ 17^0 C
Rotorwicklung . . . . $= 0,003\,57$ „   „ 17^0 C.

Magnetisierungskurven
für 600 Touren (s. Fig. 347):
Kurve I ist aufgenommen
    mit Gleichstrom.
Kurve II ist aufgenommen
    mit Wechselstrom.
Kurve III ist abgeleitet aus
    Kurve II durch Multipli-
    kation der Ströme und
    Spannungen mit $\sqrt{2}$.

Kurzschlußversuch:
Die Rotorwicklung war kurzgeschlossen und die Statorarbeitswicklung an eine Spannung gelegt.

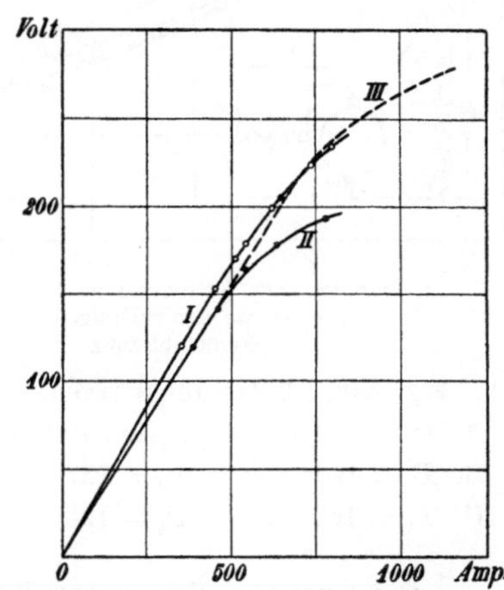

Fig. 347. Magnetisierungskurven.

Spannung an der Statorarbeitswicklung	Strom in der Statorarbeitswicklung	Zugeführte Leistung	cos φ	Strom in der Rotorwicklung
41,3 Volt	264 Amp.	3,9 KW	0,36	525 Amp.
73,4 „	492 „	12,6 „	0,35	1000 „
95,0 „	677 „	23,4 „	0,36	1400 „

Hieraus ergibt sich:

$$z_k \cong 0{,}15 \text{ Ohm}, \qquad r_k \cong 0{,}054 \text{ Ohm}, \qquad x_k \cong 0{,}139 \text{ Ohm}$$

und reduziert auf den Rotorkreis

$$z_k' \cong 0{,}031 \text{ Ohm}, \qquad r_k' \cong 0{,}0011 \text{ Ohm}, \qquad x_k' \cong 0{,}0029 \text{ Ohm}.$$

Belastungskurven (s. Fig. 348):

Die Summe der Spannungen P_1 und P_2 ist für die verschiedenen Kurven ungefähr konstant. Wie aus den Kurven hervorgeht, nimmt $\cos\varphi$ stark ab, wenn wir P_2 kleiner machen, was darauf beruht, daß der Transformatorfluß zu stark wird. Auch für die Kommutierung wäre es besser P_1 nicht so stark zunehmen zu lassen, d. h. man müßte nicht nur den Anschlußpunkt b, sondern zugleich auch a nach unten verschieben.

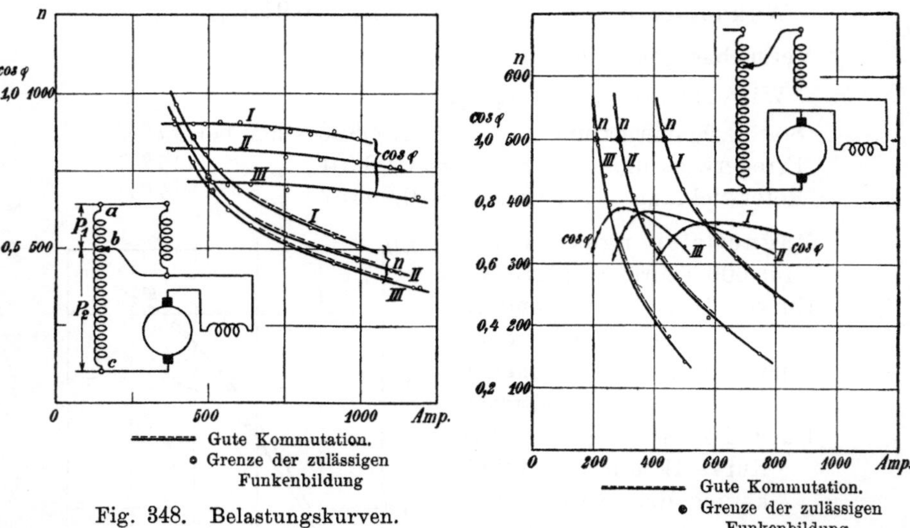

Fig. 348. Belastungskurven.

I. $P_1 = 90$ Volt, $\qquad P_2 = 195$ Volt.

II. $P_1 = 129$ „ $\qquad P_2 = 157$ „

III. $P_1 = 162$ „ $\qquad P_2 = 123$ „

Fig. 349. Belastungskurven des Repulsionsmotors.

I. 250 Volt, II. 204 Volt, III. 148 Volt.

Die Grenzen der guten Kommutierung sind in den Kurven angegeben.

Weitere Belastungskurven in der Anlaufschaltung als Repulsionsmotor zeigt Fig. 349.

Von den Verlusten wurden speziell die Reibungsverluste durch Antrieb mit einem Hilfsmotor gemessen (s. Fig. 350). Wir sehen, daß die Bürstenreibung der Geschwindigkeit proportional zunimmt. Setzen wir die Bürstenreibung gleich $k\,v_k\,F_B$, so ist nach diesen Versuchen $k \cong 0{,}55$.

Erwärmung.

Fig. 351 zeigt die Erwärmung des Motors nach einstündigem Betrieb bei $P_2 = 196$ Volt, $J_2 = 780$ Amp., $P_1 = 94$ Volt, $J_1 = 410$ Amp. und 645 Umdr. ohne künstliche Kühlung. Dies entspricht ungefähr

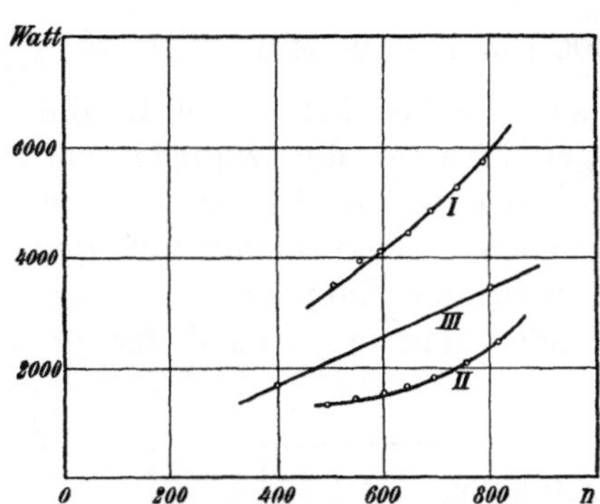

Fig. 350. Reibungsverluste.
I. Gesamte Reibung.
II. Lager- und Luftreibung.
III. Bürstenreibung.

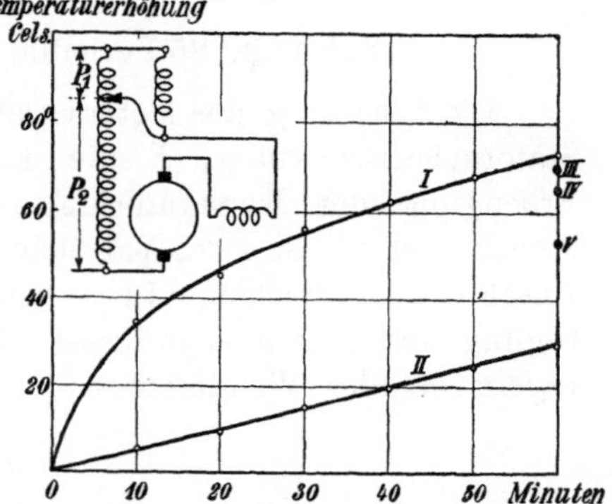

Fig. 351. Erwärmungsversuch ohne künstliche Kühlung.

I. Erwärmung der Bürsten.
II.   „   des Statoreisens.
III.   „   der Rotorwicklung.
IV.   „   der Erregerwicklung.
V.   „   der Statorarbeitswicklg.

} aus der Widerstandserhöhung.

einer Leistung von 200 PS. Um einigermaßen die Temperatur des Kommutators beurteilen zu können, wurde die Temperatur der Kohlen mittels Thermometer gemessen.

Fig. 352 zeigt einen anderen Erwärmungsversuch bei $P_2 = 224$ Volt, $J_2 = 900$ Amp., $P_1 = 106$ Volt, $J_1 = 480$ Amp., $n = 685$

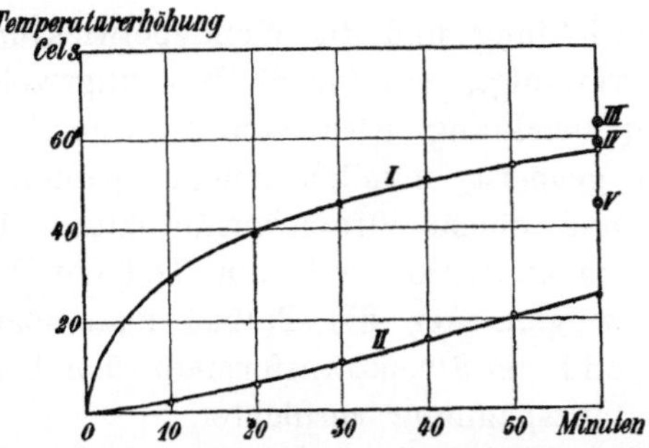

Fig. 352. Erwärmungsversuch mit künstlicher Kühlung.
I. Erwärmung der Bürsten.
II.   „   des Statoreisens.
III.   „   der Erregerwicklung
IV.   „   der Rotorwicklung
V.   „   der Statorarbeitswicklung

} aus der Widerstandserhöhung.

Umdr. (ca. 260 PS), mit künstlicher Kühlung, die ca. 20 cbm Luft i. d. Min. durch den Motor trieb.

108. Nachrechnung und Untersuchung eines 225 PS-Einphasen-Bahnmotors der Allmänna Svenska E. A.

225 Volt, 25 Perioden, 600 Umdr. i. d. Min.

Die Schaltung des Motors geht aus Fig. 353 hervor. K ist die Statorarbeitswicklung, E die Erregerwicklung, die zugleich zur Erzeugung des Kommutierungsfeldes benutzt wird. Zu diesem Zwecke ist sie in zwei parallele Gruppen geschaltet und mit vier Anschlüssen versehen. In a und b wird der Hauptstrom zur Erregung des Drehmomentflusses eingeleitet und in c und d der Erregerstrom des Wendefeldes.

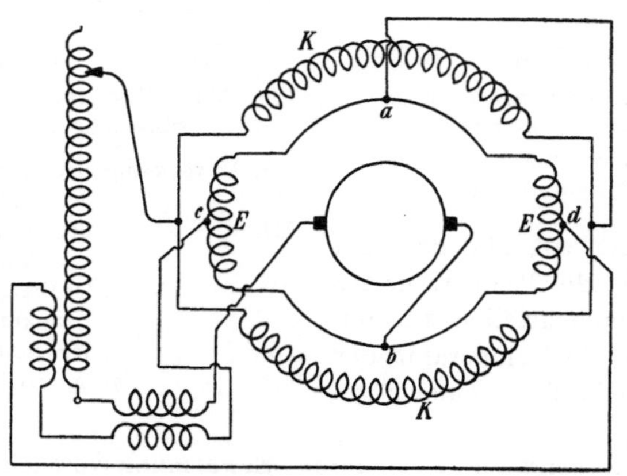

Fig. 353. Schaltung des 225 PS-Motors der A. S. E. A.

Die Erregerwicklung und die Wendepolwicklung sind also zu einer Wicklung vereinigt, was für die Wirkungsweise ohne Einfluß ist. Die Wendepolwicklung wird von zwei in Serie geschalteten Transformatoren gespeist, nämlich einem Spannungstransformator und einem Stromtransformator. Der Spannungstransformator soll den Teil des Wendefeldes erzeugen, der die Transformatorspannung aufhebt, und der Stromtransformator den Teil, der die Reaktanzspannung vernichtet.

Die Hauptabmessungen des Motors sind dieselben wie bei dem Motor nach Alexanderson, den wir auf Seite 579 beschrieben haben. Die Eisenabmessungen des Stators sind genau dieselben, und im Rotor sind nur die Nuten von den früheren

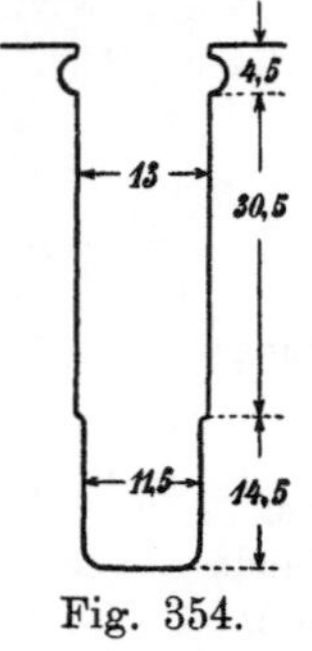

Fig. 354.

verschieden (s. Fig. 354). Es sind offene Nuten mit Keilverschluß; die Nuten sind schräg gestellt.

Die Wicklungen sind in folgender Weise ausgeführt.

Statorarbeitswicklung: Fünf Nuten pro Pol.

Wellenwicklung, zwei Leiter in einer Nut.

Die Wicklung ist in zwei Gruppen geschaltet. Jeder Leiter besteht aus drei zusammengenieteten Kupferstäben von $3,7 \times 18,5$ mm Querschnitt mit halbrunden Kanten.

Erregerwicklung: Vier Nuten pro Pol.

Wellenwicklung, zwei Leiter in einer Nut.

Die Wicklung ist aus zwei parallelen Kreisen zusammengesetzt. Jeder Leiter besteht aus drei zusammengenieteten Kupferstäben von $4,6 \times 18,5$ mm Querschnitt.

Rotorwicklung.

Parallelwicklung mit $a = 5$

Acht Leiter in einer Nut von $1,9 \times 12$ mm Querschnitt.
Unverkürzter Wicklungsschritt.

Widerstandsverbindungen aus Neusilber von $0,7 \times 12$ mm Querschnitt und ca. 0,9 m Länge sind hin und zurück in den schmaleren Teil der Nuten gelegt. Der spezifische Widerstand des Neusilbers ist $0,27 - 0,3$.

Nachrechnung.

Die Magnetisierungskurve

$$\Phi = 0,78 \, B_l \, l \, \tau.$$

Bei dem Alexandersonmotor war $\Phi = 0,8 \, B_l \, l \, \tau$. Wir dürfen also annehmen, daß bei gleichen Werten von B_l und n auch $E_a{}'$ für beide Motoren gleich wird.

	100 Volt	200 Volt
E_a	100 Volt	200 Volt
Φ	$1,76 \cdot 10^6$	$3,52 \cdot 10^6$
B_l	3300	6600
$\frac{1}{2} AW_l = 0,8 \, k_1 \, \delta \, B_l = 0,8 \cdot 1,35 \cdot 0,3 \, B_l$	1070	2140
Die AW für die Zähne nehmen wir wie bei dem anderen Motor. Also		
$\frac{1}{2} AW_{z\,stat} + \frac{1}{2} AW_{z\,rot}$		1120
$\frac{1}{2} AW_{total}$	1070	3260
$J_{eff} = \dfrac{AW_{total}}{4 \sqrt{2}}$	380 Amp.	1150 Amp.

Mit Hilfe dieser beiden Punkte können wir den Verlauf der Magnetisierungskurve ungefähr bestimmen (s. Kurve I, Fig. 355).

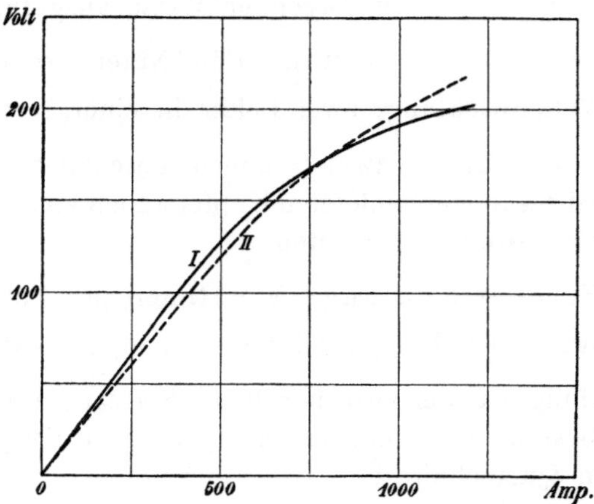

Fig. 355. Magnetisierungskurve.

Widerstände.

Rotorwicklung:

Es ist

$$r_a = 0,0175 \cdot \frac{800}{100} \frac{0,656}{22} = 0,00415 \text{ Ohm.}$$

Hierzu tritt der Widerstand der Widerstandsverbindungen. Für eine solche Verbindung ist

$$r_\varrho' \cong 0,285 \cdot \frac{0,9}{8,4} = 0,0305 \text{ Ohm.}$$

Da $\dfrac{b_1}{\beta} \leqq 3$ ist, sind durchschnittlich drei Verbinder an jeder Bürste und 15 für alle gleichnamigen Bürsten parallel geschaltet. Der Rotorwiderstand wird also erhöht um

$$r_\varrho = \frac{2}{15} r_\varrho' = \frac{2}{15} \cdot 0,0305 = 0,00405$$

$$r_a + r_\varrho = 0,00415 + 0,00405 = \mathbf{0,0082} \text{ Ohm.}$$

Statorarbeitswicklung:

$$r_1 = 0,0175 \cdot 2 \cdot 25 \cdot \frac{0,66}{394} = \mathbf{0,00147} \text{ Ohm.}$$

Erregerwicklung:

$$r_3 = \frac{0,0175 \cdot 2\,wl}{q} = \frac{0,0175 \cdot 2 \cdot 20 \cdot 0,66}{483} = \mathbf{0,00096} \text{ Ohm.}$$

Bürstenübergangswiderstand:

$$r_B = 0{,}0015 \text{ Ohm (wie bei dem anderen Motor).}$$

Totaler Ohmscher Widerstand für 40^0 Temperatur-erhöhung und $k_r = 1{,}15$:

$$r = 1{,}15 \cdot 1{,}16 \, (0{,}00415 + 0{,}00147 + 0{,}00096) + 0{,}00405 + 0{,}0015$$
$$= \mathbf{0{,}01445} \text{ Ohm.}$$

Reaktanz.

Rotorwicklung (s. Fig. 356):

$$\lambda_n = 1{,}25 \left(\frac{28}{39} + \frac{5}{13}\right) = 1{,}37$$

$$\lambda_k = 1{,}25 \,\frac{24{,}4 - 13 - 3}{18} = 0{,}58$$

$$\lambda_s \frac{l_s}{l} = 0{,}8 \,\frac{38{,}2}{27{,}4} = 1{,}11$$

$$\overline{\Sigma(\lambda)_2 = \mathbf{3{,}06.}}$$

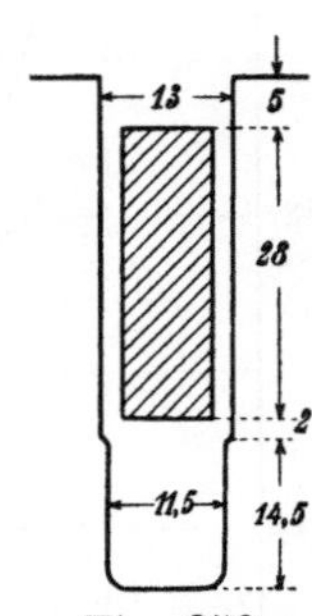

Fig. 356.

Stator (wie bei dem anderen Motor):

$$\Sigma(\lambda)_1 = \lambda_n + \lambda_k + \lambda_s \frac{l_s}{l} = \mathbf{3{,}97}$$

$$x_k = \frac{4\,\pi\,c\,w_r^2\,l}{p\,10^8} \left[\frac{\Sigma(\lambda)_1}{q_1} + \frac{\Sigma(\lambda)_2}{q_2}\right]$$

$$= \frac{4\,\pi \cdot 25 \cdot 40^2 \cdot 27{,}4}{5 \cdot 10^8} \left(\frac{3{,}97}{5} + \frac{3{,}06}{10}\right) = \mathbf{0{,}020} \text{ Ohm.}$$

Erregerwicklung:

$$x_3 = \frac{4\,\pi \cdot 25 \cdot 20^2 \cdot 27{,}4}{5 \cdot 10^8} \,\frac{3{,}06}{4} \simeq 0{,}005\,.$$

Gesamte Reaktanz:

$$x = 0{,}02 + 0{,}005 = \mathbf{0{,}025} \text{ Ohm.}$$

Vom Hauptfeld in der Erregerwicklung induzierte Spannung:

$$E_m = 4{,}44\,c\,w_3\,f_3\,\Phi\,10^{-8}$$

$$= 4{,}44\,\sqrt{2}\,c\,\frac{60}{p\,n}\,\frac{a}{N}\,w_3\,f_3\,E_a$$

$$= 4{,}44 \cdot \sqrt{2} \cdot 25 \cdot \frac{60}{5 \cdot 600} \cdot \frac{5}{800} \cdot 20 \cdot 0{,}905 \cdot E_{a\,(n\,=\,600)}$$

$$\simeq 0{,}35\,E_{a\,(n\,=\,600)},$$

wo $E_{a(n=600)}$ wieder aus der Magnetisierungskurve (Fig. 355) zu entnehmen ist.

J	250 Amp.	500 Amp.	750 Amp.	1000 Amp.
E_m	23 Volt	45 Volt	59 Volt	67 Volt
Jx	6,25 Volt	12,5 Volt	18,75 Volt	25 „
Jr	3,75 „	7,5 „	11,25 „	15 „

Wir können jetzt wieder die Kurven für n und $\cos \varphi$ als Funktion des Belastungsstromes auftragen (s. Fig. 357).

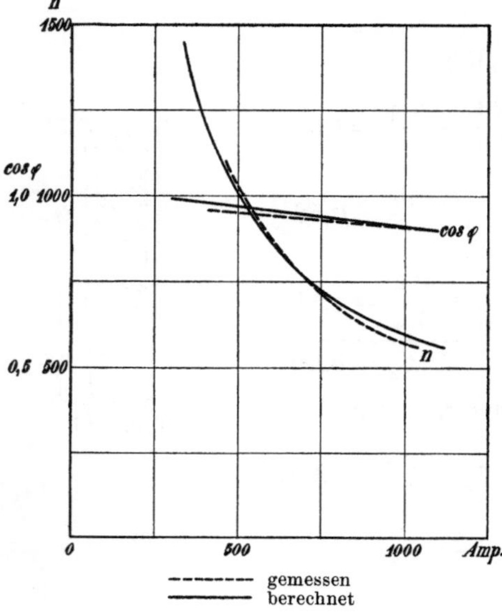

------- gemessen
——— berechnet

Fig. 357.

Kommutierung.

Bei 920 Amp. ist:

$$AS_2 = \frac{s_n \dfrac{J}{2a}}{t_1} = \frac{8 \dfrac{920}{10}}{2,44} = 302$$

und für die Statorarbeitswicklung

$$AS_1 = \frac{s_n \dfrac{J}{a}}{t_1} = \frac{2 \dfrac{920}{2}}{27} = 340.$$

Die resulticrenden AW dieser beiden Wicklungen in der neutralen Zone sind

$$AS_2 \sqrt{2} \cdot \frac{1}{2}\tau - AS_1 \sqrt{2} \cdot \frac{5}{9} \cdot \frac{1}{2}\tau$$

$$= 302 \cdot \sqrt{2} \cdot \frac{24,4}{2} - 340 \cdot \sqrt{2} \cdot \frac{5}{9} \cdot \frac{24,4}{2} = 1950.$$

Es muß jetzt in der Wendepolwicklung ein Strom von der Größe fließen, daß erstens diese 1950 AW aufgehoben werden und zweitens ein lokales Kommutierungsfeld erzeugt wird von solcher Größe und Phase, daß die Reaktanzspannung und die Transformatorspannung in den kurzgeschlossenen Windungen aufgehoben werden.

Es ist $e_p \cong 3,8$ Volt pro Windung (wie bei dem vorhergehenden Motor). Um diese zu vernichten, brauchen wir in der neutralen Zone eine Induktion

$$B_{w1} = 3000$$

und ein Wendefeld

$$\varPhi_{w1} = B_{w1} \tfrac{4}{9}\tau \cdot l \cdot \alpha_i = 3000 \cdot \tfrac{4}{9} \cdot 24,4 \cdot 27,4 \cdot 0,5 = 0,445 \cdot 10^6.$$

Wir müßten also, um nur Δe_p aufzuheben, die Wendepolwicklung an eine Spannung legen, die ungefähr in Phase mit der Hauptspannung ist und die Größe hat

$$E_w = 4{,}44\, c\, w_w f_w\, \Phi_{w1}\, 10^{-8} = 4{,}44 \cdot 25 \cdot 20 \cdot \tfrac{2}{3} \cdot 0{,}445 \cdot 10^{-2} \cong \mathbf{6{,}6}\ \text{Volt}.$$

Die Reaktanzspannung ist:

$$e_N = 2\,\frac{N}{K}\,l\,v\, \frac{t_1\, AS\, \lambda_N}{t_1 + b_D - \dfrac{a}{p}\,\beta_D}\, 10^{-6}$$

$$= 2 \cdot 2 \cdot 27{,}4 \cdot 23{,}6 \cdot \frac{24{,}4 \cdot 300 \cdot 3{,}06}{24{,}4 + 15{,}5 - 1{,}61} \cdot 10^{-6} = 1{,}7\ \text{Volt}.$$

Um e_N aufzuheben brauchen wir in der neutralen Zone eine Induktion

$$B_{w2} \cong 1600$$

und

$$AW_{w2} \cong 0{,}8\, k_1\, \delta\, B_l = 0{,}8 \cdot 1{,}35 \cdot 0{,}3 \cdot 1600 \cong 520.$$

Das gibt zusammen mit den oben berechneten 1950 AW

$$1950 + 520 = \mathbf{2470}.$$

Dies entspricht einem Strom in der Kommutierungswicklung:

$$J_w = \frac{2\,p\,AW}{w\,\sqrt{2}} = \frac{10 \cdot 2470}{20 \cdot \sqrt{2}} = \mathbf{880}\ \text{Amp}.$$

Wir müssen also, um erstens das lokale Streufeld zu vernichten und außerdem ein Hilfsfeld zu erzeugen, das die Reaktanzspannung in den kurzgeschlossenen Windungen kompensiert, einen Strom von ca. 880 Amp. durch die Kommutierungswicklung schicken.

Wirkungsgrad.

Ohmsche Verluste:

$$J^2\, r \cong 920^2 \cdot 0{,}0145 \cong 12300\ \text{Watt}.$$

Die Ohmschen Verluste betragen also ungefähr 3000 Watt mehr als bei dem anderen Motor, was hauptsächlich den Widerstandsverbindungen zuzuschreiben ist. Der Wirkungsgrad wird dadurch ungefähr um $1{,}5\,^0/_0$ schlechter, also $\eta \cong 90\,^0/_0$.

Versuchsergebnisse.

Widerstandsmessungen:

Statorarbeitswicklung . . 0,00155 Ohm bei 17,5° C
Erregerwicklung 0,00102   „   „   17,5° „
Rotorwicklung 0,00712   „   „   17,5° „

Magnetisierungskurven für 600 Touren (s. Fig. 358):

Kurve I aufgenommen mit Gleichstrom,

Kurve II „ „ Wechselstrom,

Kurve III ist abgeleitet aus Kurve II durch Multiplikation der Ströme und Spannungen mit $\sqrt{2}$.

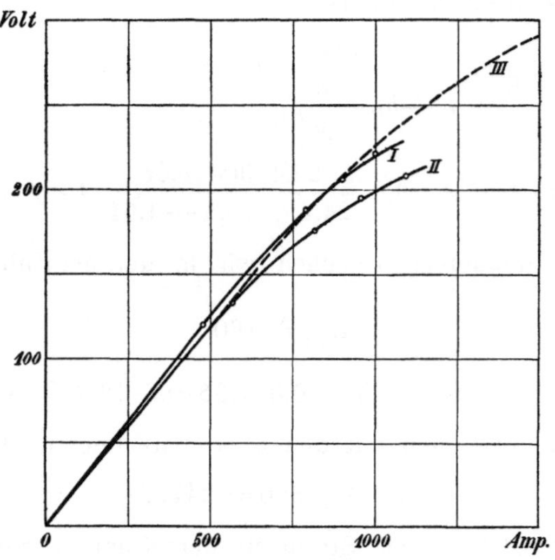

Fig. 358. Magnetisierungskurven.

Kurzschlußversuch:

Die Rotorwicklung war kurzgeschlossen und die Statorarbeitswicklung an Spannung gelegt.

Spannung an der Statorarbeitswicklung	Strom in der Statorarbeitswicklung.	Zugeführte Leistung	cos φ	Strom in der Rotorwickl.
19,9 Volt	540 Amp.	5,04 KW.	0,47	438 Amp.
25,6 „	733 „	8,63 „	0,46	582 „
28,3 „	855 „	11,1 „	0,47	672 „

Die hieraus erhaltene Streuung ist viel zu groß, da bei dieser Schaltung große lokale Streufelder auftreten, die bei der richtigen Motorschaltung wenigstens zum Teil verschwinden.

Belastungskurven:

Fig. 359 zeigt Belastungskurven bei verschiedenen Spannungen und der Schaltung nach Fig. 353, wobei aber in dem Kommutierungskreis nur der Spannungstransformator eingeschaltet war. Hierbei ließ sich aber keine zufriedenstellende Kommutierung erreichen, am wenigsten bei höheren Spannungen und höheren Belastungen, was sich durch die nicht kompensierte Reaktanzspannung erklärt. Es wurde deshalb versucht, durch Zuschaltung eines Stromtransformators in den Wendepolkreis die Kommutierung zu verbessern, und es gelang damit, für die verschiedenen Spannungen und Belastungen eine funkenfreie Kommutierung zu erhalten. Der Stromtransformator hatte dabei primär zehn Windungen und sekundär vier Windungen. Wir lassen hier einige Messungen der Spannungen und Ströme im Wendepolkreise folgen:

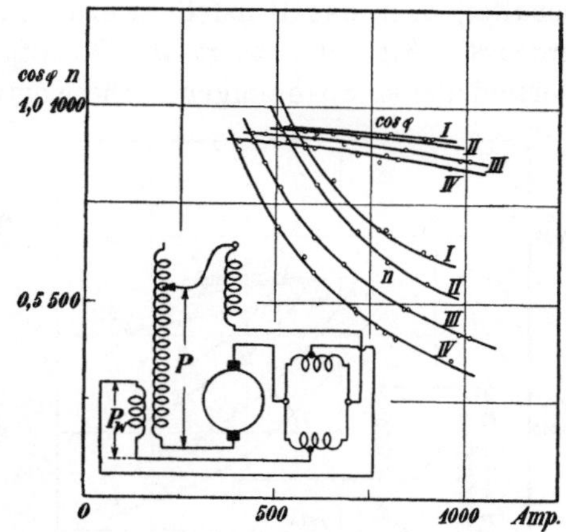

Fig. 359.   Belastungskurven.
I. $P = 225$ Volt, $P_w = 11{,}8$ Volt
II. $P = 204$ „ $P_w = 8{,}5$ „
III. $P = 180$ „ $P_w = 10{,}5$ „
IV. $P = 156$ „ $P_w = 10{,}5$ „

Haupt-strom	Um-drehungs-zahl	Strom im Wende-polkreise	Spannung am Spann.-transf. (sekundär)	Spannung am Strom-transf. (sekundär)	Spannung an der Wende-polwickl.	Leistung in der Wende-polwickl.
a) Bei 225 Volt Klemmenspannung.						
675 Amp.	785	702 Amp.	12 Volt	10,2 Volt	16,4 Volt	2,6 KW
742 „	728	742 „	12 „	10,5 „	16,7 „	2,9 „
850 „	650	800 „	11,9 „	10,7 „	17,1 „	3,2 „
b) Bei 185 Volt Klemmenspannung.						
620 Amp.	675	690 Amp.	11,9 Volt	9,8 Volt	16,4 Volt	2,4 KW
747 „	555	770 „	12,0 „	10,4 „	17,3 „	2,8 „
890 „	457	840 „	11,9 „	10,8 „	17,9 „	3,2 „
c) Bei 145 Volt Klemmenspannung.						
481 Amp.	710	622 Amp.	11,9 Volt	8,7 Volt	15,6 Volt	1,8 KW
762 „	357	810 „	11,7 „	10,1 „	18,0 „	2,64 „
860 „	285	850 „	11,5 „	10,4 „	18,5 „	2,7 „

Weiter wurden Versuche gemacht mit einer Schaltung mit zwei getrennten Feldwicklungen für die beiden Drehrichtungen, wie es von den Siemens-Schuckert-Werken ausgeführt worden ist. Die Erregerwicklung wurde hierzu nach Fig. 360 umgeschaltet. Der Motor wurde dabei als doppeltgespeister Motor ge-

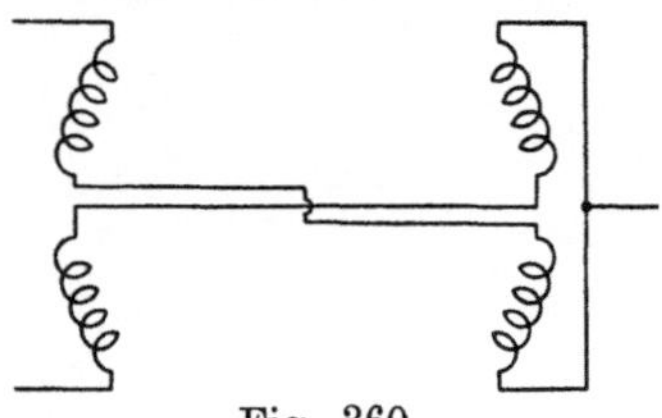

Fig. 360.

schaltet, d. h. das Hilfsfeld wurde in der Kompensationswicklung erzeugt. Fig. 361 zeigt die Schaltung und Belastungskurven bei verschiedenen Spannungen. Die Kommutierung war dabei sehr gut.

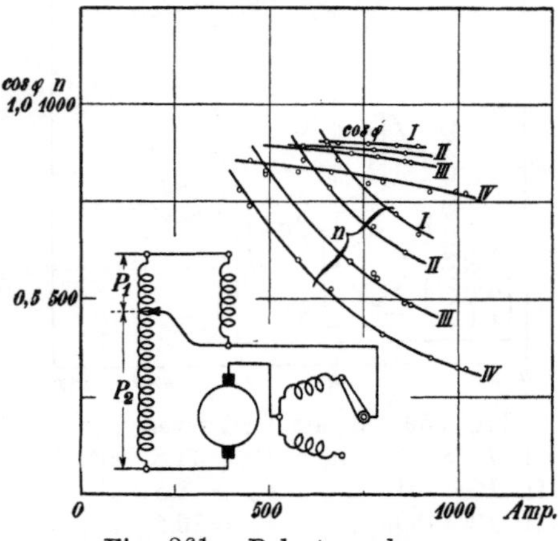

Fig. 361. Belastungskurven.
I. $P_1 = 38$ Volt, $P_2 = 220$ Volt
II. $P_1 = 39$ „ $P_2 = 190$ „
III. $P_1 = 40$ „ $P_2 = 160$ „
IV. $P_1 = 40$ „ $P_2 = 125$ „

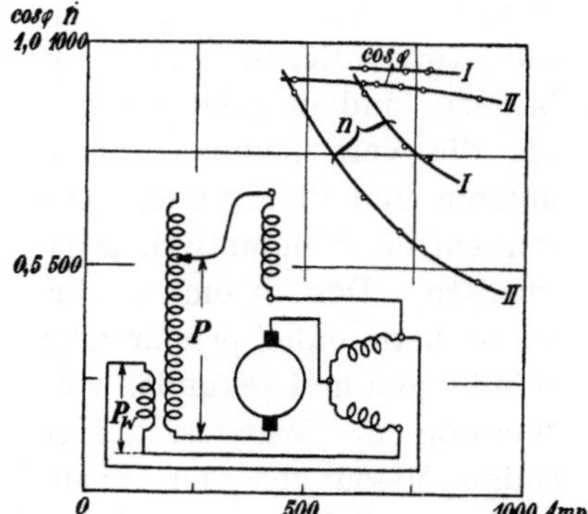

Fig. 362. Belastungskurven bei der Schaltung mit getrennten Erregerwicklungen.
I. $P = 245$ Volt, $P_w = 25$ Volt,
II. $P = 196$ „ $P_w = 25$ „

Zum Schluß wurde noch eine Schaltung mit getrennten Erregerwicklungen, aber mit lokalem Kommutierungsfeld ausprobiert, das von den Erregerwicklungen erzeugt wurde.

Fig. 362 zeigt die Schaltung und Belastungskurven. Die Kommutierung war ungefähr ebenso gut wie bei der vorhergehenden Schaltung der Siemens-Schuckert-Werke.

Die Zusammenstellungszeichnung dieses Motors zeigt Fig. 364. Fig. 363 zeigt die Einzelheiten der Stator- und der Rotorwicklungen.

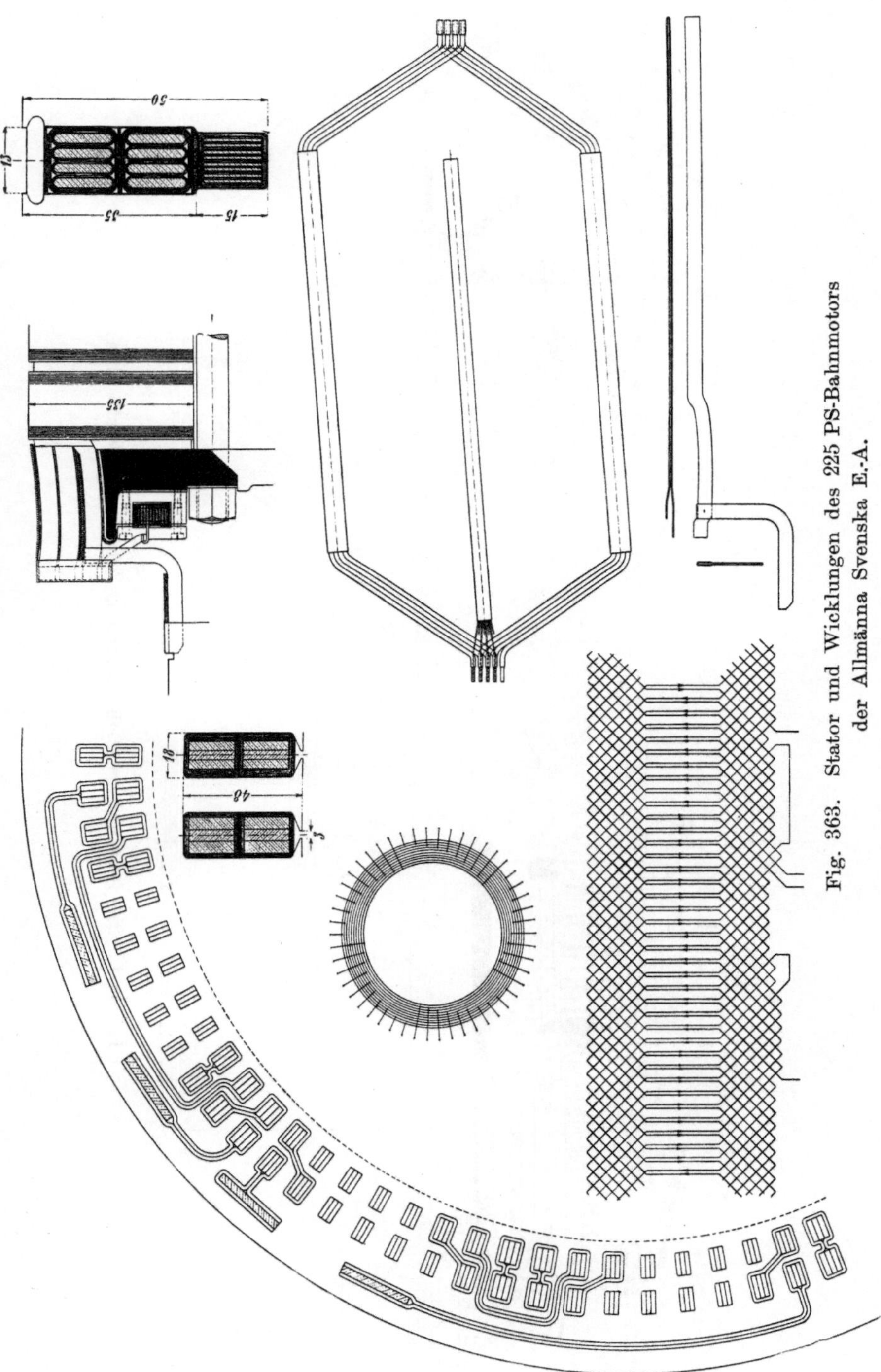

Fig. 363. Stator und Wicklungen des 225 PS-Bahnmotors der Allmänna Svenska E.-A.

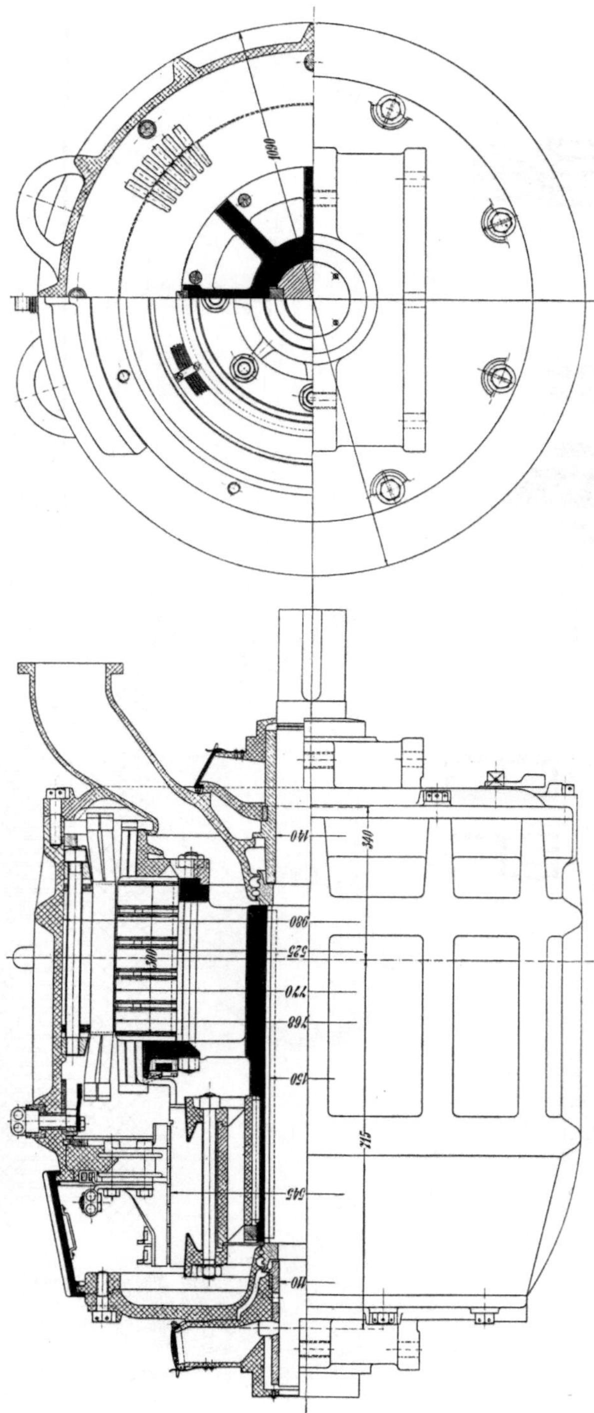

Fig. 364. 225 PS-Einphasen-Bahnmotor der Allmänna Svenska E.-A.

Dreiundzwanzigstes Kapitel.

109. Beispiele ausgeführter Konstruktionen.

$^1/_8$ PS-Repulsionsmotor der Siemens-Schuckert-Werke, G. m. b. H.

Als Beispiel eines Kleinmotors, wie er z. B. zum Antrieb von kleinen Ventilatoren, Nähmaschinen, Webstühlen usw. verwendet wird, zeigt Fig. 365 einen Repulsionsmotor für $^1/_8$ PS der S.-S.-W. Der Stator ist wie bei einem Induktionsmotor gebaut, er besitzt eine einphasige Spulenwicklung, die $^2/_3$ der Nuten anfüllt, während das übrige Drittel der Nuten leer ist. Der Rotor gleicht im Bau dem Anker eines kleinen Gleichstrommotors, nur besitzt er im Gegensatz zu diesem halbgeschlossene Nuten. Er hat eine als Drahtwicklung ausgeführte Reihenwicklung mit 7 Windungen pro Spule. Die Bürsten sind bei kleinen Repulsionsmotoren häufig un-

Fig. 365 a.

Fig. 365 b.

Fig. 365 a und b. $^1/_8$ PS-Repulsionsmotor der Siemens-Schuckert-Werke.

isoliert auf den Kranz aufgesetzt, so daß dieser gleichzeitig die Kurzschlußverbindung bildet.

Daten des Motors:

$^1/_8$ PS, 220 Volt, 1500 Umdr. i. d. Min.,
50 Perioden, 4 Pole.

Stator: Außendurchmesser . . . . . . 135 mm
Bohrung . . . . 80,2 „
Länge . . . . 50 „
Polteilung . . . . 63 „
Luftraum einseitig . . . . . . 0,2 „
24 Nuten, davon 16 bewickelt.
110 Drähte in einer Nut . . 0,55/0,7 „ ϕ
880 Windungen in Serie.
Widerstand . . . . 17,6 Ohm

Rotor: Außendurchmesser . . . . . . 79,8 mm
Bohrung . . . . 15 „
Länge . . . . 50 „
15 Nuten.
42 Drähte in einer Nut . . 0,95/1,15 „ ϕ
Gesamte Drahtzahl 630.
Reihenwicklung $a = 1$.
Widerstand . . . . 0,51 Ohm

Kommutator:

Durchmesser . . . . 44 mm
Länge . . . . 15 „
Lamellenzahl . . . . 45.

4,5 PS-Repulsionsmotor der Maschinenfabrik Örlikon.

Die Repulsionsmotoren haben in den letzten Jahren ein großes Anwendungsgebiet gefunden, wegen der leichten und feinen Einstellbarkeit der Geschwindigkeit, wegen des sehr einfachen Anlassens, das nur einen Hauptschalter erfordert, und weil sie für jede Netzspannung gebaut werden können.

Fig. 366 zeigt Längs- und Querschnitt, Fig. 367 die Photographie eines kleinen Repulsionsmotors offener Bauart der Maschinenfabrik Örlikon. Der Stator besitzt eine einfache Spulenwicklung, die nicht den ganzen Polbogen bedeckt, der Rotor eine Schleifenwicklung (Drahtwicklung). Der Bürstenkranz ist wie bei kleinen Gleichstrommotoren auf einen Ansatz der Lagerbüchse aufgesetzt.

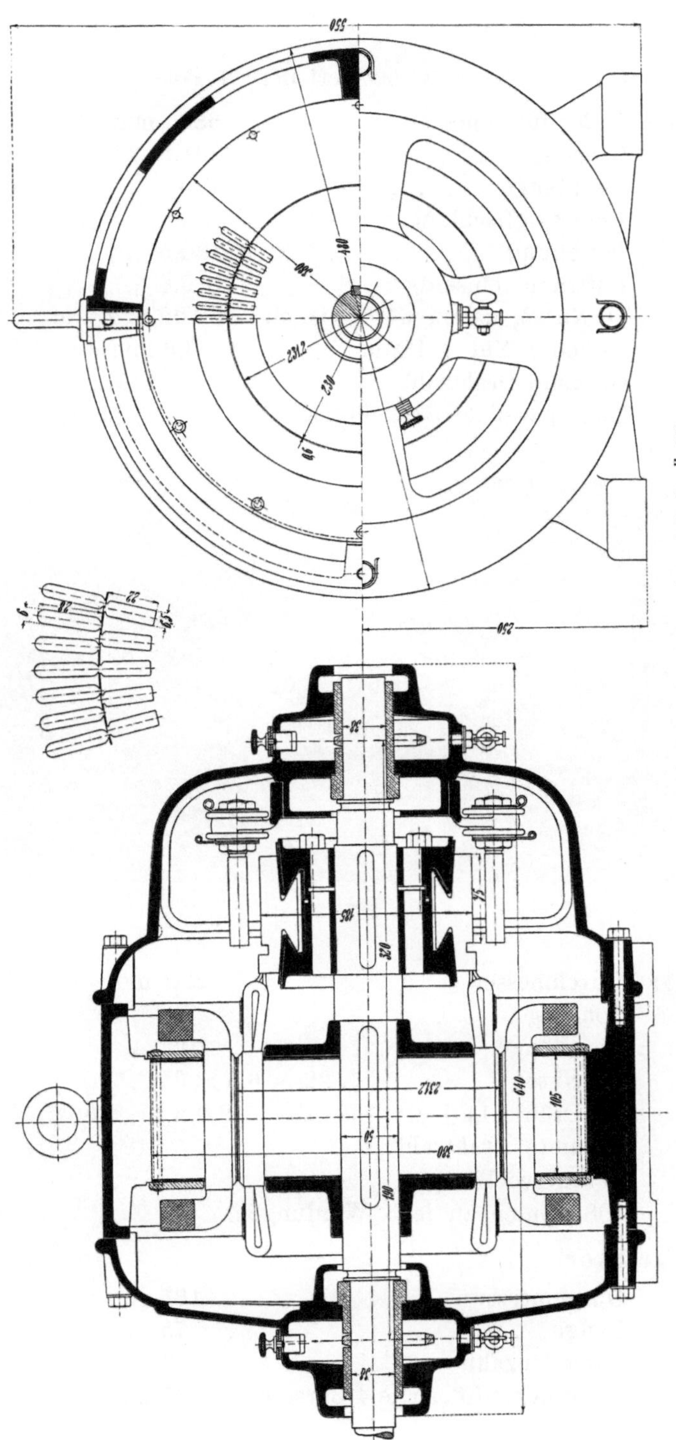

Fig. 366. 4,5 PS-Repulsionsmotor der Maschinenfabrik Örlikon.

Daten des Motors:

4,5 PS, 120 Volt, 50 Perioden, 4 Pole.

Stator: Außendurchmesser . . . . . . 380 mm
Bohrung . . . . 231,2 „
Eisenlänge 105   „
Keine Luftschlitze.
Polteilung . . . . 180,5 „
Luftraum einseitig . . . . . 0,6 „
76 Nuten, davon 64 bewickelt, $6 \times 28 \times 2$ mm
In jeder Nut 7 Drähte . . . 3,2/3,6 mm ϕ
Gesamte Drahtzahl 448
Zwei parallele Stromkreise.

Fig. 367.

Rotor: Durchmesser . . . . 230 mm
Bohrung . . . . 50 „
Eisenlänge . . . . 105 „
54 Nuten . . . . . . $22 \times 6,5 \times 3,5$ „
12 Drähte in jeder Nut . . . 2,0/2,4 „ ϕ
Gesamte Drahtzahl 648
Parallelwicklung . . . . $a = 2$
108 Spulen zu je 3 Windungen.

Kommutator:

Durchmesser . . . . 185 mm
Länge . . . . 75 „
Lamellenzahl 108
4 Bürstenstifte zu je 4 Bürsten 5×35 mm

6 PS-Repulsionsmotor (nach Déri) der Akt.-Ges. Brown, Boveri & Co., Baden.

Fig. 368 zeigt die offene Bauart der kleinen Déri-Motoren für zwei Drehrichtungen. Die festen und beweglichen Bürsten liegen nebeneinander auf dem Kommutator, so daß sie bei Umkehr der Drehrichtung aneinander vorbeigeschoben werden können. Der Kommutator hat daher doppelte Breite. Die festen Bürsten sind an einem Ring angebracht, der zwischen dem Flansch des Gehäuses und dem des Lagerschildes befestigt ist, die beweglichen Bürsten sitzen auf einem Bürstenstern, der auf einer Ringfläche des Lagers gleitet und mittels Handhebel und Zahnrädern verschoben wird.

Daten des Motors:

6 PS, 120 Volt, 50 Perioden, 750 Umdr. i. d. Min., 6 Pole.

Stator: Außendurchmesser . . . . 380 mm
Bohrung . . . . 260 ,,
Eisenlänge ohne Luftschlitze . . 152 ,,
1 Luftschlitz . . . . 8 ,,
Polteilung . . . . 136 ,,
Luftraum einseitig . . . . . . 0,6 ,,
60 Nuten, davon 48 bewickelt,
$$24 \times 10 \times 2,5 \text{ ,,}$$
8 Drähte in einer Nut 3,8/4,2 mm $\phi = 11,4$ mm^2
2 parallele Kreise.
96 Windungen in Serie.

Rotor: Durchmesser . . . . 258,8 mm
Bohrung . . . . 140 ,,
Eisenlänge wie im Stator.
43 Nuten . . . . $24 \times 11 \times 2,5$,,
4 Leiter in einer Nut $3 \times 8,5$ mm $= 25$ mm^2
Gesamte Leiterzahl 172
Reihenwicklung . . . . $a = 1$

Kommutator:

Durchmesser . . . . 180 mm
Länge . . . . 160 ,,
Lamellenzahl 86
Teilung . . . . 6,55 mm

Bürsten: 12 Bürstenstifte (6 feste und 6 bewegliche).
2 Bürsten auf jedem Stift.
Bürstenabmessungen . . . . 5 $\times$ 30 mm.

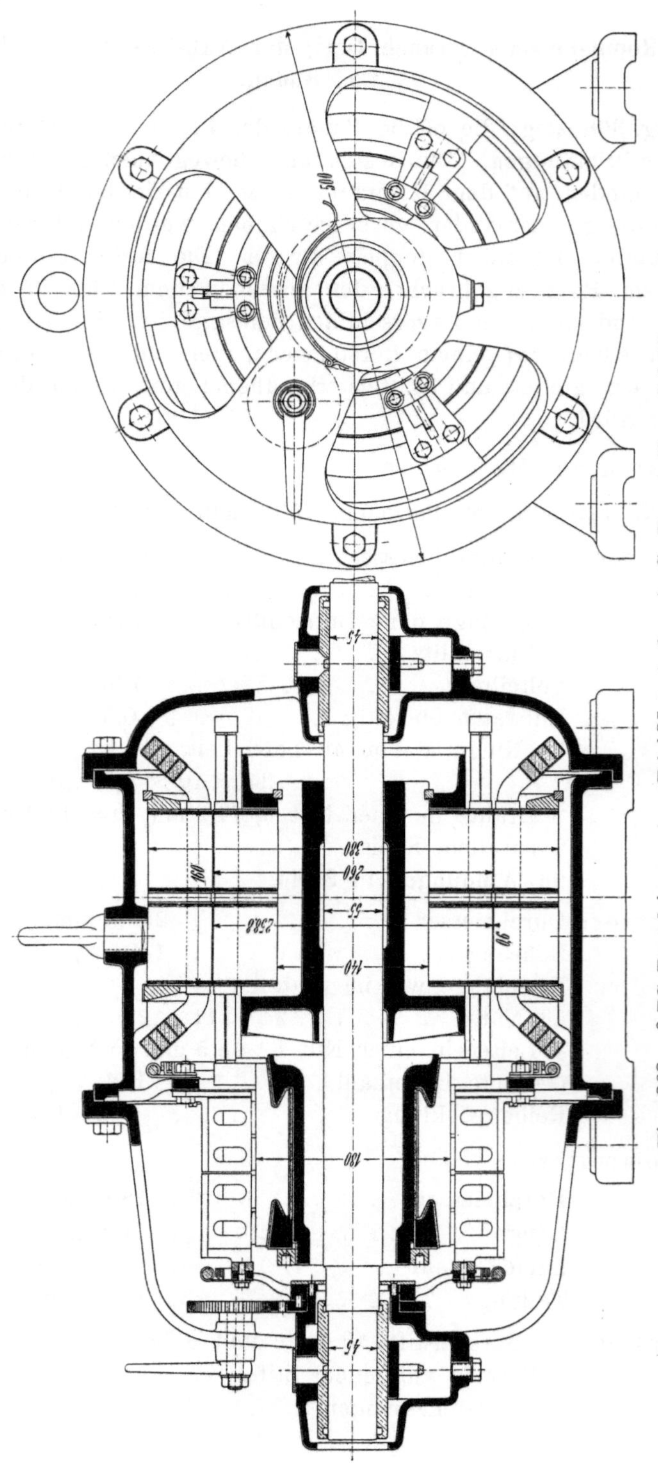

Fig. 368. 6 PS-Repulsionsmotor (Déri-Motor) der A.-G. Brown Boveri & Co.

8 PS-Repulsionsmotor nach Déri (Spinnmotor) der A.-G., Brown, Boveri & Co., Baden.

Tafel III.

Die zum Antrieb von Spinnmaschinen, besonders von Ringspinnmaschinen mit periodisch veränderlicher Umdrehungszahl verwendeten Repulsionsmotoren haben in den letzten Jahren eine außerordentlich große Verbreitung gefunden. Mit ihnen wurde zuerst von der A.-G. Brown Boveri & Co. das Problem gelöst, die Umdrehungszahl der Ringspindeln während der Spinnperiode derart zu regeln, daß die Fadenspannung, die beim Spinnen mit konstanter Umdrehungszahl je nach dem Aufwindungsdurchmesser und nach der Höhenlage des an der Spindel auf- und abgeführten Ringrahmens sich in weiten Grenzen ändert, konstant bleibt. Hierdurch wird nicht nur die Möglichkeit des Fadenbruches wesentlich verringert und das Garn gleichmäßiger aufgewickelt, sondern es wird auch eine gleichmäßigere Qualität des Garns und durch Steigerung der Umdrehungszahl eine erhöhte Produktion erzielt.

Die periodische Regelung der Umdrehungszahl geschieht durch Bürstenverschiebung, die durch einen Automaten bewerkstelligt wird.

Der Motor ist staubdicht gekapselt und ventiliert. Der Ein- und Austritt der Kühlluft erfolgt unter dem Motor durch die Grundplatte. Ein Flügelrad ist auf der dem Kommutator abgewendeten Seite des Rotors befestigt (s. Tafel III) und saugt die Kühlluft in das Motorinnere; sie trifft auf eine schrägliegende Wand und wird beim Abprallen von dieser quer durch den Motor geleitet und nach unten wieder abgeführt. Da die Motoren nur in einer Drehrichtung laufen, brauchen die beweglichen Bürsten nicht an den festen vorbeigeschoben zu werden, der Kommutator hat daher nur einfache Länge.

Zum Anlassen dient ein Handhebel, mit dem der Kranz der beweglichen Bürsten aus der Nullstellung verschoben wird. Mit dem Handhebel wird ebenfalls der im Motor eingebaute Schalter für den Statorstrom betätigt (in der Seitenansicht Tafel III rechts unten).

Bei der Stellung der Bürsten in der Nullage, der die in Tafel III dargestellte Ausladung des Handhebels nach rechts entspricht, ist der Statorschalter geöffnet und wird bei Verschiebung des Handhebels geschlossen, wobei nur der Magnetisierungsstrom des Stators eingeschaltet wird, da der Rotor in der Nullstellung der Bürsten keinen Strom führt.

Ist der Motor angelassen, so wird der Handhebel in einer mittleren Stellung zwischen der Null- und der Endlage, die etwa

der mittleren Umdrehungszahl entspricht, durch einen federnden
Vorsprung mit einem Winkelhebel gekuppelt, der um denselben
Zapfen wie der Handhebel drehbar ist.   An dem Winkelhebel
greift einerseits eine Zugfeder, andererseits ein Stahlseil in verti-
kaler Richtung an, das durch den Automaten periodisch auf und
nieder gezogen wird, und dadurch das Hin- und Herschwingen
des Hebels und die periodische Bürstenverschiebung bewirkt.

Fig. 369 zeigt eine photographische Ansicht des Motors und
des Automaten.

Fig. 369.   Repulsionsmotor zum Antrieb einer Ringspinnmaschine und
Automat der A.-G. Brown Boveri & Co.

Der Automat bewirkt nun zweierlei periodische Geschwindigkeitsänderungen: die eine ist von hoher Periodenzahl entsprechend
dem Auf- und Niedergehen des Ringrahmens an der Spindel, die
hierzu erforderliche Bewegung des Automaten wird synchron mit
der Verschiebung des Ringrahmens durch Kettenrad und Kette von
der Spinnmaschine auf den Automaten übertragen. Die zweite Geschwindigkeitsänderung ist von kleiner Periodenzahl und besteht
in einer allmählichen Erhöhung der mittleren Geschwindigkeit bei
Beginn der Spinnperiode und einer Verringerung der mittleren Geschwindigkeit am Ende der Spinnperiode; die entsprechende Bewegung des Automaten wird durch die in Fig. 369 sichtbare flexible

Welle und eine Schnecke mit Schneckenrad von der Spinnmaschine auf ihn übertragen.

Daten des Motors:

8 PS, 700 bis 1100 Umdr. i. d. Min., 50 Perioden, 500 Volt, 6 Pole.

Stator: Außendurchmesser . . . . . . 420 mm
Bohrung . . . . 280 „
Länge einschl. Luftschlitz . . . 110 „
1 Luftschlitz . . . . 8 „
Polteilung . . . . 146,5 mm
Luftraum einseitig . . . . . . 0,6 „
42 Nuten, davon 36 bewickelt,
$23 \times 13 \times 2,5$ „
In 4 Nuten jedes Poles . . . 24 Drähte
In 2 Nuten jedes Poles . . . 12 „
Insgesamt 360 Windungen in Serie.
Drahtdurchmesser . . . . . 2,4/2,7 mm
Drahtquerschnitt . . . . . . 4,52 mm^2

Rotor: Außendurchmesser . . . . . 278,8 mm
Bohrung . . . . 150 „
Länge wie beim Stator.
52 Nuten . . . . . . $26 \times 8 \times 2,5$ „
In jeder Nut . . . . 4 Stäbe.
Stababmessungen . . . $2,5 \times 10,5$ mm
Querschnitt . . . . 26 mm^2
Reihenwicklung . . . . $a = 1$.

Kommutator:

Durchmesser . . . . 180 mm
Länge . . . . 85 „
Lamellenzahl 104
Teilung . . . . 5,44 mm

Bürsten: 12 Stifte (6 feste und 6 bewegliche).
2 Bürsten auf jedem Stift.
Abmessungen der Bürsten 5×25 mm.

Fig. 370 zeigt die Bremskurven des Motors für verschiedene Bürstenstellungen. Die eingetragenen Winkel bezeichnen die Verschiebung der beweglichen Bürsten aus der Nullage in elektrischen Graden. Es sind die Umdrehungszahlen, Wirkungsgrade und Leistungsfaktoren als Funktion des Drehmomentes aufgetragen. Die normale Leistung von 8 PS bei 1000 Umdr. i. d. Min. entsprechend

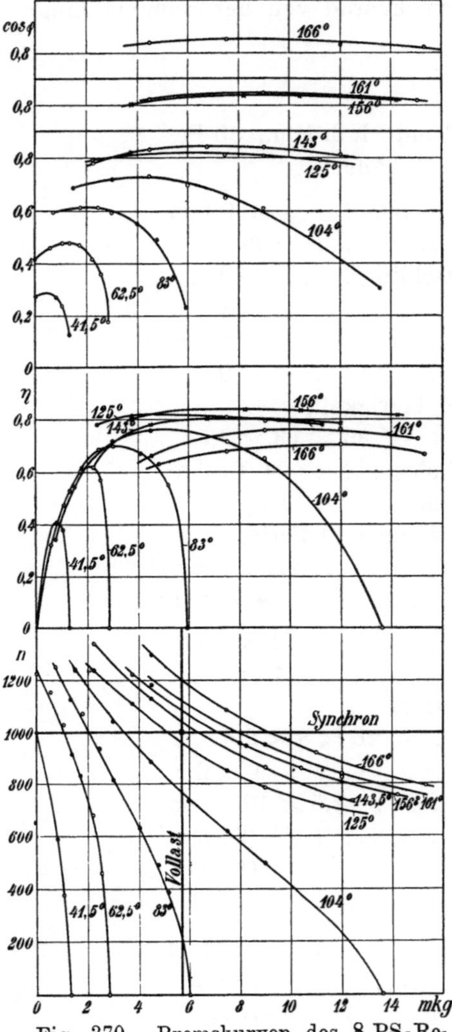

Fig. 370. Bremskurven des 8 PS-Repulsionsmotors nach Dèri (Spinnmotor) der A.-G. Brown, Boveri & Co., Baden, für verschiedene Bürstenstellungen.

5,7 mkg wird bei einer Bürstenverschiebung von ca. 140° aus der Nullage erreicht; der Wirkungsgrad ist hierbei 82 %/₀ und

$$\cos \varphi = 0,82.$$

Fig. 371 zeigt Anlaufstrom und Anlaufdrehmoment in Abhängigkeit von der Bürstenverschiebung. Das Vollastdrehmoment wird mit wenig mehr als dem Normalstrom erreicht, das doppelte Drehmoment mit dem 1,7fachen des normalen Stromes.

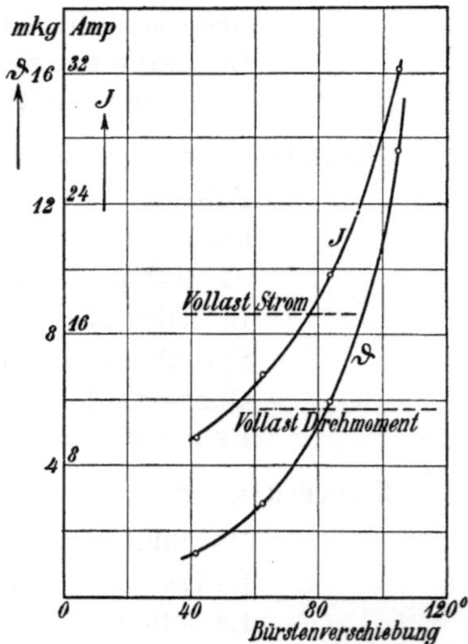

Fig. 371. Anlaufstrom und Anlaufdrehmoment des 8 PS-Dérimotors.

15 PS-Dreiphasen-Nebenschlußmotor der Société Alsacienne de constructions mécaniques Belfort.[1]

Dieser Motor, der zum Antrieb einer Zeugdruckmaschine bestimmt ist, ist für eine Regulierung in sehr weiten Grenzen gebaut,

---

[1] s. auch E. Roth, Lumière électrique 1909.

nämlich für 150 bis 1500 Umdr. i. d. Min. Die Regulierung geschieht durch Veränderung der Rotorspannung.

Fig. 372. 15 PS-Dreiphasen-Nebenschlußmotor der Société Alsacienne de Constr. Méc. Belfort, mit Reguliertransformator.

Fig. 372 zeigt eine photographische Ansicht des Motors und des Reguliertransformators, der bei den weiterhin besprochenen Versuchen verwendet wurde. Fig. 373 gibt die Schaltung des Reguliertransformators, der in Dreieck geschaltet ist. Eine Säule besitzt 3 getrennte Wicklungen, die beiden anderen eine in je 3 Teile unterteilte Wicklung. Hierdurch wird nur in zwei Phasen reguliert. Durch den Transformator wird nur die Größe der Rotorspannung, aber nicht deren Phase geregelt, die Phase wurde bei den Versuchen durch Bürstenverschiebung eingestellt.

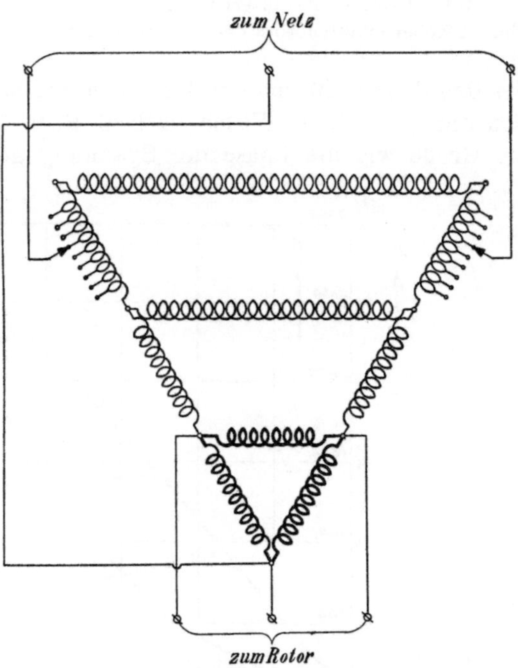

Fig. 373. Schaltung des Reguliertransformators für den 15 PS-Dreiphasen-Nebenschlußmotor der Société Alsacienne, Belfort.

Um mittels eines Transformators die Größe und Phase der Rotorspannung gleichzeitig zu regeln, schaltet diese Firma auch nach dem franz. Patent Nr. 359961 mit der Hauptwicklung jeder Säule des Transformators einen Teil der Wicklung einer anderen Säule in Reihe, so daß der Rotor eine Spannung von kombinierter Phase erhält. Mit Hilfe des Kontaktapparates wird die eingeschaltete Windungszahl der Hauptwicklung des Transformators geändert.

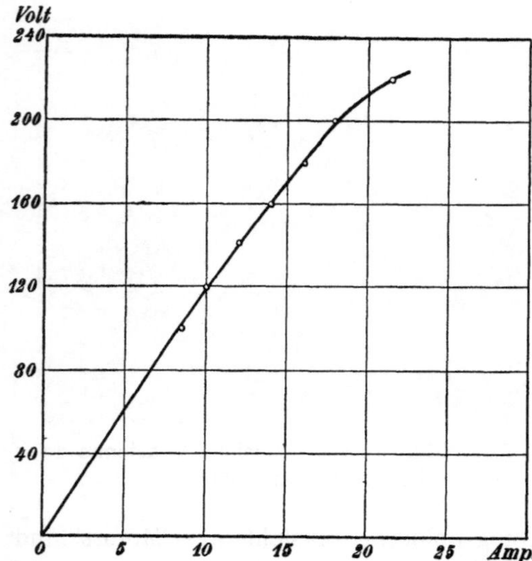

Fig. 374. Leerlaufcharakteristik des 15 PS-Dreiphasen-Nebenschlußmotors der Société Alsacienne.

Im Betrieb wird dagegen die Regelung mit Bürstenverschiebung nicht verwendet, sondern es tritt dann an die Stelle des Reguliertransformators der schon auf S. 158 beschriebene Induktionsregulator dieser Firma nach D. R. P. 220708, mit dem sowohl die Größe wie die Phase der Spannung geregelt wird.

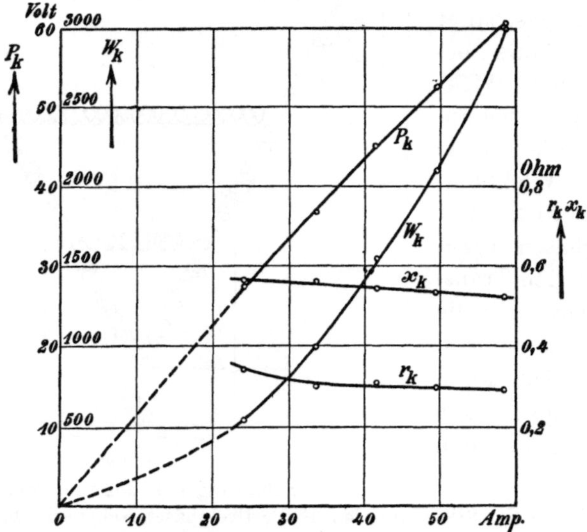

Fig. 375. Kurzschlußcharakteristik des 15 PS-Dreiphasenmotors.

Um die Hilfstransformatoren und Induktionsregler zu vermeiden, verwendet die Société alsacienne auch nach dem Zusatz Nr. 1238 zu dem französ. Patent 325250 Anzapfungen an den Statorwicklungen, an die der Rotor mittels eines Kontaktapparates angeschlossen wird, ähnlich wie bei den Motoren von Winter und Eichberg (s. S. 157).

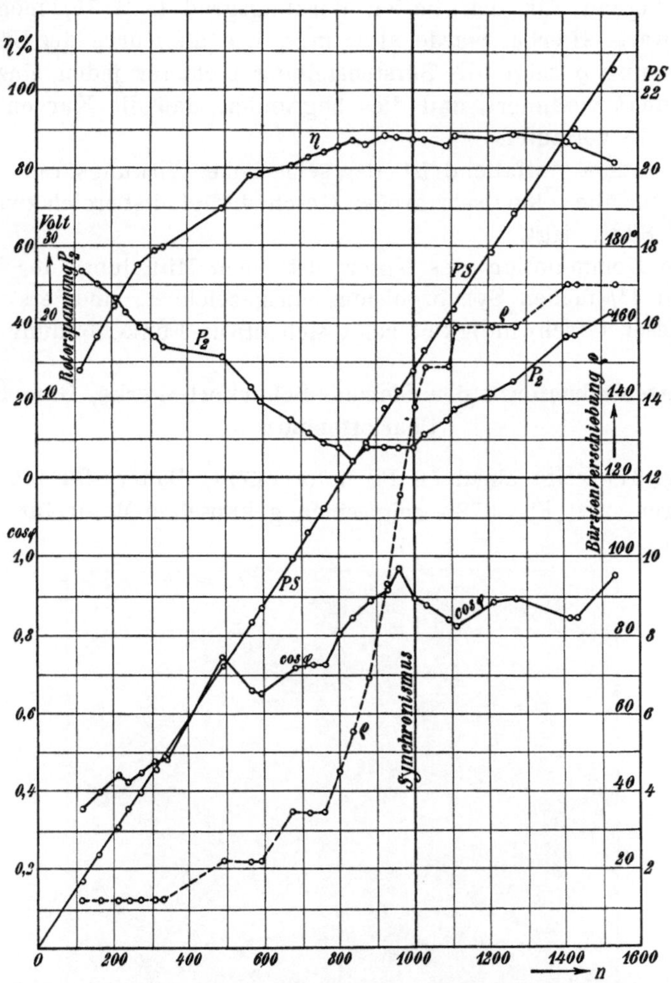

Fig. 376. Bremskurven des 15 PS-Dreiphasen-Nebenschlußmotors der Société Alsacienne für ein konstantes Drehmoment von 10,7 mkg.

Der Motor ist gebaut für
15 PS, 220 Volt, 50 Perioden, 6 Pole, 150 bis 1500 Umdr. i. d. Min.
Fig. 374 und 375 zeigen die Leerlauf- und die Kurzschluß-charakteristiken. Fig. 376 die Bremskurven bei konstantem Dreh-

moment von 10,7 mkg entsprechend einer Leistung von 15 PS bei Synchronismus. Es sind hier als Funktionen der Tourenzahl aufgetragen die Leistung in PS, die Rotorspannung P_2, der Bürstenverschiebungswinkel ϱ, der Wirkungsgrad η und der Leistungsfaktor $\cos \varphi$.

Die Regulierung der Rotorspannung und der Bürstenverschiebung wurde derart durchgeführt, daß bei allen Geschwindigkeiten die Bedingung für den besten Wirkungsgrad (s. S. 75) möglichst erfüllt war. Hierbei wurde allerdings, wie die Kurve der Bürstenverschiebung ϱ zeigt, die Bürstenstellung nicht für jeden einzelnen Bremspunkt verändert, und dies begründet, daß die Kurven nicht ganz stetig verlaufen.

Besonders auffallend ist der sehr hohe Wirkungsgrad dieses Motors, der über einen sehr großen Geschwindigkeitsbereich zwischen 85 und 89 % liegt.

Die Kommutation des Motors ist nach Mitteilung der Firma bis zum $1^1/_2$ fachen Synchronismus ausgezeichnet, und erst oberhalb dieser Geschwindigkeit zeigt sich etwas Funkenbildung.

Reihenschlußmotoren der Siemens-Schuckert-Werke, G. m. b. H., Charlottenburg.

Fig. 377 zeigt einen 10 PS-Motor offener Bauart für 1400 Umdrehungen, und Fig. 378 a zeigt einen gekapselten Motor für 18 PS

Fig. 377.　10 PS-Reihenschlußmotor der Siemens-Schuckert-Werke.

und 1000 Umdrehungen, der als Kranmotor verwendet wird. Der Aufbau der Motoren ist der gleiche, bis auf die Lagerschilder, die bei dem letzten Motor vollständig geschlossen sind.

In Fig. 378b ist der bewickelte Stator sichtbar. Er besitzt die auf S. 362 besprochene aufgeschnittene Gleichstromwicklung nach Schema Fig. 209; die Erregerwicklung besteht aus zwei Teilen, von denen je einer für eine Drehrichtung dient und die geneigt zur Rotorachse stehen, so daß sie zugleich als Wendepolwicklung für die Stromwendung dienen. Zur Aufhebung der Transformator-EMK

Fig. 378a.   Fig. 378b.

Fig. 378c.

Fig. 378a bis c.   18 PS-Kranmotor der Siemens-Schuckert-Werke.

ist die Kompensationswicklung an einen Teil der Klemmenspannung angeschlossen; bei dem 10 PS-Motor liegt im Stator in allen Nuten eine gleichmäßig verteilte Nebenschluß-Wendepolwicklung.

Durch die große Polzahl (der 18 PS-Motor hat 8 Pole) ist die Kernhöhe der Statorbleche sehr klein und die Ausladung der Wicklungsköpfe wird ebenfalls gering.

Daten:

a) 10 PS, 1400 Umdr., 140 Volt, 50 Perioden, 6 Pole.

Stator: Außendurchmesser . . . . 410 mm
       Bohrung . . . . 250 „

Länge . . . . 160 mm
Polteilung . . . . 131 „
Luftraum . . . . 0,5 „
36 Nuten, 6 pro Pol.

In den dem Wendezahn benachbarten beiden Nuten jedes Poles liegen je 8 Stäbe, $2,6 \times 10$ mm. 6 gehören zur Erregerwicklung (s. Fig. 210, S. 364), jede der beiden Erregerwicklungen hat daher 36 Stäbe in Serie.

In den übrigen 24 Nuten liegen 4 Stäbe, $2 \times 2,6 \times 10$ mm.

Zur Kompensationswicklung gehören daher

$$24 \times 4 + 12 \times 2 = 120 \text{ Stäbe in Serie.}$$

Hilfswicklung: In jeder Nut 9 Leiter, $1 \times 2,8$ mm, 162 Windungen in Serie.

Rotor: Durchmesser . . . . 249 mm
Bohrung . . . . Achse
Länge . . . . 160 mm
6 Stäbe in einer Nut . . . . 2×8 „
46 Nuten
Reihenwicklung . . . . . . $a = 1$
In jeder Nut 3 Widerstandsdrähte.

b) 18 PS, 1000 Umdr. i. d. Min., 140 Volt, 50 Perioden, 8 Pole,

Stator: Außendurchmesser . . . . . . 500 mm
Bohrung . . . . 365 „
Länge . . . . 160 „
Polteilung . . . . 143 „
Luftraum einseitig . . . . . . 0,75 „
56 Nuten, 7 pro Pol.
6 Stäbe in einer Nut . . . $3,6 \times 9$ „
Jede Erregerwicklung 4 Stäbe pro Pol.
32 Stäbe in Serie.

Kompensationswicklung:

$5 \times 6 + 2 \times 2 = 34$ Stäbe pro Pol
2 parallele Kreise.
Insgesamt 136 Stäbe in Serie.

Rotor: Außendurchmesser . . . . . 363,5 mm
Bohrung . . . . Achse
Länge . . . . 160 mm
84 Nuten, 4 Stäbe in einer Nut $2 \times 9,5$ „
Gesamte Stabzahl 334
Reihenwicklung . . . . $a = 1$.

Fig. 379 zeigt die Umdrehungszahl n, den Strom, die aufgenommene und abgegebene Leistung W_1 und W_2 in KW, sowie η

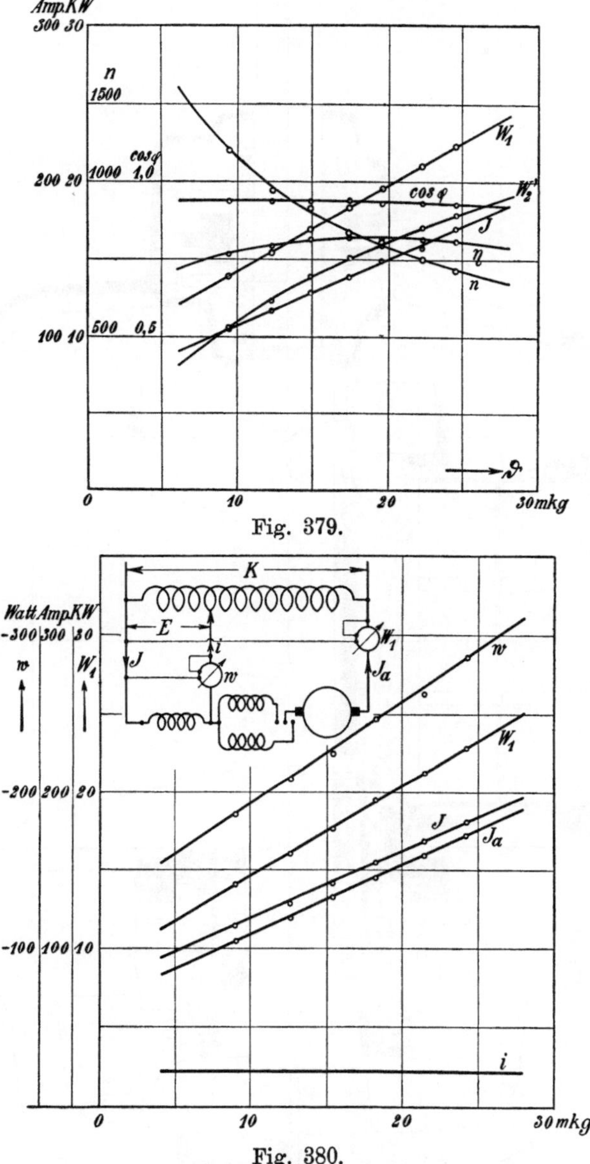

Fig. 379.

Fig. 380.

Fig. 379 und 380. Charakteristische Kurven eines 18 PS-Reihenschluß-
motors der Siemens-Schuckert-Werke.

und $\cos\varphi$ als Funktion des Drehmomentes; in Fig. 380 sind ferner der Strom J der Kompensationswicklung, der Rotorstrom J_a, der

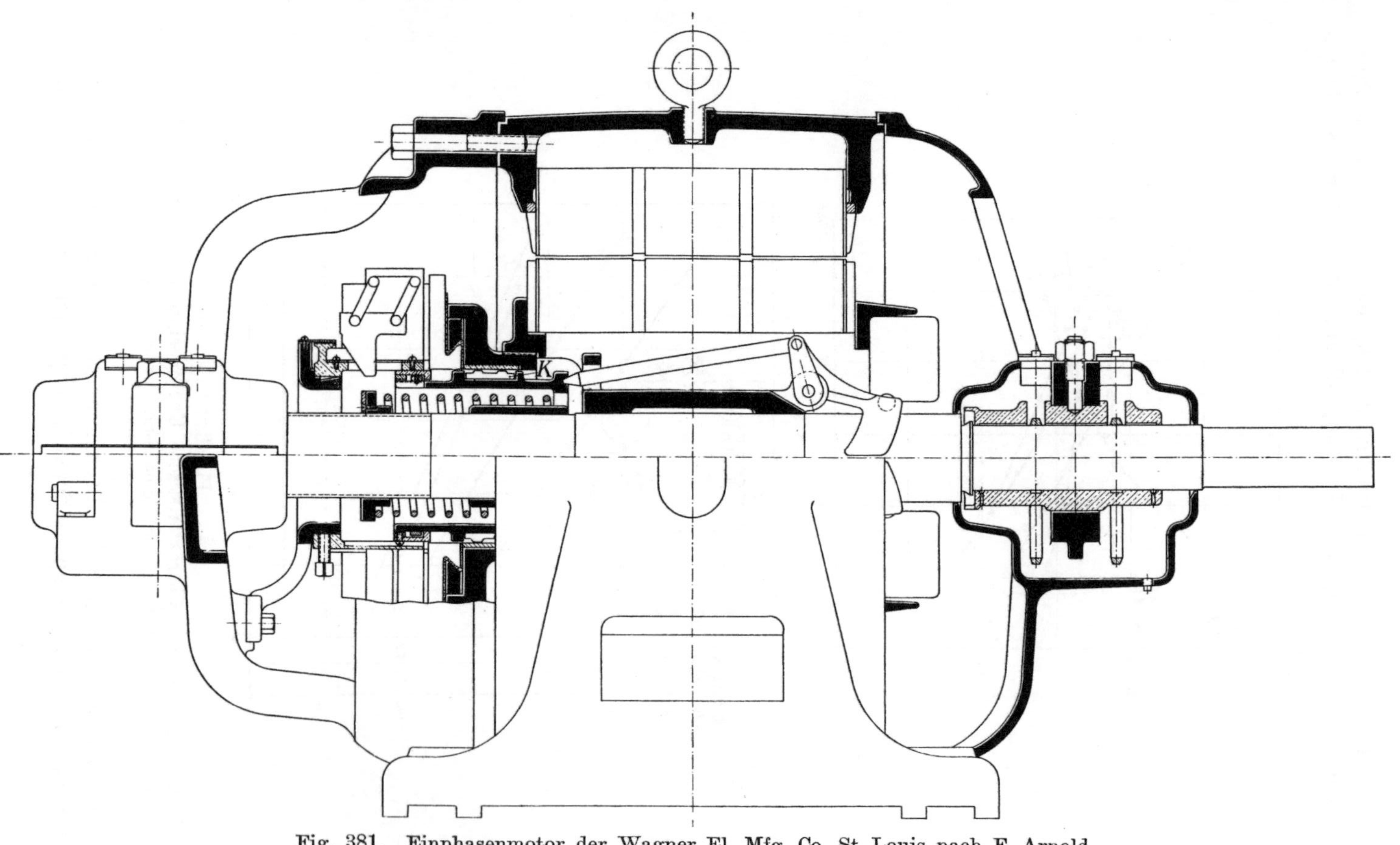

Fig. 381. Einphasenmotor der Wagner El. Mfg. Co. St. Louis nach E. Arnold.

Erregerstrom des Transformatorflusses i aufgetragen, sowie die aufgenommene Leistung W_1 und die von i zurückgegebene Leistung w.

Einphasenmotor der Wagner El. Mfg. Co., St. Louis.

Diese Motoren, die nach den Patenten von E. Arnold gebaut werden und in Amerika eine sehr große Verbreitung haben, laufen als Repulsionsmotoren an und werden nach dem Anlauf durch Kurzschließen aller Kommutatorlamellen und Abheben der Bürsten in einen Induktionsmotor umgeschaltet.

Fig. 382. Rotor des Einphasenmotors der Wagner El. Mfg. Co. St. Louis.

Fig. 381 zeigt den Schnitt eines 25 PS-Motors und Fig. 382 eine Photographie des Rotors von der dem Kommutator abgewandten Seite betrachtet. Hier sind die beiden um je einen Zapfen drehbaren, in ihrer Ruhelage die Welle umfassenden Gewichte sichtbar, die nach dem Anlauf durch die Fliehkraft sich von der Welle entfernen und hierdurch einen mit ihnen verbundenen um den gleichen Zapfen drehbaren Hebel drehen. Dieser Hebel schiebt durch eine Stange eine auf der Welle verschiebbare Büchse axial unter den Kommutator, der als Plankommutator mit radialen Segmenten ausgebildet ist. Hierdurch gelangt der an der Außenseite der Büchse befindliche federnde Kurzschlußring K (s. Fig. 381) unter die Lamellen und schließt sie kurz. Gegen Ende des Hubs stößt der vorderste Teil der Büchse gegen einen Vorsprung des Bürstenhalters und spannt hierbei eine Feder, die die Bürsten abhebt. Im Inneren der Büchse befindet sich eine Spiralfeder, die sich gegen einen Ring legt und zusammengedrückt wird. Beim Abstellen des

Motors bewirkt diese Spiralfeder die Zurückverschiebung der Büchse mit dem Kurzschlußring.

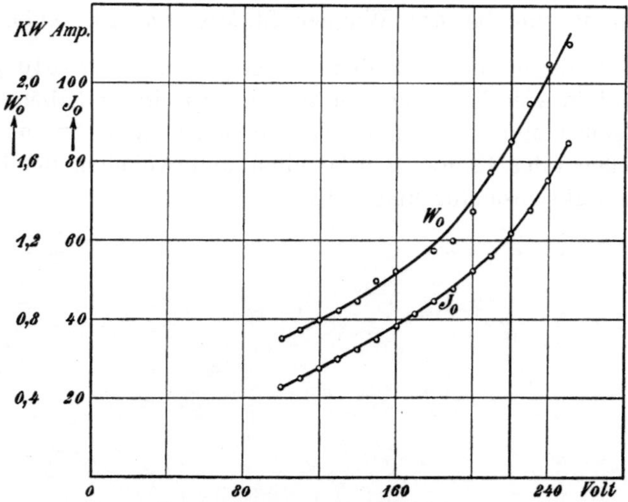

Fig. 383. Leerlaufmessung eines 6 poligen 25 PS-Motors der Wagner El.
Mfg. Co. St. Louis für 60 Perioden und 220 Volt.

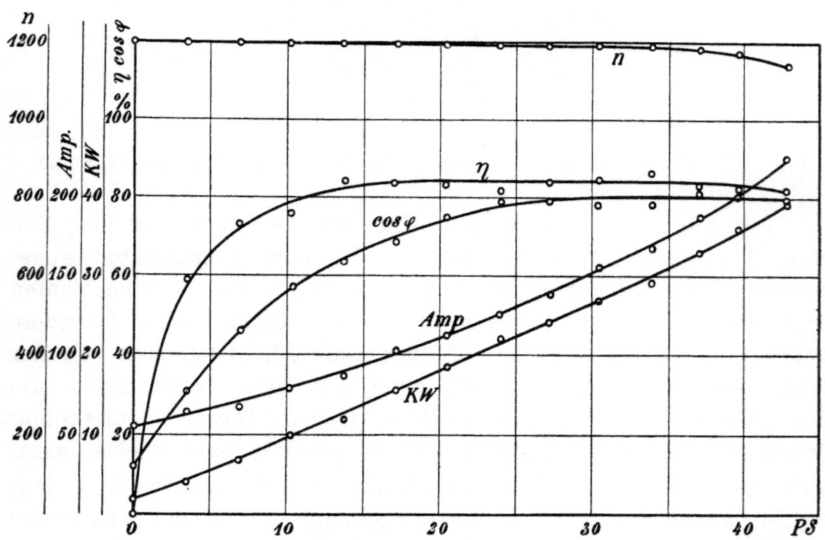

Fig. 384. Bremskurven eines 25 PS-Motor der Wagner El. Mfg. Co. St. Louis
in der Schaltung als Induktionsmotor.

Fig. 383 und 384 zeigen für einen 6 poligen 25 PS-Motor für 60 Perioden und 220 Volt, die Leerlaufmessung sowie die Bremskurven in der Schaltung als Induktionsmotor.

Fig. 385 und 386 zeigen Strom und Drehmoment als Funktion der Umdrehungszahl in der Anlaufschaltung, und zwar Fig. 385 in der Bürstenstellung für größtes Anlaufdrehmoment, während Fig. 386 für die Bürstenstellung für größtes Drehmoment bei Synchronismus gilt.

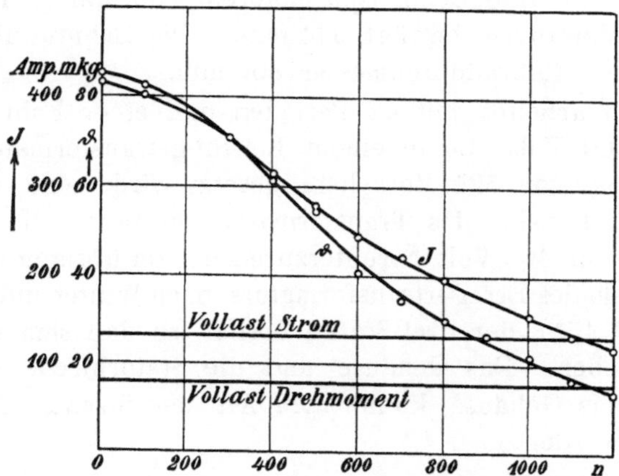

Fig. 385. Strom- und Drehmoment des 25 PS-Wagnermotors in der Anlaufschaltung für größtes Anlaufdrehmoment.

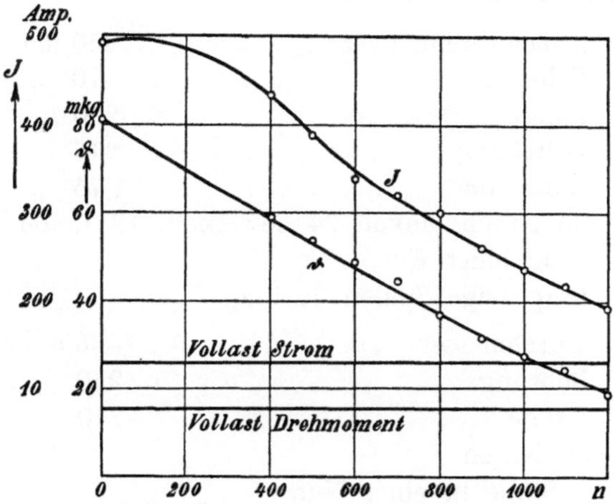

Fig. 386. Strom- und Drehmoment in der Anlaufschaltung für größtes Drehmoment bei Synchronismus.

Der Motor läuft, wie hieraus ersichtlich, mit dem 5,5 fachen des normalen Drehmomentes an und verbraucht hierzu den 3,3 fachen Vollaststrom.

40 PS Winter-Eichberg-Bahnmotor der Allgemeinen Elektrizitäts-Gesellschaft, Berlin.

Tafel IV zeigt den Schnitt des Motors, von denen je 4 in die Motorwagen der Stubaital-Bahn (Innsbruck—Fulpmes) eingebaut sind.

Die Motoren sind Schmalspurmotoren, die ganze Breite einschließlich Zahnrädern beträgt 944 mm. Die Zahnradübersetzung ist 1:6,4, der Triebraddurchmesser 800 mm.

Die Bahn arbeitet mit 42 Perioden und einer Fahrdrahtspannung von 2500 Volt, die in einem Leistungstransformator auf die Statorspannung von 525 Volt herabgesetzt wird, eine Anzapfung an der Sekundärseite des Transformators gestattet die Spannung beim Anlauf auf 400 Volt herunterzusetzen. Im übrigen werden die Motoren mittels des Erregertransformators nach Winter und Eichberg reguliert (s. S. 435), der drei Stufen besitzt, so daß sich im ganzen 6 Stufen ergeben. Das Gehäuse und die Statorbleche sind zweiteilig, und das Gehäuse kann nach Art der Straßenbahnmotoren aufgeklappt werden.

Daten des Motors:

Stundenleistung: 40 PS, 525 Volt, 42 Perioden, 6 Pole, 600 Umdr. i. d. Min. (maximal 1200).

Stator: Außendurchmesser . . . . . . 650 mm
       Bohrung . . . . 470 „
       Länge . . . . 260 „
       Polteilung . . . . 246 „
       Luftraum . . . . 1,75 „
       36 Nuten, davon 24 bewickelt, 12 Leiter in einer Nut.
       Einphasige Spulenwicklung.

Rotor: Durchmesser . . . . 466,5 mm
       Bohrung . . . . 250 „
       Länge . . . . 270 „
       80 Nuten.
       6 Stäbe in einer Nut.
       Gesamte Stabzahl . . . . . . 478.

Kommutator:

       Durchmesser . . . . 420 mm
       Länge . . . . 180 „
       Lamellenzahl 239
       4 Arbeitsbürstenstifte.
       2 Erregerbürstenstifte.

60 PS-Bahnmotor der Maschinenfabrik Örlikon.
Tafel V, Fig. 387, 388.

Von diesen Motoren sind je 4 in die Triebwagen - der Valle-Maggia-Bahn (Locarno—Pontebrolla—Bignasco) eingebaut, der ersten, nach der Versuchsstrecke Seebach—Wettingen, in der Schweiz dauernd mit Wechselstrom betriebenen Bahn. Die Bahn arbeitet mit einer Betriebsspannung von 5000 Volt bei 25 Perioden, die mittels eines Transformators auf die Motorspannung von 500 Volt für zwei Motoren in Serie herabgesetzt und mit einer Schaltwalze geregelt wird. In den Orten arbeitet die Bahn mit 800 Volt, wozu eine besondere Anzapfung am Transformator vorgesehen ist. Die Motoren sind Reihenschlußmotoren mit Wendepolen nach dem D. R. P. 162781 der Maschinenfabrik Örlikon und arbeiten mittels eines Rädervorgeleges mit einer Übersetzung 1 : 5,15 auf die Triebräder von 850 mm Laufdurchmesser.

Fig. 387.

Das Gehäuse besteht aus zwei etwa über der Mitte des Blechpaketes zusammengeschraubten Zylindern, an die beiderseits die Lagerschilder angeschraubt sind. Da die Motoren als Schmalspurbahnmotoren gebaut sind, ist die Konstruktion mit Rücksicht auf möglichste Ausnutzung des verfügbaren Raumes äußerst gedrungen durchgebildet. Die Einbauskizze des Motors zeigt Fig. 388.

Daten des Motors:

60 PS, 880 Umdrehungen, 250 Volt, 20 Perioden, 6 Pole.

Stator: Außendurchmesser . . . . 686 mm

Bohrung . . . . 475 „
Länge . . . . 240 „
Polteilung . . . . 249 „
Luftraum einseitig . . . . . . 1,5 „
72 geschlossene Nuten . . 11 × 55 „

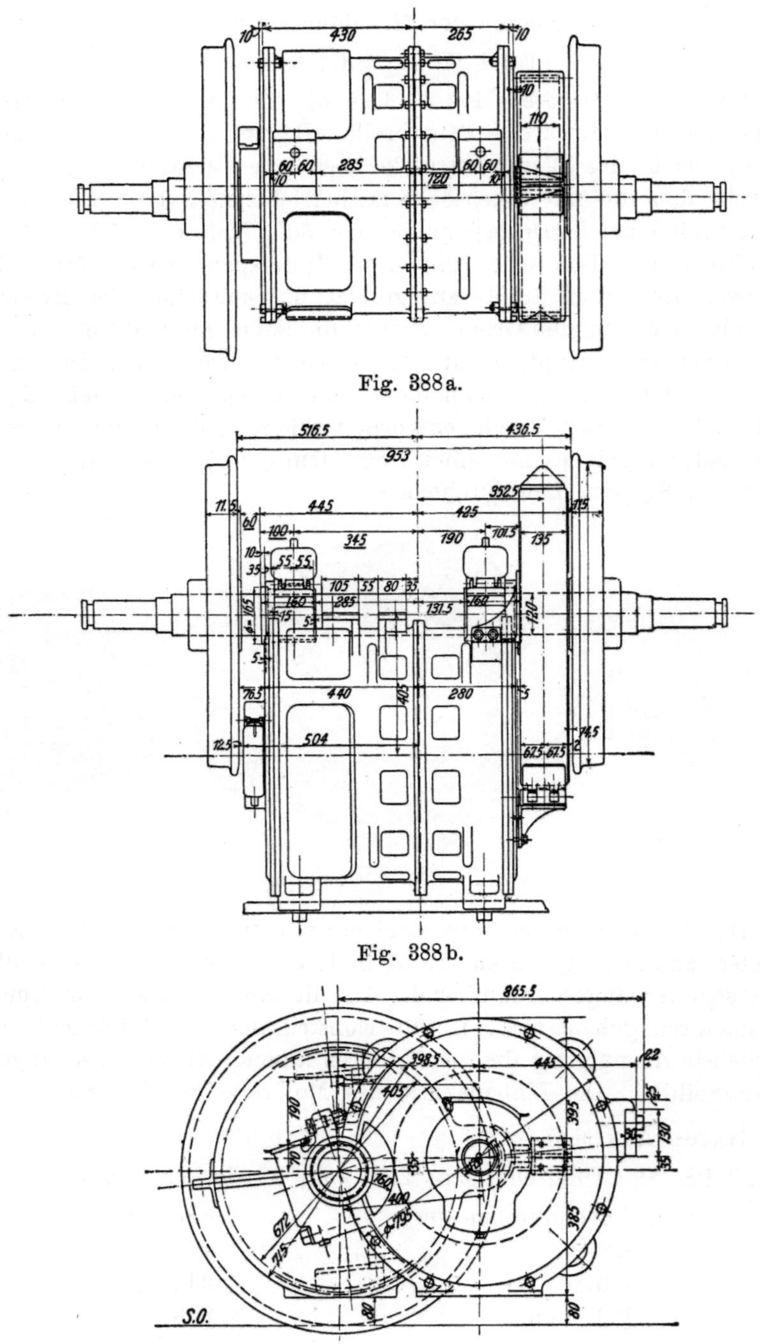

Fig. 388a.

Fig. 388b.

Fig. 388c.

Die Erregerwicklung und die Kompensationswicklung sind als Bogenwicklungen ausgeführt und zwar liegen die Leiter der Erregerwicklung oben in den Nuten, die der Kompensationswicklung unten. (Wicklungszeichnung des Stators s. WT, Bd. III, 2. Auflage, Tafel IV.)

Erregerwicklung:

> 6 Nuten pro Pol.
> 2 Stäbe in jeder Nut . . . $3{,}8 \times 18$ mm
> 36 Windungen in Serie.

Kompensationswicklung:

> 10 Nuten pro Pol.
> 2 Stäbe in jeder Nut . . . $3{,}8 \times 16$ mm
> 60 Windungen in Serie.

Die Kompensationswicklung ist kurzgeschlossen.

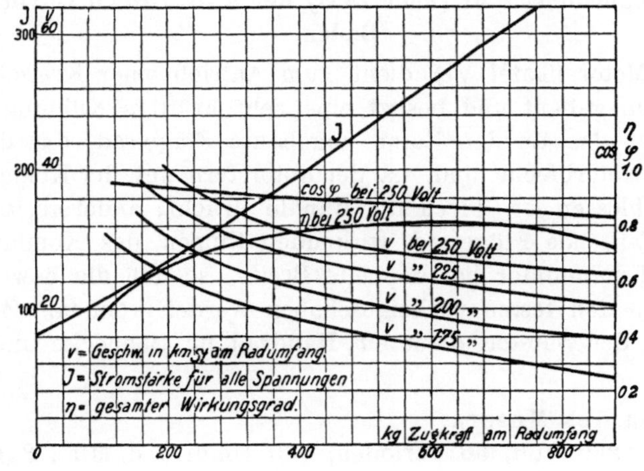

Fig. 389.

Wendepolwicklung:

> 2 Nuten pro Pol.
> 20 Drähte in jeder Nut . . . $2{,}6/3{,}0$ mm ϕ
> 120 Windungen in Serie.

Die Wendepolwicklung ist mittels eines Autotransformators parallel zum Rotor geschaltet.

> Rotor: Durchmesser . . . . 472 mm
> Bohrung . . . . 220 „
> Länge . . . . 240 „

Blechstärke . . . . 0,3 mm
126 Nuten . . . . 5,8 × 25,8 „
4 Leiter in jeder Nut . . . . 1 × 8 „
Schleifenwicklung mit Äquipotentialverbindungen.

Kommutator:

Durchmesser . . . . 390 mm
Länge . . . . 126 „
Lamellenzahl . . . . 252 „
Bürsten: 6 Stifte zu je 3 Bürsten . . 9 × 40 „

Das Gewicht des Motors einschließlich Rädervorgelege beträgt
1680 kg.

Fig. 389 zeigt die Geschwindigkeitscharakteristiken für 4 Spannungen und den Strom als Funktion des Drehmomentes, ferner η
und $\cos\varphi$ bei 250 Volt Klemmenspannung.

110 PS-Repulsionsmotor (nach Déri) der A.-G. Brown Boveri & Co., Baden.

Der Motor (Tafel VI) dient zum Antrieb einer Kreiselpumpe.
Er ist offen gebaut und besitzt eine sehr kräftige Kühlung, einerseits durch das an den Rotor angebaute Flügelrad, das die Luft
unter die Rotorbleche und, da der Rotorstern auf der Kommutator-
seite geschlossen ist, durch die Kanäle drückt; andererseits durch
die ebenfalls als Flügelrad wirkenden Rippen des Kommutators.

Der Kommutator hat doppelte Breite, so daß die beweglichen
Bürsten an den festen vorbeigeschoben werden können. Zur Verschiebung der Bürsten dient ein Handrad mit Schnecke und Zahn-
segment.

Daten des Motors:
110 PS, 220 Volt, 50 Perioden, 730 Umdr. i. d. Min., 8 Pole.

Stator: Außendurchmesser . . . . . 1000 mm
Bohrung . . . . 800 „
Länge (einschl. Luftschlitze) . . 250 „
4 Luftschlitze zu . . . . 8 „
Polteilung . . . . 314 „
Luftraum (einseitig) . . . . . 2 „
120 Nuten 17 × 41 mm, davon 80 be-
  wickelt.
6 Leiter in einer Nut.
Kabel . . . . 4,3 × 17 = 60 mm²
Spulenwicklung: 4 parallele Gruppen.
60 Windungen in Serie.

Rotor: Durchmesser . . . . 796 mm
      Bohrung . . . . 620 „
      Länge wie im Stator.
      152 Nuten . . . . 12 $\times$ 35 „
      6 Stäbe in einer Nut . . 2,8 $\times$ 14,6 „
      Querschnitt . . . . 41 mm^2
      Schleifenwicklung . . . . . . $a = 4$.

Kommutator:

      Durchmesser . . . . 600 mm
      Länge . . . . 300 „
      Lamellenzahl 456
      16 Bürstenstifte (8 feste und 8 bewegliche).
      3 Kohlen auf jedem Stifte   8 $\times$ 35 mm

Doppel-Repulsionsmotoren in Scottscher Schaltung der A.-G. Brown Boveri & Co., Baden.

Zum Anschluß an Dreiphasennetze baut die A.-G. Brown, Boveri & Co. ihre Déri-Motoren nach dem Vorschlag von K. Schnetzler als Doppelmotoren in Scottscher Schaltung (D. R. P. 223704).

Diese Motoren werden besonders für große Leistungen gebaut und z. B. als Fördermotoren verwendet. Gegenüber einem Dreiphasen-Serienmotor, der zwar leichter als ein solcher Doppelmotor wird, hat er den Vorteil, daß der Transformator fortfällt, so daß der Gewichtsunterschied zum Teil ausgeglichen ist, ferner werden die Repulsionsmotoren nur durch Bürstenverschiebung umgesteuert, während beim Dreiphasenmotor neben der Bürstenverschiebung eine Vertauschung der Phasen am Stator zur Umkehrung der Drehrichtung des Drehfeldes erforderlich ist (s. S. 138). Endlich wird durch die Teilung der Leistung in zwei Maschinen der Ankerdurchmesser und daher das Schwungmoment klein, was bei Förderanlagen von Wichtigkeit ist.

Die Statorwicklung des einen Motors besitzt neben den beiden Endklemmen eine solche in der Mitte der Wicklung, an die das Ende der Wicklung des zweiten Motors angeschlossen wird. Die effektiven Windungszahlen der beiden Wicklungen verhalten sich wie $2 : \sqrt{3}$.

Fig. 390 zeigt die beiden Rotoren, die auf einen gemeinsamen Ankerstern aufgebaut sind und die beiden auf gemeinsamer Grundplatte montierten Statoren eines Motors für maximal 280 PS bei 230 Umdr. i. d. Min., für 50 Perioden, 500 Volt.

40*

Die Bürstenkränze der beweglichen Bürsten beider Kommutatoren sind durch ein Gestänge gekuppelt und werden zusammen verschoben.

Fig. 390.

Fig. 391. Doppel-Repulsionsmotor in Scottscher Schaltung der A.-G. Brown Boveri & Co., Baden, mit einer Fördermaschine gekuppelt.

Fig. 391 zeigt den Motor mit der Fördermaschine zusammengebaut.

175 PS-Bahnmotor der Siemens-Schuckert-Werke, G. m. b. H., Berlin.

Der auf Tafel VII dargestellte Motor ist ein Normalspurbahn-motor für Zahnradantrieb. Je zwei dieser Motoren sind in die Motorwagen der Vorortbahn Hamburg—Blankenese—Ohlsdorf ein-gebaut, die mit 6000 Volt und 25 Perioden arbeitet. Auch bei der Lokomotive der Bahn Murnau—Oberammergau sind zwei Mo-toren dieser Größe für 15 Perioden verwendet.

Die Motoren sind 8 polige Reihenschlußmotoren, die Statorwick-lung ist eine aufgeschnittene Gleichstromwicklung nach Fig. 209, S. 363 mit zwei Erregerwicklungen für beide Drehrichtungen, die auch als Hauptschluß-Wendepolwicklung dienen, während die Kom-pensationswicklung, die in Reihe mit dem Rotor geschaltet ist, an einen Teil der Spannung angeschlossen ist. (Die Motoren der neuesten Triebwagen der Bahn Blankenese—Ohlsdorf haben eine besondere Wendepolwicklung und nur eine Erregerwicklung.)

Der Rotor hat eine Reihenparallelwicklung mit Widerstands-verbindungen, die eine Zusatzwicklung nach R. Richter (s. S. 351) bilden.

Der Motor besitzt künstliche Kühlung.

Die Regelung geschieht durch Spannungsänderung mittels Schützensteuerung, die als Vielfachsteuerung elektromagnetisch be-tätigt wird.

Daten des Motors:

Stundenleistung 175 PS, 700 Umdr. i. d. Min., 280 Volt, 25 Pe-rioden, 8 Pole.

Stator: Außendurchmesser . . . . . . 760 mm
      Bohrung . . . . 545 „
      Länge einschl. Luftschlitze . . 380 „
      3 Luftschlitze zu . . . . . . 15 „
      Polteilung . . . . 214 „
      Luftraum . . . . 2,5 „
      56 Nuten . . . . 22 × 60 „
      In jeder Nut 10 Stäbe . . 3,3 × 25 „

Erregerwicklung:

    In 2 Nuten pro Pol 2 Stäbe parallel.

Kompensationswicklung:

    In 5 Nuten pro Pol 5 Stäbe parallel.

Rotor: Durchmesser . . . . 540 mm
     Bohrung . . . . 337 „

Länge wie im Stator.
74 offene Nuten . . . . . 12 × 50 mm
6 Stäbe in jeder Nut . . . 2,8 × 18 „
3 Widerstandsverbindungen in jeder
Nut . . . . 9 qmm
Reihenparallelwicklung . . . . $a = 2$.

Kommutator:

Durchmesser . . . . 430 mm
Länge . . . . 285 „
Lamellenzahl 222
8 Bürstenstifte zu je 4 Bürsten
12,5 × 60 „

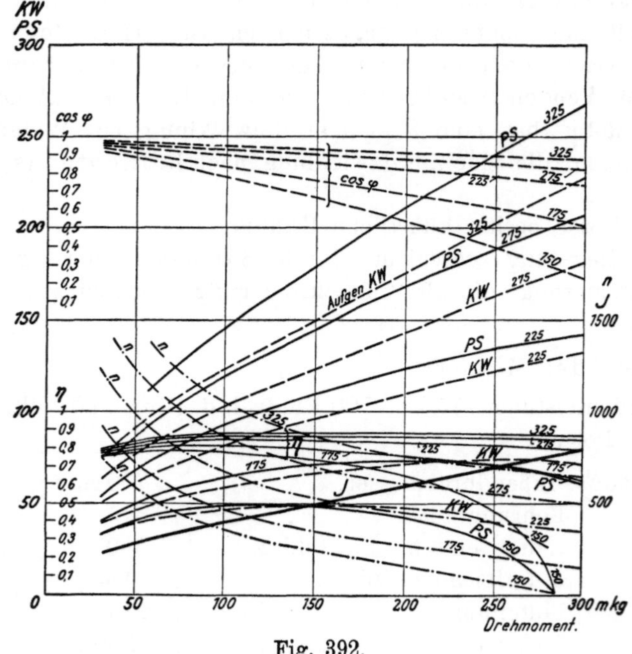

Fig. 392.

In den Arbeitskurven Fig. 392 sind die Umdrehungszahl, der Strom, die aufgenommene und die abgegebene Leistung sowie η und $\cos\varphi$ als Funktion des Drehmomentes für 6 Spannungen von 150 bis 320 Volt aufgetragen.

Die Arbeitskurven, Fig. 393, gelten für einen Motor von 15 Perioden.

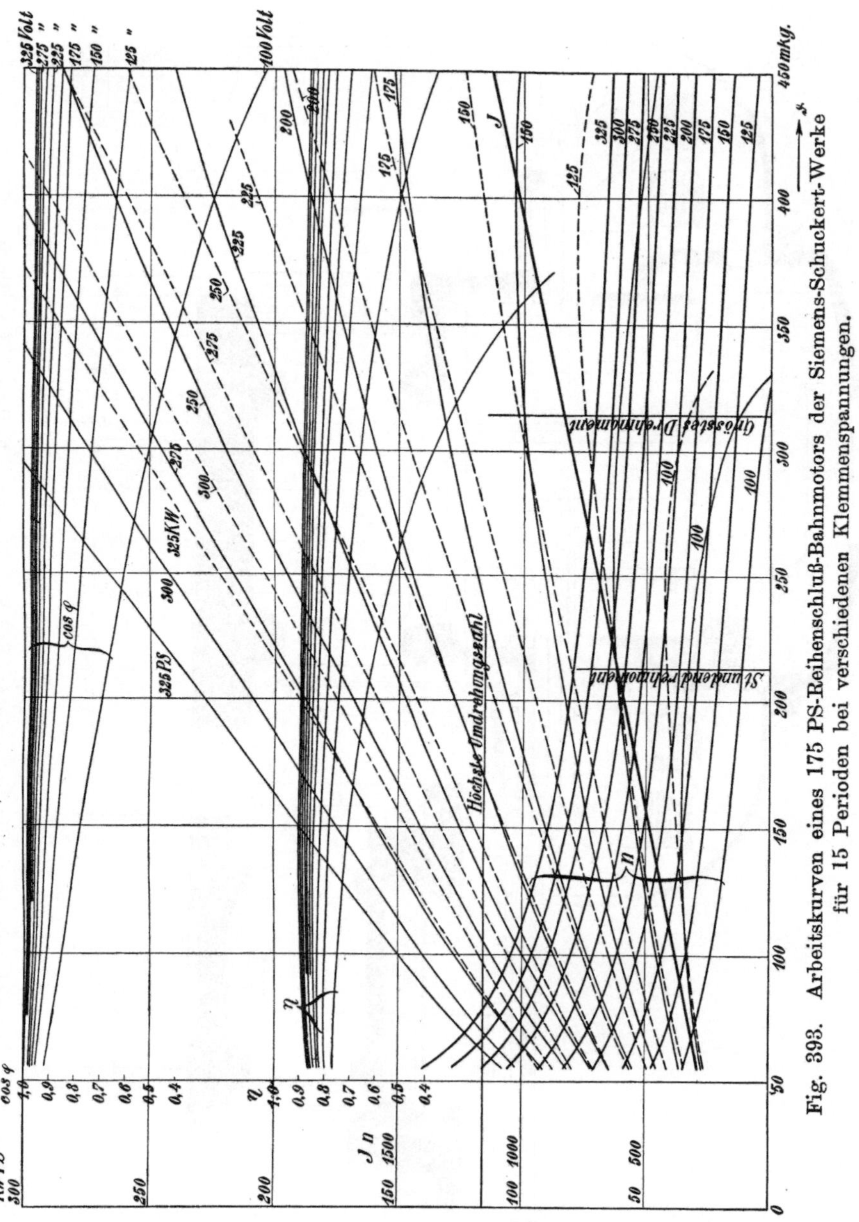

Fig. 393. Arbeitskurven eines 175 PS-Reihenschluß-Bahnmotors der Siemens-Schuckert-Werke für 15 Perioden bei verschiedenen Klemmenspannungen.

240 PS-Dreiphasen-Reihenschlußmotor der Elektrizitäts-A.-G. vorm. Kolben & Co., Prag (s. Fig. 394).

Der Motor dient zum Antrieb eines Grubenventilators und ist daher für eine stark veränderliche Geschwindigkeit gebaut, die von

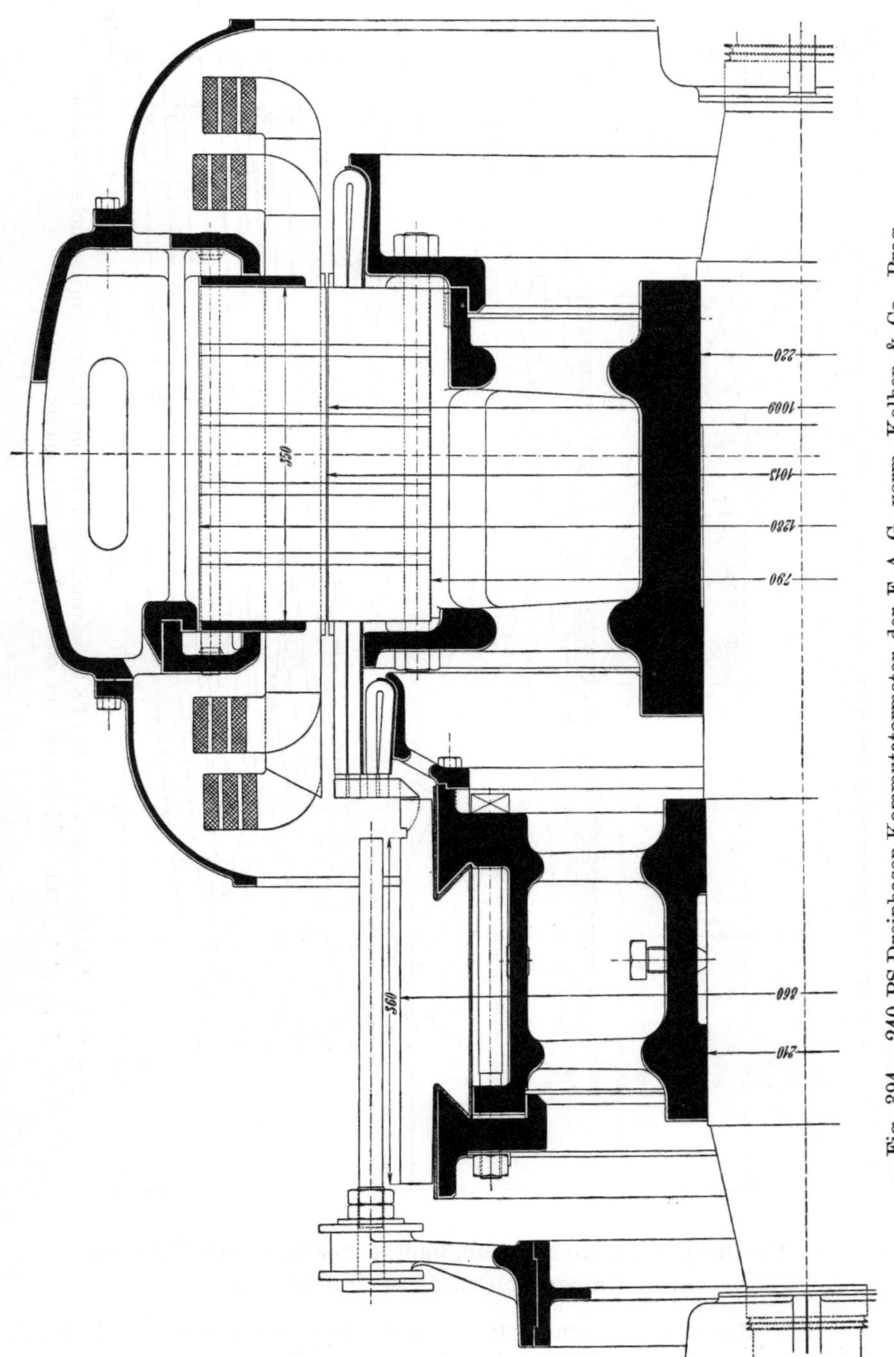

Fig. 394. 240 PS-Dreiphasen-Kommutatormotor der E.-A.-G. vorm. Kolben & Co., Prag.

136 bis 410 Umdr. i. d. Min. verändert wird. Die Leistung ändert sich hierbei von 25 bis 240 PS.

Die Regelung geschieht durch Verstellung des Bürstenkranzes.

Der Stator ist für Hochspannung 5400 Volt gewickelt und besitzt eine dreiphasige Spulenwicklung.

Fig. 395.

Der Rotor besitzt eine Parallelwicklung mit Äquipotentialverbindungen; zwischen Stator und Rotor ist ein Öltransformator geschaltet. Jeder primären Wicklung entsprechen 2 sekundäre Wicklungen, an deren 12 Enden die 12 Bürstensätze angeschlossen sind. Fig. 395 zeigt eine Ansicht des Motors und Fig. 396 das Schaltungsschema. Beim Anlauf und bei kleinen Geschwindigkeiten ist der Motor in Stern geschaltet, bei höheren Geschwindigkeiten werden die drei Phasen in Dreieck geschaltet. (D. R. P. 237849 von M. Latour.)

Das Übersetzungsverhältnis des Transformators ist 54 : 1.

Daten:

25 — 140 — 240 PS, 136 — 340 — 410 Umdr. i. d. Min.
5400 Volt, 42 Perioden, 14 Pole.

Stator: Außendurchmesser . . . . 1280 mm
Bohrung . . . . 1013 „
Länge einschl. Luftschlitze . . 350 „

4 Luftschlitze zu . . . .   12 mm

Polteilung . . . .   227 „

Luftraum einseitig . . . .   2 „

126 Nuten . . . . 16×64 „

54 Drähte in einer Nut . .   2,2/2,7 „ ϕ

1134 Windungen in Serie pro Phase.

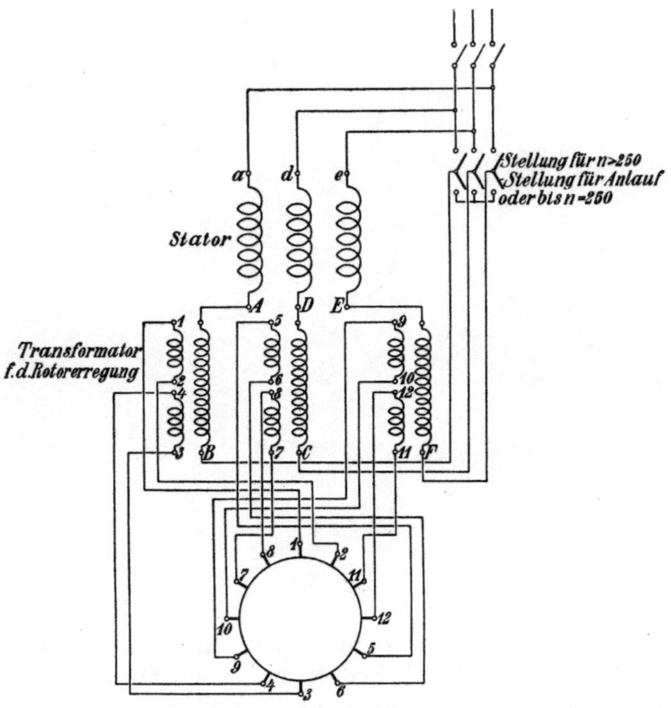

Fig. 396.   Schaltungsschema des 240 PS-Dreiphasenkommutatormotors der
E.-A.-G. vorm. Kolben & Co.

Rotor: Außendurchmesser . . . .   1009 mm

       Bohrung . . . .   790 „

       Länge . . . .   350 „

       4 Luftschlitze zu . . . . . .   12 „

       84 Nuten . . . . 22×36 „

       12 Stäbe in einer Nut . . $\dfrac{2,3 \times 12}{2,7 \times 12,7}$ „

       Gesamte Stabzahl   1008

       Parallelwicklung mit Äquipotentialverbin-
         dung an jeder Lamelle.

Kommutator:

Durchmesser . . . . 860 mm
Länge . . . . 360 „
Lamellenzahl 504
12 Bürstenstifte zu je 9 Bürsten.

Erwärmung: Nach 8stündigem Betrieb bei 398 Umdr. i. d. Min., 5570 Volt, 14,6 Amp., 42 Perioden, 139,5 KW, entsprechend $\cos\varphi = 0,99$ betrug die Übertemperatur von

Stator Eisen . . . . 19^0 C
Stator Kupfer . . . . 23^0 C
Rotor Kupfer . . . . 31^0 C
Kommutator . . . . 35^0 C.

300 PS-Einphasen-Bahnmotor der Allgemeinen Elektrizitäts-Gesellschaft.

Der Motor (Fig. 397) der Bauart nach Winter und Eichberg ist der größte bisher gebaute tiefliegende, d. h. auf die Triebachse a

Fig. 397. 300 PS-Einphasen-Bahnmotor der A. E.-G. nach Winter und Eichberg.

aufgelagerte Bahnmotor. Drei dieser Motoren sind in eine Güterzugs-lokomotive der Oranienburger Rundbahn eingebaut. Das Gehäuse ist quer zur Motorachse geteilt, es besitzt eine Anzahl Aussparungen,

an denen die Statorbleche freiliegen und die Wärme ableiten
können.

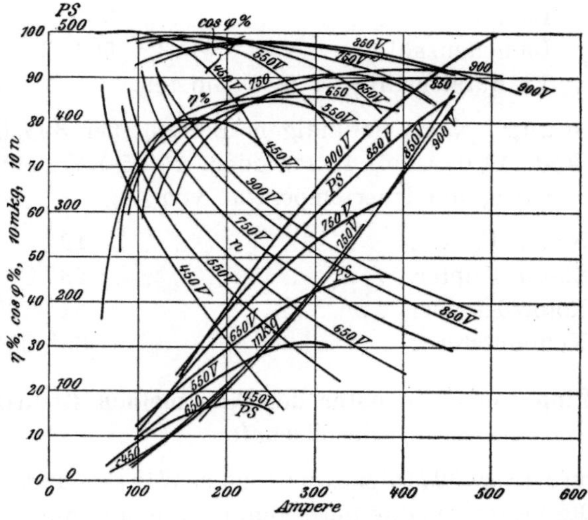

Fig. 398a. Arbeitskurven eines 300 PS-Einphasen-Bahnmotors der A. E.-G.

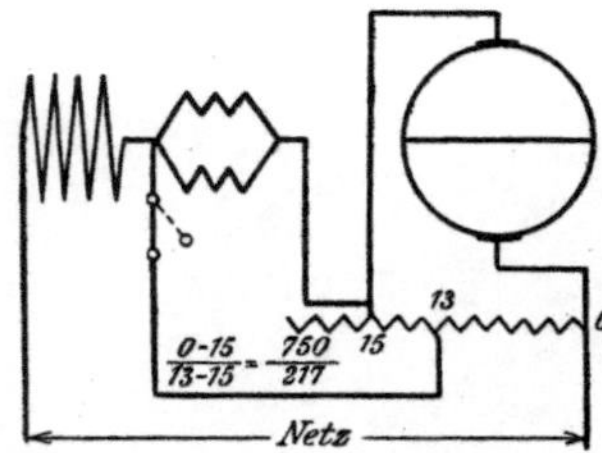

Fig. 398b. Schaltungsschema
des 300 PS-Einphasen-Bahnmotors der A. E.-G.

Außerdem wird der Motor künstlich gekühlt, die Kühlluft wird durch
einen Ventilator an der Zahnradseite in
den Motor und quer durch den Rotor-
körper nach dem Kommutator und von
dort durch Gehäuseöffnungen ins Freie
befördert.

Die Schmierung der Motorlager
wird durch eine Zahnradpumpe besorgt,
die in einem kastenförmigen Anbau b
zwischen den Stützlagern untergebracht

ist. Das von den Lagern abfließende Öl kehrt in den unteren Trog
des Kastens b zurück.

Daten des Motors: Stundenleistung 300 PS, 800 Volt,
500 Umdr. i. d. Min. (maximal 900), 25 Perioden, 6 Pole.

Stator: Außendurchmesser . . . . 1080 mm

Bohrung . . . . 800 „

Länge . . . . 320 „

36 bewickelte Nuten.

Rotor: Durchmesser . . . . 795 mm

Länge . . . . 330 „

69 Nuten.

12 Leiter in einer Nut.

Kommutator:

Durchmesser . . . . 630 mm

Länge . . . . 315 „

Lamellenzahl . . . . 414 „

Fig. 398a zeigt die Arbeitskurven für 5 Klemmenspannungen von 450 bis 950 Volt in Abstufungen von je 100 Volt.

Fig. 398b ist das Schaltungsschema des Motors mit dem Erregertransformator.

900 PS-Einphasen-Bahnmotor der Maschinenfabrik Örlikon.

Für große Lokomotivleistungen können die Motoren nicht mehr auf den Triebachsen abgestützt werden, weil die Leistung der tiefliegenden Motoren durch den beschränkten Außendurchmesser mit Rücksicht auf den Durchmesser der Triebräder begrenzt ist, und sich eine sehr große Zahl solcher Motoren ergeben würde. Ganz große Motoren werden daher hochliegend auf den Lokomotivrahmen aufgebaut, wo ihre Abmessungen nur durch die Höhe der Lokomotive begrenzt sind. Sie werden dann häufig als offene Motoren gebaut, und treiben mittels Kurbel und Kurbelstange die Triebräder an, entweder direkt oder unter Zwischenschaltung eines Zahnradvorgeleges.

Tafel VIII zeigt einen solchen offenen Bahnmotor der Maschinenfabrik Örlikon mit Zahnradvorgelege; es ist ein Reihenschlußmotor mit Wendepolwicklung.

Daten:

Stundenleistung 900 PS bei 560 Umdr. i. d. Min. (max. 840), 15 Perioden, 400 Volt.

Stator: Durchmesser . . . . 1490 mm

Bohrung . . . . 1150 „

Länge . . . . 330 „

1 Luftschlitz zu . . . . 15 „

Polteilung . . . . 301 „

Luftraum . . . . 5 „

14 Nuten . . . . 12 × 100 „

Erregerwicklung:

2 Windungen pro Pol.

2 parallele Gruppen.

Stab . . . . 9 × 40 mm

Kompensationswicklung (in sich kurzgeschlossen):

5 Windungen pro Pol.

Stab . . . . 10 × 45 mm

Wendepolwicklung: Nebenschlußwicklung in 2 Nuten pro Pol.

Die Stäbe der Kompensationswicklung liegen unten in den Nuten, die der Erregerwicklung oben.

Rotor: Durchmesser außen . . . . . . 1140 mm
   Bohrung . . . . 800 „
   Länge . . . . 330 „
   1 Luftschlitz zu . . . . 15 „
   168 Nuten . . . . 10 × 50 „
   6 Stäbe in jeder Nut . . . . 2 × 17 „
   1008 Stäbe.

Parallelwicklung mit Äquipotentialverbindungen an jeder zweiten Lamelle.

Kommutator:

   Durchmesser . . . . 725 mm
   Länge . . . . 350 „
   Lamellenzahl 504
   12 Stifte zu je 8 Bürsten.

Fig. 399. 1000 PS-Bahnmotor der Maschinenfabrik Örlikon für die Lokomotive der Lötschbergbahn.

Zwei dem vorstehenden entsprechende Motoren für je 1000 PS sind in die erste Lokomotive der Berner Alpenbahn-Gesellschaft

(Lötschbergbahn) eingebaut. Jeder Motor steht auf einem der dreiachsigen Drehgestelle, deren drei Triebachsen gekuppelt sind. Bei einem Triebraddurchmesser von 1350 mm und einem Übersetzungsverhältnis 1 : 3,25 ergibt sich bei 540 bis 900 Umdr. i. d. Min. der Motoren eine Geschwindigkeit von 42 bis 70 km in der Stunde. Die Zugkraft am Radumfang ist 12 900 kg.

Fig. 399 zeigt eine Ansicht des Motors, aus der der Aufbau auf das Drehgestell deutlich ersichtlich ist.

Fig. 400. Rotor des 1000 PS-Bahnmotors der Maschinenfabrik Örlikon.

Fig. 400 gibt eine Ansicht des Rotors mit dem kleinen Zahnrad. Diese Zahnräder sind gefräste Winkelräder (Fabrikat Citroën, Paris), die sich bisher vorzüglich bewährt haben sollen.

Die Steuerung der Motoren geschieht durch Änderung der Klemmenspannung an der Sekundärwicklung der Transformatoren mittels Stufenschaltern, die elektromagnetisch gesteuert werden. Der Steuerstrom wird einer Akkumulatorenbatterie entnommen. Jeder Motor wiegt einschließlich Zahnradübersetzung 9,8 t.

Namen- und Sachregister.

Abkürzungen.

MHM = Mehrphasenhauptschlußmaschine.   MNM = Mehrphasennebenschlußmaschine.
EHM = Einphasenhauptschlußmaschine.   ENM = Einphasennebenschlußmaschine.
MM = Mehrphasenmaschine.   EM = Einphasenmaschine.

Erklärung der in den Formeln verwendeten Buchstaben.

Die beigedruckten Zahlen geben die Seite an, auf der die betreffende Bezeichnung eingeführt ist. Im allgemeinen bedeutet ein Strich ('), daß die so bezeichnete Größe einer Wicklung auf eine andere Wicklung reduziert ist (meistens von sekundär auf primär). Wegen der Indizes bei Einphasen-Maschinen s. S. 293.

Abkürzungen.

MHM	Mehrphasenhauptschlußmaschine	MNM	Mehrphasennebenschlußmaschine
EHM	Einphasenhauptschlußmaschine	ENM	Einphasennebenschlußmaschine
MM	Mehrphasenmaschine	EM	Einphasenmaschine

A.

$$A = \frac{R_u T_k}{S} \ldots 25.$$

AS = Zahl der Ameredrähte auf 1 cm des Ankerumfangs oder lineare Belastung 12.

AS_1 = lineare Belastung der Kompensationswicklung bei EM 334.

AS_2 = lineare Belastung des Rotors bei EM 334.

AW_{as} = Amperewindungen für den Statorkern 230.

AW_{ar} = Amperewindungen für den Rotorkern 230.

AW_{ei} = Amperewindungen, die den Eisenverlusten entsprechen 58.

AW_k = Amperewindungen, die den Kurzschlußströmen entsprechen 58.

AW_l = Amperewindungen für den Luftspalt 229.

AW_m = magnetisierende Amperewindungen 56.

AW_r = die aus Stator- und Rotor-Amperewindungen resultierenden Amperewindungen einer MM 56.

AW_t = Amperewindungen aller magnetischen Kreise 54.

AW_v = Amperewindungen, die den Verlusten entsprechen 56.

AW_w = Amperewindungen der Wendepole 352.

AW_z = Amperewindungen für die Zähne 230.

AW_1 = Amperewindungen des Stators einer MM 130.

AW_2 = Amperewindungen des Rotors einer MM 130.

a = Anzahl der Ankerstromzweigpaare 3. 198.

B.

B_a = Induktion des Ankerfeldes 301. 394.

B_{as} = Induktion im Statorkern 230.

B_{ar} = Induktion im Rotorkern 230.

B_l = Induktion im Luftspalt 175.

B_q = Induktion des Querfeldes in der Kommutierungszone 304.

B_r, B_l = rechts- bzw. linksdrehendes Feld bei Zerlegung eines elliptischen Drehfeldes 429.

B_w = Induktion unter dem Wendepol 167.

B_z = Zahninduktion 230.

B_1, B_2 = Hauptachsen eines elliptischen Drehfeldes 429.

b_a = Suszeptanz des Erregerstromes 28.

b_i = ideeller Polbogen 334.

b_1 = Bürstenbreite 5.

b_D = auf den Rotorumfang projizierte Bürstenbreite 12.

C.

$$\mathfrak{C}_1 = 1 + \frac{\mathfrak{Z}_1}{\mathfrak{Z}_a} = C_1\, e^{j\gamma_1} \quad 31.$$

$$\mathfrak{C}_2 = 1 + \frac{\mathfrak{Z}_2}{\mathfrak{Z}_a} = C_2\, e^{j\gamma_2} \quad 87.$$

$$\mathfrak{C}_e = \frac{\mathfrak{Z}_a - j\,x_N'}{\mathfrak{Z}_a + \mathfrak{Z}_s'} \quad 501.$$

c = Periodenzahl 2.

c_r = Rotationsperiodenzahl 10.

c_1 = Netzperiodenzahl bei der Kaskadenschaltung 249.

c_2 = sekundäre Periodenzahl bei der Kaskadenschaltung 249.

c_{10} = Periodenzahl des Stators eines Generators bei Leerlauf 272.

c_{20} = Periodenzahl des Rotors eines Generators bei Leerlauf 272.

D.

D = Rotordurchmesser 15.

D_a = Außendurchmesser des Stators 213.

D_i = Innendurchmesser des Rotors 213.

D_1 = Bohrung des Stators 213.

D_k = Komnutatordurchmesser 215.

E.

E = Statorspannung der MHM, die das resultierende Hauptfeld erzeugt 39.

E = vom Nebenschlußfelde Φ_n induzierte Spannung für $c_r = c$ beim Mehrphasendoppelschlußmotor 180.

E_a = beim Lauf in Rotor- und Kompensationswicklung einer HM induzierte EMK 63. 124*.

E_a = EMK im Rotor einer direkt gesp. MNM bei Synchronismus 117.

E_a = effektive EMK der Rotation zwischen zwei Bürsten bei einer MM mit ausgeprägten Polen 176.

E_{an} = GEMK der Drehung im Nebenschlußfelde eines Doppelschlußmotors 178.

E_{ah} = GEMK der Drehung im Hauptschlußfelde eines Doppelschlußmotors 178.

E_e = EMK des Erregerkreises 322.

E_h = Effektivwert der höheren Harmonischen 32.

E_k = Statorspannung E bei Stillstand 57.

E_m = Magnetisierungsspannung 63. 123*.

E_r = Effektivwert der EMK der Rotation 295.

E_p = Effektivwert der EMK der Pulsation 296.

$$E_0 = E_1\,\frac{c_r}{c} \quad 276.$$

E_1 = von der Grundwelle des Drehfeldes induzierte EMK einer Phase der Statorwicklung der MM 20*.

E_1 = Stator-EMK des Hauptmotors bei der Kaskadenschaltung 250. 262.

$-E_{10}$ = resultierende GEMK des Stators der MNM bei Leerlauf 95. 103.

E_{10}, E_{20} = EMKe in Stator und Rotor des Mehrphasennebenschlußgenerators 272.

E_2　　= Effektivwert der EMK zwischen zwei Bürsten einer MM 3*. 21.
E_2　　= effektive EMK des Rotors einer MM bei Stillstand 28.
E_2　　= Rotorspannung der MM bei Stillstand vom Hauptfeld induziert 187*. 194.
E_2　　= Rotor-EMK des Hauptmotors bei der Kaskadenschaltung 250. 262.
$E_{2\varrho}$　= Rotor-EMK der MM beim Bürstenwinkel ϱ 21.
$- E_{2s}$ = Effektive GEMK des Rotors einer MM bei der Schlüpfung s 28*. 60. 68*. 70. 83.
E_{2p}　= EMK der Pulsation im Arbeitsstromkreis des Rotors einer EM 321.
E_{2r}　= EMK der Rotation im Arbeitsstromkreis des Rotors einer EM 321.
E_3　　= Stator-EMK des Hilfsmotors bei der Kaskadenschaltung 250. 259.
E_{3k}　= Stator-EMK des Hilfsmotors bei voller Periodenzahl 250. 259.
E_{3p}　= EMK der Pulsation im Erregerkreis einer EM 322.
E_{3r}　= EMK der Rotation im Erregerkreis des Rotors einer EM 322.
E_4　　= Rotor-EMK des Hilfsmotors bei der Kaskadenschaltung 250. 259.
E_4　　= EMK in der Hilfserregerwicklung einer EM mit Stator- und Rotorerregung 517.
E_{4s}　= Rotor-EMK der MNM bei mechanisch unabhängiger Kaskadenschaltung mit einem Induktionsmotor 269.
E_I, E_{II} = Resultierende EMKe des Haupt- und des Hilfsmotors bei der Kaskadenschaltung 250.
e'　　= effektive Transformator-EMK zwischen zwei Segmenten einer EM 350.
e_2　　= effektive EMK einer Spule des Rotors einer MM 2*.
e_{2max}　= Maximalwert der EMK einer Spule des Rotors einer MM 2*.

F.

F　　= fiktiver Statorstrom, der der resultierenden MMK der MHM entspricht 60.
F_b　　= Gesamte Bürstenfläche 215.
F_{u_1}　= Bürstenauflagefläche auf einer Lamelle 344.
f　　= Wicklungsfaktor der Rotorwicklung einer Einphasenmaschine 296. 299.
f_1　　= Wicklungsfaktor der Statorwicklung einer MM 20. 37.
f_2　　= Wicklungsfaktor der Rotorwicklung einer MM 4. 37.
f_{1q}　= Wicklungsfaktor der Statorarbeitswicklung einer EM für den Transformatorfluß 402*.
$f_1 f_2$　= Wicklungsfaktoren für den Hauptkraftfluß einer EM 309. 310.
f_3　　= Wicklungsfaktor der Erregerwicklung einer EM 313.
f_4　　= Wicklungsfaktor der Stator-Erregerwicklung einer EM mit Stator- und Rotor-Erregung 517.

G.

g_a　　= Erregerkonduktanz des Stators einer MM 28.
g_k'　　= auf Statorwindungszahl reduzierte Konduktanz der kurz geschlossenen Spulen 25.

H.

$h = \dfrac{w_h}{w_1}$ = bei der MNM mit Hilfswicklung 112.

$h = \dfrac{P_2}{P}$ = bei der dir. gesp. MNM mit Rotorerregung 120.

J.

J　　= Rotorstrom der MM (Linienstrom) 13. 15.
J　　= Strom der MHM 39.

J = ges. Netzstrom der MNM 72.

J = eff. Bürstenstrom einer MM mit ausgeprägten Polen 175.

J_a = Magnetisierungsstrom des Stators einer MM 23.

J_a = Magnetisierungsstrom des Reihenschlußtransf. einer MM 59.

J_a = Magnetisierungsstrom der MNM 71.

J_{aI} = Magnetisierungsstrom des Hauptmotors bei der Kaskadenschaltung 259.

J_{aII} = Magnetisierungsstrom des Hilfsmotors bei der Kaskadenschaltung 259.

J_{a1} = Magnetisierungsstrom des Stators des Repulsionsmotors 378.

J_{a2} = Magnetisierungsstrom des Rotors des Repulsionsmotors 378.

J_A = Anlaufstrom der MHM 133.

$J_{awl} = J_a \sin \psi_a =$ wattlose Komponente des Magnetisierungsstromes 23.

$J_{aw} = J_a \cos \psi_a =$ Wattkomponente des Magnetisierungsstromes 23.

J_{a0} = Magnetisierungsstrom des Stators einer MNM bei stromlosem Rotor 82*.

J_{a0} = Strom des Mehrphasenkommutatorinduktionsmotors bei Synch. 86.

$J_c = - J_2' =$ Statorstrom der MNM, die die MMK des Rotors kompensiert 71. 261.

J_{c1} = Statorstrom zur Komp. der Rotor-AW für die M.-Induktionskommutatormaschine 83.

J_{c2} = Statorstrom der MNM bei kurzgeschl. Stator ($P_1 = 0$) 83.

J_d = Strom des M.-Doppelschlußmotors mit ausgeprägten Polen 179.

J_e = Erregerstrom der dir. gesp. MNM 117.

J_h = Strom der MHM mit ausgeprägten Polen 179.

J_h = Effektivwert der höheren Harmonischen eines Stromes 343.

J_{k1} = Strom des M.-Induktionskommutatormotors bei Stillstand 86.

J_k' = Strom des Stators einer MM zur Kompensation der MMK der Kurzschlußströme 25.

J_n = Strom in der Nebenschluß-Wendepolwicklung einer EM 357.

J_p = Phasenstrom 14.

$J_w = J \cos \psi =$ Wattstrom 13.

$J_{wl} = J \sin \psi =$ wattlosen Strom 13.

J_w = Strom in der Wendepolwicklung 352.

J_1 = Statorstrom 22. 59. 70.

J_1 = primärer Statorstrom bei Kaskadenschaltung 250. 259.

J_{10} = Ges. Leerlaufstrom des Stators einer MM 27.

J_{10} = Leerlaufstrom des Stators der MNM 79. 103.

$J_1'{}_k$ = auf die Rotorwindungszahl reduzierter Statorstrom bei kurzgeschl. Stator 30.

J_2 = Rotorstrom 22. 28.

J_2 = Strom im Rotor des Hauptmotors bei der Kaskadenschaltung 298. 259.

J_{20} = Leerlaufstrom des Rotors 79. 103.

J_{2c} = Komponente des Rotorstromes einer ENM durch die Kompensationsspannung 500.

J_{2d} = Komponente des Rotorstromes einer ENM durch doppelte Speisung 538.

J_{2i} = Rotorstrom eines Einph. Komm.-Induktionsmotors 500.

J_{2k} = Kurzschlußstrom des Arbeitskreises einer dir. gesp. MNM bei Stillstand 118.

J_{2k} = Arbeitsstrom des Rotors eines Repulsionsmotors 378.

J_{II} = Strom der MNM, den der Nebenschlußtransf. dem Netz entnimmt 80. 96.

J_3 = Erregerstrom der direkt gesp. MNM 116.

J_3 = Strom im Stator des Hilfsmotors bei der Kaskadenschaltung 259.

J_3 = Erregerstrom der ENM 494.

J_4 = Erregerstrom im Rotor des Hilfsmotors bei der Kaskadenschaltung 259.

i_a = Strom eines Rotorstromzweiges 14*.

K.

K = Kommutatorlamallenzahl 2.

K_1 = Mittelwert der Zugkraft eines Poles einer MM mit ausgeprägten Polen 175.

K_{max} = Maximalwert der Zugkraft eines Poles einer MM mit ausgeprägten Polen 175.

K = Zugkraft aller drei Pole einer MM mit ausgeprägten Polen 175.

K_t = Momentanwert der Zugkraft eines Rotors in einem Einphasenwechselfeld 305.

K = mittlere Zugkraft des Rotors eines Einphasenmotors 306.

k = Verhältnis der Erregerspannung zur Arbeitsspannung einer ENM 492.

$k = \sqrt{h^2 + t^2}$ 112.

k_1 = Konstante, die den Einfluß der Zähne und Nuten auf die Leitfähigkeit des Luftspalts berücksichtigt 23.

k_2 = Faktor, der die Isolation zwischen den Blechen berücksichtigt 230.

$k_4 = f\left(\dfrac{z_{min}}{z_{max}}\right)$ = Faktor für den Hysteresisverlust in den Zähnen 233.

$k_5 = f\left(\dfrac{z_{min}}{z_{max}}\right)$ = Faktor für den Wirbelstromverlust in den Zähnen 233.

k_h = Faktor für Berechnung der Hysteresisverluste im elliptischen Drehfeld 431.

k_w = Faktor für Berechnung der Wirbelstromverluste im elliptischen Drehfeld 429.

k_r = Verhältnis des Widerstandes bei Wechselstrom und bei Gleichstrom 231.

$k_z = 1 + \dfrac{AW_e}{AW_z}$ 23.

L.

L_1, L_2 = Selbstinduktionskoeffizienten 310.

l_i = ideelle Ankerlänge 12.

l_s = Länge einer Stirnverbindung 549.

M.

MMK_1 = Stator-MMK einer MM 38.

MMK_2 = Rotor-MMK einer MM 38.

MMK_r = Resultierende MMK einer MM 38.

M = Koeffizient der gegenseitigen Induktion 312.

$m = \dfrac{a}{p}$ = Feldverschiebung 5.

m = Phasenzahl 3. 17.

m_1 = Phasenzahl des Stators 26.

N.

N = Zahl der Rotordrähte oder -stäbe 2. 175.

$n = \dfrac{p}{y}$ 7.

n = Umdrehungszahl 2*.

n_1 = Umdrehungszahl des Drehfeldes einer MM 2*.

n_1, n_2 = Umdrehungszahlen der Drehfelder im Haupt- und Hilfsmotor bei der Kaskadenschaltung 249.

n_3 = synchrone Umdrehungszahl des Hilfsaggregates bei der Kaskadenschaltung 266.

n_0 $\quad$ = synchrone Umdrehungszahl einer Induktionsmaschine in Kaskade mit einer MNM 258.

n_h $\quad$ = wirkliche Umdrehungszahl des Hilfsaggregates bei der Kaskadenschaltung 267.

P.

P $\quad$ = Klemmenspannung 29.

P_1 $\quad$ = Klemmenspannung des Stators einer MM 27. 69.

P_1 $\quad$ = Klemmenspannung an der Kompensationswicklung einer EM 355. 447.

P_{10} $\quad$ = Klemmenspannung des Stators einer MNM bei Leerlauf 79.

P_{1k} $\quad$ = Klemmenspannung des Stators bei Kurzschluß 218.

P_{1s} $\quad$ = Klemmenspannung des Stators bei Synchronismns 152. 530.

P_2 $\quad$ = Klemmenspannung des Rotors 68. 120.

P_2 $\quad$ = Teilspannung des Stromkreises, in dem der Rotor liegt, bei der doppelt gesp. Einphasenmaschine 447.

P_{20} $\quad$ = Rotorspannung einer MNM bei Leerlauf 79.

P_{2k} $\quad$ = Klemmenspannung am Rotor einer MM bei Kurzschluß des Stators 31.

P_{2kw} $\quad$ = Widerstandsspannung beim Rotor einer MM bei Kurzschluß des Stators 31.

P_{2kwl} $\quad$ = Reaktanzspannung beim Rotor einer MM bei Kurzschluß des Stators 31.

P_{2w} $\quad$ = Wattkomponente der Rotorspannung 29.

P_{2wl} $\quad$ = wattlose Komponente der Rotorspannung 29.

P_3, P_4 = Stator- und Rotorspannung der Hilfsmaschine bei Kaskadenschaltung 258.

P_{3k} $\quad$ = Statorspannung des Hilfsmotors der Kaskadenschaltung bei voller Periodenzahl 261.

P_3 $\quad$ = Spannung an der Erregerwicklung einer EM 330.

P_a, P_e = Arbeits- und Erregerspannung des mehrphasigen Doppelschlußmotors 178.

$P_{0,2}, P_{k2}$ = Rotorspannung eines mehrphasigen Kommutatorankers bei kurzgeschlossenem Stator, bei Synchronismus und bei Stillstand 89.

P_w $\quad$ = Klemmenspannung an der Wendepolwicklung 354.

p $\quad$ = Polpaarzahl 2.

p_1, p_2 = Polpaarzahlen bei der Kaskadenschaltung 249.

p_3 $\quad$ = Polpaarzahl des Induktionsgenerators bei der mechanisch unabhängigen Kaskadenschaltung 266.

R.

R $\quad$ = resultierender Ohmscher Widerstand des Rotors einer MM 29.

R $\quad$ = gesamter effektiver Ohmscher Widerstand bei Kurzschluß der Stators 31.

R $\quad$ = gesamter Widerstand des Hauptschlußmotors 125.

R $\quad$ = der zu einem Wendepol parallel geschaltete Widerstand 354.

R_u $\quad$ = spez. Übergangswiderstand der Bürste 25.

R_o $\quad$ = gesamter Widerstand bei Stillstand 125.

R_x $\quad$ = magnetischer Widerstand 310.

R_p $\quad$ = magnetischer Widerstand für eine Polteilung 310.

r $\quad$ = resultierender Ohmscher Widerstand der in Reihe geschalteten Wicklungen einer Maschine 178. 335.

r_a $\quad$ = effektiver Widerstand einer MM, der den Verlusten im Eisen entspricht 37. 55*.

r_e $\quad$ = effektiver Erregerwiderstand des Rotors einer MM 28.

r_e $\quad$ = Erregerwiderstand der Erregerwicklung einer dir. gesp. MNM 116.

r_1 $=$ effektiver Ohmscher Widerstand einer Phase des Stators einer MM 27. 37. 70.

r_1 $=$ Widerstand der Kompensationswicklung einer EM 335.

r_1 $=$ Ohmscher Widerstand der Erregerwicklung einer dir. gesp. MNM 116.

r_2 $=$ Widerstand der Rotorwicklung vermehrt um den Bürstenübergangswiderstand 29. 37. 68.

r_3 $=$ Widerstand der Erregerwicklung einer EM 326.

r_k $=$ Kurzschlußwiderstand von Rotor und Kompensationswicklung einer dir. gesp. MNM 117.

r_w $=$ Widerstand der Widerstandsverbindungen 231.

r_B $=$ Bürstenübergangswiderstand 231.

S.

S $=$ scheinbarer Selbstinduktionskoeffizient einer kurzgeschlossenen Spule 24.

S_k $=$ Zahl der zwischen den Kanten einer Bürste in Serie geschalteten Rotorspulen 4*. 5. 188.* 198.

$S_{k\,max}$ $=$ maximale Zahl der zwischen den Kanten einer Bürste in Serie geschalteten Rotorspulen 5*.

$S_{k\,min}$ $=$ minimale Zahl der zwischen den Kanten einer Bürste in Serie geschalteten Rotorspulen 5*.

S_1, S_2 $=$ Spulenbreiten, primär und sekundär 310.

S_3 $=$ Spulenbreite der Erregerwicklung einer EM 391.

s $=$ Schlüpfung des Rotors gegen das Statordrehfeld 2*. 21.

s_0 $=$ Schlüpfung bei Leerlauf 103*. 111. 120. 273.

s_1 $=$ Schlüpfung der Induktionsmaschine bei der Kaskadenschaltung 245.

s_2 $=$ Schlüpfung des Hilfsmotors gegen sein Drehfeld bei der Kaskadenschaltung 249. 267.

s_n $=$ Drahtzahl in einer Nut 214.

s_u $=$ Stromdichte unter den Bürsten 344.

T.

T $=$ Dauer einer Periode des Wechselstroms 9.

T_N $=$ Kurzschlußzeit einer Nut 12*.

T_k $=$ Kurzschlußzeit einer Spule 24.

$t = \dfrac{w_t}{w_1}$ $=$ bei der MNM mit Hilfswicklung 112.

t_1 $=$ Nutenteilung des Rotors einer MM 12.

U.

u $=$ Verhältnis der Rotor-MMK zur Stator-MMK einer MM 38.

u $=$ Verhältnis der Arbeitswindungszahl zur Erregerwindungszahl einer EM 339. 380.

u $=$ Verhältnis der Windungszahl der Rotorarbeitswicklung zur Statorarbeitswicklung bei einer doppelt gespeisten EM 467.

u_t $=$ Übersetzungsverhältnis eines vorgeschalteten Transformators 38.

$u_t = \dfrac{P_3'}{P_4'}$ $=$ Übersetzungsverhältnis des Nebenschlußtransformators bei der Kaskadenschaltung 258. 269.

$u_t = \dfrac{P_3'}{P_4'}$ $=$ Übersetzungsverhältnis des Nebenschlußtransformators bei einem Mehrphasennebenschlußgenerator 272.

$u_t = \dfrac{P_3'}{P_4'}$ $=$ Übersetzungsverhältnis des Erregertransformators 438.

V.

V_k' = Verlust in den kurzgeschlossenen Spulen einer MM 26.

V_a = Leistung zur Deckung der Eisenverluste und auf die kurzgeschlossenen Spulen übertragen 71.

V_a = Voltampereverbrauch beim Anlauf 475.

V_{as}, V_{ar} = Volumen des Stator- bzw. Rotorkerns 233.

V_1 = Stromwärmeverlust im Stator 71.

V_2 = Stromwärmeverlust im Rotor 71.

V_2 = Verlust im Rotor des Hauptmotors und in der Kommutatormaschine bei Kaskadenschaltung 251.

v = Umfangsgeschwindigkeit des Rotors 12.

v_1 = Umfangsgeschwindigkeit bei Synchronismus 16. 193.

v_k = Umfangsgeschwindigkeit des Kommutators 189.

W.

W = Leistung 41.

W_a = Drehmoment in synchronen Watt 41.

W_{aA} = Drehmoment in synchronen Watt beim Anlauf 133.

W_{ei} = Eisenverluste 24.

W_h = Hysteresisverluste 233.

W_k' = die vom primären Drehfeld auf die kurzgeschlossenen Spulen übertragene Leistung 26.

W_m = mechanische Leistung 72.

W_{mI}, W_{mII} = bei der Kaskadenschaltung mechanische Leistung des Haupt- und des Hilfsmotors 245.

W_u = Übergangsverlust an den Bürsten 190.

W_w = Wirbelstromverluste 233.

W_ϱ = Bürstenreibungsverlust 233.

W_0 = bei Leerlauf zugeführte Leistung 218.

W_1 = primäre, bei einem Motor zugeführte el. Leistung 59.

W_2 = sekundäre, bei einem Motor abgegebene Leistung 41.

W_{1k} = bei Kurzschluß primär zugeführte Leistung 219.

w_c = Windungszahl der Kompensationswicklung einer MM 63.

w_h = Windungszahl der Hilfswicklung einer MM 111.

w_h = Windungszahl der Hauptschlußwendepolwicklung 357.

w_n = Windungszahl der Nebenschlußwendepolwicklung 357.

w_s = Windungszahl des ganzen Stators eines Repulsionsmotors 399.

w_w = Windungszahl einer Wendepolwicklung 354.

w_1, w_2 = Stator- bzw. Rotorwindungszahl einer MM 21.

w_3, w_4 = Stator- bzw. Rotorwindungszahl des Hilfsmotors bei Kaskadenschaltung 258.

w_1, w_2, w_3, w_4 = bei einer EM Windungszahl der Statorarbeitswicklung (1), des Rotors (2), der Erregerwicklung (3), der Statorhilfserregerwicklung (4) 309. 313. 517.

w_{1t}, w_{2t} = primäre und sekundäre Windungszahl eines Transformators 38.

X.

X = resultierende Reaktanz des Rotors einer MM 29. 31.

X = Reaktanz einer vorgeschalteten Drosselspule 126. 357.

x = ganze Zahl, kleinste Zahl der von einer Bürste kurzgeschlossenen Spulen 5.

x = Summe der Streureaktanzen mehrerer in Serie geschalteter Wicklungen einer Maschine 178. 335.

x = Streureaktanz eines einphasigen Kommutatorankers 324.

x_a = Erregerreaktanz pro Phase einer MM für das Grundfeld 37.

x_a = Wechselreaktanz der Arbeitswicklungen einer EM 390.

x_{a1}, x_{a2} = Selbstreaktanz der Wicklungen 1, 2, die dem von jeder Wicklung allein erzeugten Felde entspricht 310.

x_{a12} = gegenseitige Reaktanz zweier Wicklungen 312.

x_e = effektive Erregerreaktanz des Rotors einer MM 28.

x_e = Reaktanz einer Erregerwicklung 116. 402. 474.

x_{h1} = Reaktanz der Hilfswicklung einer MM 113.

x_h = Reaktanz der Hauptschlußwicklungen einer MM 178.

x_k = Kurzschlußreaktanz 108. 117.

x_{m1}, x_{m2} = Erregerreaktanz zweier Wicklungen 1, 2, in bezug auf das gemeinsame Feld 310.

x_N = die von der Kommutation herrührende Reaktanz des Rotors einer EM 324.

x_0, x_{01}, x_{02} = zusätzliche Reaktanzen der Oberfelder 108. 310.

x_r = die von der Kommutation herrührende Änderung der Reaktanz des Rotors einer MM 17.

x_s = konstanter Teil der Streureaktanz des Rotors einer MM 14.

x_1, x_2 = Streureaktanz einer Phase des Stators bzw. Rotors einer MM 30. 37. 70.

$x_{2s} = x_{20} + s x_{2v}$ = Streureaktanz einer Phase des Rotors einer MM bei der Schlüpfung s 68. 70.

x_{20} = Rotorreaktanz einer MM bei Synchronismus 31.

x_{2v} = der mit der Schlüpfung veränderliche Teil der Rotorreaktanz 32.

x_1, x_2, x_3, x_4 = bei einer Einphasenmaschine Reaktanz der Statorarbeitswicklung (1), des Rotors (2), der Erregerwicklung (3) bzw. der Statorhilfserregerwicklung (4) 335. 518.

Y.

Y_a = Erregersuszeptanz 27.

Z.

Z = Nutenzahl 17.

z = Zahnstärke 230.

z = Summe der Impedanzen mehrerer hintereinandergeschalteter Wicklungen einer Maschine 127.

z_a = Erregerimpedanz einer Phase einer MM 81.

z_a = Erregerimpedanz einer EM 326.

z_{aI}, z_{aII} = Erregerimpedanz des Haupt- und des Hilfsmotors bei der Kaskadenschaltung 261. 263.

z_e = Impedanz des Erregerstromkreises 116. 503.

z_k = Kurzschlußimpedanz 31.

z_{h1}, z_{h2} = primäre, sekundäre Kurzschlußimpedanz 88. 89.

z_s = Impedanz der gesamten Statorwicklung eines Repulsionsmotors 384.

z_1 = Impedanz einer Phase des Stators einer MM 27.

z_1 = Impedanz der Statorarbeitswicklung einer EM 433.

z_2 = Impedanz einer Phase des Rotors einer MM 37.

z_{2s} = Impedanz einer Phase des Rotors einer MM bei der Schlüpfung s 31.

z_{20} = Impedanz einer Phase des Rotors einer MM bei Synchronismus 90.

z_2 = Impedanz des Arbeitstromkreises des Rotors einer EM 325.

z_3 = Impedanz der Erregerwicklung einer EM 326.

z_{3s}, z_{4s} = Impedanz einer Phase des Stators bzw. Rotors des Hilfsmotors bei der Kaskadenschaltung bei der Schlüpfung s 261.

α = Winkel der Phasenverschiebung zwischen J und Φ 56.

α = Verhältnis der Spannungsstufen eines Anlaßwiderstandes 129.

α = Verhältnis der effektiven Erregerwindungen des Stators zu denen des Rotors einer EM 518.

α_i = Füllfaktor 175.

α_{iq} = Füllfaktor des Transformatorflusses 402.

β = Lamellenteilung des Kommutators 5.

β = arctg $\dfrac{x_{20}}{r_2}$ bei MNM 85.

β = Winkel im Diagramm der ENM 495.

β_D = die auf den Ankerumfang projizierte Lamellenteilung 12.

γ_1 = siehe $\mathfrak{C}_1$ 31.

γ_2 = siehe $\mathfrak{C}_2$ 87.

δ = Luftspalt zwischen Stator und Rotor 23.

δ = Winkel im Diagramm der MNM 76. 120.

Δ = Blechstärke 233.

Δe = resultierende EMK in den kurzgeschlossenen Spulen 13.

$\Delta e'$ = die vom Hauptfeld einer MM in den kurzgeschlossenen Spulen induzierte EMK 4.

$\Delta e''$ = die Stromwende-EMK in den kurzgeschlossenen Spulen einer MM 13.

Δe_p = Transformator-EMK in den kurzgeschlossenen Spulen 187. 300.

Δe_N = Stromwende-EMK in den kurzgeschlossenen Spulen einer MM bei Synchronismus 192.

Δe_N = Stromwende-EMK in den kurzgeschlossenen Spulen einer EM 304.

Δe_r = EMK der Rotation in den kurzgeschlossenen Spulen einer EM 301.

Δp = die durch die Kurzschlußströme verbrauchte Spannung zwischen den Bürstenkanten 19.

ΔP = Übergangsspannung zwischen einer Bürste und dem Kommutator 190.

ε = Winkel im Diagramm der MNM 89. 96.

ε = Phasenverschiebung zwischen Ankerstrom und Wendefeld einer EHM 357.

η = Wirkungsgrad 52.

η_m = mechanischer Wirkungsgrad 195.

ϑ = Drehmoment 41.

Θ = Phasenverschiebungswinkel zwischen E_a und P 178.

Θ = Phasenverschiebungswinkel zwischen Φ_q und Φ 452.

Θ_1 = Phasenverschiebungswinkel zwischen E_1 und P_1 70.

λ_N = magnetische Leitfähigkeit des Streuflusses $= \Sigma(\lambda)$ 15. (475).

λ_n = magnetische Leitfähigkeit des Nutenraumes 232.

λ_k = magnetische Leitfähigkeit vor den Zahnköpfen 232.

λ_s = magnetische Leitfähigkeit der Stirnverbindungen 232.

λ_q = magnetische Leitfähigkeit in der neutralen Zone 334.

ϱ = Bürstenverschiebungswinkel 21.

ϱ = Widerstandsstufe 126.

ϱ $\quad$ = spez. Widerstand 349.

ϱ $\quad$ = räumliche Verschiebung zwischen Erreger- und Kompensationswicklung einer direkt gespeisten MNM 116.

ϱ_A $\quad$ = Bürstenverschiebung bei Anlauf 132.

σ_a $\quad$ = Verhältnis des ganzen Magnetflusses zu dem wirksamen, in den Anker eintretenden Fluß 295.

σ_f $\quad$ = Koeffizient zur Bestimmung der Reaktanz der Oberfelder bei MM 108.

σ_h $\quad$ = Hysteresiskonstante 233.

σ_w $\quad$ = Wirbelstromkonstante 233.

τ $\quad$ = Polteilung 175.

τ_k $\quad$ = Polteilung am Kommutator 188.

Φ $\quad$ = Hauptkraftfluß einer MM 2.

Φ $\quad$ = Drehmomentfluß einer EM 369.

Φ_A $\quad$ = Fluß beim Anlauf einer MM 132.

Φ_a $\quad$ = Ankerfluß bei Rotorerregung 321.

Φ_b, Φ_f = bei EM mit festen und beweglichen Bürsten, der Fluß, der mit den kurzgeschlossenen Spulen der festen bzw. beweglichen Bürsten verkettet ist 415.

Φ_N $\quad$ = Nutenfeld 303.

Φ_q $\quad$ = Transformatorfluß in der Arbeitsachse bei EM 369.

Φ_w $\quad$ = Wendefeld 352.

φ $\quad$ = Phasenverschiebungswinkel zwischen Strom J und Klemmenspannung P 39.

φ_1, φ_2 = Phasenverschiebung zwischen P_1 und J_1 bzw. P_2 und J_2 70. 71.

φ_3 $\quad$ = Phasenverschiebung zwischen P_3 und J_3 330.

φ_0 $\quad$ = Phasenverschiebung bei Leerlauf 89.

φ_{02} $\quad$ = 89.

$\varphi_k, \varphi_{k1}, \varphi_{k2}$ = Phasenverschiebung bei Kurzschluß 50.

χ_1 $\quad$ = arctg $\dfrac{x_1}{r_1}$ 94.

χ_2 $\quad$ = arctg $\dfrac{x_2}{r_2}$ 162.

ψ $\quad$ = Phasenverschiebung zwischen Strom J und induzierte EMK E 13.

ψ_a $\quad$ = Phasenverschiebung zwischen E und J_a 23.

ψ_1, ψ_2 = Phasenverschiebung zwischen E_1 und J_1 bzw. E_2 und J_2 70.

ψ_3 $\quad$ = Phasenverschiebung zwischen Stator-EMK und Strom beim Hilfsmotor in der Kaskadenschaltung 250.

ψ_{II} $\quad$ = Phasenverschiebung zwischen resultierender EMK und Strom beim Hilfsmotor in der Kaskadenschaltung 250.

ω_1 $\quad$ = Winkelgeschwindigkeit des Drehfeldes 36.

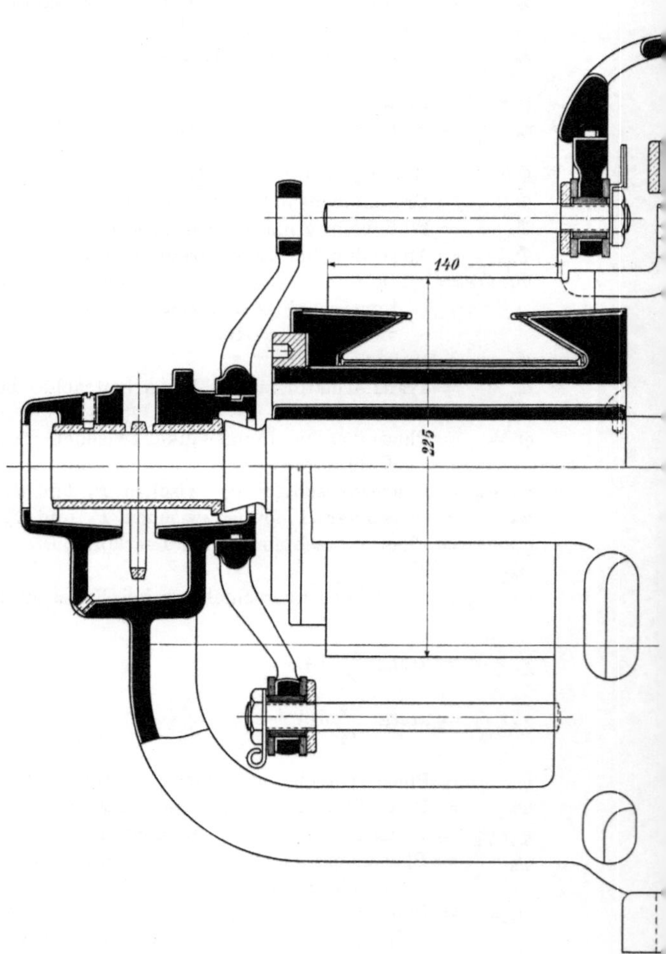
140
925

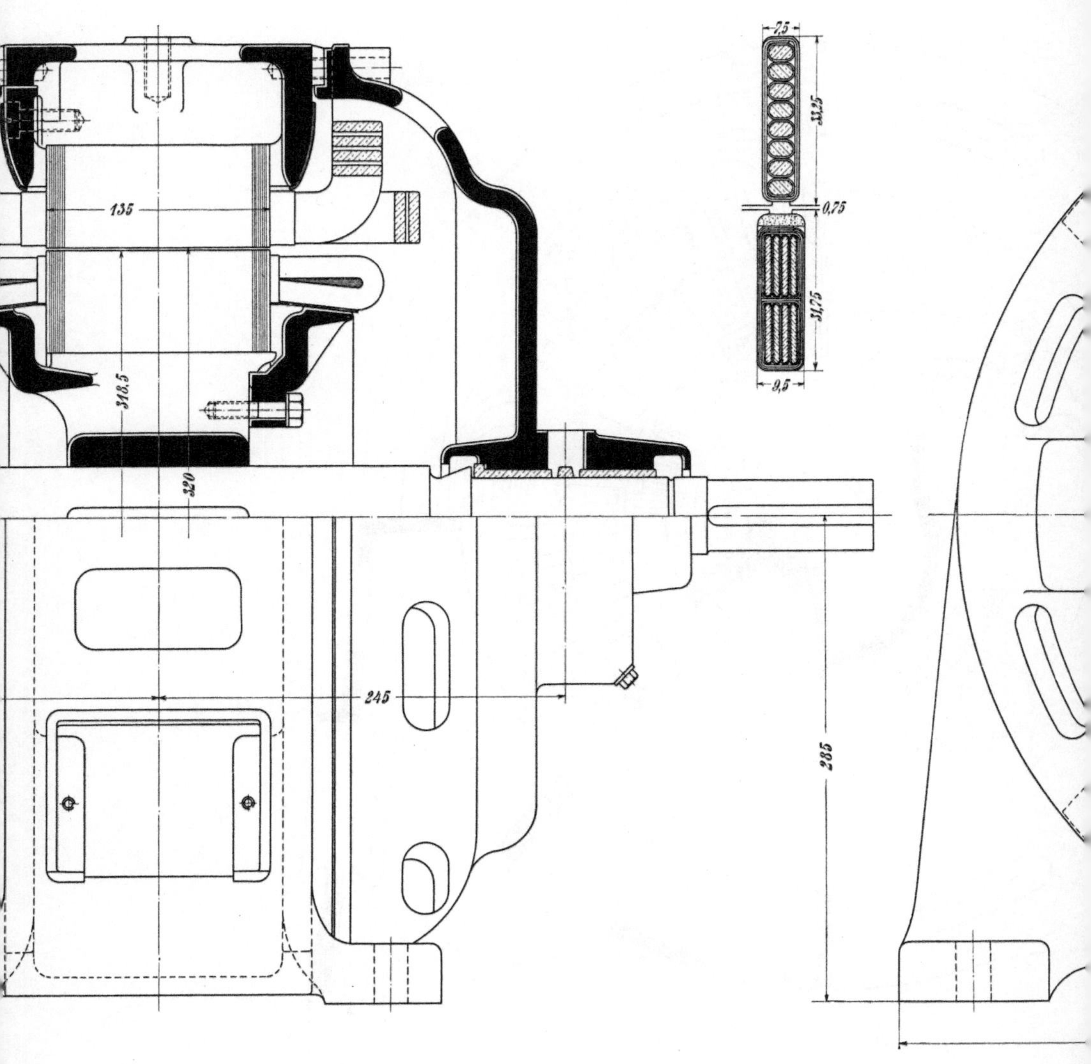

10 PS-Einphasen-Nebenschlußmotor der Allmänna Svenska E.-A.

220 Volt, 50 Perioden, 700 bis 1300 Umdr/Min.

(Beschreibung S. 553.)

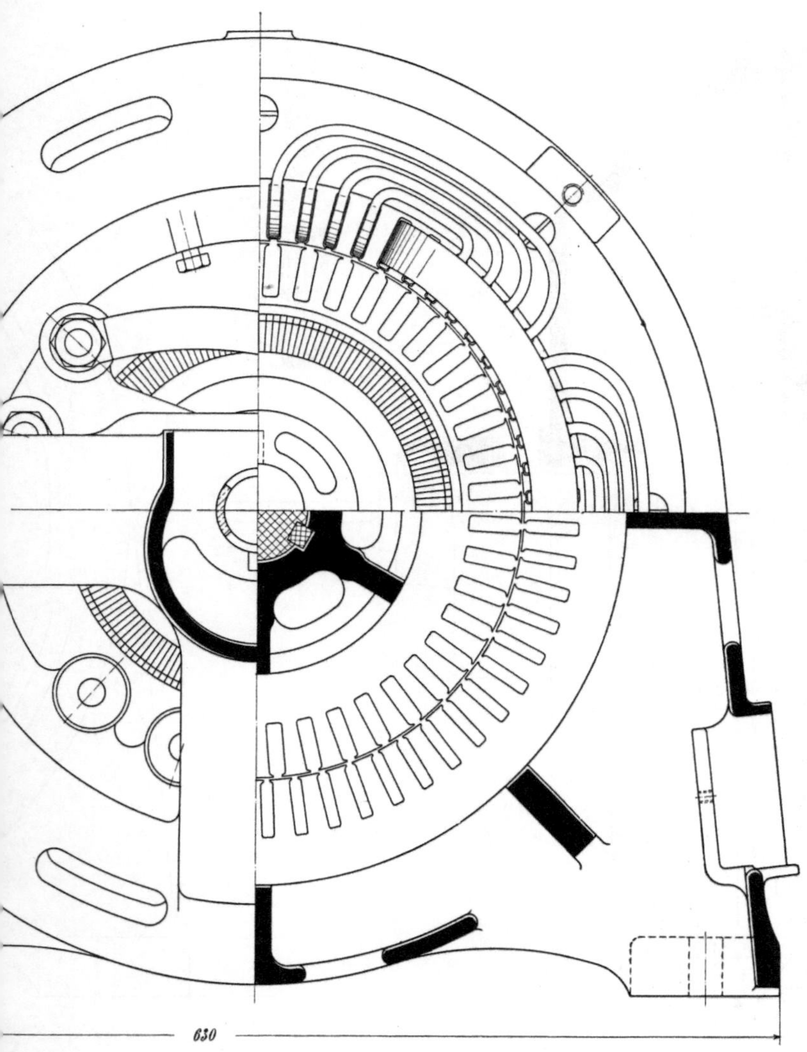

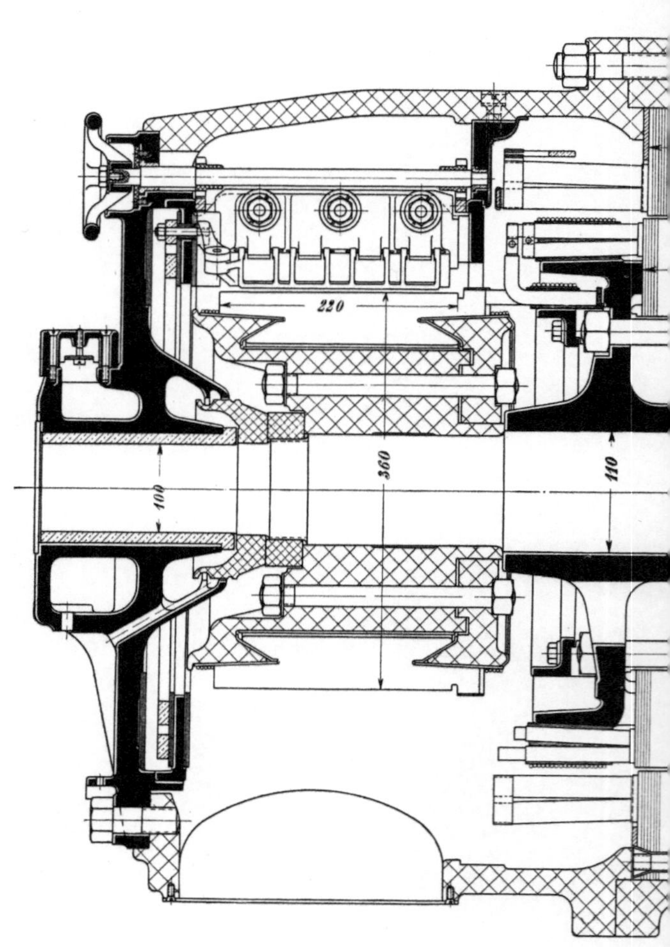

220
360
100
110

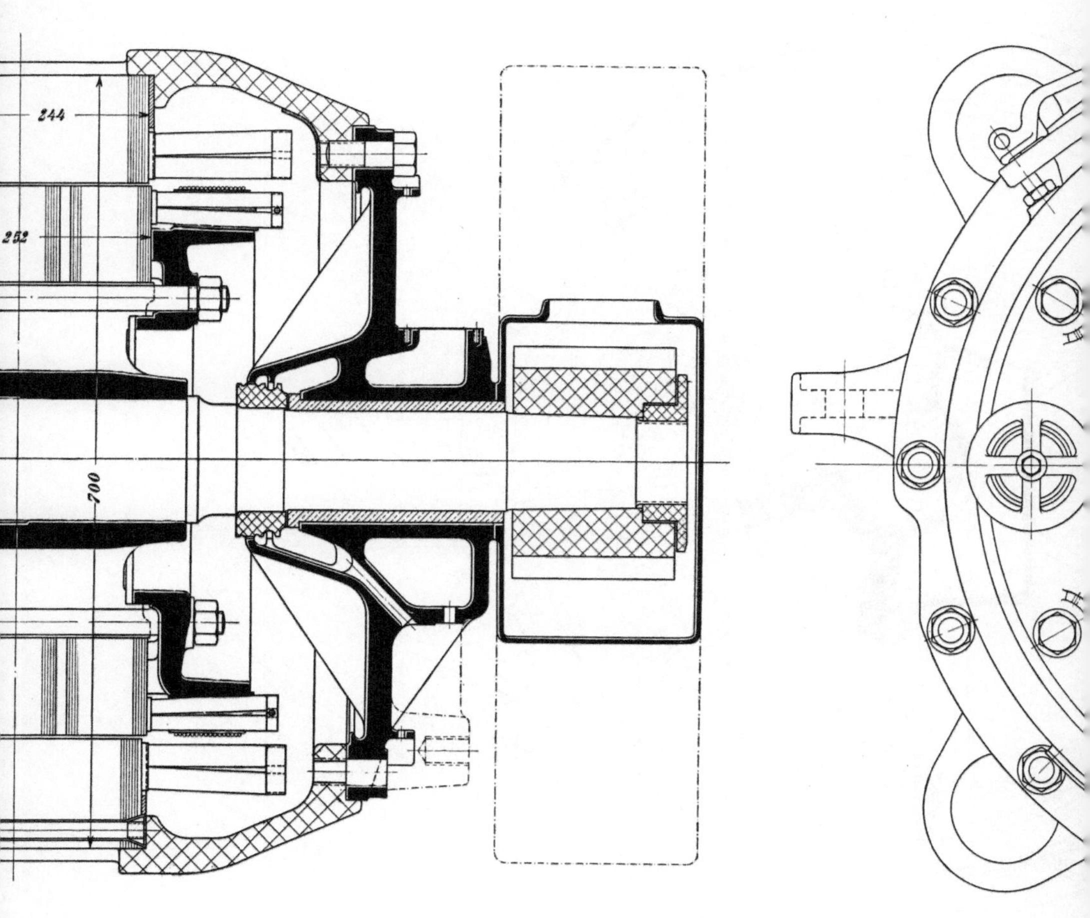

60 PS-Bahnmotor der Allmänna Svenska E.-A.

375 Volt, 25 Perioden, 500 Umdr/Min.

(Beschreibung S. 567.)

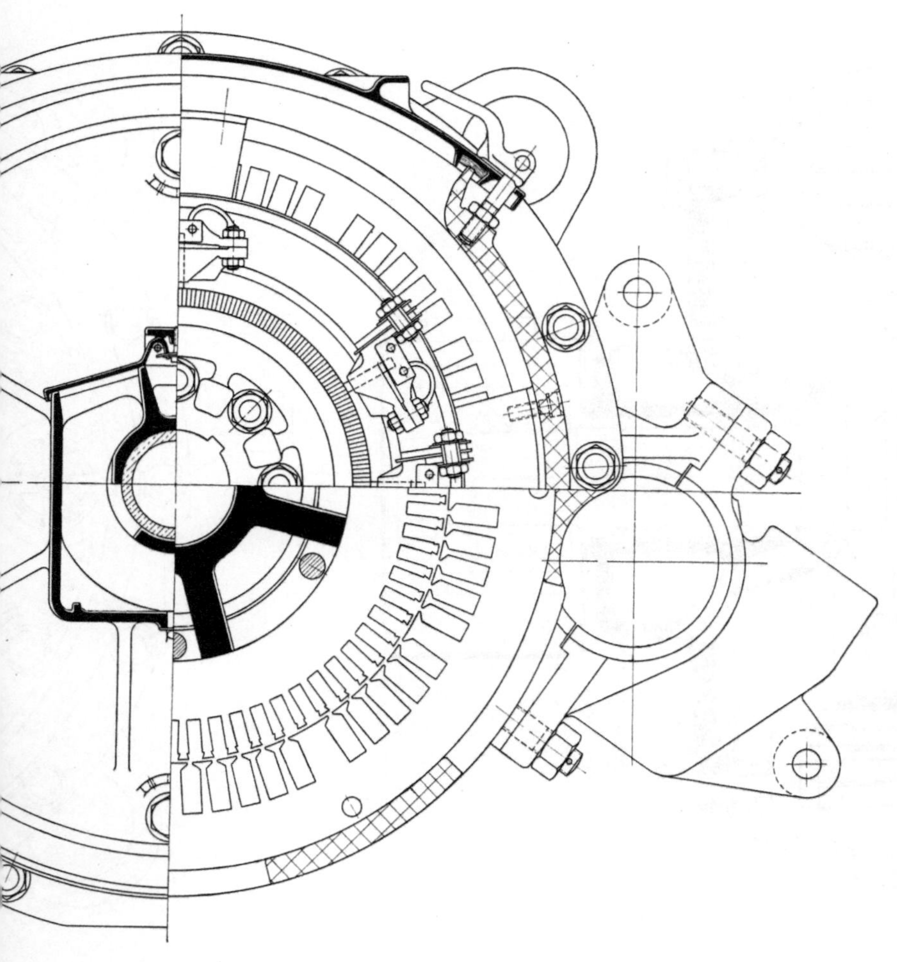

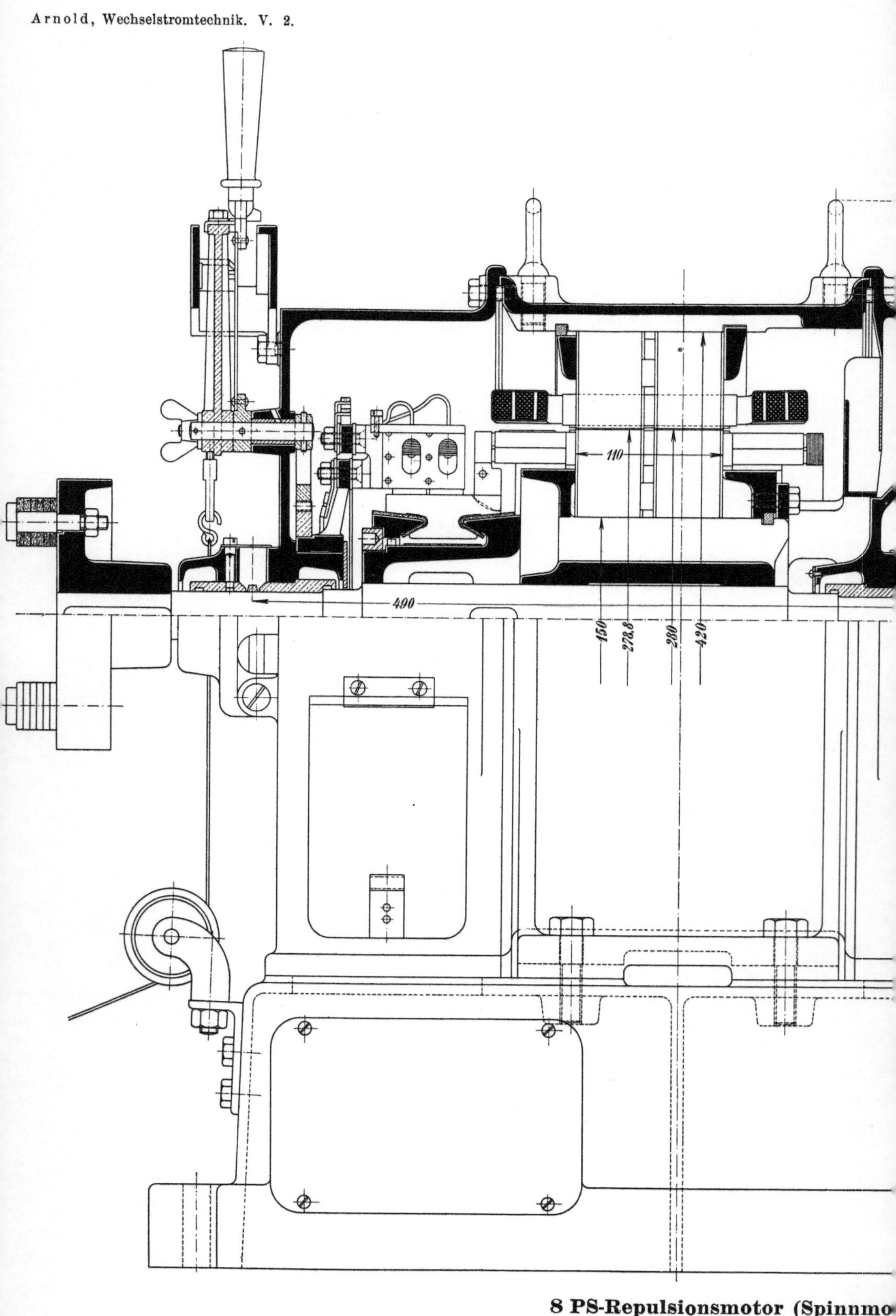

8 PS-Repulsionsmotor (Spinnmo
500 Volt, 50 Perioder
(Beschre

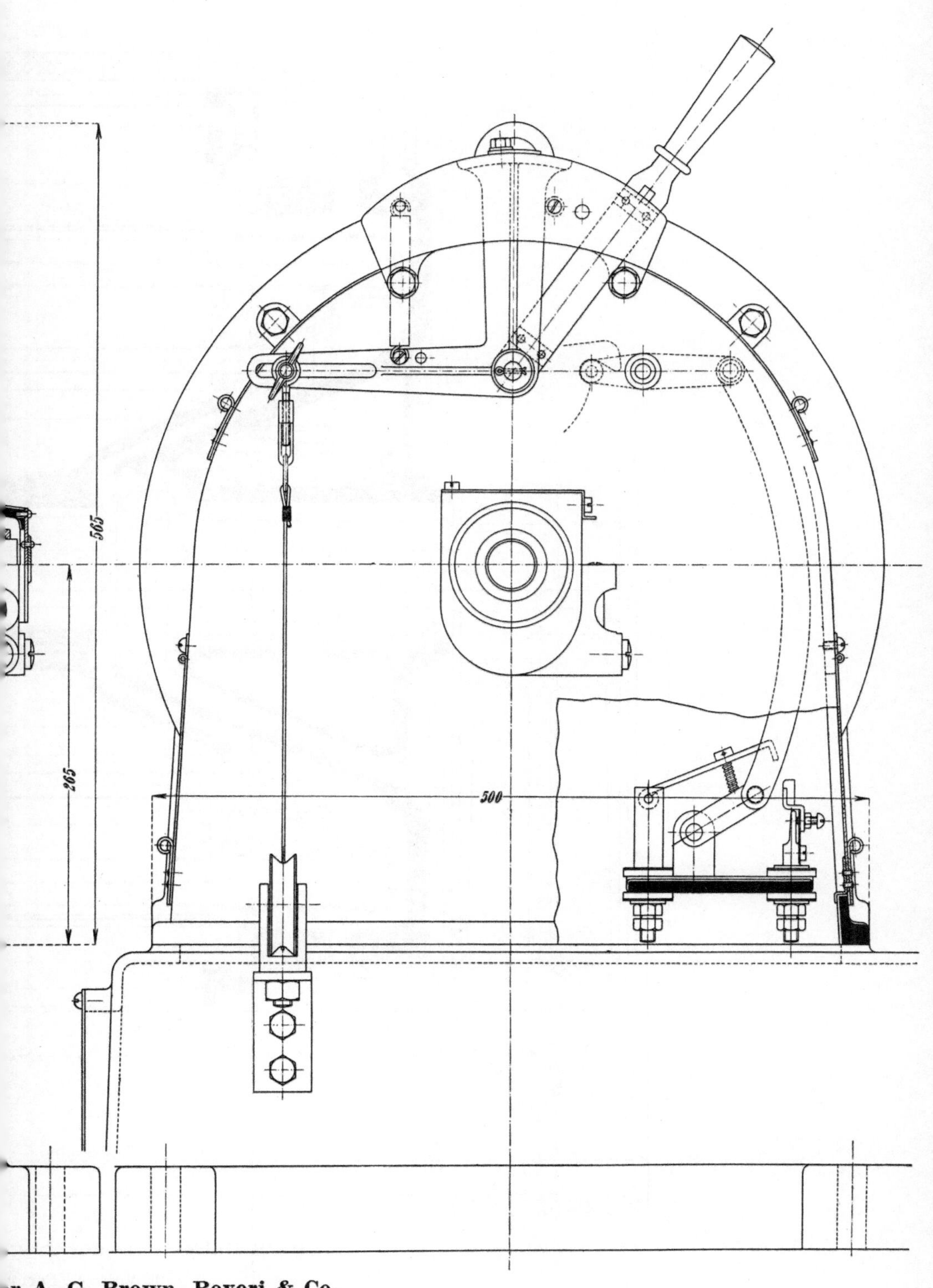

r A.-G. Brown, Boveri & Co.

s 1100 Umdr/Min.

607.)

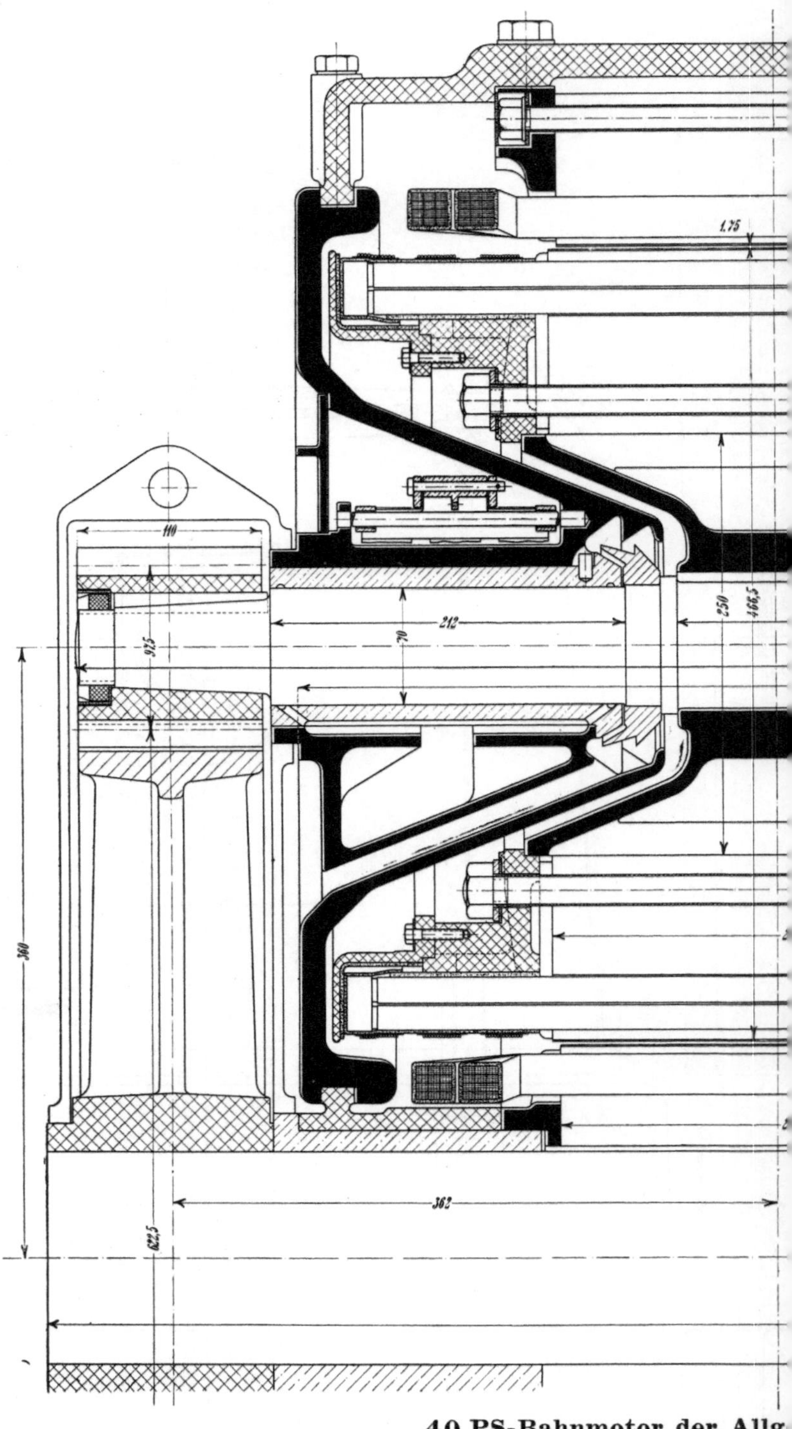

40 PS-Bahnmotor der Allg
525 Volt, 42 Perio
(Besch

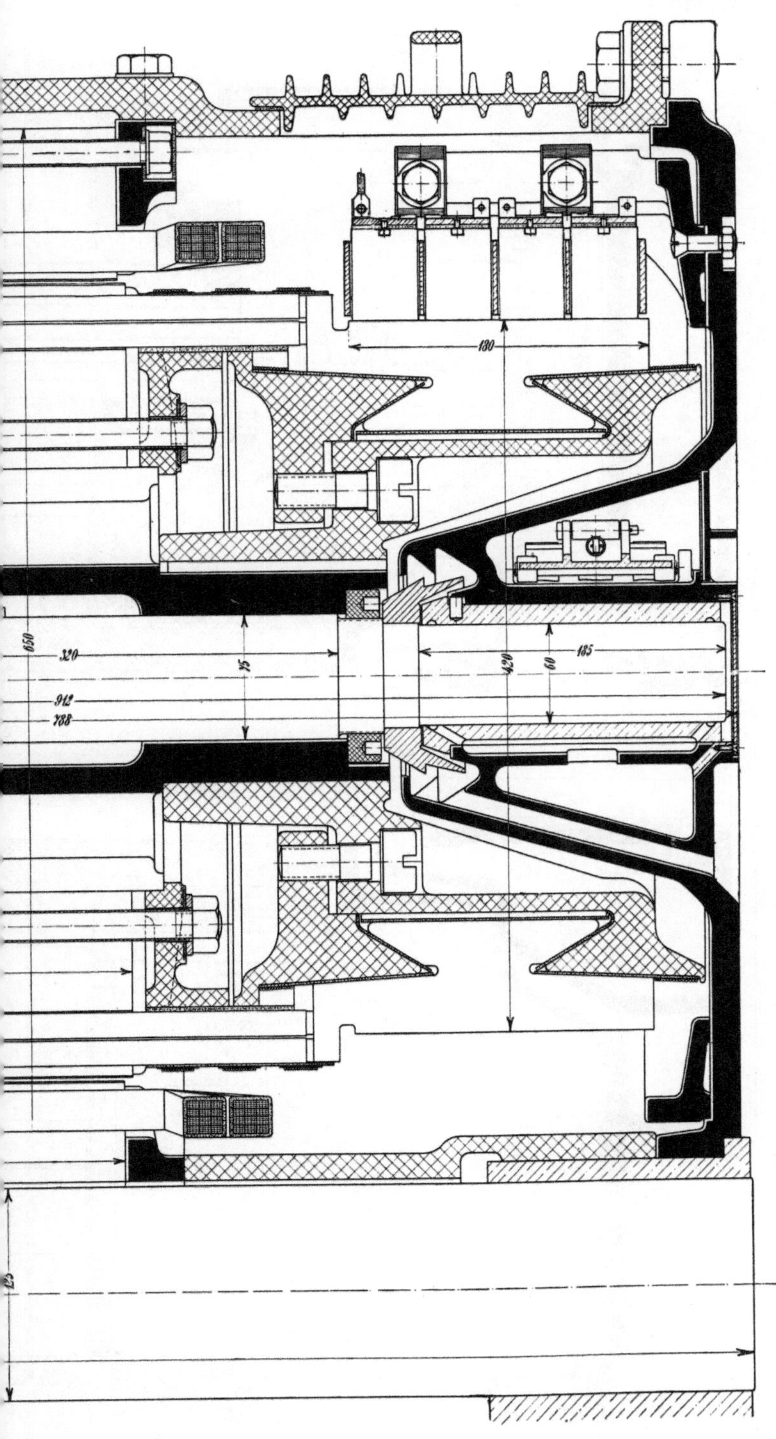

en Elektrizitäts-Gesellschaft.

bis 1200 Umdr/Min.

S. 622.)

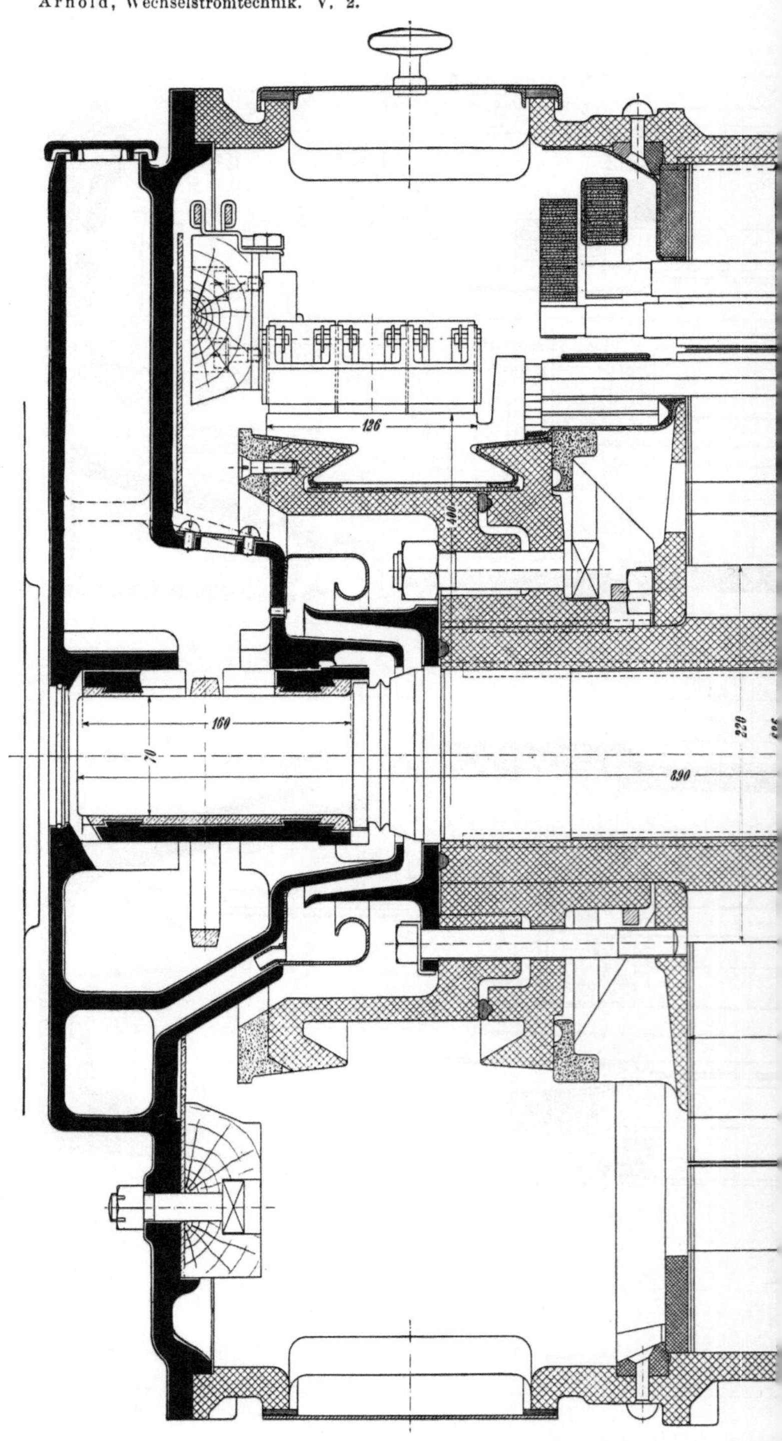

60 PS-Bahnmotor de
250 Volt, 20 Pe
(Beschr

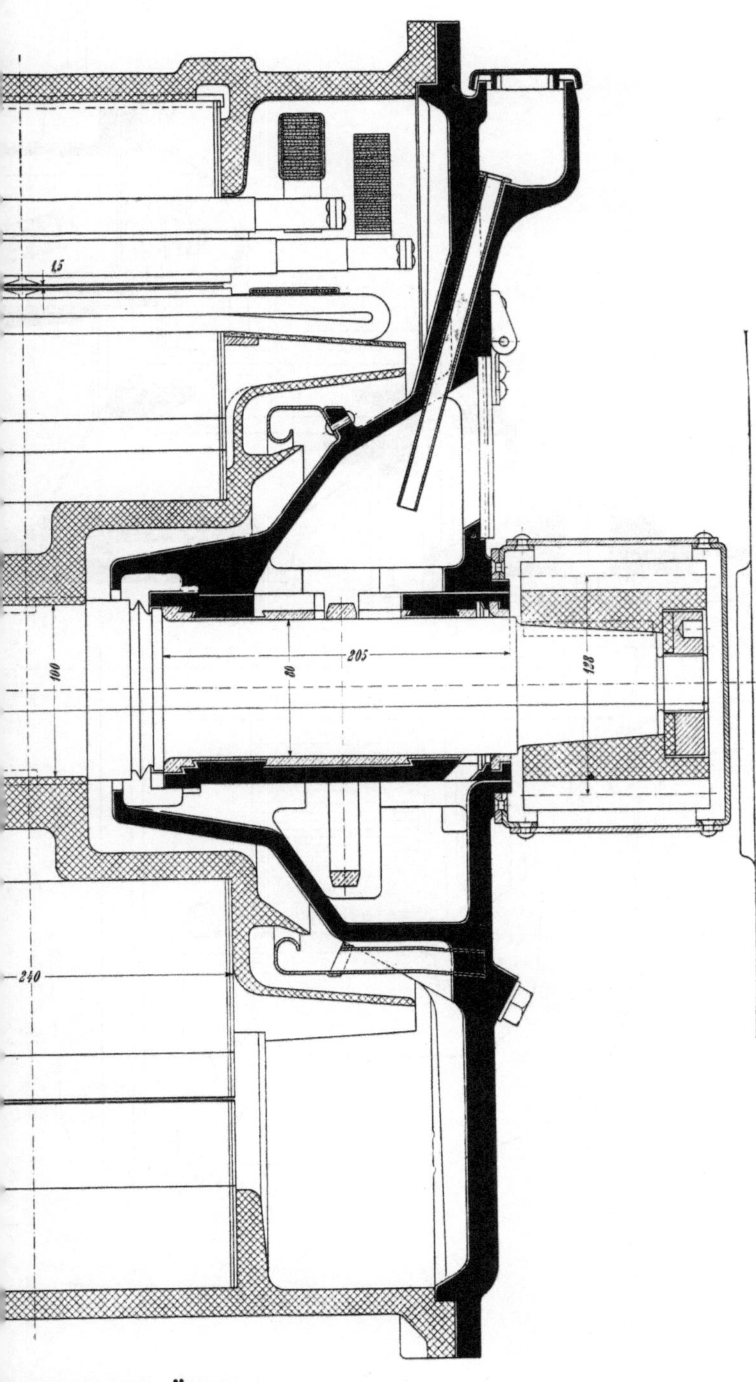

hinenfabrik Örlikon.

880 Umdr/Min.

S. 623.)

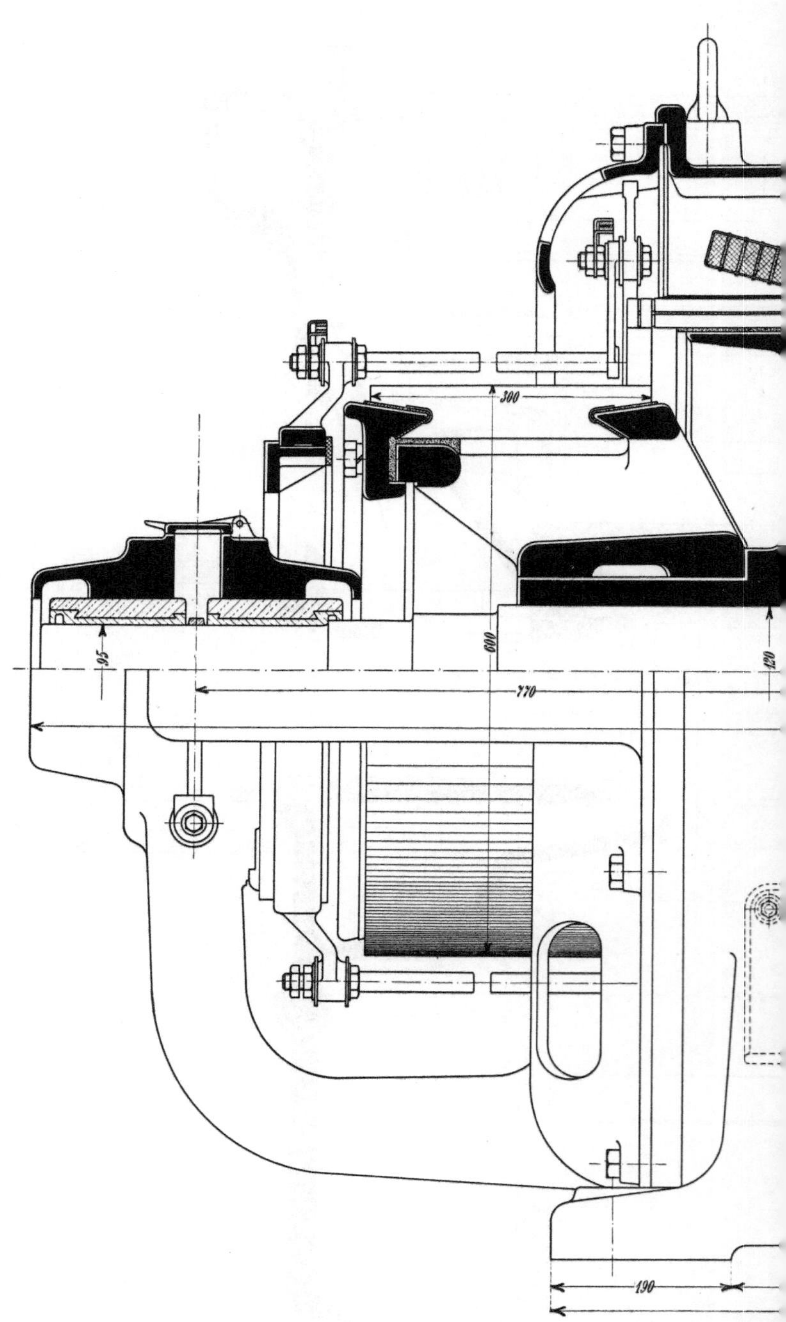
300
600
120
95
770
190

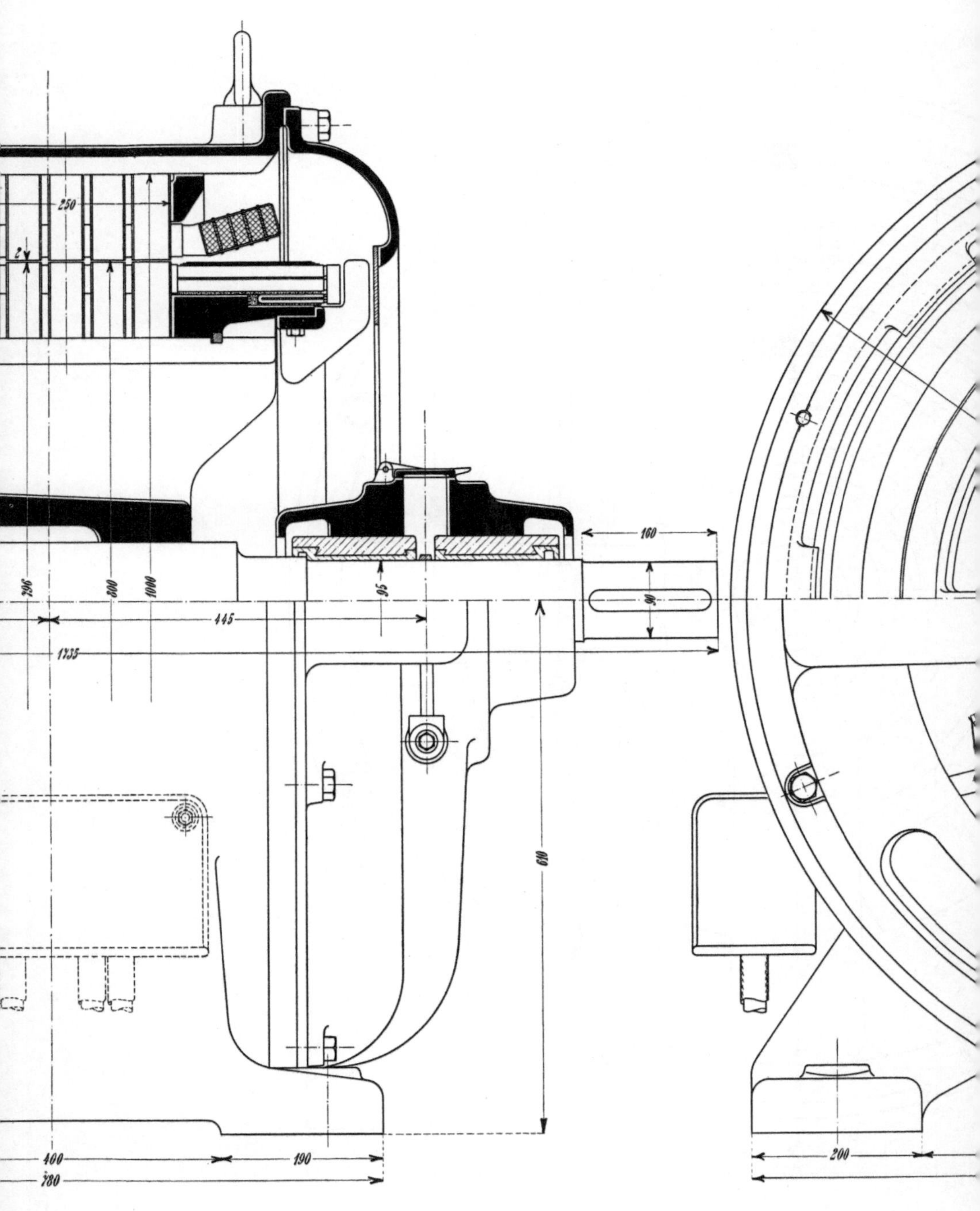

110 PS-Repulsionsmotor der A.-G. Brown, Boveri & Co.

220 Volt, 50 Perioden, 730 Umdr/Min.

(Beschreibung S. 626.)

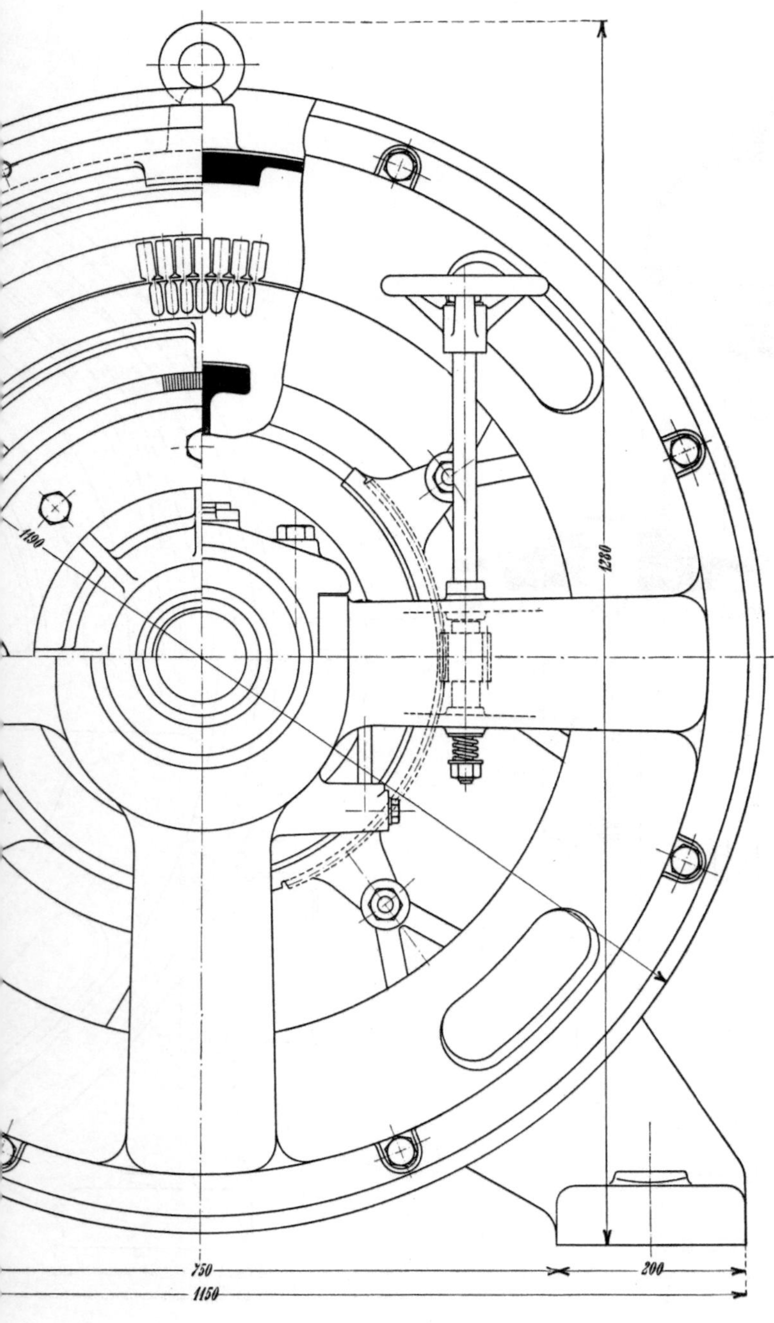

1190
1270
750
1150
200

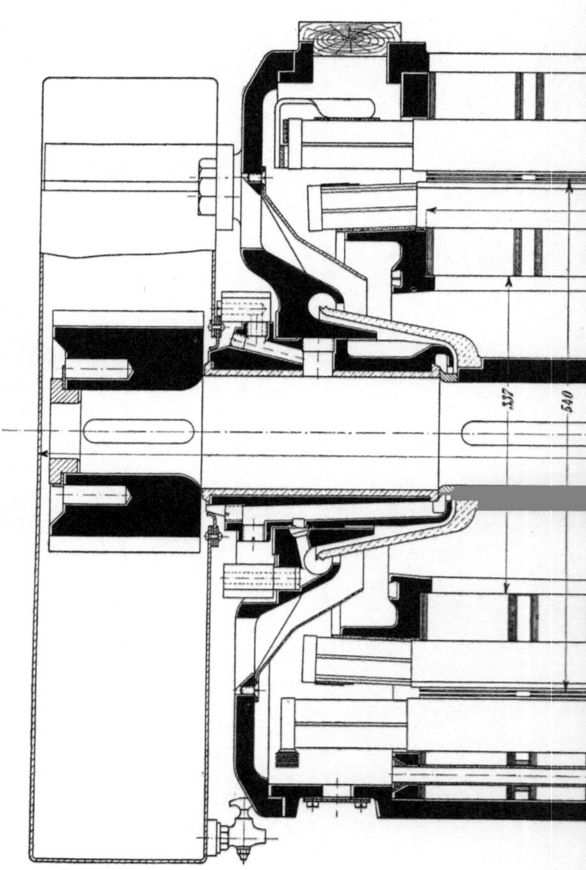

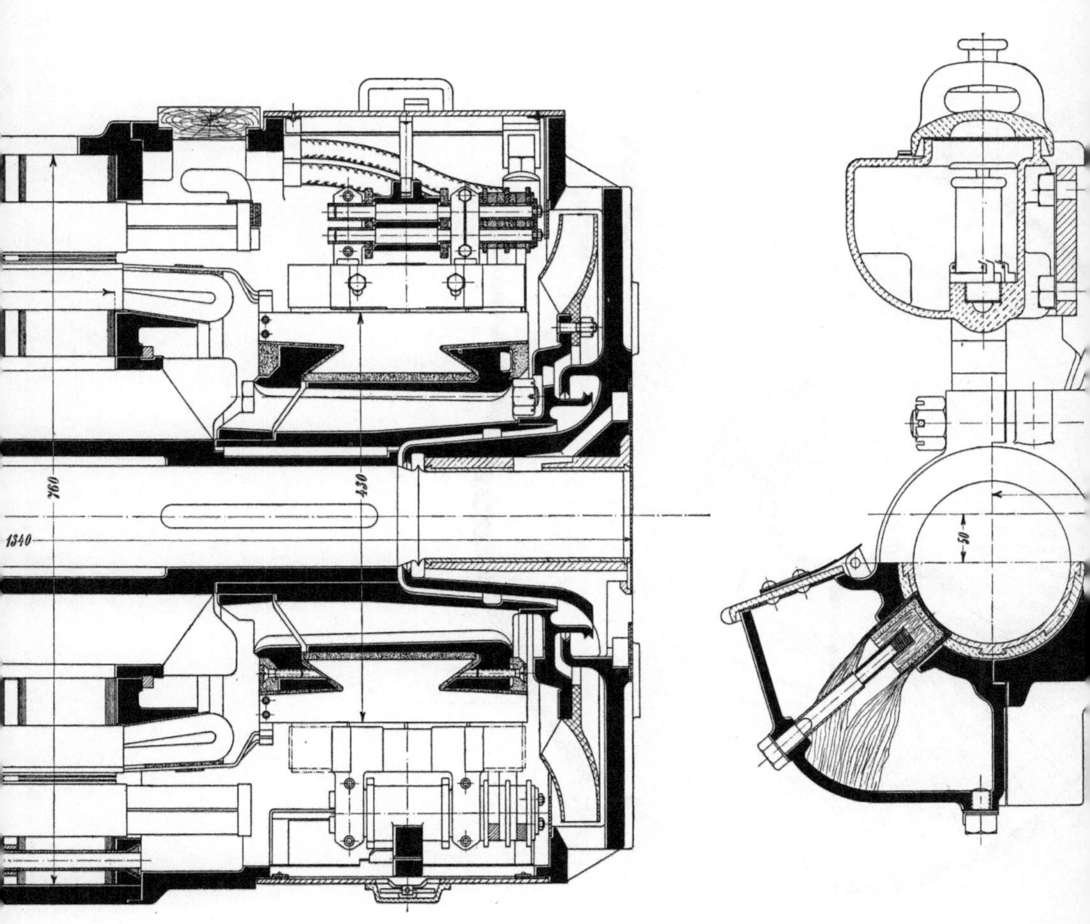

175 PS-Bahnmotor der Siemens-Schuckert-Werke.

280 Volt, 25 Perioden, 700 Umdr/Min.

(Beschreibung S. 629.)

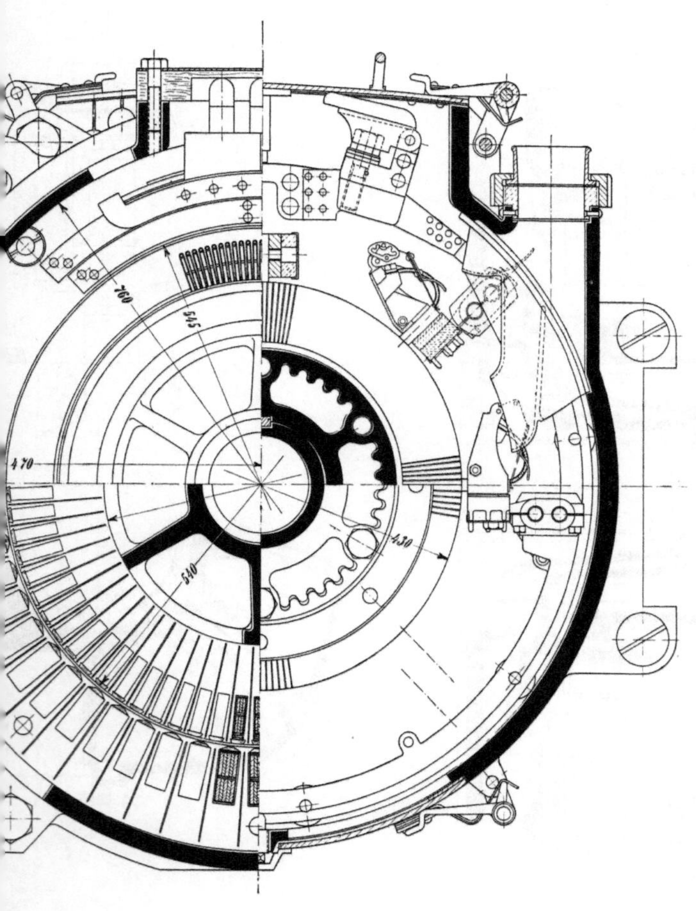

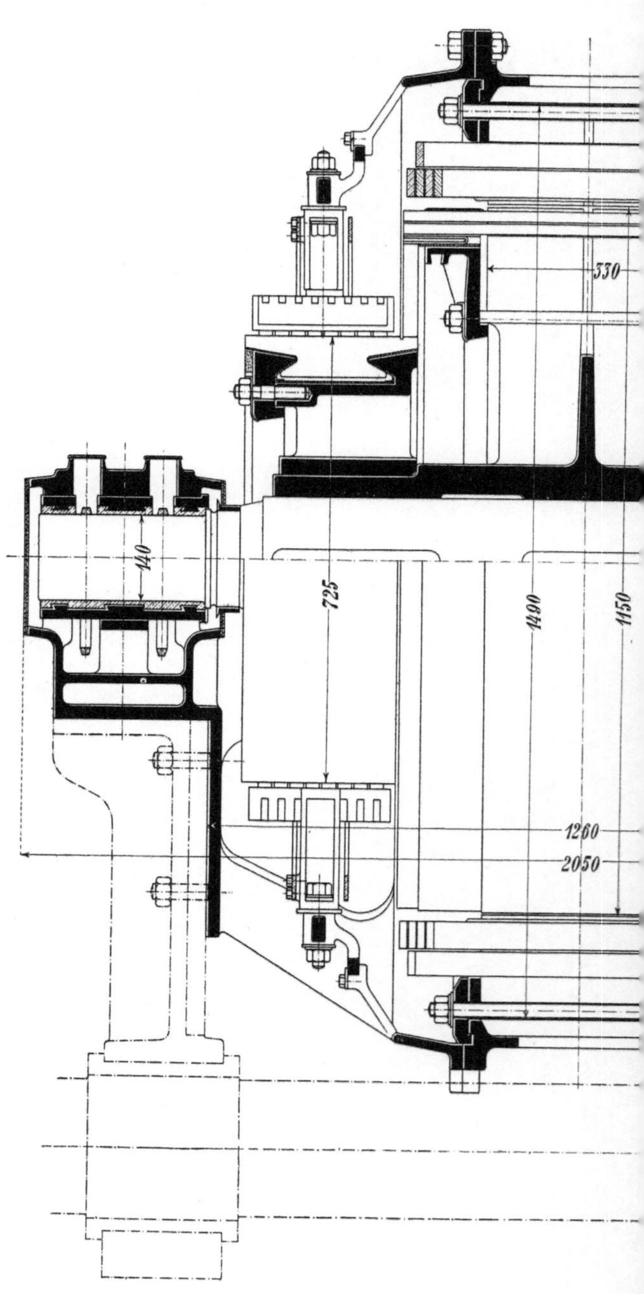
330
140
725
1490
1150
1260
2050

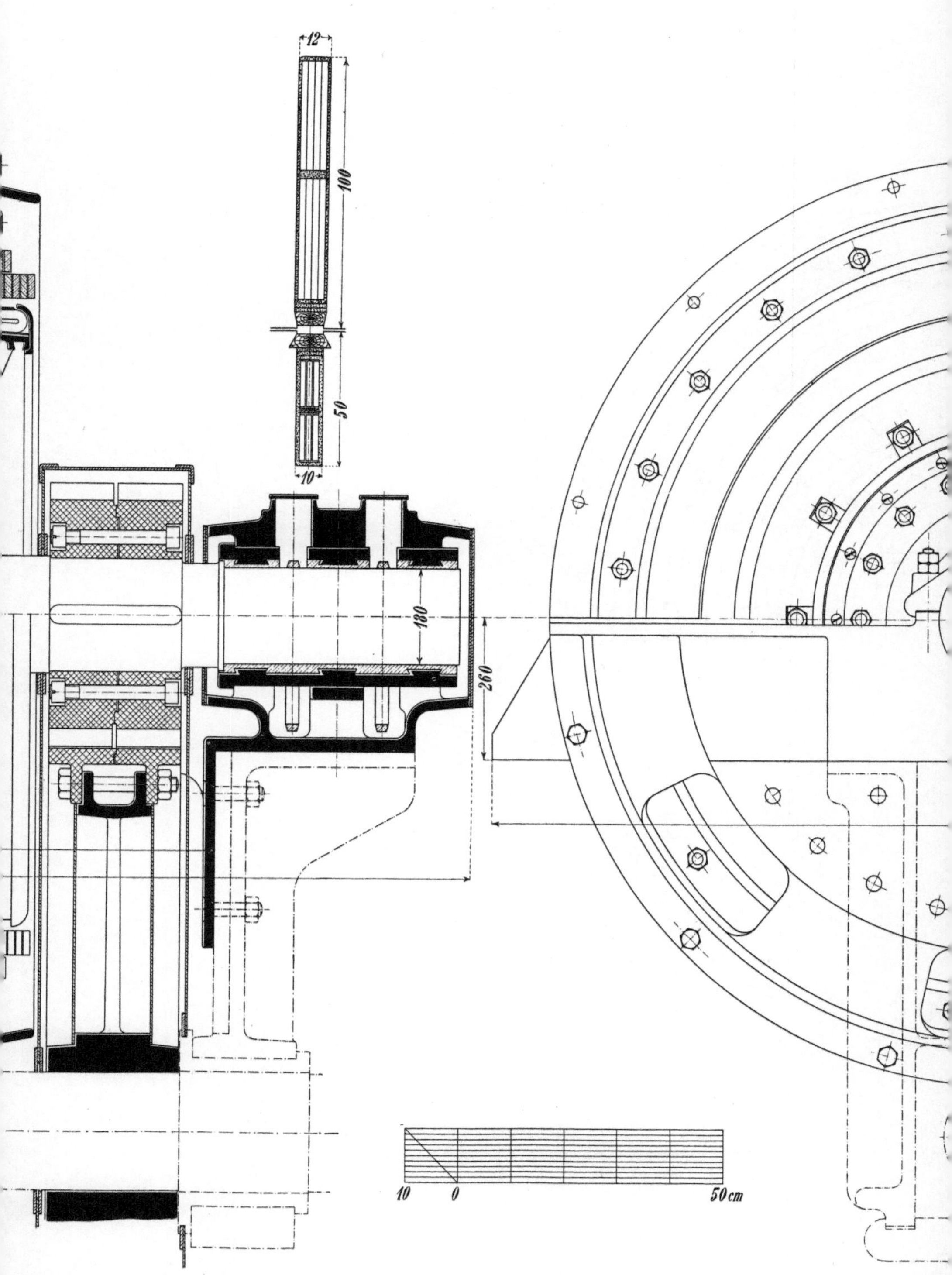

900 PS-Bahnmotor der Maschinenfabrik Örlikon.

400 Volt, 15 Perioden, 560 bis 840 Umdr/Min.

(Beschreibung S. 637.)

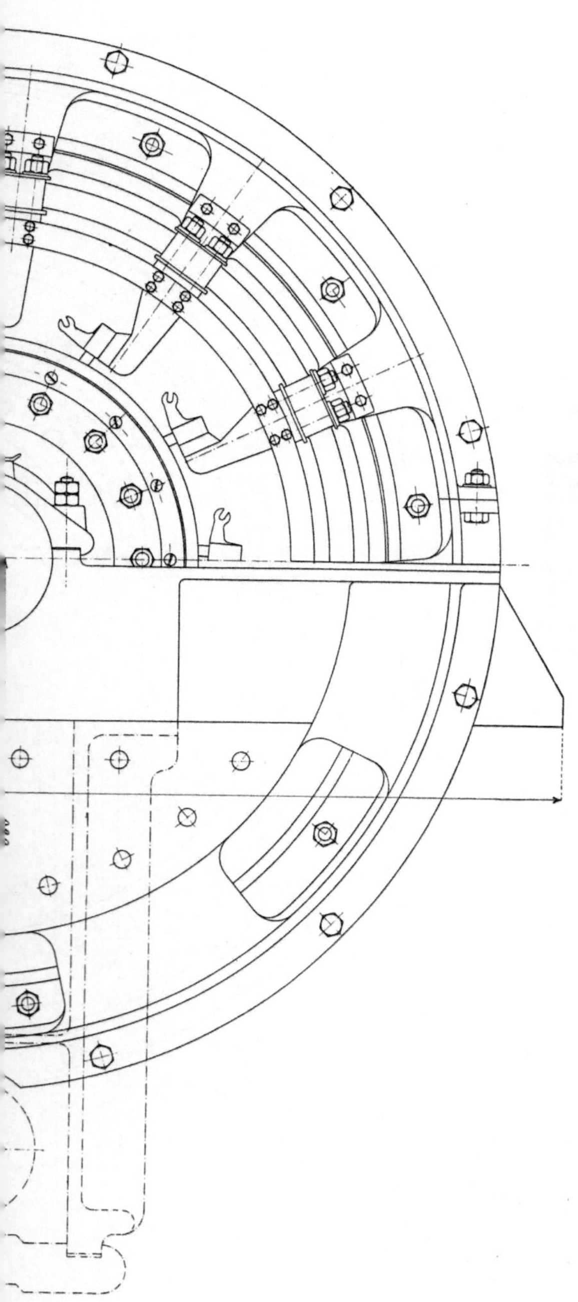